装备科技译著出版基金

薄壁复合结构物的稳定性与振动分析

Stability and Vibrations of Thin-Walled Composite Structures

［以色列］Haim Abramovich　主编

舒海生　孔凡凯　陈嘉伟　牟迪　赵磊　译

国防工业出版社

·北京·

著作权合同登记　图字:军-2019-024 号

图书在版编目(CIP)数据

薄壁复合结构物的稳定性与振动分析／(以)哈伊姆·
阿布拉莫维奇(Haim Abramovich)主编；舒海生等译. —
北京：国防工业出版社，2019.12
书名原文：Stability and Vibrations of Thin -
Walled Composite Structures
ISBN 978 - 7 - 118 - 12074 - 5

Ⅰ. ①薄… Ⅱ. ①哈… ②舒… Ⅲ. ①薄壁结构 - 复
合材料结构 - 建筑物 - 研究 Ⅳ. ①TU33
中国版本图书馆 CIP 数据核字(2020)第 016729 号

※

国防工业出版社出版发行
(北京市海淀区紫竹院南路 23 号　邮政编码 100048)
天津嘉恒印务有限公司印刷
新华书店经售

*

开本 710×1000　1/16　印张 42　字数 792 千字
2019 年 12 月第 1 版第 1 次印刷　印数 1—1500 册　定价 219.00 元

(本书如有印装错误，我社负责调换)

国防书店：(010)88540777　　　发行邮购：(010)88540776
发行传真：(010)88540755　　　发行业务：(010)88540717

目　录

第1章 复合材料概述

（Haim Abramovich,以色列,海法,以色列理工学院）

1.1 引 言

1.1.1 概述

对于由纤维增强材料和基体材料这两种组分构成的复合材料来说,其综合特性要优于每种组分材料单独使用时所表现出的性能。复合材料的一个主要优点在于,与现有材料(如金属或塑料)相比,它们具有较高的强度和刚度,同时还具有较低的密度,能够降低零部件的重量。现有的大量文献中已经给出了各种不同形式的复合材料,如图1.1所示。在本章中,我们所讨论的复合材料只限于基体中置入连续型纤维(增强作用)的情况。

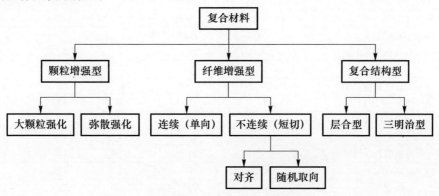

图1.1 典型的复合材料

连续型增强材料有很多,其中包括了单向纤维、编织纤维和螺旋缠绕纤维等,如图1.2所示。对于连续纤维复合材料,人们一般会通过将不同取向的单层连续纤维堆叠起来从而制备成层状结构,以期获得所需的强度与刚度,其中的纤维体积占比可达60%～70%。纤维的直径很小,缺陷也较少(一般指表面缺陷),它们能够提供较高的强度。不仅如此,直径小还使得它们比较柔软,因而可以进行一些较为复杂的加工处理,例如缠绕和编织等工艺过程均能适用。纤维制备过程中有很多常用的材料,例如玻璃、石墨、碳以及芳族聚酰胺等。表1.1列出了一些较为典型的情况。当前

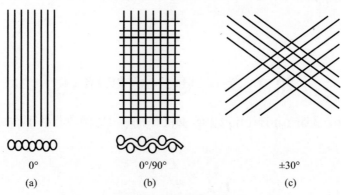

图1.2 典型复合材料
(a)单向纤维;(b)编织纤维(双向);(c)缠绕纤维。

表1.1 最常用的增强连续纤维的典型特性

材料	品牌名称	密度ρ /(kg/m^2)	典型纤维 直径/μm	杨氏模量E /GPa	抗拉强度 /GPa
α - Al_2O_3(氧化铝)	FP(美国)	3960	20	385	1.8
Al_2O_3 + SiO_2 + B_2O_3(莫来石)	Nextel 480(美国)	3050	11	224	2.3
Al_2O_3 + SiO_2(硅酸铝)	Altex(日本)	3300	10 ~ 15	210	2.0
Boron(钨基CVD[①])	VMC(日本)	2600	140	410	4.0
Carbon(PAN[②]原丝)	T300(日本)	1800	7	230	3.5
Carbon(PAN[②]原丝)	T800(日本)	1800	5.5	295	5.6
Carbon(pitch[③]原丝)	Thornel P755(美国)	2060	10	517	2.1
SiC(+ O)(碳化硅)	Nicalon(日本)	2600	15	190	2.5 ~ 3.3
SiC(低O)(碳化硅)	Hi-Nicalon(日本)	2740	14	270	2.8
SiC(+ O + Ti)(碳化硅)	Tyranno(日本)	2400	9	200	2.8
SiC(单纤丝;碳化硅)	Sigma	3100	100	400	3.5
E-glass(二氧化硅)	Sigma	2500	10	70	1.5 ~ 2.0
Quartz(二氧化硅)	Sigma	2200	3 ~ 15	80	3.5
芬芳聚酰胺	Kevlar 49(美国)	1500	12	130	3.6
聚乙烯(UHMW)[④]	Spectra 1000(美国)	970	38	175	3.0
高碳钢	E. g. , Piano wire	7800	250	210	2.8
铝	Electrical wire	2680	1670	75	0.27
钛	Wire	4700	250	115	0.434

① CVD,化学气相沉积。

② PAN,聚丙烯腈,世界上所生产的碳纤维中大约有90%是由此制造的。

③ Pitch,由芳族烃构成的黏弹性材料,一般通过碳基材料(例如植物、原油和煤等)的蒸馏处理制成。

④ UHMW,即 ultra-high-molecular-weight,超高分子量聚乙烯材料(聚乙烯材料是最常见的塑料),属于热塑性聚乙烯。

数据源于 B. Harris, Engineering Composite Materials, The Institute of Materials, London, UK, 1999, 193p. ; R. M. Jones, Mechanics of Composite Materials, 第2版, Taylor & Francis, Philadelphia, PA 19106, USA, 1999, 519p.

复合材料的应用与发展主要源自于航空航天领域的需求驱动,大部分现代化的飞机结构中都采用了碳纤维、玻璃纤维和芳族聚酰胺纤维等复合材料来制备相关的零部件,图1.3中以波音787型和空客A380型为例对此做了详细的描述和说明。这类复合材料的基体大多采用的是聚合物,它们的强度和刚度都比较小。这些基体的主要功能是帮助纤维组分保持正确的取向和间距,防止它们发生磨损或受到外部环境的直接影响。在以聚合物为基体的复合材料中,基体与增强体之间牢固的结合作用可以将基体受到的外部载荷有效地传递到纤维增强体上(通过界面处的剪切作用)。聚合物基体一般可以有两种类型,即热固性材料和热塑性材料。热固性材料一般是将低黏度树脂加热后发生反应并固化成形得到的固体,再次加热后不会软化;而热塑

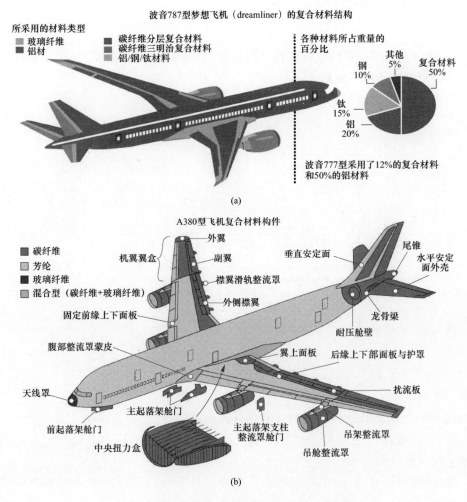

图1.3　复合材料在飞机结构中的应用(见彩图)

(a)波音787型飞机中应用的复合材料;(b)空客A380型飞机中应用的复合材料。

3

性材料是高黏度的树脂,一般是加热到其解链温度以上进行处理得到的,如果需要再次成形那么可以再次加热到解链温度以上即可。

1.2 单向复合材料

单向复合材料通常是由两种组分构成的,即纤维和基体。根据混合物的基本原理,可以根据纤维材料和基体材料的自身特性以及它们的体积百分数这些信息计算出单向复合材料层的相关特性。在应用混合物基本原理时,一般需要假设两种组分之间的结合是理想的(绑定),类似于单个材料体的行为。复合材料层的纵向模量(亦称主模量)E_{11}一般可以表示为

$$E_{11} = E_f V_f + E_m V_m \tag{1.1}$$

式中:E_f 和 E_m 分别代表纤维材料和基体材料的纵向模量;V_f 和 V_m 分别代表纤维材料和基体材料的体积百分数[①]。

主泊松比 v_{12} 应根据下式计算:

$$v_{12} = v_f V_f + v_m V_m \tag{1.2}$$

式中:v_f 和 v_m 分别代表纤维材料和基体材料的泊松比。

次泊松比 v_{21} 由下式给出:

$$\frac{v_{12}}{E_{11}} = \frac{v_{21}}{E_{22}} \Rightarrow v_{21} = \frac{E_{22}}{E_{11}} \tag{1.3}$$

复合材料层的横向模量(或称次模量)E_{22} 的计算如下:

$$\frac{1}{E_{22}} = \frac{V_f}{E_f} + \frac{V_m}{E_m} \Rightarrow E_{22} = \frac{E_m}{V_f \dfrac{E_m}{E_f} + V_m} = \frac{E_m}{V_f \dfrac{E_m}{E_f} + (1 - V_f)} \tag{1.4}$$

进一步,该层的剪切模量为

$$\frac{1}{G_{12}} = \frac{V_f}{G_f} + \frac{V_m}{G_m} \Rightarrow G_{12} = \frac{G_m}{V_f \dfrac{G_m}{G_f} + V_m} = \frac{G_m}{V_f \dfrac{G_m}{G_f} + (1 - V_f)} \tag{1.5}$$

式中:G_f 和 G_m 分别代表纤维材料和基体材料的剪切模量。

表 1.2 中列出了一些纤维材料和基体材料的特性,读者可由此对它们的不同性质做一比较和认识。

此外,值得提及的是,在参考文献[1*]中已经指出,借助混合物基本原理中的简

----

① 应注意 $V_f + V_m = 1$。

单的微观力学模型可以较好地预测出前述四个参量的值(E_{11}，E_{22}，G_{12}和v_{12})，它们与实验结果也是比较吻合的，见表1.3。

表1.2　T300碳纤维和914环氧树脂的典型特性

特性	T300 碳纤维	914 环氧树脂（基体）
杨氏模量 E/GPa	220	3.3
剪切模量 G/GPa	25	1.2
泊松比，ν	0.15	0.37

数据源于 B. Harris，Engineering Composite Materials，The Institute of Materials，London，UK，1999，193p。

表1.3　由简单微观力学模型给出的单向复合材料特性预测值

公式号	关系式	预测值（模量/GPa）	实验值（模量/GPa）
(1.1)	$E_{11} = E_f V_f + E_m (1 - V_f)$	124.7	125.0
(1.4)	$\dfrac{1}{E_{22}} = \dfrac{V_f}{E_f} + \dfrac{1 - V_f}{E_m}$	7.4	9.1
(1.5)	$\dfrac{1}{G_{12}} = \dfrac{V_f}{G_f} + \dfrac{1 - V_f}{G_m}$	2.6	5.0
(1.2)	$v_{12} = v_f V_f + v_m (1 - V_f)$	0.25	0.34

数据修改自 B. Harris，Engineering Composite Materials，The Institute of Materials，London，UK，1999，193p。

1.3　单层的特性

对于单层复合材料来说，它具有两个主要维度和一个厚度维度，但是厚度要远小于这两个主要维度上的尺寸。因此，只需假设 $\sigma_{33} = 0$，就可将一种正交各向异性材料的三维描述简化为二维描述（平面应力情况）（参见文献[1*,2*]）。显然，这一做法将使这个单层材料的柔度矩阵得以简化，从而有如下形式的本构关系式：

$$
\begin{bmatrix} \varepsilon_{11} \\ \varepsilon_{12} \\ \gamma_{12} \end{bmatrix} = \begin{bmatrix} \dfrac{1}{E_1} & -\dfrac{v_{21}}{E_2} & 0 \\ -\dfrac{v_{12}}{E_1} & \dfrac{1}{E_2} & 0 \\ 0 & 0 & \dfrac{1}{G_{12}} \end{bmatrix} \begin{bmatrix} \sigma_{11} \\ \sigma_{22} \\ \sigma_{12} \end{bmatrix} \tag{1.6}
$$

关于厚度方向上的应变 ε_{33} 的方程应用不多，其形式如下：

$$
\varepsilon_{33} = -\dfrac{\gamma_{13}}{E_1}\sigma_{11} - \dfrac{\gamma_{23}}{E_2}\sigma_{22} \tag{1.7}
$$

此外,关于剪应变的两个方程为

$$\begin{bmatrix} \gamma_{23} \\ \gamma_{13} \end{bmatrix} = \begin{bmatrix} \dfrac{1}{G_{23}} & 0 \\ 0 & \dfrac{1}{G_{13}} \end{bmatrix} \begin{bmatrix} \sigma_{23} \\ \sigma_{13} \end{bmatrix} \tag{1.8}$$

利用式(1.6)和式(1.8),就可以根据应变计算应力,即

$$\begin{bmatrix} \sigma_{11} \\ \sigma_{22} \\ \sigma_{12} \end{bmatrix} = \begin{bmatrix} Q_{11} & Q_{12} & 0 \\ Q_{21} & Q_{22} & 0 \\ 0 & 0 & Q_{66} \end{bmatrix} \begin{bmatrix} \varepsilon_{11} \\ \varepsilon_{22} \\ \gamma_{12} \end{bmatrix} = \begin{bmatrix} \dfrac{E_1}{1 - v_{12}v_{21}} & \dfrac{v_{21}E_1}{1 - v_{12}v_{21}} & 0 \\ \dfrac{v_{12}E_2}{1 - v_{12}v_{21}} & \dfrac{E_2}{1 - v_{12}v_{21}} & 0 \\ 0 & 0 & G_{12} \end{bmatrix} \begin{bmatrix} \varepsilon_{11} \\ \varepsilon_{22} \\ \gamma_{12} \end{bmatrix} \tag{1.9}$$

其中,$Q_{12} = Q_{21}$,$v_{12} \neq v_{21}$。

$$\begin{bmatrix} \sigma_{23} \\ \sigma_{13} \end{bmatrix} = \begin{bmatrix} Q_{23} & 0 \\ 0 & Q_{13} \end{bmatrix} \begin{bmatrix} \gamma_{23} \\ \gamma_{13} \end{bmatrix} = \begin{bmatrix} G_{23} & 0 \\ 0 & G_{13} \end{bmatrix} \begin{bmatrix} \gamma_{23} \\ \gamma_{13} \end{bmatrix} \tag{1.10}$$

1.4　应力和应变的变换

这里考虑图 1.4 所示的两个坐标系统,其中的标号 1 和 2 代表的是单层的正交坐标轴,而 (x,y) 代表任意的坐标系,它相对于前者转动了一个 θ 角。当需要将前一个坐标系下的应力和应变量变换到 (x,y) 坐标系中时,一般应将原应力和应变量乘以一个变换矩阵,其形式为[①]

$$\begin{Bmatrix} \sigma_1 \\ \sigma_2 \\ \tau_{12} \end{Bmatrix}^k = T \begin{Bmatrix} \sigma_x \\ \sigma_y \\ \tau_{xy} \end{Bmatrix}^k \tag{1.11}$$

$$\begin{Bmatrix} \varepsilon_1 \\ \varepsilon_2 \\ \dfrac{\gamma_{12}}{2} \end{Bmatrix}^k = T \begin{Bmatrix} \varepsilon_x \\ \varepsilon_y \\ \dfrac{\gamma_{xy}}{2} \end{Bmatrix}^k \tag{1.12}$$

---

① 可参见如下实例:J. E. Ashton,J. C. Halpin,Primer on Composite Materials:Analysis,Technomic Publishing Co. ,Inc. ,750 Summer St. ,Stamford,Conn. 06901,USA,1969。

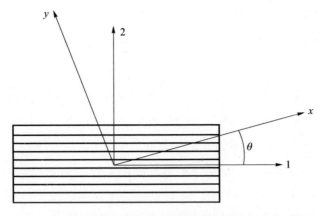

图 1.4　两个坐标系统:1,2 为组分层正交坐标;x,y 为任意坐标

其中的 k 代表的是这个单层的编号①,变换矩阵 $\boldsymbol{T}$ 由下式给出:

$$\boldsymbol{T} = \begin{bmatrix} c^2 & s^2 & 2cs \\ s^2 & c^2 & -2cs \\ -cs & cs & c^2 - s^2 \end{bmatrix}, \quad c \equiv \cos\theta, \quad s \equiv \sin\theta \tag{1.13}$$

若需得到这个变换矩阵的逆阵,只需在式(1.13)中以 $-\theta$ 替换 θ 即可,于是有

$$\boldsymbol{T}^{-1} = \boldsymbol{T}(-\theta) = \begin{bmatrix} c^2 & s^2 & -2cs \\ s^2 & c^2 & 2cs \\ cs & -cs & c^2 - s^2 \end{bmatrix} \tag{1.14}$$

进一步可以看出,这个单层的应力 - 应变关系在变换到 (x,y) 坐标系下之后可得

$$\begin{Bmatrix} \sigma_1 \\ \sigma_2 \\ \tau_{12} \end{Bmatrix}^k = \boldsymbol{T}^{-1} \boldsymbol{Q}^k \boldsymbol{T} \begin{Bmatrix} \varepsilon_x \\ \varepsilon_y \\ \gamma_{xy} \end{Bmatrix}^k, \quad \boldsymbol{Q}^k = \begin{bmatrix} Q_{11} & Q_{12} & 0 \\ Q_{12} & Q_{22} & 0 \\ 0 & 0 & 2Q_{66} \end{bmatrix}^k \tag{1.15}$$

其中的 Q_{11}、Q_{12}、Q_{22} 和 Q_{66} 由式(1.9)给出。

式(1.15)中的矩阵相乘以后可以得到如下结果:

$$\begin{Bmatrix} \sigma_1 \\ \sigma_2 \\ \tau_{12} \end{Bmatrix}^k = \overline{\boldsymbol{Q}}^k \begin{Bmatrix} \varepsilon_x \\ \varepsilon_y \\ \gamma_{xy} \end{Bmatrix}^k, \quad \overline{\boldsymbol{Q}}^k = \begin{bmatrix} \overline{Q}_{11} & \overline{Q}_{12} & \overline{Q}_{16} \\ \overline{Q}_{12} & \overline{Q}_{22} & \overline{Q}_{26} \\ \overline{Q}_{16} & \overline{Q}_{26} & \overline{Q}_{66} \end{bmatrix}^k \tag{1.16}$$

其中

---

① 应注意:$\sigma_{11} \equiv \sigma_1$,$\sigma_{22} \equiv \sigma_2$,$\varepsilon_{11} \equiv \varepsilon_1$,$\varepsilon_{22} \equiv \varepsilon_2$。

$$\begin{cases} \overline{Q}_{11} = Q_{11}\cos^4\theta + 2(Q_{12} + 2Q_{66})\sin^2\theta\cos^2\theta + Q_{22}\sin^4\theta \\ \overline{Q}_{12} = (Q_{11} + Q_{22} - 4Q_{66})\sin^2\theta\cos^2\theta + Q_{12}(\sin^4\theta + \cos^4\theta) \\ \overline{Q}_{22} = Q_{11}\sin^4\theta + 2(Q_{12} + 2Q_{66})\sin^2\theta\cos^2\theta + Q_{22}\cos^4\theta \\ \overline{Q}_{16} = (Q_{11} - Q_{12} - 2Q_{66})\sin\theta\cos^3\theta + (Q_{12} - Q_{22} + 2Q_{66})\sin^3\theta\cos\theta \\ \overline{Q}_{26} = (Q_{11} - Q_{12} - 2Q_{66})\sin^3\theta\cos\theta + (Q_{12} - Q_{22} + 2Q_{66})\sin\theta\cos^3\theta \\ \overline{Q}_{66} = (Q_{11} + Q_{22} - 2Q_{12} - 4Q_{66})\sin^2\theta\cos^2\theta + Q_{12}(\sin^4\theta + \cos^4\theta) \end{cases} \tag{1.17}$$

实际上,Tsai 和 Pagano[2*]还给出了另一种具有不变性的分析过程,矩阵$\overline{\boldsymbol{Q}}^k$ 所包含的元素如下:

$$\begin{cases} \overline{Q}_{11} = U_1 + U_2\cos(2\theta) + U_3\cos(4\theta) \\ \overline{Q}_{12} = U_4 - U_3\cos(4\theta) \\ \overline{Q}_{22} = U_1 - U_2\cos(2\theta) + U_3\cos(4\theta) \\ \overline{Q}_{16} = -\frac{1}{2}U_2\sin(2\theta) - U_3\sin(4\theta) \\ \overline{Q}_{26} = -\frac{1}{2}U_2\sin(2\theta) + U_3\sin(4\theta) \\ \overline{Q}_{66} = U_5 - U_3\cos(4\theta) \end{cases} \tag{1.18}$$

其中

$$\begin{cases} U_1 = \frac{1}{8}(3Q_{11} + 3Q_{22} + 2Q_{12} + 4Q_{66}) \\ U_2 = \frac{1}{2}(Q_{11} - Q_{22}) \\ U_3 = \frac{1}{8}(Q_{11} + Q_{22} - 2Q_{12} - 4Q_{66}) \\ U_4 = \frac{1}{8}(Q_{11} + Q_{22} + 6Q_{12} - 4Q_{66}) \\ U_5 = \frac{1}{8}(Q_{11} + Q_{22} - 2Q_{12} + 4Q_{66}) \end{cases}$$

需要注意的是,上面的 U_1、U_4 和 U_5 这些项对于绕坐标轴 3(垂直于 1 - 2 平面)的转动具有不变性。

现在,考察由多个薄层叠加构成的层合材料的特性,人们一般采用这种层合结构承受载荷。

由图 1.5 可以看出,对于距离中面为 z 的点,它在 x 方向上的位移可以表示为(下述的 w 代表的是 z 方向上的位移)

$$u = u_0 - z \frac{\partial w}{\partial x} \tag{1.19}$$

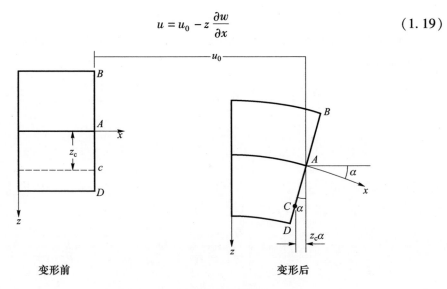

变形前   变形后

图 1.5   变形前后的板的横截面

类似地,该点在 y 方向上的位移为

$$v = v_0 - z \frac{\partial w}{\partial y} \tag{1.20}$$

于是,应变(ε_x , ε_y , γ_{xy})和曲率(κ_x , κ_y , κ_{xy})就可以表示为

$$\begin{cases} \varepsilon_x \equiv \dfrac{\partial u}{\partial x} = \dfrac{\partial u_0}{\partial x} - z \dfrac{\partial^2 w}{\partial x^2} = \varepsilon_x^0 + z\kappa_x \\[3mm] \varepsilon_y \equiv \dfrac{\partial v}{\partial y} = \dfrac{\partial v_0}{\partial y} - z \dfrac{\partial^2 w}{\partial y^2} = \varepsilon_y^0 + z\kappa_y \\[3mm] \gamma_{xy} \equiv \dfrac{\partial u}{\partial y} + \dfrac{\partial v}{\partial x} = \dfrac{\partial u_0}{\partial y} + \dfrac{\partial v_0}{\partial x} - 2z \dfrac{\partial^2 w}{\partial x \partial y} = \gamma_{xy}^0 + z\kappa_{xy} \end{cases} \tag{1.21}$$

式中: ε_x^0 , ε_y^0 和 γ_{xy}^0 代表中面上的应变。

若以矩阵形式来描述,那么式(1.21)还可表示为

$$\begin{bmatrix} \varepsilon_x \\ \varepsilon_y \\ \gamma_{xy} \end{bmatrix} = \begin{bmatrix} \varepsilon_x^0 \\ \varepsilon_y^0 \\ \gamma_{xy}^0 \end{bmatrix} + z \begin{bmatrix} \kappa_x \\ \kappa_y \\ \kappa_{xy} \end{bmatrix} \Rightarrow \boldsymbol{\varepsilon} = \boldsymbol{\varepsilon}^0 + z\boldsymbol{\kappa} \tag{1.22}$$

因此,一个薄层上的应力可以表示为

9

$$\boldsymbol{\sigma}^k = \overline{\boldsymbol{Q}}^k \boldsymbol{\varepsilon}^0 + z \overline{\boldsymbol{Q}}^k \boldsymbol{\kappa} \qquad (1.23)$$

现在再来计算力 (N_x, N_y, N_{xy}) 和力矩 (M_x, M_y, M_{xy})，它们的定义如下（其中的 h 为层合结构的厚度）：

$$
\begin{cases}
N_x \equiv \displaystyle\int_{-h/2}^{h/2} \sigma_x \mathrm{d}z, \quad N_y \equiv \int_{-h/2}^{h/2} \sigma_y \mathrm{d}z, \quad N_{xy} \equiv \int_{-h/2}^{h/2} \tau_{xy} \mathrm{d}z \\[3mm]
M_x \equiv \displaystyle\int_{-h/2}^{h/2} \sigma_x z \mathrm{d}z, \quad M_y \equiv \int_{-h/2}^{h/2} \sigma_y z \mathrm{d}z, \quad M_{xy} \equiv \int_{-h/2}^{h/2} \tau_{xy} z \mathrm{d}z
\end{cases} \qquad (1.24)
$$

将应力表达式代入式（1.24）后，就可以将这些力和力矩表示为中面上的应变 $\boldsymbol{\varepsilon}^0$ 和曲率 $\boldsymbol{\kappa}$ 的函数形式（参阅文献 $[2^*]$），简写如下：

$$
\begin{Bmatrix} \boldsymbol{N} \\ \boldsymbol{M} \end{Bmatrix} = \begin{bmatrix} \boldsymbol{A} & \boldsymbol{B} \\ \boldsymbol{B} & \boldsymbol{D} \end{bmatrix} \begin{Bmatrix} \boldsymbol{\varepsilon}^0 \\ \boldsymbol{\kappa} \end{Bmatrix}
$$

或者

$$
\begin{Bmatrix} \begin{Bmatrix} N_x \\ N_y \\ N_{xy} \end{Bmatrix} \\[6mm] \begin{Bmatrix} M_x \\ M_y \\ M_{xy} \end{Bmatrix} \end{Bmatrix} = \begin{bmatrix} \begin{bmatrix} A_{11} & A_{12} & A_{16} \\ A_{12} & A_{22} & A_{26} \\ A_{16} & A_{26} & A_{66} \end{bmatrix} & \begin{bmatrix} B_{11} & B_{12} & B_{16} \\ B_{12} & B_{22} & B_{26} \\ B_{16} & B_{26} & B_{66} \end{bmatrix} \\[8mm] \begin{bmatrix} B_{11} & B_{12} & B_{16} \\ B_{12} & B_{22} & B_{26} \\ B_{16} & B_{26} & B_{66} \end{bmatrix} & \begin{bmatrix} D_{11} & D_{12} & D_{16} \\ D_{12} & D_{22} & D_{26} \\ D_{16} & D_{26} & D_{66} \end{bmatrix} \end{bmatrix} \begin{Bmatrix} \begin{Bmatrix} \varepsilon_x^0 \\ \varepsilon_y^0 \\ \gamma_{xy}^0 \end{Bmatrix} \\[6mm] \begin{Bmatrix} \kappa_x \\ \kappa_y \\ \kappa_{xy} \end{Bmatrix} \end{Bmatrix} \qquad (1.25)
$$

其中，常数元素定义如下：

$$
\begin{cases}
A_{ij} = \displaystyle\int_{-h/2}^{h/2} \overline{Q}_{ij}^k \mathrm{d}z = \sum_{k=1}^n \overline{Q}_{ij}^k (h_k - h_{k-1}) \\[4mm]
B_{ij} = \displaystyle\int_{-h/2}^{h/2} \overline{Q}_{ij}^k z \mathrm{d}z = \frac{1}{2} \sum_{k=1}^n \overline{Q}_{ij}^k (h_k^2 - h_{k-1}^2) \\[4mm]
D_{ij} = \displaystyle\int_{-h/2}^{h/2} \overline{Q}_{ij}^k z^2 \mathrm{d}z = \frac{1}{3} \sum_{k=1}^n \overline{Q}_{ij}^k (h_k^3 - h_{k-1}^3) \\[4mm]
(i,j) = (1,1),(1,2),(2,2),(1,6),(2,6),(6,6)
\end{cases} \qquad (1.26)
$$

式（1.26）中的求和应根据图 1.6 中的标记进行，之所以将沿着层合结构厚度方向的积分转换为厚度方向上的求和，是因为各个单向层非常薄，进而其特性在厚度方向上可以认为是不变的。

10

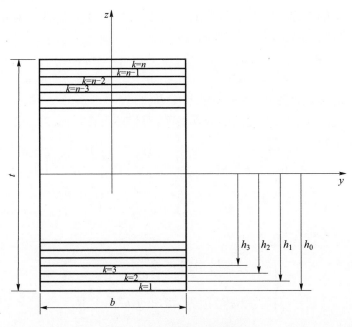

图 1.6 层合结构的符号表示

最后,利用经典层合理论,可以得到层合薄板的运动方程(参阅文献[1*,2*]),即

$$
\begin{cases}
\dfrac{\partial N_{xx}}{\partial x} + \dfrac{\partial N_{xy}}{\partial y} = I_1 \dfrac{\partial^2 u_0}{\partial t^2} - I_2 \dfrac{\partial^2}{\partial t^2}\left(\dfrac{\partial w_0}{\partial x}\right) \\[2ex]
\dfrac{\partial N_{xy}}{\partial x} + \dfrac{\partial N_y}{\partial y} = I_1 \dfrac{\partial^2 v_0}{\partial t^2} - I_2 \dfrac{\partial^2}{\partial t^2}\left(\dfrac{\partial w_0}{\partial y}\right) \\[2ex]
\dfrac{\partial^2 M_x}{\partial x^2} + 2\dfrac{\partial^2 M_{xy}}{\partial x \partial y} + \dfrac{\partial^2 M_y}{\partial y^2} + \dfrac{\partial}{\partial x}\left[N_{xx}\dfrac{\partial w_0}{\partial x} + N_{xy}\dfrac{\partial w_0}{\partial y}\right] \\[2ex]
\quad + \dfrac{\partial}{\partial y}\left[N_{yy}\dfrac{\partial w_0}{\partial y} + N_{xy}\dfrac{\partial w_0}{\partial x}\right] = -p_z + I_1 \dfrac{\partial^2 w_0}{\partial t^2} \\[2ex]
\quad - I_3 \dfrac{\partial^2}{\partial t^2}\left(\dfrac{\partial^2 w_0}{\partial x^2} + \dfrac{\partial^2 w_0}{\partial y^2}\right) + I_2 \dfrac{\partial^2}{\partial t^2}\left(\dfrac{\partial w_0}{\partial x} + \dfrac{\partial w_0}{\partial y}\right)
\end{cases}
\tag{1.27}
$$

式中:p_z 为 z 方向单位面积上的载荷[①];下标 0 为中面上的取值;N 为面内载荷;I_1、I_2 和 I_3 为惯性矩,计算式为(ρ 为单位面积的质量)

$$
I_j = \int_{-h/2}^{h/2} \rho z^{j-1}\mathrm{d}z, \quad j = 1,2,3
\tag{1.28}
$$

---

① 应注意坐标 z 一般用于表示厚度方向,而坐标 x 和 y 则定义的是板面上的方向。

若想得到梁的方程,我们也可利用式(1.27),只是需要令与 y 相关的项为零即可,从而可以导出如下形式的一维方程,即

$$\frac{\partial^2 M_x}{\partial x^2} + \frac{\partial}{\partial x}\left(N_{xx}\frac{\partial w_0}{\partial x}\right) = -p_z + I_1\frac{\partial^2 w}{\partial t^2} - I_3\frac{\partial^4 w}{\partial t^2 \partial x^2} + I_2\frac{\partial^3 w}{\partial t^2 \partial x} \tag{1.29}$$

其中的 N_{xx} 为轴向载荷(面内,沿着梁的长度方向)。

根据横向变形 w 与弯矩之间的内在关系,我们还可将式(1.29)只表示为 w 的形式,即

$$-D_{11}\frac{\partial^2 w}{\partial x^2} = M_x \Rightarrow -\frac{\partial^2}{\partial x^2}\left(D_{11}\frac{\partial^2 w}{\partial x^2}\right) + \frac{\partial}{\partial x}\left(N_{xx}\frac{\partial w_0}{\partial x}\right)$$

$$= -p_z + I_1\frac{\partial^2 w}{\partial t^2} - I_3\frac{\partial^4 w}{\partial t^2 \partial x^2} + I_2\frac{\partial^3 w}{\partial t^2 \partial x} \tag{1.30}$$

与此相关的边界条件包括:

$$\begin{cases} \text{几何边界:指定} w \text{ 或} \dfrac{\partial w}{\partial x} \\ \\ \text{力(力矩)边界:指定} Q \equiv \dfrac{\partial M}{\partial x} \text{或} M \end{cases} \tag{1.31}$$

现有文献中人们经常考虑的一些典型边界条件一般包括如下几种类型:

$$\begin{cases} \text{简支边界:} w = 0 \text{ 和} M = 0 \\ \\ \text{固支边界:} w = 0 \text{ 和} \dfrac{\partial w}{\partial x} = 0 \\ \\ \text{自由边界:} Q \equiv \dfrac{\partial M}{\partial x} = 0 \text{ 和} M = 0 \end{cases} \tag{1.32}$$

在这些复合材料结构的制备中还存在着一些热力学问题,其原因在于固化处理阶段往往会出现热收缩效应,另外在此类结构的服役期间也会存在着温度变化的影响。现代增强纤维材料的轴向热膨胀系数相对来说比较小(碳纤维的轴向、热膨胀系数甚至为负值),而树脂基体却往往具有很大的热膨胀系数,这是导致相关热力学问题的一个主要原因。当从典型的固化温度开始进行冷却过程时,例如从140℃冷却到室温,复合材料中的纤维将处于收缩状态,而基体则表现出拉伸应力状态[1*]。这两种组分的热学特性失配将会导致残余应力的出现,参见表1.4。

表 1.4 一些常用单向复合材料的典型热应力

基体	纤维	纤维体积百分数 V_f/%	温度范围 ΔT/K	纤维残余应力/MPa	基体残余应力/MPa
树脂(高温固化)	T300 碳纤维	65	120	-19	36
树脂(低温固化)	无碱纤维玻璃	65	100	-15	28
树脂(低温固化)	Kevlar 49	65	100	-16	30
硼玻璃	T300 碳纤维	50	520	-93	93

基体	纤维	纤维体积 百分数 V_f/%	温度范围 ΔT/K	纤维残余 应力/MPa	基体残余 应力/MPa
CAS（CaO-Al$_2$O$_3$-SiO$_2$） 系微晶玻璃	Nicalon SiC	40	1000	−186	124

数据源于 B. Harris, Engineering Composite Materials, The Institute of Materials, London, UK, 1999, 193p。

复合材料设计中还会涉及另一个重要参数,即抗拉和抗压强度,一般需要通过各种实验来测得,如表1.5所列(参阅文献[1*])。

在表1.6中,我们还列出了各种复合材料的主要制造商信息,以供读者参考。

表1.5　常用复合材料的典型抗拉和抗压强度实验值

材料	铺层	纤维体积百分数 V_f/%	抗拉强度 σ_t/GPa	抗压强度 σ_c/GPa	σ_c/σ_t
GRP	单向	60	1.3	1.1	0.85
CFRP	单向	60	2.0	1.1	0.55
KFRP	单向	60	1.0	0.4	0.40
HTA/913 （CFRP）	$[(\pm45°,0°_2)_2]_s$	65	1.27	0.97	0.77
T800/924 （CFRP）	$[(\pm45°,0°_2)_2]_s$	65	1.42	0.90	0.63
T800/5245 （CFRP）	$[(\pm45°,0°_2)_2]_s$	65	1.67	0.88	0.53
SiC/CAS （CMC）	单向	37	334	1360	4.07
SiC/CAS （CMC）	$[0°,90°]_{3s}$	37	210	463	2.20

CFRP——碳纤维增强聚合物;CMC——陶瓷基复合材料;GRP——玻璃纤维增强塑料;KFRP——Kevlar纤维增强塑料。

数据源于 B. Harris, Engineering Composite Materials, The Institute of Materials, London, UK, 1999, 193p。

表1.6　各种复合材料和合成树脂的主要制造商

复合材料类型	公司名称	公司网址
热塑性复合材料	Milliken Tegris	tegris. milliken. com
热塑性复合材料	Polystrand, Inc.	www. polystrand. com
无纺布和泡沫	Wm. T. Burnett & Co.	www. williamtburnett. com
热塑性复合材料	Schappe Techniques	www. schappe. com
热塑性复合材料	TechFiber	www. fiber-tech. net
热塑性复合材料	TenCate	www. tencate. com

复合材料类型	公司名称	公司网址
热塑性复合材料	TherCom	www. thercom. com
热塑性复合材料	Vectorply	www. vectorply. com
复合材料:合成树脂和纤维	SF Composites	www. sf-composites. com
树脂基复合材料	SICOMIN	www. sicomin. com
复合材料+合成树脂,复合材料层合物	Lamiflex SPA	www. lamiflex. il
复合材料+聚酯	AMP Composite	www. amp-composite. il
灌注、拉挤成型、湿法铺层、预浸料、纤维缠绕	Applied Poleramic Inc.	www. appliedpoleramic. com
环氧树脂和聚氨酯	Endurance Technologies	www. epoxi. com
复合材料	Gurit	www. gurit. com
高性能热固性树脂	Huntsman Advanced Materials	www. huntsman. com/advanced_materials/a /Home
高性能热固性树脂	Lattice Composites	www. latticecomposites. com
Kevlar 纤维	DuPont Kevlar	www. dupont. com/products-and-services/ fabrics-fibers-nonwovens/fibers/brands/ kevlar. html
超高分子量高性能聚乙烯材料	DuPont Tenslyon	www. dupont. com
Innegra HMPP (高模量聚丙烯)	Innegra Technologies	www. innegratech. com
展宽纤维	TeXtreme	www. textreme. com/b2b
胶黏剂和密封剂	3M	Solutions. 3m. com
预浸料和合成树脂	Axiom Materials Inc	www. axiommaterials. com
纤维,合成树脂,复合材料	Barrday Advanced Materials Solutions	www. barrday. com
碳纤维预浸料	Hankuk Carbon Co. ,Ltd	www. hcarbon. com/eng/product/overview. asp
碳纤维和预浸料	Hexcel	www. hexcel. com/Products/Industries/ ICarbon-Fiber
预浸料和复合物	Pacific Coast Composites	www. pccomposites. com
预浸料和复合物	Quantum Composites	www. quantumcomposites. com

为了帮助读者更方便地获取已有文献中的各种信息,本章最后列出了一些参考文献,它们主要针对复合结构和三明治结构在各种外部载荷作用下的动力学行为进行了比较典型的分析和研究。这些文献是按照时间顺序给出的,从 2000 年开始一直到当前,包括了如下几个部分:层状复合梁或复合柱;三明治结构(梁、柱、杆);三明治板与壳;复合板与复合壳;相关的实验工作(梁、柱、杆、三明治板与壳、复合板与复合壳等)。

参考文献

[1*] B. Harris, Engineering Composite Materials, The Institute of Materials, London, UK, 1999, 193 p.
[2*] R.M. Jones, Mechanics of Composite Materials, second ed., Taylor & Francis, Philadelphia, PA 19106, USA, 1999, 519 p.

层状复合梁或复合柱

[1] S. Lee, T. Park, G.Z. Voyiadjis, Free vibration analysis of axially compressed laminated composite beam-columns with multiple delaminations, Composites Part B: Engineering 33 (8) (2002) 605−617. April 11, 2001.
[2] V.K. Goyal, R.K. Kapania, Dynamic stability of laminated composite beams subject to subtangential loads, in: AIAA 2003-1930, 44th AIAA/ASME/ASCE/AHS Structures Structural Dynamics and Materials Conference, Norfolk, Virginia, April 7−10, 2003.
[3] Z. Zhang, F. Taheri, Dynamic pulse-buckling behavior of quasi-ductile carbon/epoxy and E-glass/epoxy laminated composite beams, Composite Structures 64 (3−4) (June 2004) 269−274.
[4] H. Çallioğlu, A.R. Tarakcilar, N.B. Bektaş, Elastic-plastic stress analysis of laminated composite beams under linear temperature distribution, Journal of Thermal Stresses 27 (11) (2004).
[5] R. Ganesan, V.K. Kowda, Buckling of composite beam-columns with stochastic properties, Journal of Reinforced Plastics and Composites 24 (5) (2005) 513−543, http://dx.doi.org/10.1177/0731684405045017.
[6] M. Aydogdu, Thermal buckling analysis of cross-ply laminated composite beams with general boundary conditions, Composites Science and Technology 67 (10) (2007) 1096−1104, http://dx.doi.org/10.1016/j.compscitech.2006.05.021. April 6, 2006.
[7] L. Jun, H. Hongxing, S. Rongying, Dynamic stiffness analysis for free vibrations of axially loaded laminated composite beams, Composite Structures 84 (1) (2008) 87−98, http://dx.doi.org/10.1016/j.compstruct.2007.07.007. August 3, 2007.
[8] C.G. Boay, Y.C. Wee, Coupling effects in bending, buckling and free vibration of generally laminated composite beams, Composites Science and Technology 68 (7−8) (2008) 1664−1670, http://dx.doi.org/10.1016/j.compscitech.2008.02.014. September 10, 2007.
[9] W. Zhen, C. Wanji, An assessment of several displacement-based theories for the vibration and stability analysis of laminated composite and sandwich beams, Composite Structures 84 (4) (2008) 337−349, http://dx.doi.org/10.1016/j.compstruct.2007.10.005. October 10, 2007.
[10] G. Atlihan, H. Çalliğlu, E.Ş. Conkur, M. Topcu, U. Yücel, Free vibration analysis of the laminated composite beams by using DQM, Journal of Reinforced Plastics and Composites 28 (7) (May 16, 2008) 881−892, http://dx.doi.org/10.1177/0731684407087561.
[11] Z. Kiral, B.G. Kiral, Dynamic analysis of a symmetric laminated composite beam subjected to a moving load with constant velocity, Journal of Reinforced Plastics and Composites 27 (1) (2008) 19−32, http://dx.doi.org/10.1177/0731684407079492.
[12] L. Jun, H. Hongxing, Free vibration analyses of axially loaded laminated composite beams based on higher-order shear deformation theory, Meccanica 46 (6) (2011) 1299−1317, http://dx.doi.org/10.1007/s11012-010-9388-7. January 14, 2009.
[13] M. Baghani, R.A. Jafari-Talookolaei, H. Salarieh, Large amplitudes free vibrations and

post-buckling analysis of unsymmetrically laminated composite beams on nonlinear elastic foundation, Applied Mathematical Modelling 35 (1) (2011) 130–138, http://dx.doi.org/10.1016/j.apm.2010.05.012. December 27, 2009.

[14] G.B. Chai, C.W. Yap, T.M. Lim, Bending and buckling of a generally laminated composite beam-column, Proceedings of the Institution of Mechanical Engineers, Part L: Journal of Materials: Design and Applications 224 (1) (January 1, 2010) 1–7.

[15] M.A. Foda, A.A. Almajed, M.M. ElMadany, Vibration suppression of composite laminated beams using distributed piezoelectric patches, Smart Materials and Structures 19 (11) (May 3, 2010) 115018, http://dx.doi.org/10.1088/0964-1726/19/11/115018.

[16] M. Lezgy-Nazargah, M. Shariyat, S.B. Beheshti-Aval, A refined high-order global-local theory for finite element bending and vibration analyses of laminated composite beams, Acta Mechanica 217 (3–4) (2011) 219–242, http://dx.doi.org/10.1007/s00707-010-0391-9. July 19, 2010.

[17] R.A. Jafari-Talookolaei, H. Salarieh, M.H. Kargarnovin, Analysis of large amplitude free vibrations of unsymmetrically laminated composite beams on a nonlinear elastic foundation, Acta Mechanica 219 (1–2) (2011) 65–75, http://dx.doi.org/10.1007/s00707-010-0439-x. October 29, 2010.

[18] P. Vidal, O. Polit, Sine finite elements using a zig-zag function for the analysis of laminated composite beams, Composites Part B: Engineering 42 (6) (January 6, 2011) 1671–1682.

[19] A.R. Vosoughi, P. Malekzadeh, M.R. Banan, MoR. Banan, Thermal buckling and postbuckling of laminated composite beams with temperature-dependent properties, International Journal of Non-Linear Mechanics 47 (3) (2012) 96–102, http://dx.doi.org/10.1016/j.ijnonlinmec.2011.11.009. March 10, 2011.

[20] R.A. Jafari-Talookolaei, M. Abedi, M.H. Kargarnovin, M.T. Ahmadian, An analytical approach for the free vibration analysis of generally laminated composite beams with shear effect and rotary inertia, International Journal of Mechanical Sciences 65 (1) (December 10, 2011) 97–104, http://dx.doi.org/10.1016/j.ijmecsci.2012.09.007.

[21] M.H. Kargarnovin, M.T. Ahmadian, R.-A. Jafari-Talookolaei, M. Abedi, Semi-analytical solution for the free vibration analysis of generally laminated composite Timoshenko beams with single delamination, Composites Part B: Engineering 45 (1) (2013) 587–600. February 25, 2012.

[22] N.-I. Kim, J. Lee, Lateral buckling of shear deformable laminated composite I-beams using the finite element method, International Journal of Mechanical Sciences 68 (March 21, 2012) 246–257, http://dx.doi.org/10.1016/j.ijmecsci.2013.01.023.

[23] Y. Fu, J. Wang, S. Hu, Analytical solutions of thermal buckling and postbuckling of symmetric laminated composite beams with various boundary conditions, Acta Mechanica 225 (1) (2014) 13–29, http://dx.doi.org/10.1007/s00707-013-0941-z. December 21, 2012.

[24] A. Erkliğ, E. Yeter, M. Bulut, The effects of cut-outs on lateral buckling behavior of laminated composite beams, Composite Structures 104 (April 21, 2013) 54–59.

[25] J. Li, Q. Huo, X. Li, X. Kong, W. Wu, Vibration analyses of laminated composite beams using refined higher-order shear deformation theory, International Journal of Mechanics and Materials in Design 10 (1) (2014) 43–52, http://dx.doi.org/10.1007/s10999-013-9229-7. May 3, 2013.

[26] E. Carrera, M. Filippi, E. Zappino, Free vibration analysis of laminated beam by polynomial trigonometric exponential and zig-zag theories, Journal of Composite Materials 48 (19) (2014) 2299–2316. August 4, 2013.

[27] M.M. Abadi, A.R. Daneshmehr, An investigation of modified couple stress theory in buckling analysis of micro composite laminated Euler–Bernoulli and Timoshenko

beams, International Journal of Engineering Science 75 (2014) 40−53. September 4, 2013.

[28] S. Mareishi, M. Rafiee, X.Q. He, K.M. Liew, Nonlinear free vibration, postbuckling and nonlinear static deflection of piezoelectric fiber-reinforced laminated composite beams, Composites Part B: Engineering 59 (2014) 123−132. September 11, 2013.

[29] J. Li, Z. Wu, X. Kong, X. Li, W. Wu, Comparison of various shear deformation theories for free vibration of laminated composite beams with general lay-ups, Composite Structures 108 (2014) 767−778. October 15, 2013.

[30] D. Lanc, G. Turkalj, I. Pesic, Global buckling analysis model for thin-walled composite laminated beam type structures, Composite Structures 111 (January 30, 2014) 371−380.

[31] T. Kuehn, H. Pasternak, C. Mittelstedt, Local buckling of shear-deformable laminated composite beams with arbitrary cross-sections using discrete plate analysis, Composite Structures 113 (March 25, 2014) 236−248.

[32] Z.-M. Li, P. Qiao, Buckling and postbuckling behavior of shear deformable anisotropic laminated beams with initial geometric imperfections subjected to axial compression, Engineering Structures 85 (2015) 277−292. May 10, 2014.

[33] R. Sahoo, B.N. Singh, A new trigonometric zigzag theory for buckling and free vibration analysis of laminated composite and sandwich plates, Composite Structures 117 (June 28, 2014) 316−332.

[34] Y. Qu, S. Wu, H. Li, G. Meng, Three-dimensional free and transient vibration analysis of composite laminated and sandwich rectangular parallelepipeds: beams plates and solids, Composites Part B: Engineering 73 (September 29, 2014) 96−110.

三明治结构：梁、柱、杆

[35] J.L. Abot, A. Yasmin, I.M. Daniel, Impact behavior of sandwich beams with various composite face-sheets and balsa wood core, American Society of Mechanical Engineers, Applied Mechanics Division 247 (2001) 55−69.

[36] S.I. El-Sayed, S. Sridharan, A study of crack growth in sandwich composite beams, American Society of Mechanical Engineers, Aerospace Division Publication AD 66 (2001) 101−110.

[37] Y. Frostig, E. Bozhevolnaya, Free vibration of high-order curved sandwich beams, American Society of Mechanical Engineers, Aerospace Division Publication AD 66 (2001) 207−220.

[38] I.V. Avdeev, A.I. Borovkov, O.L. Kiylo, M.R. Lovell, D. Onipede Jr., Mixed 2D and beam formulation for modeling sandwich structures, Engineering Computations 19 (4) (2002) 451−466.

[39] G.A. Kardomateas, G.J. Simitses, L. Shen, R. Li, Buckling of sandwich wide columns, International Journal of Non-Linear Mechanics 37 (7) (2002) 1239−1247.

[40] E.E. Gdoutos, I.M. Daniel, K.-A. Wang, Compression facing wrinkling of composite sandwich structures, Mechanics of Materials 35 (3−6) (March 2003) 511−522.

[41] F. Nowzartash, M. Mohareb, Planar bending of sandwich beams with transverse loads off the centroidal axis, Journal of Engineering Mechanics 131 (4) (April 2005) 385−396.

[42] S. Kim, S. Sridharan, Analytical study of bifurcation and nonlinear behavior of sandwich columns, Journal of Engineering Mechanics 131 (12) (December 2005) 1313−1321.

[43] W. Lestari, P. Qiao, Dynamic characteristics and effective stiffness properties of honeycomb composite sandwich structures for highway bridge applications, Journal of Composites for Construction 10 (2) (March 2006) 148−160.

[44] M.A. Trindade, Simultaneous extension and shear piezoelectric actuation for active vi-

bration control of sandwich beams, in: 16th International Conference on Adaptive Structures and Technologies, 2006, pp. 215—222.

[45] F. Mortazavi, M. Sadighi, A modified high-order theory for sandwich beams under contact loading, in: Proceedings of the 8th International Conference on Computational Structures Technology (CST), vol. 83, 2006.

[46] N. Jacques, E.M. Daya, M. Potier-Ferry, Forced non-linear vibration of damped sandwich beams by the harmonic balance — finite element method, in: Proceedings of the 8th International Conference on Computational Structures Technology (CST), vol. 83, 2006.

[47] V.B. Gantovnik, A.V. Lopatin, Modelling of the sandwich beam with laminated facings and compressible orthotropic core, in: Collection of Technical Papers — AIAA/ASME/ ASCE/AHS/ASC Structures, Structural Dynamics and Materials Conference, vol. 10, 2006, pp. 6807—6823.

[48] R. Banerjee, C. Cheung, R. Morishima, M. Perera, J. Njuguna, Free vibration of a three-layered sandwich beam using theory and experiment, in: Collection of Technical Papers — AIAA/ASME/ASCE/AHS/ASC Structures, Structural Dynamics and Materials Conference, vol. 3, 2006, pp. 1808—1829.

[49] T.A. Dawood, Structural Health Monitoring of GFRP Sandwich Beam Structures, Thesis at University of Southampton, uk.bl.ethos.438529, 2006.

[50] W. Ji, A.M. Waas, Global and local buckling of a sandwich beam, Journal of Engineering Mechanics 133 (2) (February 2007) 230—237.

[51] M.D. Hayes, J.J. Lesko, Measurement of the Timoshenko shear stiffness. I: Effect of warping, Journal of Composites for Construction 11 (3) (2007) 336—342.

[52] M.D. Hayes, J.J. Lesko, Measurement of the Timoshenko shear stiffness. II: Effect of transverse compressibility, Journal of Composites for Construction 11 (3) (2007) 343—349.

[53] E.E. Gdoutos, Failure modes of sandwich structures, Applied Mechanics and Materials 7—8 (2007) 23—28.

[54] A. Beghini, Z.P. Bažant, A.M. Waas, S. Basu, Initial postcritical behavior of sandwich columns with low shear and transverse stiffness, Composites Part B: Engineering 39 (1) (January 2008) 159—164.

[55] G.M. Dai, W.H. Zhang, Size effects of basic cell in static analysis of sandwich beams, International Journal of Solids and Structures 45 (9) (May 1, 2008) 2512—2533.

[56] W. Ji, A.M. Waas, Wrinkling and edge buckling in orthotropic sandwich beams, Journal of Engineering Mechanics 134 (6) (June 2008) 455—461.

[57] C. Lundsgaard-Larsen, B.F. Sørensen, C. Berggreen, R.C. Østergaard, A modified DCB sandwich specimen for measuring mixed-mode cohesive laws, Engineering Fracture Mechanics 75 (8) (2008) 2514—2530.

[58] R.C. Østergaard, Buckling driven debonding in sandwich columns, International Journal of Solids and Structures 45 (5) (2008) 1264—1282.

[59] R. Ďuriš, V. Goga, A geometric nonlinear sandwich composite bar finite element with transversal and longitudinal variation of material properties, in: Proceedings of the 9th International Conference on Computational Structures Technology (CST), vol. 88, 2008.

[60] S. Belouettar, L. Azrar, E.M. Daya, V. Laptev, M. Potier-Ferry, Active control of nonlinear vibration of sandwich piezoelectric beams: a simplified approach, Smart Structures, Computers and Structures 86 (3) (2008) 386—397.

[61] B. Wang, L. Wu, X. Jin, S. Du, Y. Sun, L. Ma, Experimental investigation of 3D sandwich structure with core reinforced by composite columns, Materials & Design 31 (1) (January 2010) 158—165.

18

[62] M. Degiovanni, M. Gherlone, M. Mattone, M. Di Sciuva, A sub-laminates FEM approach for the analysis of sandwich beams with multilayered composite faces, Composite Structures 92 (9) (2010) 2299−2306.

[63] S.-X. Wang, L.-Z. Wu, L. Ma, Indentation study of foam sandwich structures reinforced by fiber columns, Journal of Sandwich Structures & Materials 12 (5) (2010) 621−646.

[64] C. Lundsgaard-Larsen, C. Berggreen, L.A. Carlsson, Tailoring sandwich face/core interfaces for improved damage tolerance, Applied Composite Materials 17 (6) (2010) 621−637.

[65] I. Ivañez, C. Santiuste, S. Sanchez-Saez, FEM analysis of dynamic flexural behaviour of composite sandwich beams with foam core, Composite Structures 92 (9) (2010) 2285−2291.

[66] H. Kapoor, R.K. Kapania, Analysis of composite and sandwich beams using adaptive, variable-order NURBS element-free Galerkin formulation, in: Collection of Technical Papers − AIAA/ASME/ASCE/AHS/ASC Structures, Structural Dynamics and Materials Conference, 2010.

[67] A. Chakrabarti, H.D. Chalak, M.A. Iqbal, A.H. Sheikh, A new FE model based on higher order zigzag theory for the analysis of laminated sandwich beam with soft core, Composite Structures 93 (2) (January 2011) 271−279, http://dx.doi.org/10.1016/j.compstruct.2010.08.031.

[68] K. Marynowski, Dynamic analysis of an axially moving sandwich beam with viscoelastic core, Composite Structures 94 (9) (September 2012) 2931−2936.

[69] E. Ayorinde, R.A. Ibrahim, V. Berdichevsky, M. Jansons, I. Grace, Development of damage in some polymeric foam-core sandwich beams under bending loading, Journal of Sandwich Structures & Materials 14 (2) (2012) 131−156, http://dx.doi.org/10.1177/1099636211433106.

[70] M. Bîrsan, T. Sadowski, D. Pietras, L. Marsavina, E. Linul, Mechanical behavior of sandwich composite beams made of foams and functionally graded materials, International Journal of Solids and Structures 50 (3−4) (February 2013) 519−530.

[71] J.S. Grewal, R. Sedaghati, E. Esmailzadeh, Vibration analysis and design optimization of sandwich beams with constrained viscoelastic core layer, Journal of Sandwich Structures & Materials 15 (2) (March 2013) 203−228.

[72] A.C. Manalo, Behaviour of fibre composite sandwich structures under short and asymmetrical beam shear tests, Composite Structures 99 (May 2013) 339−349, http://dx.doi.org/10.1016/j.compstruct.2012.12.010.

[73] M.J. Smyczynski, E. Magnucka-Blandzi, Static and dynamic stability of an axially compressed five-layer sandwich beam, Thin-Walled Structures 90 (May 2015) 23−30.

[74] G. Giunta, S. Belouettar, H. Nasser, E.H. Kiefer-Kamal, T. Thielen, Hierarchical models for the static analysis of three-dimensional sandwich beam structures, Composite Structures 133 (August 10, 2015) 1284−1301, http://dx.doi.org/10.1016/j.compstruct.2015.08.049.

三明治板与壳

[75] Q.J. Zhang, M.G. Sainsbury, The Galerkin element method applied to the vibration of rectangular damped sandwich plates, Computers and Structures 74 (6) (February 2000) 717−730.

[76] V. Birman, G.J. Simitses, Theory of cylindrical sandwich shells with dissimilar facings subjected to thermomechanical loads, AIAA Journal 38 (2) (February 2000).

[77] F. Scarpa, G. Tomlinson, Theoretical characteristics of the vibration of sandwich plates with in-plane negative Poisson's ratio values, Journal of Sound and Vibration 230 (1)

(February 2000) 45–67.

[78] D. Guojun, L. Huijian, Nonlinear vibration of circular sandwich plate under the uniformed load, Applied Mathematics and Mechanics 21 (2) (February 2000) 217–226.

[79] S. Oskooei, J.S. Hansen, Higher-order finite element for sandwich plates, AIAA Journal 38 (3) (March 2000).

[80] T. Hause, L. Librescu, T.F. Johnson, Effect of face-sheet anisotropy on buckling and postbuckling of sandwich plates, Journal of Spacecraft and Rockets 37 (3) (May 2000) 331–341.

[81] O.G. Gurtovyi, A continuous model for investigation of physically nonlinear deformation of orthotropic sandwich plates, Mechanics of Composite Materials 36 (3) (May 2000) 193–198.

[82] E. Barkanov, R. Rikards, C. Holste, O. Täger, Transient response of sandwich viscoelastic beams, plates, and shells under impulse loading, Mechanics of Composite Materials 36 (3) (May–June 2000) 215–222.

[83] G. Wang, S. Veeramani, N.M. Wereley, Analysis of sandwich plates with isotropic face plates and a viscoelastic core, Journal of Vibration and Acoustics 122 (3) (July 2000) 305–312.

[84] V.N. Paimushin, S.N. Bobrov, Refined geometric nonlinear theory of sandwich shells with a transversely soft core of medium thickness for investigation of mixed buckling forms, Mechanics of Composite Materials 36 (1) (July 2000) 59–66.

[85] C.M. Wang, K.K. Ang, L. Yang, E. Watanabe, Free vibration of skew sandwich plates with laminated facings, Journal of Sound and Vibration 235 (2) (August 2000) 317–340.

[86] V.N. Paimushin, V.A. Ivanov, Buckling forms of homogeneous and sandwich plates in pure shear in tangential directions, Mechanics of Composite Materials 36 (2) (September 2000) 131–138.

[87] W.K. Vonach, F.G. Rammerstorfer, Wrinkling of thick orthotropic sandwich plates under general loading conditions, Applied Mechanics 70 (5) (2000) 338–348.

[88] T. Kant, C.S. Babu, Thermal buckling analysis of skew fibre-reinforced composite and sandwich plates using shear deformable finite element models, Composite Structures 49 (1) (2000) 77–85.

[89] A. Muc, P. Zuchara, Buckling and failure analysis of FRP faced sandwich plates, Composite Structures 48 (1) (2000) 145–150.

[90] H. Altenbach, An alternative determination of transverse shear stiffnesses for sandwich and laminated plates, International Journal of Solids and Structures 37 (25) (2000) 3503–3520.

[91] A. Tabiei, R. Tanov, Sandwich shell model with woven fabric facings for nonlinear finite element simulation, American Society of Mechanical Engineers, Applied Mechanics Division (AMD) 245 (2000) 213–226.

[92] J.-C. Xu, C. Wang, R.-H. Liu, Nonlinear stability of truncated shallow conical sandwich shell with variable thickness, Applied Mathematics and Mechanics 21 (9) (2000) 985–986.

[93] A.J.M. Ferreira, J.T. Barbosa, A.T. Marques, J.C. De Sá, Non-linear analysis of sandwich shells: the effect of core plasticity, Computers and Structures 76 (1) (2000) 337–346.

[94] V. Birman, G.J. Simitses, L. Shen, Stability of sandwich cylindrical shells and panels with rib-reinforced facings, American Society of Mechanical Engineers, Applied Mechanics Division (AMD) 245 (2000) 101–112.

[95] L. Vu-Quoc, H. Deng, X.G. Tan, Geometrically-exact sandwich shells: the static case, Computer Methods in Applied Mechanics and Engineering 189 (1) (2000) 167–203.

[96] G.A. Kardomateas, Elasticity solutions for a sandwich orthotropic cylindrical shell under external/internal pressure, and axial load, American Society of Mechanical Engineers, Applied Mechanics Division (AMD) 245 (2000) 191—198.

[97] C.S. Babu, T. Kant, Refined higher order finite element models for thermal buckling of laminated composite and sandwich plates, Journal of Thermal Stresses 23 (2) (March 2000) 111—130.

[98] H. Abramovich, H.-R. Meyer-Piening, Actuation and sensing of soft core sandwich plates with a built-in adaptive layer, Journal of Sandwich Structures & Materials 3 (1) (January 2001).

[99] G.A. Kardomateas, A.N. Palazotto, Elasticity solutions for sandwich orthotropic cylindrical shells under external/internal pressure or axial force, AIAA Journal 39 (4) (April 2001).

[100] S.S. Vel, R.C. Batra, Exact solution for rectangular sandwich plates with embedded piezoelectric shear actuators, AIAA Journal 39 (7) (July 2001).

[101] A. Korjakin, R. Rikards, H. Altenbach, A. Chate, Free damped vibrations of sandwich shells of revolution, Journal of Sandwich Structures & Materials 3 (3) (July 2001).

[102] H. Wu, H.-R. Yu, Natural frequency for rectangular orthotropic corrugated-core sandwich plates with all edges simply-supported, Applied Mathematics and Mechanics 22 (9) (September 2001) 1019—1027.

[103] W.K. Vonach, F.G. Rammerstorfer, A general approach to the wrinkling instability of sandwich plates, Structural Engineering and Mechanics 12 (4) (October 2001) 363—376.

[104] P.F. Pai, A.N. Palazotto, Higher-order sandwich plate theory accounting for 3-D stresses, International Journal of Solids and Structures 38 (30) (2001) 5045—5062.

[105] C.M. Wang, K.K. Ang, L. Yang, E. Watanabe, Vibration analysis of arbitrarily shaped sandwich plates via Ritz method, Mechanics of Composite Materials and Structures 8 (2) (2001) 101—118.

[106] B.V. Sankar, M. Sylwan, An analytical study of post-buckling of debonded one-dimensional sandwich plates, American Society of Mechanical Engineers, Aerospace Division AD 66 (2001) 197—206.

[107] O. Rabinovitch, Y. Frostig, Delamination effects in circular sandwich plates with laminated faces of general layup and a "soft" core, American Society of Mechanical Engineers, Applied Mechanics Division (AMD) 249 (2001) 261—270.

[108] A. Ebrahimpour, J.R. Vinson, O.T. Thomsen, Experimental and analytical study on the behavior of foam core sandwich composite plates subjected to in-plane shear stress, in: Collection of Technical Papers AIAA/ASME/ASCE/AHS/ASC Structures, Structural Dynamics and Materials Conference, vol. 1, 2001, pp. 334—339.

[109] V.Y. Perel, A.N. Palazotto, Finite element formulation for thick sandwich plates on elastic foundation, in: Collection of Technical Papers AIAA/ASME/ASCE/AHS/ASC Structures, Structural Dynamics and Materials Conference, vol. 1, 2001, pp. 730—740.

[110] T. Kant, K. Swaminathan, Analytical solutions for free vibration of laminated composite and sandwich plates based on a higher-order refined theory, Composite Structures 53 (1) (2001) 73—85.

[111] M. Meunier, Dynamic Analysis of FRP Laminated and Sandwich Plates (Ph.D. thesis), University of Southampton, uk.bl.ethos.342851, 2001.

[112] L. Vu-Quoc, H. Deng, X.G. Tan, Geometrically exact sandwich shells: the dynamic case, Computer Methods in Applied Mechanics and Engineering 190 (22—23) (2001) 2825—2873.

[113] A. Benjeddou, J.-F. Deü, A two-dimensional closed-from solution for the free-vibrations analysis of piezoelectric sandwich plates, International Journal of Solids and Structures 39 (6) (March 2002) 1463—1486.

21

[114] V.Y. Perel, A.N. Palazotto, Finite element formulation for thick sandwich plates on an elastic foundation, AIAA Journal 40 (8) (August 2002).

[115] A.K. Nayak, R.A. Shenoi, S.S.J. Moy, Damping prediction of composite sandwich plates using assumed strain plate bending elements based on Reddy's higher order theory, in: Collection of Technical Papers AIAA/ASME/ASCE/AHS/ASC Structures, Structural Dynamics and Materials Conference, vol. 1, 2002, pp. 335—345.

[116] H. Matsunaga, Assessment of a global higher-order deformation theory for laminated composite and sandwich plates, Composite Structures 56 (3) (2002) 279—291.

[117] A.K. Nayak, S.S.J. Moy, R.A. Shenoi, Free vibration analysis of composite sandwich plates based on Reddy's higher-order theory, Composites Part B: Engineering 33 (7) (2002) 505—519.

[118] O. Rabinovitch, Y. Frostig, High-order behavior of fully bonded and delaminated circular sandwich plates with laminated face sheets and a "soft" core, International Journal of Solids and Structures 39 (11) (2002) 3057—3077.

[119] J. Hohe, L. Librescu, A comprehensive nonlinear model for sandwich-shells with anisotropic faces and compressible core, in: Collection of Technical Papers AIAA/ASME/ASCE/AHS/ASC Structures, Structural Dynamics and Materials Conference, vol. 1, 2002, pp. 358—368.

[120] D.P. Makhecha, M. Ganapathi, B.P. Patel, Vibration and damping analysis of laminated/sandwich composite plates using higher-order theory, Journal of Reinforced Plastics and Composites 21 (6) (2002) 559—575.

[121] G.A. Kardomateas, G.J. Simitses, Buckling of long, sandwich cylindrical shells under pressure, in: Proceedings International Conference on Computational Structures Technology, 2002, pp. 327—328.

[122] F. Scarpa, M. Ruzzene, L. Mazzarella, P. Tsopelas, Control of vibration and wave propagation in sandwich plates with periodic auxetic core, in: Proceedings of SPIE — The International Society for Optical Engineering, vol. 4697, 2002, pp. 176—192.

[123] A.K. Nayak, R.A. Shenoi, S.S.J. Moy, Analysis of damped composite sandwich plates using plate bending elements with substitute shear strain fields based on Reddy's higher-order theory, Proceedings of the Institution of Mechanical Engineers, Part C: Journal of Mechanical Engineering Sciences 216 (2002) 591—606.

[124] A. Benjeddou, J.-F. Deü, S. Letombe, Free vibrations of simply-supported piezoelectric adaptive plates: an exact sandwich formulation, Thin-Walled Structures 40 (7) (2002) 573—593.

[125] M. Xue, L. Cheng, N. Hu, The stress analysis of sandwich shells faced with composite sheets based on 3D FEM, Composite Structures 60 (1) (April 2003) 33—41.

[126] G. Wang, N.M. Wereley, C. Der-Chen, Analysis of sandwich plates with viscoelastic damping using two-dimensional plate modes, AIAA Journal 41 (5) (May 2003) 924—932.

[127] M.R. Chitnis, Y.M. Desai, A.H. Shah, T. Kant, Comparisons of displacement-based theories for waves and vibrations in laminated and sandwich composite plates, Journal of Sound and Vibration 263 (3) (June 2003) 617—642.

[128] E.C. Preissner, J.R. Vinson, Theory for midplane asymmetric sandwich cylindrical shells, Journal of Sandwich Structures & Materials 5 (3) (July 2003) 233—251.

[129] E. Carrera, L. Demasi, Two benchmarks to assess two-dimensional theories of sandwich, composite plates, AIAA Journal 41 (7) (July 2003) 1356—1362.

[130] A. Nabarrete, J.S. Hansen, Sandwich-plate vibration analysis: three-layer quasi-three-dimensional finite element model, AIAA Journal 41 (8) (August 2003).

[131] G.S. Ramtekkar, Y.M. Desai, A.H. Shah, Application of a three-dimensional mixed finite element model to the flexure of sandwich plate, Computers and Structures 81 (22) (2003)

22

2183−2198.

[132] Z. Xue, J.W. Hutchinson, Preliminary assessment of sandwich plates subject to blast loads, International Journal of Mechanical Sciences 45 (4) (2003) 687−705.

[133] V.Y. Perel, A.N. Palazotto, Dynamic geometrically nonlinear analysis of transversely compressible sandwich plates, International Journal of Non-Linear Mechanics 38 (3) (2003) 337−356.

[134] J. Hohe, L. Librescu, A nonlinear theory for doubly curved anisotropic sandwich shells with transversely compressible core, International Journal of Solids and Structures 40 (5) (2003) 1059−1088.

[135] W.X. Yuan, D.J. Dawe, Free vibration and stability analysis of stiffened sandwich plates, Composite Structures 63 (1) (January 2004).

[136] L.-C. Shiau, S.-Y. Kuo, Thermal buckling of composite sandwich plates, Mechanics Based Design of Structures & Machines 32 (1) (February 2004) 57−72.

[137] H.-R. Meyer-Piening, Application of the elasticity solution to linear sandwich beam, plate and shell analyses, Journal of Sandwich Structures & Materials 6 (4) (July 2004) 295−312.

[138] J.-Y. Yeh, L.-W. Chen, Vibration of a sandwich plate with a constrained layer and electrorheological fluid core, Composite Structures 65 (2) (August 2004) 251−258.

[139] J.-S. Kim, Reconstruction of first-order shear deformation theory for laminated and sandwich shells, AIAA Journal 42 (8) (August 2004) 1685−1697.

[140] Y.-R. Chen, L.-W. Chen, Axisymmetric parametric resonance of polar orthotropic sandwich annular plates, Composite Structures 65 (3−4) (September 2004) 269−277.

[141] N. Wicks, J.W. Hutchinson, Sandwich plates actuated by a Kagome planar truss, Journal of Applied Mechanics 71 (5) (September 2004) 652−662.

[142] Z. Xue, J.W. Hutchinson, A comparative study of impulse-resistant metal sandwich plates, International Journal of Impact Engineering 30 (10) (November 2004) 1283−1305.

[143] M.K. Rao, K. Scherbatiuk, Y.M. Desai, A.H. Shah, Natural vibrations of laminated and sandwich plates, Journal of Engineering Mechanics 130 (11) (November 2004) p1268−1278.

[144] J.-H. Han, G.A. Kardomateas, G.J. Simitses, Elasticity, shell theory and finite element results for the buckling of long sandwich cylindrical shells under external pressure, Marine Composites, Composites Part B 35 (6) (2004) 591−598.

[145] Z. Lovinger, Y. Frostig, High order behavior of sandwich plates with free edges-edge effects, International Journal of Solids and Structures 41 (3) (2004) 979−1004.

[146] S.M. Jeong, M. Ruzzene, Vibration and sound radiation from a sandwich cylindrical shell with prismatic core, in: Proceedings of SPIE − The International Society for Optical Engineering, vol. 5386, 2004, pp. 93−100.

[147] V. Birman, G.J. Simitses, Dynamic stability of long cylindrical sandwich shells and panels subject to periodic-in-time lateral pressure, Journal of Composite Materials 38 (7) (2004) 591−607.

[148] M. Ohga, A.S. Wijenayaka, J.G.A. Croll, Buckling of sandwich cylindrical shells under axial loading, Steel and Composite Structures 5 (1) (February 2005).

[149] A. Chakrabarti, A.H. Sheikh, Buckling of laminated sandwich plates subjected to partial edge compression, International Journal of Mechanical Sciences 47 (3) (March 2005) 418−436.

[150] E. Carrera, A. Ciuffreda, Bending of composites and sandwich plates subjected to localized lateral loadings: a comparison of various theories, Composite Structures 68 (2) (April 2005) 185−202.

[151] A. Suvorov, G. Dvorak, Cylindrical bending of continuous sandwich plates with arbitrary number of anisotropic layers, Mechanics of Advanced Materials & Structures 12 (4)

(July—August 2005) 247—263.

[152] W.-S. Chang, E. Ventsel, T. Krauthammer, J. John, Bending behavior of corrugated-core sandwich plates, Composite Structures 70 (1) (August 2005) 81—89.

[153] J.-S. Kim, M. Cho, Enhanced first-order shear deformation theory for laminated and sandwich plates, Journal of Applied Mechanics 72 (6) (November 2005) 809—817.

[154] C.M.C. Roque, A.J.M. Ferreira, R.M.N. Jorge, Modelling of composite and sandwich plates by a trigonometric layerwise deformation theory and radial basis functions, Composites Part B: Engineering 36 (8) (December 2005) 559—572.

[155] L.-C. Shiau, S.-Y. Kuo, Free vibration of thermally buckled composite sandwich plates, Journal of Vibration and Acoustics 128 (1) (February 2006).

[156] W.-S. Chang, T. Krauthammer, E. Ventsel, Elasto-plastic analysis of corrugated-core sandwich plates, Mechanics of Advanced Materials & Structures 13 (2) (March 2006) 151—160.

[157] Z.P. Bažant, Y. Zhou, I.M. Daniel, F.C. Caner, Q. Yu, Size effect on strength of laminate-foam sandwich plates, Journal of Engineering Materials & Technology 128 (3) (July 2006) 366—374.

[158] G.J. Dvorak, A.P. Suvorov, Protection of sandwich plates from low-velocity impact, Journal of Composite Materials 40 (15) (August 2006) 1317—1331.

[159] H.R. Meyer-Piening, Sandwich plates: stresses, deflection, buckling and wrinkling loads — a case study, Journal of Sandwich Structures & Materials 8 (5) (September 2006) 381—394.

[160] C.M.C. Roque, A.J.M. Ferreira, R.M.N. Jorge, Free vibration analysis of composite and sandwich plates by a trigonometric layerwise deformation theory and radial basis functions, Journal of Sandwich Structures & Materials 8 (6) (November 2006) 497—515.

[161] S.-Y. Kuo, Thermal buckling of simply supported composite sandwich plates, Journal of Aeronautics Astronautics and Aviation, Series A 38 (2) (2006) 131—136.

[162] M. Walker, R. Smith, A procedure to select the best material combinations and optimally design composite sandwich cylindrical shells for minimum mass, Materials & Design 27 (2) (2006) 160—165.

[163] M. Ohga, A.S. Wijenayaka, J.G.A. Croll, Lower bound buckling strength of axially loaded sandwich cylindrical shell under lateral pressure, Thin-Walled Structures 44 (7) (2006) 800—807.

[164] P. Vangipuram, N. Ganesan, Buckling and vibration of rectangular composite visco-elastic sandwich plates under thermal loads, Composite Structures 77 (4) (February 2007) 419—429.

[165] Z. Congying, H.-G. Reimerdes, Stability behavior of cylindrical and conical sandwich shells with flexible core, Journal of Sandwich Structures & Materials 9 (2) (March 2007) 143—166.

[166] A. Zenkour, Three-dimensional elasticity solution for uniformly loaded cross-ply laminates and sandwich plates, Journal of Sandwich Structures & Materials 9 (3) (May 2007) 147—149.

[167] W. Zhen, C. Wanji, Buckling analysis of angle-ply composite and sandwich plates by combination of geometric stiffness matrix, Computational Mechanics 39 (6) (May 2007) 839—848.

[168] C.R. Lee, T.Y. Kam, S.J. Sun, Free-vibration analysis and material constants identification of laminated composite sandwich plates, Journal of Engineering Mechanics 133 (8) (August 2007) 874—886.

[169] J.-S. Kim, Free vibration of laminated and sandwich plates using enhanced plate theories, Journal of Sound and Vibration 308 (1—2) (November 2007) 268—286.

24

[170] S. Kitipornchai, J. Yang, K.M. Liew, Local facesheet buckling of a sandwich plate with a graded core, in: Proceedings of the 19th Australasian Conference on the Mechanics of Structures and Materials ACMSM19, 2007, pp. 75–80.

[171] Y.A. Bahei-El-Din, G.J. Dvorak, Enhancement of blast resistance of sandwich plates, Composites Part B: Engineering 39 (1) (January 2008) 120–127.

[172] J. Hohe, L. Librescu, Recent results on the effect of the transverse core compressibility on the static and dynamic response of sandwich structures, Composites Part B: Engineering 39 (1) (January 2008) 108–119.

[173] V. Pradeep, N. Ganesan, Thermal buckling and vibration behavior of multi-layer rectangular viscoelastic sandwich plates, Journal of Sound and Vibration 310 (1) (February 2008) 169–183.

[174] T. Park, S.-Y. Lee, J.W. Seo, G.Z. Voyiadjis, Structural dynamic behavior of skew sandwich plates with laminated composite faces, Composites Part B: Engineering 39 (2) (March 2008) 316–326.

[175] Q. Li, V.P. Iu, K.P. Kou, Three-dimensional vibration analysis of functionally graded material sandwich plates, Journal of Sound and Vibration 311 (1–2) (March 2008) 498–515.

[176] X.-K. Xia, H.-S. Shen, Vibration of post-buckled sandwich plates with FGM face sheets in a thermal environment, Journal of Sound and Vibration 314 (1) (July 2008) 254–274.

[177] R. Li, G.A. Kardomateas, Nonlinear high-order core theory for sandwich plates with orthotropic phases, AIAA Journal 46 (11) (November 2008).

[178] R. Li, G.A. Kardomateas, G.J. Simitses, Nonlinear response of a shallow sandwich shell with compressible core to blast loading, Journal of Applied Mechanics 75 (6) (November 2008).

[179] M.K. Pandit, B.N. Singh, A.H. Sheikh, Buckling of laminated sandwich plates with soft core based on an improved higher order zigzag theory, Thin-Walled Structures 46 (11) (November 2008) 1183–1191.

[180] T.S. Plagianakos, D.A. Saravanos, Coupled high-order layerwise laminate theory for sandwich composite plates with piezoelectric actuators and sensors, in: 19th International Conference on Adaptive Structures and Technologies ICAS, 2008, pp. 223–243.

[181] E. Carrera, S. Brischetto, A survey with numerical assessment of classical and refined theories for the analysis of sandwich plates, Applied Mechanics Reviews 62 (1) (January 2009) 1–17.

[182] T.S. Plagianakos, D.A. Saravanos, Higher-order layerwise laminate theory for the prediction of interlaminar shear stresses in thick composite and sandwich composite plates, Composite Structures 87 (1) (January 2009) 23–35.

[183] M.K. Pandit, B. Singh, A.H. Sheikh, Buckling of sandwich plates with random material properties using improved plate model, AIAA Journal 47 (2) (February 2009) 418–428.

[184] S. Brischetto, E. Carrera, L. Demasi, Improved response of unsymmetrically laminated sandwich plates by using zig-zag functions, Journal of Sandwich Structures & Materials 11 (2–3) (March–May 2009) 257–267.

[185] R. Li, G.A. Kardomateas, G.J. Simitses, Point-wise impulse (blast) response of a composite sandwich plate including core compressibility effects, International Journal of Solids and Structures 46 (10) (May 2009) 2216–2223.

[186] U. Icardi, L. Ferrero, Impact analysis of sandwich composites based on a refined plate element with strain energy updating, Composite Structures 89 (1) (June 2009) 35–51.

[187] E. Carrera, S. Brischetto, A comparison of various kinematic models for sandwich shell panels with soft core, Journal of Composite Materials 43 (20) (September 2009) 2201–2221.

[188] R. Li, G. Kardomateas, A high-order theory for cylindrical sandwich shells with flexible

cores, Journal of Mechanics of Materials and Structures 4 (7−8) (2009) 1453−1467.

[189] M.K. Pandit, A.H. Sheikh, B.N. Singh, Analysis of laminated sandwich plates based on an improved higher order zig-zag theory, Journal of Sandwich Structures & Materials 12 (3) (May 2010) 307−326.

[190] E.V. Morozov, A.V. Lopatin, Fundamental frequency of fully clamped composite sandwich plate, Journal of Sandwich Structures & Materials 12 (5) (September 2010) 591−619.

[191] S. Kapuria, S.D. Kulkarni, Efficient finite element with physical and electric nodes for transient analysis of smart piezoelectric sandwich plates, Acta Mechanica 214 (1−2) (October 2010) 123−131.

[192] E.V. Morozov, A.V. Lopatin, Fundamental frequency of the CCCF composite sandwich plate, Composite Structures 92 (11) (October 2010) 2747−2757.

[193] V.N. Pilipchuk, V.L. Berdichevsky, R.A. Ibrahim, Thermo-mechanical coupling in cylindrical bending of sandwich plates, Composite Structures 92 (11) (October 2010) 2632−2640.

[194] A.M. Zenkour, M. Sobhy, Thermal buckling of various types of FGM sandwich plates, Composite Structures 93 (1) (December 2010) 93−102.

[195] W. Zhen, C. Wanji, A C^0-type higher-order theory for bending analysis of laminated composite and sandwich plates, Composite Structures 92 (3) (2010) 653−661.

[196] V.L. Berdichevsky, An asymptotic theory of sandwich plates, International Journal of Engineering Science 48 (3) (2010) 383−404.

[197] C. Santiuste, O.T. Thomsen, Y. Frostig, Thermo-mechanical load interactions in foam cored axi-symmetric sandwich circular plates − high-order and FE models, Composite Structures 93 (2) (January 2011) 369−376.

[198] A.V. Lopatin, E.V. Morozov, Fundamental frequency and design of the CFCF composite sandwich plate, Composite Structures 93 (2) (January 2011) 983−991.

[199] S.K. Jalali, M.H. Naei, A. Poorsolhjouy, Buckling of circular sandwich plates of variable core thickness and FGM face sheets, International Journal of Structural Stability and Dynamics 11 (2) (April 2011) 273−295.

[200] J.-S. Kim, J. Oh, M. Cho, Efficient analysis of laminated composite and sandwich plates with interfacial imperfections, Composites Part B: Engineering 42 (5) (July 2011) 1066−1075.

[201] J.L. Mantari, A.S. Oktem, C. Guedes Soares, Static and dynamic analysis of laminated composite and sandwich plates and shells by using a new higher-order shear deformation theory, Composite Structures 94 (1) (December 2011) 37−49.

[202] A.V. Lopatin, E.V. Morozov, Symmetrical vibration modes of composite sandwich plates, Journal of Sandwich Structures & Materials 13 (2) (2011) 189−211.

[203] J.L. Mantari, A.S. Oktem, S.C. Guedes, A new trigonometric shear deformation theory for isotropic, laminated composite and sandwich plates, International Journal of Solids and Structures 49 (1) (January 2012) 43−53.

[204] J.L. Mantari, A.S. Oktem, S.C. Guedes, A new higher order shear deformation theory for sandwich and composite laminated plates, Composites Part B: Engineering 43 (3) (April 2012) 1489−1499.

[205] O. Rahmani, S.M.R. Khalili, O.T. Thomsen, A high-order theory for the analysis of circular cylindrical composite sandwich shells with transversely compliant core subjected to external loads, Composite Structures 94 (7) (June 2012) 2129−2142.

[206] Y. Kiani, M.R. Eslami, Thermal buckling and post-buckling response of imperfect temperature-dependent sandwich FGM plates resting on elastic foundation, Applied Mechanics 82 (7) (July 2012).

[207] L. Wahl, S. Maas, D. Waldmann, A. Zürbes, P. Frères, Shear stresses in honeycomb sandwich plates: analytical solution, finite element method and experimental verification, Journal of Sandwich Structures & Materials 14 (4) (July 2012) 449–468.

[208] J. Zielnica, Buckling and stability of elastic-plastic sandwich conical shells, Steel and Composite Structures 13 (2) (August 2012) 157–169.

[209] S. Banerjee, C.B. Pol, Theoretical modeling of guided wave propagation in a sandwich plate subjected to transient surface excitations, International Journal of Solids and Structures 49 (23–24) (November 2012) 3233–3241.

[210] U. Icardi, F. Sola, Application of a new tailoring optimization technique to laminated and sandwich plates and to sandwich spherical panels, International Journal of Mechanics and Control 13 (2) (2012) 91–105.

[211] A. Tessler, M. Gherlone, D. Versino, M. Di Sciuva, Analytic and Computational Perspectives of Multi-scale Theory for Homogeneous, Laminated Composite, and Sandwich Beams and Plates, NASA Technical Reports Server NTRS, 2012. Document ID: 20120009039.

[212] P. Foraboschi, Three-layered sandwich plate: exact mathematical model, Composites Part B: Engineering 45 (1) (February 2013) 1601–1612.

[213] Y.M. Yaqoob, S. Kapuria, An efficient layerwise finite element for shallow composite and sandwich shells, Composite Structures 98 (April 2013) 202–214.

[214] J. Vorel, Z.P. Bažant, M. Gattu, Elastic soft-core sandwich plates: critical loads and energy errors in commercial codes due to choice of objective stress rate, Journal of Applied Mechanics 80 (4) (July 2013).

[215] F.A. Fazzolari, E. Carrera, Free vibration analysis of sandwich plates with anisotropic face sheets in thermal environment by using the hierarchical trigonometric Ritz formulation, Composites Part B: Engineering 50 (July 2013) 67–81.

[216] D. Elmalich, O. Rabinovitch, Geometrically nonlinear behavior of sandwich plates, AIAA Journal 51 (8) (August 2013) 1993–2008.

[217] F. Alijani, M. Amabili, Nonlinear vibrations of laminated and sandwich rectangular plates with free edges. Part 1: theory and numerical simulations, Composite Structures 105 (November 2013) 422–436.

[218] F. Alijani, M. Amabili, G. Ferrari, V. D'Alessandro, Nonlinear vibrations of laminated and sandwich rectangular plates with free edges. Part 2: experiments & comparisons, Composite Structures 105 (November 2013) 437–445.

[219] C.N. Phan, G.A. Kardomateas, Y. Frostig, Blast response of a sandwich beam/wide plate based on the extended high-order sandwich panel theory and comparison with elasticity, Journal of Applied Mechanics 80 (6) (November 2013).

[220] R. Sahoo, B.N. Singh, A new shear deformation theory for the static analysis of laminated composite and sandwich plates, International Journal of Mechanical Sciences 75 (2013) 324–336.

[221] Y.M. Yaqoob, S. Kapuria, An efficient finite element with layerwise mechanics for smart piezoelectric composite and sandwich shallow shells, Computational Mechanics 53 (1) (January 2014).

[222] X. Wang, G. Shi, A simple and accurate sandwich plate theory accounting for transverse normal strain and interfacial stress continuity, Composite Structures 107 (January 2014) 620–628.

[223] F. Fazzolari, E. Carrera, Refined hierarchical kinematics quasi-3D Ritz models for free vibration analysis of doubly curved FGM shells and sandwich shells with FGM core, Journal of Sound and Vibration 333 (5) (February 2014) 1485–1508.

[224] M. Marjanović, D. Vuksanović, Layerwise solution of free vibrations and buckling of

laminated composite and sandwich plates with embedded delaminations, Composite Structures 108 (1) (February 2014) 9–20.

[225] J. Yang, J. Xiong, L. Ma, G. Zhang, X. Wang, L. Wu, Study on vibration damping of composite sandwich cylindrical shell with pyramidal truss-like cores, Composite Structures 117 (1) (November 2014) 362–372.

[226] D. Elmalich, O. Rabinovitch, Twist in soft-core sandwich plates, Journal of Sandwich Structures & Materials 16 (6) (November 2014) 577–613.

[227] F.A. Fazzolari, E. Carrera, Thermal stability of FGM sandwich plates under various through-the-thickness temperature distributions, Journal of Thermal Stresses 37 (12) (December 2014) 1449–1481.

[228] S. Brischetto, An exact 3d solution for free vibrations of multilayered cross-ply composite and sandwich plates and shells, International Journal of Applied Mechanics 6 (6) (2014).

[229] U. Icardi, F. Sola, Indentation of sandwiches using a plate model with variable kinematics and fixed degrees of freedom, Thin-Walled Structures 86 (January 2015) 24–34.

[230] F.A. Fazzolari, Natural frequencies and critical temperatures of functionally graded sandwich plates subjected to uniform and non-uniform temperature distributions, Composite Structures 121 (March 2015).

[231] F. Nentwich, A. Fuchs, Acoustic behavior of sandwich plates, Journal of Sandwich Structures & Materials 17 (2) (March 2015) 183–213.

[232] A.V. Lopatina, E.V. Morozov, Buckling of the composite sandwich cylindrical shell with clamped ends under uniform external pressure, Composite Structures 122 (April 2015) 209–216.

[233] G. Ferrari, M. Amabili, Active vibration control of a sandwich plate by non-collocated positive position feedback, Journal of Sound and Vibration 342 (April 2015) 44–56.

[234] J.L. Mantari, E.V. Granados, A refined FSDT for the static analysis of functionally graded sandwich plates, Thin-Walled Structures 90 (May 2015) 150–158.

[235] J. Xiong, L. Feng, R. Ghosh, H. Wu, L. Wu, L. Ma, A. Vaziri, Fabrication and mechanical behavior of carbon fiber composite sandwich cylindrical shells with corrugated cores, Composite Structures (October 2015).

[236] G. Jin, C. Yang, Z. Liu, S. Gao, C. Zhang, A unified method for the vibration and damping analysis of constrained layer damping cylindrical shells with arbitrary boundary conditions, Composite Structures 130 (October 2015) 124–142.

[237] J.L. Mantari, M. Ore, Free vibration of single and sandwich laminated composite plates by using a simplified FSDT, Composite Structures 132 (2015) 952–959.

[238] G.A. Kardomateas, N. Rodcheuy, Y. Frostig, Transient blast response of sandwich plates by dynamic elasticity, AIAA Journal 53 (6) (2015) 1424–1432.

[239] L. Iurlaro, M. Gherlone, M. Di Sciuva, A. Tessler, Refined zigzag theory for laminated composite and sandwich plates derived from Reissner's mixed variational theorem, Composite Structures 133 (2015) 809–817.

复合板与复合壳

[240] T. Timarci, K.P. Soldatos, Vibrations of angle-ply laminated circular cylindrical shells subjected to different sets of edge boundary conditions, Journal of Engineering Mathematics 37 (1–3) (February 2000) 211–230.

[241] B.L. Wardle, P.A. Lagace, Bifurcation, limit-point buckling and dynamic collapse of transversely loaded composite shells, AIAA Journal 38 (3) (March 2000).

[242] K.Y. Lam, T.Y. Ng, Vibration analysis of thick laminated composite cylindrical shells, AIAA Journal 38 (6) (June 2000).

[243] R. Rolfes, K. Rohwer, Integrated thermal and mechanical analysis of composite plates and shells, Composites Science and Technology 60 (11) (August 2000) 2097—2106.

[244] A.J.M. Ferreira, J.T. Barbosa, Buckling behaviour of composite shells, Composite Structures 50 (1) (September 2000) 93—98.

[245] H.-J. Lee, D.A. Saravanos, A mixed multi-field finite element formulation for thermopiezoelectric composite shells, International Journal of Solids and Structures 37 (36) (September 2000) 4949—4967.

[246] C.-W. Kong, C.-S. Hong, Postbuckling strength of stiffened composite plates with impact damage, AIAA Journal 38 (10) (October 2000).

[247] F.G. Yuan, W. Yang, H. Kim, Analysis of axisymmetrically-loaded filament wound composite cylindrical shells, Composite Structures 50 (2) (October 2000) 115—130.

[248] A.K. Soh, L.C. Bian, J. Chakrabarty, Elastic/plastic buckling of a composite flat plate subjected to uniform edge compression, Thin-Walled Structures 38 (3) (November 2000) 247—265.

[249] P.M. Weaver, Design of laminated composite cylindrical shells under axial compression, Composites Part B: Engineering 31 (8) (2000) 669—679.

[250] A. Chattopadhyay, C. Nam, Y. Kim, Damage detection and vibration control of a delaminated smart composite plate, Advanced Composites Letters 9 (1) (2000) 7—15.

[251] J.A. Hernandes, S.F.M. Almeida, A. Nabarrete, Stiffening effects on the free vibration behavior of composite plates with PZT actuators, Composite Structures 49 (1) (2000) 55—63.

[252] A. Muc, Z. Krawiec, Design of composite plates under cyclic loading, Composite Structures 48 (1) (2000) 139—144.

[253] W. Ostachowicz, M. Krawczuk, A. Żak, Dynamics and buckling of a multilayer composite plate with embedded SMA wires, Composite Structures 48 (1) (2000) 163—167.

[254] Y.Y. Wang, K.Y. Lam, G.R. Liu, The effect of rotatory inertia on the dynamic response of laminated composite plate, Composite Structures 48 (4) (2000) 265—273.

[255] S.S. Vel, R.C. Batra, The generalized plane strain deformations of thick anisotropic composite laminated plates, International Journal of Solids and Structures 37 (5) (2000) 715—733.

[256] S.P. Thompson, J. Loughlan, The control of the post-buckling response in thin composite plates using smart technology, Thin-Walled Structures 36 (4) (2000) 231—263.

[257] C.T. Zhou, L.D. Wang, Nonlinear theory of dynamic stability for laminated composite cylindrical shells, Applied Mathematics and Mechanics 22 (1) (January 2001) 53—62.

[258] L. Librescu, R. Schmidt, A general linear theory of laminated composite shells featuring interlaminar bonding imperfections, International Journal of Solids and Structures 38 (19) (March 2001) 3355—3375.

[259] G. Anlas, G. Göker, Vibration analysis of skew fibre-reinforced composite laminated plates, Journal of Sound and Vibration 242 (2) (April 2001) 265—276.

[260] R. Rikards, A. Chate, O. Ozolinsh, Analysis for buckling and vibrations of composite stiffened shells and plates, Composite Structures 51 (4) (April 2001) 361—370.

[261] S.M. Spottswood, A.N. Palazotto, Progressive failure analysis of a composite shell, Composite Structures 53 (1) (July 2001) 117—131.

[262] S.C. Pradhan, T.Y. Ng, K.Y. Lam, J.N. Reddy, Control of laminated composite plates using magnetostrictive layers, Smart Materials and Structures 10 (4) (August 2001) 657—667.

[263] H.-R. Meyer-Piening, M. Farshad, B. Geier, R. Zimmermann, Buckling loads of CFRP composite cylinders under combined axial and torsion loading -— experiments and computations, Composite Structures 53 (4) (September 2001) 427—435.

[264] E.V. Morozov, Theoretical and experimental analysis of the deformability of filament

wound composite shells under axial compressive loading, Composite Structures 54 (2) (November 2001) 255−260.

[265] S. Adali, V.E. Verijenko, A. Richter, Minimum sensitivity design of laminated shells under axial load and external pressure, Composite Structures 54 (2) (2001) 139−142.

[266] M. Di Sciuva, L. Librescu, Contribution to the nonlinear theory of multilayered composite shells featuring damaged interfaces, Composites Part B: Engineering 32 (3) (2001) 219−227.

[267] R. Gilat, T.O. Williams, J. Aboudi, Buckling of composite plates by global-local plate theory, Composites Part B: Engineering 32 (3) (2001) 229−236.

[268] H. Matsunaga, Vibration of cross-ply laminated composite plates, Structural Engineering Mechanics and Computation 1 (2001) 541−548.

[269] S.F.M. De Almeida, J.S. Hansen, Buckling of composite plates with local damage and thermal residual stresses, AIAA Journal 40 (2) (February 2002) 340−345.

[270] B. Geier, H.-R. Meyer-Piening, R. Zimmermann, On the influence of laminate stacking on buckling of composite cylindrical shells subjected to axial compression, Composite Structures 55 (4) (March 2002) 467−474.

[271] A.G. Radu, A. Chattopadhyay, Dynamic stability analysis of composite plates including delaminations using a higher order theory and transformation matrix approach, International Journal of Solids and Structures 39 (7) (March 2002) 1949−1965.

[272] Y.-W. Kim, Y.-S. Lee, Transient analysis of ring-stiffened composite cylindrical shells with both edges clamped, Journal of Sound and Vibration 252 (1) (April 2002).

[273] H.R.H. Kabir, Application of linear shallow shell theory of Reissner to frequency response of thin cylindrical panels with arbitrary lamination, Composite Structures 56 (1) (April 2002) 35−52.

[274] M. Di Sciuva, M. Gherlone, L. Librescu, Implications of damaged interfaces and of other non-classical effects on the load carrying capacity of multilayered composite shallow shells, International Journal of Non-Linear Mechanics 37 (4) (June 2002) 851−867.

[275] M.W. Hilburger, J.H. Starnes Jr., Effects of imperfections on the buckling response of compression-loaded composite shells, International Journal of Non-Linear Mechanics 37 (4−5) (June 2002) 623−643.

[276] J.B. Greenberg, Y. Stavsky, Axisymmetric vibrations of concentric dissimilar orthotropic composite annular plates, Journal of Sound and Vibration 254 (5) (July 2002) 849−865.

[277] N. Tiwari, M.W. Hyer, Secondary buckling of compression-loaded composite plates, AIAA Journal 40 (10) (October 2002) 2120−2126.

[278] E. Carrera, Theories and finite elements for multilayered, anisotropic, composite plates and shells, Computational Methods in Engineering 9 (2) (2002) 87−140.

[279] K.S. Sai Ram, B.T. Sreedhar, Buckling of laminated composite shells under transverse load, Composite Structures 55 (2) (2002) 157−168.

[280] P.S. Simelane, B. Sun, Buckling behaviour of laminated composite plates under thermal loading, Science and Engineering of Composite Materials 10 (2) (2002) 119−130.

[281] Z. Aslan, R. Karakuzu, B. Okutan, The response of laminated composite plates under low-velocity impact loading, Composite Structures 59 (1) (January 2003) 119−127.

[282] N. Ganesan, R. Kadoli, Buckling and dynamic analysis of piezothermoelastic composite cylindrical shell, Composite Structures 59 (1) (January 2003).

[283] Y. Narita, Layerwise optimization for the maximum fundamental frequency of laminated composite plates, Journal of Sound and Vibration 263 (5) (June 2003) 1005−1016.

[284] C. Bisagni, P. Cordisco, An experimental investigation into the buckling and post-buckling of CFRP shells under combined axial and torsion loading, Composite Structures 60 (4) (June 2003) 391−402.

30

[285] M. Krommer, Piezoelastic vibrations of composite Reissner—Mindlin-type plates, Journal of Sound and Vibration 263 (4) (June 2003) 871—891.

[286] C. Adam, Moderately large flexural vibrations of composite plates with thick layers, International Journal of Solids and Structures 40 (16) (August 2003) 4153—4166.

[287] P.M. Weaver, R. Dickenson, Interactive local/Euler buckling of composite cylindrical shells, Computers and Structures 81 (30—31) (November 2003).

[288] J.H. Starnes Jr., M.W. Hilburger, Using High-Fidelity Analysis Methods and Experimental Results to Account for the Effects of Imperfections on the Buckling Response of Composite Shell Structures, Defense Technical Information Center Compilation, ADP014170, National Aeronautics and Space Administration, Hampton, 2003.

[289] M.M. Aghdam, S.R. Falahatgar, Bending analysis of thick laminated plates using extended Kantorovich method, Composite Structures 62 (3—4) (2003) 279—283.

[290] J.N. Reddy, Mechanics of Laminated Composite Plates and Shells: Theory and Analysis, CRC Press, 2003, ISBN 9780849315923.

[291] J. Ye, Laminated Composite Plates and Shells: 3D Modelling, Springer-Verlag London, 2003. ISBN-10: 1852334541.

[292] W. Yu, D.H. Hodges, A geometrically nonlinear shear deformation theory for composite shells, Journal of Applied Mechanics 71 (1) (January 2004).

[293] A.R. De Faria, S.F.M. De Almeida, Buckling optimization of variable thickness composite plates subjected to nonuniform loads, AIAA Journal 42 (2) (February 2004) 228—231.

[294] D. Varelis, D.A. Saravanos, Coupled buckling and postbuckling analysis of active laminated piezoelectric composite plates, International Journal of Solids and Structures 41 (5—6) (March 2004) 1519—1538.

[295] S.S. Vel, R.C. Mewer, R.C. Batra, Analytical solution for the cylindrical bending vibration of piezoelectric composite plates, International Journal of Solids and Structures 41 (5—6) (March 2004) 1625—1643.

[296] K.S. Numayr, R.H. Haddad, M.A. Haddad, Free vibration of composite plates using the finite difference method, Thin-Walled Structures 42 (3) (March 2004) 399—414.

[297] M.A. Tudela, P.A. Lagace, B.L. Wardle, Buckling response of transversely loaded composite shells, part 1: experiments, AIAA Journal 42 (7) (July 2004) 1457—1464.

[298] B.L. Wardle, P.A. Lagace, M.A. Tudela, Buckling response of transversely loaded composite shells, part 2: numerical analysis, AIAA Journal 42 (7) (July 2004) 1465—1473.

[299] C.-S. Chen, C.-P. Fung, Non-linear vibration of initially stressed hybrid composite plates, Journal of Sound and Vibration 274 (3—5) (July 2004) 1013—1029.

[300] C. Bisagni, P. Cordisco, Testing of stiffened composite cylindrical shells in the post-buckling range until failure, AIAA Journal 42 (9) (September 2004) 1806—1817.

[301] C.G. Diaconu, H. Sekine, B. Sankar, Layup optimization for buckling of laminated composite shells with restricted layer angles, AIAA Journal 42 (10) (October 2004) 2153—2163.

[302] H. Tanriöver, E. Şenocak, Large deflection analysis of unsymmetrically laminated composite plates: analytical-numerical type approach, International Journal of Non-Linear Mechanics 39 (8) (October 2004) 1385—1392.

[303] G. Zhao, C. Cho, On impact damage of composite shells by a low-velocity projectile, Journal of Composite Materials 38 (14) (2004) 1231—1254.

[304] E.C. Preissner, J.R. Vinson, Unique bending boundary layer behaviors in a composite non-circular cylindrical shell, Composites Part B: Engineering 35 (3) (2004) 223—233.

[305] M.W. Hilburger, J.H. Starnes Jr., Effects of imperfections of the buckling response of composite shells, Thin-Walled Structures 42 (3) (2004) 369—397.

[306] A. Tafreshi, Delamination buckling and postbuckling in composite cylindrical shells under external pressure, Thin-Walled Structures 42 (10) (2004) 1379−1404.

[307] R. Rikards, H. Abramovich, J. Auzins, A. Korjakins, O. Ozolinsh, K. Kalnins, T. Green, Surrogate models for optimum design of stiffened composite shells, Composite Structures 63 (2) (2004) 243−251.

[308] W. Yu, An improved Reissner-Mindlin plate theory for composite laminates, American Society of Mechanical Engineers, Aerospace Division 69 (2004) 337−349.

[309] F.J. Shih, S. Benarjee, A.K. Mal, Impact damage monitoring in composite plates, American Society of Mechanical Engineers, Applied Mechanics Division 255 (2004) 321−327.

[310] R.A. Chaudhuri, Analysis of laminated shear-flexible angle-ply plates, Composite Structures 67 (1) (January 2005) 71−84.

[311] Y. Goldfeld, J. Arbocz, A. Rothwell, Design and optimization of laminated conical shells for buckling, Thin-Walled Structures 43 (1) (January 2005) 107−133.

[312] W. Yu, D.H. Hodges, Mathematical construction of an engineering thermopiezoelastic model for smart composite shells, Smart Materials and Structures 141 (February 2005) 43−55.

[313] X. Shu, Free vibration of laminated piezoelectric composite plates based on an accurate theory, Composite Structures 67 (4) (March 2005) 375−382.

[314] C.G. Diaconu, P.M. Weaver, Approximate solution and optimum design of compression-loaded, postbuckled laminated composite plates, AIAA Journal 43 (4) (April 2005) 906−914.

[315] J. Arbocz, M.W. Hilburger, Toward a probabilistic preliminary design criterion for buckling critical composite shells, AIAA Journal 43 (8) (August 2005) 1823−1827.

[316] S.S. Vel, B.P. Baillargeon, Analysis of static deformation, vibration and active damping of cylindrical composite shells with piezoelectric shear actuators, Journal of Vibration and Acoustics 127 (4) (August 2005) 395−407.

[317] R.A. Arciniega, J.N. Reddy, Consistent third-order shell theory with application to composite circular cylinders, AIAA Journal 43 (9) (September 2005).

[318] G.P. Dube, S. Kapuria, P.C. Dumir, J.P. Pramod, Effect of shear correction factor on response of cross-ply laminated plates using FSDT, Defence Science Journal 55 (4) (October 2005) 377−387.

[319] D. Hasanyan, L. Librescu, Z. Qin, D.R. Ambur, Magneto-thermo-elastokinetics of geometrically nonlinear laminated composite plates. Part 1: foundation of the theory, Journal of Sound and Vibration 287 (1−2) (October 2005) 153−175.

[320] Z. Qin, D. Hasanyan, L. Librescu, D.R. Ambur, Magneto-thermo-elastokinetics of geometrically nonlinear laminated composite plates. Part 2: vibration and wave propagation, Journal of Sound and Vibration 287 (1−2) (October 2005) 177−201.

[321] S. Adali, I.S. Sadek, J.C. Bruch Jr., J.M. Sloss, Optimization of composite plates with piezoelectric stiffener-actuators under in-plane compressive loads, Composite Structures 71 (3−4) (December 2005) 293−301.

[322] W. Yu, Mathematical construction of a Reissner−Mindlin plate theory for composite laminates, International Journal of Solids and Structures 42 (26) (December 2005) 6680−6699.

[323] G. Akhras, W. Li, Static and free vibration analysis of composite plates using spline finite strips with higher-order shear deformation, Composites Part B: Engineering 36 (6−7) (2005) 496−503.

[324] M.W. Hilburger, J.H. Starnes Jr., Buckling behavior of compression-loaded composite cylindrical shells with reinforced cutouts, International Journal of Non-Linear Mechanics 40 (7) (2005) 1005−1021.

32

[325] C. Bisagni, Dynamic buckling of fiber composite shells under impulsive axial compression, Thin-Walled Structures 43 (3) (2005) 499—514.

[326] H. Santos, C.M.M. Soares, C.A.M. Soares, J.N. Reddy, A semi-analytical finite element model for the analysis of laminated 3D axisymmetric shells: bending, free vibration and buckling, Composite Structures 71 (3) (2005) 273—281.

[327] W. Yu, L. Liao, Fully-coupled modeling of composite piezoelectric plates, American Society of Mechanical Engineers, Aerospace Division 70 (2005) 239—248.

[328] L. Edery-Azulay, H. Abramovich, Rectangular composite plates with extension and shear piezoceramic patches, in: Proceedings 45th Israel Annual Conference on Aerospace Sciences, 2005.

[329] C.-M. Won, K.-K. Yun, J.-H. Lee, A simple but exact method for vibration analysis of composite laminated plates with all edges simply supported and under lateral and in-plane loading, Thin-Walled Structures 44 (2) (February 2006) 247—253.

[330] M.R. Aagaah, M. Mahinfalah, G.N. Jazar, Natural frequencies of laminated composite plates using third order shear deformation theory, Composite Structures 72 (3) (March 2006) 273—279.

[331] P.M. Mohite, C.S. Upadhyay, Accurate computation of critical local quantities in composite laminated plates under transverse loading, Computers and Structures 84 (10—11) (April 2006) 657—675.

[332] V. Ungbhakorn, P. Singhatanadgid, Buckling analysis of symmetrically laminated composite plates by the extended Kantorovich method, Composite Structures 73 (1) (May 2006) 120—128.

[333] T. Möcker, H.-G. Reimerdes, Postbuckling simulation of curved stiffened composite panels by the use of strip elements, Composite Structures 73 (2) (May 2006) 237—243.

[334] R.-X. Zhang, M. Iwamoto, Q.-Q. Ni, A. Masuda, T. Yamamura, Vibration characteristics of laminated composite plates with embedded shape memory alloys, Composite Structures 74 (4) (August 2006) 389—398.

[335] E. Gal, R. Levy, H. Abramovich, P. Pevsner, Buckling analysis of composite panels, Composite Structures 73 (2) (May 2006) 179—185.

[336] C.G. Diaconu, P.M. Weaver, Postbuckling of long unsymmetrically laminated composite plates under axial compression, International Journal of Solids and Structures 43 (22—23) (November 2006) 6978—6997.

[337] Y. Goldfeld, J. Arbocz, Elastic buckling of laminated conical shells using a hierarchical high-fidelity analysis procedure, Journal of Engineering Mechanics 132 (12) (December 2006) 1335—1344.

[338] M. D'Ottavio, D. Ballhause, B. Kröplin, E. Carrera, Closed-form solutions for the free-vibration problem of multilayered piezoelectric shells, Computers and Structures 84 (22) (2006) 1506—1518.

[339] R. Rikards, H. Abramovich, K. Kalnins, J. Auzins, Surrogate modeling in design optimization of stiffened composite shells, Composite Structures 73 (2) (2006) 244—251.

[340] J. Oh, M. Cho, Higher order zig-zag theory for smart composite shells under mechanical-thermo-electric loading, International Journal of Solids and Structures 44 (1) (January 2007).

[341] C. Mittelstedt, Closed-form analysis of the buckling loads of uniaxially loaded blade-stringer-stiffened composite plates considering periodic boundary conditions, Thin-Walled Structures 45 (4) (April 2007).

[342] C. Mittelstedt, Stability behaviour of arbitrarily laminated composite plates with free and elastically restrained unloaded edges, International Journal of Mechanical Sciences 49 (7) (September 2007) 819—833.

[343] V. Birman, Enhancement of stability of composite plates using shape memory alloy supports, AIAA Journal 45 (10) (October 2007) 2584—2588.

[344] A. Muc, Optimal design of composite multilayered plated and shell structures, Thin-Walled Structures 45 (10) (2007) 816—820.

[345] A. Tafreshi, C.G. Bailey, Instability of imperfect composite cylindrical shells under combined loading, Composite Structures 80 (1) (2007) 49—64.

[346] C.K. Kundu, P.K. Sinha, Post buckling analysis of laminated composite shells, Composite Structures 78 (3) (2007) 316—324.

[347] H. Matsunaga, Vibration and stability of cross-ply laminated composite shallow shells subjected to in-plane stresses, Composite Structures 78 (3) (2007) 377—391.

[348] B. Diveyev, I. Butiter, N. Shcherbina, Identifying the elastic moduli of composite plates by using high-order theories, Mechanics of Composite Materials 44 (2) (March 2008) 139—144.

[349] W. Wagner, C. Balzani, Simulation of delamination in stringer stiffened fiber-reinforced composite shells, Computers and Structures 86 (9) (May 2008) 930—939.

[350] U. Topal, U. Uzman, Thermal buckling load optimization of laminated composite plates, Thin-Walled Structures 46 (6) (June 2008) 667—675.

[351] W. Yu, J.-S. Kim, D.H. Hodges, M. Cho, A critical evaluation of two Reissner-Mindlin type models for composite laminated plates, Aerospace Science and Technology 12 (5) (July 2008) 408—417.

[352] C. Mittelstedt, Closed-form buckling analysis of stiffened composite plates and identification of minimum stiffener requirements, International Journal of Engineering Science 46 (10) (October 2008) 1011—1034.

[353] K.Y. Huang, A. De Boer, R. Akkerman, Analytical modeling of impact resistance and damage tolerance of laminated composite plates, AIAA Journal 46 (11) (November 2008) 2760—2772.

[354] C. Hühne, R. Rolfes, E. Breitbach, J. Teßmer, Robust design of composite cylindrical shells under axial compression—simulation and validation, Thin-Walled Structures 46 (7—9) (2008) 947—962.

[355] M. Biagi, F. Del Medico, Reliability-based knockdown factors for composite cylindrical shells under axial compression, Thin-Walled Structures 46 (12) (2008) 1351—1358.

[356] C.-Y. Lee, D.H. Hodges, Dynamic variational-asymptotic procedure for laminated composite shells—Part I: low frequency vibration analysis, Journal of Applied Mechanics 76 (1) (January 2009).

[357] C.-Y. Lee, D.H. Hodges, Dynamic variational-asymptotic procedure for laminated composite shells—Part II: high-frequency vibration analysis, Journal of Applied Mechanics 76 (1) (January 2009).

[358] C. Mittelstedt, M. Beerhorst, Closed-form buckling analysis of compressively loaded composite plates braced by omega-stringers, Composite Structures 88 (3) (May 2009) 424—435.

[359] M. Aydogdu, A new shear deformation theory for laminated composite plates, Composite Structures 89 (1) (June 2009) 94—101.

[360] P. Dash, B.N. Singh, Nonlinear free vibration of piezoelectric laminated composite plate, Finite Elements in Analysis and Design 45 (10) (August 2009) 686—694.

[361] S.-Y. Kuo, L.-C. Shiau, Buckling and vibration of composite laminated plates with variable fiber spacing, Composite Structures 90 (2) (September 2009) 196—200.

[362] M. Schürg, F. Gruttmann, W. Wagner, An enhanced FSDT model for the calculation of interlaminar shear stresses in composite plate structures, Computational Mechanics 44 (6) (November 2009) 765—776.

[363] S. Kapuria, J.K. Nath, Efficient laminate theory for predicting transverse shear stresses in piezoelectric composite plates, AIAA Journal 47 (12) (December 2009) 3022—3030.

[364] M. Amabili, S. Farhadi, Shear deformable versus classical theories for nonlinear vibrations of rectangular isotropic and laminated composite plates, Journal of Sound and Vibration 320 (3) (2009) 649—667.

34

[365] T. Rahman, E.L. Jansen, Finite element based coupled mode initial post-buckling analysis of a composite cylindrical shell, Thin-Walled Structures 48 (1) (January 2010) 25–32.

[366] Y.X. Zhang, H.S. Zhang, Multiscale finite element modeling of failure process of composite laminates, Composite Structures 92 (9) (August 2010) 2159–2165.

[367] O. Civalek, A.K. Baltacioğlu, Three-dimensional elasticity analysis of rectangular composite plates, Journal of Composite Materials 44 (17) (August 2010) 2049–2066.

[368] C.C. Chamis, Dynamic buckling and postbuckling of a composite shell, International Journal of Structural Stability and Dynamics 10 (4) (October 2010) 791–805.

[369] M. Doreille, S. Merazzi, R. Degenhardt, K. Rohwer, Postbuckling analysis of composite shell structures: toward fast and accurate tools with implicit FEM methods, International Journal of Structural Stability and Dynamics 10 (4) (October 2010) 941–947.

[370] C. Mittelstedt, K.-U. Schröder, Postbuckling of compressively loaded imperfect composite plates: closed-form approximate solutions, International Journal of Structural Stability and Dynamics 10 (4) (October 2010) 761–778.

[371] E. Carrera, M. Petrolo, Guidelines and recommendations to construct theories for metallic and composite plates, AIAA Journal 48 (12) (December 2010) 2852–2866.

[372] E. Eglitis, K. Kalnins, C. Bisagni, Study on buckling behaviour of laminated shells under pulse loading, in: 27th Congress of the International Council of the Aeronautical Sciences (ICAS), vol. 3, 2010, pp. 2167–2174.

[373] S. Kumari, D. Chakravorty, On the bending characteristics of damaged composite conoidal shells – a finite element approach, Journal of Reinforced Plastics & Composites 29 (21) (2010) 3287–3296.

[374] M.S. Qatu, R.W. Sullivan, W. Wang, Recent research advances on the dynamic analysis of composite shells: 2000–2009, Composite Structures 93 (1) (2010) 14–31.

[375] C. Kassapoglou, Buckling of Composite Plates, John Wiley & Sons, 2010, http://dx.doi.org/10.1002/9780470972700.ch6.

[376] S. Brischetto, E. Carrera, Importance of higher order modes and refined theories in free vibration analysis of composite plates, Journal of Applied Mechanics 77 (1) (2010).

[377] A.K. Sharma, N.D. Mittal, Review on stress and vibration analysis of composite plates, Journal of Applied Sciences 10 (23) (2010) 3156–3166.

[378] E.V. Morozov, A.V. Lopatin, V.A. Nesterov, Finite-element modelling and buckling analysis of anisogrid composite lattice cylindrical shells, Composite Structures 93 (2) (January 2011) 308–323.

[379] E. Carrera, F. Miglioretti, M. Petrolo, Accuracy of refined finite elements for laminated plate analysis, Composite Structures 93 (5) (April 2011) 1311–1327.

[380] C. Mittelstedt, H. Erdmann, K.-U. Schröder, Postbuckling of imperfect rectangular composite plates under inplane shear closed-form approximate solutions, Applied Mechanics 81 (10) (October 2011) 1409–1426.

[381] A.R. De Faria, M.V. Donadon, D.C.D. Oguamanam, Prebuckling enhancement of imperfect composite plates using piezoelectric actuators, Journal of Applied Mechanics 78 (3) (2011).

[382] A.R. Vosoughi, P. Malekzadeh, Ma.R. Banan, Mo.R. Banan, Thermal postbuckling of laminated composite skew plates with temperature-dependent properties, Thin-Walled Structures 49 (7) (2011) 913–922.

[383] M.P. Nemeth, A Treatise on Equivalent-Plate Stiffnesses for Stiffened Laminated-Composite Plates and Plate-like Lattices, NASA Technical Reports, 2011. NASA/TP-2011–216882.

[384] A.C. Cook, S.S. Vel, Multiscale analysis of laminated plates with integrated piezoelectric fiber composite actuators, Composite Structures 94 (2) (January 2012) 322–336.

[385] Y. Gao, M.S. Hoo Fatt, Dynamic pulse buckling of single curvature composite shells under external blast, Thin-Walled Structures 52 (March 2012) 149−157.

[386] M. Boscolo, J.R. Banerjee, Dynamic stiffness formulation for composite Mindlin plates for exact modal analysis of structures. Part I: theory, computers and structures 96−97 (April 2012) 74−83.

[387] M. Boscolo, J.R. Banerjee, Dynamic stiffness formulation for composite Mindlin plates for exact modal analysis of structures. Part II: results and applications, Computers and Structures 96−97 (April 2012) 61−73.

[388] P. Ribeiro, Non-linear free periodic vibrations of variable stiffness composite laminated plates, Nonlinear Dynamics 70 (2) (October 2012) 1535−1548.

[389] Z.-X. Wang, X.-S. Qin, J. Bai, J. Li, Flutter prediction and modal coupling analysis of a composite laminated plate, Journal of Vibration and Shock 3 (20) (October 2012) 7−11.

[390] G. Rega, E. Saetta, Shear deformable composite plates with nonlinear curvatures: modeling and nonlinear vibrations of symmetric laminates, Applied Mechanics 82 (10−11) (October 2012) 1627−1652.

[391] F. Moleiro, C.M. Mota Soares, C.A. Mota Soares, J.N. Reddy, Assessment of a layerwise mixed least-squares model for analysis of multilayered piezoelectric composite plates, Computers and Structures 108−109 (October 2012) 14−30.

[392] M. Amabili, Nonlinear vibrations of angle-ply laminated circular cylindrical shells: skewed modes, Composite Structures 94 (12) (December 2012) 3697−3709.

[393] E. Carrera, P. Nali, S. Lecca, M. Soave, Effects of in-plane loading on vibration of composite plates, Shock and Vibration 19 (4) (2012) 619−634.

[394] F.A. Fazzolari, E. Carrera, Accurate free vibration analysis of thermo-mechanically pre/post-buckled anisotropic multilayered plates based on a refined hierarchical trigonometric Ritz formulation, Composite Structures 95 (January 2013) 381−402.

[395] A.V. Lopatin, E.V. Morozov, Buckling of the composite orthotropic clamped-clamped cylindrical shell loaded by transverse inertia forces, Composite Structures 95 (January 2013).

[396] K. Jayakumar, D. Yadav, R.B. Nageswara, Moderately large deflection analysis of simply supported piezo-laminated composite plates under uniformly distributed transverse load, International Journal of Non-Linear Mechanics 49 (March 2013) 137−144.

[397] F.A. Fazzolari, E. Carrera, Advances in the Ritz formulation for free vibration response of doubly-curved anisotropic laminated composite shallow and deep shells, Composite Structures 101 (July 2013) 111−128.

[398] S.G.P. Castro, R. Zimmermann, M.A. Arbelo, R. Khakimova, M.W. Hilburger, R. Degenhardt, Geometric imperfections and lower-bound methods used to calculate knock-down factors for axially compressed composite cylindrical shells, Thin-Walled Structures 74 (January 2014) 118−132.

[399] M. Boscolo, J.R. Banerjee, Layer-wise dynamic stiffness solution for free vibration analysis of laminated composite plates, Journal of Sound and Vibration 333 (1) (January 2014) 200−227.

[400] F. Moleiro, C.M. Mota Soares, C.A. Mota Soares, J.N. Reddy, Benchmark exact solutions for the static analysis of multilayered piezoelectric composite plates using PVDF, Composite Structures 107 (January 2014) 389−395.

[401] E. Eckstein, A. Pirrera, P.M. Weaver, Multi-mode morphing using initially curved composite plates, Composite Structures 109 (1) (March 2014) 240−245.

[402] W.-Y. Jung, S.-C. Han, Shear buckling responses of laminated composite shells using a modified 8-node ANS shell element, Composite Structures 109 (1) (March 2014) 119−129.

36

[403] S. Heimbs, T. Bergmann, D. Schueler, N. Toso-Pentecôte, High velocity impact on preloaded composite plates, Composite Structures 111 (May 2014) 158−168.

[404] A.M. Zenkour, Simplified theory for hygrothermal response of angle-ply composite plates, AIAA Journal 52 (7) (July 2014) 1466−1473.

[405] A.S. Sayyad, Y.M. Ghugal, On the buckling of isotropic, transversely isotropic and laminated composite rectangular plates, International Journal of Structural Stability and Dynamics 14 (7) (October 2014).

[406] R. Burgueño, N. Hu, A. Heeringa, N. Lajnef, Tailoring the elastic postbuckling response of thin-walled cylindrical composite shells under axial compression, Thin-Walled Structures 84 (November 2014) 14−25.

[407] A. Pagani, E. Carrera, J.R. Banerjee, P.H. Cabral, G. Caprio, A. Prado, Free vibration analysis of composite plates by higher-order 1D dynamic stiffness elements and experiments, Composite Structures 118 (December 2014) 654−663.

[408] F.A. Fazzolari, Advanced Dynamic Stiffness Formulations for Free Vibration and Buckling Analysis of Laminated Composite Plates and Shells (Ph.D. thesis), City University London, uk.bl.ethos.635315, 2014.

[409] Z.-M. Li, P. Qiao, Buckling and postbuckling of anisotropic laminated cylindrical shells under combined external pressure and axial compression in thermal environments, Composite Structures 119 (January 2015) 709−726.

[410] M. Hemmatnezhad, G.H. Rahimi, M. Tajik, F. Pellicano, Experimental, numerical and analytical investigation of free vibrational behavior of GFRP-stiffened composite cylindrical shells, Composite Structures 120 (February 2015) 509−518.

[411] P. Ribeiro, Non-linear modes of vibration of thin cylindrical shells in composite laminates with curvilinear fibres, Composite Structures 122 (April 2015) 184−197.

[412] K.K. Viswanathana, S. Javeda, K. Prabakarb, Z.A. Aziza, I. Abu Bakara, Free vibration of anti-symmetric angle-ply laminated conical shells, Composite Structures 122 (April 2015) 488−495.

[413] K. Nie, Y. Liu, Y. Dai, Closed-form solution for the postbuckling behavior of long unsymmetrical rotationally-restrained laminated composite plates under inplane shear, Composite Structures 122 (April 2015) 31−40.

[414] G. Raju, Z. Wu, P.M. Weaver, Buckling and postbuckling of variable angle tow composite plates under in-plane shear loading, International Journal of Solids and Structures 58 (April 2015) 270−287.

[415] N. Semenyuk, V. Trach, N. Zhukova, The theory of stability of cylindrical composite shells revisited, International Applied Mechanics 51 (4) (July 2015) 449−460.

[416] M.A. Arbelo, K. Kalnins, O. Ozolins, E. Skukis, S.G.P. Castro, R. Degenhardt, Experimental and numerical estimation of buckling load on unstiffened cylindrical shells using a vibration correlation technique, Thin-Walled Structures 94 (September 2015) 273−279.

[417] T. Dey, L.S. Ramachandra, Dynamic stability of simply supported composite cylindrical shells under partial axial loading, Journal of Sound and Vibration 353 (September 2015) 272−291.

[418] C. Li, Z. Wu, Buckling of 120° stiffened composite cylindrical shell under axial compression − experiment and simulation, Composite Structures 128 (September 2015) 199−206.

[419] A. Sabik, I. Kreja, Thermo-elastic non-linear analysis of multilayered plates and shells, Composite Structures 130 (October 2015) 37−43.

[420] H. Abramovich, C. Bisagni, Behavior of curved laminated composite panels and shells under axial compression, DAEDALOS − Dynamics in Aircraft Engineering Design and Analysis for Light Optimized Structures, Progress in Aerospace Sciences 78 (October 2015) 74−106.

[421] C. Bisagni, Composite cylindrical shells under static and dynamic axial loading: an experimental campaign, DAEDALOS − Dynamics in Aircraft Engineering Design and Analysis for Light Optimized Structures, Progress in Aerospace Sciences 78 (October 2015) 107−115.

[422] C. Schillo, D. Krause, D. Röstermundt, Experimental and numerical study on the influence of imperfections on the buckling load of unstiffened CFRP shells, Composite Structures 131 (November 2015) 128−138.

[423] M.A. Arbelo, A. Herrmann, S.G.P. Castro, R. Khakimova, R. Zimmermann, R. Degenhardt, Investigation of buckling behavior of composite shell structures with cutouts, Applied Composite Materials 22 (6) (December 2015).

[424] H. Assaee, H. Hasani, Forced vibration analysis of composite cylindrical shells using spline finite strip method, Thin-Walled Structures 97 (December 2015) 207−214.

[425] L. Friedrich, S. Loosen, K. Liang, M. Ruess, C. Bisagni, K.-U. Schröder, Stacking sequence influence on imperfection sensitivity of cylindrical composite shells under axial compression, Composite Structures 134 (December 2015) 750−761.

[426] Y. Liang, B.A. Izzuddin, Nonlinear analysis of laminated shells with alternating stiff/soft lay-up, Composite Structures 133 (2015) 1220−1236.

[427] X.-D. Yang, T.-J. Yu, W. Zhang, Y.-J. Qian, M.-H. Yao, Damping effect on supersonic panel flutter of composite plate with viscoelastic mid-layer, Composite Structures 137 (2016) 105−113.

相关的实验工作：梁、柱、杆、三明治板与壳、复合板与复合壳

[428] P. Gaudenzi, R. Carbonaro, E. Benzi, Control of beam vibrations by means of piezoelectric devices: theory and experiments, Composite Structures 50 (4) (December 2000) 373−379.

[429] C. Jeung, A.M. Waas, In-plane biaxial crush response of polycarbonate honeycombs, Journal of Engineering Mechanics 127 (2) (February 2001) 180−193.

[430] T.C. Easley, K.T. Faber, S.P. Shah, Moiré interferometry analysis of fiber debonding, Journal of Engineering Mechanics 127 (6) (June 2001) 625−629.

[431] K. Goto, H. Hatta, H. Takahashi, H. Kawada, F.W. Zok, Effect of shear damage on the fracture behavior of carbon−carbon composites, Journal of the American Ceramic Society 84 (6) (June 2001) 1327.

[432] C.-H. Huang, C.-C. Ma, Vibration characteristics of composite piezoceramic plates at resonant frequencies: experiments and numerical calculations, IEEE Transactions on Ultrasonics Ferroelectrics & Frequency Control 48 (4) (July 2001).

[433] H. Aglan, Q.Y. Wang, M. Kehoe, Fatigue behavior of bonded composite repairs, Journal of Adhesion Science & Technology 15 (13) (November 2001) 1621−1634.

[434] Z.-M. Huang, X.C. Teng, S. Ramakrishna, Progressive failure analysis of laminated knitted fabric composites under 3-point bending, Journal of Thermoplastic Composite Materials 14 (6) (November 2001) 499−521.

[435] W.T. Wang, T.Y. Kam, Elastic constants identification of shear deformable laminated composite plates, Journal of Engineering Mechanics 127 (11) (November 2001) 1117−1123.

[436] T. Aoki, T. Ishikawa, H. Kumazawa, Y. Morino, Cryogenic mechanical properties of CF/ polymer composites for tanks of reusable rockets, Advanced Composite Materials 10 (4) (2001) 349−356.

[437] M. Johnson, P. Gudmundson, Experimental and theoretical characterization of acoustic emission transients in composite laminates, Composites Science and Technology 61 (2001) 1367−1378.

[438] T. Yokozeki, Y. Hayashi, T. Ishikawa, T. Aoki, Edge effect on the damage development of CFRP, Advanced Composite Materials 10 (4) (2001) 369—376.

[439] F. Bosia, J. Botsis, M. Facchini, P. Giaccari, Deformation characteristics of composite laminates—part I: speckle interferometry and embedded Bragg grating sensor measurements, Composites Science and Technology 62 (1) (January 2002) 41—54.

[440] L. Han, M.R. Piggott, Tension—compression and Iosipescu tests on laminates, Composites Part A: Applied Science and Manufacturing 33 (1) (January 2002) 35—42.

[441] S.S. Kessler, S.M. Spearing, M.J. Atalla, C.E.S. Cesnik, C. Soutis, Damage detection in composite materials using frequency response methods, Composites Part B: Engineering 33 (1) (January 2002) 87—95.

[442] D.-U. Sung, C.-G. Kim, C.-S. Hong, Monitoring of impact damages in composite laminates using wavelet transform, Composites Part B: Engineering 33 (1) (January 2002) 35—43.

[443] P.M. Weaver, J.R. Driesen, P. Roberts, Anisotropic effects in the compression buckling of laminated composite cylindrical shells, Composites Science and Technology 62 (1) (January 2002) 91—105.

[444] A.M. Layne, L.A. Carlsson, Test method for measuring strength of a curved sandwich beam, Experimental Mechanics 42 (2) (June 2002) 194—199.

[445] F. Roudolff, Y. Ousset, Comparison between two approaches for the simulation of delamination growth in a D.C.B. specimen, Aerospace Science and Technology 6 (2) (February 2002) 123—130.

[446] B. Castanié, J.-J. Barrau, J.-P. Jaouen, Theoretical and experimental analysis of asymmetric sandwich structures, Composite Structures 55 (3) (February-March 2002) 295—306.

[447] J. Hofstee, H. DeBoer, F. VanKeulen, Elastic stiffness analysis of a thermo-formed plain-weave fabric composite—part III: experimental verification, Composites Science and Technology 62 (3) (February—March 2002) 401—418.

[448] O. Okoli, A. Abdul-Latif, Failure in composite laminates: overview of an attempt at prediction, Composites Part A: Applied Science and Manufacturing 33 (3) (March 2002) 315—321.

[449] D.H. Pahr, F.G. Rammerstorfer, P. Rosenkranz, K. Humer, H.W. Weber, A study of short-beam-shear and double-lap-shear specimens of glass fabric/epoxy composites, Composites Part B: Engineering 33 (2) (March 2002) 125—132.

[450] J.L. Abot, I.M. Daniel, E.E. Gdoutos, Contact law for composite sandwich beams, Journal of Sandwich Structures & Materials 4 (2) (April 2002) 157—173.

[451] J.C. Roberts, M.P. Boyle, P.D. Wienhold, G.J. White, Buckling, collapse and failure analysis of FRP sandwich panels, Composites Part B: Engineering 33 (4) (June 2002) 315—324.

[452] W.K. Binienda, M.-J. Pindera, Advanced techniques of analysis and testing of composites for aerospace applications, Journal of Aerospace Engineering 15 (3) (July 2002).

[453] Z. Zhang, G. Hartwig, Relation of damping and fatigue damage of unidirectional fibre composites, International Journal of Fatigue 24 (7) (July 2002) 713—718.

[454] A. Gilat, R.K. Goldberg, G.D. Roberts, Experimental study of strain-rate-dependent behavior of carbon/epoxy composite, Composites Science and Technology 62 (10—11) (August 2002) 1469—1476.

[455] G.J. Short, F.J. Guild, M.J. Pavier, Delaminations in flat and curved composite laminates subjected to compressive load, Composite Structures 58 (2) (November 2002) 249—258.

[456] J. Loughlan, S.P. Thompson, H. Smith, Buckling control using embedded shape memory actuators and the utilisation of smart technology in future aerospace platforms, Composite Structures 58 (3) (November—December 2002) 319—347.

[457] S.F. Bastos, L. Borges, F.A. Rochinha, Numerical and experimental approach for identifying elastic parameters in sandwich plates, Shock & Vibration 9 (4−5) (2002) 193−201.

[458] H. Ghaemi, Z. Fawaz, Experimental evaluation of effective tensile properties of laminated composites, Advanced Composite Materials 11 (3) (2002) 223−237.

[459] V.M. Harik, J.R. Klinger, T.A. Bogetti, Low-cycle fatigue of unidirectional composites: Bi-linear S−N curves, International Journal of Fatigue 24 (2−4) (2002) 455−462.

[460] J. Tong, Characteristics of fatigue crack growth in GFRP laminates, International Journal of Fatigue 24 (2−4) (2002) 291−297.

[461] J.P. Davim, P. Reis, Study of delamination in drilling carbon fiber reinforced plastics (CFRP) using design experiments, Composite Structures 59 (4) (March 2003) 481−487.

[462] X. Wang, G. Lu, Local buckling of composite laminar plates with various delaminated shapes, Thin-Walled Structures 41 (6) (June 2003) 493−506.

[463] C.-H. Huang, Y.-J. Lee, Experiments and simulation of the static contact crush of composite laminated plates, Composite Structures 61 (3) (August 2003) 265−270.

[464] K.S. Alfredsson, On the determination of constitutive properties of adhesive layers loaded in shear − an inverse solution, International Journal of Fracture 123 (1−2) (September 2003) 49−62.

[465] R.D. Hale, An experimental investigation into strain distribution in 2D and 3D textile composites, Composites Science and Technology 63 (15) (November 2003) 2171−2185.

[466] H. Fukuda, G. Itohiya, A. Kataoka, S. Tashiro, Evaluation of bending rigidity of CFRP skin—foamed core sandwich beams, Journal of Sandwich Structures & Materials 6 (1) (January 2004) 75−92.

[467] P. Mertiny, F. Ellyin, A. Hothan, An experimental investigation on the effect of multi-angle filament winding on the strength of tubular composite structures, Composites Science and Technology 64 (1) (January 2004).

[468] C.H. Huang, Y.J. Lee, Static contact crushing of composite laminated shells, Composite Structures 63 (2) (February 2004) 211−217.

[469] Z.-M. Huang, Ultimate strength of a composite cylinder subjected to three-point bending: correlation of beam theory with experiment, Composite Structures 63 (3) (February 2004) 439−445.

[470] J. Broekel, B. Gangadhara Prusty, Experimental and theoretical investigations on stiffened and unstiffened composite panels under uniform transverse loading, Composite Structures 63 (3−4) (February−March 2004) 293−304.

[471] C.A. Steeves, N.A. Fleck, Collapse mechanisms of sandwich beams with composite faces and a foam core, loaded in three-point bending. Part II: experimental investigation and numerical modelling, International Journal of Mechanical Sciences 46 (4) (April 2004) 585−608.

[472] A.G. Gibson, P.N.H. Wright, Y.-S. Wu, A.P. Mouritz, Z. Mathys, C.P. Gardiner, The integrity of polymer composites during and after fire, Journal of Composite Materials 38 (15) (2004) 1283−1307.

[473] T. Gómez-del Río, E. Barbero, R. Zaera, C. Navarro, Dynamic tensile behaviour at low temperature of CFRP using a split Hopkinson pressure bar, Composites Science and Technology 65 (1) (January 2005) 61−71.

[474] T. Gómez-del Rio, R. Zaera, E. Barbero, C. Navarro, Damage in CFRPs due to low velocity impact at low temperature, Composites Part B: Engineering 36 (1) (January 2005) 41−50.

[475] E.V. Iarve, D. Mollenhauer, R. Kim, Theoretical and experimental investigation of stress redistribution in open hole composite laminates due to damage accumulation, Composites Part A: Applied Science and Manufacturing 36 (2) (February 2005) 163−171.

[476] M. Krishnapillai, R. Jones, I.H. Marshall, M. Bannister, N. Rajic, Thermography as a tool for damage assessment, Composite Structures 67 (2) (February 2005) 149−155.

[477] V. Bellenger, J. Decelle, N. Huet, Ageing of a carbon epoxy composite for aeronautic applications, Composites Part B: Engineering 36 (3) (April 2005) 189−194.

[478] W.A. Schulz, D.G. Myers, T.N. Singer, P.G. Ifju, R.T. Haftka, Determination of residual stress and thermal history for IM7/977-2 composite laminates, Composites Science and Technology 65 (13) (October 2005) 2014−2024.

[479] J.F. Laliberté, P.V. Straznicky, P. Cheung, Impact damage in fiber metal laminates, part 1: experiment, AIAA Journal 43 (11) (November 2005) 2445−2453.

[480] R. Ambu, F. Aymerich, F. Ginesu, P. Priolo, Assessment of NDT interferometric techniques for impact damage detection in composite laminates, Composites Science and Technology 66 (2) (February 2006) 199−205.

[481] J.-D. Mathias, X. Balandraud, M. Grédiac, Experimental investigation of composite patches with a full-field measurement method, Composites Part A: Applied Science and Manufacturing 37 (2) (February 2006) 177−190.

[482] S.A. Michel, R. Kieselbach, H.J. Martens, Fatigue strength of carbon fibre composites up to the gigacycle regime (gigacycle-composites), International Journal of Fatigue 28 (3) (March 2006) 261−270.

[483] J. Han, T. Siegmund, A combined experimental-numerical investigation of crack growth in a carbon−carbon composite, Fatigue & Fracture of Engineering Materials & Structures 29 (8) (August 2006) 632−645.

[484] W. Van Paepegem, I. De Baere, J. Degrieck, Modelling the nonlinear shear stress−strain response of glass fibre-reinforced composites. Part I: experimental results, Composites Science and Technology 66 (10) (August 2006) 1455−1464.

[485] F. Dharmawan, G. Simpson, I. Herszberg, S. John, Mixed mode fracture toughness of GFRP composites, Composite Structures 75 (1−4) (September 2006) 328−338.

[486] H. Hosseini-Toudeshky, B. Mohammadi, B. Hamidi, H.R. Ovesy, Analysis of composite skin/stiffener debounding and failure under uniaxial loading, Composite Structures 75 (1−4) (September 2006) 428−436.

[487] B. Whittingham, H.C.H. Li, I. Herszberg, W.K. Chiu, Disbond detection in adhesively bonded composite structures using vibration signatures, Composite Structures 75 (1−4) (September 2006) 351−363.

[488] T. Mitrevski, I.H. Marshall, R.S. Thomson, R. Jones, Low-velocity impacts on preloaded GFRP specimens with various impactor shapes, Composite Structures 76 (3) (November 2006) 209−217.

[489] C. Bisagni, P. Cordisco, Post-buckling and collapse experiments of stiffened composite cylindrical shells subjected to axial loading and torque, Composite Structures 73 (2) (2006) 138−149.

[490] L. Lanzi, V. Giavotto, Post-buckling optimization of composite stiffened panels: computations and experiments, Composite Structures 73 (2) (2006) 208−220.

[491] J.D. Gunderson, J.F. Brueck, A.J. Paris, Alternative test method for interlaminar fracture toughness of composites, International Journal of Fracture 143 (3) (February 2007) 273−276.

[492] M.M. Attard, Sandwich column buckling experiments, in: Proceedings of the 20th Australasian Conference on the Mechanics of Structures and Materials, ACMSM20, 2008, pp. 373−377.

[493] P. Schaumann, C. Keindorf, H.M. Knorr, Stability of cylindrical sandwich shells − experiments, Bauingenieur 83 (2008) 315−323.

[494] V. Kubenko, P. Koval'chuk, Experimental studies of the vibrations and dynamic stability of laminated composite shells, International Applied Mechanics 45 (5) (May 2009) 514−533.

[495] Z. Kiral, L. Malgaca, M. Akdag, B.G. Kiral, Experimental investigation of the dynamic response of a symmetric laminated composite beam via laser vibrometry, Journal of Composite Materials 43 (24) (September 3, 2009) 2943—2962, http://dx.doi.org/10.1177/0021998309345334.

[496] A. Aktaş, H. İmrek, Y. Cunedioğlu, Experimental and numerical failure analysis of pinned-joints in composite materials, Composite Structures 89 (3) (July 2009) 459—466.

[497] A. Shahdin, J. Morlier, Y. Gourinat, Damage monitoring in sandwich beams by modal parameter shifts: a comparative study of burst random and sine dwell vibration testing, Journal of Sound and Vibration 329 (5) (March 2010) 566—584.

[498] C. Czaderski, O. Rabinovitch, Structural behavior and inter-layer displacements in CFRP plated steel beams — optical measurements, analysis, and comparative verification, Composites Part B: Engineering 41 (4) (June 2010) 276—286.

[499] J. Shen, G. Lu, Z. Wang, L. Zhao, Experiments on curved sandwich panels under blast loading, International Journal of Impact Engineering 37 (9) (September 2010) 960—970.

[500] A.A. El-Ghandour, Experimental and analytical investigation of CFRP flexural and shear strengthening efficiencies of RC beams, Construction and Building Materials 25 (3) (March 2011) 1419—1429.

[501] K.S. Kim, D.H. Lee, Flexural behavior of prestressed composite beams with corrugated web: Part II. Experiment and verification, Composites Part B: Engineering 42 (6) (September 2011) 1617—1629.

[502] K. Lasn, A. Klauson, F. Chati, D. Décultot, Experimental determination of elastic constants of an orthotropic composite plate by using lamb waves, Mechanics of Composite Materials 47 (4) (September 2011) 435—446.

[503] W. Lacarbonara, M. Pasquali, A geometrically exact formulation for thin multi-layered laminated composite plates: theory and experiment, Composite Structures 93 (7) (2011) 1649—1663.

[504] C. Phan, N. Bailey, G. Kardomateas, M. Battley, Wrinkling of sandwich wide panels/beams based on the extended high-order sandwich panel theory: formulation, comparison with elasticity and experiments, Applied Mechanics 82 (10—11) (October 2012) 1585—1599.

[505] B.O. Baba, Free vibration analysis of curved sandwich beams with face/core debond using theory and experiment, Mechanics of Advanced Materials & Structures 19 (5) (2012) 350—359.

[506] J. Belis, R. Van Impe, C. Bedon, C. Amadio, C. Louter, Experimental and analytical assessment of lateral torsional buckling of laminated glass beams, Engineering Structures 51 (June 2013) 295—305.

[507] Y. Shindo, M. Miura, T. Takeda, F. Narita, S. Watanabe, Piezoelectric control of delamination response in woven fabric composites under mode I loading, Acta Mechanica 224 (6) (June 2013) 1315—1322.

[508] L. Yang, Y. Yan, N. Kuang, Experimental and numerical investigation of aramid fibre reinforced laminates subjected to low velocity impact, Polymer Testing 32 (7) (October 2013) 1163—1173.

[509] F. Nunes, M. Correia, J.R. Correia, N. Silvestre, A. Moreira, Experimental and numerical study on the structural behavior of eccentrically loaded GFRP columns, Thin-Walled Structures 72 (November 2013) 175—187.

[510] A. D'Ambrisi, F. Focacci, R. Luciano, Experimental investigation on flexural behavior of timber beams repaired with CFRP plates, Composite Structures 108 (February 2014) 720—728.

[511] S. Dariushi, M. Sadighi, A new nonlinear high order theory for sandwich beams: an analytical and experimental investigation, Composite Structures 108 (February 2014)

779−788.

[512] J. Romanoff, J.N. Reddy, Experimental validation of the modified couple stress Timoshenko beam theory for web-core sandwich panels, Composite Structures 111 (May 2014) 130−137.

[513] D. Balkan, Z. Mecitoğlu, Nonlinear dynamic behavior of viscoelastic sandwich composite plates under non-uniform blast load: theory and experiment, International Journal of Impact Engineering 72 (October 2014) 85−104.

[514] V.P. Vavilov, A.V. Plesovskikh, A.O. Chulkov, D.A. Nesteruk, A complex approach to the development of the method and equipment for thermal nondestructive testing of CFRP cylindrical parts, Composites Part B: Engineering 68 (January 2015) 375−384.

[515] S. Rohde, P. Ifju, B. Sankar, D. Jenkins, Experimental testing of bend-twist coupled composite shafts, Experimental Mechanics 55 (9) (November 2015) 1613−1625.

[516] B. Yang, Z. Wang, L. Zhou, J. Zhang, W. Liang, Experimental and numerical investigation of interply hybrid composites based on woven fabrics and PCBT resin subjected to low-velocity impact, Composite Structures 132 (November 2015) 464−476.

[517] K. Giasin, S. Ayvar-Soberanis, A. Hodzic, An experimental study on drilling of unidirectional GLARE fibre metal laminates, Composite Structures 133 (December 2015) 794−808.

[518] X.-L. Gong, Z. Wen, Y. Su, Experimental determination of residual stresses in composite laminates $[0_2/\theta_2]_s$, Advanced Composite Materials 24 (2015) 33−47.

[519] P. Wang, F. Sun, H. Fan, W. Li, Y. Han, Retrofitting scheme and experimental research of severally damaged carbon fiber reinforced lattice-core sandwich cylinder, Aerospace Science and Technology 50 (March 2016) 55−61.

第 2 章　三明治结构

（Fiorenzo A. Fazzolari，英国，剑桥，剑桥大学）

2.1　引　言

三明治结构是一类多层结构，一般包含了两个刚性较大的面板和一个蜂窝状或泡沫状夹心层，如图 2.1 所示。泡沫状夹心是最为常见的形式，不过也存在着一些其他的可行形式，例如网状和桁架状夹心。三明治结构的主要特点在于具有较高的刚度质量比，这使得它们不仅具有多种多样的结构形式可供选择，而且可以更好地应用于多种不同的工程场合。例如，在建筑工程领域中人们就常用三明治面板作为轻质屋顶和壁板，它们可以起到较好的热隔离作用。再如，三明治结构还可用于海洋工程领域，特别是船壳和甲板方面。在航空航天领域，它们的应用就更加广泛了，例如现代的飞机和飞船结构中就大量应用了三明治结构。当然，在机械工业领域和汽车工业中三明治结构也是屡见不鲜的。

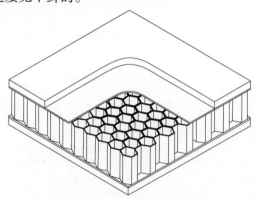

图 2.1　经典的三明治结构

更先进的三明治结构还可以采用较厚的正交夹心层与各向异性的面板来构造，一般可以视为一类复合层状结构。采用这种构造方式，我们就可以通过选择合适的分层材料、铺设顺序以及取向等途径来调整结构的物理和力学特性。正确选择纤维取向和铺设顺序，可以提高结构的屈曲强度，有效改善各类载荷条件下的非线性行为特性。通过对夹心层的横向剪切弹性模量进行优化，还可以提升三明治结构的总体

44

性能。毋庸置疑,三明治结构的解析建模要比通常的层状复合结构复杂得多。与后者不同的是,分析过程中的一些经典假设不再是针对结构总体,而必须进行分层运动学描述。不仅如此,在三明治结构如面板的分析中,还涉及各向异性的分层板,这一分析显然要比单层结构的分析难度大得多了。分析的复杂性主要来自于铺设过程中带来的三种类型的不对称性:①面板中面的不对称性(称为面板不对称性)会导致面板弯曲‐拉伸耦合行为;②夹心层中面的不对称性(称为总体不对称性)将会导致总体的弯曲‐拉伸耦合行为;③面板材料的正交主轴与结构的几何轴之间成一定角度,这会导致拉伸和剪切之间的耦合。

从比例角度来看,有效的三明治结构的夹心重量大致等于面板的总重量。很明显,与由面板材料制成的总重量相等的实心板相比,这种比例分配所产生的结构弯曲刚度要大得多。一般而言,夹心层需要满足多种要求,例如,它在垂直于面板的方向上必须具有足够的刚度,从而保证上下面板之间保持正确的距离;再如它必须具有足够的剪切刚度,以保证当三明治结构弯曲时上下面板间不会发生相对滑移,否则面板的行为就类似于两个独立的梁或薄板了,那么也就失去了三明治效应。夹心层的刚度还必须保证面板能够近似保持为平面形状,否则在面板平面内的压应力影响下可能导致面板发生局部屈曲(褶皱)。除了上述这些要求都应当满足以外,还有一点也很重要,即黏结剂(层)不能过于柔软,否则面板和夹心之间会产生较大的相对运动。如果夹心层的刚度足够大,那么它将影响到整体结构的弯曲刚度,对于低密度的夹心层来说,这一影响是比较小的,经常可以忽略不计,这种情况下应力和变形的分析往往也就得到了极大的简化。

利用功能梯度材料还可以设计出另一种三明治结构类型。功能梯度材料是一类由陶瓷和金属材料混合而成的异质复合材料,其特性随空间位置平滑而连续地变化。对于层状复合结构来说,这种梯度分布特性可以通过改变纤维增强材料的体积百分比来实现。事实上,一般来说,功能梯度材料的材料特性都是通过改变组分材料的体积百分比来进行控制和调整的。由于它们可以设计成耐高热材料,因此往往非常适合于航空航天领域,如飞机、航天器、涂覆层以及推进系统等场合。不仅如此,此类结构还具有其他先进材料(如纤维增强复合材料)所不具备的一些优点,能够抑制甚至消除一些实际应用中存在的问题,例如脱层、纤维失效、有害的吸湿效应等。

由于功能梯度材料具有诸多优点,目前在航空领域中它们正在保持着稳步而快速的发展。正因如此,有必要对功能梯度材料的自由振动和热稳定性等问题进行全面的分析和讨论。实际上,众多研究人员已经针对多种功能梯度材料三明治结构构型进行了研究,其中采用了相当多的结构新理论。

2.1.1 相关历史发展与文献概述

正如 Noor 等人[1]所指出的,三明治结构这一概念最早可追溯到 1849 年 Fair-

45

bairn 的工作[2]。在第二次世界大战期间,人们就已经设计和使用了多种三明治结构(参见文献[3])。虽然人们经常认为蚊式轰炸机是三明治面板的第一个主要应用对象,不过实际上在此之前还有大量与三明治构型原理相关的应用,只是不像蚊式轰炸机那样壮观而已。Vinson[4]曾经指出,三明治结构方面的研究文献最早出现在 1944 年(Marguerre[5]),其中主要探讨的是三明治面板在面内载荷下的行为。自那时起,三明治结构的研究开始兴起,涌现出了大量的研究文献,它们对三明治结构的各个方面都进行了研究。近几十年来,多位学者还对这一领域进行了较为全面的综述,例如 Librescu[6]和 Vinson[4,7]。值得提及的是,这一领域还出版了多本著作,它们主要讨论了三明治结构的建模与设计等问题。Carlson 和 Kardomateas[8]研究了三明治面板的一些重要的变形和失效模式,例如整体屈曲、皱褶、局部不稳定以及面板夹心脱离等。Allen[9]对三明治结构理论所包含的主要方面及其前提基础做了简洁的介绍。Yu[10]给出了三明治结构的线性微分方程和非线性微分方程的推导过程(参见该书中的第 4 和第 8 章)。Davies[11]还针对轻质三明治构型提出了很多有益的设计参考,除了讨论了设计中如何选择合适的材料这一点外,还阐述了所有的主要问题,例如热学性能、水密性、声学特性、耐久性、力学测试等方面。Lu 和 Xin[12]针对典型的三明治结构,透彻分析了力学和(或)声学载荷作用下的振动与声学行为。对于较为苛刻的环境,如强动力载荷环境,三明治结构的行为特性可参见 Abrate 等人的著作[13]。特别需要注意的是,在该书中还给出了多种不同的分析过程,据此我们可以更好地理解三明治结构的动力学响应及其失效问题。此外,Vinson[14]还从弹性不稳定性和结构优化角度做了相当透彻的研究,其目的是获得最轻的三明治面板。

在三明治结构的理论和数值建模方面,人们已经做出了一些非常重要的研究工作。Pagano[15]针对三明治板结构给出了精确解。Frostig 等人[16]针对具有横向柔性夹心层的三明治曲面板推导了相应的动力学方程并给出了封闭形式的解,在方程的推导过程中采用了高阶理论。文献[16]还对多面板与多层夹心构型做了探讨。Frostig 和 Thomsen[17]针对具有横向柔性夹心层的三明治面板讨论了其非线性动力学行为中的局域化效应。关于高阶剪切变形理论方面,文献[18]还给出了相当重要的研究回顾。Pantano 和 Averill[19]考察了三明治板的热应力问题,分析是建立在 zigzag 理论和分层理论框架下的。关于集中载荷下的响应问题,Swanson[20]采用了高阶理论和三维弹性分析手段进行了研究,同时他还对一个新有限元模型进行了评价[21],将其与文献[20]中得到的三维弹性分析结果进行了比较。Whitney[22]提出了一个局部的分层模型用于描述弱夹心层的弯曲行为,其中假定了厚度方向上夹心层与面板的应力场是彼此无关的,他采用了 Pagnano[23]曾用过的应力法建立了相应的控制方程组。Liu 和 Zhao[24]利用一阶剪切变形理论对厚板进行了分析,并与薄板模型分析结果进行了比较。Birman 和 Bert[25]探讨了如何选择合适的剪切修正因子这一问题。针对三明治板和层合板结构,Matsunaga[26]还对各种高阶剪切变形理论进行过讨论。

Topdar 等人[27]对弯曲的三明治板进行过有限元分析,其中采用了等效单层 Ambartusumian 型理论。Lyckegaard 和 Thomsen[28]采用前述的 Frostig 的高阶剪切变形理论分析了平面型和曲面型三明治面板的连接问题。Garg 等人[29]还曾采用高阶剪切变形理论对一个各向异性三明治板的自由振动问题进行了有限元分析。对于带有黏弹性夹心的三明治板结构,Malekzadeh 等[30]也采用了高阶方法研究了相应的振动问题,考察了局部和整体振动的抑制特性。对于热环境中的三明治结构,Fazzolari[31,32]利用多种高阶和修正的板理论进行过自由振动分析和热力学稳定性研究。Roque 等人[33]运用基于径向基函数的分层理论考察了三明治板的振动行为。近期,人们还针对由黏弹性材料制备而成的三明治梁对比研究了各种运动学特性,参见 Hu 等人的工作[34]。

功能梯度材料这一概念最早起源于日本 1984 年的航天飞机项目,当时人们提出利用这一概念来设计阻热材料,使之可以承受 2000K 的表面温度和 1000K 的温度梯度(横截面小于 10mm)。自 1984 年开始,功能梯度材料薄层就得到了广泛而全面的研究,目前几乎已经进入了商业化阶段。下面我们对一些与功能梯度材料相关的研究文献做一介绍。El Meiche 等人[35]提出了一种新的双曲剪切变形理论来处理功能梯度型三明治板的屈曲和振动问题。Zenkour[36]全面分析了功能梯度三明治板,包括其静力分析、自由振动分析、稳定性分析等方面,不仅如此,他还利用多种板理论对不同的功能梯度三明治板进行了有趣的热稳定性分析[37]。Matsunaga[38]根据二维高阶变形理论考察了功能梯度板的自由振动和稳定性,同时还分析了若干功能梯度板构型的热屈曲问题,其中利用了高阶模型来考虑横向剪切变形和法向变形以及转动惯量的影响[39]。针对矩形功能梯度板,他通过哈密顿原理结合位移分量的级数展开方法推导了二维高阶理论框架下的基本动力学方程组。Abrate[40]考虑了功能梯度板的自由振动、屈曲以及静态变形等问题。Dozio[41]考察了带有功能梯度材料夹心的三明治板,利用二维里兹变分模型(借助了切比雪夫多项式)分析了自由振动行为。此外,近期他还采用高阶剪切变形和法向变形理论精确分析了 L 形功能梯度板的自由振动响应[42]。Viola 等人[43]借助一种广义微分求积法对任意形状的功能梯度板和壳结构进行了研究。Tornabene 等人[44]进一步推动了该方法在功能梯度结构中的应用。Bateni 等人[45]全面考察了功能梯度板的稳定性问题,其分析主要集中于功能梯度矩形厚板在机械载荷和热载荷作用下的稳定性,其中采用了四变量精化平板理论。Shariat 和 Eslami[46]利用了三阶剪切变形理论研究了机械载荷和热载荷条件下功能梯度厚板的屈曲问题。Li 等人[47]通过三维里兹法(基于切比雪夫多项式)探讨了功能梯度三明治板的自由振动行为。Javaheri 和 Elsami[48]借助高阶理论对功能梯度板的临界温度做了统一分析。Nguyen-Xuan 等人[49]还提出了一种边光滑有限元方法用于分析功能梯度板问题。Zhu 和 Liew[50]利用局部无网格 Kriging 方法计算了功能梯度中厚板的固有频率。Zhao 等[51]基于无网格 kp-Ritz 方法对功能梯度板的自由振动进行了研究。Fazzolari[52-55]则利用 HTRF 法研究了功能梯度板和壳的自由振动与热弹性稳定性等问题。

2.2　高级结构模型

本节主要介绍一些用于分析三明治结构的高级板模型,将讨论三种不同类型的板理论,即 ESL、ZZ 和 LW。ESL 模型能够描述横向剪切和法向应变,包括横截面的横向翘曲行为,此类模型认为运动对每个层是不敏感的,因而运动是均匀的,显然这没有考虑到层间横向应力的平衡。不仅如此,该模型也不能反映板厚方向上的 ZZ 形式的位移场分布情况。这一不足可以通过 ZZ 模型和 LW 模型在一定程度上进行弥补。ZZ 理论主要采用了 Murakami 的 zigzag 函数(MZZF)[32],它可以反映 z 方向上位移变量一阶导数的不连续性,从物理上说这种不连续性来源于多层结构固有的横向各向异性。LW 模型在描述运动时对每层的位移进行了扩展,通过勒让德多项式可以很方便地引入层间界面处的位移连续性条件,即 C^0 条件。虽然这些理论模型在计算上要更为复杂耗时一些,不过准确性却要高得多,并且能够给出相关现象的准三维描述。

2.2.1　一类精化板模型

位移场的一般形式可以表示为

$$u_x(x,y,z) = F_{\tau_{u_x}}(z) u_{x\tau_{u_x}}(x,y), \quad \tau_{u_x}, s_{u_x} = 0,1,\cdots,N_{u_x}$$
$$u_y(x,y,z) = F_{\tau_{u_y}}(z) u_{y\tau_{u_y}}(x,y), \quad \tau_{u_y}, s_{u_y} = 0,1,\cdots,N_{u_y} \qquad (2.1)$$
$$u_z(x,y,z) = F_{\tau_{u_z}}(z) u_{z\tau_{u_z}}(x,y), \quad \tau_{u_z}, s_{u_z} = 0,1,\cdots,N_{u_z}$$

其中的 (x,y,z) 代表笛卡儿坐标系(图 2.2),当分析壳结构时只需将面内坐标进行替换即可,也即令 $(\alpha,\beta) = (x,y)$,从而也就得到了新的正交曲线坐标系。为了方便起见,式(2.1)可以表示为如下更为紧凑的形式,即

$$\boldsymbol{u} = \boldsymbol{F}_\tau(z)\boldsymbol{u}_\tau(x,y,t), \quad \tau = \tau_{u_x},\tau_{u_y},\tau_{u_z}, \quad s = s_{u_x},s_{u_y},s_{u_z} \qquad (2.2)$$

式中

$$\boldsymbol{F}_\tau(z) = \begin{bmatrix} F_{\tau_{u_x}}(z) & 0 & 0 \\ 0 & F_{\tau_{u_y}}(z) & 0 \\ 0 & 0 & F_{\tau_{u_z}}(z) \end{bmatrix}, \boldsymbol{u}_\tau = \begin{bmatrix} u_{x\tau_{u_x}}(x,y,t) \\ u_{y\tau_{u_y}}(x,y,t) \\ u_{z\tau_{u_z}}(x,y,t) \end{bmatrix} \qquad (2.3)$$

很明显,$F_{\tau_{u_x}}(z)$、$F_{\tau_{u_y}}(z)$ 和 $F_{\tau_{u_z}}(z)$ 都是 z 的函数,它们是对每个位移分量的运动描述,而 $u_{x\tau_{u_x}}$、$u_{y\tau_{u_y}}$ 和 $u_{z\tau_{u_z}}$ 代表位移变量。按照爱因斯求和约定,此处重复的下标 τ_{u_x}、

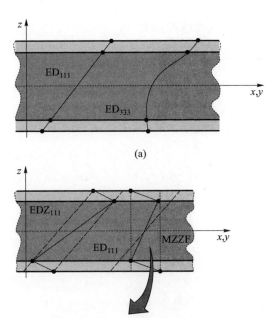

(a)

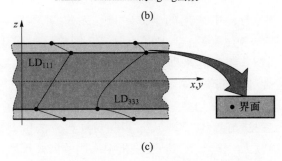

MZZF：Murakami的zigzag函数

(b)

(c)

图 2.2　整个厚度方向上三明治板的运动学描述

（a）ESL 模型；（b）ZZ 模型；（c）LW 模型。

τ_{u_y} 和 τ_{u_z} 需要进行求和处理。下面给出三种可行的位移场描述,它们分别针对的是 ESL、ZZ 和 LW 板模型,图 2.2 中给出了所有这些运动描述情况下的厚度方向上的位移场分布。对于前两种描述,即 ESL 模型和 ZZ 模型,厚度函数是以泰勒级数形式表达的,而对于 LW 模型,则采用了勒让德多项式 P_i 使得层间位移分量的连续性得以满足。

通过选择展开系数 $N_{u_x} = 3$、$N_{u_y} = 1$ 和 $N_{u_z} = 2$,即可得到如下的位移场。

ESL 位移场为

$$\begin{cases} u_x = u_{x_0} + zu_{x_1} + z^2 u_{x_2} + z^3 u_{x_3} \\ u_y = u_{y_0} + zu_{y_1} \\ u_z = u_{z_0} + zu_{z_1} + z^2 u_{z_2} \end{cases} \qquad (2.4)$$

ZZ 位移场（Murakami 的 ZZ 函数）为

$$
\begin{cases}
u_x = u_{x_0} + z u_{x_1} + z^2 u_{x_2} + z^3 u_{x_3} + (-1)^k \zeta_k u_{Z_{u_x}} \\
u_y = u_{y_0} + z u_{y_1} + (-1)^k \zeta_k u_{Z_{u_y}} \\
u_z = u_{z_0} + z u_{z_1} + z^2 u_{z_2} + (-1)^k \zeta_k u_{Z_{uz}}
\end{cases}
\tag{2.5}
$$

LW 位移场为

$$
\begin{cases}
u_x^k = \dfrac{P_0 - P_1}{2} u_{b_{u_x}}^k + (P_2 - P_0) u_{x_1}^k + (P_3 - P_1) u_{x_2}^k + (P_4 - P_2) u_{x_3}^k + \dfrac{P_0 + P_1}{2} u_{t_{u_x}}^k \\[2mm]
u_y^k = \dfrac{P_0 - P_1}{2} u_{b_{u_y}}^k + (P_2 - P_0) u_{y_1}^k + \dfrac{P_0 + P_1}{2} u_{t_{u_y}}^k \\[2mm]
u_z^k = \dfrac{P_0 - P_1}{2} u_{b_{u_z}}^k + (P_2 - P_0) u_{z_1}^k + (P_3 - P_1) u_{z_2}^k + \dfrac{P_0 + P_1}{2} u_{t_{u_z}}^k
\end{cases}
$$

$$
\tag{2.6}
$$

在经典的展开和组装过程中，每个 3×3 的核函数都需要根据所采用的厚度函数 F_τ 进行展开，对于此处的问题来说，一般所需展开的阶数 N 以及里兹近似中的展开阶数 M_{max} 和 N_{max} 应当为分析中采用的半波数量。因此，基本维数应当是 $3(N+1)P \times 3(N+1)P$，而且 $P = M_{max} \times N_{max}$。多层情况不会影响这一展开过程，因为只需通过将每层之间的关联矩阵组合起来即可。需要注意的是 LW 模型，如果有 k 个层需要进行组装，那么这会对展开产生影响，必须在半波数展开之前进行处理，最终的维数应为 $3(NN_l+1)P \times 3(NN_l+1)P$。在这里所讨论的几种分层板模型中，组装过程是存在较大不同的（参见文献[31,32]），其步骤与经典方法也有很多区别。这些区别主要体现在厚度函数 $F_{\tau_{u_x}}$、$F_{\tau_{u_y}}$、$F_{\tau_{u_z}}$ 以及分析中采用的展开系数 N_{u_x}、N_{u_y}、N_{u_z} 上。对于 ESL 模型和 ZZ 模型，核函数的维数为

$$
\mathcal{D}_{ESL} = [(N_{u_x}+1) + (N_{u_y}+1) + (N_{u_z}+1)]P \times [(N_{u_x}+1) + (N_{u_y}+1) + (N_{u_z}+1)]P
$$

$$
\tag{2.7}
$$

类似于经典模型，这一展开是与层的数量无关的。对于 LW 模型，其维数应为

$$
\mathcal{D}_{LW} = [(N_{u_x}N_l+1) + (N_{u_y}N_l+1) + (N_{u_z}N_l+1)]P \times
$$
$$
[(N_{u_x}N_l+1) + (N_{u_y}N_l+1) + (N_{u_z}N_l+1)]P
\tag{2.8}
$$

2.3 控 制 方 程

利用虚位移原理（PVD）可以导出控制方程的弱形式，对于每个层来说，虚位移原理可以表述为如下经典形式：

$$\int_{\Omega^k} \int_{A^k} (\delta\boldsymbol{\varepsilon}_{\text{pG}}^{k\text{T}} \boldsymbol{\sigma}_{\text{pC}}^k + \delta\boldsymbol{\varepsilon}_{\text{nG}}^{k\text{T}} \boldsymbol{\sigma}_{\text{nC}}^k) \,\mathrm{d}\Omega^k \mathrm{d}z = \delta L_{\text{ext}}^k - \delta L_{F_{\text{in}}}^k \qquad (2.9)$$

式中:k 为三明治结构中的层号;Ω^k 为三明治板参考平面;$\boldsymbol{\varepsilon}_{\text{pG}}$ 为根据几何关系(G)导出的面内(p)应变矢量;$\boldsymbol{\sigma}_{\text{pC}}$ 为根据本构关系 C 导出的面内应力矢量;类似地,$\boldsymbol{\varepsilon}_{\text{nG}}$ 和 $\boldsymbol{\sigma}_{\text{nC}}$ 为面外 n 的对应矢量。

2.3.1 里兹法

下面通过二维情况回顾里兹法的基本过程。这种方法将位移场分析中出现的函数 $\boldsymbol{u}_\tau^k$ 表示为级数展开形式,即

$$\boldsymbol{u}_\tau^k(x,y,t) = \boldsymbol{U}_{\tau i}^k(t)\,\boldsymbol{\Psi}_i(x,y), \quad i=1,\cdots,\mathcal{N}, \quad \tau = \tau_{u_x}, \tau_{u_y}, \tau_{u_z} \qquad (2.10)$$

式中:N 为展开中的阶数。于是,位移场就可以表示为

$$\boldsymbol{u}^k(x,y,z,t) = \boldsymbol{F}_\tau(z)\,\boldsymbol{U}_{\tau i}^k(t)\,\boldsymbol{\Psi}_i(x,y) \qquad (2.11)$$

其中

$$\boldsymbol{\Psi}_i(x,y) = \begin{bmatrix} \psi_{x_i}(x,y) & 0 & 0 \\ 0 & \psi_{y_i}(x,y) & 0 \\ 0 & 0 & \psi_{z_i}(x,y) \end{bmatrix} \qquad (2.12)$$

矩阵 $\boldsymbol{F}_\tau$ 由式(2.3)给出,而矢量 $\boldsymbol{U}_{\tau i}^k$ 包含了未知元素 $U_{x\tau_{u_x}i}^k$、$U_{y\tau_{u_y}i}^k$、$U_{z\tau_{u_z}i}^k$ 以及时间变量。里兹函数 ψ_{x_i}、ψ_{y_i} 和 ψ_{z_i} 应根据所讨论的问题类型来选择。如果这些里兹函数是容许函数,那么就可以保证结果收敛到精确解,这些容许函数应满足如下三个条件:

(1)在变分描述中必须连续,或者说在虚功描述中必须产生非零贡献;

(2)必须具有指定几何边界条件的齐次形式;

(3)必须是一组线性无关的完备函数集。

在应用里兹法的过程中,可以将虚位移原理改写为

$$\delta L_{\text{int}}^k - \delta L_{\text{ext}}^k + \delta L_{\text{ine}}^k = 0 \qquad (2.13)$$

式中:L_{int} 为内部虚功;L_{ext} 为外部虚功;而 L_{ine} 为惯性力的虚功。特别地,式(2.13)最后一项可以通过如下关系与动能联系起来,即

$$\delta T^k = -\delta L_{F_{\text{in}}}^k \qquad (2.14)$$

进一步,对于受到保守力作用的弹性系统来说,还存在如下关系:

$$\delta L_{\text{int}}^k = \delta \boldsymbol{\Phi}_{\text{st}}^k, \delta L_{\text{ext}}^k = -\delta \boldsymbol{\Phi}_{\text{ef}}^k \qquad (2.15)$$

其中的 $\delta\boldsymbol{\Phi}_{\text{st}}$ 是虚应变势能,而 $\delta\boldsymbol{\Phi}_{\text{ef}}$ 是与外力相关的虚势能。

总的势能泛函则为

$$\Pi^k = \Phi_{\text{st}}^k + \Phi_{\text{ef}}^k \tag{2.16}$$

于是,式(2.13)就对应于如下能量泛函的最小值了:

$$\delta(T^k - \Pi^k) = 0 \tag{2.17}$$

这一最小化问题是针对式(2.11)中线性组合的待定系数的。Π^k 为 $U_{x\tau_{u_x}i}^k$、$U_{y\tau_{u_y}i}^k$ 和 $U_{z\tau_{u_z}i}^k$ 的函数。式(2.17)所给出的这个条件可以进一步表示为如下形式:

$$\begin{cases} \dfrac{\partial(T^k - \Pi^k)}{\partial U_{x\tau_{u_x}i}^k} = 0, i = 1, \cdots, \mathscr{N}, \tau_{u_x} = b_{u_x}, r_{u_x}, t_{u_x}, r_{u_x} = 2, 3, \cdots, N_{u_x} - 1 \\[3mm] \dfrac{\partial(T^k - \Pi^k)}{\partial U_{y\tau_{u_y}i}^k} = 0, i = 1, \cdots, \mathscr{N}, \tau_{u_y} = b_{u_y}, r_{u_y}, t_{u_y}, r_{u_y} = 2, 3, \cdots, N_{u_y} - 1 \\[3mm] \dfrac{\partial(T^k - \Pi^k)}{\partial U_{z\tau_{u_z}i}^k} = 0, i = 1, \cdots, \mathscr{N}, \tau_{u_z} = b_{u_z}, r_{u_z}, t_{u_z}, r_{u_z} = 2, 3, \cdots, N_{u_z} - 1 \end{cases} \tag{2.18}$$

2.3.1.1 刚度核

利用虚位移原理可以导出微分控制方程的离散形式[31,32],为此应将应变矢量表示成里兹函数形式,即

$$\begin{cases} \boldsymbol{\varepsilon}_{\text{pG}}^k = \boldsymbol{D}_{\text{p}}(\boldsymbol{F}_\tau \boldsymbol{\Psi}_i) \boldsymbol{U}_{\tau i}^k \\ \boldsymbol{\varepsilon}_{\text{nG}}^k = \boldsymbol{D}_{\text{np}}(\boldsymbol{F}_\tau \boldsymbol{\Psi}_i) \boldsymbol{U}_{\tau i}^k + \boldsymbol{D}_{\text{nz}}(\boldsymbol{F}_\tau \boldsymbol{\Psi}_i) \boldsymbol{U}_{\tau i}^k \end{cases} \tag{2.19}$$

考虑式(2.9),内力虚功就变成了:

$$\begin{aligned}
\delta L_{\text{int}}^k = & \int_{\Omega^k} \int_{A^k} \delta \boldsymbol{U}_{\tau i}^{k\text{T}} [\boldsymbol{D}_{\text{p}}(\boldsymbol{F}_\tau \boldsymbol{\Psi}_i)]^{\text{T}} \widetilde{\boldsymbol{C}}_{\text{pp}}^k \boldsymbol{D}_{\text{p}}(\boldsymbol{F}_s \boldsymbol{\Psi}_j) \boldsymbol{U}_{sj}^k \text{d}\Omega^k \text{d}z \\
& + \int_{\Omega^k} \int_{A^k} \delta \boldsymbol{U}_{\tau i}^{k\text{T}} [\boldsymbol{D}_{\text{p}}(\boldsymbol{F}_\tau \boldsymbol{\Psi}_i)]^{\text{T}} \widetilde{\boldsymbol{C}}_{\text{pn}}^k \boldsymbol{D}_{\text{np}}(\boldsymbol{F}_s \boldsymbol{\Psi}_j) \boldsymbol{U}_{sj}^k \text{d}\Omega^k \text{d}z \\
& + \int_{\Omega^k} \int_{A^k} \delta \boldsymbol{U}_{\tau i}^{k\text{T}} [\boldsymbol{D}_{\text{p}}(\boldsymbol{F}_\tau \boldsymbol{\Psi}_i)]^{\text{T}} \widetilde{\boldsymbol{C}}_{\text{pn}}^k \boldsymbol{D}_{\text{nz}}(\boldsymbol{F}_s \boldsymbol{\Psi}_j) \boldsymbol{U}_{sj}^k \text{d}\Omega^k \text{d}z \\
& + \int_{\Omega^k} \int_{A^k} \delta \boldsymbol{U}_{\tau i}^{k\text{T}} [\boldsymbol{D}_{\text{np}}(\boldsymbol{F}_\tau \boldsymbol{\Psi}_i)]^{\text{T}} \widetilde{\boldsymbol{C}}_{\text{np}}^k \boldsymbol{D}_{\text{p}}(\boldsymbol{F}_s \boldsymbol{\Psi}_j) \boldsymbol{U}_{sj}^k \text{d}\Omega^k \text{d}z \\
& + \int_{\Omega^k} \int_{A^k} \delta \boldsymbol{U}_{\tau i}^{k\text{T}} [\boldsymbol{D}_{\text{np}}(\boldsymbol{F}_\tau \boldsymbol{\Psi}_i)]^{\text{T}} \widetilde{\boldsymbol{C}}_{\text{nn}}^k \boldsymbol{D}_{\text{np}}(\boldsymbol{F}_s \boldsymbol{\Psi}_j) \boldsymbol{U}_{sj}^k \text{d}\Omega^k \text{d}z \\
& + \int_{\Omega^k} \int_{A^k} \delta \boldsymbol{U}_{\tau i}^{k\text{T}} [\boldsymbol{D}_{\text{np}}(\boldsymbol{F}_\tau \boldsymbol{\Psi}_i)]^{\text{T}} \widetilde{\boldsymbol{C}}_{\text{nn}}^k \boldsymbol{D}_{\text{nz}}(\boldsymbol{F}_s \boldsymbol{\Psi}_j) \boldsymbol{U}_{sj}^k \text{d}\Omega^k \text{d}z \\
& + \int_{\Omega^k} \int_{A^k} \delta \boldsymbol{U}_{\tau i}^{k\text{T}} [\boldsymbol{D}_{\text{nz}}(\boldsymbol{F}_\tau \boldsymbol{\Psi}_i)]^{\text{T}} \widetilde{\boldsymbol{C}}_{\text{np}}^k \boldsymbol{D}_{\text{p}}(\boldsymbol{F}_s \boldsymbol{\Psi}_j) \boldsymbol{U}_{sj}^k \text{d}\Omega^k \text{d}z
\end{aligned}$$

$$+ \iint_{\Omega^k A^k} \delta U^{k\mathrm{T}}_{\tau i} [D_{\mathrm{nz}}(F_\tau \Psi_i)]^\mathrm{T} \widehat{C}^k_{\mathrm{nn}} D_{\mathrm{np}}(F_s \Psi_j) U^k_{sj} \mathrm{d}\Omega^k \mathrm{d}z$$

$$+ \iint_{\Omega^k A^k} \delta U^{k\mathrm{T}}_{\tau i} [D_{\mathrm{nz}}(F_\tau \Psi_i)]^\mathrm{T} \widehat{C}^k_{\mathrm{nn}} D_{\mathrm{nz}}(F_s \Psi_j) U^k_{sj} \mathrm{d}\Omega^k \mathrm{d}z \qquad (2.20)$$

可以将内力虚功表示为如下的一般形式:

$$\delta L^k_{\mathrm{int}} = \delta U^{k\mathrm{T}}_{\tau i} K^{k\tau sij} U^k_{sj} \qquad (2.21)$$

对比式(2.21)和式(2.20),不难得到刚度核的显式表达,即

$$K^{k\tau sij} = \iint_{\Omega^k A^k} \left\{ \begin{array}{l} [D_{\mathrm{p}}(F_\tau \Psi_i)]^\mathrm{T} \times [\widehat{C}^k_{\mathrm{pp}} D_{\mathrm{p}}(F_s \Psi_j) + \widehat{C}^k_{\mathrm{pn}} D_{\mathrm{np}}(F_s \Psi_j) \\ + \widehat{C}^k_{\mathrm{pn}} D_{\mathrm{nz}}(F_s \Psi_j)] + [D_{\mathrm{np}}(F_\tau \Psi_i)]^\mathrm{T} \times [\widehat{C}^k_{\mathrm{np}} D_{\mathrm{p}}(F_s \Psi_j) \\ + \widehat{C}^k_{\mathrm{nn}} D_{\mathrm{np}}(F_s \Psi_j) + \widehat{C}^k_{\mathrm{nn}} D_{\mathrm{nz}}(F_s \Psi_j)] + [D_{\mathrm{nz}}(F_\tau \Psi_i)]^\mathrm{T} \\ \times [\widehat{C}^k_{\mathrm{np}} D_{\mathrm{p}}(F_s \Psi_j) + \widehat{C}^k_{\mathrm{nn}} D_{\mathrm{np}}(F_s \Psi_j) + \widehat{C}^k_{\mathrm{nn}} D_{\mathrm{nz}}(F_s \Psi_j)] \end{array} \right\} \mathrm{d}\Omega^k \mathrm{d}z$$

$$(2.22)$$

2.3.1.2 质量核

惯性力的虚功可表示为如下形式:

$$\delta L^k_{F_{\mathrm{in}}} = \iint_{\Omega^k A^k} \rho^k \delta u^{k\mathrm{T}} \ddot{u}^k \mathrm{d}\Omega^k \mathrm{d}z \qquad (2.23)$$

利用式(2.11),式(2.23)可表示为

$$\delta L^k_{F_{\mathrm{in}}} = \iint_{\Omega^k A^k} (\rho^k \delta U^{k\mathrm{T}}_{\tau i} [(F_\tau \Psi_i)^\mathrm{T}(F_s \Psi_j)] \ddot{U}_{sj}) \mathrm{d}\Omega^k \mathrm{d}z \qquad (2.24)$$

若令

$$\delta L^k_{F_{\mathrm{in}}} = \delta U^{k\mathrm{T}}_{\tau i} M^{k\tau sij} \ddot{U}^k_{sj} \qquad (2.25)$$

那么其中的质量核就应当为

$$M^{k\tau sij} = \iint_{\Omega^k A^k} (\rho^k [(F_\tau \Psi_i)^\mathrm{T}(F_s \Psi_j)]) \mathrm{d}\Omega^k \mathrm{d}z \qquad (2.26)$$

2.3.1.3 初始应力核

人们已经采用相邻平衡态欧拉方法进行了屈曲分析[31,32],其核心在于对变形前的平衡构型的线性化稳定性分析,它从精确的非线性应变 – 位移关系或冯卡门近似中导出几何刚度或初始应力刚度,并结合载荷情况建立了临界条件。

线性化屈曲分析一般需要满足如下条件:

（1）前屈曲变形可以忽略不计；

（2）初始应力 σ_0 为常数，其幅值和方向在屈曲过程中均不发生变化；

（3）分叉处平衡态是无限接近的（因而可以进行线性化处理）。

通过考察实际的机械初始应力和（或）初始热应力在非线性虚应变上做的功，可以构造出初始应力矩阵。这些应力—应变和虚功可以表示为

$$\varepsilon_{\mathrm{Pnl}}^{k} = [\,\varepsilon_{xx_{\mathrm{nl}}}^{k}, \varepsilon_{yy_{\mathrm{nl}}}^{k}, \gamma_{xy_{\mathrm{nl}}}^{k}\,]^{\mathrm{T}} \qquad \sigma_{\mathrm{p0}}^{k} = [\,\sigma_{xx_0}^{k}, \sigma_{yy_0}^{k}, \sigma_{xy_0}^{k}\,]^{\mathrm{T}} \qquad (2.27)$$

$$\delta L_{\mathrm{ext}}^{k} = \iint_{\Omega^{k}\,A^{k}} (\delta \varepsilon_{xx_{\mathrm{nl}}}^{k} \sigma_{xx_0}^{k} + \delta \varepsilon_{yy_{\mathrm{nl}}}^{k} \sigma_{yy_0}^{k} + \delta \gamma_{xy_{\mathrm{nl}}}^{k} \sigma_{xy_0}^{k}) \mathrm{d}\Omega^{k} \mathrm{d}z \qquad (2.28)$$

于是屈曲载荷就可以通过一个标量载荷因子 λ 来定义，即 $\sigma = \lambda \sigma_0$，在这一载荷下存在一个平衡构型，且有

$$\delta \boldsymbol{U}_{\tau i}^{k\mathrm{T}}: \quad [\,\boldsymbol{K}^{k\tau sij} + \lambda_{ij}\boldsymbol{K}_{\sigma}^{k\tau sij}\,]\boldsymbol{U}_{sj}^{k} = 0 \qquad (2.29)$$

式中：$\boldsymbol{K}^{k\tau sij}$ 为线性应力矩阵；$\boldsymbol{K}_{\sigma}^{k\tau sij}$ 为初始应力核。

2.3.2 均匀的、线性的和非线性的温度分布

在热环境中，往往需要考虑整个厚度方向上的温度分布情况及其影响，这里主要探讨均匀的、线性的和非线性这三种不同类型的温度分布。

2.3.2.1 均匀温升

不妨设板的初始温度为 T_{b}，当温度均匀地升高到某个温度 T_{t} 时板会发生屈曲，这个过程中的温度变化为

$$\Delta T = T_{\mathrm{t}} - T_{\mathrm{b}} \qquad (2.30)$$

2.3.2.2 线性温升

若上表面的温度为 T_{t}，下表面温度为 T_{b}，并假设从上到下的温度是线性变化的，那么厚度方向上的温升可以表示为

$$T(z) = \Delta T \left(\frac{z}{h} + \frac{1}{2} \right) + T_{\mathrm{b}} \qquad (2.31)$$

式中：$\Delta T = T_{\mathrm{t}} - T_{\mathrm{b}}$。

2.3.2.3 非线性温升

若上表面温度为 T_{t}，下表面温度为 T_{b}，并假设从上到下的温度是按照指数律改变的，那么厚度方向上的温升可以表示为

$$T(z) = \Delta T \left(\frac{z}{h} + \frac{1}{2} \right)^{\chi} + T_{\mathrm{b}} \tag{2.32}$$

式中:χ 为温度变化指数,且有 $0 < \chi < \infty$。当 $\chi = 1$ 时,它对应了线性温升情况。

2.4 经典的三明治结构

本节主要介绍和分析经典的三明治结构,详细讨论它们的自由振动和热力学特性。针对不同铺层顺序、面厚比、正交各向异性比、长厚比以及不同材料,本节将对多个实例进行研究。

2.4.1 自由振动分析

这里针对正交和斜交铺设的三明治板进行全面的自由振动分析,分析中采用了一些解析方法或近似求解技术。

2.4.1.1 正交铺设的三明治板

在表 2.3 ~ 表 2.5 中,给出了根据 ESL、ZZ 和 LW 板模型得到的一些结果,并将其与其他方法得到的解进行了比较,这些方法包括了三维弹性分析[56],三维有限元计算[59](其中采用了 ANSYS 环境下的 20 节点 SOLID191 单元),以及其他文献中提出的一些解析的或有限元的求解过程(表 2.1)。为简洁起见,这些表中采用了首字母缩略的表示形式,例如 ESL 理论是用 $\mathrm{ED}_{N_{u_x} N_{u_y} N_{u_z}}$ 来指代的,其中的 E 是指采用的是 ESL 方法,D 是指采用了虚位移方法。类似的,zigzag 理论是用 $\mathrm{EDZ}_{N_{u_x} N_{u_y} N_{u_z}}$ 指代的,其中的 Z 表示在 ESL 位移场中包含了 Murakami 函数。LW 理论则表示为 $\mathrm{LD}_{N_{u_x} N_{u_y} N_{u_z}}$,其中的 L 是指这里采用的是分层方法。所考察的三明治板如图 2.3 中的"分析 1"所示,相关的材料特性如表 2.2 所列。所给出的结果中只列出了前 6 个无量纲圆频率。

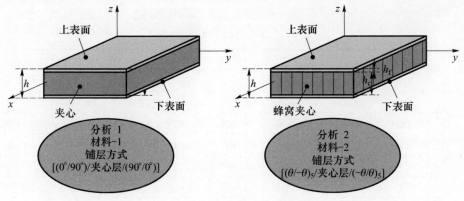

图 2.3 三明治板构型

由于此处针对的是正交分层的情况,并且选用了三角形式的试函数,因而从里兹法得到的结果与纳维型封闭解是相同的,这一特定的情形也称为单项里兹解($M=N=1$)。表2.3中列出了ESL模型的计算结果,可以看出随着位移场所考虑的项数的增大,解迅速向精确解收敛。不过,即便采用较高的展开阶数,即ED_{888}模型,对于中厚的和薄的三明治板而言,平均误差和最大误差(相对于三维弹性解)仍然超过了5%。表2.4反映了ESL模型中加入了MZZF的情况,$M(z)=(-1)^k\zeta_k$,其特性可参阅文献[31,32]。不难看出,引入MZZF之后结果的准确性有了变化,对于ED_{888}模型和中厚三明治板情况,平均误差和最大误差均减小了1%左右,分别为4.36%和5.42%;对于薄三明治板,这些误差分别为3.69%和5.08%。

表2.1 用于描述三维(3D)和二维(2D)板理论的首字母缩略符号

首字母缩略符号	含 义
3D	Kulkarni 和 Kapuria[56] 给出的三维精确弹性解
ZZA	Kulkarni 和 Kapuria[56] 给出的 zigzag 解析解
RTO	Kulkarni 和 Kapuria[56] 给出的精化解(三阶)
HSDT L-G	Shariyat[57] 给出的基于高阶剪切变形理论(HSDT)的局部－整体解
ZZF	Chakrabarti 和 Sheink[58] 给出的 zigzag 有限元解

表2.2 面板为正交分层的三明治板

材料1						
E_1/GPa	$E_2,E_3/GPa$	$G_{12},G_{13}/GPa$	G_{23}/GPa	ν_{12},ν_{13}	ν_{23}	$\rho/(kg/m^3)$
面板						
276	6.9	6.9	6.9	0.25	0.30	681.8
夹心						
0.5776	0.5776	0.1079	0.22215	0.0025	0.0025	1000

表2.3 前6个无量纲圆频率参数$\hat{\omega}=100\omega a\sqrt{\rho^c/E_1^f}$:三明治方板,简支边界,层合方式为[0°/90°/夹心层/90°/0°],$h_f/h=0.10$;采用了ED板理论;考虑了不同的长厚比情况

a/h	采用的理论	圆频率参数						平均误差/(%)
		$\hat{\omega}_1$	$\hat{\omega}_2$	$\hat{\omega}_3$	$\hat{\omega}_4$	$\hat{\omega}_5$	$\hat{\omega}_6$	
10	3D	9.8281	15.5057	18.0752	21.6965	22.2022	26.9150	
	3D FEM[a]	10.114	14.8689	19.6125	20.7679	22.4418	26.7424	0.579
	HSDT L-G	9.8227	15.4959	18.0677	21.6912	22.2074	26.941	-0.011
	ZZA	9.8300	15.5100	18.0800	21.7030	22.2180	26.9300	0.038
	ZZF	10.052	14.410	18.963	19.422	21.250	24.489	-3.944
	RTO	12.088	20.615	22.152	27.675	30.143	35.329	28.85

a/h	采用的理论	圆频率参数						平均误差/(%)
		$\hat{\omega}_1$	$\hat{\omega}_2$	$\hat{\omega}_3$	$\hat{\omega}_4$	$\hat{\omega}_5$	$\hat{\omega}_6$	
	此处的 ED 模型							
10	ED_{111}	18.4370	39.6209	40.1640	53.5657	64.9594	65.0662	141.1
	ED_{222}	18.3294	39.3267	39.8725	53.0178	64.2674	64.3820	139.0
	ED_{333}	11.1069	18.3475	20.3391	25.0300	26.6689	30.3581	15.36
	ED_{444}	11.1064	18.3475	20.3380	25.0297	26.6678	30.3561	15.35
	ED_{555}	10.6327	17.0994	19.7191	23.8309	24.6962	29.7656	9.871
	ED_{666}	10.6326	17.0991	19.7191	23.8308	24.6942	29.5406	9.728
	ED_{777}	10.3020	16.5101	18.9504	22.9256	23.7939	28.3214	5.700
	ED_{888}	10.3020	16.5100	18.9504	22.9256	23.7930	28.3214	5.699
20	3D	7.6882	13.8455	15.9204	19.6563	20.6760	24.9485	—
	3D FEM	7.8250	13.0503	17.3013	19.0819	20.2218	24.5643	−0.325
	HSDT L-G	7.6876	13.8342	15.9188	19.6407	20.6683	24.9375	−0.043
	ZZA	7.6890	13.8475	15.9240	19.6600	20.6805	24.9540	0.018
	ZZF	7.929	13.045	17.320	18.838	20.097	24.143	−0.675
	RTO	8.721	17.705	18.530	24.105	27.714	32.136	23.86
	此处的 ED 模型							
	ED_{111}	10.4918	25.9842	27.3879	36.8741	48.7763	50.7054	87.15
	ED_{222}	10.4421	25.8635	27.2730	36.6588	48.5298	50.4674	86.24
	ED_{333}	8.3105	16.0414	17.4256	22.2138	24.6027	27.8205	12.82
	ED_{444}	8.3097	16.0410	17.4242	22.2128	24.6026	27.8186	12.81
	ED_{555}	8.0756	15.0449	17.0319	21.2653	22.7817	27.1542	7.982
	ED_{666}	8.0754	15.0449	17.0317	21.2653	22.7816	27.1540	7.981
	ED_{777}	7.9264	14.6234	16.5178	20.6041	22.0459	26.1559	4.792
	ED_{888}	7.9263	14.6234	16.5177	20.6040	22.0458	26.1557	4.792

[a] ANSYS FEM 网格为 $40 \times 40 \times 9$ 个单元。

表 2.5 给出了 LW 模型的计算结果,对于所有的展开阶数平均误差和最大误差都趋近于零,其中的 LD_{333}、LD_{522}、LD_{444} 和 LD_{555} 这些情况下误差变成了零。可以看出,LD_{333} 模型是能够与三维弹性解吻合(零平均误差和零最大误差)的自由度较少的模型(48 个自由度)。进一步我们还可以注意到,其他一些模型如 ZZA 和 RTO[56]不仅计算结果精度较低同时还会引入较多自由度,分别为 7623 个和 2023 个,显然这会显著增加 CPU 的计算时间。毋庸置疑,这些结果再次证明了 LW 模型(内置于 HTRF)的有效性,当研究具有较高面厚比的厚三明治板的自由振动时这一模型应当是首选的。

表 2.4　前 6 个无量纲圆频率参数 $\hat{\omega} = 100\omega a \sqrt{\rho^{c}/E_1^{f}}$：三明治方板，简支边界，
层合方式为 $[0°/90°/$ 夹心层 $/90°/0°]$，$h_f/h = 0.10$；采用了 EDZ 板理论；
考虑了不同的长厚比情况

a/h	采用的理论	圆频率参数						平均误差/(%)
		$\hat{\omega}_1$	$\hat{\omega}_2$	$\hat{\omega}_3$	$\hat{\omega}_4$	$\hat{\omega}_5$	$\hat{\omega}_6$	
10	3D	9.8281	15.5057	18.0752	21.6965	22.2022	26.9150	—
	3D FEM[a]	10.114	14.8689	19.6125	20.7679	22.4418	26.7424	0.579
	HSDT L-G	9.8227	15.4959	18.0677	21.6912	22.2074	26.941	−0.011
	ZZA	9.8300	15.5100	18.0800	21.7030	22.2180	26.9300	0.038
	ZZF	10.052	14.410	18.963	19.422	21.250	24.489	−3.944
	RTO	12.088	20.615	22.152	27.675	30.143	35.329	28.85
	此处的 EDZ 模型							
	EDZ_{111}	18.4369	39.6201	40.1639	53.5650	64.9591	65.0643	141.1
	EDZ_{222}	18.3294	39.3263	39.8725	53.0176	64.2674	64.3813	139.0
	EDZ_{333}	10.4366	16.7567	19.2424	23.2820	24.1448	28.7912	7.290
	EDZ_{444}	10.4352	16.7552	19.2381	23.2775	24.1434	28.7816	7.272
	EDZ_{555}	10.4158	16.7035	19.2202	23.2334	24.0743	28.7591	7.067
	EDZ_{666}	10.4158	16.7032	19.2202	23.2331	24.0720	28.7590	7.065
	EDZ_{777}	10.1914	16.2719	18.7445	22.6345	23.4052	28.0184	4.363
	EDZ_{888}	10.1914	16.2719	18.7444	22.6345	23.4047	28.0183	4.363
20	3D	7.6882	13.8455	15.9204	19.6563	20.6760	24.9485	—
	3D FEM	7.8250	13.0503	17.3013	19.0819	20.2218	24.5643	−0.325
	HSDT L-G	7.6876	13.8342	15.9188	19.6407	20.6683	24.9375	−0.043
	ZZA	7.6890	13.8475	15.9240	19.6600	20.6805	24.9540	0.018
	ZZF	7.929	13.045	17.320	18.838	20.097	24.143	−0.675
	RTO	8.721	17.705	18.530	24.105	27.714	32.136	23.86
	此处的 EDZ 模型							
	EDZ_{111}	10.4918	25.9840	27.3878	36.8739	48.7756	50.7053	87.15
	EDZ_{222}	10.4421	25.8633	27.2730	36.6587	48.5293	50.4673	86.24
	EDZ_{333}	7.9904	14.8144	16.7112	20.8732	22.3734	26.5258	6.103
	EDZ_{444}	7.9893	14.8132	16.7089	20.8705	22.3720	26.5213	6.090
	EDZ_{555}	7.9784	14.7654	16.6982	20.8316	22.2890	26.5067	5.888
	EDZ_{666}	7.9782	14.7654	16.6981	20.8316	22.2888	26.5066	5.887
	EDZ_{777}	7.8724	14.4444	16.3773	20.3828	21.7262	25.8983	3.695
	EDZ_{888}	7.8722	14.4443	16.3772	20.3827	21.7262	25.8981	3.694

[a] ANSYS FEM 网格为 $40 \times 40 \times 9$ 个单元。

58

表 2.5　前 6 个无量纲圆频率参数 $\hat{\omega} = 100\omega a \sqrt{\rho^{c}/E_1^{f}}$：三明治方板，简支边界，层合方式为 $[0°/90°/夹心层/90°/0°]$，$h_f/h = 0.10$；采用了 LD 板理论；考虑了不同的长厚比情况

a/h	采用的理论	圆频率参数						平均误差/(%)
		$\hat{\omega}_1$	$\hat{\omega}_2$	$\hat{\omega}_3$	$\hat{\omega}_4$	$\hat{\omega}_5$	$\hat{\omega}_6$	
10	3D	9.8281	15.5057	18.0752	21.6965	22.2022	26.9150	—
	3D FEM[a]	10.114	14.8689	19.6125	20.7679	22.4418	26.7424	0.579
	HSDT L-G	9.8227	15.4959	18.0677	21.6912	22.2074	26.941	−0.011
	ZZA	9.8300	15.5100	18.0800	21.7030	22.2180	26.9300	0.038
	ZZF	10.052	14.410	18.963	19.422	21.250	24.489	−3.944
	RTO	12.088	20.615	22.152	27.675	30.143	35.329	28.85
	此处的 LW 模型							
	LD$_{111}$	9.8292	15.5080	18.0785	21.7007	22.2086	26.9225	0.020
	LD$_{222}$	9.8281	15.5059	18.0752	21.6967	22.2039	26.9164	0.003
	LD$_{225}$	9.8281	15.5059	18.0752	21.6967	22.2039	26.9164	0.003
	LD$_{252}$	9.8281	15.5058	18.0752	21.6966	22.2039	26.9163	0.002
	LD$_{522}$	9.8281	15.5057	18.0752	21.6966	22.2022	26.9151	0.000
	LD$_{333}$	9.8281	15.5057	18.0752	21.6965	22.2039	26.9150	0.000
	LD$_{444}$	9.8281	15.5057	18.0752	21.6965	22.2022	26.9150	0.000
	LD$_{555}$	9.8281	15.5057	18.0752	21.6965	22.2022	26.9150	0.000
20	3D	7.6882	13.8455	15.9204	19.6563	20.6760	24.9485	—
	3D FEM	7.8250	13.0503	17.3013	19.0819	20.2218	24.5643	−0.325
	HSDT L-G	7.6876	13.8342	15.9188	19.6407	20.6683	24.9375	−0.043
	ZZA	7.6890	13.8475	15.9240	19.6600	20.6805	24.9540	0.018
	ZZF	7.929	13.045	17.320	18.838	20.097	24.143	−0.675
	RTO	8.721	17.705	18.530	24.105	27.714	32.136	23.86
	此处的 LW 模型							
	LD$_{111}$	7.6887	13.8466	15.9223	19.6585	20.6783	24.9515	0.010
	LD$_{222}$	7.6882	13.8455	15.9205	19.6563	20.6761	24.9486	0.000
	LD$_{225}$	7.6882	13.8455	15.9205	19.6563	20.6761	24.9486	0.000
	LD$_{252}$	7.6882	13.8455	15.9205	19.6563	20.6761	24.9486	0.000
	LD$_{522}$	7.6882	13.8455	15.9205	19.6563	20.6761	24.9486	0.000
	LD$_{333}$	7.6882	13.8455	15.9204	19.6563	20.6761	24.9485	0.000
	LD$_{444}$	7.6882	13.8455	15.9204	19.6563	20.6760	24.9485	0.000
	LD$_{555}$	7.6882	13.8455	15.9204	19.6563	20.6760	24.9485	0.000

[a] ANSYS FEM 网格为 $40 \times 40 \times 9$ 个单元。

2.4.1.2 斜交铺设的三明治板

表 2.7 ~ 表 2.9 中给出了面板层合角对无量纲圆频率的影响情况,所进行的分析计算可参考图 2.3 中的"分析 2",蜂窝夹心和面板的材料特性如表 2.6 所列。一般的铺层顺序是 $[(\theta°/-\theta°)_5/$ 夹心层 $/(-\theta°/\theta°)_5]$,其中 $\theta = 15°,30°,45°$。这些表中将所计算的结果与 Matsunaga[60] 的结果以及采用 ANSYS 分析(采用了四节点 SHELL181 单元)得到的结果进行了比较。可以看出,LD_{222} 模型在各种厚度情况下都取得了非常好的一致性。不仅如此,与 ANSYS 结果对比可知,该模型要比 Matsunaga[60] 的结果更为精细。计算中采用的半波数为 $M = N = 1$,增大这个数值不会对结果产生明显影响。这些计算的收敛性是可以证明的,可参阅文献[31,32]。对于所分析的所有铺层顺序来说,在 ESL 模型中引入 MZZF 不会明显影响结果的精度,其原因在于这里的面板数量比较多。正如这些表中所展示的,对一阶 ESL 展开进行改进要比引入 MZZF 更加有效。对于中厚三明治板($a/h = 10$)和薄三明治板($a/h = 100$),在所考察的范围($\theta = 15°,30°,45°$)内增大层合角将会使得基本圆频率增大,而厚三明治板($a/h = 2$)的情况有所不同。所考察的模型与有限元结果之间的差异受层合角的影响不太显著,不过这一差异随着面厚比 h_f/h 的增加而增大。

表 2.6 面板为斜交分层的三明治板

材料 2			
面板			
E_1/E_2	G_{12}/E_2	G_{23}/E_2	ν_{12}
19.0	0.52	0.338	0.32
ν_{13}	ν_{23}	α_1/α_0	α_2/α_0
0.32	0.49	0.001	1.0
夹心层			
E_1/E_2^f	E_2/E_2^f	E_3/E_2^f	E_{12}/E_2^f
3.2×10^{-5}	2.9×10^{-5}	0.4	2.4×10^{-3}
G_{13}/E_2^f	G_{23}/E_2^f	ν_{12}	ν_{13}
7.9×10^{-2}	6.6×10^{-2}	0.99	3.0×10^{-5}
ν_{23}	α_1/α_0	α_2/α_0	$\rho_c/\rho^{f(1)}$
3.0×10^{-5}	1.36	1.36	0.07

表2.7 三明治方板的基本圆频率(无量纲参数$\hat{\omega} = \omega h \sqrt{\rho^{f}/E_2}$):
简支边界;层合方式为$[(15°/-15°)_5/$夹心层$/(-15°/15°)_5]$;
考虑不同的a/h和h_f/h情况

a/h		h_f/h			
		0.05		0.1	
2	ANSYS[a]	0.1341^{+1}	$\Delta_{FEM}\%$	0.1120^{+1}	$\Delta_{FEM}\%$
	Matsunaga[60]	0.1357^{+1}	1.19	0.1155^{+1}	3.13
此处的模型	LD$_{222}$	0.1341^{+1}	0.00	0.1142^{+1}	1.96
	EDZ$_{888}$	0.1360^{+1}	1.42	0.1164^{+1}	3.93
	ED$_{999}$	0.1345^{+1}	0.30	0.1162^{+1}	3.75
	ED$_{444}$	0.1395^{+1}	4.06	0.1180^{+1}	5.36
10	ANSYS[a]	0.1544^{+0}	$\Delta_{FEM}\%$	0.1474^{+0}	$\Delta_{FEM}\%$
	Matsunaga[60]	0.1558^{+0}	0.91	0.1488^{+0}	0.95
此处的模型	LD$_{222}$	0.1546^{+0}	0.13	0.1480^{+0}	0.41
	EDZ$_{888}$	0.1559^{+0}	0.97	0.1497^{+0}	1.56
	ED$_{999}$	0.1551^{+0}	0.45	0.1495^{+0}	1.42
	ED$_{444}$	0.1576^{+0}	2.07	0.1512^{+0}	2.58
100	ANSYS[a]	0.1912^{-2}	$\Delta_{FEM}\%$	0.2042^{-2}	$\Delta_{FEM}\%$
	Matsunaga[60]	0.1916^{-2}	0.21	0.2033^{-2}	-0.44
此处的模型	LD$_{222}$	0.1911^{-2}	-0.05	0.2042^{-2}	0.00
	EDZ$_{888}$	0.1917^{-2}	0.26	0.2045^{-2}	0.15
	ED$_{999}$	0.1917^{-2}	0.26	0.2045^{-2}	0.15
	ED$_{444}$	0.1921^{-2}	0.47	0.2047^{-2}	0.24

注:$\Delta_{FEM}\% = \dfrac{\hat{\omega} - \hat{\omega}_{FEM}}{\hat{\omega}_{FEM}} \times 100$;[a]FEM网格为$50 \times 50$个单元。

表2.8 三明治方板的基本圆频率(无量纲参数$\hat{\omega} = \omega h \sqrt{\rho^{f}/E_2}$):
简支边界;层合方式为$[(30°/-30°)_5/$夹心层$/(-30°/30°)_5]$;
考虑不同的a/h和h_f/h情况

a/h		h_f/h			
		0.05		0.1	
2	ANSYS[a]	0.1411^{+1}	$\Delta_{FEM}\%$	0.1154^{+1}	$\Delta_{FEM}\%$
	Matsunaga[60]	0.1426^{+1}	1.06	0.1195^{+1}	3.55
此处的模型	LD$_{222}$	0.1411^{+1}	0.00	0.1183^{+1}	2.51
	EDZ$_{888}$	0.1431^{+1}	1.42	0.1205^{+1}	4.42
	ED$_{999}$	0.1414^{+1}	0.21	0.1204^{+1}	4.33
	ED$_{444}$	0.1469^{+1}	4.11	0.1221^{+1}	5.81

a/h		h_f/h			
		0.05		0.1	
10	ANSYS[a]	0.1743^{+0}	$\Delta_{FEM}\%$	0.1647^{+0}	$\Delta_{FEM}\%$
	Matsunaga[60]	0.1755^{+0}	0.69	0.1662^{+0}	0.91
此处的模型	LD$_{222}$	0.1748^{+0}	0.29	0.1657^{+0}	0.60
	EDZ$_{888}$	0.1760^{+0}	0.98	0.1676^{+0}	1.76
	ED$_{999}$	0.1752^{+0}	0.52	0.1674^{+0}	1.64
	ED$_{444}$	0.1780^{+0}	2.12	0.1692^{+0}	2.73
100	ANSYS[a]	0.2195^{-2}	$\Delta_{FEM}\%$	0.2345^{-2}	$\Delta_{FEM}\%$
	Matsunaga[60]	0.2195^{-2}	0.00	0.2328^{-2}	-0.72
此处的模型	LD$_{222}$	0.2195^{-2}	0.00	0.2345^{-2}	0.00
	EDZ$_{888}$	0.2200^{-2}	0.23	0.2348^{-2}	0.13
	ED$_{999}$	0.2200^{-2}	0.23	0.2348^{-2}	0.13
	ED$_{444}$	0.2204^{-2}	0.41	0.2350^{-2}	0.21

注：$\Delta_{FEM}\% = \dfrac{\hat{\omega} - \hat{\omega}_{FEM}}{\hat{\omega}_{FEM}} \times 100$；[a]FEM 网格为 50×50 个单元。

表2.9　三明治方板的基本圆频率（无量纲参数 $\hat{\omega} = \omega h \sqrt{\rho^f/E_2}$）：简支边界；
层合方式为 [(45°/ −45°)$_5$/夹心层/(−45°/45°)$_5$]；
考虑不同的 a/h 和 h_f/h 情况

a/h		h_f/h			
		0.05		0.1	
2	ANSYS[a]	0.1256^{+1}	$\Delta_{FEM}\%$	0.1169^{+1}	$\Delta_{FEM}\%$
	Matsunaga[60]	0.1230^{+1}	-2.07	0.1204^{+1}	2.99
此处的模型	LD$_{222}$	0.1228^{+1}	-2.23	0.1192^{+1}	1.97
	EDZ$_{888}$	0.1230^{+1}	-2.07	0.1214^{+1}	3.85
	ED$_{999}$	0.1230^{+1}	-2.07	0.1213^{+1}	3.76
	ED$_{444}$	0.1232^{+1}	-1.91	0.1230^{+1}	5.22
10	ANSYS[a]	0.1822^{+0}	$\Delta_{FEM}\%$	0.1716^{+0}	$\Delta_{FEM}\%$
	Matsunaga[60]	0.1826^{+0}	0.22	0.1718^{+0}	0.12
此处的模型	LD$_{222}$	0.1818^{+0}	-0.22	0.1712^{+0}	-0.23
	EDZ$_{888}$	0.1832^{+0}	0.55	0.1732^{+0}	0.93
	ED$_{999}$	0.1823^{+0}	0.05	0.1730^{+0}	0.82
	ED$_{444}$	0.1854^{+0}	1.76	0.1750^{+0}	1.98

（续）

a/h		h_f/h			
		0.05		0.1	
100	ANSYS[a]	0.2324^{-2}	$\Delta_{FEM}\%$	0.2482^{-2}	$\Delta_{FEM}\%$
	Matsunaga[60]	0.2322^{-2}	-0.09	0.2462^{-2}	-0.81
此处的模型	LD_222	0.2324^{-2}	0.00	0.2482^{-2}	0.00
	EDZ_888	0.2328^{-2}	0.17	0.2485^{-2}	0.12
	ED_999	0.2328^{-2}	0.17	0.2485^{-2}	0.12
	ED_444	0.2332^{-2}	0.34	0.2487^{-2}	0.20

注：$\Delta_{FEM}\% = \dfrac{\hat{\omega} - \hat{\omega}_{FEM}}{\hat{\omega}_{FEM}} \times 100$；[a]FEM 网格为 50×50 个单元。

2.4.2　热稳定性分析

这里对 ESL、ZZ 和 LW 模型的结果进行验证和评价。可以将这些结果与 Noor[61] 给出的三维弹性解进行比较分析，主要针对的是三明治板的热屈曲问题，该三明治板的铺层顺序为 $[(0°/90°)_5/夹心层/(90°/0°)_5]$，并采用了表 2.6 所列的材料 2。所考察的边界条件是简支边界（SSSS），分析中通过改变长厚比 a/h 和面厚比 h_f/h 这两个参数来讨论其影响。表 2.10 针对 ESL 模型给出了临界温度参数 λ_ϑ 的分析结果。

表 2.10　简支三明治板（材料 2，ED 模型）的临界温度参数 $\lambda_\vartheta = \alpha_0 T_{cr}$

a/h		h_f/h					
		0.05		0.10		0.15	
5	3D	0.6096	Error%	0.3820	Error%	0.2805	Error%
	ED_111	0.7666	25.8	0.5980	56.5	0.5169	84.3
	ED_222	0.7574	24.2	0.5873	53.7	0.5054	80.2
	ED_333	0.6516	6.89	0.4118	7.80	0.3129	11.6
	ED_444	0.6375	4.58	0.4054	6.13	0.3094	10.3
	ED_555	0.6189	1.53	0.4029	5.47	0.3062	9.16
	ED_666	0.6160	1.05	0.4029	5.47	0.3061	9.13
	ED_777	0.6154	0.95	0.3949	3.37	0.2989	6.56
	ED_888	0.6153	0.94	0.3945	3.27	0.2988	6.52
6.66	3D	0.4592	Error%	0.3123	Error%	0.2347	Error%
	ED_111	0.5562	21.1	0.4511	44.4	0.3939	67.8
	ED_222	0.5452	18.7	0.4388	40.5	0.3812	62.4
	ED_333	0.4881	6.29	0.3325	6.47	0.2592	10.4

63

a/h		h_f/h					
		0.05		0.10		0.15	
6.66	ED_{444}	0.4778	4.05	0.3280	5.03	0.2570	9.50
	ED_{555}	0.4672	1.74	0.3263	4.48	0.2547	8.52
	ED_{666}	0.4651	1.28	0.3263	4.48	0.2546	8.48
	ED_{777}	0.4648	1.21	0.3209	2.75	0.2492	6.18
	ED_{888}	0.4647	1.20	0.3206	2.66	0.2491	6.14
10	3D	0.2737	Error%	0.2072	Error%	0.1632	Error%
	ED_{111}	0.3133	14.5	0.2661	28.4	0.2352	44.1
	ED_{222}	0.3043	11.2	0.2643	27.6	0.2247	37.7
	ED_{333}	0.2855	4.31	0.2541	22.6	0.1753	7.41
	ED_{444}	0.2794	2.08	0.2151	3.81	0.1741	6.68
	ED_{555}	0.2757	0.73	0.2124	2.51	0.1730	6.00
	ED_{666}	0.2744	0.26	0.2116	2.12	0.1729	5.94
	ED_{777}	0.2743	0.22	0.2095	1.11	0.1703	4.35
	ED_{888}	0.2743	0.22	0.2094	1.06	0.1702	4.29
20	3D	0.0855	Error%	0.0726	Error%	0.0623	Error%
	ED_{111}	0.0941	10.1	0.0835	15.1	0.0746	19.7
	ED_{222}	0.0906	5.96	0.0793	9.23	0.0704	13.0
	ED_{333}	0.0888	3.86	0.0748	3.03	0.0646	3.69
	ED_{444}	0.0869	1.64	0.0739	1.79	0.0642	3.05
	ED_{555}	0.0865	1.17	0.0738	1.65	0.0640	2.73
	ED_{666}	0.0861	0.70	0.0738	1.65	0.0639	2.57
	ED_{777}	0.0861	0.70	0.0735	1.24	0.0636	2.09
	ED_{888}	0.0861	0.70	0.0734	1.10	0.0635	1.93

很容易理解,对于所有理论模型来说随着面厚比 h_f/h 的增大它们的误差也在增大,实际上这时三维效应变得更加显著了。与此不同的是,当长厚比 a/h 增大时这些模型的误差将会逐渐减小。这些结果与三维弹性解是良好地吻合的。当 $h_f/h = 0.15$ 和 $a/h = 5$ 时,三维效应是不可忽视的,采用更高级的高阶 ESL 和 ZZ 理论可以反映横法向变形,因而能够更准确地计算出临界温度参数。这一点可以根据 ED_{111} 和 ED_{888} 模型结果的误差对比来体现,前者约为 84%,而后者为 6.52%。类似地,我们也可以从 EDZ 模型的分析结果中观察到这一点,见表 2.11。将 Murakami 函数包含进来后可以提高收敛速度,从而有利于改进低阶展开方法的结果。另外,可以发现

ED$_{111}$模型和EDZ$_{111}$模型的计算结果要比其他模型结果高一些,这是线性模型(保留了完整的三维本构关系)导致的,一般称为泊松锁定或厚度锁定现象。从表2.12中可以观察到,对于LW模型来说,低阶展开得到的结果与三维弹性解已经很好地吻合了,而采用高阶展开却不会明显改善结果的精度。此外,对于较小的h_f/h值,高阶理论的结果会低估临界温度参数。

表 2.11 简支三明治板(材料2,EDZ模型)的临界温度参数 $\lambda_\vartheta = \alpha_0 T_{cr}$

a/h		h_f/h					
		0.05		0.10		0.15	
5	3D	0.6096	Error%	0.3820	Error%	0.2805	Error%
	EDZ$_{111}$	0.7602	24.7	0.5891	54.2	0.5072	80.8
	EDZ$_{222}$	0.7512	23.2	0.5788	51.5	0.4963	76.9
	EDZ$_{333}$	0.6509	6.77	0.4112	7.64	0.3118	11.2
	EDZ$_{444}$	0.6369	4.48	0.4048	5.97	0.3083	9.91
	EDZ$_{555}$	0.6186	1.48	0.4022	5.29	0.3055	8.91
	EDZ$_{666}$	0.6156	0.98	0.4022	5.29	0.3055	8.91
	EDZ$_{777}$	0.6151	0.90	0.3946	3.30	0.2984	6.38
	EDZ$_{888}$	0.6150	0.89	0.3942	3.19	0.2983	6.35
6.66	3D	0.4592	Error%	0.3123	Error%	0.2347	Error%
	EDZ$_{111}$	0.5528	20.4	0.4460	42.8	0.3882	65.4
	EDZ$_{222}$	0.5421	18.1	0.4340	39.0	0.3760	60.2
	EDZ$_{333}$	0.4877	6.21	0.3321	6.34	0.2585	10.1
	EDZ$_{444}$	0.4775	3.99	0.3276	4.90	0.2563	9.20
	EDZ$_{555}$	0.4670	1.70	0.3258	4.32	0.2542	8.31
	EDZ$_{666}$	0.4649	1.24	0.3258	4.32	0.2541	8.27
	EDZ$_{777}$	0.4646	1.18	0.3207	2.69	0.2489	6.05
	EDZ$_{888}$	0.4645	1.15	0.3204	2.59	0.2489	6.05
10	3D	0.2737	Error%	0.2072	Error%	0.1632	Error%
	EDZ$_{111}$	0.3122	14.1	0.2643	27.6	0.2332	42.9
	EDZ$_{222}$	0.3033	10.8	0.2541	22.6	0.2228	36.5
	EDZ$_{333}$	0.2853	4.24	0.2151	3.81	0.1750	7.32
	EDZ$_{444}$	0.2793	2.05	0.2124	2.51	0.1738	6.50
	EDZ$_{555}$	0.2756	0.69	0.2116	2.12	0.1728	5.88
	EDZ$_{666}$	0.2744	0.26	0.2094	1.06	0.1727	5.82
	EDZ$_{777}$	0.2742	0.18	0.2094	1.06	0.1702	4.29
	EDZ$_{888}$	0.2742	0.18	0.2091	0.92	0.1701	4.23

(续)

a/h		h_f/h					
		0.05		0.10		0.15	
20	3D	0.0855	Error%	0.0726	Error%	0.0623	Error%
	EDZ_{111}	0.0940	9.94	0.0833	14.7	0.0744	19.4
	EDZ_{222}	0.0905	5.85	0.0791	8.95	0.0702	12.7
	EDZ_{333}	0.0888	3.86	0.0748	3.03	0.0645	3.53
	EDZ_{444}	0.0869	1.64	0.0739	1.79	0.0641	2.89
	EDZ_{555}	0.0865	1.17	0.0738	1.65	0.0640	2.73
	EDZ_{666}	0.0861	0.70	0.0738	1.65	0.0639	2.57
	EDZ_{777}	0.0861	0.70	0.0735	1.24	0.0635	1.93
	EDZ_{888}	0.0861	0.70	0.0734	1.10	0.0635	1.93

表 2.12 简支三明治板(材料 2, LD 模型)的临界温度参数 $\lambda_\vartheta = \alpha_0 T_{cr}$

a/h		h_f/h					
		0.05		0.10		0.15	
5	3D	0.6096	Error%	0.3820	Error%	0.2805	Error%
	LD_{111}	0.6048	-0.79	0.3839	0.50	0.2863	2.07
	LD_{222}	0.6018	-1.28	0.3819	-0.02	0.2850	1.60
	LD_{333}	0.6017	-1.30	0.3819	-0.02	0.2850	1.60
	LD_{444}	0.6017	-1.30	0.3819	-0.02	0.2850	1.60
	LD_{445}	0.6017	-1.30	0.3819	-0.02	0.2850	1.60
	LD_{454}	0.6017	-1.30	0.3819	-0.02	0.2850	1.60
	LD_{544}	0.6017	-1.30	0.3819	-0.02	0.2850	1.60
	LD_{555}	0.6017	-1.30	0.3819	-0.02	0.2850	1.60
6.66	3D	0.4592	Error%	0.3123	Error%	0.2347	Error%
	LD_{111}	0.4572	-0.44	0.3127	0.13	0.2398	2.17
	LD_{222}	0.4562	-0.65	0.3119	-0.13	0.2393	1.96
	LD_{333}	0.4562	-0.65	0.3119	-0.13	0.2393	1.96
	LD_{444}	0.4562	-0.65	0.3119	-0.13	0.2393	1.96
	LD_{445}	0.4562	-0.65	0.3119	-0.13	0.2393	1.96
	LD_{454}	0.4562	-0.65	0.3119	-0.13	0.2393	1.96
	LD_{544}	0.4562	-0.65	0.3119	-0.13	0.2393	1.96
	LD_{555}	0.4562	-0.65	0.3119	-0.13	0.2393	1.96

（续）

a/h		h_f/h					
		0.05		0.10		0.15	
10	3D	0.2737	Error%	0.2072	Error%	0.1632	Error%
	LD$_{111}$	0.2707	−1.10	0.2054	−0.87	0.1655	1.41
	LD$_{222}$	0.2705	−1.17	0.2052	−0.97	0.1654	1.35
	LD$_{333}$	0.2705	−1.17	0.2052	−0.97	0.1654	1.35
	LD$_{444}$	0.2705	−1.17	0.2052	−0.97	0.1654	1.35
	LD$_{445}$	0.2705	−1.17	0.2052	−0.97	0.1654	1.35
	LD$_{454}$	0.2705	−1.17	0.2052	−0.97	0.1654	1.35
	LD$_{544}$	0.2705	−1.17	0.2052	−0.97	0.1654	1.35
	LD$_{555}$	0.2705	−1.17	0.2052	−0.97	0.1654	1.35
20	3D	0.0855	Error%	0.0726	Error%	0.0623	Error%
	LD$_{111}$	0.0853	−0.23	0.0727	0.14	0.0627	0.64
	LD$_{222}$	0.0853	−0.23	0.0727	0.14	0.0627	0.64
	LD$_{333}$	0.0853	−0.23	0.0727	0.14	0.0627	0.64
	LD$_{444}$	0.0853	−0.23	0.0727	0.14	0.0627	0.64
	LD$_{445}$	0.0853	−0.23	0.0727	0.14	0.0627	0.64
	LD$_{454}$	0.0853	−0.23	0.0727	0.14	0.0627	0.64
	LD$_{544}$	0.0853	−0.23	0.0727	0.14	0.0627	0.64
	LD$_{555}$	0.0853	−0.23	0.0727	0.14	0.0627	0.64

2.5　功能梯度三明治结构

本节阐述若干功能梯度三明治板结构的自由振动和热屈曲特性,并对所给出的板模型进行较为全面的分析。在热稳定性问题分析中,主要讨论的是厚度方向上呈均匀、线性和非线性这三种温度分布情况。

2.5.1　自由振动分析

针对一个简支的三明治板,表 2.14 给出了基本频率的计算结果(参阅文献[52]),该板为 Al$_2$O$_3$/Al(表 2.13)且带有功能梯度夹心,夹心厚度为 $h_c = 0.8h$(h 为整个板厚)。我们将几种高阶板理论的计算结果与三维弹性解[47]和 LW 模型解[41]进行了比较。可以看出,这些结果与三维弹性解之间具有非常好的一致性,对于所考察的长厚比和体积比情况来说,所有的百分比误差 $\Delta_{3D}\% = \dfrac{\hat{\omega} - \hat{\omega}_{3D}}{\hat{\omega}_{3D}} \times 100$ 都等于零。

表 2.15 给出了同一种功能梯度三明治板结构的计算结果,其中参数 $p = 0.5$,$a/h = 100$。不难看出,前五阶固有频率与高阶 LW 理论结果[41]非常一致。在表 2.16 中针对 6 种不同的功能梯度三明治板(带有功能梯度面板和陶瓷夹心)给出了相应的计算结果,这些结果是无量纲形式的基本圆频率,考虑了不同的体积百分比情况($a/h = 10$)。根据这些结果可以发现,它们与三维里兹解[47]是相当一致的,并且可以获得更高的精度,因而优于已有文献中给出的其他高阶理论,例如经典板理论(CPT)、一阶剪切变形理论(FSDT)、三阶剪切变形理论(TSDT)以及正弦剪切变形理论(SSDT)等。有趣的是,我们可以注意到对于所考察的所有 p 值来说,利用 $1-0-1$ 形式的功能梯度板可以得到最低阶基本频率,而利用 $1-2-1$ 形式的则可得最高阶基本频率。不仅如此,还可观察到当 p 值增大时无量纲基本频率将会降低。

表 2.13　材料特性

	Al_2O_3	铝	ZrO_2	(Ti_6Al_4V)
$E/(GPa)$	380	70	244.27	150.7
N	0.3	0.3	0.3	0.298
$\rho/(kg/m^3)$	3800	2707	3000	4429
$\alpha/(1/C^0)$	7.4×10^{-6}	23×10^{-6}	12.766×10^{-6}	10.3×10^{-6}

表 2.14　无量纲基本频率参数 $\hat{\omega} = \dfrac{\omega b^2}{h}\sqrt{\dfrac{\rho_0}{E_0}}$($\rho_0 = 1kg/m^3$,$E_0 = 1GPa$)的比较:

带有 Al_2O_3/Al 梯度夹心的简支三明治板

a/h	采用的理论	基本频率参数				
		$p = 0$	$p = 0.5$	$p = 1$	$p = 2$	$p = 5$
5	3D[49]	1.19580	1.25338	1.31569	1.39567	1.44540
	ED2[41]	1.20511	1.25927	1.32039	1.40196	1.45402
	LD3[41]	1.19580	1.25337	1.31569	1.39579	1.44551
	ED_{555}	1.19580	1.25339	1.31569	1.39568	1.44540
	ED_{333}	1.19601	1.25351	1.31583	1.39620	1.44610
	ED_{225}	1.20505	1.25922	1.32035	1.40195	1.45402
	ED_{222}	1.20510	1.25928	1.32039	1.40197	1.45403
10	3D	1.29751	1.34847	1.40828	1.49309	1.54980
	ED3	1.30054	1.35031	1.40970	1.49501	1.55248
	LD3	1.29750	1.34846	1.40828	1.49312	1.54983
	ED_{555}	1.29751	1.34847	1.40828	1.49309	1.54980
	ED_{333}	1.29757	1.34850	1.40831	1.49324	1.55001
	ED_{225}	1.30054	1.35031	1.40970	1.49501	1.55248
	ED_{222}	1.30054	1.35031	1.40970	1.49501	1.55248

a/h	采用的理论	基本频率参数				
		$p=0$	$p=0.5$	$p=1$	$p=2$	$p=5$
100	3D	1.33931	1.38669	1.44491	1.53143	1.59105
	ED3	1.33934	1.38671	1.44493	1.53145	1.59108
	LD3	1.33931	1.38669	1.44491	1.53142	1.59105
	ED_{555}	1.33931	1.38670	1.44492	1.53143	1.59106
	ED_{333}	1.33931	1.38670	1.44492	1.53143	1.59106
	ED_{225}	1.33934	1.38672	1.44493	1.53145	1.59109
	ED_{222}	1.33934	1.38672	1.44493	1.53145	1.59109

表 2.15　无量纲基本频率参数 $\hat{\omega}=\dfrac{\omega b^2}{h}\sqrt{\dfrac{\rho_0}{E_0}}(\rho_0=1\mathrm{kg/m^3},E_0=1\mathrm{GPa})$ 的比较：

带有 Al_2O_3/Al 梯度夹心的简支三明治板

采用的理论	圆频率参数				
	$\hat{\omega}_1$	$\hat{\omega}_2$	$\hat{\omega}_3$	$\hat{\omega}_4$	$\hat{\omega}_5$
ED3[41]	1.38669	3.46521	3.46521	5.54189	6.92533
LD3[41]	1.38669	3.46520	3.46520	5.54189	6.92532
EDZ_{888}	1.38669	3.46521	3.46521	5.54189	6.92533
EDZ_{222}	1.38671	3.46533	3.46533	5.54221	6.92583
ED_{555}	1.38669	3.46521	3.46521	5.54189	6.92533
ED_{333}	1.38669	3.46521	3.46521	5.54189	6.92533
ED_{225}	1.38669	3.46521	3.46521	5.54189	6.92533
ED_{222}	1.38671	3.46533	3.46533	5.54221	6.92583

表 2.16　无量纲基本频率参数 $\hat{\omega}=\dfrac{\omega b^2}{h}\sqrt{\dfrac{\rho_0}{E_0}}(\rho_0=1\mathrm{kg/m^3},E_0=1\mathrm{GPa})$ 的比较：

功能梯度材料制成的各向同性板 Al_2O_3/Al,简支边界

p	采用的理论	基本频率参数					
		$1-0-1$	$2-1-2$	$2-1-1$	$1-1-1$	$2-2-1$	$1-2-1$
0.5	CPT[47]	1.47157	1.51242	1.54264	1.54903	1.58374	1.60722
	FSDT[47]	1.44168	1.48159	1.51035	1.51695	1.55001	1.57274
	TSDT[47]	1.44424	1.48408	1.51253	1.51922	1.55199	1.57451
	SSDT[47]	1.44436	1.48418	1.51258	1.51927	1.55202	1.57450
	3D – Ritz[47]	1.44614	1.48608	1.50841	1.52131	1.54926	1.57668
	EDZ_{888}	1.44621	1.48612	1.50846	1.52133	1.54929	1.57669

p	采用的理论	基本频率参数					
		1-0-1	2-1-2	2-1-1	1-1-1	2-2-1	1-2-1
0.5	ED₉₉₉	1.44620	1.48612	1.50846	1.52133	1.54929	1.57669
	ED₄₄₄	1.44624	1.48614	1.50847	1.52134	1.54931	1.57672
1	CPT	1.26238	1.32023	1.37150	1.37521	1.43247	1.46497
	FSDT	1.24031	1.29729	1.34637	1.35072	1.40555	1.43722
	TSDT	1.24320	1.30011	1.34888	1.35333	1.40789	1.43934
	SSDT	1.24335	1.30023	1.34894	1.35339	1.40792	1.43931
	3D-Ritz	1.24470	1.30181	1.33511	1.35523	1.39763	1.44137
	EDZ₈₈₈	1.24471	1.30183	1.33512	1.35522	1.39760	1.44135
	ED₉₉₉	1.24470	1.30183	1.33512	1.35521	1.39760	1.44135
	ED₄₄₄	1.24481	1.30186	1.33513	1.35524	1.39764	1.44142
5	CPT	0.95844	0.99190	1.08797	1.05565	1.16195	1.18867
	FSDT	0.94256	0.97870	1.07156	1.04183	1.14467	1.17159
	TSDT	0.94598	0.98184	1.07432	1.04466	1.14731	1.17397
	SSDT	0.94630	0.98207	1.07445	1.04481	1.14741	1.17399
	3D-Ritz	0.94476	0.98103	1.02942	1.04532	1.10983	1.17567
	EDZ₈₈₈	0.94433	0.98101	1.02933	1.04517	1.10940	1.17536
	ED₉₉₉	0.94433	0.98097	1.02931	1.04499	1.10940	1.17536
	ED₄₄₄	0.94630	0.98214	1.02993	1.04556	1.10994	1.17572
10	CPT	0.94321	0.95244	1.05185	1.00524	1.11883	1.13614
	FSDT	0.92508	0.93962	1.03580	0.99256	1.10261	1.12067
	TSDT	0.92839	0.94297	1.03862	0.99551	1.10533	1.12314
	SSDT	0.92875	0.94332	1.04558	0.99519	1.04154	1.13460
	3D-Ritz	0.92727	0.94078	0.98929	0.99523	1.06104	1.12466
	EDZ₈₈₈	0.92647	0.94044	0.98889	0.99519	1.06045	1.12422
	ED₉₉₉	0.92608	0.94044	0.98882	0.99484	1.06045	1.12416
	ED₄₄₄	0.92885	0.94284	0.99007	0.99596	1.06140	1.12468

2.5.2 热稳定性分析

表 2.17 ~ 表 2.19 给出了由 $ZrO_2/(Ti_6Al_4V)$ 制备而成的若干功能梯度三明治板（表 2.13）的分析结果。这些功能梯度三明治板是由功能梯度材料制成的面板和陶瓷夹心构成的。不同构型的功能梯度三明治板（图 2.4）在厚度方向上可以呈现出几

种不同的温度分布形式。对于线性和非线性温升,设定了 $T_{\mathrm{t}} = 25℃$。将计算结果(临界屈曲温度)与 Zenkour 和 Sobhy[36] 给出的结果进行了比较,后者是通过一阶剪切变形板理论(FPT)、高阶剪切变形板理论(HPT)以及正弦剪切变形板理论(SPT)得到的。临界温度计算中考察了不同的厚长比($p = 2$)以及不同的温升情形(均匀、线性和非线性)。根据这些结果可以看出,临界温度与体积百分比是无关的,当厚长比增大时它将减小。最高临界温度出现在 1-0-1 构型的功能梯度三明治板中。

表 2.17　不同三明治方板在均匀温升条件下的临界温度

$$T_{\mathrm{cr}} = 10^{-3}\Delta T_{\mathrm{cr}}(℃)(p = 2)$$

层合方式	采用的理论	a/h			
		5	10	25	50
1-0-1	SPT[36]	2.63459	0.71815	0.11789	0.02958
	HPT[36]	2.63018	0.71783	0.11788	0.02958
	FPT[36]	2.57355	0.71357	0.11776	0.02957
此处的板模型	EDZ$_{888}$	2.53838	0.71029	0.11768	0.02957
	EDZ$_{333}$	2.54581	0.71088	0.11770	0.02960
	ED$_{999}$	2.53828	0.71028	0.11768	0.02957
	ED$_{444}$	2.54580	0.71088	0.11769	0.02957
	ED$_{111}$	3.04976	0.86525	0.14402	0.03621
2-1-2	SPT	2.39953	0.65098	0.10671	0.02677
	HPT	2.39637	0.65075	0.10670	0.02676
	FPT	2.34733	0.64710	0.10660	0.02676
此处的板模型	EDZ$_{888}$	2.32049	0.64461	0.10653	0.02676
	EDZ$_{333}$	2.32393	0.64488	0.10654	0.02676
	ED$_{999}$	2.32049	0.64461	0.10653	0.02676
	ED$_{444}$	2.32393	0.64488	0.10654	0.02676
	ED$_{111}$	2.78709	0.78520	0.13038	0.03277
1-1-1	SPT	2.36195	0.64253	0.10541	0.02645
	HPT	2.35999	0.64238	0.10540	0.02645
	FPT	2.31737	0.63921	0.10532	0.02644
此处的板模型	EDZ$_{888}$	2.29107	0.63675	0.10525	0.02644
	EDZ$_{333}$	2.29231	0.63684	0.10525	0.02644
	ED$_{999}$	2.29075	0.63672	0.10525	0.02644
	ED$_{444}$	2.29229	0.63684	0.10525	0.02644
	ED$_{111}$	2.75073	0.77555	0.12881	0.03237

层合方式	采用的理论	a/h			
		5	10	25	50
1-2-1	SPT	2.42899	0.66689	0.10972	0.02754
	HPT	2.42873	0.66687	0.10972	0.02754
	FPT	2.39541	0.66436	0.10966	0.02754
此处的板模型	EDZ$_{888}$	2.35962	0.66102	0.10956	0.02753
	EDZ$_{333}$	2.36129	0.66116	0.10956	0.02753
	ED$_{999}$	2.35962	0.66102	0.10956	0.02753
	ED$_{444}$	2.36123	0.66115	0.10956	0.02753
	ED$_{111}$	2.83790	0.80550	0.13409	0.03372

表 2.18　不同三明治方板在线性温升条件下 $(\chi=1)$ 的临界
温度 $T_{\mathrm{cr}}=10^{-3}\Delta T_{\mathrm{cr}}(℃)(p=2)$

层合方式	采用的理论	a/h			
		5	10	25	50
1-0-1	SPT[36]	5.21919	1.38631	0.18578	0.00916
	HPT[36]	5.21036	1.38566	0.18576	0.00917
	FPT[36]	5.09710	1.37714	0.18553	0.00915
此处的板模型	EDZ$_{888}$	5.02496	1.37054	0.18535	0.00914
	EDZ$_{333}$	5.03986	1.37172	0.18538	0.00921
	ED$_{999}$	5.02475	1.37052	0.18535	0.00914
	ED$_{444}$	5.03982	1.37172	0.18538	0.00914
	ED$_{111}$	6.04724	1.68045	0.23803	0.02243
2-1-2	SPT	4.74906	1.25196	0.16341	0.00354
	HPT	4.74274	1.25150	0.16340	0.00354
	FPT	4.64467	1.24420	0.16320	0.00353
此处的板模型	EDZ$_{888}$	4.58978	1.23919	0.16306	0.00352
	EDZ$_{333}$	4.59657	1.23972	0.16308	0.00352
	ED$_{999}$	4.58966	1.23919	0.16306	0.00352
	ED$_{444}$	4.59654	1.23973	0.16308	0.00352
	ED$_{111}$	5.52250	1.52037	0.21075	0.01554
1-1-1	SPT	4.67391	1.23506	0.16082	0.00289
	HPT	4.66999	1.23477	0.16081	0.00289
	FPT	4.58474	1.22842	0.16064	0.00288

（续）

层合方式	采用的理论	a/h			
		5	10	25	50
此处的板模型	EDZ_{888}	4.53086	1.22347	0.16050	0.00288
	EDZ_{333}	4.53336	1.22366	0.16051	0.00288
	ED_{999}	4.53023	1.22342	0.16050	0.00288
	ED_{444}	4.53331	1.22366	0.16051	0.00288
	ED_{111}	5.44983	1.50107	0.20761	0.01476
1-2-1	SPT	4.80799	1.28377	0.16944	0.00508
	HPT	4.80746	1.28375	0.16944	0.00508
	FPT	4.74083	1.27872	0.16931	0.00507
此处的板模型	EDZ_{888}	4.66775	1.27202	0.16912	0.00506
	EDZ_{333}	4.67111	1.27228	0.16913	0.00506
	ED_{999}	4.66775	1.27202	0.16912	0.00506
	ED_{444}	4.67097	1.27228	0.16913	0.00507
	ED_{111}	5.62392	1.56096	0.21819	0.01744

注:FPT,一阶剪切变形板理论;HPT,高阶剪切变形板理论;SPT,正弦剪切变形板理论。

表2.19 不同三明治方板在非线性温升条件下$(\chi=5)$的临界温度 $T_{cr}=10^{-3}\Delta T_{cr}(℃)(p=2)$

层合方式	采用的理论	a/h			
		5	10	25	50
1-0-1	SPT[36]	23.06830	6.12734	0.82115	0.04051
	HPT[36]	23.02926	6.12449	0.82107	0.04052
	FPT[36]	22.52869	6.08684	0.82005	0.04044
此处的板模型	EDZ_{888}	21.70772	6.01748	0.81831	0.04040
	EDZ_{333}	21.76775	6.02255	0.81847	0.04028
	ED_{999}	21.70677	6.01741	0.81831	0.04038
	ED_{444}	21.76380	6.02248	0.81845	0.04039
	ED_{111}	25.71472	7.34202	1.05003	0.09908
2-1-2	SPT	22.38252	5.90053	0.77017	0.01668
	HPT	22.35275	5.89838	0.77011	0.01668
	FPT	21.89054	5.86398	0.76918	0.01662

层合方式	采用的理论	a/h			
		5	10	25	50
此处的板模型	EDZ$_{888}$	21.24283	5.82465	0.77048	0.01639
	EDZ$_{333}$	21.27146	5.82705	0.77052	0.01664
	ED$_{999}$	21.24229	5.82461	0.77045	0.01664
	ED$_{444}$	21.26902	5.82701	0.77052	0.01664
	ED$_{111}$	25.17843	7.11324	0.99501	0.07349
1-1-1	SPT	22.00152	5.81379	0.75703	0.01363
	HPT	21.98303	5.81247	0.75699	0.01363
	FPT	21.58175	5.78254	0.75619	0.01358
此处的板模型	EDZ$_{888}$	21.22219	5.81520	0.76668	0.01375
	EDZ$_{333}$	21.23387	5.81632	0.76667	0.01375
	ED$_{999}$	21.21930	5.81520	0.76668	0.01375
	ED$_{444}$	21.23175	5.81629	0.76667	0.01375
	ED$_{111}$	25.17488	7.10418	0.99097	0.07054
1-2-1	SPT	21.54917	5.75380	0.75946	0.02279
	HPT	21.54679	5.75368	0.75946	0.02279
	FPT	21.24818	5.73116	0.75885	0.02275
此处的板模型	EDZ$_{888}$	21.56980	5.95798	0.79567	0.02384
	EDZ$_{333}$	21.58801	5.95927	0.79570	0.02385
	ED$_{999}$	21.56978	5.95798	0.79567	0.02384
	ED$_{444}$	21.58557	5.95922	0.79570	0.02385
	ED$_{111}$	25.67606	7.28319	1.02583	0.08209

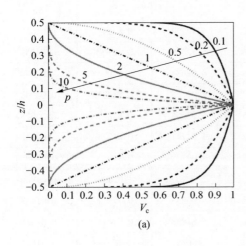

(a)

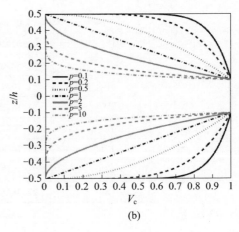

(b)

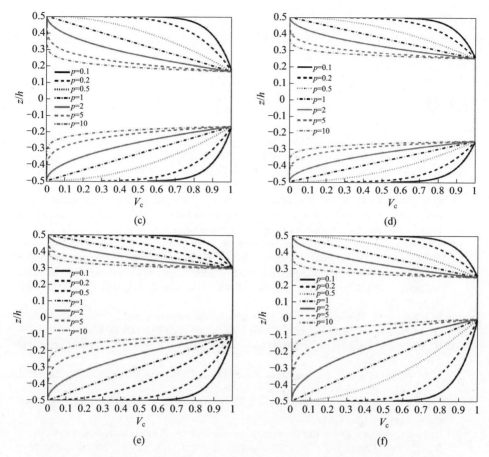

图 2.4　不同体积百分数指数 p 所对应的厚度方向上体积百分数 V_c 的分布以及
若干带有功能梯度材料(FGM)上下面板的三明治板构型
(a)FGM 三明治板 1 - 0 - 1；(b)FGM 三明治板 2 - 1 - 2；(c)FGM 三明治板 1 - 1 - 1；
(d)FGM 三明治板 1 - 2 - 1；(e)FGM 三明治板 2 - 2 - 1；(f)FGM 三明治板 2 - 1 - 1。

2.6　本章小结

　　本章介绍了经典三明治结构和功能梯度三明治结构的自由振动与热稳定性特性,通过位移场的幂级数展开方法给出了精化的 ESL、ZZ 和 LW 板理论,考察了厚度方向上均匀、线性和非线性温升三种情形。通过对经典三明治结构的分析计算表明,无论是自由振动建模还是热屈曲建模,精化的高阶理论能够反映横法向变形效应,因而当三维效应不能忽略时它们是当然的选择。如果需要达到更高的精度,那么就必须采用 LW 理论来分析。事实上,利用 LW 理论,即便只进行低阶位移场展开也可以得到与三维弹性解相当吻合的结果。在处理功能梯度三明治结构时,准三维 ESL 和

ZZ 板理论更为先进,所得的固有频率和临界温度要比其他理论更加准确,例如经典的层合板理论(CLPT)、一阶剪切变形理论(FSDT)、高阶剪切变形理论(HSDT)以及其他基于三角函数展开的板理论。

参考文献

[1] A.K. Noor, W.S. Burton, C.W. Bert, Computational models for sandwich panels and shells, Applied Mechanics Reviews 49 (3) (1996) 155−199.

[2] W. Fairbairn, An Account of the Construction of the Brittania and Conway Tubular Bridges, John Weale, London, 1849.

[3] Q.B. Rheinfrank, W.A. Norman, Test methods and performance of structural core materials-1. Static properties, in: 4th Annual ASM International Engineering Society of Detroit Advanced Composites Conference Exposition, 1988.

[4] J.R. Vinson, Sandwich structures, Applied Mechanics Reviews 54 (3) (2001) 201−214.

[5] K. Marguerre, The optimum buckling load of a flexibly supported plate composed of two sheets joined by a light weight filler when under longitudinal compression, Deutsche Viertaljahrsschrift fur Literaturwissenschaft und Giests Geschichte, DVL (ZWB UM1360/2) 11 (1944).

[6] L. Librescu, T. Hause, Recent developments in the modeling and behavior of advanced sandwich constructions: a survey, Composite Structures 48 (2000) 1−17.

[7] H. Altenbach, Theories for laminated and sandwich plates. A review, Composite Structures 34 (3) (1998) 243−252.

[8] L.A. Carlson, G.A. Kardomateas, Structural and Failure Mechanics of Sandwich Composites, first ed., Springer, New York, 2011.

[9] H.G. Allen, B.G. Neal, Analysis and Design of Structural Sandwich Panels, first ed., Franklin Book Co., 1969.

[10] Y.Y. Yu, Vibrations of Elastic Plates: Linear and Nonlinear Dynamical Modeling of Sandwiches, Laminated Composites, and Piezoelectric Layers, first ed., Springer, New York, 1996.

[11] J.M. Davies, Lightweight Sandwich Construction, first ed., Wiley-Blackwell, 2001.

[12] T. Lu, F. Xin, Vibro-Acoustics of Lightweight Sandwich Structures, first ed., Springer, New York, 2014.

[13] S. Abrate, C. Bruno, Y.D.S. Rajapakse, Dynamic Failure of Composite and Sandwich Structures, first ed., Springer, New York, 2013.

[14] J.R. Vinson, Plate and Panel Structures of Isotropic, Composite and Piezoelectric Materials, Including Sandwich Constructions, first ed., Springer, The Netherlands, 2005.

[15] N.J. Pagano, Exact solutions for rectangular bidirectional composites and sandwich plates, Journal Composite Materials 4 (1970) 20−34.

[16] Y. Frostig, Bending of curved sandwich panels with transversely flexible core: closed form higher-order theory, Journal of Sandwich Structures and Materials 1 (1999) 4−41.

[17] Y. Frostig, O.T. Thomsen, Localized effects in the nonlinear behavior of sandwich panels with a transversely flexible core, Journal of Sandwich Structures and Materials 7 (2005) 53−77.

[18] S. Brischetto, E. Carrera, A Survey with Numerical Assessment of classical and refined theories for the analysis of sandwich plates, Applied Mechanics Reviews 62 (2008) 1−17.

[19] A. Pantano, R.C. Averill, A 3D zig-zag sub-laminate model for the analysis of thermal stresses in laminated composite and sandwich plate, Journal of Sandwich Structures and Materials 2 (2000) 288−312.

[20] S.R. Swanson, Response of orthotropic sandwich plates to concentrated loadings, Journal of Sandwich Structures and Materials 2 (2000) 270−287.

[21] S.R. Swanson, J. Kim, Comparison of higher order theory for sandwich beams with finite element and elasticity analysis, Journal of Sandwich Structures and Materials 2 (2000) 33−49.

[22] J.M. Whitney, A local model for bending of weak core sandwich plates, Journal of Sandwich Structures and Materials 3 (2001) 269−288.

[23] J.N. Pagano, Stress fields in composite laminates, International Journal of Solids and Structures 14 (1978) 385−400.

[24] Q. Liu, Y. Zhao, Prediction of natural frequencies of a sandwich panel using thick plate theories, Journal of Sandwich Structures and Materials 3 (2001) 289−319.

[25] V. Birman, C.W. Bert, On the choice of shear correction factor in sandwich structures, Journal of Sandwich Structures and Materials 4 (2001) 83−98.

[26] H. Matsunaga, Assessment of a global higher-order deformation theory for laminated composite and sandwich plates, Composite Structures 56 (2002) 279−291.

[27] P. Topdar, A.H. Sheikh, N. Dhang, Finite element analysis of composite and sandwich plates using a continuous interlaminar shear stress model, Journal of Sandwich Structures and Materials 5 (2003) 207−229.

[28] A. Lyckegaard, O.T. Thomsen, High order analysis of junction between straight and curved panels, Journal of Sandwich Structures and Materials 6 (2004) 497−529.

[29] A.K. Garg, R.K. Khare, T. Kant, Free vibration analysis of skew fiber-reinforced composite and sandwich laminates using a shear deformable finite element model, Journal of Sandwich Structures and Materials 8 (2005) 33−53.

[30] K. Malekzadeh, M.R. Khalili, R.K. Mittal, Local and global damped vibrations of plates with viscoelastic soft flexible core, Journal of Sandwich Structures and Materials 7 (2005) 431−456.

[31] F.A. Fazzolari, E. Carrera, Free vibration analysis of sandwich plates with anisotropic face sheets in thermal environment by using the hierarchical trigonometric Ritz formulation, Composites Part B: Engineering 50 (2013) 67−81.

[32] F.A. Fazzolari, E. Carrera, Thermo-mechanical buckling analysis of anisotropic multi-layered composite and sandwich plates by using refined variable-kinematics theories, Journal of Thermal Stresses 36 (4) (2013) 321−350.

[33] C.M.C. Roque, A.J.A. Ferreira, R.M.N. Jorge, Free vibration analysis of composite and sandwich plate by trigonometric layer-wise deformation theory and radial basis function, Journal of Sandwich Structures and Materials 8 (2006) 497−515.

[34] H. Hu, S. Beluouettra, E.M. Daya, M. Potier-Ferry, Evaluation of kinematic formulations for viscoelastically damped sandwich beam modeling, Journal of Sandwich Structures and Materials 8 (2006) 477−495.

[35] N. El Meiche, A. Tounsi, N. Ziane, I. Mechab, E.A. Adda Bedia, A new hyperbolic shear deformation theory for buckling and vibration of functionally graded sandwich plate, International Journal of Mechanical Sciences 53 (4) (2011) 237−247.

[36] A.M. Zenkour, M. Sobhy, Thermal buckling of various types of FGM sandwich plates, Composite Structures 93 (1) (2010) 93−112.

[37] A.M. Zenkour, A comprehensive analysis of functionally graded sandwich plates: part 2 − buckling and free vibration, International Journal of Solids and Structures 42 (18−19) (2005) 5243−5258.

77

[38] H. Matnunaga, Free vibration and stability of functionally graded plates according to a 2-D higher-order deformation theory, Composite Structures 82 (4) (2008) 499−512.

[39] H. Matnunaga, Thermal buckling of functionally graded plates according to a 2D higherorder deformation theory, Composite Structures 90 (1) (2009) 7686.

[40] S. Abrate, Free vibration, buckling, and static deflections of functionally graded plates, Composites Sciences and Technology 66 (14) (2006) 2383−2394.

[41] L. Dozio, Exact free vibration analysis of Lévy FGM plates with higher-order shear and normal deformation theories, Composite Structures 11 (2014) 415−425.

[42] L. Dozio, Natural frequencies of sandwich plates with FGM core via variable-kinematic 2-D Ritz models, Composite Structures 96 (2013) 561−568.

[43] E. Viola, F. Tornabene, Free vibrations of three parameter functionally graded parabolic panels of revolution, Mechanics Research Communications 36 (2009) 587−594.

[44] F. Tornabene, Free vibration analysis of functionally graded conical, cylindrical shell and annular plate structures with a four-parameter power-law distribution, Computer Methods in Applied Mechanics and Engineering 198 (2009) 2911−2935.

[45] M. Bateni, Y. Kiani, A comprehensive study on stability of FGM plates, International Journal of Mechanical Sciences 75 (1976) 134144.

[46] B.S. Shariat, M.R. Eslami, Buckling of thick functionally graded plates under mechanical and thermal loads, Composite Structures 78 (3) (2007) 433−439.

[47] Q. Li, V.P. Iu, K.P. Kou, Three-dimensional vibration analysis of functionally graded material sandwich plates, Journal of Sound and Vibration 311 (2008) 498−515.

[48] R. Javaheri, M.R. Elsami, Thermal buckling of functionally graded plates based on higher order theory, Journal of Thermal Stresses 25 (2002) 603−625.

[49] H. Nguyen-Xuan, L.V. Tran, T. Nguyen-Thoi, H.C. Vu-Do, Analysis of functionally graded plates using an edge-based smoothed finite element method, Composite Structures 93 (2011) 3019−3039.

[50] P. Zhu, K.M. Liew, Free vibration analysis of moderately thick functionally graded plates by local Kriging meshless method, Composite Structures 93 (2011) 2925−2944.

[51] X. Zhao, Y.Y. Lee, K.M. Liew, Free vibration analysis of functionally graded plates using the element-free kp-Ritz method, Journal of Sound and Vibration 319 (2009) 918−939.

[52] F.A. Fazzolari, Natural frequencies and critical temperatures of functionally graded sandwich plates subjected to uniform and non-uniform temperature distributions, Composite Structures 121 (2015) 197−210.

[53] F.A. Fazzolari, Reissner's Mixed Variational Theorem and variable kinematics in the modelling of laminated composite and FGM doubly-curved shells, Composites Part B: Engineering 89 (2016) 408−423.

[54] F.A. Fazzolari, E. Carrera, Refined hierarchical kinematics quasi-3D Ritz models for free vibration analysis of doubly curved FGM shells and sandwich shells with FGM core, Journal of Sound and Vibration 333 (5) (2014) 1485−1508.

[55] F.A. Fazzolari, Stability analysis of FGM sandwich plates by using variable-kinematics Ritz models, Mechanics of Advanced Materials and Structures 23 (9) (2016) 1104−1113.

[56] S.D. Kulkarni, S. Kapuria, Free vibration analysis of composite and sandwich plates using an improved discrete Kirchhoff quadrilateral element based on third order zigzag theory, Computational Mechanics 42 (6) (2008) 80324.

[57] S.D. Kulkarni, S. Kapuria, A generalized global−local high-order theory for bending and vibration analyses of sandwich plates subjected to thermo-mechanical loads, International Journal of Mechanical Sciences 52 (3) (2010) 495514.

[58] A. Chakrabarti, A.H. Sheikh, Vibration of laminate-faced sandwich plate by a new refined element, Proceedings of the Institution of Mechanical Engineers, Part G: Journal of

Aerospace Engineering (2004).

[59] ANSYS v10.0 Theory Manual, ANSYS Inc., Southpointe, PA, 2006.

[60] H. Matsunaga, Free vibration and stability of angle-ply laminated composite and sandwich plates under thermal loading, Composite Structures 77 (2007) 24962.

[61] A.K. Noor, J.M. Peters, W.S. Burton, Three-dimensional solutions for initially stressed structural sandwiches, ASCE Journal of Engineering Mechanics 120 (1994) 284303.

第3章 经典、一阶和高阶理论

（Michele D'Ottavio,Olivier Polit
法国,维尔德威尔,巴黎南戴尔大学）

3.1 引 言

层合结构和三明治结构 通过采用复合结构可以将具有不同力学特性的材料以恰当的形式组织起来,从而对相关机械零件进行优化设计,使得它们可以以最合理的方式承受载荷。一般来说复合结构可以划分为两个主要类型:一是层合结构,一般是由带有特定纤维取向的复合材料层铺设而成的;二是三明治结构,一般包括了一个由较大、较轻、较软的材料制成的夹心层,该夹心层上下表面覆盖着较薄较硬的面板(也可以是复合材料)。三明治结构的主要特点在于它们可以具有较高的弯曲刚度。如果复合结构中不同材料部分的结合是理想的,那么就可以避免界面间的滑移,从而也就能保证载荷传递的连续性。为方便起见,在本章中对于所讨论的复合结构我们都假定它们是由均匀各向异性材料以理想结合方式铺设得到的。

梁、板和壳模型 任何结构都是三维实体,从数学层面来看它们的行为都应通过三维控制方程来描述,其中包括了场方程和边界条件以及初始条件。由于三维问题的求解一般是相当烦琐而困难的,因而人们往往需要采用简化模型来描述结构的行为特性。这些简化的结构模型基本上都是根据所分析的结构的几何来确定的,即如果某些方向上的几何尺度远小于其他方向,那么就不再关心三维问题中的这些方向上的行为,而只是以某种简化的方式加以处理。基于这一点,对于那些一个方向上的尺度(厚度)远小于另外两个方向上的尺度(参考曲面)的结构来说,我们就可以构造壳模型来处理,其中厚度方向上的响应将通过某种简化模型来处理,显然这类模型是二维的。类似地,对于横截面尺度远小于长度的结构来说,我们可以以简化的方式来处理横截面内的响应(该响应是由沿着长度方向变化的参数来定义的),因而构成了梁模型,显然这是一类一维模型。如果壳的参考曲面曲率为零,那么该模型也就退化成了板模型。一般来说,曲线形或曲面形结构可以通过长度和半径之比来表征,这一比值定义了所谓的"深度"或"浅度"(图3.1)。在已有文献中,人们根据这一比值将壳模型区分为浅壳模型和深壳模型,并在应变表达式中对曲率半径进行了简化处理[1]。特别地,就横向剪应变分量来说浅壳模型非常类似于板模型。

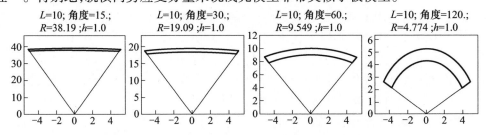

图 3.1 带有常值跨厚比 L/h 的曲梁几何:从浅到深

一个结构模型是否恰当,可以通过考察它是否能够令人满意地反映实际三维结构的力学响应来评价。根据结构受载荷形式的不同,可以考察它们的薄膜响应、弯曲响应或扭转响应等,这些响应取决于结构几何和本构关系。不仅如此,有时还必须考察与临界设计准则相关的刚度或强度,与此相关的响应可以分别是位移(或频率)和应变(或应力)。因此,结构模型的准确性不仅取决于实际结构的几何尺度情况(如不同方向上的尺度大小情况),而且也与所分析的响应波长有关。由此可以得到两个重要结论:一方面,模型准确性取决于所考察的具体问题,特别是其加载状态以及哪些响应是我们感兴趣的(位移或应力,基频还是高频等);另一方面,与均匀结构不同的是,由于材料的不连续性,复合结构铺层方向上的响应波长要短一些。

渐近化或公理化方法 人们根据三维弹性理论已经提出了两种主要的结构模型构建方法。公理化方法的特点在于对结构的行为做了简化假设,即根据对所感兴趣的结构功能响应的经验或力学认识提出了某些先验性假设。例如,Leonardo da Vinci 较早观察到纯弯曲情况中直梁横截面会保持为平面且垂直于梁的轴线[2],根据这一结果,可以提出一些运动学假设来对三维方程进行简化了。再如,对于薄板来说我们还可以做出一个合理的假设,即板中的面外法向应力可以忽略不计,因为它要远小于弯曲应力[3]。利用这一假设在静态分析中就可以进一步做出一些简化处理。

虽然公理化方法在过去的几百年中已经得到了广泛的应用,然而,它并不能给出能够反映三维行为特性的完善的数学关系描述。换言之,这类方法难以评价简化假设带来的误差,因而也就难以确定简化模型的适用范围。

渐近化方法为解决这一不足提供了一个有效手段。在这一方法中,三维行为的数学描述是通过级数展开方式体现的,一般会采用一个无量纲小参数 δ,其中包含了需要进行模型简化的结构所具有的物理特性。对于曲梁和壳结构来说,这个小参数一般定义为厚度和曲率半径的比值,而对于直梁和平板来说,一般定义为厚度与跨度的比值。通过对级数展开式作截断处理(到预定的参数阶),也就可以得到简化模型了。显然,这一方法可以做逐次的近似,只需引入更高阶的项即可体现它们对结构行为的贡献。不仅如此,当 $\delta \to 0$ 时这些简化模型还可以精确地再现三维解。Gol'den-

81

veizer[4,5] 和 Cicala[6] 利用这一方法对均匀板和均匀壳进行了较为全面的分析。文献[7]还对梁结构应用了渐近化方法。前面提及的这种形式上的渐近方法是直接对三维微分方程进行处理的,实际上还有另一种处理方式,即在变分形式中做渐近展开(参阅文献[8])。后一种方法具有一些优势,特别是对于复合结构和各向异性材料结构来说更是如此(参见文献[9,10])。值得提及的是,Kirchhoff 提出的经典板理论(借助了先验性假设)是可以通过渐近化方法从数学上予以证明的[11]。

位移模型或混合模型　在广泛应用的公理化方法框架下,当简化的场分布构建之后,就可以通过变分描述来推导出结构模型,一般采用的是能量原理或更一般地说,虚功原理[12]。显然,这就需要将最小势能原理或虚位移原理(PVD)与所假定的位移场(运动学假设)结合起来进行分析,或者将最小余能原理与所假定的应力场(即静态假设)结合起来分析。前者将导致所谓的位移模型,而后者则导致了应力模型。为了提高模型的准确性,还可以采用混合方法,即同时引入位移场和应力场假设[13]。Reissner 针对复合结构提出了一种混合变分原理,其中对位移场和横向应力场(沿着叠层方向)采用了彼此无关的假设[14]。据此可以选择合适的横向应力场使得在外部载荷下,层间以及结构外表面处能够满足精确的平衡条件[15]。

等效单层或分层模型　对于复合结构来说,公理化模型描述需要确定究竟是针对整体还是组分层来引入简化假设。前者一般构成了一些经典的公理化方法,早期是针对均匀结构提出的,后来拓展到异质复合结构。结构模型的行为一般是通过一些待定函数来确定的,对于梁来说,这些待定函数沿着给定参考线(横截面上的给定点构成的参考线)变化,而对于壳或板来说,它们沿着给定的参考曲面(在厚度方向上的某个给定位置)变化。这种形式的描述通常称为等效单层(ESL)描述,因为它将复合层结构视为一个单一材料层来处理,其特性是根据每个层的材料参数和几何特征来考察的。因此,在 ESL 模型中,未知函数的个数与实际的层数是无关的,只取决于所引入的近似阶数。另一种方法是针对每个组成层进行近似,彼此之间互相独立,然后将每个层模型组装起来使之满足层间的连续性(理想结合条件),这就是所谓的分层描述(LW 描述),它可以以显式的方式对组成层及层的分界面的刚度进行表征,不过结构模型中待定函数的个数将与层数相关。也可以先对每个组成层建立独立的近似模型,然后利用层间连续性条件消去每层的待定函数,从而得到一个待定函数与实际层数无关的结构模型,这种模型一般称为 zigzag 模型。关于 zigzag 模型可以参阅文献[16],其中进行了较为全面的讨论。

数值方法与误差　在结构模型建立之后,求解将在简化后的维度空间中进行,对于梁模型是一维空间,而对于壳和板模型是二维空间。就某些简单的问题而言,我们是可以获得精确解的。如果能够获得三维精确弹性解,那么这些问题就可以用于评估结构模型的准确性。然而,大多数情况下精确解是难以找到的,一般需要借助近似的数值求解方法。在有限差分方法体系中,控制方程的边值问题需要通过离散化处理之后再进行求解。另一种更有力的求解方法是寻求弱解,即在一定程度上满足原边值问题的近似解,相对于精确解来说其加权残值是最小的。有限元方法(FEM)是目前最为通用的一类加权残值法[17]。无论采用何种方法,这些数值解一般都会带有模型误差和离散误差。

3.2　预　备　知　识

本章主要讨论的是复合板和复合梁模型,决定这些模型的准确性的基本参数包括了厚度(板)或横截面几何(梁)以及材料特性。此外,如同 3.1 节所提及的,壳模型还包括了曲率参数。这里所介绍的经典的和高阶的板模型都是建立在公理化方法基础上提出的,它们都引入了位移场的先验性假设。本节将给出一些在三维复合结构行为描述中常见的基本量,并介绍本章将使用的一些符号标记。进一步,本节还将给出公理化方法下位移模型的一般推导过程,它们对于经典和高阶理论都是适用的。对于梁模型这些符号标记可参见本章附录 A。

为从数学上描述复合板结构,首先引入一个笛卡儿参考系$(O,\overrightarrow{x_1},\overrightarrow{x_2},\overrightarrow{x_3})$。不妨设复合板是由 N_p 个单层组成的,占据的空间为 $V = \Omega \times \left[\dfrac{-h}{2}, \dfrac{h}{2}\right]$,其中的 Ω 为板的中面(在(x_1, x_2)平面内),$h = \sum_{p=1}^{N_p} h^{(p)}$ 为厚度(x_3 方向),并假定厚度在 Ω 上为常数。板的边界设为 $\partial V = \Gamma = \Gamma_{\text{lat}} \cup \Gamma_{\pm}$,其中 $\Gamma_{\text{lat}} = \partial\Omega \times \left[\dfrac{-h}{2}, \dfrac{h}{2}\right]$,$\Gamma_{\pm} = \Omega \times \left\{\dfrac{-h}{2}, \dfrac{h}{2}\right\}$。进一步,设边界上的 Γ_u 部分存在着几何约束(位移约束),而 Γ_t 部分存在着静态约束(表面载荷约束),且有 $\Gamma_u \cup \Gamma_t = \Gamma, \Gamma_u \cap \Gamma_t = \varnothing$。

3.2.1　应变、应力与本构关系

任意时刻 t,结构中任意位置处的应力和应变可分别由二阶张量 $\sigma_{ij}(x_1, x_2, x_3; t)$ 和 $\varepsilon_{ij}(x_1, x_2, x_3; t)$ 给出,其中 $i, j \in \{1, 2, 3\}$ 对应于笛卡儿参考系的三个正交方向。在无限小变形假设下,应变和位移场 $u_i(x_1, x_2, x_3; t)$ 之间满足如下几何关系:

$$\varepsilon_{ij} = \frac{1}{2}(u_{i,j} + u_{j,i}) \tag{3.1}$$

式中:$u_{i,j}$ 代表 u_i 分量对 x_j 的偏导数。考虑到应力和应变张量的对称性,我们可以采用更为简洁的 Voig-Kelvin 记号来表达,也即引入如下记号:

$$\sigma_1 = \sigma_{11}; \sigma_2 = \sigma_{22}; \sigma_3 = \sigma_{33}; \sigma_4 = \sigma_{23}; \sigma_5 = \sigma_{13}; \sigma_6 = \sigma_{12} \tag{3.2}$$

$$\varepsilon_1 = \varepsilon_{11}; \varepsilon_2 = \varepsilon_{22}; \varepsilon_3 = \varepsilon_{33}; \varepsilon_4 = \gamma_{23}; \varepsilon_5 = \gamma_{13}; \varepsilon_6 = \gamma_{12} \tag{3.3}$$

其中，$\gamma_{ij} = 2\varepsilon_{ij}(i \neq j)$ 代表了工程剪应变。

应变场和应力场之间的本构关系取决于层(p)的材料特性，可以通过广义胡克定律(对于线弹性)表示为

$$\sigma_{ij}^{(p)} = C_{ijkl}^{(p)} \varepsilon_{kl}, \quad i,j,k,l \in \{1,2,3\}$$

或

$$\sigma_p^{(p)} = C_{pq}^{(p)} \varepsilon_q, \quad p,q \in \{1,2,\cdots,6\}$$

(3.4)

其中的最后一个关系式采用了前述简洁记号，$C_{pq}^{(p)}$ 为层(p)构成材料的 6×6 弹性刚度系数矩阵。

对于复合材料层来说，可以将其描述为一种均匀介质，在主材料轴 X_i 上具有正交对称性，X_1 为纤维方向而 X_2 和 X_3 为横向。这里我们考虑刚度不变的复合材料，其纤维方向 X_1 与空间坐标无关，每个单层的纤维取向通过其关于横向 X_3 的转动角度 $\theta^{(p)}$ 来定义。这样的话，在结构参考系 x_i 中复合材料将具有单斜对称性，转动后的弹性刚度矩阵 $C_{pq}^{(p)}$ 将具有如下一般形式：

$$C_{pq}^{(p)} = \begin{bmatrix} C_{11}^{(p)} & C_{12}^{(p)} & C_{13}^{(p)} & 0 & 0 & C_{16}^{(p)} \\ & C_{22}^{(p)} & C_{23}^{(p)} & 0 & 0 & C_{26}^{(p)} \\ & & C_{33}^{(p)} & 0 & 0 & C_{36}^{(p)} \\ & & & C_{44}^{(p)} & C_{45}^{(p)} & 0 \\ & \text{sym} & & & C_{55}^{(p)} & 0 \\ & & & & & C_{66}^{(p)} \end{bmatrix}$$

(3.5)

3.2.2 二维模型构建

在基于位移的公理化方法中，引入了一个关于位移场的先验性假设，即位移场与厚度方向坐标 $x_3 = z$ 之间具有显式的关系，一般可以表示为

$$u_i(x_1,x_2,z;t) = F_{s_i}(z)\tilde{u}_{s_i}(x_1,x_2;t), \quad s_i = 0,1,2,\cdots,N_i$$

(3.6)

式中：N_i 个函数 $F_{s_i}(z)$ 是对位移分量 u_i 的运动学假设，并且应注意这里采用了爱因斯坦求和约定。利用与变分描述相关的积分表达式，就可以构建出无量纲形式的简化模型[17]。动力学问题中应用虚位移原理可以得到哈密顿原理，即

$$\int_{t_1}^{t_2} \left\{ \int_V \rho \frac{\partial^2 u_i}{\partial t^2} \delta u_i \mathrm{d}V - \int_V b_i \delta u_i - \sigma_{ij} \delta \varepsilon_{ij} \mathrm{d}V + \int_{\Gamma_t} t_i \delta u_i \mathrm{d}\Gamma \right\} \mathrm{d}t = 0$$

(3.7)

式中：ρ 为密度；b_i 和 t_i 分别代表的是作用在 V 上和边界 Γ_t 上的力；δ 为变分符号，它作用在容许位移场上，也即假设位移场的变分需要满足式(3.1)所给出的几何约束关系，且有

$$\delta u(x_i,t)=0, \quad \forall\, x_i \in \Gamma_u, t \in [t_1,t_2]; \forall\, x_i \in V, t \in \{t_1,t_2\} \tag{3.8}$$

对于超弹性材料,上述分析还应进一步推进。此时在整个动力变形过程中式(3.4)仍然成立,将式(3.4)与式(3.1)代入式(3.7)中,可得

$$\int_{t_1}^{t_2}\left\{\int_V \rho\,\frac{\partial^2 u_i}{\partial t^2}\delta u_i \mathrm{d}V - \int_V b_i\delta u_i - \frac{1}{4}C_{ijkl}\left(\frac{\partial u_k}{\partial x_l}+\frac{\partial u_l}{\partial x_k}\right)\left(\frac{\partial \delta u_i}{\partial x_j}+\frac{\partial \delta u_j}{\partial x_i}\right)\mathrm{d}V + \int_{\Gamma_t} t_i\delta u_i \mathrm{d}\Gamma\right\}\mathrm{d}t$$
$$= 0 \tag{3.9}$$

其中的求和是对 $i,j,k,l \in \{1,2,3\}$ 进行的。

进一步将假设式(3.6)代入式(3.9)中,对所有关于坐标 z 的微分和积分进行计算之后就可以得到二维简化模型了。考虑到各个单层自身的材料特性,厚度 h 上的积分可以拆分成 N_p 个单层厚度上的积分,即

$$\int_V (\cdots)\mathrm{d}V = \int_\Omega\left[\int_h (\cdots)\mathrm{d}z\right]\mathrm{d}x_1\mathrm{d}x_2 = \int_\Omega\left[\sum_{p=1}^{N_p}\int_{(p)}(\cdots)\mathrm{d}z\right]\mathrm{d}x_1\mathrm{d}x_2 \tag{3.10}$$

哈密顿原理的欧拉-拉格朗日方程,即为使得任何容许的虚位移都满足积分描述式(3.7)而需考察的条件,包括了体力的动力平衡方程和应力边界 Γ_t 上的平衡方程。只需要通过板厚 h 上的积分消去坐标 z,最终也就得到了定义在二维域 Ω 上的控制方程组。

3.2.3 二维模型的求解方法

一些近似求解方法例如里兹法或有限元法,大多会引入近似的形函数 $N(x_1, x_2)$,进而将二维域 Ω 中式(3.6)的位移假设表示为如下形式:

$$\delta\tilde{u}_{r_i}(x_1,x_2;t) = \sum_{m_{r_i}=1}^{M_{r_i}} N_{m_{r_i}}(x_1,x_2)\delta U_{m_{r_i}}(t) \tag{3.11a}$$

$$\tilde{u}_{s_j}(x_1,x_2;t) = \sum_{n_{s_j}=1}^{M_{s_j}} N_{n_{s_j}}(x_1,x_2)U_{n_{s_j}}(t) \tag{3.11b}$$

式中: $r_i = 0,1,\cdots,N_i; s_j = 0,1,\cdots,N_j(i,j=1,2,3)$。于是,每个待定的函数 $\tilde{u}_{s_j}(x_1,x_2;t)$ 展开后将具有 M_{s_j} 个自由度。将式(3.11)直接代入平衡方程的积分形式,然后对二维域 Ω 上的所有空间导数和积分进行计算,最后也就得到了一组离散形式的关于时间变量的常微分方程,即

$$\delta U_m: M_{mn}\ddot{U}_n(t) + K_{mn}U_n(t) = F_m(t), \quad m,n=1,2,\cdots,M \tag{3.12}$$

式中: M_{mn} 和 K_{mn} 分别代表的是质量矩阵和刚度矩阵,它们都是对称方阵。这一系统的维度是 $M\times M, M$ 为用于描述完整位移场的所有自由度个数的总和,即

$$M = \sum_{i=1}^{3} \sum_{s_j=0}^{N_j} M_{s_j} \tag{3.13}$$

对于这类动力学问题来说,一般是借助时间积分算法进行数值求解的,例如显式或隐式的欧拉方法[18]。如果设外力为零(即 $F_m = 0$),那么这就变成了一个自由振动问题,可以假定简谐形式的响应解为 $U_n(t) = U_n e^{i\omega t}$,从而得到了:

$$[K_{mn} - \omega^2 M_{mn}] U_n = 0 \tag{3.14}$$

于是求解非零解的问题也就转化成如下特征值问题:

$$\det[K_{mn} - \omega^2 M_{mn}] = 0 \tag{3.15}$$

由此可以确定出 M 个特征频率 $f = 2\pi\omega$ 以及对应的 M 个振动模态(即对应的特征矢量)。

若要求出上述无量纲形式的简化板问题的精确解,那么需要先对变分方程的二维积分描述进行处理,导出强形式的控制方程,即平衡方程和静态边界条件。然后针对这个微分方程组作精确求解,该方程组包括了空间域内的二维偏微分方程组和时域内的常微分方程。3.7 节给出的纳维解就是在 Ω 上基于三角函数展开得到的强解,是针对四边简支的正交复合方板构型的。

3.2.4 分叉屈曲

分叉屈曲主要研究的是在小扰动情况下物体或结构从其初始应力状态可能达到的临近构型[12]。借助 Trefftz 增量应力、格林－拉格朗日有限应变以及常数弹性模量等概念可以构建增量弹性问题[19]。这里主要关注的是面内受压板的横向屈曲行为,假设该板在初始应力状态下保持为平面,可以对其进行线性化处理。对于这一线性稳定性分析来说,其变分描述可以表示为

$$\int_V \delta\varepsilon_{ij} C_{ijkl}\varepsilon_{kl} + (\delta u_{i,\alpha})\lambda\sigma_{\alpha\beta}^0 u_{i,\beta}\mathrm{d}V = 0 \tag{3.16}$$

由此就通过标量参数 λ 给出了临界载荷(该参数与初始面内应力 $\sigma_{\alpha\beta}^0$ ($\alpha,\beta \in \{1,2\}$)相乘),与之对应存在一个非平凡的相邻平衡态。可以看出,初始应力是与下式表示的面内格林－拉格朗日有限应变的非线性项相关的:

$$\delta u_{i,\alpha} u_{i,\beta} = \delta\left(\frac{1}{2} u_{i,\alpha} u_{i,\beta}\right) \tag{3.17}$$

对于梁、板、壳这类柔性结构,式(3.17)所定义的非线性应变一般可以根据冯·卡门假设(大转动和小应变)进行简化,即

$$\delta u_{i,\alpha} u_{i,\beta} \approx \delta u_{3,\alpha} u_{3,\beta} \tag{3.18}$$

当假定位移场与厚度方向坐标 $x_3 = z$ 具有式(3.6)所示的近似关系,并计算出所

有关于坐标 z 的导数和积分时,就可以再次得到二维板模型。更多细节内容可以参阅文献[20],其中给出了线性屈曲分析的方程,在三维弹性框架下进行了求解,并讨论了近似板模型方法。

根据式(3.16),可以得到如下离散形式的线性特征值问题:

$$\det\left[K_{mn} + \lambda K_{mn}^{\sigma}\right] = 0 \tag{3.19}$$

式中:K_{mn} 为从式(3.16)第一项得到的线性刚度矩阵;K_{mn}^{σ} 为与初始应力场相关的几何刚度矩阵。特征值对应了板的临界载荷,最小特征值就是屈曲载荷,而与最小特征值对应的特征矢量则对应于屈曲模态。

最后再对上述内容做一评述。首先需要强调指出的是,分叉屈曲的线性化分析是忽略各向异性层的薄膜 – 弯曲耦合效应的,因为它假定了初始应力状态下的构型的面外变形为零。因此,对于一般的各向异性板来说,应当考察面内受载和边界情况是否满足某些条件[21]来决定是否采用线性化的分层屈曲分析。其次,与层合板不同的是,受压三明治板的不稳定性可能涉及整体屈曲、夹心的剪切卷曲或面板的凹陷与褶皱等问题[22]。三明治结构屈曲响应的本性不仅取决于整体的尺度,而且还依赖于面板与夹心之间的相对几何和相对材料特性(参阅文献[23])。凹陷与褶皱模式还可以通过面内方向(x_1, x_2)上呈现出非常短的波长这一点来刻画,在后面的3.7节中将通过一些模型分析阐述这种短波长类型的响应。

3.3　经典理论:CLPT 和 FSDT

本节将给出经典板理论的一些基本方程,这些经典板理论都是建立在3.2节所指出的公理化方法框架下的(基于位移的公理化假设)。这些经典理论包括了经典层合板理论(CLPT)和一阶剪切变形理论(FSDT),它们的区别在于横向剪应变的处理上。应当注意的是,这些理论都是基于 ESL 描述的,本质上是将针对均匀板的理论直接应用于复合板。与 CLPT 和 FSDT 有关的更全面的介绍,可以参阅 Reddy 的书[24]。

3.3.1　经典层合板理论

CLPT 将原来用于处理均匀板的经典薄板理论应用到复合板的分析中,它建立在如下一些先验性假设基础之上[3]。

(1)运动学假设:垂直于变形前的板的参考面的直纤维在变形过程中仍然保持直线且垂直于参考面(Kirchhoff 假设);

(2)应力假设:横向正应力远小于弯曲应力。

Kirchhoff 假设意味着可以忽略板的横向剪切变形,即

$$\varepsilon_4 = u_{3,2} + u_{2,3} = 0, \quad \varepsilon_5 = u_{3,1} + u_{1,3} = 0 \tag{3.20}$$

在基于位移的公理化方法中,根据应力假设还需要通过本构关系导出运动学关系。在胡克定律式(3.4)中,令 $\sigma_3 = 0$,可得

$$\varepsilon_3^{(p)} = -\frac{C_{13}^{(p)}}{C_{33}^{(p)}}\varepsilon_1 - \frac{C_{23}^{(p)}}{C_{33}^{(p)}}\varepsilon_2 - \frac{C_{36}^{(p)}}{C_{33}^{(p)}}\varepsilon_6 \tag{3.21}$$

且有如下形式的平面应力本构关系:

$$\begin{bmatrix} \sigma_1^{(p)} \\ \sigma_2^{(p)} \\ \sigma_6^{(p)} \end{bmatrix} = \begin{bmatrix} Q_{11}^{(p)} & Q_{12}^{(p)} & Q_{16}^{(p)} \\ & Q_{22}^{(p)} & Q_{26}^{(p)} \\ \text{sym} & & Q_{66}^{(p)} \end{bmatrix} \begin{bmatrix} \varepsilon_1 \\ \varepsilon_2 \\ \varepsilon_6 \end{bmatrix} \tag{3.22a}$$

其中的 $\boldsymbol{Q}_{pq}^{(p)}$ ($p,q \in \{1,2,6\}$)是组成层(p)的"简化"刚度矩阵,可由下式给出:

$$\boldsymbol{Q}_{pq}^{(p)} = C_{pq}^{(p)} - \frac{C_{p3}^{(p)}C_{q3}^{(p)}}{C_{33}^{(p)}}, \quad p,q \in \{1,2,6\} \tag{3.22b}$$

应当注意的是,由于每个组成层具有单斜对称性(见式(3.5)),因而将横向剪应变设定为零也就对应于横向剪应力为零。式(3.21)所给出的运动学假设表明,横向正应变是与面外方向的位移 u_3 无关的,进而也就与 z 坐标无关(可参考式(3.1))。根据式(3.6)所给出的一般性假设,我们就可以令

$$N_3 = 0, F_{0_3}(z) = 1 \tag{3.23a}$$

进一步可以发现,Kirchhoff 假设所提出的横向剪应变为零意味着横向纤维将绕 x_1 和 x_2 方向做刚体转动,这一转动将与参考面的斜率直接相关(图3.2(b))。根据式(3.6),满足这些关系需对面内位移 u_α 进行设定,即

$$N_\alpha = 1; F_{0_\alpha}(z) = 1, F_{1_\alpha}(z) = z, \quad \alpha \in \{1,2\} \tag{3.23b}$$

同时还应满足 Kirchhoff 假设的正常条件,即

$$\tilde{u}_{1_\alpha} = -u_{3_\alpha} \tag{3.23c}$$

于是,CLPT 的位移场将具有如下形式:

$$u_\alpha(x_1,x_2,z;t) = \tilde{u}_{0_\alpha}(x_1,x_2;t) - z\frac{\partial \tilde{u}_{0_3}(x_1,x_2;t)}{\partial x_\alpha}, \quad \alpha \in \{1,2\} \tag{3.24a}$$

$$u_3(x_1,x_2,z;t) = \tilde{u}_{0_3}(x_1,x_2;t) \tag{3.24b}$$

其中包含的三个未知函数定义了参考面 Ω 上任意点处的位移矢量,$\tilde{u}_{0_\alpha}(x_1,x_2;t)$ 这两个函数定义的是薄膜变形,而 $\tilde{u}_{0_3}(x_1,x_2;t)$ 则反映了弯曲变形。

从有限元近似这一角度来看,CLPT 的一个不足之处在于它要求横向位移插值处理过程中保证 C^1 连续性。

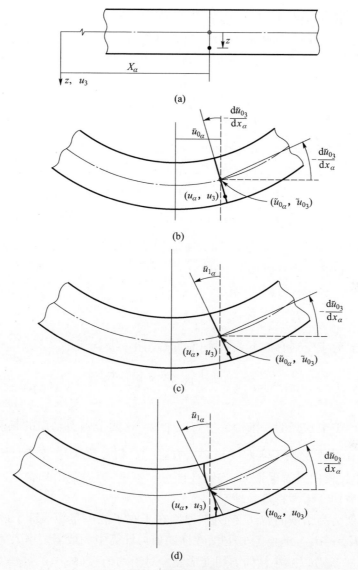

图 3.2　横法向纤维

（a）未变形构型；（b）变形后构型（经典层合板理论）；（c）变形后构型（一阶剪切变形理论）；
（d）变形后构型（HSDT，高阶剪切变形理论）。

3.3.2　一阶剪切变形理论

FSDT 建立在如下的先验性假设基础上：

（1）运动学假设。垂直于变形前的板的参考面的直纤维在变形过程中仍保持直线，但不一定垂直于参考面 Ω。

（2）应力假设。横向正应力远小于弯曲应力。

第一个假设对 Kirchhoff 假设做了放宽处理，将剪切变形包括了进来，因而比 CLPT 有了改进。第二个假设没有改变，即 $\sigma_3 = 0$。因此，式(3.21)仍然成立，而本构方程应在式(3.22)基础上增加一个横向剪切项，即

$$\begin{bmatrix} \sigma_4^{(\mathrm{p})} \\ \sigma_5^{(\mathrm{p})} \end{bmatrix} = \begin{bmatrix} Q_{44}^{(\mathrm{p})} & Q_{45}^{(\mathrm{p})} \\ \mathrm{sym} & Q_{55}^{(\mathrm{p})} \end{bmatrix} \begin{bmatrix} \varepsilon_4 \\ \varepsilon_5 \end{bmatrix} \tag{3.25}$$

为在 FSDT 中体现式(3.6)给出的一般性位移假设，首先需要注意到平面应力假设将给出与式(3.23a)相同的近似式（对于面外位移 u_3）。进一步，板厚方向上不变的横向剪切变形意味着式(3.23b)依然成立。不过，绕 x_α 方向的转动不再与参考面的斜率直接关联了，即与线性项 F_{1_α} 相关的未知函数 $\tilde{u}_{1_\alpha}(x_1, x_2; t)$ 现在是额外的独立函数了（图3.2(c)）。若记 φ_α 为绕 x_α 轴的正向转动角度，那么有 $\tilde{u}_{12} = \varphi_1$ 和 $\tilde{u}_{11} = -\varphi_2$。于是，FSDT 的位移场将具有如下形式：

$$u_\alpha(x_1, x_2, z; t) = \tilde{u}_{0_\alpha}(x_1, x_2; t) + z\,\tilde{u}_{1_\alpha}(x_1, x_2; t), \quad \alpha \in \{1, 2\} \tag{3.26a}$$

$$u_3(x_1, x_2, z; t) = \tilde{u}_{0_3}(x_1, x_2; t) \tag{3.26b}$$

对于横向剪应变则有如下关系式，它们是与坐标 z 无关的：

$$\gamma_{\alpha 3}(x_1, x_2, z; t) = \tilde{u}_{1_\alpha}(x_1, x_2; t) + \frac{\partial \tilde{u}_{0_3}(x_1, x_2; t)}{\partial x_\alpha} = \gamma_{\alpha 3}^0(x_1, x_2; t) \tag{3.27}$$

显然，FSDT 中独立的二维函数将有五个，$\tilde{u}_{0_\alpha}$ 这两个函数给出的是薄膜变形，$\tilde{u}_{1_\alpha}$ 和 $\tilde{u}_{0_3}$ 这三个函数则反映了弯曲变形。从有限元分析角度来说，FSDT 具有一个重要优点，即插值过程中只需保证 C^0 连续性即可。不过，为避免剪切锁定问题[25]，往往需要对横向剪切变形做特殊处理。

一阶近似会高估横向剪切变形能，原因在于它不能满足板表面上的剪应力自由条件（即在 $\Gamma_\pm$ 上 $\sigma_4 = \sigma_5 = 0$），为此，在横向剪力计算中一般需要引入剪切修正因子 $k_{ij}^s < 1 (i, j \in \{4, 5\})$ 以减小横向剪切变形能。对于均匀板（$k_{45}^s = 0, k_{44}^s = k_{55}^s = k^s$）的弯曲问题来说，根据 Reissner 理论可得 $k^s = 5/6$[26]，而根据 Mindlin 理论得到的是 $k^s = \pi^2/12$，后者是通过令一阶反对称厚度剪切振动频率近似值与精确解匹配得到的[27]。不过应指出的是，如何选择恰当的修正因子还是应根据实际问题而定[28-30]。

3.4　精化的等效单层理论

由于3.3节提及的经典理论比较简单，因此得到了非常广泛的应用，不过应当注意的是它们的精度常常是有限的。Koiter 曾经针对模型精度改进这一方面做过非常

有益的表述[31]:"一阶近似理论的精化一般来说是没有实际意义的,除非同时将横向剪应力和正应力效应考虑进来"。

本节将阐述精化的 ESL 理论,主要分为如下几种:①针对 FSDT 中横向剪切变形近似的改进模型;②满足所谓的 C_z^0 条件[32]的 ESL 模型,也即对于复合叠层结构来说(图 3.3)厚度方向(z 方向)上的位移场和横向应力场满足分段连续型分布特点;③考虑横向正应力的理论,根据 Koiter 的表述据此可以将模型拓展到高阶从而提高精度。

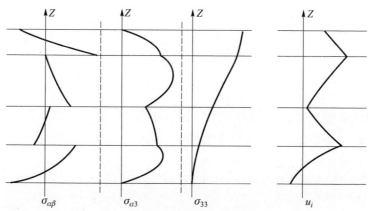

图 3.3 满足 3D 弹性方程的厚度方向上的典型分布:
面内应力 $\sigma_{\alpha\beta}$ 为 C_z^{-1},横向剪应力 $\sigma_{\alpha3}$ 为 C_z^0,横向正应力 σ_{33} 为 C_z^1,位移 u_i 为 C_z^0

3.4.1 高阶剪切变形理论

高阶剪切变形理论(HSDT)对经典理论的改进主要体现在放宽了直纤维在变形过程中仍保持直线这一运动学假设,而允许纤维在变形过程中发生翘曲。这一点可以通过假定面内位移在整个复合板的厚度方向上具有非线性分布特性(高阶分布特性)即可实现,当然 ESL 描述仍然保留了。翘曲函数应当容许横向剪应力至少为二次分布,以使得板的上下表面处能够满足剪应力自由边界条件的要求。这种方式中一般不再需要引入剪切修正因子了。此外,经典理论中的假设 $\sigma_3 = 0$ 依然保留。一般而言,HSDT 的假设位移场可以表示为如下形式[33,34]:

$$u_\alpha(x_1, x_2, z; t) = \widetilde{u}_{0_\alpha}(x_1, x_2; t) - z\frac{\partial \widetilde{u}_{0_3}(x_1, x_2; t)}{\partial x_\alpha}$$

$$+ f(z)\left(\widetilde{u}_{1_\alpha}(x_1, x_2; t) + \frac{\partial \widetilde{u}_{0_3}(x_1, x_2; t)}{\partial x_\alpha}\right) \tag{3.28a}$$

$$u_3(x_1, x_2, z; t) = \widetilde{u}_{0_3}(x_1, x_2; t) \tag{3.28b}$$

其中，$\tilde{u}_{1_\alpha} + \tilde{u}_{0_{3,\alpha}} = \gamma_{\alpha3}^0$ 是 FSDT 中与 z 坐标无关的横向剪切变形（参见式（3.27））。

图 3.2(d)给出了带有翘曲纤维的高阶运动情况典型实例。根据翘曲函数 $f(z)$ 的表达式可以划分出多种不同的理论：

（1）当令 $f(z) = 0$ 时将得到 CLPT 这种经典理论，而令 $f(z) = z$ 则可得到 FSDT。

（2）所谓的 Sinus 理论[35]可由基于三角函数展开的 HSDT 得到，即令

$$f(z) = \frac{h}{\pi}\sin\left(\frac{\pi z}{h}\right) \tag{3.29}$$

在参考文献[36]中给出了与正弦函数相关的数学证明。

（3）当令 $f(z)$ 为如下形式时可以得到三阶理论[24,37,38]：

$$f(z) = z - \frac{4z^3}{3h^2} \tag{3.30}$$

三阶理论是最具代表性的基于多项式展开的 HSDT，其中的翘曲函数是关于坐标 z 的多项式。三阶理论容许抛物线型的横向剪应力分布，而 Sinus 理论则将横向剪应力考虑为沿着板厚方向呈现余弦分布形式。

根据式（3.28）给出的位移场形式可以导出如下所示的横向剪应变表达式：

$$\gamma_{\alpha3}(x_1, x_2, z; t) = \frac{\mathrm{d}f(z)}{\mathrm{d}z}\gamma_{\alpha3}^0(x_1, x_2; t) \tag{3.31}$$

式中：当 $\dfrac{\mathrm{d}f(z)}{\mathrm{d}z} = \cos\left(\dfrac{\pi z}{h}\right)$ 时对应了 Sinus 理论；当 $\dfrac{\mathrm{d}f(z)}{\mathrm{d}z} = 1 - 4\left(\dfrac{z}{h}\right)^2$ 时对应了三阶理论。其中的 $\gamma_{\alpha3}^0$ 是式（3.27）中定义的 FSDT 横向剪应变。需要注意的是，这两种理论都自动满足板的上下表面处（$z = \pm h/2$）的横向剪应力自由边界条件。不仅如此，还要注意两种理论中的未知函数个数都是 5 个，这与 FSDT 情况是一致的。不过，这些 HSDT 有限元分析中一般需要保证横向变形是 C^1 连续的，这与 CLPT 有限元分析相同。

3.4.2 zigzag 理论

zigzag 理论（ZZT）对复合结构厚度方向上的响应做了改进，它考虑了相邻组成层界面处面内位移一阶导数的不连续性。Carrera 曾经总结了 ZZT 的主要发展，指出了三种可满足 C_z^0 要求的途径[16]，即 Lekhnitskii 多层理论、Ambartsumian 多层理论（AMT）以及 Reissner 多层理论（RMT）。本节中我们主要关注的是 AMT 和 RMT，前者也是应用最为广泛的方法，后者由于其简洁性所以最容易做进一步拓展。

在 Ambartsumian 多层理论中，构造了分段连续的位移场，层间连续性条件可由横向剪应力连续条件给出。因此，在这一方法中需要对横向应力场作出先验性假设，然后通过本构关系转换为运动场。AMT 是对 FSDT 的拓展，它将后者的应力假设替

换成了:横向剪应力在每个组成层的厚度方向上具有抛物线形分布。

与前面介绍的理论类似,AMT 的第一个假设要求采用平面应力本构关系,第二个假设则引入了一组参数(个数与组成层数量有关),这些参数可以通过横向剪应力的连续性条件和位移场连续条件显式地确定出来。最后得到的运动学关系(此处未列出)包含了五个未知函数,它们与 FSDT 的情况是相同的,并且显式地依赖于组成层的材料参数。正是由于所得到的运动学关系与材料参数相关,才使得 AMT 可以拓展到更加复杂的材料行为分析中,例如那些包含多场耦合的复杂问题。一般来说,由于只对面内位移假定了 zigzag 形态,因而 AMT 方法会受到一定的限制。如果需要精确满足本构关系,那么就不能对其进行分段连续的面外位移拓展,这是因为横向拉伸与面内变形间的泊松耦合与 zigzag 运动学关系式是不相容的。

在 Reissner 多层理论中,对位移和横向应力提出了独立的假设,它们参考了 Reissner 混合变分原理(RMVT)[14]。Murakami 给出了较好的描述[39],他将与 AMT 相同的应力假设(每个组成层内的 $\sigma_{\alpha3}$ 呈抛物线分布)与下述运动学假设结合起来:

$$u_\alpha(x_1,x_2,z;t) = \tilde{u}_{0_\alpha}(x_1,x_2;t) + z\,\tilde{u}_{1_\alpha}(x_1,x_2;t) + M_{ZZ}(z)\,\tilde{u}_{ZZ\alpha}(x_1,x_2;t)$$

$$(3.32\mathrm{a})$$

$$u_3(x_1,x_2,z;t) = \tilde{u}_{03}(x_1,x_2;t) \tag{3.32b}$$

显然,这个面内位移场 u_α 就是通过所谓的 Murakami 的 zigzag 函数(MZZF)对经典的 FSDT 运动学关系做了改进,MZZF 以简单的几何形式引入了组成层界面处的一阶导数不连续性,即

$$M_{ZZ}(z) = (-1)^p \zeta_p(z) \quad \zeta_p(z) = \frac{2}{z_p^t - z_p^b}\left(z - \frac{z_p^t + z_p^b}{2}\right) \tag{3.33}$$

其中的 z_p^t 和 z_p^b 分别代表的是第 p 个组成层上下面的 z 坐标。

图 3.4 阐明了式(3.32a)这个源自于 MZZF 与 FSDT 近似的叠加关系式。通过在厚度方向上进行 RMVT 积分,可以得到平衡方程的弱形式,以及复合板的本构关系弱形式(联系了横向剪应力与位移场)。这种弱形式的胡克定律一方面自动计入了 FSDT 中必需的剪切修正因子,另一方面还可以很方便地用于导出仅包含与位移变量有关的未知函数的关系式(参见文献[15])。由式(3.32)给出的 ZZT 带有 7 个未知函数,即 FSDT 中的 5 个函数和两个用于定义 MZZF 幅值的函数 $\tilde{u}_{ZZ\alpha}$。值得强调指出的是,这一方法可以直接拓展到横向正应变与复杂材料的行为分析中,因为其本构关系是积分变分一致性意义上的[40,41]。

人们随后又对 ZZT 进行了发展,在基于位移的经典方法框架下将 MZZF 直接引入简单的 ESL 运动学关系中[42]。这种简单的方法不需要考虑横向应力场,因此也就不必检验层间平衡问题以及上下表面条件。

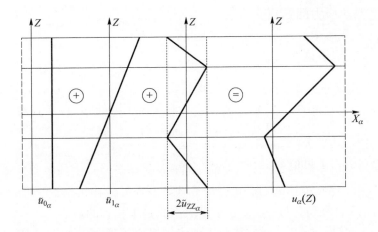

图 3.4   一阶剪切变形理论(薄膜项 $\tilde{u}_{0_\alpha}$ 和弯曲项 $\tilde{u}_{1_\alpha}$)和 Murakami 的

zigzag 函数(幅值 $\tilde{u}_{ZZ_\alpha}$)叠加得到的运动学关系

3.4.3   包含横向正应力的理论

前面讨论过的所有理论都建立在应力假设 $\sigma_3 = 0$ 这一基础之上,并采用了平面应力本构关系(式(3.22)),由此得到的模型中厚度方向上的拉压变形是派生的结果。本节我们来讨论一些更为高级的理论,它们采纳了 Koiter 的建议,将横向正应力与正应变计入,采用了完整的三维本构关系(式(3.4))。

首先应注意的是,在弯曲行为主导的问题中,面内应变的线性分布要求至少横向正应变是线性的,从而才能与泊松效应相容(参见式(3.21))。因此,横向位移的近似表示必须至少满足二次关系,也即在式(3.6)中必须有 $N_3 \geqslant 2$,这样才能避免所谓的厚度锁定或泊松锁定[43]。人们已经通过渐近分析认识到这一点[44,45]。对于面内位移场,应选择 $N_\alpha = N_3 - 1 (\alpha \in \{1,2\})$,从而可以保证与泊松耦合(参见式(3.21))相一致。不过,在弯曲行为主导的问题中,更为重要的是对横向剪应变分布进行改进,令 $N_\alpha = N_3 + 1$ 可能更为合适一些。文献[46]给出了一个较好的实例,其中选择了 $\{N_\alpha, N_3\} = \{3,2\}$:

$$u_\alpha(x_1, x_2, z; t) = \sum_{s=0}^{3} z^s \, \tilde{u}_{s_\alpha}(x_1, x_2; t) \tag{3.34a}$$

$$u_3(x_1, x_2, z; t) = \sum_{s=0}^{2} z^s \, \tilde{u}_{s_3}(x_1, x_2; t) \tag{3.34b}$$

在结束本节之前,这里提一下两种基于 Sinus 的高阶方法,它们考虑了横向拉压和 zigzag 效应[47,48]。这些模型将在 3.7 节给出的数值分析中进行介绍。文献[47]在 AMT 基础上引入了 zigzag 效应,它不影响横向变形,同时该文献还指出面外变形

94

是重要的,它与热应力问题相关。文献[48]给出的模型借助 MZZF 考虑了 zigzag 效应,因而在面外变形中计入了一阶不连续性,在压电双晶弯曲作动器的精化建模问题的研究中已经表明了这一点是非常重要的。

3.5 分层模型

基于位移的 LW 模型将复合叠层划分为 N_l 个子层,并针对每个子层($l=1,2,\cdots,N_l$)分别引入了近似的运动学关系,即

$$u_i^{(l)}(x_1,x_2,z;t)=F_{s_i}(z)\tilde{u}_{s_i}^{(l)}(x_1,x_2;t),\quad s_i=0,1,2,\cdots,N_i^{(l)} \qquad (3.35)$$

于是,整个复合叠层的模型也就变成了这些 LW 近似的组合形式,未知函数的个数取决于所划分的子层数量。在对这些子层进行组装的时候,应确保层间界面处的位移场连续条件。比较常见的做法是选择物理上的组分层作为这里的子层,此时有 $N_l=N_p$。如果需要做进一步的精化描述,那么还可以将每个物理上的组分层划分为若干子层,此时 $N_l>N_p$。有时也可以将若干个物理上的组分层视为一个子层,此时 $N_l<N_p$。

目前最具代表性的 LW 模型是 Reddy 模型[24,49,50],它利用拉格朗日多项式对每一层中的位移场进行插值处理。根据一般表达式(3.35)可以构造线性 LW 假设如下:

$$\forall i\in\{1,2,3\}:N_i=1;F_{0_i}(z)=\frac{1-\zeta_l(z)}{2};F_{1_i}(z)=\frac{1+\zeta_l(z)}{2} \qquad (3.36)$$

其中的 $\zeta_l(z)$ 为类似于式(3.33)中所定义的特定层的无量纲坐标。采用拉格朗日插值比采用泰勒展开更为合适,这表现在两个方面:①可以直接得到上下表面的位移,因而组装过程更为直接;②在层间界面处只要求 C^0 连续,这与复合叠层的 zigzag 效应是一致的。类似于有限元方法,每一层内的精化近似可以通过将其进一步划分为多个子层来实现(h - 精化)或者通过改进插值的阶数来实现(p-精化)。

由于可以实现精化描述,因而通过保留完整的三维本构关系的 LW 模型就可以获得复合板的准三维响应(可参阅文献[51])。与标准的三维建模相比,LW 模型的优点在于,它只需要借助比较简洁的二维数据结构,并且可以对参考面 Ω 和厚度做彼此独立的近似处理。不过,如果复合结构中包含了大量的层,那么这一模型的计算代价也是非常高的。

3.6 统一描述

正如 Reddy[49] 曾经指出的,上述所有模型都可以通过式(3.35)所给出的一般表达式来统一描述。应当注意,ESL 模型可根据 LW 描述式(3.35)得到,只需令

$N_l = 1$。显然,分析人员可在计算程序编制和运行过程中选择这个统一模型描述中的参数,从而也就选择了对应的模型。这一点正是 Carrera[52] 首次提出统一描述的基本目的,由于它非常灵活,因而引起了人们的极大兴趣。

在 Carrera 给出的统一描述(CUF)中,他提出了在 PVD 或 RMVT 框架内构建 ESL 和 LW 模型。位移场可以描述为 ESL 或者 LW 形式,而横向应力则始终采用 LW 形式。ESL 模型中采用了泰勒展开,LW 模型采用了由勒让德多项式定义的近似函数,通过引入 MZZF 则可给出 zigzag 模型。不仅如此,对于在维度缩减中涉及的所有变量(如位移,横向应力(对基于 RMVT 的模型))均采用了相同的展开阶,且展开式中的各项可适当地加以抑制[53]。

Demasi 将 CUF 进一步做了拓展,实现了显式的模型描述,其中对于每个位移或横向应力分量均可独立选择其展开阶[54,55]。在他所给出的一般性统一描述(GUF)中,Demasi 进一步实现了部分位移分量以 ESL 形式描述而其他分量则以 LW 形式描述(即部分 LW 模型)[56]。

近期人们又对 GUF 做了改进,将复合叠层划分为子复合层这一方式引入了进来,这意味着 ESL 和 LW 描述以及每个变量的展开阶都可以在每个子复合层中独立进行选择[57]。此外,还可将横向应力以 ESL 形式进行描述。这种所谓的子复合层 GUF(S-GUF)对于三明治结构的建模来说显然是特别有价值的,这是因为此时将此类结构描述为"三层模型"是非常自然的,进而在分析薄而硬的面板和厚而软的夹心这些组分层(可能是复合层)时就可以选择不同的前提假设[58]。

3.7　一些基准问题的分析

本节讨论一些基准问题,其中包括了层合板和三明治板,通过这些问题可以考察和比较前述的几种理论。我们将根据长波响应来评估这些模型的准确性,这些长波响应包括整体参量如基本固有频率和整体屈曲载荷,以及局部参量如某点的位移和应力。此外,对于三明治结构的褶皱问题还将考察其短波响应。为了能够与弹性解做直接的对比分析,这里只限于讨论简支边界下的矩形板,材料为正交各向异性情况。

在 3.7.1 节中主要考察 Pagano[59] 给出的一些基准问题,分析其弯曲和振动问题。我们将分析几何跨厚比 a/h 对各种 ESL 和 LW 板模型的准确性的影响。

在 3.7.2 节中主要讨论单轴压缩下三明治板的弹性不稳定性问题,考虑的是平面应变情况。我们将从面板与夹心之间的几何厚度比 h_f/h_c 和刚度比 E_f/E_c 这一角度,采用多种模型来分析屈曲载荷和屈曲模式,并比较其准确性。

已有文献中存在着多种精化的 ESL 模型,为此需要对下述分析中涉及的那些模型做一概括。表 3.1 列出了所考察的模型,给出了相应的名称并指出了未知函数

（参数）的个数。这里所给出的这些名称也采用了首字母缩略的方式，其中包含了模型的关键特征（根据 3.4 节所述），即：

（1）字符"T"加上随后的两个整数代表的是基于泰勒多项式的展开情形，第一个整数是指面内位移展开的阶次，第二个整数为横向位移的展开阶次。如果假定了平面应力情况，那么第二个整数为零，如果采用了完整的三维本构关系，那么该整数为 2。

（2）字符"S"加上随后的一个整数代表的是横向剪应力采用了正弦函数这种情形，该整数指定了横向位移的展开阶次，其值为 0 或 2，含义同上。

（3）带有字符"Z"时代表了面内位移处理中考虑了 zigzag 效应，而"ZZ"表示横向位移也考虑了 zigzag 效应。

（4）带有字符"C"时代表了横向剪应力在组分层界面上是连续的。

表 3.1　分析中采用的等效单层模型的主要特征以及对应的缩写符号

缩写符号	ZZT 方法	本构关系	参数个数	参考文献
基于正弦函数的运动学描述				
S0	—	2D	5	[35]
S0ZC	AMT	2D	5	[60]
S2	—	3D	9	[48]
S2ZC	AMT	3D	11	[47]
S2Z	MZZF	3D	11	[48]
S2ZZ	MZZF	3D	12	[48]
基于泰勒展开的运动学描述				
CLPT	—	2D	3	[24]
FSDT	—	2D	5	[24]
T10ZC	RMT	2D	7	[61]
T30	—	2D	9	[37][a]
T32	—	3D	11	[46]
T32ZZ	MZZF	3D	14	[56]

注：AMT，Ambartsumian 多层理论；CLPT，经典层合板理论；FSDT，一阶剪切变理论；MZZF，Murakami 的 zigzag 理论；RMT，Reissner 多层理论；ZZT，zigzag 理论。

[a] 文献[37]中的式（3.1）给出的运动学关系中没有要求 $\gamma_{\alpha3}(z=\pm h/2)=0$。

3.7.1　复合板的弯曲和振动

这里针对层合板和三明治板的长波响应来分析若干经典的和精化的 ESL 模型。首先讨论的是经典 Pagano 问题中的简支矩形板受到压力载荷发生弯曲时产生的局部响应,然后考察整体响应中的横向基本振动频率。所给出的结果均通过了有限元计算验证,未出现数值病态且具有收敛性。最后,将这些解与精确弹性解进行了比较,后者是根据 Pagano[59] 给出的方法(对于弯曲问题)和 Loredo[62] 的方法(对于自由振动问题)得到的。

此处的分析目的在于比较经典 CLPT 模型、FSDT 模型、精化的 HSDT 模型以及其他一些高阶理论的准确性,特别是以下假设的影响:仅在面内位移处理中考虑 zig-zag 效应或在所有位移分量处理中都考虑 zigzag 效应;在横向剪应力的层间连续性处理上考虑或不考虑 zigzag 效应;采用三维本构关系,对横向位移沿 z 坐标作二次展开以计入厚度方向上的拉压变形。

层合板 此处的分析针对的是各种长厚比情况下的对称和非对称形式的层合板,其构型如下。

几何方面:矩形板,面内尺寸为 $a \times b$,且 $b = 3a$,包含了两个组分层,厚度均为 $h/2$;方板,面内尺寸为 $a \times a$,包含了三个组分层,厚度均为 $h/3$。无论是矩形板还是方板,所考察的长厚比均包括 $S = \dfrac{a}{h} = 4, 10, 100$。

边界条件:均为四边简支边界。对于弯曲问题,上表面上施加双正弦形式的横向分布载荷,即 $p_3\left(x_1, x_2, z = \dfrac{h}{2}\right) = p_0 \sin\dfrac{\pi x_1}{a} \sin\dfrac{\pi x_2}{b}$。

材料方面:正交层合板的铺设顺序为(从下往上)$(0°, 90°)$ 和 $(0°, 90°, 0°)$;每个横观各向同性组分层的工程模量为 $E_L = 25\text{GPa}$,$E_T = 1\text{GPa}$,$\nu_{LT} = \nu_{TT} = 0.25$,$G_{LT} = 0.2\text{GPa}$,$G_{TT} = 0.5\text{GPa}$;质量密度为 $\rho = 1500\text{kg/m}^3$。

结果形式:位移和应力可表示为无量纲形式,即

$$
\begin{cases}
\overline{U}_\alpha = U_\alpha \dfrac{E_T}{p_0 h S^3}, & \begin{cases} U_1(0, a/2, z) \\ U_2(a/2, 0, z) \end{cases} \\[2ex]
\overline{U}_3 = U_3(a/2, a/2, z) \dfrac{100 E_T}{p_0 h S^4} & \\[2ex]
\overline{\sigma}_{\alpha\beta} = \sigma_{\alpha\beta} \dfrac{1}{p_0 S^2}, & \begin{cases} \sigma_{11}(a/2, b/2, z), \sigma_{22}(a/2, b/2, z) \\ \sigma_{12}(0, 0, z) \end{cases} \\[2ex]
\overline{\sigma}_{\alpha 3} = \sigma_{\alpha 3} \dfrac{1}{p_0 S}, & \begin{cases} \sigma_{13}(0, b/2, z) \\ \sigma_{22}(a/2, 0, z) \end{cases}
\end{cases}
\tag{3.37a}
$$

特征频率也以如下的无量纲形式表示:

$$
\overline{\omega} = \omega \dfrac{a^2}{h} \sqrt{\dfrac{E_T}{\rho}}
\tag{3.37b}
$$

参考值:将三维精确弹性结果作为参考进行比较。

表 3.2 中列出了两种铺设顺序下得到的一阶固有频率结果(整体响应),表 3.3 和表 3.4 分别给出了非对称(包含了两个组分层)和对称(包含了三个组分层)层合板的位移和应力(局部响应)结果。

表 3.2 正交层合板的一阶固有频率

S	两个组分层($0°,90°$)			三个组分层($0°,90°,0°$)		
	4	10	100	4	10	100
参考值	4.6573	5.9552	6.3675	6.9161	11.457	15.165
S2ZC	4.6640	5.9561	6.3677	6.9205	11.458	15.165
S2ZZ	4.7407	5.9840	6.3681	6.9428	11.461	15.166
S2Z	4.7410	5.9841	6.3682	6.9428	11.461	15.166
S2	4.7874	5.9973	6.3683	7.1021	11.723	15.173
S0ZC	4.8948	6.0353	6.3684	6.9938	11.457	15.165
S0	4.8418	6.0085	6.3681	7.0908	11.745	15.173
FSDT	4.8208	6.0099	6.3682	7.8756	12.527	15.191
CLPT	6.0865	6.3242	6.3716	14.500	15.104	15.226

注:CLPT,经典层合板理论;FSDT,一阶剪切变形理论。

表 3.3 矩形层合板的弯曲:($0°,90°$);双正弦加载

z	$\overline{U}_1(h/2)$	$\overline{U}_2(-h/2)$	$\overline{U}_3(0)$	$\overline{\sigma}_{11}(-h/2)$	$\overline{\sigma}_{22}(h/2)$	$\overline{\sigma}_{12}(h/2)$	$\overline{\sigma}_{13}(\max)$	$\overline{\sigma}_{23}(\max)$
				$S=4$				
参考值	-0.0655	0.0271	4.3931	-1.7428	0.3306	-0.0498	0.6401	0.0762
S2ZC	-0.0656	0.0271	4.3820	-1.7856	0.3364	-0.0499	0.6492	0.0776
S2ZZ	-0.0619	0.0260	4.2388	-1.7161	0.3272	-0.0474	0.6094	0.0805
S2Z	-0.0619	0.0260	4.2420	-1.7161	0.3279	-0.0474	0.6099	0.0807
S2	-0.0543	0.0265	4.1733	-1.7803	0.3151	-0.0431	0.5543	0.0892
S0ZC	-0.0506	0.0238	3.9500	-1.9625	0.2966	-0.0418	0.4034	0.0648
S0	-0.0569	0.0258	4.1328	-1.9751	0.3093	-0.0456	0.6018	0.0931
FSDT	-0.0557	0.0271	4.4873	-1.6129	0.3035	-0.0447	0.4326	0.0665
				$S=10$				
参考值	-0.0583	0.0211	2.7760	-1.6569	0.2277	-0.0412	0.6903	0.0600
S2ZC	-0.0583	0.0211	2.7754	-1.6624	0.2286	-0.0412	0.6921	0.0612
S2ZZ	-0.0576	0.0208	2.7492	-1.6585	0.2272	-0.0408	0.6272	0.0811
S2Z	-0.0576	0.0208	2.7494	-1.6588	0.2277	-0.0408	0.6275	0.0687
S2	-0.0562	0.0208	2.7378	-1.6721	0.2256	-0.0401	0.5688	0.0759

z	$\overline{U}_1(h/2)$	$\overline{U}_2(-h/2)$	$\overline{U}_3(0)$	$\overline{\sigma}_{11}(-h/2)$	$\overline{\sigma}_{22}(h/2)$	$\overline{\sigma}_{12}(h/2)$	$\overline{\sigma}_{13}(\max)$	$\overline{\sigma}_{23}(\max)$
				$S=10$				
S0ZC	− 0.0556	0.0204	2.7092	− 1.6940	0.2226	− 0.0398	0.4190	0.0579
S0	− 0.0566	0.0208	2.7367	− 1.6954	0.2250	− 0.0404	0.6190	0.0787
FSDT	− 0.0564	0.0210	2.7889	− 1.6357	0.2250	− 0.0403	0.4370	0.0532
				$S=100$				
参考值	− 0.0566	0.0196	2.4659	− 1.6413	0.2067	− 0.0393	0.7020	0.0562
S2ZC	− 0.0566	0.0196	2.4657	− 1.6421	0.2065	− 0.0393	0.7022	0.0574
S2ZZ	− 0.0566	0.0196	2.4656	− 1.6470	0.2068	− 0.0395	0.6328	0.0667
S2Z	− 0.0566	0.0196	2.4655	− 1.6473	0.2072	− 0.0395	0.6330	0.0667
S2	− 0.0566	0.0196	2.4653	− 1.6474	0.2072	− 0.0395	0.5734	0.0736
S0ZC	− 0.0566	0.0196	2.4653	− 1.6416	0.2067	− 0.0393	0.4222	0.0562
S0	− 0.0566	0.0196	2.4656	− 1.6417	0.2067	− 0.0393	0.6226	0.0753
FSDT	− 0.0566	0.0196	2.4661	− 1.6411	0.2067	− 0.0393	0.4380	0.0501
CLPT	− 0.0566	0.0196	2.4628	− 1.6411	0.2065	− 0.0393	—	—

注:CLPT,经典层合板理论;FSDT,一阶剪切变形理论。

表 3.4　矩形对称层合板的弯曲:(0°,90°,0°);双正弦加载

z	$\overline{U}_1(h/2)$	$\overline{U}_2(-h/2)$	$\overline{U}_3(0)$	$\overline{\sigma}_{11}(h/2)$	$-\overline{\sigma}_{22}(-h/6)$	$\overline{\sigma}_{12}(h/2)$	$\overline{\sigma}_{13}(0)$	$\overline{\sigma}_{23}(0)$
				$S=4$				
参考值	0.0094	0.0228	2.0059	0.8008	0.5563	0.0505	0.2559	0.2172
S2ZC	0.0097	0.0228	2.0080	0.8086	0.5583	0.0511	0.2556	0.2190
S2ZZ	0.0096	0.0229	1.9950	0.7762	0.5520	0.0494	0.2572	0.1858
S2Z	0.0096	0.0229	1.9950	0.7761	0.5518	0.0493	0.2572	0.1858
S2	0.0095	0.0221	1.9051	0.7705	0.5084	0.0483	0.2118	0.1857
S0ZC	0.0107	0.0218	1.9622	0.8560	0.5838	0.0510	0.2774	0.1494
S0	0.0094	0.0229	1.9345	0.7554	0.5033	0.0507	0.2113	0.1877
FSDT	0.0054	0.0181	1.7758	0.4370	0.4774	0.0369	0.1201	0.1301
				$S=10$				
参考值	0.0074	0.0111	0.7530	0.5906	0.2882	0.0290	0.3573	0.1228
S2ZC	0.0074	0.0111	0.7531	0.5915	0.2880	0.0288	0.3573	0.1232
S2ZZ	0.0074	0.0111	0.7526	0.5944	0.2890	0.0287	0.3622	0.1039
S2Z	0.0074	0.0110	0.7526	0.5944	0.2852	0.0289	0.3622	0.1039
S2	0.0073	0.0106	0.7192	0.5885	0.2746	0.0279	0.2745	0.1052

z	$\overline{U}_1(h/2)$	$\overline{U}_2(-h/2)$	$\overline{U}_3(0)$	$\overline{\sigma}_{11}(h/2)$	$-\overline{\sigma}_{22}(-h/6)$	$\overline{\sigma}_{12}(h/2)$	$\overline{\sigma}_{13}(0)$	$\overline{\sigma}_{23}(0)$
				$S=10$				
S0ZC	0.0075	0.0110	0.7533	0.5975	0.2908	0.0279	0.3744	0.0859
S0	0.0072	0.0106	0.7180	0.5727	0.2708	0.0279	0.2583	0.1059
FSDT	0.0064	0.0096	0.6693	0.5134	0.2536	0.0252	0.1363	0.0762
				$S=100$				
参考值	0.0068	0.0068	0.4347	0.5393	0.1808	0.0214	0.3947	0.0828
S2ZC	0.0068	0.0068	0.4347	0.5393	0.1808	0.0214	0.3947	0.0831
S2ZZ	0.0068	0.0068	0.4347	0.5410	0.1814	0.0214	0.3979	0.0715
S2Z	0.0068	0.0068	0.4347	0.5410	0.1814	0.0214	0.3979	0.0715
S2	0.0068	0.0068	0.4343	0.5409	0.1812	0.0214	0.2987	0.0754
S0ZC	0.0068	0.0068	0.4347	0.5393	0.1808	0.0214	0.4081	0.0600
S0	0.0068	0.0068	0.4343	0.5390	0.1806	0.0214	0.2738	0.0764
FSDT	0.0068	0.0068	0.4337	0.5384	0.1804	0.0213	0.1416	0.0586
CLPT	0.0068	0.0068	0.4313	0.5387	0.1796	0.0213	—	—

注：CLPT，经典层合板理论；FSDT，一阶剪切变形理论。

从表 3.2 中可以看出，对于薄板情况（$S=100$），所有模型都能给出准确结果，而对于 $S=10$ 的情况，相对于参考值来说两层和三层复合板的误差分别为 0.9% 和 9.3%（FSDT）以及 6.2% 和 31.8%（CLPT）。我们注意到铺设顺序对模型的响应是存在影响的。对于经典模型来说，它们的健壮性要差一些，使用时必须谨慎。就中厚板而言，精化的模型所产生的误差不超过 3%，而对于厚板（$S=4$）其最大误差将增大到 4.5%。最准确的模型是 S2ZC。通过 S0ZC 和 S2ZC 的对比可以认识到横向上展开处理的影响。通过观察 S2 与 S2Z 的情况，可以评估与层间不连续的横向剪切变形相关的 zigzag 效应的影响。我们可以发现，S2Z 和 S2ZZ 对两种层合板都能给出实际上完全一样的结果。横向上的 zigzag 项会引入横法向变形的不连续性，当相邻组分层的 $C_{\alpha 3}/C_{33}$ 改变时（参见式（3.21））这一点是非常有用的。当然此处不是这样，该项的影响在多场耦合问题[48]中会更好地体现出来。

从表 3.3 和表 3.4 给出的局部响应结果可以看出，对于 $S=100$ 的情况，所有模型所给出的位移和面内应力具有相似的精度，不过横向剪应力值有很大的不同。事实上，我们应当还记得 CLPT 是忽略这些分量的，而 FSDT 则认为每个组分层上它们是常数（此处的分析中未引入剪切修正因子），因此使用这些模型时必须谨慎，它们只适用于薄板情况。

对于中厚板和厚板来说，在高阶理论中计入 zigzag 效应总能改进位移和应力结果,这一点可通过比较 S0 模型和 S2 模型结果以及比较 S0ZC、S2ZC 或 S2ZZ 模型结果就能看出。就这些用于测试的构型而言,横向剪应力的准确结果是不容易得到的,能够给出最好结果的还是 S2ZC 模型,然后是 S2Z 或 S2ZZ 模型。

我们可以通过特定位置处的离散值对模型的准确性进行评估,事实上它们对于检查整个复合板的总体响应分布也是非常有用的。图 3.5 给出了包含三个组分层的对称厚板的面内和横向上的位移与应力结果。虽然 S2ZC 和 S2ZZ 模型的差异在表中体现得不是非常明显,但是在这幅图中(右下方)却可以清晰地看出,在横向剪应力分布上只有前一个模型才能保证连续条件。图 3.5 中的左上方给出的是面内位移 ($\overline{U}_1$) 的分布情况,它体现了 zigzag 效应,直线反映了 CLPT 和 FSDT,曲线反映了 S0 和 S2,所有计入 zigzag 分布的模型结果都非常接近于黑线(参考值)。最后,在图 3.5 的右上方给出了横向位移 $\overline{U}_3$ 在厚度方向上的分布情况,这一分布是非线性的,体现了厚度方向上的拉压行为。S2 这一族模型能够刻画这一效应,而那些基于平面应力假设的模型则不能,例如 CLPT、FSDT 和 S0 等,它们得到的是垂直直线。值得注意的是,就这一分布来说,CLPT 的误差为 78.5% ,FSDT 为 11.5% 。

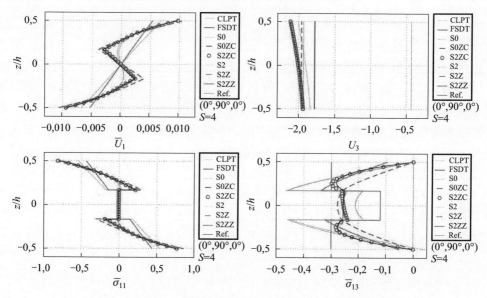

图 3.5   方形对称层合厚板($(0°,90°,0°)$,$S=4$)弯曲时的局部响应:
无量纲面内位移和横向位移的 z 向分布(第一行);面内剪应力和横向剪应力
的 z 向分布(第二行);CLPT,经典层合板理论;FSDT,一阶剪切变形理论(见彩图)

三明治板的弯曲和振动问题   这里我们来阐述简支边界下的三明治方板的整体和局部响应,也采用了与前面相同的分析模式,即:相关的参量为横向基本振动频率(整体响应)、位移和应力分布(局部响应),针对的是上表面受到压力载荷作用的情况,所有结果均为有限元计算结果且具有收敛性,并与精确弹性解进行了对比,这些精确解的计算是根据文献[59,62]得到的(分别针对弯曲问题和自由振动问题)。

三明治结构的行为特性与层合板有很大的不同,面板承受了主要的弯曲应力而夹心需保证面板之间的载荷传递(通过横向剪应力)[63]。因此,为了得到准确的结果,一般将 LW 描述作为一个必备条件,特别是对于局部响应分析更是如此,这一描述将依赖于面板和夹心之间的材料(杨氏模量)和几何(厚度)的失配性。我们将在3.7.2 节中研究上述参数对三明治结构的局部与整体屈曲的影响。在这里的分析中,面板与夹心之间的杨氏模量比设定为 625,厚度比设为 0.125。所考察的三明治板构型的详细信息如下[59]。

几何方面:三明治方板的面内尺寸为 $a \times a$,长厚比为 $S = \dfrac{a}{h} = 4,10,100$,夹心厚度为 $h_c = 0.8h$,面板厚度为 $h_f = 0.1h$。

边界条件:均为简支边界。对于弯曲问题,设上表面施加的是双正弦横向分布载荷,即 $p_3 \left(x_1, x_2, z = \dfrac{h}{2} \right) = p_0 \sin \dfrac{\pi x_1}{a} \sin \dfrac{\pi x_2}{a}$。

材料方面:面板材料特性为 $E_L = 25\text{GPa}$,$E_T = 1\text{GPa}$,$\nu_{LT} = \nu_{TT} = 0.25$,$G_{LT} = 0.5\text{GPa}$,$G_{TT} = 0.2\text{GPa}$,$\rho = 1500\text{kg/m}^3$;夹心材料特性为 $E_\alpha = 0.04\text{GPa}$,$E_3 = 0.5\text{GPa}$,$\nu_{12} = 0.25$,$\nu_{\alpha 3} = 0.02$,$G_{\alpha 3} = 0.06\text{GPa}$,$G_{12} = 0.016\text{GPa}$,$\rho_c = 100\text{kg/m}^3$。

结果形式:位移和应力均转换为无量纲形式,参见式(3.37a);固有频率表示为关于夹心特性的无量纲形式,即

$$\overline{\omega} = \omega \, \frac{a^2}{h} \sqrt{\frac{E_2}{\rho_c}} \qquad (3.38)$$

参考值:采用三维精确弹性结果作为参考进行对比。

表 3.5 给出了不同跨厚比情况下的一阶固有频率结果(整体响应),对于薄板情形($S = 100$),所有模型都能给出准确解,而对于 $S = 10$ 的情形,相对于参考值而言误差分别为 23%(FSDT)和 57%(CLPT)。S0 和 S2 模型的误差均为 3%,而计入 zigzag 效应的其他模型则相当准确,误差小于 0.5%。$S = 4$ 的情况也是类似的。显然,我们可以得出如下结论:①为了获得准确结果,必须考虑 zigzag 效应;②与层合板相比,横向上的展开处理所带来的影响要小一些,例如 S0 和 S2 模型给出的结果就是同阶的。

表 3.6 给出了一些点处的位移和应力值(局部响应)。对于 $S = 100$ 这一情形,所有模型预测出的面板内的位移和最大弯曲应力具有类似的精度。FSDT 显著低估了夹心内的横向剪应力值,所得到的数值仅为参考值的 1/3。显然,使用 CLPT 和 FSDT 必须非常谨慎,它们仅适用于薄三明治板的位移和面内应力分析。对比 S0、S2 模型和 S0ZC、S2ZC、S2ZZ 模型可以看出(参见表 3.6),对于中厚的和厚的三明治板,

在高阶理论中计入 zigzag 效应是非常重要的。此外,这些局部响应结果也证实了,相对于横向剪切变形而言,横向拉压效应是第二位的。

表 3.5　三明治板的一阶固有频率

S	4	10	100
参考值	9.0871	17.150	27.147
S2ZC	9.1251	17.187	27.192
S2ZZ	9.1316	17.194	27.192
S2Z	9.1316	17.194	27.192
S2	9.4546	17.698	27.214
S0ZC	9.1108	17.168	27.148
S0	9.4292	17.694	27.171
FSDT	12.233	21.096	27.275
CLPT	18.831	26.918	27.366

注:CLPT,经典层合板理论;FSDT,一阶剪切变形理论。

表 3.6　三明治方板的弯曲:双正弦加载

z	$\overline{U}_1(-h/2)$	$\overline{U}_2(-h/2)$	$\overline{U}_3(0)$	$\overline{\sigma}_{11}(h/2)$	$-\overline{\sigma}_{22}(-h/2)$	$\overline{\sigma}_{12}(-h/2)$	$\overline{\sigma}_{13}(0)$	$\overline{\sigma}_{23}(0)$
				$S=4$				
参考值	0.0184	0.0758	7.5962	1.5558	0.2533	0.1480	0.2387	0.1072
S2ZC	0.0183	0.0760	7.5883	1.5532	0.2608	0.1481	0.2377	0.1079
S2ZZ	0.0186	0.0827	7.5480	1.5204	0.2596	0.1596	0.2449	0.1089
S2Z	0.0184	0.0759	7.5748	1.5277	0.2699	0.1484	0.2471	0.1124
S2	0.0182	0.0838	7.0220	1.3957	0.1593	0.1602	0.2883	0.1192
S0ZC	0.0190	0.0756	7.6098	1.5589	0.2530	0.1486	0.2573	0.1198
S0	0.0175	0.0713	7.0928	1.4359	0.2382	0.1395	0.2832	0.1211
FSDT	0.0109	0.0469	4.7666	0.8918	0.1562	0.0907	0.1024	0.0448
				$S=10$				
参考值	0.0143	0.0313	2.2004	1.1531	0.1099	0.0717	0.2998	0.0527
S2ZC	0.0142	0.0313	2.1946	1.1523	0.1131	0.0715	0.2991	0.0532
S2ZZ	0.0143	0.0323	2.1973	1.1568	0.1192	0.0735	0.3167	0.0553
S2Z	0.0143	0.0313	2.1922	1.1549	0.1147	0.0716	0.3167	0.0566
S2	0.0143	0.0314	2.0731	1.1388	0.0950	0.0718	0.3603	0.0592
S0ZC	0.0144	0.0311	2.1977	1.1555	0.1091	0.0713	0.3225	0.0589
S0	0.0141	0.0293	2.0681	1.1337	0.1034	0.0682	0.3465	0.0598
FSDT	0.0131	0.0221	1.5604	1.0457	0.0798	0.0552	0.1145	0.0245

z	$\bar{U}_1(-h/2)$	$\bar{U}_2(-h/2)$	$\bar{U}_3(0)$	$\bar{\sigma}_{11}(h/2)$	$-\bar{\sigma}_{22}(-h/2)$	$\bar{\sigma}_{12}(-h/2)$	$\bar{\sigma}_{13}(0)$	$\bar{\sigma}_{23}(0)$
				$S=100$				
参考值	0.0138	0.0140	0.8924	1.0975	0.0550	0.0437	0.3240	0.0297
S2ZC	0.0138	0.0140	0.8895	1.0964	0.0568	0.0435	0.3236	0.0301
S2ZZ	0.0138	0.0140	0.8926	1.1027	0.0561	0.0438	0.3448	0.0316
S2Z	0.0138	0.0140	0.8895	1.1001	0.0570	0.0437	0.3445	0.0323
S2	0.0138	0.0140	0.8912	1.1024	0.0560	0.0438	0.3888	0.0350
S0ZC	0.0138	0.0140	0.8923	1.0975	0.0549	0.0437	0.3483	0.0355
S0	0.0138	0.0140	0.8908	1.0973	0.0549	0.0436	0.3705	0.0355
FSDT	0.0138	0.0139	0.8852	1.0964	0.0546	0.0435	0.1185	0.0178
CLPT	0.0138	0.0138	0.8782	1.0970	0.0543	0.0433	—	—
注：CLPT，经典层合板理论；FSDT，一阶剪切变形理论。								

3.7.2 三明治杆的屈曲

三明治杆的屈曲问题可以化为(x_1,z)面内的平面应变（柱状弯曲）问题。在受到单轴压缩后设三明治杆端面的轴向变形量为$\varepsilon^0<0$，每个组分层的初始应力则为

$$N^0 = \int_{h_p}\sigma_p^0\mathrm{d}z = \int_{h_p}C_{11}^{(p)}\varepsilon^0\mathrm{d}z \tag{3.39}$$

利用式(3.17)给出的格林－拉格朗日非线性应变可以定义几何刚度矩阵，而采用纳维求解方法可以得到x_1方向上的精确解。

前面已经考察过跨厚比a/h对整体响应和局部响应的影响了，这里我们关注一些特殊比率的影响，例如面板与夹心之间的厚度比$h_\mathrm{f}/h_\mathrm{c}$和模量比$E_\mathrm{f}/E_\mathrm{c}$。此外，这里屈曲分析不仅讨论长波情形（整体屈曲），同时也分析短波情形（褶皱），参见图3.6。本节中所考察的所有模型都是通过S-GUF软件得到的，包含了ESL和LW模型。对于基于泰勒展开的ESL模型，我们将讨论有无zigzag效应的两种情况，首字母缩略记法与表3.1是相同的。所构造的三层模型是通过将几个单个ESL模型组装成LW模型得到的。三层模型的缩略记法中用斜线将面板和夹心所用模型区分开来。必须注意的是，在S-GUF软件中，CLPT是从FSDT得到的（对横向剪应变能加以

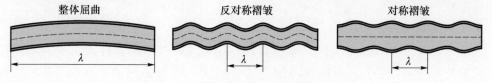

图3.6 三明治杆的整体屈曲和褶皱模式

限制),这就意味着这两种理论中实际使用的参数个数是相同的(5 个)。所考察的三层模型的具体情况已经列于表 3.7 中,其中还包括了总的参数个数。

表 3.7　三明治杆屈曲问题中三层模型的缩写符号

缩写符号(面板/夹心)	参数个数
CLPT/FSDT	9
CLPT/T30	13
CLPT/T32	15
FSDT/T32	15
注:CLPT,经典层合板理论;FSDT,一阶剪切变形理论。	

整体屈曲　三明治杆整体屈曲分析的基准问题如下:

几何方面:杆长为 a,厚度为 $h = 30\text{mm}$,且有 $a/h = 30$;面板厚度分别为 $h_{\text{f}}/h = 0.02, 0.04, 0.06, 0.08, 0.10, 0.12, 0.16, 0.20$。

边界条件:在 $x_1 = 0, a$ 处简支。

材料方面:正交各向异性石墨 – 环氧树脂(Gr-Ep)面板:$E_{\text{f1}} = 181\text{GPa}$,$E_{\text{f2}} = E_{\text{f3}} = 10.3\text{GPa}$,$G_{\text{f23}} = 5.96\text{GPa}$,$G_{\text{f13}} = G_{\text{f12}} = 7.17\text{GPa}$,$\nu_{\text{f23}} = 0.400$,$\nu_{\text{f13}} = \nu_{\text{f12}} = 0.277$;正交各向异性蜂窝夹心:$E_{\text{c1}} = E_{\text{c2}} = 32\text{MPa}$,$E_{\text{c3}} = 300\text{MPa}$,$G_{\text{c23}} = G_{\text{c13}} = 48\text{MPa}$,$G_{\text{c12}} = 13\text{MPa}$,$\nu_{\text{c23}} = \nu_{\text{c13}} = \nu_{\text{c12}} = 0.25$。各向同性 PVC 泡沫夹心:$\nu_{\text{c}} = 0.3$,$E_{\text{c}}$ 根据不同的面心刚度比而定,这些刚度比为 $E_{\text{f1}}/E_{\text{c}} = 200, 800, 1600, 2400, 3200, 4000$。

结果形式:对于 x_1 方向上由一个半波所描述的模式,将所得到的最低阶临界载荷($m = 1$,整体屈曲)针对梁的欧拉载荷 P_E 进行归一化处理,从而以无量纲形式给出,即

$$P = \frac{N_{\text{cr}}}{P_E}, P_E = \frac{\pi^2}{a^2}\Big[E_{\text{f1}} h_{\text{f}} \Big(\frac{h_{\text{f}}^2}{6} + \frac{(h_{\text{f}} + h_{\text{c}})^2}{2} \Big) + E_{\text{c1}} \frac{h_{\text{c}}^3}{12} \Big] \tag{3.40}$$

参考值:选择文献[64]给出的弹性解作为参考进行比较。

表 3.8 给出了具有不同面心厚度比 h_{f}/h 的 Gr-Ep/蜂窝三明治杆的计算结果。可以看出,与文献[64]给出的参考解相比,所有考虑面板夹心之间界面效应的模型都给出了非常一致的结果,无论是借助 LW 描述还是 zigzag 描述都是如此。精化的 T32 模型给出的是非保守的屈曲载荷结果,当面心厚度比增大时其精度将削弱。经典的 FSDT 难以刻画面心厚度比的影响,所得到的屈曲载荷约为欧拉载荷的 95%。根据上述结果可以发现,横法向变形能对于厚夹心情况影响不大,整体屈曲模式主要涉及夹心的横向剪切变形。

表 3.9 给出了 Gr-Ep/泡沫三明治杆($h_{\text{f}}/h = 0.10$)且各向同性泡沫具有不同杨氏模量所对应的结果。这里的参考解是从文献[64]给出的图像中提取得到的。我们再次注意到,LW 模型和 zigzag 模型都准确地预测出了所考察的夹心模量范围内的

屈曲载荷,而 ESL 模型 T32 和 FSDT 得到的是非保守结果。当面心刚度比增大时,精化的 T32 模型的结果精度将会变差。FSDT 对这一刚度比基本上不敏感,所给出的屈曲载荷预测值基本上都比经典欧拉载荷低 5% 。

表 3.8　石墨－环氧树脂/蜂窝三明治杆的归一化整体屈曲载荷

h_f/h	0.02	0.04	0.08	0.12	0.16	0.20
参考值	0.7173	0.5692	0.4205	0.3508	0.3161	0.3018
FSDT/T32	0.7172	0.5691	0.4205	0.3509	0.3162	0.3018
CLPT/T32	0.7172	0.5691	0.4206	0.3510	0.3164	0.3022
CLPT/T30	0.7169	0.5690	0.4205	0.3510	0.3164	0.3022
CLPT/FSDT	0.7169	0.5690	0.4205	0.3510	0.3164	0.3022
T32ZZ	0.7172	0.5691	0.4205	0.3509	0.3162	0.3019
T10ZC	0.7169	0.5689	0.4204	0.3508	0.3161	0.3018
T32	0.7491	0.6149	0.5399	0.6082	0.7133	0.8016
FSDT	0.9475	0.9818	0.9483	0.9520	0.9558	0.9596

注:CLPT,经典层合板理论;FSDT,一阶剪切变形理论。

表 3.9　石墨－环氧树脂/泡沫三明治杆的归一化整体屈曲载荷($h_f/h = 0.1$)

E_{f1}/E_c	200	800	1600	2400	3200	4000
参考值	0.81	0.52	0.35	0.27	0.21	0.18
FSDT/T32	0.8158	0.5252	0.3568	0.2707	0.2183	0.1832
CLPT/T32	0.8163	0.5254	0.3569	0.2708	0.2184	0.1832
CLPT/T30	0.8161	0.5254	0.3569	0.2708	0.2184	0.1833
CLPT/FSDT	0.8161	0.5254	0.3569	0.2708	0.2184	0.1833
T32ZZ	0.8158	0.5253	0.3569	0.2708	0.2184	0.1833
T10ZC	0.8155	0.5251	0.3568	0.2707	0.2184	0.1832
T32	0.8420	0.6449	0.5518	0.5088	0.4841	0.4680
FSDT	0.9573	0.9512	0.9500	0.9496	0.9494	0.9492

注:CLPT,经典层合板理论;FSDT,一阶剪切变形理论。

褶皱　这里我们通过一个实例考察受压三明治杆的短波不稳定性。该实例的具体情况如下。

几何方面:三明治杆的 $a/h = 10$, $h_f/h = 0.02$, $h = 30mm$。

边界条件:在 $x_1 = 0, a$ 处简支。

材料方面:正交 Gr-Ep 面板:$E_{f1} = 181GPa$, $E_{f2} = E_{f3} = 10.3GPa$, $G_{f23} = 5.96GPa$, $G_{f13} = G_{f12} = 7.17GPa$, $\nu_{f23} = 0.400$, $\nu_{f13} = \nu_{f12} = 0.277$;各向同性 PVC 泡沫夹心:$\nu_c = 0.3$, E_c 由 $E_{f1}/E_c = 200,800$ 确定。

结果形式:无量纲临界载荷由式(3.40)给出,它是 h/λ 的函数,其中 $\lambda = a/m$ 为半波长，m 为屈曲模式在 x_1 方向上的半波数。

参考值：采用准三维模型[65]得到的解作为参考。

这里所考察的模型都是那些在整体屈曲分析中具有良好性能的模型。图 3.7 给出了由 Gr-Ep 面板和各向同性夹心构成的三明治杆的响应，左图对应了 $E_{fl}/E_c = 200$ 的情形，右图对应了 $E_{fl}/E_c = 800$ 的情形。表 3.10 中列出了无量纲形式的整体屈曲载荷和褶皱载荷。对于带有各向同性夹心的三明治杆，它的基本褶皱模式是反对称形式的，而对称模式总是与高阶载荷相关[65]。从上面这幅图 3.7 可以看出，所有模型都能准确地给出整体屈曲载荷（$m = 1 \to \lambda = a = 10h$），不过随着 h/λ 的增大它们的短波响应变得越来越不同了。考虑夹心的横法向变形的模型能够反映短波响应的局部极小值，它对应于褶皱载荷。不过，基于平面应力假设的模型却不能体现褶皱响应行为。在图 3.7 中没有把 CLPT/FSDT 模型包括进来，这是因为它的结果与 CLPT/T30 模型的结果非常类似。从精度上看，三层模型 FSDT/T32 即便是在非常短的波长处（$\lambda > h/2$）也能与参考解相当吻合；如果用 CLPT 代替 FSDT 来描述面板，那么仅当 $\lambda < h/3$ 时误差才比较小；ESL 模型 T32ZZ 在 $\lambda < 5h$ 范围内都与参考解存在较大误差，它给出的褶皱载荷是非保守的，要比参考值高出 30% 多。

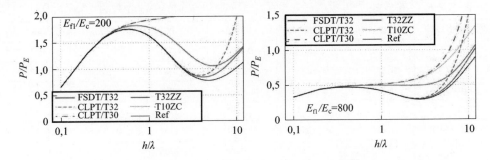

图 3.7　无量纲屈曲载荷与波长参数 h/λ 的关系：石墨 – 环氧树脂/泡沫三明治杆（$a/h = 10$，$h_f/h = 0.02$），E_{fl}/E_c 分别为 200 和 800；CLPT，经典层合板理论；FSDT，一阶剪切变形理论（见彩图）

表 3.10　石墨 – 环氧树脂/泡沫三明治杆的无量纲整体屈曲载荷 P_G 与褶皱载荷 P_W（$a/h = 10$，$h_f/h = 0.02$）

E_{fl}/E_c	200			800		
	P_G	P_W	(m)	P_G	P_W	(m)
参考值	0.6604	0.7767	(47)	0.3344	0.2948	(27)
FSDT/T32	0.6603	0.8419	(42)	0.3344	0.3001	(26)
CLPT/T32	0.6604	0.8757	(38)	0.3344	0.3056	(25)
CLPT/T30	0.6584	—	—	0.3342		

E_{fl}/E_c	200			800		
	P_G	P_W	(m)	P_G	P_W	(m)
CLPT/FSDT	0.6585	—	—	0.3342	—	—
T32ZZ	0.6605	1.0564	(53)	0.3348	—	—
T10ZC	0.6584	—	—	0.3342	—	—

注:括号内的数值代表的是褶皱情况下的半波数量 m;CLPT,经典层合板理论;FSDT,一阶剪切变形理论。

最后,我们应当注意的是,这些褶皱分析结果较为全面地证实了 Koiter 的建议的正确性,这是因为它们有力地表明了,为了能够刻画短波响应或者改进二维壳/板模型的准确性,横法向变形是必须考虑的。

致　谢

本章作者要向 A. Loredo 和 P. Vidal 表示衷心的感谢,感谢他们在精确解的数值分析和基于 Sinus 的精化理论方面的大力支持。

参考文献

[1] A.W. Leissa, Vibration of Shells, Tech. Rep. NASA SP-288, NASA, 1973.

[2] R. Ballarini, The Da Vinci−Euler−Bernoulli Beam Theory?, 2003 [cited 2006], www.memagazine.org/contents/current/webonly/webex418.html.

[3] B.M. Fraeijs de Veubeke, A Course in Elasticity, Vol. 9 of Applied Mathematical Sciences, Springer Verlag, New York, 1979.

[4] A.L. Gol'denveizer, Theory of Elastic Thin Shells, second ed., Pergamon Press, Oxford, 1961.

[5] A.L. Gol'denveizer, Derivation of an approximate theory of bending of a plate by the method of asymptotic integration of the equations of the theory of elasticity, Journal of Applied Mathematics and Mechanics 26 (1962) 1000−1025.

[6] P. Cicala, Asymptotic Approach to Linear Shell Theory, Tech. Rep. 6, AIMETA, Italian Association of Theoretical and Applied Mechanics, 1977.

[7] S.S. Antman, The theory of rods, in: C. Truesdell (Ed.), Mechanics of Solids, vol. 2, Springer-Verlag, 1984, pp. 641−704.

[8] V.L. Berdichevsky, Variational-asymptotic method of constructing a theory of shells, P.M. M 43 (1979) 664−687.

[9] V.L. Berdichevsky, An asymptotic theory of sandwich plates, International Journal of Engineering Science 48 (2010) 383−404.

[10] W. Yu, D.H. Hodges, V.V. Volovoi, Asymptotic construction of Reissner-like composite plate theory with accurate strain recovery, International Journal of Solids and Structures 39 (2002) 5185−5203.

[11] P.G. Ciarlet, P. Destuynder, A justification of the two-dimensional plate model, Journal de Mécanique 18 (1979) 315−344.

[12] K. Washizu, Variational Methods in Elasticity and Plasticity, second ed., Pergamon Press, 1975.

[13] E. Reissner, On a variational theorem in elasticity, Journal of Mathematics and Physics 29 (1950) 90−95.

[14] E. Reissner, On a certain mixed variational theorem and a proposed application, International Journal for Numerical Methods in Engineering 20 (1984) 1366−1368.

[15] E. Carrera, Developments, ideas and evaluations based upon Reissner's mixed variational theorem in the modeling of multilayered plates and shells, Applied Mechanics Reviews 54 (2001) 301−329.

[16] E. Carrera, Historical review of zig-zag theories for multilayered plates and shells, Applied Mechanics Reviews 56 (2003) 287−308.

[17] J.N. Reddy, Energy Principles and Variational Methods in Applied Mechanics, second ed., John Wiley & Sons, Inc., 2002.

[18] O.C. Zienkiewicz, R.L. Taylor, The finite element method, in: fifth ed.The basis, vol. 1, Butterworth-Heinemann, 2000.

[19] Z.P. Bažant, L. Cedolin, Stability of Structures, Dover Publications, 2003.

[20] M. D'Ottavio, O. Polit, W. Ji, A.M. Waas, Benchmark solutions and assessment of variable kinematics models for global and local buckling of sandwich struts, Composite Structures 156 (2016) 125−134.

[21] A.W. Leissa, Conditions for laminated plates to remain flat under inplane loading, Composite Structures 6 (1986) 261−270.

[22] R.P. Ley, W. Lin, U. Mbanefo, Facesheet Wrinkling in Sandwich Structures, Tech. Rep. NASA/CR-1999, NASA, 1999, p. 208994.

[23] K. Niu, R. Talreja, Modeling of wrinkling in sandwich panels under compression, Journal of Engineering Mechanics 125 (1999) 875−883.

[24] J.N. Reddy, Mechanics of Laminated Composite Plates and Shells: Theory and Analysis, second ed., CRC Press, 2004.

[25] K.-J. Bathe, Finite Element Procedures, Prentice-Hall, New Jersey, 1996.

[26] E. Reissner, The effect of transverse shear deformation on the bending of elastic plates, Journal of Applied Mechanics 12 (1945) A69−A77.

[27] R.D. Mindlin, Influence of rotatory inertia and shear on flexural vibrations of isotropic, elastic plates, Journal of Applied Mechanics 18 (1951) 31−38.

[28] J.M. Whitney, Shear correction factors for orthotropic laminates under static load, Journal of Applied Mechanics 40 (1973) 302−304.

[29] W.H. Wittrick, Analytical three-dimensional elasticity solutions to some plate problems and some observations on Mindlin's plate theory, International Journal of Solids and Structures 23 (1987) 441−464.

[30] V. Birman, C.W. Bert, On the choice of shear correction factor in sandwich structures, Journal of Sandwich Structures and Materials 4 (2002) 83−95.

[31] W.T. Koiter, A consistent first approximation in the general theory of thin elastic shells, in: W.T. Koiter (Ed.), The Theory of Thin Elastic Shells, IUTAM, North-Holland, Delft, 1959, pp. 12−33.

[32] E. Carrera, C_z^0-requirements − models for the two dimensional analysis of multilayered structures, Composite Structures 37 (1997) 373−383.

[33] K.P. Soldatos, T. Timarci, A unified formulation of laminated composite, shear deformable, five-degrees-of-freedom cylindrical shell theories, Composite Structures 25 (1993) 165−171.

[34] O. Polit, M. Touratier, High-order triangular sandwich plate finite element for linear and non-linear analyses, Computer Methods in Applied Mechanics and Engineering 185

(2000) 305−324.

[35] M. Touratier, An efficient standard plate theory, International Journal of Engineering Science 29 (1991) 901−916.

[36] S. Cheng, Elasticity theory of plates and a refined theory, Journal of Applied Mechanics 46 (1979) 644−650.

[37] J.N. Reddy, A simple higher-order theory for laminated composite plates, Journal of Applied Mechanics 51 (1984) 745−752.

[38] A. Bhimaraddi, L.K. Stevens, A higher order theory for free vibration of orthotropic, homogeneous, and laminated rectangular plates, Journal of Applied Mechanics 51 (1984) 195−198.

[39] H. Murakami, Laminated composite plate theory with improved in-plane response, Journal of Applied Mechanics 53 (1986) 661−666.

[40] M. D'Ottavio, B. Kröplin, An extension of Reissner mixed variational theorem to piezo-electric laminates, Mechanics of Advanced Materials and Structures 13 (2006) 139−150.

[41] A. Robaldo, E. Carrera, Mixed finite elements for thermoelastic analysis of multilayered anisotropic plates, Journal of Thermal Stresses 30 (2007) 165−194.

[42] E. Carrera, On the use of Murakami's zig-zag function in the modeling of layered plates and shells, Computers and Structures 82 (2004) 541−554.

[43] E. Carrera, S. Brischetto, Analysis of thickness locking in classical, refined and mixed multilayered plate theories, Composite Structures 82 (2008) 549−562.

[44] J.-C. Paumier, A. Raoult, Asymptotic consistency of the polynomial approximation in the linearized plate theory. Application to the Reissner-Mindlin model, in: ESAIM: Proceedings, vol. 2, SMAI, 1997, pp. 203−213.

[45] S.M. Alessandrini, D.N. Arnold, R.S. Falk, A.L. Madureira, Derivation and justification of plate models by variational methods, in: M. Fortin (Ed.), Plates and Shells, Vol. 21 of CRM Proceedings and Lecture Notes, American Mathematical Society, 1999, pp. 1−20.

[46] K.H. Lo, R.M. Christensen, E.M. Wu, A high-order theory of plate deformation − Part 1: homogeneous plates − Part 2: laminated plates, Journal of Applied Mechanics 44 (1977) 663−668, 669−676.

[47] P. Vidal, O. Polit, A refined sinus plate finite element for laminated and sandwich structures under mechanical and thermomechanical loads, Computer Methods in Applied Mechanics and Engineering 253 (2013) 396−412.

[48] O. Polit, M. D'Ottavio, P. Vidal, High-order plate finite elements for smart structure analysis, Composite Structures 151 (2016) 81−90.

[49] J.N. Reddy, A generalization of two-dimensional theories of laminated composite plates, Communication in Applied Numerical Methods 3 (1987) 173−180.

[50] D.H. Robbins Jr., J.N. Reddy, Modelling of thick composites using a layerwise laminate theory, International Journal for Numerical Methods in Engineering 36 (1993) 655−677.

[51] G.M. Kulikov, S.V. Plotnikova, Exact 3D stress analysis of laminated composite plates by sampling surfaces method, Composite Structures 94 (2012) 3654−3663.

[52] E. Carrera, Theories and finite elements for multilayered plates and shells: a unified compact formulation with numerical assessment and benchmarking, Archives of Computational Methods in Engineering 10 (2003) 215−296.

[53] E. Carrera, M. Cinefra, M. Petrolo, E. Zappino, Finite Element Analysis of Structures Through Unified Formulation, John Wiley & Sons, Ltd., 2014.

[54] L. Demasi, ∞^3 Hierarchy plate theories for thick and thin composite plates: the generalized unified formulation, Composite Structures 84 (2008) 256−270.

[55] L. Demasi, ∞^6 Mixed plate theories based on the generalized unified formulation. Part I: governing equations, Composite Structures 87 (2009) 1−11.

111

[56] L. Demasi, Partially layer wise advanced zig zag and HSDT models based on the generalized unified formulation, Engineering Structures 53 (2013) 63—91.

[57] M. D'Ottavio, A sublaminate generalized unified formulation for the analysis of composite structures and its application to sandwich plates bending, Composite Structures 142 (2016) 187—199.

[58] A.K. Noor, W.S. Burton, Assessment of computational models for sandwich panels and shells, Computer Methods in Applied Mechanics and Engineering 124 (1995) 125—151.

[59] N.J. Pagano, Exact solutions for rectangular bidirectional composites and sandwich plates, Journal of Composite Materials 4 (1970) 20—34.

[60] O. Polit, M. Touratier, A new laminated triangular finite element assuring interface continuity for displacements and stresses, Composite Structures 38 (1997) 37—44.

[61] E. Carrera, C^0 Reissner-Mindlin multilayered plate elements including zig-zag and interlaminar stress continuity, International Journal for Numerical Methods in Engineering 39 (1996) 1797—1820.

[62] A. Loredo, Exact 3D solution for static and damped harmonic response of simply supported general laminates, Composite Structures 108 (2014) 625—634.

[63] H.G. Allen, Analysis and Design of Structural Sandwich Panels, Pergamon Press, 1969.

[64] G.A. Kardomateas, An elasticity solution for the global buckling of sandwich beams/wide panels with orthotropic phases, Journal of Applied Mechanics 77 (2010) 021015.1—021015.7.

[65] M. D'Ottavio, O. Polit, Linearized global and local buckling analysis of sandwich struts with a refined quasi-3D model, Acta Mechanica 226 (2015) 81—101.

[66] S.P. Timoshenko, J.M. Gere, Theory of Elastic Stability, McGraw-Hill, New York, 1961.

[67] V.Z. Vlasov, Thin-Walled Elastic Beams, second ed., Israel Program for Scientific Translations Ltd., 1963.

[68] P. Ladevèze, J. Simmonds, New concepts for linear beam theory with arbitrary geometry and loading, European Journal of Mechanics A Solids 17 (1998) 377—402.

[69] R. El Fatmi, Non-uniform warping including the effects of torsion and shear forces. Part I: a general beam theory, International Journal of Solids and Structures 44 (2007) 5912—5929.

[70] V. Giavotto, M. Borri, P. Mantegazza, G. Ghiringhelli, V. Carmaschi, G.C. Maffioli, F. Mussi, Anisotropic beam theory and applications, Computers and Structures 16 (1983) 403—413.

[71] D.H. Hodges, Nonlinear Composite Beam Theory, AIAA, Inc., 2006.

[72] V.L. Berdichevsky, On the energy of an elastic rod, Journal of Applied Mathematics and Mechanics 45 (1981) 518—529.

[73] A.R. Atilgan, D.H. Hodges, Unified nonlinear analysis for nonhomogeneous anisotropic beams with closed cross sections, AIAA Journal 29 (1991) 1990—1999.

[74] W. Yu, D.H. Hodges, Generalized Timoshenko theory of the variational asymptotic beam sectional analysis, Journal of the American Helicopter Society 50 (2005) 46—55.

[75] W. Yu, D.H. Hodges, J.C. Ho, Variational asymptotic beam sectional analysis — an updated version, International Journal of Engineering Science 59 (2012) 40—64.

[76] P. Vidal, O. Polit, A sine finite element using a zig-zag function for the analysis of laminated composite beams, Composites Part B Engineering 42 (2011) 1671—1682.

[77] P. Vidal, O. Polit, A family of sinus finite elements for the analysis of rectangular laminated beams, Composite Structures 84 (2008) 56—72.

[78] P. Vidal, O. Polit, Assessment of the refined sinus model for the non-linear analysis of composite beams, Composite Structures 87 (2009) 370—381.

[79] P. Vidal, O. Polit, A refined sine-based finite element with transverse normal deformation for the analysis of laminated beams under thermomechanical loads, Journals of Mechanics of Materials and Structures 4 (2009) 1127–1155.

[80] E. Carrera, G. Giunta, M. Petrolo, Beam Structures – Classical and Advanced Theories, John Wiley & Sons, Ltd., 2011.

本章附录 A   梁模型

梁结构①是一类细长体,最一般的情况下它们会受到轴力、剪力、弯矩和扭矩的作用。如 3.1 节所述,我们可以根据结构的细长特点来构造梁模型,它包括了①一个封闭形式的偏微分方程或常微分方程组(只依赖于一个独立变量,即轴向坐标)和②横截面刚度(取决于几何特性和材料特性)以及③一些反映任意点处的应力状态的关系式(源于一维问题的求解)。最核心的一点在于确定横截面上的变形,一般称为翘曲,对此人们已经提出了多种处理方法。

经典的公理化方法是圣维南原理,它建立在"垂直于梁的轴线方向上的应力为零"这一假设基础之上,认为在轴力和弯矩作用下梁的横截面始终保持为平面,不过在扭矩和剪力作用下可以在面外方向上发生自由而均匀的翘曲。通过考虑泊松效应可以在这一理论中计入面内翘曲行为。一些经典梁理论如欧拉-伯努利梁理论和铁摩辛柯梁理论,都是在圣维南原理框架下构造的,只是进一步引入了一些限制性假设而已。这些限制性假设将面外翘曲视为扭转变形,于是对于拉压、弯曲和剪切(铁摩辛柯梁理论)而言就可以假定为刚性横截面,而仍然保留了均匀的圣维南翘曲以处理扭转。

人们也提出了一些精化模型,与圣维南理论不同的是,它们需要考虑非均匀翘曲[67],这一般发生在薄壁梁问题中,或者短波响应分析中[68,69]。对于复合形式的横截面来说,一般需要采用高阶的翘曲函数以体现拉压、弯曲、剪切和扭转之间的弹性耦合效应,这些耦合效应对于大量特定而复杂的应用问题来说是极为重要的,例如直升飞机转子叶片的梁模型就是如此。这里需要提及的是 Giavotto 等人[70]的早期研究工作,他们借助横截面有限元分析和 Hodges 的统一非线性方法(参阅文献[71])构造了翘曲函数,从而丰富了圣维南理论。后一种分析过程是建立在 Berdichevsky 的变分渐近法[72]基础上的,它允许我们在构造一维梁模型时采用高阶翘曲函数,其精度可以通过渐近方式来确定(参阅文献[73–75])。

本附录剩余部分将只限于考虑复合梁模型,且不关心扭转问题。由于复合横截

---

①　根据 Antman[7],此类结构件也称为"杆"。"柱"或"桁架杆"大多数情况下是指仅仅受到轴向载荷作用的梁,后者更倾向于几何线性描述场合。因此,"梁-柱"一般代表了同时受到轴向和横向载荷作用的一维结构[66]。

面的横向剪切柔度,面外翘曲可由弯曲载荷诱发。为简洁起见,一些复杂问题如锥度、初始扭曲、初始曲率和薄壁开口型横截面等不作考虑。

棱柱形直梁占据的空间域可以表示为 $V = S \times [0, L]$,其中的 L 为梁的长度(轴向为 x_1 方向),S 代表的是横截面(在 (x_2, x_3) 平面内)。进一步设横截面 S 为矩形,尺寸为 $b \times h$,由 N_p 个组分层组成,其中 $h = \sum_{p=1}^{N_p} h^{(p)}$ 为 $x_3 = z$ 方向上的尺寸(厚度),b 为 $x_2 = y$ 方向上的尺寸(宽度)。为构造简化的一维模型,首先可从弹性本构关系开始,这一过程的形式已在 3.2 节中介绍过,不过那里的二维域 Ω 需要替换为这里的 $x_1 \in \{0, L\}$,厚度方向 z 需要替换为这里的二维横截面 $(y, z) \in S$。进一步,需要在哈密顿原理中引入如下运动学假设:

$$u_i(x_1, x_2, x_3; t) = F_{s_i}(y, z) \tilde{u}_{s_i}(x_1, t), \quad s_i = 0, 1, 2, \cdots, N_i \tag{A.1}$$

此外,式(3.9)中的微分和积分需要在这里的 S 上进行计算。

A.1 经典理论

经典理论建立在无限刚性的横截面假设基础上,因而弯曲和扭转是解耦的。类比 CLPT 和 FSDT 等板理论,我们就不难理解欧拉 - 伯努利梁理论和铁摩辛柯梁理论。

欧拉 - 伯努利梁理论(EBBT) EBBT 是根据如下两个运动学假设构建的:

(1)横截面在其自身平面内是无限刚性的;

(2)在变形过程中横截面始终保持为平面且垂直于梁的轴线。

第一个假设意味着,在横截面 (y, z) 内不存在应力和变形,因而轴向应变和轴向应力就可以通过一维本构关系建立联系。横截面始终保持平面这一假设使得 S 内的位移场分布是线性的,也就是说位移场可以通过轴向位移与 S 的刚体转动相叠加的方式得到。横截面始终垂直轴线这一假定实际上指出了横截面的转动与梁轴线变形后的斜率之间是等价的,这意味着横向剪应变 γ_{xy} 和 γ_{xz} 均为零。可以注意到这些假设与 3.1 节所述的 CLPT(参见图 3.2(b))是对应的。于是,EBBT 的位移场就可以表示为如下形式:

$$u_1(x_1, y, z; t) = \tilde{u}_{0_1}(x_1; t) - y \frac{\partial \tilde{u}_{0_2}(x_1; t)}{\partial x_1} - z \frac{\partial \tilde{u}_{0_3}(x_1; t)}{\partial x_1} \tag{A.2a}$$

$$u_2(x_1, y, z; t) = \tilde{u}_{0_2}(x_1; t); u_3(x_1, y, z; t) = \tilde{u}_{0_3}(x_1; t) \tag{A.2b}$$

可以看出,这里只需要三个未知函数,它们对应于梁轴线上任意点处的位移矢量 $[\tilde{u}_{0_1}, \tilde{u}_{0_2}, \tilde{u}_{0_3}]$。

铁摩辛柯梁理论(TBT) TBT 对 EBBT 进行了拓展,引入了 S 上为常数的横向

114

剪应变场,它建立在以下两个运动学假设基础之上:

(1) 横截面在自身平面内具有无限刚度;

(2) 横截面在变形过程中始终保持为平面。

基于这两点假设,三维空间中 TBT 的位移场就可以表示为如下形式:

$$u_1(x_1,y,z;t) = \tilde{u}_{0_1}(x_1;t) + y\,\tilde{u}_{1_1}(x_1;t) + z\,\tilde{u}_{2_1}(x_1;t) \tag{A.3a}$$

$$u_2(x_1,y,z;t) = \tilde{u}_{0_2}(x_1;t)\,;u_3(x_1,y,z;t) = \tilde{u}_{0_3}(x_1;t) \tag{A.3b}$$

可以看出,这里需要 5 个未知函数。它们分别代表了梁轴线上任意点处的位移矢量 $\tilde{u}_{0_i}$ 以及刚性横截面关于 z 轴和 y 轴的转角 $\tilde{u}_{1_1}$ 和 $\tilde{u}_{2_1}$。此处也可注意到它们与 3.2 节所述的 FSDT 之间的对应性(参见图 3.2(c))。此外,还可以将剪切修正系数包括进来,以修正(减小) TBT 中均匀横向剪应力预测出的横向剪切变形能。

A.2 精化理论

针对上述经典理论,人们也提出了一些精化理论,主要是放宽了对刚性横截面的限制,将横向剪应变导致的翘曲变形考虑进来(此处不考虑扭转)。下面将基于式(A.3)做一讨论,这里只限于 Sinus 模型框架下的精化理论。在 HSDT 中有

$$u_1(x_1,y,z;t) = \tilde{u}_{0_1}(x_1;t) - y\frac{\partial \tilde{u}_{0_2}(x_1;t)}{\partial x_1} + f(y)\left(\tilde{u}_{1_1}(x_1;t) + \frac{\partial \tilde{u}_{0_2}(x_1;t)}{\partial x_1}\right)$$

$$-z\frac{\partial \tilde{u}_{0_3}(x_1;t)}{\partial x_1} + f(z)\left(\tilde{u}_{2_1}(x_1;t) + \frac{\partial \tilde{u}_{0_3}(x_1;t)}{\partial x_1}\right) \tag{A.4a}$$

$$u_2(x_1,y,z;t) = \tilde{u}_{0_2}(x_1;t)\,;u_3(x_1,y,z;t) = \tilde{u}_{0_3}(x_1;t) \tag{A.4b}$$

其中,若令 $f(y) = f(z) = 0$ 或 $f(y) = y, f(z) = z$,那么将分别得到 EBBT 或 TBT。

对于 Sinus 理论来说,可以设

$$f(y) = \frac{h}{\pi}\sin\left(\frac{\pi y}{b}\right);f(z) = \frac{h}{\pi}\sin\left(\frac{\pi z}{h}\right) \tag{A.5}$$

对于定义在平面 (x_1,z) 内的梁问题来说,式(A.4)可以简化为

$$u_1(x_1,y,z;t) = \tilde{u}_{0_1}(x_1;t) - z\frac{\partial \tilde{u}_{0_3}(x_1;t)}{\partial x_1} + f(z)\left(\tilde{u}_{2_1}(x_1;t) + \frac{\partial \tilde{u}_{0_3}(x_1;t)}{\partial x_1}\right)$$

$$\tag{A.6a}$$

$$u_3(x_1,y,z;t) = \tilde{u}_{0_3}(x_1;t) \tag{A.6b}$$

可以构造出 ZZT 模型,它考虑了轴向位移 u_1 在叠层方向 $x_3 = z$ 上的斜率不连续

性。为此，可以直接将式(3.33)给出的 MZZF 叠加到 HSDT 运动关系式(参见文献[76])中，或者也可以在给出层间横向剪应力的连续条件过程中引入斜率不连续性(参见 3.4.2 节给出的 AMT 方法以及文献[77,78]给出的构造过程)。可以注意到，由于假定了组分层仅在 $x_3 = z$ 方向上进行叠堆，因而与 $x_2 = y$ 坐标相关的情况不会受到影响。

上面提到的所有理论都维持了圣维南理论中的静态假设，从而要求采用关于平面应力的一维本构关系。通过保留横截面上的正应力，然后按照 3.4.3 节所述的过程就可以考虑完整的三维本构关系。对于平面问题来说，为对 HSDT(式 A.6)进行改进，可以对横向位移做二次展开[79]，于是有：

$$u_1(x_1,y,z;t) = \tilde{u}_{0_1}(x_1;t) - z\frac{\partial \tilde{u}_{0_3}(x_1;t)}{\partial x_1} + f(z)\left(\tilde{u}_{2_1}(x_1;t) + \frac{\partial \tilde{u}_{0_3}(x_1;t)}{\partial x_1}\right)$$

(A.7a)

$$u_3(x_1,y,z;t) = \tilde{u}_{0_3}(x_1;t) + z\tilde{u}_{1_3}(x_1;t) + z^2\tilde{u}_{2_3}(x_1;t)$$

(A.7b)

上面介绍的所有梁理论都带有一组未知函数，它们与组分层的数量是无关的。利用与 3.5 节中非常相似的过程，也可以构建出精化的分层梁模型，这些模型所含有的未知函数的个数(自由度)将取决于组分层的数量。

借助 CUF 可以在 ESL 或 LW 描述基础上构造出经典的和精化的梁模型，构建过程与 3.6 节所述的相同，可直接利用式(A.1)这个一般展开式，其中的横截面 S 需要离散成一组点($\tau = 1,2,\cdots,N$)，应根据某种多项式基 $F_\tau(y,z)$ 进行插值，例如泰勒多项式、拉格朗日多项式或勒让德多项式等。每个点处的解 u_τ 仅取决于轴向坐标，也即 $u_\tau = u_\tau(x_1)$。感兴趣的读者可以去参阅文献[80]，该书主要讨论的就是梁结构的 CUF 描述。需要强调的是，利用 CUF 还可以有效地确定对于一个给定的应用问题来说什么模型才是最佳的(公理化和渐近意义上)，或者说能够针对特定问题确定具有指定精度的最低阶模型。这种模型给出的结果可以是整体响应也可以是局部响应，所针对的特定问题一般需要包括几何、材料、边界以及载荷等方面的信息。

A.3 一些基准问题的分析

3.7 节中曾针对板模型讨论过一些基准问题，这里也采用这些问题来分析若干经典和精化的基于 Sinus 模型的 ESL 理论。各种不同的模型所采用的记法与表 3.1 中的命名方法相同。此处给出的分析评价主要关心的是 (x_1,z) 平面内直梁的长厚比 $S = a/h$ 的影响。表 A.1 列出了简支的不对称双层和对称三层层合梁的无量纲基本频率值。在正弦载荷 $p_3\left(x_1,z = \frac{h}{2}\right) = p_0\sin\frac{\pi x_1}{a}$ 下简支梁的无量纲静态响应如表 A.2

（双层情况）和表 A.3（三层情况）所列。所给出的无量纲量是根据式（3.37）定义的。简支三明治梁的结果参见表 A.4（无量纲基本频率，由式（3.38）定义）和表 A.5（静态响应，由式（3.37a）定义）。

表 A.1　简支正交铺层复合梁的一阶固有频率

S	两个组分层(0°,90°)			三个组分层(0°,90°,0°)		
	4	10	100	4	10	100
参考值	4.5105	5.7700	6.1672	5.8545	10.334	13.930
S2ZC	4.5525	5.7827	6.1673	5.8569	10.335	13.931
S2	4.6390	5.8104	6.1712	6.0488	10.599	13.940
S0ZC	4.8284	5.8580	6.1682	5.9758	10.345	13.930
S0Z	4.6169	5.8029	6.1676	5.9660	10.417	13.932
S0	4.7040	5.8254	6.1678	6.0502	10.629	13.939
FSDT	4.6784	5.8254	6.1678	6.8997	11.418	13.955
CLPT	5.9253	6.1305	6.1712	13.644	13.933	13.989

注：CLPT，经典层合板理论；FSDT，一阶剪切变形理论。

表 A.2　正弦载荷下简支梁((0°,90°))的弯曲

z	$-\overline{U}_1(h/2)$	$\overline{U}_3(0)$	$-\overline{\sigma}_{11}(-h/2)$	$\overline{\sigma}_{13}(\max)$
	$S=4$			
参考值	0.0714	4.7081	1.8762	0.6764
S2ZC	0.0720	4.6231	1.9367	0.6371
S2	0.0546	4.2833	1.8087	0.5838
S0ZC	0.0544	4.1878	2.0958	0.4193
S0Z	0.0722	4.5438	1.9903	0.6918
S0	0.0613	4.4027	2.1200	0.6297
FSDT	0.0603	4.4347	1.7496	0.4547
	$S=10$			
参考值	0.0623	2.9611	1.7652	0.7230
S2ZC	0.0623	2.9481	1.7750	0.6687
S2	0.0582	2.8445	1.7450	0.6021
S0ZC	0.0593	2.8836	1.8068	0.4331
S0Z	0.0623	2.9374	1.7872	0.7039
S0	0.0604	2.9156	1.8101	0.6426
FSDT	0.0603	2.6254	1.7496	0.4547

z	$-\overline{U}_1(h/2)$	$\overline{U}_3(0)$	$-\overline{\sigma}_{11}(-h/2)$	$\overline{\sigma}_{13}(\max)$
$S=100$				
参考值	0.0603	2.6288	1.7443	0.7337
S2ZC	0.0602	2.6160	1.7373	0.6763
S2	0.0601	2.6173	1.7413	1.5774
S0ZC	0.0603	2.6280	1.7502	0.4358
S0Z	0.0603	2.6285	1.7500	0.7064
S0	0.0603	2.6283	1.7502	0.6451
FSDT	0.0603	2.6283	1.7496	0.4547
CLPT	0.0603	2.6255	1.7496	—
注:CLPT,经典层合板理论;FSDT,一阶剪切变形理论。				

表 A.3　正弦载荷下简支梁((0°,90°,0°))的弯曲

z	$-\overline{U}_1(h/2)$	$\overline{U}_3(0)$	$-\overline{\sigma}_{11}(-h/2)$	$\overline{\sigma}_{13}(0)$
$S=4$				
参考值	0.0148	2.8901	1.1304	0.3580
S2ZC	0.0146	2.8913	1.1871	0.3545
S2	0.0135	2.6853	1.0974	0.2950
S0ZC	0.0158	2.7916	1.2469	0.3855
S0Z	0.0155	2.8027	1.2224	0.3363
S0	0.0139	2.7258	1.0974	0.2904
FSDT	0.0080	2.0941	0.6324	0.1592
$S=10$				
参考值	0.0094	0.9332	0.7361	0.4239
S2ZC	0.0093	0.9331	0.7374	0.4336
S2	0.0090	0.8719	0.7250	0.3254
S0ZC	0.0095	0.9321	0.7459	0.4450
S0Z	0.0095	0.9193	0.7519	0.4043
S0	0.0090	0.8828	0.7105	0.3048
FSDT	0.0080	0.7642	0.6324	0.1592
$S=100$				
参考值	0.0080	0.5153	0.6315	0.4421
S2ZC	0.0080	0.5128	0.6289	0.4556
S2	0.0080	0.5131	0.6317	0.4497

z	$-\overline{U}_1(h/2)$	$\overline{U}_3(0)$	$-\overline{\sigma}_{11}(-h/2)$	$\overline{\sigma}_{13}(0)$
S = 100				
S0ZC	0.0080	0.5153	0.6335	0.4583
S0Z	0.0080	0.5151	0.6336	0.4225
S0	0.0080	0.5147	0.6331	0.3076
FSDT	0.0078	0.5135	0.6324	0.1561
CLPT	0.0080	0.5109	0.6324	—

注:CLPT,经典层合板理论;FSDT,一阶剪切变形理论。

表 A.4　简支三明治梁的一阶固有频率

S	4	10	100
参考值	7.6880	15.677	25.335
S2ZC	7.9322	16.022	25.358
S2	8.0566	16.201	25.368
S0ZC	7.7196	15.702	25.336
S0Z	7.9807	16.074	25.351
S0	8.0750	16.240	25.359
FSDT	11.133	19.656	25.458
CLPT	24.292	25.333	25.545

注:CLPT,经典层合板理论;FSDT,一阶剪切变形理论。

表 A.5　正弦载荷下简支三明治梁的弯曲

z	$\overline{U}_1(-h/2)$	$\overline{U}_3(0)$	$\overline{\sigma}_{11}(h/2)$	$\overline{\sigma}_{13}(0)$
S = 4				
参考值	0.0299	11.061	2.3841	0.3392
S2ZC	0.0288	10.408	2.2999	0.4153
S2	0.0276	10.067	2.2263	0.4064
S0ZC	0.0305	11.028	2.3995	0.3655
S0Z	0.0297	10.315	2.3384	0.4094
S0	0.0276	10.076	2.1730	0.3942
FSDT	0.0158	5.2869	1.2476	0.1290
S = 10				
参考值	0.0182	2.6688	1.4317	0.3504
S2ZC	0.0180	2.5563	1.4186	0.4286

z	$\overline{U}_1(-h/2)$	$\overline{U}_3(0)$	$\overline{\sigma}_{11}(h/2)$	$\overline{\sigma}_{13}(0)$
$S=10$				
S2	0.0176	2.4785	1.4075	0.4192
S0ZC	0.0182	2.6621	1.4378	0.3771
S0Z	0.0182	2.5397	1.4282	0.4218
S0	0.0178	2.4878	1.3986	0.4020
FSDT	0.0158	1.6927	1.2476	0.1291
$S=100$				
参考值	0.0159	1.0248	1.2456	0.3526
S2ZC	0.0158	1.0229	1.2465	0.4312
S2	0.0158	1.0201	1.2478	0.5062
S0ZC	0.0159	1.0247	1.2496	0.3794
S0Z	0.0159	1.0235	1.2465	0.4243
S0	0.0159	1.0229	1.2492	0.4035
FSDT	0.0158	1.0149	1.2476	0.1291
CLPT	0.0158	1.0081	1.2476	—
注:CLPT,经典层合板理论;FSDT,一阶剪切变形理论。				

很明显,3.7 节中针对板问题所作出的评述对于这里的梁问题也是适用的。经典理论(EBBT 和 TBT)可用于处理薄梁($S=100$),它们的结果非常相似。当处理中厚梁($S=10$)和厚梁($S=4$)时,结果表明 S2ZC 模型是最准确的:一方面,为了体现层间界面的影响需要考虑 zigzag 效应;另一方面,当梁比较厚时,由于横法向变形能不宜再忽略,因而必须采用三维本构关系。这些结论再一次证实了复合结构分析中 Koiter 所给出的建议[31](参见 3.4 节)的合理性。

第4章　复合柱与复合板的稳定性

（Haim Abramovich,以色列,海法,以色列理工学院）

4.1　引　言

本章主要介绍复合柱与复合板的稳定性分析问题,其中利用了经典层合板理论（CLPT）,并借助一阶剪切变形板理论（FSDPT）得到了屈曲载荷。

4.1.1　经典层合板理论方法

CLPT[1-6]是对著名的 Kirchhoff-Love 经典板理论的拓展,将其应用到分层复合板领域。这一理论假设了位移场具有如下形式:

$$
\begin{cases}
u(x,y,z,t) = u_0(x,y,t) - z\dfrac{\partial w_0}{\partial x} \\[2mm]
v(x,y,z,t) = v_0(x,y,t) - z\dfrac{\partial w_0}{\partial y} \\[2mm]
w(x,y,z,t) = w_0(x,y,t)
\end{cases}
\tag{4.1}
$$

其中的变量 u_0、v_0 和 w_0 分别代表的是板的中面上($z=0$)任意点处 x、y 和 z 方向上的位移。这一理论不考虑横向剪切和横法向效应,只保留了弯曲和面内拉压变形成分。于是,运动方程就可以表示为[2,5,6]

$$
\begin{cases}
\dfrac{\partial N_{xx}}{\partial x} + \dfrac{\partial N_{xy}}{\partial y} = I_0\dfrac{\partial^2 u_0}{\partial t^2} - I_1\dfrac{\partial^2}{\partial t^2}\left(\dfrac{\partial w_0}{\partial x}\right) \\[3mm]
\dfrac{\partial N_{xy}}{\partial x} + \dfrac{\partial N_{yy}}{\partial y} = I_0\dfrac{\partial^2 v_0}{\partial t^2} - I_1\dfrac{\partial^2}{\partial t^2}\left(\dfrac{\partial w_0}{\partial y}\right) \\[3mm]
\dfrac{\partial^2 M_{xx}}{\partial x^2} + 2\dfrac{\partial^2 M_{xy}}{\partial x \partial y} + \dfrac{\partial^2 M_{yy}}{\partial y^2} + \dfrac{\partial}{\partial x}\left(N_{xx}\dfrac{\partial w_0}{\partial x} + N_{xy}\dfrac{\partial w_0}{\partial y}\right) \\[3mm]
+ \dfrac{\partial}{\partial y}\left(N_{xy}\dfrac{\partial w_0}{\partial x} + N_{yy}\dfrac{\partial w_0}{\partial y}\right) = q + I_0\dfrac{\partial^2 w_0}{\partial t^2} + I_1\dfrac{\partial^2}{\partial t^2}\left(\dfrac{\partial u_0}{\partial x} + \dfrac{\partial v_0}{\partial y}\right) \\[3mm]
- I_2\dfrac{\partial^2}{\partial t^2}\left(\dfrac{\partial^2 w_0}{\partial x^2} + \dfrac{\partial^2 w_0}{\partial y^2}\right)
\end{cases}
\tag{4.2}
$$

其中的 q 为板面上的压力分布，质量惯性矩 I_0、I_1 和 I_2 的定义如下：

$$\begin{Bmatrix} I_0 \\ I_1 \\ I_2 \end{Bmatrix} = \int_{-h/2}^{+h/2} \begin{Bmatrix} 1 \\ z \\ z^2 \end{Bmatrix} \cdot \rho_0 \cdot \mathrm{d}z \qquad (4.3)$$

这里的 h 代表的是板的总厚度，ρ_0 为密度。

在式(4.2)中，N_{xx}、N_{xy} 和 N_{yy} 是单位长度上的合力，而 M_{xx}、M_{xy} 和 M_{yy} 为单位长度上的合力矩，它们的定义如下：

$$\begin{Bmatrix} N_{xx} \\ N_{yy} \\ N_{xy} \end{Bmatrix} = \int_{-h/2}^{+h/2} \begin{Bmatrix} \sigma_{xx} \\ \sigma_{yy} \\ \tau_{xy} \end{Bmatrix} \mathrm{d}z, \qquad \begin{Bmatrix} M_{xx} \\ M_{yy} \\ M_{xy} \end{Bmatrix} = - \int_{-h/2}^{+h/2} \begin{Bmatrix} \sigma_{xx} \\ \sigma_{yy} \\ \tau_{xy} \end{Bmatrix} \cdot z \cdot \mathrm{d}z \qquad (4.4)$$

式中：z 为板面的法线方向；σ_{xx} 和 σ_{yy} 分别为 x 方向和 y 方向上的正应力；而 τ_{xy} 为剪应力。

N_{xx}、N_{xy}、N_{yy}、M_{xx}、M_{xy} 和 M_{yy} 这些力学量可参见图 4.1 和图 4.2 来理解，利用假设位移场(式(4.1))，它们还可表示为如下形式：

$$\begin{Bmatrix} N_{xx} \\ N_{yy} \\ N_{xy} \end{Bmatrix} = \begin{bmatrix} A_{11} & A_{12} & A_{16} \\ A_{12} & A_{22} & A_{26} \\ A_{16} & A_{26} & A_{66} \end{bmatrix} \begin{Bmatrix} \dfrac{\partial u_0}{\partial x} + \dfrac{1}{2}\left(\dfrac{\partial w_0}{\partial x}\right)^2 \\[2mm] \dfrac{\partial v_0}{\partial y} + \dfrac{1}{2}\left(\dfrac{\partial w_0}{\partial y}\right)^2 \\[2mm] \dfrac{\partial u_0}{\partial y} + \dfrac{\partial v_0}{\partial x} + \dfrac{\partial^2 w_0}{\partial x \partial y} \end{Bmatrix} - \begin{bmatrix} B_{11} & B_{12} & B_{16} \\ B_{12} & B_{22} & B_{26} \\ B_{16} & B_{26} & B_{66} \end{bmatrix} \begin{Bmatrix} \dfrac{\partial^2 w_0}{\partial x^2} \\[2mm] \dfrac{\partial^2 w_0}{\partial y^2} \\[2mm] 2\dfrac{\partial^2 w_0}{\partial x \partial y} \end{Bmatrix} \qquad (4.5)$$

$$\begin{Bmatrix} M_{xx} \\ M_{yy} \\ M_{xy} \end{Bmatrix} = \begin{bmatrix} B_{11} & B_{12} & B_{16} \\ B_{12} & B_{22} & B_{26} \\ B_{16} & B_{26} & B_{66} \end{bmatrix} \begin{Bmatrix} \dfrac{\partial u_0}{\partial x} + \dfrac{1}{2}\left(\dfrac{\partial w_0}{\partial x}\right)^2 \\[2mm] \dfrac{\partial v_0}{\partial y} + \dfrac{1}{2}\left(\dfrac{\partial w_0}{\partial y}\right)^2 \\[2mm] \dfrac{\partial u_0}{\partial y} + \dfrac{\partial v_0}{\partial x} + \dfrac{\partial^2 w_0}{\partial x \partial y} \end{Bmatrix} - \begin{bmatrix} D_{11} & D_{12} & D_{16} \\ D_{12} & D_{22} & D_{26} \\ D_{16} & D_{26} & D_{66} \end{bmatrix} \begin{Bmatrix} \dfrac{\partial^2 w_0}{\partial x^2} \\[2mm] \dfrac{\partial^2 w_0}{\partial y^2} \\[2mm] 2\dfrac{\partial^2 w_0}{\partial x \partial y} \end{Bmatrix} \qquad (4.6)$$

其中

$$A_{ij} = \sum_{k=1}^{N} \overline{Q}_{ij}^{(k)} (z_{k+1} - z_k); \; B_{ij} = \frac{1}{2}\sum_{k=1}^{N} \overline{Q}_{ij}^{(k)} (z_{k+1}^2 - z_k^2); \; D_{ij} = \frac{1}{3}\sum_{k=1}^{N} \overline{Q}_{ij}^{(k)} (z_{k+1}^3 - z_k^3)$$

$$(4.7)$$

式(4.7)中的 $\overline{Q}_{ij}^{(k)}$ 为变换后的层刚度。将式(4.6)代入式(4.2)中，可以导出分

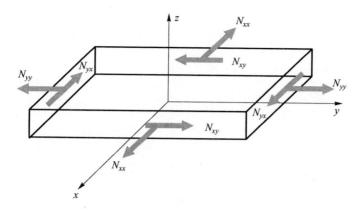

图 4.1　合力的定义

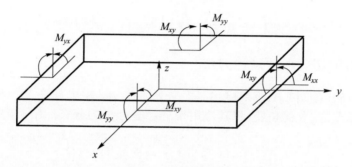

图 4.2　合力矩的定义

层复合板的运动方程,它是以三个假设位移场(式(4.1))给出的,即

$$A_{11}\left(\frac{\partial^2 u_0}{\partial x^2} + \frac{\partial^3 w_0}{\partial x^3}\right) + A_{12}\left(\frac{\partial^2 v_0}{\partial x \partial y} + \frac{\partial^3 w_0}{\partial x \partial y^2}\right) + A_{16}\left(2\frac{\partial^2 u_0}{\partial x \partial y} + 3\frac{\partial^3 w_0}{\partial x^2 \partial y} + \frac{\partial^2 v_0}{\partial x^2}\right)$$

$$+ A_{26}\left(\frac{\partial^2 v_0}{\partial y^2} + \frac{\partial^3 w_0}{\partial y^3}\right) + A_{66}\left(\frac{\partial^2 u_0}{\partial y^2} + 2\frac{\partial^3 w_0}{\partial x \partial y^2} + \frac{\partial^2 v_0}{\partial x \partial y}\right) - B_{11}\frac{\partial^3 w_0}{\partial x^3} - B_{12}\frac{\partial^3 w_0}{\partial x \partial y^2} \quad (4.8)$$

$$- 3B_{16}\frac{\partial^3 w_0}{\partial x^2 \partial y} - B_{26}\frac{\partial^3 w_0}{\partial y^3} - 2B_{66}\frac{\partial^3 w_0}{\partial x \partial y^2} = I_0\frac{\partial^2 u_0}{\partial t^2} - I_1\frac{\partial^3 w_0}{\partial x \partial t^2}$$

$$A_{22}\left(\frac{\partial^2 v_0}{\partial y^2} + \frac{\partial^3 w_0}{\partial y^3}\right) + A_{12}\left(\frac{\partial^2 u_0}{\partial x \partial y} + \frac{\partial^3 w_0}{\partial x^2 \partial y}\right) + A_{16}\left(\frac{\partial^2 u_0}{\partial x^2} + \frac{\partial^3 w_0}{\partial x^3}\right)$$

$$+ A_{26}\left(\frac{\partial^2 u_0}{\partial y^2} + 2\frac{\partial^2 v_0}{\partial x \partial y} + 3\frac{\partial^3 w_0}{\partial x \partial y^2}\right) + A_{66}\left(\frac{\partial^2 u_0}{\partial x \partial y} + 2\frac{\partial^3 w_0}{\partial x^2 \partial y} + \frac{\partial^2 v_0}{\partial x^2}\right) - B_{12}\frac{\partial^3 w_0}{\partial x^2 \partial y} \quad (4.9)$$

$$- B_{22}\frac{\partial^3 w_0}{\partial y^3} - B_{16}\frac{\partial^3 w_0}{\partial x^3} - 3B_{26}\frac{\partial^3 w_0}{\partial x \partial y^2} - 2B_{66}\frac{\partial^3 w_0}{\partial x^2 \partial y} = I_0\frac{\partial^2 v_0}{\partial t^2} - I_1\frac{\partial^3 w_0}{\partial y \partial t^2}$$

$$B_{11}\left(\frac{\partial^3 u_0}{\partial x^3} + \frac{\partial^4 w_0}{\partial x^4}\right) + B_{12}\left(\frac{\partial^3 v_0}{\partial x^2 \partial y} + \frac{\partial^3 u_0}{\partial x \partial y^2} + 4\frac{\partial^3 w_0}{\partial x^2 \partial y^2}\right)$$

$$+ B_{16}\left(3\frac{\partial^3 u_0}{\partial x^2 \partial y} + \frac{\partial^3 v_0}{\partial x^3} + 8\frac{\partial^4 w_0}{\partial x^3 \partial y}\right) + B_{22}\left(\frac{\partial^3 v_0}{\partial y^3} + 2\frac{\partial^4 w_0}{\partial y^4}\right)$$

$$+ B_{26}\left(\frac{\partial^3 u_0}{\partial y^3} + 3\frac{\partial^3 v_0}{\partial x \partial y^2} + 8\frac{\partial^4 w_0}{\partial x \partial y^3}\right) + 2B_{66}\left(\frac{\partial^3 u_0}{\partial x \partial y^2} + \frac{\partial^3 v_0}{\partial x^2 \partial y} + 4\frac{\partial^4 w_0}{\partial x^2 \partial y^2}\right)$$

$$- D_{11}\frac{\partial^4 w_0}{\partial x^4} - 2D_{12}\frac{\partial^4 w_0}{\partial x^2 \partial y^2} - D_{22}\frac{\partial^4 w_0}{\partial y^4} - 4D_{16}\frac{\partial^4 w_0}{\partial x^3 \partial y} - 4D_{26}\frac{\partial^4 w_0}{\partial x \partial y^3} - 4D_{66}\frac{\partial^4 w_0}{\partial x^2 \partial y^2} + P(w_0)$$

$$= q + I_0\frac{\partial^2 w_0}{\partial t^2} - I_2\frac{\partial^2}{\partial t^2}\left(\frac{\partial^2 w_0}{\partial x^2} + \frac{\partial^2 w_0}{\partial y^2}\right) + I_1\frac{\partial^2}{\partial t^2}\left(\frac{\partial u_0}{\partial x} + \frac{\partial v_0}{\partial y}\right) \tag{4.10}$$

式中

$$P(w_0) = \frac{\partial}{\partial x}\left(N_{xx}\frac{\partial w_0}{\partial x} + N_{xy}\frac{\partial w_0}{\partial y}\right) + \frac{\partial}{\partial y}\left(N_{xy}\frac{\partial w_0}{\partial x} + N_{yy}\frac{\partial w_0}{\partial y}\right) \tag{4.11}$$

4.1.2 一阶剪切变形板理论方法

FSDPT 方法(参阅文献[7-13])是对著名的铁摩辛柯梁理论[14,15]和(或)Mind-lin-Reissner 板理论[7,8]的拓展,将其应用于分层复合板的分析。所假定的位移场具有如下形式:

$$\begin{cases} u(x,y,z,t) = u_0(x,y,t) + z\phi_x(x,y,t) \\ v(x,y,z,t) = v_0(x,y,t) + z\phi_y(x,y,t) \\ w(x,y,z,t) = w_0(x,y,t) \end{cases} \tag{4.12}$$

式中:变量 u_0、v_0 和 w_0 分别代表的是板的中面上(即 $z=0$)任意点处 x、y 和 z 方向上的位移;ϕ_x 和 ϕ_y 分别为关于 x 轴和 y 轴的转角。

这一理论计入了横向剪切的影响,并假定其在厚度坐标上是常数,另外该理论一般需要计算剪切修正因子[11,12]。由此,运动方程可以表示为如下形式:

$$\begin{cases} \dfrac{\partial N_{xx}}{\partial x} + \dfrac{\partial N_{xy}}{\partial y} = I_0\dfrac{\partial^2 u_0}{\partial t^2} + I_1\dfrac{\partial^2 \phi_x}{\partial t^2} \\[3mm] \dfrac{\partial N_{xy}}{\partial x} + \dfrac{\partial N_{yy}}{\partial y} = I_0\dfrac{\partial^2 v_0}{\partial t^2} + I_1\dfrac{\partial^2 \phi_y}{\partial t^2} \\[3mm] \dfrac{\partial Q_x}{\partial x} + \dfrac{\partial Q_y}{\partial y} + P(w_0) = q + I_0\dfrac{\partial^2 w_0}{\partial t^2} \\[3mm] \dfrac{\partial M_{xx}}{\partial x} + \dfrac{\partial M_{xy}}{\partial y} - Q_x = I_2\dfrac{\partial^2 \phi_x}{\partial t^2} + I_1\dfrac{\partial^2 u_0}{\partial t^2} \\[3mm] \dfrac{\partial M_{xy}}{\partial x} + \dfrac{\partial M_{yy}}{\partial y} - Q_y = I_2\dfrac{\partial^2 \phi_y}{\partial t^2} + I_1\dfrac{\partial^2 v_0}{\partial t^2} \end{cases} \tag{4.13}$$

式(4.13)中的 $P(w_0)$ 由式(4.11)定义,Q_x 和 Q_y 为剪力或横向合力,由下式给出:

$$\left\{\begin{matrix} Q_x \\ Q_y \end{matrix}\right\} = K \int_{-h/2}^{+h/2} \left\{\begin{matrix} \tau_{xy} \\ \tau_{yz} \end{matrix}\right\} \mathrm{d}z \tag{4.14}$$

式中:τ_{xy} 和 τ_{yz} 为横向剪应力;K 为剪切修正系数,它是通过令横向剪应力导致的应变能与真实横向剪应力导致的应变能(由三维弹性理论计算得到)相等而得到的,对于横截面为矩形的均匀梁来说,$K=5/6$。

剪应力与假设位移场之间的关系如下:

$$\left\{\begin{matrix} N_{xx} \\ N_{yy} \\ N_{xy} \end{matrix}\right\} = \begin{bmatrix} A_{11} & A_{12} & A_{16} \\ A_{12} & A_{22} & A_{26} \\ A_{16} & A_{26} & A_{66} \end{bmatrix} \left\{\begin{matrix} \dfrac{\partial u_0}{\partial x} + \dfrac{1}{2}\left(\dfrac{\partial w_0}{\partial x}\right)^2 \\[2mm] \dfrac{\partial v_0}{\partial y} + \dfrac{1}{2}\left(\dfrac{\partial w_0}{\partial y}\right)^2 \\[2mm] \dfrac{\partial u_0}{\partial y} + \dfrac{\partial v_0}{\partial x} + \dfrac{\partial^2 w_0}{\partial x \partial y} \end{matrix}\right\} + \begin{bmatrix} B_{11} & B_{12} & B_{16} \\ B_{12} & B_{22} & B_{26} \\ B_{16} & B_{26} & B_{66} \end{bmatrix} \left\{\begin{matrix} \dfrac{\partial \phi_x}{\partial x} \\[2mm] \dfrac{\partial \phi_y}{\partial y} \\[2mm] \dfrac{\partial \phi_x}{\partial y} + \dfrac{\partial \phi_y}{\partial x} \end{matrix}\right\} \tag{4.15}$$

$$\left\{\begin{matrix} M_{xx} \\ M_{yy} \\ M_{xy} \end{matrix}\right\} = \begin{bmatrix} B_{11} & B_{12} & B_{16} \\ B_{12} & B_{22} & B_{26} \\ B_{16} & B_{26} & B_{66} \end{bmatrix} \left\{\begin{matrix} \dfrac{\partial u_0}{\partial x} + \dfrac{1}{2}\left(\dfrac{\partial w_0}{\partial x}\right)^2 \\[2mm] \dfrac{\partial v_0}{\partial y} + \dfrac{1}{2}\left(\dfrac{\partial w_0}{\partial y}\right)^2 \\[2mm] \dfrac{\partial u_0}{\partial y} + \dfrac{\partial v_0}{\partial x} + \dfrac{\partial^2 w_0}{\partial x \partial y} \end{matrix}\right\} + \begin{bmatrix} D_{11} & D_{12} & D_{16} \\ D_{12} & D_{22} & D_{26} \\ D_{16} & D_{26} & D_{66} \end{bmatrix} \left\{\begin{matrix} \dfrac{\partial \phi_x}{\partial x} \\[2mm] \dfrac{\partial \phi_y}{\partial y} \\[2mm] \dfrac{\partial \phi_x}{\partial y} + \dfrac{\partial \phi_y}{\partial x} \end{matrix}\right\} \tag{4.16}$$

$$\left\{\begin{matrix} Q_y \\ Q_x \end{matrix}\right\} = K \begin{bmatrix} A_{44} & A_{45} \\ A_{45} & A_{55} \end{bmatrix} \left\{\begin{matrix} \dfrac{\partial w_0}{\partial y} + \phi_y \\[2mm] \dfrac{\partial w_0}{\partial x} + \phi_x \end{matrix}\right\} \tag{4.17}$$

根据式(4.7)中所定义的常数 A_{ij}、B_{ij} 和 D_{ij},这里的 A_{44}、A_{45} 和 A_{55} 可表示为

$$A_{44} = \sum_{k=1}^{N} \overline{Q}_{44}^{(k)}(z_{k+1} - z_k); A_{45} = \sum_{k=1}^{N} \overline{Q}_{45}^{(k)}(z_{k+1} - z_k); A_{55} = \sum_{k=1}^{N} \overline{Q}_{55}^{(k)}(z_{k+1} - z_k) \tag{4.18}$$

式中:$\overline{Q}_{44}^{(k)}$、$\overline{Q}_{45}^{(k)}$ 和 $\overline{Q}_{55}^{(k)}$ 为变换后的层刚度。

对 FSDPT 方法而言,位移形式的运动方程可以写为(参阅文献[6])

$$A_{11}\left(\frac{\partial^2 u_0}{\partial x^2} + \frac{\partial^3 w_0}{\partial x^3}\right) + A_{12}\left(\frac{\partial^2 v_0}{\partial x \partial y} + \frac{\partial^3 w_0}{\partial x \partial y^2}\right) + A_{16}\left(2\frac{\partial^2 u_0}{\partial x \partial y} + 3\frac{\partial^3 w_0}{\partial x^2 \partial y} + \frac{\partial^2 v_0}{\partial x^2}\right)$$

$$+ A_{26}\left(\frac{\partial^2 v_0}{\partial y^2} + \frac{\partial^3 w_0}{\partial y^3}\right) + A_{66}\left(\frac{\partial^2 u_0}{\partial y^2} + 2\frac{\partial^3 w_0}{\partial x \partial y^2} + \frac{\partial^2 v_0}{\partial x \partial y}\right) + B_{11}\frac{\partial^2 \phi_x}{\partial x^2} + B_{12}\frac{\partial^2 \phi_y}{\partial x \partial y}$$

$$+ B_{16}\left(2\frac{\partial^2 \phi_x}{\partial x \partial y} + \frac{\partial^2 \phi_y}{\partial x^2}\right) + B_{26}\frac{\partial^2 \phi_y}{\partial y^2} + B_{66}\left(\frac{\partial^2 \phi_x}{\partial y^2} + \frac{\partial^2 \phi_y}{\partial x \partial y}\right) = I_0\frac{\partial^2 u_0}{\partial t^2} + I_1\frac{\partial^2 \phi_x}{\partial t^2}$$

$$(4.19)$$

$$A_{22}\left(\frac{\partial^2 v_0}{\partial y^2} + \frac{\partial^3 w_0}{\partial y^3}\right) + A_{12}\left(\frac{\partial^2 u_0}{\partial x \partial y} + \frac{\partial^3 w_0}{\partial x^2 \partial y}\right) + A_{16}\left(\frac{\partial^2 u_0}{\partial x^2} + \frac{\partial^3 w_0}{\partial x^3}\right)$$

$$+ A_{26}\left(\frac{\partial^2 u_0}{\partial y^2} + 2\frac{\partial^2 v_0}{\partial x \partial y} + 3\frac{\partial^3 w_0}{\partial x \partial y^2}\right) + A_{66}\left(\frac{\partial^2 u_0}{\partial x \partial y} + 2\frac{\partial^3 w_0}{\partial x^2 \partial y} + \frac{\partial^2 v_0}{\partial x^2}\right) + B_{12}\frac{\partial^2 \phi_x}{\partial x \partial y}$$

$$+ B_{22}\frac{\partial^2 \phi_y}{\partial y^2} + B_{16}\frac{\partial^2 \phi_x}{\partial x^2} + B_{26}\left(2\frac{\partial^2 \phi_y}{\partial x \partial y} + \frac{\partial^2 \phi_x}{\partial y^2}\right) + B_{66}\left(\frac{\partial^2 \phi_x}{\partial x \partial y} + \frac{\partial^2 \phi_y}{\partial x^2}\right)$$

$$= I_0\frac{\partial^2 v_0}{\partial t^2} + I_1\frac{\partial^2 \phi_y}{\partial t^2}$$

$$(4.20)$$

$$KA_{44}\left(\frac{\partial^2 w_0}{\partial y^2} + \frac{\partial \phi_y}{\partial y}\right) + KA_{45}\left(\frac{\partial^2 w_0}{\partial x \partial y} + \frac{\partial \phi_y}{\partial x}\right) + KA_{45}\left(\frac{\partial^2 w_0}{\partial x \partial y} + \frac{\partial \phi_x}{\partial y}\right)$$

$$+ KA_{55}\left(\frac{\partial^2 w_0}{\partial x^2} + \frac{\partial \phi_x}{\partial x}\right) + P(w_0) = q + I_0\frac{\partial^2 w_0}{\partial t^2}$$

$$(4.21)$$

$$B_{11}\left(\frac{\partial^2 u_0}{\partial x^2} + \frac{\partial^3 w_0}{\partial x^3}\right) + B_{12}\left(\frac{\partial^2 v_0}{\partial x \partial y} + \frac{\partial^3 w_0}{\partial x \partial y^2}\right) + B_{16}\left(2\frac{\partial^2 u_0}{\partial x \partial y} + \frac{\partial^2 v_0}{\partial x^2} + 3\frac{\partial^4 w_0}{\partial x^3 \partial y}\right)$$

$$+ B_{26}\left(\frac{\partial^2 v_0}{\partial y^2} + \frac{\partial^3 w_0}{\partial y^3}\right) + B_{66}\left(\frac{\partial^2 u_0}{\partial y^2} + \frac{\partial^2 v_0}{\partial x \partial y} + 2\frac{\partial^3 w_0}{\partial x \partial y^2}\right) + D_{11}\frac{\partial^2 \phi_x}{\partial x^2} + D_{12}\frac{\partial^2 \phi_y}{\partial x \partial y}$$

$$+ D_{16}\left(2\frac{\partial^2 \phi_x}{\partial x \partial y} + \frac{\partial^2 \phi_y}{\partial x^2}\right) + D_{26}\frac{\partial^2 \phi_y}{\partial y^2} + D_{66}\left(\frac{\partial^2 \phi_x}{\partial y^2} + \frac{\partial^2 \phi_y}{\partial x \partial y}\right) - KA_{55}\left(\frac{\partial w_0}{\partial x} + \phi_x\right)$$

$$- KA_{45}\left(\frac{\partial w_0}{\partial y} + \phi_y\right) = I_2\frac{\partial^2 \phi_x}{\partial t^2} + I_1\frac{\partial^2 u_0}{\partial t^2}$$

$$(4.22)$$

$$B_{12}\left(\frac{\partial^2 u_0}{\partial x \partial y} + \frac{\partial^3 w_0}{\partial x \partial y^2}\right) + B_{16}\left(\frac{\partial^2 u_0}{\partial x^2} + \frac{\partial^3 w_0}{\partial x^3}\right) + B_{22}\left(\frac{\partial^2 v_0}{\partial y^2} + \frac{\partial^3 w_0}{\partial y^3}\right)$$

$$+ B_{26}\left(\frac{\partial^2 u_0}{\partial y^2} + 2\frac{\partial^2 v_0}{\partial x \partial y} + 3\frac{\partial^3 w_0}{\partial x \partial y^2}\right) + B_{66}\left(\frac{\partial^2 v_0}{\partial x^2} + \frac{\partial^2 u_0}{\partial x \partial y} + 2\frac{\partial^3 w_0}{\partial x \partial y^2}\right)$$

$$+ D_{12}\frac{\partial^2 \phi_x}{\partial x \partial y} + D_{22}\frac{\partial^2 \phi_y}{\partial y^2} + D_{16}\frac{\partial^2 \phi_x}{\partial x^2} + D_{26}\left(\frac{\partial^2 \phi_y}{\partial y^2} + 2\frac{\partial^2 \phi_y}{\partial x \partial y}\right) + D_{66}\left(\frac{\partial^2 \phi_y}{\partial x^2} + \frac{\partial^2 \phi_x}{\partial x \partial y}\right)$$

$$- KA_{45}\left(\frac{\partial w_0}{\partial x} + \phi_x\right) - KA_{44}\left(\frac{\partial w_0}{\partial y} + \phi_y\right) = I_2\frac{\partial^2 \phi_y}{\partial t^2} + I_1\frac{\partial^2 v_0}{\partial t^2}$$

$$(4.23)$$

126

4.2 复合柱的屈曲:经典层合理论方法

复合柱是一维构件(参见图4.3),它的屈曲分析可直接从式(4.8)~式(4.10)导出,只需令所有对 y 求微分的项为零即可。当然,通过柱体弯曲方法也可得到另一形式的一维构件单元。在该方法中,在 y 方向上采用了无限单元进行处理,并假定在这一方向上没有变化。因此,模型的位移(u_0、v_0、w_0)只是 x 坐标的函数。需要注意的是,这种情况可以视为平面应变问题,而柱(梁)是平面应力问题。对于一般的复合层结构,利用经典层合理论(CLT)就可以给出运动方程如下(假定 $v_0 = 0$):

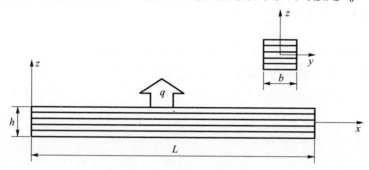

图4.3 分层复合柱模型

$$A_{11}\left(\frac{\partial^2 u_0}{\partial x^2} + \frac{\partial^3 w_0}{\partial x^3}\right) - B_{11}\frac{\partial^3 w_0}{\partial x^3} = I_0\frac{\partial^2 u_0}{\partial t^2} - I_1\frac{\partial^3 w_0}{\partial x \partial t^2} \qquad (4.24)$$

$$B_{11}\left(\frac{\partial^3 u_0}{\partial x^3} + \frac{\partial^4 w_0}{\partial x^4}\right) - D_{11}\frac{\partial^4 w_0}{\partial x^4} = q + \overline{P}(w_0) + I_0\frac{\partial^2 w_0}{\partial t^2}$$

$$- I_2\frac{\partial^2}{\partial t^2}\left(\frac{\partial^2 w_0}{\partial x^2}\right) + I_1\frac{\partial^2}{\partial t^2}\left(\frac{\partial u_0}{\partial x}\right) \qquad (4.25)$$

其中

$$\overline{P}(w_0) = \frac{\partial}{\partial x}\left(N_{xx}\frac{\partial w_0}{\partial x}\right) \qquad (4.26)$$

对于受到轴向和剪切载荷(N_{xx} 和 N_{xy})的柱而言,式(4.24)和式(4.25)就是一般形式的运动方程,其中带有高阶项和时间项。为了分析稳定性问题,需令所有与时间相关的项为零,同时横向载荷 q 也应设定为零。由此可得如下耦合方程:

$$A_{11}\left(\frac{\mathrm{d}^2 u_0}{\mathrm{d}x^2} + \frac{\mathrm{d}^3 w_0}{\mathrm{d}x^3}\right) - B_{11}\frac{\mathrm{d}^3 w_0}{\mathrm{d}x^3} = 0 \qquad (4.27)$$

$$- B_{11}\left(\frac{\mathrm{d}^3 u_0}{\mathrm{d}x^3} + \frac{\mathrm{d}^4 w_0}{\mathrm{d}x^4}\right) + D_{11}\frac{\mathrm{d}^4 w_0}{\mathrm{d}x^4} + \overline{N}_{xx}\frac{\mathrm{d}^2 w_0}{\mathrm{d}x^2} = 0 \qquad (4.28)$$

式(4.28)中的 $\overline{N}_{xx}$ 为单位宽度(b)上的轴向压力,且假定它与 x 无关。这两个耦合方程(式(4.27)和式(4.28))是可以解耦的,由此我们不难得到如下所示的方程:

$$\left(D_{11} - \frac{B_{11}^2}{A_{11}}\right)\frac{\mathrm{d}^4 w_0}{\mathrm{d}x^4} + \overline{N}_{xx}\frac{\mathrm{d}^2 w_0}{\mathrm{d}x^2} = 0 \tag{4.29}$$

或

$$\frac{\mathrm{d}^4 w_0}{\mathrm{d}x^4} + \frac{\overline{N}_{xx}}{\left(D_{11} - \frac{B_{11}^2}{A_{11}}\right)}\frac{\mathrm{d}^2 w_0}{\mathrm{d}x^2} = 0 \tag{4.30}$$

4.2.1 对称层合情形($B_{11} = 0$)

对于这种情形,可以将上述方程乘以梁的宽度 b,同时考虑到 $w_0 = w_0^p + w_b$(w_0^p 为满足式(4.30)的前屈曲变形,而 w_b 为屈曲变形),于是有:

$$\frac{\mathrm{d}^4 w_b}{\mathrm{d}x^4} + \frac{b \cdot \overline{N}_{xx}}{b \cdot D_{11}}\frac{\mathrm{d}^2 w_b}{\mathrm{d}x^2} = 0 \Rightarrow \frac{\mathrm{d}^4 w_b}{\mathrm{d}x^4} + \frac{P}{E_{xx} \cdot I_{yy}}\frac{\mathrm{d}^2 w_b}{\mathrm{d}x^2} = 0 \tag{4.31}$$

其中

$$b \cdot D_{11} = E_{xx} \cdot I_{yy}, \quad b \cdot \overline{N}_{xx} = P \tag{4.32}$$

式(4.32)就是柱体屈曲的欧拉伯努利方程。现在我们针对对称层合的复合柱($B_{11} = 0$)屈曲来分析前面的一般方程式(4.30)。将 $w_0 = w_0^p + w_b$ 代入式(4.30)后,可得

$$\frac{\mathrm{d}^4 w_b}{\mathrm{d}x^4} + \frac{\overline{N}_{xx}}{D_{11}}\frac{\mathrm{d}^2 w_b}{\mathrm{d}x^2} = 0 \Rightarrow \frac{\mathrm{d}^4 w_b}{\mathrm{d}x^4} + \lambda^2\frac{\mathrm{d}^2 w_b}{\mathrm{d}x^2} = 0 \tag{4.33}$$

其中

$$\lambda^2 = \frac{\overline{N}_{xx}}{D_{11}} \tag{4.33a}$$

式(4.33)的解具有如下一般形式:

$$w_b(x) = C_1\sin(\lambda x) + C_2\cos(\lambda x) + C_3 x + C_4 \tag{4.34}$$

式中:C_1、C_2、C_3 和 C_4 应根据四个边界条件来确定。例如,如果假定是简支边界,且柱的长度为 L,那么就可以列出其边界条件为

$$\begin{cases} w_b(0) = 0; \quad M_{xx}(0) = 0 \Rightarrow \dfrac{\mathrm{d}^2 w_b(0)}{\mathrm{d}x^2} = 0 \\[3mm] w_b(L) = 0; \quad M_{xx}(L) = 0 \Rightarrow \dfrac{\mathrm{d}^2 w_b(L)}{\mathrm{d}x^2} = 0 \end{cases} \tag{4.35}$$

将边界条件代入式(4.34)之后即可得到包含 4 个未知参数的 4 个方程,可以表示为如下矩阵形式:

$$\begin{bmatrix} 0 & 1 & 0 & 1 \\ 0 & -\lambda^2 & 0 & 0 \\ \sin(\lambda L) & \cos(\lambda L) & L & 1 \\ -\lambda^2\sin(\lambda L) & -\lambda^2\cos(\lambda L) & 0 & 0 \end{bmatrix}\begin{Bmatrix} C_1 \\ C_2 \\ C_3 \\ C_4 \end{Bmatrix}=\begin{Bmatrix} 0 \\ 0 \\ 0 \\ 0 \end{Bmatrix} \tag{4.36}$$

为得到非零解,式(4.36)中的矩阵行列式应为零,由此也就得到了如下所示的特征方程:

$$\sin(\lambda L)=0 \Rightarrow \lambda L = n\pi, n=1,2,3,4,\cdots \tag{4.37}$$

于是,柱的临界屈曲载荷(最低阶,$n=1$)就是:

$$(\overline{N}_{xx})_{cr} = \frac{\pi^2}{L^2}D_{11} \tag{4.38}$$

将式(4.38)乘以梁的宽度 b 也就可以得到 $P_{cr}(N)$。

通过将式(4.37)给出的特征值回代到式(4.36),可以得到梁的屈曲形态(特征函数),其形式如下:

$$w_b(x) = C_1\sin(\lambda x) = C_1\sin\left(\frac{\pi x}{L}\right) \tag{4.39}$$

表4.1 和表4.2 中给出了经常遇到的一些柱问题实例,图4.4 则给出了各种面外边界条件的图示。只有面外边界条件才会影响到临界屈曲载荷和屈曲形状,参见本章附录 A。

表 4.1　分层复合柱的屈曲:面外边界条件(CLT 方法)

序号	边界条件名称	面外边界条件	
		$x=0$	$x=L$
1	SS-SS	$w_b=0; \dfrac{\mathrm{d}^2 w_b}{\mathrm{d}x^2}=0$	$w_b=0; \dfrac{\mathrm{d}^2 w_b}{\mathrm{d}x^2}=0$
2	C-C	$w_b=0; \dfrac{\mathrm{d}w_b}{\mathrm{d}x}=0$	$w_b=0; \dfrac{\mathrm{d}w_b}{\mathrm{d}x}=0$
3	C-F	$w_b=0; \dfrac{\mathrm{d}w_b}{\mathrm{d}x}=0$	$\dfrac{\mathrm{d}^2 w_b}{\mathrm{d}x^2}=0; \dfrac{\mathrm{d}^3 w_b}{\mathrm{d}x^3}+\lambda^2\dfrac{\mathrm{d}w_b}{\mathrm{d}x}=0$
4	F-F	$\dfrac{\mathrm{d}^2 w_b}{\mathrm{d}x^2}=0; \dfrac{\mathrm{d}^3 w_b}{\mathrm{d}x^3}+\lambda^2\dfrac{\mathrm{d}w_b}{\mathrm{d}x}=0$	$\dfrac{\mathrm{d}^2 w_b}{\mathrm{d}x^2}=0; \dfrac{\mathrm{d}^3 w_b}{\mathrm{d}x^3}+\lambda^2\dfrac{\mathrm{d}w_b}{\mathrm{d}x}=0$
5	SS-C	$w_b=0; \dfrac{\mathrm{d}^2 w_b}{\mathrm{d}x^2}=0$	$w_b=0; \dfrac{\mathrm{d}w_b}{\mathrm{d}x}=0$
6	SS-F	$w_b=0; \dfrac{\mathrm{d}^2 w_b}{\mathrm{d}x^2}=0$	$\dfrac{\mathrm{d}^2 w_b}{\mathrm{d}x^2}=0; \dfrac{\mathrm{d}^3 w_b}{\mathrm{d}x^3}+\lambda^2\dfrac{\mathrm{d}w_b}{\mathrm{d}x}=0$

序号	边界条件名称	面外边界条件	
		$x=0$	$x=L$
7	G-F	$\dfrac{\mathrm{d}w_b}{\mathrm{d}x}=0;\dfrac{\mathrm{d}^3w_b}{\mathrm{d}x^3}+\lambda^2\dfrac{\mathrm{d}w_b}{\mathrm{d}x}=0$	$\dfrac{\mathrm{d}^2w_b}{\mathrm{d}x^2}=0;\dfrac{\mathrm{d}^3w_b}{\mathrm{d}x^3}+\lambda^2\dfrac{\mathrm{d}w_b}{\mathrm{d}x}=0$
8	G-SS	$\dfrac{\mathrm{d}w_b}{\mathrm{d}x}=0;\dfrac{\mathrm{d}^3w_b}{\mathrm{d}x^3}+\lambda^2\dfrac{\mathrm{d}w_b}{\mathrm{d}x}=0$	$w_b=0;\dfrac{\mathrm{d}^2w_b}{\mathrm{d}x^2}=0$
9	G-G	$\dfrac{\mathrm{d}w_b}{\mathrm{d}x}=0;\dfrac{\mathrm{d}^3w_b}{\mathrm{d}x^3}+\lambda^2\dfrac{\mathrm{d}w_b}{\mathrm{d}x}=0$	$\dfrac{\mathrm{d}w_b}{\mathrm{d}x}=0;\dfrac{\mathrm{d}^3w_b}{\mathrm{d}x^3}+\lambda^2\dfrac{\mathrm{d}w_b}{\mathrm{d}x}=0$
10	G-C	$\dfrac{\mathrm{d}w_b}{\mathrm{d}x}=0;\dfrac{\mathrm{d}^3w_b}{\mathrm{d}x^3}+\lambda^2\dfrac{\mathrm{d}w_b}{\mathrm{d}x}=0$	$w_b=0;\dfrac{\mathrm{d}w_b}{\mathrm{d}x}=0$

注：C——固支；F——自由；G——导向；SS——简支。

表 4.2 分层复合柱的屈曲载荷与相关的屈曲模式（CLT 方法）

序号	边界名称	特征方程	临界屈曲载荷	模式形状
1	SS-SS	$\sin(\lambda L)=0,\lambda L=n\pi$	$(\overline{N}_{xx})_{cr}=\dfrac{\pi^2}{L^2}D_{11}$	$\sin\left(\dfrac{\pi x}{L}\right)$
2	C-C	$\lambda L\sin(\lambda L)=2[1-\cos(\lambda L)],$ $\lambda L=2\pi,8.897,4\pi,\cdots$	$(\overline{N}_{xx})_{cr}=4\dfrac{\pi^2}{L^2}D_{11}$	$1-\cos\left(\dfrac{2\pi x}{L}\right)$
3	C-F	$\cos(\lambda L)=0,\lambda L=(2n-1)\dfrac{\pi}{2}$	$(\overline{N}_{xx})_{cr}=\dfrac{\pi^2}{4L^2}D_{11}$	$1-\cos\left(\dfrac{\pi x}{2L}\right)$
4	F-F	$\sin(\lambda L)=0,\lambda L=n\pi$	$(\overline{N}_{xx})_{cr}=\dfrac{\pi^2}{L^2}D_{11}$	$\sin\left(\dfrac{\pi x}{L}\right)$
5	SS-C	$\tan(\lambda L)=\lambda L,$ $\lambda L=1.430\pi,2.459\pi,\cdots$	$(\overline{N}_{xx})_{cr}=2.045\dfrac{\pi^2}{L^2}D_{11}$	$\sin(\alpha x)+\alpha L\left[1-\cos(\alpha x)-\dfrac{x}{L}\right]$ $\alpha=1.4318\dfrac{\pi}{L}$
6	SS-F	$\sin(\lambda L)=0,\lambda L=n\pi$	$(\overline{N}_{xx})_{cr}=\dfrac{\pi^2}{L^2}D_{11}$	$\sin\left(\dfrac{\pi x}{L}\right)$
7	G-F	$\cos(\lambda L)=0,\lambda L=(2n-1)\dfrac{\pi}{2}$	$(\overline{N}_{xx})_{cr}=\dfrac{\pi^2}{4L^2}D_{11}$	$\cos\left(\dfrac{\pi x}{2L}\right)$
8	G-SS	$\cos(\lambda L)=0,\lambda L=(2n-1)\dfrac{\pi}{2}$	$(\overline{N}_{xx})_{cr}=\dfrac{\pi^2}{4L^2}D_{11}$	$\cos\left(\dfrac{\pi x}{2L}\right)$
9	G-G	$\sin(\lambda L)=0,\lambda L=n\pi$	$(\overline{N}_{xx})_{cr}=\dfrac{\pi^2}{L^2}D_{11}$	$\cos\left(\dfrac{\pi x}{L}\right)$
10	G-C	$\sin(\lambda L)=0,\lambda L=n\pi$	$(\overline{N}_{xx})_{cr}=\dfrac{\pi^2}{L^2}D_{11}$	$1-\cos\left(\dfrac{\pi x}{L}\right)$

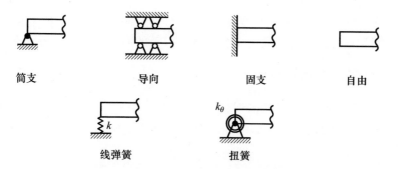

简支　　　　　导向　　　　　固支　　　　　自由

线弹簧　　　　扭簧

图4.4　轴向压缩条件下分层复合柱的典型面外边界条件

下面通过一个实例来做一小结。如图4.5所示给出了一个带有一般边界条件的梁,可定义如下变量:

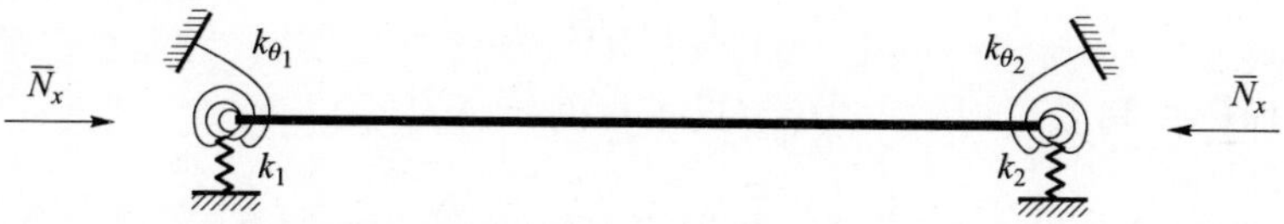

图4.5　一个典型的受轴向压力作用的分层复合柱:弹簧支撑形式的一般边界条件

$$\bar{k}_1 = \frac{k_1}{\overline{D}_{11}}; \bar{k}_2 = \frac{k_2}{\overline{D}_{11}}; \bar{k}_{\theta_1} = \frac{k_{\theta_1}}{\overline{D}_{11}}; \bar{k}_{\theta_2} = \frac{k_{\theta_2}}{\overline{D}_{11}} \qquad (4.40)$$

式中:$\overline{D}_{11} \equiv D_{11} - \dfrac{B_{11}^2}{A_{11}}$;$k_1$ 和 k_2 为线弹簧刚度;$\bar{k}_{\theta_1}$ 和 $\bar{k}_{\theta_2}$ 为扭簧刚度。边界条件由下式给出:

$$\begin{cases} \dfrac{\mathrm{d}^3 w(0)}{\mathrm{d}x^3} + \lambda^2 \dfrac{\mathrm{d}w(0)}{\mathrm{d}x} = -\bar{k}_1 \cdot w(0) \quad \dfrac{\mathrm{d}^2 w(0)}{\mathrm{d}x^2} = \bar{k}_{\theta_1} \dfrac{\mathrm{d}w(0)}{\mathrm{d}x} \\ \dfrac{\mathrm{d}^3 w(L)}{\mathrm{d}x^3} + \lambda^2 \dfrac{\mathrm{d}w(L)}{\mathrm{d}x} = -\bar{k}_2 \cdot w(L) \quad \dfrac{\mathrm{d}^2 w(L)}{\mathrm{d}x^2} = -\bar{k}_{\theta_2} \dfrac{\mathrm{d}w(L)}{\mathrm{d}x} \end{cases} \qquad (4.41)$$

将边界条件应用到式(4.34)给出的一般解中,就可以得到如下的特征方程(详情可参阅文献[16]):

$$\begin{aligned} & \{-(\bar{k}_1 + \bar{k}_2)\lambda^6 + [\bar{k}_{\theta_1} \cdot \bar{k}_{\theta_2}(\bar{k}_1 + \bar{k}_2) + \bar{k}_1 \cdot \bar{k}_2 \cdot L]\lambda^4 \\ & + \bar{k}_{\theta_1} \cdot \bar{k}_{\theta_2}(\bar{k}_{\theta_1} + \bar{k}_{\theta_2} - \bar{k}_{\theta_1} \cdot \bar{k}_{\theta_2} \cdot L)\lambda^2\} \sin(\lambda L) \\ & + \{(\bar{k}_1 + \bar{k}_2)(\bar{k}_{\theta_1} + \bar{k}_{\theta_2})\lambda^3 - \bar{k}_1 \cdot \bar{k}_2 \cdot L(\bar{k}_{\theta_1} + \bar{k}_{\theta_2})\lambda^3 \\ & - 2 \cdot \bar{k}_1 \cdot \bar{k}_2 \cdot \bar{k}_{\theta_1} \cdot \bar{k}_{\theta_2} \cdot \lambda\} \cos(\lambda L) + \bar{k}_1 \cdot \bar{k}_2 \cdot \bar{k}_{\theta_1} \cdot \bar{k}_{\theta_2} \cdot \lambda = 0 \end{aligned} \qquad (4.42)$$

利用式(4.42)不仅可以求解经典边界条件的问题,也可以求解弹性边界条件问题。若令线弹簧刚度 k_1 和 k_2 趋于无穷大,而令扭簧刚度 $\bar{k}_{\theta_1}$ 和 $\bar{k}_{\theta_2}$ 为零,那么也就得到了经典的两端简支边界情况了。类似地,令所有弹簧刚度均为零,则对应了自由-自由边界。对于固定边界情况,只需令线弹簧和扭簧的刚度都趋于无穷大即可。

4.2.2　非对称层合情况($B_{11} \neq 0$)

为求解非对称层合情况($B_{11} \neq 0$),耦合的方程式(4.27)和式(4.28)必须解耦。根据式(4.29)给出的结果可以求出横向位移w_0(本章附录 A 中给出了完整的推导过程),即

$$w_0(x) = C_1 \sin(\hat{\lambda}x) + C_2 \cos(\hat{\lambda}x) + C_3 x + C_4 \tag{4.43}$$

其中

$$\hat{\lambda}^2 = \frac{\overline{N}_{xx}}{(D_{11} - B_{11}^2/A_{11})} \tag{4.44}$$

于是,面内位移就可以表示为(参见本章附录 A)

$$u_0(x) = C_5 \sin(\hat{\lambda}x) + C_6 \cos(\hat{\lambda}x) + C_7 x + C_8 \tag{4.45}$$

其中

$$\begin{aligned} C_5 &= -\frac{B_{11}}{A_{11}} \cdot \hat{\lambda} \cdot C_2 \\[2mm] C_6 &= +\frac{B_{11}}{A_{11}} \cdot \hat{\lambda} \cdot C_1 \end{aligned} \tag{4.46}$$

对于两端简支边界情况,应有

$$w_0(0) = 0; M_{xx}(0) = 0 \Rightarrow -B_{11}\frac{\mathrm{d}u_0(0)}{\mathrm{d}x} + D_{11}\frac{\mathrm{d}^2 w_0(0)}{\mathrm{d}x^2} = 0 \tag{4.47}$$

$$w_0(L) = 0; M_{xx}(L) = 0 \Rightarrow -B_{11}\frac{\mathrm{d}u_0(L)}{\mathrm{d}x} + D_{11}\frac{\mathrm{d}^2 w_0(L)}{\mathrm{d}x^2} = 0 \tag{4.48}$$

$$u_0(0) = 0 \tag{4.49}$$

$$A_{11}\frac{\mathrm{d}u_0(L)}{\mathrm{d}x} - B_{11}\frac{\mathrm{d}^2 w_0(L)}{\mathrm{d}x^2} = -\overline{N}_{xx} \tag{4.50}$$

由此可得特征值为

$$\sin(\hat{\lambda}L) = 0 \Rightarrow \hat{\lambda}L = n\pi, n = 1, 2, 3, 4, \cdots \tag{4.51}$$

进一步可得到单位宽度上的临界屈曲载荷为

$$(\overline{N}_{xx})_{\mathrm{cr}} = \frac{\pi^2}{L^2}\left(D_{11} - \frac{B_{11}^2}{A_{11}}\right) \tag{4.52}$$

屈曲模式形状与对称情况是类似的(参见表 4.2),即 $\sin\left(\dfrac{\pi x}{L}\right)$。可以看出,正如所预期的,对称层合情况中的屈曲载荷要高于非对称层合情况(相同数量的组分层)。表 4.3(a)和(b)给出了非对称情况的边界条件,表 4.4 给出的是最常用的屈曲载荷和对应的屈曲模式。

表 4.3(a)　非对称层合的复合柱的屈曲:面外边界条件(CLT 方法)

序号	边界条件名称	面外边界条件	
		$x = 0$	$x = L$
1	SS-SS	$w_0 = 0,\ -B_{11}\dfrac{du_0}{dx} + D_{11}\dfrac{d^2 w_0}{dx^2} = 0$	$w_0 = 0,\ -B_{11}\dfrac{du_0}{dx} + D_{11}\dfrac{d^2 w_0}{dx^2} = 0$
2	C-C	$w_0 = 0,\ \dfrac{dw_0}{dx} = 0$	$w_0 = 0,\ \dfrac{dw_0}{dx} = 0$
3	C-F	$w_0 = 0,\ \dfrac{dw_0}{dx} = 0$	$-B_{11}\dfrac{du_0}{dx} + D_{11}\dfrac{d^2 w_0}{dx^2} = 0,$ $-B_{11}\dfrac{d^2 u_0}{dx^2} + D_{11}\dfrac{d^3 w_0}{dx^3} + \bar{N}_{xx}\dfrac{dw_0}{dx} = 0$
4	F-F	$-B_{11}\dfrac{du_0}{dx} + D_{11}\dfrac{d^2 w_0}{dx^2} = 0,$ $-B_{11}\dfrac{d^2 u_0}{dx^2} + D_{11}\dfrac{d^3 w_0}{dx^3} + \bar{N}_{xx}\dfrac{dw_0}{dx} = 0$	$-B_{11}\dfrac{du_0}{dx} + D_{11}\dfrac{d^2 w_0}{dx^2} = 0,$ $-B_{11}\dfrac{d^2 u_0}{dx^2} + D_{11}\dfrac{d^3 w_0}{dx^3} + \bar{N}_{xx}\dfrac{dw_0}{dx} = 0$
5	SS-C	$w_0 = 0,\ -B_{11}\dfrac{du_0}{dx} + D_{11}\dfrac{d^2 w_0}{dx^2} = 0$	$w_0 = 0,\ \dfrac{dw_0}{dx} = 0$
6	G-F	$w_0 = 0,$ $-B_{11}\dfrac{d^2 u_0}{dx^2} + D_{11}\dfrac{d^3 w_0}{dx^3} + \bar{N}_{xx}\dfrac{dw_0}{dx} = 0$	$-B_{11}\dfrac{du_0}{dx} + D_{11}\dfrac{d^2 w_0}{dx^2} = 0,$ $-B_{11}\dfrac{d^2 u_0}{dx^2} + D_{11}\dfrac{d^3 w_0}{dx^3} + \bar{N}_{xx}\dfrac{dw_0}{dx} = 0$

注:C——固支;F——自由;G——导向;SS——简支。

表 4.3(b)　非对称层合的复合柱的屈曲:面内边界条件(CLT 方法)

序号	边界条件名称	面内边界条件	
		$x = 0$	$x = L$
1	SS-SS	$u_0 = 0$	$A_{11}\dfrac{du_0}{dx} - B_{11}\dfrac{d^2 w_0}{dx^2} = -\bar{N}_{xx}$
2	C-C	$u_0 = 0$	$A_{11}\dfrac{du_0}{dx} - B_{11}\dfrac{d^2 w_0}{dx^2} = -\bar{N}_{xx}$
3	C-F	$u_0 = 0$	$A_{11}\dfrac{du_0}{dx} - B_{11}\dfrac{d^2 w_0}{dx^2} = -\bar{N}_{xx}$

序号	边界条件名称	面内边界条件	
		$x = 0$	$x = L$
4	F-F	$u_0 = 0$	$A_{11}\dfrac{du_0}{dx} - B_{11}\dfrac{d^2w_0}{dx^2} = -\bar{N}_{xx}$
5	SS-C	$u_0 = 0$	$A_{11}\dfrac{du_0}{dx} - B_{11}\dfrac{d^2w_0}{dx^2} = -\bar{N}_{xx}$
6	G-F	$u_0 = 0$	$A_{11}\dfrac{du_0}{dx} - B_{11}\dfrac{d^2w_0}{dx^2} = -\bar{N}_{xx}$

表 4.4 基于 CLT 方法的分层复合柱的屈曲载荷及其相关的屈曲模式

序号	边界名称	特征方程	单位宽度上的临界屈曲载荷	模式形状
1	SS-SS	$\sin(\hat{\lambda}L) = 0, \hat{\lambda}L = n\pi$	$(\bar{N}_{xx})_{cr} = \dfrac{\pi^2}{L^2}\bar{D}_{11}$ [a]	$\sin\left(\dfrac{\pi x}{L}\right)$
2	C-C	$\hat{\lambda}L\sin(\hat{\lambda}L) = 2[1 - \cos(\hat{\lambda}L)],$ $\hat{\lambda}L = 2\pi, 8.987, 4\pi, \cdots$	$(\bar{N}_{xx})_{cr} = 4\dfrac{\pi^2}{L^2}\bar{D}_{11}$	$1 - \cos\left(\dfrac{2\pi x}{L}\right)$
3	C-F	$\cos(\hat{\lambda}L) = 0,$ $\hat{\lambda}L = (2n-1)\dfrac{\pi}{2}$	$(\bar{N}_{xx})_{cr} = \dfrac{\pi^2}{4L^2}\bar{D}_{11}$	$1 - \cos\left(\dfrac{\pi x}{2L}\right)$
4	F-F	$\sin(\hat{\lambda}L) = 0, \hat{\lambda}L = n\pi$	$(\bar{N}_{xx})_{cr} = \dfrac{\pi^2}{L^2}\bar{D}_{11}$	$\sin\left(\dfrac{\pi x}{L}\right)$
5	SS-C	$\tan(\hat{\lambda}L) = \hat{\lambda}L,$ $\hat{\lambda}L = 1.430\pi, 2.459\pi, \cdots$	$(\bar{N}_{xx})_{cr} = 2.045\dfrac{\pi^2}{L^2}\bar{D}_{11}$	$\sin(\alpha x) + \alpha L\left[1 - \cos(\alpha x) - \dfrac{x}{L}\right],$ $\alpha = 1.4318\dfrac{\pi}{L}$
6	G-F	$\cos(\hat{\lambda}L) = 0,$ $\hat{\lambda}L = (2n-1)\dfrac{\pi}{2}$	$(\bar{N}_{xx})_{cr} = \dfrac{\pi^2}{4L^2}\bar{D}_{11}$	$\cos\left(\dfrac{\pi x}{2L}\right)$

(^{a} $\bar{D}_{11} = \left(D_{11} - \dfrac{B_{11}^2}{A_{11}}\right)$。

4.3 柱的屈曲：一阶剪切变形理论方法

根据式（4.19）~式（4.23）可直接得到柱屈曲分析中的一阶剪切变形理论（FSDT），只需令所有关于 y 坐标的微分项为零即可。如同 4.2 节所指出的，也可以采用柱体弯曲模型来分析，此时导出的位移 u_0、v_0 和 w_0 都只是 x 坐标的函数。

利用 FSDT 方法,一般层合物的运动方程可以表示为(可参阅文献[17-21],此处假定了 $v_0 = \phi_y = 0$)

$$A_{11}\left(\frac{\partial^2 u_0}{\partial x^2} + \frac{\partial^3 w_0}{\partial x^3}\right) + B_{11}\frac{\partial^2 \phi_x}{\partial x^2} = I_0\frac{\partial^2 u_0}{\partial t^2} + I_1\frac{\partial^2 \phi_x}{\partial t^2} \tag{4.53}$$

$$KA_{55}\left(\frac{\partial^2 w_0}{\partial x^2} + \frac{\partial \phi_x}{\partial x}\right) - \overline{N}_{xx}\frac{\partial^2 w_0}{\partial x^2} = q + I_0\frac{\partial^2 w_0}{\partial t^2} \tag{4.54}$$

$$B_{11}\left(\frac{\partial^2 u_0}{\partial x^2} + \frac{\partial^3 w_0}{\partial x^3}\right) + D_{11}\frac{\partial^2 \phi_x}{\partial x^2} - KA_{55}\left(\frac{\partial w_0}{\partial x} + \phi_x\right) = I_1\frac{\partial^2 u_0}{\partial t^2} + I_2\frac{\partial^2 \phi_x}{\partial t^2} \tag{4.55}$$

必须注意的是,上面这三个方程针对的是特性均匀分布的梁(图4.3)。对于特性在梁上存在变化(沿着 x 方向)的情形,读者可以参阅文献[19-21]。为了求解屈曲问题,这里需要将横向载荷 q 以及时间微分项设为零,由此不难得到如下三个耦合运动方程①:

$$A_{11}\left(\frac{\mathrm{d}^2 u_0}{\mathrm{d}x^2} + \frac{\mathrm{d}^3 w_b}{\mathrm{d}x^3}\right) + B_{11}\frac{\mathrm{d}^2 \phi_x}{\mathrm{d}x^2} = 0 \tag{4.56}$$

$$KA_{55}\left(\frac{\mathrm{d}^2 w_b}{\mathrm{d}x^2} + \frac{\mathrm{d}\phi_x}{\mathrm{d}x}\right) - \overline{N}_{xx}\frac{\mathrm{d}^2 w_b}{\mathrm{d}x^2} = 0 \tag{4.57}$$

$$B_{11}\left(\frac{\mathrm{d}^2 u_0}{\mathrm{d}x^2} + \frac{\mathrm{d}^3 w_b}{\mathrm{d}x^3}\right) + D_{11}\frac{\mathrm{d}^2 \phi_x}{\mathrm{d}x^2} - KA_{55}\left(\frac{\mathrm{d}w_b}{\mathrm{d}x} + \phi_x\right) = 0 \tag{4.58}$$

对上述方程解耦处理后可以得到如下方程②(参见文献[22]):

$$\frac{\mathrm{d}^4 w_b}{\mathrm{d}x^4} + \hat{\lambda}^2\frac{\mathrm{d}^2 w_b}{\mathrm{d}x^2} = 0 \tag{4.59}$$

$$\frac{\mathrm{d}^3 \phi_x}{\mathrm{d}x^3} + \hat{\lambda}^2\frac{\mathrm{d}^2 \phi_x}{\mathrm{d}x^2} = 0 \tag{4.60}$$

$$\frac{\mathrm{d}^4 u_0}{\mathrm{d}x^4} + \hat{\lambda}^2\frac{\mathrm{d}^2 u_0}{\mathrm{d}x^2} = 0 \tag{4.61}$$

其中

$$\hat{\lambda}^2 = \frac{\overline{N}_{xx}}{\left(D_{11} - \dfrac{B_{11}^2}{A_{11}}\right)\left(1 - \dfrac{\overline{N}_{xx}}{KA_{55}}\right)} \Rightarrow \overline{N}_{xx} = \frac{\hat{\lambda}^2\left(D_{11} - \dfrac{B_{11}^2}{A_{11}}\right)}{1 + \dfrac{\hat{\lambda}^2\left(D_{11} - \dfrac{B_{11}^2}{A_{11}}\right)}{KA_{55}}} \tag{4.62}$$

---

① $w_0 = w_0^p + w_b$,其中的 w_0^p 代表的是前屈曲变形,而 w_b 代表了屈曲变形。

② 为了对方程解耦,一般需要忽略掉诸如 $\partial^3 w_b / \partial x^3$ 的高阶项。

于是,式(4.59)~式(4.61)的解将具有与式(4.34)相似的形式,即

$$w_b(x) = C_1 \sin(\hat{\lambda}x) + C_2 \cos(\hat{\lambda}x) + C_3 x + C_4 \tag{4.63}$$

$$\phi_x(x) = C_5 \sin(\hat{\lambda}x) + C_6 \cos(\hat{\lambda}x) + C_7 \tag{4.64}$$

$$u_0(x) = C_8 \sin(\hat{\lambda}x) + C_9 \cos(\hat{\lambda}x) + C_{10} x + C_{11} \tag{4.65}$$

应当注意的是,这里的 11 个常数($C_1 \sim C_{11}$)并不都是独立的,将上面这些解回代到耦合方程式(4.56)和式(4.58)中可以确定它们之间的关系,由此可得 5 个关系式,即

$$A_{11} \cdot C_8 + B_{11} \cdot C_5 = 0 \tag{4.66}$$

$$A_{11} \cdot C_9 + B_{11} \cdot C_6 = 0 \tag{4.67}$$

$$-B_{11} \cdot C_8 \cdot \hat{\lambda}^2 - D_{11} \cdot C_5 \cdot \hat{\lambda}^2 - KA_{55}(-C_2 \cdot \hat{\lambda} + C_5) = 0 \tag{4.68}$$

$$-B_{11} \cdot C_9 \cdot \hat{\lambda}^2 - D_{11} \cdot C_6 \cdot \hat{\lambda}^2 - KA_{55}(C_1 \cdot \hat{\lambda} + C_6) = 0 \tag{4.69}$$

$$-KA_{55} \cdot (C_3 + C_7) = 0 \Rightarrow C_3 + C_7 = 0 \tag{4.70}$$

这 5 个关系式将与 6 个边界条件一起共同决定上述的 11 个未知参数 $C_1 \sim C_{11}$。6 个边界条件分别为(参见脚注①)

$$A_{11} \frac{\mathrm{d}u_0}{\mathrm{d}x} + B_{11} \frac{\mathrm{d}\phi_x}{\mathrm{d}x} = -\overline{N}_{xx} \ \text{或} \ u_0 = 0 \tag{4.71}$$

$$KA_{55} \left(\frac{\mathrm{d}w_b}{\mathrm{d}x} + \phi_x \right) - \overline{N}_{xx} \frac{\mathrm{d}w_b}{\mathrm{d}x} = 0 \ \text{或} \ w_b = 0 \tag{4.72}$$

$$B_{11} \frac{\mathrm{d}u_0}{\mathrm{d}x} + D_{11} \frac{\mathrm{d}\phi_x}{\mathrm{d}x} = 0 \ \text{或} \ \phi_x = 0 \tag{4.73}$$

对于分层复合梁中较为常见的简支边界来说,其边界条件关系式可表示为

$$u_0(0) = 0; A_{11} \frac{\mathrm{d}u_0(L)}{\mathrm{d}x} + B_{11} \frac{\mathrm{d}\phi_x(L)}{\mathrm{d}x} = -\overline{N}_{xx} \tag{4.74}$$

$$w_b(0) = 0; w_b(L) = 0 \tag{4.75}$$

$$B_{11} \frac{\mathrm{d}u_0(0)}{\mathrm{d}x} + D_{11} \frac{\mathrm{d}\phi_x(0)}{\mathrm{d}x} = 0; B_{11} \frac{\mathrm{d}u_0(L)}{\mathrm{d}x} + D_{11} \frac{\mathrm{d}\phi_x(L)}{\mathrm{d}x} = 0 \tag{4.76}$$

根据上述关系式也就可以求得 $C_1 \sim C_{11}$,其中 $C_1 \sim C_4$ 如下:

$$C_1 = \frac{B_{11}}{A_{11}} \frac{\left[1 - \cos(\hat{\lambda}L) \right]}{\sin(\hat{\lambda}L)}, C_2 = \frac{B_{11}}{A_{11}}, C_3 = 0, C_4 = -\frac{B_{11}}{A_{11}} \tag{4.77}$$

为了得到屈曲载荷,应令 $w_0(x) \to \infty$,这样也就得到了与一般梁中 CLT 方法完全

136

相同的过程了。

根据常数 C_1 的表达式可以得到如下的特征值：

$$\sin(\hat{\lambda}L)=0 \Rightarrow \hat{\lambda}L=n\pi, n=1,2,3,4,\cdots \tag{4.78}$$

由此可以导得单位宽度上的临界屈曲载荷为

$$(\overline{N}_{xx})_{cr}=\frac{\left(\dfrac{\pi}{L}\right)^2\left(D_{11}-\dfrac{B_{11}^2}{A_{11}}\right)}{1+\dfrac{\left(\dfrac{\pi}{L}\right)^2\left(D_{11}-\dfrac{B_{11}^2}{A_{11}}\right)}{KA_{55}}}=\frac{[(\overline{N}_{xx})_{cr}]_{CLT}}{1+\dfrac{[(\overline{N}_{xx})_{cr}]_{CLT}}{KA_{55}}} \tag{4.79}$$

如果定义如下参数：

$$\Gamma \equiv \frac{[(\overline{N}_{xx})_{cr}]_{CLT}}{KA_{55}} \tag{4.80}$$

那么式(4.79)就可以表示为

$$(\overline{N}_{xx})_{cr}=\frac{[(\overline{N}_{xx})_{cr}]_{CLT}}{1+\Gamma} \tag{4.81}$$

屈曲模式的形状与对称情况中通过 CLT 方法计算得到的结果是类似的，即 $\sin\left(\dfrac{\pi x}{L}\right)$。利用 FSDT 方法计算出的屈曲载荷要比 CLT 方法的计算结果小一些。与前面类似，非对称层合情况下的屈曲载荷也要比对称层合情况（相同的层数）小一些。表4.5 中给出了一些典型的屈曲载荷。

表4.5　基于 FSDT 方法的分层复合柱的屈曲载荷及其相关的屈曲模式

序号	边界条件名称	$[(\overline{N}_{xx})_{cr}]_{CLT}$	单位宽度上的临界屈曲载荷	模式形状
1	SS-SS	$(\overline{N}_{xx})_{cr}=\dfrac{\pi^2}{L^2}\overline{D}_{11}$ [a]	$(\overline{N}_{xx})_{cr}=\dfrac{[(\overline{N}_{xx})_{cr}]_{CLT}}{1+\Gamma}$ [b]	$\sin\left(\dfrac{\pi x}{L}\right)$
2	C-C	$(\overline{N}_{xx})_{cr}=4\dfrac{\pi^2}{L^2}\overline{D}_{11}$	$(\overline{N}_{xx})_{cr}=\dfrac{[(\overline{N}_{xx})_{cr}]_{CLT}}{1+\Gamma}$	$1-\cos\left(\dfrac{2\pi x}{L}\right)$
3	C-F	$(\overline{N}_{xx})_{cr}=\dfrac{\pi^2}{4L^2}\overline{D}_{11}$	$(\overline{N}_{xx})_{cr}=\dfrac{[(\overline{N}_{xx})_{cr}]_{CLT}}{1+\Gamma}$	$1-\cos\left(\dfrac{\pi x}{2L}\right)$
4	F-F	$(\overline{N}_{xx})_{cr}=\dfrac{\pi^2}{L^2}\overline{D}_{11}$	$(\overline{N}_{xx})_{cr}=\dfrac{[(\overline{N}_{xx})_{cr}]_{CLT}}{1+\Gamma}$	$\sin\left(\dfrac{\pi x}{L}\right)$
5	G-F	$(\overline{N}_{xx})_{cr}=\dfrac{\pi^2}{4L^2}\overline{D}_{11}$	$(\overline{N}_{xx})_{cr}=\dfrac{[(\overline{N}_{xx})_{cr}]_{CLT}}{1+\Gamma}$	$\cos\left(\dfrac{\pi x}{2L}\right)$
[a] $\overline{D}_{11}=\left(D_{11}-\dfrac{B_{11}^2}{A_{11}}\right)$。				
[b] $\Gamma \equiv \dfrac{[(\overline{N}_{xx})_{cr}]_{CLT}}{KA_{55}}$。				

4.4　板的屈曲:经典层合板理论方法

4.4.1　简支正交板

利用 CLPT 方法分析分层复合板的屈曲问题可以根据式(4.8)~式(4.10)来进行,其中的时间依赖项和横向载荷 q 均应设定为零。板的屈曲问题是比较复杂的,只有在特定边界条件和特定铺层情况中才能得到封闭解,Leissa[23] 在这一方面曾做了大量工作。其他一些严格解还可以通过纳维方法得到,主要考察的是四边简支的矩形板,或者 Levy 方法,主要考察的是对边简支的板(另外两边可以是任何边界条件)。近似解一般可以借助瑞利 - 里兹法、伽辽金 - 布勃诺夫法或者改进的康托洛维奇方法得到,它们都建立在能量方法基础之上。

这里首先针对一类特殊正交各向异性板进行分析,其弯曲拉伸耦合项 B_{ij} 和弯曲扭转耦合系数 D_{16}、D_{26} 均为零。于是,根据式(4.10)我们有

$$D_{11}\frac{\partial^4 w_0}{\partial x^4} + 2(D_{12} + 2D_{66})\frac{\partial^4 w_0}{\partial x^2 \partial y^2} + D_{22}\frac{\partial^4 w_0}{\partial y^4}$$

$$= -\frac{\partial}{\partial x}\left(N_{xx}\frac{\partial w_0}{\partial x} + N_{xy}\frac{\partial w_0}{\partial y}\right) - \frac{\partial}{\partial y}\left(N_{xy}\frac{\partial w_0}{\partial x} + N_{yy}\frac{\partial w_0}{\partial y}\right) \tag{4.82}$$

假定单位宽度上的载荷是常数压力载荷,那么就可以将上式改写为

$$D_{11}\frac{\partial^4 w_0}{\partial x^4} + 2(D_{12} + 2D_{66})\frac{\partial^4 w_0}{\partial x^2 \partial y^2} + D_{22}\frac{\partial^4 w_0}{\partial y^4} = \overline{N}_{xx}\frac{\partial^2 w_0}{\partial x^2} + 2\overline{N}_{xy}\frac{\partial^2 w_0}{\partial x \partial y} + \overline{N}_{yy}\frac{\partial^2 w_0}{\partial y^2}$$

$$\tag{4.83}$$

式(4.83)针对的是在 x 和 y 方向上受到压力载荷(分别为 $\overline{N}_{xx}$ 和 $\overline{N}_{yy}$)以及剪力 $\overline{N}_{xy}$ 的板,所有这些载荷都是单位宽度上的(图4.6)。

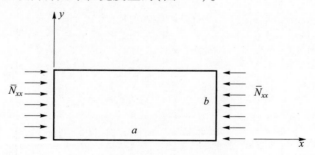

图 4.6　处于单向压缩状态的板

板的边界条件如下。

(1)四边简支:

$$\begin{cases} w_0(x,0) = 0, \ w_0(x,b) = 0, \ w_0(0,y) = 0, \ w_0(a,y) = 0 \\ M_{xx}(0,y) = 0, \ M_{xx}(a,y) = 0, \ M_{yy}(x,0) = 0, \ M_{yy}(x,b) = 0 \end{cases} \quad (4.84)$$

式中

$$M_{xx} = -\left[D_{11}\frac{\partial^2 w_0}{\partial x^2} + D_{12}\frac{\partial^2 w_0}{\partial y^2} \right], M_{yy} = -\left[D_{12}\frac{\partial^2 w_0}{\partial x^2} + D_{22}\frac{\partial^2 w_0}{\partial y^2} \right], M_{xy} = -2D_{66}\frac{\partial^2 w_0}{\partial x \partial y}$$

$$(4.85)$$

（2）四边固支：

$$\begin{cases} w_0(x,0) = 0, \ w_0(x,b) = 0, \ w_0(0,y) = 0, \ w_0(a,y) = 0 \\ \dfrac{\partial w_0(x,0)}{\partial x} = 0, \ \dfrac{\partial w_0(x,b)}{\partial x} = 0, \ \dfrac{\partial w_0(0,y)}{\partial y} = 0, \ \dfrac{\partial w_0(a,y)}{\partial y} = 0 \end{cases} \quad (4.86)$$

（3）四边自由：

$$\begin{cases} M_{xx}(0,y) = 0, \ M_{xx}(a,y) = 0, \ M_{yy}(x,0) = 0, \ M_{yy}(x,b) = 0 \\ V_y(0,y) = 0, \ V_y(a,y) = 0, \ V_x(x,0) = 0, \ V_x(x,b) = 0 \end{cases} \quad (4.87)$$

式中

$$V_x = Q_x + \frac{\partial M_{xy}}{\partial y} \quad V_y = Q_y + \frac{\partial M_{xy}}{\partial x} \quad (4.88)$$

而且

$$\begin{cases} Q_x = \dfrac{\partial M_{xx}}{\partial x} + \dfrac{\partial M_{xy}}{\partial y} + \dfrac{\partial}{\partial x}\left(N_{xy}\dfrac{\partial w_0}{\partial y} - \overline{N}_{xx}\dfrac{\partial w_0}{\partial x} \right) \\ Q_y = \dfrac{\partial M_{yy}}{\partial y} + \dfrac{\partial M_{xy}}{\partial x} + \dfrac{\partial}{\partial y}\left(N_{xy}\dfrac{\partial w_0}{\partial x} - \overline{N}_{yy}\dfrac{\partial w_0}{\partial y} \right) \end{cases} \quad (4.89)$$

注意：式（4.85）给出的实际上就是单位宽度上的力矩 M_{xx}、M_{yy} 和 M_{xy}。

对于四边简支边界条件的矩形板，当它仅在 x 方向上受力时（即 $N_{xy} = N_{yy} = 0$），式（4.84）可以化为

$$\begin{cases} w_0(x,0) = 0, \ w_0(x,b) = 0, \ w_0(0,y) = 0, \ w_0(a,y) = 0 \\ \dfrac{\partial^2 w_0(x,0)}{\partial x^2} = 0, \ \dfrac{\partial^2 w_0(x,b)}{\partial x^2} = 0, \ \dfrac{\partial^2 w_0(0,y)}{\partial y^2} = 0, \ \dfrac{\partial^2 w_0(a,y)}{\partial y^2} = 0 \end{cases} \quad (4.90)$$

在求解式（4.83）时可将满足这一边界条件的面外位移 w_0 形式解代入，这个形式解为

$$w_0 = C_{mn}\sin\frac{m\pi x}{a}\sin\frac{n\pi y}{b}, \quad m,n = 1,2,3,\cdots \quad (4.91)$$

式中：C_{mn} 为幅值。

由此不难导出单位宽度上的临界载荷为(此处的宽度为 b)

$$(\overline{N}_{xx})_{cr} = \pi^2 \left[D_{11}\left(\frac{m}{a}\right)^2 + 2(D_{12}+2D_{66})\left(\frac{n}{b}\right)^2 + D_{22}\left(\frac{n}{b}\right)^4\left(\frac{a}{m}\right)^2 \right] \quad (4.92)$$

式(4.92)是 m 和 n 的函数,它们分别代表的是 x 和 y 方向上的半波数。很明显,当 $n=1$ 时可取得最小值。若定义如下的无量纲(类似于文献[23]的做法):

$$K_x \equiv \frac{\overline{N}_{xx} \cdot b^2}{D_{22}} \quad (4.93)$$

那么,就可以将式(4.92)改写为如下形式:

$$\frac{K_x}{\pi^2} = \left[\frac{D_{11}}{D_{22}}\left(\frac{b}{a}\right)^2 m^2 + 2\left(\frac{D_{12}}{D_{22}} + 2\frac{D_{66}}{D_{22}}\right) + \left(\frac{a}{b}\right)^2 \frac{1}{m^2} \right] \quad (4.94)$$

对于给定的 D_{11}、D_{22}、D_{12} 和 D_{66} 值,式(4.94)反映了 K_x 与尺寸比 a/b 和 m 之间的函数关系,由此不难找到最小的 K_x。图4.7 给出了三种不同的 D_{11}/D_{22} 值情况下的函数图像,其中 $(D_{12}+2D_{66})/D_{22}=1$。对于这些参数的其他取值,我们也可得到类似的曲线。

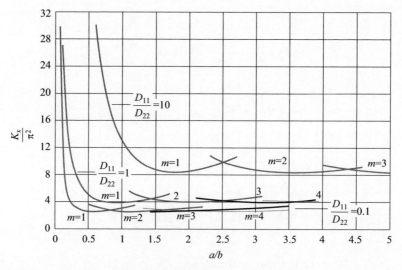

图4.7　四边简支的矩形板的单轴屈曲:三种 D_{11}/D_{22} 值情况,$(D_{12}+2D_{66})/D_{22}=1$

在式(4.94)对应的每条曲线上,最小值出现在

$$\frac{a}{b} = m \cdot \sqrt[4]{\frac{D_{11}}{D_{22}}} \quad (4.95)$$

此时,有

$$\left(\frac{K_x}{\pi^2}\right)_{min} = 2\left(\sqrt{\frac{D_{11}}{D_{22}}} + \frac{D_{12}}{D_{22}} + 2\frac{D_{66}}{D_{22}}\right) \quad (4.96)$$

140

如果板的两个方向上都受到了载荷作用,如图4.8所示,那么在四边简支边界条件下,可以利用式(4.91),将其代入式(4.83)中($\overline{N}_{xy}=0$)。由此可导得如下方程(此处只考虑绝对值):

$$\overline{N}_{xx}\left(\frac{m}{a}\right)^2 + \overline{N}_{yy}\left(\frac{n}{b}\right)^2 = \pi^2\left[D_{11}\left(\frac{m}{a}\right)^4 + 2(D_{12}+2D_{66})\left(\frac{m}{a}\right)^2\left(\frac{n}{b}\right)^2 + D_{22}\left(\frac{n}{b}\right)^4\right]$$

(4.97)

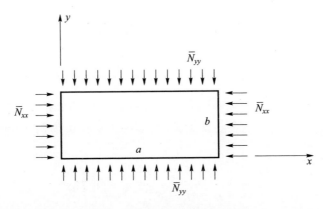

图4.8 处于双向压缩状态的板

将式(4.97)除以$\left(\dfrac{m}{a}\right)^2$并记$\alpha \equiv \dfrac{\overline{N}_{yy}}{\overline{N}_{xx}}$,则有

$$(\overline{N}_{xx})_{cr} = \pi^2 \frac{\left[D_{11}\left(\frac{m}{a}\right)^2 + 2(D_{12}+2D_{66})\left(\frac{n}{b}\right)^2 + D_{22}\left(\frac{n}{b}\right)^4\left(\frac{a}{m}\right)^2\right]}{1 + \alpha\left(\frac{a}{b}\right)^2\left(\frac{n}{m}\right)^2}$$

(4.98)

或者

$$\frac{K_x}{\pi^2} = \frac{\left[D_{11}\left(\frac{m}{a}\right)^2 + 2(D_{12}+2D_{66})\left(\frac{n}{b}\right)^2 + D_{22}\left(\frac{n}{b}\right)^4\left(\frac{a}{m}\right)^2\right]}{1 + \alpha\left(\frac{a}{b}\right)^2\left(\frac{n}{m}\right)^2}$$

(4.99)

对于两个方向都受到载荷的情况来说,$n=1$不一定对应于最小压力载荷,因此需要对m和n的多种组合进行临界屈曲载荷计算之后才能最终确定。

图4.9给出的是受到纯剪力载荷作用的简支矩形板情况,这种情况要比前面的两种复杂一些。所需求解的方程可以表示为

$$D_{11}\frac{\partial^4 w_0}{\partial x^4} + 2(D_{12}+2D_{66})\frac{\partial^4 w_0}{\partial x^2\partial y^2} + D_{22}\frac{\partial^4 w_0}{\partial y^4} = 2\overline{N}_{xy}\frac{\partial^2 w_0}{\partial x\partial y}$$

(4.100)

这种情况下不存在解析解,即便是四边简支的矩形板这种简单情况。

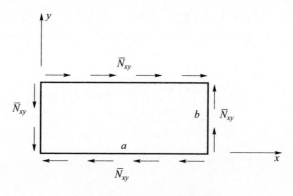

图 4.9　处于剪切状态的板

在文献[24]中考察了一种特殊情形,它是针对 x 方向无限长的板的($a/b\to\infty$),且忽略弯曲刚度 D_{11}。对于这种特殊的情形,即假定了长边为简支边界,其精确解的形式为

$$\frac{\overline{N}_{xy}\cdot b^2}{4\sqrt{[D_{22}(D_{12}+2D_{66})]}}=11.71 \tag{4.101}$$

对于这一特殊情形,Leissa[23]曾经给出过另一有趣的求解方法,在分析式(4.100)时他假定位移具有如下形式:

$$w(x,y)=f(y)\mathrm{e}^{\mathrm{i}\kappa\frac{x}{b}} \tag{4.102}$$

式中:$i=\sqrt{-1}$;b 为板宽;κ 为待确定的波长参数(常数)。将式(4.102)代入式(4.100)可以得到

$$D_{11}\left(\frac{\kappa}{b}\right)^4 f(y)-2(D_{12}+2D_{66})\left(\frac{\kappa}{b}\right)^2\frac{\mathrm{d}^2 f(y)}{\mathrm{d}y^2}+D_{22}\frac{\mathrm{d}^4 f(y)}{\mathrm{d}y^4}-2\mathrm{i}\,\overline{N}_{xy}\left(\frac{\kappa}{b}\right)\frac{\mathrm{d}f(y)}{\mathrm{d}y}=0 \tag{4.103}$$

式(4.103)的解具有如下形式:

$$f(y)=A_1\mathrm{e}^{\mathrm{i}\beta_1\frac{y}{b}}+A_2\mathrm{e}^{\mathrm{i}\beta_2\frac{y}{b}}+A_3\mathrm{e}^{\mathrm{i}\beta_3\frac{y}{b}}+A_4\mathrm{e}^{\mathrm{i}\beta_4\frac{y}{b}} \tag{4.104}$$

式中:β_1、β_2、β_3 和 β_4 是式(4.103)对应的四次多项式方程的根。

将 $y=0$ 和 $y=b$ 处的简支边界条件代入式(4.104)中,可以得到一个四阶特征行列式,其中 κ 和 $\overline{N}_{xy}$ 为自由参数。对于每个 κ 值,至少存在一个 $\overline{N}_{xy}$。对于单位宽度上的剪力载荷来说,临界值应为最低的那个。文献[23]中已经指出,解是由参数 $\sqrt{D_{11}/D_{22}}/[(D_{12}+2D_{66})/D_{22}]$ 决定的。当 $1\leqslant\sqrt{D_{11}/D_{22}}/[(D_{12}+2D_{66})/D_{22}]\leqslant\infty$ 时,$\overline{N}_{xy}$ 临界值可根据下式来确定:

$$K_{shear} = \frac{\overline{N}_{xy} b^2}{D_{22}} = k_1 \sqrt[4]{\frac{D_{11}}{D_{22}}} \qquad (4.105)$$

$$\kappa = k_2 \cdot b \cdot \sqrt[4]{\frac{D_{11}}{D_{22}}} \qquad (4.106)$$

当 $0 \leqslant \sqrt{D_{11}/D_{22}}/[(D_{12}+2D_{66})/D_{22}] \leqslant 1$ 时, $\overline{N}_{xy}$ 临界值可根据下式计算:

$$K_{shear} = \frac{\overline{N}_{xy} b^2}{D_{22}} = k_3 \sqrt{\frac{D_{12}+2D_{66}}{D_{22}}} \qquad (4.107)$$

$$\kappa = k_4 \cdot b \cdot \sqrt{\frac{D_{12}+2D_{66}}{D_{22}}} \qquad (4.108)$$

式(4.105)~式(4.108)中出现的系数 $k_1 \sim k_4$ 参见表4.6。

对于其他情况,可以借助能量方法求出近似解,参见本章附录B。

表4.6　简支无限条板受剪切载荷作用:屈曲参数的系数

$\dfrac{\sqrt{D_{11}/D_{22}}}{(D_{12}+2D_{66})/D_{22}}$	k_1	k_2	k_3	k_4
0.0	—	—	46.84	—
0.05	—	—	—	1.92
0.20	—	—	47.20	1.94
0.50	—	—	48.80	2.07
1.00	52.68	2.49	52.68	2.49
2.00	43.20	2.28	—	—
3.00	39.80	2.16	—	—
5.00	37.00	2.13	—	—
10.00	35.00	2.08	—	—
20.00	34.00	—	—	—
30.00	—	2.05	—	—
40.00	33.0	—	—	—
∞	32.5	—	—	—

数据源自于 A. W. Leissa, Buckling of Laminated Composite Plates and Shell Panels, AFWAL-TR- 85-3069, June 1985。

4.4.2　对边简支的正交板

利用 Lévy 方法可以求解一组对边简支而另一组对边为任意边界情况(固支、自由或其他组合边界)下的矩形板的屈曲问题,一般针对的是面内载荷恒定且无剪切

载荷的情形。这种情况下式(4.83)可以表示为

$$D_{11}\frac{\partial^4 w_0}{\partial x^4} + 2(D_{12} + 2D_{66})\frac{\partial^4 w_0}{\partial x^2 \partial y^2} + D_{22}\frac{\partial^4 w_0}{\partial y^4} = \overline{N}_{xx}\frac{\partial^2 w_0}{\partial x^2} + \overline{N}_{yy}\frac{\partial^2 w_0}{\partial y^2} \qquad (4.109)$$

假定上式具有如下形式解:

$$w_0(x,y) = F_n(x)\sin\frac{n\pi y}{b}, n = 1,2,3 \qquad (4.110)$$

然后将它代入原方程可得

$$D_{11}\frac{\mathrm{d}^4 F_n(x)}{\mathrm{d}x^4} - \left[2(D_{12} + 2D_{66})\left(\frac{n\pi}{b}\right)^2 + \overline{N}_{xx}\right]\frac{\mathrm{d}^2 F_n(x)}{\mathrm{d}x^2}$$

$$+ \left[D_{22}\left(\frac{n\pi}{b}\right)^4 + \overline{N}_{yy}\left(\frac{n\pi}{b}\right)^2\right]F_n(x) = 0 \qquad (4.111)$$

式(4.111)的一般解可以设为如下形式:

$$F_n(x) = C_1\sinh(\lambda_1 x) + C_2\cosh(\lambda_1 x) + C_3\sin(\lambda_2 x) + C_4\cos(\lambda_2 x) \qquad (4.112)$$

其中的 λ_1 和 λ_2 是如下特征方程的根:

$$D_{11}\lambda^4 - \left[2(D_{12} + 2D_{66})\left(\frac{n\pi}{b}\right)^2 + \overline{N}_{xx}\right]\lambda^2 + \left[D_{22}\left(\frac{n\pi}{b}\right)^4 + \overline{N}_{yy}\left(\frac{n\pi}{b}\right)^2\right] = 0$$

$$(4.113)$$

这些特征根为

$$(\lambda_1)^2 = \frac{1}{D_{11}}\left[B + \sqrt{B^2 - D_{11}C}\right]$$

$$(\lambda_2)^2 = \frac{1}{D_{11}}\left[-B + \sqrt{B^2 - D_{11}C}\right] \qquad (4.114)$$

其中:

$$B = \left[(D_{12} + 2D_{66})\left(\frac{n\pi}{b}\right)^2 + \frac{\overline{N}_{xx}}{2}\right], C = \left[D_{22}\left(\frac{n\pi}{b}\right)^4 + \overline{N}_{yy}\left(\frac{n\pi}{b}\right)^2\right] \qquad (4.115)$$

这里的常数 $C_1 \sim C_4$ 需要利用 $x = 0$ 和 $x = a$ 处的边界条件来确定。例如,如果它们均为固支边界,那么有

$$F_n(0) = F_n(a) = 0, \frac{\mathrm{d}F_n(0)}{\mathrm{d}x} = \frac{\mathrm{d}F_n(a)}{\mathrm{d}x} \qquad (4.116)$$

相关的特征值问题形式如下:

$$\begin{bmatrix} 0 & 1 & 0 & 1 \\ \lambda_1 & 0 & \lambda_2 & 0 \\ \sinh(\lambda_1 a) & \cosh(\lambda_1 a) & \sin(\lambda_2 a) & \cos(\lambda_2 a) \\ \lambda_1\cosh(\lambda_1 a) & \lambda_1\sinh(\lambda_1 a) & \lambda_2\cos(\lambda_2 a) & -\lambda_2\sin(\lambda_2 a) \end{bmatrix}\begin{Bmatrix} C_1 \\ C_2 \\ C_3 \\ C_4 \end{Bmatrix} = \begin{Bmatrix} 0 \\ 0 \\ 0 \\ 0 \end{Bmatrix}$$

$$(4.117)$$

为得到非平凡解,系数矩阵的行列式必须为零,由此可得如下特征方程:

$$2\lambda_1\lambda_2[1 - \cosh(\lambda_1 a)\cos(\lambda_2 a)] + (\lambda_1^2 - \lambda_2^2)\sinh(\lambda_1 a)\sin(\lambda_2 a) = 0 \quad (4.118)$$

对上式进行数值求解即可得到板的屈曲载荷,它是长宽比 a/b 的函数。

关于一组对边简支的矩形板的其他边界情况也可做类似的分析,此处不再赘述。

4.4.3 不对称正交板

一般来说,分层复合板中的组分层不一定关于中面对称,这种情况称为不对称层合板。图 4.10 中给出了一些典型的对称、反对称和不对称形式的正交铺设构型(其中的"规则"是指各个组分层厚度相同)。

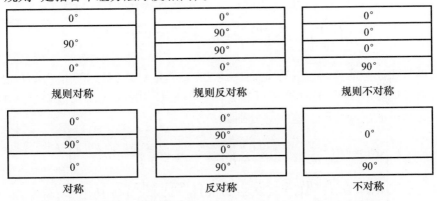

图 4.10　正交层合板:(规则)对称,(规则)反对称,(规则)不对称

我们首先来考虑四边简支矩形板。不对称情况下共有四种可能的简支边界情形,分别可以表示为(参阅文献[23])

$$\begin{cases} SS1: w = M_n = u_n = u_t = 0 \\ SS2: w = M_n = N_n = u_t = 0 \\ SS3: w = M_n = u_n = N_{nt} = 0 \\ SS4: w = M_n = N_n = N_{nt} = 0 \end{cases} \quad (4.119)$$

式中:n 和 t 分别代表的是给定边界上的法线和切线方向;M_n、N_n 和 N_{nt} 分别代表了板边 $x = \text{const}$ 或 $y = \text{const}$ 处单位宽度上的弯矩、法向力和剪力,它们可以表示为位移 u、v 和 w_0 的函数形式。

根据文献[23]可知,对于不对称层合矩形板受到均匀双轴向载荷作用($\overline{N}_{xx} = \text{const}$,$\overline{N}_{yy} = \text{const}$,$\overline{N}_{xy} = 0$)的情况,我们一般只能获得两个封闭形式解。一个解是针对四边均为 SS2 边界的正交铺层情况,另一个则针对的是四边均为 SS3 边界的斜交铺层情况。

对于不对称正交铺设的层合板,我们有 $A_{16} = A_{26} = B_{16} = B_{26} = D_{16} = D_{26} = 0$。对于

145

反对称层合板,进一步应加上 $A_{11} = A_{22}$、$D_{11} = D_{22}$、$B_{11} = -B_{22}$ 以及 $B_{12} = B_{66} = 0$ 这些条件。如果在不对称正交铺设层合板的 $x = 0$、$x = a$、$y = 0$ 和 $y = b$ 处为 SS2 边界,那么三个位移的精确解为

$$u(x,y) = A_{mn}\cos\frac{m\pi x}{a}\sin\frac{n\pi y}{b}$$

$$v(x,y) = B_{mn}\sin\frac{m\pi x}{a}\cos\frac{n\pi y}{b} \qquad (4.120)$$

$$w_0(x,y) = C_{mn}\sin\frac{m\pi x}{a}\sin\frac{n\pi y}{b}$$

将上式代入式(C.1)(方程的矩阵形式可参见本章附录 C),则有

$$\overline{N}_{xx}\left(\frac{m\pi}{a}\right)^2 + \overline{N}_{yy}\left(\frac{n\pi}{b}\right)^2 = \hat{\alpha}_{33} + \frac{2\,\hat{\alpha}_{12}\hat{\alpha}_{13}\hat{\alpha}_{23} - \hat{\alpha}_{11}\hat{\alpha}_{13}^2}{\hat{\alpha}_{11}\hat{\alpha}_{22} - \hat{\alpha}_{12}^2} \qquad (4.121)$$

这里需要注意的是,$\overline{N}_{xx}$ 和 $\overline{N}_{yy}$ 是面内压力,$\hat{\alpha}_{ij}$ 项是对式(4.120)给出的位移表达式进行算子运算的结果(这些算子可参见本章附录 C 中的式 C.2),这里针对的是不对称正交铺设的层合情况。这些 $\hat{\alpha}_{ij}$ 分别为

$$\begin{cases} \hat{\alpha}_{11} = A_{11}\left(\frac{m\pi}{a}\right)^2 + A_{66}\left(\frac{n\pi}{b}\right)^2,\ \hat{\alpha}_{22} = A_{22}\left(\frac{n\pi}{b}\right)^2 + A_{66}\left(\frac{m\pi}{a}\right)^2 \\[2mm] \hat{\alpha}_{33} = D_{11}\left(\frac{m\pi}{a}\right)^4 + 2(D_{12} + 2D_{66})\left(\frac{m\pi}{a}\right)^2\left(\frac{n\pi}{b}\right)^2 + D_{22}\left(\frac{n\pi}{b}\right)^4 \\[2mm] \hat{\alpha}_{12} = \hat{\alpha}_{21} = (A_{12} + A_{66})\left(\frac{m\pi}{a}\right)\left(\frac{n\pi}{b}\right) \\[2mm] \hat{\alpha}_{13} = \hat{\alpha}_{31} = B_{11}\left(\frac{m\pi}{a}\right)^3 + (B_{12} + 2B_{66})\left(\frac{m\pi}{a}\right)\left(\frac{n\pi}{b}\right)^2 \\[2mm] \hat{\alpha}_{23} = \hat{\alpha}_{32} = (B_{12} + 2B_{66})\left(\frac{m\pi}{a}\right)^2\left(\frac{n\pi}{b}\right) + B_{22}\left(\frac{n\pi}{b}\right)^3 \end{cases} \qquad (4.122)$$

可以发现,对于对称层合板($B_{ij} = 0$)来说式(4.121)的右边变成了 $\hat{\alpha}_{33}$,这与式(4.83)是十分相似的(当剪力 $\overline{N}_{xy}$ 为零时)。

Jones[25] 考察过反对称正交铺设的石墨环氧树脂板,其中带有不同数量的组分层,如图 4.11 所示。当层数趋于无穷时,B_{11} 趋于零,进而使得不对称层合板的计算结果趋于正交板的结果。图 4.12 给出了单轴屈曲载荷随杨氏模量比 E_1/E_2 的变化情况,针对的是一块反对称正交铺设的矩形层合板。载荷参数是针对正交板的临界载荷 $\overline{N}_{xx0}(B_{11} = 0)$ 归一化的。可以看出,随着模量比的降低(从石墨环氧树脂的 40 开始,参见图 4.12),弯曲拉伸耦合的影响在缓慢地减小。与正交情况相比,两层石墨环氧树脂方板的屈曲载荷降低了大约 65%。不过,随着层数的增加这种耦合的影响将会迅速消失,例如对于六层情况,屈曲载荷的降低量只有大约 7% 了。

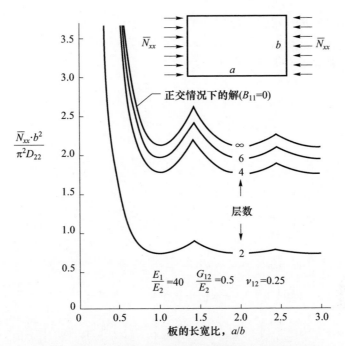

图 4.11　反对称正交层合矩形板的单轴无量纲屈曲载荷

（源自 R. M. Jones，Buckling and vibration of unsymmetrically laminated cross-
ply rectangular plates，AIAA Journal 11（12）（1973）1626 – 1632。）

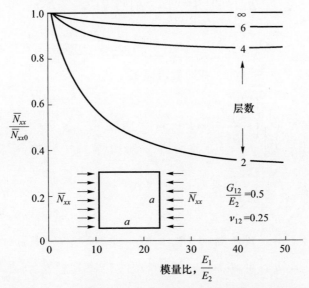

图 4.12　反对称正交层合矩形板的单轴屈曲载荷相对值

（源自 R. M. Jones，Buckling and vibration of unsymmetrically laminated cross-ply rectangular plates，
AIAA Journal 11（12）（1973）1626 – 1632。）

另一种封闭解是针对反对称斜交铺设的层合板的,可参阅文献[5,26]。这种情况中我们有 $A_{16} = A_{26} = D_{16} = D_{26} = B_{11} = B_{22} = B_{12} = 0$。如果在 $x = 0$、$x = a$、$y = 0$ 和 $y = b$ 处为 SS3 边界,那么位移解可以表示为

$$u(x,y) = A_{mn}\sin\frac{m\pi x}{a}\cos\frac{n\pi y}{b}$$

$$v(x,y) = B_{mn}\cos\frac{m\pi x}{a}\sin\frac{n\pi y}{b} \tag{4.123}$$

$$w_0(x,y) = C_{mn}\sin\frac{m\pi x}{a}\sin\frac{n\pi y}{b}$$

与前面对 SS2 边界情况的处理方式类似,可以将上式代入式(C.1)中,从而得到

$$\overline{N}_{xx}\left(\frac{m\pi}{a}\right)^2 + \overline{N}_{yy}\left(\frac{n\pi}{b}\right)^2 = \hat{\alpha}_{33} + \frac{2\,\hat{\alpha}_{12}\hat{\alpha}_{13}\hat{\alpha}_{23} - \hat{\alpha}_{11}\hat{\alpha}_{13}^2}{\hat{\alpha}_{11}\hat{\alpha}_{22} - \hat{\alpha}_{12}^2} \tag{4.124}$$

同样地,$\overline{N}_{xx}$ 和 $\overline{N}_{yy}$ 是面内压力,而 $\hat{\alpha}_{ij}$ 分别为

$$\begin{cases}
\hat{\alpha}_{11} = -A_{11}\left(\dfrac{m\pi}{a}\right)^2 - A_{66}\left(\dfrac{n\pi}{b}\right)^2,\hat{\alpha}_{22} = -A_{22}\left(\dfrac{n\pi}{b}\right)^2 - A_{66}\left(\dfrac{m\pi}{a}\right)^2 \\[2mm]
\hat{\alpha}_{33} = D_{11}\left(\dfrac{m\pi}{a}\right)^4 + 2(D_{12}+2D_{66})\left(\dfrac{m\pi}{a}\right)^2\left(\dfrac{n\pi}{b}\right)^2 + D_{22}\left(\dfrac{n\pi}{b}\right)^4 \\[2mm]
\hat{\alpha}_{12} = \hat{\alpha}_{21} = -(A_{12}+A_{66})\left(\dfrac{m\pi}{a}\right)\left(\dfrac{n\pi}{b}\right) \\[2mm]
\hat{\alpha}_{13} = \hat{\alpha}_{31} = 3B_{16}\left(\dfrac{m\pi}{a}\right)^2\left(\dfrac{n\pi}{b}\right) + B_{26}\left(\dfrac{n\pi}{b}\right)^3 \\[2mm]
\hat{\alpha}_{23} = \hat{\alpha}_{32} = B_{16}\left(\dfrac{m\pi}{a}\right)^3 + 3B_{26}\left(\dfrac{m\pi}{a}\right)\left(\dfrac{n\pi}{b}\right)^2
\end{cases} \tag{4.125}$$

于是单位宽度上的临界屈曲载荷就可以表示为

$$\overline{N}_{xx} = \frac{\pi^2}{a^2\left[m^2 + n^2\left(\dfrac{\overline{N}_{yy}}{\overline{N}_{xx}}\right)r\right]}\left\{\begin{array}{l} D_{11}m^4 + 2(D_{12}+2D_{66})m^2n^2r^2 + D_{22}n^4r^4 \\[2mm] -\dfrac{1}{\beta_1}\left[\beta_2 m^2(B_{16}m^2 + 3B_{26}n^2r^2) + \beta_3 n^2r^2(3B_{16}m^2 + B_{26}n^2r^2)\right] \end{array}\right\}$$

$$\tag{4.126}$$

其中,$r = a/b$,且有

$$\begin{cases}
\beta_1 = (A_{11}m^2 + A_{66}n^2r^2)(A_{66}m^2 + A_{22}n^2r^2) - (A_{12}+A_{66})m^2n^2r^2 \\[2mm]
\beta_2 = (A_{11}m^2 + A_{66}n^2r^2)(B_{16}m^2 + 3B_{26}n^2r^2) - (A_{12}+A_{66})(3B_{16}m^2 + B_{26}n^2r^2)n^2r^2 \\[2mm]
\beta_3 = (A_{66}m^2 + A_{22}n^2r^2)(3B_{16}m^2 + B_{26}n^2r^2) - (A_{12}+A_{66})(B_{16}m^2 + 3B_{26}n^2r^2)m^2
\end{cases}$$

$$\tag{4.127}$$

图 4.13 和图 4.14 给出了不对称斜交铺设的层合方板的典型屈曲载荷情况,分别针对的是单轴和双轴加载情况,表 4.7 列出了一些典型的值,可参阅文献[27]。

148

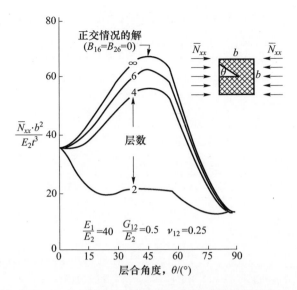

图 4.13　反对称斜交层合矩形板的单轴屈曲载荷

（源自 R. M. Jones, H. S. Morgan, J. M. Whitney, Buckling and vibration of antisymmetrically laminated angle-ply rectangular plates, Transactions of the ASME, Journal of Applied Mechanics 12(1973) 1143 – 1144。）

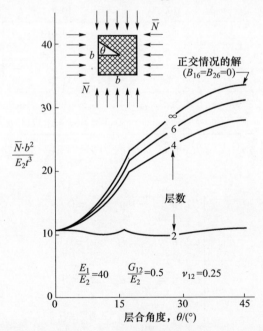

图 4.14　反对称斜交层合矩形板的双轴压缩下的屈曲载荷

（源自 R. M. Jones, H. S. Morgan, J. M. Whitney, Buckling and vibration of antisymmetrically laminated angle-ply rectangular plates, Transactions of the ASME, Journal of Applied Mechanics 12(1973) 1143 – 1144。）

表 4.7　反对称层合石墨/环氧树脂板的单轴和双轴屈曲
载荷（$E_1/E_2 = 40, G_{12}/E_2 = 40, \nu_{12} = 0.25$）

$\theta/(°)$	层数			
	2	4	6	∞（正交情形）
	$(\overline{N} \cdot b^2)/(E_2 t^3)$			
单轴加载				
0	35.831	35.831	35.831	35.831
15	21.734	38.253	41.313	43.760
30	20.441	49.824	55.265	59.619
45	21.709	56.088	62.455	67.548
60	19.392($m=2$)	45.434($m=2$)	50.257($m=2$)	54.115($m=2$)
75	12.915($m=2$)	22.075($m=2$)	23.772($m=2$)	25.129($m=2$)
90	13.132($m=3$)	13.132($m=3$)	13.132($m=3$)	13.132($m=3$)
双轴加载				
0	10.871	10.871	10.871	10.871
15	10.332	17.660	19.017	20.103
30	10.220	24.912	27.633	29.809
45	10.854	28.044	31.227	33.774

数据源自于 R. M. Jones, H. S. Morgan, J. M. Whitney, Buckling and vibration of antisymmetrically laminated angle-ply rectangular plates, Transactions of the ASME, Journal of Applied Mechanics 12(1973) 1143 – 1144。

对于所有边界均为固支情况的板,其面内边界条件包括四种形式的固支情形,分别为

$$\begin{cases} C1 : w = \dfrac{\partial w}{\partial n} = u_n = u_t = 0 \\[2mm] C2 : w = \dfrac{\partial w}{\partial n} = N_n = u_t = 0 \\[2mm] C3 : w = \dfrac{\partial w}{\partial n} = u_n = N_{nt} = 0 \\[2mm] C4 : w = \dfrac{\partial w}{\partial n} = N_n = N_{nt} = 0 \end{cases} \tag{4.128}$$

对于这些边界条件(也包括其他组合形式),一般是难以得到其封闭解的。Whitney[28,29]曾针对 ±45°斜交铺设的方板计算了 $C1$、$C2$ 和 $C3$ 边界下的屈曲载荷,其中采用了级数方法[5,26]。

150

4.5 板的屈曲:一阶剪切变形板理论方法

4.5.1 简支对称板

这里我们考虑一块矩形层合板,边界为 SS1 情形,利用纳维方法来进行求解。这些边界条件可以表示为

$$
\begin{cases}
u_0(x,0)=0, \; u_0(x,b)=0, \; v_0(0,y)=0, \; v_0(0,b)=0 \\[4pt]
w_0(x,0)=0, \; w_0(x,b)=0, \; w_0(0,y)=0, \; w_0(0,b)=0 \\[4pt]
\phi_x(x,0)=0, \; \phi_x(x,b)=0, \; \phi_y(0,y)=0, \; \phi_y(0,b)=0 \\[4pt]
N_{xx}(0,y)=0, \; N_{xx}(a,y)=0, \; N_{yy}(x,0)=0, \; N_{yy}(x,b)=0 \\[4pt]
M_{xx}(0,y)=0, \; M_{xx}(a,y)=0, \; M_{yy}(x,0)=0, \; M_{yy}(x,b)=0
\end{cases}
\tag{4.129}
$$

为满足上面这些边界条件的要求,可以选择如下的位移形式解:

$$
\begin{cases}
u(x,y)=U_{mn}\cos\dfrac{m\pi x}{a}\sin\dfrac{n\pi y}{b} \\[10pt]
v(x,y)=V_{mn}\sin\dfrac{m\pi x}{a}\cos\dfrac{n\pi y}{b} \\[10pt]
w_0(x,y)=W_{mn}\sin\dfrac{m\pi x}{a}\sin\dfrac{n\pi y}{b} \\[10pt]
\phi_y(x,y)=E_{mn}\cos\dfrac{m\pi x}{a}\sin\dfrac{n\pi y}{b} \\[10pt]
\phi_x(x,y)=\overline{E}_{mn}\sin\dfrac{m\pi x}{a}\cos\dfrac{n\pi y}{b}
\end{cases}
\tag{4.130}
$$

将上式代入式(4.19)~式(4.23)可以看出,A_{45}、A_{16}、A_{26}、B_{16}、B_{26}、D_{16} 和 D_{26} 等项必须为零才能得到纳维问题的解,这就意味着所假定的三角函数形式解彼此相消而只剩下了常数项。因此,这些方程就可以表示为(忽略高阶项和单位面积外载 q,并去掉时间导数项):

$$
A_{11}\left(\frac{\partial^2 u_0}{\partial x^2}\right)+A_{12}\left(\frac{\partial^2 v_0}{\partial x \partial y}\right)+A_{66}\left(\frac{\partial^2 u_0}{\partial y^2}+\frac{\partial^2 v_0}{\partial x \partial y}\right)+B_{11}\frac{\partial^2 \phi_x}{\partial x^2}+B_{12}\frac{\partial^2 \phi_y}{\partial x \partial y}
$$

$$
+B_{66}\left(\frac{\partial^2 \phi_x}{\partial y^2}+\frac{\partial^2 \phi_y}{\partial x \partial y}\right)=0
\tag{4.131}
$$

$$
A_{22}\left(\frac{\partial^2 v_0}{\partial y^2}\right)+A_{12}\left(\frac{\partial^2 u_0}{\partial x \partial y}\right)+A_{66}\left(\frac{\partial^2 u_0}{\partial x \partial y}+\frac{\partial^2 v_0}{\partial x^2}\right)+B_{12}\frac{\partial^2 \phi_x}{\partial x \partial y}+B_{22}\frac{\partial^2 \phi_y}{\partial y^2}
$$

$$
+B_{66}\left(\frac{\partial^2 \phi_x}{\partial x \partial y}+\frac{\partial^2 \phi_y}{\partial x^2}\right)=0
\tag{4.132}
$$

$$KA_{44}\left(\frac{\partial^2 w_0}{\partial y^2}+\frac{\partial\phi_y}{\partial y}\right)+KA_{55}\left(\frac{\partial^2 w_0}{\partial x^2}+\frac{\partial\phi_x}{\partial x}\right)+\frac{\partial}{\partial x}\left(N_{xx}\frac{\partial w_0}{\partial x}\right)+\frac{\partial}{\partial y}\left(N_{yy}\frac{\partial w_0}{\partial y}\right)=0$$

$$(4.133)$$

$$B_{11}\left(\frac{\partial^2 u_0}{\partial x^2}\right)+B_{12}\left(\frac{\partial^2 v_0}{\partial x\partial y}\right)+B_{66}\left(\frac{\partial^2 v_0}{\partial x\partial y}+\frac{\partial^2 u_0}{\partial y^2}\right)+D_{11}\frac{\partial^2\phi_x}{\partial x^2}+D_{12}\frac{\partial^2\phi_y}{\partial x\partial y}$$

$$+D_{66}\left(\frac{\partial^2\phi_y}{\partial x\partial y}+\frac{\partial^2\phi_x}{\partial y^2}\right)-KA_{55}\left(\frac{\partial w_0}{\partial x}+\phi_x\right)=0$$

$$(4.134)$$

$$B_{12}\left(\frac{\partial^2 u_0}{\partial x\partial y}\right)+B_{22}\left(\frac{\partial^2 v_0}{\partial y^2}\right)+B_{66}\left(\frac{\partial^2 u_0}{\partial x\partial y}+\frac{\partial^2 v_0}{\partial x^2}\right)+D_{12}\frac{\partial^2\phi_x}{\partial x\partial y}+D_{22}\frac{\partial^2\phi_y}{\partial y^2}$$

$$+D_{66}\left(\frac{\partial^2\phi_x}{\partial x\partial y}+\frac{\partial^2\phi_y}{\partial x^2}\right)-KA_{44}\left(\frac{\partial w_0}{\partial y}+\phi_y\right)=0$$

$$(4.135)$$

根据文献[6]的做法,引入常数面内载荷后可以得到如下矩阵形式的结果:

$$\begin{bmatrix} \hat{\alpha}_{11} & \hat{\alpha}_{12} & 0 & \hat{\alpha}_{14} & \hat{\alpha}_{15} \\ \hat{\alpha}_{21} & \hat{\alpha}_{22} & 0 & \hat{\alpha}_{24} & \hat{\alpha}_{25} \\ 0 & 0 & \hat{\alpha}_{33} & \hat{\alpha}_{34} & \hat{\alpha}_{34} \\ \hat{\alpha}_{41} & \hat{\alpha}_{42} & \hat{\alpha}_{43} & \hat{\alpha}_{44} & \hat{\alpha}_{45} \\ \hat{\alpha}_{51} & \hat{\alpha}_{52} & \hat{\alpha}_{53} & \hat{\alpha}_{54} & \hat{\alpha}_{55} \end{bmatrix} \begin{Bmatrix} U_{mn} \\ V_{mn} \\ W_{mn} \\ \overline{E}_{mn} \\ E_{mn} \end{Bmatrix} = \begin{Bmatrix} 0 \\ 0 \\ 0 \\ 0 \\ 0 \end{Bmatrix} \qquad (4.136)$$

其中的$\hat{\alpha}_{ij}$已在本章附录 D 中给出。为了得到非平凡解,上式中的系数矩阵行列式必须为零,由此也就可以得到单位宽度上的屈曲载荷了。当然,对于对称层合情况B_{ij}项应为零,从而使得面内位移和面外位移解耦,行列式变成了3×3形式,这将显著简化屈曲载荷的计算。

在 Lévy 方法基础上也可以获得其他边界条件情况下的封闭解,即两个对边为简支边界,而另外两个对边可以是任何边界。根据文献[30,31],这种情况下对于对称情形而言,可以假定位移为如下形式:

$$\begin{cases} w_0(x,y)=W_{mn}(y)\sin\dfrac{m\pi x}{a} \\[2mm] \phi_y(x,y)=E_{mn}(y)\cos\dfrac{m\pi x}{a} \\[2mm] \phi_x(x,y)=\overline{E}_{mn}(y)\sin\dfrac{m\pi x}{a} \end{cases} \qquad (4.137)$$

上面这组位移表达式是满足如下的边界条件的(对矩形板),即

152

$$x = 0, a \text{ 处}: w_0 = M_{xx} = \phi_y = 0 \tag{4.138}$$

将式(4.137)代入 FSDPT 的运动方程(式(4.19)~式(4.23)),就可以得到所需的屈曲结果。在文献[30]中,针对反对称斜交铺设的层合矩形板采用了这一方法进行了分析,所假定的位移场为

$$
\begin{cases}
u_0(x, y) = U_{mn}(y) \sin \dfrac{m\pi x}{a} \\[2mm]
v_0(x, y) = V_{mn}(y) \cos \dfrac{m\pi x}{a} \\[2mm]
w_0(x, y) = W_{mn}(y) \sin \dfrac{m\pi x}{a} \\[2mm]
\phi_y(x, y) = E_{mn}(y) \cos \dfrac{m\pi x}{a} \\[2mm]
\phi_x(x, y) = \overline{E}_{mn}(y) \sin \dfrac{m\pi x}{a}
\end{cases}
\tag{4.139}
$$

所考虑的边界条件(采用的是板中面上的坐标系)为

在 $x = 0, a$ 处:

简支:$u_0 = w_0 = \phi_y = 0$

$$M_{xx} \equiv D_{11} \frac{\partial \phi_x}{\partial x} + D_{12} \frac{\partial \phi_y}{\partial y} + B_{16} \left(\frac{\partial u_0}{\partial y} + \frac{\partial v_0}{\partial x} \right) = 0$$

$$N_{xy} \equiv B_{16} \frac{\partial \phi_x}{\partial x} + B_{26} \frac{\partial \phi_y}{\partial y} + A_{66} \left(\frac{\partial u}{\partial y} + \frac{\partial v}{\partial x} \right) = 0$$

在 $y = \pm b/2$ 处:

简支:$v_0 = w_0 = \phi_x$

$$M_{yy} \equiv D_{12} \frac{\partial \phi_x}{\partial x} + D_{22} \frac{\partial \phi_y}{\partial y} + B_{26} \left(\frac{\partial u_0}{\partial y} + \frac{\partial v_0}{\partial x} \right) = N_{xy} = 0 \tag{4.140}$$

或者固支:$u_0 = v_0 = w_0 = \phi_x = \phi_y = 0$

或者自由:

$$
\begin{cases}
M_{yy} = N_{xy} = Q_{yy} \equiv K A_{44} \left(\dfrac{\partial w_0}{\partial x} + \phi_y \right) = 0 \\[3mm]
M_{xy} \equiv B_{16} \dfrac{\partial u_0}{\partial x} + B_{26} \dfrac{\partial v_0}{\partial y} + D_{66} \left(\dfrac{\partial \phi_x}{\partial y} + \dfrac{\partial \phi_y}{\partial x} \right) = 0 \\[3mm]
N_{yy} \equiv A_{12} \dfrac{\partial u_0}{\partial x} + A_{22} \dfrac{\partial v_0}{\partial y} + B_{26} \left(\dfrac{\partial \phi_x}{\partial y} + \dfrac{\partial \phi_y}{\partial x} \right) = 0
\end{cases}
$$

将位移表达式代入运动方程中即可得到相应的屈曲结果了。

153

参考文献

[1] S. Timoshenko, S. Woinowsky-Krieger, Theory of plates and shells, McGraw-Hill New York (1959) 580.

[2] E. Reissner, Y. Stavsky, Bending and stretching of certain types of heterogeneous aelotropic elastic plates, Journal of Applied Mechanics 28 (3) (1961) 402−408.

[3] S.B. Dong, K.S. Pister, R.L. Taylor, On the theory of laminated anisotropic shells and plates, Journal of Aerospace Sciences 29 (8) (1962) 969−975.

[4] J.M. Whitney, Cylindrical bending of unsymmetrically laminated plates, Journal of Composite Materials 3 (4) (1969) 715−719.

[5] J.M. Whitney, A.W. Leissa, Analysis of heterogeneous anisotropic plates, Transactions of the ASME, Journal of Applied Mechanics 36 (2) (1969) 261−266.

[6] J.N. Reddy, Mechanics of Laminated Composite Plates and Shells − Theory and Analysis, second ed., CRC Press, 2004, 831 pp.

[7] E. Reissner, The effect of transverse shear deformation on the bending of elastic plates, Journal of Applied Mechanics 12 (2) (1945) A69−A77.

[8] R.D. Mindlin, Influence of rotatory inertia and shear on flexural motions of isotropic, elastic plates, ASME Journal of Applied Mechanics 18 (1) (1951) 31−38.

[9] J.M. Whitney, The effect of transverse shear deformation in the bending of laminated plates, Journal of Composite Materials 3 (4) (1969) 534−547.

[10] J.M. Whitney, N.J. Pagano, Shear deformation in heterogeneous anisotropic plates, Journal of Applied Mechanics 37 (4) (1970) 1031−1036.

[11] J.M. Whitney, Shear correction factors for orthotropic laminates under static load, Journal of Applied Mechanics 40 (1) (1973) 302−304.

[12] E. Reissner, Note on the effect of transverse shear deformation in laminated anisotropic plates, Computer Methods in Applied Mechanics and Engineering 20 (1979) 203−209.

[13] J.N. Reddy, Energy Principles and Variational Methods in Applied Mechanics, second ed., John Wiley, New York, 2002, 608 pp.

[14] S.P. Timoshenko, On the correction factor for shear of the differential equation for transverse vibrations of bars of uniform cross-section, Philosophical Magazine 41 (245) (1921) 744−746.

[15] S.P. Timoshenko, On the transverse vibrations of bars of uniform cross-section, Philosophical Magazine 43 (253) (1922) 125−131.

[16] G.J. Simitses, An Introduction to the Elastic Stability of Structures, Prentice-Hall, Inc., Englewood Cliffs, New Jersey, 1976, 253 pp.

[17] H. Abramovich, O. Hamburger, Vibration of a uniform cantilever Timoshenko beam with translational and rotational springs and with a tip mass, Journal of Sound and Vibration 154 (1) (1992) 67−80.

[18] H. Abramovich, A note on experimental investigation on a vibrating Timoshenko cantilever beam, Journal of Sound and Vibration 160 (1) (1993) 167−171.

[19] H. Abramovich, A. Livshits, Dynamic behavior of cross-ply laminated beams with piezoelectric layers, Composite Structures 25 (1−4) (1993) 371−379.

[20] H. Abramovich, A. Livshits, Free vibrations of non-symmetric cross-ply laminated composite beams, Journal of Sound and Vibration 176 (5) (1994) 597−612.

[21] H. Abramovich, Thermal buckling of cross-ply composite laminates using a first-order shear deformation theory, Composites Structures 28 (1994) 201−213.

154

[22] H. Abramovich, Deflection control of laminated composite beams with piezoceramic layers- closed form solutions, Composite Structures 43 (1998) 217−231.

[23] A.W. Leissa, Buckling of Laminated Composite Plates and Shell Panels, AFWAL-TR-85−3069, June 1985.

[24] S. Bergmann, H. Reissner, Neuere probleme aus der flugzeugstatik uber die knickung von wellblechstreifen bei schubbeanspruchung, Zeitschrift fur Flugtechnik und Motorluft-schiffahrt (Z.F.M.) 20 (18) (September 1929) 475−481.

[25] R.M. Jones, Buckling and vibration of unsymmetrically laminated cross-ply rectangular plates, AIAA Journal 11 (12) (1973) 1626−1632.

[26] J.M. Whitney, A Study of the Effects of Coupling Between Bending and Stretching on the Mechanical Behavior of Layered Anisotropic Composite Materials (Ph.D. dissertation), Ohio State University, 1968. Also Tech. Rept. AFML-TR-68-330, 80 pp, April 1969.

[27] R.M. Jones, H.S. Morgan, J.M. Whitney, Buckling and vibration of antisymmetrically laminated angle-ply rectangular plates, Transactions of the ASME, Journal of Applied Mechanics 12 (1973) 1143−1144.

[28] J.M. Whitney, Bending, Vibrations, and Buckling of Laminated Anisotropic Rectangular Plates, Wright Patterson AFBML, Ohio, Technical Rept. AFML-TR-70-75, 35 pp, August 1970.

[29] J.M. Whitney, The effect of boundary conditions of the response of laminated composites, Journal of Composite Materials 4 (1970) 192−203.

[30] A.A. Khdeir, Stability of antisymmetric angle-ply laminated plates, Journal of Engineering mechanics 115 (5) (May 1989) 952−962.

[31] J.N. Reddy, A.A. Khdeir, L. Librescu, Lévy type solutions for symmetrically laminated rectangular plates using first order shear deformation theory, Journal of Applied Mechanics 54 (September 1987) 740−742.

[32] H. Abramovich, M. Eisenberger, O. Shulepov, Vibrations and buckling of cross-ply non-symmetric laminated composite beams, AIAA Journal 34 (5) (May 1996) 1064−1069.

进一步还可参阅:

[1] H. Abramovich, Shear deformation and rotary inertia effects of vibrating composite beams, Composite Structures 20 (1992) 165−173.

本章附录 A   不对称分层复合梁:经典层合理论方法

忽略式(4.27)和式(4.28)中的高阶项,可以得到如下耦合方程:

$$A_{11}\frac{\mathrm{d}^2 u_0}{\mathrm{d}x^2} - B_{11}\frac{\mathrm{d}^3 w_0}{\mathrm{d}x^3} = 0 \tag{A.1}$$

$$-B_{11}\frac{\mathrm{d}^3 u_0}{\mathrm{d}x^3} + D_{11}\frac{\mathrm{d}^4 w_0}{\mathrm{d}x^4} + \overline{N}_{xx}\frac{\mathrm{d}^2 w_0}{\mathrm{d}x^2} = 0 \tag{A.2}$$

将式(A.1)对 x 求导然后代入式(A.2)中,可以得到如下解耦方程:

$$-\frac{B_{11}}{A_{11}}\frac{\mathrm{d}^4 w_0}{\mathrm{d}x^4} + D_{11}\frac{\mathrm{d}^4 w_0}{\mathrm{d}x^4} + \overline{N}_{xx}\frac{\mathrm{d}^2 w_0}{\mathrm{d}x^2} = 0 \tag{A.3}$$

式(A.3)的解具有如下形式:

$$w_0(x) = C_1\sin(\hat{\lambda}x) + C_2\cos(\hat{\lambda}x) + C_3x + C_4 \tag{A.4}$$

其中

$$\hat{\lambda}^2 = \frac{\overline{N}_{xx}}{(D_{11} - B_{11}^2/A_{11})} \tag{A.5}$$

假定轴向位移 $u_0(x)$ 与横向位移的形式相同(实例可参见文献[19-22,32]),即

$$u_0(x) = C_5\sin(\hat{\lambda}x) + C_6\cos(\hat{\lambda}x) + C_7x + C_8 \tag{A.6}$$

式(A.6)中的四个常数需要与式(A.4)中的四个常数建立联系,可将式(A.4)和上式代入式(A.1)中,得到如下结果:

$$C_5 = -\frac{B_{11}}{A_{11}} \cdot \hat{\lambda} \cdot C_2$$
$$\tag{A.7}$$
$$C_6 = +\frac{B_{11}}{A_{11}} \cdot \hat{\lambda} \cdot C_1$$

剩下的其他常数,即 C_1、C_2、C_3、C_4、C_7 和 C_8 需要根据六个边界条件来确定。对于两端均为简支边界的柱(梁)来说,面外边界条件具有如下形式:

$$w_0(0) = 0, M_{xx}(0) = 0 \Rightarrow -B_{11}\frac{\mathrm{d}u_0(0)}{\mathrm{d}x} + D_{11}\frac{\mathrm{d}^2w_0(0)}{\mathrm{d}x^2} = 0 \tag{A.8}$$

$$w_0(L) = 0, M_{xx}(L) = 0 \Rightarrow -B_{11}\frac{\mathrm{d}u_0(L)}{\mathrm{d}x} + D_{11}\frac{\mathrm{d}^2w_0(L)}{\mathrm{d}x^2} = 0 \tag{A.9}$$

面内边界条件的形式可以写为(假定在 $x = 0$ 处无轴向位移,$x = L$ 处承受压力载荷):

$$u_0(0) = 0 \tag{A.10}$$

$$A_{11}\frac{\mathrm{d}u_0(L)}{\mathrm{d}x} - B_{11}\frac{\mathrm{d}^2w_0(L)}{\mathrm{d}x^2} = -\overline{N}_{xx} \tag{A.11}$$

利用上述四个面外边界条件(式(A.8)和式(A.9))不难得到如下四个方程:

$$\begin{cases} C_2 + C_4 = 0 \\ \dfrac{B_{11}^2}{A_{11}} \cdot \hat{\lambda}^2 \cdot C_2 - B_{11} \cdot C_7 - D_{11} \cdot \hat{\lambda}^2 \cdot C_2 = 0 \\ C_1\sin(\hat{\lambda}L) + C_2\cos(\hat{\lambda}L) + C_3x + C_4 = 0 \\ -\dfrac{B_{11}^2}{A_{11}} \cdot \hat{\lambda}^2 \cdot C_2 \cdot \cos(\hat{\lambda}L) - \dfrac{B_{11}^2}{A_{11}} \cdot \hat{\lambda}^2 \cdot C_1 \cdot \sin(\hat{\lambda}L) + B_{11} \cdot C_7 \\ + D_{11} \cdot \hat{\lambda}^2 \cdot C_1 \cdot \sin(\hat{\lambda}L) + D_{11} \cdot \hat{\lambda}^2 \cdot C_2 \cdot \cos(\hat{\lambda}L) = 0 \end{cases} \tag{A.12}$$

利用两个面内边界条件(式(A. 10)和式(A. 11))则可得到:

$$
\begin{cases}
\dfrac{B_{11}}{A_{11}} \cdot \widehat{\lambda} \cdot C_1 + C_8 = 0 \\[2mm]
-B_{11} \cdot \widehat{\lambda}^2 \cdot C_2 \cdot \cos(\widehat{\lambda}L) - B_{11} \cdot \widehat{\lambda}^2 \cdot C_1 \cdot \sin(\widehat{\lambda}L) + A_{11} \cdot C_7 \\[2mm]
+B_{11} \cdot \widehat{\lambda}^2 \cdot C_1 \cdot \sin(\widehat{\lambda}L) + B_{11} \cdot \widehat{\lambda}^2 \cdot C_2 \cdot \cos(\widehat{\lambda}L) = -\overline{N}_{xx} \Rightarrow C_7 = -\dfrac{\overline{N}_{xx}}{A_{11}}
\end{cases}
$$

(A. 13)

由此我们就可以求解出前述 6 个常数了,它们分别为

$$
\begin{cases}
C_1 = \dfrac{B_{11}}{A_{11}} \dfrac{\left[\cos(\widehat{\lambda}L) - 1\right]}{\sin(\widehat{\lambda}L)}, C_2 = \dfrac{B_{11}}{A_{11}}, C_3 = 0 \\[3mm]
C_4 = -\dfrac{B_{11}}{A_{11}}, C_7 = -\dfrac{\overline{N}_{xx}}{A_{11}}, C_8 = -\widehat{\lambda}\dfrac{B_{11}^2}{A_{11}^2} \dfrac{\left[\cos(\widehat{\lambda}L) - 1\right]}{\sin(\widehat{\lambda}L)}
\end{cases}
$$

(A. 14)

为得到屈曲载荷,必须令 $w_0(x) \to \infty$,也即考虑某个常数趋于无穷大的情况。观察常数 C_1 不难得到如下的特征值:

$$
\sin(\widehat{\lambda}L) = 0 \Rightarrow \widehat{\lambda}L = n\pi, n = 1,2,3,4\cdots
$$

(A. 15)

由此也就得到了单位宽度上的临界屈曲载荷,其形式如下:

$$
(\overline{N}_{xx})_{cr} = \frac{\pi^2}{L^2}\left(D_{11} - \frac{B_{11}^2}{A_{11}}\right)
$$

(A. 16)

屈曲模式的形状是 $\sin\left(\dfrac{\pi x}{L}\right)$,与对称情况相似。

必须注意的是,单位宽度上的临界屈曲载荷 $(\overline{N}_{xx})_{cr}$ 会受到耦合系数 B_{11} 的影响,这表明不对称情况下的屈曲载荷要比对称情况小一些(层数相同条件下)。

对于固支 – 固支情况,涉及的边界条件为

$$
w_0(0) = 0, \frac{\mathrm{d}w_0(0)}{\mathrm{d}x} = 0
$$

(A. 17)

$$
w_0(L) = 0, \frac{\mathrm{d}w_0(L)}{\mathrm{d}x} = 0
$$

(A. 18)

$$
u_0(0) = 0, A_{11}\frac{\mathrm{d}u_0(L)}{\mathrm{d}x} - B_{11}\frac{\mathrm{d}^2 w_0(L)}{\mathrm{d}x^2} = -\overline{N}_{xx}
$$

(A. 19)

利用这些边界条件可以得到如下的特征方程:

$$
(\widehat{\lambda}L) \cdot \sin(\widehat{\lambda}L) = 2\left[1 - \cos(\widehat{\lambda}L)\right] \Rightarrow \widehat{\lambda}L = 2\pi, 8.987, 4\pi\cdots
$$

(A. 20)

157

且有 $C_1 = C_3 = C_4 = C_8 = 0$，$C_2 \neq 0$，$C_7 = -\dfrac{\overline{N}_{xx}}{A_{11}}$。于是，单位宽度上的临界屈曲载荷就可以表示为

$$(\overline{N}_{xx})_{cr} = \frac{4\pi^2}{L^2}\left(D_{11} - \frac{B_{11}^2}{A_{11}}\right) \tag{A.21}$$

屈曲模式形状可表示为

$$w_0(x) = C_2\left[\cos\left(\frac{2\pi x}{L}\right) - 1\right] \tag{A.22}$$

应当注意的是，对于只涉及面外几何边界条件的固支 – 固支情况来说（参见式（A.19）和式（A.20）），两个位移都包含了一个待定的项 C_2，这与对称层合情况是类似的。

本章附录 B　经典层合板理论方法中的能量问题

根据文献[23]的做法，一般正交板发生屈曲时的总能量可以写为

$$U = V_{bend} + V_{stretch} + V_{bend-stretch} + V_{load} \tag{B.1}$$

式中：V_{bend} 代表的是由弯曲引起的板内应变能，可以表示为

$$V_{bend} = \frac{1}{2}\iint_S\left[D_{11}\left(\frac{\partial^2 w_0}{\partial x^2}\right)^2 + 2D_{12}\frac{\partial^2 w_0}{\partial x^2}\frac{\partial^2 w_0}{\partial y^2} + D_{22}\left(\frac{\partial^2 w_0}{\partial y^2}\right)^2 + 4D_{66}\left(\frac{\partial^2 w_0}{\partial x\partial y}\right)^2\right]dxdy$$

$$+ \frac{1}{2}\iint_S\left[4D_{16}\frac{\partial^2 w_0}{\partial x^2}\frac{\partial^2 w_0}{\partial x\partial y} + 4D_{26}\frac{\partial^2 w_0}{\partial y^2}\frac{\partial^2 w_0}{\partial x\partial y}\right]dxdy \tag{B.2}$$

$V_{stretch}$ 代表的是由面内拉压导致的板内应变能，可以表示为

$$V_{stretch} = \frac{1}{2}\iint_S\left[A_{11}\left(\frac{\partial u}{\partial x}\right)^2 + 2A_{12}\frac{\partial u}{\partial x}\frac{\partial v}{\partial y} + D_{22}\left(\frac{\partial v}{\partial y}\right)^2 + A_{66}\left(\frac{\partial u}{\partial y} + \frac{\partial v}{\partial x}\right)^2\right]dxdy$$

$$+ \frac{1}{2}\iint_S\left[2A_{16}\frac{\partial u}{\partial x}\left(\frac{\partial u}{\partial y} + \frac{\partial v}{\partial x}\right) + 2A_{26}\frac{\partial v}{\partial y}\left(\frac{\partial u}{\partial y} + \frac{\partial v}{\partial x}\right)\right]dxdy \tag{B.3}$$

$V_{bend-stretch}$ 代表的是由弯曲拉压耦合效应导致的板内应变能，可以表示为

$$V_{bend-stretch} = -\frac{1}{2}\iint_S\left[\begin{array}{l} B_{11}\dfrac{\partial u}{\partial x}\dfrac{\partial^2 w_0}{\partial x^2} + 2B_{12}\left(\dfrac{\partial v}{\partial y}\dfrac{\partial^2 w_0}{\partial x^2} + \dfrac{\partial u}{\partial x}\dfrac{\partial^2 w_0}{\partial y^2}\right) + B_{22}\dfrac{\partial v}{\partial y}\dfrac{\partial^2 w_0}{\partial y^2} \\ + 4B_{66}\left(\dfrac{\partial u}{\partial x} + \dfrac{\partial v}{\partial y}\right)\dfrac{\partial^2 w_0}{\partial x\partial y} \end{array}\right]dxdy$$

$$-\frac{1}{2}\iint_S\left[2B_{16}\left(\frac{\partial u}{\partial y}\frac{\partial^2 w_0}{\partial x^2} + \frac{\partial v}{\partial x}\frac{\partial^2 w_0}{\partial x^2} + 2\frac{\partial u}{\partial x}\frac{\partial^2 w_0}{\partial x\partial y}\right)\right.$$

$$\left. + 2B_{26}\left(\frac{\partial u}{\partial y}\frac{\partial^2 w_0}{\partial y^2} + \frac{\partial v}{\partial x}\frac{\partial^2 w_0}{\partial y^2} + 2\frac{\partial v}{\partial y}\frac{\partial^2 w_0}{\partial x\partial y}\right)\right]dxdy \tag{B.4}$$

V_{load} 代表的是面内载荷力在屈曲过程中做的负功,可以表示为

$$V_{load} = -\frac{1}{2}\iint_S \left[\overline{N}_{xx}\left(\frac{\partial w_0}{\partial x}\right)^2 + 2\overline{N}_{xy}\frac{\partial w_0}{\partial x}\frac{\partial w_0}{\partial y} + \overline{N}_{yy}\left(\frac{\partial w_0}{\partial y}\right)^2 \right]\mathrm{d}x\mathrm{d}y \qquad (B.5)$$

对于特殊正交各向异性板,上面各式(式(B.1)~式(B.5))还可化为如下形式:

$$U = V_{bend} + V_{load} \qquad (B.6)$$

$$V_{bend} = \frac{1}{2}\iint_S \left[\begin{array}{l} D_{11}\left(\dfrac{\partial^2 w_0}{\partial x^2}\right)^2 + 2D_{12}\dfrac{\partial^2 w_0}{\partial x^2}\dfrac{\partial^2 w_0}{\partial y^2} + \\ D_{22}\left(\dfrac{\partial^2 w_0}{\partial y^2}\right)^2 + 4D_{66}\left(\dfrac{\partial^2 w_0}{\partial x \partial y}\right)^2 \end{array} \right]\mathrm{d}x\mathrm{d}y \qquad (B.7)$$

$$V_{load} = -\frac{1}{2}\iint_S \left[\overline{N}_{xx}\left(\frac{\partial w_0}{\partial x}\right)^2 + 2\overline{N}_{xy}\frac{\partial w_0}{\partial x}\frac{\partial w_0}{\partial y} + \overline{N}_{yy}\left(\frac{\partial w_0}{\partial y}\right)^2 \right]\mathrm{d}x\mathrm{d}y \qquad (B.8)$$

其中的 S 表示板面($a \times b$)。

本章附录 C 经典层合理论方法中平衡方程的矩阵记法

为简洁起见,经典层合理论中屈曲问题的平衡方程可以采用矩阵形式来表达,即

$$\begin{bmatrix} \alpha_{11} & \alpha_{12} & \alpha_{13} \\ \alpha_{21} & \alpha_{22} & \alpha_{23} \\ \alpha_{31} & \alpha_{32} & [\alpha_{33} - N] \end{bmatrix} \begin{Bmatrix} u(x,y) \\ v(x,y) \\ w_0(x,y) \end{Bmatrix} = \begin{Bmatrix} 0 \\ 0 \\ 0 \end{Bmatrix} \qquad (C.1)$$

其中的算子分别如下:

$$\begin{cases} \alpha_{11} \equiv A_{11}\dfrac{\partial^2}{\partial x^2} + 2A_{16}\dfrac{\partial^2}{\partial x \partial y} + A_{66}\dfrac{\partial^2}{\partial y^2} \\[2mm] \alpha_{22} \equiv A_{22}\dfrac{\partial^2}{\partial y^2} + 2A_{26}\dfrac{\partial^2}{\partial x \partial y} + A_{66}\dfrac{\partial^2}{\partial x^2} \\[2mm] \alpha_{33} \equiv D_{11}\dfrac{\partial^4}{\partial x^4} + 4D_{16}\dfrac{\partial^4}{\partial x^3 \partial y} + 2(D_{12}+2D_{66})\dfrac{\partial^4}{\partial x^2 \partial y^2} + 4D_{26}\dfrac{\partial^4}{\partial x \partial y^3} + D_{22}\dfrac{\partial^4}{\partial y^4} \\[2mm] \alpha_{12} = \alpha_{21} \equiv A_{16}\dfrac{\partial^2}{\partial x^2} + (A_{12}+A_{66})\dfrac{\partial^2}{\partial x \partial y} + A_{26}\dfrac{\partial^2}{\partial y^2} \\[2mm] \alpha_{13} = \alpha_{31} \equiv -B_{11}\dfrac{\partial^3}{\partial x^3} - 3B_{16}\dfrac{\partial^3}{\partial x^2 \partial y} - (B_{12}+2B_{66})\dfrac{\partial^3}{\partial x \partial y^2} - B_{26}\dfrac{\partial^3}{\partial y^3} \\[2mm] \alpha_{23} = \alpha_{32} \equiv -B_{16}\dfrac{\partial^3}{\partial x^3} - (B_{12}+2B_{66})\dfrac{\partial^3}{\partial x^2 \partial y} - 3B_{26}\dfrac{\partial^3}{\partial x \partial y^2} - B_{22}\dfrac{\partial^3}{\partial y^3} \\[2mm] N \equiv \overline{N}_{xx}\dfrac{\partial^2}{\partial x^2} + 2\overline{N}_{xy}\dfrac{\partial^2}{\partial x \partial y} + \overline{N}_{yy}\dfrac{\partial^2}{\partial y^2} \end{cases} \qquad (C.2)$$

本章附录 D 一阶剪切变形板理论方法中平衡方程的矩阵记法

一阶剪切变形板理论中的平衡方程可以表示为如下矩阵形式：

$$
\begin{bmatrix}
\hat{\alpha}_{11} & \hat{\alpha}_{12} & 0 & \hat{\alpha}_{14} & \hat{\alpha}_{15} \\
\hat{\alpha}_{21} & \hat{\alpha}_{22} & 0 & \hat{\alpha}_{24} & \hat{\alpha}_{25} \\
0 & 0 & \hat{\alpha}_{33} & \hat{\alpha}_{34} & \hat{\alpha}_{35} \\
\hat{\alpha}_{41} & \hat{\alpha}_{42} & \hat{\alpha}_{43} & \hat{\alpha}_{44} & \hat{\alpha}_{45} \\
\hat{\alpha}_{51} & \hat{\alpha}_{52} & \hat{\alpha}_{53} & \hat{\alpha}_{54} & \hat{\alpha}_{55}
\end{bmatrix}
\begin{Bmatrix}
U_{mn} \\
V_{mn} \\
W_{mn} \\
\overline{E}_{mn} \\
E_{mn}
\end{Bmatrix}
=
\begin{Bmatrix}
0 \\
0 \\
0 \\
0 \\
0
\end{Bmatrix}
\tag{D.1}
$$

其中的元素分别为

$$
\begin{cases}
\hat{\alpha}_{11} \equiv A_{11}\left(\dfrac{m\pi}{a}\right)^2 + A_{66}\left(\dfrac{n\pi}{b}\right)^2, \hat{\alpha}_{12} = \hat{\alpha}_{21} \equiv (A_{12} + A_{66})\left(\dfrac{m\pi}{a}\right)\left(\dfrac{n\pi}{b}\right), \\[3mm]
\hat{\alpha}_{14} = \hat{\alpha}_{41} \equiv B_{11}\left(\dfrac{m\pi}{a}\right)^2 + B_{66}\left(\dfrac{n\pi}{b}\right)^2, \hat{\alpha}_{15} = \hat{\alpha}_{51} \equiv (B_{12} + B_{66})\left(\dfrac{m\pi}{a}\right)\left(\dfrac{n\pi}{b}\right), \\[3mm]
\hat{\alpha}_{22} \equiv A_{66}\left(\dfrac{m\pi}{a}\right)^2 + A_{22}\left(\dfrac{n\pi}{b}\right)^2, \hat{\alpha}_{24} = \hat{\alpha}_{42} \equiv (B_{12} + B_{66})\left(\dfrac{m\pi}{a}\right)\left(\dfrac{n\pi}{b}\right), \\[3mm]
\hat{\alpha}_{25} = \hat{\alpha}_{52} \equiv B_{66}\left(\dfrac{m\pi}{a}\right)^2 + B_{22}\left(\dfrac{n\pi}{b}\right)^2, \\[3mm]
\hat{\alpha}_{33} \equiv K\left[A_{44}\left(\dfrac{n\pi}{b}\right)^2 + A_{55}\left(\dfrac{m\pi}{a}\right)^2\right] - \overline{N}_{xx}\left(\dfrac{m\pi}{a}\right)^2 - \overline{N}_{yy}\left(\dfrac{n\pi}{b}\right)^2, \\[3mm]
\hat{\alpha}_{34} = \hat{\alpha}_{43} \equiv KA_{55}\left(\dfrac{m\pi}{a}\right), \hat{\alpha}_{35} = \hat{\alpha}_{53} \equiv KA_{44}\left(\dfrac{n\pi}{b}\right), \\[3mm]
\hat{\alpha}_{44} \equiv D_{11}\left(\dfrac{m\pi}{a}\right)^2 + D_{66}\left(\dfrac{n\pi}{b}\right)^2 + KA_{55}, \\[3mm]
\hat{\alpha}_{45} = \hat{\alpha}_{54} \equiv (D_{12} + D_{66})\left(\dfrac{m\pi}{a}\right)\left(\dfrac{n\pi}{b}\right), \hat{\alpha}_{55} \equiv D_{22}\left(\dfrac{n\pi}{b}\right)^2 + D_{66}\left(\dfrac{m\pi}{a}\right)^2 + KA_{44}
\end{cases}
\tag{D.2}
$$

第5章　复合柱与复合板的振动

（Haim Abramovich，以色列，海法，以色列理工学院）

5.1　引　言

在第 4 章中讨论了复合柱和复合板的稳定性问题，这里进一步阐述它们的振动问题，主要建立在第 3 章中给出的经典层合理论（CLT）和一阶剪切变形理论（FSDT）基础上进行分析和讨论。与梁结构相关的一维行为特性分析，读者可以参阅文献[1 - 16]，其中给出了一些典型实例。

5.1.1　经典层合板理论方法

如同第 4 章曾经指出的，经典层合板理论（CLPT）是著名的 Kirchhoff-Love 经典板理论在分层复合板问题中的应用拓展。相关的运动方程可以表示为

$$\frac{\partial N_{xx}}{\partial x} + \frac{\partial N_{xy}}{\partial y} = I_0 \frac{\partial^2 u_0}{\partial t^2} - I_1 \frac{\partial^2}{\partial t^2}\left(\frac{\partial w_0}{\partial x}\right)$$

$$\frac{\partial N_{xy}}{\partial x} + \frac{\partial N_{yy}}{\partial y} = I_0 \frac{\partial^2 v_0}{\partial t^2} - I_1 \frac{\partial^2}{\partial t^2}\left(\frac{\partial w_0}{\partial y}\right)$$

$$\frac{\partial^2 M_{xx}}{\partial x^2} + 2\frac{\partial^2 M_{xy}}{\partial x \partial y} + \frac{\partial^2 M_{yy}}{\partial y^2} + \frac{\partial}{\partial x}\left(N_{xx}\frac{\partial w_0}{\partial x} + N_{xy}\frac{\partial w_0}{\partial y}\right) \qquad (5.1)$$

$$+ \frac{\partial}{\partial y}\left(N_{xy}\frac{\partial w_0}{\partial x} + N_{yy}\frac{\partial w_0}{\partial y}\right) = q + I_0 \frac{\partial^2 w_0}{\partial t^2} + I_1 \frac{\partial^2}{\partial t^2}\left(\frac{\partial u_0}{\partial x} + \frac{\partial v_0}{\partial y}\right)$$

$$- I_2 \frac{\partial^2}{\partial t^2}\left(\frac{\partial^2 w_0}{\partial x^2} + \frac{\partial^2 w_0}{\partial y^2}\right)$$

其中的 q 为板面上的压力载荷分布，质量惯性矩 I_0、I_1 和 I_2 定义如下：

$$\begin{Bmatrix} I_0 \\ I_1 \\ I_2 \end{Bmatrix} = \int_{-h/2}^{+h/2} \begin{Bmatrix} 1 \\ z \\ z^2 \end{Bmatrix} \cdot \rho_0 \cdot \mathrm{d}z \qquad (5.2)$$

式中：h 代表板的总厚度；ρ_0 代表密度。

在式（5.1）中，N_{xx}、N_{xy} 和 N_{yy} 是单位长度上的力，M_{xx}、M_{xy} 和 M_{yy} 是单位长度上的

力矩,它们的定义为

$$
\begin{Bmatrix} N_{xx} \\ N_{yy} \\ N_{xy} \end{Bmatrix} = \int_{-h/2}^{+h/2} \begin{Bmatrix} \sigma_{xx} \\ \sigma_{yy} \\ \tau_{xy} \end{Bmatrix} \mathrm{d}z , \begin{Bmatrix} M_{xx} \\ M_{yy} \\ M_{xy} \end{Bmatrix} = -\int_{-h/2}^{+h/2} \begin{Bmatrix} \sigma_{xx} \\ \sigma_{yy} \\ \tau_{xy} \end{Bmatrix} \cdot z \cdot \mathrm{d}z \tag{5.3}
$$

式中:z 为板面的法向坐标;σ_{xx} 和 σ_{yy} 分别为 x 和 y 方向上的正应力;而 τ_{xy} 为剪应力。

N_{xx}、N_{xy}、N_{yy}、M_{xx}、M_{xy} 和 M_{yy} 这些力学量也可以通过假设位移场(参见第 4 章的式(4.1))的形式来给出,即

$$
\begin{Bmatrix} N_{xx} \\ N_{yy} \\ N_{xy} \end{Bmatrix} = \begin{bmatrix} A_{11} & A_{12} & A_{16} \\ A_{12} & A_{22} & A_{26} \\ A_{16} & A_{26} & A_{66} \end{bmatrix} \begin{Bmatrix} \dfrac{\partial u_0}{\partial x} + \dfrac{1}{2}\left(\dfrac{\partial w_0}{\partial x}\right)^2 \\[2mm] \dfrac{\partial v_0}{\partial y} + \dfrac{1}{2}\left(\dfrac{\partial w_0}{\partial y}\right)^2 \\[2mm] \dfrac{\partial u_0}{\partial y} + \dfrac{\partial v_0}{\partial x} + \dfrac{\partial^2 w_0}{\partial x \partial y} \end{Bmatrix} - \begin{bmatrix} B_{11} & B_{12} & B_{16} \\ B_{12} & B_{22} & B_{26} \\ B_{16} & B_{26} & B_{66} \end{bmatrix} \begin{Bmatrix} \dfrac{\partial^2 w_0}{\partial x^2} \\[2mm] \dfrac{\partial^2 w_0}{\partial y^2} \\[2mm] 2\dfrac{\partial^2 w_0}{\partial x \partial y} \end{Bmatrix} \tag{5.4}
$$

$$
\begin{Bmatrix} M_{xx} \\ M_{yy} \\ M_{xy} \end{Bmatrix} = \begin{bmatrix} B_{11} & B_{12} & B_{16} \\ B_{12} & B_{22} & B_{26} \\ B_{16} & B_{26} & B_{66} \end{bmatrix} \begin{Bmatrix} \dfrac{\partial u_0}{\partial x} + \dfrac{1}{2}\left(\dfrac{\partial w_0}{\partial x}\right)^2 \\[2mm] \dfrac{\partial v_0}{\partial y} + \dfrac{1}{2}\left(\dfrac{\partial w_0}{\partial y}\right)^2 \\[2mm] \dfrac{\partial u_0}{\partial y} + \dfrac{\partial v_0}{\partial x} + \dfrac{\partial^2 w_0}{\partial x \partial y} \end{Bmatrix} - \begin{bmatrix} D_{11} & D_{12} & D_{16} \\ D_{12} & D_{22} & D_{26} \\ D_{16} & D_{26} & D_{66} \end{bmatrix} \begin{Bmatrix} \dfrac{\partial^2 w_0}{\partial x^2} \\[2mm] \dfrac{\partial^2 w_0}{\partial y^2} \\[2mm] 2\dfrac{\partial^2 w_0}{\partial x \partial y} \end{Bmatrix} \tag{5.5}
$$

其中

$$
A_{ij} = \sum_{k=1}^{N} \overline{Q}_{ij}^{(k)} (z_{k+1} - z_k) , B_{ij} = \frac{1}{2}\sum_{k=1}^{N} \overline{Q}_{ij}^{(k)} (z_{k+1}^2 - z_k^2) , D_{ij} = \frac{1}{3}\sum_{k=1}^{N} \overline{Q}_{ij}^{(k)} (z_{k+1}^3 - z_k^3)
$$

$$\tag{5.6}$$

其中,$\overline{Q}_{ij}^{(k)}$ 为转换后的层刚度。

将式(5.5)代入式(5.1),可以得到以三个假设位移(u_0, v_0, w_0)描述的分层复合板的运动方程,即

$$
A_{11}\left(\frac{\partial^2 u_0}{\partial x^2} + \frac{\partial^3 w_0}{\partial x^3}\right) + A_{12}\left(\frac{\partial^2 v_0}{\partial x \partial y} + \frac{\partial^3 w_0}{\partial x \partial y^2}\right) + A_{16}\left(2\frac{\partial^2 u_0}{\partial x \partial y} + 3\frac{\partial^3 w_0}{\partial x^2 \partial y} + \frac{\partial^2 v_0}{\partial x^2}\right)
$$

$$
+ A_{26}\left(\frac{\partial^2 v_0}{\partial y^2} + \frac{\partial^3 w_0}{\partial y^3}\right) + A_{66}\left(\frac{\partial^2 u_0}{\partial y^2} + \frac{\partial^2 v_0}{\partial x \partial y} + 2\frac{\partial^3 w_0}{\partial x \partial y^2}\right) - B_{11}\frac{\partial^3 w_0}{\partial x^3} - B_{12}\frac{\partial^3 w_0}{\partial x \partial y^2} \tag{5.7}
$$

$$
- 3B_{16}\frac{\partial^3 w_0}{\partial x^2 \partial y} - B_{26}\frac{\partial^3 w_0}{\partial y^3} - 2B_{66}\frac{\partial^3 w_0}{\partial x \partial y^2} = I_0\frac{\partial^2 u_0}{\partial t^2} - I_1\frac{\partial^3 w_0}{\partial x \partial t^2}
$$

$$A_{22}\left(\frac{\partial^2 v_0}{\partial y^2} + \frac{\partial^3 w_0}{\partial y^3}\right) + A_{12}\left(\frac{\partial^2 u_0}{\partial x \partial y} + \frac{\partial^3 w_0}{\partial x^2 \partial y}\right) + A_{16}\left(\frac{\partial^2 u_0}{\partial x^2} + \frac{\partial^3 w_0}{\partial x^3}\right)$$

$$+ A_{26}\left(\frac{\partial^2 u_0}{\partial y^2} + 2\frac{\partial^2 v_0}{\partial x \partial y} + 3\frac{\partial^3 w_0}{\partial x \partial y^2}\right) + A_{66}\left(\frac{\partial^2 u_0}{\partial x \partial y} + \frac{\partial^2 v_0}{\partial x^2} + 2\frac{\partial^3 w_0}{\partial x^2 \partial y}\right) - B_{12}\frac{\partial^3 w_0}{\partial x^2 \partial y} \quad (5.8)$$

$$- B_{22}\frac{\partial^3 w_0}{\partial y^3} - B_{16}\frac{\partial^3 w_0}{\partial x^3} - 3B_{26}\frac{\partial^3 w_0}{\partial x \partial y^2} - 2B_{66}\frac{\partial^3 w_0}{\partial x^2 \partial y} = I_0\frac{\partial^2 v_0}{\partial t^2} - I_1\frac{\partial^3 w_0}{\partial y \partial t^2}$$

$$B_{11}\left(\frac{\partial^3 u_0}{\partial x^3} + \frac{\partial^4 w_0}{\partial x^4}\right) + B_{12}\left(\frac{\partial^3 v_0}{\partial x^2 \partial y} + \frac{\partial^3 u_0}{\partial x \partial y^2} + 4\frac{\partial^4 w_0}{\partial x^2 \partial y^2}\right) + B_{16}\left(3\frac{\partial^3 u_0}{\partial x^2 \partial y} + \frac{\partial^3 v_0}{\partial x^3} + 8\frac{\partial^4 w_0}{\partial x^3 \partial y}\right)$$

$$+ B_{22}\left(\frac{\partial^3 v_0}{\partial y^3} + 2\frac{\partial^4 w_0}{\partial y^4}\right) + B_{26}\left(\frac{\partial^3 u_0}{\partial y^3} + 3\frac{\partial^3 v_0}{\partial x \partial y^2} + 8\frac{\partial^4 w_0}{\partial x \partial y^3}\right) + 2B_{66}\left(\frac{\partial^3 u_0}{\partial x \partial y^2} + \frac{\partial^3 v_0}{\partial x^2 \partial y} + 4\frac{\partial^4 w_0}{\partial x^2 \partial y^2}\right)$$

$$- D_{11}\frac{\partial^4 w_0}{\partial x^4} - 2D_{12}\frac{\partial^4 w_0}{\partial x^2 \partial y^2} - D_{22}\frac{\partial^4 w_0}{\partial y^4} - 4D_{16}\frac{\partial^4 w_0}{\partial x^3 \partial y} - 4D_{26}\frac{\partial^4 w_0}{\partial x \partial y^3} - 4D_{66}\frac{\partial^4 w_0}{\partial x^2 \partial y^2} + P(w_0)$$

$$= q + I_0\frac{\partial^2 w_0}{\partial t^2} - I_2\frac{\partial^2}{\partial t^2}\left(\frac{\partial^2 w_0}{\partial x^2} + \frac{\partial^2 w_0}{\partial y^2}\right) + I_1\frac{\partial^2}{\partial t^2}\left(\frac{\partial u_0}{\partial x} + \frac{\partial v_0}{\partial y}\right)$$

$$(5.9)$$

其中

$$P(w_0) = \frac{\partial}{\partial x}\left(N_{xx}\frac{\partial w_0}{\partial x} + N_{xy}\frac{\partial w_0}{\partial y}\right) + \frac{\partial}{\partial y}\left(N_{xy}\frac{\partial w_0}{\partial x} + N_{yy}\frac{\partial w_0}{\partial y}\right) \quad (5.10)$$

5.1.2 一阶剪切变形板理论方法

一阶剪切变形板理论(FSDPT)是著名的铁摩辛柯梁理论和(或)Mindlin-Reissner 板理论在分层复合板中的应用拓展。在 FSDPT 中,运动方程可以以位移形式表示为

$$A_{11}\left(\frac{\partial^2 u_0}{\partial x^2} + \frac{\partial^3 w_0}{\partial x^3}\right) + A_{12}\left(\frac{\partial^2 v_0}{\partial x \partial y} + \frac{\partial^3 w_0}{\partial x \partial y^2}\right) + A_{16}\left(2\frac{\partial^2 u_0}{\partial x \partial y} + 3\frac{\partial^3 w_0}{\partial x^2 \partial y} + \frac{\partial^2 v_0}{\partial x^2}\right)$$

$$+ A_{26}\left(\frac{\partial^2 v_0}{\partial y^2} + \frac{\partial^3 w_0}{\partial y^3}\right) + A_{66}\left(\frac{\partial^2 u_0}{\partial y^2} + \frac{\partial^2 v_0}{\partial x \partial y} + 2\frac{\partial^3 w_0}{\partial x \partial y^2}\right) + B_{11}\frac{\partial^2 \phi_x}{\partial x^2} + B_{12}\frac{\partial^2 \phi_y}{\partial x \partial y} \quad (5.11)$$

$$+ B_{16}\left(2\frac{\partial^2 \phi_x}{\partial x \partial y} + \frac{\partial^2 \phi_y}{\partial x^2}\right) + B_{26}\frac{\partial^2 \phi_y}{\partial y^2} + B_{66}\left(\frac{\partial^2 \phi_x}{\partial y^2} + \frac{\partial^2 \phi_y}{\partial x \partial y}\right) = I_0\frac{\partial^2 u_0}{\partial t^2} + I_1\frac{\partial^2 \phi_x}{\partial t^2}$$

$$A_{22}\left(\frac{\partial^2 v_0}{\partial y^2} + \frac{\partial^3 w_0}{\partial y^3}\right) + A_{12}\left(\frac{\partial^2 u_0}{\partial x \partial y} + \frac{\partial^3 w_0}{\partial x^2 \partial y}\right) + A_{16}\left(\frac{\partial^2 u_0}{\partial x^2} + \frac{\partial^3 w_0}{\partial x^3}\right)$$

$$+ A_{26}\left(\frac{\partial^2 u_0}{\partial y^2} + 2\frac{\partial^2 v_0}{\partial x \partial y} + 3\frac{\partial^3 w_0}{\partial x \partial y^2}\right) + A_{66}\left(\frac{\partial^2 u_0}{\partial x \partial y} + \frac{\partial^2 v_0}{\partial x^2} + 2\frac{\partial^3 w_0}{\partial x^2 \partial y}\right) + B_{12}\frac{\partial^2 \phi_x}{\partial x \partial y}$$

$$+ B_{22}\frac{\partial^2 \phi_y}{\partial y^2} + B_{16}\frac{\partial^2 \phi_x}{\partial x^2} + B_{26}\left(2\frac{\partial^2 \phi_y}{\partial x \partial y} + \frac{\partial^2 \phi_x}{\partial y^2}\right) + B_{66}\left(\frac{\partial^2 \phi_x}{\partial x \partial y} + \frac{\partial^2 \phi_y}{\partial x^2}\right)$$

$$= I_0 \frac{\partial^2 v_0}{\partial t^2} + I_1 \frac{\partial^2 \phi_y}{\partial t^2} \tag{5.12}$$

$$KA_{44}\left(\frac{\partial^2 w_0}{\partial y^2} + \frac{\partial \phi_y}{\partial y}\right) + KA_{45}\left(\frac{\partial^2 w_0}{\partial x \partial y} + \frac{\partial \phi_y}{\partial x}\right) + KA_{45}\left(\frac{\partial^2 w_0}{\partial x \partial y} + \frac{\partial \phi_x}{\partial y}\right)$$

$$+ KA_{55}\left(\frac{\partial^2 w_0}{\partial x^2} + \frac{\partial \phi_x}{\partial x}\right) + P(w_0) = q + I_0 \frac{\partial^2 w_0}{\partial t^2} \tag{5.13}$$

$$B_{11}\left(\frac{\partial^2 u_0}{\partial x^2} + \frac{\partial^3 w_0}{\partial x^3}\right) + B_{12}\left(\frac{\partial^2 v_0}{\partial x \partial y} + \frac{\partial^3 w_0}{\partial x \partial y^2}\right) + B_{16}\left(2\frac{\partial^2 u_0}{\partial x \partial y} + \frac{\partial^2 v_0}{\partial x^2} + 3\frac{\partial^4 w_0}{\partial x^3 \partial y}\right)$$

$$+ B_{26}\left(\frac{\partial^2 v_0}{\partial y^2} + \frac{\partial^3 w_0}{\partial y^3}\right) + B_{66}\left(\frac{\partial^2 u_0}{\partial y^2} + \frac{\partial^2 v_0}{\partial x \partial y} + 2\frac{\partial^3 w_0}{\partial x \partial y^2}\right) + D_{11}\frac{\partial^2 \phi_x}{\partial x^2} + D_{12}\frac{\partial^2 \phi_y}{\partial x \partial y}$$

$$+ D_{16}\left(2\frac{\partial^2 \phi_x}{\partial x \partial y} + \frac{\partial^2 \phi_y}{\partial x^2}\right) + D_{26}\frac{\partial^2 \phi_y}{\partial y^2} + D_{66}\left(\frac{\partial^2 \phi_x}{\partial y^2} + \frac{\partial^2 \phi_y}{\partial x \partial y}\right) - KA_{55}\left(\frac{\partial w_0}{\partial x} + \phi_x\right)$$

$$- KA_{45}\left(\frac{\partial w_0}{\partial y} + \phi_y\right) = I_2 \frac{\partial^2 \phi_x}{\partial t^2} + I_1 \frac{\partial^2 u_0}{\partial t^2} \tag{5.14}$$

$$B_{12}\left(\frac{\partial^2 u_0}{\partial x \partial y} + \frac{\partial^3 w_0}{\partial x \partial y^2}\right) + B_{16}\left(\frac{\partial^2 u_0}{\partial x^2} + \frac{\partial^3 w_0}{\partial x^3}\right) + B_{22}\left(\frac{\partial^2 v_0}{\partial y^2} + \frac{\partial^3 w_0}{\partial y^3}\right)$$

$$+ B_{26}\left(\frac{\partial^2 u_0}{\partial y^2} + 2\frac{\partial^2 v_0}{\partial x \partial y} + 3\frac{\partial^3 w_0}{\partial x \partial y^2}\right) + B_{66}\left(\frac{\partial^2 v_0}{\partial x^2} + \frac{\partial^2 u_0}{\partial x \partial y} + 2\frac{\partial^3 w_0}{\partial x \partial y^2}\right)$$

$$+ D_{12}\frac{\partial^2 \phi_x}{\partial x \partial y} + D_{22}\frac{\partial^2 \phi_y}{\partial y^2} + D_{16}\frac{\partial^2 \phi_x}{\partial x^2} + D_{26}\left(\frac{\partial^2 \phi_x}{\partial y^2} + 2\frac{\partial^2 \phi_y}{\partial x \partial y}\right) + D_{66}\left(\frac{\partial^2 \phi_y}{\partial x^2} + \frac{\partial^2 \phi_x}{\partial x \partial y}\right)$$

$$- KA_{45}\left(\frac{\partial w_0}{\partial x} + \phi_x\right) - KA_{44}\left(\frac{\partial w_0}{\partial y} + \phi_y\right) = I_2 \frac{\partial^2 \phi_y}{\partial t^2} + I_1 \frac{\partial^2 v_0}{\partial t^2} \tag{5.15}$$

式中：$P(w_0)$ 由式(5.10)给出；u_0、v_0 和 w_0 分别代表 x、y 和 z 方向上的位移；ϕ_x 和 ϕ_y 分别代表绕 x 轴和 y 轴的转角；A_{ij}、B_{ij} 和 D_{ij} 的详细定义可参见第 4 章。

5.2　柱的振动：经典层合理论方法

一般层合柱的运动方程可根据式(5.1)导出，此时可假定位移只是 x 坐标的函数。由此得到的方程如下（v_0 设定为零）：

$$A_{11}\left(\frac{\partial^2 u_0}{\partial x^2} + \frac{\partial^3 w_0}{\partial x^3}\right) - B_{11}\frac{\partial^3 w_0}{\partial x^3} = I_0 \frac{\partial^2 u_0}{\partial t^2} - I_1 \frac{\partial^3 w_0}{\partial x \partial t^2} \tag{5.16}$$

$$B_{11}\left(\frac{\partial^3 u_0}{\partial x^3} + \frac{\partial^4 w_0}{\partial x^4}\right) - D_{11}\frac{\partial^4 w_0}{\partial x^4} = q + \overline{P}(w_0) + I_0 \frac{\partial^2 w_0}{\partial t^2} - I_2 \frac{\partial^2}{\partial t^2}\left(\frac{\partial^2 w_0}{\partial x^2}\right) + I_1 \frac{\partial^2}{\partial t^2}\left(\frac{\partial u_0}{\partial x}\right)$$

$$\tag{5.17}$$

其中：

$$\overline{P}(w_0) = \frac{\partial}{\partial x}\left(N_{xx}\frac{\partial w_0}{\partial x}\right) \tag{5.18}$$

$$\begin{Bmatrix} I_0 \\ I_1 \\ I_2 \end{Bmatrix} = \int_{-h/2}^{+h/2}\begin{Bmatrix} 1 \\ z \\ z^2 \end{Bmatrix}\cdot \rho_0 \cdot \mathrm{d}z \tag{5.19}$$

且 h 为板的总厚度；ρ_0 为密度。

为分析柱的振动，需令横向载荷 q 为零，而令轴向压力载荷 $\overline{P}(w_0)$ 非零。由此不难得到如下耦合方程：

$$A_{11}\left(\frac{\partial^2 u_0}{\partial x^2} + \frac{\partial^3 w_0}{\partial x^3}\right) - B_{11}\frac{\partial^3 w_0}{\partial x^3} = I_0\frac{\partial^2 u_0}{\partial t^2} - I_1\frac{\partial^2}{\partial t^2}\left(\frac{\partial w_0}{\partial x}\right) \tag{5.20}$$

$$B_{11}\left(\frac{\partial^3 u_0}{\partial x^3} + \frac{\partial^4 w_0}{\partial x^4}\right) - D_{11}\frac{\partial^4 w_0}{\partial x^4} = \overline{P}(w_0) + I_0\frac{\partial^2 w_0}{\partial t^2} - I_2\frac{\partial^2}{\partial t^2}\left(\frac{\partial^2 w_0}{\partial x^2}\right) + I_1\frac{\partial^2}{\partial t^2}\left(\frac{\partial u_0}{\partial x}\right)$$

$$\tag{5.21}$$

5.2.1 对称层合情况（$B_{11} = 0, I_1 = 0$）

在对称层合的情况下（$B_{11} = 0, I_1 = 0$），我们可以得到如下所示的方程，而式（5.20）可以独立进行求解（若忽略 $\frac{\partial^3 w_0}{\partial x^3}$ 项）：

$$-D_{11}\frac{\partial^4 w_0}{\partial x^4} - \overline{N}_{xx}\frac{\partial^2 w_0}{\partial x^2} = I_0\frac{\partial^2 w_0}{\partial t^2} - I_2\frac{\partial^2}{\partial t^2}\left(\frac{\partial^2 w_0}{\partial x^2}\right) \tag{5.22}$$

可以假定 $w_0(x,t) = W(x)\mathrm{e}^{\mathrm{i}\omega t}$，其中的 ω 为固有频率，将其代入式（5.22）中可以导得如下微分方程：

$$D_{11}\frac{\mathrm{d}^4 W}{\mathrm{d}x^4} + (\overline{N}_{xx} + \omega^2 I_2)\frac{\mathrm{d}^2 W}{\mathrm{d}x^2} - \omega^2 I_0 \cdot W = 0 \tag{5.23}$$

式（5.23）具有如下一般形式的解：

$$W(x) = A_1\sinh(\alpha_1 x) + A_2\cosh(\alpha_1 x) + A_3\sin(\alpha_2 x) + A_4\cos(\alpha_2 x) \tag{5.24}$$

其中的常数 A_1、A_2、A_3 和 A_4 需要根据边界条件来确定，α_1 和 α_2 由下式给出：

$$\begin{cases} \alpha_1 = \sqrt{\dfrac{-(N_{xx} + \omega^2 I_2) + \sqrt{(N_{xx} + \omega^2 I_2)^2 + 4D_{11}\omega^2 I_0}}{2D_{11}}} \\ \alpha_2 = \sqrt{\dfrac{(N_{xx} + \omega^2 I_2) + \sqrt{(N_{xx} + \omega^2 I_2)^2 + 4D_{11}\omega^2 I_0}}{2D_{11}}} \end{cases} \tag{5.25}$$

为考察轴向载荷$\overline{N}_{xx}$和转动惯量I_2对固有频率的影响,可以利用上式将固有频率的平方表示为如下形式:

$$\begin{cases} \omega^2 = \dfrac{D_{11}\alpha_1^4 + \overline{N}_{xx}\alpha_1^2}{I_0 - I_2\alpha_1^2} = \alpha_1^4 \dfrac{D_{11}}{I_0} \dfrac{\left(1 + \dfrac{\overline{N}_{xx}}{D_{11}\alpha_1^2}\right)}{\left(1 - \dfrac{I_2}{I_0}\alpha_1^2\right)} \\[3ex] \omega^2 = \dfrac{D_{11}\alpha_2^4 - \overline{N}_{xx}\alpha_2^2}{I_0 + I_2\alpha_2^2} = \alpha_2^4 \dfrac{D_{11}}{I_0} \dfrac{\left(1 - \dfrac{\overline{N}_{xx}}{D_{11}\alpha_2^2}\right)}{\left(1 + \dfrac{I_2}{I_0}\alpha_2^2\right)} \end{cases} \tag{5.26}$$

式(5.26)中的两个表达式是类似的,例如已知了α_2之后就可以使用第二个表达式来分析了。很明显,根据上式中的第二个表达式可以看出,增大载荷$\overline{N}_{xx}$会降低固有频率,转动惯量I_2的影响也是相同的。如果假定$\overline{N}_{xx} = I_2 = 0$,那么也就得到了从人们所熟知的欧拉-伯努利理论导出的频率方程,即

$$\omega^2 = \alpha_2^4 \frac{D_{11}}{I_0} \tag{5.27}$$

下面针对简支边界情况来考察式(5.24),此时的边界条件可以表示为

$$\begin{cases} W(0) = 0; M_{xx}(0) = 0 \Rightarrow \dfrac{\mathrm{d}^2 W(0)}{\mathrm{d}x^2} = 0 \\[2ex] W(L) = 0; M_{xx}(L) = 0 \Rightarrow \dfrac{\mathrm{d}^2 W(L)}{\mathrm{d}x^2} = 0 \end{cases} \tag{5.28}$$

将这些条件代入式(5.24),不难得到带有4个未知参数的4个方程,其矩阵形式如下:

$$\begin{bmatrix} 0 & 1 & 0 & 1 \\ 0 & \alpha_1^2 & 0 & -\alpha_2^2 \\ \sinh(\alpha_1 L) & \cosh(\alpha_2 L) & \sin(\alpha_2 L) & \cos(\alpha_2 L) \\ \alpha_1^2\sinh(\lambda L) & \alpha_1^2\cosh(\lambda L) & -\alpha_2^2\sin(\alpha_2 L) & -\alpha_2^2\cos(\alpha_2 L) \end{bmatrix} \begin{Bmatrix} C_1 \\ C_2 \\ C_3 \\ C_4 \end{Bmatrix} = \begin{Bmatrix} 0 \\ 0 \\ 0 \\ 0 \end{Bmatrix}$$

$$\tag{5.29}$$

为保证非零解,上式中的系数矩阵行列式必须为零,由此可得如下特征方程:

$$\sin(\alpha_2 L) = 0 \Rightarrow \alpha_2 L = n\pi, n = 1, 2, 3, 4 \cdots \Rightarrow \alpha_2^2 = \frac{n^2\pi^2}{L^2} \tag{5.30}$$

将式(5.30)给出的结果代入式(5.26)中的第二式,就可以得到对称分层柱(长为L、受到轴向压力载荷、考虑转动惯量、简支边界)的固有频率,即

166

$$\omega = \left(\frac{n\pi}{L}\right)^2 \sqrt{\frac{D_{11}}{I_0}} \sqrt{\frac{\left(1 - \dfrac{\overline{N}_{xx}}{D_{11}\left(\dfrac{n\pi}{L}\right)^2}\right)}{\left(1 + \dfrac{I_2}{I_0}\left(\dfrac{n\pi}{L}\right)^2\right)}} , n = 1,2,3,4,\cdots \qquad (5.31)$$

如果忽略转动惯量的影响,那么可以得到如下结果:

$$\omega = \left(\frac{n\pi}{L}\right)^2 \sqrt{\frac{D_{11}}{I_0}} \sqrt{\left(1 - \frac{\overline{N}_{xx}}{D_{11}\left(\dfrac{n\pi}{L}\right)^2}\right)} , n = 1,2,3,4,\cdots \qquad (5.32)$$

由此不难看出轴向压力载荷会导致固有频率的降低。如果不存在轴向压力载荷,但考虑转动惯量的影响,那么结果将为

$$\omega = \left(\frac{n\pi}{L}\right)^2 \sqrt{\frac{D_{11}}{I_0}} \sqrt{\frac{1}{\left(1 + \dfrac{I_2}{I_0}\left(\dfrac{n\pi}{L}\right)^2\right)}} , n = 1,2,3,4,\cdots \qquad (5.33)$$

显然,这一结果也表明了相同的影响规律,即转动惯量的效应是降低固有频率。

利用经典梁理论,对于不考虑轴向压力载荷和转动惯量的简单情况,固有频率表达式将与各向同性情况下的结果是类似的,即

$$\omega_n = \left(\frac{n\pi}{L}\right)^2 \sqrt{\frac{D_{11}}{I_0}} , n = 1,2,3,4,\cdots \qquad (5.34)$$

表 5.1 和表 5.2 给出了一些经常遇到的各种边界条件下的柱情况(可参见图 4.4 和表 4.1)。表 5.1 中给出的各种表达式是针对无轴向压力载荷且忽略转动惯量效应的情况,此时式(5.24)将简化为如下形式:

$$W(x) = A_1\sinh(\alpha_2 x) + A_2\cosh(\alpha_2 x) + A_3\sin(\alpha_2 x) + A_4\cos(\alpha_2 x) \qquad (5.35)$$

表 5.1 基于 CLT 方法的分层复合柱的固有振动特征方程和特征值

序号	边界名称	特征方程	特征值
1	SS-SS	$\sin(\alpha_2 L) = 0$ $(\alpha_2 L)_n = n\pi, n = 1,2,3,\cdots$	$\omega_n = \left(\dfrac{n\pi}{L}\right)^2 \sqrt{\dfrac{D_{11}}{I_0}}$
2	C-C	$\cos(\alpha_2 L)\cosh(\alpha_2 L) = 1$ $(\alpha_2 L)_n = 4.73004, 7.85321, 10.9956, \cdots, \dfrac{(2n+1)\pi}{2}$	$\omega_1 = \left(\dfrac{4.73004}{L}\right)^2 \sqrt{\dfrac{D_{11}}{I_0}}$
3	C-F	$\cos(\alpha_2 L)\cosh(\alpha_2 L) = -1$ $(\alpha_2 L)_n = 1.87510, 4.69409, 7.85340, \cdots, \dfrac{(2n-1)\pi}{2}$	$\omega_1 = \left(\dfrac{1.87351}{L}\right)^2 \sqrt{\dfrac{D_{11}}{I_0}}$

序号	边界名称	特征方程	特征值
4	F-F	$\cos(\alpha_2 L)\cosh(\alpha_2 L)=1$ $(\alpha_2 L)_n=4.73004,7.85321,10.9956,\cdots,\dfrac{(2n+1)\pi}{2}$	$\omega_1=\left(\dfrac{4.73004}{L}\right)^2\sqrt{\dfrac{D_{11}}{I_0}}$
5	SS-C	$\tan(\alpha_2 L)=\tan(\alpha_2 L)$ $(\alpha_2 L)_n=3.9266,7.0686,10.2102,\cdots,\dfrac{(4n+1)\pi}{4}$	$\omega_1=\left(\dfrac{3.9266}{L}\right)^2\sqrt{\dfrac{D_{11}}{I_0}}$
6	SS-F	$\tan(\alpha_2 L)=\tan(\alpha_2 L)$ $(\alpha_2 L)_n=3.9266,7.0686,10.2102,\cdots,\dfrac{(4n+1)\pi}{4}$	$\omega_1=\left(\dfrac{3.9266}{L}\right)^2\sqrt{\dfrac{D_{11}}{I_0}}$
7	G-F	$\tan(\alpha_2 L)=-\tan(\alpha_2 L)$ $(\alpha_2 L)_n=2.3650,5.4978,8.6394,\cdots,\dfrac{(4n-1)\pi}{4}$	$\omega_1=\left(\dfrac{2.3650}{L}\right)^2\sqrt{\dfrac{D_{11}}{I_0}}$
8	G-SS	$\cos(\alpha_2 L)=0$ $(\alpha_2 L)_n=(2n-1)\dfrac{\pi}{2},n=1,2,3,\cdots$	$\omega_n=\left[\dfrac{(2n-1)\pi}{2L}\right]\sqrt{\dfrac{D_{11}}{I_0}}$
9	G-G	$\sin(\alpha_2 L)=0$ $(\alpha_2 L)_n=n\pi,n=1,2,3,\cdots$	$\omega_n=\left(\dfrac{n\pi}{L}\right)^2\sqrt{\dfrac{D_{11}}{I_0}}$
10	G-C	$\tan(\alpha_2 L)=-\tan(\alpha_2 L)$ $(\alpha_2 L)_n=2.3650,5.4978,8.6394,\cdots,\dfrac{(4n-1)\pi}{4}$	$\omega_1=\left(\dfrac{2.3650}{L}\right)^2\sqrt{\dfrac{D_{11}}{I_0}}$

注：C——固支；F——自由；G——导向；SS——简支。

表 5.2　基于 CLT 方法的分层复合柱固有振动的模式形状及相关的特征值

序号	边界名称	模式形状	特征值
1	SS-SS	$W_n(x)=\sin\left(\dfrac{n\pi x}{L}\right)$	$\omega_n=\left(\dfrac{n\pi}{L}\right)^2\sqrt{\dfrac{D_{11}}{I_0}}$
2[a]	C-C	$W_n(x)=\cosh\left[\dfrac{(\alpha_2 L)_n x}{L}\right]-\cos\left[\dfrac{(\alpha_2 L)_n x}{L}\right]-$ $\dfrac{\cosh[(\alpha_2 L)_n]-\cos[(\alpha_2 L)_n]}{\sinh[(\alpha_2 L)_n]-\sin[(\alpha_2 L)_n]}$ $\left\{\sinh\left[\dfrac{(\alpha_2 L)_n x}{L}\right]-\sin\left[\dfrac{(\alpha_2 L)_n x}{L}\right]\right\}$	$\omega_n=\left[\dfrac{(2n+1)\pi}{2L}\right]^2\sqrt{\dfrac{D_{11}}{I_0}}$
3[a]	C-F	$W_n(x)=\cosh\left[\dfrac{(\alpha_2 L)_n x}{L}\right]-\cos\left[\dfrac{(\alpha_2 L)_n x}{L}\right]-$ $\dfrac{\cosh[(\alpha_2 L)_n]+\cos[(\alpha_2 L)_n]}{\sinh[(\alpha_2 L)_n]+\sin[(\alpha_2 L)_n]}$ $\left\{\sinh\left[\dfrac{(\alpha_2 L)_n x}{L}\right]-\sin\left[\dfrac{(\alpha_2 L)_n x}{L}\right]\right\}$	$\omega_n=\left[\dfrac{(2n-1)\pi}{2L}\right]^2\sqrt{\dfrac{D_{11}}{I_0}}$

序号	边界名称	模式形状	特征值
4[a]	F-F	$W_n(x) = \cosh\left[\frac{(\alpha_2 L)_n x}{L}\right] - \cos\left[\frac{(\alpha_2 L)_n x}{L}\right] -$ $\frac{\cosh[(\alpha_2 L)_n] - \cos[(\alpha_2 L)_n]}{\sinh[(\alpha_2 L)_n] - \sin[(\alpha_2 L)_n]}$ $\left\{\sinh\left[\frac{(\alpha_2 L)_n x}{L}\right] - \sin\left[\frac{(\alpha_2 L)_n x}{L}\right]\right\}$	$\omega_n = \left[\frac{(2n+1)\pi}{2L}\right]^2 \sqrt{\frac{D_{11}}{I_0}}$
5[a]	SS-C	$W_n(x) = \cosh\left[\frac{(\alpha_2 L)_n x}{L}\right] - \cos\left[\frac{(\alpha_2 L)_n x}{L}\right] -$ $\frac{\cosh[(\alpha_2 L)_n] - \cos[(\alpha_2 L)_n]}{\sinh[(\alpha_2 L)_n] - \sin[(\alpha_2 L)_n]}$ $\left\{\sinh\left[\frac{(\alpha_2 L)_n x}{L}\right] - \sin\left[\frac{(\alpha_2 L)_n x}{L}\right]\right\}$	$\omega_n = \left[\frac{(4n+1)\pi}{4L}\right]^2 \sqrt{\frac{D_{11}}{I_0}}$
6[a]	SS-F	$W_n(x) = \cosh\left[\frac{(\alpha_2 L)_n x}{L}\right] + \cos\left[\frac{(\alpha_2 L)_n x}{L}\right] -$ $\frac{\cosh[(\alpha_2 L)_n] + \cos[(\alpha_2 L)_n]}{\sinh[(\alpha_2 L)_n] + \sin[(\alpha_2 L)_n]}$ $\left\{\sinh\left[\frac{(\alpha_2 L)_n x}{L}\right] + \sin\left[\frac{(\alpha_2 L)_n x}{L}\right]\right\}$	$\omega_n = \left[\frac{(4n+1)\pi}{4L}\right]^2 \sqrt{\frac{D_{11}}{I_0}}$
7[a]	G-F	$W_n(x) = \cosh\left[\frac{(\alpha_2 L)_n x}{L}\right] - \cos\left[\frac{(\alpha_2 L)_n x}{L}\right] -$ $\frac{\cosh[(\alpha_2 L)_n] - \cos[(\alpha_2 L)_n]}{\sinh[(\alpha_2 L)_n] - \sin[(\alpha_2 L)_n]}$ $\left\{\sinh\left[\frac{(\alpha_2 L)_n x}{L}\right] - \sin\left[\frac{(\alpha_2 L)_n x}{L}\right]\right\}$	$\omega_n = \left[\frac{(4n-1)\pi}{4L}\right]^2 \sqrt{\frac{D_{11}}{I_0}}$
8	G-SS	$W_n(x) = \sin\left[\frac{(2n-1)\pi x}{2L}\right]$	$\omega_n = \left[\frac{(2n-1)\pi}{2L}\right]\sqrt{\frac{D_{11}}{I_0}}$
9	G-G	$W_n(x) = \cos\left(\frac{n\pi x}{L}\right)$	$\omega_n = \left(\frac{n\pi}{L}\right)^2 \sqrt{\frac{D_{11}}{I_0}}$
10	G-C	$W_n(x) = \cosh\left[\frac{(\alpha_2 L)_n x}{L}\right] - \cos\left[\frac{(\alpha_2 L)_n x}{L}\right] -$ $\frac{\sinh[(\alpha_2 L)_n] + \sin[(\alpha_2 L)_n]}{\cosh[(\alpha_2 L)_n] - \cos[(\alpha_2 L)_n]}$ $\left\{\sinh\left[\frac{(\alpha_2 L)_n x}{L}\right] - \sin\left[\frac{(\alpha_2 L)_n x}{L}\right]\right\}$	$\omega_n = \left[\frac{(4n-1)\pi}{4L}\right]^2 \sqrt{\frac{D_{11}}{I_0}}$

[a] 特征值表达式针对 $n \gg 1$ 的情形；一阶模式可参见表5.1。

5.2.2　非对称层合情况($B_{11} \neq 0, I_1 \neq 0$)

为求解非对称层合情况,比较方便的做法是将式(5.20)和式(5.21)表示成矩阵形式,并忽略其中的高阶项,即

$$
\begin{bmatrix} A_{11}\dfrac{\partial^2}{\partial x^2} & -B_{11}\dfrac{\partial^3}{\partial x^3} \\ -B_{11}\dfrac{\partial^3}{\partial x^3} & D_{11}\dfrac{\partial^4}{\partial x^4}+\overline{N}_{xx}\dfrac{\partial^2}{\partial x^2} \end{bmatrix} \begin{Bmatrix} u_0(x,t) \\ w_0(x,t) \end{Bmatrix} + \begin{bmatrix} -I_0 & I_1\dfrac{\partial}{\partial x} \\ I_1\dfrac{\partial}{\partial x} & I_0-I_2\dfrac{\partial^2}{\partial x^2} \end{bmatrix} \dfrac{\partial^2}{\partial t^2} \begin{Bmatrix} u_0(x,t) \\ w_0(x,t) \end{Bmatrix} = \begin{Bmatrix} 0 \\ 0 \end{Bmatrix}
$$

$$(5.36)$$

上面这个矩阵描述中包含了轴向压力载荷$\overline{N}_{xx}$、转动惯量I_2以及耦合质量惯性矩I_1,两个位移量u_0和w_0是耦合在一起的。一般来说,上式是不存在一般解的。对于简支边界情况,我们可以采用一条相对简单的途径来确定非对称层合梁的固有频率,此时可以假定位移u_0和w_0具有如下形式:

$$
\begin{Bmatrix} u_0(x,y) \\ w_0(x,y) \end{Bmatrix} = \begin{Bmatrix} \displaystyle\sum_{m=1}^{M} U_m \cos\left(\dfrac{m\pi x}{L}\right)\mathrm{e}^{\mathrm{i}\omega t} \\ \displaystyle\sum_{m=1}^{M} W_m \sin\left(\dfrac{m\pi x}{L}\right)\mathrm{e}^{\mathrm{i}\omega t} \end{Bmatrix} \equiv \begin{Bmatrix} \displaystyle\sum_{m=1}^{M} U_m \cos(\lambda x)\,\mathrm{e}^{\mathrm{i}\omega t} \\ \displaystyle\sum_{m=1}^{M} W_m \sin(\lambda x)\,\mathrm{e}^{\mathrm{i}\omega t} \end{Bmatrix}
$$

$$(5.37)$$

式中:$i=\sqrt{-1}$;ω^2是固有频率的平方;$\lambda = m\pi/L$。

将式(5.37)代入式(5.36)可得

$$
\begin{bmatrix} A_{11}\lambda^2 & -B_{11}\lambda^3 \\ -B_{11}\lambda^3 & D_{11}\lambda^4-\overline{N}_{xx}\lambda^2 \end{bmatrix} \begin{Bmatrix} U_m \\ W_m \end{Bmatrix} + \begin{bmatrix} -\omega^2 I_0 & \omega^2 I_1 \lambda \\ \omega^2 I_1 \lambda & -\omega^2(I_0-I_2\lambda^2) \end{bmatrix} \begin{Bmatrix} U_m \\ W_m \end{Bmatrix} = \begin{Bmatrix} 0 \\ 0 \end{Bmatrix}
$$

$$(5.38)$$

于是有

$$
\begin{bmatrix} A_{11}\lambda^2-\omega^2 I_0 & -B_{11}\lambda^3+\omega^2 I_1 \lambda \\ -B_{11}\lambda^3+\omega^2 I_1 \lambda & D_{11}\lambda^4-\overline{N}_{xx}\lambda^2-\omega^2(I_0-I_2\lambda^2) \end{bmatrix} \begin{Bmatrix} U_m \\ W_m \end{Bmatrix} = \begin{Bmatrix} 0 \\ 0 \end{Bmatrix}
$$

$$(5.39)$$

为保证存在非零解,式(5.39)中的系数矩阵行列式必须为零,由此得到如下的特征方程:

$$
A(\omega^2)^2 + B(\omega^2) + C = 0 \tag{5.40}
$$

式中

$$
A \equiv I_1^2 \lambda^2 - I_0(I_0 - I_2 \lambda^2)
$$

$$
B \equiv A_{11}\lambda^2(I_0 - I_2\lambda^2) + I_0(D_{11}\lambda^2 - \overline{N}_{xx})\lambda^2 - 2I_1 B_{11}\lambda^4 \tag{5.41}
$$

$$
C \equiv \left[A_{11}\overline{N}_{xx} - (A_{11}D_{11} - B_{11}^2)\lambda^2 \right]\lambda^4
$$

170

式(5.40)的解给出的就是简支边界下非对称情况的固有频率。

对于对称情况($B_{11} = I_1 = 0$),式(5.39)将不再是耦合的了,其结果就是式(5.31)给出的表达式。

在本章附录 A 中,我们将给出其他边界条件下的非对称梁情况的求解过程。

5.3 柱的振动:一阶剪切变形理论方法

正如第 4 章中所给出的推导过程,对于一般层合情况可以利用 FSDT 方法(也可参阅文献[9 – 13])来导出运动方程,在假定 $v_0 = \phi_y = 0$ 的基础上这些方程是:

$$A_{11}\left(\frac{\partial^2 u_0}{\partial x^2} + \frac{\partial^3 w_0}{\partial x^3}\right) + B_{11}\frac{\partial^2 \phi_x}{\partial x^2} = I_0 \frac{\partial^2 u_0}{\partial t^2} + I_1 \frac{\partial^2 \phi_x}{\partial t^2} \tag{5.42}$$

$$KA_{55}\left(\frac{\partial^2 w_0}{\partial x^2} + \frac{\partial \phi_x}{\partial x}\right) - \overline{N}_{xx}\frac{\partial^2 w_0}{\partial x^2} = q + I_0 \frac{\partial^2 w_0}{\partial t^2} \tag{5.43}$$

$$B_{11}\left(\frac{\partial^2 u_0}{\partial x^2} + \frac{\partial^3 w_0}{\partial x^3}\right) + D_{11}\frac{\partial^2 \phi_x}{\partial x^2} - KA_{55}\left(\frac{\partial w_0}{\partial x} + \phi_x\right) = I_2 \frac{\partial^2 \phi_x}{\partial t^2} + I_1 \frac{\partial^2 u_0}{\partial t^2} \tag{5.44}$$

式(5.42)~式(5.44)针对的是梁轴线方向上的特性是均匀的情况。对于该方向上特性有变化的情况,读者可以去参阅文献[12,13]。

为求解振动问题,这里应将横向载荷 q 设定为零,从而得到了如下三个耦合的运动方程:

$$A_{11}\left(\frac{\partial^2 u_0}{\partial x^2} + \frac{\partial^3 w_0}{\partial x^3}\right) + B_{11}\frac{\partial^2 \phi_x}{\partial x^2} = I_0 \frac{\partial^2 u_0}{\partial t^2} + I_1 \frac{\partial^2 \phi_x}{\partial t^2} \tag{5.45}$$

$$KA_{55}\left(\frac{\partial^2 w_0}{\partial x^2} + \frac{\partial \phi_x}{\partial x}\right) - \overline{N}_{xx}\frac{\partial^2 w_0}{\partial x^2} = I_0 \frac{\partial^2 w_0}{\partial t^2} \tag{5.46}$$

$$B_{11}\left(\frac{\partial^2 u_0}{\partial x^2} + \frac{\partial^3 w_0}{\partial x^3}\right) + D_{11}\frac{\partial^2 \phi_x}{\partial x^2} - KA_{55}\left(\frac{\partial w_0}{\partial x} + \phi_x\right) = I_2 \frac{\partial^2 \phi_x}{\partial t^2} + I_1 \frac{\partial^2 u_0}{\partial t^2} \tag{5.47}$$

可以假定简谐形式的振动解,其频率平方为 ω^2,忽略高阶项之后可以将式(5.45)~式(5.47)改写为

$$A_{11}\frac{\mathrm{d}^2 U}{\mathrm{d}x^2} + B_{11}\frac{\mathrm{d}^2 \Phi}{\mathrm{d}x^2} + \omega^2 I_0 U + \omega^2 I_1 \Phi = 0 \tag{5.48}$$

$$KA_{55}\left(\frac{\mathrm{d}^2 W}{\mathrm{d}x^2} + \frac{\mathrm{d}\Phi}{\mathrm{d}x}\right) - \overline{N}_{xx}\frac{\mathrm{d}^2 W}{\mathrm{d}x^2} + \omega^2 I_0 W = 0 \tag{5.49}$$

$$B_{11}\frac{\mathrm{d}^2 U}{\mathrm{d}x^2} + D_{11}\frac{\mathrm{d}^2 \Phi}{\mathrm{d}x^2} - KA_{55}\left(\frac{\mathrm{d}W}{\mathrm{d}x} + \Phi\right) + \omega^2 I_2 \Phi + \omega^2 I_1 U = 0 \tag{5.50}$$

对于对称层合情况,进一步可得如下方程:

$$A_{11}\frac{\mathrm{d}^2 U}{\mathrm{d}x^2} + \omega^2 I_0 U = 0 \tag{5.51}$$

$$KA_{55}\left(\frac{\mathrm{d}^2 W}{\mathrm{d}x^2} + \frac{\mathrm{d}\Phi}{\mathrm{d}x}\right) - \overline{N}_{xx}\frac{\mathrm{d}^2 W}{\mathrm{d}x^2} + \omega^2 I_0 W = 0 \tag{5.52}$$

$$D_{11}\frac{\mathrm{d}^2 \Phi}{\mathrm{d}x^2} - KA_{55}\left(\frac{\mathrm{d}W}{\mathrm{d}x} + \Phi\right) + \omega^2 I_2 \Phi = 0 \tag{5.53}$$

在对称层合情况下,式(5.51)与式(5.52)、式(5.53)是不耦合的,而后两式是耦合的,需要放在一起求解。

5.3.1 对称层合情况($B_{11} = 0, I_1 = 0$)

首先我们考察式(5.52)和式(5.53)这两个耦合方程,给出其一般解。这两个方程可以解耦成如下的方程:

$$\left[D_{11} - \frac{\overline{N}_{xx}}{KA_{55}}\right]\frac{\mathrm{d}^4 W}{\mathrm{d}x^4} + \left\{\omega^2\left[\frac{D_{11}I_0}{KA_{55}} + \left(1 - \frac{\overline{N}_{xx}}{KA_{55}}\right)I_2 + \overline{N}_{xx}\right]\right\}\frac{\mathrm{d}^2 W}{\mathrm{d}x^2} + \omega^2 I_0\left[\frac{I_2\omega^2}{KA_{55}} - 1\right]W = 0 \tag{5.54}$$

$$\left[D_{11} - \frac{\overline{N}_{xx}}{KA_{55}}\right]\frac{\mathrm{d}^4 \Phi}{\mathrm{d}x^4} + \left\{\omega^2\left[\frac{D_{11}I_0}{KA_{55}} + \left(1 - \frac{\overline{N}_{xx}}{KA_{55}}\right)I_2 + \overline{N}_{xx}\right]\right\}\frac{\mathrm{d}^2 \Phi}{\mathrm{d}x^2} + \omega^2 I_0\left[\frac{I_2\omega^2}{KA_{55}} - 1\right]\Phi = 0 \tag{5.55}$$

应当注意,在没有轴向压力载荷(即 $\overline{N}_{xx} = 0$)的情况下,式(5.54)和式(5.55)的形式与文献[10]中给出的是相同的,即

$$D_{11}\frac{\mathrm{d}^4 W}{\mathrm{d}x^4} + \omega^2\left[\frac{D_{11}I_0}{KA_{55}} + I_2\right]\frac{\mathrm{d}^2 W}{\mathrm{d}x^2} + \omega^2 I_0\left[\frac{I_2\omega^2}{KA_{55}} - 1\right]W = 0 \tag{5.56}$$

$$D_{11}\frac{\mathrm{d}^4 \Phi}{\mathrm{d}x^4} + \omega^2\left[\frac{D_{11}I_0}{KA_{55}} + I_2\right]\frac{\mathrm{d}^2 \Phi}{\mathrm{d}x^2} + \omega^2 I_0\left[\frac{I_2\omega^2}{KA_{55}} - 1\right]\Phi = 0 \tag{5.57}$$

式(5.54)和式(5.55)的一般解具有如下形式(也适用于式(5.56)和式(5.57)):

$$W(x) = A_1\cosh(s_1 x) + A_2\sinh(s_1 x) + A_3\cos(s_2 x) + A_4\sin(s_2 x) \tag{5.58}$$

$$\Phi(x) = B_1\cosh(s_1 x) + B_2\sinh(s_1 x) + B_3\cos(s_2 x) + B_4\sin(s_2 x) \tag{5.59}$$

式中:常数 A_1、A_2、A_3、A_4 与 B_1、B_2、B_3 和 B_4 是相互关联的(将式(5.58)和式(5.59)回代到耦合方程式(5.52)和式(5.53)即可得到它们之间的关系),其形式如下:

$$B_1 = \frac{KA_{55} \cdot s_1}{D_{11} \cdot s_1^2 - KA_{55} + \omega^2 I_2}A_2 \equiv \alpha A_2 \tag{5.60}$$

$$B_2 = \frac{KA_{55} \cdot s_1}{D_{11} \cdot s_1^2 - KA_{55} + \omega^2 I_2} A_1 \equiv \alpha A_1 \qquad (5.61)$$

$$B_3 = \frac{KA_{55} \cdot s_2}{\omega^2 I_2 - D_{11} \cdot s_1^2 - KA_{55}} A_4 \equiv \beta A_4 \qquad (5.62)$$

$$B_4 = \frac{KA_{55} \cdot s_2}{\omega^2 I_2 - D_{11} \cdot s_1^2 - KA_{55}} A_3 \equiv -\beta A_3 \qquad (5.63)$$

式中:

$$s_1 = \sqrt{-\frac{b}{2a} + \frac{\sqrt{b^2 - 4ac}}{2a}} \qquad (5.64)$$

$$s_1 = \sqrt{+\frac{b}{2a} + \frac{\sqrt{b^2 - 4ac}}{2a}} \qquad (5.65)$$

$$a \equiv D_{11} - \frac{\overline{N}_{xx}}{KA_{55}}, b \equiv \omega^2 \left[\frac{D_{11} I_0}{KA_{55}} + \left(1 - \frac{\overline{N}_{xx}}{KA_{55}} \right) I_2 + \overline{N}_{xx} \right], c \equiv \omega^2 I_0 \left[\frac{I_2 \omega^2}{KA_{55}} - 1 \right] \quad (5.66)$$

其他常数 A_1、A_2、A_3 和 A_4 可根据相关的边界条件来确定。

非对称层合情况下的一般边界条件已经在表 5.3 和式(5.67)中给出。

表 5.3　非对称层合柱的面外边界条件

边界名称	边界条件
简支(或铰接)端	$W = 0$ 且 $B_{11} \dfrac{\mathrm{d}U}{\mathrm{d}x} + D_{11} \dfrac{\mathrm{d}\Phi}{\mathrm{d}x} = 0$
固支端	$W = 0$ 且 $\Phi = 0$
自由端	$B_{11} \dfrac{\mathrm{d}U}{\mathrm{d}x} + D_{11} \dfrac{\mathrm{d}\Phi}{\mathrm{d}x} = 0$ 且 $KA_{55} \left(\dfrac{\mathrm{d}W}{\mathrm{d}x} + \Phi \right) - \overline{N}_{xx} \dfrac{\mathrm{d}W}{\mathrm{d}x} = 0$
导向端	$\Phi = 0$ 且 $KA_{55} \left(\dfrac{\mathrm{d}W}{\mathrm{d}x} + \Phi \right) - \overline{N}_{xx} \dfrac{\mathrm{d}W}{\mathrm{d}x} = 0$

在非对称层合情况中,面内边界条件可表示为

$$A_{11} \frac{\mathrm{d}U}{\mathrm{d}x} + B_{11} \frac{\mathrm{d}\Phi}{\mathrm{d}x} = -\overline{N}_{xx} \text{ 或 } U = 0 \qquad (5.67)$$

对于对称层合情况,在无轴向压力载荷条件下,边界条件的表达式可参见表 5.4 和式(5.68)。此时的面内边界条件可表示为

$$\frac{\mathrm{d}U}{\mathrm{d}x} = 0 \text{ 或 } U = 0 \qquad (5.68)$$

表 5.5 针对无轴向压力载荷的对称层合柱,给出了各种边界条件下的特征方程。

表 5.4　对称层合柱(轴向不受压)的面外边界条件

边界名称	边界条件
简支(或铰接)端	$W = 0$ 且 $\dfrac{\mathrm{d}\Phi}{\mathrm{d}x} = 0$
固支端	$W = 0$ 且 $\Phi = 0$
自由端	$\dfrac{\mathrm{d}\Phi}{\mathrm{d}x} = 0$ 且 $\dfrac{\mathrm{d}W}{\mathrm{d}x} + \Phi = 0$
导向端	$\Phi = 0$ 且 $\dfrac{\mathrm{d}W}{\mathrm{d}x} + \Phi = 0$

表 5.5　基于 FSDT 方法的分层复合柱固有振动的特征方程

序号	边界名称	边界条件	特征方程
1	SS-SS	$W(0) = 0, \mathrm{d}\Phi(0)/\mathrm{d}x = 0$ $W(L) = 0, \mathrm{d}\Phi(L)/\mathrm{d}x = 0$	$\sin(s_2 L) = 0,$ $(s_2 L)_n = n\pi, n = 1,2,3,\cdots$
2	C-C	$W(0) = 0, \Phi(0) = 0$ $W(L) = 0, \Phi(L) = 0$	$2\alpha - 2\alpha\cos(s_2 L)\cosh(s_1 L) +$ $\left(\dfrac{\alpha^2 - \beta^2}{\beta}\right)\sin(s_2 L)\sinh(s_1 L) = 0$
3	C-F	$W(0) = 0, \Phi(0) = 0$ $\mathrm{d}\Phi(L)/\mathrm{d}x = 0, \mathrm{d}W(L)/\mathrm{d}x +$ $\Phi(L) = 0$	$\alpha[s_1(s_1 - \alpha) - s_2(s_2 + \beta)] +$ $\left[s_1 s_2\left(\dfrac{\beta - \alpha^2}{\beta}\right) + \alpha(\beta s_2 - \alpha s_1)\right]\cosh(s_1 L)\cos(s_2 L)$ $- \alpha(2s_1 s_2 + s_1\beta + s_2\alpha)\sinh(s_1 L)\sin(s_2 L) = 0$
4	F-F	$\mathrm{d}\Phi(0)/\mathrm{d}x = 0,$ $\mathrm{d}W(0)/\mathrm{d}x + \Phi(0) = 0,$ $\mathrm{d}\Phi(L)/\mathrm{d}x = 0,$ $\mathrm{d}W(L)/\mathrm{d}x + \Phi(L) = 0$	$2\alpha s_1(s_1 + \alpha) - 2\cos(s_2 L)\cosh(s_1 L) +$ $\dfrac{\beta^2 s_2^2(s_1 + \alpha)^2 - \alpha^2 s_1^2(s_2 + \beta)^2}{\beta s_2(s_2 + \beta)}\sin(s_2 L)\sinh(s_1 L) = 0$
5	SS-C	$W(0) = 0, \mathrm{d}\Phi(0)/\mathrm{d}x = 0$ $W(L) = 0, \Phi(L) = 0$	$\beta\tanh(s_1 L) = \alpha\tan(s_2 L)$
6	SS-F	$W(0) = 0, \mathrm{d}\Phi(0)/\mathrm{d}x = 0$ $\mathrm{d}\Phi(L)/\mathrm{d}x = 0$ $\mathrm{d}W(L)/\mathrm{d}x + \Phi(L) = 0$	$s_1\alpha(s_2 + \beta)\tanh(s_1 L) = -s_2\beta(s_1 + \alpha)\tan(s_2 L)$
7	G-F	$\Phi(0) = 0$ $\mathrm{d}W(0)/\mathrm{d}x + \Phi(0) = 0$ $\mathrm{d}\Phi(L)/\mathrm{d}x = 0$ $\mathrm{d}W(L)/\mathrm{d}x + \Phi(L) = 0$	$s_1\alpha(s_2 + \beta)\tan(s_2 L) = s_2\beta(s_1 + \alpha)\tanh(s_1 L)$
8	G-SS	$\Phi(0) = 0$ $\mathrm{d}W(0)/\mathrm{d}x + \Phi(0) = 0$ $W(L) = 0, \mathrm{d}\Phi(L)/\mathrm{d}x = 0$	$\cos(s_2 L) = 0$ $(s_2 L)_n = (2n - 1)\dfrac{\pi}{2}, n = 1,2,3,\cdots$

序号	边界名称	边界条件	特征方程
9	G-G	$\Phi(0) = 0$ $\mathrm{d}W(0)/\mathrm{d}x + \Phi(0) = 0$ $\Phi(L) = 0$ $\mathrm{d}W(L)/\mathrm{d}x + \Phi(L) = 0$	$\sin(s_2 L) = 0$ $(s_2 L)_n = n\pi, n = 1,2,3,\cdots$
10	G-C	$\Phi(0) = 0$ $\mathrm{d}W(0)/\mathrm{d}x + \Phi(0) = 0$ $W(L) = 0, \Phi(L) = 0$	$A\tanh(s_1 L) = -\beta\tan(s_2 L)$

注:C——固支;F——自由;G——导向;SS——简支。

5.3.2 非对称层合情况($B_{11} \neq 0, I_1 \neq 0$)

对于非对称层合梁或层合柱来说,我们可以根据 Abramovich 和 Livshits[15] 给出的推导过程进行求解。

不妨将运动方程式(5.45)~式(5.47)表示成如下所示的矩阵形式(对于 $\overline{N}_{xx} = 0$):

$$\begin{bmatrix} A_{11}\dfrac{\partial^2}{\partial x^2} & 0 & B_{11}\dfrac{\partial^2}{\partial x^2} \\ 0 & KA_{55}\dfrac{\partial^2}{\partial x^2} & KA_{55}\dfrac{\partial}{\partial x} \\ B_{11}\dfrac{\partial^2}{\partial x^2} & -KA_{55}\dfrac{\partial}{\partial x} & \left(D_{11}\dfrac{\partial^2}{\partial x^2} - KA_{55}\right) \end{bmatrix} \begin{Bmatrix} u_0(x,t) \\ w_0(x,t) \\ \phi_x(x,t) \end{Bmatrix}$$

$$+ \begin{bmatrix} -I_0 & 0 & -I_1 \\ 0 & -I_0 & 0 \\ -I_1 & 0 & -I_2 \end{bmatrix} \dfrac{\partial^2}{\partial t^2} \begin{Bmatrix} u_0(x,t) \\ w_0(x,t) \\ \phi_x(x,t) \end{Bmatrix} = \begin{Bmatrix} 0 \\ 0 \\ 0 \end{Bmatrix} \tag{5.69}$$

相关的边界条件由式(5.63)和表5.3给出。根据文献[15]的做法,可以将无量纲位移和无量纲的梁长定义为

$$\{\overline{q}\} = \{u_0/L, w_0/L, \phi_x\}^{\mathrm{T}}, \xi \equiv x/L \tag{5.70}$$

因此,有

$$\{q\} = \mathrm{diagonal}\{L, L, 1\}\{\overline{q}\} \tag{5.71}$$

为求解自由振动,我们可以假定式(5.69)的解具有如下形式:

$$\{\overline{q}\} = \{U, W, \Phi\}^{\mathrm{T}}\mathrm{e}^{\mathrm{i}\omega t} \equiv \{Q\}\mathrm{e}^{\mathrm{i}\omega t} \tag{5.72}$$

将式(5.72)代入式(5.69),可以导出如下矩阵方程:

$$\left[\begin{bmatrix} A_{11}\dfrac{\partial^2}{\partial x^2} & 0 & B_{11}\dfrac{\partial^2}{\partial x^2} \\ 0 & KA_{55}\dfrac{\partial^2}{\partial x^2} & KA_{55}\dfrac{\partial}{\partial x} \\ B_{11}\dfrac{\partial^2}{\partial x^2} & -KA_{55}\dfrac{\partial}{\partial x} & \left(D_{11}\dfrac{\partial^2}{\partial x^2}-KA_{55}\right) \end{bmatrix} + \omega^2 \begin{bmatrix} I_0 & 0 & I_1 \\ 0 & I_0 & 0 \\ I_1 & 0 & I_2 \end{bmatrix}\right] \left\{\begin{matrix} L\cdot U \\ L\cdot W \\ \Phi \end{matrix}\right\} = \left\{\begin{matrix} 0 \\ 0 \\ 0 \end{matrix}\right\}$$

$$(5.73)$$

引入无量纲参数之后,经过一些处理即可将上式改写为

$$\left[\begin{bmatrix} \zeta_1^2 & 0 & \zeta^2 \\ 0 & 1 & 0 \\ \zeta^2 b^2 & 0 & b^2 \end{bmatrix}\dfrac{\partial^2}{\partial \xi^2} + \begin{bmatrix} 0 & 0 & 0 \\ 0 & 0 & 1 \\ 0 & -1 & 0 \end{bmatrix}\dfrac{\partial}{\partial \xi} + \begin{bmatrix} p^2 & 0 & \eta^2 p^2 \\ 0 & b^2 p^2 & 0 \\ \eta^2 b^2 p^2 & 0 & (r^2 b^2 p^2 -1) \end{bmatrix}\right] \left\{\begin{matrix} U \\ W \\ \Phi \end{matrix}\right\} = 0$$

$$(5.74)$$

式中:

$$p^2 \equiv \frac{\omega^2 I_0 L^4}{D_{11}}, b^2 \equiv \frac{D_{11}}{KA_{55}L^2}, \zeta^2 \equiv \frac{B_{11}L}{D_{11}}, \zeta_1^2 \equiv \frac{A_{11}L^2}{D_{11}}, r^2 \equiv \frac{I_2}{I_0 L^2}, \eta^2 \equiv \frac{I_1}{I_0 L} \qquad (5.75)$$

假定式(5.74)的通解具有如下形式:

$$\{Q\} = \{\overline{Q}\}\, \mathrm{e}^{im\xi} \qquad\qquad (5.76)$$

式中:m 为特征值;$\{\overline{Q}\}$ 为特征矢量。

将这一通解代入式(5.74),即可得到如下所示的三次代数方程:

$$As^3 + Bs^2 + Cs + D = 0, s \equiv \frac{m^2}{p^2} \qquad\qquad (5.77)$$

式中:

$$\begin{cases} A \equiv \zeta_1^2 - \zeta^4, B \equiv 1 + (r^2 + b^2)\zeta_1^2 - \zeta^2(2\eta^2 + \zeta^2 b^2), \\[2mm] C \equiv \zeta_1^2\left(r^2 b^2 - \dfrac{1}{p^2}\right) + (r^2 + b^2) - \eta^2(\eta^2 + 2\zeta^2 b^2), \\[2mm] D \equiv r^2 b^2 - \dfrac{1}{p^2} - b^2 \eta^4 \end{cases} \qquad (5.78)$$

对式(5.77)求解,我们就可以得到式(5.74)的通解,其形式如下(关于解的形式可以参阅文献[15],其中给出了详细的讨论):

$$\begin{cases} U = A_1\gamma\mu\sinh(m_1\xi) + A_2\gamma\mu\cosh(m_1\xi) + A_3\lambda\delta\sin(m_2\xi) - A_4\lambda\delta\cos(m_2\xi) \\ \qquad + A_5\alpha\beta\sin(m_3\xi) - A_6\alpha\beta\cos(m_3\xi) \\ W = A_1\cosh(m_1\xi) + A_2\sinh(m_1\xi) + A_3\cos(m_2\xi) + A_4\sin(m_2\xi) \\ \qquad + A_5\cos(m_3\xi) + A_6\sin(m_3\xi) \\ \Phi = -A_1\mu\sinh(m_1\xi) - A_2\mu\cosh(m_1\xi) - A_3\lambda\sin(m_2\xi) \\ \qquad + A_4\lambda\cos(m_2\xi) - A_5\alpha\sin(m_3\xi) + A_6\alpha\cos(m_3\xi) \end{cases}$$

$$(5.79)$$

176

式中:

$$m_1 \equiv \sqrt{s_1}p, m_2 \equiv \sqrt{-s_2}p, m_3 \equiv \sqrt{-s_3}p, \gamma \equiv \frac{\zeta^2 s_1 + \eta^2}{\zeta_1^2 s_1 + 1},$$

$$\delta \equiv \frac{\zeta^2 s_1 + \eta^2}{\zeta_1^2 s_1 + 1}, \delta \equiv \frac{\zeta^2 s_2 + \eta^2}{\zeta_1^2 s_2 + 1}, \beta \equiv \frac{\zeta^2 s_3 + \eta^2}{\zeta_1^2 s_3 + 1}, \tag{5.80}$$

$$\mu \equiv \frac{s_1 + b^2}{\sqrt{s_1}}p, \lambda \equiv \frac{s_2 + b^2}{\sqrt{-s_2}}p, \alpha \equiv \frac{s_3 + b^2}{\sqrt{-s_3}}p$$

在给定了足够的边界条件之后,就可以解出特征值和特征矢量了,也就是固有频率和振动模态。对于上述问题,可以施加6种边界条件,参见表5.6。

应当注意的是,仅当梁或柱的边界均为两端简支(铰接)时,才能得到解析形式的解,可参阅文献[15]。这种情况下,只需考察式(5.79)中的系数,即可得到相应的特征方程,即

$$\sin(m_3)\sin(m_2) = 0 \tag{5.81}$$

式(5.81)的解可以有两种,第一种代表的是弯曲主导的振动行为,对应于

$$m_3 = k\pi, \quad k = 1, 2, 3, \cdots, n \tag{5.82}$$

而另一种代表的是纵振主导的振动行为,对应于

$$m_2 = k\pi, \quad k = 1, 2, 3, \cdots, n \tag{5.83}$$

表 5.6 基于 FSDT 方法的非对称层合柱的边界条件

边界名称	边界条件
固支端(不可动)	$U = W = \Phi = 0$
固支端(可动)	$\xi_1^2 \dfrac{dU}{d\xi} + \xi^2 \dfrac{d\Phi}{d\xi} = W = \Phi = 0$
简支端(不可动)	$\xi^2 \dfrac{dU}{d\xi} + \dfrac{d\Phi}{d\xi} = W = U = 0$
简支端(可动)	$\xi^2 \dfrac{dU}{d\xi} + \dfrac{d\Phi}{d\xi} = W = \xi_1^2 \dfrac{dU}{d\xi} + \xi^2 \dfrac{d\Phi}{d\xi} = 0$
自由端	$\xi^2 \dfrac{dU}{d\xi} + \dfrac{d\Phi}{d\xi} = \dfrac{1}{b^2}\left(\Phi + \dfrac{dW}{d\xi}\right) = \xi_1^2 \dfrac{dU}{d\xi} + \xi^2 \dfrac{d\Phi}{d\xi} = 0$

5.4 板的振动:经典层合板理论方法

5.4.1 简支的特殊正交各向异性板

这里分析求解的是所谓的特殊正交各向异性板,这种情况中的弯曲-拉压耦合项 B_{ij}、弯曲-扭转系数 D_{16} 和 D_{26} 均为零。于是,如果假定具有对称性($B_{ij} = D_{16} = $

$D_{26} = I_1 = 0$），且面内与面外载荷均为零，那么根据第 4 章中的式（4.10）可以得到

$$D_{11}\frac{\partial^4 w_0}{\partial x^4} + 2(D_{12} + 2D_{66})\frac{\partial^4 w_0}{\partial x^2 \partial y^2} + D_{22}\frac{\partial^4 w_0}{\partial y^4} + I_0\frac{\partial^2 w_0}{\partial t^2} - I_2\frac{\partial^2}{\partial t^2}\left(\frac{\partial^2 w_0}{\partial x^2} + \frac{\partial^2 w_0}{\partial y^2}\right) = 0$$

$$(5.84)$$

式中：I_0 和 I_2 由式（5.2）定义。取如下形式的面外位移解 w_0（即假定了频率为 ω 的简谐振动解）：

$$w_0(x,y,t) = W_{mn}\sin\left(\frac{m\pi x}{a}\right)\sin\left(\frac{n\pi y}{b}\right)e^{i\omega t} \tag{5.85}$$

式中：a 为板的长度，b 为板的宽度，那么将其代入式（5.84）中可以得到

$$D_{11}\left(\frac{m\pi}{a}\right)^4 + 2(D_{12} + 2D_{66})\left(\frac{m\pi}{a}\right)^2\left(\frac{n\pi}{b}\right)^2 + D_{22}\left(\frac{n\pi}{b}\right)^4$$

$$-\omega^2\left\{I_0 + I_2\left[\left(\frac{m\pi}{a}\right)^2 + \left(\frac{n\pi}{b}\right)^2\right]\right\} = 0 \tag{5.86}$$

式（5.86）的解也就给出了特殊正交各向异性层合板的固有频率情况，即

$$\omega_{mn}^2 = \left(\frac{\pi}{a}\right)^4 \frac{D_{11}m^4 + 2(D_{12} + 2D_{66})m^2 n^2\left(\frac{a}{b}\right)^2 + D_{22}n^4\left(\frac{a}{b}\right)^4}{I_0 + I_2\left(\frac{\pi}{a}\right)^2\left[m^2 + n^2\left(\frac{a}{b}\right)^2\right]} \tag{5.87}$$

而振动模态可由下式给出：

$$w_0(x,y) = W_{mn}\sin\left(\frac{m\pi x}{a}\right)\sin\left(\frac{n\pi y}{b}\right) \tag{5.88}$$

从式（5.87）不难看出，转动惯量 I_2 的存在使得固有频率趋于降低。对于方板来说（$a = b$），当忽略转动惯量时，这些频率将变成

$$\omega_{mn}^2 = \frac{\pi^4}{I_0 a^4}\left[D_{11}m^4 + 2(D_{12} + 2D_{66})m^2 n^2 + D_{22}n^4\right] \tag{5.89}$$

最低一阶固有频率出现在 $m = n = 1$ 处，有时也称为基本频率。对于矩形板来说，有

$$\omega_{11}^2 = \frac{\pi^4}{I_0 a^4}\left[D_{11} + 2(D_{12} + 2D_{66})\left(\frac{a}{b}\right)^2 + D_{22}\left(\frac{a}{b}\right)^4\right] \tag{5.90}$$

5.4.2　对边简支的特殊正交各向异性板

对于一组对边为简支边界的矩形板（另一组对边可以是固支、自由或其他组合形式），可以利用 Lévy 方法[①]来求解其振动行为。于是，当不存在面内载荷时，平衡

---

① M. Lévy, Memoire sur la theorie des plaques elastiques planes, Journal de Mathematiques Pures et Appliquees 3(1899) 219.

方程由式(5.84)给出,面外变形可以表示为

$$w_0(x,y,t) = W_m(x)\sin\left(\frac{n\pi y}{b}\right)\mathrm{e}^{i\omega t} \tag{5.91}$$

将式(5.91)代入式(5.84)即可得到如下微分方程:

$$D_{11}\frac{\mathrm{d}^4 W_m}{\mathrm{d}x^4} + \left[\omega^2 I_2 - 2(D_{12} + 2D_{66})\left(\frac{n\pi}{b}\right)^2\right]\frac{\mathrm{d}^2 W_m}{\mathrm{d}x^2}$$

$$- \left\{\omega^2\left[I_0 + I_2\left(\frac{n\pi}{b}\right)^2\right] - D_{22}\left(\frac{n\pi}{b}\right)^4\right\}W_m = 0 \tag{5.92}$$

或者

$$\hat{a}\frac{\mathrm{d}^4 W_m}{\mathrm{d}x^4} + \hat{b}\frac{\mathrm{d}^2 W_m}{\mathrm{d}x^2} - \hat{c}W_m = 0 \tag{5.93}$$

式中:

$$\begin{cases} \hat{a} \equiv D_{11}, \hat{b} \equiv \omega^2 I_2 - 2(D_{12} + 2D_{66})\left(\frac{n\pi}{b}\right)^2 \\ \hat{c} \equiv \omega^2\left[I_0 + I_2\left(\frac{n\pi}{b}\right)^2\right] - D_{22}\left(\frac{n\pi}{b}\right)^4 \end{cases} \tag{5.94}$$

式(5.92)的一般解具有如下形式:

$$W(x) = A_1\sinh(\alpha_1 x) + A_2\cosh(\alpha_1 x) + A_3\sin(\alpha_2 x) + A_4\cos(\alpha_2 x) \tag{5.95}$$

式中:

$$\alpha_1 = \sqrt{\frac{-\hat{b} + \sqrt{\hat{b}^2 + 4\hat{a}\hat{c}}}{2\hat{a}}}, \alpha_2 = \sqrt{\frac{\hat{b} + \sqrt{\hat{b}^2 + 4\hat{a}\hat{c}}}{2\hat{a}}} \tag{5.96}$$

随后,我们就可以根据 x 方向上的边界条件导得固有频率和对应的模态形状(x 方向上)了。

参考文献

[1] A.V.K. Murty, R.P. Shimpi, Vibrations of laminated beams, Journal of Sound and Vibration 36 (2) (1974) 273−284.
[2] L.S. Teoh, C.C. Huang, The vibration of beams of fiber-reinforced material, Journal of Sound and Vibration 51 (4) (1977) 467−473.
[3] K. Chandrashekhara, K. Krishnamurthy, S. Roy, Free vibration of composite beams including rotary inertia and shear deformation, Composite Structures 14 (1990) 269−279.
[4] G. Singh, G.V. Rao, N.G.R. Iyengar, Analysis of the nonlinear vibrations of unsymmetrically laminated composite beams, AIAA Journal 29 (10) (1991) 1727−1735.
[5] S. Krishnaswamy, K. Chandrashekhara, W.Z.B. Wu, Analytical solutions to vibration of generally layered composite beams, Journal of Sound and Vibration 159 (1) (1992) 85−99.

[6] K. Chandrashekhara, K.M. Bangera, Free vibration of composite beams using a refined shear flexible beam element, Computers and Structures 43 (4) (1992) 719−727.

[7] T. Kant, K. Swaminathan, Analytical solutions for free vibration of laminated composite and sandwich plates based on a higher-order refined theory, Composite Structures 53 (2001) 73−85.

[8] M.R. Aagaah, M. Mahinfalah, G.N. Jazar, Natural frequencies of laminated composite plates using third order shear deformation theory, Composite Structures 72 (2006) 273−279.

[9] H. Abramovich, O. Hamburger, Vibration of a uniform cantilever Timoshenko beam with translational and rotational springs and with a tip mass, Journal of Sound and Vibration 154 (1) (1992) 67−80.

[10] H. Abramovich, Shear deformation and rotary inertia effects of vibrating composite beams, Composite Structures 20 (1992) 165−173.

[11] H. Abramovich, A note on experimental investigation on a vibrating Timoshenko cantilever beam, Journal of Sound and Vibration 160 (1) (1993) 167−171.

[12] H. Abramovich, Thermal buckling of cross-ply composite laminates using a first-order shear deformation theory, Composites Structures 28 (1994) 201−213.

[13] H. Abramovich, Deflection control of laminated composite beams with piezoceramic layers − closed form solutions, Composite Structures 43 (1998) 217−231.

[14] H. Abramovich, M. Eisenberger, O. Shulepov, Vibrations and buckling of cross-ply non-symmetric laminated composite beams, AIAA Journal 34 (5) (May 1996) 1064−1069.

[15] H. Abramovich, A. Livshits, Free vibrations of non-symmetric cross-ply laminated composite beams, Journal of Sound and Vibration 176 (5) (1994) 597−612.

[16] H. Abramovich, A. Livshits, Dynamic behavior of cross-ply laminated beams with piezoelectric layers, Composite Structures 25 (1−4) (1993) 371−379.

本章附录 A 任意边界条件下非对称梁的一般解

如果假定不存在轴向压力($\overline{N}_{xx}=0$),且 $I_1=0$(将梁的坐标系设定在中性面上即可),同时忽略不计转动惯量的效应($I_2=0$),那么利用式(5.36)可以得到如下矩阵方程:

$$\begin{bmatrix} A_{11}\dfrac{\partial^2}{\partial x^2} & -B_{11}\dfrac{\partial^3}{\partial x^3} \\ -B_{11}\dfrac{\partial^3}{\partial x^3} & D_{11}\dfrac{\partial^4}{\partial x^4} \end{bmatrix}\begin{Bmatrix} u_0(x,t) \\ w_0(x,t) \end{Bmatrix} + \begin{bmatrix} -I_0 & 0 \\ 0 & I_0 \end{bmatrix}\dfrac{\partial^2}{\partial t^2}\begin{Bmatrix} u_0(x,t) \\ w_0(x,t) \end{Bmatrix} = \begin{Bmatrix} 0 \\ 0 \end{Bmatrix} \quad (A.1)$$

可以假定无量纲位移的形式如下:

$$\begin{Bmatrix} \dfrac{u_0(x,t)}{L} \\ \dfrac{w_0(x,t)}{L} \end{Bmatrix} = \begin{Bmatrix} U(x)e^{i\omega t} \\ W(x)e^{i\omega t} \end{Bmatrix} \quad (A.2)$$

并令无量纲轴向坐标为 $\xi = x/L$(L 为梁的长度)。将上述形式代入方程(A.1)可以得到

180

$$\begin{bmatrix} \zeta_1^2 \dfrac{\mathrm{d}^2}{\mathrm{d}\xi^2} + p^2 & -\zeta^2 \dfrac{\mathrm{d}^3}{\mathrm{d}\xi^3} \\[2mm] -\zeta^2 \dfrac{\mathrm{d}^3}{\mathrm{d}\xi^3} & \dfrac{\mathrm{d}^4}{\mathrm{d}\xi^4} - p^2 \end{bmatrix} \begin{Bmatrix} U(\xi) \\ W(\xi) \end{Bmatrix} = \begin{Bmatrix} 0 \\ 0 \end{Bmatrix} \qquad (\mathrm{A.3})$$

式中:

$$p^2 \equiv \frac{\omega^2 I_0 L^4}{D_{11}}, b^2 \equiv \frac{D_{11}}{KA_{55}L^2}, \zeta^2 \equiv \frac{B_{11}L}{D_{11}}, \zeta_1^2 \equiv \frac{A_{11}L^2}{D_{11}} \qquad (\mathrm{A.4})$$

对于式(A.3),其特征方程应为

$$(\zeta_1^2 - \zeta^4)s^3 + s^2 - \frac{\zeta_1^2}{p^2}s - \frac{1}{p^2} = 0, \quad s \equiv \frac{m^2}{p^2} \qquad (\mathrm{A.5})$$

在对上式求解之后,就可以写出式(A.3)的一般解为(关于解的形式可参阅文献[15],其中给出了详细的讨论):

$$\begin{cases} U = A_1 \gamma \mu \sinh(m_1 \xi) + A_2 \gamma \mu \cosh(m_1 \xi) + A_3 \lambda \delta \sin(m_2 \xi) \\ \quad - A_4 \lambda \delta \cos(m_2 \xi) + A_5 \alpha \beta \sin(m_3 \xi) - A_6 \alpha \beta \cos(m_3 \xi) \\ W = A_1 \cosh(m_1 \xi) + A_2 \sinh(m_1 \xi) + A_3 \cos(m_2 \xi) \\ \quad + A_4 \sin(m_2 \xi) + A_5 \cos(m_3 \xi) + A_6 \sin(m_3 \xi) \end{cases} \qquad (\mathrm{A.6})$$

式中:

$$\begin{cases} m_1 \equiv \sqrt{s_1}\,p, m_2 \equiv \sqrt{-s_2}\,p, m_3 \equiv \sqrt{-s_3}\,p, \\[2mm] \gamma \equiv \dfrac{\zeta^2 s_1}{\zeta_1^2 s_1 + 1}, \delta \equiv \dfrac{\zeta^2 s_2}{\zeta_1^2 s_2 + 1}, \beta \equiv \dfrac{\zeta^2 s_3}{\zeta_1^2 s_3 + 1}, \\[2mm] \mu \equiv \sqrt{s_1}\,p, \lambda \equiv \sqrt{-s_2}\,p, \alpha \equiv \sqrt{-s_3}\,p \end{cases} \qquad (\mathrm{A.7})$$

在引入足够的边界条件之后,就可以得到特征值和特征矢量,也就是固有频率和振动模态了。对于上述问题,每个端点处都可以施加6种边界条件,参见表A.1。

表 A.1   非对称层合梁的边界条件(CLT 方法)

边界名称	边界条件
固支端(不可动)	$U = W = \dfrac{\mathrm{d}W}{\mathrm{d}\xi} = 0$
固支端(可动)	$\xi_1^2 \dfrac{\mathrm{d}U}{\mathrm{d}\xi} - \xi^2 \dfrac{\mathrm{d}^2 W}{\mathrm{d}\xi^2} = W = \dfrac{\mathrm{d}W}{\mathrm{d}\xi} = 0$
简支端(不可动)	$U = W = \xi^2 \dfrac{\mathrm{d}U}{\mathrm{d}\xi} - \dfrac{\mathrm{d}^2 W}{\mathrm{d}\xi^2} = 0$

（续）

边界名称	边界条件
简支端(可动)	$\xi^2\dfrac{\mathrm{d}U}{\mathrm{d}\xi}-\dfrac{\mathrm{d}^2W}{\mathrm{d}\xi^2}=W=\xi_1^2\dfrac{\mathrm{d}U}{\mathrm{d}\xi}-\xi^2\dfrac{\mathrm{d}^2W}{\mathrm{d}\xi^2}=0$
自由端	$\xi^2\dfrac{\mathrm{d}U}{\mathrm{d}\xi}-\dfrac{\mathrm{d}^2W}{\mathrm{d}\xi^2}=\xi_1^2\dfrac{\mathrm{d}^2U}{\mathrm{d}\xi^2}-\xi^2\dfrac{\mathrm{d}^3W}{\mathrm{d}\xi^3}=\xi_1^2\dfrac{\mathrm{d}U}{\mathrm{d}\xi}-\xi^2\dfrac{\mathrm{d}^2W}{\mathrm{d}\xi^2}=0$

本章附录 B　经典层合理论中平衡方程的矩阵形式

利用矩阵形式来描述屈曲或振动方程是非常方便的,其形式可以表示为

$$\begin{bmatrix} \alpha_{11} & \alpha_{12} & \alpha_{13} \\ \alpha_{21} & \alpha_{22} & \alpha_{23} \\ \alpha_{31} & \alpha_{32} & [\alpha_{33}-N] \end{bmatrix}\begin{Bmatrix} u(x,y,t) \\ v(x,y,t) \\ w_0(x,y,t) \end{Bmatrix}+\frac{\partial^2}{\partial t^2}\begin{bmatrix} m_{11} & 0 & m_{13} \\ 0 & m_{22} & m_{23} \\ m_{13} & m_{23} & m_{33} \end{bmatrix}\times\begin{Bmatrix} u(x,y,t) \\ v(x,y,t) \\ w_0(x,y,t) \end{Bmatrix}=\begin{Bmatrix} 0 \\ 0 \\ q \end{Bmatrix}$$

(B.1)

其中的各个算子如下:

$$\begin{cases} \alpha_{11}\equiv A_{11}\dfrac{\partial^2}{\partial x^2}+2A_{16}\dfrac{\partial^2}{\partial x\partial y}+A_{66}\dfrac{\partial^2}{\partial y^2} \\ \alpha_{22}\equiv A_{22}\dfrac{\partial^2}{\partial y^2}+2A_6\dfrac{\partial^2}{\partial x\partial y}+A_{66}\dfrac{\partial^2}{\partial x^2} \\ \alpha_{33}\equiv D_{11}\dfrac{\partial^4}{\partial x^4}+4D_{16}\dfrac{\partial^4}{\partial x^3\partial y}+2(D_{12}+2D_{66})\dfrac{\partial^4}{\partial x^2\partial y^2}+4D_{26}\dfrac{\partial^4}{\partial x\partial y^3}+D_{22}\dfrac{\partial^4}{\partial y^4} \\ \alpha_{12}=\alpha_{21}\equiv A_{16}\dfrac{\partial^2}{\partial x^2}+(A_{12}+A_{66})\dfrac{\partial^2}{\partial x\partial y}+A_{26}\dfrac{\partial^2}{\partial y^2} \\ \alpha_{13}=\alpha_{31}\equiv -B_{11}\dfrac{\partial^3}{\partial x^3}-3B_{16}\dfrac{\partial^3}{\partial x^2\partial y}-(B_{12}+2B_{66})\dfrac{\partial^3}{\partial x\partial y^2}-B_{26}\dfrac{\partial^3}{\partial y^3} \\ \alpha_{23}=\alpha_{32}\equiv -B_{16}\dfrac{\partial^3}{\partial x^3}-(B_{12}+2B_{66})\dfrac{\partial^3}{\partial x^2\partial y}-3B_{26}\dfrac{\partial^3}{\partial x\partial y^2}-B_{22}\dfrac{\partial^3}{\partial y^3} \\ N\equiv \overline{N}_{xx}\dfrac{\partial^2}{\partial x^2}+2\overline{N}_{xy}\dfrac{\partial^2}{\partial x\partial y}+\overline{N}_{yy}\dfrac{\partial^2}{\partial y^2} \end{cases}$$

(B.2)

和

$$\begin{cases} m_{11}\equiv -I_0,m_{22}\equiv -I_0,m_{33}\equiv I_0-I_2\left(\dfrac{\partial^2}{\partial x^2}+\dfrac{\partial^2}{\partial y^2}\right) \\ m_{13}\equiv I_1\dfrac{\partial}{\partial x},m_{23}\equiv I_1\dfrac{\partial}{\partial y} \end{cases}$$

(B.3)

本章附录 C 一阶剪切变形板理论中平衡方程的矩阵形式

$$
\begin{bmatrix}
\hat{\alpha}_{11} & \hat{\alpha}_{12} & 0 & \hat{\alpha}_{14} & \hat{\alpha}_{15} \\
\hat{\alpha}_{21} & \hat{\alpha}_{22} & 0 & \hat{\alpha}_{24} & \hat{\alpha}_{25} \\
0 & 0 & \hat{\alpha}_{33} & \hat{\alpha}_{34} & \hat{\alpha}_{35} \\
\hat{\alpha}_{41} & \hat{\alpha}_{42} & \hat{\alpha}_{43} & \hat{\alpha}_{44} & \hat{\alpha}_{45} \\
\hat{\alpha}_{51} & \hat{\alpha}_{52} & \hat{\alpha}_{53} & \hat{\alpha}_{54} & \hat{\alpha}_{55}
\end{bmatrix}
\begin{Bmatrix}
U_{mn} \\
V_{mn} \\
W_{mn} \\
\overline{E}_{mn} \\
E_{mn}
\end{Bmatrix}
=
\begin{Bmatrix}
0 \\
0 \\
0 \\
0 \\
0
\end{Bmatrix}
\qquad (\text{C.1})
$$

式中:

$$
\begin{cases}
\hat{\alpha}_{11} \equiv A_{11}\left(\dfrac{m\pi}{a}\right)^2 + A_{66}\left(\dfrac{n\pi}{b}\right)^2, \hat{\alpha}_{12} = \hat{\alpha}_{21} \equiv (A_{12} + A_{66})\left(\dfrac{m\pi}{a}\right)\left(\dfrac{n\pi}{b}\right) \\[2mm]
\hat{\alpha}_{14} = \hat{\alpha}_{41} \equiv B_{11}\left(\dfrac{m\pi}{a}\right)^2 + B_{66}\left(\dfrac{n\pi}{b}\right)^2, \hat{\alpha}_{15} = \hat{\alpha}_{51} \equiv (B_{12} + B_{66})\left(\dfrac{m\pi}{a}\right)\left(\dfrac{n\pi}{b}\right) \\[2mm]
\hat{\alpha}_{22} \equiv A_{66}\left(\dfrac{m\pi}{a}\right)^2 + A_{22}\left(\dfrac{n\pi}{b}\right)^2, \hat{\alpha}_{24} = \hat{\alpha}_{42} \equiv (B_{12} + B_{66})\left(\dfrac{m\pi}{a}\right)\left(\dfrac{n\pi}{b}\right) \\[2mm]
\hat{\alpha}_{25} = \hat{\alpha}_{52} \equiv B_{66}\left(\dfrac{m\pi}{a}\right)^2 + B_{22}\left(\dfrac{n\pi}{b}\right)^2 \\[2mm]
\hat{\alpha}_{33} \equiv K\left[A_{44}\left(\dfrac{n\pi}{b}\right)^2 + A_{55}\left(\dfrac{m\pi}{a}\right)^2\right] - \overline{N}_{xx}\left(\dfrac{m\pi}{a}\right)^2 - \overline{N}_{yy}\left(\dfrac{n\pi}{b}\right)^2 \qquad (\text{C.2}) \\[2mm]
\hat{\alpha}_{34} = \hat{\alpha}_{43} \equiv KA_{55}\left(\dfrac{m\pi}{a}\right), \hat{\alpha}_{35} = \hat{\alpha}_{53} \equiv KA_{44}\left(\dfrac{n\pi}{b}\right) \\[2mm]
\hat{\alpha}_{44} \equiv D_{11}\left(\dfrac{m\pi}{a}\right)^2 + D_{66}\left(\dfrac{n\pi}{b}\right)^2 + KA_{55} \\[2mm]
\hat{\alpha}_{45} = \hat{\alpha}_{54} \equiv (D_{12} + D_{66})\left(\dfrac{m\pi}{a}\right)\left(\dfrac{n\pi}{b}\right) \\[2mm]
\hat{\alpha}_{55} \equiv D_{22}\left(\dfrac{n\pi}{b}\right)^2 + D_{66}\left(\dfrac{m\pi}{a}\right)^2 + KA_{44}
\end{cases}
$$

第6章　复合柱与复合板的动力屈曲

（Haim Abramovich,以色列,海法,以色列理工学院）

6.1　引　言

这一章我们来考察各类文献中常见的柱和板的动力屈曲问题,这些柱和板是由金属和复合材料制备而成的。首先将对动力屈曲这一术语进行解释,并根据已有文献中的实例对其加以定义。然后将给出柱和板的运动方程,进而着重讨论柱、板、壳的相关数值分析结果和实验测试结果。

很多年以来,人们就已经开始研究柱结构在受到轴向时变载荷作用下所出现的横向振动,进而导致柱结构屈曲这一问题。正如 Lindberg[1] 所提出的,有时这一问题也称为振动屈曲。他在这一基础性工作[1]中指出,轴向上的交变载荷有可能导致横向上产生很大的振动幅值,这一现象一般发生在频率与轴向载荷幅值以及内部阻尼的特定(临界)组合条件下。图6.1(a)示出了这一行为,其中轴向上的交变载荷产生了弯矩,进而使得柱产生了横向振动。文献[1]还指出,当轴向载荷频率是这一柱结构横向弯曲固有频率的两倍时,柱的横向振动幅值将会变得很大。显然,Lindberg 所采用的"振动屈曲"这一术语实际上刻画了该现象与共振行为之间所存在着的某些相似性。不过应当注意的是,在共振情况中,所施加的载荷是与系统的运动在同一个方向上的,此处也就是柱的横向上,并且仅当载荷频率等于柱的弯曲振动固有频率时才会出现共振现象。Lindberg 还将上述这种振动屈曲问题称为"交变的参数激励所引发的振动稳定性"问题。在某些文献中,人们也将这种共振类型称为"参数共振",可参阅文献[2,3],它们对这一类型的动力稳定性问题进行了研究。

实际上还存在另一种振动屈曲的类型,有时也称为脉冲屈曲。这一情况是指,当结构受到轴向上的突加载荷作用时,瞬态响应过程中会出现横向上较大的变形量[1]。突加的载荷有可能导致永久的变形(由于柱的塑性响应),或者出现更大的后屈曲变形,或者只是回到变形前的状态。在图6.1(b)中给出了相关的示意图,其中反映了柱结构在突加短时轴向载荷作用下的响应。

当柱结构在横向上产生了难以接受的大变形或大应力时,也就发生了屈曲行为。如果载荷持续时间足够短,那么在达到屈曲条件之前,柱结构一般是可以承受较大的轴向载荷的。不过在较强的短时轴向载荷下,柱有可能发生很高阶模式的屈曲行为,

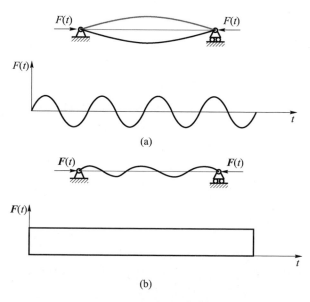

图 6.1　两种动力屈曲类型

(a)参数共振下的屈曲；(b)脉冲型屈曲。

如图 6.1(b)所示。Lindberg[1]曾给出了脉冲屈曲的定义，即"时变参数载荷激励所引发的结构系统的动力响应"。在本章中，我们将这种脉冲屈曲也等价地视为动力屈曲。

大量文献中已经比较广泛地研究了各类结构的动力屈曲问题，例如从 Budiansky和 Roth 的著名的文章[4]开始，到 Hegglin 对柱的动力屈曲研究报告[5]，再到 20 世纪60 年代中期 Budiansky 和 Hutchinson[6]，Hutchinson 和 Budiansky[7]的工作等，随后还有更多的结构得到了分析，例如文献[1,2,8-43]。

对于受到脉冲载荷激励的结构来说，如何定义或确定导致屈曲行为的临界载荷条件，是最引人关注也是最困难的问题。Kubiak[32]，Ari-Gur[13,19,22]以及其他一些研究人员[18,20,24-26]提出了一个新的参量用于建立动力屈曲准则，称为动力载荷因子（DLF），其定义为

$$\text{DLF} \equiv \frac{\text{脉冲屈曲幅值}}{\text{静态屈曲幅值}} = \frac{(P_{cr})_{dyn}}{(P_{cr})_{static}} \qquad (6.1)$$

按照 Kubiak[32]的思路，Volmir[10]已经针对受面内脉冲载荷作用的板结构提出了最为流行的准则。正如文献[32]所引述的，Volmir 给出的准则如下：

当板的最大变形等于某个常数值 k（k 为板厚或板厚的一半）时，动力临界载荷将对应于脉冲载荷（不变的持续时间）的幅值。

另一个准则也得到了非常广泛的应用，它是由 Budiansky 和 Hutchinson[6]在早期

185

工作[4]的基础上提出的,后来又做了拓展[7]。开始时这一准则是针对壳状结构提出的,后来拓展到了柱和板结构。该准则认为,"当载荷幅值发生较小改变时如果最大变形迅速增长,那么结构就丧失了动力稳定性"。图6.2(b)给出了这一准则的原理示意,其中的$R(\lambda,t)$代表的是文献[6]所采用的简单非线性模型(图6.2(a))的响应,而λ是所施加的脉冲压力载荷的无量纲形式。图6.2(c)进一步给出了这一准则的应用,针对的是固支浅球壳的轴对称动力屈曲问题,参见文献[4]。

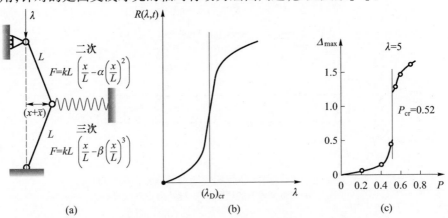

图6.2 (a)非线性模型;(b)Budiansky和Hutchinson(B&H)准则;
(c)B&H准则用于固支浅球壳的轴对称动态屈曲

((a)和(b)修改自B. Budiansky,J. W. Hutchinson,Dynamic buckling of imperfection
sensitive structures,in:H. Götler(Ed.),Proceedings of the 11th International Congress of
Applied Mechanics,1964,Springer-Verlag,Berlin,1966,pp. 636 – 651;
(c)修改自B. Budiansky,R. S. Roth,Axisymmetric Dynamic Buckling of Clamped
Shallow Spherical Shells,Collected Papers on Instability of Shell Structures,
NASA TN-D-1510,761 p.,1962,pp. 597 – 606。)

　　Ari-Gur和Simonetta[22]还曾经提出并应用了另一种形式的动力屈曲准则,所构建的四种准则可参考图6.3(a)~(d)。如图6.3(a)所示,第一准则将最大横向变形W_m与脉冲强度L_m关联起来了,可以表述为"对于给定的脉冲形状和持续时间,强度上的较小改变会使得最大横向变形的增长速率显著增大,此时可认为发生了屈曲"[22]。这些作者认为,所提出的这一准则在非常宽的脉冲频率范围内对于位移加载和力加载两种情况都是适用的,不过对于持续时间非常短的脉冲来说,结果可能会有问题。这与面外变形的特点有关,接近屈曲载荷的短时脉冲会产生短波模式,并会导致较小的峰值变形。进一步,这些作者给出了第二准则(图6.3(b)),它弥补了第一准则的缺陷,适合于短波长的变形模式。这一准则认为"当脉冲强度的较小增加会导致横向变形峰值的减小时,那么就发生了动力屈曲",它仅针对脉冲型加载情况,可以作为前一准则的补充准则。文献[22]中给出的最后两种准则与所施加的载

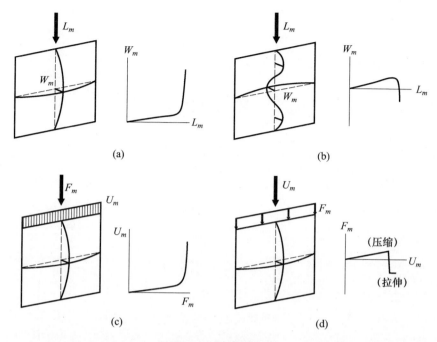

图 6.3 屈曲准则

(a)第一准则；(b)第二准则；(c)第三准则；(d)第四准则。

(修改自 B. Budiansky, J. W. Hutchinson, Dynamic buckling of imperfection sensitive structures,

in：H. Götler(Ed.), Proceedings of the 11th International Congress of Applied Mechanics,

1964, Springer-Verlag, Berlin, 1966, pp. 636 – 651。)

荷强度和加载端(例如 $x = 0$ 位置)的最大响应有关。图 6.3(c)示意了第三种屈曲准则,它认为"当载荷力的强度 F_m 发生较小增加时,如果 $x = 0$ 处的纵向位移峰值 U_m 显著增长,那么就发生了屈曲"。脉冲加载下的屈曲现象是由于结构对面内压力载荷的阻抗减小导致的,此时横向动力变形量会显著增大。第四种屈曲准则主要考虑的是位移型脉冲激励,如图 6.3(d)所示,它认为"当位移脉冲强度 U_m 的小幅增加会导致 $x = 0$ 处的峰值反作用力从压力转变为拉力时,那么就发生了屈曲"。当保持结构变形为 U_m 所需的拉力大于加载端的最大压力时,这一转变就是可能的。

Petry 和 Fahlbusch[24] 还曾提出了另一个有趣的准则,他们认为 Budiansky-Hutchinson 准则对于具有稳定后屈曲平衡路径的结构来说过于保守了,因为它没有考虑结构的承载能力。为此,他们在应力分析基础上提出了新的准则,即认为"当等效应力 σ_E 超过了材料的极限应力将出现应力破坏,因而如果 $\sigma_E \leqslant \sigma_L$ 在任意时刻、任意位置都是满足的,那么冲击导致的动力响应就可定义为动力稳定的"。不仅如此,他们还认为这一准则对于塑性材料也是适用的,只需将 σ_L 替换成屈服应力 σ_Y。根据这一准则,DLF(参见式(6.1))就可以修正为

187

$$\text{DLF} \equiv \frac{(N_F)_{\text{dyn}}}{(N_F)_{\text{static}}} \tag{6.2}$$

式中:$(N_F)_{\text{dyn}}$ 和 $(N_F)_{\text{static}}$ 分别定义为动态失效载荷和静态失效载荷。

6.2 柱的动力屈曲

6.2.1 利用 CLT 对柱的动力屈曲进行分析

如图 6.4 所示,在时变轴向压力下,柱的运动微分方程可以描述为

$$N_{x,x} = I_0\ddot{u} - I_1\ddot{w}_{,x} \tag{6.3}$$

$$[M_{x,x} + N_x \cdot w_{,x} + I_2 \cdot \ddot{w}_{,xx}] = I_0\ddot{w} + I_1\ddot{u}_{,x} \tag{6.4}$$

其中

$$(I_0;I_1;I_2) = \rho\int_{-h/2}^{h/2}(1;z;z^2)\,\mathrm{d}z \tag{6.5}$$

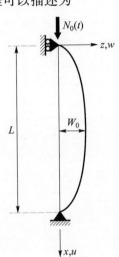

$(\ )_{,x}$ 代表对 x 求一阶偏导数,$\ddot{u}$ 和 $\ddot{w}$ 分别为轴向和横向位移关于时间变量的二阶偏导数,h 为柱的总厚度,而 ρ 对应于每个组分层的密度。

根据 CLT 方法,将合力和合力矩表示为应变和曲率的函数形式,那么有

$$\begin{Bmatrix} N_x \\ M_x \end{Bmatrix} = \begin{bmatrix} A_{11} & B_{11} \\ B_{11} & D_{11} \end{bmatrix} \begin{Bmatrix} \varepsilon_x \\ \kappa_x \end{Bmatrix} \tag{6.6}$$

其中:

$$(A_{11};B_{11};D_{11}) = \int_{-h/2}^{h/2}\overline{Q}_{11}(1;z;z^2)\,\mathrm{d}z \tag{6.7}$$

图 6.4 带有初始几何缺陷 w_0 的柱:受到时变的轴向压力载荷作用,$N_0(t)$ 为 $x=0$ 处的轴向压力柱 $A_0/h = 0.1$

式中:$\overline{Q}_{11}$ 代表变换后每个组分层的刚度(详细的表达式可参阅第 4 章和第 5 章)。应变与位移(纵向位移 u,横向位移 w)之间的关系可以表示为

$$\begin{Bmatrix} \varepsilon_x \\ \kappa_x \end{Bmatrix} = \begin{Bmatrix} u_{,x} + \dfrac{1}{2}(w_{,x}^2 - w_{0,x}^2) \\ -(w - w_0)_{,xx} \end{Bmatrix} \tag{6.8}$$

将式(6.6)~式(6.8)代入式(6.3)和式(6.4)中,可以得到

$$A_{11}(u_{,xx} + w_{,x} \cdot w_{,xx} - w_{0,x} \cdot w_{0,xx}) - B_{11}(w - w_0)_{,xxx} = I_0\ddot{u} - I_1\ddot{w}_{,x} \tag{6.9}$$

188

$$A_{11}\left[(u_x \cdot w_x)_x + \frac{3}{2}w_x^2 \cdot w_{xx} - w_{0,x}\left(w_{0,xx} \cdot w_x - \frac{1}{2}w_{0,x} \cdot w_{xx}\right)\right] \tag{6.10}$$

$$+ B_{11}[u_{xx} + w_{0,xx}(w - w_0)_x]_x - D_{11}[w - w_0]_{xxxx} = I_0 \ddot{w} + I_1 \ddot{u}_x$$

若假定是对称层合结构,则有 $B_{11} = I_1 = 0$,那么上面这两个方程就可以简化为如下形式:

$$A_{11}(u_{,xx} + w_{,x} \cdot w_{,xx} - w_{0,x} \cdot w_{0,xx}) = I_0 \ddot{u} \tag{6.11}$$

$$A_{11}\left[(u_{,x} \cdot w_{,x})_{,x} + \frac{3}{2}w_{,x}^2 \cdot w_{,xx} - w_{0,x}\left(w_{0,xx} \cdot w_{,x} - \frac{1}{2}w_{0,x} \cdot w_{,xx}\right)\right] \tag{6.12}$$

$$- D_{11}[w - w_0]_{,xxxx} = I_0 \ddot{w}$$

应当注意的是,在式(6.11)和式(6.12)中,所有项都是 x 和 t 的函数。

对于上述对称层合结构,考虑简支边界条件,则有

$$\text{横向变形}: w(0,t) = w(L,t) = 0 \tag{6.13}$$

$$\text{弯矩}: D_{11} \cdot w_{,xx}(0,t) = D_{11} \cdot w_{,xx}(L,t) = 0 \tag{6.14}$$

$$\text{轴力}: A_{11} \cdot u_{,x}(0,t) = N_x(0,t) = -N_0(t) = -N_0 \sin\frac{\pi t}{T} \tag{6.15}$$

$$\text{轴向位移}: u_{,x}(L,t) = 0 \tag{6.16}$$

此外,初始条件可以假设为 $w(x,0) = w_0, w_{,x}(x,0) = u(0,0) = \dot{u}(0,0) = 0$。

对于上述的边界条件和初始条件,可以利用能量方法来求解运动方程式(6.11)和式(6.12),例如伽辽金方法。在应用伽辽金方法时,我们应设定能够满足边界条件的位移函数,对于这里的情形来说下述函数就是可行的,即

$$\begin{cases} w(x,t) = A(t)\sin\dfrac{\pi x}{L}; w_0(x) = A_0\sin\dfrac{\pi x}{L} \\ u(x,0) = B(t)\cos\dfrac{\pi x}{L}; N_0(t) = N_0\sin\dfrac{\pi t}{T} \end{cases} \tag{6.17}$$

将式(6.11)乘以 $u(x,0)$ 的表达式,而式(6.12)乘以 $w(x,t)$ 的表达式,然后从 $x = 0$ 到 $x = L$ 上进行积分,由此可以消除对 x 的依赖性,并得到两个依赖于时间变量的非线性方程,它们可以通过数值方法进行求解。

对于每个 N_0 值,可以从假想的初始几何缺陷(非理想)形态开始在固定不变的时间段 T 内去求解柱的响应 w 和 u,这个假想的初始形态为 $w_0(x,t) = A_0\sin\dfrac{\pi x}{L}$,其中的 A_0 是已知幅值,通常选择柱厚度的某个百分数。图 6.5 给出了一个典型示例,针对每个 $2T/T_b$ 值计算动力屈曲载荷,然后除以静态屈曲载荷,即可得到相应的 DLF,参见式(6.1)。

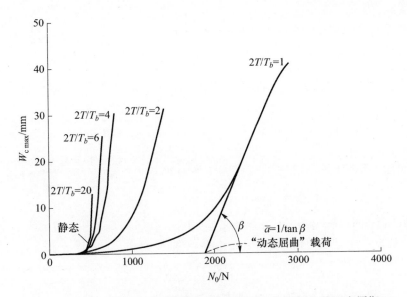

图 6.5　载荷持续时间 T 对柱的响应的影响：T_b 为柱的一阶固有周期；

A_0 为初始几何缺陷的幅值

（修改自 T. Weller，H. Abramovich，R. Yaffe，Dynamic buckling of beams and

plates subjected to axial impact，Computers and Structures 32（3 − 4）（1989）835 − 851。）

6.2.2　利用 FSDT 分析柱的动力屈曲

为利用 FSDT 方法求解柱的动力屈曲问题（参见图 6.4），我们应当假定位移场的形式如下：

$$\begin{cases} u_x(x,z,t) = u(x,t) + z\phi_x(x,t) \\ u_z(x,z,t) = w(x,t) - w_0(x) \end{cases} \tag{6.18}$$

式中：假定的变量 u 和 w 分别代表的是板的中面上（即 $z=0$）各点在 x 和 z 方向上的位移；ϕ_x 是关于 x 轴的转角，而 w_0 为假想的初始几何缺陷形态。运动方程可以表示为（参见第 4 章和第 5 章）：

$$\begin{cases} N_{x,x} = I_0\,\ddot{u} + I_1\,\ddot{\phi}_x \\ Q_{x,x} + [\,N_x \cdot (w_x - w_{0,x})\,]_x = I_0\,\ddot{w} \\ M_{x,x} - Q_x = I_2\,\ddot{\phi}_x + I_1\,\ddot{u} \end{cases} \tag{6.19}$$

在上式中，Q_x 是剪力或横向合力，定义为

$$Q_x = K \int_{-h/2}^{+h/2} \tau_{xy} \mathrm{d}z \tag{6.20}$$

式中：K 是剪切修正系数，一般通过令横向剪应力产生的应变能与真实的横向剪力导

190

致的应变能(借助三维弹性理论求解)相等来计算;τ_{xy}代表了横向剪应力。对于一根方形横截面的均匀梁来说,$K = 5/6$(参见第4章)。

合力和合力矩是位移的函数,即

$$\begin{Bmatrix} N_x \\ M_x \\ Q_x \end{Bmatrix} = \begin{bmatrix} A_{11} & B_{11} & 0 \\ B_{11} & D_{11} & 0 \\ 0 & 0 & KA_{55} \end{bmatrix} \begin{Bmatrix} u_{,x} + \dfrac{1}{2}(w_{,x}^2 - w_{0,x}^2) \\ \varphi_{x,x} \\ \varphi_x + w_{,x} - w_{0,x} \end{Bmatrix} \tag{6.21}$$

如同前一小节所给出的假设,这里的应变也具有如下形式:

$$\begin{Bmatrix} \varepsilon_x \\ \gamma_{xz} \end{Bmatrix} = \begin{Bmatrix} u_{x,x} + \dfrac{1}{2}(w_{,x}^2 - w_{0,x}^2) \\ u_{x,z} + u_{z,x} \end{Bmatrix} = \begin{Bmatrix} u_{,x} + \dfrac{1}{2}(w_{,x}^2 - w_{0,x}^2) + z\varphi_{x,x} \\ \varphi_x + w_{,x} - w_{0,x} \end{Bmatrix} \tag{6.22}$$

将式(6.21)代入式(6.19)可以导出由三个假设位移 $u(x,t)$、$w(x,t)$、$\phi_x(x,t)$ 以及已知的初始几何缺陷形态 $w_0(x)$ 所表示的运动方程(可参阅文献[25],其中给出了相似的推导过程),即

$$\begin{cases} A_{11}(u_{,xx} + w_{,x} \cdot w_{,xx} - w_{0,x} \cdot w_{0,xx}) + B_{11}\varphi_{x,xx} = I_0 \ddot{u} + I_1 \ddot{\varphi}_x \\ [A_{11}(u_{,xx} + w_{,x} \cdot w_{,xx} - w_{0,x} \cdot w_{0,xx}) + B_{11}\varphi_{x,xx}](w_{,x} - w_{0,x}) \\ \quad + \left[A_{11}\left(u_{,x} + \dfrac{1}{2}w_{,x}^2 - \dfrac{1}{2}w_{0,x}^2\right) + B_{11}\varphi_{x,x}\right](w_{,xx} - w_{0,xx}) \\ \quad + KA_{55}(\varphi_{x,x} + w_{,xx} - w_{0,xx}) = I_0 \ddot{w} \\ B_{11}(u_{,xx} + w_{,x} \cdot w_{,xx} - w_{0,x} \cdot w_{0,xx}) \\ \quad + D_{11}\varphi_{x,xx} - KA_{55}(\varphi_x + w_{,x} - w_{0,x}) = I_2 \ddot{\varphi}_x + I_1 \ddot{u} \end{cases} \tag{6.23}$$

当结构具有对称性时,$B_{11} = I_1 = 0$,上面这组方程还可以简化为如下形式:

$$\begin{cases} A_{11}(u_{,xx} + w_{,x} \cdot w_{,xx} - w_{0,x} \cdot w_{0,xx}) = I_0 \ddot{u} \\ [A_{11}(u_{,xx} + w_{,x} \cdot w_{,xx} - w_{0,x} \cdot w_{0,xx})](w_{,x} - w_{0,x}) + \\ \left[A_{11}\left(u_{,x} + \dfrac{1}{2}w_{,x}^2 - \dfrac{1}{2}w_{0,x}^2\right)\right](w_{,xx} - w_{0,xx}) + KA_{55}(\varphi_{x,x} + w_{,xx} - w_{0,xx}) = I_0 \ddot{w} \\ D_{11}\varphi_{x,xx} - KA_{55}(\varphi_x + w_{,x} - w_{0,x}) = I_2 \ddot{\varphi}_x \end{cases}$$

$$\tag{6.24}$$

与前一小节一样,上式中的所有项都是 x 和 t 的函数。

对于对称层合结构来说,若考虑简支边界条件,那么有如下关系式:

$$\text{横向变形}: w(0,t) = w(L,t) = 0 \tag{6.25}$$

$$弯矩:D_{11} \cdot \phi_{x,x}(0,t) = D_{11} \cdot \phi_{x,x}(L,t) = 0 \qquad (6.26)$$

$$轴力:A_{11} \cdot u_{,x}(0,t) = N_x(0,t) = -N_0(t) = -N_0\sin\frac{\pi t}{T} \qquad (6.27)$$

$$轴向位移:u_{,x}(L,t) = 0 \qquad (6.28)$$

此外,初始条件可以假定为 $w(x,0) = w_0, w_{,x}(x,0) = u(0,0) = \dot{u}(0,0) = 0$。

如同前面曾经讨论过的,我们是难以得到上述运动方程的解析解的,因此一般需要采用能量方法进行求解,例如伽辽金方法。在简支边界条件下,选择如下形式的假设解是合适的,即

$$\begin{cases} u(x,0) = A(t)\cos\dfrac{\pi x}{L};w(x,t) = B(t)\sin\dfrac{\pi x}{L};\phi_x(x,t) = C(t)\cos\dfrac{\pi x}{L}; \\ w_0(x) = A_0\sin\dfrac{\pi x}{L};N_0(t) = N_0\sin\dfrac{\pi t}{T} \end{cases} \qquad (6.29)$$

利用"柱的动力屈曲"这一节中所给出的分析过程,也可以求解脉冲载荷情况下柱的响应。根据文献[25]给出的结果,如图 6.6 所示,柱的响应与图 6.5 给出的行为是相似的。这里需要注意的是,在图 6.6(b)中,压应变是轴向压力载荷的线性函数,因此可以与图 6.5 进行比较。

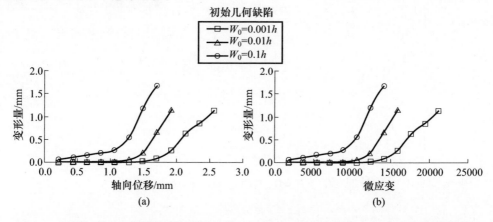

图 6.6 不同初始几何缺陷条件下柱(长度 $L = 150$mm,宽度为 20mm)的动态脉冲屈曲响应
(a)中点变形量与冲击作用端最大轴向位移的关系;(b)中点变形量与中性轴上中点处的压应变的关系。
(修改自 Z. Zheng, T. Farid, Numerical studies on dynamic pulse buckling compositelaminated
beams subjected to an axial impact pulse, Composite Structure 56(3)(2002) 269 – 277。)

6.3 板的动力屈曲

这里所针对的是受单轴载荷作用的正交各向异性矩形板,其动力屈曲的推导过程是建立在 Ekstrom 的基础研究工作[11]之上的,这一工作是 1973 年进行的,其中采

192

用了 Lekhnitskii 针对各向异性板所提出的模型[44]。如图 6.7 所示,我们来考虑一块简支的矩形正交各向异性板,它受到了单轴载荷作用。若将材料轴与坐标轴对应起来,那么就可以得到如下的面内应力应变关系,即

$$
\begin{Bmatrix} \sigma_x \\ \sigma_y \\ \tau_{xy} \end{Bmatrix} = \frac{1}{1 - v_{xy} \cdot v_{yx}} \begin{bmatrix} E_x & v_{xy}E_y & 0 \\ v_{yx}E_x & E_y & 0 \\ 0 & 0 & (1 - v_{xy} \cdot v_{yx})G_{xy} \end{bmatrix} \times \begin{Bmatrix} \varepsilon_x \\ \varepsilon_y \\ \gamma_{xy} \end{Bmatrix}
$$

$$
\equiv \begin{bmatrix} Q_{11} & Q_{12} & 0 \\ Q_{21} & Q_{22} & 0 \\ 0 & 0 & Q_{66} \end{bmatrix} \begin{Bmatrix} \varepsilon_x \\ \varepsilon_y \\ \gamma_{xy} \end{Bmatrix} \tag{6.30a}
$$

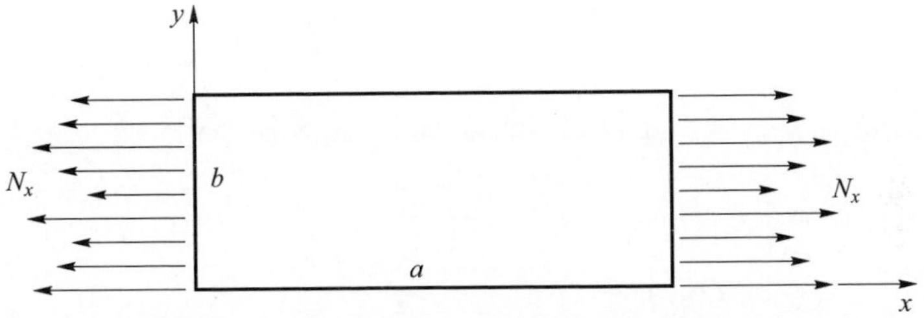

图 6.7　单轴加载条件下的正交各向异性薄板

$$
\begin{Bmatrix} \varepsilon_x \\ \varepsilon_y \\ \gamma_{xy} \end{Bmatrix} = \begin{bmatrix} \dfrac{1}{E_x} & -\dfrac{v_{xy}}{E_x} & 0 \\ -\dfrac{v_{yx}}{E_x} & \dfrac{1}{E_y} & 0 \\ 0 & 0 & \dfrac{1}{G_{xy}} \end{bmatrix} \begin{Bmatrix} \sigma_x \\ \sigma_y \\ \tau_{xy} \end{Bmatrix} \tag{6.30b}
$$

且有

$$
Q_{12} = Q_{21} \Rightarrow v_{yx} = \frac{E_x}{E_y} v_{xy} \tag{6.31}
$$

我们可以通过假定面外初始几何缺陷形态函数 w_0 来求解这个动力屈曲问题,因此应变参量将具有如下形式:

$$
\begin{Bmatrix} \varepsilon_x \\ \varepsilon_y \\ \gamma_{xy} \end{Bmatrix} = \begin{Bmatrix} \dfrac{\partial u}{\partial x} + \dfrac{1}{2}\left[\left(\dfrac{\partial w}{\partial x} \right)^2 - \left(\dfrac{\partial w_0}{\partial x} \right)^2 \right] \\ \dfrac{\partial v}{\partial y} + \dfrac{1}{2}\left[\left(\dfrac{\partial w}{\partial y} \right)^2 - \left(\dfrac{\partial w_0}{\partial y} \right)^2 \right] \\ \dfrac{\partial u}{\partial x} + \dfrac{\partial v}{\partial y} + \dfrac{\partial^2 w}{\partial x \partial y} - \dfrac{\partial^2 w_0}{\partial x \partial y} \end{Bmatrix} \tag{6.32}
$$

193

式中:$w(x,y,t)$是总的面外位移;$w_0(x,y)$是初始面外位移;$u(x,y,t)$和$v(x,y,t)$分别代表了x和y方向上的面内位移。

应力函数$F(x,y,t)$的相容方程和板的运动方程(参见文献[11,44])可以表示为

$$\frac{1}{E_y} \cdot \frac{\partial^4 F}{\partial x^4} + \frac{1}{E_x} \cdot \frac{\partial^4 F}{\partial y^4} + 2\left(\frac{1}{2G_{xy}} - \frac{v_{xy}}{E_x}\right) = \left(\frac{\partial^2 w}{\partial x \partial y}\right)^2 - \left(\frac{\partial^2 w_0}{\partial x \partial y}\right)^2 + \frac{\partial^4 w_0}{\partial x^2 \partial y^2} - \frac{\partial^4 w}{\partial x^2 \partial y^2}$$

$$(6.33\text{a})$$

$$D_x \frac{\partial^4 (w - w_0)}{\partial x^4} + 2(D_1 + 2D_{xy}) \frac{\partial^4 (w - w_0)}{\partial x^2 \partial y^2} + D_y \frac{\partial^4 (w - w_0)}{\partial y^4}$$

$$= h\left[\frac{\partial^2 w}{\partial x^2} \cdot \frac{\partial^2 F}{\partial y^2} - 2\frac{\partial^2 w}{\partial x \partial y} \cdot \frac{\partial^2 F}{\partial x \partial y} + \frac{\partial^2 w}{\partial y^2} \cdot \frac{\partial^2 F}{\partial x^2} - \rho \frac{\partial^2 w}{\partial t^2}\right] \qquad (6.33\text{b})$$

式中:h是板的厚度,ρ为板的密度,板的横向刚度定义如下:

$$D_x \equiv \frac{E_x h^3}{12(1 - v_{xy}v_{yx})}; D_y \equiv \frac{E_y h^3}{12(1 - v_{xy}v_{yx})}; D_{xy} \equiv \frac{G_{xy}h^3}{12};$$

$$D_1 \equiv \frac{E_x v_{yx} h^3}{12(1 - v_{xy}v_{yx})} = \frac{E_y v_{xy} h^3}{12(1 - v_{xy}v_{yx})} \qquad (6.34)$$

如果假定初始时板的直边在屈曲后仍然保持为直线,那么上述问题的面外边界条件可以表示为

$$\begin{cases} x = 0, a: \quad w = w_0 = 0, \dfrac{\partial^2 w}{\partial x^2} = \dfrac{\partial^2 w_0}{\partial x^2} = 0; \\[3mm] y = 0, b: \quad w = w_0 = 0, \dfrac{\partial^2 w}{\partial y^2} = \dfrac{\partial^2 w_0}{\partial y^2} = 0 \end{cases} \qquad (6.35)$$

对于面内边界条件,在$y = 0, b$处无约束,而在x方向上有

$$\begin{cases} x = 0, a: \quad \dfrac{1}{b} \displaystyle\int_0^b \sigma_x \mathrm{d}y = \dfrac{1}{b} \displaystyle\int_0^b \dfrac{\partial^2 F}{\partial y^2} \mathrm{d}y = -P \\[4mm] y = 0, b: \quad \dfrac{1}{a} \displaystyle\int_0^a \sigma_y \mathrm{d}x = \dfrac{1}{a} \displaystyle\int_0^a \dfrac{\partial^2 F}{\partial x^2} \mathrm{d}x = 0 \end{cases} \qquad (6.36)$$

其中的P为作用在板上的压力载荷。

可以假定w的形式解以及假想的初始几何形态w_0分别具有如下形式:

$$w(x,y,t) = A(t) \sin \frac{m\pi x}{a} \sin \frac{n\pi y}{b} \qquad (6.37)$$

$$w_0(x,y,t) = A_0 \sin \frac{m\pi x}{a} \sin \frac{n\pi y}{b} \qquad (6.38)$$

式(6.37)和式(6.38)是满足式(6.35)中的边界条件的。将这些式子代入相容方程中,不难得到应力函数 F 和位移之间的关系如下:

$$\frac{1}{E_y} \cdot \frac{\partial^4 F}{\partial x^4} + \frac{1}{E_x} \cdot \frac{\partial^4 F}{\partial y^4} + 2\left(\frac{1}{2G_{xy}} - \frac{v_{xy}}{E_x}\right) = \frac{m^2 n^2 \pi^4}{2a^2 b^2}\left[\cos\frac{2m\pi x}{a} + \cos\frac{2n\pi y}{b}\right] \times (A^2 - A_0^2)$$

$$(6.39)$$

式(6.39)的解也是满足式(6.36)所给出的面内边界条件的,解为

$$F(x,y,t) = (A^2 - A_0^2)\left[\frac{a^2 n^2 E_y}{32b^2 m^2}\cos\frac{2m\pi x}{a} + \frac{b^2 m^2 E_x}{32a^2 n^2}\cos\frac{2n\pi y}{b}\right] - \frac{P}{2}y^2 \quad (6.40)$$

将式(6.40)代入式(6.32)中,可以得到

$$\frac{\pi^4}{h}\left[D_x\frac{m^4}{a^4} + 2(D_1 + 2D_{xy})\frac{m^2 n^2}{a^2 b^2} + D_y\frac{n^4}{b^4}\right][A(t) - A_0] = \frac{m^2 \pi^2}{a^2}P(t) \cdot A(t)$$

$$-\rho\frac{d^2 A(t)}{dt^2} + \frac{\pi^4}{8}\left[\frac{m^4}{a^4}E_x\cos\frac{2n\pi y}{b} + \frac{n^4}{b^4}E_y\cos\frac{2m\pi x}{a}\right][A^2(t) - A_0^2]A(t) \quad (6.41)$$

应当注意的是,上面这个方程是一个包含变量 x、y 和 t 的非线性方程。利用伽辽金方法可以消去对变量 x 和 y 的依赖性,只需在方程两边同时乘以 $\sin\frac{m\pi x}{a}\sin\frac{n\pi y}{b}$ $dxdy$,然后在整个板的中面上进行积分,就可以得到如下形式的非线性方程(关于时间变量):

$$\frac{d^2 A(t)}{dt^2} + \frac{\pi^4}{\rho h}\left[D_x\frac{m^4}{a^4} + 2(D_1 + 2D_{xy})\frac{m^2 n^2}{a^2 b^2} + D_y\frac{n^4}{b^4}\right][A(t) - A_0]$$

$$-\frac{m^2 \pi^2}{a^2 \rho}P(t) \cdot A(t) + \frac{\pi^4}{24\rho}\left[\frac{m^4}{a^4}E_x + \frac{n^4}{b^4}E_y\right][A^2(t) - A_0^2]A(t) = 0 \quad (6.42)$$

式中:m 和 n 均为奇数。对于与时间相关的项 $P(t)$ 来说,可以根据不同的时间依赖性来选择,例如阶跃函数 $P(t) = P_0$(常数),再如脉冲函数 $P(t) = P_0\delta(t)$($\delta(t)$ 为克罗内克尔函数[①]),或者也可以是其他形式的时间函数。

式(6.42)也可以做无量纲化处理(令 $n = 1$),从而不难得到如下表达形式(可参阅文献[11]中给出的相关讨论):

$$\frac{d^2\xi}{d\tau^2} + S\left[\frac{m^4 + 2R_{12}m^2\beta^2}{4}(\xi - \xi_0) - m^2\tau\xi + \frac{1 - v_{xy} \cdot v_{yx}}{8}(m^4 + R_{22}\beta^4)(\xi^2 - \xi_0^2)\xi\right] = 0$$

$$(6.43)$$

式中:

———————————

① 当两个指标相等时该函数取1,否则取0,也即:若 $i \neq j$,则 $\delta_{ij} = 0$;而若 $i = j$,则 $\delta_{ij} = 1$。

$$P_1 \equiv \frac{4D_x \pi^2}{a^2 h} ; \xi \equiv \frac{A}{h} ; \xi_0 \equiv \frac{A_0}{h} ; \beta \equiv \frac{a}{b} ; \tau \equiv \frac{P}{P_1} = \frac{c \cdot t}{P_1} ;$$

$$R_{12} \equiv \frac{D_1 + 2D_{xy}}{D_x} ; R_{22} \equiv \frac{D_y}{D_x} = \frac{E_y}{E_x} ; S \equiv \frac{P_1^3 \pi^2}{c^2 a^2 \rho}$$

(6.44)

利用非线性方程的数值积分方法,就可以求解式(6.43),例如著名的龙格库塔方法[①]。文献[11]中给出了各种 S 值情况下板的响应解。

值得注意的是,利用式(6.42)还可以得到板的静态屈曲载荷及其固有频率,并且还能够得到大变形下的表达式。

不妨考虑一块理想的板的静态情形,即

$$\frac{\mathrm{d}^2 A(t)}{\mathrm{d}t^2} = 0, A_0 = 0$$

(6.45)

忽略类似于 A^3 这样的高阶项以后,式(6.42)将变成:

$$\frac{\pi^2}{h} \left[D_x \frac{m^4}{a^4} + 2(D_1 + 2D_{xy}) \frac{m^2 n^2}{a^2 b^2} + D_y \frac{n^4}{b^4} \right] - \frac{m^2}{a^2} P = 0$$

(6.46)

根据上面这个方程,只需令 $n = 1$ 就可导得板的临界屈曲载荷,即

$$P_{\mathrm{cr}} = \frac{\pi^2 D_x}{b^2 h} \left[\left(\frac{mb}{a} \right)^2 + \frac{2(D_1 + 2D_{xy})}{D_x} + \frac{D_y}{D_x} \left(\frac{a}{mb} \right)^2 \right]$$

$$\Rightarrow 当 \frac{a}{b} \sqrt{\frac{D_y}{D_x}} = 整数时对应于 (P_{\mathrm{cr}})_{\min}$$

(6.47)

此外,在忽略了类似于 A^3 这样的高阶项以后,且假定为理想的板(即 $A_0 = 0$),那么方程(6.42)可以写成:

$$\frac{\mathrm{d}^2 A(t)}{\mathrm{d}t^2} + \frac{\pi^4}{\rho h} \left[D_x \frac{m^4}{a^4} + 2(D_1 + 2D_{xy}) \frac{m^2 n^2}{a^2 b^2} + D_y \frac{n^4}{b^4} \right] A(t) - \frac{m^2 \pi^2}{a^2 \rho} P(t) \cdot A(t) = 0$$

(6.48)

式(6.48)中的第二项的系数也就给出了理想板的固有频率之平方,也即

$$\omega_{mn}^2 = \frac{\pi^4}{\rho h} \left[D_x \frac{m^4}{a^4} + 2(D_1 + 2D_{xy}) \frac{m^2 n^2}{a^2 b^2} + D_y \frac{n^4}{b^4} \right]$$

(6.49)

最后,假定处于静态,那么根据式(6.42)还可以得到理想板在大变形情况下的后屈曲行为描述,其表达式如下:

$$\left\{ \frac{\pi^4}{h} \left[D_x \frac{m^4}{a^4} + 2(D_1 + 2D_{xy}) \frac{m^2 n^2}{a^2 b^2} + D_y \frac{n^4}{b^4} \right] - \frac{m^2 \pi^2}{a^2} PA(t) \right\} + \frac{\pi^4}{24} \left[\frac{m^4}{a^4} E_x + \frac{n^4}{b^4} E_y \right] A^3 = 0$$

(6.50)

_____

① 龙格库塔方法包括了一族隐式和显式迭代方法(含欧拉方法的过程),一般用于常微分方程(组)近似求解中的时域离散,最早大约是由 C. Runge 和 M. W. Kutta 在 1900 年前后提出的。

196

式(6.50)表明,在达到式(6.47)所给出的临界屈曲载荷以前,板的横向变形应为零;而在达到临界屈曲载荷以后,可能出现非零变形,且载荷与变形之间的关系是三次的。

关于动力屈曲情况中板的行为,读者可以参阅文献[16 - 20,22,24,32,36],其中给出了更详细的相关信息。

对于静态和动态情形来说,确定板的屈曲载荷是一个不变的主题。本章附录 A 中给出了一种可用于帮助确定板的屈曲载荷的方法,利用该方法可以很方便地处理实验测试和数值分析方面的数据(包括变形和载荷)。

6.4　薄壁结构物的动力屈曲:数值和实验分析结果

在薄壁结构的动力屈曲方面,人们已经从实验角度和理论计算方面做了很多的工作,采用了多种不同的分析方法。图 6.8(a)给出了一个固支条件下的浅球壳,它受到了零时刻突加的矩形压力脉冲 q 的作用(可参阅文献[4])。图 6.8(b)中给出了一些典型的数值分析结果,它表明了当该脉冲的持续时间增加时,无量纲形式的临界压力会降低(其他结果可参阅文献[4])。当脉冲的无量纲持续时间大于某个特定值(此处约为 $\bar{\tau} = 3$)之后,静态临界压力是高于动态临界压力的,而对于较短的持续时间,动态临界压力则高于静态临界压力,事实上对于短时脉冲载荷来说这一结论也是为人们所熟知的。图 6.8 中采用的各个无量纲参数已经在文献[4]中做过描述,即

$$\bar{\tau} = \frac{ct}{R}, c = \sqrt{\frac{E}{\rho}}, p = \frac{q}{q_0}, \lambda = 2[3(1 - v^2)]^{1/4}\left(\frac{H}{h}\right)^{1/2}, q_0 = \frac{2E}{[3(1 - v^2)]^{1/2}}\left(\frac{h}{R}\right)^{1/2}$$

$$(6.51)$$

式中:E 为杨氏模量;v 为泊松比;ρ 为密度。

文献[24]中也给出了类似的分析结果,考察的是一块受到突加矩形脉冲作用的各向同性板(参见图 6.9(a)),它采用了式(6.2)给出的 DLF 分析了板的响应,并将其视为无量纲持续时间的函数形式,其中的 T_s 代表了冲击时间,而 T_p 为板的固有周期。正如其他一些研究人员所指出的,在 $T_s/T_p = 1$ 附近,DLF 是小于 1 的,这就意味着静态临界载荷要高于动态临界载荷。如果将这一时间比值调整到 0.5,那么就会发现 DLF 的值迅速增大,并且在大约 $T_s/T_p = 0.1$ 附近,DLF 会达到最大值 3.6。显然正如所预期的,如果脉冲持续时间非常短的话,那么板就可以承受较高的动态压力(是静态屈曲载荷的 3.6 倍)。顺便指出的是,如果采用的是正弦形或三角形脉冲激励的话,所得到的结果也是类似的(图 6.10)。

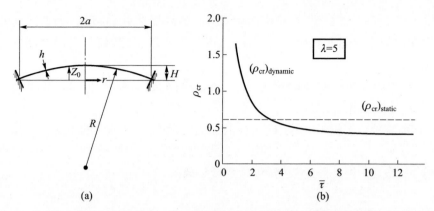

图 6.8　(a)固支条件下的浅球冠;(b)无量纲临界压力随无量纲载荷持续时间的变化情况
(修改自 B. Budiansky,R. S. Roth,Axisymmetric Dynamic Buckling of Clamped
Shallow Spherical Shells,Collected Papers on Instability of Shell Structures,
NASA TN-D-1510,761 p. ,1962,pp. 597 – 606。)

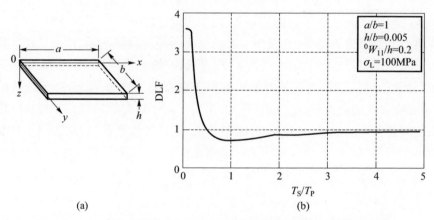

图 6.9　(a)各向同性平板;(b)DLF 随无量纲载荷持续时间的变化情况
(源自 D. Petry,G. Fahlbusch,Dynamic buckling of thin isotropic plates subjected to in-plane impact,
Thin-Walled Structures 38(3)(2000) 267 – 283。)

文献[20]针对受到单轴脉冲加载的分层复合板,给出了实验结果,实验中的加载是通过质量块跌落方式来实现的,并在板的中心位置处粘贴了应变计(背靠背方式)以检测响应。图 6.11 给出了实验测出的 DLF 值的变化情况,这里的 DLF 定义为

$$\mathrm{DLF} \equiv \frac{(\varepsilon_{\mathrm{cr}})_{\mathrm{dyn}}}{(\varepsilon_{\mathrm{cr}})_{\mathrm{static}}} \tag{6.52}$$

该图反映了这个 DLF 随无量纲时间比 $T_{\mathrm{imp}}/T_{\mathrm{b}}$ 的变化,其中的 T_{imp} 代表了冲击时间(由应变计测得),而 T_{b} 代表的是板的最低阶固有周期。

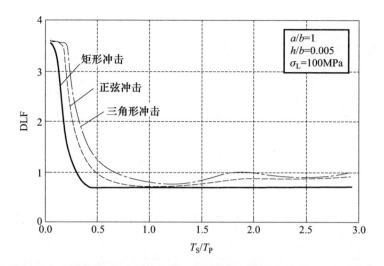

图 6.10　三种脉冲类型作用下的 DLF 随无量纲载荷持续时间的变化情况

（源自 D. Petry, G. Fahlbusch, Dynamic buckling of thin isotropic plates subjected to in-plane impact,

Thin-Walled Structures 38(3)(2000) 267 – 283。）

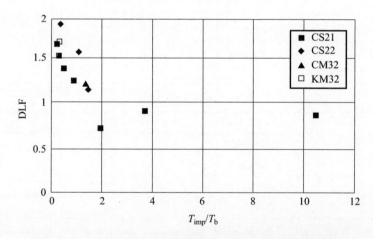

图 6.11　DLF 随无量纲载荷持续时间的变化情况：实验结果

（修改自 H. Abramovich, A. Grunwald, Stability of axially impacted composite plates,

Composite Structures 32(1 – 4)(1995) 151 – 158。）

　　与前面所指出的相似，对于某些无量纲时间比值来说测得的 DLF 是小于 1 的，
而对于非常短的冲击时间来说，DLF 是大于 1 的，实验中最大达到了 2。图 6.11 中
给出的这些结果已经在表 6.1 中进行了归纳，相应的材料特性可参见表 6.2（采用了
文献[20]中给出的数据）。表 6.3 中还给出了一些附加数据，是关于固有频率和静
态屈曲应变的，它们来自于文献[20]给出的测试结果。应当注意的是，这里的各种
板都是四边简支边界的，只有 CM32 板全部采用了固支边界。

表 6.1 所测试的板的特性

样件	材料	铺层方式	总层数	总厚度测量值/mm
CS21	石墨 – 环氧树脂 HT-T300(Torey)	$(\pm45°,\pm45°,\pm45°)_{\text{sym}}$	12	1.63
CS22	石墨 – 环氧树脂 HT-T300(Torey)	$(\pm45°,\pm45°,\pm45°)_{\text{sym}}$	12	1.63
CM32	石墨 – 环氧树脂 HT-T300(Torey)	$(0°,\pm45°,90°,\pm45°,0°)$	9	1.125
KM32	Kevlar(DuPont)	$(0°,\pm45°,90°,\pm45°,0°)$	9	1.125

数据源自于 H. Abramovich,A. Grunwald,Stability of axially impacted composite plates,Composite Structures 32(1 –4)(1995) 151 –158。

表 6.2 所测试的板的材料特性

材料	E_{11}/MPa	E_{22}/MPa	G_{12}/MPa	ν_{12}	ν_{21}
石墨 – 环氧树脂 HT-T300(Torey)	122	8.55	3.88	0.32	0.022
Kevlar(DuPont)	70.8	5.5	2.05	0.34	0.026

数据源自于 H. Abramovich,A. Grunwald,Stability of axially impacted composite plates,Composite Structures 32(1 –4)(1995) 151 –158。

表 6.3 板的测试结果

样件	AR[$a \times b$]/mm²	f_{exp}/Hz	$(\varepsilon_{\text{cr}})_{\text{static}}$/μs
CS21	2[150×300]	350	2600
CS22	2[150×300]	250	2413
CM32[a]	1[225×225]	393	90
KM32	1[225×225]	186	400

[a]名义上的固支边界;数据源自于 H. Abramovich,A. Grunwald,Stability of axially impacted composite plates, Composite Structures 32(1 –4)(1995) 151 –158。

所测得的这些板的响应是以应变形式给出的(通过两个背靠背粘贴的应变计),因此需要计算出压应变 ε_{c} 和弯曲应变 ε_{b}[①],并分别利用它们替换掉轴向压力载荷和横向面外变形。

静态载荷的定义是通过修正的 Donnell 方法给出的,它特别适合于带有初始几何缺陷 w_0 的板(可参阅文献[45]中的讨论),其表达式如下:

---

① $\varepsilon_{\text{c}} \equiv \frac{\varepsilon_1 + \varepsilon_2}{2}$,$\varepsilon_{\text{b}} \equiv \frac{\varepsilon_1 - \varepsilon_2}{2}$,其中的 ε_1 和 ε_2 为测得的应变。

$$\frac{\varepsilon_{b}}{\varepsilon_{c}} = \frac{\varepsilon_{b} + w_{0}}{(\varepsilon_{cr})_{static} + a(\varepsilon_{b}^{2} + 3\varepsilon_{b}w_{0} + 2w_{0}^{2})} \qquad (6.53)$$

在将实验数据转换成 ε_{b} 和 ε_{c} 的形式之后,就可以利用式(6.53)对这些数据进行曲线拟合了,由此也就得到了静态屈曲应变$(\varepsilon_{cr})_{static}$、初始几何缺陷 w_{0} 以及常数 a。根据文献[18]所进行的工作,我们还可以借助如下方程对实验数据(ε_{b} 和 ε_{c})进行曲线拟合,从而确定出动态屈曲应变$(\varepsilon_{cr})_{dyn}$:

$$\frac{\varepsilon_{b}}{\varepsilon_{c}} = \frac{\varepsilon_{b} + w_{0}}{(\varepsilon_{cr})_{dyn} + a\varepsilon_{b}} \qquad (6.54)$$

与静态情况相似,上式中的常数 a 和初始几何缺陷 w_{0} 也是通过这个曲线拟合过程得到的,这一结果与文献[20]的结果也是一致的。

文献[39]采用了数值分析方法考察了一个桁条加筋复合曲面板的动力屈曲问题,图 6.12 给出了该模型的详细情况,包括了桁条尺寸、有限元模型以及 424Hz 处(最低阶频率)的模态形状等。图 6.13 给出了 DLF(由式(6.1)定义)与无量纲形式

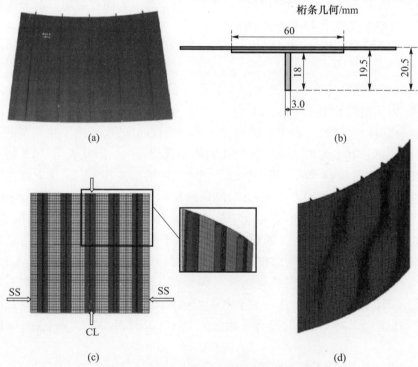

图 6.12　分层复合桁条加筋曲面板的动态屈曲:CL——固支;SS——简支
(a)桁条加筋面板模型;(b)桁条的几何参数;(c)有限元模型;
(d)桁条加筋板的最低阶模式形状($f = 424$Hz)。

(修改自 H. Abramovich,H. Less,Dynamic buckling of a laminated composite stringer-stiffened cylindrical panel, Composites Part B 43(5)(July 2012) 2348 – 2358。)

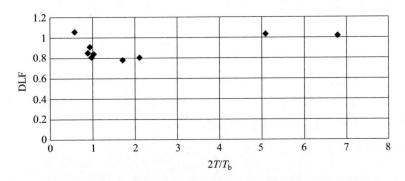

图 6.13　DLF 随无量纲载荷持续时间的变化情况:实验结果

(修改自 H. Abramovich,H. Less,Dynamic buckling of a laminated composite stringer-stiffened
cylindrical panel,Composites Part B 43(5)(July 2012) 2348 – 2358。)

的载荷持续时间之间的关系,其中的 T 是所加载荷的持续时间,而 $T_b = 1/f_b =$ 2358. 5μs 是这个桁条加筋板的最低阶频率 $f_b =424$ 对应的固有周期。对于这里的桁条加筋板,在最低阶固有频率附近 DLF 是小于 1 的,当持续时间非常短时该值会大于 1,而当持续时间很长时 DLF 将趋于 1,这一结果与前面其他一些结构的情况也是相同的。

很多研究人员已经考察了动力加载条件下的壳结构,例如文献[21,23,26,27,30,31,38,46,47]。在 Eglitis 的博士论文[38]中,针对受到渐变的和突加的轴向压力作用的复合圆柱壳结构,考察了各种情况下的动力屈曲问题,给出了相当全面的实验和数值分析结果,其中考虑了半正弦形式的脉冲载荷。这一研究表明,DLF 随加载时间的变化情况如图 6.14 所示,其中给出了比较典型的数值和实验结果。该图所反映的一般性趋势是,对于类型 1 的壳来说,测试得到的 DLF 是大于 1 的[38]。图 6.15 中给出了加载持续时间小于、等于和大于最低阶固有周期等不同情况下的模态形状。当载荷持续时间 $T < \tau/2$ 时,壳的屈曲模式类似于静态屈曲模式,不过会带有大量的纵波成分;当 $T = \tau/2$ 时,屈曲模式开始向轴对称模式转变;而当 $T > \tau/2$ 时,则变成了轴对称屈曲模式,并且在载荷持续时间为 $T = 2a/c$ 时 DLF 有所下降,这里的 a 是壳的长度,而 c 是壳中的声速。对于 RTU#16、RTU#4 和 RTU#1 ~ 4 这些被测壳结构来说(参见图 6.14),它们的固有周期分别是 $\tau = 2.92,4.04,6.06$ ms(可参阅文献[38])。

文献[46]中也给出了与上面相似的结果,它针对受到脉冲加载的复合分层圆柱壳结构,从数值和实验两个方面进行了考察。如图 6.16(a)所示,所测试的壳结构的层合形式是[0°, −45°, +45°];各个边界处固支;长度为 230mm(固支边之间的距离);直径为 250mm;材料为石墨 – 环氧树脂,其特性参数分别为 $E_{11} = 137.0$ GPa, $E_{22} =$ 9. 81GPa, $G_{12} = 5.886$ GPa, $v_{12} = 0.34$;层厚 0. 125mm。加载是通过质量块(32kg)跌落

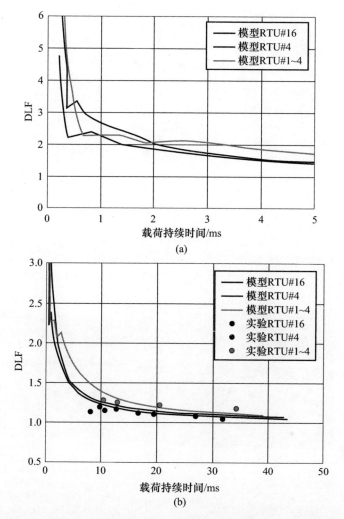

图 6.14　文献[38]给出的典型结果——DLF 随载荷持续时间的变化情况(见彩图)

(a)0 < t < 5 内的实验与数值分析结果(样件类型 1)；(b)0 < t < 50 内的实验与数值分析结果(样件类型 1)。

(修改自 E. Eglitis,Dynamic Buckling of Composite Shells(Ph. D. thesis),Riga Technical University,

Faculty of Civil Engineering,Institute of Materials and Structures,Riga,Latvia,2011,172 p。)

到端板上的方式实现的。图 6.16(b)给出了计算出的静态模式,图 6.16(c)和(d)则分别给出了冲击持续时间为 746μs 和 2176μs 时的动态响应情况。如同所预期的,静态模式和动态模式存在着明显的区别。针对不同的初始几何缺陷,图 6.17 还给出了 DLF 的数值和实验计算结果。对于零初始几何缺陷来说,在 T/T_b =1 附近,数值结果表明 DLF 是小于 1 的,不过实验结果没有体现出来;而对于较大的几何缺陷来说,DLF 曲线始终在 1 的上方。

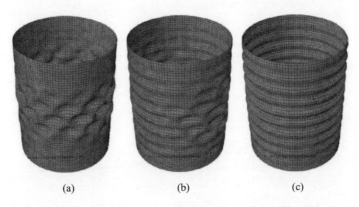

(a)   (b)   (c)

图 6.15　文献[38]给出的典型结果——动态屈曲模式形状随载荷持续时间的变化情况

(a)$T < \tau/2$；(b)$T = \tau/2$；(c)$T > \tau/2$。

(τ 代表的是壳的最长固有周期(弯曲)，实验和数值分析结果，样件类型 1)

(修改自 E. Eglitis,Dynamic Buckling of Composite Shells(Ph. D. thesis),Riga Technical University,

Faculty of Civil Engineering,Institute of Materials and Structures,Riga,Latvia,2011,172 p。)

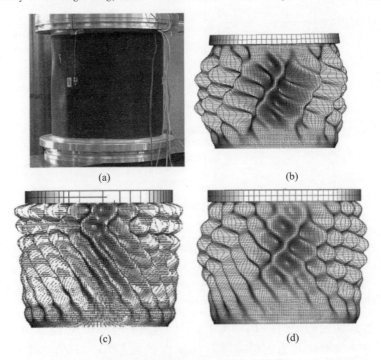

(a)   (b)

(c)   (d)

图 6.16　文献[46]给出的典型结果

(a)所测试的圆柱壳；(b)静态模式形状；(c)746μs 处的动态模式形状；(d)2170μs 处的动态模式形状。

(修改自 H. Abramovich,T. Weller,P. Pevzner,Dynamic buckling behavior of thin walled

composite circular cylindrical shells under axial impulsive loading,in：Proc. of AIAC-12,

Twelfth Australian International Aerospace Congress,Melbourne,March 19 – 22,2007。)

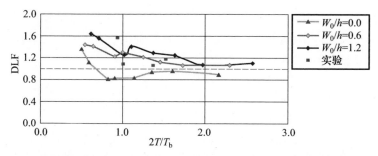

图 6.17　DLF 与无量纲脉冲持续时间的关系：$T_b = 1/f_b$，f_b 为壳的最低阶固有频率

（修改自 H. Abramovich，T. Weller，P. Pevzner，Dynamic buckling behavior of thin walled composite

circular cylindrical shells under axial impulsive loading，in：Proc. of AIAC－12，

Twelfth Australian International Aerospace Congress，Melbourne，March 19－22 2007。）

与文献[46]类似，另一研究[47]也给出了类似的结果，它所针对的复合圆柱壳结构所采用的层合形式为[0°/90°/0°/90°/90°/0°/90°/0°]和[0°/0°/60°/－60°/60°/0°/0°]，考察了不同持续时间的脉冲载荷情况。加载过程中采用的是阶跃脉冲形式，计算是在 ABAQUS 软件的标准模块中进行的。所得到的最低阶固有频率为 427Hz，对于前面这两种层合形式，静态线性屈曲载荷分别为 97.19kN 和 120.39kN。动力屈曲分析是在 ABAQUS/Explicit 模块中进行的。图 6.18 给出了 DLF（由式 6.1 定义）与阶跃脉冲载荷的持续时间之间的关系。可以看出，对于较短的持续时间，DLF 是大

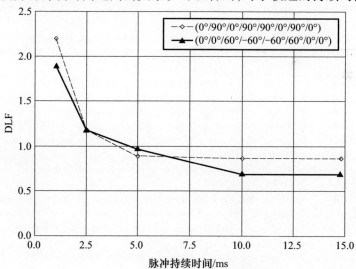

图 6.18　DLF 与脉冲持续时间的关系

（修改自 H. Abramovich，T. Weller，P. Pevzner，Dynamic buckling behavior of thin walled composite

circular cylindrical shells under axial impulsive loading，in：Proc. of AIAC－12，

Twelfth Australian International Aerospace Congress，Melbourne，March 19－22，2007。）

于 1 的,而从 $T=5\mathrm{ms}$ 开始,两种层合形式中的 DLF 都将小于 1。由于最大的固有周期是 2.342ms,因此这里的结果也表明了,在最低阶固有频率附近,分层复合圆柱壳的 DLF 是有可能小于 1 的。

参考文献

[1] H.E. Lindberg, Dynamic Pulse Buckling — Theory and Experiment, DNA 6503H, Handbook, SRI International, 333 Ravenswood Avenue, Menlo Park, California 94025, USA, 1983.

[2] G.J. Simitses, Dynamic Stability of Suddenly Loaded Structures, Springer Verlag, New York, USA, 1990, 290 p.

[3] M. Chung, H.J. Lee, Y.C. Kang, W.-B. Lim, J.H. Kim, J.Y. Cho, W. Byun, S.J. Kim, S.-H. Park, Experimental study on dynamic buckling phenomena for supercavitating underwater vehicle, International Journal of Naval Architecture and Ocean Engineering 4 (2012) 183−198, http://dx.doi.org/10.2478/IJNAOE-2013-0089.

[4] B. Budiansky, R.S. Roth, Axisymmetric Dynamic Buckling of Clamped Shallow Spherical Shells, Collected Papers on Instability of Shell Structures, NASA TN-D-1510, 761 p., 1962, pp. 597−606.

[5] B. Hegglin, Dynamic Buckling of Columns, SUDAER No. 129, Department of Aeronautics & Astronautics, Stanford University, Stanford, California, USA, June 1962, 55 p.

[6] B. Budiansky, J.W. Hutchinson, Dynamic buckling of imperfection sensitive structures, in: H. Götler (Ed.), Proceedings of the 11th International Congress of Applied Mechanics, 1964, Springer-Verlag, Berlin, 1966, pp. 636−651.

[7] W.J. Hutchinson, B. Budiansky, Dynamic buckling estimates, AIAA Journal 4 (3) (1966) 525−530.

[8] M.H. Lock, A Study of Buckling and Snapping Under Dynamic Load, Air Force Report No. SAMSO-TR-68-100, Aerospace Report No. TR-0158(3240-30)-3, December 1967, 55 p.

[9] J.A. Burt, Dynamic Buckling of Shallow Spherical Caps Subjected to a Nearly Axisymmetric Step Pressure Load (Master thesis), Naval Postgraduate School, Monterey, California 93940, USA, September 1971, 75 p.

[10] S.A. Volmir, Nonlinear Dynamics of Plates and Shells, Science, USSR, Moscow, 1972.

[11] R.E. Ekstrom, Dynamic buckling of a rectangular orthotropic plate, AIAA Journal 11 (12) (1973) 1655−1659.

[12] L.H.N. Lee, Dynamic buckling of an inelastic column, International Journal of Solids and Structures 17 (3) (1981) 271−279.

[13] J. Ari-Gur, T. Weller, J. Singer, Experimental and theoretical studies of columns under axial impact, International Journal of Solids and Structures 18 (7) (1982) 619−641.

[14] L.H.N. Lee, K.L. Ettestad, Dynamic buckling of an ice strip by axial impact, International Journal of Impact Engineering 1 (4) (1983) 343−356.

[15] G. Gary, Dynamic buckling of an elastoplastic column, International Journal of Impact Engineering 1 (4) (1983) 357−375.

[16] M. Dannawi, M. Adly, Constitutive equation, quasi-static and dynamic buckling of 2024-T3 plates — experimental result and analytical modelling, Journal de Physique Colloques 49 (C3) (1988). C3-575−C3-588.

[17] V. Birman, Problems of dynamic buckling of antisymmetric rectangular laminates, Composite Structures 12 (1) (1989) 1−15.

206

[18] T. Weller, H. Abramovich, R. Yaffe, Dynamic buckling of beams and plates subjected to axial impact, Computers and Structures 32 (3−4) (1989) 835−851.

[19] J. Ari-Gur, D.H. Hunt, Effects of anisotropy on the pulse response of composite panels, Composite Engineering 1 (5) (1991) 309−317.

[20] H. Abramovich, A. Grunwald, Stability of axially impacted composite plates, Composite Structures 32 (1−4) (1995) 151−158.

[21] A. Schokker, S. Sridharan, A. Kasagi, Dynamic buckling of composite shells, Computers and Structures 59 (1) (1996) 43−53.

[22] J. Ari-Gur, R. Simonetta, Dynamic pulse buckling of rectangular composite plates, Composites Part B 28 (1997) 301−308.

[23] M.R. Eslami, M. Shariyat, M. Shakeri, Layerwise theory for dynamic buckling and postbuckling of laminated composite cylindrical shells, AIAA Journal 36 (10) (1998) 1874−1882.

[24] D. Petry, G. Fahlbusch, Dynamic buckling of thin isotropic plates subjected to in-plane impact, Thin-Walled Structures 38 (3) (2000) 267−283.

[25] Z. Zheng, T. Farid, Numerical studies on dynamic pulse buckling composite laminated beams subjected to an axial impact pulse, Composite Structure 56 (3) (2002) 269−277.

[26] R. Yaffe, H. Abramovich, Dynamic buckling of cylindrical stringer stiffened shells, Computers and Structures 81 (9−11) (2003) 1031−1039.

[27] C.C. Chamis, G.H. Abumeri, Probabilistic Dynamic Buckling of Smart Composite Shells, NASA/TM-2003-212710, 2003.

[28] Z. Zhang, Investigation on Dynamic Pulse Buckling and Damage Behavior of Composite Laminated Beams Subject to Axial Pulse (Ph.D. thesis), Faculty of Engineering, Civil Engineering, Dalhousie University, Halifax, Nova Scotia, Canada, 2003, 228 p.

[29] H.E. Lindberg, Little Book of Dynamic Buckling, LCE Science/Software, September 2003.

[30] C. Bisagni, Dynamic buckling tests of cylindrical shells in composite materials, in: 24th International Congress of the Aeronautical Sciences (ICAS 2004), 29 August−3 September, Yokohama, Japan, 2004.

[31] C. Bisagni, Dynamic buckling of fiber composite shells under impulsive axial compression, Thin-Walled Structures 43 (3) (2005) 499−514.

[32] T. Kubiak, Dynamic buckling of thin-walled composite plates with varying widthwise material properties, International Journal of Solids and Structures 42 (2005) 5555−5567.

[33] W. Ji, A.M. Waas, Dynamic bifurcation buckling of an impacted column, International Journal of Engineering Science 46 (10) (2008) 958−967.

[34] T. Kubiak, Dynamic buckling estimation for beam-columns with open cross-sections, Paper No. 13, in: B.H.V. Topping, L.F. Costa Neves, R.C. Barros (Eds.), Proceedings of the Twelfth International Conference on Civil, Structural and Environmental Engineering Computing, Civil-Comp Press, Stirlingshire, Scotland, 2009.

[35] M. Jabareen, I. Sheinman, Dynamic buckling of a beam on a nonlinear elastic foundation under step loading, Journal of Mechanics of Materials and Structures 4 (7−8) (2009) 1365−1373.

[36] K.K. Michalska, About some important parameters in dynamic buckling analysis of plated structures subjected to pulse loading, Mechanics and Mechanical Engineering 14 (2) (2010) 269−279.

[37] R.J. Mania, Membrane-flexural coupling effect in dynamic buckling of laminated columns, Mechanics and Mechanical Engineering 14 (1) (2010) 137−150.

[38] E. Eglitis, Dynamic Buckling of Composite Shells (Ph.D. thesis), Riga Technical University, Faculty of Civil Engineering, Institute of Materials and Structures, Riga,

Latvia, 2011, 172 p.

[39] H. Abramovich, H. Less, Dynamic buckling of a laminated composite stringer-stiffened cylindrical panel, Composites Part B 43 (5) (July 2012) 2348−2358.

[40] A. Landa, The Buckling Resistance of Structures Subjected to Impulsive Type Actions (Master thesis), Norwegian University of Science and Technology, Department of Marine Technology NTNU Trondheim, Norway, February 2014, 104 p.

[41] J.G. Straume, Dynamic Buckling of Marine Structures (Master thesis), Norwegian University of Science and Technology, Department of Marine Technology NTNU Trondheim, Norway, June 2014, 148 p.

[42] V.A. Kuzkin, Structural Model for the Dynamic Buckling of a Column Under Constant Rate Compression, arXiv:1506.00427 [physics.class-ph], 2015.

[43] O. Mouhata, K. Abdellatif, Dynamic buckling of stiffened panelsThe 5th International Conference of Euro Asia Civil Engineering Forum (EACEF-5), Procedia Engineering 125 (2015) 1001−1007.

[44] S.G. Lekhnitskii, Anisotropic Plates, second ed., Gordon and Breach, New York, 1968 translation from Russian.

[45] H. Abramovich, T. Weller, R. Yaffe, Application of a modified Donnell technique for the determination of critical loads of imperfect plates, Computers and Structures 37 (1990) 463−469.

[46] H. Abramovich, T. Weller, P. Pevzner, Dynamic buckling behavior of thin walled composite circular cylindrical shells under axial impulsive loading, in: Proc. of AIAC-12, Twelfth Australian International Aerospace Congress, Melbourne, March 19−22, 2007.

[47] V. Citra, R.S. Priyadarsini, Dynamic buckling of composite cylindrical shells subjected to axial impulse, International Journal of Scientific and Engineering Research 4 (5) (May 2013) 162−165.

本章附录 A　根据单轴加载下板的测试结果计算临界屈曲载荷

研究人员往往需要面对这样一个问题,即,根据实验测得的或数值计算得到的一些数据点,如何正确地确定出静态和动态情况下板的屈曲载荷。下面给出的方法是文献[39]所给出的,主要建立在 Brown 所进行的工作基础上[①]。研究表明,对于实际的结构几何和加载条件来说,下面的方程是成立的:

$$\delta_i^2 - \delta_0^2 = \alpha^2 h^2 \theta = \alpha^2 h^2 \left[\frac{P_i}{P_{cr}} - 1 + \frac{\delta_0}{\delta_i} \right] \tag{A.1}$$

式中:δ_i 代表的是由相应的面内载荷 P_i 导致的板的横向变形,δ_0 代表了板的初始横向变形,h 为板的厚度,α 是一个常数,它反映了加载形式与边界条件的影响。对上式稍加处理之后,不难得到:

$$P_i \delta_i = A_1 + A_2 \delta_i + A_3 \delta_i^3 \tag{A.2}$$

---

① V. L. Brown, Linearized least-squared technique for evaluating plate-buckling loads, Journal Engineering Mechanics 116(5)(1990) 1050e1057.

式中

$$A_1 = -P_{cr}\delta_0, A_2 = P_{cr}\left[1 - \frac{\delta_0^2}{\alpha^2 h^2}\right], A_3 = \frac{P_{cr}}{\alpha^2 h^2} \qquad (\text{A. 3})$$

改写成上面这种形式以后,就很容易借助最小二乘法对给定的一组数据点(P_i, δ_i)进行曲线拟合处理了。为此,我们可以定义 m 个数据点的残值的平方和如下:

$$\text{SUM} = \sum_{i=1}^{m}(P_i\delta_i - A_1 - A_2\delta_i - A_3\delta_i^3)^2 \qquad (\text{A. 4})$$

将上式对系数 A_1、A_2 和 A_3 求偏导数,并令它们为零以使得误差最小化,由此不难得到如下矩阵形式的方程:

$$\begin{bmatrix} m & \sum\limits_{i=1}^{m}\delta_i & \sum\limits_{i=1}^{m}\delta_i^3 \\ \sum\limits_{i=1}^{m}\delta_i & \sum\limits_{i=1}^{m}\delta_i^2 & \sum\limits_{i=1}^{m}\delta_i^4 \\ \sum\limits_{i=1}^{m}\delta_i^3 & \sum\limits_{i=1}^{m}\delta_i^4 & \sum\limits_{i=1}^{m}\delta_i^6 \end{bmatrix}\begin{Bmatrix} A_1 \\ A_2 \\ A_3 \end{Bmatrix} = \begin{Bmatrix} \sum\limits_{i=1}^{m}P_i\delta_i \\ \sum\limits_{i=1}^{m}P_i\delta_i^2 \\ \sum\limits_{i=1}^{m}P_i\delta_i^4 \end{Bmatrix} \qquad (\text{A. 5})$$

这个矩阵方程包含了三个线性方程,利用它们就可以求解三个待定的参数 A_1、A_2 和 A_3。将它们代入式(A. 3)以及式(A. 2)中,也就得到了关于单个未知量 P_{cr} 的三次方程了,即

$$P_{cr}^3 - A_2 P_{cr}^2 - A_1^2 A_3 = 0 \qquad (\text{A. 6})$$

对这个方程求解之后,我们也就根据实验测试或数值分析所给出的位移载荷曲线数据获得了板的屈曲载荷。

第7章 复合壳状结构的稳定性

7.1 引　言

（Richard Degenhardt,德国,布伦瑞克,德国航空航天中心(DLR),
复合材料结构与自适应系统研究所
德国,哥廷根私立应用技术大学,复合工程校区）

本章主要介绍的是不带加强筋的复合壳状结构物的结构稳定性问题,包括了圆柱壳、圆锥壳和球壳等类型,这些壳结构主要应用于航空航天领域。目前此类结构的屈曲问题(例如发射装置结构)主要是根据 NASA SP-8007 这个相当保守的指南进行设计分析的,该指南发布于 1968 年,针对的是金属结构,采用了比较保守的仅依赖于径厚比(壳半径与厚度之比)的折减因子方法。一般来说,这类轻质结构物的屈曲载荷对于缺陷是非常敏感的,因此要想给出可靠的估计,显然就要求我们清楚地认识最不利的实际缺陷情况。近期的一些研究项目已经证实,利用复合材料来制备这些结构物,可以显著提高它们的承载能力。然而,关于缺陷的敏感性问题,人们仍然没有彻底搞清楚,与复合材料壳状结构物相关的比较完善的设计指南也仍然是个空白。正是由于这些原因的驱使,很多研究人员已经开始了这一方面的研究,即此类缺陷敏感结构的屈曲行为研究。

本章主要阐述的内容包括如下几个主题。

在 7.2 节中,将针对复合圆柱壳结构,考虑几何缺陷问题,并介绍用于计算折减因子的下限法(Saullo Castro)。几何缺陷对于屈曲问题的影响是最为显著的,目前已经有很多种不同的方法可以对此进行分析。这一节将对用于计算复合圆柱壳的折减因子的下限法做一全面回顾。

在 7.3 节中,针对轴向、扭转和压力等载荷情况下非理想复合圆柱壳,介绍了线性和非线性屈曲分析中的半解析方法(Saullo Castro)。一般来说,采用非线性有限元方法进行复合结构物的数值分析是相当耗时的,因此这一节阐述了一种新的方法,可以对不同载荷和不同边界条件下此类结构物进行快速计算,不仅如此,它还能够考虑实际缺陷问题。

在 7.4 节中,主要分析的是受外部压力作用的复合球壳(Jan Blachut)。这一节针对受到外压作用的复合球壳,考察了它的稳定性问题,并介绍了制备过程、比较优秀的相关数值结果,以及以往实验研究方面的文献等。

在 7.5 节中,针对不加筋的板和圆柱壳,讨论了用于估计实际边界条件和屈曲载荷的振动相关性分析技术(VCT)(Mariano Arbelo)。对于实验中屈曲载荷的无损分析来说,VCT 是非常有前景的一个方法,原因在于我们不再需要将所分析的结构加载到屈曲状态。本节基于已有的实验结果,阐述了对屈曲载荷进行经验估计这一新方法。

在 7.6 节中,我们针对轴向受载的复合壳结构的设计,介绍了一些新的更稳健的折减因子(Ronald Wagner)。根据已有的设计指南(例如,针对圆柱壳结构的 NASA SP-8007),折减因子一般是高度依赖于结构的径厚比(或柔度、细长度)的。本节将给出一个新的研究,它表明了对于轴向受载的复合壳结构来说,折减因子对径厚比的依赖性要小得多。

在 7.7 节中,主要讨论了复合锥壳的设计与制备问题(Regina Khakimova)。目前,锥壳的设计中一般采用的是不变的折减因子(0.33),这个数值与锥壳类型或者材料是无关的。本节将给出一个新的复合锥壳设计思路,其中考虑了制备过程的影响。

免责声明

本章中引述了 EFRE 和 DESICOS 项目中相关研究人员所进行的相关研究工作,更多详细信息可以参阅这些原始文献。

7.2   复合圆柱壳的几何缺陷与计算折减因子的下限法

(Saullo G. P. Castro,巴西,圣若泽杜斯坎普斯,巴西航空工业公司)

很早的时候,人们就已经观察到几何缺陷对薄壁圆柱结构的屈曲行为存在着重要影响,最早可追溯到 20 世纪初,例如可参阅 Southwell 的工作[1]。早期人们是在观察到理论和实验结果之间存在差异这一现象时认识到这一影响的,例如,Southwell 在研究中就发现他的理论难以适用于一些实际情况,这些情况中都存在着某些几何缺陷和载荷的不对称性。Flügge[2] 和 Donnell[3] 是最先将初始几何缺陷考虑进来并加以描述的研究者,不过所进行的非线性分析却未能正确预测出实验得到的屈曲载荷。此外,在他们的分析中还需要引入较大幅值的几何缺陷,检测人员甚至能够轻松地观察到这些相当明显的缺陷[4]。Flügge 和 Donnell 的理论认为,随着压力载荷的增大,屈曲行为是逐渐呈现出来的,然而在实验中,屈曲行为往往是通过突然的动力屈曲事件以及相应的载荷下降来表征的。Koiter 的理论(1945 年提出,Riks[4] 于 1960 年将其从荷兰语翻译成英语)首先准确预测到了实验观测到的缺陷敏感性趋势[4]。根据 Koiter 的研究,1950 年 Donnell 和 Wan[5] 分别独立地修正了 Donnell[3] 于 16 年前所给出的分析过程,并提出了一种新方法。后来多位研究人员又对该方法做了一些改进[6]。Arbocz[7] 认为,Koiter 的"弹性稳定性一般理论"已经得到了广泛认可,同时

211

必须强调的是,Koiter 理论仅在弹性框架内是成立的,并且只限于小幅值的缺陷情况[8]。

人们已经认识到,缺陷敏感结构物的设计需要恰当的指南来作为参考或依据,其中必须指明如何将缺陷敏感性考虑进来,例如在火箭和发射装置等结构领域[9]就是如此。1960 年,Seide、Weingarten 和 Morgan(参见文献[10,11])给出了一系列实验分析结果,它们构成了著名的 NASA SP-8007 指南的早期主要内容,1965 年该指南得以发布,随后在 1968 年又做了修改,也就是现在被广泛使用的版本[12]。

Croll[13]、Batista 和 Croll[14]及其合作者们所提出的折减刚度法(RSM)是另一种可用于计算下限的方法。Croll 和 Batista[15]利用这一概念确定了轴向受压的线弹性各向同性柱壳的下限。

Esslinger[16]首先提出了将单个屈曲模态视为最坏缺陷这一思想,并利用高速摄像机设备进行了研究。Deml 和 Wunderlich[17]利用修正的有限元描述也对此进行了分析,其中的节点位置被赋予了额外的自由度,求解过程中它们可以在给定的幅值范围内变化。在这一优化问题中,所寻找到的新节点位置基本上是类似于单一屈曲模态的,因而意味着这一形式的缺陷是对应于最小屈曲载荷值的。Hühne 也曾建议指出,可以利用单一摄动载荷方法(SPLA)来构建单一屈曲模态形式的缺陷[18],并认为这一方法更为稳健。在后续的几节中本章将对这一方法做进一步的讨论。

在 7.2.1 节中,我们将详细解释 NASA SP-8007 和折减能量方法(REM)是怎样用于计算下限折减因子(KDF)的。在 7.2.2 节中,将给出现有文献中常用的五种几何缺陷形式,并阐述每一种形式是怎样用于有限元分析的。在 7.2.3 节中,将总结 Castro 等人[19]的工作,主要涉及不同缺陷模式下的非线性屈曲载荷,并与下限 KDF 进行了比较。在 7.2.4 节中,我们给出了与 SPLA 相关的一些新的研究,主要涉及该方法的应用以及可能的改进措施。最后,在 7.2.5 节中给出了仿真和实验中的加载方式与边界条件方面的一些注意事项,主要目的是获得一些设计参考,使得我们能够降低设计的保守程度。

7.2.1　利用下限法计算折减因子

7.2.1.1　NASA SP-8007

在图 7.2.1 中,给出了一组实验结果和下限曲线,反映了壳屈曲的 KDF(在式(7.2.1)中以 γ 表示)。这幅图中所包括的实验结果是重要的,它为 NASA SP-8007 指南中所建议的 KDF 值提供了支持。对于各向同性不加筋的圆柱壳,γ 的计算中只需要圆柱壳的半径和壁厚参数即可,如式(7.2.1)所示。这一关系式还给出了计算正交各向异性材料的 KDF 时常常用到的等效厚度 t_{eq}。不过,对于正交各向异性材料的 KDF 计算,该计算式没有考虑所有的正交刚度项,例如薄膜 – 弯曲耦合、两个分层

212

方向以及拉伸 – 剪切等。这些刚度项会对屈曲行为有着显著的影响,进而也会影响到所计算出的 KDF 值,这一点已经被 Geier 等人[20]所证实。

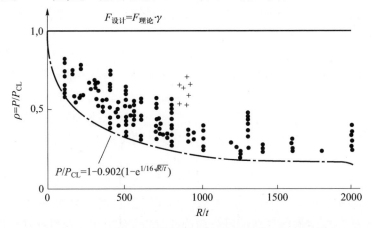

图 7.2.1　受轴向压力作用的各向同性圆柱壳的测试数据

(修改自 J. Arbocz,J. H. Starnes Jr.,Future directions and challenges in shell stability analysis,
Thin-Walled Structures 40(2002) 729 – 754。)

$$
\begin{cases}
\gamma = 1 - 0.902(1 - e^{-\varphi}) \\
\varphi = \dfrac{1}{16}\sqrt{\dfrac{R}{t}} \quad (各向同性情况) \\
\varphi = \dfrac{1}{16}\sqrt{\dfrac{R}{t_{eq}}}
\end{cases}
\tag{7.2.1}
$$

式中

$$
t_{eq} = 3.4689 \sqrt[4]{\dfrac{\overline{D}_{11}\overline{D}_{22}}{\overline{A}_{11}\overline{A}_{22}}} \quad (正交各向异性情况)
$$

上式中的 $\overline{A}_{11}$、$\overline{A}_{22}$、$\overline{D}_{11}$ 和 $\overline{D}_{22}$ 是从复合材料 ABD 矩阵中提取出的拉压与弯曲刚度;R 是圆柱壳的半径;t 是厚度;t_{eq} 是针对正交各向异性圆柱壳修正得到的等效厚度。

在 NASA SP- 8007 指南中,式(7.2.1)中给出的 KDF(即 γ)被称为关联因子(correlation factor),用于处理实验和理论结果之间出现的不一致情况。在这一指南中,针对各向同性和正交各向异性圆柱壳都给出了屈曲载荷的理论计算式,其中用到了这个关联因子。不过在现代应用中,理论上的屈曲载荷通常是通过线性屈曲分析进行计算的,然后将这一理论值乘以 γ 从而得到设计载荷,如式(7.2.2)所示。

$$
F_{设计值} = F_{理论值} \cdot \gamma
\tag{7.2.2}
$$

Hilburger 等人[21]、Hühne 等人[18,22]和 Degenhardt 等人[23]曾进行过对比研究,分

213

析表明 NASA SP-8007 指南所给出的下限一般会导致偏于保守的设计。不仅如此，航空工业部门的已有经验也表明，如果按照该指南进行结构屈曲设计，由于过于保守，因此在制造后的测试中这些结构还可能出现强度不足的问题。

7.2.1.2 折减刚度法

折减刚度法（RSM）已经广泛用于建筑工程领域[24]，它主要建立在三个假设基础之上[25]。首先，由于薄膜阻抗的变化将会导致出现显著的几何非线性。例如，对于面内加载的板的屈曲来说，在扰动导致法向变形之前不存在非线性，而当出现法向变形时会使载荷偏心，进而导致弯曲，这一行为将与薄膜刚度的下降产生非线性的相互影响。对于任何初始时受到很高压应力作用的薄壁结构，应变能中的薄膜应变成分是较高的，在薄膜刚度开始下降之前，其位移可以以线性化方式进行分析预测。其次，对于薄壁结构来说，仅当前屈曲状态存在薄膜阻抗时才会出现刚度的后屈曲损失，这意味着如果壳结构在屈曲前没有薄膜应变能，那么在屈曲后就不会出现刚度损失。第三，对于特定的加载情况，下限屈曲载荷可通过移除薄膜刚度这一分析途径给出。

Sosa 等人[26]研究指出，RSM 和 REM 这二者是等价的。借助 Sosa 等人给出的分析过程，就可以在通用的有限元求解器中实现 REM，分析中需要在薄膜刚度项中引入一个折减因子 α，而不是像早期 Croll[25] 所提出的那样完全消除之。这一分析过程假定，薄膜刚度折减的壳结构将具有类似于线性屈曲分析所给出的特征矢量形式的后屈曲形状。根据这一假设，Sosa 和 Godoy[27] 对比了 REM 和非线性后屈曲分析，结果表明了这一假设在某些情况中是不合理的，它会导致非保守的估计。在这些情况中，一般还需要计算修正系数，这就使得 REM 变得不那么简洁了。

正如 Sosa 等人[26]所详细描述的，在通用的有限元软件 ABAQUS 中实现 REM 的过程包括了三个步骤。第一步是从线性屈曲分析中提取出前 50 个特征模式；第二步是计算理想壳结构的应变能，其中将第一步中得到的特征模式作为初始指定位移，由此即可得到式(7.2.3)中分母内的能量项；第三步需要对薄膜刚度进行折减（如式(7.2.4)所示[26]），然后计算出总的应变能，这里应将理想壳的特征模式作为初始指定位移，由此也就得到了式(7.2.3)中的分子内的能量项。这些研究者指出，在 ABAQUS 软件中，当以解析方式施加离散 Kirchhoff 约束时，STRI3 这一单元类型是唯一的选择，而其他单元类型只支持以数值方式来指定这一约束，对于较大的折减因子来说，这会使得求解过程发散[26]。

$$F_{\text{设计值}} = \frac{\left(U_B + \dfrac{1}{\alpha} U_M \right)}{U_B + U_M} F_{\text{理论值}} \qquad (7.2.3)$$

上式中的 $F_{\text{理论值}}$ 是根据线性屈曲分析得到的，α 为折减因子。下面的式(7.2.4)

214

给出了层合刚度矩阵$[ABD]_{折减}$,其中带有折减后的薄膜刚度项"A"(利用了 Sosa 等人[26]给出的处理过程)。应当注意的是,这个处理过程中已经移除了耦合矩阵"B"(将曲率"κ"和法向载荷"N",拉伸应变"ε"和力矩"M"耦合起来)。

$$\begin{Bmatrix} N \\ M \end{Bmatrix} = [ABD]_{折减} \begin{Bmatrix} \varepsilon \\ \kappa \end{Bmatrix} \quad [ABD]_{折减} = \begin{bmatrix} \dfrac{1}{\alpha}A & 0 \\ 0 & D \end{bmatrix} \tag{7.2.4}$$

7.2.2 现有文献中常见的缺陷类型

这一节我们来介绍 Castro 等人[19]曾考察过的五种缺陷模式,为了方便对比,这里对每一种缺陷模式都规定了相同的最大缺陷幅值 ξ。

7.2.2.1 单一摄动载荷方法

利用单一摄动载荷方法(SPLA),我们就可以像图 7.2.2 所示的实例那样来确定折减因子值。这里所构造的缺陷是利用 Hühne 的 SPLA 过程得到的,此处称之为单一摄动载荷缺陷(SPLI)。借助 Winterstetter 和 Schmidt[28]提出的分类方法,Hühne 将SPLI 归为"最不利"的"实际"缺陷。

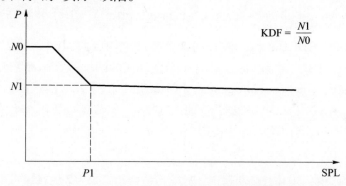

图 7.2.2　利用 SPLA 得到的典型的折减曲线

对于不带加强筋的单体圆柱壳来说,SPLI 在周向上存在着多个半波模式,如图 7.2.3(a)所示,而沿着经线方向只包含一个半波模式,如图 7.2.3(b)所示。

在有限元模型中实现 SPLI 的过程,一般需要进行两个步骤的处理。第一步,在圆柱壳表面上施加一个法向集中载荷,加载点一般都选择在圆柱壳的中部横截面上。第二步,通过迫使两端产生均匀位移的形式施加相应的轴向压力载荷。

7.2.2.2 几何凹坑缺陷

产生上述单一屈曲模态的另一途径是直接在有限元网格中对节点进行平移处理。针对此类几何凹坑形式的缺陷(GDI),Wullschleger[29]给出了一个简单的模型,

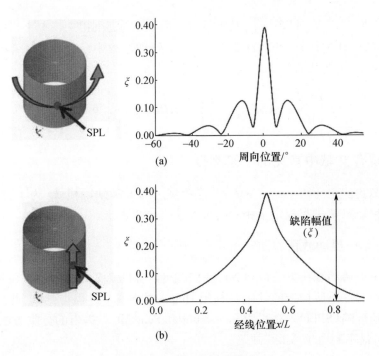

图 7.2.3　SPLI 的缺陷模式

如图 7.2.4 所示。GDI 是由两个波长的余弦型凹坑构成的,其中一个波长位于周向（a）上,而另一个则位于经线（b）上。这一余弦形式的凹坑就是非常著名的轴对称缺陷（ASI）,可参阅 Tennyson、Muggeridge 和 Hutchinson 等人[30,31],以及 Khamlichi 等人[32]的工作。在式（7.2.5）中,给出了凹坑缺陷上的节点处需要施加的径向位移。必须着重强调的是,利用这一方法构造出的凹坑缺陷是应力自由的,因为只有节点位置发生了改变。

$$\Delta R(\varphi,\zeta) = \frac{W_b}{4}\left(1 - \cos\left(\frac{2\pi R}{a}\varphi\right)\right)\left(1 - \cos\left(\frac{2\pi}{b}\zeta\right)\right) \tag{7.2.5}$$

式中:a 为周向上的波长;b 为经线上的波长;$0 \le \varphi \le a/R$,$0 \le \zeta \le b$。

　　利用 ABAQUS-Python 应用程序接口[33],可以对各个节点的位置进行调整,从而实现上述的 GDI[19]。随后就可以进行几何非线性分析了,其中需要对这个缺陷模型施加一个位移控制型的轴向压力载荷,直到圆柱壳发生屈曲。

　　为了便于对比分析 SPLI 和 GDI,可以根据带有 SPLI 的圆柱壳模型的响应特征去选择合适的 GDI 尺寸。图 7.2.5 针对一系列单一摄动载荷值,给出了周向上 SPLI 的类似于波浪形式的缺陷模式,以及经线上的单个半波模式,由此也就得到了不同幅值的波动模式。采用这一途径我们就可以轻松地估计出 GDI 的参数 a 和 b。在图 7.2.5（a）中,根据 SPLI 的处理结果得到了一系列参数 a 的值,图中标出了 45mm,

216

90mm 和 220mm 等情况；而在图 7.2.5（b）中则给出了所得到的参数 b 的部分值，即 250mm 和 500mm。利用这两个形状参数 a 和 b，我们就可以确定出各种凹坑形状了，图 7.2.6 中给出了这些形状的示意（为清晰起见，图中对缺陷做了放大处理）。此外，在表 7.2.1 中给出了凹坑的 w_b 值，它们对应于前面提及的参数 ξ，该参数主要用于跟其他几何缺陷模式的对比分析。

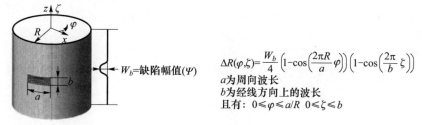

$$\Delta R(\varphi,\zeta)=\frac{W_b}{4}\left(1-\cos\left(\frac{2\pi R}{a}\varphi\right)\right)\left(1-\cos\left(\frac{2\pi}{b}\zeta\right)\right)$$
a 为周向波长
b 为经线方向上的波长
且有：$0\leqslant\varphi\leqslant a/R$ $0\leqslant\zeta\leqslant b$

图 7.2.4　GDI 的缺陷模式

（修改自 L. Wullschleger, H. R. Meyer-Piening, Buckling of geometrically imperfect cylindrical shells – definition of a buckling load, International Journal of Non-Linear Mechanics 37(2002) 645–657。）

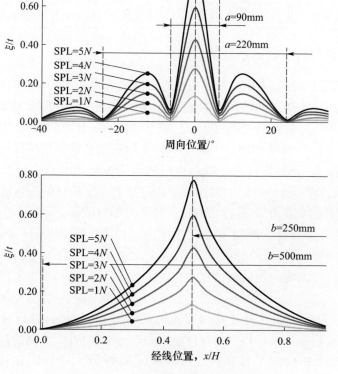

图 7.2.5　利用 SPLI 估计凹坑形状

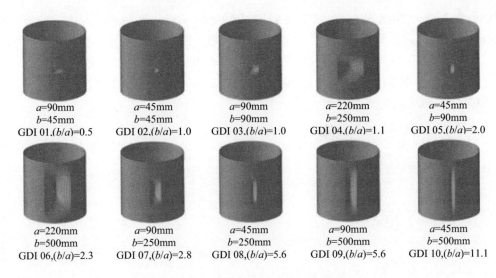

图 7.2.6　研究中所采用的 GDI 形状

表 7.2.1　研究中采用的凹坑深度

$w_b = 0.08$mm	$w_b = 0.40$mm	$w_b = 0.80$mm	$w_b = 2.00$mm
$w_b = 0.24$mm	$w_b = 0.72$mm	$w_b = 1.32$mm	$w_b = 2.64$mm

7.2.2.3　线性屈曲模态形状缺陷

在建筑工程领域中,人们经常采用线性屈曲模态形状缺陷(LBMI)来分析初始缺陷对薄壁结构(如不同载荷条件下的槽、筒仓和冷却塔等)屈曲行为的影响。很多学者都对此类缺陷的敏感性进行了研究,例如 Yamada 和 Croll[34,35] 以及 Yamada 等人[36]。Sosa 等人[26] 利用 LBMI 构造了 REM 中所需的初始指定位移场。Schmidt[37],Winterstetter 和 Schmidt[28] 针对受风载作用的钢塔进行了非线性分叉分析。在运载火箭工程领域,Hilburger 等人[21] 讨论了制造过程中产生的初始几何缺陷并将其与带有 LBMI 的圆柱的分析结果进行了对比。Haynie 和 Hilburger[38] 还曾针对航空应用领域中的铝锂合金,对比研究了单一屈曲模态和 LBMI。LBMI 的一个优点在于,这一缺陷模式很容易从线性屈曲分析中获得,并且大多数通用有限元软件都提供了自动化的实现方式,可以将此类缺陷设置为初始状态,进而构建一个加载路径以实现后屈曲状态。

在有限元分析方面,上述这些研究人员在利用 LBMI 进行处理时的做法几乎是相同的,即将线性屈曲分析得到的特征模式乘以一个比例因子,然后据此针对理想模型对节点位置做相应的平移操作。这种缺陷的幅值大小体现在比例因子上,如图 7.2.7所示。

特征模式最大幅值=1.0

乘以比例因子 ⟶ 作为初始缺陷

图7.2.7 用于 LBMI 的典型缺陷模式

在 ABAQUS 中实现屈曲模态形状缺陷的过程[33]包括如下步骤。

（1）针对输入文件补充如下命令以进行线性屈曲分析。由此在相应的工作目录中将会构建一个". fil"文件,这一文件和另一". prt"文件将在下一步中使用:

* Output, field, variable = PRESELECT

* *

* NODE FILE

U,

* MODAL FILE

* *

* End Step

（2）利用如下命令导入上一步构建的缺陷文件,"STEP"数值必须与产生"-fil"文件的模型一致,"scaling-factor"必须用实数替换,它代表了缺陷的最大幅值,"file-name-without-extension"是不带扩展名的". fil"文件名,这个文件必须与导入缺陷的模型放置在同一个目录下:

* IMPERFECTION, STEP = 1, FILE = file-name-without-extension

1, scaling-factor

（3）施加位移控制型轴向压力载荷。

备注:上述命令也可以在 ABAQUS CAE 中设置,只需利用"Edit Keywords. . ."选项。

7.2.2.4 轴对称缺陷

自 Koiter[4]的先驱性工作以来,轴对称缺陷(ASI)就已经经常用于考察壳结构的缺陷敏感性问题。Tennyson 和 Muggeridge[30]以及 Hutchinson 等人[31]针对各向同性圆柱壳,利用 ASI 广泛开展了缺陷敏感性问题研究。在建筑工程领域中,正如 Kham-lichi 等人[32]所讨论过的,人们已经通过测试(Ding 等人[39])证实了在筒仓的几何缺陷中,轴对称成分占据了主导地位。这里我们将讨论周向上带有 ASI 的情况,并将分析结果与一些屈曲模态形状和凹坑形状的缺陷进行对比。

利用类似于凹坑缺陷的处理过程,同样可以实现 ASI。主要的区别是这里只需要经线上的波长 b,由此前述关系式(7.2.5)也就简化成了余弦函数,最早是由 Tennyson 和 Muggeridge[30] 给出的,即

$$\Delta R(\phi,\zeta) = \frac{w_b}{2}\Big[1 - \cos\Big(\frac{2\pi}{b}\zeta\Big)\Big], \ 0\leqslant\zeta\leqslant b \tag{7.2.6}$$

如图 7.2.8 所示,其中给出了 4 种不同的 ASI 构型。这里的 ASI 02 可以跟图 7.2.6 中的 GDI 01 和 GDI 02 进行对比(相同的 b),而 ASI 03 可以跟 GDI 03 和 GDI 05 进行比较。ASI 01 是用于评估非常陡峭的 ASI 的影响,而 ASI 04 则用来跟线性屈曲模态形状缺陷(周向模式)进行比较。

ASI 01, b=30mm　　ASI 02, b=45mm　　ASI 03, b=90mm　　ASI 04, b=50mm
位置: x/L=0.5　　　位置: x/L=0.5　　　位置: x/L=0.5　　　位置: x/L=(0.2,0.3,
　　　　　　　　　　　　　　　　　　　　　　　　　　　　　　0.4,0.5,0.6,0.7,0.8)

图 7.2.8　研究中所采用的 ASI 形状

7.2.2.5　几何缺陷

根据实际测试可以得到相应的几何缺陷或中曲面缺陷(MSI),这一缺陷可以为所考察的壳结构提供非线性屈曲载荷方面的基准或参考。该缺陷形式包括了大量的测试点,它们代表了圆柱壳的中曲面,在有限元网格中可以通过插值方式给出。

Degenhardt 等人[23]针对 10 种分层复合圆柱壳结构(与圆柱壳 Z07 的几何和分层形式相同),给出了几何缺陷的测试结果。在该项研究中,选择了三组缺陷测试结果(即 Z22、Z23 和 Z25),并将它们作为初始缺陷进行了考察。表 7.2.2 中给出了测得的厚度(名义值为 0.5mm)和缺陷幅值(比例因子为 SF = 1)。图 7.2.9 中给出了对应的缺陷测试结果。

表 7.2.2　从文献[23](Degenhardt 等人)提取出的缺陷测试结果

圆柱壳	Z22	Z23	Z25
厚度/mm	0.486	0.478	0.468
幅值 ξ/mm	0.63145	0.70747	0.63169
测试点的数量	189,740	341,099	340,357

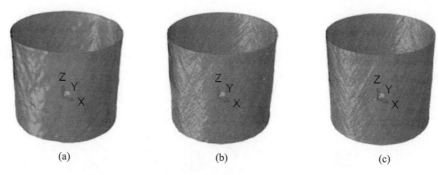

（a）　　　　　　　　　　　（b）　　　　　　　　　　　（c）

图 7.2.9　实际测量得到的缺陷（放大了 50 倍）

（a）圆柱 Z22；（b）圆柱 Z23；（c）圆柱 Z25。

对于上述 3 种 MSI,分别采用了三种不同的比例因子以模拟不同的制造品质。表 7.2.3 中列出了所考察的不同幅值厚度比(ξ/t)情况。实现这些情况所需的比例因子可通过 SF = $(\xi/t)_{\text{aimed}} \cdot t_{\text{laminate}}/\xi_{\text{MSI}}$ 来计算。

表 7.2.3　MSI 中用到的幅值厚度比(ξ/t)

0.10	0.25	0.50	1.00	1.50	2.00	3.00	4.00	5.00	6.00

在 ABAQUS 中这些缺陷的实现过程需要利用 Python 应用接口,该接口读取实际测量数据,并根据每组数据的轴向位置将它们收集起来,然后将它们的坐标与网格坐标进行对比。新的节点坐标应按照下式进行计算:

$$
\begin{cases}
r_{n_j} = r_{\text{orig}_{n_j}} + (r_{\text{int}_{n_j}} - r_{\text{orig}_{n_j}}) \cdot \text{SF} \\[2mm]
r_{\text{int}_{n_j}} = \dfrac{\displaystyle\sum_i^k r_i \dfrac{1}{w_i}}{\displaystyle\sum_i^k \dfrac{1}{w_i}} \\[4mm]
w_i = (\overrightarrow{n_j} - \overrightarrow{pt_i})^{2P}
\end{cases}
\tag{7.2.7}
$$

式中:r_{n_j} 为第"j"个节点的新位置;$r_{\text{orig}_{n_j}}$ 为第"j"个节点的初始位置;$r_{\text{int}_{n_j}}$ 为第"j"个节点的插值位置;r_i 为第"i"个测试点的径向位置;w_i 为第"i"个测试点的权值,是通过计算第"i"个测试点与 $\overrightarrow{n_j}$ 节点之间的距离得到的;P 为幂参数,通常为 2(当 P 增大时临近节点的影响也随之增大);k 为插值过程中使用的临近点个数(此处设定为 5);SF 为用于设定缺陷幅值的比例因子(主要用于实现所需的缺陷程度)。

图 7.2.10 中给出了一些测试点和网格节点,由此不难体会到相应的算法思想。

7.2.3　不同缺陷模式的比较与下限法

在 Castro 等人[19]的研究中,曾经对比了 5 种不同类型的几何缺陷,分别是LBMI、

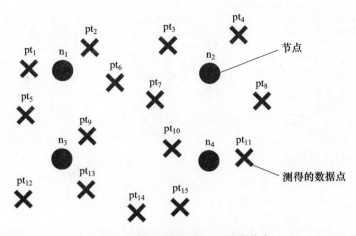

图 7.2.10　测得的缺陷与网格节点

SPLI、ASI 和 MSI。Sosa 等人[26] 利用了两种下限法计算了参考 KDF 值,即 NASA SP-8007 指南和 REM,其形式都可以借助通用有限元求解器进行求解。

　　针对文献[19]中详细讨论过的两个圆柱壳模型(Z07 和 Z33),图 7.2.11 给出了 KDF 值随薄膜刚度折减参数 α 的变化情况。如果对这两个模型采用 LBMI 进行非线性分析(取前 50 阶特征模式),那么结果分别如图 7.2.12(Z07)和图 7.2.13(Z33)所示。这里同时也给出了分别利用 NASA SP-8007 指南和 REM(参见图 7.2.11)计算得到的 KDF 值情况。

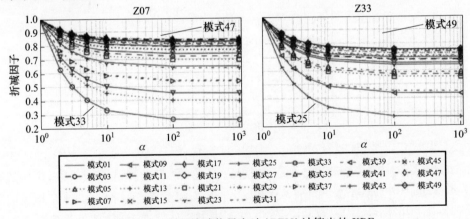

图 7.2.11　利用缩减能量方法(REM)计算出的 KDF

(源自 S. G. P. Castro, R. Zimmermann, M. A. Arbelo, R. Khakimova, M. W. Hilburger, R. Degenhardt, Geometric imperfections and lower-bound methods used to calculate knockdown factors for axially compressed composite cylindrical shells, Thin-Walled Structures 74 (January 2014) 118 – 132。)

　　从图 7.2.11 可以看出,对于所分析的这两个复合圆柱壳,REM 得到了较宽范围内的 KDF 值,例如模型 Z07 中是从 0.26 到 0.84,而模型 Z33 中是从 0.26 到 0.75。

222

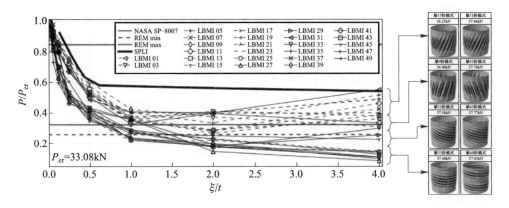

图 7.2.12　SPLI 和 LBMI 对应的折减曲线：圆柱壳 Z07

（源自 S. G. P. Castro，R. Zimmermann，M. A. Arbelo，R. Khakimova，M. W. Hilburger，

R. Degenhardt，Geometric imperfections and lower-bound methods used to calculate knock-down

factors for axially compressed composite cylindrical shells，Thin-Walled Structures 74（January 2014）118 – 132。）

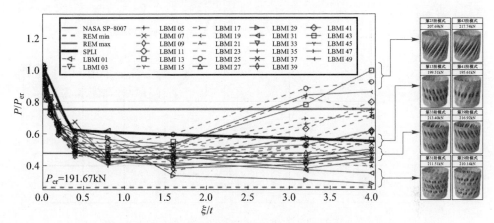

图 7.2.13　SPLI 和 LBMI 对应的折减曲线：圆柱壳 Z33

（源自 S. G. P. Castro，R. Zimmermann，M. A. Arbelo，R. Khakimova，M. W. Hilburger，

R. Degenhardt，Geometric imperfections and lower-bound methods used to calculate knock-down

factors for axially compressed composite cylindrical shells，Thin-Walled Structures 74（January 2014）118 – 132。）

不仅如此，这一计算还会受到所选择的屈曲模态的显著影响。然而，虽然能够得到较大范围内的 KDF 值，不过对于带有 LBMI 的圆柱壳模型来说，这一方法却未能预测出其下限值。此外，在 REM 计算中，对应于最小 KDF 的屈曲模态与非线性计算中最小 KDF 对应的屈曲模态是不完全一致的。例如，根据图 7.2.11 给出的 REM 结果不难发现，第 33 阶模态对应了最小 KDF 值，这与图 7.2.12 给出的非线性分析结果是吻合的，不过 REM 结果还表明最大的 KDF 值是与第 47 阶模态对应的，而非线性结果中却表明这个模态是导致最小 KDF 值的诸多模态之一。与此类似，针对模型 Z33，REM 表明了最大 KDF 值可通过第 49 阶屈曲模态获得，不过图 7.2.13 给出的非线性计算结果却说明这一模态将会导致最小的 KDF 值。Sosa 和 Godoy[27]已经指出,当非线性后屈曲形状与线性屈曲模态不相似时必须对 REM 进行修正,这也正是此处的 Z07 和 Z33 的情形[19];不仅如此,他们还认为在进一步的研究中应尽量采用修正的 REM 进行处理,特别是当考察缺陷敏感性较高的圆柱壳(如 Z33)时更是如此。

针对圆柱壳模型 Z07,利用测试得到的缺陷(MSI)、凹坑缺陷(GDI)和 SPLI,图 7.2.14 给出了对应的非线性计算结果。为清晰起见,这里对 ξ/t 放大了两倍。对比 GDI 和 SPLI 可以看出,后者需要的参数更少一些,并且也能够较好地给出所有 GDI 情况中得到的下限值,因而这一处理方式更值得推荐。直到 $\xi/t \leqslant 3$,SPLI 都要比 MSI 显得更为保守一些,这个缺陷幅值对于空间结构的典型指标[19]来说是非常高的。此外,大部分 GDI 也要比 MSI 趋于保守,只有凹坑参数为 $b/a = 2.3$(参见图 7.2.6)时例外,这是由于该凹坑的轴向取向对结构具有刚度加强效应。显然,当很难确定最佳的 GDI 时,在考察类似于凹坑形式的缺陷过程中应当首选 SPLI 进行分析。

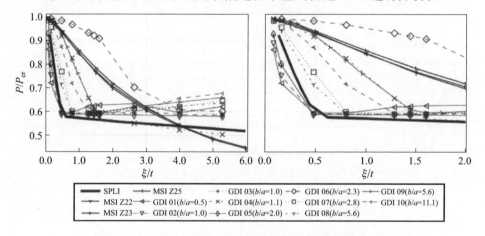

图 7.2.14   MSI、SPLI 和 GDI 对应的折减曲线:圆柱壳 Z07

(源自 S. G. P. Castro,R. Zimmermann,M. A. Arbelo,R. Khakimova,M. W. Hilburger,
R. Degenhardt,Geometric imperfections and lower-bound methods used to calculate knock-down
factors for axially compressed composite cylindrical shells,Thin-Walled Structures 74(January 2014) 118 – 132。)

对于圆柱壳 Z33,也可以进行类似的对比,即针对 SPLI 与测得的缺陷这两种情形进行比较,所得到的结论与上述圆柱壳 Z07 的分析结论是相似的,即 SPLI 趋于保守。

在图 7.2.15 和图 7.2.16 中,针对圆柱壳 Z07 将不同的 ASI 模式进行了比较,同时也将它们与一些临界 LBMI 情况作了对比。Castro 等人[19]曾经指出,圆周方向上的那些线性屈曲模式是最为重要的,它们能更有效地削弱壳结构的轴向薄膜刚度。如果 ASI 的取向是在周向上,那么它们也将与临界屈曲模式一样能够有效地削弱轴向薄膜刚度。类似地,对于圆柱壳 Z33,图 7.2.17 也将不同的轴对称模式以及 LBMI

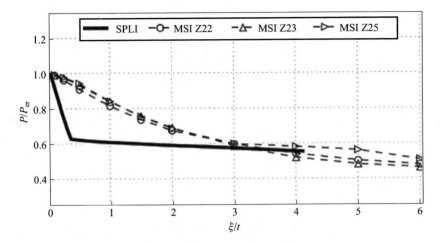

图 7.2.15　MSI 和 SPLI 对应的折减曲线：圆柱壳 Z33

（源自 S. G. P. Castro, R. Zimmermann, M. A. Arbelo, R. Khakimova, M. W. Hilburger,
R. Degenhardt, Geometric imperfections and lower-bound methods used to calculate knock-down
factors for axially compressed composite cylindrical shells, Thin-Walled Structures 74（January 2014）118 – 132。）

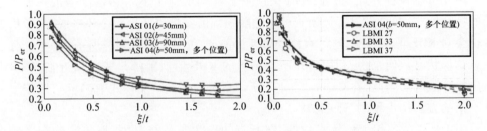

图 7.2.16　ASI、GDI 和 LBMI 对应的折减曲线：圆柱壳 Z07

（源自 S. G. P. Castro, R. Zimmermann, M. A. Arbelo, R. Khakimova, M. W. Hilburger,
R. Degenhardt, Geometric imperfections and lower-bound methods used to calculate knock-down
factors for axially compressed composite cylindrical shells, Thin-Walled Structures 74（January 2014）118 – 132。）

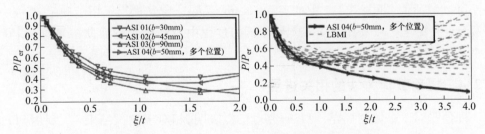

图 7.2.17　ASI 和 LBMI 对应的折减曲线：圆柱壳 Z33

（源自 S. G. P. Castro, R. Zimmermann, M. A. Arbelo, R. Khakimova, M. W. Hilburger,
R. Degenhardt, Geometric imperfections and lower-bound methods used to calculate knock-down
factors for axially compressed composite cylindrical shells, Thin-Walled Structures 74（January 2014）118 – 132。）

情形进行了对比。需要注意的是,在较大的缺陷幅值情况下,一些屈曲模式具有刚化效应,这是因为这些模式的取向是在轴向上,有限元模型中施加这一缺陷时只需移动原有的节点位置即可,由此会产生一种类似于加强筋的外形[19]。

对于 $\xi/t < 3$ 的情形,利用测得的几何缺陷(MSI)要比采用 SPLI 或 ASI 得到更大的 KDF 值,这就意味着后面两种方法在这一范围内给出的预测是趋于保守的。当 $\xi/t = 3$ 时,对于 Z33 模型来说,采用某些 LBMI 进行分析所得到的 KDF 值要高于采用 MSI 的结果,这主要是因为这些屈曲模式的轴向取向导致了刚度加强效应;对于 Z07 模型,采用某些 GDI 得到的 KDF 值也要高于采用 MSI 的结果,其原因在于这些 GDI 在轴向上较长从而导致了刚化效应。

总体上,就所分析的这两种圆柱壳模型而言,利用 LBMI 得到的 KDF 值是最小的,不过也存在着一些变数。对于圆柱壳 Z07,利用 ASI 与利用最临界的 LBMI 可能会获得相同水平的 KDF 值,这是由于该临界特征模式是圆周取向的,类似于一种 ASI 模式。对于圆柱壳 Z33,临界 KDF 值可由轴向不连续的特征模式给出,当 $\xi/t < 0.75$ 时所得到的 KDF 值要比利用 ASI 得到的结果更小一些。

由此可见,我们可以利用 LBMI 去预测下限 KDF,不过这一做法高度依赖于所选择的特征模式,并且临界特征模式可能随缺陷幅值发生改变。对 ASI 来说,其形状参数也会对 KDF 值有影响,这一点已经被 Tennyson 和 Muggeridge[30] 所证实,不过对于任意的形状参数值来说,利用 ASI 所预测出的 KDF 值似乎都是非常靠近临界 LBMI 给出的下限的。因此,在 Castro 等人[19] 所考察过的这些缺陷模式中,ASI 可以作为一种不错的方法用于预测下限 KDF。

GDI 是高度依赖于形状参数的,在所有的形状参数情况中,那些能够获得最小 KDF 值的 GDI 非常接近于 SPLI,因此后者也是一种不错的预测方法,因为它相对更为简单,只需要在圆柱壳中部施加单个横向载荷即可。

为使 SPLA 更加简洁直观,我们还需要进一步研究怎样计算 Hühne[18] 所定义的最小摄动载荷值,即图 7.2.2 中的 $P1$。Castro 等人[40] 曾经提出了用于确定 $P1$ 的一些算法,主要建立在利用 SPLA 进行分析的过程中所观测到的屈曲机理这一基础之上。

7.2.4 摄动载荷方法的相关进展

即便是对于单体圆柱壳,现有研究也已经表明,相对于测试结果[41],利用 SPLA 这一方法是有可能导致非保守的预测结果的,由此给出的设计载荷 $N1$(参见图 7.2.2)的可靠性随之将变得难以接受。这一问题可以归因于测试过程中存在着的载荷不对称性,而 SPLA 仅仅考虑了由几何缺陷所引起的刚度折减影响[43]。Kriegesmann 等人[41]针对单体圆柱壳提出了一种准则,指明了 SPLA 的适用范围。这一研究表明,在 SPLA 不能给出合适结果的情况中,对应的理想壳结构会呈现出显著的短波长前屈曲和屈曲变形[41]。在这些情况中,由 SPLA 给出的单一屈曲模式可能难以表征实际的壳屈曲行为中最不利的缺陷情形,因而也就不能合理预测出缺陷的敏感性[41]。对于这些情况来说,往往存在着显著的缺陷敏感性,对应的壳结构将趋于轴对称形式的屈曲,而这并不能由 SPLA 预测到。这些研究人员建议,当 SPLA 失效时,可以引入一个刚度参数 e_{21} 作为实际指标,它可以用于半解析的 Koiter 型方法之中。这个刚度参数是根据 ABD 矩阵中的刚度项得到的。从图 7.2.18 中我们可以看出,随着 e_{21}/t 的减小 SPLA 开始变得不再可靠了。尽管发现了这一趋势,不过这些研究者并不认为对 SPLA 给出的 KDF 所进行的修正可以转换为 e_{21} 的函数形式,而认为这个刚度参数只能用于验证 SPLA 是否可行。

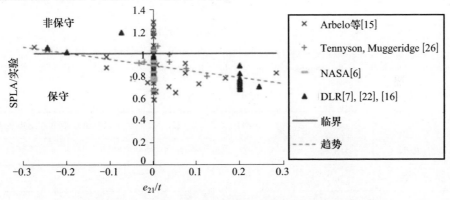

图 7.2.18　SPLA 下限值与归一化偏心量测试结果的比值

(源自 B. Kriegesmann, E. L. Jansen, R. Rolfes, Design of cylindrical shells using the single perturbation load approach e potentials and application limits, Thin-Walled Structures 108(November 2016)369 – 380。)

　　至此给出的大多数讨论都是围绕用于确定 KDF 值的确定性方法的。当测试数据难以获得时,为了确定具有代表性的缺陷,Meurer 等人[44]还提出了一种随机摄动载荷方法(PPLA),用以完善 SPLA,特别是对于不加筋的圆柱壳场合中,SPLA 的结果大于测试结果的情况。事实上,SPLA 主要是用于考察一些传统的缺陷,例如中曲面几何缺陷,而不是针对一些非传统缺陷形式的,比如载荷的不对称性、厚度缺陷以及材料的非均匀缺陷等。上面提出的 PPLA 通过在原来的 SPLA 曲线(参见图 7.2.2)中引入下限值分布,使得 SPLA 也能适用于那些带有明显非传统缺陷的情况分析之中。这些下限值分布是利用厚度、材料以及载荷缺陷数据计算得到的,最终形成的 PPLA 折减曲线如图 7.2.19 所示。

　　根据表 7.2.4 中列出的结果可以看出,对于给定的可靠度水平(此处为 $R_L =$ 90%),PPLA 没有导致对实验测得的屈曲载荷的高估,而且要比 NASA SP- 8007 指南的保守程度低得多。

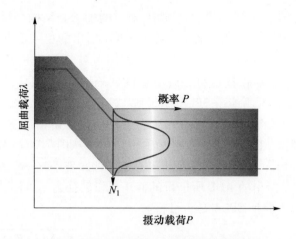

图 7. 2. 19　利用 PPLA 得到设计载荷

（修改自 A. Meurer, B. Kriegesmann, M. Dannert, R. Rolfes, Probabilistic perturbation load
approach for designing axially compressed cylindrical shells, Thin-Walled Structures 107(2016) 648 – 656。）

表 7. 2. 4　SPLA 和 PPLA 的对比

（kN）	Z09	Z10-Z11	Z12	Z15-Z26	Z36-Z37
实验值（最小）	15. 7	15. 7	18. 6	21. 3	58. 3
NASA SP- 8007	5. 2	7. 6	7. 4	12. 4	27. 6
SPLA	15. 8	15. 4	21. 9	21. 8	66. 2
PPLA（$R_L = 90\%$）	10. 3	9. 4	15. 6	14. 3	47. 3

数据源自于 A. Meurer, B. Kriegesmann, M. Dannert, R. Rolfes, Probabilistic perturbation load approach for designing axially compressed cylindrical shells, Thin-Walled Structures 107(2016) 648 – 656。

　　Hao 等人[45]曾经将蒙特卡罗仿真方法、SPLA 和一种新颖的（最不利的）多重摄动载荷方法（WMPLA）进行了对比研究，主要目的是评估带有加强筋（焊接）的圆柱壳的屈曲问题。这些研究人员证实了，对于由多个均匀区域组成（由焊接区域隔开）的非单体式圆柱壳结构，SPLA 会导致临界屈曲载荷的非保守预测结果。多重摄动载荷这一概念最早是由 Arbelo 等人[46]提出的，Hao 等人[45]则进行了一个优化分析工作，目的是针对给定的多种摄动载荷去确定最不利的位置，由此得到的屈曲载荷是最小的，或者说，由此得到了最不利的情形，不过仍然是一种实际缺陷情形。由此不难看出，在利用 SPLA 考察带加强筋的壳结构时，必须更谨慎一些，如果几何缺陷数据难以测试，那么必须采用多重摄动载荷方法进行处理。上面这些研究者成功地证实了 WMPLA 在受到轴向压力载荷作用的等格栅加筋壳的分析[47]中是有效的，对于加筋壳和难以获得测试缺陷数据的场合中，该方法是 SPLA 的有益拓展，很有应用前景。在 WMPLA 方面,进一步的研究应当致力于给出更为通用的参考和指导,使得人们可以针对给定类型的结构物获得多重摄动载荷的位置信息。例如对于等格栅结构就是如此,必须在已知的轴向和周向位置处施加多个载荷。类似地,这一点也适用于轴向加筋壳结构。显然,如果这一方面取得了进展,那么 WMPLA 将成为一个彻底的确定性方法了,它可以将诸多确定性和统计性分析中的数据包括进来,从而为人们提供有益的指导。

7.2.5　测试加载策略和边界条件

到目前为止,我们主要讨论的是位移控制型的仿真和测试研究及其相关结果。Friedrich 和 Schröder[48]分析了载荷控制型问题,针对的是不带加强筋的壳结构(轴向压缩),并考虑了容许加载边在轴向压缩过程中发生翘曲的边界条件。这些研究者针对位移控制型和载荷控制型实验进行了比较,其中所分析的缺陷是通过三种方式引入的,即单一摄动载荷、凹坑缺陷和区域切割。在载荷控制型的仿真中,顶边和底边采用了 SS3-SS4 边界条件,其中的 SS3 是指 $v = w = 0$,SS4 是指 $u = v = w = 0$。在位移控制型的仿真分析中,人们观察到了著名的屈曲机制,涉及稳态局部跳跃行为[40,49,50],在局部跳跃以后,轴向压力载荷将进一步增大到整体屈曲点。然而,在载荷控制型的仿真分析中,没有发现这种行为,其原因包括了两个方面。第一个原因在于,缺陷施加位置区域的薄膜刚度的局部损失必须沿着整个壳的周向重新分布,以使得应变能得以增加。换句话说,轴向薄膜应力沿着整个壳的周向必须是增大的,这样才能使得载荷控制型压缩导致的应变能得以增大。由于这一过程是非常迅速的动态过程,因此没有时间进行这种重新分布,进而在位移控制型仿真中观测到的局部跳跃行为所对应的轴向压力载荷值处,这个壳结构将会发生倒塌。第二个原因是,当局部缺陷施加之后,甚至在跳跃行为成形时,加载边的 SS3 边界条件使得该边可以发生翘曲。这种翘曲将导致周向上的薄膜刚度下降,从而产生整体屈曲,而不出现稳态局部跳跃现象。

在考虑到上述问题以后,Friedrich 和 Schröder[48]证实了,如果实际结构的边界条件不是 SS4-SS4,那么采用这种边界条件所进行的亚尺度测试,将会导致非保守的屈曲载荷预测结果。由此可以看出,在实际结构这个装配体中,相邻结构对于这种测试结果是有重要影响的。正因如此,这些研究人员建议,在新的测试研究设置中,应当将靠近实际装配体的临近支撑结构补充进来,这样才能使得测试中的边界条件更接近 SS3-SS4。此外,他们还建议,为保证加载状态更接近结构物实际负载,最好进行载荷控制型测试(采用固定负载),而不是位移控制型测试。后续的研究显然应当仔细考虑这些建议,特别是对于开发新的用于计算 KDF 的设计指南时更是如此。

本节参考文献

[1] R.V. Southwell, On the general theory of elastic stability, Philosophical Transactions of the Royal Society A, London 213 (January 1914) 187–244.

[2] W. Flügge, Die Stabilität der Kreiszylinderschale, Ingenieure Architektur 3 (1932) 463.

[3] L.H. Donnell, A new theory for the buckling of thin cylinders under axial compression and bending, ASME Transactions 56 (1934) 795–806.

[4] W.T. Koiter, A Translation of the Stability of Elastic Equilibrium, Technische Hooge School at Delft, Department of Mechanics, Shipbuilding and Airplane Building, November 14, 1945.

[5] L.H. Donnell, C. Wan, Effect of imperfections on buckling of thin cylinders and columns under axial compression, Journal of Applied Mechanics 17 (1) (1950) 73.

[6] N.S. Khot, On the Influence of Initial Geometric Imperfections on the Buckling and Postbuckling Behavior of Fiber-Reinforced Cylindrical Shells under Uniform Axial Compression, Air Force Flight Dynamics Laboratory, Air Force Systems Command, Wright-Patterson Air Force Base, Ohio, 1968.

[7] J. Arbocz, The Effect of Initial Imperfections on Shell Stability – An Updated Review, TU Delft Report LR-695, Faculty of Aerospace Engineering, The Netherlands, 1992.

[8] C.D. Babcock, E.E. Sechler, The Effect of Initial Imperfections on the Buckling Stress of Cylindrical Shells, NASA D-1510 Collected Papers on Instability of Shell Structures, California Institute of Technology, 1962.

[9] J. Arbocz, J.H. Starnes Jr., Future directions and challenges in shell stability analysis, Thin-Walled Structures 40 (2002) 729–754.

[10] P. Seide, V.I. Weingarten, E.J. Morgan, The Development of Design Criteria for Elastic Stability of Thin Shell Structures, Space Technology Laboratory (TRW Systems) Report STL/TR-60-0000-19425, 1960.

[11] V.I. Weingarten, E.J. Morgan, P. Seide, Elastic stability of thin-walled cylindrical and conical shells under axial compression, AIAA Journal 3 (1965) 500–505.

[12] V.I. Weingarten, P. Seide, J.P. Peterson, "NASA SP-8007-Buckling of Thin-Walled Circular Cylinders," NASA Space Vehicle Design Criteria – Structures, 1965 (revised 1968).

[13] J.G.A. Croll, Towards Simple Estimates of Shell Buckling Loads, Thin Walled Structures Study Group, Cranfield Institute of Technology, March 1972.

[14] R. Batista, J.G.A. Croll, A design approach for unstiffened cylindrical shells under external pressure, in: Proceedings of the International Conference on Thin-Walled Structures, University of Strathclyde, Crosby Lockwood, Glasgow, 1979.

[15] J.G.A. Croll, R. Batista, Explicit lower bounds for the buckling of axially loaded cylinders, International Journal of Mechanical Sciences 23 (1981) 333–343.

[16] M. Esslinger, Hochgeschwindigkeitsaufnahmen vom Beulvorgang dünnwandiger, axial-belasteter Zylinder, Der Stahlbau 3 (1970).

[17] M. Deml, W. Wunderlich, Direct evaluation of the "worst" imperfection shape in shell buckling, Computer Methods in Applied Mechanics and Engineering 149 (1997) 201–222.

[18] C. Hühne, R. Rolfes, J. Tessmer, A new approach for robust design of composite cylindrical shells under axial compression, in: Proceedings of the International ESA Conference, Nordwijk, 2005.

[19] S.G.P. Castro, R. Zimmermann, M.A. Arbelo, R. Khakimova, M.W. Hilburger, R. Degenhardt, Geometric imperfections and lower-bound methods used to calculate knock-down factors for axially compressed composite cylindrical shells, Thin-Walled Structures 74 (January) (2014) 118–132.

[20] B. Geier, H. Meyer-Piening, R. Zimmermann, On the influence of laminate stacking on buckling of composite cylindrical shells subjected to axial compression, Composite Structures 55 (2002) 467−474.

[21] M.W. Hilburger, M.P. Nemeth, J.H. Starnes Jr., Shell Buckling Design Criteria Based on Manufacturing Imperfection Signatures, NASA Report TM-2004-212659, 2004.

[22] C. Hühne, R. Rolfes, E. Breitbach, J. Teßmer, Robust design of composite cylindrical shells under axial compression − simulation and validation, Thin-Walled Structures 46 (2008) 947−962.

[23] R. Degenhardt, A. Bethge, A. King, R. Zimmermann, K. Rohwer, J. Teßmer, A. Calvi, Probabilistic approach for improved buckling knock-down factors of CFRP cylindrical shells, in: Proceeding of: First CEAS European Air and Space Conference, 2008.

[24] J.G.A. Croll, Towards simple estimates of shell buckling loads, Part I, Heft 8; Part II, Heft 9, Der Stahlbau (September 1975).

[25] J.G.A. Croll, Towards a rationally based elastic-plastic shell buckling design methodology, Thin-Walled Structures 23 (1995) 67−84.

[26] E.M. Sosa, L.A. Godoy, J.G.A. Croll, Computation of lower-bound elastic buckling loads using general-purpose finite element codes, Computers and Structures 84 (2006) 1934−1945.

[27] E.M. Sosa, L.A. Godoy, Challenges in the computation of lower-bound buckling loads for tanks under wind pressures, Thin-Walled Structures 48 (2010) 935−945.

[28] T.A. Winterstetter, H. Schmidt, Stability of circular cylindrical shells under combined loading, Thin-Walled Structures 40 (10) (2002) 893−909.

[29] L. Wullschleger, H.R. Meyer-Piening, Buckling of geometrically imperfect cylindrical shells − definition of a buckling load, International Journal of Non-Linear Mechanics 37 (2002) 645−657.

[30] R.C. Tennyson, D.B. Muggeridge, Buckling of axisymmetric imperfect circular cylindrical shells under axial compression, AIAA Journal 7 (11) (1969) 2127−2131.

[31] J.W. Hutchinson, R.C. Tennyson, D.B. Muggeridge, Effect of a local axisymmetric imperfection on the buckling behavior of a circular cylindrical shell under axial compression, AIAA Journal 9 (1) (1971) 48−52.

[32] A. Khamlichi, M. Bezzazi, A. Limam, Buckling of elastic cylindrical shells considering the effect of localized axisymmetric imperfections, Thin-Walled Structures 42 (2004) 1035−1047.

[33] D. S. ABAQUS User's Manual, Abaqus Analysis User's Manual, 2011.

[34] S. Yamada, J.G.A. Croll, Buckling and post-buckling characteristics of pressure-loaded cylinders, ASME Journal of Applied Mechanics 60 (1993) 290−299.

[35] S. Yamada, J.G.A. Croll, Contributions to understanding the behavior of axially compressed cylinders, ASME Journal of Applied Mechanics 66 (1999) 299−309.

[36] S. Yamada, K. Yano, J.G.A. Croll, Nonlinear buckling behavior of fiber reinforced polymeric cylinders under compression, in: Proceedings of IASS-2001, Hosei University, Nagoya, 2001.

[37] H. Schmidt, Stability of steel shell structures, Journal of Construction Steel Research 55 (2000) 159−181.

[38] W.T. Haynie, M.W. Hilburger, Comparison of methods to predict lower bound buckling loads of cylinders under axial compression, in: 51st AIAA/ASME/ASCE/AHS/ASC, 12−15 April, Orlando, FL, United States, 2010.

[39] X. Ding, R. Coleman, J.M. Rotter, Technique for precise measurement of large-scale silos and tanks, Journal of Surveying Engineering 122 (1) (1996) 15−25.

[40] S.G.P. Castro, M.A. Arbelo, R. Zimmermann, R. Degenhardt, Exploring the constancy of the global buckling load after a critical geometric imperfection level in thin-walled cylindrical shells for less conservative knock-down factors, Thin-Walled Structures 72 (2013) 76−87.

[41] B. Kriegesmann, E.L. Jansen, R. Rolfes, Design of cylindrical shells using the single perturbation load approach − potentials and application limits, Thin-Walled Structures 108 (November 2016) 369−380.

[42] B. Kriegesmann, R. Rolfes, C. Hühne, A. Kling, Fast probabilistic design procedure for axially compressed composite cylinders, Composite Structures 93 (2011) 3140−3149.

[43] B. Kriegesmann, R. Rolfes, C. Hühne, J. Teßmer, J. Arbocz, Probabilistic design of axially compressed composite cylinders with geometric and loading imperfections, International Journal of Structural Stability and Dynamics 10 (4) (2010) 623−644.

[44] A. Meurer, B. Kriegesmann, M. Dannert, R. Rolfes, Probabilistic perturbation load approach for designing axially compressed cylindrical shells, Thin-Walled Structures 107 (2016) 648−656.

[45] P. Hao, B. Wang, K. Tian, K. Du, X. Zhang, Influence of imperfection distributions for cylindrical stiffened shells with weld lands, Thin-Walled Structures 93 (2015) 177−187.

[46] M.A. Arbelo, R. Degenhardt, S.G.P. Castro, R. Zimmermann, Numerical characterization of imperfection sensitive composite structures, Composite Structures 108 (2014) 295−303.

[47] B. Wang, K. Du, P. Hao, et al., Numerically and experimentally predicted knockdown factors for stiffened shells under axial compression, Thin-Walled Structures 109 (2016) 13−24.

[48] L. Friedrich, K.-U. Schröder, Discrepancy between boundary conditions and load introduction of full-scale build-in and sub-scale experimental shell structures of space launcher vehicles, Thin-Walled Structures 98 (Part B) (2016) 403−415.

[49] M. Arbelo, A. Herrmann, S.G.P. Castro, et al., Investigation of buckling behavior of composite shell structures with cutouts, Applied Composite Materials 22 (6) (2015) 623−636.

[50] L. Friedrich, T.-A. Schmid-Fuertes, K.-U. Schröder, Comparison of theoretical approaches to account for geometrical imperfections of unstiffened isotropic thin walled cylindrical shell structures under axial compression, Thin-Walled Structures 92 (2015) 1−9.

7.3 受轴向、扭转和压力载荷的非理想复合圆柱壳的线性与非线性屈曲分析的半解析方法

（Saullo G. P. Castro，巴西，圣若泽杜斯坎普斯，巴西航空工业公司）

图 7.3.1 给出了一个圆锥壳模型及相应的坐标系统。顶端受到了一个压力载荷 F_C，同时该锥壳可能还会受到某些扰动载荷 F_{PL_i}。Castro[1,2] 也给出了一个相似的模型，其中考虑的是扭转载荷和压力载荷。如果将压力载荷表示为一个一般性函数形式的话，那么常数压力载荷 F_C 也就变成了一种特殊情形。这里给出的模型是简化形式的，主要用于考察单域和多域半解析方法的差异。

通过对无限小微元的牛顿第二定律分析（图 7.3.2），可以直接得到圆锥壳的动力学微分方程[3]。Timoshenko[4-7]导得的大部分方程都是建立在这种解析分析基础之上的，分析过程中需要搞清楚这个微元内所有变量之间的影响关系，这对于复杂系统来说

232

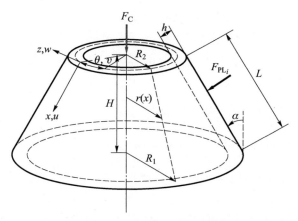

图 7.3.1　圆锥壳/圆柱壳模型

是一个比较烦琐而困难的工作[3]。不仅如此,在这一解析处理过程中一些边界条件也是不容易确定的[3],这使得我们建立复杂系统的完整方程组变得比较困难。与此相比,更常用的做法是采用能量分析方法来推导,由此即可得到所谓的欧拉–拉格朗日方程。

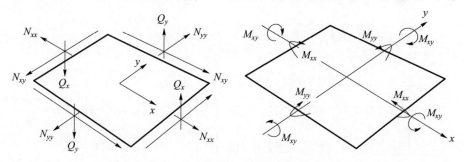

图 7.3.2　板单元上的合力与合力矩

　　还有一些所谓的直接解法,它们不需要确定微分方程组和边界条件[8]。Ritz 法就是其中比较典型的一种。这一节我们针对圆锥壳和圆柱壳结构,阐述 Ritz 法是如何导出能够用于求解相关场变量的非线性方程组的。为便于观察比较 Ritz 法和有限元方法(FEM)[9],这里采用了矩阵描述方式。这两种方法的基本区别在于,Ritz 法中未知变量(称为 Ritz 常数)对应于近似函数中的每个项的幅值,而在 FEM 中的未知变量(称为自由度)则对应的是各个单元节点处的位移和转角。此外,本节也将介绍怎样利用中性平衡条件来推导线性屈曲方程。

　　在 Ritz 法中需要给出一组恰当的近似函数,这是最为重要的一步,一般来说边界条件将决定如何选择这些近似函数。下面我们将主要讨论两种类型的近似函数,第一种是针对单域半解析模型的三角函数近似,第二种是针对多域半解析模型的拉格朗日分级多项式函数。对于单域情况,我们将阐述如何利用弹性约束来实现一组不同的边界条件,而对于多域情况,拉格朗日多项式已经适用于很多的边界条件了。

本节中还将介绍分析过程中涉及的所有线性和非线性矩阵以及矢量,给出它们的详细描述以及计算中采用的积分方法。此外,也将推导建立基于这些矩阵的求解方案,并详细讨论若干用于求解上述系统的算法实现(带线搜索和 Riks 弧长法的牛顿－拉弗森迭代算法)。

7.3.1 圆柱壳和圆锥壳的控制方程组

7.3.1.1 圆锥壳和圆柱壳的一般应变－位移关系

Zhang[10] 曾对多种不同的壳理论做过比较全面的综述,Hadi 和 Ameen[11] 还针对双曲率壳体给出了一组完整的非线性方程。根据三维弹性理论[12],任何正交坐标系统$(\alpha_1, \alpha_2, \alpha_3)$中的应变分量都可以表示为如下形式(修改自 Zhang[10]):

$$
\begin{cases}
\varepsilon_{11} = \dfrac{1}{2\left(\left(\dfrac{e_{13}}{2} - \omega_2\right)^2 + \left(\dfrac{e_{12}}{2} + \omega_3\right)^2 + e_{11}^2\right)} + e_{11} \\[4mm]
\varepsilon_{22} = \dfrac{1}{2}\left(\left(\dfrac{e_{23}}{2} + \omega_1\right)^2 + \left(\dfrac{e_{12}}{2} - \omega_3\right)^2 + e_{22}^2\right) + e_{22} \\[4mm]
\varepsilon_{33} = \dfrac{1}{2}\left(\left(\dfrac{e_{23}}{2} - \omega_1\right)^2 + \left(\dfrac{e_{13}}{2} + \omega_2\right)^2 + e_{33}^2\right) + e_{33} \\[4mm]
\varepsilon_{12} = \left(\dfrac{e_{23}}{2} + \omega_1\right)\left(\dfrac{e_{13}}{2} - \omega_2\right) + e_{11}\left(\dfrac{e_{12}}{2} - \omega_3\right) + e_{22}\left(\dfrac{e_{12}}{2} + \omega_3\right) + e_{12} \\[4mm]
\varepsilon_{13} = e_{33}\left(\dfrac{e_{13}}{2} - \omega_2\right) + e_{11}\left(\dfrac{e_{13}}{2} + \omega_2\right) + \left(\dfrac{e_{23}}{2} - \omega_1\right)\left(\dfrac{e_{12}}{2} + \omega_3\right) + e_{13} \\[4mm]
\varepsilon_{23} = e_{22}\left(\dfrac{e_{23}}{2} - \omega_1\right) + e_{33}\left(\dfrac{e_{23}}{2} + \omega_1\right) + \left(\dfrac{e_{13}}{2} + \omega_2\right)\left(\dfrac{e_{12}}{2} - \omega_3\right) + e_{23}
\end{cases}
\tag{7.3.1}
$$

其中的参数 e_{ij} 和 ω_i 可由式(7.3.2)给出,为清晰起见,此处采用了惯用的偏导数符号 $\partial/\partial x$:

$$
\begin{cases}
e_{11} := \dfrac{\partial u}{\partial x_1}{H_1} + \dfrac{v\dfrac{\partial H_1}{\partial x_2}}{H_1 H_2} + \dfrac{w\dfrac{\partial H_1}{\partial x_3}}{H_1 H_3}, \quad \omega_1 := \dfrac{\dfrac{\partial(H_3 w)}{\partial x_2} - \dfrac{\partial(H_2 v)}{\partial x_3}}{2H_2 H_3}, \quad e_{22} := \dfrac{u\dfrac{\partial H_2}{\partial x_1}}{H_1 H_2} + \dfrac{\dfrac{\partial v}{\partial x_2}}{H_2} + \dfrac{w\dfrac{\partial H_2}{\partial x_3}}{H_2 H_3} \\[5mm]
\omega_2 := \dfrac{\dfrac{\partial(H_1 u)}{\partial x_3} - \dfrac{\partial(H_3 w)}{\partial x_1}}{2H_1 H_3}, \quad e_{33} := \dfrac{u\dfrac{\partial H_3}{\partial x_1}}{H_1 H_3} + \dfrac{v\dfrac{\partial H_3}{\partial x_2}}{H_2 H_3} + \dfrac{\dfrac{\partial w}{\partial x_3}}{H_3}, \quad e_{12} := \dfrac{H_1\dfrac{\partial}{\partial x_2}\left(\dfrac{u}{H_1}\right)}{H_2} + \dfrac{H_2\dfrac{\partial}{\partial x_1}\left(\dfrac{v}{H_2}\right)}{H_1} \\[5mm]
\omega_3 := \dfrac{\dfrac{\partial(H_2 v)}{\partial x_1} - \dfrac{\partial(H_1 u)}{\partial x_2}}{2H_1 H_2}, \quad e_{13} := \dfrac{H_1\dfrac{\partial}{\partial x_3}\left(\dfrac{u}{H_1}\right)}{H_3} + \dfrac{H_3\dfrac{\partial}{\partial x_1}\left(\dfrac{w}{H_3}\right)}{H_1}, \quad e_{23} := \dfrac{H_2\dfrac{\partial}{\partial x_3}\left(\dfrac{v}{H_2}\right)}{H_3} + \dfrac{H_3\dfrac{\partial}{\partial x_2}\left(\dfrac{w}{H_3}\right)}{H_2}
\end{cases}
\tag{7.3.2}
$$

式中:u、v 和 w 分别代表 α_1、α_2 和 α_3 方向上的位移;而 H_1、H_2 和 H_3 是拉梅系数,定

234

义如下：

$$
\begin{cases}
H_1 = \sqrt{(X_{1,x_1})^2 + (X_{2,x_1})^2 + (X_{3,x_1})^2} \\
H_2 = \sqrt{(X_{1,x_2})^2 + (X_{2,x_2})^2 + (X_{3,x_2})^2} \\
H_3 = \sqrt{(X_{1,x_3})^2 + (X_{2,x_3})^2 + (X_{3,x_3})^2}
\end{cases}
\tag{7.3.3}
$$

对于任何正交坐标系来说，上面给出的式(7.3.1)~式(7.3.3)都是通用的，因此可以用于圆锥壳和圆柱壳方程这些特殊情形，不过函数 $X_1, X_2, X_3 = f(x_1, x_2, x_3)$ 必须根据圆锥壳或圆柱壳的几何特征来定义。图 7.3.3 中示出了总体坐标系统(X_1,X_2,X_3)和圆锥坐标系统(x, θ, z)。这里设定的圆锥坐标系是针对 Shadmehri[13,14] 给出的形式修改得到的，x 轴的原点位于顶端半径位置，而不再是圆锥顶点，由此很容易转化为圆柱情形($\alpha = 0$)。这一方式与 Barbero 和 Reddy[15] 针对圆柱壳给出的坐标系统是类似的。另外，Tong 和 Wang[16] 也曾给出过另一种圆锥壳坐标的设定方式。

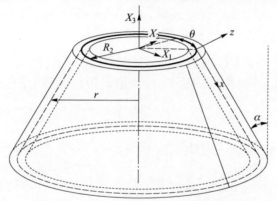

图 7.3.3　用于推导壳方程的坐标系统

(源自 S. G. P. Castro, Semi-Analytical Tools for the Analysis of Laminated Composite
Cylindrical and Conical Imperfect Shells under Various Loading and Boundary Conditions,
Clausthal University of Technology, Clausthal, Germany, 2014。)

根据图 7.3.3 可以看出，坐标变换 $X_1, X_2, X_3 = f(x_1, x_2, x_3)$ 可以表示为

$$
\begin{cases}
x_1 = x & X_1 = R(x,z)\cos\theta \\
x_2 = \theta & X_2 = R(x,z)\sin\theta \\
x_3 = z & X_3 = z\sin\alpha - x\cos\alpha \\
R(x,z) = R_2 + x\sin\alpha + z\cos\alpha
\end{cases}
\tag{7.3.4}
$$

可以定义如下应变量：

$$
\varepsilon_{xx} = \varepsilon_{11}, 2\varepsilon_{x\theta} = \varepsilon_{12}, \varepsilon_{\theta\theta} = \varepsilon_{22}, 2\varepsilon_{xz} = \varepsilon_{13}, \varepsilon_{zz} = \varepsilon_{33}, 2\varepsilon_{\theta z} = \varepsilon_{23}
\tag{7.3.5}
$$

由此不难导出圆锥壳和圆柱壳通用的非线性运动学关系,即

$$
\begin{cases}
\varepsilon_{xx} = u_x + \dfrac{NL}{2}(u_x^2 + v_x^2 + w_x^2) \\[2mm]
\varepsilon_{\theta\theta} = \dfrac{v_\theta}{R(x,z)} + \dfrac{u\sin\alpha + w\cos\alpha}{r} + \dfrac{NL}{2R(x,z)^2} \\[2mm]
\qquad \left[(-u_\theta + v\sin\alpha)^2 + (u\sin\alpha + v_\theta + w\cos\alpha)^2 + (v\cos\alpha - w_\theta)^2 \right] \\[2mm]
\varepsilon_{zz} = w_z + \dfrac{NL}{2}(u_z^2 + v_z^2 + w_z^2) \\[2mm]
\gamma_{x\theta} = 2\varepsilon_{x\theta} = v_x - \dfrac{v\sin\alpha}{R(x,z)} + \dfrac{u_\theta}{R(x,z)} + \dfrac{NL}{R(x,z)} \\[2mm]
\qquad \left[u_x(u_\theta - v\sin\alpha) + v_x(u\sin\alpha + v_\theta + w\cos\alpha) + w_x(-v\cos\alpha + w_\theta) \right] \\[2mm]
\gamma_{\theta z} = 2\varepsilon_{\theta z} = v_z - \dfrac{v\cos\alpha}{R(x,z)} + \dfrac{w_\theta}{R(x,z)} + \dfrac{NL}{R(x,z)} \\[2mm]
\qquad \left[u_z(u_\theta - v\sin\alpha) + v_z(u\sin\alpha + v_\theta + w\cos\alpha) + w_z(-v\cos\alpha + w_\theta) \right] \\[2mm]
\gamma_{xz} = 2\varepsilon_{xz} = u_z + w_x + NL(u_x u_z + v_x v_z + w_x w_z)
\end{cases}
\tag{7.3.6}
$$

其中,$NL=1$,用于作为非线性项的标志。如果采用浅壳假设(即 $r \gg z$),那么也就可以认为整个厚度上的半径是不变的了,这一假设可以为我们的分析带来很多便利。如图 7.3.4 所示,这里将有 $r + z\cos\alpha \approx r$,进而我们就可以定义如下变量:

$$
\begin{cases}
r = R_2 + x\sin\alpha \\
R(x,z) = r + z\cos\alpha \approx r
\end{cases}
\tag{7.3.7}
$$

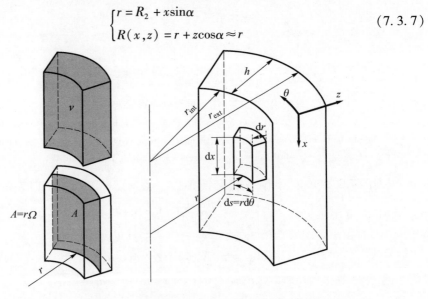

图 7.3.4　浅壳假设($r \gg h$)示意图

(源自 R. V. Southwell,On the general theory of elastic stability,Philosophical Transactions of the Royal Society A,London 213(January 1914) 187 – 244。)

利用式(7.37)给出的简化关系,式(7.3.6)就可以化简为针对圆锥壳的一组应变方程了,它们与式(7.3.6)相似,只是做了 $R(x,z) \approx r$ 这一替换。若假定 $\alpha = 0$,那么也就得到了圆柱壳的应变方程了,即

$$
\begin{cases}
r = R_1 = R_2 \\[2mm]
\varepsilon_{xx} = u_x + \dfrac{NL}{2}(u_x^2 + v_x^2 + w_x^2) \\[3mm]
\varepsilon_{\theta\theta} = \dfrac{v_\theta}{r} + \dfrac{w}{r} + \dfrac{NL}{2r^2}\left[\,(-u_\theta)^2 + (v_\theta + w)^2 + (v - w_\theta)^2\right] \\[3mm]
\varepsilon_{zz} = w_z + \dfrac{NL}{2}(u_z^2 + v_z^2 + w_z^2) \\[3mm]
\gamma_{x\theta} = 2\varepsilon_{x\theta} = v_x + \dfrac{u_\theta}{r} + \dfrac{NL}{r}\left[u_x(u_\theta) + v_x(v_\theta + w) + w_x(-v + w_\theta)\right] \\[3mm]
\gamma_{\theta z} = 2\varepsilon_{\theta z} = v_z - \dfrac{v}{r} + \dfrac{w_\theta}{r} + \dfrac{NL}{r}\left[u_z(u_\theta) + v_z(v_\theta + w) + w_z(-v + w_\theta)\right] \\[3mm]
\gamma_{xz} = 2\varepsilon_{xz} = u_z + w_x + NL(u_x u_z + v_x v_z + w_x w_z)
\end{cases}
\tag{7.3.8}
$$

应当注意的是,式(7.3.6)给出的关于圆锥壳的非线性应变位移关系和式(7.3.8)给出的关于圆柱壳的非线性应变位移关系,都是一般性的,其中包括了所有的非线性项。后面几节我们将给出等效单层(ESL)理论中这些方程的特定形式。

7.3.1.2 叠层的应变－位移方程

在大多数复合板的研究中,人们采用了如下一些方法(Reddy[3]):

(1) ESL 理论(二维):

① 经典层合板理论(CLPT);

② 层合板剪切变形理论。

(2) 三维弹性理论:

① 传统的三维弹性求解框架;

② 分层理论。

ESL 理论比较简单,计算代价也要小于三维弹性理论方法,并且能够以足够的精度给出薄的和中厚的层合板的总体响应结果,例如总变形量、临界屈曲载荷以及基本振动频率等[3]。对于厚的层合板来说,ESL 模型可能导致不太准确的分析结果,类似地,在靠近几何和材料不连续位置处或者靠近强载荷作用区域,所得到的组分层内的应变应力也是不够准确的。这些位置的应力预测往往需要具备一定的准确度,因此这些情况下一般就需要采用三维弹性理论来求解了[3]。Reddy[3]指出,在 ESL 理论中,考虑横向延展性($\varepsilon_{zz} \neq 0$)的一阶剪切变形理论(FSDT)往往比较实用一些,因为

它在准确性、经济性和简洁性这些方面实现了最好的折中。这里所讨论的是屈曲载荷(属于一种总体响应)的预测问题,因此我们将采用 ESL 理论进行分析,并将给出这一理论中的位移场近似。尽管考虑横向延展性的 FSDT 更为优越,不过下述讨论中主要是阐述半解析分析(采用不同的策略来处理分析域),因此只需较简单的 CLPT 理论就足够了。

薄壁结构物的变形特点使得我们能够采用某些假设将三维问题简化成相应的二维问题[3,15],如图 7.3.4 所示,可以在整个体域上进行积分处理,即对 x、θ 和 z 坐标进行积分,这一处理对于 ESL 理论的简化是非常有用的。下面对此做一介绍。

给定函数 $f(x,\theta,z)$,它在三维域 V 上的积分可以表示为如下形式:

$$\int_V f(x,\theta,z)\,\mathrm{d}V = \int_{r_{\mathrm{int}}}^{r_{\mathrm{ext}}} \int_\Omega f(x,\theta,z)R(x,z)\,\mathrm{d}\Omega\mathrm{d}r \qquad (7.3.9)$$

根据图 7.3.4,可以进行如下替换,即

$$\mathrm{d}\Omega = \mathrm{d}\theta\mathrm{d}z, \ \ \mathrm{d}A = r\mathrm{d}\Omega, \ \ R(x,z) = r + z, \ \ \mathrm{d}r = \mathrm{d}z \qquad (7.3.10)$$

于是式(7.3.9)这个积分就变成了:

$$\int_V f(x,\theta,z)\,\mathrm{d}V = \int_{-\frac{h}{2}}^{\frac{h}{2}} \int_A f(x,\theta,z)(r+z)\frac{\mathrm{d}A}{R(x,z)}\mathrm{d}z$$

$$= \int_{-\frac{h}{2}}^{\frac{h}{2}} \int_A f(x,\theta,z)\left(1 + \frac{z}{r}\right)\mathrm{d}A\mathrm{d}z \qquad (7.3.11)$$

引入浅壳理论假设($r \gg z$),可得

$$\left(1 + \frac{z}{r}\right) \approx 1, \ (r+z) \approx r \qquad (7.3.12)$$

从而得到

$$\int_V f(x,\theta,z)\,\mathrm{d}V = \int_{-\frac{h}{2}}^{\frac{h}{2}} \int_A f(x,\theta,z)\,\mathrm{d}A\mathrm{d}z = \int_{z=-\frac{h}{2}}^{z=\frac{h}{2}} \int_{s=0}^{s=2\pi r} \int_{x=0}^{x=L} f(x,\theta,z)\,\mathrm{d}x\mathrm{d}s\mathrm{d}z$$

$$(7.3.13)$$

或者以 θ 的形式表示,即

$$\int_V f(x,\theta,z)\,\mathrm{d}V = \int_{-\frac{h}{2}}^{\frac{h}{2}} \int_\Omega f(x,\theta,z)r\mathrm{d}\Omega\mathrm{d}z = \int_{z=-\frac{h}{2}}^{z=\frac{h}{2}} \int_{\theta=0}^{\theta=2\pi} \int_{x=0}^{x=L} f(x,\theta,z)r\mathrm{d}x\mathrm{d}\theta\mathrm{d}z$$

$$(7.3.14)$$

在 ESL 理论中,上面这个积分是很容易求解的,因为二维情况中的近似位移场可以通过厚度坐标 z 来表示,参见下面的式(7.3.15)~式(7.3.18)。对于圆锥壳和圆柱壳来说,中曲面位移 u_0、v_0 和 w_0 都是 x、θ 以及时间变量 t 的函数。为简便起见,这里我们将 u_0、v_0 和 w_0 简写成 u、v 和 w。

238

CLPT：

$$\begin{cases} u(x,\theta,z,t) = u_0(x,\theta,t) - zw_x \\ v(x,\theta,z,t) = v_0(x,\theta,t) - z\dfrac{1}{r}w_\theta \\ w(x,\theta,z,t) = w_0(x,\theta,t) \end{cases} \qquad (7.3.15)$$

FSDT：

$$\begin{cases} u(x,\theta,z,t) = u_0(x,\theta,t) + z\varphi_x(x,\theta,t) \\ v(x,\theta,z,t) = v_0(x,\theta,t) + z\varphi_\theta(x,\theta,t) \\ w(x,\theta,z,t) = w_0(x,\theta,t) \end{cases} \qquad (7.3.16)$$

二阶剪切变形理论：

$$\begin{cases} u(x,\theta,z,t) = u_0(x,\theta,t) + z\phi_x(x,\theta,t) + z^2\psi_x(x,\theta,t) \\ v(x,\theta,z,t) = v_0(x,\theta,t) + z\phi_\theta(x,\theta,t) + z^2\psi_\theta(x,\theta,t) \\ w(x,\theta,z,t) = w_0(x,\theta,t) \end{cases} \qquad (7.3.17)$$

三阶剪切变形理论：

$$\begin{cases} u(x,\theta,z,t) = u_0(x,\theta,t) + z\varphi_x(x,\theta,t) + z^2\psi_x(x,\theta,t) + z^3\lambda_x(x,\theta,t) \\ v(x,\theta,z,t) = v_0(x,\theta,t) + z\varphi_\theta(x,\theta,t) + z^2\psi_\theta(x,\theta,t) + z^3\lambda_\theta(x,\theta,t) \\ w(x,\theta,z,t) = w_0(x,\theta,t) \end{cases} \quad (7.3.18)$$

最简单的 ESL 理论就是 CLPT，它是经典层合板理论在复合材料层合板问题中的拓展，并且满足 Kirchhoff 假设[3]：

（1）变形后横法线仍为直线；

（2）横法线不会伸长（$\varepsilon_{zz} = 0$）；

（3）变形后发生转动的横法线仍然垂直于中曲面（亦即没有横向剪切，$\gamma_{yz} = \gamma_{xz} = 0$）。

如果横法线不会伸长且保持直线（前两个假设），那么横法向位移在厚度方向上就是不变的（$w = w_0$，$\varepsilon_{zz} = 0$）[3]。第三个假设使中曲面的转动与横法向位移场得以联系起来，如式（7.3.15）和图 7.3.5 所示。在式（7.3.15）中，壳内任意点处的位移场均可通过中曲面位移 u_0、v_0 和 w_0，以及转动量 $\varphi_x = -w_x$ 和 $\varphi_\theta = -w_\theta/r$ 进行计算。

对于结构物表面尺寸远大于厚度的各向同性问题来说，利用 CLPT 进行求解通常能够获得足够的精度。不过，在分层复合材料壳结构问题中，这一方法所给出的变形量、应力和固有频率等可能出现 30% 左右的误差[15]。这种情况下可能需要借助

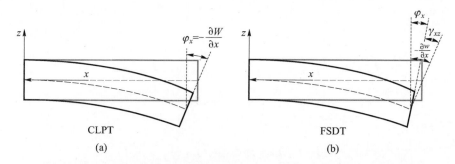

图 7.3.5 （a）CLPT 下的板壳运动学关系；（b）FSDT 下的板壳运动学关系
（源自 S. G. P. Castro，Semi-Analytical Tools for the Analysis of Laminated Composite
Cylindrical and Conical Imperfect Shells under Various Loading and Boundary Conditions，
Clausthal University of Technology，Clausthal，Germany，2014。）

那些考虑了横向剪切效应的理论了，它们放宽了第三条 Kirchhoff 假设，即修正了横法向位移场与中曲面转动之间的关系，容许横向剪切应变的存在（即 $\gamma_{yz} \neq \gamma_{xz} \neq 0$）[3]。FSDT 假定在厚度坐标上剪应变是不变的，这是对实际应变分布情况的一种粗略的近似，而实际上至少也是沿着厚度方向呈二次分布形态的[3,4]。在 CLPT 中，转动与法向位移之间的关系也会使得该模型变得比较刚硬（与其他容许非零横向剪切应变的模型相比），这就意味着对于一个给定结构物来说，采用 CLPT 得到的系统响应行为要比采用 FSDT 得到的结果显得刚性更大。关于 CLPT 和其他三种剪切变形理论中的位移场，可参见前面给出的式（7.3.15）~式（7.3.18），图 7.3.5 则例示了 CLPT 和 FSDT 中的运动学关系。

高阶剪切变形理论如式（7.3.17）和式（7.3.18）所示，所采用的高阶多项式使得位移场表达中出现了额外的未知量，一般是难以给出它们的清晰的物理解释的[3]。Reddy[17,18]曾给出了一个三阶层合板理论，其中引入了厚度方向上应变的二次变化，而底部和顶部边界面处横向剪切应变正确地变为零值。由于所得到的剪切应变能是一致的，因而该理论实际上是对剪切修正因子进行了分配。当验证 FSDT 的修正因子或有限元结果时，利用这些可进行剪切修正因子分配的模型无疑是方便的，实际上在大多数商用有限元软件中都会采用 FSDT 来构建壳单元的方程。Castro 等人[1,19]已经证明了某些情况下，剪切修正因子对于线性屈曲来说是存在着显著影响的，特别是对于薄壁壳结构。

7.3.1.3 经典层合板理论中的应变－位移关系

将 CLPT 的位移场近似式（7.3.15）用于式（7.3.6），可以得出圆锥壳和圆柱壳的应变－位移关系，参见式（7.3.19），其中已经包括了所有的非线性项。这些应变可利用式（7.3.20）给出的表示方法对应变矢量进行分离得到。

$$
\left\{
\begin{aligned}
\varepsilon_{xx}^{(0)} &= u_x + \frac{w_x^2}{2} + \delta_2 \frac{v_x^2}{2} + \delta_3 \frac{u_x^2}{2}, \\[2mm]
\varepsilon_{xx}^{(1)} &= \varphi_{x,x} + \delta_3 (u_x \varphi_{x,x} + v_x \varphi_{\theta,x}), \\[2mm]
\varepsilon_{xx}^{(2)} &= \frac{\delta_3}{2} (\varphi_{x,x}^2 + \varphi_{\theta,x}^2) \\[2mm]
\varepsilon_{\theta\theta}^{(0)} &= \frac{1}{r} (u\sin\alpha + v_\theta + w\cos\alpha) + \frac{w_\theta^2}{2r^2} + \delta_1 \frac{\cos\alpha}{r} v \left(\frac{1}{2r} \cos\alpha v - \frac{1}{r} w_\theta \right) \\[2mm]
&\quad + \delta_2 \frac{1}{2r^2} (v_\theta + \cos\alpha w)^2 + \delta_3 \frac{1}{2r^2} \left[\sin(\alpha)^2 u^2 - 2\sin\alpha v u_\theta \right. \\[2mm]
&\quad \left. + 2\sin\alpha u (\cos\alpha w + v_\theta) + u_\theta^2 \right] \\[2mm]
\varepsilon_{\theta\theta}^{(1)} &= \frac{1}{r} (\varphi_x \sin\alpha + \varphi_{\theta,\theta}) + \delta_3 \frac{1}{2r^2} \begin{bmatrix} v\varphi_\theta - \cos\alpha \varphi_\theta w_\theta + u_\theta \varphi_{x,\theta} \\ -\sin\alpha (\varphi_\theta u_\theta - \varphi_x v_\theta + v\varphi_{x,\theta}) + v_\theta \varphi_{\theta,\theta} \\ + (\sin\alpha u + \cos\alpha w)(\sin\alpha \varphi_x + \varphi_{\theta,\theta}) \end{bmatrix} \\[2mm]
\varepsilon_{\theta\theta}^{(2)} &= \delta_3 \frac{1}{2r^2} \left[(-\varphi_{x,\theta} + \varphi_\theta \sin\alpha)^2 + (\varphi_{x,\theta} + \varphi_\theta \sin\alpha)^2 + (\varphi_\theta \cos\alpha)^2 \right] \\[2mm]
\gamma_{x\theta}^{(0)} &= v_x + \frac{1}{r} (u_\theta - v\sin\alpha) + \frac{1}{r} w_x w_\theta - \delta_1 \frac{\cos\alpha}{r} v w_x + \delta_2 \frac{1}{r} v_x v_\theta \\[2mm]
&\quad + \frac{\delta_3}{r} \left[u_x (u_\theta - \sin\alpha v) + v_x (\sin\alpha u + \cos\alpha w) \right] \\[2mm]
\gamma_{x\theta}^{(1)} &= \left(\frac{\varphi_{x,\theta}}{r} + \varphi_{\theta,x} - \frac{\varphi_\theta \sin\alpha}{r} \right) + \frac{\delta_3}{r} \begin{bmatrix} -\varphi_\theta (\sin\alpha u_x + \cos\alpha w_x) + \sin\alpha \varphi_x v_x \\ + (-\sin\alpha v + u_\theta) \varphi_{x,x} + u_x \varphi_{x,\theta} \\ + (\sin\alpha u + v_\theta) \varphi_{\theta,x} + v_x \varphi_{\theta,\theta} + \cos\alpha w \varphi_{\theta,x} \end{bmatrix} \\[2mm]
\gamma_{x\theta}^{(2)} &= \frac{\delta_3}{r} \left[-\sin\alpha \varphi_\theta \varphi_{x,x} + \varphi_{x,x} \varphi_{x,\theta} + \varphi_{\theta,x} (\sin\alpha \varphi_x + \varphi_{\theta,\theta}) \right] \\[2mm]
\gamma_{\theta z}^{(0)} &= \varphi_\theta + \frac{1}{r} w_\theta - \frac{1}{r} v\cos\alpha + \frac{\delta_3}{r} \left[-\sin\alpha v \varphi_x + \varphi_x u_\theta + \varphi_\theta (\sin\alpha u + \cos\alpha w + v_\theta) \right] \\[2mm]
\gamma_{\theta z}^{(1)} &= -\frac{1}{r} \varphi_\theta \cos\alpha + \frac{\delta_3}{r} \left[\varphi_x \varphi_{x,\theta} + \varphi_\theta \varphi_{\theta,\theta} \right], \quad \gamma_{\theta z}^{(2)} = 0 \\[2mm]
\gamma_{xz}^{(0)} &= w_x + \varphi_x + \delta_3 (u_x \varphi_x + v_x \varphi_\theta) \\[2mm]
\gamma_{xz}^{(1)} &= \delta_3 (\varphi_{x,x} \varphi_x + \varphi_{\theta,x} \varphi_\theta), \quad \gamma_{xz}^{(2)} = 0
\end{aligned}
\right.
$$

$$(7.3.19)$$

$$\varepsilon = \begin{Bmatrix} \varepsilon_1 \\ \varepsilon_2 \\ \varepsilon_6 \\ \varepsilon_3 \\ \varepsilon_4 \end{Bmatrix} = \begin{Bmatrix} \varepsilon_{xx} \\ \varepsilon_{\theta\theta} \\ \gamma_{x\theta} \\ \gamma_{\theta z} \\ \gamma_{xz} \end{Bmatrix} = \begin{Bmatrix} \varepsilon_{xx}^{(0)} \\ \varepsilon_{\theta\theta}^{(0)} \\ \gamma_{x\theta}^{(0)} \\ \gamma_{\theta z}^{(0)} \\ \gamma_{xz}^{(0)} \end{Bmatrix} + z \begin{Bmatrix} \varepsilon_{xx}^{(1)} \\ \varepsilon_{\theta\theta}^{(1)} \\ \gamma_{x\theta}^{(1)} \\ \gamma_{\theta z}^{(1)} \\ \gamma_{xz}^{(1)} \end{Bmatrix} + z^2 \begin{Bmatrix} \varepsilon_{xx}^{(2)} \\ \varepsilon_{\theta\theta}^{(2)} \\ \gamma_{x\theta}^{(2)} \\ \gamma_{\theta z}^{(2)} \\ \gamma_{xz}^{(2)} \end{Bmatrix} \qquad (7.3.20)$$

如果只保留那些对典型壳结构影响最大的非线性项,那么式(7.3.19)所示的应变还可以做进一步的简化。在该式中,所有的非线性项可以划分为两类,一类是跟 Donnell[20]、Sanders[21] 以及 Timoshenko 和 Gere 给出的方程对应的非线性项,另一类是这三种非线性理论所没有包括进来的非线性项。Donnell 方程对应于 $\delta_1 = \delta_2 = \delta_3 = 0$,Sander 方程对应于 $\delta_1 = 1$ 且 $\delta_2 = \delta_3 = 0$,而 Timoshenko 和 Gere 的方程则对应于 $\delta_1 = \delta_2 = 1$ 且 $\delta_3 = 0$。当 $\delta_1 = \delta_2 = \delta_3 = 1$ 时,将对应于完整的应变–位移关系。应当指出的是,一些研究人员也得到了与式(7.3.19)相同的形式,例如 Simitses 等人[22,23],Tong 和 Wang[16],Goldfeld 等人[24],Goldfeld[25],以及 Shadmehri 等人[13]。

令 $\varphi_x = -w_x$ 和 $\varphi_\theta = -w_\theta/r$,式(7.3.19)就很容易用于 FSDT 和 CLPT。在 CLPT 情况中,保留 Donnell 和 Sander 的非线性项,那么就可以导得式(7.3.21)[1],其中已经引入了初始缺陷场(w_0),可参阅 Simitses 等人[23]、Arbocz[26]、Yeh 等人[27]、Almroth[28] 以及 Yamada 等人[29]的相关工作。在 Simitses[23]的工作中,还在那些与 Sanders 方程对应的项中引入了初始缺陷场的偏导数 $w_{0,x}$ 和 $w_{0,\theta}$。应当注意的是,在式(7.3.21)中,半径 r 是 x 的函数,从顶边到底边呈线性变化。

$$\begin{cases} \varepsilon_{xx}^{(0)} = u_x + \dfrac{1}{2} w_x^2 + w_{0,x} w_x \\[2mm] \varepsilon_{\theta\theta}^{(0)} = \dfrac{1}{r}(\sin\alpha u + v_\theta + \cos\alpha w) + \dfrac{1}{2r^2} w_\theta^2 + \dfrac{1}{r^2} w_{0,\theta} w_\theta \\[2mm] \qquad + \delta_1 \dfrac{\cos\alpha}{r} v \left(\dfrac{\cos\alpha}{2r} v - \dfrac{1}{r}(w_\theta + w_{0,\theta}) \right) \\[2mm] \gamma_{x\theta}^{(0)} = v_x + \dfrac{1}{r}(u_\theta - \sin\alpha v) + \dfrac{1}{r} w_x w_\theta + \dfrac{1}{r} w_{0,x} w_\theta + \dfrac{1}{r} w_{0,\theta} w_x - \delta_1 \dfrac{\cos\alpha}{r} v (w_x + w_{0,x}) \\[2mm] \varepsilon_{xx}^{(1)} = -w_{xx}, \quad \varepsilon_{\theta\theta}^{(1)} = -\dfrac{1}{r}\left(\sin\alpha w_x + \dfrac{1}{r} w_{\theta\theta} \right) + \delta_1 \dfrac{\cos\alpha}{r^2} v_\theta \\[2mm] \gamma_{x\theta}^{(1)} = -\dfrac{1}{r}\left(2w_{x\theta} - \dfrac{\sin\alpha}{r} w_\theta \right) + \delta_1 \dfrac{\cos\alpha}{r}\left(v_x - \dfrac{\sin\alpha}{r} v \right) \end{cases}$$

$$(7.3.21)$$

式(7.3.21)对于圆锥壳和圆柱壳都是适用的。如果令 $\alpha = 0$,并定义坐标 $y = r\theta$,那么就可以得到

$$\begin{cases} \varepsilon_{xx}^{(0)} = u_x + \dfrac{1}{2}w_x^2 + w_{0,x}w_x \\[2mm] \varepsilon_{yy}^{(0)} = v_y + \dfrac{w}{r} + \dfrac{1}{2}w_y^2 + w_{0,y}w_y + \delta_1\,\dfrac{1}{r}v\!\left(\dfrac{1}{2r}v - (w_y + w_{0,y})\right) \\[2mm] \gamma_{xy}^{(0)} = v_x + u_y + w_x w_y + w_{0,x}w_y + w_x w_{0,y} - \delta_1\,\dfrac{1}{r}v(w_x + w_{0,x}) \\[2mm] \varepsilon_{xx}^{(1)} = -w_{xx},\ \varepsilon_{yy}^{(1)} = -w_{yy} + \delta_1\,\dfrac{1}{r}v_y,\ \gamma_{xy}^{(1)} = -2w_{xy} + \delta_1\,\dfrac{1}{r}v_x \end{cases} \tag{7.3.22}$$

式(5.3.22)适用于柱状曲面板的分析,其中的半径 r 为常数。

如果令 $\alpha = \pi/2$,那么可以得到

$$\begin{cases} \varepsilon_{xx}^{(0)} = u_x + \dfrac{1}{2}w_x^2 + w_{0,x}w_x \\[2mm] \varepsilon_{\theta\theta}^{(0)} = \dfrac{1}{r}(u + v_\theta) + \dfrac{1}{2r^2}w_\theta^2 + \dfrac{1}{r^2}w_{0,\theta}w_\theta \\[2mm] \gamma_{x\theta}^{(0)} = v_x + \dfrac{1}{r}(u_\theta - v) + \dfrac{1}{r}w_x w_\theta + \dfrac{1}{r}w_{0,x}w_\theta + \dfrac{1}{r}w_{0,\theta}w_x \\[2mm] \varepsilon_{xx}^{(1)} = -w_{xx},\ \varepsilon_{\theta\theta}^{(1)} = -\dfrac{1}{r}\left(w_x + \dfrac{1}{r}w_{\theta\theta}\right), \\[2mm] \gamma_{x\theta}^{(1)} = -\dfrac{1}{r}\left(2w_{x\theta} - \dfrac{1}{r}w_\theta\right) \end{cases} \tag{7.3.23}$$

这一结果适用于圆平板,其中不带 Sander 非线性项了。需要注意的是,式(7.3.23)中的半径参数是沿着 x 坐标线性变化的。

7.3.2　一般非线性描述

系统的总势能一般可以表示为如下形式:

$$\Pi = U + V \tag{7.3.24}$$

式中:U 代表的是内部势能而 V 代表了外部势能。

总势能取驻值的条件为[3,8]

$$\delta\Pi = \delta U + \delta V = 0 \tag{7.3.25}$$

在增量非线性分析中,每一步迭代过程内式(7.3.25)通常是不会满足的,这是因为内力和外力之间存在着不平衡,这种差异可以通过一个残值力矢量 $\boldsymbol{R}$ 来描述,即

$$\delta\Pi = \delta U + \delta V = \delta\boldsymbol{c}^{\mathrm{T}}\boldsymbol{R} \tag{7.3.26}$$

式(7.3.26)中的 $\delta\boldsymbol{c}$ 是矢量变分,该矢量由位移场近似式中的未知 Ritz 常数组成。

对于第$(k-1)$次迭代过程,残值力矢量可定义为

$$\boldsymbol{R}^{(k-1)} = \boldsymbol{F}_{\text{int}}^{(k-1)} - (\boldsymbol{F}_{\text{ext}_0} + \lambda^{(k-1)} \boldsymbol{F}_{\text{ext}_\lambda}) \tag{7.3.27}$$

式中:λ 是一个标量载荷因子,用于考虑外力矢量的可变部分;而矢量 $\boldsymbol{F}_{\text{ext}_0}$ 则包含了与载荷因子无关的外力部分;$\boldsymbol{F}_{\text{int}}$ 代表的是内力矢量。对于载荷控制型迭代方法,例如属于牛顿 – 拉弗森迭代类型的那些方法,这里的因子 λ 可设定为常数,即 $\lambda^{(k-1)} = \lambda$(对于给定的载荷增量),而当利用 Riks 弧长法时,这个因子将是变化的[30,31]。

当 $\boldsymbol{R} \rightarrow \{0\}$ 时,将达到平衡状态。不妨设在第 k 次迭代中达到了平衡状态,那么可以在 $\boldsymbol{R}^{(k-1)}$ 处进行泰勒展开来寻求 $\boldsymbol{R}^{(k)}$(以 $\boldsymbol{R}^{(k-1)}$ 的形式),即

$$\boldsymbol{R}^{(k)} = \boldsymbol{R}^{(k-1)} + \frac{\partial \boldsymbol{R}}{\partial \boldsymbol{c}}\bigg|_{(k-1)} \delta \boldsymbol{c}^{(k)} + O(2) = \{0\} \tag{7.3.28}$$

忽略二阶以上的高阶项,那么式(7.3.28)将变成

$$\boldsymbol{R}^{(k)} = \boldsymbol{R}^{(k-1)} + \delta \boldsymbol{R}^{(k)} = \{0\} \tag{7.3.29}$$

在式(7.3.28)中,$\dfrac{\partial \boldsymbol{R}}{\partial \boldsymbol{c}}\bigg|_{(k-1)}$ 对应于第 $k-1$ 次迭代中的结构的切向刚度矩阵 $\boldsymbol{K}_{\text{T}}$,于是,有

$$\boldsymbol{K}_{\text{T}}^{(k-1)} = \frac{\partial \boldsymbol{R}}{\partial \boldsymbol{c}}\bigg|_{(k-1)} \Rightarrow \delta \boldsymbol{R}^{(k)} = \boldsymbol{K}_{\text{T}}^{(k-1)} \partial \boldsymbol{c} \tag{7.3.30}$$

将式(7.3.30)代入式(7.3.29),可得

$$\boldsymbol{R}^{(k)} = \boldsymbol{R}^{(k-1)} + \boldsymbol{K}_{\text{T}}^{(k-1)} \delta \boldsymbol{c}^{(k)} = \{0\} \tag{7.3.31}$$

由此可解出:

$$\delta \boldsymbol{c}^{(k)} = -\boldsymbol{K}_{\text{T}}^{(k-1)^{-1}} \boldsymbol{R}^{(k-1)} \tag{7.3.32}$$

进一步也就可以对 Ritz 常数进行更新,即

$$\boldsymbol{c}^{(k)} = \boldsymbol{c}^{(k-1)} + \delta \boldsymbol{c}^{(k)} \tag{7.3.33}$$

为了求解这个非线性问题,在牛顿 – 拉弗森方法的每一步迭代中都必须计算切向刚度矩阵 $\boldsymbol{K}_{\text{T}}$ 和残值力矢量 $\boldsymbol{R}$,并且还应对 Ritz 常数矢量进行更新 $\boldsymbol{c}^{(k)}$,直到最终达到收敛条件[1]。在另一种非线性算法(后面几节将进行讨论)中,不必在每一步迭代中都进行 $\boldsymbol{K}_{\text{T}}$ 的计算,从而能够减小计算代价。根据式(7.3.26)给出的 $\boldsymbol{R}$ 的定义,可以看出能量泛函一定是已知的了。对于一般的三维系统来说,内能可以通过如下积分来表示:

$$U = \frac{1}{2} \int_V \boldsymbol{\sigma}^{\text{T}} \boldsymbol{\varepsilon} \mathrm{d}V \tag{7.3.34}$$

其变分则为

$$\delta U = \frac{1}{2} \int_V (\boldsymbol{\sigma}^{\text{T}} \delta \boldsymbol{\varepsilon} + \delta \boldsymbol{\sigma}^{\text{T}} \boldsymbol{\varepsilon}) \mathrm{d}V \tag{7.3.35}$$

利用对称的本构关系矩阵 $C^{[3]}$ (即 $\boldsymbol{\sigma} = \boldsymbol{C\varepsilon}$),可以将应力矢量 $\boldsymbol{\sigma}$ 以应变矢量的形式来表达,于是上式将变成:

$$\delta U = \frac{1}{2} \int_V (\boldsymbol{\varepsilon}^{\mathrm{T}} \boldsymbol{C} \delta \boldsymbol{\varepsilon} + \delta \boldsymbol{\varepsilon}^{\mathrm{T}} \boldsymbol{C} \boldsymbol{\varepsilon}) \mathrm{d}V = \int_V \delta \boldsymbol{\varepsilon}^{\mathrm{T}} \boldsymbol{C} \boldsymbol{\varepsilon} \mathrm{d}V = \int_V \delta \boldsymbol{\varepsilon}^{\mathrm{T}} \boldsymbol{\sigma} \mathrm{d}V \quad (7.3.36)$$

在 Ritz 方法中已经给出了近似的未知位移场 $\boldsymbol{u}$,可以将其表示为如下的一般形式:

$$\boldsymbol{u} = \boldsymbol{Sc} \qquad (7.3.37)$$

式中:矩阵 $\boldsymbol{S}$ 包含了近似函数中的每一项的形状,而矢量 $\boldsymbol{c}$ 则体现了每一项的幅值。

利用式(7.3.37),应变矢量就可以写成如下一般形式[32]:

$$\begin{cases} \boldsymbol{\varepsilon} = \boldsymbol{\varepsilon}_0 + \boldsymbol{\varepsilon}_{\mathrm{L}} + \boldsymbol{\varepsilon}_{\mathrm{L}_0} \\ \boldsymbol{\varepsilon}_0 = \boldsymbol{B}_0 \boldsymbol{c} \\ \boldsymbol{\varepsilon}_{\mathrm{L}} = \dfrac{1}{2} \boldsymbol{B}_{\mathrm{L}} \boldsymbol{c} \\ \boldsymbol{\varepsilon}_{\mathrm{L}_0} = \boldsymbol{B}_{\mathrm{L}_0} \boldsymbol{c} \end{cases} \qquad (7.3.38)$$

式中:$\boldsymbol{\varepsilon}_0$ 和 $\boldsymbol{\varepsilon}_{\mathrm{L}}$ 分别包含了线性和非线性应变项(由于大变形),而 $\boldsymbol{\varepsilon}_{\mathrm{L}_0}$ 则包含了由于初始缺陷场 w_0 导致的非线性应变项。类似地,矩阵 $\boldsymbol{B}_0$ 和 $\boldsymbol{B}_{\mathrm{L}}$ 分别包含了线性和非线性关系,而 $\boldsymbol{B}_{\mathrm{L}_0}$ 则包含了由于初始缺陷场 w_0 导致的非线性关系。

矩阵 $\boldsymbol{B}_0$、$\boldsymbol{B}_{\mathrm{L}}$ 和 $\boldsymbol{B}_{\mathrm{L}_0}$ 可以直接从式(7.3.21)给出的应变 – 位移关系中得到,对于采用 Donnell 方程的 CLPT 来说,$\boldsymbol{B}_0$ 应为

$$\boldsymbol{B}_0 = \begin{bmatrix} \dfrac{\partial \boldsymbol{S}^u}{\partial x} & 0 & 0 \\[2mm] \dfrac{\sin\alpha}{r} \boldsymbol{S}^u & \dfrac{1}{r} \dfrac{\partial \boldsymbol{S}^v}{\partial \theta} & \dfrac{\cos\alpha}{r} \boldsymbol{S}^w \\[2mm] \dfrac{1}{r} \dfrac{\partial \boldsymbol{S}^u}{\partial \theta} & \dfrac{\partial \boldsymbol{S}^v}{\partial x} - \dfrac{\sin\alpha}{r} \boldsymbol{S}^v & 0 \\[2mm] 0 & 0 & -\dfrac{\partial^2 \boldsymbol{S}^w}{\partial x^2} \\[2mm] 0 & 0 & -\dfrac{1}{r} \left(\sin\alpha \dfrac{\partial \boldsymbol{S}^w}{\partial x} + \dfrac{1}{r} \dfrac{\partial^2 \boldsymbol{S}^w}{\partial \theta^2} \right) \\[2mm] 0 & 0 & -\dfrac{1}{r} \left(2 \dfrac{\partial^2 \boldsymbol{S}^w}{\partial x \partial \theta} - \dfrac{\sin\alpha}{r} \dfrac{\partial \boldsymbol{S}^w}{\partial \theta} \right) \end{bmatrix} \qquad (7.3.39)$$

其中的 $\boldsymbol{S}^u$、$\boldsymbol{S}^v$ 和 $\boldsymbol{S}^w$ 分别代表的是,位移场矢量 $\boldsymbol{u}^{\mathrm{T}} = \{u, v, w\}$ 的形状函数矩阵 $\boldsymbol{S}$ 的第一行、第二行和第三行。

矩阵 $\boldsymbol{B}_{\mathrm{L}}$ 和 $\boldsymbol{B}_{\mathrm{L}_0}$ 可以方便地表示为

$$\begin{cases} \boldsymbol{B}_{\mathrm{L}} = \boldsymbol{AG} \\ \boldsymbol{B}_{\mathrm{L}_0} = \boldsymbol{A}_0\boldsymbol{G} \end{cases} \tag{7.3.40}$$

其中的矩阵 $\boldsymbol{A}$、$\boldsymbol{A}_0$ 和 $\boldsymbol{G}$ 由下式给出：

$$\begin{cases} \boldsymbol{A} = \begin{bmatrix} w_x & 0 & \dfrac{1}{r}w_\theta & 0 & 0 & 0 \\ 0 & \dfrac{1}{r}w_\theta & w_x & 0 & 0 & 0 \end{bmatrix}^{\mathrm{T}} \\ \\ \boldsymbol{A}_0 = \begin{bmatrix} w_{0,x} & 0 & \dfrac{1}{r}w_{0,\theta} & 0 & 0 & 0 \\ 0 & \dfrac{1}{r}w_{0,\theta} & w_{0,x} & 0 & 0 & 0 \end{bmatrix}^{\mathrm{T}} \end{cases} \tag{7.3.41}$$

$$\boldsymbol{G} = \begin{bmatrix} 0 & 0 & \dfrac{\partial \boldsymbol{S}^w}{\partial x} \\ 0 & 0 & \dfrac{1}{r}\dfrac{\partial \boldsymbol{S}^w}{\partial \theta} \end{bmatrix} \tag{7.3.42}$$

式(7.3.41)中的 w_x 和 w_θ 是非线性场量，必须根据前一步迭代过程计算得到，而场量 $w_{0,x}$ 和 $w_{0,\theta}$ 代表的是二维域上的缺陷场。

上面给出的矩阵 $\boldsymbol{B}_0$、$\boldsymbol{B}_{\mathrm{L}}$ 和 $\boldsymbol{B}_{\mathrm{L}_0}$ 的定义适用于圆锥壳和圆柱壳。式(7.3.38)给出的应变矢量可适用于一般的三维系统，其变分可表示为

$$\begin{cases} \delta\boldsymbol{\varepsilon} = \delta\boldsymbol{\varepsilon}_0 + \delta\boldsymbol{\varepsilon}_{\mathrm{L}} + \delta\boldsymbol{\varepsilon}_{\mathrm{L}_0} \\ \delta\boldsymbol{\varepsilon} = \overline{\boldsymbol{B}}\delta\boldsymbol{c} \end{cases} \tag{7.3.43}$$

其中

$$\overline{\boldsymbol{B}} = \boldsymbol{B}_0 + \boldsymbol{B}_{\mathrm{L}} + \boldsymbol{B}_{\mathrm{L}_0} \tag{7.3.44}$$

当只存在保守力（即不依赖于位移场）时，外力势能的变分可以表示为如下一般形式：

$$\delta V = -\delta\boldsymbol{c}^{\mathrm{T}}(\boldsymbol{F}_{\mathrm{ext}_0} + \lambda\boldsymbol{F}_{\mathrm{ext}_\lambda}) \tag{7.3.45}$$

将应变定义式(7.3.43)和式(7.3.44)代入式(7.3.26)，可以得到残值力矢量 $\boldsymbol{R}$ 的关系式如下：

$$\delta\boldsymbol{c}^{\mathrm{T}}\boldsymbol{R} = \delta U + \delta V = \delta\boldsymbol{c}^{\mathrm{T}}\int_V \overline{\boldsymbol{B}}^{\mathrm{T}}\boldsymbol{\sigma}\mathrm{d}V - \delta\boldsymbol{c}^{\mathrm{T}}(\boldsymbol{F}_{\mathrm{ext}_0} + \lambda\boldsymbol{F}_{\mathrm{ext}_\lambda}) \tag{7.3.46}$$

由式(7.3.46)不难得到 $\boldsymbol{R}$ 的表达式：

$$\boldsymbol{R} = \int_V \overline{\boldsymbol{B}}^{\mathrm{T}}\boldsymbol{\sigma}\mathrm{d}V - (\boldsymbol{F}_{\mathrm{ext}_0} + \lambda\boldsymbol{F}_{\mathrm{ext}_\lambda}) \tag{7.3.47}$$

将式(7.3.47)与式(7.3.27)进行比较,我们可以得到:

$$F_{\text{int}} = \int_V \overline{\boldsymbol{B}}^{\text{T}} \boldsymbol{\sigma} \mathrm{d}V \tag{7.3.48}$$

这与文献[31]所给出的定义是完全一致的。

切向刚度矩阵 $\boldsymbol{K}_{\text{T}}$ 可利用式(7.3.30)进行计算,其中的变分 $\delta\boldsymbol{R}$ 可根据式(7.3.47)计算,即

$$\delta\boldsymbol{R} = \boldsymbol{K}_{\text{T}}\delta\boldsymbol{c} = \delta\left(\int_V \overline{\boldsymbol{B}}^{\text{T}}\boldsymbol{\sigma}\mathrm{d}V\right) - \delta\left(\boldsymbol{F}_{\text{ext}_0} + \lambda\boldsymbol{F}_{\text{ext}_\lambda}\right) \tag{7.3.49}$$

如果只考虑保守外力,亦即不存在接触和依赖于位移场的力,例如跟随力,那么式(7.3.49)将变为

$$\boldsymbol{K}_{\text{T}}\delta\boldsymbol{c} = \delta\left(\int_V \overline{\boldsymbol{B}}^{\text{T}}\boldsymbol{\sigma}\mathrm{d}V\right) = \int_V \delta\overline{\boldsymbol{B}}^{\text{T}}\boldsymbol{\sigma}\mathrm{d}V + \int_V \overline{\boldsymbol{B}}^{\text{T}}\delta\boldsymbol{\sigma}\mathrm{d}V \tag{7.3.50}$$

式(7.3.50)中右端第一个积分可以写为(参见后文)

$$\int_V \delta\overline{\boldsymbol{B}}^{\text{T}}\boldsymbol{\sigma}\mathrm{d}V = \boldsymbol{K}_G\delta\boldsymbol{c} \tag{7.3.51}$$

式中:$\boldsymbol{K}_G$ 为几何刚度矩阵,后面会给出详细的计算过程。

式(7.3.50)右端的第二个积分可以化为

$$\begin{cases} \int_V \overline{\boldsymbol{B}}^{\text{T}}\delta\boldsymbol{\sigma}\mathrm{d}V = \int_V \overline{\boldsymbol{B}}^{\text{T}}\boldsymbol{C}\delta\boldsymbol{\varepsilon}\mathrm{d}V = \boldsymbol{K}_{\text{L}}\delta\boldsymbol{c} \\ \boldsymbol{K}_{\text{L}} = \int_V \overline{\boldsymbol{B}}^{\text{T}}\boldsymbol{C}\,\overline{\boldsymbol{B}}\mathrm{d}V \end{cases} \tag{7.3.52}$$

其中 $\boldsymbol{K}_{\text{L}}$ 的代表了本构关系矩阵(包含了大位移)。

7.3.2.1 几何刚度矩阵 $\boldsymbol{K}_G$

式(7.3.51)给出了几何刚度矩阵 $\boldsymbol{K}_G$ 的定义,适用于一般性三维实体结构。对于圆锥壳,进行二维域上的积分就是:

$$\boldsymbol{K}_G\delta\boldsymbol{c} = \int_{\theta=0}^{\theta=2\pi} \int_{x=0}^{x=L} \delta\overline{\boldsymbol{B}}^{\text{T}}\boldsymbol{N}r\mathrm{d}x\mathrm{d}\theta \tag{7.3.53}$$

根据式(7.3.44)中给出的 $\overline{\boldsymbol{B}}$ 的定义,上式中的 $\delta\overline{\boldsymbol{B}}$ 可以表示成

$$\delta\overline{\boldsymbol{B}} = \delta\boldsymbol{B}_0 + \delta\boldsymbol{B}_L + \delta\boldsymbol{B}_{L_0} \tag{7.3.54}$$

检查式(7.3.39)和式(7.3.40)中 $\boldsymbol{B}_0$、$\boldsymbol{B}_L$ 和 $\boldsymbol{B}_{L_0}$ 所包含的元素之后,可以发现对于任何类型的非线性壳理论都有

$$\delta\overline{\boldsymbol{B}} = \delta\boldsymbol{B}_L = \delta\boldsymbol{A}\boldsymbol{G} \tag{7.3.55}$$

将式(7.3.55)代入式(7.3.53),并利用式(7.3.41)给出的 Donnell 方程加以展

开,可以得到

$$\boldsymbol{K}_G\delta\boldsymbol{c} = \int_{\theta=0}^{\theta=2\pi}\int_{x=0}^{x=L}\boldsymbol{G}^{\mathrm{T}}\begin{bmatrix}\delta w_x N_{xx} + \dfrac{1}{r}\delta w_\theta N_{x\theta} \\[2mm] \dfrac{1}{r}\delta w_\theta N_{\theta\theta} + \delta w_x N_{x\theta}\end{bmatrix}r\mathrm{d}x\mathrm{d}\theta \qquad (7.3.56)$$

注意到在利用近似位移场时有 $w = \boldsymbol{S}^w\boldsymbol{c}$,因此式(7.3.56)可以转化为

$$\begin{cases}\boldsymbol{K}_G\delta\boldsymbol{c} = \int_{\theta=0}^{\theta=2\pi}\int_{x=0}^{x=L}\boldsymbol{G}^{\mathrm{T}}\boldsymbol{N}_{K_G}\begin{bmatrix}\partial\boldsymbol{S}^w/\partial x \\[2mm] \dfrac{1}{r}\partial\boldsymbol{S}^w/\partial\theta\end{bmatrix}r\mathrm{d}x\mathrm{d}\theta\delta\boldsymbol{c} \\[8mm] \boldsymbol{N}_{K_G} = \begin{bmatrix}N_{xx} & N_{x\theta} \\[1mm] N_{x\theta} & N_{\theta\theta}\end{bmatrix}\end{cases} \qquad (7.3.57)$$

利用式(7.3.42)给出的矩阵 $\boldsymbol{G}$,则有

$$\boldsymbol{K}_G\delta\boldsymbol{c} = \left(\int_{\theta=0}^{\theta=2\pi}\int_{x=0}^{x=L}\boldsymbol{G}^{\mathrm{T}}\boldsymbol{N}_{K_G}\boldsymbol{G}r\mathrm{d}x\mathrm{d}\theta\right)\delta\boldsymbol{c}\Rightarrow\boldsymbol{K}_G = \int_{\theta=0}^{\theta=2\pi}\int_{x=0}^{x=L}\boldsymbol{G}^{\mathrm{T}}\boldsymbol{N}_{K_G}\boldsymbol{G}r\mathrm{d}x\mathrm{d}\theta$$

$$(7.3.58)$$

式(7.3.58)给出的 $\boldsymbol{K}_G$ 对于所有非线性理论都是适用的,Castro 等人[19]曾针对 Sanders 的非线性理论[1]给出了 $\boldsymbol{G}$ 和 $\boldsymbol{N}_{K_G}$。

7.3.3 非线性算法

这里我们针对前一节中所讨论过的非线性方程系统,详细阐述其迭代求解算法。本节所给出的所有算法均属于所谓的增量算法类型,其中的载荷不是一次施加完成的,而是划分为多个载荷增量。第一个载荷增量由参数 initialInc 给出,然后利用多种经验公式来调整随后的载荷增量。对于给定的载荷增量,需要进行很多次迭代过程,直到满足收敛条件或者出现发散为止。如果收敛,那么该算法将移至下一个载荷增量,而如果出现了发散,那么需要减小当前的载荷增量,随后重新启动当前载荷步。按照这一通用过程,下面几个小节将详细介绍求解载荷增量的一些不同方法,并给出相关的收敛准则和发散准则。

7.3.3.1 完全的牛顿-拉弗森方法

式(7.3.33)表明了 Ritz 常数矢量 $\boldsymbol{c}$ 是怎样在每个迭代步骤中更新的(直到收敛)。需要注意的是,在每次迭代时均需要利用切向刚度矩阵 $\boldsymbol{K}_{\mathrm{T}}$ 来计算增量 $\delta\boldsymbol{c}$(利用式(7.3.32))。在完全的牛顿-拉弗森方法中,每次迭代都需要更新 $\boldsymbol{K}_{\mathrm{T}}$,这样可以获得平方收敛效果,不过每次迭代的计算代价是较高的,因为切向刚度矩阵的计算通常都比较耗时[31]。

248

7.3.3.2 修正的牛顿－拉弗森方法

在每个载荷增量开始时计算切向刚度矩阵 K_T，然后每 n 次迭代对其更新一次，这一方法称为修正的牛顿－拉弗森方法[31]。尽管 K_T 只是在某些迭代过程中进行更新，但是内力矢量 F_{int} 却是在每一次迭代时更新的，由于 F_{int} 的数值积分要比 K_T 的数值积分计算复杂度小得多，因此这只会稍微增大一些计算代价。与完全的牛顿－拉弗森方法相比，这一方法的收敛速度要慢一些，不过每次迭代的计算代价却有了显著降低，这足以弥补额外所需的迭代次数这一不足。测试结果表明，利用修正的牛顿－拉弗森方法可以构造出快速的非线性算法，特别是与线搜索算法（参见 7.3.3.3节）联合使用时更是如此。该作者证实了，计算代价高度依赖于每两次 K_T 更新之间所包含的最大迭代次数 n。当 $n=1$ 时也就对应了完全的牛顿－拉弗森方法，当 n 值很大时，算法的收敛性将会变差，此时需要采用更小的载荷增量来处理。在该论文中，选择了 $n=6$，增量最大为 0.2，在所分析的各种情况中都获得了良好的收敛性。

7.3.3.3 线搜索算法

之所以采用线搜索算法，主要目的是为了防止在迭代过程中出现发散，从而增强非线性算法的健壮性[30]。如同前一小节所提及的，两次 K_T 更新之间的迭代次数如果很大，那么收敛性就会变差，不过该研究者证实了这一不利影响可以通过引入线搜索来抑制。

线搜索技术是大多数无约束优化问题中相关数值分析方法的一个重要特征，它可以用于很多迭代求解过程[31]。对于此处所讨论的非线性问题，我们来考虑 Ritz 常数矢量的更新过程，这是基于式（7.3.33）进行的，可以将其写为

$$c^{(k)} = c^{(k-1)} + \eta \delta c^{(k)} \qquad (7.3.59)$$

式中：η 是一个标量，如果不希望引入线搜索，那么应设定为 1；而当采用线搜索时，那么 η 就变成了一个参量，需要根据总势能泛函 Π 的最小化来确定。若假定在迭代过程中，Π 只是 η 的函数，则有

$$\Pi(\eta + \delta\eta) = \Pi(\eta) + \frac{\partial\Pi}{\partial\eta}\delta\eta + \cdots = \Pi(\eta) + \frac{\partial\Pi}{\partial c}\frac{\partial c}{\partial \eta}\delta\eta + \cdots$$
$$= \Pi(\eta) + R(\eta)^T \delta c \delta\eta + \cdots \qquad (7.3.60)$$

进一步求驻值可得

$$f(\eta) = \frac{\partial\Pi}{\partial\eta} = \delta c^T R(\eta) = 0 \qquad (7.3.61)$$

需要注意的是，在式（7.3.60）和式（7.3.61）中，已经将残值力矢量 R 表示成 η

的函数了,这是正确的,因为内力矢量 $\boldsymbol{F}_{\text{int}}$ 是利用更新后的 c(利用式(7.3.59))计算的。式(7.3.61)是非线性的,可以借助下面的式(7.3.62)所给出的迭代过程来求解,这一过程是 Crisfield[31] 给出的,随后还应进行线性插值,以计算出能够使得 $f(\eta)$ 为零的 $\eta^{(i)}$ 值。

$$\eta^{(i)} = (\eta^{(i-1)} - \eta^{(i-2)}) \left(\frac{-f(\eta^{(i-2)})}{f(\eta^{(i-1)}) - f(\eta^{(i-2)})} \right) \qquad (7.3.62)$$

在这里所考察的实现过程(文献[33])中,迭代起始值选择的是 $\eta^{(0)} = 0$ 和 $\eta^{(1)} = 1$,而终止条件为

$$\text{abs}(\eta^{(i)} - \eta^{(i-1)}) < 0.01 \qquad (7.3.63)$$

由此得到了令人满意的结果。

7.3.3.4　收敛准则和其他非线性参数

在这里所考察的实现过程中,所有的收敛准则和发散准则都是在第三次以后的迭代过程中应用的,也就是 $k > 2$,这意味着至少应进行三次迭代。所选择的收敛准则如下:

$$R_{\text{max}}^{(k)} = \max(\,|\boldsymbol{R}^{(k)}|\,) \leqslant 0.001N \qquad (7.3.64)$$

其中的 $\boldsymbol{R}^{(k)}$ 是第 k 次迭代中计算出的残值力矢量。所选择的发散准则为

$$R_{\text{max}}^{(k)} > R_{\text{max}}^{(k-1)} \qquad (7.3.65)$$

式(7.3.65)意味着,当本次迭代的最大残值比前一次迭代的残值大时,我们就需要采用更小一些的增量来重新启动当前载荷步。增量下限值用参数 minInc 来表示,当增量减小后低于该参数时分析过程将终止。算法中设置了最大迭代次数(maxNumIter)为 30,如果 $k >$ maxNumIter,那么当前载荷步将以一个更小的增量重新启动。此外,为避免这一非线性分析中出现收敛过慢的情形,还引入了另一个判定准则,即慢收敛准则:

$$\frac{|R_{\text{max}}^{(k-1)} - R_{\text{max}}^{(k)}|}{R_{\text{max}}^{(k-1)}} < 0.05 \qquad (7.3.66)$$

这样的话,当最大残值力下降量少于 5% 时,算法中将采用一个更小一些的增量来重新启动载荷步。

7.3.4　线性屈曲描述

线性屈曲行为可以借助中性平衡条件[14,34]进行分析计算,即

$$\delta^2 \varPi = \delta(\delta U + \delta V) = 0 \qquad (7.3.67)$$

利用式(7.3.36)给出的δU和式(7.3.45)给出的δV,式(7.3.67)可化为

$$\delta\left(\delta\boldsymbol{c}^{\mathrm{T}}\int_V \overline{\boldsymbol{B}}^{\mathrm{T}}\boldsymbol{\sigma}\mathrm{d}V\right) - \delta(\delta\boldsymbol{c}^{\mathrm{T}}(\boldsymbol{F}_{\mathrm{ext}_0} + \lambda\boldsymbol{F}_{\mathrm{ext}_\lambda})) = 0 \qquad (7.3.68)$$

当只存在保守力时,则有

$$\delta\boldsymbol{c}^{\mathrm{T}}\left(\int_V \delta\overline{\boldsymbol{B}}^{\mathrm{T}}\boldsymbol{\sigma}\mathrm{d}V + \int_V \overline{\boldsymbol{B}}^{\mathrm{T}}\delta\boldsymbol{\sigma}\mathrm{d}V\right) = 0 \qquad (7.3.69)$$

式(7.3.69)中的积分项类似于式(7.3.50),它们的解是已知的了,由此即可导出

$$\delta\boldsymbol{c}^{\mathrm{T}}(\boldsymbol{K}_G + \boldsymbol{K}_L)\delta\boldsymbol{c} = 0 \qquad (7.3.70)$$

由于式(7.3.70)对于任意变分$\delta\boldsymbol{c}$都是成立的,因此在屈曲点处就有

$$\det(\boldsymbol{K}_G + \boldsymbol{K}_L) = 0 \qquad (7.3.71)$$

通过考察矩阵$\boldsymbol{K}_L$中的各个元素可以看出,只有正值才是可能的,因此该矩阵是正定的。另面,当存在压应力时,$\boldsymbol{K}_G$可能包含负元素。这里我们通过引入一个待定的载荷因子来对所有应力做线性调整,于是式(7.3.71)就可以表述为一个广义特征值问题[35],即

$$\boldsymbol{K}_L\boldsymbol{\Phi} = -\lambda\boldsymbol{K}_G\boldsymbol{\Phi} \qquad (7.3.72)$$

式中:$\boldsymbol{\Phi}$是与特征值λ对应的特征矢量。由于$\boldsymbol{K}_L$不是奇异矩阵,因此这个特征值问题也可以表示成标准形式[35],即

$$\boldsymbol{K}_L^{-1}\boldsymbol{K}_G\boldsymbol{\Phi} = \frac{1}{-\lambda}\boldsymbol{I}\boldsymbol{\Phi} \qquad (7.3.73)$$

其中的$\boldsymbol{I}$为单位阵。

利用式(7.3.73),结合 SciPy[36,37]的稀疏矩阵求解器,我们就能够高效地计算出所期望的特征值与特征矢量了。文献[33]指出,通过一些数值调整还可以显著加速这一求解过程,在所给出的实现方法中,对式(7.3.73)右端的符号做了改变,将特征值的初始猜测值设定为1,然后再修正所得到的特征值的符号,这一调整获得了更快的收敛速度。Castro 等人[1,19]也曾考察过式(7.3.73),给出了分解与重构的方法,并针对多种组合载荷情况进行了线性屈曲计算。

7.3.5 采用单域近似函数的半解析方法

7.3.5.1 不同边界条件的实现

通过对 Som 和 Deb[38]所给出的方法(针对的是各向同性圆柱壳)进行拓展,我们可以将各种不同边界条件加入问题描述中。在图 7.3.6 中,已经对底边和顶边上的罚刚度分布做了原理示意。

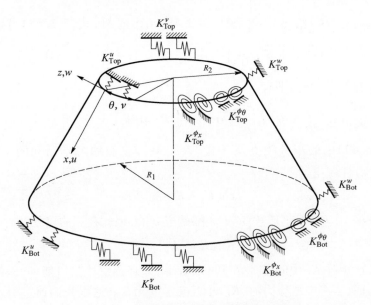

图 7.3.6　利用罚刚度实现不同的边界条件

与弹性约束相关的应变能可以表示为

$$U_e = \frac{1}{2}\oint (K_{u_{\text{Bot}}}u^2\big|_{x=L} + K_{v_{\text{Bot}}}v^2\big|_{x=L} + K_{w_{\text{Bot}}}w^2\big|_{x=L} + K_{\varphi_{x_{\text{Bot}}}}\varphi_x^2\big|_{x=L} + K_{\varphi_{\theta_{\text{Bot}}}}\varphi_\theta^2\big|_{x=L})R_1\mathrm{d}\theta$$

$$+ \frac{1}{2}\oint (K_{u_{\text{Top}}}u^2\big|_{x=0} + K_{v_{\text{Top}}}v^2\big|_{x=0} + K_{w_{\text{Top}}}w^2\big|_{x=0} + K_{\varphi_{x_{\text{Top}}}}\varphi_x^2\big|_{x=0} + K_{\varphi_{\theta_{\text{Top}}}}\varphi_\theta^2\big|_{x=0})R_2\mathrm{d}\theta$$

$$(7.3.74)$$

以矩阵形式表示，一阶变分可写为

$$\begin{cases} \delta U_e = \boldsymbol{c}^{\mathrm{T}}\boldsymbol{K}_e\delta\boldsymbol{c} \\ \boldsymbol{K}_e = \oint (R_1\boldsymbol{S}\big|_{x=L}^{\mathrm{T}}\boldsymbol{K}_{\text{Bot}}\boldsymbol{A}\big|_{x=L} + R_2\boldsymbol{S}\big|_{x=0}^{\mathrm{T}}\boldsymbol{K}_{\text{Top}}\boldsymbol{S}\big|_{x=0})\mathrm{d}\theta \end{cases} \tag{7.3.75}$$

其中：

$$\boldsymbol{K}_{\text{Bot}} = \begin{bmatrix} K_{\text{Bot}}^u & & & & \\ & K_{\text{Bot}}^v & & 0 & \\ & & K_{\text{Bot}}^w & & \\ & 0 & & K_{\text{Bot}}^{\varphi_x} & \\ & & & & K_{\text{Bot}}^{\varphi_\theta} \end{bmatrix}, \boldsymbol{K}_{\text{Top}} = \begin{bmatrix} K_{\text{Top}}^u & & & & \\ & K_{\text{Top}}^v & & 0 & \\ & & K_{\text{Top}}^w & & \\ & 0 & & K_{\text{Top}}^{\varphi_x} & \\ & & & & K_{\text{Top}}^{\varphi_\theta} \end{bmatrix}$$

$$(7.3.76)$$

在后面的讨论中，为方便起见，当考察底边和顶边时，将略去上式所包含的各个弹性刚度项的下标"Bot"和"Top",即表示为 K^u、K^v、$\cdots$、K^{φ_θ}。将 $\boldsymbol{K}_{\text{Bot}}$ 和 $\boldsymbol{K}_{\text{Top}}$ 这些惩罚约束的贡献引入本构刚度矩阵 $\boldsymbol{K}_L$,那么考虑弹性边界条件的新线性刚度矩阵就变成了

$$\boldsymbol{K}_{L_e} = \boldsymbol{K}_L + \boldsymbol{K}_e \qquad (7.3.77)$$

根据定义可知,式(7.3.75)所包含的 CLPT 中的矩阵 $\boldsymbol{S}$ 只有三行,即

$$\boldsymbol{S}^{\text{T}} = \begin{bmatrix} \boldsymbol{S}^u & \boldsymbol{S}^v & \boldsymbol{S}^w \end{bmatrix} \qquad (7.3.78)$$

于是可以计算出转角 φ_x 和 φ_θ,并将其作为附加行包括进来,也即

$$\boldsymbol{S}^{\varphi_x} = -\frac{\partial \boldsymbol{S}^w}{\partial x}, \boldsymbol{S}^{\varphi_\theta} = -\frac{1}{r}\frac{\partial \boldsymbol{S}^w}{\partial \theta}, \boldsymbol{S}_{\text{扩展}}^{\text{T}} = \begin{bmatrix} \boldsymbol{S}^u & \boldsymbol{S}^v & \boldsymbol{S}^w & \boldsymbol{S}^{\varphi_x} & \boldsymbol{S}^{\varphi_\theta} \end{bmatrix} \quad (7.3.79)$$

式(7.3.74)~式(7.3.77)对于任意弹性刚度分布都是适用的,不过这里的讨论中,我们将令这些刚度为常数,从而施加不同的惩罚效应。利用所给出的惩罚边界条件描述,并正确选择一组恰当的近似函数(对于 u,v,w,φ_x,φ_θ),我们就能够获得很多种不同边界条件,只需对每一个弹性常数设定正确的数值即可。表 7.3.1 针对四种最为常见的边界条件类型列出了对应的弹性常数值,我们将对这些典型的边界条件情况做进一步的详细分析。需要注意的是,此处的无穷值(∞)在实际实现过程中只需设定为一个非常大的数值即可(若不额外说明,则取 10^8);在简支边界和固支边界之间的任何边界情况都可以通过改变 K^{φ_x} 这个常数值来实现。此外,这里还允许在底边和顶边分别采用不同的边界条件[33]。

表 7.3.1　各种边界条件对应的弹性常数

简支边界		固支边界	
$\text{SS1}: u = v = w = 0$	$K^u = K^v = K^w = \infty$ $K^{\varphi_x} = K^{\varphi_\theta} = 0$	$\text{CC1}: u = v = w = w_x = 0$	$K^u = K^v = K^w = K^{\varphi_x} = \infty$ $K^{\varphi_\theta} = 0$
$\text{SS2}: v = w = 0$	$K^v = K^w = \infty$ $K^u = K^{\varphi_x} = K^{\varphi_\theta} = 0$	$\text{CC2}: v = w = w_x = 0$	$K^v = K^w = K^{\varphi_x} = \infty$ $K^u = K^{\varphi_\theta} = 0$
$\text{SS3}: u = w = 0$	$K^u = K^w = \infty$ $K^v = K^{\varphi_x} = K^{\varphi_\theta} = 0$	$\text{CC3}: u = w = w_x = 0$	$K^u = K^w = K^{\varphi_x} = \infty$ $K^v = K^{\varphi_\theta} = 0$
$\text{SS4}: w = 0$	$K^w = \infty$ $K^u = K^v = K^{\varphi_x} = K^{\varphi_\theta} = 0$	$\text{CC4}: w = w_x = 0$	$K^w = K^{\varphi_x} = 0$ $K^u = K^v = K^{\varphi_\theta} = 0$

7.3.5.2　近似函数

Ritz 方法的一个局限性在于,对于一个给定的问题来说,寻找合适的近似函数是一件较为困难的事情[3,8]。关于这一问题,我们需要关注一些重要的注意事项。Reddy[8] 曾针对这些近似函数必须满足的两个特性做过详尽的描述,即

（1）收敛性。当所包含的项数增大时，误差应当能够减小，直到达到所需的误差水平；

（2）完备性。近似函数必须包含实际解的最高阶次以下的所有阶项。例如，在多项式近似中，如果实际解为 $u(x) = ax^2 + bx^3 + cx^5$，那么采用一组形如 $u_{\text{upprox}_m}(x) = c_m x^{2m+1}$ $(m = 0,1,2,\cdots)$ 的项构成的近似函数就是不完备的，当增大 m 时是无法得到真实解的。

在 CLPT 中，转角是与法向位移关联起来的，这会使得寻找满足固支边界条件要求的近似函数比较困难，因为该边界对一阶导数也有要求，必须同时满足 $w = 0$ 和 $\varphi_x = 0$。对于 FSDT 来说，由于 w 和 φ_x 具有彼此独立的近似函数，因此处理边界条件时通常是比较简单的，或者说比较容易确定出合适的近似函数。此外，在将弹性约束考虑进来时，如同文献[19]所指出的，对于 CLPT 和 FSDT 来说近似函数的确定具有同等的复杂性。显然，这也表明了 FSDT 方法的一个优势所在。

Ritz 法中的近似函数是由一组基函数 S_i 组成的，它们的幅值就是 Ritz 常数 c_i。对于这些基函数来说，必须满足如下条件：

（1）应满足问题中的边界条件要求；

（2）在问题域内必须是连续的，这样才能用于变分描述；

（3）S_i 和 S_j 必须是无关的。

如图 7.3.1 所示，在该结构模型的二维域中，可以利用完备的傅里叶级数[39]去近似给定场变量，即

$$f(x,\theta,c) = \sum_{i=0}^{m}\sum_{j=0}^{n}\left[\begin{array}{l} c_{ij_a}\sin\left(i\pi\dfrac{x}{L}\right)\sin(j\theta) + c_{ij_b}\sin\left(i\pi\dfrac{x}{L}\right)\cos(j\theta) \\[2mm] + c_{ij_c}\cos\left(i\pi\dfrac{x}{L}\right)\sin(j\theta) + c_{ij_d}\cos\left(i\pi\dfrac{x}{L}\right)\cos(j\theta) \end{array}\right]$$

(7.3.80)

其中的 c_{ij} 代表 c 中包含的 Ritz 常数。应当注意，完备级数的下标必须从 0 开始。当 $j = 0$ 时，式(7.3.81)还可以简化为

$$f(x,c) = \sum_{i=0}^{m} c_{i0_b}\sin\left(i\pi\frac{x}{L}\right) + c_{i0_d}\cos\left(i\pi\frac{x}{L}\right)$$

(7.3.81)

显然，这只是 x 的函数了。根据这一认识，我们还可以将式(7.3.80)改写成如下形式：

$$\begin{aligned} f(x,\theta,c) = & \sum_{i_1=0}^{m_1}(c_{i_{1_a}}S_{i_{1_a}} + c_{i_{1_b}}S_{i_{1_b}}) \\ & + \sum_{i_2=0}^{m_2}\sum_{j_2=0}^{n_2}(c_{i_2 j_{2_a}}S_{i_2 j_{2_a}} + c_{i_2 j_{2_b}}S_{i_2 j_{2_b}} + c_{i_2 j_{2_c}}S_{i_2 j_{2_c}} + c_{i_2 j_{2_d}}S_{i_2 j_{2_d}}) \end{aligned}$$

(7.3.82)

其中：

$$\begin{cases} S_{i_{1_a}} = \sin\left(i_1\pi\dfrac{x}{L}\right), S_{i_2 j_{2_a}} = \sin\left(i_2\pi\dfrac{x}{L}\right)\sin(j_2\theta), S_{i_{1_b}} = \cos\left(i_1\pi\dfrac{x}{L}\right) \\ S_{i_2 j_{2_b}} = \sin\left(i_2\pi\dfrac{x}{L}\right)\cos(j_2\theta), S_{i_2 j_{2_c}} = \cos\left(i_2\pi\dfrac{x}{L}\right)\sin(j_2\theta), S_{i_2 j_{2_d}} = \cos\left(i_2\pi\dfrac{x}{L}\right)\cos(j_2\theta) \end{cases}$$
$$(7.3.83)$$

如果表示为矩阵形式，那么有

$$f(x,\theta,c) = S_1^f c_1^f + S_2^f c_2^f \tag{7.3.84}$$

其中的 c_1^f 和 c_2^f 分别包含了场变量 f 的 Ritz 常数，即 $c_{i_{1_a}}, c_{i_{1_b}}, \cdots$ 和 $c_{i_2 j_{2_a}}, c_{i_2 j_{2_b}}, \cdots$；矩阵 S_1^f 和 S_2^f 是对应的基函数。

式(7.3.82)和式(7.3.84)的形式要比式(7.3.80)更好一些，这是因为对于只依赖于 x 的基函数(轴对称情况)，我们可以采用不同的项数，即令 $m_1 \neq m_2$。Bürmann 等人[40]针对加筋板问题中的近似函数，也曾采用了类似的分离措施。对于此处的模型(参见图 7.3.1)来说，为了将两个非齐次边界条件(即，轴向压缩和扭转导致的轴向缩短)考虑进来，我们还需要在式(7.3.82)中引入附加的函数。这些非齐次边界条件可以通过引入第三个基函数 S_0^f 及其对应的 Ritz 常数 c_0^f 来体现，于是场变量 f 就可以近似表示为

$$f(x,\theta,c) = S_0^f c_0^f + S_1^f c_1^f + S_2^f c_2^f \tag{7.3.85}$$

从图 7.3.1 中可以看出，圆锥壳和圆柱壳需要作近似的场变量就是 CLPT 中的位移矢量 $u^{\mathrm{T}} = \{u \quad v \quad w\}$ 所包含的分量。对于每个场变量来说，式(7.3.82)中的项都必须根据边界条件来正确地选择。这里的讨论中，主要考察表 7.3.1 中所列出的那些边界条件，我们将给出与之对应的近似函数，进而也就得到了四种不同的模型。

不妨对基函数重新整理一下，目的是使我们可以在单个矩阵中将所有的场变量都纳入进来。例如，对于 CLPT 来说有

$$\begin{cases} S_0^{\mathrm{T}} = \begin{bmatrix} S_0^u & S_0^v & S_0^w \end{bmatrix} \\ S_1^{\mathrm{T}} = \begin{bmatrix} S_1^u & S_1^v & S_1^w \end{bmatrix} \\ S_2^{\mathrm{T}} = \begin{bmatrix} S_2^u & S_2^v & S_2^w \end{bmatrix} \end{cases} \tag{7.3.86}$$

利用上式给出的基函数形式，位移矢量 u 就可以表示为

$$u = \begin{Bmatrix} u \\ v \\ w \end{Bmatrix} = S_0 c_0 + S_1 c_1 + S_2 c_2 = \begin{bmatrix} S_0 & S_1 & S_2 \end{bmatrix} \begin{Bmatrix} c_0 \\ c_1 \\ c_2 \end{Bmatrix} = gc \tag{7.3.87}$$

构成矩阵 S_0 的非齐次边界条件项如式(7.3.88)所示，对于图 7.3.1 所示的模型

来说,就是在顶边施加一个轴向位移 u_{TM}。需要注意的是,矩阵 S_0 所包含的函数是允许线性压缩和线性扭转的。另外,这个 u_{TM} 不是 x 轴方向上的,而是沿着轴线方向(与圆柱壳的轴线一致)的,这也使得 u_{TM} 和所施加的轴向载荷 F_C 之间可以方便地关联起来,详细内容可参阅文献[1]。

$$c_0^T = \{u_{TM}\} S_0 = \begin{bmatrix} \dfrac{L-x}{L\cos\alpha} \\ 0 \\ 0 \end{bmatrix} \qquad (7.3.88)$$

下面的式(7.3.89)给出了矩阵 S_1 的形式,示意出了一个开始于第 q 列的子矩阵,并且也给出了 CLPT 和 FSDT 中列号的计算式。

$$\begin{cases} S_1 = \begin{bmatrix} & S_{1q}^u & & 0 & \\ \cdots & & S_{1q}^v & & \cdots \\ & 0 & & S_{1q}^w & \end{bmatrix} \\ p = 3i_1 + 1 \\ q = 3k_1 + 1 \end{cases} \qquad (7.3.89)$$

矩阵 S_1 中的基函数必须根据表 7.3.1 所列出的边界条件,并结合式(7.3.82)所给出的场变量函数来确定。在这里所考察的模型中,所有的边都受到了约束而不能延展,在 x 和 θ 方向上没有刚体运动,固支边界下的转角 φ_x 为零,而简支边界下非零。由于将要施加 7.3.5.1 节中给出的惩罚约束,因而可以采用允许转角 φ_x 非零的模型,该模型对于模拟固支边界也是适用的,只需根据表 7.3.1 正确设定相应的弹性刚度即可。由此,最终可以将 S_1 中的基函数定义为如下形式:

$$S_{1q}^u = S_{1q}^v = S_{1q}^w = S_{1q}^{\varphi_\theta} = \sin\left(k_1 \pi \frac{x}{L}\right),\ S_{1q}^{\varphi_x} = \cos\left(k_1 \pi \frac{x}{L}\right) \qquad (7.3.90)$$

应当指出的是,在式(7.3.82)中保留更多的项也是可以的,由于这里的弹性约束强制保证了所期望的边界条件,因而不会对位移预测产生负面影响。不过一般来说,我们总是希望利用尽量少的项数来给出正确预测,这样可以降低计算代价,并且可以避免弹性约束中使用较大数值时常常遇到的数值错误,例如在利用双精度方式进行分析的过程中,研究人员就发现当 $K^{u,v,w,\varphi_x,\varphi_\theta} > 10^8$ 时会出现数值不稳定现象。

矩阵 S_2 中包含的基函数情况如式(7.3.91)所示,其中示出了一个子矩阵,同时还给出了其开始列号的计算式:

$$\begin{cases} S_2 = \begin{bmatrix} & S_{2q_a}^u & S_{2q_b}^u & & & 0 & \\ \cdots & & & S_{2q_a}^v & S_{2q_b}^v & & \cdots \\ & 0 & & & & S_{2q_a}^w & S_{2q_b}^w \end{bmatrix} \\ p = 6[m_2(j_2 - 1) + i_2] + 1 \\ q = 6[m_2(l_2 - 1) + k_2] + 1 \end{cases} \qquad (7.3.91)$$

研究表明,对于所有的边界条件来说,只需要保留式(7.3.82)中两项即可获得正确的位移场描述,即 $S_{i_2 j_{2_a}}$ 和 $S_{i_2 j_{2_b}}$ 或者 $S_{i_2 j_{2_c}}$ 和 $S_{i_2 j_{2_d}}$。

我们可以将式(7.3.91)中的所有基函数写成如下形式:

$$\begin{cases} S_{2qa}^{u,v,w,\varphi_x,\varphi_\theta} = f(x)^{u,v,w,\varphi_x,\varphi_\theta} \sin(l_2\theta) \\ S_{2qb}^{u,v,w,\varphi_x,\varphi_\theta} = f(x)^{u,v,w,\varphi_x,\varphi_\theta} \cos(l_2\theta) \end{cases} \tag{7.3.92}$$

其中,对于所有边界条件而言,函数 $f(x)^w$、$f(x)^{\varphi_x}$ 和 $f(x)^{\varphi_\theta}$ 均可利用单个表达式给出,即

$$f(x)^w = \sin(b_x), f(x)^{\varphi_x} = \cos(b_x), f(x)^{\varphi_\theta} = \sin(b_x), b_x = k_2\pi\frac{x}{L} \tag{7.3.93}$$

而 $f(x)^u$ 和 $f(x)^v$ 的表达式则依赖于边界条件的类型,如表7.3.2所列。

表7.3.2 各类边界条件中 S_2 的基函数

边界条件	$f(x)^u$	$f(x)^v$
BC1	$\sin(b_x)$	$\sin(b_x)$
BC2	$\cos(b_x)$	$\sin(b_x)$
BC3	$\sin(b_x)$	$\cos(b_x)$
BC4	$\cos(b_x)$	$\cos(b_x)$

在后续几节中,我们将利用后缀 BC1、BC2、BC3 和 BC4 来对表7.3.2中的模型加以区分,并将讨论如何利用模型 BC4 和选择恰当的罚刚度常数来实现 BC3、BC2 或 BC1 边界条件。类似地,由模型 BC2 和 BC3 也可以实现 BC1[19]。

7.3.5.3 将测得的缺陷数据拟合成连续函数

7.3.2 节中所讨论的非线性方程能够考虑初始缺陷场 w_0,这种缺陷会直接影响到矢量 ε_{L_0} 中的非线性应变。Arbocz[41] 曾于1969年提出可以采用半余弦函数来表示这个缺陷场,即

$$w_0 = \sum_{j=0}^{n_0} \sum_{i=0}^{m_0} \cos\left(\frac{i\pi x}{L}\right)(A_{ij}\cos(j\theta) + B_{ij}\sin(j\theta)) \tag{7.3.94}$$

其中的 A_{ij} 和 B_{ij} 代表了每个对应的基函数的幅值。非线性运动关系式中涉及的导数 $w_{0,x}$ 和 $w_{0,\theta}$ 将分别为

$$\begin{cases} w_{0,x} = \sum_{j=0}^{n_0} \sum_{i=0}^{m_0} -\frac{i\pi}{L}\sin\left(\frac{i\pi x}{L}\right)(A_{ij}\cos(j\theta) + B_{ij}\sin(j\theta)) \\ w_{0,\theta} = \sum_{j=0}^{n_0} \sum_{i=0}^{m_0} \cos\left(\frac{i\pi x}{L}\right)j(-A_{ij}\sin(j\theta) + B_{ij}\cos(j\theta)) \end{cases} \tag{7.3.95}$$

在文献[33]所给出的实现过程中,系数 A_{ij} 和 B_{ij} 是利用 NumPy 中的最小二乘法[36]计算的,Castro 等人[1,42]也曾利用 Python/NumPy 给出了一个实现过程。在文献[33]中,与几何缺陷对应的三维点信息是利用基于先进的测距传感器(ATOS)的缺陷测试系统[43]获得的。该文中将式(7.3.94)表示成了矩阵形式,即

$$
\begin{cases}
w_0 = \boldsymbol{a}^{\mathrm{T}} \boldsymbol{c}_0 \\
\boldsymbol{a} = \{ f_{x_0} \sin(0\theta) \quad f_{x_0} \cos(0\theta) \quad f_{x_1} \sin(0\theta) \quad f_{x_1} \cos(0\theta) \quad \cdots \quad f_{x_{m_0}} \sin(0\theta) \\
\qquad f_{x_{m_0}} \cos(0\theta) \quad \cdots \quad f_{x_i} \sin(j\theta) \quad f_{x_i} \cos(j\theta) \quad \cdots \quad f_{x_{m_0}} \sin(n_0\theta) \quad f_{x_{m_0}} \cos(n_0\theta) \} \\
f_{x_i} = \cos\left(\dfrac{i\pi x}{L} \right)
\end{cases}
$$

$$(7.3.96)$$

式中:矢量 $\boldsymbol{c}_0$ 包含了系数 A_{ij} 和 B_{ij}。类似地,函数 $w_{0,x}(x,\theta)$ 和 $w_{0,\theta}(x,\theta)$ 也可以表示成矩阵形式,即

$$
w_{0,x} = \left(\frac{\partial \boldsymbol{a}}{\partial x} \right)^{\mathrm{T}} \boldsymbol{c}_0 \qquad w_{0,\theta} = \left(\frac{\partial \boldsymbol{a}}{\partial \theta} \right)^{\mathrm{T}} \boldsymbol{c}_0 \qquad (7.3.97)
$$

针对圆柱壳 Z23、Z25 和 Z26,图 7.3.7 ~ 图 7.3.9 中分别给出了测得的缺陷场情况[44](可参考表 7.3.3),以及由式(7.3.94)给出的近似缺陷场(不同的 m_0 和 n_0 值)。这些图中的等值线所采用的色标是一致的。根据这些图像,我们可以很清晰地看出随着 m_0 和 n_0 值的增大,这些近似缺陷模式是如何趋于测得的缺陷模式的。理论上说,我们可以针对给定的精度要求选择足够大的 m_0 和 n_0 值,不过实际分析中,这些值的选择会受到一定限制,原因在于,式(7.3.94)中的 A_{ij} 和 B_{ij} 是通过最小二乘法计算的,这通常需要大量的 RAM。

为获得更好的近似缺陷场精度,在给定的计算机 RAM 数量基础上,可以有两种策略来增大 m_0 和 n_0 的最大值。第一种策略建立在所考察的结构几何上,对于表7.3.3 中列出的圆柱壳 Z23、Z25 和 Z26,$2\pi R_1/H \approx 3$,在 x 上的第一个近似函数所具有的频率是在 θ 上的近似函数的一半,因此可以预见在收敛时,如果希望这两个方向上具有相似的缺陷分辨率,那么应有 $n_0 \approx 1.5 \times m_0$。根据这一关系,我们就可以在 x 方向上选择较少的项,而在 θ 上选择较多的项,这样不会导致精度上的损失。

第二种策略是在构建用于最小二乘拟合的系数矩阵时,避免采用测试点的完整样本。例如对于圆柱壳 Z23 来说,研究中给出的几何缺陷数据是一个由 341099 行组成的文本文件,每行代表一个测试点;圆柱壳 Z25 和 Z26 分别为 340357 和 331307 个测试点。如果采用双精度方式(每个元素 64 位),那么利用这些测试点所构造的系数矩阵大约将占用 $m_0 \times n_0 \times 5.4$MB 空间,这就使得最大项数受到了限制,例如取 $m_0 = 30$ 和 $n_0 = 45$ 时将对应于 6.86GB 空间。考虑到所进行的最小二乘法过程[36],这一数值还将翻倍,而在该研究中所使用的计算机只有 16GB 的 RAM。为此,研究者

258

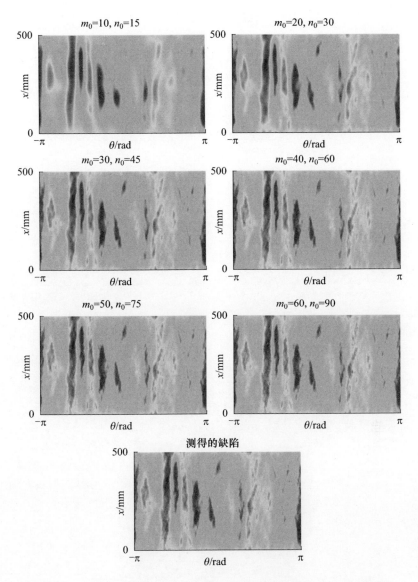

图 7.3.7　采用不同的项数来近似测得的缺陷数据:圆柱壳 Z23(见彩图)

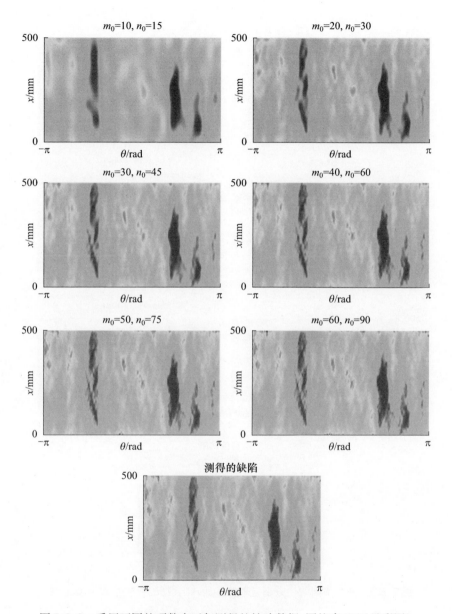

图 7.3.8　采用不同的项数来近似测得的缺陷数据：圆柱壳 Z25（见彩图）

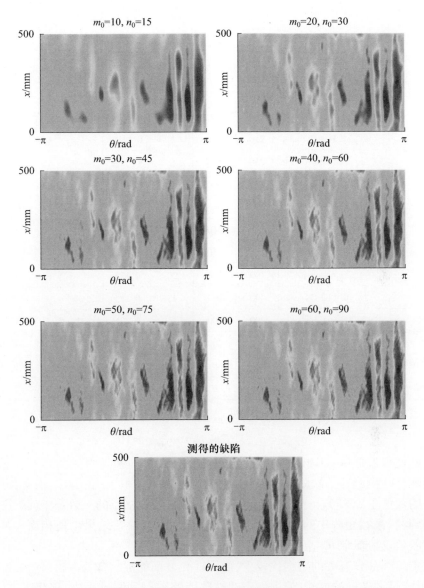

图 7.3.9　采用不同的项数来近似测得的缺陷数据:圆柱壳 Z26(见彩图)

表 7.3.3　现有文献中涉及的一些几何数据和层合数据

圆锥壳/圆柱壳名称	参考文献	材料	R_1/mm	H/mm	α/(°)	组分层厚度/mm	叠层顺序 向内 – 向外
Z07	[48]	Deg Cocomat	250	510	0	0.125	$[\pm24/\pm41]$
Z11	[46,49]	Geier 1997	250	510	0	0.125	$[\pm60/0_2/\pm68/\pm52/\pm37]$
Z12	[46,49]	Geier 1997	250	510	0	0.125	$[\pm51/\pm45/\pm37/\pm19/0_2]$
Z28	[49]	Geier 1997	250	510	0	0.125	$[\pm38/\pm68/90_2/\pm8/\pm53]$
Z23	[44]	Deg Cocomat	250	500	0	0.1195	$[\pm24/\pm41]$
Z25	[44]	Deg Cocomat	250	500	0	0.117	$[\pm24/\pm41]$
Z26	[44]	Deg Cocomat	250	500	0	0.1195	$[\pm24/\pm41]$
Z32	[47,50]	Geier 1997	250	510	0	0.125	$[\mp51/\mp45/\mp37/\mp19/0_2]$
Z33	[47,50]	Geier 1997	250	510	0	0.125	$[0_2/\pm19/\pm37/\pm45/\pm51]$
Zsym	[51]	Geier 1997	250	510	0	0.125	$[\pm45/0]_{sym}$
C01	—	Geier 1997	400	200	30	0.125	$[\pm60/-60]$
C02	[2]	Deg Cocomat	400	200	45	0.125	$[30/-30/-60/60/\overline{0}]_{sym}$
C14	—	Deg Cocomat	400	200	35	0.125	$[0/0/60/-60/45/-45]$
C26	—	Deg Cocomat	400	300	35	0.125	$[45/0/-45/-45/0/45]$
ShadC02	[13]	Shadmehri	254	H	30	0.635	$[+\gamma/-\gamma]$
ShadC04	[13]	Shadmehri	254	H	30	0.635	$[+\gamma/-\gamma/-\gamma/+\gamma]$

建议可以根据如下公式来随机选择测试点：

$$n_{points} = n_{sample}(2m_0 n_0)，n_{sample} = 10 \qquad (7.3.98)$$

据此使得近似函数中的项数达到了 $m_0 = 60$ 和 $n_0 = 90$。当然，如果发现这一近似场不能反映出测得的缺陷模式，那么在上式中就不能取 $n_{sample} = 10$，而必须设定更大一些的数值了。事实上，如果取 $n_{sample} = 1$，也即，当测试点的个数等于（最小二乘过程中用到的）系数矩阵中的行数时，研究已经证实了会导致结果出现相当大的偏差，因此一般建议应保证 $n_{sample} \geqslant 2$。

由于与圆锥壳有关的数据比较少，而圆柱壳方面的数据却要多得多，因此不难想象，如果能够定义一种方法，使圆柱壳的缺陷能够映射到圆锥壳中，那将是非常方便的。这里所给出的方法中，是将二维空间中的缺陷大小做简单的匹配，该空间中的两个坐标分别是归一化的经线位置 x/L 和周向角位置 θ。如图 7.3.10 所示，其中给出了在 $\theta = \pi$ 处打开的圆锥壳曲面，并分别带有从圆柱壳 Z23、Z25 和 Z26 映射到圆锥壳 C02 上的缺陷，这些模型的特性可参考表 7.3.3。

对于图 7.3.10 中的这些情形，如果利用不同的 m_0 和 n_0 值去近似测得缺陷，那

262

么不难预见到会出现与图 7.3.7 ~ 图 7.3.9 相同的收敛行为。在后面的 7.3.5.6 节中,我们还将进一步考察采用不同的 m_0 和 n_0 值对非线性屈曲行为的影响,并利用有限元分析结果来验证半解析模型的分析结果。

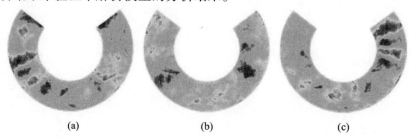

(a)   (b)   (c)

图 7.3.10 将测得的缺陷映射到圆锥壳 C02 上(见彩图)
(a)带有 Z23 缺陷的 C02;(b)带有 Z25 缺陷的 C02;(c)带有 Z26 缺陷的 C02。

7.3.5.4 不带加强筋的圆锥壳和圆柱壳的线性屈曲分析

Castro 等人[1,19]曾验证过 7.3.5.2 节所讨论的近似函数的收敛速度,并针对轴向压缩情况建议所包含的项数至少应取 $m_1 = m_2 = n_2 = 50$。本节给出的分析过程中也采用了这一近似,除非特别说明。

利用收敛的有限元模型(周向上 420 个单元,经线上 136 个单元,单元的纵横比接近 1:1),人们已经验证了线性屈曲的结果。所选择的壳单元是线性平方减缩积分型的,在 ABAQUS 中称为 S4R 单元[45]。针对表 7.3.3 中给出的圆柱壳 Z33 和圆锥壳 C02 模型,我们考察了轴向受压条件下的前 50 个屈曲模式,并进行了对比。分析中在顶边和底边处均施加了 SS1 型边界条件,所有情况中均设定了 $m_1 = m_2 = n_2 = 80$。图 7.3.11 中给出了用于轴向受压情况分析的有限元模型原理图。从直角坐标系统到半解析模型坐标系统的变换可按照下式进行:

$$\begin{cases} \theta_{\text{coord}} = \arctan(y_{\text{coord}}/x_{\text{coord}}) \\ u_{\text{cyl}} = -w_{\text{rec}}, u_{\text{cone}} = w_{\text{cyl}}\sin\alpha + u_{\text{cyl}}\cos\alpha \\ v_{\text{cyl}} = v_{\text{rec}}\cos\theta_{\text{coord}} - u_{\text{rec}}\sin\theta_{\text{coord}}, v_{\text{cone}} = v_{\text{cyl}} \\ w_{\text{cyl}} = v_{\text{rec}}\sin\theta_{\text{coord}} + u_{\text{rec}}\cos\theta_{\text{coord}}, w_{\text{cone}} = w_{\text{cyl}}\cos\alpha - u_{\text{cyl}}\sin\alpha \end{cases} \quad (7.3.99)$$

利用 ABAQUS 和 CLPT 模型,表 7.3.4 中给出了线性屈曲预测结果,针对的是轴向受压的圆柱壳 Z33 模型。半解析模型和 ABAQUS 计算得到的结果之间的百分比差异如表 7.3.5 所示,可以看出,在第 37 阶模式处产生了最大的偏差(1.8%)。图 7.3.12 将这些屈曲模式进行了对比,从中不难发现一阶屈曲模式是完全相同的,而较高阶屈曲模式可能出现互换,特别是在特征值彼此靠得很近时更是如此。

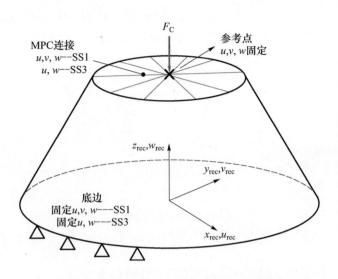

图 7.3.11　轴向受压下的线性屈曲有限元模型

表 7.3.4　轴向受压的圆柱壳 Z33 的线性屈曲（单位均为 kN）

模式	Abaqus	CLPT	模式	Abaqus	CLPT
01	192.860	194.532	17	204.686	206.745
02	192.860	194.532	18	204.686	206.745
03	192.954	194.959	19	205.569	208.826
04	192.954	194.959	20	205.569	208.826
05	195.748	197.200	21	207.015	209.402
06	195.748	197.200	22	207.015	209.402
07	196.635	199.039	23	207.821	210.169
08	196.635	199.039	24	207.821	210.169
09	198.100	200.489	25	208.086	210.452
10	198.100	200.489	26	208.086	210.452
11	199.808	201.950	27	209.122	211.083
12	199.808	201.950	28	209.122	211.083
13	200.422	202.580	29	209.689	212.733
14	200.422	202.580	30	209.689	212.733
15	201.244	203.305	31	212.495	214.531
16	201.244	203.305	32	212.495	214.531

模式	Abaqus	CLPT	模式	Abaqus	CLPT
33	213.636	216.114	42	217.062	219.694
34	213.636	216.114	43	218.305	220.642
35	214.204	216.200	44	218.305	220.642
36	214.204	216.200	45	219.216	222.367
37	214.241	218.094	46	219.216	222.367
38	214.241	218.094	47	220.115	224.053
39	215.959	219.395	48	220.115	224.053
40	215.959	219.395	49	220.609	224.166
41	217.062	219.694	50	220.609	224.166

表 7.3.5　轴向受压条件下圆柱壳 Z33 的线性屈曲:百分比差异

模式	CLPT/(%)	模式	CLPT/(%)
01	0.87	27	0.94
03	1.04	29	1.45
05	0.74	31	0.96
07	1.22	33	1.16
09	1.21	35	0.93
11	1.07	37	1.80
13	1.08	39	1.59
15	1.02	41	1.21
17	1.01	43	1.07
19	1.58	45	1.44
21	1.15	47	1.79
23	1.13	49	1.61
25	1.14	—	—

　　表 7.3.6 针对圆锥壳 C02 给出了预测结果,百分比偏差如表 7.3.7 所列,可以看出在第 41 阶模式处出现的最大偏差为 0.70% 。根据图 7.3.13 所给出的这些屈曲模式我们可以发现,第一阶屈曲模式是完全相同的,而由于特征值彼此接近,因而在较高阶模式处会出现一些互换。

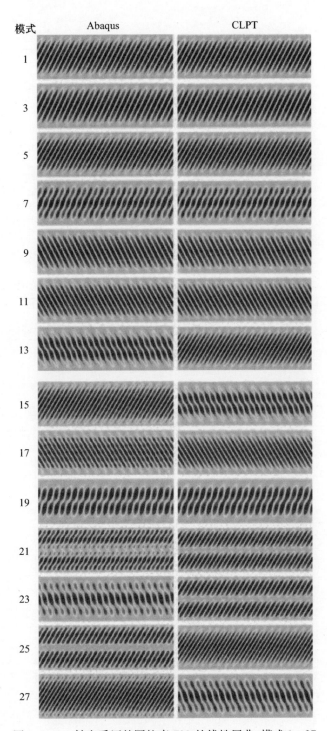

图 7.3.12　轴向受压的圆柱壳 Z33 的线性屈曲:模式 1 – 27

表 7.3.6 轴向受压的圆锥壳 C02 的线性屈曲(单位均为 kN)

模式	Abaqus	CLPT	模式	Abaqus	CLPT
01	122.626	123.285	26	128.695	129.469
02	122.626	123.285	27	130.186	130.592
03	122.676	123.311	28	130.186	130.592
04	122.676	123.311	29	130.214	130.980
05	122.871	123.541	30	130.214	130.980
06	122.871	123.541	31	131.742	132.109
07	122.972	123.669	32	131.742	132.408
08	123.064	123.669	33	131.902	132.408
09	123.064	123.800	34	132.193	132.587
10	123.805	124.375	35	132.193	132.587
11	123.805	124.375	36	132.570	132.893
12	124.259	125.067	37	132.570	132.893
13	124.836	125.432	38	133.059	133.304
14	124.836	125.432	39	133.059	133.304
15	124.901	125.622	40	133.358	134.291
16	124.901	125.622	41	133.358	134.291
17	125.953	126.730	42	134.503	134.793
18	125.953	126.730	43	134.503	134.793
19	126.346	126.833	44	135.046	135.391
20	126.346	126.833	45	135.046	135.391
21	127.273	128.045	46	135.118	136.100
22	127.273	128.045	47	135.118	136.100
23	128.126	128.562	48	136.517	136.860
24	128.126	128.562	49	136.517	136.860
25	128.695	129.469	50	136.910	137.817

表 7.3.7 轴向受压条件下圆锥壳 C02 的线性屈曲:百分比差异

模式	CLPT/(%)	模式	CLPT/(%)
01	0.54	11	0.46
03	0.52	13	0.48
05	0.55	15	0.58
07	0.57	17	0.62
09	0.60	19	0.39

模式	CLPT/(%)	模式	CLPT/(%)
21	0.61	37	0.24
23	0.34	39	0.18
25	0.60	41	0.70
27	0.31	43	0.22
29	0.59	45	0.26
31	0.28	47	0.73
33	0.38	49	0.25
35	0.30	—	—

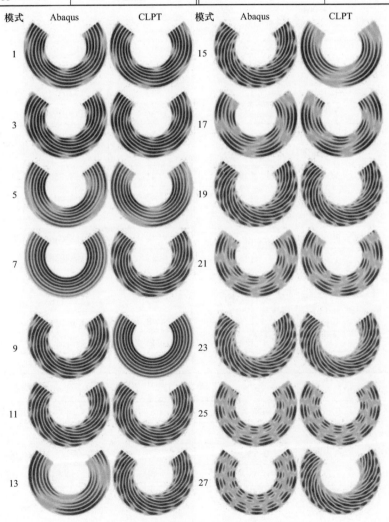

图 7.3.13　轴向受压的圆锥壳 C02 的线性屈曲:模式 1－27

Castro 等人[19]曾针对线性屈曲预测做过一项研究,将所提出的模型与其他文献中给出的模型进行了比较,结果表明很多已有模型均采用了正交各向异性分层近似,即层合刚度矩阵中的 A_{16}、A_{26}、B_{16}、B_{26}、D_{16}、D_{26} 和 A_{45} 等项均设定为零了,因此,也就难以获得扭转形式的屈曲模态(参见图 7.3.12 和图 7.3.13)。

7.3.5.5 利用单一摄动载荷法进行非线性分析

单一摄动载荷法(SPLA)已经在前面的 7.2.2.1 节中介绍过,它可以用于计算缺陷敏感的壳结构的折减因子。在 7.3.3.1 节中还进一步给出了可用于计算折减曲线的完全的牛顿-拉弗森非线性算法。这里我们将其计算结果与 Castro 等人[51]给出的结果(针对圆柱壳 Z33)、ABAQUS 计算结果(针对圆锥壳 C02)进行了比较,分别如图 7.3.14 和图 7.3.15 所示。由此不难看出,利用半解析模型是可以获得正确的缺陷敏感性的。在图 7.3.15 中,给出了利用不同的积分点集 n_x 和 n_θ 得到的收敛分析结果,可以看出,n_x 和 n_θ 对于较小缺陷具有更大的影响,并且对于 SPL > 5N 都是收敛的。这里所采用的数值积分可参考 Castro 等人[1,2,42]的工作,其中给出了更为详尽的介绍。

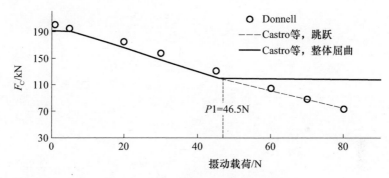

图 7.3.14 折减曲线:圆柱壳 Z33

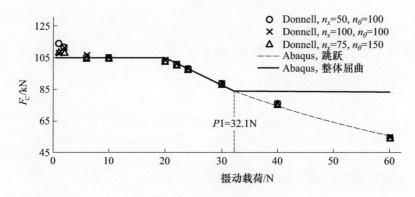

图 7.3.15 折减曲线:圆锥壳 C02

269

Castro 等人[1,2]注意到,在局部跳跃现象出现后完全的牛顿-拉弗森方法将会失效,而有限元分析中将会继续进行下去直到出现整体屈曲。关于局部跳跃和整体屈曲,读者可以参阅文献[51],其中给出了相应的解释。为了验证局部跳跃是一个极限点(切向刚度矩阵 K_T 的所有特征值在该点趋于零)还是一个分叉点(至少两个 K_T 的特征值趋于零),人们已经对式(7.3.73)做了特征值分析,以考察当非线性分析中趋于图 7.3.15 所示的临界载荷时,特征值是否趋近于1。值"1"意味着,将当前的几何刚度矩阵 K_G 乘以 $\lambda = 1$ 就可得到失稳条件,此时中性平衡条件成立,即 $\det(K_L + \lambda K_G) = 0$。这里的分析采用了三个单一摄动载荷(SPL),分别为 24N、30N 和 40N,前两个小于 P_1,第三个大于 P_1。这三种情形中的 $F_{C_{crit}}$ 值分别为 97.52kN、88.52kN 和 75.55kN。如图 7.3.16 所示,当 F_C 靠近 $F_{C_{crit}}$ 时,前四个特征值都趋近于1,所有情况中都出现了这一行为。从图 7.3.15 中我们可以认识到,对于 SPL = 24N 和 SPL = 30N 的情形,$F_{C_{crit}}$ 对应的是整体屈曲,而对于 SPL = 40N 的情形来说,$F_{C_{crit}}$ 则对应了局部跳跃。由此可以认为,局部跳跃也可理解为一个极限点,因此在超出这个极限点之后就不能借助完全的牛顿-拉弗森方法去确定整体屈曲载荷了,即图 7.3.14 和图 7.3.15 中 SPL > $P1$ 区域内的实线。

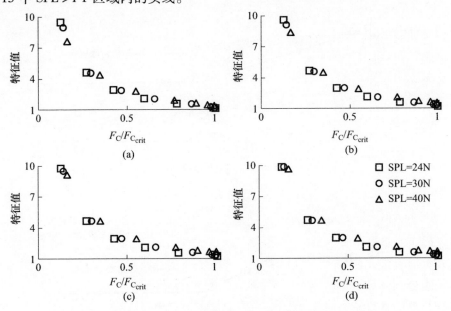

图 7.3.16　圆锥壳 C02 的特征值分析
(a)一阶特征值;(b)二阶特征值;(c)三阶特征值;(d)四阶特征值。

7.3.5.6　利用初始缺陷进行非线性分析

前面已经介绍了在式(7.3.94)给出的半余弦函数中,利用更大的 m_0 和 n_0 可以

270

更好地逼近测得的缺陷模式。本节中我们将针对轴向受压结构,讨论 m_0 和 n_0 对非线性屈曲响应的影响。对于表 7.3.3 中给出的圆柱壳模型 Z23、Z25 和 Z26, Degenhardt 等人[44]曾经测试过它们各自的几何缺陷,根据这些缺陷,图 7.3.7 ~ 图 7.3.9 给出了相应的分析结果。这些分析中所涉及的材料特性如表 7.3.8 所列。针对原始缺陷大小,还引入了 0.1 ~ 4.0 这一范围内的缩放因子,即将矢量 c_0(参见式(7.3.96))直接乘以该因子,从而可以得到一定范围内的缺陷尺寸(最高到 $2h$, h 为层厚,参见图 7.3.1)。

表 7.3.8　材料特性(模量单位为 GPa)

材料名称	参考文献	E_{11}	E_{22}	ν_{12}	G_{12}	G_{13}	G_{23}
Geier 1997	[46,47]	123.550	8.708	0.319	5.695	5.695	5.695
Deg Cocomat	[44]	142.500	8.700	0.28	5.100	5.100	5.100
Shadmehri	[13]	210.290	5.257	0.25	3.154	3.154	2.764

在采用半解析方法进行预测之后,还进行了有限元仿真验证。下面的讨论中所有的半解析结果都是利用表 7.3.2 中的模型 BC1 得到的,所有的仿真中均采用了 SS1 型边界条件。在将测得的缺陷施加到有限元模型中时,考虑了两种方法,即加权反比(IW)插值和半余弦函数(式(7.3.94)),当利用图 7.3.1 给出的圆柱坐标系输入节点坐标时,每个节点 $w_{0_{\text{node}}}$ 处的缺陷可以直接获得。在这两种方法中,初始节点位置应根据下式给出的平移量 Δx_{node}、Δy_{node} 和 Δz_{node} 来改变:

$$\begin{cases} \theta = \arctan\left(\dfrac{y_{\text{node}}}{x_{\text{node}}}\right) \\ \Delta x_{\text{node}} = SF \cdot w_{0_{\text{node}}} \cdot \cos\alpha \cdot \cos\theta \\ \Delta y_{\text{node}} = SF \cdot w_{0_{\text{node}}} \cdot \cos\alpha \cdot \sin\theta \\ \Delta z_{\text{node}} = SF \cdot w_{0_{\text{node}}} \cdot \sin\alpha \end{cases} \qquad (7.3.100)$$

式中:$w_{0_{\text{node}}}$ 为利用两种方法之一计算出的节点缺陷;α 为圆锥半顶角(图 7.3.1);x_{node} 和 y_{node} 代表的是直角坐标系(参见图 7.3.11)中的节点坐标。

在针对有限元模型中的每个节点所进行的 IW 插值算法中,需要在测试数据中选择一组(n 个)最邻近的点,用于计算该节点处的缺陷值。Castro 等人[52]给出了实现这一目的的计算式,即

$$\begin{cases} w_{0_{\text{node}}} = \left(\displaystyle\sum_i^n w_{0_i} \dfrac{1}{w_i}\right) \Big/ \displaystyle\sum_i^n \dfrac{1}{w_i} \\ w_i = \left[(x_{\text{node}} - x_i)^2 + (y_{\text{node}} - y_i)^2 + (z_{\text{node}} - z_i)^2\right]^p \end{cases} \qquad (7.3.101)$$

式中:w_i 对应于最临近点 w_i 的权值;w_{0_i} 对应于点 i 处测得的缺陷;p 为幂参数,这里选择的是 2。增大这个幂参数可以增大最临近点的相对权值。

图 7.3.17 给出的结果反映了 m_2 和 n_2 对屈曲响应的影响,其中设定了 $m_1 =$ 120。缺陷大小已经根据壳的厚度进行了归一化处理,对应于横坐标参数 ξ/h。近似场是利用 $m_0 = 20$ 和 $n_0 = 30$ 来描述的。研究发现,当采用 $m_2 = 25$ 和 $n_2 = 45$ 时计算复杂度与结果准确性之间可以获得良好的折中,因此这组参数也将用于进一步的缺陷场(由不同的 m_0 和 n_0 描述)影响分析中。

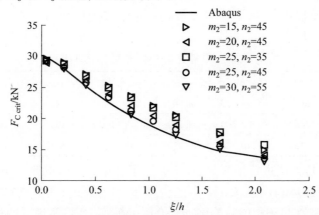

图 7.3.17 带有几何缺陷的圆柱壳 Z23:关于 m_2 和 n_2 的收敛性

表 7.3.9 中针对三种缺陷圆柱壳模型 Z23、Z25 和 Z26,采用 6 种不同的近似描述,给出了非线性屈曲载荷的模型分析结果和有限元结果。从相对误差可以看出,这些模型分析结果都达到了较高的精度,最大误差为 3.74%,平均误差为 1.43%。

表 7.3.9　根据测得的缺陷幅值计算出的缺陷圆柱壳 Z23、Z25 和 Z26 的临界轴向屈曲载荷(kN)($m_1 = 120, m_2 = 30, n_2 = 55$)

	Z23			Z25			Z26		
	Abaqus	Ritz	误差/(%)	Abaqus	Ritz	误差/(%)	Abaqus	Ritz	误差/(%)
$m_0 = 10, n_0 = 15$	28.2662	28.0928	-0.61	27.5364	27.4670	-0.25	28.4355	28.1704	-0.93
$m_0 = 20, n_0 = 30$	25.1809	25.2666	0.34	24.2768	24.8645	2.42	24.4703	24.4893	0.08
$m_0 = 30, n_0 = 45$	24.6906	25.0311	1.38	24.3387	24.9011	2.31	25.2465	25.5161	1.07
$m_0 = 40, n_0 = 60$	24.8207	25.0319	0.85	24.5905	25.1889	2.43	25.0483	25.2667	0.87
$m_0 = 50, n_0 = 75$	24.5939	24.9160	1.31	24.1308	25.0336	3.74	25.1253	25.5419	1.66
$m_0 = 60, n_0 = 90$	24.6139	24.9890	1.52	25.4377	25.2263	-0.83	24.9266	25.7106	3.15

在图 7.3.18 中给出了针对圆锥壳模型 C02 所进行的仿真分析的结果,其中利用了圆柱壳模型 Z23 和 Z25 的缺陷的映射处理(参见图 7.3.10)。近似缺陷场采用了 $m_0 = 20$ 和 $n_0 = 30$ 描述。可以看出,Ritz 法和有限元法的预测结果差异较小(直到 $\xi/h = 2$)。

272

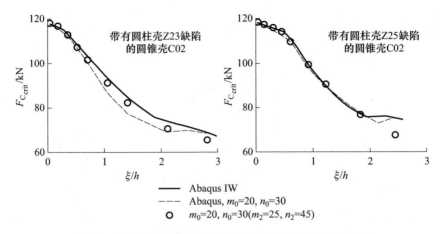

图 7.3.18　分别采用圆柱壳 Z23 和 Z25 缺陷的圆锥壳 C02

7.3.6　基于组合域的半解析方法

7.3.5 节主要阐述了针对单体圆柱壳和圆锥壳的半解析分析方法。Castro 等人[1,2,42]已经指出,对于均匀分层的线性静态分析来说,这种单域分析方法要比对应的有限元模型分析过程快两个数量级,而对于线性屈曲分析,则大约快一到两个数量级。然而,在非线性分析中,前面所给出的这种单域模型的计算效率却会显著变慢,大约要比有限元分析过程慢一到两个数量级。这主要归因于这些单域模型中所包含的数值积分,需要非常大量的积分点(每个维度几百个)才能达到令人满意的结果;不仅如此,每个积分点的分析也是相当耗时的,因为在此过程中必须计算整体域的刚度矩阵。此外,如果采用了可变的分层特性,那么线性分析也会需要这种相当耗时的数值积分。显然,这种单域模型将不再是最好的选择了。

在需要利用二维板单元来考察加筋结构时,这种单域模型也会受到较大的限制,例如加筋板和等格栅结构等情况;再如结构中存在不连续的域这种情况,往往出现在结构内存在切口或制造上的一些缺陷,比如筋板的脱离以及零件间的连接松动等。

为了解决上述的这些不足,可以将一些半解析模型组装起来进行分析。这里对此进行讨论,并将部分结果与前面给出的单域方法所得到的结果进行对比验证,同时也将比较某些非线性分析的计算代价。

7.3.6.1　不加筋圆柱壳的组装

如图 7.3.19 所示,一个封闭圆柱壳结构可以通过一组圆柱曲面板组装得到,图中同时也给出了整体坐标系。两个相邻的曲面板的相互连接可以在局部坐标系中加以体现,如图 7.3.20 所示。

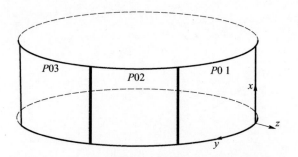

图 7.3.19 多块曲面板组装成不加筋的圆柱壳

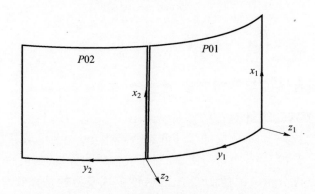

图 7.3.20 用于分析相邻面板的连接的坐标系

对于图 7.3.19 所示的组装来说,只需满足如下所示的协调性关系即可,即

$$(p_i \leftrightarrow p_j)_{ycte} \begin{cases} u = u \\ v = v \\ w = w \\ w_y = w_y \end{cases} \quad (\text{在给定的 } y \text{ 值处}) \qquad (7.3.102)$$

式中:u、v 和 w 构成了位移场;p_i 和 p_j 代表任意一组相邻的曲面板。通过施加式
(7.3.12)给出的条件就可以实现常值 y(ycte)处的正确连接,对于曲面板 p_i,$y_i = b_i$;
对于曲面板 p_j,$y_j = 0$,如图 7.3.21 所示。

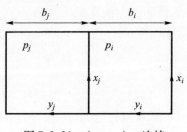

图 7.3.21 $(p_i \leftrightarrow p_j)_{ycte}$ 连接

274

7.3.6.2　带加筋板的圆柱壳的组装

在图 7.3.22 中给出了一个圆柱壳的组装,与前面不加筋圆柱壳相似,只是这里还带有一个平板作为筋板。

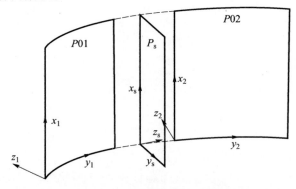

图 7.3.22　面板组装成加肋圆柱壳

对于图 7.3.22 所示的装配体来说,需要引入两个协调性关系,即

$$(p_i \leftrightarrow p_j)_{\text{ycte}} \begin{cases} u = u \\ v = v \\ w = w \\ w_y = w_y \end{cases} \quad (\text{在给定的 } y \text{ 值处}) \qquad (7.3.103)$$

$$\text{壳} \leftrightarrow \text{筋板} \begin{cases} u = u' \\ v = w' \\ w = -v' \\ w_y = w_{y'}' \end{cases} \quad (\text{在给定的 } y \text{ 值处}) \qquad (7.3.104)$$

式中:u、v 和 w 代表了圆柱壳部分的位移场;u'、v' 和 w' 代表的是筋板部分的位移场。协调关系 $(p_i \leftrightarrow p_j)_{\text{ycte}}$ 与前面不带筋板的圆柱壳情况是相同的,而协调关系(壳↔筋板)则表明了需要在圆柱壳和筋板的中曲面处进行连接,如图 7.3.23 所示。

7.3.6.3　自然坐标系中的近似函数和应变位移关系

采用这种多域组装的方式进行分析,所遇到的一个困难就是如何确定一组近似函数,使之满足每个面板边处的边界条件。Vescovini 和 Bisagni[53]曾针对帽形加筋面板给出过一个半解析模型,较好地预测了局部屈曲行为,其中利用了三角形式的近似函数,在连接位置处无位移出现,只需考虑转角的耦合。采用更加灵活的近似函数,例如此处将要讨论的勒让德多项式,我们可以将 Vescovini 和 Bisagni 所给出的建模方法推广到一般,即在相邻面板界面处允许同时存在位移和转角的耦合,这对于

275

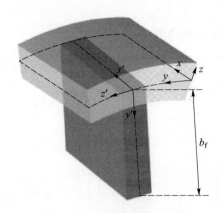

图 7.3.23　蒙皮与翼缘的连接

图 7.3.19 和图 7.3.22 所示的装配体来说也是必需的。

Rodrigues 曾推导了一个分级形式的勒让德正交多项式[54,55]，Bardell 等人[56-58] 将其应用于振动问题的处理中。在这一形式中，前四项($i=1,2,3,4$)是由 Hermite 三次多项式构成的，即

$$
\begin{cases}
s_{i=1}(\xi \text{ 或 } \eta) = \left(\dfrac{1}{2} - \dfrac{3}{4}\xi + \dfrac{1}{4}\xi_3 \right)\text{flag}_{t1} \\[2mm]
s_{i=2}(\xi \text{ 或 } \eta) = \left(\dfrac{1}{8} - \dfrac{1}{8}\xi - \dfrac{1}{8}\xi^2 + \dfrac{1}{8}\xi^3 \right)\text{flag}_{r1} \\[2mm]
s_{i=3}(\xi \text{ 或 } \eta) = \left(\dfrac{1}{2} + \dfrac{3}{4}\xi - \dfrac{1}{4}\xi^3 \right)\text{flag}_{t2} \\[2mm]
s_{i=4}(\xi \text{ 或 } \eta) = \left(-\dfrac{1}{8} - \dfrac{1}{8}\xi + \dfrac{1}{8}\xi^2 + \dfrac{1}{8}\xi^3 \right)\text{flag}_{r2}
\end{cases}
\tag{7.3.105}
$$

式(7.3.105)中的记号 flag_{t1}、flag_{r1}、flag_{t2} 和 flag_{r2} 要么为 1，要么为 0。利用这些记号，Rodrigues 的多项式中的前四项就可以用于实现每个域边界处的平动和转动设置了。记号 flag_{t1} 可用于控制边界 1($\xi = -1$)处的平动，这是因为利用 Rodrigues 的多项式时，在近似函数中这是唯一一项可实现 $s_i(\xi = -1) = 1$ 的。类似地，记号 flag_{t2} 可用于控制边界 2($\xi = +1$)处的平动。$\xi = -1$ 和 $\xi = +1$ 两处的转动则是通过记号 flag_{r1} 和 flag_{r2} 分别控制的，它们是唯一能够在每个域边界处产生非零转角 $\partial s / \partial \xi$ 的项。关于所生成的形状函数的更多细节内容，建议读者去参阅 Bardell[56] 的工作。

所有的 $i > 4$ 的项都是高阶 K 正交分级多项式，在 $\xi = -1$ 和 $\xi = +1$ 两处它们总能实现零平动($s_i = 0$)和零转动($\partial s_i / \partial \xi = 0$)，其形式可表示为

$$
s_{i>4}(\xi \text{ 或 } \eta) = \sum_{p=0}^{i/2} \frac{(-1)^p (2i-2p-7)!!}{2^p p!(i-2p-1)!}\xi^{i-2p-1}
\tag{7.3.106}
$$

其中的 $q!! = q(q-2)\cdots(2 \text{ 或 } 1)$，$0!! = (-1)!! = 1$，求和中的 $i/2$ 应做整除

运算。

Rodrigues 给出的勒让德多项式形式需要每个维度均在 -1 和 $+1$ 这一范围内改变。因此,圆柱曲面板的运动学关系必须在一个自然坐标系中推导建立,例如图 7.3.24 所给出的坐标系。对于图 7.3.19 和图 7.3.22 中所示的装配体中的每个面板,这个坐标系都是适用的。

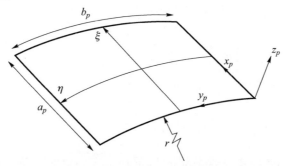

图 7.3.24　自然坐标下的曲面板

可以引入如下所示的变量转换关系:

$$
\begin{cases}
\xi = \dfrac{2x_p}{a_p} - 1 \\[2mm]
\eta = \dfrac{2y_p}{b_p} - 1
\end{cases}
\tag{7.3.107}
$$

将式(7.3.107)应用于式(7.3.22)所给出的圆柱壳的应变位移关系,且仅保留属于 Donnell 方程的那些项,那么就可以得到一组新的应变位移关系,它们是在自然坐标系中表示的,即

$$
\begin{cases}
\boldsymbol{\varepsilon}_p^{\mathrm{T}} = \{\, \varepsilon_{xx}^{(0)} \quad \varepsilon_{yy}^{(0)} \quad \gamma_{xy}^{(0)} \,\}, \boldsymbol{\kappa}_p^{\mathrm{T}} = \{\, \kappa_{xx} \quad \kappa_{yy} \quad \kappa_{xy} \,\} \\[2mm]
\varepsilon_{xx}^{(0)} = \left(\dfrac{2}{a_p}\right)u_\xi + \left(\dfrac{2}{a_p^2}\right)w_\xi^2,\ \varepsilon_{yy}^{(0)} = \left(\dfrac{2}{b_p}\right)v_\eta + \mathrm{flag_{cyl}}\dfrac{1}{r}w + \left(\dfrac{2}{b_p^2}\right)w_\eta^2 \\[3mm]
\gamma_{xy}^{(0)} = \left(\dfrac{2}{b_p}\right)u_\eta + \left(\dfrac{2}{a_p}\right)v_\xi + \left(\dfrac{4}{a_p b_p}\right)w_\xi w_\eta,\ \kappa_{xx} = -\left(\dfrac{4}{a_p^2}\right)w_{\xi\xi} \\[3mm]
\kappa_{yy} = -\left(\dfrac{4}{b_p^2}\right)w_{\eta\eta},\ \kappa_{xy} = -2\left(\dfrac{4}{a_p b_p}\right)w_{\xi\eta}
\end{cases}
\tag{7.3.108}
$$

其中,对于不带加强筋的圆柱壳以及带筋板情况中的圆柱壳部分来说 $\mathrm{flag_{cyl}} = 1$,而对于筋板(平板)来说 $\mathrm{flag_{cyl}} = 0$。

利用上面这个自然坐标系中给出的应变位移关系,我们很容易推导出 7.3.2 节所给出的所有结构矩阵。只要对装配体中所有的面板都引入相应的协调性方程,那么所有的线性和非线性问题就都可以做类似的求解了。

7.3.6.4 利用罚刚度方法施加协调性关系

针对系统的内能引入罚刚度,就可以施加式(7.3.103)和式(7.3.104)所给出的协调性要求。系统的内能可以表示为

$$
\begin{cases}
U_{p_i p_{j\text{ycle}}} = \left(\dfrac{a}{2}\right)\displaystyle\int_{\xi} k_t^{c1}\left[(u_i - u_j)^2 + (v_i - v_j)^2 + (w_i + w_j)^2 \right. \\
\qquad\qquad\quad \left. + \left(\dfrac{2}{b_{p_i}}w_{\eta_i} - \dfrac{2}{b_{p_j}}w_{\eta_j}\right)^2 k_r^{c1}/k_t^{c1}\right]\mathrm{d}\xi \\[4pt]
U_{\text{sf}} = \left(\dfrac{a}{2}\right)\displaystyle\int_{\xi} k_t^{c2}\left[(u - u')^2 + (v - w')^2 + (w + v')^2 \right. \\
\qquad\qquad \left. + \left(\dfrac{2}{b_s}w_\eta - \dfrac{2}{b_f}w'_{\eta'}\right)^2 k_r^{c2}/k_t^{c2}\right]\mathrm{d}\xi
\end{cases}
\tag{7.3.109}
$$

式中: b_s 代表的是与筋板相连的壳宽; b_f 为筋板宽度; a 为圆柱壳面板的长度,这里也就等于圆柱的长度;常数 k_t^{ci} 和 k_r^{ci} 分别代表的是平动和转动上的罚刚度。

理论上说,罚刚度 k_t^{ci} 和 k_r^{ci} 是可以任意大的。不过,这些值如果太大,往往又会带来数值稳定性问题,因此一般需要合理选择之,应使得这些值适当地高,以引入正确的惩罚作用,但又不宜过高。在当前的研究中,可以根据与面板相关的分层特性情况来计算罚刚度 k_t^{ci} 和 k_r^{ci},而不宜采用固定的较大值。

在所有这些罚刚度的计算中,可以假定薄膜力和弯矩(N_{xx} , N_{yy} , M_{xx} , M_{yy})是连续的(从一个面板到另一个面板)。对于应变的协调性,可以假定连接位置处的应变是相邻面板应变的平均值。一般来说,我们可以采用如下两种应变协调关系式:

$$
(\text{a})\quad \frac{\varepsilon_{yy}^{p_i} + \varepsilon_{yy}^{p_j}}{2} = \varepsilon_{yy}^{\text{conn}};\quad (\text{b})\quad \frac{\kappa_{yy}^{p_i} + \kappa_{yy}^{p_j}}{2} = \kappa_{yy}^{\text{conn}}
\tag{7.3.110}
$$

式(7.3.110)中的协调性关系(a)可用于计算 k_t^{c1}。对于前述的两个曲面板来说,可以假定 $\varepsilon_{yy} = N_{yy}/A_{22}$,其中的 A_{22} 源自于层合 ABD 矩阵。根据对式(7.3.109)的量纲分析可以发现, k_t^{c1} 的单位应当是 N/m²,因此连接位置处的应变就可以表示为 $\varepsilon_{yy}^{\text{conn}} = N_{yy}/(k_t^{c1}h)$,这里的 h 可取两个相邻曲面板的厚度平均值。根据上述假定,由式(7.3.110(a))就可以得到

$$
\begin{cases}
\dfrac{N_{yy}}{2A_{22}^{p_i}} + \dfrac{N_{yy}}{2A_{22}^{p_j}} = \dfrac{N_{yy}}{k_t^{c1}\left(\dfrac{h^{p_i} + h^{p_j}}{2}\right)} \\[14pt]
k_t^{c1} = \dfrac{4A_{22}^{p_i}A_{22}^{p_j}}{(A_{22}^{p_i} + A_{22}^{p_j})(h^{p_i} + h^{p_j})}
\end{cases}
\tag{7.3.111}
$$

采用类似的假定,根据式(7.3.110(b)),令 $\kappa_{yy}^{conn} = M_{yy}/(k_r^{c1}/h)$,$\kappa_{yy} = M_{yy}/D_{22}$($D_{22}$ 来自于层合 ABD 矩阵),于是可计算出 k_r^{c1}:

$$k_r^{c1} = \frac{4D_{22}^{pi}D_{22}^{pj}}{(D_{22}^{pi} + D_{22}^{pj})(h^{pi} + h^{pj})} \qquad (7.3.112)$$

最后,我们可以将 k_t^{c2} 和 k_r^{c2} 分别设定为与 k_t^{c1} 和 k_r^{c1} 相同的值,即

$$k_t^{c2} = k_t^{c1} \qquad (7.3.113)$$

$$k_r^{c2} = k_r^{c1} \qquad (7.3.114)$$

利用上面给出的常数 k_t^{ci} 和 k_r^{ci},计算表明,对于很宽范围内的输入来说都能获得数值稳定结果,测试过程中的勒让德多项式最高到 25 阶。

7.3.6.5 利用多域方法对不加筋圆柱壳作线性屈曲分析

图 7.3.25 中给出了利用多域方法进行收敛性分析的结果,针对的是圆柱壳 Z33。分析中考察了周向上具有不同数量的曲面板情形,得到了各种收敛曲线。每种情形的计算代价(耗时量)如图 7.3.26 所示,为便于比较,同时也给出了单域模型(见 7.3.5 节)的情形。不难看出,无论是单域还是多域方法,它们都能收敛到相同的结果。对于第一个特征模式,当选择 $n_{panels} = 6$ 时,那么 $m = n = 10$ 时多域方法就已经收敛了。就均匀圆柱壳和圆锥壳而言,人们已经证实了单域方法可高效地实现线

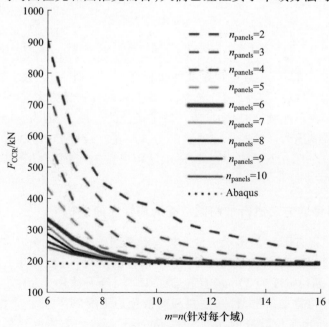

图 7.3.25 基于多域方法的线性屈曲分析的收敛性(见彩图)

279

性屈曲预测[19]。与之相比,这里多域模型的收敛速度只是其 1/2(对于均匀圆柱壳),这已经很不错了,因为利用有限元方法进行线性屈曲分析的收敛速度是其 1/100～1/10。对于高阶模式,需要考虑更多的项,此时单域方法在 $m_2 = n_2 = 50$ 附近收敛,而多域方法($n_{panels} = 8$)则在 $m = n = 14$ 处收敛,大约要慢 50%。采用多域方法得到的高阶特征矢量可参见图 7.3.27,与单域方法相比,这里的结果与有限元模型具有更好的相关性。

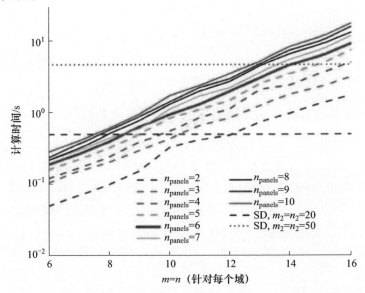

图 7.3.26　基于多域方法的线性屈曲分析的计算时间(见彩图)

应当强调指出的是,上述的讨论实际上说明了对于均匀层合的壳结构(域内无不连续性,比如切口或脱黏等缺陷)来说,单域方法的性价比总是最好的。当存在着非均匀性或者存在不连续性时,多域方法就是最佳的选择了,因为它能够以简洁的方式将不连续的域描述为连续的子域的装配形式。在非线性分析方面,采用多域方法时积分点是分布在每一个子域中的,这样也就可以避免在每个积分点的分析过程中出现过大的矩阵。

7.3.6.6　利用多域方法进行加筋圆柱壳的线性屈曲分析

这一节我们将有限元与多域方法(半解析模型的组装)的分析结果做一对比。分析中采用了圆柱壳 Z33,且带有 10 个等距布置的筋板,层合特性参见表 7.3.8 和表 7.3.3。每个筋板宽度为 20mm,且包含了 15 层,堆叠次序为 [0,90,0]$_s$。这个加筋圆柱壳的边界为简支条件,且圆柱壳和筋板顶边上受到了一个常数载荷 N_{xx} 的作用。图 7.3.28 给出了位移场的计算结果,从中不难看出,有限元结果和半解析模型结果之间具有非常紧密的相关性。

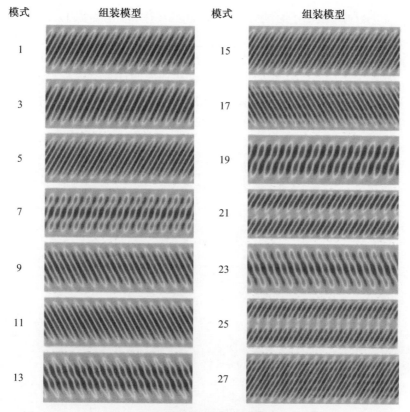

图 7.3.27　针对圆柱壳 Z33 利用组装模型得到的线性屈曲模式 1～27

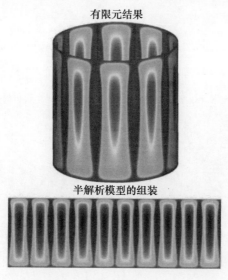

图 7.3.28　加筋圆柱壳在常值载荷 N_{xx} 作用下的法向位移

在图 7.3.29 中,给出了有限元和半解析模型得到的薄膜应力 N_{xx} 的分布,由此也可看出它们之间具有非常好的相关性,相对误差为 -2.5%($N_{xx_{\max}}$)和 $+1.5\%$($N_{xx_{\min}}$)。应当注意的是,对于线性屈曲分析而言,描述复杂的薄膜应力状态是非常重要的。最后,图 7.3.30 中还给出了所考察的加筋圆柱壳的线性屈曲分析结果,其中对比了有限元和半解析模型(组装形式)得到的前三个特征模式和特征值,这些结果之间同样具有良好的关联性。

有限元结果

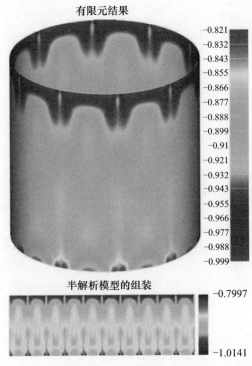

半解析模型的组装

图 7.3.29　加筋圆柱壳的薄膜应力(N_{xx})场(见彩图)

有限元模型　　　　　　　　　半解析模型

1阶模式

$N_{xx_{CR}}=111.719\text{N/mm}$　　　　　　$N_{xx_{CR}}=112.748\text{N/mm}$

282

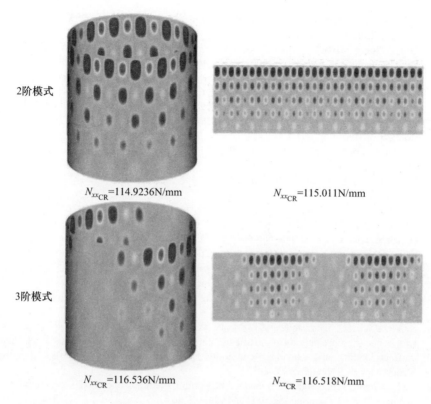

2阶模式

$N_{xx_{CR}}$=114.9236N/mm $N_{xx_{CR}}$=115.011N/mm

3阶模式

$N_{xx_{CR}}$=116.536N/mm $N_{xx_{CR}}$=116.518N/mm

图 7. 3. 30　加筋圆柱壳的线性屈曲模式

本节参考文献

[1] S.G.P. Castro, Semi-Analytical Tools for the Analysis of Laminated Composite Cylindrical and Conical Imperfect Shells under Various Loading and Boundary Conditions, Clausthal University of Technology, Clausthal, Germany, 2014.

[2] S.G.P. Castro, C. Mittelstedt, F.A.C. Monteiro, M.A. Arbelo, R. Degenhardt, A semi-analytical approach for the linear and non-linear buckling analysis of imperfect unstiffened laminated composite cylinders and cones under axial, torsion and pressure loads, Thin-Walled Structures 90 (May 2015) 61−73.

[3] J.N. Reddy, Mechanics of Laminated Composite Plates and Shells, Theory and Analysis, second ed., CRC Press, Boca Raton, 2004.

[4] S. Timoshenko, Strength of Materials, Part I, D. Van Nostrand Company, Inc., Lancaster, PA, 1948.

[5] S. Timoshenko, Strength of Materials, Part II, D. Van Nostrand Company, Inc., Lancaster, PA, 1948.

[6] S. Timoshenko, J.N. Goodier, Theory of Elasticity, second ed., McGraw-Hill, 1951.

[7] S. Timoshenko, S. Woinowsky-Krieger, Theory of Plates and Shells, second ed., McGraw-Hill, 1959.

[8] J.N. Reddy, Energy Principles and Variational Methods in Applied Mechanics, second ed., John Wiley & Sons, New Jersey, 2002.

[9] O.C. Zienkiewicz, R.L. Taylor, The Finite Element Method, Volume 2: Solid Mechanics, fifth ed., Butterworth-Heinemann, Oxford, 2000.

[10] G.-Q. Zhang, Stability Analysis of Anisotropic Conical Shells, Technical University Delft — Faculty of Aerospace Engineering, 1993.

[11] N.H. Hadi, K.A. Ameen, Nonlinear free vibration of cylindrical shells with delamination using high order shear deformation theory: a finite element approach, American Journal of Scientific and Industrial Research 2 (2) (2011) 251—277.

[12] V.V. Novozhilov, Foundations of the Nonlinear Theory of Elasticity, Graylock Press, Rochester, 1953.

[13] F. Shadmehri, S.V. Hoa, M. Hojjati, Buckling of conical composite shells, Composite Structures 94 (2012) 787—792.

[14] F. Shadmehri, Buckling of Laminated Composite Conical Shells; Theory and Experiment (Ph.D. thesis), Concordia University, Montreal, Quebec, Canada, 2012.

[15] E.J. Barbero, J.N. Reddy, J.L. Teply, General two-dimensional theory of laminated cylindrical shells, AIAA Journal 28 (3) (1990) 544—553.

[16] L. Tong, T.K. Wang, Simple solutions for buckling of laminated conical shells, International Journal of Mechanical Sciences 34 (2) (1992) 93—111.

[17] J.N. Reddy, A general non-linear third-order theory of plates with moderate thickness, International Journal of Non-Linear Mechanics 25 (6) (1990) 677—686.

[18] J.N. Reddy, A simple higher-order theory of plates with moderate thickness, Journal of Applied Mechanics 51 (1984) 745—752.

[19] S.G.P. Castro, C. Mittelstedt, F.A.C. Monteiro, M.A. Arbelo, G. Ziegmann, R. Degenhardt, Linear buckling predictions of unstiffened laminated composite cylinders and cones under various loading and boundary conditions using semi-analytical models, Composite Structures 118 (December 2014) 303—315.

[20] L.H. Donnell, A new theory for the buckling of thin cylinders under axial compression and bending, ASME Transactions 56 (1934) 795—806.

[21] J.L. Sanders, Nonlinear theories of thin shells, Quarterly of Applied Mathematics 21 (1963) 21—36.

[22] G.J. Simitses, D. Shaw, I. Sheinman, J. Giri, Imperfection sensitivity of fiber-reinforced, composite, thin cylinders, Composite Science and Technology 22 (1985) 259—276.

[23] G.J. Simitses, I. Sheinman, D. Shaw, The accuracy of the Donnell's equations for axially-loaded, imperfect orthotropic cylinders, Computers and Structures 20 (6) (1985) 939—945.

[24] Y. Goldfeld, I. Sheinman, M. Baruch, Imperfection sensitivity of conical shells, AIAA Journal 4 (3) (2003) 517—524.

[25] Y. Goldfeld, Imperfection sensitivity of laminated conical shells, International Journal of Solids and Structures 44 (2007) 1221—1241.

[26] J. Arbocz, The Effect of Initial Imperfections on Shell Stability — An Updated Review, TU Delft Report LR-695, Faculty of Aerospace Engineering, The Netherlands, 1992.

[27] K.Y. Yeh, B.H. Sun, F.P.J. Rimrott, Buckling of imperfect sandwich cones under axial compression — equivalent-cylinder approach. Part I, Technische Mechanik 14 (3/4) (1994) 239—248.

[28] B.O. Almroth, Influence of Imperfections and Edge Restraint on the Buckling of Axially Compressed Cylinders, NASA CR-432, Lockheed Missiles and Space Company, Sunnyvale, California, 1966.

[29] S. Yamada, J.G.A. Croll, N. Yamamoto, Nonlinear buckling of compressed FRP cylindrical shells and their imperfection sensitivity, Journal of Applied Mechanics 75 (July) (2008) 41005-1—41005-10.

[30] K.-J. Bathe, Finite Element Procedures, Prentice Hall, New Jersey, 1996.

[31] M.A. Crisfield, Non-linear Finite Element Analysis of Solids and Structures — Volume 1, John Wiley & Sons, London, UK, 2000.

[32] A.J.M. Ferreira, J.T. Barbosa, Buckling behaviour of composite shells, Composite Structures 50 (1) (2000) 93—98.

[33] S.G.P. Castro, Computational Mechanics Tools, Version 0.7.1, November 2016 [Online]. Available: http://compmech.github.io/compmech/.

[34] R.M. Jones, Buckling of Bars, Plates and Shells, Bull Ridge Publishing, Blacksburg, Virginia, USA, 2006.

[35] A. Jennings, J. Halliday, M.J. Cole, Solution of linear generalized eigenvalue problems containing singular matrices, Journal of the Institute of Mathematics and its Applications 22 (1978) 401—410.

[36] T.E. Oliphant, Python for scientific computing, Computing in Science and Engineering 9 (3) (2007) 10—20.

[37] E. Jones, T. Oliphant, P. Peterson, et al., Scipy: open source scientific tools for Python, 2001 [Online]. Available: http://www.scipy.org/.

[38] P. Som, A. Deb, A generalized Ritz-based method for nonlinear buckling of thin cylindrical shells, Thin-Walled Structures 76 (2014) 14—27.

[39] E.W. Weisstein, Generalized Fourier Series, From MathWorld—A Wolfram Web Resource, 2013 [Online]. Available: http://mathworld.wolfram.com/GeneralizedFourier Series.html.

[40] P. Bürmann, R. Rolfes, J. Tessmer, M. Schagerl, A semi-analytical model for local postbuckling analysis of stringer- and frame-stiffened cylindrical panels, Thin-Walled Structures 44 (2006) 102—114.

[41] J. Arbocz, The imperfection data bank, a mean to obtain realistic buckling loads, Journal of Applied Mechanics (1968) 535—567.

[42] S.G.P. Castro, C. Mittelstedt, F.A.C. Monteiro, R. Degenhardt, G. Ziegmann, Evaluation of non-linear buckling loads of geometrically imperfect composite cylinders and cones with the Ritz method, Composite Structures 122 (April 2015) 284—299.

[43] R. Degenhardt, A. Kling, H. Klein, W. Hillger, H.C. Goetting, R. Zimmermann, K. Rohwer, Experiments on buckling and postbuckling of thin-walled CFRP structures using advanced measurement systems, International Journal of Structural Stability and Dynamics 7 (2) (2007) 337—358.

[44] R. Degenhardt, A. Kling, A. Bethge, J. Orf, L. Kärger, R. Zimmermann, K. Rohwer, A. Calvi, Investigations on imperfection sensitivity and deduction of improved knockdown factors for unstiffened CFRP cylindrical shells, Composite Structures 92 (8) (2010) 1939—1946.

[45] Abaqus-6.11, Analysis User's Manual. Volume II: Analysis, Dassault Systemes, 2011.

[46] B. Geier, G. Singh, Some simple solutions for buckling loads of thin and more date thick cylindrical shells and panels made of laminated composite material, Aerospace Science and Technology 1 (1997) 47—63.

[47] B. Geier, H. Meyer-Piening, R. Zimmermann, On the influence of laminate stacking on buckling of composite cylindrical shells subjected to axial compression, Composite Structures 55 (2002) 467—474.

[48] C. Hühne, R. Rolfes, E. Breitbach, J. Teßmer, Robust design of composite cylindrical shells under axial compression — simulation and validation, Thin-Walled Structures 46 (2008) 947—962.

[49] H.-R. Meyer-Piening, M. Farshad, B. Geier, R. Zimmermann, Buckling loads of CFRP composite cylinders under combined axial and torsion loading — experiment and computations, Composite Structures 53 (2001) 427—435.

285

[50] R. Zimmermann, Optimierung Axial Gedrückter CFK-zylinderschalen, Fortschrittsberichte VDI-Reihe 1, Nr.207, Düsseldorf VDI Verlag, 1992.

[51] S.G.P. Castro, M.A. Arbelo, R. Zimmermann, R. Degenhardt, Exploring the constancy of the global buckling load after a critical geometric imperfection level in thin-walled cylindrical shells for less conservative knock-down factors, Thin-Walled Structures 72 (2013) 76−87.

[52] S.G.P. Castro, R. Zimmermann, M.A. Arbelo, R. Khakimova, M.W. Hilburger, R. Degenhardt, Geometric imperfections and lower-bound methods used to calculate knock-down factors for axially compressed composite cylindrical shells, Thin-Walled Structures 74 (January) (2014) 118−132.

[53] R. Vescovini, C. Bisagni, Semi-analytical buckling analysis of omega stiffened panels under multi-axial loads, Composite Structures 120 (2015) 285−299.

[54] A.G. Peano, Hierarchies of conforming finite elements for plate elasticity and plate bending, Computers and Mathematics with Applications 2 (1976) 211−224.

[55] D.C. Zhu, Development of hierarchical finite element methods at BIA, in: Proceedings of the International Conference on Computational Mechanics, May 1985, Tokyo, 1986.

[56] N.S. Bardell, Free vibration analysis of a flat plate using the hierarchical finite element method, Journal of Sound and Vibration 151 (2) (1991) 263−289.

[57] N.S. Bardell, J.M. Dunsdon, R.S. Langley, Free and forced vibration analysis of thin, laminated, cylindrically curved panels, Composite Structures 38 (1−4) (1997) 453−462.

[58] N.S. Bardell, J.M. Dunsdon, R.S. Langley, On the free vibration of completely free, open, cylindrically curved, isotropic shell panels, Journal of Sound and Vibration 207 (5) (1997) 647−669.

7.4 受外压作用的复合球壳

(Jan Błachut,英国,利物浦,利物浦大学)

7.4.1 概述

球状体是通过一个椭圆绕其轴线旋转形成的,如图7.4.1(a)所示。橄榄球的外形($A/B < 1$)可称为扁长球体,球形门拉手的形状($A/B > 1$)可称为扁球体,二者的临界几何形状($A = B$)则对应了球体。在大量工程应用领域中,经常存在着球状结构物(或其一部分)受到外部压力载荷作用的情况。最初这些结构物的研究是针对耐压壳体[1,2]进行的,后来由于其他一些原因,人们越来越关注此类结构物在外压作用下的行为特性。一个原因是与某种新的太空发射装置(隔离液氧(LOX)与液氢(LH_2)的公共隔板)有关,另一个则与深层环境中的油气等自然资源的需求有关,特别是深度超过3km的情况。在过去几十年中,人们已经研制了多种运载器进行深海(6km)探索,而新近的蛟龙号已经能够下潜达到7km深度[3,4]。作为未来战争的一部分,由浮力单元的受控内爆可以在一定深度范围产生脉冲波,这一方面的研究相当活跃,它可以用于海底目标的攻击或保护[5,6]。在这一领域,由陶瓷制备而成的球壳是相当关键的,因而人们对其十分感兴趣。在石油工业中,浮力辅助装置能够提供举升作用,因而可以减小大型水下结构的总重量,例如管道和立管等。显然,在此类问题中球状结构也是人们最关心的。还有一些浮力系统依赖于泡沫材料,它们的密度小于水。当工作深度增大时,这些材料的抗压强度必须能够抵抗外部水介质所产生的压力。目前提高此类材料耐压强度的一个标准技术手段(同时仍保持小于水的密度)就是,在材料基体中引入微型空心玻璃球,一般称为复合泡沫塑料。这种类型的材料已经得到了广泛应用,其极限设计深度一般小于3000m。复合泡沫塑料应用于水下场合时存在着一个显著缺陷,即压缩模量比较小,这会导致在工作深度下浮力的显著降低。因此,对于更大的深度来说,可以将碳纤维小球置入复合泡沫塑料中。当前,新一代块状复合泡沫浮力单元的出现已经为很多水下工作提供了很大的便利,特别是此前被人们视为不可能的一些活动,例如潜入海底(2012年)[7]。在深水应用领域,能够与复合泡沫材料竞争的还有椭球状复合容器或更经典的一些形式,例如带有半球冠、椭球冠或碟形(torispherical)球顶的圆柱形容器等。在受到外部压力作用时,每种几何形式的复合容器的承载能力都会受到静态失稳(屈曲)的影响,这也是一个最根本的设计限制,同时也是本节所关注的主题。

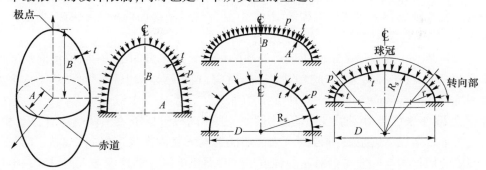

图7.4.1　球壳、椭球壳(扁长/扁平)、半球壳以及碟形壳

7.4.2　金属和复合球状结构物方面研究工作的简要回顾

7.4.2.1　相关背景

球状壳结构的屈曲压力载荷大小取决于多种因素,其中比较主要的一个就是初始几何缺陷。对于带有几何缺陷的壳结构来说,当人们认识到初始几何缺陷是导致实验和理论分析结果之间出现很大偏差的原因之后,此类结构物的屈曲问题就成为了一个非常重要的研究方向,特别是球状壳结构(半球壳、球壳和碟形壳等)。为了探究屈曲载荷对初始缺陷的敏感性,首先必须搞清楚这种形状偏差(相对于理想形状)是什么,也即它们是怎样定义的,处于什么位置,以及它们的最大幅值等。到目前为止,这些问题仍然没有得到明确的回答。多年以来,人们已经提出了很多方法,试图对初始几何缺陷形状进行建模处理。一般来说,人们总是致力于寻找使屈曲强度削弱最大的初始形状,这可以帮助设计人员更好地考察最不利的情况。无论采用

何种方法,在考察屈曲载荷对形状偏差的敏感性之前,我们都必须理解和认识球状结构(或其一个部分)的失稳机理。

在文献[8-14]中,针对航空航天领域中的一些球状结构物的屈曲问题进行了研究。文献[8]考察了带加强筋的半球壳的屈曲问题,该结构用于隔离 LOX 和 LH_2。这一分析工作致力于折减因子的估计,并将其作为缺陷幅值的函数来处理。在文献[9]中,研究了一种旋压成型的半球状隔板(非分段式,直径 5.4m)的实用性,该隔板材料采用了铝 AA 2219。文献[10]中,研究了用于隔离 LOX 和 LH_2 的公共隔板,它是下一代发射装置中的一个部件。在该项研究中采用了三明治构型,所构造的直径 5m 的半球壳是由两层铝面板和泡沫夹心层组成的,其目的不仅是为了抵抗屈曲,同时也是为了隔离两种低温液体(二者温度相差约 70K)。文献[11]研究了利用复合材料对大型声呐罩进行修理。文献[12]在实验室中进行了玻璃钢(GRP)制各向同性椭球壳的测试研究。关于各向同性椭球体的弹性屈曲行为,文献[13]进行了数值分析。在各向同性椭球罩的应力和屈曲方面,文献[14]还给出了较为全面的综述。在航空航天领域和水下结构工程领域中,由复合材料制备而成的球状结构物是相当重要的,因而此类结构物的缺陷研究也已经得到了广泛的重视。

实际制备出的弧顶形结构所带有的缺陷可能是随机分布的,一般由不同尺寸的凹坑和扁平斑(半径增大)组成。对于金属封头,人们已经认识到双曲壳状结构中力致凹坑(force-induced dimple,FID)缺陷在很多方面都比下限概念更具优势,尽管后者在近 20 年来已经得到了成功的应用[15]。这些优势包括了敏感性响应计算更快,而且对于复杂壳体(例如碟形封头)来说还能够揭示其内在物理机制。就后者而言,小幅值的形状偏差一般不会对屈曲强度产生显著影响。显然这就与人们针对缺陷进行特征模式建模(对应最不利的屈曲情况)研究中所建立的根深蒂固的认识产生了矛盾。

人们往往会提出一个疑问,即当以特征模式的形式来描述时,怎样的形状偏差才是可行的,特别是当采用一系列规则形变(in-out)时更是如此。例如文献[16]指出,如果从特征形状中提取出一个半波作为形状缺陷,那么屈曲压力的敏感性确实会与采用整个特征形状作为缺陷模式得到的结果相同。当然,这没有回答另一个问题,即将"单个特征凹坑"施加在壳表面上其他位置时会是什么结果。为此,可以引入一个集中力以构造出局部凹坑并进行分析,这一方式是非常简单的,并且也很容易在壳表面上移动。此外,这种向内的局部凹坑在实际中也更具可能性(与"特征凹坑"相比)。人们已经发现,在金属壳中利用集中力导致内凹坑后,所得到的屈曲强度要比采用其他常用的缺陷模式小一些。不过,对于这种缺陷模式下的复合弧形结构,人们对其响应的认识仍然是不够的。

为了减小屈曲压力的理论预测和测试结果之间的偏差,人们已经做了大量的努力。尽管如此,在受外压作用的封头设计方面,目前仍然依赖于经验结果和"下限"这一概

288

念,例如可参见文献[15]。值得注意的是,经过几十年来人们在屈曲压力对初始形状缺陷的敏感性方面(金属壳结构)的研究积累,目前已经形成了一些实用的设计参考,其中包括 PD 5500,文献[17];ASME,文献[18];ECCS,文献[19];NASA,文献[20]。

7.4.2.2 复合弧顶形封头的制备、建模与分析

本节主要考察弧顶形封头,假定其中没有开口部分,且受到的是准静态的跟随性外压作用。这里主要讨论的是复合材料情况,不过也会给出金属材料情况作为参照。所分析的内容是,在外部压力作用下结构整体稳固性的丧失机制,其中包括:①分叉屈曲;②跳跃;③首层失效(FPF);④末层失效(LPF)。

在制备方面,以往已经采用极向纤维缠绕工艺来加工纤维缠绕容器,使之可以承受内部介质的压力作用。如图 7.4.2 所示,这一方法也可用于制备受外部压力作用的壳结构。采用"直接的"极向缠绕方式(图 7.4.2(a))得到了一个弧顶形封头(这里是碟形,如图 7.4.2(c)所示),它带有一个顶孔,其周围壁厚增大得很显著。不过这一点可以通过恰当地调整缠绕顺序和轴的倾斜角来实现壁厚的重新分布。图 7.4.2(b)给出的是第二种纤维缠绕方法,它可以制备出不带顶孔的弧顶形封头,如图 7.4.2(d)所示。这里的壳结构在几何上是轴对称的,不过其材料特性却并非如此。因此,这种情况下进行结构分析就必须采用完整的二维建模技术。制备复合材料弧顶形封头的另一方法是将编织纤维铺覆到凹模或凸模中,碳纤维增强塑料

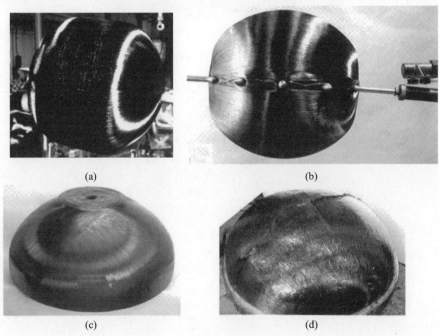

图 7.4.2　(a)(b)弧顶形封头的两种纤维缠绕方式;(c)(d)所得到的封头样件

(CFRP)弧顶形封头就是这样制备成型的,如图7.4.3(a)所示。这里得到的结构在几何上也是轴对称的,不过材料特性不是。这一点可以通过对比图7.4.3(a)和(b)就能清晰地观察到,其中的编织纤维轨迹明显是不同的。于是,每一层均需通过铺覆算法来预测局部纤维取向和局部壁厚,并且这些参量还可以植入有限元模型中,如图7.4.3(c)所示。与此相关的更多细节以及相关的参考文献资料,读者可以参阅文献[15]。

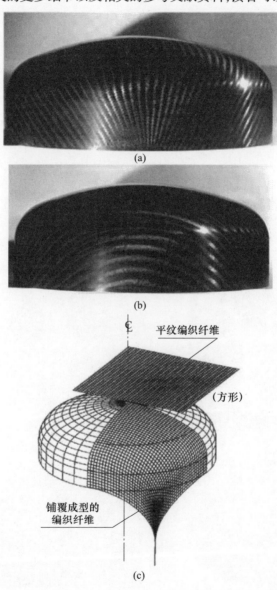

图7.4.3 (a)和(b):铺覆工艺制备的碟形封头(由此可观察到扭曲的纤维路径);
(c)铺覆制备碟形封头过程示意(同时给出了有限元网格)

7.4.2.3 分叉和首层失效分析

对于轴对称情况来说(如纤维缠绕型情况),壳壁是由 N 个组分层构成的,它们的铺设角度分别是 $\theta_1,\cdots,\theta_N$(相对于经线),如图 7.4.4(a)所示。可以将最内层记为层"1",而最外层记为层"N"。铺设顺序不一定是关于中曲面对称的。人们已经采用 BOSOR4[21](对于轴对称模型)和 ABAQUS/Standard[22],数值研究了受外部流体静压作用下,此类壳结构的承载能力。为方便起见,在后面的所有分析中,我们都将采用经典层合理论进行讨论。

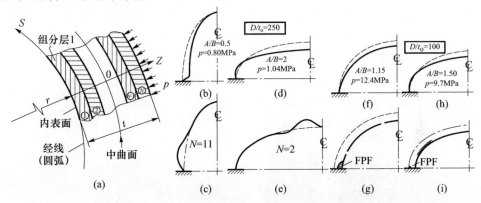

图 7.4.4　(a)组分层铺设方式;(b)~(e)扁长和扁平弧形罩的前屈曲与屈曲形状;
(f)~(i)较厚的椭球壳的首层失效位置

对于受外部压力作用的复合弧顶形结构来说,其失效行为一般可通过分叉屈曲、倒塌和材料失效这三种形式呈现出来。显然,这三种失效形式中对应的最低压力是最为重要的。FPF 压力可以基于 Tsai-Wu 准则(在应力空间中)给出,即 $F_{ij}\sigma_{ij}=1.0$,其中的系数 F_{ij} 取决于拉伸/压缩和剪切极限强度,它们的精确形式可以在文献[23]中找到。针对所有经线网格点,所需的应力 σ_{ij} 可以在整个壁厚中的每一层的上下面处计算得到。

在表 7.4.1 中列出了 CFRP 的典型材料数据,并考虑由该材料制备而成的两种类型半椭球壳(6 层,$[0°/60°/-60°]_s$),直径与壁厚之比等价于半球壳的 $D/t_0=250$ 和 $D/t_0=100$(此处假定了半球壳的质量与半椭球壳相等,且两个封头具有相同的直径,均为 D)。计算结果表明,不对称分叉屈曲将决定较薄封头情况的承载能力,也即 $D/t_0=250$ 的情况。在图 7.4.4(b)和(c)中给出了扁长封头($A/B=0.5$)情况,它将在 $p_{bit}=0.8\text{MPa}$(周向上有 $n=11$ 个波)处分叉。扁平椭球壳则在 $p_{bif}=1.04\text{MPa}$ 处发生分叉(带有 $n=2$ 个周向波)。对于扁长和扁平这两种几何形式来说,分叉压力值处特征形状最大值点具有不同的位置,分别位于底部和顶部。这些都会影响到屈曲压力对初始形状缺陷的敏感性,后面我们将会做进一步的讨论。对于较厚的椭球

壳$(D/t_0)=100$,失效形式表现为 FPF。图 7.4.4(f)~(i)中给出了失效指标达到 1
所对应的位置,对于 $A/B=1.15$,出现在内层,靠近底部;对于 $A/B=1.50$,出现在外
层,靠近固定边。对于这些封头来说,计算得到的 FPF 压力值分别是 $p_{FPF}=12.4\mathrm{MPa}$
和 $p_{FPF}=9.7\mathrm{MPa}$。此外,在这些情况中后屈曲强度是非常小的,如果没有内部支撑,
那么这些壳结构一般会发生倒塌。

一般而言,在实际情况中通常是不易观察到屈曲模式的。在图 7.4.5(a)和(b)中
我们给出了所观测到的两种球状结构的屈曲模式,它们是利用 7075 - T6 铝材加工而成
的($A=25\mathrm{mm}$,$B=75\mathrm{mm}$,$t=0.76\mathrm{mm}$)[15]。可以看出,赤道平面上不同的边界条件不会
对屈曲强度产生较大的影响(此处相差 10%)。此外,在这一实验研究中还发现较厚的
椭球壳也会出现倒塌,如图 7.4.5(c)和(d)所示。对于固定在赤道平面上的扁长椭球
壳来说,它会分叉成图 7.4.6(a)所示的形状,不过在实验结果中往往看到的是图
7.4.6(b)和(c)所示的形状,这里的实验针对的是两个相同的钢制椭球壳[15]。

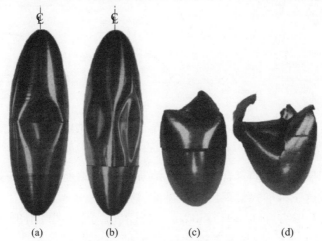

(a)   (b)   (c)   (d)

图 7.4.5 失效的金属制椭球壳

(源自 J. Błachut,Experimental perspective on the buckling of pressure vessel components,
Applied Mechanics Reviews,Transactions of the ASME,66(2014),011003 - 1 - 011003 - 24。)

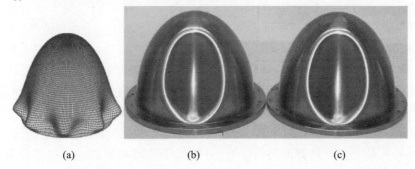

(a)   (b)   (c)

图 7.4.6 有限元计算得到的钢制椭球罩的特征形状和测试后的两个椭球状封头

表 7.4.1　单向和编织碳纤维的弹性常数 E_{11}、E_{22}、G_{12}、ν_{12} 以及许用强度 X_c、X_t、Y_c、Y_t 和 S（下标 c 和 t 分别代表的是压缩和拉伸）

材料	E_{11}	E_{22}	G_{12}	ν_{12}	X_c	X_t	Y_c	Y_t	S
	GPa				GPa				
单向	140.0	10.0	5.0	0.214	6000	1200	250	50	70
编织	70.0	70.0	5.0	0.10	570	679.5	570	679.5	93.24

进一步,我们来考察一个包括 6 层的半球壳($[0°/60°/-60°]_s$),且 $100 \leqslant D/t \leqslant 1000$。假定这里的壁厚 t 为常数,材料特性仍然是轴对称的。另外,此处也假设这个半球壳是在底部(即赤道平面)完全固定的。跟前面类似,这里的 FPF 压力也是根据每个组分层的上下面处的应力计算得到的。表 7.4.2 中已经列出了针对一组 D/t 值得到的结果。在文献[24]中还对比分析了 Bosor4 和 ABAQUS 这两种环境中的计算结果(目的是测试这二者的分析能力),它们所给出的不对称分叉屈曲压力的大小几乎是相同的。在此处所考察的所有情形中,屈曲模式是一致的,图 7.4.7(a)中绘出了变形后的半球壳示例(恰好处于屈曲前),其对应的特征模式($n=13$)如图 7.4.7(b)所示,在靠近底部位置出现了环状波。需要注意的是,上述半球壳都是在赤道平面处固定的。

表 7.4.2　CFRP 半球壳的分叉屈曲压力(p_1)、轴对称倒塌压力(p_2)以及 FPF 压力(p_3)

D/t	Bosor4		
	p_1	p_2	p_3
100	19.89(10)	26.37	9.084
150	8.86(13)	11.076	6.057
200	5.01(15)	6.671	4.541
250	3.219(17)	4.133	3.627
300	2.241(18)	2.981	—
400	1.264(21)	1.684	—
500	0.824(24)	—	—
750	0.359(29)	—	—
1000	0.204(34)	—	—

注:单位均为 MPa;括号中的数值代表的是分叉模式中周向上的波数。

对于完整的球壳来说,一般是通过将两个尺寸相同的半球壳在赤道平面处连接组装起来得到的。连接方式是多种多样的,在数值建模中它们会带来不同形式的边界状态。为便于比较,这里我们也将考虑赤道处无任何约束的边界情况。边界条件对承载性能的影响,如图 7.4.8(a)和图 7.4.8(b)所示。不难看出,与赤道处不带任何约束的情况相比,固定球壳能够承受更大的压力;不仅如此,对于完全固定的球壳

293

来说,较薄球壳($D/t > 220$)的失效由分叉行为决定,而较厚球壳的失效则由 FPF 所主导(参见图 7.4.8(a))。另外,如果是滚子型的边界,那么在 $100 \leqslant D/t \leqslant 1000$ 整个范围内失效模式将都是由 FPF 所决定的(图 7.4.8(b))。一般来说,要想实际实现一组特定的边界条件是比较困难的,因此在设计阶段我们就必须针对完整的边界条件谱来评估屈曲强度所可能受到的影响。文献[24]中已经考察了若干种边界条件(施加在壳的中部曲线上)并给出了一组结果,这些结果反映了较宽范围内的不同边界条件所对应的承载性能,在考虑具体的半球壳连接方式时需要仔细斟酌。

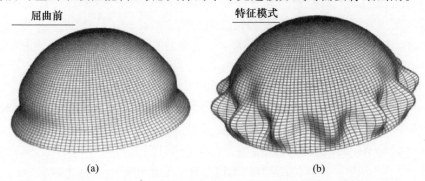

图 7.4.7　(a)变形后的 CFRP 半球壳($D/t = 150$,恰好处于屈曲前);
(b)对应的特征模式($n = 13$)

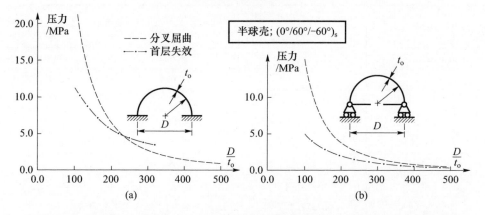

图 7.4.8　(a)固支边界条件下分叉屈曲压力和首层失效压力与径厚比 D/t_0 的关系;
(b)滚子型边界条件下分叉屈曲压力和首层失效压力与径厚比 D/t_0 的关系

下面我们来考察由 6 层编织纤维制备而成的椭球壳结构(对称铺设,即 $[0°/60°/-60°]_s$)。对于扁长的球状壳,表 7.4.3 中列出了四种边界条件情况下计算得到的承载能力。表 7.4.4 中则给出了不对称分叉屈曲和 FPF 压力的大小。当沿着赤道完全固定时,在 $2A/t$ 值的整个范围内(即 $100 \leqslant 2A/t \leqslant 500$),分叉屈曲是起决定性的失效模式。值得注意的是,对于半球壳来说,这两种模式都能对失效产生决定性影响。

通过对比图 7.4.8(a) 和图 7.4.9(a) 可以看出,失效模式主要取决于 D/t_0 值。图 7.4.9(b) 中给出了 $A/B=0.5$ 的扁长椭球壳的结果,可以看出当在赤道处固定时,分叉屈曲是主要的。类似的结果也适用于更加细长一些的椭球壳,例如 $A/B=0.33$ 的情况,图 7.4.9(a) 给出了对应的结果,从中不难看出承载性能仅与分叉屈曲相关,而 FPF 在壳结构的失效分析中不起作用。

表 7.4.3　赤道面上施加的边界条件(例如类型"1"代表的是完全固定的支撑)

边界条件类型	v	w	β
"1"	c	c	c
"2"	c	c	f
"3"	c	f	c
"4"	c	f	f

注:c——零;f——自由;v——环向;w——法向;β——旋转。

表 7.4.4　边界条件对分叉压力和首层失效压力的影响:受到外部压力作用的 CFRP 扁长椭球壳(含 6 个组分层,$A/B=0.5$)

D/t_0	"1"		"2"		"3"		"4"	
	p_{bif}	p_{FPF}	p_{bif}	p_{FPF}	p_{bif}	p_{FPF}	p_{bif}	p_{FPF}
500	0.186(15)	1.09	0.183(15)	1.05	0.186(15)	2.53	0.185(15)	0.372
400	0.297(14)	1.39	0.291(11)	1.32	0.298(14)	3.16	0.296(14)	0.533
300	0.543(12)	1.87	1.24(10)	1.76	0.546(12)	4.21	0.541(12)	0.827
200	1.28(9)	2.83	1.24(10)	2.63	1.29(10)	6.32	1.28(10)	1.46
100	5.66(7)	5.66	5.41(7)	5.26	5.76(7)	12.65	5.68(7)	3.40

注:单位均为 MPa,且针对的是编织纤维。

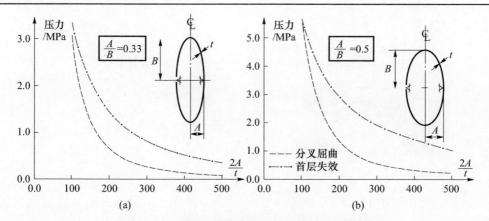

图 7.4.9　椭球壳的分叉屈曲压力和首层失效压力
(a) $A/B=0.33$;(b) $A/B=0.5$。
(两个壳均在赤道面处固支,且由 6 层编织材料叠合而成,铺设方式为 $[0°/60°/-60°]_s$)

另一种常用的弧顶形式称为碟形壳(参见图7.4.1(e))。目前已经有很多文献对金属制碟形壳进行了研究,不过对于复合材料制备而成的情况(受外部压力作用)研究相对较少。为此,利物浦大学的研究人员制备了一些复合材料碟形壳形式的封头,并对外部压力导致的倒塌行为进行了研究[25]。他们将规格为 3k 的预浸料,4×4 机制斜纹布(名义层厚 0.31mm)铺覆到一个碟形凹模中(凹模直径 800mm, $r/D = 0.24$, $R_s/D = 0.60$, $(D/t)_{avg} = 90$),制备了一个复合材料碟形封头。研究中假定了这些机制斜纹布是连续固体介质,且带有线弹性、各向异性特性。局部纤维取向和局部壁厚都是根据铺覆分析模块确定的。

这里所介绍的初始计算测试是针对理想几何形式的封头进行的。对于上面这个 800mm 直径的封头,许用应力如表 7.4.1 所列。图 7.4.10(a)针对由 30 层构成的这个结构给出了一个倒塌后的切面,而图 7.4.10(c)则给出了一个放大图,其中呈现了整个厚度方向发生开裂的区域。在 FPF 压力处的失效指标(FI)如图 7.4.10(b)所示,可以看出,应力最大的位置出现在最内层,靠近球冠,也即转向连接部位。这里有两点值得注意。首先,碟形封头的球冠大部分处于小应力状态,FPF 压力水平上这些位置的 FI 大约在 0.20 左右,这清楚地表明了没有充分利用这些材料的强度。考虑到这种情况,在铺覆算法中可以对铺设过程重新调整以更好地利用材料强度。事实上现有研究和工业实践中已经对此进行了考虑。其次,这种失效会逐层扩展,直到最后的 LPF,并且这些失效基本上均发生在 FPF 所出现的位置附近,这一点后面我们还会讨论。

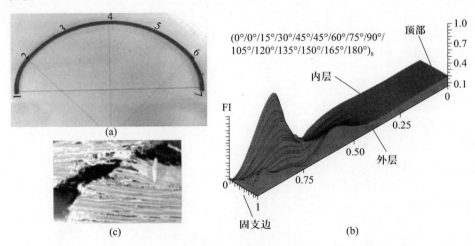

图 7.4.10 (a)倒塌后的碟形壳(30 个组分层)切片;(b)失效指数(FI);
(c)LPF 时整个厚度上的裂纹放大图

应当指出的是,FPF 并不能说明此类结构物马上就会失去整体稳固性,因此在下面一节中我们将讨论外部压力作用下弧顶形封头的极限承载能力问题。

296

7.4.2.4　渐进失效:末层失效

渐进失效问题可以通过一个多阶段的重复分析过程来考察。当结构达到 FPF 之后,将压力再增大 Δp,那么就可以观察到模型中会出现一些应力过大的高斯点 (GP)。在这些点处,根据后面给出的选择准则将刚度矩阵做缩减处理,而模型的其余部分仍然保持不变。随后,针对给定的载荷进行再次分析,直到整个模型中不再出现过应力的高斯点,之后再进一步增大一个载荷增量。上述过程一直持续进行,直到承载能力不能再提高为止。

为衡量 FPF 压力,可以借助应力空间中的 Tsai-Wu 交互式失效准则。在多个应力的组合作用情况下,这一准则不提供应力最大方向方面的信息,于是需要引入如下 4 个不同的表达式。

(1) 在材料方向 1 上的拉伸失效:

$$F_{1t} = \left(\frac{\sigma_1}{X_t}\right)^2 + \left(\frac{\sigma_{12}}{S}\right)^2, \text{对于 } \sigma_1 \geqslant 0 \tag{7.4.1}$$

(2) 在材料方向 2 上的拉伸失效:

$$F_{2t} = \left(\frac{\sigma_2}{Y_t}\right)^2 + \left(\frac{\sigma_{12}}{S}\right)^2, \text{对于 } \sigma_2 \geqslant 0 \tag{7.4.2}$$

(3) 在材料方向 1 上的压缩失效:

$$F_{1c} = \frac{|\sigma_1|}{X_c}, \text{对于 } \sigma_1 < 0 \tag{7.4.3}$$

(4) 在材料方向 2 上的压缩失效:

$$F_{2c} = \frac{|\sigma_2|}{Y_c}, \text{对于 } \sigma_2 < 0 \tag{7.4.4}$$

针对应力(由式(7.4.1)~式(7.4.4)描述)过大的点,其刚度矩阵的缩减分析可以选用多种不同的计算方式。下面我们将详细阐述怎样利用上述四个表达式进行分析。

7.4.2.4.1　刚度矩阵的缩减

当已知了失效类型和失效方向之后,就可以对刚度矩阵做对应的缩减了。这里的分析中采用了八节点壳单元 S8R,它具有四个高斯积分点。在这些点处将进行 Tsai-Wu FI 分析,从而确定式(7.4.1)~式(7.4.4)所给出的 F_{1t}、F_{2t}、F_{1c} 和 F_{2c} 中的最大值。经过这一分析也就识别出了局部应力过大的方向和类型。针对给定的壳单元,利用下面的数值格式就可以实现 E_1、E_2、G_{12} 和 v_{12} 的缩减:

$$E_1^d = \frac{4 - \sum\limits_{m=1}^{4} i_m}{4} E_1 \tag{7.4.5}$$

$$E_2^d = \frac{4 - \sum_{m=1}^{4} j_m}{4} E_2 \qquad (7.4.6)$$

$$G_{12}^d = \frac{8 - \sum_{m=1}^{4} (i_m + j_m)}{8} G_{12} \qquad (7.4.7)$$

$$v_{12}^d = \frac{8 - \sum_{m=1}^{4} (i_m + j_m)}{8} v_{12} \qquad (7.4.8)$$

式中:$i_m = 1,2,\cdots,j_m = 1,2,\cdots$;字母"$i$"和"$j$"分别代表材料方向"1"和"2";下标"$m$"代表了高斯点。应当指出的是,在每层中各个高斯点处的过应力信息收集起来之后,后续的刚度缩减应在单元基础上进行。上面给出的式(7.4.5)~式(7.4.8)这一数值格式也体现了这种必要性。此外,如果这些式子中的任何一个分子变成了负值,那么对应的量将设定为零值(针对对应的层和壳单元)。在每次应力分析之后,进行必要的刚度缩减计算,就为后续的有限元再分析提供了新的输入。如果发现某个高斯点再次变成了过应力点,那么"i_m"和(或)"j_m"值应设定为2(即等于过应力出现的次数)。针对给定的外部压力载荷,上述循环分析过程应一直持续到模型中所有过应力点都消失,即满足 Tsai-Wu 准则($f(p) \equiv \mathrm{FI} - 1.0$),此后才能进一步增大外部压力载荷。

7.4.2.4.2 压力载荷增量

为分析 FPF 后的情况,我们进行了一些测试,考察了压力增量和组分层数量(对于给定的经线几何和相同的有限元网格划分)的影响。所测试的几何参数包括 $r/D = 0.1$,$R_s/D = 1.0$,$L/D = 0.05$,$D/t = 80$,6 层的铺设方式为 $[0°/60°/-60°]_s$。图 7.4.11 给出了该构型的压力与顶部变形的发展过程。点"a"表明了 FPF 出现在 $p = 2.27\mathrm{MPa}$。在 FPF 压力条件下,最大应力点位于碟形壳的内部。随后将压力载荷增大 $\Delta p = 0.1\mathrm{MPa}$,执行刚度缩减和再分析过程,直到所有的高斯点满足前述条件(1)~(4)和 $f(p) = 0$ 为止。如图 7.4.11 所示,压力与顶部变形的关系曲线将移至点"b"处。在从点"a"到点"b"的过程中,这里总共进行了 6 次 ABAQUS 再分析,这也在图 7.4.11 中做了标注。在该图中还给出了另一条曲线,它反映了在压力增大过程中结构承受的削弱(损伤)次数。例如,从"a"到"b"这条路径上,需要 6 次 ABAQUS 计算,其中进行了 78 次刚度缩减。在随后的路径"$b \to c \to d \to e$"上,总共进行了 16 次 ABAQUS 计算。最后的压力增量对应于点"e"到点"f",没有获得收敛的无损伤的构型,因此当损伤穿透了整个厚度时,点"f"的计算也就终止了。

显然,上面出现的点"e"所对应的压力就可以视为 LPF,其值为 $p_{\mathrm{LPF}} = 2.67\mathrm{MPa}$。计算分析表明,对于由 6 个组分层构成的碟形封头而言,FPF 对于载荷增量大小不是

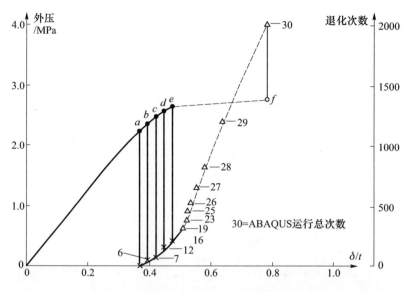

图 7.4.11　碟形壳末层失效(LPF)压力的计算方式

很敏感。除了上面的封头结构以外,这里也对由 24 层、48 层和 96 层构成的封头做了计算,它们的铺设顺序分别为 $\{[0°/60°/-60°]_4\}_s$、$\{[0°/60°/-60°]_8\}_s$ 和 $\{[0°/60°/-60°]_{16}\}_s$,而碟形壳几何是完全相同的。计算测试中采用的载荷增量为 $\Delta p =$ 0.04MPa,而如果选择增量为 $\Delta p = 0.1$MPa,则会出现不收敛现象。采用比较小的压力增量能够使得在这些结构的整个壁厚内实现刚度的逐步缩减,不过这一过程的运行速度也变得更慢了。在上述计算过程中还发现,在超过 LPF 压力水平之后仍然存在着一定的残余强度,不过通常不超过 FPF 压力的 5%。在 LPF 处,失效层数与总层数的比值分别为 0.67(对于 6 层情况)、0.67(24 层情况)、0.54(48 层情况)和 0.45(96 层情况)。值得注意的是,FPF 发生在碟形壳的内表面,其位置如图 7.4.12(a)所示(对于 6 层情况)。超出 FPF 之后,继续增大压力将会导致损伤的累积,图7.4.12(b)给出了 LPF 压力处(即图 7.4.11 中的点"e"处)累积损伤的分布情况。图7.4.12(c)中则给出了整个厚度上均发生损伤时的损伤分布,此时计算将停止(图7.4.11 中的点"f")。在图 7.4.12(d)中还给出了壳的一个截面(通过了最大应力点),进一步体现了厚度方向上的损伤情况。

7.4.2.4.3　由 FPF 控制的压力递增

依靠新的 FPF 分析(在每次对刚度缩减之后),是可以消除载荷递增量的随意性的。一般来说,这一过程需要进行若干次再分析才能获得精确的 FPF 值(利用任何形式的求根方法均可)。不过,我们可以采用一种近似方法对 FPF 进行分析,它是通过对应力的比例缩放实现的,并且它也可以用于这里的渐进失效分析。这一算法主要包含了以下步骤。

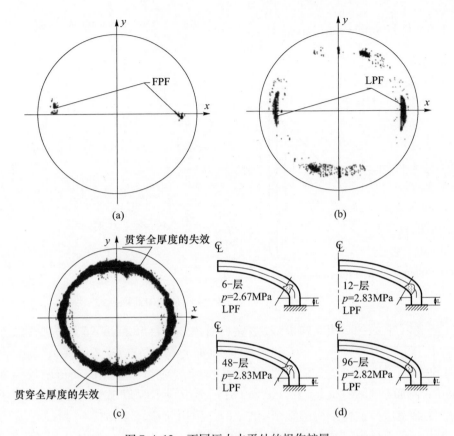

图 7.4.12　不同压力水平处的损伤扩展

(a)FPF；(b)LPF；(c)点"f."；(d)在末层失效压力条件下最大应力点处壁厚内的失效侵彻。

（1）针对满足 $-0.01 \leqslant f(p_{FPF}) \leqslant 0.01$ 的高斯点,在每个 FPF 压力处根据式(7.4.5)～式(7.4.8)对刚度进行缩减计算。

（2）在相同的载荷(p_{FPF})下进行新的有限元分析,其中采用修正后的刚度。通过对得到的应力进行缩放给出下一个压力值 p_{FPF}^{next}。这个缩放后的应力也用于识别哪些高斯点是过应力的。针对所有满足 $-0.01 \leqslant f(p_{FPF}^{next}) \leqslant 0.01$ 的高斯点再次对刚度进行缩减,然后执行新的有限元分析。

这里利用上述算法考察了一个 6 层的碟形封头结构,结果表明 FPF 压力的变化幅度是比较小的,因此运行了 162 次有限元再分析,才得到了 LPF 压力。如果分别采用 $\Delta p = 0.1MPa$ 和 $\Delta p = 0.01MPa$,那么由此计算出的 LPF 与该算法的结果差异分别为 12% 和 5%。由于确定该 CFRP 碟形壳的极限强度分别需要 30 和 162 次有限元再分析,因此,显然可以选择第一种方法(取 $\Delta p = 0.1MPa$),并在随后的计算中采用 $\Delta p = 0.05p_{FPF}$。

7.4.2.5 碟形壳的一些数值结果

根据前面提及的算法,我们对随机铺设的 6 层、24 层、48 层和 96 层碟形壳情况进行了计算。结果表明,p_{FPF} 和 p_{LPF} 之间的最大差异约为 23%,在 LPF 压力处厚度方向上的损伤侵彻程度在 0.17 ~ 0.44 变化。

对于 96 层的碟形壳,几何参数对 LPF 的影响分析结果如图 7.4.13(a)所示,其中考察了不同的 r/D 值,铺设顺序和总层数均保持不变。从该图不难看出,对于较浅的碟形壳来说 p_{FPF} 和 p_{LPF} 之间的差异要更大一些。FPF 的位置以及失效层的扩展总体上类似于金属碟形壳中塑性区域的位置和扩展情况。图 7.4.13(b) ~ (d)给出了低碳钢制备而成的碟形封头的结果。计算中采用的材料和几何参数为:杨氏模量 $E = 210\text{GPa}$;屈服点 $\sigma_{yp} = 400\text{MPa}$;泊松比 $v = 0.3$;$r/D = 0.1$;$R_s/D = 1.0$;$L/D = 0.05$;$D/t = 99.0$。在表 7.4.5 中将 p_{yp}、p_{FPF}、p_{coll} 以及 p_{LPF} 等进行了比较。p_{coll}/p_{yp} 为 1.79,而对应的复合材料封头的比值(即 p_{LPF}/p_{FPF})为 1.27。此外,壁厚之比为 $t_{composite}/t_{steel} = 1.24$,由此导致的质量比为 0.25。

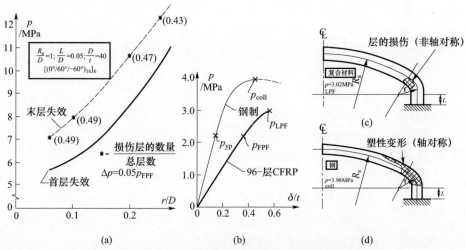

图 7.4.13 (a)首层失效(FPF)和末层失效(LPF)的差异;
(b) ~ (d)复合材料与钢制碟形壳的比较

表 7.4.5 受外压作用的碟形壳的各种压力值

复合壳		低碳钢壳	
p_{FPF}/MPa	2.22	p_{vp}/MPa	2.22
p_{LPF}/MPa	2.82	p_{coll}/MPa	3.98
t/mm	3.75	t/mm	3.03
注:首层失效压力与一阶屈服点压力相等。			

这里值得关注的是,钢制封头中的塑性变形是轴对称的,复合材料封头中的损伤大体上出现在相同的经线位置,不过是高度局域化的,并且也不是轴对称的,可参考图 7.4.12(b)。

7.4.2.6 数值和实验结果的比较

利物浦大学研究人员曾采用碳纤维预浸料制备了 26 种弧顶形封头,详细细节可参见文献[24]中的表 3。该表中给出的前 11 个壳结构是名义直径为 800mm 的碟形壳,4 个是直径 700mm 的半球壳,剩余的是直径 300mm 的碟形壳。前 2 个封头是通过纤维缠绕工艺实现的(驱动轴通过顶点),另外还采用这一工艺制备了两个不带顶孔的模型,参见图 7.4.2(c)和(d)。他们采用前面所给出的数值算法对"薄封头"(文献[24]中表 3 内的第 1~16 个模型)的 FPF 压力做了计算预测,并计算出了 300mm 碟形封头的 FPF 和 LPF 压力值。针对由碳纤维 – 环氧树脂编织纤维材料制成的一组碟形壳进行的测试表明,利用细致的建模(铺覆,可变壁厚)计算所预测出的 LPF 压力与实验得到的倒塌压力具有很好的关联性。从表 7.4.2 中很容易看出,由 LPF 导致的材料失效与实验中所观测到的倒塌压力情况是基本吻合的,实验结果与数值结果的比值 $p_{\text{expt}}/p_{\text{numericat}}$ 位于 0.90~1.10。

LPF 压力与 FPF 压力的比值大约为 1.28~1.44,当该比值比较大时,意味着对于复合材料弧顶形结构来说,渐进失效分析对于评估其极限承载能力边界是非常重要的。

图 7.4.14 中给出了倒塌后 CFRP 弧顶形封头的一些典型照片,其中的图 7.4.14(a)体现的是受到外部压力作用后倒塌的 30 层、800mm 直径的碟形壳情况。这 30 层都是将预浸料纤维(无剪裁)铺覆到凹模中制备而成的。可以看出,穿透裂纹出现在环箍方向上,靠近球冠与转向部的结合处。这一现象与数值预测出的材料失效区域是非常吻合的,可参见图 7.4.10。在图 7.4.14(b)中给出了 700mm 直径、20 层的半球壳照片,它是利用碳纤维预浸料以对接方式制成的花瓣状结构。图 7.4.14(c)则给出了 300mm 直径碟形壳倒塌测试后的照片,可以看出周向上存在一个穿透裂纹,该结构是利用未经裁剪的纤维布铺覆而成的(焦点偏置)。

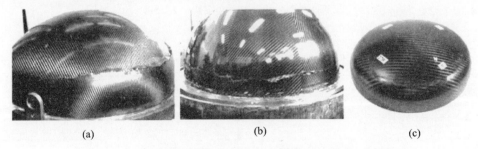

(a)   (b)   (c)

图 7.4.14　(a)倒塌后的碟形壳;(b)倒塌后的半球壳(花瓣状);
(c)倒塌后的直径为 300mm 的碟形壳

7.4.3 非理想复合球状壳(半球壳,碟形壳,椭球壳)

屈曲载荷会受到初始几何缺陷的影响,这一点已经得到了人们的广泛认同。在制造和使用过程中或者遭受突发的损伤后,结构中出现缺陷是不可避免的。对于金属壳结构来说,现有的设计规范已经要求采用折减因子来考虑缺陷的可能性。这些折减因子主要依据的是人们所熟知的一些最不利的缺陷情况,例如下限法、特征模式缺陷以及局部凹坑等。就复合弧顶形封头来说,关于屈曲载荷对初始形状缺陷的敏感性,目前所得到的数据还相当匮乏。下面将针对几种不同类型的形状缺陷给出一些数值分析结果,主要讨论的是由复合材料制备而成的双曲型封头。

7.4.3.1 非理想半球壳

7.4.3.1.1 半球壳的局部扁平缺陷

在各种初始形状缺陷中,人们最先选择了半径增大型的局部扁斑来考察屈曲载荷的敏感性,针对的是固定边界条件下的半球壳。应当注意的是,如果局部扁斑区域是远离球冠与转向部结合处的,那么结构是半球壳还是碟形壳也就没有什么区别了,当然人们也针对碟形壳结构进行了一些实验研究,这里我们也简单介绍一下。文献[24]的图8中曾经给出了一个顶部带有扁斑的碟形壳结构,该扁斑可以通过两个参数来唯一确定,即扁平化程度 δ_0 和半角 α(或者半径增大的幅度,R_{imp})。对于给定的扁平化程度 δ_0,可以存在无穷个 R_{imp} 值。每种这样的缺陷都可能导致结构承载能力的变化。当保持 δ_0 不变而改变 R_{imp} 时,可以计算出倒塌压力可能的最大下降量。在过去的研究中,这一方法已经成功地应用到金属壳结构场合,并且已经通过实验数据进行了评估,例如可参见文献[15]。作为一个示例,这里对一个6层的半球壳($[0°/60°/-60°]_s$)进行了计算,该结构的顶部带有一个半径增大型的扁斑($D/t=500$),且在赤道处设定了固支边界。针对每个固定的缺陷幅值 δ_0/t 计算得到的最小屈曲压力曲线如图7.4.15中的曲线(ii)所示,更多细节可参见文献[24]中的图9。这种情况中,"小幅值"的顶部缺陷基本上没有对屈曲强度产生影响。

7.4.3.1.2 特征模式仿射缺陷

与理想几何之间的形状偏差还有一种常用的设定方式,它主要采用了与不对称分叉屈曲对应的特征模式。一般地,我们是将这种特征模式形状叠加到理想几何上,并引入一个缩放因子加以处理,该因子通常是壁厚的百分数,可表示为 δ_0/t 这一比值形式。然后就可以针对这个修改后的壳结构计算其承载能力了,并且应考察该因子在一定范围内变动时的影响。对于 $D/t=500$ 的复合半球壳,这一特征模式在周向上带有 $n=24$ 个波,分布在底部附近。当将其以一定的缩放因子(δ_0/t)叠加到理想几何上之后,计算得到的结果如图7.4.15中曲线(i)所示。不难看出,该半球壳的承载能力是由这一缺陷下的倒塌机制所决定的,在整个分析范围内,即 $0.0<\delta_0/t\leqslant2.0$

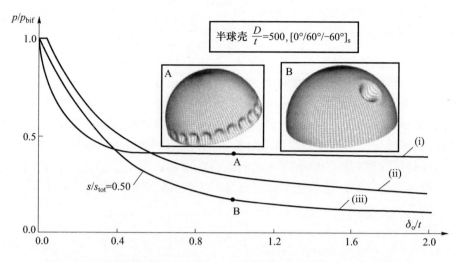

图 7.4.15　缺陷敏感性的比较[(i)特征形状;(ii)下限;(iii)向内凹坑]

内,都是如此。倒塌载荷可以在 ABAQUS 中利用 Riks 算法来计算。图 7.4.15 中(插图"A")示出了倒塌时的外形,对应的 $\delta_0/t = 1.0$。当然,在实际场合中这种缺陷模式的可能性目前仍然还是有争议的。

7.4.3.1.3　力致凹坑(FID)

在某个位置处施加一个集中力 F_0 也可以对理想几何产生一个局部化的扰动(形状偏差)。这里主要关注的是径向作用力导致的方向向内的凹坑缺陷。在施加这一凹坑之后,我们就可以逐渐增大外部载荷,并借助 Riks 算法来分析结构的承载性能了。这里针对位于 $s/s_{tot} = 0.50$ 处的凹坑情况,计算出了响应曲线,如图 7.4.15 中的曲线(iii)所示。对于 $\delta_0/t \leqslant 0.37$ 的情形,屈曲强度的最大下降量是由特征模式仿射缺陷给出的,而对于更大的 δ_0/t 值,最不利的缺陷形态则与此处的力致凹坑相关。图 7.4.15 中的插图"A"和"B"示出了对应的变形后的形状(恰好位于倒塌发生之前)。值得指出的是,实际场合中这里的单个凹坑缺陷要比前面的 24 个均布凹坑形态(特征模式仿射缺陷)更具可能性。此外,我们也可看出,对于 $\delta_0/t = 1.0$ 的情形,特征模式仿射缺陷的危险性是不如力致凹坑缺陷的,实际上在力致凹坑缺陷情况下有 $p/p_{bif}(\text{FID}) = 0.18$,而在特征模式仿射缺陷情况下有 $p/p_{bif} = 0.41$。

7.4.3.2　非理想碟形壳

这里考察的是一个 6 层的碟形壳结构,其参数为 $D/t = 500, R_s/D = 1.0, r/D = 0.2$,层合顺序为 $[0°/60°/-60°]_s$。在外部压力作用下,如果该碟形壳是理想几何形式的,那么计算得到的分叉屈曲压力为 0.144MPa,周向上带有 $n = 10$ 个波,这是 Bosor4 的计算结果,在 ABAQUS 中则为 $p_{bif} = 0.147$MPa,$n = 10$。

与前面关于半球壳的讨论类似,这里也分析三种形式的缺陷形态对碟形壳状封头的影响,即顶部的半径增大型扁平斑、特征模式仿射缺陷以及 FID。下面三个小节将对此进行讨论。

7.4.3.2.1　半径增大型扁平斑

将半径增大型扁平斑引入碟形壳的顶部,针对 $0 \leqslant \delta_0/t \leqslant 2.0$ 范围内的每个值,数值分析了最不利的缺陷程度,结果如图 7.4.16 中的曲线(iv)所示。可以看出,这里的缺陷敏感性与前面的半球壳情况是相似的,区别主要体现在阈值上,即 $\delta_0/t \approx 0.2$,在该值以下碟形壳对这种类型的初始缺陷是不大敏感的。

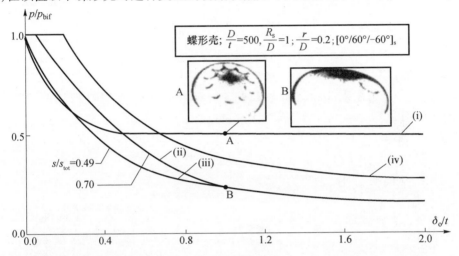

图 7.4.16　缺陷敏感性的比较[(i)特征形状;(ii-iii)向内凹坑;(iv)下限]

7.4.3.2.2　特征模式仿射缺陷

前面已经指出,所关心的特征模式带有 $n = 10$ 个均布的周向波,位于环箍方向且靠近球冠与转向部的结合处。图 7.4.16 中也给出了屈曲压力对该特征模式仿射缺陷的敏感性结果,这里的缩放因子为 $0.0 < \delta_0/t \leqslant 2.0$。可以看出,半球壳和碟形壳两种情况中的屈曲压力敏感性(对于特征模式类型的初始缺陷)都是类似的。当缺陷幅度较小时,例如 $\delta_0/t \leqslant 0.4$,承载能力会快速下降,随后敏感性会变得不再明显,例如在 $\delta_0/t > 0.4$ 之后承载能力近似保持不变了。然而,在 $\delta_0/t = 2.0$ 处,碟形壳比半球壳的敏感度要稍微低一些,前者的 $p/p_{\text{bif}} = 0.5$,而后者为 $p/p_{\text{bif}} = 0.4$。变形后的碟形壳(倒塌时)如图 7.4.16 中的插图"A"所示,它反映的是 $\delta_0/t = 1.0$ 的情形。

同样地,这里也会有疑义,即这种均布的凹坑形态在实际问题中究竟具有多大的可能性呢?

7.4.3.2.3　力致凹坑(FID)

如前所述,局域化的向内凹坑可以视为一种比较实际的形状缺陷,它可以通过施加一个径向上的集中力 F_0 产生。这里针对沿着壳的母线上的两个凹坑位置,计算了屈曲压力对 FID 的响应情况。这两个位置可通过到底部的弧长 s 来确定。第一组结果针对的是 $s/s_{tot} = 0.70$,第二个位置对应的是分叉屈曲的最大变形点,由有限元结果可知该最大变形点对应于 $s/s_{tot} = 0.49$。图 7.4.16 中给出了这两个位置处带有凹坑缺陷所对应的计算结果。很明显,在几乎整个 δ_0/t 值范围内,$s/s_{tot} = 0.49$ 处存在单个凹坑缺陷代表了最不利的情况。例如,当 $\delta_0/t = 2.0$ 时,与特征模式仿射缺陷对应的屈曲强度为 $p/p_{bif} = 0.5$,而与 FID 对应的则为 0.17,二者大约相差 3 倍。

7.4.3.3 非理想椭球壳

这里考虑两个典型的椭球壳结构,半轴比分别为 $A/B = 0.5$(扁长)和 $A/B = 2.0$(扁平),如图 7.4.17 所示。假定这两个结构在赤道处均为固支边界,且壁厚 t 相等,$2a/t = 500$,铺设顺序为 $[0°/60°/-60°]_s$。在外部压力作用下,它们最终会屈曲成显著不同的模式。在分叉屈曲状态,扁长椭球壳($A/B = 0.5$)在周向上有 $n = 15$ 个波,$p_{bif} = 0.185\text{MPa}$(Bosor4 的计算结果相同),对应的特征模式如图 7.4.17(b)所示;扁平椭球壳($A/B = 2.0$)在周向上有 $n = 2$ 个波,且 $p_{bif} = 0.256\text{MPa}$(Bosor4 的计算结果为 $p_{bif} = 0.258\text{MPa}$,$n = 2$),对应的特征模式如图 7.4.17(c)所示。下面我们讨论不同形式的初始几何缺陷对屈曲压力的影响。

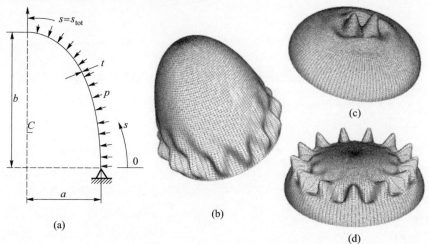

图 7.4.17 (a)半椭球壳的几何;(b)~(c)有限元生成的扁长和扁平椭球壳的特征模式形状;(d)碟形壳的特征模式形状

7.4.3.3.1 特征模式仿射缺陷

图 7.4.18 和图 7.4.19 中针对扁长和扁平椭球壳,分别给出了屈曲压力对特征模式缺陷的敏感性分析结果,如图中的虚线所示。通过比较这两种几何结构可以看出,对于小幅值缺陷($\delta_0/t < 0.5$),扁长几何的屈曲载荷要更加敏感一些;$\delta_0/t =$

2.0 时,两种结构的缺陷敏感性相近,不过扁长椭球壳要比扁平椭球壳弱 40%（(0.42 – 0.30)/0.30）。类似地,这种特征模式型的缺陷在实际中的可能性仍然是值得质疑的。

下面我们再来考察由垂直于壳表面的向内集中力导致的凹坑缺陷情况。

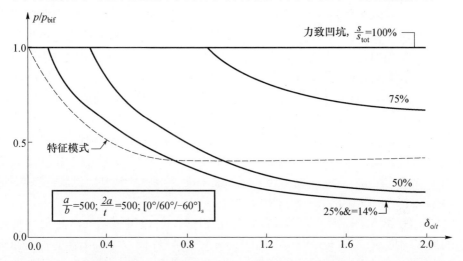

图 7.4.18　缺陷敏感性比较:不同位置处的向内凹坑情况与特征模式形状缺陷的结果

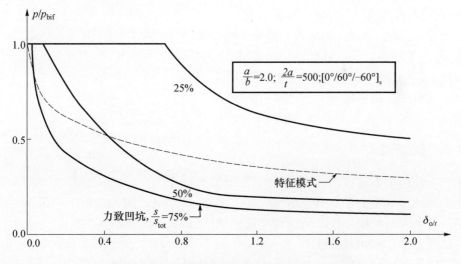

图 7.4.19　不同缺陷情况导致的屈曲压力下降

7.4.3.3.2　力致凹坑缺陷(FID)

这里通过在椭球壳的母线上若干位置处施加集中力 F_0 构造了相应的凹坑缺陷。壳几何参数为 $2a/t = 500$,叠层顺序为 $[0°/60°/ – 60°]_s$。对于扁长几何(A/B =

0.5),考察了如下 5 个缺陷位置:$s/s_{tot} = 100\%$(顶部)、75%、50%、25% 和 14%,其中最后一个对应于特征模式最大变形所在的经线位置。所选择的集中力 F_0 是根据期望的凹坑深度而定的,即应覆盖 $0 \leqslant \delta_0/t \leqslant 2.0$ 这一范围。对于每个凹坑深度 δ_0/t,利用 ABAQUS 软件对屈曲强度进行了计算。图 7.4.18 给出了上述所有凹坑位置情况对应的结果。可以发现,对于顶部凹坑来说,屈曲强度不会受到影响;当凹坑向着固支边移动时,屈曲强度开始降低。在所考察的每一种构型中,都存在着一个凹坑深度阈值,低于该阈值的缺陷不会影响屈曲载荷的大小。值得注意的是,这一特征也曾在带有局部扁平缺陷的各向同性碟形壳情况(受外部压力作用)中出现。当凹坑位于屈曲模式的最大变形点处(即 $s/s_{tot} = 14\%$)时,屈曲强度要显著低于特征模式型缺陷所导致的结果,$\delta_0/t = 2.0$ 处的差异可达 130%((0.42 − 0.18)/0.18)。

针对扁平椭球壳($A/B = 2.0$,亦称为 2∶1 椭球壳)也进行了类似的计算。凹坑的经线位置分别选择的是 $s/s_{tot} = 75\%$,50% 和 25%。图 7.4.19 给出了计算得到的敏感性结果,不难看出小深度凹坑不会影响屈曲强度,特别是当凹坑靠近固支边时更是如此(例如图 7.4.19 中的 $s/s_{tot} = 25\%$ 情况)。

将图 7.4.18 和图 7.4.19 给出的结果进行比较,可以发现当凹坑远离特征模式形状的最大值区域($A/B = 0.5$ 模型中的顶部,图 7.4.18;$A/B = 2.0$ 模型中的赤道面处,图 7.4.19)时,屈曲强度会快速增大。此外,带有凹坑缺陷的扁平椭球壳要显著弱于带有特征模式缺陷的扁平椭球壳,当 $\delta_0/t = 2.0$ 时这一差异可达 170%((0.3 − 0.11)/0.11,如图 7.4.19 所示)。

很明显,扁平椭球壳中的单个凹坑缺陷会使整个 $0 \leqslant \delta_0/t \leqslant 2.0$ 范围内屈曲强度降低,并可能完全处于特征模式型缺陷情况所对应的曲线下方,而对于扁长椭球壳来说,这一般只会发生于 $\delta_0/t > 0.7$ 的条件下。

最后有必要指出的是,上述这些结果也可以参阅文献[24],其中给出了更为广泛的讨论。另外,各种类型的初始缺陷情况还可参阅文献[26]。

7.4.4 结束语

对于几何上轴对称的零部件来说,它们的材料特性不一定也是轴对称分布的,纤维缠绕和铺覆成型的编织纤维结构物就是如此,在这类结构的分析中一般需要进行非轴对称形式的建模工作。通过合理调整制造参数,在上述这两种制造工艺中都可以有效改善结构的承载性能。

对于本节所讨论的所有几何结构,当它们的形状存在着初始缺陷时,屈曲强度一般会出现显著下降,屈曲载荷也会受到相应的影响。

除了特征模式仿射和局部扁平化这些传统的初始几何缺陷以外,本节还讨论了近期受到关注的向内凹坑缺陷。分析表明,这种凹坑缺陷分析对于考察屈曲载荷对初始几何缺陷的敏感性来说是很有优势的。

本节参考文献

[1] D.A. Danielson, Buckling and initial postbuckling behaviour of spheroidal shells under pressure, AIAA Journal 7 (1969) 936–944.

[2] W.A. Nash, Hydrostatically Loaded Structures, Pergamon, New York, 1995, ISBN 0-08-037876-5, 183 p.

[3] B.B. Pan, W.C. Cui, Y.S. Shen, Experimental verification of the new ultimate strength equation of spherical pressure hull, Marine Structures 29 (2012) 169–176.

[4] Q. Du, W. Cui, Stability and experiment of large scale spherical models built by high strength steel, in: Proc. of the ASME 23rd Intl Conf. on Ocean, Offshore and Arctic Engineering, San Francisco, USA, OMAE2014-24056, 2014, pp. 1–8.

[5] K. Asakawa, S. Takagawa, New design method of ceramics pressure housings for deep ocean applications, in: Proc. of Oceans 2009 – Europe, Bremen, Germany, vols. 1 & 2, IEEE, 2009, pp. 1487–1489.

[6] C. Farhat, K.G. Wang, A. Main, S. Kyriakides, L.-H. Lee, K. Ravi-Chandar, T. Belytschko, Dynamic implosion of underwater cylindrical shells: experiments and computations, International Journal of Solids and Structure 50 (2013) 2943–2961.

[7] DeepSea Challenger, www.deepseachallenger.com.

[8] H. Ory, H.-G. Reimerdes, T. Schmid, A. Rittweger, J. Gomez Garcia, Imperfection sensitivity of an orthotropic spherical shell under external pressure, International Journal of Non-Linear Mechanics 37 (2002) 669–686.

[9] A. Trenkler, U. Glaser, J. Hegels, M. Dogigli, Spinforming of XXL bulkheads for large cryo tanks, in: Proc. of 56th International Astronautical Congress, Oct 17–21, 2005, Fukuoka, Japan, IAC-05C2.1.A.03, 2005, pp. 1–7.

[10] B. Szelinski, H. Lange, C. Rottger, H. Sacher, S. Weinland, D. Zell, Development of an innovative sandwich common bulkhead for cryogenic upper stage propellant tank, in: 62nd International Astronautical Congress, 2011 Cape Town, South Africa, IAC-11-C2.4.3, 2011, pp. 1–11.

[11] T.S. Koko, M.J. Connor, G.V. Corbett, Composite repair of a stainless steel-GRP sonar dome, Journal of Composite Technology and Research 19 (1997) 228–234.

[12] C.T.F. Ross, B.H. Huat, T.B. Chei, C.M. Chong, M.D.A. Mackney, The buckling of GRP hemi-ellipsoidal dome shells under hydrostatic pressure, Ocean Engineering 30 (2003) 691–705.

[13] Y.Q. Ma, C.M. Wang, K.K. Ang, Buckling of super ellipsoidal shells under uniform pressure, Thin-Walled Structures 46 (2008) 584–591.

[14] S.N. Krivoshapko, Research on general and axisymmetric ellipsoidal shells used as domes, pressure vessels, and tanks, Applied Mechanics Reviews – Transactions of the ASME 60 (2007) 336–355.

[15] J. Błachut, Experimental perspective on the buckling of pressure vessel components, Applied Mechanics Reviews, Transactions of the ASME 66 (2014) 011003-1–011003-24.

[16] J. Błachut, O.R. Jaiswal, On the choice of initial geometric imperfections in externally pressurised shells, Journal of Pressure Vessel Technology, Transactions of the ASME 121 (1999) 71–76.

[17] London, UK, PD 5500, Published Document, Specification for Unfired Fusion Welded Pressure Vessels, British Standards, 2005.

[18] ASME, Code Case 2286-2, Alternative Rules for Determining Allowable External Pressure and Compressive Stresses for Cylinders, Cones, Sphere and Formed Heads, Section VIII, Divisions 1 and 2', Cases of the ASME Boiler and Pressure Vessel Code, ASME, New York, 2008, pp. 1–13.

[19] ECCS, TC8 TWG 8.4 Shells. 'Buckling of Steel Shells — European Design Recommendations', No. 125, fifth ed., ECCS, Multicomp Lda, Portugal, 2013, ISBN 978-92-9147-116-4, 398 p. (revised).

[20] NASA, Buckling of Thin-Walled Doubly Curved Shells," NASA, Space Vehicle Design Criteria (Structures), Report No. NASA SP-8032, 1969, pp. 1—33.

[21] D. Bushnell, Bosor4: program for stress, buckling and vibration of complex shells of revolution, in: N. Perrone, W. Pilkey (Eds.), 'Structural Mechanics Software Series', 1, University Press of Virginia, Charlottesville, 1977, pp. 11—143.

[22] ABAQUS Inc., Theory and Standard User's Manual Version 6.3, 2006. Pawtucket, 02860-4847, RI, USA.

[23] S.W. Tsai, H.T. Hahn, Introduction to Composite Materials, Technomic Publ. Co., 1980, pp. 277—327.

[24] J. Błachut, Buckling of composite domes with localised imperfections and subjected to external pressure, Composite Structures 153 (2016) 746—754.

[25] J. Błachut, The use of composites in underwater pressure hull components, in: B. Falzon (Ed.), Buckling and Postbuckling Structures II: Experimental, Analytical and Numerical Studies, Imperial College Press/World Scientific, 2017, 50 p.

[26] J. Błachut, Composite spheroidal shells under external pressure, International Journal for Computational Methods in Engineering Science and Mechanics 18 (2017) 2—12.

7.5　无筋平板和圆柱壳的实际边界和屈曲载荷的振动相关性分析技术

（Mariano Arbelo[1]，Richard Degenhardt[2,3]

[1]巴西，圣若泽杜斯坎普斯，巴西航空技术学院（ITA）；

[2]德国，布伦瑞克，德国航空航天中心（DLR），复合材料结构与自适应系统研究所；

[3]德国，复合工程校区，哥廷根私立应用技术大学）

7.5.1　概述

较早前,Southwell 曾经提出了一种无损方法,用于预测一些简单结构(如细长梁)的屈曲载荷[1],后来 Galletly 和 Reynolds 等人又针对加筋圆柱壳问题对该方法做了修改。后者的主要缺点在于,需要施加较高的载荷(接近于触发屈曲)才能给出比较可靠的屈曲载荷预测[2]。

实际上,振动相关性技术也可以用于无损预测分析。20 世纪初期,Sommerfeld[3]就已经考察了屈曲载荷与振动特性之间的相关性,不过只是到了 20 世纪 50 年代,人们才给出了一些实验研究,例如 Chu,Lurie,Meier 等人,可参阅文献[4－6]。文献[7](第 15 章)中给出了一份非常详尽的综述,其中包括了针对各类结构物所采用的振动相关性技术方法(VCT)的理论、应用、实验以及相应的分析结果。

为了更好地认识和理解 VCT 在板壳结构场合的应用,有必要根据其目的将这一方法做一分类,即:①针对数值计算任务,确定实际的边界条件;②对屈曲载荷进行直接分析。这一节我们将介绍研究人员在这两个方面的相关工作。

7.5.2 利用振动相关性技术确定实际边界条件

以受载壳结构为例,用于确定实际边界条件的 VCT 主要由两个部分构成,即实验测定低阶固有频率与分析等效弹性约束(代表了实际边界条件)。Singer 曾对以色列理工学院所得到的测试结果进行了归纳整理(这些研究中考察了 35 个壳结构),结果表明,当把边界条件的实验测定结果引入屈曲载荷预测中时,折减因子分布会显著缩小[8]。

以色列理工学院的研究并不只限于实验室环境中的边界条件,为了构建可靠的技术方法,也将 VCT 应用到了带有真实边界条件的结构中,例如航空工业中的常用接合件,且考虑了偏心载荷。文献[9]中还提出了一种修正的 VCT,当识别出载荷偏心量时可用于确定边界条件,这一方法的预测能够与实验结果很好地吻合。

7.5.2.1 作为参考基准的各向同性板

为了更好地考察 VCT 在薄壁结构分析方面的优势和不足,我们首先需要建立一种基准情况,给出可靠的实验数据,从而为进一步分析提供参考。这里选择的是一块 2mm 厚的矩形铝板,宽度为 355mm,高度也为 355mm。顶边和底边固定,横边简支,如图 7.5.1 所示。

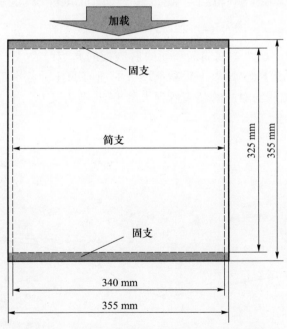

图 7.5.1　参考基准情况中铝板的几何与边界条件

利用安装在测试台上的框架组件对该铝板施加纵向载荷,如图 7.5.2 所示。测试中,这个压力载荷的增量选择的是 2kN,最大载荷为 20kN,并在每一步均测定出对应的固有频率和振动模式。

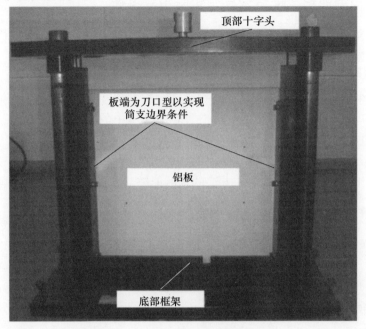

图 7.5.2   受压铝板实验中的夹具组件

　　下面给出的结果反映了屈曲前和屈曲后该板的典型行为,如图 7.5.3 所示。在远低于屈曲载荷情况下(6kN 以下),载荷增大时所有的振动频率都随之降低。当屈曲发生时,一阶屈曲载荷对应的频率达到了最小值,随后又开始增大。在后屈曲阶段

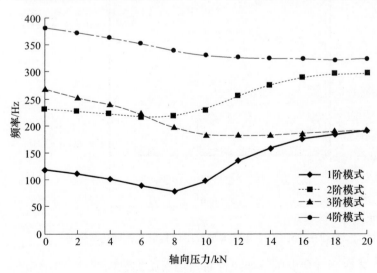

图 7.5.3   各向同性基准情况(轴向受压)中 4 个振动模式的变化

（10kN 以上），动力学行为将表现出强非线性，这里有两个为人们所熟知的特征，即：①一阶和二阶振动模式的频率开始增大；②三阶和四阶振动模式的频率几乎保持不变。这四个振动模式的形状如图 7.5.4 所示，其中的 m 代表的是纵向上的半波数，而 n 代表的是横向上的半波数。

上述结果将作为一个参考基准，用于建立 VCT 的有限元分析过程，并帮助我们更好地理解这一概念。

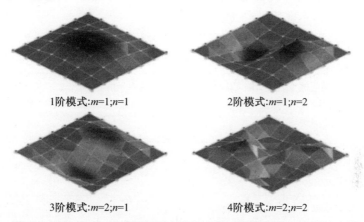

1阶模式:$m=1$;$n=1$ 2阶模式:$m=1$;$n=2$

3阶模式:$m=2$;$n=1$ 4阶模式:$m=2$;$n=2$

图 7.5.4　各向同性基准情况中前四阶振动模式形状

7.5.2.2　基于 VCT 输入的有限元建模

在针对薄壁结构的数值建模过程中利用 VCT，可以将理想边界条件（如固支或简支等）替换成更加实际的弹性约束。这一方法能够改善屈曲载荷预测值与实验结果之间的相关性。另外我们知道，在有限元仿真计算板壳类结构的屈曲载荷时，初始几何缺陷是非常重要的，因此，为了确保有限元模型和测试结果之间能够更好地吻合，在上述弹性边界条件情况中也必须将初始几何缺陷考虑进来。这一小节将给出不同的有限元过程，同时考虑了实际边界条件与初始几何缺陷。

在建模分析中利用了 ABAQUS 软件，对于作为参考基准的板，采用了四节点 S4R 单元网格进行建模[10]。铝板的各向同性材料参数分别为：弹性模量 $E = 70\text{GPa}$，泊松比 $\nu = 0.33$，密度 $\rho = 2780\text{kg/m}^3$。

首先针对不受压力载荷的情况进行特征值分析，以确定两组不同边界下的振动模式。这两组边界分别为（顶边和底边处的）固支边界和简支边界，而这两种情况中，横向上的两个边均假定为简支边界。然后，将实验中的边界条件表示为等效的弹性约束，可通过附加到顶边和底边上的扭簧实现。经过多次迭代分析，顶边和底边的边界条件均选定了 22.5Nm/rad 的扭簧来等效，这能够与实验结果实现最佳的匹配。

表 7.5.1 中所给出的结果清晰地体现了实际边界条件是处于固支和简支这两种情形之间的状态。弹性约束形式的边界条件给出了与实验结果之间最好的吻合度，对于每种振动模式来说偏差均低于 3% 。

显然，利用 VCT 我们就可以对所建立的有限元模型的实际边界进行评估，以获得与实验结果吻合度更佳的预测。下一步工作就是针对这一新模型将屈曲前和屈曲后区域内的轴向压力载荷考虑进来，以考察其相关性。图 7.5.5(a)和(b)给出了这一分析过程的结果，并将其与实验结果做了比较。

表 7.5.1 无压力载荷条件下,利用有限元模型(理想边界与弹性约束边界)
得到的振动频率与实验结果(各向同性基准情况)的比较

振动模式	实验测试结果/Hz	有限元模型(固支边界)结果/Hz	有限元模型(简支边界)结果/Hz	有限元模型(弹性约束边界)结果/Hz
1 阶模式	118	131	87	114.4
2 阶模式	230.5	239	212	226.8
3 阶模式	269.2	319	225	276.5
4 阶模式	380	425	350	387.3

图 7.5.5(a)中针对理想板结构所给出的分析结果表明,对于较低轴向载荷水平下的基准情况来说,利用这一方法能够很好地反映出频率变化的相关性,即数值预测和实验结果关联程度较好,二者之间的偏差主要来自于这里的模型没有计入初始几何缺陷的影响。

缺陷模式可以从实际测试得到的几何形状偏差中提取出来,不过这些信息并不总是能够得到的。为此,一些研究人员采用了屈曲模式的线性组合形式来构造几何缺陷模式(参见文献[11-13])。此处的分析中采用的是针对理想板进行线性屈曲分析所得到的一阶屈曲模式,并提取其模式特征构造了一个初始几何缺陷,所引入的缩放因子为针对基准板测得的最大初始几何缺陷(实验测试之前,约为 0.8mm)。利用 VCT 并考虑初始几何缺陷的有限元模型分析结果如图 7.5.5(b)所示。

从图 7.5.5(b)给出的结果不难看出,同时考虑 VCT 和初始几何缺陷的有限元结果与实验结果之间吻合得非常好。在屈曲前和屈曲后的范围内,固有频率随压力载荷的变化情况都得到了良好的刻画。此外,在这一有限元计算预测出屈曲行为的同时,我们也可以观察到一阶振动模式的最低频率值。

根据图 7.5.5 给出的这些结果不难认识到,这一方法可以作为一种准确的无损方法用于分析薄壁结构物的屈曲载荷。屈曲载荷与一阶振动模式的最低频率值是对应的,因此只需对振动模式进行实验测试,并将结构的初始几何缺陷考虑进来,就可以对屈曲载荷进行预测了,而无需施加任何轴向载荷。

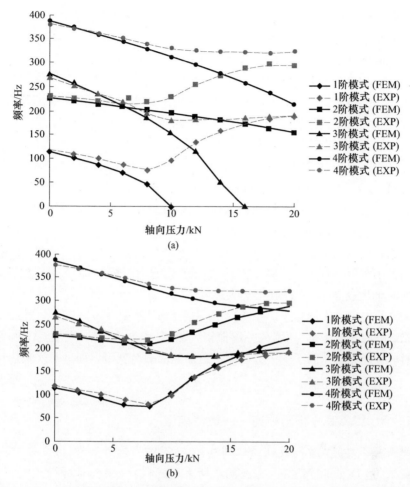

图 7.5.5　受压板的固有振动频率变化以及与各向同性基准情况实验结果的比较

(a)理想情况；(b)缺陷情况。

(EXP——实验结果；FEM——有限元模型结果)

7.5.3　利用 VCT 分析无筋圆柱壳

对于航空航天领域中的发射装置中常用的无筋圆柱壳类结构来说,目前还没有现成的 VCT 分析过程可供借鉴。此类结构物通常具有很强的缺陷敏感性,一般需要借助经验指导来计算其屈曲载荷,因而往往导致比较保守的估计[14]。Skukis 曾针对不锈钢圆柱壳结构,给出过一个初步的分析,将振动模式与结构的屈曲载荷关联起来[15]。事实上,只要屈曲载荷和固有振动频率的变化存在着一定的关联性,那么 VCT 就是一项可用于评估空间结构的实际折减因子的无损技术。不仅如此,对于此类结构来说,边界条件对于屈曲载荷也是有着非常重要的影响的(参见文献[16,

315

17]），而利用 VCT 可以更好地刻画实际边界情况，从而能够在数值仿真中获得更为可靠的分析结果（参见文献[18 - 20]）。

近期 Jansen 等人针对 VCT 这一领域做了进一步的研究，给出了一个新的半解析工具，拓展了现有半经验性的 VCT，可以用于壳类结构的分析，其中考虑了静态和初始缺陷的非线性效应[20]。Abramovich 等人针对不同的薄壁结构进行了一些新的实验测试，指出了 VCT 在预测此类结构的屈曲载荷时所适用的范围[21]。

本节将针对 Arbelo 等人[22] 所提出的一种新的 VCT 方法，对其数值分析和实验验证做一讨论。该方法是建立在 Souza 等人[23] 的工作基础之上的，Souza 给出的原方法是在 $(1-p)^2$ 和 $1-f^4$ 之间进行线性拟合，其中的 $p = P/P_{cr}, f = f_n/f_0, P$ 为所施加的轴向载荷，P_{cr} 为理想壳的临界屈曲载荷，f_m 是在载荷 P 条件下测得的频率值，而 f_0 代表的是不受载荷条件下壳的固有频率。Souza 指出，与 $1-f^4 = 1$ 对应的 $(1-p)^2$ 的值代表的是由初始缺陷所导致的承载能力下降量的平方（ξ^2）。不过，如果将这一方法应用到不加筋的圆柱壳，那么其结果与承载能力下降量（ξ^2）是不相符的，因而在物理内涵上也就是不一致的（参见文献[22]）。

Arbelo 给出了 $(1-p)^2$ 与 $1-f^2$ 的对应关系（而不是 $(1-p)^2$ 与 $1-f^4$），并将数据点拟合成二阶曲线。于是，利用这一近似得到的 $(1-p)^2$ 的最小值也就代表了不加筋的圆柱的承载能力折减因子的平方（ξ^2）。进而屈曲载荷就可以通过下式来估计：

$$P_{imperfect} = P_{cr}(1 - \sqrt{\xi^2}) \tag{7.5.1}$$

7.5.3.1 利用 VCT 分析圆柱壳——数值模型

这里选择了文献[14]中给出的"圆柱壳 Z15"作为参考基准，该文是欧洲航天局的研究成果，是 Degenhardt 等人完成的。所采用的材料（单向碳纤维预浸料，树脂基体）特性和几何参数分别如表 7.5.2 和表 7.5.3 所列。

表 7.5.2　圆柱壳 Z15 的材料特性

E_1/GPa	157.4
E_2/GPa	8.6
G_{12}/GPa	5.3
ν_{12}	0.28

表 7.5.3　圆柱壳 Z15 的几何参数

自由长度/mm	500.0
半径/mm	250.27
厚度/mm	0.463
层合方式（内 - 外）	[±24/ ±41]

针对受轴向载荷作用的这个圆柱壳结构,采用了非线性分析,考虑了中曲面的缺陷,随后进行了频率分析,从而揭示了振动频率的变化情况。在将中曲面缺陷导入有限元模型的过程中,是根据测得的缺陷(制备后)直接对每个节点的径向位置进行调整完成的。

利用 Souza 的方法将固有频率和载荷之间的关系绘制成曲线,可以发现这一结果将导致承载能力下降量的平方(ξ^2)出现负值,这是没有物理意义的(图 7.5.6 (a))。如前所述,Arbelo 建议绘制成$(1-p^2)$与$1-f^2$的关系曲线[22](图 7.5.6(b)给出的 Z15 圆柱壳实例),由此所得到的$(1-p)^2$的最小值就代表了,由初始缺陷导致的不加筋圆柱壳的承载能力下降量之平方(ξ^2)。

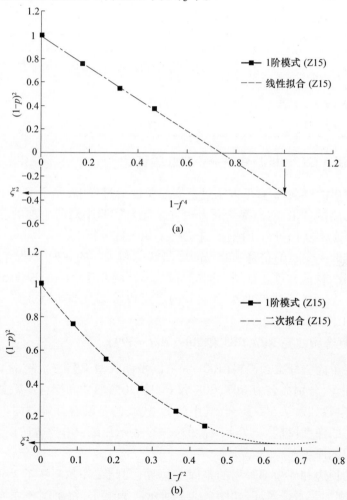

图 7.5.6　用于不加筋圆柱壳(Z15)的 VCT 方法
(a)Souza 等人所提出的方法[23];(b)Arbelo 等人所提出的方法[22]。

即使当利用较低轴向载荷(远低于屈曲载荷)下计算出的振动频率来预测屈曲载荷(通过二阶拟合)时,上面这一方法也是有效的。针对圆柱壳 Z15,采用比屈曲载荷低 50% 以上的轴向载荷,利用计算出的频率对屈曲载荷进行预测,其结果如表 7.5.4 所列。不难看出,所提出的 VCT 方法和非线性分析结果(缺陷壳的屈曲载荷,$P_{imperfect}$)之间取得了非常好的一致性,后者在引入了中曲面缺陷(直到发生屈曲)之后进行的是非线性分析。更多细节和数值实例可参阅文献[22]。

这一方法也可用于实验测试研究。不同压力载荷水平处对应的振动频率可以在实验中测量得到,而通过特征值分析能够预测出线性屈曲载荷(利用理想圆柱壳的有限元模型)。然后我们就可以估计出实际的屈曲载荷,而无需达到失稳点。下面一节我们来讨论这一新方法的实验验证。

表 7.5.4　圆柱壳 Z15 的屈曲载荷预测值(基于 VCT 方法)

$P_{imperfect}$	屈曲载荷预测值/kN	偏差/(%)
	23.7	—
P(VCT 方法,直到 31% 的载荷)	21.8	7.5
P(VCT 方法,直到 46% 的载荷)	22.1	6.5

7.5.3.2　利用 VCT 分析圆柱壳——实验验证

在对所给出的经验性 VCT 方法进行实验验证的过程中,采用了三个不同的复合分层圆柱壳的测试结果,它们都是固支边界情况。实验中对所施加的载荷和一阶固有频率以及模态形状都进行了测量,并进行了相关性分析。

这一工作的主要目的是将预测出的屈曲载荷和实际的屈曲载荷(在样件上测量得到)进行对比,这些样件包括了不同的材料、不同的几何(半径、厚度、高度等)以及不同的制备工艺。关于这些的更多细节内容可以参阅 Arbelo 等人[24]和 Kalnins 等人[25]的原始工作。

7.5.3.2.1　复合圆柱壳 R07、R08 和 R09($R/t = 399$)

采用 6 层单向碳纤维预浸料($100g/m^2$)以手糊成型工艺方式制备了三个完全相同的无筋圆柱壳,分别命名为 R07、R08 和 R09。几何参数和层合参数如表 7.5.5 所列,材料特性参数如表 7.5.6 所列,其中的 E_i^j 代表的是沿着纤维方向($i = 1$)或基体方向($i = 2$)上的弹性模量,$j = T$ 表示拉伸,$j = C$ 表示压缩;G_{12} 为剪切模量;ν_{12} 为泊松比;t 为组分层的厚度。

圆柱壳的顶边和底边都采用的是固支边界,为此在外侧浇注了 25mm 高的树脂灌封胶,内侧则加装了金属环,如图 7.5.7 所示。测试中,每个圆柱壳均放置在两个金属板之间,且通过环氧树脂加以黏合。在测试设备的十字头和下板之间安装了一个球铰,用于保证载荷处于轴线方向。压力载荷的测量是通过加载单元完成的,采用的是位移控制,并设定常值速度为 1.5mm/min。

表 7.5.5 圆柱壳 R07、R08 和 R09 的几何参数

自由长度/mm	500 ± 1
半径/mm	250 ± 1
厚度/mm	0.6264 ± 0.11
层合方式(内 - 外)	$[0°_2/(\pm 45°)_2] \pm 1°$

表 7.5.6 UD 预浸料 Unipreg $100g/m^2$ 的材料特性

E_1^T	116.44 ± 8.71	GPa
E_1^C	91.65 ± 7.58	GPa
E_2^T	6.73 ± 0.23	GPa
E_2^C	6.39 ± 0.81	GPa
G_{12}	3.63 ± 0.2	GPa
ν_{12}	0.34 ± 0.04	—
t	0.1044 ± 0.0015	mm

图 7.5.7 实验设置:圆柱壳受压

这里进行了两种类型的测试来验证所给出的 VCT 方法。首先,将圆柱壳加载到发生屈曲(应注意所设计的圆柱壳在屈曲时仍处于弹性范围内,从而避免了重复测试可能产生的累积损伤),一旦观测到发生了屈曲,然后进行第二个实验,即利用 Polytec 激光测振仪来获取一阶固有频率和模态形状(针对屈曲发生之前的不同轴向

载荷）。

对于所考察的 R07、R08 和 R09 圆柱壳,实验测得的屈曲载荷分别为 22.44kN、22.74kN 和 21.55kN,平均值为 22.24kN。

就每一个圆柱壳来说,一阶固有频率的变化如图 7.5.8 所示,其中给出了 $(1-p)^2$ 与 $(1-f^2)$ 的关系曲线。由于这三个圆柱壳是完全相同的,因此我们可以利用所有实验数据进行二次拟合处理。

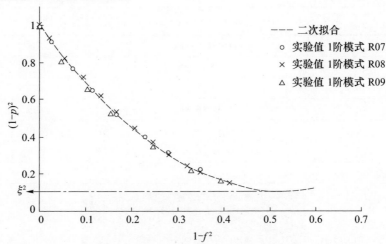

图 7.5.8 圆柱壳 R07、R08 和 R09 的 $(1-p)^2 - (1-f^2)$ 关系图
以及基于所有实验数据的二次拟合结果

为了能够按照所提出的 VCT 方法来预测屈曲行为,我们需要重点考察如下几点:

(1) 在屈曲前范围内,圆柱壳的一阶振动模式随轴向载荷的变化情况;

(2) 理想圆柱壳的临界屈曲载荷情况。这个值可以通过有限元分析得到。对理想圆柱壳做特征值分析非常快,并且简单,能够给出这一信息。对于这里所分析的情况来说,理想圆柱壳的临界屈曲载荷为 $P_{cr} = 34.17$kN,有关建模工具和建模技术方面的更多细节可以参阅文献[24]。

利用这一近似方法所得到的 $(1-p)^2$ 的最小值代表了承载能力下降量的平方 (ξ^2)。根据式(7.5.1),我们就可以计算出这一方法给出的屈曲载荷预测结果了,即 22.84kN,这一结果显然与实验结果(平均值)是相当吻合的,误差不超过 3%。

7.5.3.2.2 复合圆柱壳 R15 和 R16($R/t = 478$)

R15 和 R16 这两个圆柱壳也是通过手糊成型工艺制备而成的,包含了四个组分层(单向碳纤维预浸料 Hexcel IM7/8552,热压罐固化)。几何参数和层合参数如表 7.5.7 所列,材料特性如表 7.5.8 所列。

表 7.5.7　圆柱壳 R15 和 R16 的几何参数

自由长度 L/mm	500
半径 R/mm	250
厚度 t/mm	0.523
层合方式(内－外)	$[(\pm24°)/(\pm41°)]\pm1°$

表 7.5.8　UD 预浸料 Hexcel IM7/8552 的材料特性测量值

E_1^T	171.5 ± 4.45	GPa
E_1^C	150.2 ± 6.9	GPa
E_2^T	8.9 ± 0.37	GPa
E_2^C	9.4 ± 1.02	GPa
G_{12}	5.1 ± 0.39	GPa
ν_{12}	0.32 ± 0.04	—
t	0.125	mm

对于这两个样件,也采用了与前面的 R07~R09 完全相同的实验设置。顶边和底边均做了修剪,并采用 25mm 高的树脂灌胶和金属环实现固支。最终的直径与厚度之比约为 478。

测试中,每个圆柱壳均放置在两个金属板之间,并利用环氧树脂进行黏合。同样,在测试台的十字头与加载板之间安装了一个球铰以避免出现弯矩(图 7.5.9)。轴向压力载荷也是利用加载单元控制和测量的,采用的是位移控制,设定的常值速度

图 7.5.9　实验设置:圆柱壳 R15 和 R16 受压

为 0.5mm/min。关于测试参数及测试结果方面的更多细节可参阅 Kalnins 等人的原始文献[25]。

对于 R15 和 R16 这两个圆柱壳,实验得到的屈曲载荷分别为 25.04kN 和 25.2kN,平均值为 25.12kN。

将每个圆柱壳情况中测得的一阶固有频率变化情况绘制成图,可得图 7.5.10,其中给出了 $(1-p)^2$ 与 $(1-f^2)$ 的关系曲线。由于这两个圆柱壳是完全相同的,因此我们也可以利用所有实验数据进行二次拟合处理。

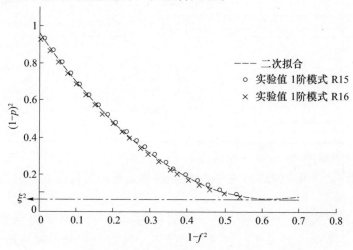

图 7.5.10　圆柱壳 R15 和 R16 的 $(1-p)^2 - (1-f^2)$ 关系图以及基于所有实验数据的二次拟合结果

为了对实际结构的屈曲载荷进行预估,需要知道理想圆柱壳的临界屈曲载荷 (P_{cr})。后者可以利用简单的有限元模型进行线性特征值分析得到。对于这里的情况来说,该有限元模型是利用 ABAQUS 建立的,所得到的理想圆柱壳的临界屈曲载荷值为 35.1kN。

根据式(7.5.1)我们就可以根据所提出的 VCT 方法得到屈曲载荷估计,对于此处的 R15 和 R16 圆柱壳,该值为 25.8kN。可以看出,这一结果与实验结果 (25.12kN)确实是相当吻合的,误差小于 3%。

7.5.3.2.3　复合圆柱壳 Z37(R/t=510)

这里考察的 Z37 圆柱壳是在布伦瑞克的德国航空航天中心(DLR)采用手糊成型工艺制备而成的,其组分层为单向碳纤维预浸料 Hexcel IM7/8552,热压罐固化。几何参数和层合参数如表 7.5.9 所示。这个圆柱壳的两端利用树脂/混凝土进行了固定,最终的 R/t 值大约为 510。

在 DLR 进行的测试中,采用了特殊设计的加载试验台,对其做恰当的调整就能够避免加载缺陷和弯矩(参见图 7.5.11 所示的 DLR 的液压试验台)。轴向压力载荷也是通过加载单元控制的,且为位移控制型,常值速度设定为 0.5mm/min。

表 7.5.9　圆柱壳 Z37 的几何参数

自由长度(L)/mm	800
半径(R)/mm	400
厚度(t)/mm	0.785
层合方式(内 – 外)	$[(\pm34°)/0°_2/(\pm53°)]\pm1°$

图 7.5.11　实验设置:圆柱壳 Z37 受压(DLR)

对于这个 Z37 圆柱壳,实验测得的屈曲载荷为 59kN,图 7.5.12 中给出了测得的一阶固有频率的变化情况,即$(1-p)^2$ 与$(1-f^2)$的关系曲线。

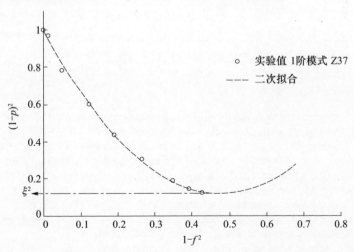

图 7.5.12　圆柱壳 Z37 的$(1-p)^2 - (1-f^2)$关系图以及二次拟合结果

利用有限元模型进行线性特征值分析,就可以获得理想圆柱壳(参数与 Z37 一致)的临界屈曲载荷 P_{cr},这里计算出的结果为 89.8kN。关于有限元仿真的更多细节可参阅 Kalnins 等人的原始文献[25]。

根据式(7.5.1),由 VCT 方法所给出的屈曲载荷预测值将为 58.41kN,它与实验结果显然是相当一致的,误差小于 2%。

根据每种结构样件的测试结果,研究人员总结指出,这种 VCT 方法可以作为一种无损实验技术用于预测受压无筋圆柱壳的屈曲载荷。不仅如此,还可以针对每一个研究实例利用 VCT 方法来考察压力载荷的最小阈值,以获得与实验值(屈曲载荷)之间更为吻合的结果,例如误差小于 10%。一般来说,对于所考察的这些情况,当所施加的最大压力等于或大于屈曲载荷的 80% 时(均从未加载状态开始加载过程),所得到的分析结果都是非常好的,参见文献[22,24,25]。

7.5.4　结束语

本节我们主要阐述了 VCT 的实现过程,针对的是板和壳结构,讨论了实际边界条件的确定以及屈曲载荷的直接预测。

本节针对非理想的板结构详细介绍了一个参考基准,根据其结果将实际边界条件引入有限元模型中,进而对板(纵向受压)的屈曲载荷加以预测。若将初始几何缺陷考虑进来,那么由此得到的分析结果将与实验结果非常一致。研究人员据此也指出了,屈曲载荷预测所需的所有数据都可从不加载情况的实验测试过程中获得,这也就意味着该方法是一种真正的无损技术。

本节还对一种新的经验性 VCT 方法进行了验证,该方法可用于不加筋圆柱壳的屈曲载荷的无损估计。通过测试三种不同情况,验证了这一方法对于不同实验设置下的不同结构物具有健壮性。当 VCT 中的最大载荷高于屈曲载荷(实验测试值)的80% 时,该方法能够获得与实验结果相当一致的结果。如果在此最大载荷处结构不会失效,那么所给出的这一方法也就是一种真正的无损技术。

本节参考文献

[1] R.V. Southwell, On the analysis of experimental observations in problems of elastic stability, Proceedings of the Royal Society, (London), Series A 135 (1932) 601−616.

[2] G.D. Galletly, T.E. Reynolds, A simple extension of Southwell's method for determining the elastic general instability pressure of ring stiffened cylinders subjected to external pressure, SESA Proceedings 12 (2) (1955) 141−153.

[3] A. Sommerfeld, Eine einfache Vorrichtung zur Veranschaulichung des Knickungsvorganges, Zeitschrift des Verein Deutscher Ingenieure (ZVDI) (1905) 1320−1323.

[4] T.H. Chu, Determination of Buckling Loads by Frequency Measurements (Thesis), California Institute of Technology, Pasadena, Calif., 1949.

[5] H. Lurie, Lateral vibration as related to structural stability, Journal of Applied Mechanics, ASME 19 (June 1952) 195−204.

[6] J.H. Meier, Discussion of the paper entitled "the determination of the critical load of a column or stiffened panel in compression by the vibration method", in: Proceedings of the Society for Experimental Stress Analysis, vol. 11, 1953, pp. 233−234.

[7] J. Singer, J. Arbocz, T. Weller, Buckling Experiments, Experimental Methods in Buckling of Thin-walled Structures, Volume 2, John Wiley & Sons, New York, 2002 (Chapter 15).

[8] J. Singer, Vibration and buckling of imperfect stiffened shells − recent developments, in: J.M.T. Thompson, G.W. Hunt (Eds.), Collapse: The Buckling of Structures in Theory and Practice, Cambridge University Press, Cambridge, 1983, pp. 443−481.

[9] J. Singer, H. Abramovich, Vibration techniques for definition of practical boundary conditions in stiffened shells, AIAA Journal 17 (7) (July 1979) 762−763.

[10] ABAQUS User's Manual, Abaqus Analysis User's Manual, 2011.

[11] C.A. Featherston, Imperfection sensitivity of flat plates under combined compression and shear, International Journal of Non-Linear Mechanics 36 (2001) 249−259.

[12] C.A. Featherston, Imperfection sensitivity of curved panels under combined compression and shear, International Journal of Non-Linear Mechanics 38 (2003) 225−238.

[13] A. Tafreshi, C.G. Bailey, Instability of imperfect composite cylindrical shells under combined loading, Composite Structures 80 (2007) 49−64.

[14] R. Degenhardt, A. Kling, A. Bethge, J. Orf, L. Kärger, K. Rohwer, R. Zimmermann, A. Calvi, Investigations on imperfection sensitivity and deduction of improved knock-down factors for unstiffened CFRP cylindrical shells, Composite Structures 92 (8) (2010) 1939−1946.

[15] E. Skukis, K. Kalnins, A. Chate, Preliminary Assessment of Correlation between Vibrations and Buckling Load of Stainless Steel Cylinders. Shell Structures Theory and Applications, CRC Press, London, 2013, pp. 325−328.

[16] R. Zimmemann, Buckling research for imperfection tolerant fiber composite structures, in: Proceeding of: Conference on Spacecraft Structures, Materials and Mechanical Testing, 27−29 March 1996, Noordwijk, The Netherlands, 1996.

[17] C. Hühne, R. Zimmermann, R. Rolfes, B. Geier, Sensitivities to geometrical and loading imperfections on buckling of composite cylindrical shells, in: Proceeding of: European Conference on Spacecraft Structures, Materials and Mechanical Testing, 11−13 December 2002, Toulouse, 2002.

[18] M.W. Hilburger, M.P. Nemeth, J.H. Starnes Jr., Shell Buckling Design Criteria Based on Manufacturing Imperfection Signatures, NASA Report TM-2004-212659, 2004.

[19] R. Degenhardt, A. Bethge, A. King, R. Zimmermann, K. Rohwer, J. Teßmer, A. Calvi, Probabilistic approach for improved buckling knock-down factors of CFRP cylindrical shells, in: Proceeding of: First CEAS European Air and Space Conference, 10−13 September 2008, Berlin, Germany, 2008.

[20] E.L. Jansen, H. Abramovich, R. Rolfes, The direct prediction of buckling loads of shells under axial compression using VCT − towards an upgraded approach, in: Proceedings of: 27th Congress of the International Council of the Aeronautical Sciences, 7−12 September 2014, St. Petersburg, Russia, 2014.

[21] H. Abramovich, D. Govich, A. Grunwald, Buckling prediction of panels using the vibration correlation technique, Progress in Aerospace Sciences 78 (2015) 62−73.

[22] M.A. Arbelo, S.F.M. de Almeida, M.V. Donadon, S.R. Rett, R. Degenhardt, S.G.P. Castro, K. Kalnins, O. Ozolins, Vibration correlation technique for the estimation of real boundary conditions and buckling load of unstiffened plates and cylindrical shells, Journal of Thin-Walled Structures 79 (2014) 119−128.

[23] M.A. Souza, W.C. Fok, A.C. Walker, Review of experimental techniques for thin-walled structures liable to buckling, part I − neutral and unstable buckling, Experimental Techniques 7 (1983) 21−25.

325

[24] M.A. Arbelo, K. Kalnins, O. Ozolins, E. Skukis, S.G.P. Castro, R. Degenhardt, Experimental and numerical estimation of buckling load on unstiffened cylindrical shells using vibration correlation technique, Thin-Walled Structures 94 (2015) 273−279.

[25] K. Kalnins, M.A. Arbelo, O. Ozolins, E. Skukis, S.G.P. Castro, R. Degenhardt, Experimental nondestructive test for estimation of buckling load on unstiffened cylindrical shells using vibration correlation technique, Shock and Vibration (2015), 729684, 8 p.

7.6 轴向受载复合壳结构设计中的新的稳健性折减因子

（Ronald Wagner，Christian Hühne，Steffen Niemann，
德国，布伦瑞克，德国航空航天中心（DLR），复合材料结构与自适应系统研究所）

迄今为止，圆柱壳的设计主要依赖的是经验性的折减因子（KDF），它们建立在 20 世纪初的一些实验数据基础上。复合圆柱壳的设计可以采用 NASA SP-8007 这一指南，其中给出了屈曲载荷计算所需的 KDF，它们主要取决于半径壁厚之比值（R/t），不过忽略了圆柱壳长度的影响。

然而，对于复合壳结构来说，KDF 对 R/t 的强依赖性并不是很明显，这一点可通过对比图 7.6.1 和本节附录得以体现。所例证的经验 KDF 主要分布在 0.6 ~ 0.9 这一范围内，某些情况下甚至低于 0.4。此外，这里所给出的大多数经验数据都是针对短柱壳结构的（即 $L/R = 1 ~ 2$），而 Herakovich[1] 曾针对长柱壳结构给出了一些经验 KDF（即 $L/R = 4.39 ~ 6.74$），对应的 $R/t = 60 ~ 120$。这些已有结果都已经表明，圆柱壳的长度对于下限屈曲载荷是存在着显著影响的。

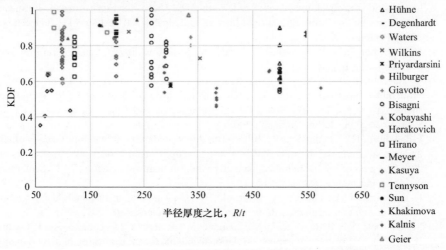

图 7.6.1 具有不同的半径厚度比值的轴向受压复合圆柱壳的实验数据分布[2]（见彩图）

关于 R/t 和 L/R 对屈曲载荷的影响，这里给出的讨论是源于文献[2]的，即"轴向受载圆柱壳的稳健性设计准则——仿真与验证"。在该文献中，采用单一边界摄

动法(SBPA)(参见文献[3])进行了参数化研究。SBPA 是一种针对轴向受载圆柱壳的下限设计方法,它考虑了几何缺陷和加载缺陷对下限屈曲载荷的影响。本节考察了各向同性圆柱壳($L/R = 1 \sim 10$, $R/t = 50 \sim 2000$),确定了对应的 KDF,如图 7.6.2 所示。这些结果表明,屈曲载荷计算中的 KDF 取决于 R/t 和 L/R 这两个比值情况,也即对下限屈曲载荷产生显著影响的有两个因素:圆柱壳的径厚比(柔度效应,由 R/t 表征)和长径比(长度效应,由 L/R 表征)。

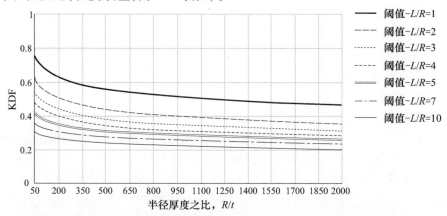

图 7.6.2 文献[2]给出的下限 KDF:不加筋的各向同性圆柱壳(见彩图)

Weingarten 等人[4]以及 Von Karman 和 Tsien[5]都曾对长度效应的影响进行过讨论。所得到的结论是,力学边界对圆柱壳有一定的刚化影响,这将导致结构的缺陷敏感性变得弱一些;随着壳长度的增大,这种刚化效应逐渐减小,于是结构对缺陷的敏感性又将增强。研究表明,在 L/R 为 $1 \sim 5$ 时,长度效应对下限 KDF 的影响最为显著,KDF 大约降低 40%;而对于长柱壳($L/R = 5 \sim 10$),大约会降低 20%。

文献[2]曾对柔度的影响做过讨论,主要考察的是壳的曲率对下限屈曲载荷的影响方面。曲率是半径的倒数,对于不变的壁厚(如 $t = 1$mm),如果半径增大(如 $50 \sim 2000$mm),那么曲率将趋近于零。对于 R/t 较小的壳来说,曲率将使得稳定性增强,当半径增大时这一稳定性增强效应将逐渐下降。此外,这一研究结果还表明,柔度与长度效应之间存在着非线性相互作用,原因在于,与较大的 L/R 情况相比,在 L/R 较小的情况中柔度减小会使得下限 KDF 增大得更多。

基于上述结果可以得出一个结论,即当 R/t 和 L/R 增大时,下限屈曲载荷将会减小,反之亦然。

下限 KDF 可以根据下式确定:

$$\rho_{TH} = \Omega_{TH} \cdot (R/t)^{-\eta_{TH}} \tag{7.6.1}$$

式(7.6.1)是对下限 KDF 数值(源于文献[2])进行曲线拟合得到的,相关参数包括了 R/t 和系数 Ω、η。对于短柱壳(L/R 为 $1 \sim 3$),后面这两个系数分别为[2]

$$\begin{cases} \varOmega_{\text{TH}} \approx -0.0196 \cdot \left(\dfrac{L}{R}\right)^2 - 0.0635 \cdot \left(\dfrac{L}{R}\right) + 1.3212 \\ \eta_{\text{TH}} \approx -0.013 \cdot \left(\dfrac{L}{R}\right)^2 + 0.061 \cdot \left(\dfrac{L}{R}\right) + 0.08 \end{cases} \tag{7.6.2}$$

对于长柱壳(L/R 为 3~10),则为

$$\begin{cases} \varOmega_{\text{TH}} \approx 0.0118 \cdot \left(\dfrac{L}{R}\right)^2 - 0.2247 \cdot \left(\dfrac{L}{R}\right) + 1.5285 \\ \eta_{\text{TH}} \approx 0.0011 \cdot \left(\dfrac{L}{R}\right)^2 - 0.021 \cdot \left(\dfrac{L}{R}\right) + 0.2036 \end{cases} \tag{7.6.3}$$

由此得到的 KDF 对于各向同性和准各向同性的复合柱壳(固支边界,且屈曲行为处于弹性范围内)都是适用的。

研究人员针对 $L/R \sim 1-7$ 和 $R/t \sim 50-550$ 的复合柱壳验证了对应的 KDF,如图 7.6.3 和图 7.6.4 所示。前面曾经指出,下限 KDF(即阈值)只适用于各向同性和准各向同性的复合柱壳。不过对于轴向刚性较大的复合柱壳来说,由于正确反映了柔度效应和长度效应的影响,因此它们实际上也能给出此类结构下限屈曲载荷的良好近似。图 7.6.3 中给出的结果是针对 L/R 为 1.3~2 的复合柱壳的(可与本节附录对比),可以看出大部分经验结果位于 $L/R = 1$ 对应的阈值之上,只有一部分位于 $L/R = 1$ 和 $L/R = 2$ 对应的这两个阈值之间。Kalnis[6]测试了准各向同性柱壳([0,60,−60]),Waters[7]、Bisagni[8]以及 Priyardarsini[9]也曾针对准各向同性复合柱壳做过屈曲实验。所得到的结果都位于所预测的范围内,即 $L/R = 1$ 和 $L/R = 2$ 对应的这两个阈值之间。

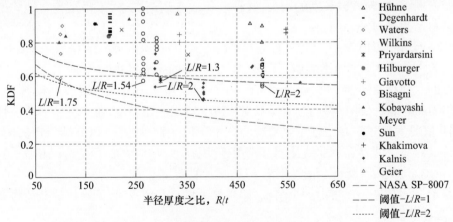

图 7.6.3　L/R 为 1~2 情况下 SBPA 阈值的比较以及 L/R 为 1.3~2.0
情况下的经验数据[2](见彩图)

图 7.6.4 中的大多数厚长柱壳要么是准各向同性的,要么是由交替层([45,−45])堆叠而成的。将 Herakovich[1]给出的结果与 KDF 阈值做一比较(针对 L/R 为

328

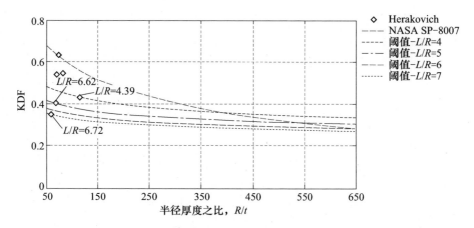

图 7.6.4　L/R 为 4 ~ 7 情况下 SBPA 阈值的比较以及 L/R 为 4.39 ~ 6.74
情况下的经验数据[2]（见彩图）

4 ~ 7），可以发现厚长柱壳的 KDF 阈值甚至比 NASA SP-8007 中的 KDF 更小，不过它们与相应的实验结果近似程度更好。实际上，NASA SP-8007 是针对运载火箭主结构设计的，与之对应的壳结构的 L/R ~ 1，对于此类短柱壳来说屈曲载荷计算中的 KDF 阈值要明显更大一些，而对于非常长的且 R/t 较小的柱壳，KDF 阈值就要比 NASA SP-8007 偏于保守了。

总结上述内容，我们可以得到如下一些结论：

（1）下限屈曲载荷主要取决于柔度和长度效应；

（2）对于各向同性、轴向刚性较大以及准各向同性的复合圆柱壳，ρ_{TH} 可以用于确定稳健的设计载荷；

（3）对于短而薄的圆柱壳（L/R 为 1 ~ 2 且 $R/t > 200$），ρ_{TH} 要显著大于 NASA SP-8007 给出的 KDF 值；

（4）对于长而厚的圆柱壳（$L/R > 3$ 且 $R/t < 250$），ρ_{TH} 要比 NASA SP-8007 给出的 KDF 值更为保守一些。

本节参考文献

[1] C.T. Herakovich, Theoretical-Experimental Correlation for Buckling of Composite Cylinders under Combined Compression and Torsion, NASA-CR-157358, 1978.

[2] H.N.R. Wagner, et al., Robust design criterion for axially loaded cylindrical shells — simulation and validation, Thin-Walled Structures 115 (2017) 154−162.

[3] H. Wagner, C. Hühne, K. Rohwer, S. Niemann, M. Wiedemann, Stimulating the realistic worst case buckling scenario of axially compressed cylindrical composite shells, Composite Structures 160 (2017) 1095−1104.

[4] V.I. Weingarten, E.J. Morgan, P. Seide, Elastic stability of thin-walled cylindrical and conical shells under axial compression, AIAA Journal 3 (1965) 500−505.

[5] T. Von Karman, H. Tsien, The buckling of thin cylindrical shells under axial compression, Journal of the Aeronautical Sciences 8 (1941).

[6] K. Kalnis, M. Arbelo, O. Ozolins, S. Castro, R. Degenhardt, Numerical characterization of the knock-down factor on unstiffened cylindrical shells with initial geometric imperfections, in: 20th Int. Conf. On Composite Materials (ICCM20), 19−24 July 2015, Copenhagen, Denmark, 2015.

[7] W. Waters, Effects of initial geometric imperfections on the behavior of graphite-epocy cylinders loaded in compression (MS thesis), in: Engineering Mechanics, Old Dominion University, Norfolk, VA, 1996.

[8] C. Bisagni, P. Cordisco, An experimental investigation into the buckling and post-buckling of CFRP shells under combined axial and torsion loading, Composite Structures 60 (4) (2003) 391−402.

[9] R. Priyadarsini, V. Kalyanaraman, S.M. Srinivasan, Numerical and experimental study of buckling of advanced fibre composite cylinders under axial compression, International Journal of Structural Stability and Dynamics 12 (04) (2012).

[10] C. Hühne, Robuster Entwurf beulgefährdeter, unversteifter Kreiszylinderschalen aus Faserverbund (Ph.D. thesis at Technische Universität Carolo-Wilhelmina zu Braunschweig), 2005.

[11] R. Degenhardt, A. Bethge, A. Kling, R. Zimmermann, K. Rohwer, Probabilistic approach for improved buckling knock-down factors of CFRP cylindrical shells, in: Proceeding of 18th Engineering Mechanics Division Conference, 2007.

[12] D. Wilkins, T. Love, Combined compression-torsion buckling tests of lamintated composite cylindrical shells, Journal of Aircraft 12 (11) (1975) 885−889.

[13] M. Hilburger, M. Nemeth, J.J. Starnes, Shell Buckling Design Criteria Based on Manufacturing Imperfection Signatures, NASA/TM-2004-212659, 2004.

[14] V. Giavotto, C.C.M. Poggi, P. Dowling, Buckling behaviour of composite shells under combined loading, in: J.F. Julien (Ed.), Buckling of Shell Structures, on Land, in the Sea and in the Air, Elsevier Applied Science, 1991, pp. 53−60.

[15] C. Bisagni, Composite cylindrical shells under static and dynamic axial loading: an experimental campaign, Progress in Aerospace Sciences 78 (2015) 107−115 (special issue): DAEDALOS − Dynamics in Aircraft Engineering Design and Analysis for Light Optimized Structures.

[16] C. Bisagni, Experimental buckling of thin composite cylinders in compression, AIAA Journal 37 (2) (1999) 276−278.

[17] S. Kobayashi, H. Seko, K. Koyama, Compressive buckling of CFRP circular cylinderical shells, part 1, theoretical analysis and experiment, Journal of the Japan Society for Aeronautical and Space Sciences 32 (361) (1984) 111−121.

[18] G. Sun, Optimization of Laminated Cylinders for Buckling, UTIAS Report No. 317, Institute for Aerospace Studies, University of Toronto, 1987.

[19] Y. Hirano, Optimization of laminated composite cylindrical shells for axial buckling, Journal of the Japan Society for Aeronautical and Space Sciences 32 (360) (1984) 46−51.

[20] H.R. Meyer-Piening, M. Farshad, B. Geier, R. Zimmerman, Buckling loads of CFRP composite cylinders under combined axial and torsion loading − experiments and computations, Composite Structures 53 (4) (2001) 427−435.

[21] H. Kasuya, M. Uemura, Coupling effect on axial compressive buckling of laminated composite cylindrical shells, Journal of the Japan Society for Aeronautical and Space Sciences 30 (346) (1982) 664−675.

[22] R. Khakimova, D. Wilckens, J. Reichardt, R. Degenhardt, Buckling of axially compressed CFRP truncated cones: experimental and numerical investigation, Composite Structures 146 (2016) 232−247.

[23] R.C. Tennyson, J.S. Hansen, Optimum design for buckling of laminated cylinders, in: Collapse: The Buckling of Structures in Theory and Practice, Cambridge University Press, Cambridge, 1983.

[24] B. Geier, H.-R. Meyer-Piening, R. Zimmermann, On the influence of laminate stacking on buckling of composite cylindrical shells subjected to axial compression, Composite Structures 55 (2002) 467−474.

本节附录　复合圆柱壳的经验 KDF 和几何特性

组分层铺设方式	L/mm	R/mm	t/mm	L/R	R/t	N_{per}/kN	N_{exp}/kN	ρ_{exp}
Hühne[10]								
$[24, -24, 41, -41]$	500.0	250.0	0.5	2.0	500.0	33.57	21.80	0.65
$[24, -24, 41, -41]$	500.0	250.0	0.5	2.0	500.0	33.57	21.90	0.65
$[41, -41, 24, -24]$	500.0	250.0	0.5	2.0	500.0	17.48	15.70	0.90
$[24, 41, -41, -24]$	500.0	250.0	0.5	2.0	500.0	23.91	15.70	0.66
$[24, 41, -41, -24]$	500.0	250.0	0.5	2.0	500.0	23.91	16.70	0.70
$[45, -45, 0, -79]$	500.0	250.0	0.5	2.0	500.0	23.19	18.60	0.80
Degenhardt[11]								
$[24, -24, 41, -41]$	500.0	250.0	0.5	2.0	500.0	38.28	23.36	0.61
$[24, -24, 41, -41]$	500.0	250.0	0.5	2.0	500.0	38.28	24.63	0.64
$[24, -24, 41, -41]$	500.0	250.0	0.5	2.0	500.0	38.28	21.32	0.56
$[24, -24, 41, -41]$	500.0	250.0	0.5	2.0	500.0	38.28	23.08	0.60
$[24, -24, 41, -41]$	500.0	250.0	0.5	2.0	500.0	38.28	22.63	0.59
$[24, -24, 41, -41]$	500.0	250.0	0.5	2.0	500.0	38.28	23.99	0.63
$[24, -24, 41, -41]$	500.0	250.0	0.5	2.0	500.0	38.28	25.02	0.65
$[24, -24, 41, -41]$	500.0	250.0	0.5	2.0	500.0	38.28	23.62	0.62
$[24, -24, 41, -41]$	500.0	250.0	0.5	2.0	500.0	38.28	25.69	0.67
$[24, -24, 41, -41]$	500.0	250.0	0.5	2.0	500.0	38.28	22.43	0.59
Waters[7]								
$[45, -45, 0, 90]_s$	355.6	203.2	1.01	1.75	200	183.63	133.59	0.73
$[45, -45, -45, 45]_{2s}$	355.6	203.4	2.02	1.75	101	448.05	328.89	0.73
$[45, -45, 0, 90]_{2s}$	355.6	203.3	2.01	1.75	101	773.05	656.26	0.85
$[45, -45, 0_4, -45, 45]_s$	355.6	203.0	1.95	1.75	104	619.48	557.63	0.90
$[45, -45, 90_4, -45, 45]_s$	355.6	203.4	2.02	1.75	101	697.18	408.66	0.59

（续）

组分层铺设方式	L/mm	R/mm	t/mm	L/R	R/t	N_{per}/kN	N_{exp}/kN	ρ_{exp}
Wilkins[12]								
$[0,45,-45]_s$	381.0	190.5	0.85	2.0	223.0	102.45	89.74	0.88
$[45,-45,-45,45]$	381.0	190.5	0.54	2.0	354.0	30.68	22.30	0.73
Priyardarsini[9]								
$[0,45,-45,0]_s$	390.0	300.0	1.0	1.3	300.0	169.88	97.01	0.57
$[0,45,-45,0]_s$	390.0	300.0	1.0	1.3	300.0	169.88	98.68	0.58
$[0,45,-45,0]_s$	390.0	300.0	1.0	1.3	300.0	169.88	97.06	0.57
Hilburger[13]								
$[-45,45,0,0]_s$	355.6	200.0	1.016	1.78	197	132.53	123.46	0.93
$[-45,45,90,90]_s$	355.6	200.0	1.016	1.78	197	169.17	141.84	0.84
$[-45,45,0,90]_s$	355.6	200.0	1.016	1.78	197	180.52	151.42	0.84
Giavotto[14]								
$[0,90,90,0]$	550.0	350.0	1.04	1.57	337	37.92	32.06	0.85
$[45,-45,-45,45]$	550.0	350.0	1.04	1.57	337	37.43	29.93	0.80
Bisagni[8,15,16]								
$[0,45,-45,0]$	540.0	350.0	1.32	1.54	265.0	244.72	172.71	0.71
$[0,45,-45,0]$	540.0	350.0	1.32	1.54	265.0	244.72	151.52	0.62
$[0,45,-45,0]$	540.0	350.0	1.32	1.54	265.0	244.72	155.59	0.64
$[0,45,-45,0]$	540.0	350.0	1.32	1.54	265.0	244.72	164.59	0.67
$[0,45,-45,0]$	540.0	350.0	1.32	1.54	265.0	244.72	140.20	0.57
$[45,-45,-45,45]$	540.0	350.0	1.32	1.54	265.0	120.26	120.17	1.00
$[45,-45,-45,45]$	540.0	350.0	1.32	1.54	265.0	120.26	116.40	0.97
$[45,-45,-45,45]$	540.0	350.0	1.32	1.54	265.0	120.26	102.46	0.85
$[45,-45,-45,45]$	540.0	350.0	1.32	1.54	265.0	120.26	111.17	0.92
$[45,-45,-45,45]$	540.0	350.0	1.32	1.54	265.0	120.26	97.82	0.81
$[45,-45,45,-45]_s$	540.0	350.0	1.2	1.54	292.0	119.82	96.32	0.80
$[45,-45,45,-45]_s$	540.0	350.0	1.2	1.54	292.0	119.82	92.89	0.78
$[45,-45,45,-45]_s$	540.0	350.0	1.2	1.54	292.0	119.82	81.99	0.68
$[90,0,90,0]_s$	540.0	350.0	1.2	1.54	292.0	121.18	92.09	0.76
$[90,0,90,0]_s$	540.0	350.0	1.2	1.54	292.0	121.18	99.48	0.82
$[90,0,90,0]_s$	540.0	350.0	1.2	1.54	292.0	121.18	73.99	0.61
$[45,-45,-45,45]$	520.0	250.0	0.5	2.08	500.0	23.65	15.35	0.65

组分层铺设方式	L/mm	R/mm	t/mm	L/R	R/t	N_{per}/kN	N_{exp}/kN	ρ_{exp}
Bisagni[8,15,16]								
[45，−45，−45，45]	520.0	250.0	0.5	2.08	500.0	23.65	14.33	0.61
[45，−45，−45，45]	520.0	250.0	0.5	2.08	500.0	23.65	14.41	0.61
[45，−45，−45，45]	520.0	250.0	0.5	2.08	500.0	23.65	13.01	0.55
[45，−45，−45，45]	520.0	250.0	0.5	2.08	500.0	23.65	12.75	0.54
[45，−45，−45，45]	520.0	250.0	0.5	2.08	500.0	23.65	15.79	0.67
Kobayashi[17]								
[20，−20，90]	200.0	100.0	0.42	2.0	238.0	14.08	13.27	0.94
[0，45，−45，90]	200.0	100.0	0.578	2.0	173.0	30.00	27.31	0.91
[30，−30，−30，30，90，90]	200.0	100.0	0.899	2.0	111.0	105.39	88.34	0.84
[0，60，−60，−60，60，0]	200.0	100.0	1.017	2.0	98.0	121.90	98.15	0.81
Herakovich[1]								
[0，0，0，0]$_s$	355.6	75.36	0.935	4.72	81.0	101.88	55.55	0.55
[−45，−45，45，45]$_s$	507.2	76.58	1.118	6.62	69.0	153.16	61.59	0.40
[0，45，−45，90]$_s$	508.0	75.59	1.016	6.72	74.0	216.92	136.89	0.63
[−82.5，20，30，−82.5]	508.8	76.25	0.549	6.67	139.0	21.67	25.80	1.19
[−45，45，45，−45]	333.4	75.87	0.660	4.39	115.0	42.06	18.18	0.43
[−45，−45，45，45]$_s$	508.0	75.59	1.270	6.72	60.0	155.08	54.28	0.35
[0，45，−45，90]$_s$	428.6	75.54	1.016	5.67	74.0	157.30	99.91	0.64
[−82.5，20，30，−82.5]	508.8	76.38	0.579	6.66	132.0	19.30	20.08	1.04
[0，45，−45，90]$_s$	509.6	75.54	1.041	6.75	73.0	158.10	85.52	0.54
Sun[18]								
[90，0，0，90]	152.4	83.31	0.49	1.83	169	20.04	18.26	0.91
[0，90，90，0]	152.4	83.31	0.51	1.83	165	21.92	22.37	1.02
Hirano[19]								
[20，−20，0，0，40，−40]	300.0	100.0	0.814	3.0	123.0	84.47	61.78	0.73
[20，−20，0，0，40，−40]	300.0	100.0	0.814	3.0	123.0	84.47	63.67	0.75
[20，−20，0，0，40，−40]	300.0	100.0	0.814	3.0	123.0	84.47	61.78	0.73
[20，−20，40，−40，0，0]	300.0	100.0	0.814	3.0	123.0	70.45	48.58	0.69
[20，−20，40，−40，0，0]	300.0	100.0	0.814	3.0	123.0	70.45	51.24	0.73

组分层铺设方式	L/mm	R/mm	t/mm	L/R	R/t	N_{per}/kN	N_{exp}/kN	ρ_{exp}
Hirano[19]								
[20, −20,40, −40,0,0]	300.0	100.0	0.814	3.0	123.0	70.45	43.88	0.62
[40, −40,20, −20,0,0]	300.0	100.0	0.814	3.0	123.0	41.08	33.60	0.82
[40, −40,20, −20,0,0]	300.0	100.0	0.814	3.0	123.0	41.08	34.77	0.85
[40, −40,20, −20,0,0]	300.0	100.0	0.814	3.0	123.0	41.08	32.68	0.80
Meyer[20]								
[60, −60,0,0,68, −68, 52, −52,37, −37]	510.0	250.0	1.25	2.04	200.0	261.68	228.00	0.87
[60, −60,0,0,68, −68, 52, −52,37, −37]	510.0	250.0	1.25	2.04	200.0	261.68	221.70	0.85
[51, −51,45, −45,37, −37,19, −19,0,0]	510.0	250.0	1.25	2.04	200.0	98.13	93.50	0.95
[51, −51,45, −45,37, −37,19, −19,0,0]	510.0	250.0	1.25	2.04	200.0	98.13	90.20	0.92
[51, −51,45, −45,37, −37,19, −19,0,0]	510.0	250.0	1.25	2.04	200.0	98.13	92.40	0.94
[30, −30,90, −90,22, −22,38, −38,53, −53]	510.0	250.0	1.25	2.04	200.0	265.07	278.50	1.05
[30, −30,90, −90,22, −22,38, −38,53, −53]	510.0	250.0	1.25	2.04	200.0	265.07	227.90	0.86
[30, −30,90, −90,22, −22,38, −38,53, −53]	510.0	250.0	1.25	2.04	200.0	265.07	249.70	0.94
[30, −30,90, −90,22, −22,38, −38,53, −53]	510.0	250.0	1.25	2.04	200.0	265.07	210.80	0.80
[37, −37,52, −52,68, −68,0,0,60, −60]	510.0	250.0	1.25	2.04	200.0	219.45	212.60	0.97
[38, −38,68, −68,90, −90,8, −8,53, −53]	510.0	250.0	1.25	2.04	200.0	258.37	206.60	0.80
[38, −38,68, −68,90, −90,8, −8,53, −53]	510.0	250.0	1.25	2.04	200.0	258.37	228.20	0.88
[0,0,19, −19,37, −37,45, −45,51, −51]	510.0	250.0	1.25	2.04	200.0	199.23	172.80	0.87

334

组分层铺设方式	L/mm	R/mm	t/mm	L/R	R/t	N_{per}/kN	N_{exp}/kN	ρ_{exp}
Kasuya[21]								
$[0,90,0,90]_s$	300.0	100.0	1.0	3.0	100.0	95.58	84.38	0.88
$[0,90,0,90]_s$	300.0	100.0	1.0	3.0	100.0	95.58	82.50	0.86
$\begin{bmatrix} 0,0,0,0,90, \\ 90,90,90 \end{bmatrix}$	300.0	100.0	1.0	3.0	100.0	66.67	64.65	0.97
$\begin{bmatrix} 0,0,0,0,90, \\ 90,90,90 \end{bmatrix}$	300.0	100.0	1.0	3.0	100.0	66.67	65.91	0.99
$[-20,-20,20,20]$	300.0	100.0	0.5	3.0	200.0	16.45	12.16	0.74
$\begin{bmatrix} -20,-20,-20, \\ -20,20,20,20,20 \end{bmatrix}$	300.0	100.0	1.0	3.0	100.0	65.44	56.86	0.87
$\begin{bmatrix} -20,-20,-20, \\ -20,20,20,20,20 \end{bmatrix}$	300.0	100.0	1.0	3.0	100.0	65.44	55.29	0.84
$\begin{bmatrix} -20,20,-20,20, \\ -20,20,-20,20 \end{bmatrix}$	300.0	100.0	1.0	3.0	100.0	108.26	82.50	0.76
$[-45,45,45,-45]$	300.0	100.0	0.5	3.0	200.0	21.15	13.23	0.63
$[-45,-45,45,45]$	300.0	100.0	0.5	3.0	200.0	16.16	13.23	0.82
$\begin{bmatrix} -45,-45,-45, \\ -45,45,45,45,45 \end{bmatrix}$	300.0	100.0	1.0	3.0	100.0	62.97	49.01	0.78
$\begin{bmatrix} -45,45,-45, \\ 45,-45,45,-45,45 \end{bmatrix}$	300.0	100.0	1.0	3.0	100.0	93.16	56.86	0.61
$[-70,70,-70,70]_s$	300.0	100.0	1.0	3.0	100.0	110.36	79.42	0.72
$[-70,70,-70,70]_s$	300.0	100.0	1.0	3.0	100.0	110.36	74.52	0.68
$[-70,70,-70,70]_s$	300.0	100.0	1.0	3.0	100.0	110.36	78.23	0.71
$[-70,70,-70,70]$	300.0	100.0	0.5	3.0	200.0	26.91	18.63	0.69
$\begin{bmatrix} -70,-70,-70, \\ -70,70,70,70,70 \end{bmatrix}$	300.0	100.0	1.0	3.0	100.0	70.76	58.81	0.83
$[-70,70,-70,70]_{as}$	300.0	100.0	1.0	3.0	100.0	112.52	80.68	0.72
$[-70,70,-70,70]_{as}$	300.0	100.0	1.0	3.0	100.0	112.52	78.23	0.70
Khakimova[22]								
$[30,0,-30,-30,0,30]$	366.23	400.0	0.73	0.91	548	47.0	41.0	0.87
$[30,-30,0,0,30,-30]$	366.23	400.0	0.73	0.91	548	41.0	35.0	0.85

335

组分层铺设方式	L/mm	R/mm	t/mm	L/R	R/t	N_{per}/kN	N_{exp}/kN	ρ_{exp}
Tennyson[23]								
$[0,45,90,-45]_{as}$	282.7	83.90	1.12	3.37	75.0	203.39	129.83	0.64
$[0,45,-45,90]_s$	287.8	83.82	0.99	3.43	85.0	138.25	124.03	0.90
$[0,0,45,45,-45,$ $-45,90,90]$	284.7	83.85	1.0	3.40	84.0	90.52	89.35	0.99
$[0,0,45,45,-45,$ $-45,0,0]$	269.2	83.82	0.94	3.21	89.0	95.48	96.04	1.01
$[0,90,90,0]$	282.7	83.57	0.46	3.38	183.0	17.45	15.21	0.87
$[90,0,0,90]$	267.7	83.57	0.43	3.20	192.0	15.14	17.18	1.13
Kalnis[6]								
$[24,-24,41,-41]$	500.0	251.13	0.523	1.99	480.17	39.0	25.38	0.65
$[24,-24,41,-41]$	500.0	251.8	0.523	1.99	481.45	39.0	25.64	0.66
$[0,45]^a$	300	150.4	0.261	1.99	576.2	4.36	1.6	0.37
$[0,45]$	300	150.4	0.261	1.99	576.2	4.36	2.44	0.56
$[0,60,-60]$	300.0	150.52	0.392	1.99	383.98	13.66	6.22	0.46
$[0,60,-60]$	300.0	150.61	0.392	1.99	384.21	13.66	6.34	0.46
$[0,60,-60]$	300.0	150.22	0.392	2.00	383.21	13.66	7.28	0.53
$[0,45,-45]$	300.0	150.66	0.392	1.99	384.34	17.26	8.71	0.50
$[0,45,-45]$	300.0	150.76	0.392	1.99	384.59	17.26	8.50	0.49
$[0,45,-45]$	300.0	150.73	0.392	1.99	384.52	17.26	9.63	0.56
$[24,-24,41,-41]$	300.0	151.32	0.523	1.98	289.33	39.48	28.96	0.73
$[24,-24,41,-41]$	300.0	150.76	0.523	1.99	288.26	39.48	26.85	0.68
$[24,-24,41,-41]$	300.0	151.16	0.523	1.98	289.02	39.48	21.10	0.53
$[24,-24,41,-41]$	300.0	151.01	0.523	1.99	288.74	39.48	25.47	0.65
Geier[24]								
$[51,-51,90,-90,40,-40]$	510.0	250.0	0.75	2.04	333.0	80.65	82.70	1.02
$[39,-39,0,0,50,-50]$	510.0	250.0	0.75	2.04	333.0	71.28	69.27	0.97
$[49,-49,36,-36,0,0]$	510.0	250.0	0.75	2.04	333.0	35.62	34.40	0.97

（[a] 本书的分析过程中不包括这个壳,它的屈曲载荷有疑义）

7.7 圆锥壳的设计与制备

（Khakimova Regina，德国，布伦瑞克，INVENT 股份有限公司）

下面首先给出一些相关定义。

设计阶段的结构模型（设计模型）：作为参考的不包含任何制造缺陷、偏差、错误或修补的物理结构（数值描述）。对于复合结构来说，设计模型包括了分层描述及其所有细节。

将要制造的结构模型（制造模型）：在设计模型中引入附加数据和物理元件以描述标准制造过程。对于复合结构来说，一般应包括组分层的铺设过程、制造程序以及其他一些确保可制造性的细节内容。

制造之后的结构模型（成品模型）：实际物理结构的数值描述。这一模型从数值角度将设计模型、制造模型、制造过程中的相关数值信息等组织到了一起，后者可以是特定零部件的制造参数和相关 NDT 信息（例如，在针对仿真中需要考察的特定缺陷分布形态进行 C 扫描，以及照相测量法或激光扫描形貌测量法测试时的相关信息）等。

7.7.1 概述

薄壁圆锥壳结构广泛应用于航空航天、近海工程、土木工程等多个领域。航天发射运载系统中的一些零部件就是圆锥壳的一个典型应用场合，如图 7.7.1 所示。在这一场合中，圆锥壳结构将承载重型装备，所受到的轴向压力载荷可能会导致结构超出极限设计约束。不仅如此，此类结构通常还具有较高的缺陷敏感性（几何、边界条件、载荷、厚度等）。因此，在这些结构的设计阶段，针对各类缺陷考察其屈曲条件是极为重要的一项工作。然而可惜的是，虽然圆锥壳结构已经得到了广泛应用，但是与圆柱壳相比，人们对其力学行为的研究还比较有限。

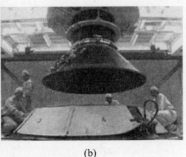

(a)　　　　　　　　　　　　　　　　(b)

图 7.7.1　(a)ECA 适配器 3936；(b)设备舱结构[1]

在航空工业领域,层合形式的纤维增强型复合结构(由单向预浸料层制备而成)已经得到了广泛的使用。一般地,在此类航空复合结构的设计中不仅需要考虑刚度和强度,同时也需要关注其制造过程。原因在于,不同的制造工艺对层合特性都有不同的影响,进而会影响到复合结构的力学特性,显然,在设计过程中就必须要考虑到这一点,而不能只简单地考虑可制造性。在这一方面,需要特别注意碳纤维增强塑料(CFRP)制成的圆锥壳结构,与复合圆柱壳不同,由于半径是变化的,因而它们的制造工艺是比较困难的(7.7.5 节将做更详尽的讨论)。

尽管在当前的航空发射装置中已经采用了一些借助最新制造技术(例如 ATL,AFP)生产的复合零部件,然而这些零部件的设计仍然还是建立在针对各向同性材料所提出的相关指南基础上的,对于圆柱壳来说是 NASA SP-8007,对于圆锥壳来说是 NASA SP-8019,这些指南均源于 20 世纪 60 年代末期。所存在的一个问题是,这些指南没有以恰当的方式将复合结构的材料特性考虑进来。此外,对于复合圆锥壳来说,制造工艺对其承载能力是存在较大影响的,因此在设计过程中应当将它们的缺陷敏感性和制造工艺考虑进来。

7.7.2 圆锥壳的稳定性

圆锥壳是一种旋转壳结构,其结构特点类似于圆柱壳[2]。现考虑这样一个截锥壳结构,其最小半径为 R_{top},最大半径为 R_{bot},高度为 H,均匀的壁厚为 t,半顶角为 α,斜边长度为 L,如图 7.7.2 所示。

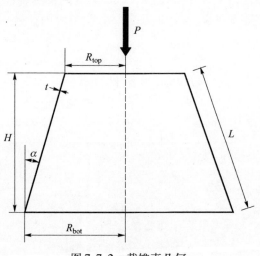

图 7.7.2　截锥壳几何

针对受到轴向压力载荷的各向同性截锥壳,Seide[3,4] 推导出了临界屈曲载荷的解析表达式。它类似于圆柱壳的经典屈曲载荷公式,不过考虑了半顶角 α 的影响,即

338

$$P_{crit} = \frac{2\pi E t^2 \cos^2\alpha}{\sqrt{3(1-v^2)}} = P_{cyl}\cos^2\alpha \qquad (7.7.1)$$

很多研究人员都将圆锥壳视为一种退化的圆柱壳来处理,截锥壳的屈曲行为确实非常类似于圆柱壳,不过一般认为处于轴向压缩载荷下的圆锥壳对缺陷的敏感程度要小于圆柱壳情况。一些学者曾总结指出,圆锥壳的屈曲载荷及其缺陷敏感性主要是取决于半顶角 α 的[5,6]。图 7.7.3 中给出了圆柱壳和圆锥壳的几何形式,以及各向同性材料情况下对应的理论屈曲载荷公式。值得特别注意的是,这里的圆柱壳和圆锥壳的理论屈曲载荷公式没有考虑柔度和高度的影响。对于圆锥壳而言,半顶角 α 对理论屈曲载荷(式(7.7.1))的影响如图 7.7.4 所示。

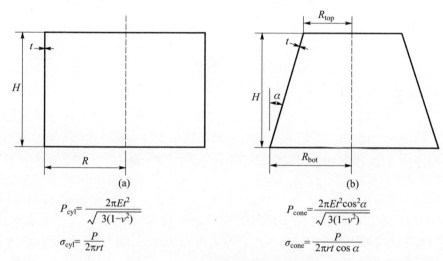

$$P_{cyl} = \frac{2\pi E t^2}{\sqrt{3(1-v^2)}}$$

$$\sigma_{cyl} = \frac{P}{2\pi rt}$$

$$P_{cone} = \frac{2\pi E t^2 \cos^2\alpha}{\sqrt{3(1-v^2)}}$$

$$\sigma_{cone} = \frac{P}{2\pi rt \cos\alpha}$$

图 7.7.3　理论屈曲载荷和压应力
(a)圆柱壳;(b)圆锥壳。

在轴线方向上圆锥壳的半径是不断变化的,从锥顶到锥底 σ_{cone} 将不断减小,而在圆柱壳情况中,由于半径不变,因而薄膜应力 σ_{cyl} 在轴线上始终是保持不变的。对于受轴向压缩的圆锥壳来说,其屈曲行为首先发生于应力最大的小端,然后向中部传播[7]。尽管如此,总体而言圆柱壳与圆锥壳的行为还是非常相似的。

在纯轴向压缩状态下(沿着壳的轴线加载),圆柱壳和圆锥壳理论上只会出现薄膜应力。为了防止出现刚体运动,以及减小泊松效应的影响(会导致轴向受压壳在周向上膨胀),一般需要在壳结构的两端施加一定的边界条件。这些边界条件会影响到圆柱壳的屈曲行为,这种影响一般与壳的高度有关[8]。人们一般认为,边界条件产生的局部应力(前屈曲范围内)和边界处施加的径向位移约束对于短圆柱壳来说影响要更为显著一些。不仅如此,在非常短的壳内屈曲位移还会受到边界条件的制约。与此不同的是,在较长的圆柱壳中,屈曲行为受其长度和边界条件的影响就要

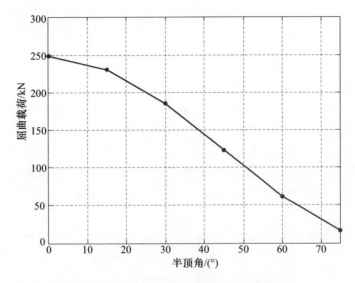

图 7.7.4　理论屈曲载荷随半顶角的变化情况

相对弱一些。正如文献[8]中曾经指出的,短圆柱壳结构具有相当稳定的后屈曲响应,与长圆柱壳结构相比,它们对几何缺陷的敏感性要低一些。这是一个非常重要的结论,因为圆锥壳和圆柱壳的行为是相似的,而且在大多数场合中所使用的锥壳结构都是比较短的(例如可参见图 7.7.1)。

Chryssanthopoulos 和 Spagnoli[9]研究了径向边界约束对加筋锥壳(轴向受压)稳定性的影响。图 7.7.5 中对比了两种不同的边界约束情形,分别是"柱状"边界和"环状"边界。这两种不同的边界条件会导致不同变形形式的前屈曲状态,当半顶角为零时(圆锥壳也就变成了圆柱壳),二者将完全一致。文献[9]曾对此做过解释,即处于"环状"边界下的圆锥壳将存在附加的径向力,进而会导致小端存在向内的弯曲,而大端存在向外的弯曲,这些变形的程度正比于 $\tan\alpha$ 值。人们已经考察过 $L/R_{\text{top}} =$

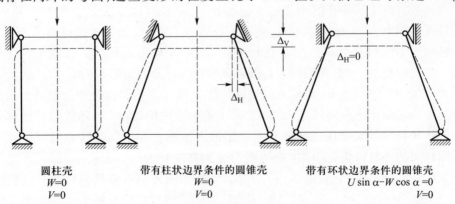

图 7.7.5　圆柱壳和圆锥壳的边界条件[9]

340

4. 66、$R_{top}/t = 129.4$ 且 $\alpha = 15°$ 的圆锥壳,研究结果表明在上述两种边界条件下所得到的屈曲载荷实质上是完全相等的。不过,就相同的圆锥壳来说,环状边界情况中初始轴向刚度要比柱状边界高出 15% 。此外,应当注意的是,当所考察的结构几何参数不同于上述情况时,两种边界情形下对应的屈曲载荷有可能会出现较大的差异。文献[9]建议在设计阶段最好采用环状边界,原因是这样可以更好地描述实际边界状态。

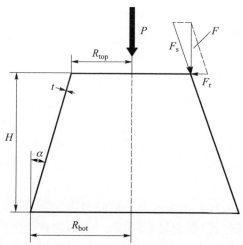

图 7.7.6   带有环状边界条件的圆锥壳受到的载荷分量

根据文献[7]给出的解释,柱状边界条件代表的是一种在锥壳的径向上非常刚硬而在斜边方向上比较柔软的边界状态,而环状边界条件则反映的是一种在锥壳轴线法面内非常刚硬而在轴线方向上比较柔软的边界状态。在实际场合中后者更具有代表性,例如很多工业场合中都会在锥壳两端安装加强环,屈曲测试的构型设置中亦是如此。一般来说,当所施加的载荷平行于轴向时(环状边界),锥壳会出现附加的水平载荷分量 F_r,如图 7.7.6 所示,在实际场合中这一载荷分量通常是由加强环来承受的[10]。这个水平载荷分量可通过如下表达式来计算:

$$F_r = \frac{P\tan\alpha}{2\pi R_{top}} \tag{7.7.2}$$

于是,顶部的圆环将在垂直于锥壳轴线的平面内受到压缩载荷,而底部的圆环则处于拉伸状态,在设计加强环的时候这些都必须考虑进来。

针对圆锥壳的屈曲问题,人们已经提出了若干种半解析方法。Jabareen 和 Sheinman[11,12]考察了此类结构的非线性屈曲行为,其中考虑了非线性前屈曲变形和初始几何缺陷(以特征模式形状的形式)的影响。Shadmehri[13,14]提出了一种半解析方法(Ritz 法)用于复合锥壳的线性屈曲预测。Castro[15,16]也基于 Ritz 法给出了一种半解析方法,并研究了层合锥壳的线性和非线性屈曲问题,其中考虑了不同类型的几何与加载缺陷。不过,对于厚度可变和(或)纤维角度可变(进而导致刚度随坐标而改变)的层合锥壳情况没有进行分析。

7.7.3　圆锥壳的下限法设计

本节介绍已有的一些设计建议,它们是以屈曲设计载荷、设计应力以及缺陷敏感性 KDF 形式给出的。在 KDF 分析中,所需的参考载荷可以通过线性屈曲分析或任何合理的理论公式(针对给定结构)来确定。NASA SP- 8019[17]这一设计指南是由 NASA 于 1968 年发布的,主要针对的是航空工业领域中常用的锥壳结构。不过,对于半顶角 α 位于 10 ~ 75°之间轴向受压的所有锥壳构型,该指南只给出了单个 KDF 值(0.33)。针对半顶角小于 10°的锥壳结构,可以参考 NASA SP- 8007,其中采用等效圆柱壳概念进行了处理,我们将在后面对其加以解释。1998 年 NASA 发布了一份报告[18],其中回顾和讨论了已有的 NASA 设计规范,包括 SP- 8019。尽管现有的 NASA 指南是可靠的,然而我们应当意识到,这些指南是偏于保守的,因此有必要做进一步完善和拓展。

人们经常采用等效圆柱壳的方式来处理圆锥壳问题,这样可以有效利用已有的圆柱壳设计方法和计算公式(针对轴向受压)。等效圆柱壳的壁厚 t 与圆锥壳是相等的,长度等于锥壳的斜边长度 L,半径等于锥壳的平均半径 R_{m}[3]。Lackman 和 Penzien[19] 曾根据屈曲实验结果,建议采用锥壳的大曲率半径来构造等效圆柱壳。不过 Seide[20] 和 Weingarten 等[21] 得到的结果却与之相矛盾。在收集所有可获得的实验结果并进行对比之后,他们[20,21]指出将圆柱壳半径 R 换成圆锥壳的小曲率半径 R_{top},所得到的结果是更为吻合的。由此,在基于圆柱壳的下限曲线基础之上,文献[21]中引入了一个经验性的参数 C 用于计算锥壳的屈曲载荷,即

$$C = 0.606 - 0.546\left\{1 - \exp\left[-\frac{1}{16}\left(\frac{R_{\mathrm{top}}}{t}\right)^{1/2}\right]\right\} + 0.9\left(\frac{R_{\mathrm{top}}}{L}\right)^2\left(\frac{t}{R_{\mathrm{top}}}\right) \quad (7.7.3)$$

式(7.7.3)是两个变量的函数,分别为锥壳顶部的半径厚度比 R_{top}/t 与半径斜边长度之比 R_{top}/L。在文献[22,23]中则给出了一个经验性修正因子 γ,或者可称为 KDF,它也依赖于 R_{top}/t,可以作为设计参考。该经验性修正因子为

$$\gamma = \frac{0.83}{\sqrt{1 + \dfrac{R_{\mathrm{top}}}{100t}}}, \quad \frac{R_{\mathrm{top}}}{t} \leqslant 212$$

$$\gamma = \frac{0.7}{\sqrt{0.1 + \dfrac{R_{\mathrm{top}}}{100t}}}, \quad \frac{R_{\mathrm{top}}}{t} > 212$$

$$(7.7.4)$$

NASA SP-8007 考虑了正交特性，因而可以适用于复合锥壳的分析。在该指南中，圆锥壳的屈曲问题是通过转化为等效圆柱壳问题进行处理的，如图 7.7.7 所示。一般地，在设计载荷计算过程中，应当将实际圆柱壳的半径替换为等效半径。为了计算 KDF 值，考虑到测试结果与理论预测值之间的偏差问题，引入了一个经验性的修正因子"γ"：

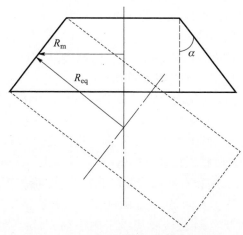

图 7.7.7　圆锥壳转换为等效的圆柱壳

$$\gamma = 1 - 0.902(1 - e^{-\varphi}) \tag{7.7.5}$$

其中：

$$\varphi = \frac{1}{16}\sqrt{\frac{R_{eq}}{t_{eq}}} \tag{7.7.6}$$

等效厚度 t_{eq} 取决于锥壳 ABD 矩阵中的弯曲刚度和拉伸刚度项[24]：

$$t_{eq} = 3.4689\sqrt[4]{\frac{D_{11}D_{22}}{A_{11}A_{22}}} \tag{7.7.7}$$

锥壳的等效半径(图 7.7.7)可以根据下式来计算：

$$R_{eq} = \frac{R_m}{\cos(\alpha)} \tag{7.7.8}$$

其中的 R_m 代表的是锥壳的平均半径值，即

$$R_m = \frac{R_{top} + R_{bot}}{2} \tag{7.7.9}$$

式中：R_{top} 和 R_{bot} 分别为锥壳的顶边半径与底边半径。

最后，设计载荷就可以表示为如下形式：

$$P = \gamma \cdot P_{cr} \qquad\qquad (7.7.10)$$

式中:P_{cr}是参考屈曲载荷,可根据线性屈曲分析计算得到。

前面给出的式(7.7.5)最早是 Seide 于 1960 年给出的,1965 年 Weingarten 对其进行了改进,最后形成了 NASA SP-8007 指南中所给出的现有形式。应当注意的是,这一指南中没有对所有复合材料特性做出恰当的处理。

等效圆柱壳这一思想已经为多个设计规范[25-27]所采用,这些规范主要面向的是建筑工程和近海工程领域中的金属结构物。有一部分研究者认为,采用等效圆柱壳思想来进行锥壳设计是不大合适的,其理由是这两类结构物对缺陷的敏感性有所不同(例如,可参阅文献[28])。当采用等效圆柱壳来处理时,在锥壳设计中就必须指定半顶角的范围,以保证这一等效处理方法的正确性。例如,在文献[27]中指定了半顶角的极限值为 65°,超过这一极限值之后等效圆柱壳假设就不再适用了。Finzi 和 Poggi[29]针对轴向受压的圆锥壳提出了一种改进的设计过程,他们得到的结论是,利用 $R_{top}/\cos\alpha$ 这个比值,圆柱壳设计中的 KDF 就可以用于半顶角小于 50°的圆锥壳的设计。文献[28]针对加筋和不加筋的金属圆锥壳,分析了现有设计规范 ECCS[27]并做出了一些改进。应当提及的是,等效圆柱壳这一方法是针对圆锥壳设计的,特别是建筑工程和近海工程领域,不过究竟应该采用小端、大端还是中部半径,人们还没有统一的认识。事实上,这些半径位置处会表现出一些不同的特征。

(1)小端半径位置是应力最高的区域;

(2)中部半径位置具有最大的面外位移;

(3)大端半径位置具有最大的柔度,对弹性失稳更为敏感。

2010 年,针对薄壁空间结构出现了最新的壳状结构屈曲设计指南,这就是所谓的欧洲建筑钢结构设计规范(ECSS)。针对航空工业中的圆锥壳结构物,该规范采用了 NASA SP-8019,或者说基于式(7.7.4)的 KDF 值。

7.7.4 圆锥壳结构的实验

本节将介绍和讨论一些轴向受压的圆锥壳屈曲实验。需要引起注意的是,与圆柱壳相比,关于圆锥壳的屈曲实验要少得多,而针对复合圆锥壳的就更加有限了。表 7.7.1 按照时间顺序总结了轴向受压圆锥壳的屈曲实验工作。这些实验中半顶角 α 的范围是相当宽的,覆盖了 3°~75°。表 7.7.1 给出的 R_{top}/t 比值经过了圆整。柔度范围也是相当宽的,涵盖了建筑工程和航空工业这两个领域。在文献[31,32]中,给出的是 R_{top}/t_{top} 比值,这是因为其中的厚度值既包括了顶边也包括了底边位置,且顶边处的厚度要远大于底边处的厚度。

第一个关于锥壳的屈曲实验是 Lackman 和 Penzien[19]完成的,他们观察到测试样件的后屈曲模式是钻石形的(带有两排屈曲褶皱),类似于圆柱壳情况。厚壁圆锥壳具有典型的轴对称倒塌机制,也即文献[33]所观测到的所谓的象足型变形。理论

表 7.7.1　轴向受压圆锥壳的屈曲实验

年份	参考文献	材料	R_{top}/t（圆整后）	$\alpha/(°)$
1961	[19]	镍	170～738	20～40
1962	[40]	聚脂薄膜	392～1360	10～30
1965	[21]	聚脂薄膜,钢	105～2300	10～75
1967	[41]	铝	—	—
1968	[42]	铜	180～1110	5～25
1977	[43]	钢,铝	14～18	11
1980	[37]	聚脂薄膜	—	3～60
1983	[38]	铝	4～40	5～10
1984	[44]	钢	6～72.5	5～10
1986	[45]	PVC	2～23	5～14.35
1987	[39]	树脂	105～230	15
1990	[34]	钢	33～100	15～30
1997	[31]	铝	5～19	16.5～65
1999	[35]	铝	29	20
2001	[46]	钢	111～143	15～30
2003	[47]	铝	—	—
2005	[32]	铝	5～18	44.51～67.1
2006	[48]	铝	30～70	16～29
2011	[33]	钢	16.3	25.56

上来说,理想圆锥壳的屈曲是从小端边缘开始产生的,这一点也得到了一系列屈曲实验[34-36]的证实。Esslinger 和 Geier[37] 曾进一步总结指出,对于陡峭的圆锥壳来说,屈曲一般开始于顶边位置,而对于扁平的圆锥壳来说,则往往开始于底边位置。然而,有一些实验研究[38,39]却表明,即便是在陡峭的圆锥壳情况中,屈曲也可能开始于靠近锥壳大端的位置。这一现象的形成原因可以归结为缺陷的影响,因为在圆锥壳大端位置附近这种影响是显著的。

在复合锥壳方面,人们也进行了少量的屈曲实验,表7.7.2 中列出了可找到的实验研究工作,其中包括了不同加载条件的情况。对于层合锥壳而言,轴向受压状态下典型的后屈曲模式如图7.7.8 所示。

Khakimova 等人[53,54]针对轴向受压的不加筋 CFRP 圆锥壳结构进行了屈曲实验分析,目的是验证一个高可靠度的数值模型和一个新的设计思想。他们设计和制备了三种几何参数完全一致而层合方式不同的锥壳,分别称为 K01、K06 和 K08,并进行了实验测试。测试前利用超声检测技术测量了这些锥壳的厚度,并利用摄影测量

表 7.7.2　复合锥壳的屈曲实验

年份	参考文献	材料	制备方法	$\alpha/(°)$	加载类型
1969	[49]	三明治	铺带	5	弯曲,扭转
1999	[50]	CFRP,GFRP	纤维缠绕	9	轴向压力
2002	[51]	GFRP	纤维缠绕	10~15	轴向压力
2012	[13]	碳纤维/聚醚醚酮(Peek)	AFP	1~3	弯曲
2015	[52]	三明治	铺带	45	轴向压力
2016	[53]	CFRP	铺带	35	轴向压力

注:GFRP,玻璃纤维增强塑料。

图 7.7.8　层合圆锥壳的典型屈曲模式[50]

方法测出了几何参数情况。测试过程中借助 ARAMIS 测试系统提取出了应变计读数和载荷 – 轴向压缩量数据。针对载荷 – 轴向压缩量曲线上的若干位置,图 7.7.9 给出了所测得的 K06 锥壳的位移场分布情况(每幅云图的色度比例是自动生成的)。

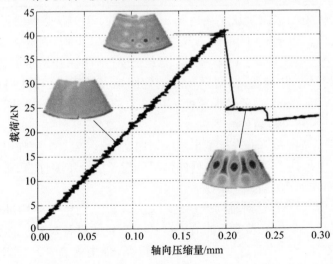

图 7.7.9　圆锥壳 K06 的载荷 – 压缩量曲线以及 ARAMIS 测得的位移场[53]

346

针对这三种圆锥壳,图 7.7.10 给出了测得的 KDF 值,同时也示出了 7.7.3 节所提及的下限曲线。由于关于航空结构物屈曲问题的最新设计指南[30]中建议对锥壳结构采用两种 KDF 计算方法,因此这里也对它们分别进行了考察,所得到的结果也在图 7.7.10 中给出。与测试结果相比,可以看出 NASA SP-8019 和 ECCS 所建议的 KDF 值显然是过于保守了。

下面将针对表 7.7.2 中列出的这些圆锥壳结构,对其制备技术做一总结和讨论。

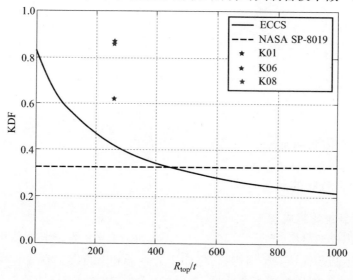

图 7.7.10 DLR 测得的复合圆锥壳的 KDF 值以及当前的设计建议值(见彩图)

7.7.5 层合锥壳的制备

分层复合结构的制备方法有很多,通常来说这些复合结构物的材料和制备工艺一般需要根据其结构要求和经济性等多个方面来选择。值得注意的是,我们必须考虑到各类制备工艺的缺陷以及层合结构物的特征,它们对于设计阶段是有影响的。一般来说,层合锥壳结构的制备是比较困难的,原因在于它们的半径沿着轴线方向是不断变化的,这就意味着不可能获得均匀的厚度,并且在壳坐标方向上也不可能实现恒定的纤维角度。不仅如此,层合锥壳的纤维缠绕轨迹还是变化的,一般取决于制备工艺方法和参数(参见图 7.7.11)。最简单也是制备过程中最常用的就是基于测地线的纤维缠绕轨迹,如图 7.7.11 中的绿色线所示。这种轨迹以一种很自然的方式落在曲面上(方向无偏转),曲面上的两点之间沿着该轨迹的距离是最短的。应当注意的是,对于复合圆柱壳来说,测地线、恒角度、恒曲率(零曲率)轨迹是完全一致的。

在 7.7.5.1 小节中,我们将根据文献[56]给出的内容,对可用于分层复合锥壳的制备方法做一回顾,读者可从中认识和理解锥壳相关制备方法的基本原理、优点以及不足之处。在 7.7.5.2 小节中,将介绍一下复合锥壳实例及其制备过程。在 7.7.5.3 小节,我们将针对层合锥壳的现有屈曲研究做一讨论,这些研究考虑了制备过程的影响,一般是以厚度和(或)纤维角度变化等形式出现的。

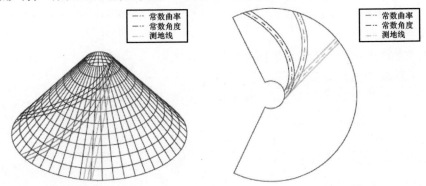

图 7.7.11 不同的纤维路径示例[55](左图为圆锥壳,右图为展开后的圆锥壳)(见彩图)

7.7.5.1 层合锥壳的制备方法

7.7.5.1.1 纤维缠绕成型

纤维缠绕成型是将纤维铺设到特定工具(如芯模)上的一个自动化过程。这一过程通常用于制备旋转壳类结构物,例如压力容器和管道等。首先将纤维缠绕到芯模上,然后注入树脂以构造基体部分,之后在热压罐中进行固化处理。在利用这种纤维缠绕方法制备圆锥壳时,一般采用基于测地线的纤维缠绕轨迹(参见图 7.7.11)。

这一方法的一个特点在于,它只适用于外凸的形状,外部光洁度较差,并且沿着长度方向纤维也不容易实现准确的铺设。另外一个特点是,纤维是沿着长度方向连续不断地铺设的,由于锥壳半径是不断变化的,因此缠绕成型后将呈现出厚度上的不均匀现象。

7.7.5.1.2 自动纤维铺设

自动纤维铺设(AFP)方法所采用的设备形式与纤维缠绕成型情况是相类似的,只是这里采用了一个特殊的铺设机器人装置来实现整个铺设过程中的释放、夹紧、剪裁和续加纤维等操作。利用热固性预浸料、热塑性材料或者干性纤维材料(纤维束形式)均可实现凸状和凹状曲面的分层制备。通过在平行的纤维带内铺设若干个纤维束(1~32 个,宽度可以为 3.2mm、6.4mm 或 12.7mm),就可以形成经线纤维。这一过程已经广泛用于航空工业领域中,特别是在 Ariane 5 的一些零件制造中就采用了这一做法[1]。在这种工艺中,纤维方向的控制以及纤维的切断都是容易实现的。除了测地线轨迹以外,AFP 方法也允许采用恒曲率和恒角度形式的纤维轨迹,如图 7.7.11 所示。该方法容易导致难以避免的间隙和重叠问题(源自于制造模型设计阶段)[57]。只要曲面带有一定的曲率,当经线铺设穿越该曲面时,由于表面情况在变化,因此 AFP 中的纤维束就难以实现精确的平行。例如,对于一端较小而另一端较大的形状来说,经线纤维必须在较小端汇聚而在较大端散开,汇聚时将会导致重叠。如果两条经线纤维完全重叠,那么该位置的组分层将由两层材料构成,而不再是单层了,这显然是我们所不希望得到的。圆柱曲面是一个例外,这是因为沿着轴线方向其半径是恒定的,因而不会出现上述问题。

这一制备工艺的特点在于,经线纤维存在着特定的最小曲率和最小长度。这一点应当在结构设计阶段的早期就加以考虑。此外,铺设公差的要求是比较高的,特别是当利用较窄的纤维束时,这也使得该方法的应用较为困难。

7.7.5.1.3 铺带方法

在铺带方法这一工艺过程中,采用的是纤维层而不是纤维束进行铺放。该过程已经广泛应用在小曲率的大型零件制造中。纤维铺层可以是预浸料或编织纤维等材料制备而成的。与 AFP 过程不同的是,这一技术中不仅可以使用矩形铺层,而且也可以使用任何自定义的铺层形状,包括曲面形状或不规则形状。通过对形状的控制,该方法能够获得连续形式的层合结构(只要制造模型中无间隙无重叠)。如果纤维铺层是以手动方式铺放到模具中的,那么该方法也称为手糊成型工艺。这一过程可以视为一种半自动化的过程,原因在于在将预浸料剪切成所需形状的步骤中可以采用自动切割机进行处理。手糊成型工艺的不足是,铺放过程的速度和质量高度依赖于操作者的技术熟练程度,另外这一过程也是不可重复的。这些不足都可以通过自动化改造来予以克服。

自动铺带(ATL)技术非常类似于手工铺层工艺方法,区别在于 ATL 中的预浸料铺放是利用机器人或机械手(自动铺带头)自动完成的,其优势是铺放速度非常高。一般过程是先将预浸料带铺放到工装上,然后再进行固化处理。ATL 中使用的带宽通常为 75mm、150mm 和 300mm,而长度是自动调整的,取决于所编制的过程情况。一般来说,这一方法中有三种不同的实现方式,分别为“一步法铺带”、“两步法铺带”和“双工位铺带”[58]。一步法铺带技术是最为常见的,在这种方式中将预浸料卷装到铺带头中,然后切割成所需的形状和尺寸(长度),进而铺放到模具表面上并压实。在一步法铺带过程中,预浸料带的传统形状是矩形的,容易产生难以避免的间隙和重合现象[57]。两步法铺带技术中,预浸料带是在另外一台切割设备上切割成型的(图7.7.12)。随后需要将预先切割好的预浸料带传送到铺带头中,进而铺放到模具表面。双工位铺带方法将上述两种技术组合起来了,最新的双工位 ATL 设备(例如 Forest-Line ATLAS[59])已经能够采用特定的不规则预浸料带来铺放双曲率复杂零件了,例如机翼蒙皮等。Forest-Line ATLAS(图7.7.13)带有两个动力头,可以加工传统的矩形带,还可以离线预切割所需的不规则预浸料带,于是既可以利用预切割材料来铺放零件,又可以利用材料卷来进行铺放。这种双工位工艺过程能够显著减少废料量,经济性更佳。此外,铺放时间和劳动力需求也得到了明显降低(尽管后者究竟是否是一个优点还是值得质疑的)。这一方法也存在着一些不足之处,例如在某些情况中难以对纤维方向进行控制,这就意味着纤维轨迹只能沿着测地线了(参见图7.7.11)。当采用两步法铺带、双工位铺带或者手工铺带方法时,只需将预浸料带切割成正确的形状(此处就是指组分层),一般是可以避免出现间隙和重合现象的。

图 7.7.12　两步法铺带式 ATL 中的离线料带切割系统(Forest-Line "ACCESS"切割机)[58]

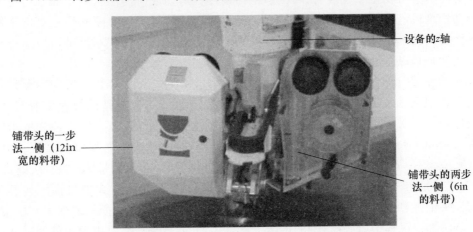

图 7.7.13　ATL"双工位"铺带头(Forest-line ATLAS)[58]

　　总地来说,在层合圆锥壳结构方面,制备方法是相当重要的,它们将对结构设计带来不可忽视的影响。与圆柱壳相比较而言,由于沿着轴线方向半径是不断改变的,因而分层复合圆锥壳的设计和制造都是更为复杂而困难的。

7.7.5.2　所制备的层合锥壳实例

　　这里我们针对表 7.7.2 中列出的测试用复合圆锥壳以及另一个采用铺带工艺加

工的锥壳[60]（未测试），简要总结和讨论它们的制备问题。

7.7.5.2.1　纤维缠绕

文献[50]中给出的锥壳是采用纤维缠绕工艺制备而成的，利用了卧式螺旋缠绕机和不锈钢制锥形心轴。所制备出的锥壳样件在厚度上存在着显著的偏差，正如该文指出的，部分样件小端处的厚度要比大端厚度高出 20% 左右。文献[51]中采用的是湿法纤维缠绕工艺，制备了碳纤维增强塑料（GFRP）锥壳零件，不过没有讨论纤维角度或厚度方面的偏差以及它们对结构受压破碎行为的影响。

7.7.5.2.2　自动纤维铺放

文献[13]中给出的锥壳是利用六轴龙门式 AFP 设备加工的，使用了热塑性纤维铺放头，不过没有对其做仔细的检测分析。这一情况中很可能不会面临厚度和纤维角度的偏差问题，因为该锥壳的半顶角很小，接近于圆柱壳结构了。不过，一般来说 AFP 会导致间隙和（或）重合问题，因此在制备半径变化的结构（如圆锥壳）时会带来厚度上的偏差。

7.7.5.2.3　铺带方法

Bert 等人[49,61]曾针对由铝蜂窝夹心和 GFRP 面板构造而成的三明治圆柱壳和圆锥壳结构，进行过屈曲测试分析。面板是采用铺带方法制备的，其制备过程可参见文献[61]。由于此处的三明治圆锥壳的半顶角相当小（$\alpha = 5°$），比较接近圆柱壳结构，因而没有讨论由重合或间隙以及纤维角度偏差等因素所导致的问题。在三明治圆柱壳的制备过程中，没有对构成组分层的纤维带进行拓扑设计，因为它的厚度和纤维方向（进而结构刚度）不会随壳的坐标而变（图 7.7.14（a））。不过，在制备锥壳时采用了传统的矩形带形式，这会导致产生间隙和（或）重合，进而产生厚度上的偏差（图 7.7.14（b））。

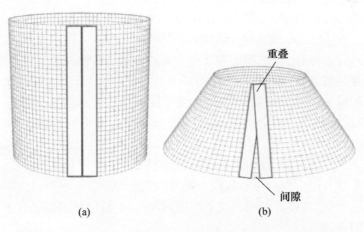

(a)　　　　　　　　　　　(b)

图 7.7.14　针对圆柱壳和圆锥壳的传统铺带过程（矩形组分层片）

Ahmed 等人[60]加工了一个发动机上的复合材料推力锥,它是一个层合加筋形式的锥壳结构,包括了 8 个曲面板,如图 7.7.15 所示。该项研究表明,在制造复合分层锥壳时,所提出的基于 ATL 的方法要比 AFP 更加合算。不过,这一制造方法却使得该锥壳存在厚度上的偏差(源自于制造模型阶段),原因在于采用了传统矩形带的一步法 ATL。在制备锥壳曲面板时,选择了 150mm 宽的矩形带,并在靠近锥壳小端位置处减少了一个组分层。这一方法改善了结构总体厚度上的均匀性,原来的三层重合(图 7.7.15(a))变成了两层重合(图 7.7.15(b))。应当提及的是,文献[60]中没有对该结构做无损测试或者力学测试,因此很难评价所提出的这一方法。

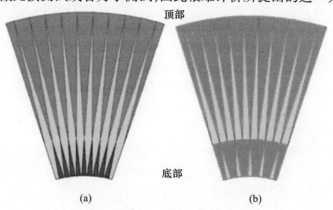

顶部

底部

(a)   (b)

图 7.7.15   径向上的铺带(见彩图)
(a)未减少组分层;(b)减少了一个组分层。

绿色——无重合;黄色——两层重合;红色——三层重合[60]

在 DESICOS[62]中,Griphus[63]利用铺带方法制备了两个三明治圆锥壳结构。设计阶段给出的三明治结构包含了 60°的纤维铺层,由于第一个纤维方向在经线方向上是不连续的,因而在制造过程中不得不改变为 40°。图 7.7.16(a)示出了 60°的测地线纤维轨迹和 11°的纤维轨迹,可以看出前者是不能延伸到锥壳两端的。因此,这就需要进行可行性分析,用以确定对于给定锥壳(铺带方法制成)的几何来说,单根纤维是否是连续的。这是一个最基本的要求,因为组分层所包含的纤维带是由平行的单根纤维组成的(沿着测地线轨迹)。由于在结构的经线方向上减少了两个组分层,因此非零层的铺放中不会出现间隙,不过会存在不可避免的重合,由此也导致了三种不同的组分层情形(图 7.7.16(b))。在该项研究中,没有给出可行的组分层拓扑构造方法,因而在制备过程中也就不可能控制实际的纤维角度和厚度分布了,从而无法对纤维角度和厚度偏差进行优化。此外,在该锥壳结构的数值模型中也没有将制造信息包括进来,这使得对于所制备出的锥壳与设计的锥壳来说,二者的屈曲载荷存在着显著的差异。

Khakimova 等人[64]曾提出了一种组分层拓扑构造方法,并将其用于圆锥壳结构

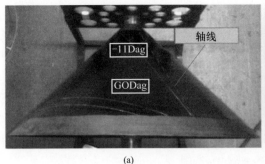
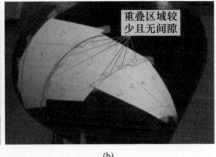

图 7.7.16　DESICOS 中铺带制成的三明治圆锥壳

(a)连续纤维铺设问题；(b)利用所建议的方法得到的结果。

（铺带方法制备）。所给出的方法通过将预浸料切割成正确的形状（此处就是组分层所需的纤维带），可以使制造模型阶段的层合结构没有间隙和重合。在他们的工作中，"连续性纤维"或者说可行性条件被定义为：单根纤维能够达到锥壳结构的两端（类似于图 7.7.16 中所给出的 11°的纤维方向）。该组分层拓扑构造方法中采用了梯形形式的组分层纤维带，并借助一组评价参数对它们进行了质量评估。这些组分层纤维带是连续的，也就是说沿着锥壳的经线方向可以不必减少组分层了（不同于图 7.7.15(b)所示的组分层拓扑）。可以对组分层拓扑参数进行优化分析，从而更好地控制纤维角度偏差和厚度缺陷，使之最小化。利用这一方法，只需对模型中的纤维角度偏差做最小化分析和处理，那么就可以使结构的制造模型与设计模型更好地吻合，二者的结构特性彼此不会相差太多了。图 7.7.17 中给出了层合过程，其中所采用的组分层预浸料带的纤维方向分别为 30°和 0°。

图 7.7.17　(a)30°纤维方向的组分层；(b)0°纤维方向的组分层[64]

7.7.5.3　圆锥壳分析中考虑制造方法带来的影响

在 7.7.2 节中我们已经针对层合圆锥壳结构的稳定性问题给出了一些解析和半

解析方法的讨论,其中假定了随着壳坐标的改变刚度系数仍为常值。然而我们知道,圆锥壳的刚度系数实际上是依赖于壳坐标的,这主要源自于不可避免的厚度和(或)纤维角度的变化[65]。受几何形状所限,层合锥壳的厚度和纤维角度一般不会同时保持为常值。不仅如此,Baruch 等人[66]还曾指出,锥壳结构的纤维角度偏差是取决于所选择的纤维轨迹的。因此,对于层合锥壳的制造模型而言,其屈曲分析和设计过程就必须考虑这一事实。这里我们针对 7.7.5 节中给出的每一种制备方法,根据相关文献简要地讨论对应的纤维角度偏差问题。为保持一致性起见,此处将采用统一的命名方法,不过要注意的是这可能与原文献有所不同。

7.7.5.3.1 纤维缠绕

如同 Baruch 等人[66]所指出的,对于利用纤维缠绕工艺制备而成的锥壳,在它们的长度方向上具有变化的层刚度。这些研究人员也是最早将层合锥壳(纤维缠绕制成)的刚度系数变化考虑进来的研究者。Zhang[67,68]曾考察了各向异性锥壳结构的初始后屈曲和缺陷敏感性问题,同时也研究了由厚度变化导致的可变刚度系数的建模。Goldfeld 等人[69-71]则分析了纤维缠绕制成的锥壳的屈曲行为,他们假定了纤维角度是沿着测地线轨迹改变的,并给出了依赖于坐标的刚度形式。研究结果[69]表明,对于层合锥壳来说,如果假定为常值刚度的话,将会导致错误的结果。文献[72]总结指出,半顶角 α 值越大,纤维倾斜角和厚度偏差也就会越大。当半顶角等于零时(即圆柱壳情形),层合结构中将不存在任何纤维和厚度偏差。此外,人们还针对受到屈曲载荷的层合构型进行了优化研究[70],优化目标是使质量达到最小。在这一工作中,将轴向坐标上的可变组分层角度(周向上不变,且小端处的组分层角度最大)定义为:

$$\theta(s) = \arcsin\left(\frac{s_{\theta_{nom}}}{s} \cdot \sin(\theta_{nom})\right) \quad\quad (7.7.11)$$

式中:$s_{\theta_{nom}}$ 代表的是锥壳顶部的名义起始位置;θ_{nom} 为 $s_{\theta_{nom}}$ 处的名义局部纤维角度;而 $\theta(s)$ 则代表了 s 处的局部纤维角度(图 7.7.18)。不过,该研究工作中没有进行样件制备,也没有进行屈曲实验来加以验证。

7.7.5.3.2 自动纤维铺放

Blom[55]采用 AFP 方法设计并制备了圆柱壳和圆锥壳结构,不过该方法导致了难以避免的间隙或重合,对于圆锥壳是三角形式的。由于在 AFP 方法中可以操控纤维方向,因此她考察了五种类型的纤维轨迹,分别是测地线轨迹、恒角度轨迹、纤维线性变化的轨迹、常曲率轨迹以及纤维角度分段变化的轨迹。图 7.7.11 中示出了恒曲率(红色)、恒角度(黑色)和测地线(绿色)这三种纤维轨迹情形。该研究中利用所提出的方法构造了一个由两个组分层(取向相反)构成的特制锥壳,如图 7.7.19所示,其中在某些位置处层的数量超过 2。

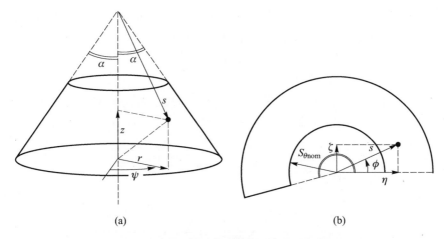

图 7.7.18 圆锥壳及其展开后的几何参数

(a)圆锥壳的坐标系统；(b)展开后的圆锥壳坐标系统。

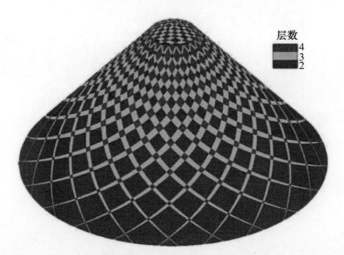

图 7.7.19 层合结构的重合层数：包含了两个组分层(见彩图)

(取向相反,经线纤维宽度不变)[55]

在这一研究中,已经对用于这一特制圆柱壳制造模型的方法以及通过 AFP 方法制成的成品模型进行了验证,不过没有对锥壳情况进行这一工作[55]。针对圆柱壳结构,与优化后的作为基准的设计(由 0°、90°和 ±45°组分层构成)相比,无约束可变刚度设计可将屈曲载荷性能提高大约 30%。不过,当引入了制造约束之后,所得到的可变刚度设计只能提高大约 17%。

7.7.5.3.3 铺带方法

对于圆柱壳来说,铺带制造工艺不会导致依赖于坐标的可变刚度,因而也就不必考虑与此相关的一些问题了。然而,如果结构的半径是变化的,那么前述的问题就会

355

出现。文献[60]中采用了铺带工艺制备了复合锥壳结构,不过没有考虑由纤维和厚度偏差导致的刚度变化。在文献[73]中,针对层合开口锥形曲面板(锥壳曲面展开后的结构)考察了可变刚度系数现象,采用铺带工艺进行了制备,其中每个组分层都必须切割成锥形曲面板的形状(利用单向预浸料)。

与纤维缠绕工艺不同的是,这种方法得到的刚度系数是沿着周向变化的,它们是修正纤维角的函数。图7.7.20给出了单个组分层的几何,其中包括了名义纤维角 θ_{nom}、实际的局部纤维角 θ。这个修正的纤维角可以表示为

$$\theta = \theta_{nom} - \varphi \tag{7.7.12}$$

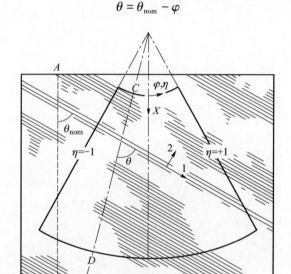

图 7.7.20 单个组分层的平面几何:θ_{nom},名义纤维角度;
θ,局部纤维角度(相对于母线的纤维角)

(修改自 K. Khatri, N. Bardell, The variation of the stiffness coefficients for laminated open
conical shell panels, Composite Structures 32(1995) 287 – 292。)

图 7.7.21 给出了刚度系数 Q_{xx} 与纤维角度以及半顶角 α 之间的关系。正如所预期的,对于圆柱壳(半顶角 $\alpha=0°$)来说,经线上的纤维角度是常值,因而刚度系数是不变的。一般而言,对于半顶角 $\alpha<10°$ 的结构来说我们可以假定刚度系数为常数。不过,如果半顶角超过了 $10°$,那么这一假定就不再合理了,此时的刚度系数将随周向坐标而变,于是在层合结构的本构方程中就必须考虑到这一点。

在 Khakimova 等人[64] 所给出的组分层拓扑方法中,采用了一组设计和评价参数。这一方法能够根据设计参数来生成对应的组分层纤维带(片)的形状,并可对最终的纤维角度偏差进行计算。利用最后得到的数据(即局部纤维角度)就可以更新刚度矩阵,从而改进数值模型,得到结构的制造模型了。

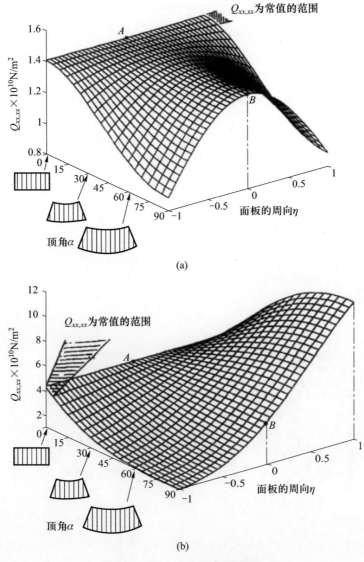

图 7.7.21　Q_{xx} 的变化情况[73]

（a）名义纤维角为 0°；（b）名义纤维角为 45°。

　　在铺带工艺方法中对于纤维带（片）来说,式（7.7.12）不再适用了,它主要考虑的是有限宽度的纤维带（片）,利用了锥坐标系的角坐标 φ（图 7.7.18）来计算局部纤维角度。由于构成组分层的纤维带（片）中的纤维角度是随着 s 坐标和 φ 坐标而不断变化的,因此必须设定一个具有名义纤维角 θ_{nom} 的点（到锥顶的距离为 $s_{\theta_{nom}}$）,进而可将 s 处的局部纤维角（参见图 7.7.18）表示为

$$\theta(\varphi) = \theta_{nom} - (\varphi_{\theta_{nom}} - \varphi) \tag{7.7.13}$$

357

式(7.7.13)中的 $\varphi_{\theta_{\text{nom}}}$ 为 θ_{nom} 对应的角坐标,可以视为组分层纤维带(片)的参考角度值(图7.7.22)。图7.7.23中给出了一个实例,它反映了一个30°的组分层,以及每一个有限单元的实际纤维取向。

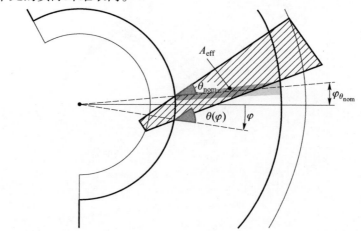

图 7.7.22 组分层片

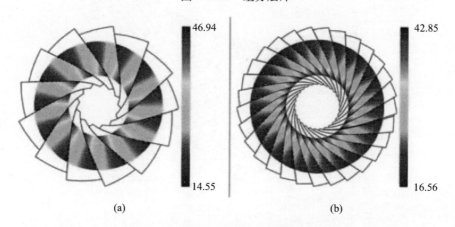

图 7.7.23 30°组分层的每个有限单元内的实际纤维取向(俯视图)

(a)宽的组分层片;(b)窄的组分层片。

总地来说,这一节中我们指出了锥壳结构的刚度系数是沿着壳坐标方向变化的,根据制备方法的不同,这些壳坐标可以是经线方向也可以是周线方向。因此,在层合锥壳结构的屈曲分析过程中,我们就应当将这种刚度系数的变化情况考虑进来。文献[55]中针对层合锥壳的 AFP 过程,提出了组分层构建设计过程,并考虑了刚度系数变化的影响。文献[72]针对纤维缠绕的锥壳进行了屈曲分析,其中也考虑了刚度系数的变化。Khakimova 等人还针对铺带法制成的层合锥壳结构,给出了一种组分层拓扑构造方法,该方法能够在有限元分析中引入纤维角偏差,从而将制备过程的影响计入进来。

最后,在表7.7.3中,我们还总结和归纳了层合锥壳方面的相关研究,这些研究在如下方面做了探讨:制备、无损检测以及用于考察制备过程对材料特性的影响的相关测试和分析,感兴趣的读者可以去参阅。

表7.7.3 现有文献中关于层合圆锥壳的研究汇总

制造方法	参考文献	计算模型中是否考虑了可变刚度系数	是否制备成型	是否进行了无损检测	是否进行了实验测试	备注
纤维缠绕	[50]	否	是	否	是	单一圆锥壳
纤维缠绕	[72]	是	否	否	否	单一圆锥壳
AFP	[55]	是	否	否	否	单一圆锥壳
铺带	[60]	否	是	否	否	加筋圆锥壳
铺带	[73]	是	否	否	否	圆锥壳面板
铺带	[49,61]	否	是	否	是	三明治圆锥壳
铺带	—	否	是	否	是	三明治圆锥壳
铺带	[53,64]	是	是	是	是	单一圆锥壳

本节参考文献

[1] "Ariane 5 manual".

[2] O. Ifayefunmi, A survey of buckling of conical shells subjected to axial compression and external pressure, Journal of Engineering Science and Technology Review 7 (2) (2014) 182−189.

[3] P. Seide, Axisymmetrical buckling of circular cones under axial compression, Journal of Applied Mechanics 23 (4) (1956) 625−628.

[4] P. Seide, Buckling of circular cones under axial compression, Journal of Applied Mechanics 28 (2) (1961) 315−326.

[5] Y. Goldfeld, I. Sheinman, M. Baruch, Imperfection sensitivity of conical shells, AIAA Journal 4 (3) (2003) 517−524.

[6] J. Pontow, Imperfektionsempfindlichkeit und Grenzlasten von Schalentragwerken, Institute für Statik, Technische Universität Braunschweig, Braunschweig, 2009.

[7] J. Singer, J. Arbocz, T. Weller, Buckling Experiments, John Wiley &Sons, 2002.

[8] J.G. Teng, J.M. Rotter, Buckling of Thin Metal Shells, Spon Press, London, 2004.

[9] M. Chryssanthopoulos, A. Spagnoli, The influence of radial edge constraint on the stability of stiffened conical shells in compression, Thin-Walled Structures 27 (2) (1997) 147−163.

[10] L.A. Samuelson, E. Sigge, Shell Stability Handbook, Elsevier Science Publishers, 1992.

[11] M. Jabareen, I. Sheinman, Effect of the nonlinear prebuckling state on the bifurcation point of conical shells, International Journal of Solids and Structures 43 (7−8) (2006) 2146−2159.

[12] M. Jabareen, I. Sheinman, Postbuckling analysis of geometrically imperfect conical shells, Journal of Engineering Mechanics 132 (2006) 1326−1334.

[13] F. Shadmehri, Buckling of Laminated Composite Conical Shells; Theory and Experiment (Ph.D. thesis), Concordia University, Montreal, Quebec, Canada, 2012.

[14] F. Shadmehri, S.V. Hoa, M. Hojjati, Buckling of conical composite shells, Composite Structures 94 (2012) 787−792.

[15] S.G.P. Castro, C. Mittelstedt, F.A.C. Monteiro, M.A. Arbelo, G. Ziegmann, R. Degenhardt, Linear buckling predictions of unstiffened laminated composite cylinders and cones under various loading and boundary conditions using semi-analytical models, Composite Structures 10 (2014), http://dx.doi.org/10.1016/j.compstruct.2014.07.037.

[16] S.G.P. Castro, C. Mittelstedt, F.A.C. Monteiro, M.A. Arbelo, R. Degenhardt, A semi-analytical approach for the linear and non-linear buckling analysis of imperfect unstiffened laminated composite cylinders and cones under axial, torsion and pressure loads, Thin-Walled Structures (2014) (submitted).

[17] V.I. Weingarten, P. Seide, NASA SP-8019-buckling of thin-walled truncated cones. NASA Space Vehicle Design Criteria − Structures.

[18] M. Nemeth, J.H. Starnes, The NASA monographs on shell stability design recommendations, NASA/TP-1998-206290, Hampton, Virginia, 1998.

[19] L. Lackman, J. Penzien, Buckling of circular cones under axial compression, Journal of Applied Mechanics 27 (3) (1961) 458−460.

[20] P. Seide, A Survey of Buckling Theory and Experiment for Circular Conical Shells of Constant Thickness, Space Corporation, 1962.

[21] V.I. Weingarten, E.J. Morgan, P. Seide, Elastic stability of thin-walled cylindrical and conical shells under axial compression, AIAA Journal 3 (1965) 500−505.

[22] European Convention for Constructional Steelwork, Enhancement of ECCS Design Recommendations and Development of Eurocode 3 Parts Related to Shell Buckling, Office for Official Publications of the European Communities, Luxembourg, 1998.

[23] A. Spagnoli, M.K. Chryssanthopoloulos, Buckling design of stringer-stiffened conical shells in compression, Journal of Structural Engineering 125 (1999) 40−48.

[24] R.M. Jones, Mechanics of Composite Materials, Taylor & Francis, United States of America, 1999.

[25] A.R. 2A, Recommended Practise for Planning, Designing and Constructing Fixed Offshore Platforms, American Petroleum Institute, 2003.

[26] D.-R. Recommended Practise, Buckling Strength Analysis, Det Norske Veritas, 2013.

[27] ECCS, Buckling of Steel Shells: European Design Recommendations, fifth ed., European Convention for Constructional Steelwork, 2008.

[28] M. Chryssanthopoulus, C. Poggi, A. Spagnoli, Buckling design of conical shells based on validated numerical models, Thin-Walled Structures 31 (1−3) (1998) 257−270.

[29] L. Finzi, C. Foggi, Approximation formulas for the design of conical shells under various loading conditions, in: ECCS Colloqium on Stability of Plate and Shell Structures, Ghent University, 1987.

[30] ECSS, Space Engineering: Buckling of Structures, ESA Requirements and Standards Division, Noordwijk, The Netherlands, 2010.

[31] N.K. Gupta, G.L. Easwara Prasda, S.K. Gupta, Plastic collapse of metallic conical frusta of large semi-apical angles, International Journal of Crashworthiness 2 (4) (1997) 349−366.

[32] G.L. Easwara Prasad, N.K. Gupta, An experimental study of deformation modes of domes and large-angled frusta at different, International Journal of Impact Engineering 32 (1−4) (2005) 400−415.

[33] J. Blachut, On elastic-plastic buckling of cones, Thin-Walled Structures 29 (2011) 45−52.

[34] R. Krysik, H. Schmidt, Beulversuche an längsnahtgescheißten stählernen Kreiszylinder- und Kegelstumpfschalen im elastisch-plastischen Bereich unter Meridiandruck- und innerer Manteldruckbelastung, Universität-Gesamthochschule Essen, 1990.

[35] H. El-Sobsky, A.A. Singace, An experiment on elastically compressed frusta, Thin-Walled Structures 33 (4) (1999) 231−244.

[36] S. Kobayashi, The Influence of Prebuckling Deformation on the Buckling Load of the Truncated Conical Shells under Axial Compression, NASA CR-707, 1967.

[37] M. Esslinger, B. Geier, Buckling and postbuckling behaviour of conical shells subjected to axisymmetric loading and of cylinders subjected to bending, in: W.T. Koiter, G.K. Mikhailov (Eds.), Theory of Shells, North Holland Publishing Company, 1980, pp. 263–288.

[38] A.G. Mamalis, W. Johnson, The quasi-static crumpling of thin-walled circular cylinders and frusta under axial compression, International Journal of Mechanical Sciences 25 (9–10) (1983) 713–732.

[39] C.G. Foster, Axial compression buckling of conical and cylindrical shells, Experimental Mechanics 27 (3) (1987) 255–261.

[40] W. Schnell, K. Schiffner, Experimentelle Untersuchungen des Stabilitätsverhaltens von dünnwandigen Kegelschalen unter Axiallast und Innendruck, DFL, 1962.

[41] A. Berkovits, J. Singer, T. Weller, Buckling of unstiffened conical shells under combined loading, Experimental Mechanics (1967) 458–467.

[42] J. Arbocz, Buckling of Conical Shells under Axial Compression, 1968.

[43] H. Ramsey, Plastic buckling of conical shells under axial compression, International Journal of Mechanical Sciences 19 (5) (1977) 257–272.

[44] A.G. Mamalis, W. Johnson, G. Viegelahn, The crumpling of steel thin-walled tubes and frusta under axial compression at elevated strain-rates: some experimental results, International Journal of Mechanical Sciences 26 (11–12) (1984) 537–547.

[45] A. Mamalis, D.E. Manolakos, G. Viegelahn, N. Vaxevanidis, W. Johnson, On the inextensional axial collapse of thin PVC conical shells, International Journal of Mechanical Sciences 28 (5) (1986) 323–335.

[46] M. Chryssanthopoulus, C. Poggi, Collapse strength of unstiffened conical shells under axial compression, Journal of Constructional Steel Research 57 (2) (2001) 165–184.

[47] C. Thinvongpituk, H. El-Sobsky, Buckling load characteristic of conical shells under various end conditions, in: The 17th Annual Conference of Mechanical Engineering Network of Thailand, Prachinburi, Thailand, 2003.

[48] N. Gupta, M.N. Sheriff, R. Velmurugan, A study on buckling of thin conical frusta under axial loads, Thin-Walled Structures 44 (9) (2006) 986–996.

[49] C. Bert, W. Crisman, G. Nordby, Buckling of cylindrical and conical sandwich shells with orthotropic facings, AIAA Journal 7 (1) (1969) 250–257.

[50] L. Tong, Buckling of filament-wound laminated conical shells, AIAA Journal 37 (6) (1999) 778–791.

[51] E. Mahdi, A. Hamouda, B. Sahari, Y. Khalid, Crushing behaviour of cone-cylinder-cone composite system, Mechanics of Advanced Materials and Structures 9 (2) (2002) 99–117.

[52] H. Abramovich, Stability and Vibrations of Thin Walled Composite Structures, Woodhead Publishing Limited, 2017.

[53] R. Khakimova, D. Wilckens, J. Reichardt, R. Zimmermann, R. Degenhardt, Buckling of axially compressed CFRP truncated cones: experimental and numerical investigation, Composite Structures (2016).

[54] R. Khakimova, R. Zimmermann, D. Wilckens, K. Rohwer, R. Degenhardt, Buckling of axially compressed CFRP truncated cones with additional lateral load: experimental and numerical investigation, Composite Structures 157 (2016) 436–447.

[55] A. Blom, Structural Performance of Fiber-Placed, Variable-Stiffness Composite Conical and Cylindrical Shells (Ph.D. thesis), The Netherlands, Delft, 2010.

[56] M.G. Bader, Selection of composite materials and manufacturing routes for cost-effective performance, Composites, Part A 33 (2002) 947–962.

[57] D. Lukaczevicz, C. Ward, K.D. Potter, The engineering apsects of automated prepreg layup: history, present and future, Composites: Part B 43 (2012) 97–1009.

[58] C. Grant, Automated processes for composite aircraft structure, Industrial Robot: An International Journal 33 (2) (2006) 117−121.

[59] "Fives' Metal Cutting | Composites," Fives' Metal Cutting | Composites, [Online]. Available: http://metal-cutting-composites.fivesgroup.com/.

[60] T. Ahmed, A. Brodsjo, A. Kremers, H. Cruijssen, F. van der Bas, D. Spanjer, C. Groenendijk, A composite engine thrust frame cone, made with novel cost-effective manufacturing technology, in: 12th European Conference on Space Structures, Materials and Environmental Testtng, Noordwijk, The Netherlands, 2012.

[61] C. Bert, W. Crisman, G. Nordby, Fabrication and full-scale structural evaluation of glass-fabric reinforced plastic shells, Journal of Aircraft 5 (1) (1968) 27−34.

[62] DESICOS, New Robust DESign Guideline for Imperfection Sensitive Composite Launcher Structures, 2012 [Online]. Available: http://www.desicos.eu.

[63] Griphus − Aeronautical Engineering & Manufacturing Ltd., 2016. [Online]. Available: http://www.griphus-aero.com/.

[64] R. Khakimova, F. Burau, R. Degenhardt, M. Siebert, S. Castro, Design and manufacture of conical shell structures using prepreg laminates, Applied Composite Materials (2015) 1−24.

[65] Y. Goldfeld, The influence of the stiffness coefficients on the imperfection sensitivity of laminated cylindrical shells, Composite Structures 64 (2004) 243−247.

[66] M. Baruch, J. Arbocz, G. Zhang, Laminated conical shells − considerations for the variations of the stiffness coefficients, in: AIAA-94-1634-CP, 1994.

[67] G.-Q. Zhang, Stability Analysis of Anisotropic Conical Shells, Technical University Delft − Faculty of Aerospace Engineering, 1993.

[68] G.Q. Zhang, J. Arbosz, Stability analysis of anisotropic conical shells, in: 34th AIAA/ASME/ASCE/AHS/ASC Structures, Structural Dynamics and Materials Conference, USA, 1993.

[69] Y. Goldfeld, J. Arbocz, A. Rothwell, Design and optimization of laminated conical shells for buckling, Thin-Walled Structures 43 (2005) 107−133.

[70] Y. Goldfeld, K. Vervenne, J. Arbocz, F. van Keulen, Multi-fidelity optimization of laminated conical shells for buckling, Structural Multidisciplenary Optimisation 30 (2005) 128−141.

[71] Y. Goldfeld, "Imperfection sensitivity of laminated conical shells, International Journal of Solids and Structures 44 (2007) 1221−1241.

[72] Y. Goldfeld, J. Arbocz, Buckling of laminated conical shells given the variations of the stiffness coefficients, AIAA Journal 42 (3) (2004) 642−649.

[73] K. Khatri, N. Bardell, The variation of the stiffness coefficients for laminated open conical shell panels, Composite Structures 32 (1995) 287−292.

第8章 复合壳状结构的振动

(Eelco Jansen,德国,汉诺威,汉诺威莱布尼兹大学)

8.1 引 言

本章将通过考察不同类型的分析模型来阐述复合壳状结构的振动行为特性,重点是大幅值振动问题。由于强度质量比和刚度质量比方面的优越性,加筋和不加筋的复合壳状结构已经广泛应用于航空工业等诸多领域的主要结构件(对质量要求较为苛刻)的设计制备之中。一般来说,此类薄壁结构物比较容易出现静态和动态屈曲失稳,在激励作用下可能发生大幅值的振动行为。事实上,关于壳类结构物的振动和动力稳定性研究方面,大幅值非线性振动问题已经凸显出其重要性,有关壳结构的非线性振动研究的综述可以参阅文献[1,2]。比较而言,圆柱壳是人们最感兴趣的一类结构形式,原因有多个方面。首先,圆柱壳是应用较多的壳状结构类型,因而对它们的研究也更具实际意义;不仅如此,对圆柱壳的分析结果在某些情况下还可以为更一般的壳状结构形式提供参考和借鉴,例如旋转壳结构就是如此。其次,圆柱壳在轴向压力载荷作用下可能产生严重的失稳行为,进而可能会导致灾难性后果。最后,圆柱壳具有最基本最简单的几何特征,这使得此类结构形式更适合于进行理论分析。也正是由于上述这些原因,在本章中我们将利用圆柱壳来展示复合壳状结构的振动行为特性。此外应提及的是,本章中所采用的描述方式大体上是类似于文献[3-7]中的处理方式的。

结构物的振动行为分析不仅是一个独立的主题,而且它与结构物的屈曲行为分析还存在着多种关联性。屈曲和振动之间存在着形式上的相似性,这一点已经启发人们利用振动测试方法来获取某些必要的相关信息,从而对屈曲行为做出评估。人们已经认识到,可以通过振动测试分析来建立实际的边界条件,这也就是所谓的振动相关性技术[8]。不仅如此,也可以通过振动测试来对屈曲载荷进行无损评估(例如,文献[9])。显然,在应用这些方法的过程中,我们势必要正确地理解和认识非线性效应(由缺陷、大幅值等引起)对振动行为的影响。此外,后屈曲和非线性振动之间也存在着一定的相似性。对于壳状结构来说,典型的不稳定后屈曲行为(或者说后屈曲路径的负斜率)对应了人们经常观察到的软化振动特性,即振动频率随振幅的增大而降低。

在导弹和发射装置场合中,圆柱壳往往是构成主结构的重要部分。在飞行过程中,这些薄壁结构一般会受到外部激励而产生大幅值的振动。正是由于这一现象的驱使,在航空航天时代之初(约 1960 年)人们就关注了这一问题并进行了研究。如果振幅相当小,那么这类壳结构的动力行为就可以通过线性分析途径来进行描述,不过当幅值较大(与壳的厚度同阶)时,那么就必须考虑非线性效应了。显然此时的这些大幅值振动行为也就属于非线性振动范畴了。这些问题中出现的非线性一般突出表现在两个方面,即:①共振频率附近的响应 – 频率关系曲线形状上;②壳的周向上出现行波响应(图 8.1)。圆柱壳非线性振动研究领域中的早期相关工作可以在 Evensen 的综述[10]中找到,更新一些的综述则可参阅文献[1,2]。

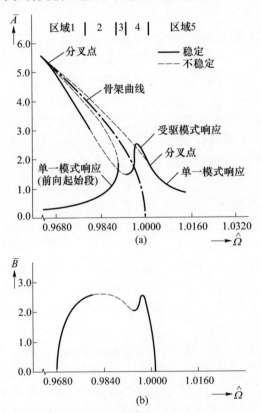

图 8.1　各向同性圆柱壳的响应(平均值 $\overline{A}$ 和 $\overline{B}$ 与归一化频率 $\hat{\Omega}$ 的关系)

(a)单一模式响应与受驱模式响应;(b)伴随模式响应。

(源自于 D. K. Liu, Nonlinear Vibrations of Imperfect Thin – Walled Cylindrical Shells (Ph. D. thesis),

Faculty of Aerospace Engineering, Delft University of Technology, The Netherlands,1988。)

对壳状结构物进行非线性振动研究的第二个原因在于,它具有非常重要的理论价值。事实上,在壳状结构的动力稳定性分析方面,一个最基本的主题就是非线性

（自由或受迫）振动。这里所谓的"动力稳定性"是指各种与壳结构稳定性相关的动力行为[11]，通常是借助牛顿定律或与之等效的方法（即将惯性考虑进来）来加以考察的。在壳结构的动力稳定性领域中，涵盖了一系列重要问题，例如动力屈曲（阶跃加载或冲击加载下的屈曲）、参数激励（脉冲载荷下的振动屈曲）、颤振（气流诱发的失稳）等。必须注意的是，理论分析和实验测试之间往往存在着一定的偏离，众多研究人员在壳屈曲分析方面主要都是针对这一问题进行的，实际上动力学分析领域中的相关研究者也大多如此，特别是在壳类结构的颤振分析方面[12,13]和非线性振动分析方面[10]。

在圆柱壳的横向振动方面，关于非线性的类型一直以来就是一个有争议的问题。最早期的理论研究曾预测指出，它们应该属于一类硬非线性，也即频率会随着振幅的增大而增大。然而，实验结果却恰好与之相反，呈现出一种软非线性行为，即频率随着振幅的增大而降低。不仅如此，在一些重要的实际场合中人们也确实观测到了软非线性这一结果[14,15]。后来的研究人员发现，在这些理论分析中缺少了恰当的轴对称变形函数，从而导致了无法满足周向上的周期性条件，这正是这些早期理论研究工作的一个主要缺陷。由于在描述轴对称结构的非线性振动方面缺少清晰而具有一致性的模型，为此文献[16]针对此类结构物的振动问题进一步深入分析了非线性机理，并揭示出了中曲面曲率的重要性。

前面已经提及，壳结构的非线性振动研究与结构稳定性问题是强相关的，后者也就是可能直接导致结构失效的大幅值响应。此外，如果在设计阶段考虑声疲劳问题的话，那么也有可能需要进行非线性分析，而不是线性分析。例如，在受到高强度声疲劳加载的复合平板和曲面板分析中，就有必要考虑大幅值效应（例如，文献[17]）。此外，还有另一个考虑大幅值振动的应用实例，不过它与结构稳定性没有直接关系，针对的是薄壁圆柱壳上的流体 - 结构相互作用中的非线性声学响应，可参见文献[18]。

在实际情况中，壳状结构物的稳定性和振动分析问题是比较复杂的，这主要源自于它们的几何、各向异性、非线性以及较多的自由度数。此类问题的求解一般可以借助一种强有力的离散方法来完成，即 Arbocz[19] 给出的所谓的 Level 3 分析方法。利用有限元方法进行空间的离散处理，并结合时间域的数值积分，我们就能够确定结构的瞬态行为。

在进行 Level 3 分析之前，应当对结构的行为有深入的认识。在定义模型和解读分析结果之前，我们都必须清晰地认识和理解结构行为中所涉及的主要机制。就圆柱壳而言，它们是一种几何简单的重要而复杂的模型，对此我们可以设计出半解析（同时包含解析部分和数值部分）分析方法，其中应体现结构行为的主要特征。由此建立的分析模型能够为我们提供参考解，一般来说计算效率是比较高的，因而适合于参数研究这一目的。显然，此类模型对于我们更好地理解结构行为特性是不可或缺的。应当指出的是,对于复杂结构的行为分析而言,往往必须综合利用各种具有不同复杂度的方法,它们往往是相互补充的。

类似于文献[19]所给出的针对屈曲问题的分析策略,为了实现 Level 3 分析,在壳状结构物的非线性振动问题中,建议采用如下振动分析过程。

(1)在所谓的 Level 1 分析或者说简化分析过程中,利用伽辽金方法或变分方法将系统构建为自由度较少的模型,并在壳边位置处采用假设变形模式来近似满足简支边界条件。在这一方法中,也可以将缺陷的效应包括进来。所谓的"简化分析"是指采用了有限个数的假设模式来近似满足简支边界,以及使用简单的缺陷形状进行分析。这一 Level 1 分析过程构成了壳结构非线性行为分析的第一步工作,后续过程一般需要借助更为精确的分析方法。

(2)在 Level 2 分析或者说拓展分析过程中,需要针对相关变量在壳的周向上进行傅里叶分解,用于消除对周向坐标的依赖性。这一问题进而可以描述为一组轴向上两点形式的边值问题,可以借助数值方法进行求解,例如有限差分法,再如本章中给出的并行打靶法等。在 Level 2 分析过程中,指定的边界条件可以得到严格的满足。

本章中将采用 Level 1 和 Level 2 分析过程,对复合壳结构的大幅值振动行为特性进行分析,从而揭示这些非线性振动行为的基本机理。

8.1.1　问题描述

本章主要考察的是分层复合圆柱壳的非线性振动问题,用以展现复合壳状结构物的多种行为特性。虽然所采用的分析方法是用在层合壳上的,不过很容易就能拓展到加筋壳结构(带有间隔的环状和条状筋板)。这里所讨论的壳的几何可以通过半径 R、长度 L 和厚度 h 这三个参数来描述,如图 8.2 所示。

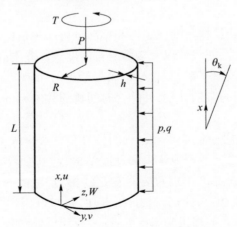

图 8.2　壳的几何、坐标系统以及所施加的载荷

静态加载包括三种基本的(轴对称)载荷形式:轴向压力载荷 $\tilde{P}$,均匀的径向压力 $\bar{p}$,扭矩 $\tilde{T}$,如图 8.2 所示。此外,壳结构也可以受到这三种基本形式的动力加载,即 $\hat{P}(t)$、$\hat{p}(t)$ 和 $\hat{T}(t)$,它们都是时间的函数。进一步,壳上还可以受到空间分布形式的径向简谐载荷 q,以及径向气动力载荷(由超声流引发)p_{ae}。在 8.1.3 节中我们将更详细地讨论壳的载荷问题。

这里所考察的变形程度是适中的,或者说几何非线性只限于适度的小转动情形[20-22],我们可以采用常见的 Kirchhoff 假设来处理,并且所分析的非线性方程是基于 Donnell 薄壳理论的。一些基本的假设如下[23]。

(1) 薄壳假定,即 $h/R \ll 1$,$h/L \ll 1$;

(2) 小应变假定($\varepsilon \ll 1$);

(3) 位移 u 和 v 无穷小,而 W 与壳的厚度同阶;

(4) 壳单元的横向转动量较小($W_{,x}^2$ 和 $W_{,y}^2$ 与 ε 同阶);

(5) Kirchhoff 假设,即:与其他正应力分量相比,横向正应力是小量,可以忽略不计;变形前中曲面的法线在变形后仍保持为直线,且垂直于变形后的中曲面,无伸长。

对于分层复合壳结构来说,可能需要将横向剪切变形效应考虑进来,这是因为横向剪切刚度通常要比面内刚度小一些[24]。在文献[3]中,已经考虑了横向剪切变形的影响,并将其纳入到了前述分析框架中。

另外,在构建控制方程时,还需采用文献[25]所给出的一些假设,即:

在 y 方向上的力平衡方程中忽略掉包含横向剪应力合力 Q_y 的项,或者也可等价地在转角 β_y 的表达式中忽略掉位移项 v。

对于静态问题,文献[21]研究指出在 Donnell 假设条件下,在所施加的载荷的势能表达式中可以略去包含二次位移的项,也即,所施加的载荷可以视为一种死载荷。对于屈曲问题,人们已经熟知,如果屈曲模式的周向波数 n 较小(例如 $n \leqslant 4$)同时周向弯曲对应变能的贡献比轴向弯曲的贡献更为重要的话[26],那么 Donnell 方程的准确性将会受到影响。文献[21]已经针对静态屈曲问题讨论过非线性范围内 Donnell 方程受到的限制(亦可参见文献[27])。利用 Donnell 方程,我们可能会遗漏掉势能表达式中某些相关的四次项,它们对于大变形条件下的稳定性行为是有影响的。

在动力学问题的分析中,对于周向波数较大的情况,采用 Donnell 方程所导致的线性频率误差是比较小的。必须注意的是,在动力学问题中,最大误差不一定对应于最小的 n 值[28]。关于线性和非线性动力学问题中 Donnell 形式的方程,文献[29]已经做过比较详细的讨论。

这里的分析过程中还涉及其他一些假设,如下。

(1)(占据主导地位的)径向模式的面内惯性在控制方程中忽略不计。由于忽略这一面内惯性,所导致的频率误差是正比于 $1/n^2$(对于较大的 n 值)的。另外,分析中也不考虑转动惯量的影响。对于小波长的变形来说,转动惯量可能是比较重要的,也即此时的横向剪切变形是比较重要的。

(2)采用经典层合理论[30]。分析中将采用分层各向异性壳的本构方程,其中每个组分层都假定为正交各向异性,它们的主轴可以位于任何方向。对于周向上的环状筋和轴向上的筋条,它们的效应可以通过平铺等效刚度法[31]来考察。

(3)假定为线弹性材料。

(4)不考虑热学效应与湿热效应(即高温下的潮湿影响[32])。

对于分层各向异性壳而言,基本的 Donnell 形式的控制方程由如下几个部分组成:

(1)非线性应变 – 位移关系;

(2)本构方程;

(3)运动方程。

这些内容都可以在第 10 章中找到。运动方程可以根据应变 – 位移关系以及恰当的能量和功表达式(借助哈密尔顿原理)推导得到。所得到的方程还可以进一步简化成一组以径向位移 W 和应力函数 F 表示的控制方程。这些方程以及相应的边界条件,也就构成了此处的分析基础。

8.1.2 控制方程

本节将针对圆柱壳在非线性平衡态附近的振动,介绍其非线性动力学行为的控制方程。这里假定径向位移 W 的正方向是向内的(图 8.2)。通过引入 Airy 应力函数 F,使得 $N_x = F_{,yy}$、$N_y = F_{,xx}$ 和 $N_{xy} = -F_{,xy}$(图 8.3),那么对于一般的由各向异性材料制成的非理想壳来说,就可以将 Donnell 形式的非线性方程表示成如下形式[3]:

$$L_{A*}(F) - L_{B*}(W) = -\frac{1}{R}W_{,xx} - \frac{1}{2}L_{NL}(W, W + 2\overline{W}) \tag{8.1}$$

$$L_{B*}(F) + L_{D*}(W) = \frac{1}{R}F_{,xx} + L_{NL}(F, W + \overline{W}) + p - \bar{\rho}hW_{,tt} \tag{8.2}$$

式中:变量 W 和 F 均依赖于 x、y 和时间 t;R 为壳的半径;$\bar{\rho}hW_{,tt}$ 代表的是径向惯性项;$\bar{\rho}$ 为层合结构的(平均)质量;h 为壳的(参考)厚度;p 为(等效)径向压力(向内为正),它也可以随时间而变,四阶线性微分算子的定义为

$$L_{A*}() = A_{22}^*()_{,xxxx} - 2A_{26}^*()_{,xxxy} + (2A_{12}^* + A_{66}^*)()_{,xxyy} - 2A_{16}^*()_{,xyyy} + A_{11}^*()_{,yyyy} \tag{8.3}$$

$$L_{B*}() = B_{21}^*()_{,xxxx} + (2B_{26}^* - B_{61}^*)()_{,xxxy} + (B_{11}^* + B_{22}^* - 2B_{66}^*)()_{,xxyy} \\ - (2B_{16}^* - B_{62}^*)()_{,xyyy} + B_{12}^*()_{,yyyy} \tag{8.4}$$

$$L_{D*}() = D_{11}^*()_{,xxxx} + 4D_{16}^*()_{,xxxy} + 2(D_{12}^* + 2D_{66}^*)()_{,xxyy} + 4D_{26}^*()_{,xyyy} + D_{22}^*()_{,yyyy} \tag{8.5}$$

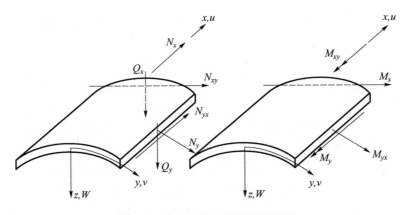

图 8.3　应力合力与合力矩的定义

这些微分算子均依赖于层合结构的刚度特性。非线性算子为

$$L_{NL}(S,T) = S_{,xx}T_{,yy} - 2S_{,xy}T_{,xy} + S_{,yy}T_{,xx} \tag{8.6}$$

该算子体现了几何非线性。刚度参数 A_{ij}^*、B_{ij}^* 和 D_{ij}^*（$i,j = 1,2,6$）将在第 10 章给出。

式（8.1）保证了应变和径向位移场的相容性，而式（8.2）则为径向上的运动方程（动力平衡方程）。

壳的加载可以是静态的也可以是动态的，其形式可以是前述的基本形式，即轴向压力、径向压力和扭转等。一般地，W 和 F 都可以表示成两个位移和应力状态的叠加形式，即

$$W = \tilde{W} + \hat{W} \tag{8.7}$$

$$F = \tilde{F} + \hat{F} \tag{8.8}$$

其中的 $\tilde{F}$ 和 $\tilde{W}$ 分别代表（受静态载荷作用的非理想壳）静态几何非线性状态中的应力函数和法向位移；而 $\hat{F}$ 和 $\hat{W}$ 则分别代表的是大幅值振动这一动力状态中的应力函数和法向位移。

对于非理想各向异性圆柱壳来说，关于非线性平衡态的 Donnell 形式的方程为

$$L_{A^*}(\tilde{F}) - L_{B^*}(\tilde{W}) = -\frac{1}{R}\tilde{W}_{,xx} - \frac{1}{2}L_{NL}(\tilde{W}, \tilde{W} + 2\overline{W}) \tag{8.9}$$

$$L_{B^*}(\tilde{F}) + L_{D^*}(\tilde{W}) = \frac{1}{R}\tilde{F}_{,xx} + L_{NL}(\tilde{F}, \tilde{W} + \overline{W}) + \tilde{p} \tag{8.10}$$

其中的 $\tilde{p}$ 代表静态径向载荷。

非线性动力状态的控制方程可以写为如下形式：

$$L_{A^*}(\hat{F}) - L_{B^*}(\hat{W}) = -\frac{1}{R}\hat{W}_{,xx} - \frac{1}{2}L_{NL}(\tilde{W}, \hat{W}) - \frac{1}{2}L_{NL}(\hat{W}, \tilde{W} + 2\overline{W}) - \frac{1}{2}L_{NL}(\hat{W}, \hat{W})$$

$$\tag{8.11}$$

$$L_{B*}(\hat{F}) + L_{D*}(\hat{W}) = \frac{1}{R}\hat{F}_{,xx} + L_{NL}(\widetilde{F},\widetilde{W}) + L_{NL}(\hat{F},\widetilde{W}+\overline{W})$$

$$+ L_{NL}(\hat{F},\hat{W}) - \bar{\rho}h\hat{W}_{,tt} + \hat{p} \tag{8.12}$$

其中的 $\hat{p}$ 为径向动力载荷,该载荷可以是一个指定的载荷,显式地表示为时间的函数,或者表示为时间的隐函数,例如颤振情况就是如此(可参见 8.1.3 节)。在动态情况中(即依赖于时间,通常是非保守的),一般还可以包括非平稳载荷(可以表示为时间变量的函数形式)和平稳载荷(不直接依赖于时间变量)。

在这里给出的动力学方程中,没有包括阻尼项。在求解上述偏微分方程组时,将通过一些假设的空间模式(借助伽辽金或变分过程)把这些微分方程简化为有限自由度的系统,参见 8.2 节。在那时我们将以黏性模态阻尼项的方式将阻尼引入离散系统运动方程中来。

8.1.3 边界条件和施加的载荷

本节将考察如下一些情况:
(1) 静态情况(屈曲前,振动前,颤振前);
(2) 动态情况(阶跃加载条件下的屈曲);
(3) 参数激励(脉冲载荷条件下的振动屈曲);
(4) 非线性振动。

8.1.3.1 压力加载

在静态情况中,也即与时间无关的情况中,径向压力载荷是保守型的。这里假定整个圆柱壳曲面上受到的压力载荷都是相同的,因而也就是轴对称形式的了。外部压力与内部压力之差称为净压力(向内为正),可表示为 p_e,即

$$\tilde{p} = p_e \tag{8.13}$$

如果净压力的方向指向壳的外部(即为负值),那么有 $p_e = -p_i$,其中的 p_i 代表的是净内压力。

在非线性振动情况中,非平稳载荷将由下式给出:

$$\hat{p} = q = \hat{q}(x,y)\cos\omega t \tag{8.14}$$

式中:q 为指定的径向载荷(具有振动模态形式的空间分布)。

在动态屈曲和参数激励情况中,非平稳压力载荷(在壳曲面上均为常数)由下式给出:

$$\hat{p} = \hat{p}_0 f(t) \tag{8.15}$$

式中:$\hat{p}_0$ 为常数;$f(t)$ 为一个指定的时间函数。对于阶跃加载(动态屈曲情况)有 $f(t) = u(t)$,$u(t)$ 为单位阶跃函数;对于脉动加载(参数激励情况)有 $f(t) = \cos\Omega_e t$,

370

Ω_e 为激励频率。

表 8.1 中将径向加载(p)条件下的不同情况作了归纳。应当指出的是,本章所采用的模型经过拓展之后是可以用于分析外部超声流导致的颤振行为的。在此类颤振情况的分析中,壳的外曲面将受到高马赫数的超声流作用(平行于壳的轴线),这方面的研究可以参见文献[5],其中的气动压力载荷是借助线性活塞理论得到的,这一最简单的理论经常用于此类问题的建模分析。为了保持完整性,在表 8.1 中也将与此对应的气动载荷情况包括了进来。

表 8.1 载荷情况汇总($u(t)$为单位阶跃函数)

情况	N_0	T_0	p
静态	$\tilde{N}_0$	$\tilde{T}_0$	p_e
颤振前	—	—	$\bar{p}_{ae} + p_e$
动态屈曲	$\hat{N}_0 u(t)$	$\hat{T}_0 u(t)$	$\hat{p}_0 u(t)$
参数激励	$\hat{N}_0 \cos\Omega_e t$	$\hat{T}_0 \cos\Omega_e t$	$\hat{p}_0 \cos\Omega_e t$
非线性振动	—	—	$\hat{q}(x,y)\cos\omega t$
颤振	—	—	$\hat{p}_{ae}$

8.1.3.2 面内加载和边界条件

在静态情况中,将考虑在圆柱壳边界上加载基本形式的轴对称面内载荷、轴向压力载荷以及扭转载荷等。这里的分析中均将这些载荷视为均匀的,也即轴对称形式的,或者说它们与周向坐标是无关的,可以表示为

$$N_0 = \tilde{N}_0 \qquad\qquad (8.16)$$

$$T_0 = \tilde{T}_0 \qquad\qquad (8.17)$$

在动态屈曲和参数激励情况中,非平稳加载也包括了基本的轴对称面内载荷、轴向压力载荷以及扭转载荷,它们都是时间的函数,即

$$N_0 = \hat{N}_0 f(t) \qquad\qquad (8.18)$$

$$T_0 = \hat{T}_0 f(t) \qquad\qquad (8.19)$$

式中:$\hat{N}_0$ 和 $\hat{T}_0$ 均为常数;$f(t)$为指定的时间函数。对于阶跃加载(动态屈曲情况)有 $f(t) = u(t)$,$u(t)$ 为单位阶跃函数;对于脉动加载(参数激励情况)有$f(t) = \cos\Omega_e t$,Ω_e 为激励频率。表 8.1 中已经列出了面内加载的各种情况。

圆柱壳边界上的面内位移 u^e 和 v^e 可以表示成如下所示的形式,即

$$
\begin{bmatrix} u^{e} \\ v^{e} \end{bmatrix} = \begin{bmatrix} u_0^{e} \\ v_0^{e} \end{bmatrix} + \sum_{n=1}^{\infty} \left\{ \begin{bmatrix} u_{1n}^{e} \\ v_{1n}^{e} \end{bmatrix} \cos n\theta + \begin{bmatrix} u_{2n}^{e} \\ v_{2n}^{e} \end{bmatrix} \sin n\theta \right\} \tag{8.20}
$$

其中壳边处的应力合力 N_x^{e} 和 N_{xy}^{e} 可以表示为

$$
\begin{bmatrix} N_x^{e} \\ N_{xy}^{e} \end{bmatrix} = \begin{bmatrix} N_{x0}^{e} \\ N_{xy0}^{e} \end{bmatrix} + \sum_{n=1}^{\infty} \left\{ \begin{bmatrix} N_{x1n}^{e} \\ N_{xy1n}^{e} \end{bmatrix} \cos n\theta + \begin{bmatrix} N_{x2n}^{e} \\ N_{xy2n}^{e} \end{bmatrix} \sin n\theta \right\} \tag{8.21}
$$

根据定义,边界处的面内应力合力产生的压力和力矩(在边界面上平均处理后)应为

$$
N_0 = -\frac{1}{2\pi R} \int_0^{2\pi R} N_x \mathrm{d}y = \text{指定值} \tag{8.22}
$$

$$
T_0 = \frac{1}{2\pi R} \int_0^{2\pi R} N_{xy} \mathrm{d}y = \text{指定值} \tag{8.23}
$$

在这里的分析中,上述应力合力都假定是事先指定的,它们对应于应力合力一般表达式(8.21)中的常值部分(即周向上均匀)。

平均位移 u_0,以及边界面 $x=0$ 和 $x=L$ 之间的相对(平均)扭转角 v_0/R 可以分别通过下式给出:

$$
u_0 = \frac{1}{2\pi R} \int_0^{2\pi R} \int_0^{L} u_{,x} \mathrm{d}x \mathrm{d}y \tag{8.24}
$$

$$
v_0 = \frac{1}{2\pi R} \int_0^{2\pi R} \int_0^{L} v_{,x} \mathrm{d}x \mathrm{d}y \tag{8.25}
$$

这些位移对应了面内位移表达式(8.20)中的常值部分(即周向上均匀)。在现有文献中,与此相关的边界条件常被称为"可动"边界面。当面内的平均薄膜应力已经指定后,壳边处的平均位移就是不受限制的。为确定性起见,可以假设载荷施加在 $x=L$ 处,并将 $x=0$ 处的周向平均边界面位移设定为零,面内载荷是指定的,而如果轴向压力或扭转载荷值没有给定,那么默认假定它们为零。

表8.2中列出了一些标准的边界条件,其中的 q 代表的是轴向载荷偏心量(从壳的中曲面开始测量,向内为正)。对于一阶状态问题(将在8.3节中讨论)、线性屈曲或线性振动问题,表8.2中给出的边界条件应当是齐次的。对于面内边界条件来说,则包括了两种,分别是周向上具有不变的面内位移和周向上具有变化的面内位移。在标准边界条件中出现的零位移不应理解为"不可动"情形,而应理解为相对于"可动"边界面的平均位移而言,它对周向的位移变化做了限制。标准边界条件中的 $u=0$ 和 $v=0$ 分别等价于 $u_{,yy}=0$ 和 $v_{,y}=0$,在以变量 W 和 F 的形式来表达这些边界条件(即所谓的简化边界条件)时可以用到它们。在基本状态中,一般假定面内平均载荷是给定的,而与增量(一阶)或高阶状态对应的则默认为零。

372

表 8.2　标准的边界条件

SS - 1	$N_x = -N_0$	$N_{xy} = T_0$	$W = 0$	$M_x = -N_0 q$
SS - 2	$u = 0$	$N_{xy} = T_0$	$W = 0$	$M_x = -N_0 q$
SS - 3	$N_x = -N_0$	$v = 0$	$W = 0$	$M_x = -N_0 q$
SS - 4	$u = 0$	$v = 0$	$W = 0$	$M_x = -N_0 q$
C - 1	$N_x = -N_0$	$N_{xy} = T_0$	$W = 0$	$W_{,x} = 0$
C - 2	$u = 0$	$N_{xy} = T_0$	$W = 0$	$W_{,x} = 0$
C - 3	$N_x = -N_0$	$v = 0$	$W = 0$	$W_{,x} = 0$
C - 4	$u = 0$	$v = 0$	$W = 0$	$W_{,x} = 0$

注:C,固支;SS,简支。

对于周向上位移为常值和为变值这两种情况来说,它们导致的结果是有明显不同的,需要引起特别的注意。例如,当在非线性(摄动)分析中(参见 8.3 节),或者在带有不对称缺陷的圆柱壳(缺陷形状为振动模态形式)的线性化振动中,零阶和二阶状态出现轴对称变形时,这一差异就将体现在壳边的面内位移或者面内应力方面。不仅如此,对于各向异性的壳来说,轴向变形和扭转变形之间还可能会发生耦合行为。对于上述两种情况,我们必须意识到,在此处的分析和描述中,不应当引入边界面周向上的不变位移条件。

更一般的情形是弹性边界约束,可以通过在边界条件中引入弹性刚度参数 k_u、k_v、k_w 和 k_{w_x} 来构建,即

$$N_x + k_u u = 0 \qquad (8.26)$$

$$N_{xy} + k_v v = 0 \qquad (8.27)$$

$$M_{x,x} + (M_{xy} + M_{yx})_{,y} + N_x(W_{;x} + \overline{W}_{,x}) + N_{xy}(W_{,y} + \overline{W}_{,y}) + k_w W = 0 \qquad (8.28)$$

$$M_x + k_{w_x} W_{,x} = 0 \qquad (8.29)$$

其中,刚度参数的符号取决于壳边($x = 0$ 或 $x = L$)。

最后应当注意的是,圆柱壳的几何形式要求所有变量在周向上均应满足周期性条件。

8.2　复合圆柱壳振动的简化分析

8.2.1　概述

这里通过 Level 1 分析或者说简化分析过程(参见 8.1 节),针对受到简谐横向激励载荷的非理想各向异性圆柱壳结构,考察其稳态非线性横向振动行为。早期关于壳结构的非线性振动行为研究均属于这一分析类型(即 Level 1 分析)。这里的讨论可以视为这些早期研究(针对各向同性和正交各向异性壳结构)在层合(各向异性)

壳场合中的拓展。

由于制造过程的影响,实际得到的壳结构总是偏离理想几何的,这种偏差也称为几何缺陷,它们对于圆柱壳的动力学行为具有显著的影响,并且对于受静态载荷作用的(振动前)状态的应力分布也是有影响的。文献[33]中曾经考察过各向同性圆柱壳的不对称缺陷对其非线性振动行为的影响。文献[34]则针对环状和条状加筋圆柱壳结构(轴向受载)的线性化振动问题给出了一个模型,用于分析轴对称和不对称缺陷的效应。文献[35]进一步考察了此类圆柱壳结构的非线性振动问题。

为研究非线性行为特性,可以借助伽辽金过程进行,其中采用了较少的变形模式。在变形函数中包括了两个不对称模式,二者在周向上相差90°相位,即直接激发出的"驱动模式(driven mode)"及其"伴随模式(companion mode)"。这些模式的耦合响应可以理解为一个周向上的行波模式。所假定的这两个不对称模式在轴向上带有 m 个波。在变形假设函数中,还包括了轴对称模式 $C_1\cos\dfrac{i\pi x}{L}$,它与前两个不对称模式一起满足了强耦合条件($i=2m$)[35]。在非线性行为分析中这个轴对称模式是相当重要的。

现在考虑圆柱壳受到轴向压力、径向压力和扭转等静态载荷的作用。可以假定静态响应是给定的两个模式缺陷的仿射,由一个轴对称模式和一个不对称模式组成。分析中可以采用 Donnell 形式的控制方程和经典层合理论方法,并且可以利用 Khot 的描述方法[36]来考虑不对称模式的偏斜度。这些模式是近似满足简支边界条件的。我们可以借助伽辽金方法对此静态情况进行求解,而通过依次使用伽辽金方法和平均法就可以得到非线性自由和受迫振动的频率–振幅曲线了。

8.2.2 伽辽金方法和平均法

这里我们将给出非线性动力状态的控制方程。振动行为的建模是通过假设一个轴对称模式和两个不对称模式实现的。如同前面指出的,静态响应是假定为给定的两模式缺陷的仿射情形的。应用伽辽金过程消去空间依赖性,然后利用平均法消去时间依赖性,我们就能够得到两个耦合的非线性代数方程,它们给出了平均振幅 $\overline{A}$ 和 $\overline{B}$。

为了考察受静态载荷作用的非理想各向异性圆柱壳的非线性振动(大幅值)所具有的一些重要行为特性,可以针对缺陷模式和响应模式采用如下所示的表达式。

(1)缺陷模式:

$$\overline{W}/h = \bar{\xi}_1\cos\frac{2m\pi x}{L} + \bar{\xi}_2\sin\frac{m\pi x}{L}\cos\frac{n}{R}(y-\bar{\tau}_K x) \qquad (8.30)$$

(2)静态模式:

$$\tilde{W}/h = \tilde{\xi}_0 + \tilde{\xi}_1\cos\frac{2m\pi x}{L} + \tilde{\xi}_2\sin\frac{m\pi x}{L}\cos\frac{n}{R}(y-\tau_K x) \qquad (8.31)$$

374

（3）动态模式：

$$\hat{W}/h = C_0(t) + C_1(t)\cos\frac{2m\pi x}{L} + A(t)\sin\frac{m\pi x}{L}\cos\frac{\ell}{R}(y - \tau_K x)$$

$$+ B(t)\sin\frac{m\pi x}{L} + \sin\frac{\ell}{R}(y - \tau_K x) \tag{8.32}$$

式中：$C_0(t)$、$C_1(t)$、$A(t)$ 和 $B(t)$ 是位移模式中的依赖于时间变量的未知系数；而 n 和 ℓ 分别代表的是缺陷模式和振动模式中周向上完整的波数。需要注意的是，对于静态情况来说，动态响应模式不能精确满足经典的简支边界条件。由于缺陷模式、静态和动态响应模式均假定为仿射型的，因此可令缺陷的偏斜度参数等于响应中的偏斜度参数，即 $\bar{\tau}_K = \tau_K$。

径向位移式(8.32)中包含了两个不对称模式，其中带有时变系数 $A(t)$ 的模式称为驱动模式，它是由外部激励直接激发出的，并且也假定了该激励具有相同的空间分布形态且为时间的简谐函数，即

$$q = Q_{m\ell\tau}\sin = \frac{m\pi x}{L}\cos\frac{\ell}{R}(y - \tau_K x)\cos\omega t \tag{8.33}$$

式中：ω 为激励频率，$\Omega_{m\ell\tau}$ 为激励幅值（常数）。带有时变系数 $B(t)$ 的模式称为伴随模式，它来自于非线性耦合效应（与驱动模式），在非线性领域中一般将这种耦合归为 1:1（自参数）内共振[37]，其物理本质是由大幅值运动导致的周向应力激发出了伴随模式。驱动模式和伴随模式共同给出了耦合模式的响应，我们可以将其理解为圆柱壳周向上的行波模式[14,15]。

将给定的缺陷 $\overline{W}$（式(8.30)）代入先前得到的静态解 $\tilde{W}$（式(8.31)）中，并将动态响应 $\hat{W}$（式(8.32)）代入动态相容性方程（式(8.11)）中，我们就能够得到一个关于动态应力函数 $\hat{F}$ 的非齐次线性偏微分方程。将 $\hat{F}$ 的形式特解代入相容性方程，并平衡对应的谐波项之后，就可以解出特解，记为 $\hat{F}_p$。最后，得到的线性方程是关于应力函数的未知系数的，可以通过常规方法求解，这些系数包含了位移模式内时变部分中的线性项和二次项，可参见文献[3]。

将给定的缺陷模式、假设的静态径向变形以及得到的应力函数解（$\tilde{F}$ 与 $\hat{F}$）代入面外动态平衡式(8.12)中，就可以得到一个"残值"方程，利用伽辽金方法进而可以导得一组耦合的非线性常微分方程（关于不对称振动模式的时变部分 A 和 B）。在伽辽金方法中可采用如下的加权函数：

$$\frac{\partial\hat{W}}{\partial A} = h\left\{\sin\frac{m\pi x}{L}\cos\frac{n}{R}(y - \tau_K x)\left(h\ell_\ell^2\frac{R}{2}\right)[A + \delta_{n,\ell}(\bar{\xi}_2 + \tilde{\xi}_2)]\sin^2\left(\frac{m\pi x}{L}\right)\right\}$$

$$\tag{8.34}$$

$$\frac{\partial \hat{W}}{\partial B} = h \left\{ \sin \frac{m\pi x}{L} \sin \frac{n}{R} (y - \tau_K x) \left(h \ell_\ell^2 \frac{R}{2} \right) B \sin^2 \left(\frac{m\pi x}{L} \right) \right\} \tag{8.35}$$

所得到的微分方程组形式如下：

$$\gamma_0 \frac{\mathrm{d}^2 A}{\mathrm{d}t^2} + \gamma_{11} A \frac{\mathrm{d}^2 A}{\mathrm{d}t^2} + \gamma_{12} \left(\frac{\mathrm{d}A}{\mathrm{d}t} \right)^2 + \gamma_{13} B \frac{\mathrm{d}^2 B}{\mathrm{d}t^2} + \gamma_{14} \left(\frac{\mathrm{d}B}{\mathrm{d}t} \right)^2$$

$$+ \gamma_{11} A^2 \frac{\mathrm{d}^2 A}{\mathrm{d}t^2} + \gamma_{12} A \left(\frac{\mathrm{d}A}{\mathrm{d}t} \right)^2 + \gamma_{13} AB \frac{\mathrm{d}^2 B}{\mathrm{d}t^2} + \gamma_{14} A \left(\frac{\mathrm{d}B}{\mathrm{d}t} \right)^2$$

$$+ c_{10} A + c_{20} A^2 + c_{02} B^2 + c_{30} A^3 + c_{12} AB^2$$

$$+ c_{40} A^4 + c_{22} A^2 B^2 + c_{04} B^4$$

$$+ c_{50} A^5 + c_{32} A^3 B^2 + c_{14} AB^4 = c_{\mathrm{exc}} Q_{m\ell\tau} \cos\omega t \tag{8.36}$$

$$\delta_0 \frac{\mathrm{d}^2 B}{\mathrm{d}t^2} + \delta_{11} BA \frac{\mathrm{d}^2 A}{\mathrm{d}t^2} + \delta_{12} B \left(\frac{\mathrm{d}A}{\mathrm{d}t} \right)^2 + \delta_{13} B^2 \frac{\mathrm{d}^2 B}{\mathrm{d}t^2} + \delta_{14} B \left(\frac{\mathrm{d}B}{\mathrm{d}t} \right)^2 + \delta_{15} B \frac{\mathrm{d}^2 A}{\mathrm{d}t^2}$$

$$+ d_{01} B + d_{11} AB + d_{21} A^2 B + d_{03} B^3$$

$$+ d_{31} A^3 B + d_{13} AB^3 + d_{41} A^4 B + d_{23} A^2 B^3 + d_{05} B^5 = 0 \tag{8.37}$$

式中：系数 γ_0、γ_{ij}、c_{ij}、c_{exc}、δ_0、δ_{ij} 和 d_{ij} 均为常值，它们依赖于几何参数、刚度参数以及缺陷模式和变形模式的波数，可参阅文献[3]。值得提及的是，上述方程已经包含了 Liu 的方程[35]（针对正交各向异性壳，作为一个特例）。这两个方程关于 A 和 B 是不对称的，这是由假设的缺陷形状导致的。在此处的分析方法中，这些方程包含了非线性惯性项，即形如 $A = \frac{\mathrm{d}^2 A}{\mathrm{d}t^2}$ 的项（非线性惯性项这一术语源自于文献[38]）。此外，对于稳态振动情况来说，通过平均法即可消除时间依赖性[14]。众所周知，当存在着偶阶项（如二阶，四阶等）时，平均过程的一阶近似是非一致的（参见文献[39]），带有不对称缺陷的圆柱壳就属于此类情形。这种情况下，为获得（针对幅频关系进行的）高阶修正的一致近似，一般必须采用高阶近似或者时域数值积分。针对不对称缺陷所进行的幅频关系的高阶修正一般是小量，即 $O(\bar{\xi}_2^2 \bar{A}^2)$ [3]。

最后还要注意的是，在此处给出的方法中，仅仅是对高阶非线性效应做了近似考虑。为获得式(8.36)和式(8.37)中的高阶项（对应于大幅值振动下的硬特性行为）的一致近似，我们必须在时域描述中将高阶谐波包括进来[40]。如果希望得到更精确的近似，那么还可能需要在空间假设模式中引入更多的项。

为利用平均法的一阶近似，我们可以假定：

$$A = A_t(t) \cos\omega t \tag{8.38}$$

$$B = B_t(t) \sin\omega t \tag{8.39}$$

将上式代入控制方程式(8.36)和式(8.37)中，然后利用平均过程（该过程的详细情况可参阅文献［14］或［35］），我们就可以获得两个耦合的非线性代数方程了,它们的形式如下：

$$(a_{10} - \alpha_{10}\Omega^2)\overline{A} + (a_{31} - \alpha_{31}\Omega^2)\overline{A}^3 (a_{12} - \alpha_{12}\Omega^2)\overline{A}\,\overline{B}^2$$
$$+ a_{50}\overline{A}^5 + a_{32}\overline{A}^3\overline{B}^2 + a_{14}\overline{A}\,\overline{B}^4 = G_{m\ell\tau} \tag{8.40}$$

$$(b_{01} - \beta_{01}\Omega^2)\overline{B} + (b_{21} - \beta_{21}\Omega^2)\overline{A}^2\overline{B} + (b_{03} - \beta_{03}\Omega^2)\overline{B}^3$$
$$+ b_{41}\overline{A}^4\overline{B} + b_{23}\overline{A}^2\overline{B}^3 + b_{05}\overline{B}^5 = 0 \tag{8.41}$$

式中：$\overline{A}$ 和 $\overline{B}$ 分别是 A_t 和 B_t 的平均值（一个周期上）；a_{ij}、α_{ij}、b_{ij} 和 β_{ij} 是常系数,它们依赖于几何参数和刚度参数等；$G_{m\ell\tau}$ 为广义动态激励。上述相关系数可参见文献［3］。归一化频率参数 Ω 的定义为

$$\Omega = \frac{\omega}{\omega_{\mathrm{lin}}} \tag{8.42}$$

其中

$$\omega_{\mathrm{lin}} = \sqrt{\frac{a_{10}}{\alpha_{10}}} \tag{8.43}$$

式中：ω_{lin} 代表的是给定壳特性条件下（即缺陷、振动模式、载荷等）小幅值振动的频率（即"线性化"频率）。

对于受到静态载荷作用的非理想各向异性圆柱壳结构,利用上述的方程式（8.40）和式（8.41）可以计算出非线性自由或受迫振动的幅频曲线。如果 $\overline{B} = 0$,那么就可以根据方程式（8.40）解出未知的平均幅值 $\overline{A}$ 了。这对应于只有直接激发出的驱动模式响应,而伴随模式处于休眠状态。不过,如果这种单模式响应相对于伴随模式中的扰动来说是不稳定的,那么就必须同时求解方程式（8.40）和式（8.41）以获得 $\overline{A}$ 和 $\overline{B}$。另外,只需在方程式（8.40）中令 $G_{m\ell\tau}$ 为零,就可以利用这两个方程来确定非线性自由振动的行为特性了。

8.2.3　结果与讨论

针对受静态载荷作用的非理想层合（各向异性）圆柱壳,为了能够进行线性和非线性振动的参数化研究,可以采用 FORTRAN 程序来处理。在文献［3］中,还大量借助了符号处理程序 REDUCE[41] 来完成详细的推导过程。关于此处的简化分析,文献［3,4,6］已经给出了相关的主要结果。

下面将对复合圆柱壳的线性化振动和非线性振动行为的若干特征做一介绍,这些结果是通过简化分析得到的,针对的是一个特定的各向异性复合圆柱壳结构[3,4,6],相关数据可参见表8.3。

表 8.3 Booton 壳

壳的几何	半径 $R = 2.67$in.
	长度 $L = 3.776$in.
层合情况	三层(编号从外侧开始)
	层的厚度:$h_1 = h_2 = h_3 = 0.0089$in.
	层的方位角:$\theta_1 = 30°, \theta_2 = 0°, \theta_3 = -30°$(参见图 8.2)
层的特性	复合材料:玻璃纤维—环氧树脂
	方向 1 上的弹性模量 $E_{11} = 5.83 \times 10^6$psi
	方向 2 上的弹性模量 $E_{11} = 2.42 \times 10^6$psi
	主泊松比 $\nu_{12} = 0.363$
	12 平面内的剪切模量 $G_{12} = 6.68 \times 10^5$psi

这个圆柱壳曾在静态稳定性研究中使用过,例如文献[42,43]。壳的长度为 $L = 3.776$in.,半径为 $R = 2.67$in.,厚度为 $h = 0.0267$in.。Booton 所考察过的这个圆柱壳的层合形式为$[\theta_1, 0°, -\theta_1] = [30°, 0°, -30°]$。需要注意的是,由于该层合圆柱壳是非均衡的,因此存在着扭转–弯曲耦合行为。这一点可以从 ABD 矩阵中存在非零的 B_{16} 和 B_{26} 元素即可看出。后面我们所将给出的结果将体现出轴向加载和缺陷对这个各向异性圆柱壳线性化与非线性振动的影响情况。

对于 Booton 所考察的圆柱壳,层的方位角 θ_1 对最低阶固有频率以及对应的振动模式所产生的影响如图 8.4 所示。这里的频率已经针对 $\omega_{\text{ref}} = \sqrt{\dfrac{E}{2\bar{\rho}R^2}}$ 进行了归一化处理,此处的 $E = E_{11}$ 代表的是层的杨氏模量(方向 1 上)。振动模式为

$$\hat{W}/h = \frac{\ell^2}{4R}\Big[A(t)\sin\frac{\pi x}{L}\Big]^2 + A(t)\sin\frac{\pi x}{L}\cos\frac{\ell}{R}(y - \tau_K x)$$

该振动模式在轴向上包含了半个波,而在周向上包含了 5 个或 6 个完整的波,τ_K 接近于零。当层合形式为$[\theta_1, 0°, -\theta_1] = [30°, 0°, -30°]$时,对应于最低阶固有频率的振动模式所具有的波数参数应为 $m = 1$、$\ell = 6$,而 $\tau_K = -0.002$。显然,此处的 τ_K 是非常接近零的,这意味着该振动模式具有非常小的偏斜度,这是不同于轴向压力载荷下的最低阶屈曲模式的。

轴对称形式的缺陷 $\overline{W}/h = \bar{\xi}_1\cos\dfrac{2m\pi x}{L}$ 对最低阶固有频率的影响如图 8.5 所示。这里的频率已经作了归一化处理,是针对不受载理想圆柱壳的线性频率 $\omega_{m\ell\tau}$ 进行的。后者可以根据关于线性化频率 ω_{lin} 的方程(式(8.43))分析得到(令 $\bar{\xi}_1 = \bar{\xi}_2 = 0$)。上述轴对称形式的缺陷模式与不对称振动模式一起可以满足强耦合条件[35],即 $C_1\cos$ $(i\pi x/L)$ 这个模式中的轴对称半波数 i 等于 $2m$。当缺陷幅值较小时,最低阶固有频

378

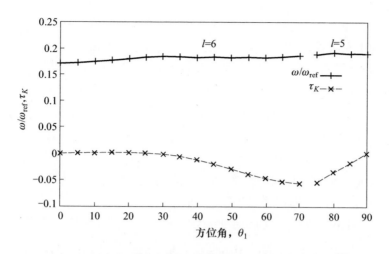

图 8.4　层的方位对最低阶固有频率及其对应的振动模式的影响：
各向异性 Booton 型壳，层合方式为 $[\theta_1, 0, -\theta_1]$

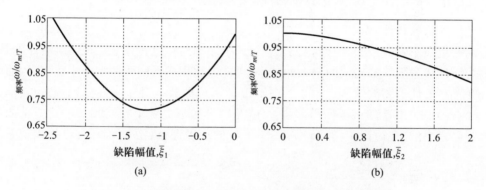

(a)　　　　　　　　　　　(b)

图 8.5　缺陷幅值对各向异性（Booton）壳线性频率的影响
（a）轴对称缺陷；（b）不对称缺陷。

率是随着该幅值的增大而减小的。与给定变形模式对应的薄膜应力可以直接根据动态相容性方程得到。受轴对称缺陷（壳中部向内）的影响，稳定薄膜应力将下降，该应力的空间分布形态为一阶不对称变形模式 (m, ℓ)。初始时这一效应是显著的。在特定的缺陷幅值处，最低阶固有频率将随着缺陷幅值的增大而开始增大，这是由缺陷壳几何的稳定效应导致的。对于较大的缺陷幅值来说，这种稳定曲率效应是占据主导地位的，它对应于动力平衡方程中的薄膜应力贡献 $N_x \overline{W}_{xx}$。顺便提及的是，对于各向同性和正交各向异性圆柱壳结构，文献［44］曾考察过轴对称缺陷的影响规律，感兴趣的读者可以参阅。

针对以振动模式形式 $(n = \ell)$ 给出的不对称缺陷，即 $\overline{W}/h = \bar{\xi}_2 \sin \dfrac{m\pi x}{L} \cos \dfrac{\ell}{R}(y - $

$\bar{\tau}_K x$),图 8.5 中也示出了它的影响。可以看出,固有频率将随缺陷幅值的增大而减小,这是因为不对称模式和伴随的轴对称模式之间存在着相互作用,这才使得当缺陷幅值增大时频率将表现出适度的下降。在增大缺陷幅值的过程中,平衡方程中的涉及曲率的那些项(与薄膜应力贡献 $L_{NL}(F,\overline{W})$ 对应)将开始发挥作用。这一变化将导致频率的增大,不过一般出现在比较大的缺陷幅值处(超过图 8.5 中的最大值,即 $\bar{\xi}_2 = 2.0$)。此外,在各向同性圆柱壳研究中人们还发现不同分析所给出的预测结果之间存在着趋势上的偏差(参见文献[35,45]),这一点可以从周向周期性这一角度来解释,即周向上必须满足周期性条件。如果 $n \neq \ell$,那么此处的分析和文献[44]所给出的预测结果一般是,频率会随着缺陷幅值的增大而增大。

图 8.6 中给出了轴对称缺陷对非线性振动的影响,该模式的相关参数为 $m = 1$, $\ell = 6, \tau_K = -0.002$。在这一情形中,$\varepsilon = 0.1296, \xi = \dfrac{\pi R/\ell}{L/m} = 0.3702$。频率已经针对 ω_{lin}(缺陷壳的线性化频率)进行了归一化处理,$\Omega = \dfrac{\omega}{\omega_{\text{lin}}}$。在小振幅情况中,理想壳的振动表现为软特性,而对于较大的振幅则呈现出硬特性。当缺陷幅值较大时,由于缺陷的稳定曲率效应,软非线性特征将会减弱(即非线性刚度增大)。必须注意的是,因为线性频率随缺陷幅值的增大而减小,可能会比理想壳的线性频率小很多,因而此处会存在着比例缩放效应。图 8.7 中给出了不对称缺陷对非线性振动模式($m = 1$, $\ell = 6, \tau_K = -0.002$)的影响情况。这一情况中的频率也做了相同的归一化。正如前面曾经指出的,在讨论式(8.36)和式(8.37)的准确性时,不对称缺陷对幅频关系的高阶影响一般是比较小的,即 $O(\bar{\xi}_2^2 \overline{A}^2)$[3],而零阶影响是主要的。

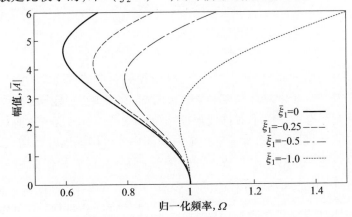

图 8.6 各种轴对称缺陷幅值下各向异性(Booton)壳的幅值 - 频率曲线:

$$\overline{W}/h = \bar{\xi}_1 \cos\frac{2\pi x}{L}, \hat{W}/h = \frac{\ell^2}{4R}\left[A(t)\sin\frac{\pi x}{L}\right] + A(t)\sin\frac{\pi x}{L}\cos\frac{\ell}{R}(y - \tau_K, x), \tau_K = -0.002, \ell = 6$$

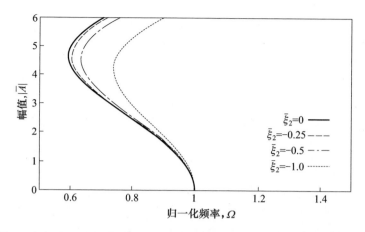

图 8.7　各种不对称缺陷幅值下各向异性(Booton)壳的幅值-频率曲线:

$$\overline{W}/h = \bar{\xi}_2 \sin\frac{\pi x}{L}\cos\frac{\ell}{R}(y - \tau_K x),\ \hat{W}/h = \frac{\ell^2}{R}\Big[A(t)\sin\frac{\pi x}{L}\Big]^2$$

$$+ A(t)\sin\frac{\pi x}{L}\cos\frac{\ell}{R}(y - \tau_K x),\ \tau_K = -0.002,\ \ell = 6$$

在文献[46]中曾讨论过复合壳的振动问题,其中采用了多模式分析方法进行了非线性振动分析和后屈曲分析,主要针对的是非对称的正交铺设层合圆柱壳结构。该项工作得到的结果与文献[47]给出的结果之间存在着相当大的偏差,后者采用的是简化分析方法。这一偏差的原因在于,后者的分析是不满足简支边界条件的,另外它所采用的轴对称模式也会带来一些限制。

8.3　考虑边界条件的圆柱壳的振动分析

8.3.1　两点边值问题和摄动方法

本节将考察边界条件对各向异性圆柱壳的屈曲与振动行为的影响,也包括非线性屈曲前或振动前状态的影响。这一过程可以归为 Level 2 分析或者说拓展分析(参见引言部分),相关基础理论将在后面第 10 章中再作详细介绍。

在屈曲和振动中,边界条件将影响到恢复(增量)弯矩和稳定(增量)薄膜应力。不仅如此,边界约束除了会导致屈曲前或振动前的弯曲变形以外,还会伴随有可导致失稳的周向上薄膜压缩应力。此外,对于较短的圆柱壳来说,基本状态(屈曲前或振动前的状态)会对屈曲行为或振动行为产生显著的影响。下面我们将对复合圆柱壳的非线性振动进行描述,其中在壳边上将严格满足(均匀)弹性边界条件。

在受到轴对称载荷(含扭转)作用的旋转壳类结构的屈曲和振动问题分析中,人们经常采用的一种做法就是在壳的周向上对相关变量作傅里叶分解,以消除响应解对周向坐标的依赖性。由此可以得到常微分方程形式的边值问题(经线方向上),进而可通过数值方法进行求解。初值技术(打靶法)常常可以用于该求解过程[48-51],对于这里所讨论的工作[35,42]来说也是适用的。借助打靶法,采用初值求解器,通过对微分方程的数值积分就可以获得比较精确的解了。这里我们主要讨论的是复合圆柱壳的振动行为,将采用摄动法来描述其时域行为,而采用并行打靶法[52-54]来求解空间域内的两点边值问题,这个两点边值问题是针对相关变量进行傅里叶分解得到的。

在文献[3]和[7]中(也可参见第 10 章),已经针对静态非线性基本状态处的结构振动给出了一般性理论,它是建立在摄动展开基础上的,需要对频率参数和相关变量同时作展开处理。这一理论考虑了有限振幅、缺陷以及非线性静态变形(与基本状态正交)的影响,在自由振动分析中分析了频率对这些参数的依赖性。本章中将该理论应用于复合圆柱壳的非线性分析中。在 8.1.1 节中我们已经给出了复合圆柱壳的静态和动态控制方程,在进行变量分离之后,这些方程将可简化为两点边值问题,只有轴向坐标是独立变量。静态和动态情况中的一阶状态将构成特征值问题,对此特征值进行求解就可以得到非平凡的解。

文献[3]中所导得的公式(亦可参见第 10 章)是一般性的,它们也可用于 Level 1(简化)分析中,也即位移满足"简支"边界条件的分析(可参阅文献[55]中的"复合圆柱壳的 Level 1 屈曲'b-因子'分析")。在此处的分析中,将采用这一摄动理论来考察复合圆柱壳(考虑边界影响)的非线性振动问题。必须注意的是,这里的分析起点是不同于上一节的。此处的分析起点是圆柱壳(仅带有轴对称形式的缺陷)的 Donnell 形式的微分方程,而不是包含缺陷的非线性控制方程。一阶状态问题是关于未知特征频率和振动模式的特征值问题,而相关的高阶状态问题则是响应问题,它们依赖于一阶状态问题的解。

利用摄动分析过程,可以使偏微分方程组转化为边值问题,其中的两个空间坐标是相互独立的。在圆柱壳的周向上对相关变量进行傅里叶分解,这样可以将这些问题简化成一组关于轴向坐标的常微分方程。借助并行打靶法对所得到的两点边值问题进行数值求解,即可严格满足指定的边界条件。在这一分析过程中将使用非线性 Donnell 型方程,它是以径向位移 W 和 Airy 应力函数 F 给出的,同时也将采用经典层合理论进行处理。相关数值分析结果可参见 8.3.2 节。

此处采用的摄动理论在渐近意义上是精确的[56]。在其原始形式中,只考虑了最低阶的非线性效应。在文献[3]中(亦可参见第 10 章),这一理论已经拓展到理想结构的非线性振动的高阶分析中,该理论与复合圆柱壳的初始后屈曲和缺陷敏感性理论[42]有关,基于后者可以得到变形与缺陷幅值对载荷参数的影响规律,并且这种初始后屈曲理论是可以拓展用于处理动态屈曲问题的[57,58]。进一步,通过线性化振动分析我们可以确定出参数化轴对称或扭转载荷下的动态失稳区域。应当注意的是,针对自由振动给出的这一理论也可以拓展到受迫振动问题[56,59]。在文献[59]中，还将黏性阻尼的影响考虑进来了。文献[60]则通过摄动分析方法研究了响应的稳定性问题。

8.3.2 结果与讨论

这里对 Level 2 分析得到的数值结果做一讨论。计算中使用的圆柱壳数据已经在文献[3]中给出，这一拓展分析的结果也可参阅文献[3,4,7]。用于指定边界条件的符号记法可参见 8.1.3 节，它们对应于相对"可动"边界面的位移。在所有给出的实例中，边界条件都是关于壳的中部对称的，所绘制的模式形状是针对 $0 < \bar{x} < L/(2R)$ 这一范围的。必须注意的是，此处采用了无量纲位移，即 $w = W/h$，并且无量纲形式的线性屈曲模式和振动模式都进行了归一化，即令最大位移为 1。

8.3.2.1 各向异性壳的屈曲和线性振动

针对 Booton 的各向异性壳($L/R = 2$)和八种标准边界条件，所计算出的屈曲载荷如表 8.4 所列。分析中考虑了如下加载情况：

(1) 轴向压力($\lambda = (cR/Eh^2)N_0$)，这里的 c 和 E 均为参考值；

(2) 静水压力($\bar{p} = (cR^2/Eh^2)p, \lambda = \frac{1}{2}\bar{p}$)，即在圆柱壳侧曲面和上下端面上施加了均匀的压力载荷；

(3) 扭转载荷($\bar{\tau} = (cR/Eh^2)T_0$)，均考虑了逆时针(对应于正号)和顺时针情形；

(4) 表 8.4 中列出了最低阶固有频率情况，即 $\bar{\omega} = R\sqrt{(\bar{\rho}h/A_{22})}\omega$。

表 8.4 不同边界条件下各向异性壳的屈曲载荷和固有频率
(括号内的数值为周向上的波数；$\bar{\tau} > 0$ 为逆时针方向力矩，$\bar{\tau} < 0$ 为顺时针方向力矩；Booton 壳，$L/R = 2$)[43]

	λ	$\bar{p}, \lambda = \frac{1}{2}\bar{p}$	$\bar{\tau} > 0$	$\bar{\tau} < 0$	$\bar{\omega}$
SS – 1	0.23307 (1)	0.03646 (6)	0.13182 (7)	−0.13100 (7)	0.12880 (5)
SS – 2	0.23499 (1)	0.04831 (7)	0.14391 (8)	−0.14038 (8)	0.16159 (5)
SS – 3	0.39303 (7)	0.03795 (6)	0.13918 (8)	−0.13820 (8)	0.13843 (5)
SS – 4	0.40556 (8)	0.05046 (7)	0.15012 (8)	−0.14524 (8)	0.17545 (6)
C – 1	0.40790 (6)	0.04036 (7)	0.14062 (8)	−0.13841 (8)	0.14138 (5)
C – 2	0.41178 (6)	0.05141 (7)	0.14995 (8)	−0.14536 (8)	0.17581 (6)
C – 3	0.40865 (6)	0.04042 (7)	0.14394 (8)	−0.14039 (8)	0.14334 (5)
C – 4	0.41194 (6)	0.05188 (7)	0.15287 (8)	−0.14744 (8)	0.17939 (6)

对于弱边界支撑 $N_{xy} = 0$ 来说(周向位移 v 无约束),轴向压缩情况下的屈曲载荷将会显著减小[61,62]。不过这一支撑条件在实际应用中一般是很难碰到的[63]。在静水压力情况下,轴向约束 $u = 0$ 对于面内增量位移 $u^{(1)}$ 和 $v^{(1)}$ 有着显著影响,进而也会对重要的(稳定)增量薄膜应力 $N_y^{(1)}$ 产生较大影响。

8.3.2.2　各向异性壳的初始后屈曲和非线性振动

针对 Booton 的各向异性壳,考虑简支(SS-3)型边界条件,表 8.5 中列出了三种加载情况(轴向压力、静水压力和扭矩)下得到的"静态" b-因子(b_s)[42] 和"动态" b-因子(b_d)。此处给出的分析结果与 Koiter 的缺陷敏感性理论 ANILISA[42] 计算出的结果是完全一致的。应当注意的是,对于某个加载情况来说它的静态 b-因子是与对应的临界静态载荷下的动态 b-因子相互关联的。

表 8.5　简支各向异性壳(Booton 壳,$L/R = 1.414$)的归一化屈曲载荷(括号内的数值代表周向上的波数)、振动频率、静态 b 因子 b_s 以及动态 b 因子 b_d

	特征值	b_s	b_d
轴向压力	0.39078 (6)	−0.27732	—
静水压力	0.054537 (8)	−0.06724	—
顺时针扭转	−0.16316 (9)	−0.06724	—
逆时针扭转	0.17155 (9)	−0.04471	—
振动	0.19317 (6)	—	−0.14156

正如已有的一些研究[3,15,35,64]曾经指出的,周向上的二阶(压缩)薄膜应力与一阶位移模式之间的相互作用,会对软非线性行为产生重要的贡献。图 8.8 中绘出了 Booton 的各向异性壳的一阶和二阶振动模式。

对于 Booton 的各向异性圆柱壳,长度对动态 b-因子的影响如图 8.9 所示。所考察的模式的周向波数位于 $n = 5$ 到 $n = 9$ 这一范围,其中包括了与基本频率对应的模式,这一基本频率就是所有周向波数所对应的最低阶(线性)固有频率(图 8.11)。通过改变圆柱壳的长度,可以看出在特定的长度处,由于内共振的影响,(单模式)动态 b-因子会出现奇异性。

圆柱壳的层取向 $[\theta, 0, -\theta]$ 对 Booton 各向异性壳的动态 b-因子的影响如图 8.10 所示。所考察的模式的周向波数分别为 $n = 5$ 和 $n = 6$,其中包括了与基本频率对应的模式(图 8.12)。类似地,当改变层取向使得层刚度处于特定条件时,也会出现内共振。

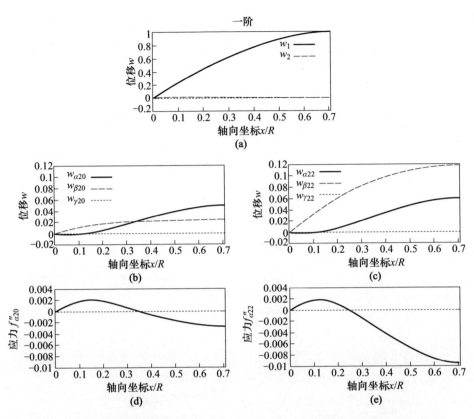

图 8.8 （a）各向异性壳的振动模式；（b）和（c）动态二阶模式：（b）零阶时谐成分，
（c）二阶时谐成分；（d）和（e）动态二阶应力：（d）零阶时谐成分，
（e）二阶时谐成分。（Booton 壳，$L/R = 1.414$）

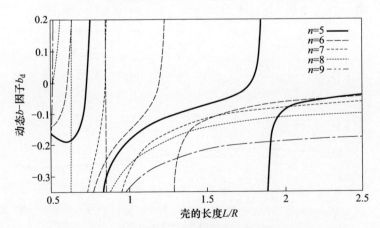

图 8.9　壳的长度对动态 b - 因子的影响：各向异性 Booton 壳

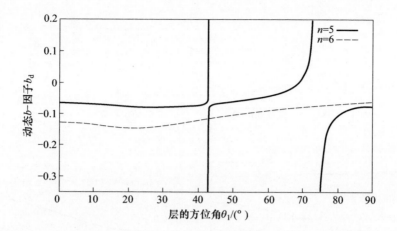

图 8.10　层的方位$[\theta,0,-\theta]$对动态 b 因子的影响：各向异性 Booton 壳

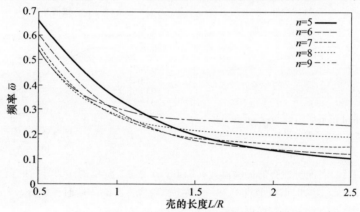

图 8.11　壳的长度对最低阶固有频率的影响：各向异性 Booton 壳

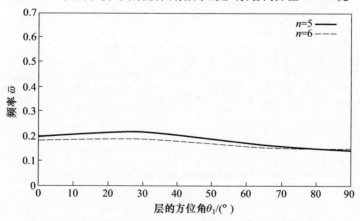

图 8.12　层的方位$[\theta,0,-\theta]$对最低阶固有频率的影响：各向异性 Booton 壳

8.4 本章小结

本章介绍了复合壳状结构的振动行为特性,采用了具有不同复杂度的分析模型进行处理,重点是大幅值振动。为了深入认识结构行为并理解非线性振动的物理机制,讨论中采用了两种分析方法。Level 1 分析是基于伽辽金方法和平均法的,利用这一方法阐述了轴对称模式在圆柱壳响应中的重要性,并解释了响应的软化特性。Level 2 分析是建立在并行打靶法和摄动法基础上的,考察了二阶模式的贡献,从而更准确地满足了指定的壳边界条件。基于上述两种方法,本章特别给出了与特定复合壳结构的线性与非线性振动行为相关的一些重要结果,其中包括了几何缺陷和不同类型边界条件的效应。利用这些方法得到的结果可为进一步的有限元分析(Level 3 分析)提供有益的参考。

参考文献

[1] F. Alijani, M. Amabili, Non-linear vibrations of shells: a literature review from 2003 to 2013, International Journal of Non-Linear Mechanics 58 (2014) 233−257.

[2] M. Amabili, M.P. Païdoussis, Review of studies on geometrically nonlinear vibrations and dynamics of circular cylindrical shells and panels, with and without fluid-structure interaction, Applied Mechanics Reviews 56 (4) (2003) 349−381.

[3] E.L. Jansen, Nonlinear Vibrations of Anisotropic Cylindrical Shells (Ph.D. thesis), Faculty of Aerospace Engineering, Delft University of Technology, The Netherlands, 2001.

[4] E.L. Jansen, The effect of geometric imperfections on the vibrations of anisotropic cylindrical shells, Thin-Walled Structures 45 (2007) 274−282.

[5] E.L. Jansen, Effect of boundary conditions on nonlinear vibration and flutter of laminated cylindrical shells, Journal of Vibration and Acoustics 130 (2008) 011003 (8 pages).

[6] E.L. Jansen, The effect of static loading and imperfections on the nonlinear vibrations of laminated cylindrical shells, Journal of Sound and Vibration 315 (2008) 1035−1046.

[7] E.L. Jansen, A perturbation method for nonlinear vibrations of imperfect structures: application to cylindrical shell vibrations, International Journal of Solids and Structures 45 (February 2008) 1124−1145.

[8] J. Singer, Vibrations and buckling of imperfect stiffened shells: recent developments, in: J.M.T. Thompson, G.W. Hunt (Eds.), Collapse: The Buckling of Structures in Theory and Practice, Cambridge University Press, Cambridge, 1983.

[9] M.H. Schneider Jr., R.F. Snell, J.J. Tracy, D.R. Powers, Buckling and vibration of externally pressurized conical shells with continuous and discontinuous rings, AIAA Journal 29 (9) (1991) 1515−1522.

[10] D.A. Evensen, Nonlinear vibration of circular cylindrical shells, in: Y.C. Fung, E.E. Sechler (Eds.), Thin-Shell Structures − Theory, Experiment and Design, Prentice-Hall Inc., Englewood Cliffs, New Jersey, 1974.

[11] G. Herrmann (Ed.), Dynamic Stability of Structures, Pergamon Press, Oxford, 1967.

[12] E.H. Dowell, Panel flutter: a review of the aeroelastic stability of plates and shells, AIAA Journal 8 (3) (1970) 385−399.

[13] E.H. Dowell, Aeroelasticity of Plates and Shells, Noordhoff, Leyden, The Netherlands, 1975.

[14] D.A. Evensen, A Theoretical and Experimental Study of the Nonlinear Flexural Vibrations of Thin Circular Rings, NASA TR R-227, 1965.

[15] D.A. Evensen, Nonlinear Flexural Vibrations of Thin-Walled Circular Cylinders, NASA TN D-4090, 1967.

[16] G. Prathap, K.A. Pandalai, The role of median surface curvature in large amplitude flexural vibrations of thin shells, Journal of Sound and Vibration 60 (1) (1978) 119–131.

[17] J. Locke, Nonlinear random response of angle-ply laminates with static and thermal pre-loads, AIAA Journal 29 (9) (1991) 1480–1487.

[18] W.E. Brown, R.B. O'Donnel, E.J. Powers, G.R. Wilson, Factors contributing to the nonlinear acoustic response in fluid structural interactions on a thin cylindrical shell, in: Proceedings of the Florence Modal Analysis Conference, Florence, Italy, September 10–12, 1991.

[19] J. Arbocz, Shell Buckling Research at Delft (1976–1992), Memorandum M-596, Faculty of Aerospace Engineering, Delft University of Technology, 1993.

[20] B.O. Brush, D.O. Almroth, Buckling of Bars, Plates and Shells, McGraw-Hill, New York, 1975.

[21] W.T. Koiter, On the nonlinear theory of thin elastic shells, in: Proc. Koninklijke Neder-landse Academie van Wetenschappen Ser. B vol. 69, 1966, pp. 1–54.

[22] J.L. Sanders, Nonlinear theories for thin shells, Quarterly of Applied Mathematics 21 (1963) 21–36.

[23] N. Yamaki, Elastic Stability of Circular Cylindrical Shells, Elsevier Science Publishers, Amsterdam, The Netherlands, 1984.

[24] J.R. Vinson, T.W. Chou, Composite Materials and Their Use in Structures, Applied Sci-ence Publications, London, 1974.

[25] L.H. Donnell, Stability of Thin-Walled Tubes under Torsion, NACA Report 479, 1933.

[26] C.R. Calladine, Theory of Shell Structures, Cambridge University Press, Cambridge, 1983.

[27] G.W. Hunt, K.A.J. Williams, R.G. Cowell, Hidden symmetry concepts in the elastic buckling of axially-loaded cylinders, International Journal of Solids and Structures 22 (12) (1986) 1501–1515.

[28] M. El-Raheb, C.D. Babcock, Some approximations in the linear dynamic equations of thin cylinders, Journal of Sound and Vibration 76 (4) (1981) 543–559.

[29] A. Bogdanovich, Non-linear Dynamic Problems for Composite Cylindrical Shells, Elsevier Applied Science, London, 1993.

[30] J.E. Ashton, J.C. Halpin, P.H. Petit, Primer on Composite Materials, Technomic Pub-lishing Co., Stamford, Connecticut, 1969.

[31] M. Baruch, J. Singer, Effect of eccentricity of stiffeners on the general instability of stiffened cylindrical shells under hydrostatic pressure, Journal of Mechanical Engineering Science 5 (1) (1963) 23–27.

[32] J.R. Vinson, R.L. Sierakowski, The Behavior of Structures Composed of Composite Materials, Kluwer Academic Publishers, Dordrecht, The Netherlands, 1987.

[33] L. Watawala, W.A. Nash, Influence of Initial Geometric Imperfections on Vibrations of Thin Circular Cylindrical Shells, Grant CEE 76-14833, Department of Civil Engineering, University of Massachusetts, Amherst, 1982.

[34] J.M.A.M. Hol, The Effect of General Imperfections on the Natural Frequencies of Axially Compressed Stiffened Cylinders (Graduate thesis), Faculty of Aerospace Engineering, Delft University of Technology, The Netherlands, 1983.

[35] D.K. Liu, Nonlinear Vibrations of Imperfect Thin-Walled Cylindrical Shells (Ph.D. thesis),

Faculty of Aerospace Engineering, Delft University of Technology, The Netherlands, 1988.

[36] N.S. Khot, V.B. Venkayya, Effect of Fibre Orientation on Initial Postbuckling Behavior and Imperfection Sensitivity of Composite Cylindrical Shell, AFFDL Report TR-70-125, 1970.

[37] C.M. Chin, A.H. Nayfeh, Bifurcation and chaos in externally excited circular cylindrical shells, Journal Applied Mechanics 63 (1996) 565−574.

[38] V.V. Bolotin, The Dynamic Stability of Elastic Systems, Holden-Day, San Francisco, 1963 (Translated by V.I. Weingarten et al.).

[39] A.H. Nayfeh, D.T. Mook, Nonlinear Oscillations, Wiley, New York, 1979.

[40] D.A. Evensen, Comment on large amplitude asymmetric vibration of some thin shells of revolution, Journal of Sound and Vibration 52 (3) (1977) 453−455.

[41] A.C. Hearn, REDUCE User Manual, 1993.

[42] J. Arbocz, J.M.A.M. Hol, ANILISA − Computational Module for Koiter's Imperfection Sensitivity Theory, Report LR-582, Faculty of Aerospace Engineering, Delft University of Technology, 1989.

[43] M. Booton, Buckling of Imperfect Anisotropic Cylinders under Combined Loading, UTIAS Report 203, 1976.

[44] J. Singer, J. Prucz, Influence of initial geometrical imperfections on vibrations of axially compressed stiffened cylindrical shells, Journal of Sound and Vibration 80 (1) (1982) 117−143.

[45] J. Singer, A. Rosen, Influence of asymmetric imperfections on the vibration of axially compressed cylindrical shells, Israel Journal of Technology (1976) 23−26.

[46] V.P. Iu, C.Y. Chia, Non-linear vibration and postbuckling of unsymmetric cross-ply circular cylindrical shells, International Journal of Solids and Structures 24 (2) (1988) 195−210.

[47] B.R. El-Zaouk, C.L. Dym, Non-linear vibrations of orthotropic doubly-curved shallow shells, Journal of Sound and Vibration 31 (1) (1973) 89−103.

[48] J. Arbocz, E.E. Sechler, On the buckling of stiffened imperfect cylindrical shells, AIAA Journal 14 (1976) 1611−1617.

[49] G. Cohen, Computer analysis of asymmetric buckling of ring-stiffened orthotropic shells of revolution, AIAA Journal 6 (1) (1968) 141−149.

[50] G. Cohen, Buckling of laminated anisotropic shells including transverse shear deformation, Computer Methods in Applied Mechanics and Engineering 26 (1981) 197−204.

[51] A. Kalnins, Free vibration of rotationally symmetric shells, The Journal of the Acoustical Society of America 36 (1964) 1355−1365.

[52] U.M. Ascher, R.M.M. Mattheij, R.D. Russell, Numerical Solution of Boundary Value Problems for Ordinary Differential Equations, Prentice Hall Inc., Englewood Cliffs, New Jersey, 1988.

[53] G. Hall, J.M. Watt, Modern Numerical Methods for Ordinary Differential Equations, Clarendon Press, Oxford, 1976.

[54] H. Keller, Numerical Methods for Two-Point Boundary-Value Problems, Blaisdell Publishing Co., Waltham, Mass., 1968.

[55] J. Arbocz, The Effect of Initial Imperfection on Shell Stability − an Updated Review, Report LR-695, Faculty of Aerospace Engineering, Delft University of Technology, 1992.

[56] L. Rehfield, Forced nonlinear vibrations of general structures, AIAA Journal 12 (3) (1974) 388−390.

[57] B. Budiansky, Dynamic buckling of elastic structures: criteria and estimates, in: G. Herrmann (Ed.), Dynamic Stability of Structures, Pergamon Press, Oxford, 1967, pp.

83–106.

[58] B. Budiansky, J.W. Hutchinson, Dynamic buckling of imperfection-sensitive structures, in: H. Gortler (Ed.), Proceedings of the 11th International Congress of Applied Mechanics, Springer-Verlag, Munich, 1964, pp. 634–651.

[59] J.C. Chen, Nonlinear Vibrations of Cylindrical Shells (Ph.D. thesis), California Institute of Technology, Pasadena, California, 1972.

[60] J.H. Ginsberg, Large amplitude forced vibrations of simply supported thin cylindrical shells, ASME Journal of Applied Mechanics 40 (1972) 461–477.

[61] N.J. Hoff, Low buckling stresses of axially compressed circular cylindrical shells of finite length, ASME Journal of Applied Mechanics 32 (1965) 533–541.

[62] N. Yamaki, Dynamic behaviour of thin-walled circular cylindrical shells, in: J. Rhodes, A.C. Walker (Eds.), Developments in Thin-Walled Structures – I, Applied Science Publishers, London, 1983, pp. 81–118.

[63] B.O. Almroth, Influence of edge conditions on the stability of axially compressed cylindrical shells, AIAA Journal 4 (1966) 134–140.

[64] J.C. Chen, C.D. Babcock, Nonlinear vibrations of cylindrical shells, AIAA Journal 13 (7) (1975) 868–876.

第9章　桁条加强复合面板的稳定性

9.1　引　　言

（ Richard Degenhardt[1,2]
[1]德国,布伦瑞克,德国航空航天中心(DLR),复合材料结构与自适应系统研究所；
[2]德国,复合工程校区,哥廷根私立应用技术大学。)

本章主要阐述的是桁条加强复合板的结构稳定性行为,所分析的实例主要来自于航空领域应用中已完成的研究项目。分析的主要目的是为了充分利用后屈曲行为中存在的较大的性能裕量。在金属结构方面,几十年来人们已经有效利用了这一裕量,然而对于由复合材料制备而成的结构来说却并非如此。正是由于这一原因,人们才开展了一系列研究项目,用以考察此类结构物的后屈曲行为,研发改进的仿真工具以实现更快速的后屈曲仿真(直到发生倒塌),进行验证实验,并致力于给出更为完善的设计建议。

本章所考察的加筋结构是飞机机身上的部件。机身结构一般需要借助桁条在纵向上进行加强,并在周向上进行框式加强。对整个机身截面进行研究的代价太高,因此相关研究项目大多考察的是两个相邻框架之间的桁条加强板。显然,在这一较小尺度上进行研究就容许我们进行更多的实验来分析各种不同的效应。

本章所讨论的主题主要包括了以下几个方面：

(1) 在9.2节中,将阐述加筋复合板的设计与分析,包括后屈曲和倒塌行为(Richard Degenhardt)。我们将针对工程实际结构和测试结构,给出其设计过程。测试结构主要用于验证设计方法的正确性,其设计是按照所需验证的软件所具有的特定应用要求进行的,例如后屈曲之前的屈曲类型(局部或整体)。实际结构的设计则考虑了工程应用,主要依据的是已有设计过程和工业设计实践中的相关要求。

(2) 在9.3节中,将讨论复合结构的稳健设计策略(Fabio da Cunha)。本节将针对复合结构的设计给出一个新的概念,它将载荷 – 压缩量曲线下方的面积作为稳健性准则,并认为后屈曲范围所对应的面积较大的结构具有更强的稳健性。

(3) 在9.4节中,将针对航空复合结构给出一种可用于后屈曲行为的设计和评估的分析工具(Adrian Orifici)。我们将阐述一种基于分析的概念,将其用于复合结构的设计中,其中考虑了退化行为。据此我们可以更准确地对结构行为(从深度后

391

屈曲直到倒塌)进行仿真研究。

9.2　考虑后屈曲和倒塌的加筋复合板的设计与分析

（Richard Degenhardt[1,2]

[1]德国,布伦瑞克,德国航空航天中心(DLR),复合材料结构与自适应系统研究所;
[2]德国,复合工程校区,哥廷根私立应用技术大学。）

9.2.1　概述

欧洲飞机工业已经对短期和长期发展目标提出了建议,希望将研发和运行费用分别缩减 20% 和 50% 。欧盟委员会(EC)的 POSICOSS 项目正是瞄准这一目标提出的[1-4],该项目从 2000 年 1 月开始一直持续到 2004 年 9 月,随后又进行了一个为期 4 年的后续项目,即 COCOMAT,一直持续到 2008 年(图 9.2.1)。这两个项目都是在德国航空航天中心(DLR)所属的复合材料结构与自适应系统研究所的协助下进行的,主要目标是通过准确而可靠的后屈曲仿真(直到倒塌)研究,充分利用纤维复合机身主结构所蕴含的显著的性能裕量。此处的倒塌行为是通过在载荷－位移曲线中指定某个特征点来表征的,在该点处曲线将出现陡峭的下降,这也意味着承载能力的极限。POSICOSS 研究团队已经针对纤维复合加强板结构,研发出了快速而可靠的后屈曲分析过程,构建了实验数据库,并给出了一些设计指南[1,2,5-15]。COCOMAT项目是建立在 POSICOSS 项目结果基础之上的,所做的工作已经超出了倒塌仿真。该项目改进了已有的设计和分析工具,针对加筋板建立了恰当的设计指南,其中考虑了蒙皮与桁条之间的脱离问题以及材料退化问题,另外还面向此类结构件构建了比较全面的实验数据库[3,4]。应当指出的是,COCOMAT 项目同时也建立在另一研究项目基础之上,该项目是由 GARTEUR(欧洲航空技术研究组)的 AG25 项目组所完成的,它考察了三种不同的基准问题并进行了大量的测试,目的是研究现有分析工具的性能和不足,以及为薄壁航空结构物的屈曲、后屈曲以及倒塌分析建立必要的参考[16,17]。GARTEUR 所分析的一个基准问题在 POSICOSS 项目中还曾作为设计过程的起点(初始设计)。

POSICOSS 项目和 COCOMAT 项目所开发出的改进型分析工具必须根据测试结果进行验证。由于在 COCOMAT 项目中未能提供合适的测试数据,因此这两个项目都不得不针对桁条加强的碳纤维增强塑料(CFRP)曲面板和完整的圆柱壳等结构,构建新的实验数据库。为此,在各自的项目目标下它们设计了适合于自身的曲面板和圆柱壳。此外,这两个项目都对测试结构和实际结构做了区分。测试结构的设计是按照所需验证的软件所具有的特定应用要求进行的,例如在后屈曲范围内需要做较小的或较大的刚度退化处理等。实际结构的设计则是针对工业应用要求进行的,主要依据的是现有工业设计实践中常用的设计过程。

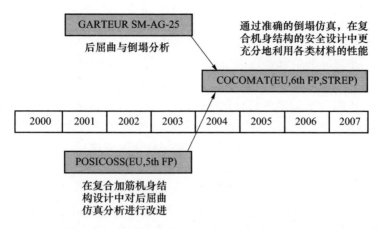

图 9.2.1 欧盟项目 GARTEUR AG 25、POSICOSS 和 COCOMAT 的时间表

在设计与分析过程中,这些项目的合作者们都融入了自身的经验,并采用不同类型的软件工具。所采用的软件工具包括两种,一种是快速分析工具,可以高效地完成设计过程,另一种是比较慢的分析工具,但是非常准确,可以用于最终的评估和鉴定。虽然假定材料是线弹性的,但是这些分析中都进行了几何非线性计算(直到倒塌)。此外,还采用不同的失效准则考察了结构的退化行为以及蒙皮与桁条之间的脱离行为。

本节将主要关注桁条加强 CFRP 板的设计与分析问题,这些研究经验是德国航空航天中心(DLR)在 POSICOSS 和 COCOMAT 这两个项目中所获得的。在文献[3,16,18,19]中,相关研究人员已经给出了此处所要讨论的部分结果。不过,本节将增加一些新的数据,并针对 GARTEUR AG25 进行的项目、POSICOSS 项目和 CO-COMAT 项目所得到的结果进行必要的对比分析。

9.2.2 复合面板的设计

9.2.2.1 概述

结构的设计中总会包含某种形式的优化过程。无论何种材料、何种结构还是何种应用场合,这种优化过程的目标函数取决于结构的设计目的。一般而言,我们可以将其区分为面向工业应用的实际结构和面向测试验证的测试结构这两类。测试结构的设计一般是按照需要验证的软件所具有的特定应用功能要求来进行的,例如壳理论的类型、后屈曲之前的屈曲类型(局部的或整体的)、后屈曲阶段是适度的还是显著的刚度退化,以及后屈曲之前的屈曲是单模式的还是多模式的等。实际结构的设计则应考虑工业应用,应参照已有设计过程进行,并应考虑工业设计实践中常见的要求。对于此类结构,往往存在着多个方面的要求,例如重量、承载性能和经济性等。

图 9.2.2 给出了一个真实的(实验测得的)载荷 – 压缩量曲线,针对的是轴向受

压的加筋 CFRP 面板结构,它代表的是一种桁条加强设计。由该图可以体现出三种重要的载荷水平,其中的最低载荷水平通常会引发一阶局部屈曲行为,此时的屈曲模式是一种在桁条之间的局部蒙皮褶皱;第二个载荷水平将导致一阶整体屈曲行为,这是基于桁条的屈曲形式;最高的载荷水平将导致倒塌行为的出现。图 9.2.2 中的粗曲线是载荷 – 压缩量实际曲线的简化描述,在上述三种特征载荷水平处表现为拐点。在 COCOMAT 项目中,为提升设计能力,研究人员曾对完整的载荷 – 压缩量曲线(直到倒塌)进行过深入研究。这里我们将主要关注 EC 的这两个项目(POSICOSS 和 COCOMAT)中所进行的设计过程。所考察的结构是桁条加强曲面板和圆柱壳,均由 CFRP 材料制备而成。每个项目中都设计了大量的结构样件。由于实验测试不可能针对过多的样件进行,因而只选择了一些比较合适的(对于制造条件和测试条件来说)。根据测试结果他们构建了大型实验数据库,该数据库对于验证所提出的新分析工具(用于进行屈曲和后屈曲(直到倒塌)行为仿真)来说是必需的。研究中考察了两种类型的分析工具,一种比较可靠而快速,可以缩短设计与分析时间(一个数量级),因而非常高效而经济;另一种则比较慢,但是准确性非常高,主要用于最终的评价。显然,为了能够具备工业应用上的可行性,这些工具都必须通过恰当的实验来加以验证,并且其可行性必须针对真实的工业用面板进行考量。

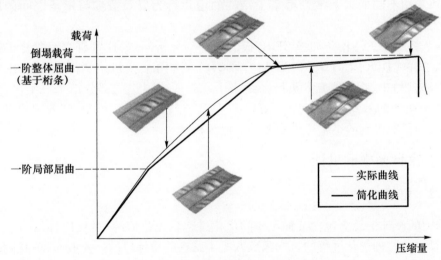

图 9.2.2　一阶局部和整体屈曲载荷以及倒塌载荷的定义

　　下面将对上述设计过程加以阐述,这一方面的内容是 DLR(作为合作方)在 POSICOSS 和 COCOMAT 这两个项目中给出的。首先描述一个基准问题,该问题是 GARTEUR AG25 项目组给出的,并在 POSICOSS 的研究中被作为一个设计起点;然后将阐述 POSICOSS 项目中给出的设计过程;最后将介绍 COCOMAT 中的面板设计,它是建立在 POSICOSS 项目经验基础上的。在 9.2.2.2 小节中,我们先给出所有面板设计中采用的材料特性和几何数据情况。

9.2.2.2　面板设计中的几何和材料数据

本节将针对本章所讨论的所有面板设计,给出所采用的材料特性和几何数据。表9.2.1中列出了预浸料材料 IM7/8552 UD 的材料特性,本章将一直使用它。表9.2.2中给出了黏合剂的材料特性,它用于连接蒙皮和桁条。表9.2.3中将相关的名义几何数据做了对比。图9.2.3给出了测试中所采用的不同桁条类型,以及与蒙皮连接后的有限元模型,图9.2.4则给出了所采用的边界条件。

表9.2.1　CFRP 预浸料 IM7/8552 UD 的材料特性

刚度	单位	GARTEUR AG 25（初始设计）	POSICOSS	COCOMAT
0°拉伸模量	GPa	—	192.3	164.1
90°拉伸模量	GPa		10.6	8.7
0°压缩模量	GPa	141	146.5	146.5
90°压缩模量	GPa	11	9.7	9.7
面内剪切模量	GPa	6.3	6.1	5.1
泊松比	—	0.3	0.31	0.28

表9.2.2　黏合剂 Redux 312 的材料特性[20]

刚度/强度	单位	值
E_1	MPa	3000
ν_{12}	—	0.4
最大压应力	MPa	48
最大剪应力	MPa	38
最大正应力	MPa	8.3

表9.2.3　面板设计中的名义几何参数和铺层参数

名义几何/铺层	GARTEUR AG 25（初始设计）	POSICOSS 面板1/3	POSICOSS 面板2/4	COCOMAT
面板长度	$l=800\text{mm}$	$l=780\text{mm}$		$l=780\text{mm}$
自由长度(屈曲长度)	$l_f=620\text{mm}$	$l_f=740\text{mm}$		$l_f=660\text{mm}$
半径	$r=400\text{mm}$	$r=400(1000)\text{mm}$		$r=1000\text{mm}$
弧长	$a=419\text{mm}$	$a=420\text{mm}$		$a=560\text{mm}$
桁条数量	$n=6$	$n=3$	$n=4$	$n=5$
桁条间距	$d=a/6$	$d=a/6$	$d=a/8$	$d=132\text{mm}$

名义几何/铺层	GARTEUR AG 25 （初始设计）	POSICOSS		COCOMAT
		面板 1/3	面板 2/4	
桁条到纵边的距离	$e = d/2$	$e = d/2$		$e = f/2 = 16\mathrm{mm}$
蒙皮层合设置	$[90, +45, -45, 0]_s$	$[+45, -45, 0]_s$		$[90, +45, -45, 0]_s$
桁条层合设置（腹板）	$[(+45, -45)_3, 0_6]_s$			
桁条层合设置（翼缘）	参见图 9.2.3			$[(45, -45)_3, 0_6]$
组分层厚度	$t = 0.125\mathrm{mm}$			
桁条高度	$h = 14\mathrm{mm}$			
桁条宽度	$f = 37.9\mathrm{mm}$			$f = 32\mathrm{mm}$

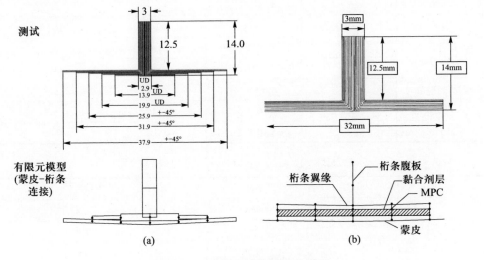

图 9.2.3　面板设计中的桁条类型

（a）GARTEUR AG 25/POSICOSS；（b）COCOMAT。

（MPC——多点约束）

9.2.2.3　设计起点

POSICOSS 中的结构设计是从一个带有预损伤的基准问题的分析结果开始进行的，该基准问题早先已经在 DLR 进行过测试，并且 GARTEUR SM AG25 项目组还在"后屈曲与倒塌分析"[16,17] 中对此做过较为透彻的研究。POSICOSS 项目将其作为设计起点，下面将进一步做详细考察。

类似于图 9.2.5 所给出的结构，这个基准问题描述的是一个轴向受压的 CFRP 面板，它包括了一块（名义上的）圆柱形蒙皮，并带有 T 加强桁条。在测试之前由于冲击导致了这些桁条与蒙皮之间有部分区域脱离接触。通过超声探测对损伤区域进

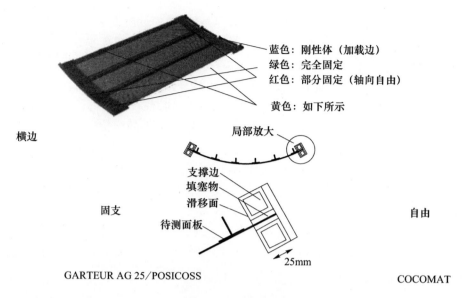

蓝色：刚性体（加载边）

绿色：完全固定

红色：部分固定（轴向自由）

黄色：如下所示

横边　　　　　　　　　　　　　　　局部放大

支撑边
填塞物
滑移面

固支　　　　　　　　　　　　　　　　　　　　　　　自由

待测面板

25mm

GARTEUR AG 25/POSICOSS　　　　　　　　　　COCOMAT

图9.2.4　边界条件

行了测量,进而将其引入有限元模型中以进行更为准确的数值仿真分析。最后,对该
面板进行轴向压力测试,直到发生倒塌。

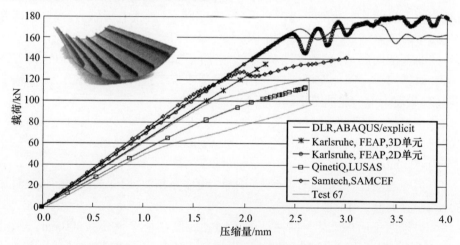

图9.2.5　无损伤的 DLR 参考基准情况（作为设计起点）的有限元分析[16]

　　在针对该面板的特性仿真研究中（加载过程一直持续到发生倒塌）,采用了不同
的商用有限元分析工具和一些自行研发的有限元工具,进行了线性和非线性分析以
及屈曲分析,以观察前屈曲阶段的轴向刚度、面板的屈曲载荷以及后屈曲阶段的结构
行为特征等。在这一基准问题的分析中,一个主要的困难在于如何通过接触单元来
模拟损伤区域。另外,还需要考察大量相关问题,例如,蒙皮－桁条连接、桁缘条建

397

模、有限单元数量、阻尼、缺陷、加载速度、边界条件、数值分析方法以及有限单元类型等。在图 9.2.5 中给出了一些载荷 – 压缩量曲线,它们是针对无损伤面板进行数值仿真获得的。经过这一研究得到的一个主要结果是,所采用的各种有限元软件工具对于此类面板的屈曲、后屈曲以及倒塌行为等的仿真分析都是适用的。此外,该研究还专门评估了这些有限元工具的分析能力和不足之处,并且也提出了一些设计建议,涉及参数的影响、初始屈曲载荷、收敛性、载荷和边界条件的模拟以及缺陷敏感性等方面。

为了检查预损伤的影响,研究人员也对该基准问题的无损伤情况作了分析。结果表明,这一无损伤面板在后屈曲阶段几乎没有承载能力储备了,其原因在于局部的蒙皮屈曲载荷非常接近于整体的桁条屈曲载荷。之所以出现这一现象,是因为在该结构的设计中是将蒙皮行为作为主导因素来考虑的,在这一设计目标下,"大的后屈曲范围"设计是需要尽量避免的。为此,POSICOSS 项目中选择了这一无损伤面板作为设计的起点。

9.2.2.4 POSICOSS 项目中的设计过程

POSICOSS 项目的主要设计目标是结构在倒塌发生之前具有显著的后屈曲区域。为此,DLR 需要设计四块面板和两个完整的圆柱壳,它们都必须适合于设计软件的验证这一目的。前述的无损伤面板(基准问题)几乎没有后屈曲区域,因而在这里就代表了最不希望的设计形式。正因如此,项目研究中才将其作为设计起点,为了提高后屈曲范围内的承载能力(图 9.2.2),采用了如下所示的过程对其进行了改进。

(1)对于第一个圆柱壳设计,将桁条数量逐步减少到一个较低的水平,直到引发局部屈曲,从而增大后屈曲范围内的承载能力。

(2)在第二个圆柱壳设计中,除了将桁条数量减少之外,还移除了蒙皮上的 90°取向的层,以增强对扭转载荷的敏感性。考虑到测试方面的限制,两个圆柱壳的半径都固定为 400mm。

(3)为便于对比,面板设计必须尽可能与圆柱壳相似,因此前两个面板设计中采用的是圆柱壳的 60°扇形区域。

(4)另外两个面板设计与前两个的不同之处仅在于将半径从 400mm 增大到了1000mm,用于检查半径的影响,同时这也更接近于实际的飞机机身结构。

根据这一设计过程得到了四个不同的加强面板和两个不同的完整圆柱壳(图 9.2.6)。除了后屈曲范围最小的一个面板以外,其他结构都被加工制备成样件,为增强可信度,在 DLR 的屈曲测试设备上进行了多次测试(直到发生倒塌)。图 9.2.7 中针对一个测试面板将测试结果与仿真结果进行了比较。不难看出,如同所设计的那样,该面板具有很大的后屈曲区域,并且直到一阶整体屈曲发生之前,仿真与实验结果之间吻合得非常良好,而从该点以后二者的误差开始变大。不过,由于在仿真中没有考虑退化效应,我们也不能期望在深度后屈曲阶段会有较好的吻合度。此外,将面板的横边边界条件建模为固支情形也会对后屈曲阶段中(一阶整体桁条屈曲之后)的轴向刚度产生较大影响。更多细节方面的讨论可以参阅文献[5]。关于退化效应以及对纵边边界条件的研究,是 COCOMAT 项目的内容,我们在后面介绍。

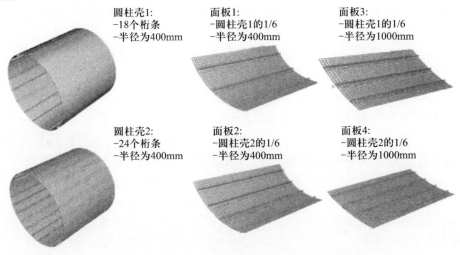

图 9.2.6　POSICOSS 的设计(DLR,参见图 9.2.3)

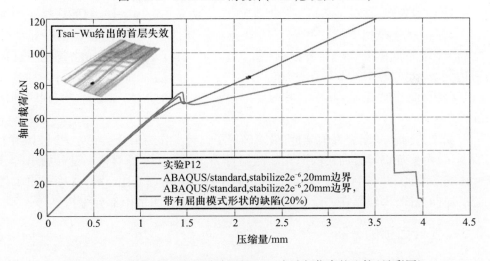

图 9.2.7　POSICOSS 中的设计面板 P12:实验与仿真的比较(见彩图)

9.2.2.5　COCOMAT 项目中的设计过程

为了更准确地对桁条加强 CFRP 面板进行倒塌载荷的模拟分析,COCOMAT 项目组改进了较慢的用于最终评价和鉴定的分析工具以及快速设计工具,将退化效应考虑了进来。所考虑的退化模式包括:蒙皮－桁条脱胶、桁条腹板处的脱层以及复合结构自身的退化等。分析工具的验证需要合适的实验数据库,由于尚不具备该数据库(POSICOSS 项目中的测试数据库只能作为参考,因为其中没有考虑退化效应),为此必须设计、制备和测试一块新的桁条加强 CFRP 曲面板样件。与 POSICOSS 项目一样,他们也设计了两种面板,分别是测试面板和实际面板。DLR 主要设计的是测试面板,下面将其称为设计 1。该设计的目标是获得较大的后屈曲范围,并使蒙皮－桁条脱离行为尽早出现。

设计 1 是从一个半径为 1000mm 的面板构型开始进行的,该面板在 POSICOSS 项目中已经做过测试。这里希望的是提高其后屈曲范围,进而使其在一阶整体屈曲发生之后还能保持一定的承载能力。这一做法的原因在于,我们需要考察倒塌载荷受蒙皮－桁条脱离行为的影响,而这种退化(失效)通常都是发生在一阶整体(桁条)屈曲之后的。项目组开展了一系列参数研究,涉及蒙皮与桁条的不同铺设情况、桁条数量、桁条几何以及桁条位置等。在设计过程中,通过对已有软件工具做简单的开发,据此分析评估了不同退化形式的触发情况,例如蒙皮－桁条脱胶、桁条腹板的脱层以及分层复合结构的失效等。为了能够更好地检查退化行为对倒塌的影响,显然这些面板最好是具有较大的后屈曲阶段,并且蒙皮－桁条脱胶行为尽早出现为好。

与 POSICOSS 项目相比而言,这里的设计 1 还有一个重要变化。在 POSICOSS 进行的所有实验中,这一面板的横边处均施加的是固支边界条件,此处将这一约束去除了,原因在于模型中的这些固支边界会对后屈曲阶段(一阶整体桁条屈曲发生之后)中的轴向刚度产生显著影响(图 9.2.7)。为了避免蒙皮屈曲开始于自由的横边区域,此处对桁条做了调整(在周向上向横边移动)。此外,还针对多种设计进行了分析,以确保蒙皮－桁条脱胶的发生开始于中部桁条处,而不是靠近横边的桁条处。

根据结构力学和断裂力学分析,最终确定了设计 1 作为最合适的方案,将其用于实验测试,考察加筋复合面板的退化和倒塌行为。图 9.2.8 针对这一设计给出了载荷－压缩量曲线,并与 POSICOSS 的设计进行了比较。可以看出,设计 1 表现出了较大的后屈曲范围,即便是在一阶整体桁条屈曲(开始于面板的中部)之后。

9.2.3　复合面板的分析

DLR 曾采用有限元软件 ABAQUS/Standard 对第 8 章所描述过的面板进行了研究,其中的几何非线性计算利用了增量迭代牛顿－拉夫森方法,并引入了人工阻尼以增强方法的稳定性,分析了倒塌发生前的结构行为(所使用的材料是线弹性的)。在退化建模中,DLR 开发了一个 ABAQUS/user 子程序,利用应力失效准则来考察蒙皮－桁条脱胶行为。

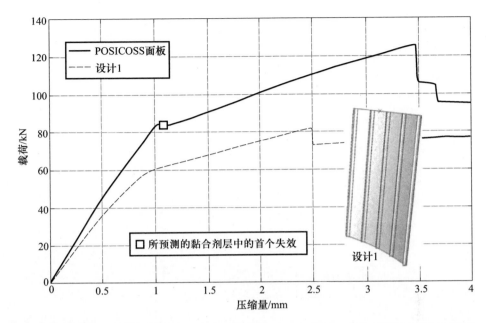

图 9.2.8　载荷 – 压缩量曲线:COCOMAT 面板设计与 POSICOSS 初始设计的比较(见彩图)

9.2.4　无退化情况下的非线性有限元分析

在分析面板的前屈曲和后屈曲行为时,采用了 ABAQUS 提供的四节点壳单元 S4R。图 9.2.9(a)给出了该有限元模型的一些细节,例如其中施加了弹簧单元,用于引入(POSICOSS 项目中的计算模型的)纵边支撑处的刚度。

该有限元分析基本上包括了四个阶段,如图 9.2.9(b)所示,即预处理阶段、线性特征值分析阶段(用于提取屈曲模式)、非线性分析阶段(将屈曲模式作为初始缺陷引入,利用内置的牛顿 – 拉弗森技术和自适应/人工阻尼)、后处理阶段。对于所考察的桁条加强面板来说,研究表明了这一非线性求解方法是相当稳定的。图 9.2.7 和图 9.2.8 分别给出了无初始几何缺陷和有初始几何缺陷两种情况下的载荷 – 位移曲线,它们都是利用图 9.2.9(b)所给出的分析过程得到的。

数值仿真结果需要跟实验结果进行对比验证,这里是从两个层面进行的,即"整体"层面和"局部"层面。在整体层面的验证中,主要比较的是总体的载荷 – 压缩量曲线和总体变形模式。图 9.2.10 针对实验和仿真得到的屈曲模式做了这一比较。实验数据是利用 ARAMIS 测得的,该三维光学测量系统是基于摄影测量方法的。在局部层面的验证中,采用了应变计测试结果,并将其与数值计算得到的应变进行了对比验证。关于这一概念的细节内容可以参阅文献[18]。在图 9.2.7 中,还针对 POSICOSS 面板 P12[5],将载荷 – 压缩量曲线的仿真与实验结果进行了比较。不难发现,直到一阶整体屈曲载荷为止,二者之间都是相当吻合的。从该载荷点开始,二者

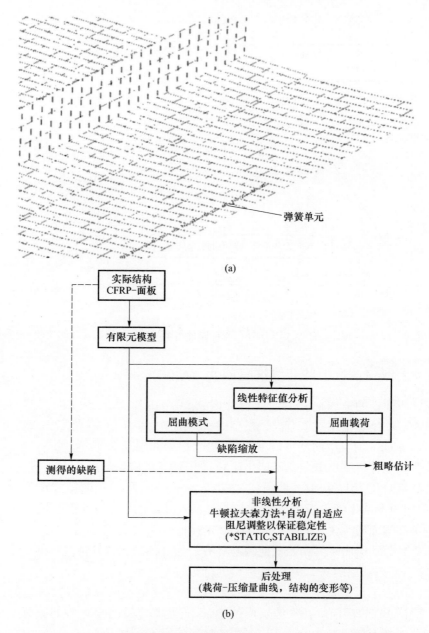

弹簧单元

(a)

```
┌──────────────┐
│   实际结构    │
│  CFRP-面板    │
└──────┬───────┘
       │
       ▼
┌──────────────┐
│   有限元模型  │
└──────┬───────┘
       │
       ▼
┌────────────────────────────────────────┐
│          线性特征值分析                   │
│  ┌──────────┐              ┌──────────┐ │
│  │ 屈曲模式  │              │ 屈曲载荷  │ │
│  └──────────┘              └──────────┘ │
└────────────────────────────────────────┘
              缺陷缩放                 │
┌──────────┐                          ▼ 粗略估计
│ 测得的缺陷 │
└──────────┘
       │
       ▼
┌────────────────────────────────┐
│         非线性分析              │
│  牛顿拉夫森方法+自动/自适应      │
│  阻尼调整以保证稳定性           │
│  (*STATIC,STABILIZE)           │
└────────────────┬───────────────┘
                 │
                 ▼
┌────────────────────────────────┐
│         后处理                  │
│ (载荷-压缩量曲线,结构的变形等)   │
└────────────────────────────────┘
```

(b)

图 9.2.9 (a)有限元模型(POSICOSS);(b)ABAQUS 中的分析过程

开始有了分歧。对于这一现象可以有两种解释。首先,由于没有考虑退化效应,因此在深度后屈曲阶段内我们也就不能期望获得较好的一致性;其次,横向固支边界条件的建模处理会带来较大的影响,这是最可能的原因。

在 COCOMAT 项目中,面板设计的目标是获得较大的后屈曲范围,并使得蒙皮–

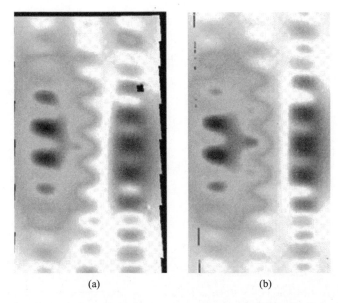

(a)   (b)

图 9.2.10　相同载荷水平下一个 POSICOSS 实验面板的面外变形
(a)实验结果；(b)仿真结果。

桁条脱胶行为尽早触发。在该项目进行时,还没有什么分析工具可以将此类退化行为考虑进来。不过,对于该设计过程来说只需知道何时会出现这一退化就足够了。为此,他们借助了 ABAQUS/Standard 软件进行了研究。ABAQUS 中已经有了一些失效准则(例如 Tsai – Wu,Tsai – Hill),利用它们就可以确定复合层合结构自身的退化行为的触发情况。黏合剂层是连接蒙皮与桁条的,研究中采用了三维实体单元进行了建模(图 9.2.3),并将黏合剂层中出现最大许用应力作为发生退化行为的标志。更详细的结果可以参阅文献[19]。利用这一方法计算得到的载荷 – 压缩量曲线如图 9.2.8 所示。可以看出,蒙皮 – 桁条脱胶行为的发生几乎与整体桁条屈曲的发生是一致的。这一行为特征在直观上是合理的,也是所能预测到的,因为桁条屈曲的发生当然也会导致黏合剂层中出现很高的应力。

9.2.4.1　考虑退化行为的非线性有限元分析

COCOMAT 项目的一个主要任务是对速度较慢的评估鉴定工具进行改进。在这一任务中,DLR 的主要工作是对 ABAQUS 进行改进,使之可以考察蒙皮 – 桁条脱胶行为。为此,在有限元建模过程中采用了三维单元来处理蒙皮与桁条之间的黏合剂层。这些三维单元的力学行为可以通过自行研发的 ABAQUS 用户子程序来描述。所开发的用户子程序共有三个,它们的数值过程有所不同。在初始阶段,DLR 采用的是简单的应力失效准则,不过通过另外两个子程序是可以得到更完善更准确的退化模型的。与此同时,COCOMAT 正在基于实验结果进行新退化模型的开发工作,并

403

打算将这个新模型以子程序方式实现。上述的三个子程序可以描述如下。

（1）USDFLD（用户自定义域）：这一子程序只允许定义简单失效准则，也就是用户可以选择某些材料特性参数并将其减小。

（2）显式 UMAT：应力是根据前一步结果以显式方式计算得到的，优点在于可以控制黏合剂层的退化和失效扩展。

（3）隐式 UMAT：应力是根据当前的刚度矩阵以隐式方式计算出的，每一个增量步中也据此来确定首个单元失效行为。这一子程序显著增大了分析时间。

图 9.2.11 示出了这些用户子程序在 ABAQUS 计算过程中所处的位置。利用最后两个用户子程序，可以监控黏合剂层中的失效扩展过程，并实现更复杂的退化模型（用户自定义）。初始阶段的分析过程中，研究人员在上述三个用户子程序中都采用了简单的应力失效准则。在有限元模型中，黏合剂层的退化是通过降低这些单元的杨氏模量的方式来模拟的（降低到层中出现最大许用应力（表9.2.2））。

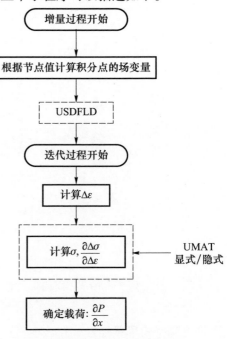

图 9.2.11　ABAQUS 计算过程中用户例程的位置

项目研究中对上述三个子程序进行了测试，分别针对的是一个小模型和一个大模型，结果显示它们之间具有良好的一致性。随后，研究人员将其中的一个子程序应用到 COCOMAT 面板（设计1）分析中，并将这一分析结果与实验结果以及其他软件工具得到的模拟结果（无退化）进行了比较，情况如图 9.2.12 所示。在该图中给出了设计 1 的载荷－压缩量曲线，可以看出，在一阶整体屈曲（大约产生了 1mm 的压缩量）之前，所有曲线都非常吻合；而自此之后只有带有用户子程序的 ABAQUS 分析结果才能与实验结果保持良好的一致性。然而，应当指出的是，仅仅对比载荷－压缩量曲线仍然是不够的，因为仿真和实验中的整体屈曲模式有所不同。此外，与实验观测结果相比，这些子程序所预测到的损伤区域（黏合剂层）要更多一些。图 9.2.14 中给出了倒塌实验之后蒙皮与桁条连接部分的损伤区域情况，其中的图 9.2.14（a）是超声检测的结果，而图 9.2.14（b）是光学锁相热成像得到的结果，二者显然具有很好的相关性。在图 9.2.13 中还针对四种载荷水平（图 9.2.12）给出了黏合剂层失效扩展的数值模拟结果。通过对比图 9.2.14 中给出的实验结果与图 9.2.13 中的模拟结果，我们可以发现在模拟分析中出现了更多的（黏合剂层）单元失效。由此也表明了，在 COCOMAT 的工作基础上仍然有必要对退化模型做进一步的改进和完善。

404

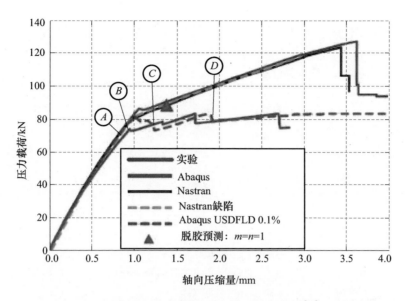

图 9.2.12　不同仿真工具得到的结果与实验的比较[19]（见彩图）

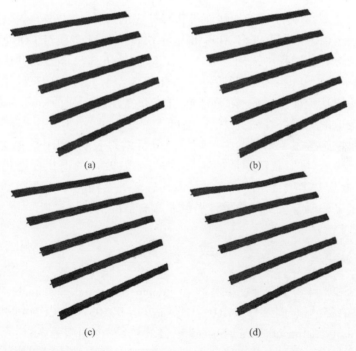

(a)

(b)

(c)

(d)

图 9.2.13　四种载荷水平（图 9.2.12）下黏合剂层失效扩展的数值仿真结果[21]（见彩图）

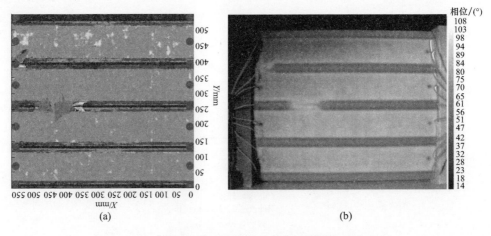

图 9.2.14　测试后的可视损伤主要位于蒙皮与桁条之间
(a)超声缺陷回波；(b)热成像检测。

9.2.5　结束语

本节阐述了 DLR 关于桁条加强面板和圆柱壳的设计过程和分析内容,这些都是在已完成的欧盟(EU)项目 POSICOSS 和正在执行中的欧盟项目 COCOMAT 这两个项目下进行的。设计过程中采用了有限元工具 ABAQUS/Standard,并研发了一些用户子程序,用于模拟蒙皮 - 桁条脱胶这一退化行为。这些数值计算的结果已经得到了实验数据的成功验证(直到一阶整体屈曲),而在深度后屈曲阶段的模拟中,必须考虑到退化效应的影响。在研究中,利用自行开发的 ABAQUS 用户子程序,基于简单的应力失效准则考察了桁条的脱胶现象。分析结果表明,利用带有这些子程序的 ABAQUS 进行分析,可以获得预期的结果,不过研发改进的退化模型仍然是有必要的,这也是 COCOMAT 项目当前正在进行的内容之一。我们可以预期,这一设计和分析经验将为未来的复合机身结构设计提供非常有益的借鉴和参考。

致　　谢

POSICOSS 项目得到了欧盟委员会"Competitive and Sustainable Growth Programme"项目的资助,合同编号 G4RD - CT - 1999 - 00103。COCOMAT 项目得到了欧盟委员会"Priority Aeronautics and Space"项目的资助,合同编号 AST3 - CT - 2003 - 502723。本节中的内容均来源于这两个项目,且不保证这些信息能够适用于任何特定的目的,因此利用这些信息的读者需自行承担风险和责任。

本节参考文献

[1] R. Zimmermann, R. Rolfes, POSICOSS — improved postbuckling simulation for design of fibre composite stiffened fuselage structures, Composite Structures 73 (2006) 171−174.

[2] www.posicoss.de.

[3] R. Degenhardt, R. Rolfes, R. Zimmermann, K. Rohwer, COCOMAT — improved MATerial exploitation at safe design of COmposite airframe structures by accurate simulation of COllapse, Composite Structures 73 (2006) 175−178.

[4] www.cocomat.de.

[5] H. Klein, R. Zimmermann, A. Kling, Buckling and postbuckling of stringer stiffened fibre composite curved panels — tests and computations, Composite Structures 73 (2006) 150−161.

[6] A. Kling, R. Degenhardt, R. Zimmermann, A hybrid subspace analysis procedure for nonlinear postbuckling calculation, Composite Structures 73 (2) (2006) 162−170.

[7] C. Bisagni, L. Lanzi, Post-buckling optimisation of composite stiffened panels using neural networks, Composite Structures 58 (2) (2002) 237−247.

[8] T. Möcker, H.-G. Reimerdes, Postbuckling simulation of curved stiffened composite panels by the use of strip elements, Composite Structures 73 (2) (2006) 237−243.

[9] R. Rikards, H. Abramovich, J. Auzins, A. Korjakins, O. Ozolinsh, K. Kalnins, T. Green, Surrogate models for optimum design of stiffened composite shells, Composite Structures 63 (2) (2004) 243−251.

[10] E. Gal, R. Levy, H. Abramovich, P. Pavsner, Buckling analysis of composite panels, Composite Structures 73 (2) (2006) 179−185.

[11] L. Lanzi, V. Giavotto, Postbuckling optimisation of composite stiffened panels: computations and experiments, Composite Structures 73 (2) (2006) 208−220.

[12] R. Rikards, H. Abramovich, K. Kalnins, J. Auzins, Surrogate modelling in design optimisation of stiffened composite shells, Composite Structures 73 (2) (2006) 244−251.

[13] R. Rikards, H. Abramovich, T. Green, J. Auzins, A. Chate, Identification of elastic properties of composite laminates, Mechanics of Advanced Materials and Structures 10 (4) (2003) 335−352.

[14] C. Bisagni, P. Cordisco, Testing of stiffened composite cylindrical shells in the postbuckling range until failure, AIAA Journal 42 (9) (2004) 1806−1817.

[15] C. Bisagni, P. Cordisco, Postbuckling and collapse experiments of stiffened composite cylindrical shells subjected to axial loading and torque, Composite Structures 73 (2) (2006) 138−149.

[16] R. Degenhardt, K. Rohwer, W. Wagner, J.-P. Delsemme, Postbuckling and collapse analysis of stringer stiffened panels — a GARTEUR activity, in: Proceedings of the 4th International Conference on Thin-Walled Structures, Loughborough, England, June 22−24, 2004.

[17] R. van Houten, A. Zdunek, GAREUR (SM) AG-25 Post-buckling and Collapse Analysis, Final Technical Report, GARTEUR TP-149 NLR-TR-2004-463, Amsterdam, 2004.

[18] A. Kling, R. Degenhardt, H. Klein, J. Tessmer, R. Zimmermann, Novel stability design scenario for aircraft structures — simulation and experimental validation, in: Proceedings of the 5th International Conference on Computation of Shell and Spatial Structures, June 1−4, 2005 Salzburg, Austria, 2005.

[19] A.C. Orifici, R.S. Thomson, R. Degenhardt, A. Kling, K. Rohwer, J. Bayandor, Design of a postbuckling composite stiffened panel for degradation investigation, in: Proceedings of the 13th International Conference of Composite Structures, Melbourne, Australia, November 14−16, 2005.

[20] Hexcel Composites, Product Data, 2005. www.hexcel.com.
[21] L. Hansen, R. Degenhardt, A. Kling, Auslegung von axial gedrückten, versteiften Paneelen, Internal DLR Report, IB 131-2004/37, November 2004.

9.3 薄壁加筋复合结构的稳健设计策略

（Fabio Ribeiro Soares da Cunha,巴西,圣若泽杜斯坎普斯,巴西航空工业公司）

9.3.1 概述

稳健性（或健壮性）是工业产品或工业过程的一个重要特性。在航空结构中,稳健性一般是通过采用冗余零部件、设计备用的传力途径、多样化设计等一系列设计技术实现的。当所需的性能对于局部失效（在一定的可靠度下）不敏感时,我们就认为具备了稳健性,这一般需要根据失效条件和影响的严重性,通过认证测试来进行验证。事实上,在很多方面稳健性已经成为一种必须的要求,不仅如此,通过稳健性的测试还可以为我们提供更多的信息,它们对于设计过程来说也是非常有帮助的。

关于稳健性,文献[1]曾给出过一个经典的定义,即"……,稳健性是这样一种状态,对于某种技术、产品或过程的性能来说,它对那些（制造过程中或者用户环境中）能够导致性能变化的因素表现出最小的敏感性,并且将以最小的单位制造成本发生退化"。

类似于上面这一概念,稳健性的现代定义中也突出了对于变化的不敏感性这一公共部分[2],不仅如此,现代定义中还认为典型的"导致性能变化的因素"包括了固有的不确定性、设计变量以及局部失效等方面。

固有的不确定性是指那些能够导致性能变化的噪声因素,这些因素是可以加以控制的,不过由于受到技术上或者成本上的限制,一般不可能彻底地消除之。在确定性的设计中,一般会引入安全系数来确保所需的性能,因此如果存在着很大的变化,往往就需要设定较大的安全系数值。在概率设计方法中,固有的不确定性一般可通过适当的随机分布来建模,进而可以得到响应的概率密度函数（PDF）,据此可以评估设计的可靠度。由此不难看出,固有的不确定性是稳健设计中最重要的因素,必须对其进行分析。

设计变量可以理解为能够导致性能变化的控制因素,这些变量可由设计人员加以控制,并且在设计过程中是在一定范围内改变的（根据设计目标和设计约束）。很明显,设计变量的任何改变都会影响到产品的性能,正因如此,稳健设计必须考虑性能对这些设计变量所出现的变化的敏感性。

对于复合结构来说,失效载荷会受到固有不确定性的影响,这些不确定性来自于几何形状、材料特性、组分层取向以及组分层的厚度等多个方面。从这个意义上说,制造过程的改进（例如纤维铺设、固化处理等）是可以减小这些不确定性的,进而也就减小了所需性能的变化。另外,对于复合结构而言,典型的设计变量一般包括的是组分层材料和取向、铺设顺序、曲面板壳的内半径、纵向长度、桁条类型以及桁条间距等。

局部失效也会受到固有不确定性和设计变量的影响,显然它会导致性能上的变化。有时我们的设计可能对于固有不确定性和设计变量都是不敏感的,然而却仍然对局部失效敏感。例如,对于一块加筋面板来说,虽然其刚度和失效载荷可以对小的制造误差或设计变量的变化不那么敏感,但是它所具有的倒塌载荷(CL)却可以等于或者刚好大于整体屈曲载荷。在稳健设计中,我们必须避免这种初始损伤发生后的迅速失效行为。实际上,一些学者已经将结构的稳健性定义为"结构对于局部失效的不敏感"[3],在设计渐近倒塌(经由一系列局部失效后的倒塌)的结构时必须考虑这一点。在本章中我们也将采用结构稳健性的这一定义。

很明显,这里就有一个实际的问题需要回答,即:在当前的飞机机身设计中应当怎样引入结构稳健性? 在咨询通告(AC)25.571C[4]中对此已经有过表述,即"在损伤容限设计中应当对多传力途径这一方式给予较高的优先考虑"。基于这一原因,当前的机身结构带有较高的冗余性,这是获得损伤容限和结构稳健性的有效途径。不过,在损伤容限设计中也有必要考虑其他一些设计特征。AC25.571C 中的第 5 页指出:"……,在设计过程中,对于任何关键结构件,在其强度下降到低于所容许的最小承载水平之前,必须保证能够以足够高的概率检测到对应的失效行为,……"。

根据这一表述,可以采用其他一些设计方法来检查那些尚未得到充分利用的设计特征,用以改进损伤容限和结构稳健性。对于目前的飞机机身设计而言,薄壁加筋结构物的后屈曲范围就是一个尚未得以充分挖掘的设计特征。

AC20 - 107B[5]是一个特别的咨询通告,它对很多方面都做了详细描述,其中的一个方面就是关于复合结构的检验,针对的是临界静载荷情况、疲劳以及损伤容限等。然而,作为一个通用的指南,该通告中没有直接阐述薄壁加筋壳的屈曲和后屈曲效应。

Cunha 等人[6]针对薄壁复合结构的后屈曲问题提出了一种稳健设计策略,其中考察了重量、失效载荷以及基于能量的稳健性等。随后他们将这一策略拓展用于考察固有不确定性[7],从而给出了一个可用于稳健设计的概率性框架。此外,在该研究中还对稳健性标准(或尺度)做了重新定义。在文献[8]中 Cunha 又进一步针对薄壁加筋复合结构例证了这一设计策略。

由此我们不难认识到,施加压缩载荷会导致屈曲的发生,进而使得刚度迅速下降,这可以理解为一种由于承载能力下降而产生的局部失效。可以认为,如果结构在屈曲现象出现之后没有立即发生倒塌,那么就可以视为具有结构稳健性。这一行为很容易通过载荷 - 压缩量曲线来进行评估,如图9.3.1所示,在这条曲线上的特征点处还给出了对应的云图,且将相应区域作了加亮显示。此处的 LB 代表的是局部屈曲(蒙皮屈曲),GB 代表了整体屈曲(蒙皮和桁条屈曲),OD 代表的是退化开始出现,

CL 为倒塌载荷。此外,强度要求是以极限载荷(LL)和最大载荷(UL)定义的,而结构的能量是根据载荷 - 压缩量曲线下方的面积计算得到的。

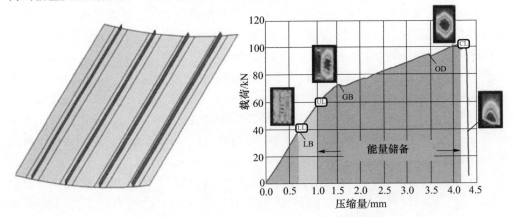

图 9.3.1　加筋壳的载荷 - 压缩量曲线(见彩图)
(源自于 R. Zimmermann, H. Klein, A. Kling, Buckling and postbuckling of stringer
stiffened fibre composite curved panels e tests and computations,
Composite Structures 73 (2) (2006) 150 - 161。)

9.3.2　基于能量的结构稳健性指标

在简要介绍过加筋复合壳的局部失效和倒塌问题之后,本节将进一步讨论结构稳健性这一概念。结构的稳健性实际上描述了两个响应之间的联系,即早期损伤(局部失效)和倒塌(整体失效)之间的关系。

局部失效可以是组分层的失效、脱层或者蒙皮 - 桁条脱胶等形式。屈曲是一种会导致刚度下降的几何失稳(卸载后刚度可恢复),虽然不一定会导致材料损伤,但是这里我们也将其视为一种局部失效行为,原因在于整体屈曲导致的刚度的大幅降低可能会诱发某些失效行为,例如组分层的失效和蒙皮 - 桁条脱胶,进而也就会加速倒塌的发生。

本章所采用的“倒塌”这一术语是指整体结构失效,它是由局部失效诱发进而逐渐形成的,倒塌载荷则是指载荷 - 压缩量曲线中的最大载荷值(图 9.3.1)。值得注意的是,倒塌行为可能对固有不确定性或设计变量是不敏感的,但是对局部失效仍可能是敏感的。例如,尽管加筋面板的刚度和失效载荷对小的制造误差或设计变量的变动可以是不敏感的,但是它可以恰好在整体屈曲之后发生倒塌。

显然这里我们就可以引入结构稳健性这一概念,它指的是结构对于局部失效的不敏感性[3]。根据这一概念,我们可以将结构稳健性理解为一种结构特性,充分挖掘和利用这一特性就可以在结构设计中避免出现局部失效之后立即发生倒塌这一不利情况。结构稳健性应当是可度量的,这样我们才可以将其置入一个全面性的设计策略中,从而得到新的设计方案或构建新的设计理念。关于现有文献中所采用的结构稳健性的度量指标,文献[8]已经做过讨论,其中还给出了一种新颖的基于能量的结构稳健性指标。

这一基于能量的指标是根据载荷–压缩量曲线下方的面积计算得到的,如图9.3.1所示。根据计算中所选择的特征点的不同,一般包括了局部屈曲发生前的能量(E_{LB}),退化发生前的能量(E_{OD}),整体屈曲前的能量(E_{GB})以及倒塌发生前的能量(E_{CL})。

需要再次引起注意的是,这里是将整体屈曲视为局部失效行为的,虽然它不一定伴随有损伤,但是由此会带来刚度的降低,进而会导致结构出现快速的倒塌。据此我们可以将整体屈曲载荷和倒塌载荷之间区域的能量视为所谓的能量储备,即

$$E_{R,GB} = E_{CL} - E_{GB} \qquad (9.3.1)$$

显然,如果整体屈曲载荷与倒塌载荷相同,那么也就没有任何能量储备了,或者说不具备稳健性了。

结构稳健性也可以通过计算载荷–压缩量曲线中 LL 和 UL 之间的区域面积来评估,也即该区域对应的能量。上述这些指标显然考虑了固有的性能变化以及其他影响安全边际的因素。在这些指标基础上,我们也可以将能量储备表示为 UL 和 CL 之间的能量部分,即

$$E_{R,UL} = E_{CL} - E_{UL} \qquad (9.3.2)$$

显然,如果 UL 和 CL 相等,那么也就不具备稳健性了。

借助上面这两个关系式所给出的能量储备情况,我们就可以衡量由局部失效导致的结构倒塌的不敏感程度。不难理解,能量储备大的结构对于倒塌的敏感程度要弱一些。实际上,能量储备也可以理解为,当达到某个临界载荷(例如整体屈曲载荷)或某个强度准则(例如最大载荷)之后,导致倒塌出现所需的能量。此外,这些指标也隐含地揭示了刚度下降和损伤行为。

作为一个绝对指标来说,能量储备是结构稳健性的标志,不过在对稳健性进行分类或者验证某些需求时,相对指标可能更加有效、更加方便一些。为此,可以建立相应的基于能量的结构稳健性指数,即

$$R_{EI,GB} = 1 - \frac{E_{GB}}{E_{CL}}, 0 \leqslant R_{EI,GB} \leqslant 1 \qquad (9.3.3)$$

如果必须考虑固有变化情况,相对于整体屈曲而言最大载荷就必须具备一定的安全边际,于是结构稳健性能量指数就可以按照如下方式给出:

$$R_{EI,UL} = 1 - \frac{E_{UL}}{E_{CL}}, 0 \leqslant R_{EI,UL} < 1 \qquad (9.3.4)$$

9.3.3　结构稳健性设计策略

利用上面所介绍的结构稳健性能量指标,我们就可以实现理想的结构稳健设计。

本节将给出其确定性和概率性方法框架。

结构稳健设计方法容许我们在折中考虑强度、结构稳健性能量指标和重量要求的基础上对各种设计方案进行评估。该过程可以集成到一个优化过程中,其优化目标是使失效载荷最大化而结构质量最小化,同时还保持结构稳健性能量指标处于一个预期水平。图9.3.2给出了一个确定性框架的总体过程。

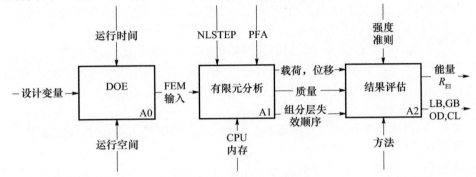

图 9.3.2　确定性分析框架

在子过程 A0 中,需要进行数值实验设计(DOE),并针对每个设计生成一个有限元模型(FEM)。在子过程 A1 中,需要针对每个设计进行非线性有限元分析(NLA),由此获得每个载荷增量下的位移压缩量、组分层失效顺序以及结构质量等。在子过程 A2 中,需要对载荷 - 压缩量曲线进行分析,识别其中的特征点(图9.3.1),并检查强度准则。最后,即可得到结构稳健性能量指标。

为将固有的不确定性考虑进来,可以将上述过程拓展到概率性方法框架中,如图9.3.3所示。在子过程 A0 中,仍然需要进行数值 DOE 过程。对于每个实验,需要对每个样件进行稳健性设计分析(例如,蒙特卡罗仿真)。样件尺寸的确定需要折中考虑每个数值模型预期的运行时间与可接受的统计误差。在仿真模型中是通过随机数生成器(RNG)引入固有的变化的。对于每个样件的设计,都必须建立有限元模型。

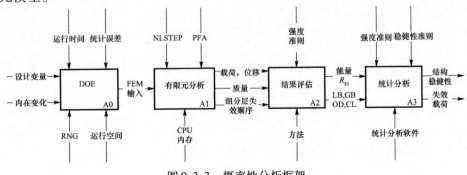

图 9.3.3　概率性分析框架

在子过程 A1 中,需要针对每个样件设计进行 NLA 仿真,该过程是通过数值增量算法和组分层渐进失效(PFA)过程加以控制的。然后就可以得到每个载荷增量下的位移压缩量、组分层失效顺序以及结构质量了。

在子过程 A2 中,需要采用合适的后处理方法来分析每个数值模型的载荷 - 压缩量曲线,识别其中的特征点(LB,GB,OD 和倒塌)。进一步,每个设计的可行性将通过强度准则(LL 和 UL)来进行验证,这些准则也将用于计算对应的结构稳健性指标。

最后,在子过程 A3 中,将利用标准的统计方法进行一个统计评估,获得基本的统计参数(均值,标准差,变异系数),并计算出强度准则的可靠度和概率性的结构稳健性指标。

总之,结构稳健性设计策略采用了新颖的确定性和概率性的结构稳健性指标,这一策略可以求解关于失效载荷、结构质量和稳健性的多目标问题。应当指出的是,由于结构稳健性的最大化可能导致结构质量的增大,因此建议将该参量作为一个设计约束来使用。

9.3.4　薄壁加筋复合壳的结构稳健性评估

这里我们将利用结构稳健设计策略来评估一块加筋面板,包括确定性和概率性两个方面。显然,如果将面板设计成桁条起主导作用的,也即蒙皮可能在桁条之前发生屈曲,那么这里的分析中 LB(蒙皮屈曲)和 GB(蒙皮与桁条同时屈曲)可以是不相同的。

对于此处所考察的加筋面板来说,在设计时就已经考虑了获得较大的后屈曲范围这一目的[9],因此我们应当可以很清晰地在载荷 - 压缩量曲线中识别出相关特征点,例如 GB 和 CL。正是由于这一原因,这些面板对于展示结构稳健性能量指标是比较恰当的。

这些加筋面板均采用的是预浸料材料 IM7/8552(表 9.3.1),组分层厚度为 0.125mm,总长度为 780mm,自由长度(最大屈曲长度)为 660mm,内弧长 419mm。此外,桁条宽度和高度分别为 37.9mm 和 14.0mm。图 9.3.4 给出了一块面板的顶视图示意。更多的几何细节、桁条层合设置以及相关实验结果可在文献[10]中找到。

表 9.3.1　平均值(AVG)和标准偏差(SD):IM7/8552[11]

	刚度/(kN/mm²)			强度/(N/mm²)	
—	AVG	SD	—	AVG	SD
E1t	192.3	2.25	R1t	2715	92.85
E1c	146.5	2.70	R1c	1400	69.02

刚度/(kN/mm²)			强度/(N/mm²)		
—	AVG	SD	—	AVG	SD
E2t	10.6	0.25	R2t	56	10.39
E2c	9.7	0.66	R2c	250	16.50
G12	6.1	0.14	R12	101	4.60
v12	0.31	0.02	—	—	—

注:1——纵向;2——横向;c——压缩;t——拉伸。

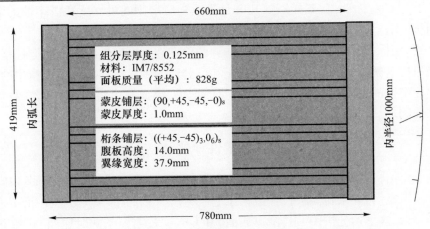

图9.3.4 加筋面板的设计参数

在概率性分析框架中(图9.3.3),组分层的方位和厚度变化分别假定为±2.00°和±0.009mm[12]。这些变化是针对每个组分层分别引入的。为表征刚度和强度特性的变化情况,则采用了一个关联矩阵[8]。

图9.3.5和图9.3.6分别给出了桁条网格和完整的有限元网格模型(以及边界条件)。蒙皮单元的平均网格尺寸为7.5mm,不过在桁翼缘区域内对单元进行了复制处理(共享相同的节点),其中的一组单元是属于蒙皮网格的,而另一组(即复制出的单元)则属于桁翼缘网格。

对于桁条来说,从蒙皮底面或中曲面开始测量得到的高度分别为14.0mm或13.0mm。在本节所有的有限元模型中,桁条腹板的网格一直划分到蒙皮的中曲面,该方向上包含了两个单元,每个单元的(桁条高度方向上的)边长平均尺寸为6.5mm。

Zimmermann和Rolfes[13]曾对名义桁条设置做过详尽的描述。在这里的有限元模型中,对该桁条设置中的腹板与翼缘的层合情况做了理想化处理。腹板铺层情况假定的是$[(+45,-45)_3,0_6]_s$。相应地,翼缘铺层将被划分为两个区域(可参见桁条翼缘的顶视图),第一个区域包含了内侧单元,总尺寸为19.9mm,铺层为$[(+45,$

414

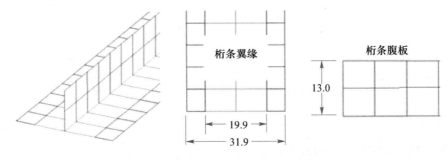

图 9.3.5　桁条网格、翼缘顶视图以及侧视图

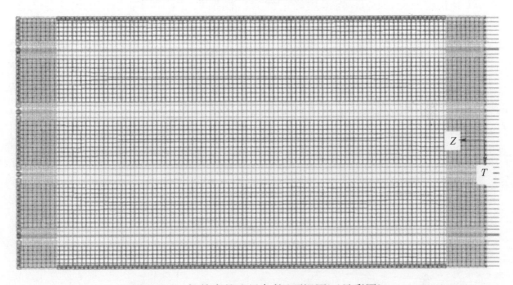

图 9.3.6　加筋壳的边界条件(顶视图)(见彩图)

$-45)_3, 0_4]$;第二个区域总尺寸为 12.0mm,包含的是外侧单元,铺层为 $[(+45, -45)_2]$。

分析中选择了柱坐标系,原点位于面板的右边界平面与纵轴线的交点位置,坐标轴 R、T 和 $Z(1,2,3)$ 分别对应的是径向、角向和纵轴向。在施加载荷和边界条件时就是以这一坐标系作为参考的。

如图 9.3.6 所示,面板的左边界位置设定为固定边界条件(红色方块标记),自左边界开始沿着纵轴线方向延伸 60.0mm 这一区域(浅蓝色方块标记),只设定了纵向平动这个自由度,该约束是为了保证屈曲实验的进行。进一步,设定横边(深蓝色方块标记)只能在径向上平动,而关于径向与纵向的转动自由度被约束住,这一约束代表的是纵向边界支撑。最后,在右边界(绿色箭头)处施加了压缩位移。表 9.3.2 中对上述边界条件情况做了归纳和汇总。

表 9.3.2 边界条件

描述	受限的自由度
左边界上的节点固定	$[1,2,3,4,5,6]$
纵坐标范围 $0.0 \leqslant Z \leqslant 60.0$ 内的节点	$[1,2,-,4,5,6]$
纵坐标范围 $720.0 \leqslant Z \leqslant 780.0$ 内的节点	$[1,2,-,4,5,6]$
横边上的节点(纵边支撑)	$[-,-,3,4,-,6]$

9.3.5 确定性框架下的分析

对于上述模型,我们首先采用确定性分析框架来考察两种状态下的结构稳健性,分别是不考虑任何缺陷的模型状态(r1)和考虑几何缺陷的模型状态(r2),此处的几何缺陷采用的是线性屈曲分析(参见 SOL 105[14])得到的一阶特征矢量形式,最大幅值设定为 0.20mm,大约是蒙皮厚度的 20%。此外,将 UL 设定为 57.0kN。

图 9.3.7 中给出了上述模型的载荷 – 压缩量曲线。由于这些模型是桁条主导的,因此桁条之间的蒙皮屈曲可能在桁条屈曲之前发生。从图中不难看出,GB 和 CL 有较小的改变。这种改变应当在结构稳健性指标中反映出来。事实上,根据前述的计算方法,这里的结构稳健性指数分别为 0.87(无缺陷模型)和 0.85(有缺陷模型)。

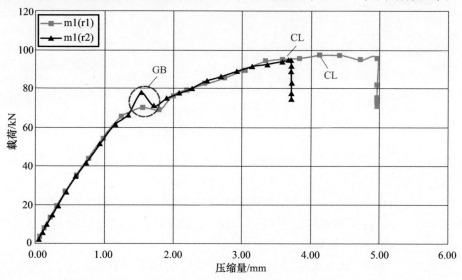

图 9.3.7 基准模型的载荷 – 压缩量曲线:m1(r1)——无几何缺陷;m1(r2)——带有几何缺陷

进一步,我们将初始设计做了变动,即增大了桁条间距(移除一个桁条),由此可以对蒙皮主导的面板行为作结构稳健性评估。这种情况中,桁条和蒙皮可能会同时发生屈曲,因此它们对几何缺陷要更为敏感一些。对于所提出的结构稳健性指标而言,显然这一情况也必须予以反映。

416

图 9.3.8 给出了这一设计下得到的载荷 - 压缩量曲线。可以看出当在模型中引入几何缺陷之后,GB 和 CL 的值没有多大变化。不过,对于带有几何缺陷的模型来说,其能量储备(载荷 - 压缩量曲线在 UL 和 CL 之间的区域面积)却要高得多。实际上计算得到的结构稳健性指标近似等于 0.31(无缺陷模型)和 0.74(有缺陷模型)。

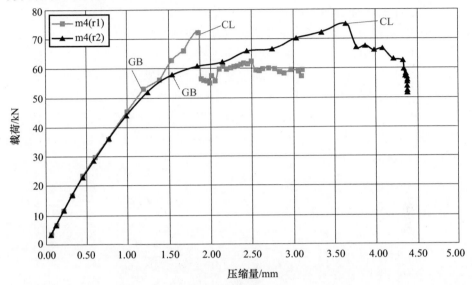

图 9.3.8　另一设计模型的载荷 - 压缩量曲线:
m4(r1)——无几何缺陷;m4(r2)——带有几何缺陷

值得注意的是,上述现象并不具有一般性,在某些情况中几何缺陷的影响会导致能量储备的下降。不过最重要的一点是,能量储备会产生很大幅度的改变,这是必须引起注意的。

针对失效载荷、结构稳健性指标和重量,表 9.3.3 中对上述参数研究所得到的结果进行了归纳和总结。

表 9.3.3　所有面板的失效载荷、结构稳健性以及质量

面板	载荷/kN		能量/J		稳健性	质量/kg
	GB	CL	E_{UL}	E_{CL}	R_{EI}	
m1 (r1)	65.9	97.3	43.9	343.5	0.87	0.870
m1 (r2)	78.0	94.7	38.1	248.5	0.85	0.870
m4 (r1)	53.1	72.6	53.1	76.5	0.31	0.780
m4 (r2)	58.1	75.1	52.5	200.4	0.74	0.780

9.3.6　概率性框架下的分析

9.3.5 节中介绍了确定性框架下如何利用所提出的结构稳健性指标来评估加筋

面板结构,所进行的参数化分析同时也揭示了几何缺陷对结构稳健性指标的影响。实际上,很多类型的不确定性都会对这一指标产生明显影响,例如材料特性的变化、载荷和边界条件的变化,以及组分层方位及其厚度的改变等。诸如此类的固有不确定性可以在概率性框架下进行考察。

这里我们在概率性框架下对上述基准模型进行评估。评估过程中需要进行一个蒙特卡罗仿真,其中针对100个样件制定了数值DOE。分析中考察了除几何缺陷以外的其他不确定性,并将针对这些不确定性对失效载荷和所提出的结构稳健性指标的影响进行验证分析。这一验证的实现主要借助了基本统计参数的计算、概率分布图的绘制以及针对不同等级的可靠度进行结构稳健性指标确定等过程。

图9.3.9给出了蒙特卡罗仿真中所考察的每个模型的载荷－压缩量曲线,图中的蓝色曲线代表的是利用确定性模型得到的结果(图9.3.7)。在所有数值仿真中,所采用的失效条件均为PFA。

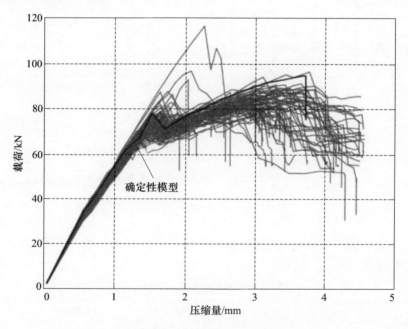

图9.3.9　每种样品模型的载荷－压缩量曲线(见彩图)

在模型中也加入了几何缺陷,不过对于所有模型都假定它们是相同的。类似于确定性框架下的分析,此处的几何缺陷也是通过将线性屈曲分析(可参见 SOL 105[14])得到的一阶特征矢量叠加到有限元网格上引入的,并将特征矢量的最大幅值设定为0.20mm,相当于蒙皮厚度的20%。

为了考察数值解对增量加载过程的敏感性,设定了压缩位移幅值的变化范围为±0.10mm,大约是所施加的压缩位移量的2%。这一参数只会对载荷－压缩量曲线产生较小的改变,而不会有任何显著的影响。此外,引入这一参数之后也不会改变本节所述的概率性分析结论,后者主要受到的是组分层方位、组分层厚度以及材料特性的变化所带来的影响。

组分层的方位和厚度的变化范围分别假定为 ±2.00mm 和 ±0.009mm[12],这两个参数均单独针对每个组分层引入。

进一步,数值模型中采用的是材料 IM7/8552 的特性参数,这些特性参数已经在欧盟项目 POSICOSS、COCOMAT 以及欧洲航天局(ESA)的研究中做过描述[11]。利用这些参数可以生成一个关联矩阵,采用 Numpy[15](文献[16]给出的一个科学计算软件包)中的多元正态分布函数,将该关联矩阵以及 POSICOSS 项目所给出的平均特性参数(表 9.3.1)作为输入,即可生成所需的随机数。

在蒙特卡罗仿真得到的结果基础上,针对失效载荷(GB,CL)、结构能量(E_{UL},E_{CL})以及结构稳健性指数(R_{EI}),分别进行了统计参数计算,表 9.3.4 对此作了归纳。

表 9.3.4　统计性参数

统计性参数	载荷/kN		能量/J		稳健性
	GB	CL	E_{UL}	E_{CL}	R_{EI}
AVG	68.8	82.3	36.6	164.0	0.74
SD	11.5	6.9	2.3	52.6	0.12

注:AVG——样本平均值;SD——标准偏差。

分析表 9.3.4 中的结果可以看出,GB 载荷的变化范围要比 CL 更大。这两种失效载荷都会受到几何不稳定性现象的影响。CL 还会受到组分层材料渐进失效的显著影响。不仅如此,通过将此处的样件平均情况与带有几何缺陷的模型的确定性分析结果(表 9.3.3)对比可以看出,GB 载荷与 CL 分别要低 11.8% 和 13.2%。

UL 之前的能量的变化相对较小,对于桁条主导的面板来说,产生这种较小的变化的原因在于 UL 是一个固定参数,并且这一载荷水平位于载荷 - 压缩量曲线的线性范围内。因此,这种变化就可以通过切向刚度发生了较小改变和出现了局部蒙皮屈曲行为来加以解释。考虑到 GB 载荷是大于 UL 的,因此可以预见,对于航空应用领域中大多数桁条主导的壳结构而言这一结果将是比较常见的。与此不同的是,CL之前的能量出现了显著的改变,这主要是由切向刚度下降(源于 GB 和材料渐进失效)的强烈影响所导致的。这一参数将对所提出的结构稳健性指数产生明显影响,进而使得后者也出现较大的变化。比较此处的样件平均情况和基准模型结果(参见表 9.3.3)不难看出,CL 之前的能量这一参数存在着很大的偏差,这也说明了结构稳健性指数的大幅变化现象。尽管如此,我们并不能据此认为航空领域中的大多数加筋壳结构的结构稳健性指数会表现出较宽范围内的变动。在今后的研究中还应对这一问题做进一步分析,这样才能得到比较可靠的结论。

图 9.3.10 给出了 GB 载荷的柱状图、PDF 以及累积分布函数（CDF）情况。根据这一柱状图，可以利用两个分布函数来拟合这些数据，分别是正态分布函数和威布尔分布函数。图 9.3.10 中也给出了采用威布尔分布函数进行拟合的结果，比例参数为73.26，形状参数为 6.157。

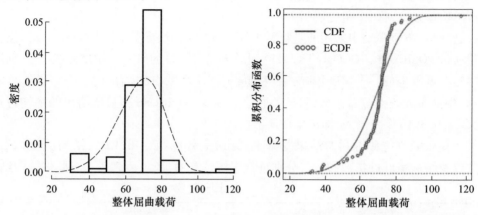

图 9.3.10　整体屈曲载荷的柱状图、PDF 和 CDF：ECDF——经验累积分布函数

类似地，图 9.3.11 给出了 CL 的柱状图、PDF 和 CDF 情况。这种情况中可以采用零假设，利用正态分布函数即可很好地拟合这些数据。

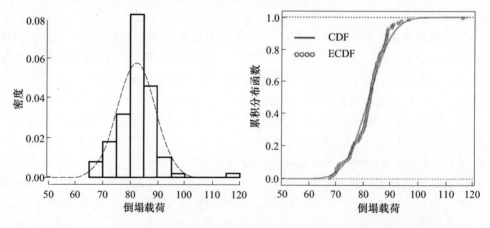

图 9.3.11　倒塌载荷的柱状图、PDF 和 CDF：ECDF——经验累积分布函数

最后，对于同样重要的结构稳健性指数，图 9.3.12 给出了相应的柱状图、PDF 和CDF。研究中尝试着采用威布尔分布函数（比例参数和形状参数分别为 0.7856 和9.4318）对数据进行了拟合，结果也在图中给出了。然而，Kolmogorov – Smirnov 检验却否认了这一先验性假设（零假设），一个可能的原因是样本量不够，这一问题需要在未来的研究中加以考虑。

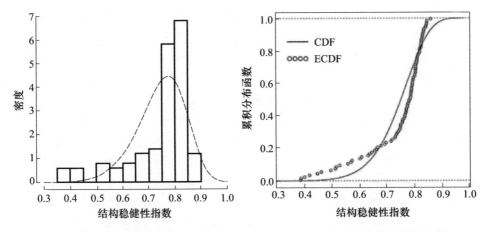

图 9.3.12　结构稳健性指数的柱状图、PDF 和 CDF；ECDF——经验累积分布函数

　　如果数据不符合任何分布函数，那么我们可以考虑采用一个经验性的阶跃函数来计算可靠性（可参考 R 2012 中的 ECDF）。表 9.3.5 中给出了四种可靠性水平下 GB 载荷与结构稳健性指数的可靠度，这些可靠性水平对应于 1～4 级标准偏差。表中给出的两组可靠度结果的计算分别采用的是经验阶跃函数（第一组）和数据拟合用的分布函数（第二组）。

表 9.3.5　整体屈曲载荷和结构稳健性指数的可靠度

—	ECDF				CDF			
—	0.6826	0.9544	0.9973	0.9999	0.6826	0.9544	0.9973	0.9999
GB	68.4	39.1	32.1	31.8	62.7	44.5	28.0	16.4
R_{EI}	0.75	0.44	0.37	0.37	0.71	0.57	0.42	0.30

注：CDF——累积分布函数；ECDF——经验累积分布函数。

9.3.7　结束语

　　本节主要阐述了如何对加筋复合壳结构进行结构稳健性分析评估，给出了一种基于能量的结构稳健性指标。首先选择了一块面板作为基准模型，在确定性框架下对其进行了评估，同时也考察了另一设计方案，即桁条间距更大的情况。其次，针对这一基准模型进行了概率性框架下的结构稳健性分析。

　　通过确定性框架下的分析，针对面板行为特性的变化（从桁条主导型改变为蒙皮主导型），仔细检查了所提出的结构稳健性指标，详细分析了几何缺陷对结构稳健性指标的影响。这一研究表明，如果面板是蒙皮主导的，那么几何缺陷的影响将会变得更为显著。

在概率性框架的分析中,考察了其他类型的不确定性,得到了载荷－压缩量曲线的变化情况,进而了解了能量储备状况。研究表明,结构稳健性指标可以发生较大的变化,这是确定性和概率性评估之间的重要差异。此外,还分析了结构稳健性指数的可靠性。应当注意的是,本节没有考虑一些比较重要的失效状态,例如脱层、蒙皮－桁条脱胶,也没有考虑其他一些比较显著的不确定性来源,例如边界条件。这些方面对所提出的结构稳健性指标都会带来或多或少的影响,在后续研究中应当引起注意。

根据本节所进行的确定性和概率性框架下,针对薄壁加筋复合壳结构(考虑后屈曲)的结构稳健性研究,以及对所提出的结构稳健性指标的细致检查,有力地说明了这种新颖的基于能量的结构稳健性指标是可以用于典型加筋面板的结构稳健性评估的(借助其载荷－压缩量曲线)。

本节参考文献

[1] G. Taguchi, S. Chowdhury, S. Taguchi, Robust Engineering, McGraw-Hill, New York, NY, 2000.

[2] G.-J. Park, T.-H. Lee, K.H. Lee, K.-H. Hwang, Robust design: an overview, AIAA Journal 44 (1) (2006) 181−191.

[3] U. Starossek, Progressive collapse of structures: nomenclature and procedures, Structural Engineering International 16 (2) (2006) 113−117.

[4] FAA: Federal Aviation Administration, Advisory Circular, AC. 25.571-1C, Damage Tolerance and Fatigue Evaluation of Structure, 1998.

[5] FAA: Federal Aviation Administration, Advisory Circular, AC. 20-107B, Composite Aircraft Structure, 2010.

[6] F.R.S. Cunha, T. Wille, R. Degenhardt, M. Sinapius, F.C. Araújo, R. Zimmermann, A robustness-based design strategy for composite structures, Aircraft Engineering and Aerospace Technology 86 (4) (2014) 274−286.

[7] F.R.S. Cunha, T. Wille, R. Degenhardt, M. Sinapius, F.C. Araújo, R. Zimmermann, A robustness-based design strategy for composite structures − probabilistic approach, Aircraft Engineering and Aerospace Technology 86 (4) (2014) 262−273.

[8] F.R.S. Cunha, Robustness-Based Design Strategy for Thin-Walled Composite Structures Exploiting the Postbuckling Regime (Doctoral thesis), Technischen Universität Carolo-Wilhelmina zu Braunschweig, Germany, 2014. DLR-Forschungsbericht 2014-34, 2014, 120 p.

[9] R. Degenhardt, A. Kling, et al., Design and analysis of stiffened composite panels including post-buckling and collapse, Computers and Structures 86 (2008) 919−929.

[10] R. Zimmermann, H. Klein, A. Kling, Buckling and postbuckling of stringer stiffened fibre composite curved panels − tests and computations, Composite Structures 73 (2) (2006) 150−161.

[11] R. Degenhardt, A. Kling, A. Bethge, J. Orf, L. Kärger, R. Zimmermann, K. Rohwer, A. Calvi, Investigations on imperfection sensitivity and deduction of improved knock-down factors for unstiffened CFRP cylindrical shells, Composite Structures 92 (8) (2010) 1939−1946.

[12] M.C. Lee, D.W. Kelly, R. Degenhardt, R.S. Thomson, A study on the robustness of two stiffened composite fuselage panels, Composite Structures 92 (2) (2010) 223−232.

[13] R. Zimmermann, R. Rolfes, POSICOSS − improved postbuckling simulation for design of fibre composite stiffened fuselage structures, Composite Structures 73 (2) (2006) 171−174.

[14] Nastran, MSC Nastran Quick Reference Guide, MSC.Software, Santa Ana, 2012. Available at: www.mscsoftware.com/product/msc-nastran.

[15] Numpy, Numerical Python, Version 1.5.1, 2011. Available at: http://sourceforge.net/projects/numpy/files/NumPy/.

[16] Python, Python Language Reference, Version 2.7.2, 2011. Available at: www.python.org/.

9.4 一种可用于后屈曲航空复合结构设计与认证的分析工具

Adrian Orifici,墨尔本皇家理工大学,墨尔本,维多利亚州,澳大利亚

9.4.1 概述

碳纤维增强聚合物复合材料已经越来越多地用于航空工业以及很多其他工业领域,主要原因是它们不仅具有非常优秀的力学性能,同时还是轻质型材料。现代主要的飞机结构件越来越多地采用此类复合材料来制备,特别是蒙皮部分,大多采用了周期筋板加强形式。在受到压力载荷时,航空复合结构可能会出现一定范围内的屈曲和损伤模式,在它们的共同作用下有可能导致结构倒塌[1-3]。在损伤模型和分析工具方面人们已经做了大量研究,特别是近年来的一些工作[4-6],尽管如此,在目前的航空工业中对于复合结构的设计与分析来说很大程度上仍然依赖于实验测试。造成这一现状的部分原因在于,准确刻画此类复合结构的所有关键损伤机制(特别是导致倒塌行为的损伤)是相当困难的。也正是由于这一原因,才使得当前的航空复合结构设计过于保守。

本节将给出一个有限元分析工具,其核心是刻画临界损伤机制的效应,可以用于预测加筋复合结构在压缩状态下的倒塌行为。这一工具包含了如下几个方面:对完好结构中可能形成的层间损伤进行预测;面内退化行为的表征;对已有层间损伤区域的扩展进行描述。通过一组用户自定义的子程序,这一分析工具已经嵌入MSC. Marc v2005r3(Marc[7])中,并且在一个用户友好的菜单系统(在 MSC. Patran(Patran))中可以方便地进行预处理和后处理[7,8]。另外,该工具以及各种损伤与退化模型还经过了大量的实验验证,覆盖了各种不同的尺度。这一研发工作是欧盟委员会的 COCOMAT 项目中的一个部分,该项目的主要目的是通过更准确地预测倒塌行为来充分挖掘当前航空复合结构所具有的较大的强度储备[9]。

9.4.2 分析工具

这里我们首先用几个小节来介绍上述分析工具所包含的几个方面,然后再对在Patran 中创建的,用于预处理和后处理的用户界面情况进行描述。

9.4.2.1 层间损伤的发生

对于蒙皮 – 桁条界面处的层间损伤的预测来说,人们已经给出了相应的方

法[10,11],这一方法是建立在整体－局部技术基础上的。在该技术中,利用完整结构的整体壳模型来确定总体的形变场,然后作为边界条件输入一个蒙皮－桁条界面的局部三维实体模型中,在这个局部模型中采用了基于强度的"退化 Tsai"准则,即

$$(\sigma_x/X_{\mathrm{T}})^2 + (\sigma_z/Z_{\mathrm{T}})^2 + (\tau_{yz}/S_{yz})^2 \geqslant 1 \qquad (9.4.1)$$

对这一准则进行监控就可以预测到脱层或蒙皮－桁条脱离行为的发生,它主要应用到组分层的单元上。当某个单元中所有点处的积分平均值满足这一准则时,就认为出现了失效行为。通过改变三维局部模型的位置,就可以考察整个面板中的层间损伤触发情况,从而确定出最关键的蒙皮－桁条界面位置。人们已经利用这一方法成功地预测了局部蒙皮－桁条界面处的脱层行为[12,13]。这一方法可以用于考察各种不同几何形式和不同构造方式的蒙皮－桁条型面板,分析中这些面板需要切割成薄条状并施加相应的载荷以模拟与后屈曲相关的对称和反对称形式的变形。由此可以准确地预测出失效载荷和失效位置,并能够确定出样件对于各种实验参数的敏感性。

9.4.2.2 组分层的损伤

在建立组分层的损伤退化模型[11,14]时,分析工具中所采用的过程是建立在 Hashin[15] 的失效准则和 Chang、Lessard[16] 的刚度折减方法基础之上的。另外,该过程还对纤维失效、基体开裂以及纤维－基体剪切失效等条件进行了监控,根据这些条件将某些材料特性减小(直到零值)以检测失效行为。表9.4.1 对这一过程做了归纳,其中包括了所监控的失效模式、所采用的失效准则以及失效检测中需要折减的组分层特性。

表 9.4.1 面内失效准则和性能退化

失效类型	失效准则	退化的性能
纤维,拉伸	$(\sigma_{11}^2/X_{\mathrm{T}}^2)^{\frac{1}{2}} \geqslant 1$	$E_{11}, E_{22}, G_{12}, G_{23}, G_{31}$
纤维,压缩	$(\sigma_{11}^2/X_{\mathrm{C}}^2)^{\frac{1}{2}} \geqslant 1$	—
基体,拉伸	$(\sigma_{22}^2/Y_{\mathrm{T}}^2 + \tau_{12}^2/S_{12}^2)^{\frac{1}{2}} \geqslant 1$	E_{22}
基体,压缩	$\left(\dfrac{\sigma_{22}}{Y_{\mathrm{C}}}\left(\dfrac{Y_{\mathrm{C}}^2}{4S_{23}^2}-1 \right) + \dfrac{\sigma_{22}^2}{4S_{23}^2} + \dfrac{\sigma_{12}^2}{4S_{12}^2} \right)^{\frac{1}{2}} \geqslant 1$	—
纤维－基体剪切,拉伸	$(\sigma_{12}^2/S_{12}^2)^{\frac{1}{2}} \geqslant 1$	G_{12}, G_{31}
纤维－基体剪切,压缩	$(\sigma_{11}^2/X_{\mathrm{C}}^2 + \sigma_{12}^2/S_{12}^2)^{\frac{1}{2}} \geqslant 1$	—

9.4.2.3 层间损伤的扩展

在层间损伤扩展模型中,将蒙皮－桁条界面处的已有损伤描述为一个(蒙皮与

桁条)脱胶区域[17,18]。名义尺寸相同的层是通过用户自定义的多点约束(MPC)方式连接起来的,如图9.4.1所示。在这个用户自定义的MPC中包括了三种状态,即完好状态(状态0)、裂纹前缘(状态1)、脱开状态(状态2)。为防止两个子层之间的交叉,在所有脱开区域中均采用了间隙(Gap)单元。在每一个非线性分析增量步的最后,还借助虚拟裂纹闭合技术(VCCT)来确定裂纹前缘处所有MPC的应变能释放率。对于裂纹的扩展,需要采用Benzeggagh – Kenane(B – K)混合模式失效准则[19],即

$$\frac{(G_{\mathrm{I}} + G_{\mathrm{II}} + G_{\mathrm{III}})}{(G_{\mathrm{IC}} + (G_{\mathrm{IIC}} - G_{\mathrm{IC}})[(G_{\mathrm{II}} + G_{\mathrm{III}})/(G_{\mathrm{I}} + G_{\mathrm{II}} + G_{\mathrm{III}})]^{\eta})} = 1 \qquad (9.4.2)$$

式中:G代表的是模式Ⅰ、Ⅱ和Ⅲ中的应变能释放率;G_{C}是断裂韧度值;η是根据混合模式测试数据得到的曲线拟合参数。

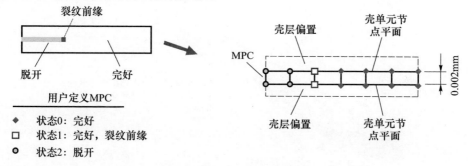

图9.4.1　利用用户定义的MPC为层间损伤建模

上述B – K准则将应用于一个迭代过程中,在该过程中需要根据裂纹扩展过程中的前缘形状来减小预估的能量释放率。之所以采用这种迭代方法,是因为简单的失效 – 释放方法会违背自相似扩展假设[17,18]。对于层间裂纹扩展的预测,人们已经借助断裂力学测试样件进行了验证,这些样件包括了模式Ⅰ型双悬臂梁(DCB)[17]、模式Ⅱ型端部切口弯曲梁[18]、模式Ⅲ型边裂纹扭转[8]以及模式Ⅰ – Ⅱ的混合模式弯曲(MMB)。根据这些样件的分析结果,可以发现裂纹扩展退化模型和迭代传播方法是能够准确地描述单一模式和混合模式下的裂纹扩展行为的。与此相关的更多信息可以参阅文献[11,14]。

9.4.2.4　用户界面

为进行复合结构的倒塌分析(考虑退化效应),研究人员已经将前述的损伤和退化模型编制成一个用户友好型的软件包纳入整个分析工具之中。由于该分析工具需要处理各种不同的分析场景,因此它必须具备多样化的分析能力。最显而易见的一个分析场景就是完好结构或已有损伤条件下的后屈曲设计与分析,在针对实验结果的早期和末期阶段的仿真模拟中这些都是经常用到的。另一个重要的分析场景是在后屈曲结构的设计过程中,需要对其进行参数影响分析以选取合适的样件方案,从而

为后续实验研究或实际应用提供支撑。对于上述两种场景而言,这一分析工具都应具备易操作性,使用者无须掌握过多的退化模型方面的知识,并且还应当能够提供恰当的功能去考察后屈曲结构中的各种复合损伤机制。

这一分析工具已经内置到 Patran 中,并采用了菜单系统这一应用方式,从而对 Patran 的模型定义和分析等功能提供了必要的补充。利用这一方式,用户可以先利用标准的 Patran 功能函数对模型进行网格定义、边界条件设置、材料特性指定以及载荷数据输入等操作,然后再使用所开发的独立的子菜单功能(以及相关的帮助菜单)来进行一系列操作,其中包括了定义损伤区域和特性、运行分析以及结果后处理中的一些辅助功能。图 9.4.2 中给出了一个子菜单示例,其中显示了一些可用于损伤定义的相关功能,以及定义损伤后的模型文件。

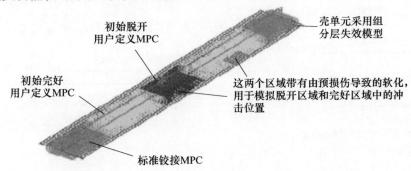

图 9.4.2　模型示例:单个加筋样件,损伤的定义(见彩图)

9.4.3　设计与分析

上述分析工具已经用于机身上比较典型的复合面板的设计与分析中,图 9.4.3 对此作了描述。目前已经针对不同的面板设计进行过分析研究,这些设计对应于 COCOMAT 项目中的设计 1(D1)、设计 2(D2)以及设计 6(D6)等构型。此外,也对单加强筋平板和多加强筋曲面板进行了分析,考虑了无损伤和带有先期损伤两种情况。先期损伤的一种引入方式是通过嵌入 Teflon 材料来模拟蒙皮 – 筋板之间的脱胶,另一种方式是借助冲击作用来生成目视勉强可见冲击损伤(BVID)。

9.4.3.1　设计研究

在面板设计中,我们在 COCOMAT 项目合作者的以往经验基础上选择了一些完好的设计构型,并利用上述分析工具针对适合于实验测试的构型考察了先期损伤的影响。显然,这一设计过程实际上是偏向于研究层面的,因此在选择构型时应注意是否适合于分析工具验证的需要。就此而言,后屈曲早期阶段中出现损伤、稳定的后屈曲模式形状以及稳定可观测的损伤扩展等都是我们在选择构型时的关键准则。

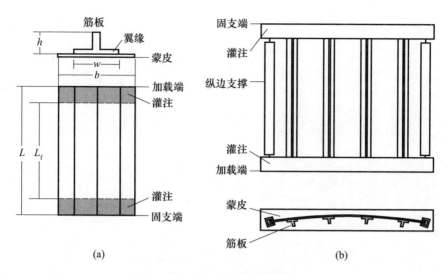

(a)   (b)

图 9.4.3　机身典型加筋面板设计
(a)单一加筋平板；(b)带多个筋板的曲面板。

针对 D2 面板，先期损伤是利用 BVID 方式引入的，对应的冲击压痕深度为 1mm。根据工业中的已有经验，研究中决定对面板的两个最大压应变位置进行冲击，主要作用在桁翼缘区域内的蒙皮部分。事实上，根据对无损伤面板的后屈曲状态的分析可知，蒙皮和桁条的最大应变分别是沿着反节点线和节点线发生的(参见图 9.4.4，其中给出了最大位移和最小位移的位置)。利用以往的有限元分析和实验研究方面的经验，我们对 BVID 导致的层合结构中的损伤程度进行了考察，并对各种冲击模型进行了分析，如图 9.4.4 所示。这些冲击模型包含了纤维断裂、基体裂纹以及蒙皮－桁条脱胶等不同情况，分析中均采用了 6032 个四节点单元和 1908 个用户自定义 MPC。

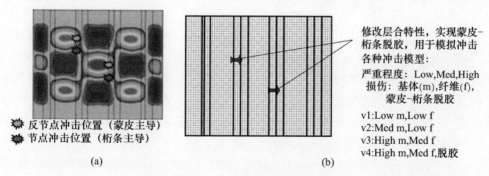

(a)   (b)

图 9.4.4　(a)D2 面板(无损伤)：后屈曲面外变形，节点和反节点冲击位置；
(b)有限元网格(绘出了桁条轮廓)：用于描述冲击位置的单元(针对节点冲击位置)(见彩图)

如图 9.4.5 所示，可以发现对于所有冲击模型来说，节点位置会出现稍微更明显一些的损伤扩展，冲击越严重这一现象越发显著。这一现象的原因在于面板行为主要是由桁条所主导的。据此不难看出,从实验研究角度来说最好去考察那些节点冲击位置,这些位置处的损伤更大,这对于验证分析工具来说是更为合适的。

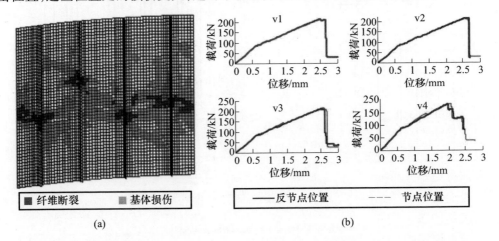

图 9.4.5　(a)面内损伤:轴向位移为 3.0mm 处,节点 v4 冲击模型(未给出脱胶的扩展);
(b)节点和反节点模型的载荷 – 位移曲线:不同的冲击描述(v1～v4)(见彩图)

　　在针对 D1 和 D6 这两个面板的分析中,先期损伤是通过嵌入 Teflon 材料使得蒙皮 – 桁条脱胶来引入的。实现过程中采用的是层间损伤扩展方法,通过修改用户自定义 MPC 的特性来建立蒙皮 – 桁条脱胶模型。这两个面板的设计与研究已经在文献[20,21]中给出。对于 D1 面板[20],研究中构造了单个全宽度的脱胶状态,分析了脱胶长度、桁条选择以及桁条下方脱胶位置等参数的影响。对于 D6 面板[21],构造了三个脱胶位置(在不同桁条下方),并考察了桁翼缘处的脱胶长度及其位置与宽度的影响。

9.4.3.2　与实验结果的比较

　　利用所给出的分析工具,已经进行了大量的分析计算,给出了相应的数值预测结果,并与实验结果进行了对比,此处的实验结果主要针对的是面向飞机评估的分析过程。这些对比分析中考察了单筋和多筋面板,并包括了完好构型和带有先期损伤(Teflon 方式的脱胶)的构型。所有这些用于对比验证的面板,都是在 COCOMAT 项目中进行制造和测试的。图 9.4.3 中给出的是已经完成分析的面板构型,相关分析工作详列如下,所有这些情况中得到的实验和数值结果都已公布:

　　(1)单筋平板,对应于 D1 和 D2 设计,包括了完好和带有先期损伤的构型,由 Aernnova Engineering Solutions(Aernnova)进行了制造和测试[14]。

　　(2)完好的和带有先期损伤的多筋曲面板(D6),由以色列航空工业公司制造,并由以色列理工学院进行了测试[21]。

　　(3)多筋曲面板(D2),由 Aernnova 制造,并在德国航空航天中心(DLR)的复合

428

材料结构与自适应系统研究所进行了测试[11]。

（4）两个带有先期损伤的多筋面板（D1），由 Aernnova 制造，并在 DLR 进行了测试：其中一个面板的蒙皮－桁条脱胶是通过循环加载到后屈曲阶段引入的[11]；另一个面板是通过嵌入 Teflon 材料生成蒙皮－桁条脱胶状态的[20]。

图 9.4.6 中给出了与实验结果对比的所有情况。这些面板的网格密度类似于"设计研究"一节中针对 D2 面板所给出的情况，根据结构尺寸的不同，单元的大小在 5～10mm 范围内，总的单元数量一般在 6000～9000 左右。应当注意的是，对于 D1型预损伤面板 P36（右上图）来说，数值预测结果不包括组分层损伤，因此没有刻画出倒塌行为。类似地，对于带有先期损伤的 D6 型面板 VER Ⅰ（右下图），实验中没有加载到倒塌状态。总体而言，从图 9.4.6 可以清晰地看出，就载荷响应、最大载荷以及损伤行为等方面来说，这一分析工具所预测到的结果与实验结果是相当一致的。更一般地说，通过数值与实验的这一对比，有力地证实了该分析工具是能够用于临界损伤机制的深入研究的，并且它能够展示出在这些机制的组合作用下是如何导致最终的面板倒塌的。

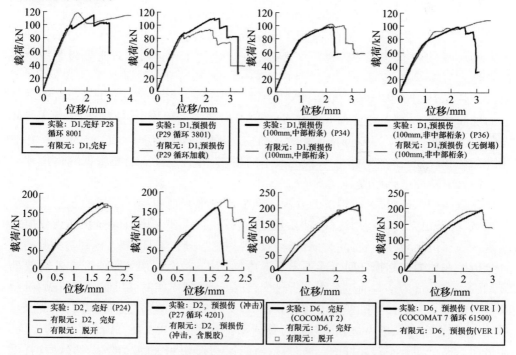

图 9.4.6　实验结果与分析工具得到的结果之比较

9.4.4　讨论

关于这一分析工具，有大量因素会影响到它的适用性和预测性能。一个方面就是准确描述正确的屈曲模式形状和变形模式是比较困难的,这一点对于裂纹前缘前方的裂纹张口位移来说尤为重要。它关系到测试面板中的缺陷形态,包括其几何和边界条件,显然这会直接影响到任何屈曲分析。进一步,这一分析工具的计算时间是相当长的,在单处理器 CPU 上需要好几天才能完成包含裂纹扩展和纤维断裂等内容的分析工作。虽然没有跟其他分析工具进行直接的对比,但是在给定的复杂度和高度非线性情况下,准确地分析损伤机制一般来说总是非常耗时的。

在上述工作中,强度和断裂韧度等参数都是根据材料测试数据获得的,没有根据实验结果加以调整,或者根据数值计算结果来调整。然而应当注意的是,对于所有损伤模型来说,准确而有代表性的材料特性都是一个核心问题。尤其是在层间损伤情况中更是如此,其中的断裂力学量是基于简化假设的,即使是在简单的测试中也会存在相当程度的变化。与强度和断裂力学行为方面相关的更多讨论,读者可以参阅文献[13,14]。

网格密度的影响对于任何分析而言都是非常重要的,特别是在强度失效预测分析和裂纹扩展分析情况中更是如此。在层间损伤扩展模型方面,人们已经针对断裂力学测试样件广泛研究了网格敏感性问题,并认识到了这种敏感性是有限的[8,17,18]。在组分层损伤退化模型方面,当采用了刚度折减方法时,在一定程度上会更依赖于网格特性,特别是在应力集中位置。尽管这里所讨论的工作中没有观察到显著的网格敏感性,但是一般来说还是需要通过单元长度上的积分和基于能量的软化处理(可参阅文献[6])最大程度地减小这种网格影响。类似地,当考虑在应力集中位置处始发的层间损伤时,也需要仔细考虑网格尺寸问题,这里的工作中已经采用了其他一些文献中给出的方法[12,13]对网格尺寸做了调整。就所有的损伤模型而言,网格尺寸对于准确性和计算时间来说并不会构成根本的限制,并且也没有必要根据网格尺寸来对任何材料特性进行修改。

在设计和认证阶段,所给出的分析工具都可以很好地应用于后屈曲航空复合结构领域,能够更充分地利用这些结构的强度储备。在需要考虑层间损伤和组分层损伤这些损伤机制时,应当将此类损伤模型包含到这一分析工具中来。例如,一般的设计分析中在预测初始损伤时可能不需要考虑损伤扩展,而损伤容限研究中就需要准确刻画出这一行为了。通过高级分析过程,在深入理解损伤发展机制、相互作用机制及其对倒塌行为的影响的基础上,我们就能够更可靠地预测出复合结构的承载性能。显然,这就使得在飞机飞行载荷对应的安全工作范围内,可以容许损伤行为的出现,而目前这一点却是不被允许的。通过这一途径,与损伤相关的高度保守的设计就可以有所放宽,这无疑是有利于新一代航空复合结构的设计工作的。

9.4.5 结束语

本节给出了一个分析工具,它可以用于预测后屈曲航空复合结构的倒塌行为。

这一分析工具的一个特点在于它将各种退化模型引入了进来,从而能够刻画出关键性的复合结构损伤机制,其中包括了一个可用于预测层间损伤触发的基于强度的整体–局部方法,一个基于强度 PFA 的方法(建立在 Hashin[15],Chang 和 Lessard[16] 的工作基础上),以及一个层间损伤扩展模型(利用了 MPC,由 VCCT 控制)。所有这些损伤模型都已经内置到 Patran 软件程序中,为方便使用,人们还开发了一组用户友好的子菜单,可以提供一系列预处理和后处理功能。最后,借助一系列不同尺度结构的实验结果,这一分析工具已经得到了广泛的检验,并且对于后屈曲航空复合结构的设计和认证过程来说,这一工具的适用性也得到了例证。

致　　谢

　　本节所给出的内容是 CRC – ACS Ltd.(先进复合结构有限公司合作研究中心)的研究项目中的一部分。作者衷心地感谢澳洲研究所奖学金计划、CRC – ACS、德意志学术交流中心(DAAD)、意大利外交部等各方面的资助,以及澳大利亚政府的创新战略计划"提升澳大利亚国力"下所进行的"创新访问计划——国际科学与技术"以及"国际科学对接"这两个项目的资助。同时,也要向实验测试团队表示感谢,他们包括了 DLR(布伦瑞克)的复合材料结构与自适应系统研究所、以色列理工学院航空结构实验室、Aernnova、亚琛工业大学等。此外,本节还涉及了 COCOMAT 项目内容,该项目得到了欧盟委员会的资助(航空航天优先发展计划,合同号 AST3 – CT – 2003 –502723)。

本节参考文献

[1] R. Zimmermann, H. Klein, A. Kling, Buckling and postbuckling of stringer stiffened fibre composite curved panels – tests and computations, Composite Structures 73 (2006) 150−161.

[2] E.S. Greenhalgh, C. Meeks, A. Clarke, J. Thatcher, The effect of defects on the performance of post-buckled CFRP stringer-stiffened panels, Composites: Part A 34 (2003) 623−633.

[3] E. Gal, R. Levy, H. Abramovich, P. Pavsner, Buckling analysis of composite panels, Composite Structures 73 (2006) 179−185.

[4] M.J. Hinton, A.S. Kaddour, P.D. Soden, Failure Criteria in Fibre-Reinforced-Polymer Composites, Elsevier, The Netherlands, 2004.

[5] P.P. Camanho, C.G. Dávila, S.T. Pinho, L. Iannucci, P. Robinson, Prediction of in situ strengths and matrix cracking in composites under transverse tension and in-plane shear, Composites: Part A 37 (2006) 165−176.

[6] I. Lapczyk, J.A. Hurtado, Progressive damage modelling in fiber-reinforced materials, Composites: Part A 38 (2007) 2333−2341.

[7] MSC.Software Corporation, Santa Ana, California.

[8] A.C. Orifici, Degradation Models for the Collapse Analysis of Composite Aerospace Structures (Ph.D. thesis), Royal Melbourne Institute of Technology, 2007.

[9] R. Degenhardt, R. Rolfes, R. Zimmermann, K. Rohwer, COCOMAT − improved material

exploitation at safe design of composite airframe structures by accurate simulation of collapse, Composite Structures 73 (2006) 175−178.

[10] A.C. Orifici, R.S. Thomson, I. Herszberg, T. Weller, R. Degenhardt, J. Bayandor, An analysis methodology for failure in postbuckling skin−stiffener interfaces, Composite Structures 86 (2008) 186−193.

[11] A.C. Orifici, R.S. Thomson, R. Degenhardt, C. Bisagni, J. Bayandor, A finite element methodology for analysing degradation and collapse in postbuckling composite aerospace structures, Journal of Composite Materials 43 (26) (2009) 3239−3263.

[12] A.C. Orifici, I. Herszberg, R.S. Thomson, T. Weller, A. Kotler, J. Bayandor, Failure in stringer interfaces in postbuckled composite stiffened panels, in: 12th Australian International Aerospace Congress, Melbourne, Australia, March 19−22, 2007.

[13] A.C. Orifici, S.A. Shah, I. Herszberg, A. Kotler, T. Weller, Failure analysis in postbuckled composite T-sections, Composite Structures 86 (2008) 146−153.

[14] A.C. Orifici, I. Ortiz de Zarate Alberdi, R.S. Thomson, J. Bayandor, Compression and post-buckling damage growth and collapse analysis of flat composite stiffened panels, Composites Science and Technology 68 (2008) 3150−3160.

[15] Z. Hashin, Failure criteria for unidirectional composites, Journal of Applied Mechanics 47 (1980) 329−334.

[16] F.K. Chang, L.B. Lessard, Damage tolerance of laminated composites containing an open hole and subject to compressive loadings: part I − analysis, Journal of Composite Materials 25 (1991) 2−43.

[17] A.C. Orifici, R.S. Thomson, R. Degenhardt, C. Bisagni, J. Bayandor, Development of a finite element methodology for the propagation of delaminations in composite structures, Mechanics of Composite Materials 43 (1) (2007) 9−28.

[18] A.C. Orifici, R.S. Thomson, R. Degenhardt, S. Büsing, J. Bayandor, Development of a finite element methodology for modelling mixed-mode delamination growth in composite structures, in: 12th Australian International Aerospace Congress, Melbourne, Australia, March 19−22, 2007.

[19] M.L. Benzeggagh, M. Kenane, Measurement of mixed-mode delamination fracture toughness of unidirectional glass/epoxy composites with mixed-mode bending apparatus, Composites Science and Technology 56 (1996) 439−449.

[20] A.C. Orifici, R.S. Thomson, R. Degenhardt, J. Bayandor, The use of damage as a design parameter for postbuckling composite aerospace structures, in: 26th Congress of International Council of the Aeronautical Sciences (ICAS 2008), Anchorage, USA, September 14−19, 2008.

[21] A.C. Orifici, S. Lauterbach, H. Abramovich, R.S. Thomson, W. Wagner, C. Balzani, Analysis of damage sensitivity and collapse in postbuckling fibre-reinforced multi-stiffener panels, in: 2nd International Conference on Buckling and Postbuckling Behaviour of Composite Laminated Shell Structures, Braunschweig, Germany, September 3−5, 2008.

第 10 章　初始几何缺陷对复合壳结构的
稳定性与振动的影响

（Eelco Jansen,德国,汉诺威,汉诺威莱布尼兹大学）

10.1　引　　言

本章主要阐述的是初始几何缺陷对复合壳结构的稳定性与振动的影响,特别是缺陷情况下的振动行为。很早以前,对于受压状态下的圆柱壳结构,人们已经发现基于线性化屈曲理论得到的屈曲载荷实验结果与理论预测之间存在着显著的偏离,为解决这一问题,在 20 世纪 60 年代和 70 年代众多研究人员进行了大量的研究工作[1]。近 30 年来,这一主题仍然持续受到了人们的广泛关注[2,3]。考虑到圆柱壳的重要性,本章将采用这一结构形式来阐述受静态载荷作用的非理想复合圆柱壳的振动行为特性。值得提及的是,本章的描述基本上参考了文献[4-7]的处理过程。

实验测得的屈曲载荷与理论值之间产生偏差的主要原因一般可归结为实际圆柱壳与理想圆柱壳之间不可避免的小幅偏离,这种偏离来自于制造过程,也即所谓的初始几何缺陷。另一个可用于解释上述偏差的理由是边界条件的影响,其中包括边界约束的影响。目前人们已经认识到,这些对屈曲行为产生重要影响的因素也会对壳类结构的动力学行为产生影响。文献[8,9]已经考察过几何缺陷对固有频率的影响,后来文献[10,11]又分析了几何缺陷对非线性振动的影响。关于壳的非线性振动方面的回顾,读者可参阅文献[12,13]。

在强有力的数值方法(例如常用的有限元方法[14])出现以前,此类结构物的非线性振动行为研究通常是借助解析方法进行的。当前我们已经拥有了丰富的计算资源,可以将有限元方法和时域数值积分结合起来进行分析计算,尽管如此,解析或半解析(解析-数值相结合)方法仍然是不可或缺的,因为它们可以帮助我们更深刻地认识结构的行为。解析方法的起点通常是与所考察的特定结构相关的一组控制微分方程,解的空间依赖性一般可以借助伽辽金形式的离散处理来分析,而其时域特性则可借助摄动技术来研究和描述[15]。

作为上述这种面向特定结构的解析方法的一般推广,文献[16]引入了一种类似于 Koiter 初始后屈曲理论的摄动法,用于分析一般结构物的非线性振动,其中采用了文献[18]所给出的函数表示方法。这种一般性方法不仅对于某些重要结构类型是有效的,并且还可以植入解析框架和数值(有限元)框架之中。在文献[19]中,采用了与此相似的方法考察了静载下非理想结构的小幅振动问题。

在这些振动分析进展出现以前,也就是 20 世纪 60 年代,文献[18,20]已经将初始后屈曲理论拓展用于缺陷敏感性结构的动态屈曲问题的分析中。在文献[21,22]中,还在初始后屈曲和缺陷敏感性分析过程中将非线性前屈曲状态的效应考虑了进来。

在本章中,我们将针对缺陷对壳类结构的静态和动态行为的影响,介绍一般性分析理论。该理论[4,7]包含了一些早期提出的理论(参见文献[16,19])并进行了拓展,同时还采用了一种摄动方法来分析静态预加载的非理想一般结构物的非线性振动行为。此外,也将通过这一摄动过程来考察非线性(非平凡)静态的影响。由此,该理论也就将 Koiter 的初始后屈曲理论包括了进来。最后,非线性静态基态的影响也将以近似的方法加以分析。在此处的介绍中,将采用文献[18]中的函数描述方法,这些描述也曾被后来的一些研究人员所使用过。

根据所给出的摄动理论,本章将对复合壳类结构的振动行为特性加以考察。由于圆柱壳是一类极为重要的结构类型,因而我们将针对受静态载荷的各向异性复合圆柱壳,利用摄动方法来考察缺陷对其振动行为的影响,这一研究属于半解析分析框架。另外,在这里的分析中,壳边处所指定的边界条件都是可以严格满足的。

10.2　用于分析缺陷对结构稳定性与振动的影响的一般理论

10.2.1　控制方程

在利用达朗贝尔原理引入惯性载荷之后,变分形式的运动方程(动力平衡方程)就可以表示为如下形式:

$$M(\boldsymbol{u}_{,tt}) \cdot \delta u + \boldsymbol{\sigma} \cdot \delta \boldsymbol{\varepsilon} = \boldsymbol{q} \cdot \delta u \tag{10.1}$$

式中:$u(\boldsymbol{x},t)$、$\boldsymbol{\varepsilon}(\boldsymbol{x},t)$ 和 $\boldsymbol{\sigma}(\boldsymbol{x},t)$ 分别代表的是广义位移、广义应变和广义应力。这些场变量均为空间坐标 $\boldsymbol{x}$ 和时间变量 t 的函数,可以理解为矢量函数。另外,M 代表了广义质量算子,$\boldsymbol{q}(\boldsymbol{x},t)$ 是所施加的广义载荷,而 $(~\cdot~)_{,tt} = \partial^2(~\cdot~)/\partial t^2$。

实际上,式(10.1)描述的是虚功原理,其中 $\boldsymbol{a} \cdot \boldsymbol{b}$ 表示的是应力或负载 $\boldsymbol{a}$ 通过应变或位移 $\boldsymbol{b}$ 所做的虚功,需要在整个结构上针对(运动学上容许的)变分 δu 进行积分。质量算子是齐次、线性的,且有

$$M(\boldsymbol{u}) \cdot \boldsymbol{v} = M(\boldsymbol{v}) \cdot \boldsymbol{u} \tag{10.2}$$

另外,我们还有如下的应变－位移关系:

$$\boldsymbol{\varepsilon} = L_1(\boldsymbol{u}) + \frac{1}{2}L_2(\boldsymbol{u}) + L_{11}(\bar{\boldsymbol{u}},\boldsymbol{u}) \tag{10.3}$$

434

式中：$\bar{u}$ 代表的是初始几何缺陷；L_1 和 L_2 分别是齐次线性泛函与二次泛函，反映了非线性格林－拉格朗日应变位移关系。齐次双线性泛函 L_{11} 根据如下关系来定义：

$$L_2(u+v) = L_2(u) + 2L_{11}(u,v) + L_2(v) \tag{10.4}$$

根据上式可以看出 $L_{11}(u,v) = L_{11}(v,u)$，$L_{11}(u,u) = L_2(u)$。于是，广义应变的变分将变成：

$$\delta\varepsilon = L_1(\delta u) + L_{11}(u,\delta u) + L_{11}(\bar{u},\delta u) \tag{10.5}$$

对于线弹性结构来说，其本构方程可以表示为如下形式：

$$\sigma = H(\varepsilon) \tag{10.6}$$

其中的 H 是齐次线性泛函。

另外，我们还有如下的互易关系：

$$\sigma_1 \cdot \varepsilon_2 = \sigma_2 \cdot \varepsilon_1 \tag{10.7}$$

其中的下标"1"和"2"分别代表应力和应变的任意状态。

10.2.2　静态和动态分析

本节将分析一个（非线性）静态上的（非线性）动态情况。所考察的结构在一个稳态构型附近振动，该稳态构型是由静态载荷导致的，即所谓的"静态"。由此我们可以将每个变量视为这两个状态的叠加，即

$$\begin{cases} u(x,t) = \tilde{u}(x) + \hat{u}(x,t) \\ \varepsilon(x,t) = \tilde{\varepsilon}(x) + \hat{\varepsilon}(x,t) \\ \sigma(x,t) = \tilde{\sigma}(x) + \hat{\sigma}(x,t) \\ q(x,t) = \tilde{q}(x) + \hat{q}(x,t) \end{cases} \tag{10.8}$$

其中的 $(\tilde{\ })$ 和 $(\hat{\ })$ 分别代表的是静态量和动态量。进一步，我们还可以将静态响应表示为一个基态（"平凡"态）和一个"非平凡"态（或"正交"态）的叠加，即

$$\tilde{u}(x) = u_0(x_0) + u_a(x)$$
$$\tilde{\varepsilon}(x) = \varepsilon_0(x_0) + \varepsilon_a(x)$$
$$\tilde{\sigma}(x) = \sigma_0(x_0) + \sigma_a(x) \tag{10.9}$$
$$\tilde{q}(x) = q_0(x_0)$$

式中：下标"0"代表的是基态；下标"a"代表的是（非线性）非平凡态；x_0 描述的是"平凡态"的坐标。举例来说，在圆柱壳的分析中，平凡态对应于轴对称变形，而非平凡态则对应于"不对称"变形，也即在周向上的波数不为零的变形。相应地，缺陷也可以认为是由两个部分组成的，一个是"平凡态"的缺陷，另一个是"非平凡态"的缺陷。于是有

$$\bar{u}(x) = \bar{u}_0(x_0) + \bar{u}_a(x) \tag{10.10}$$

显然，在圆柱壳的分析中，这两个部分分别就对应了"轴对称缺陷"和"不对称缺陷"。

如果将式(10.8)和式(10.9)代入式(10.1)中,那么就可以分别得到静态基态、非平凡静态以及动态情况下的平衡方程。非平凡态的非线性可以通过对非平凡态变量的摄动展开来考察。在下面的静态分析和动态分析中,我们将以近似的方式来考察非线性静态基态的影响。

10.2.2.1 静态基态

静态基态的平衡方程可以表示为

$$\boldsymbol{\sigma}_0 \cdot \delta\boldsymbol{\varepsilon}_0 = \boldsymbol{q}_0 \cdot \delta\boldsymbol{u} \tag{10.11}$$

式中:广义应变的变分为

$$\delta\boldsymbol{\varepsilon}_0 = L_1(\delta\boldsymbol{u}) + L_{11}(\boldsymbol{u}_0, \delta\boldsymbol{u}) \tag{10.12}$$

上面已经假定了不存在"平凡态"的缺陷 $\bar{\boldsymbol{u}}_0$。

本构关系的形式如下:

$$\boldsymbol{\sigma}_0 = H(\boldsymbol{\varepsilon}_0) \tag{10.13}$$

如果引入一个归一化的载荷参数 Λ,那么所施加的载荷 $\boldsymbol{q}_0$ 可以表示成

$$\boldsymbol{q}_0 = \Lambda\boldsymbol{q}_0^* \tag{10.14}$$

式中:$\boldsymbol{q}_0^*$ 为参考载荷。

10.2.2.2 非平凡静态

对于非线性非平凡静态,控制方程为

$$\boldsymbol{\sigma}_a \cdot \delta\boldsymbol{\varepsilon}_a + \boldsymbol{\sigma}_0 L_{11}(\boldsymbol{u}_a, \delta\boldsymbol{u}) = 0 \tag{10.15}$$

其中的应变的变分由下式给出:

$$\delta\boldsymbol{\varepsilon}_a = L_1(\delta\boldsymbol{u}) + L_{11}(\boldsymbol{u}_a, \delta\boldsymbol{u}) + L_{11}(\boldsymbol{u}_0, \delta\boldsymbol{u}) + L_{11}(\bar{\boldsymbol{u}}_a, \delta\boldsymbol{u}) \tag{10.16}$$

式(10.16)中:$\bar{\boldsymbol{u}}_a$ 代表的是"非平凡态"缺陷,而本构关系可以表示为

$$\boldsymbol{\sigma}_a = H(\boldsymbol{\varepsilon}_a) \tag{10.17}$$

10.2.2.3 动态

动态情况中的控制方程应为

$$M(\hat{\boldsymbol{u}}_{,tt}) \cdot \delta\boldsymbol{u} + \hat{\boldsymbol{\sigma}} \cdot \delta\hat{\boldsymbol{\varepsilon}} + \boldsymbol{\sigma}_0 \cdot L_{11}(\hat{\boldsymbol{u}}, \delta\boldsymbol{u}) + \boldsymbol{\sigma}_a \cdot L_{11}(\hat{\boldsymbol{u}}, \delta\boldsymbol{u}) = \hat{\boldsymbol{q}} \cdot \delta\boldsymbol{u} \tag{10.18}$$

其中:

$$\delta\hat{\boldsymbol{\varepsilon}} = L_1(\delta\boldsymbol{u}) + L_{11}(\hat{\boldsymbol{u}}, \delta\boldsymbol{u}) + L_{11}(\boldsymbol{u}_0, \delta\boldsymbol{u}) + L_{11}(\boldsymbol{u}_a, \delta\boldsymbol{u}) + L_{11}(\bar{\boldsymbol{u}}_a, \delta\boldsymbol{u}) \tag{10.19}$$

本构关系可以表示为如下形式:

$$\hat{\boldsymbol{\sigma}} = H(\boldsymbol{\varepsilon}) \tag{10.20}$$

10.2.3 摄动展开

这里首先假定与(线性)固有频率相对应的只有单个振动模式,至于多振动模式

的情形将在后面再讨论。在非平凡模式中我们将采用如下形式的初始缺陷,即

$$\bar{\boldsymbol{u}}_a = \bar{\xi} \boldsymbol{u}^* \tag{10.21}$$

式中:$\bar{\xi}$ 为初始缺陷的幅值;$\boldsymbol{u}^*$ 为缺陷模式。

对于非平凡静态情况中的位移场,将进行如下所示的摄动展开,其中包括了一阶静态成分(线性静态)、二阶静态成分等一系列项:

$$\boldsymbol{u}_a = \xi_s \boldsymbol{u}_{s_1} + \xi_s^2 \boldsymbol{u}_{s_2} + \xi_s^3 \boldsymbol{u}_{s_3} + \cdots + \bar{\xi}(\xi_s \boldsymbol{u}_{s_{11}} + \xi_s^2 \boldsymbol{u}_{s_{21}} + \xi_s^3 \boldsymbol{u}_{s_{31}} + \cdots) + \cdots \tag{10.22}$$

这里的摄动参数 ξ_s 可以视为一个静态位移幅值的尺度。例如,在圆柱壳的分析中,ξ_s 将被定义成归一化的变形幅值(相对于壳的壁厚)。

动态情况中的位移场摄动展开包含了一阶动态成分(线性动态)、二阶动态成分等一系列项,即

$$\begin{aligned}
\hat{\boldsymbol{u}} &= \xi_d \boldsymbol{u}_{d_1} + \xi_d^2 \boldsymbol{u}_{d_2} + \xi_d^3 \boldsymbol{u}_{d_3} + \cdots \\
&+ \xi_t(\xi_d \boldsymbol{u}_{d_{110}} + \xi_d^2 \boldsymbol{u}_{d_{210}} + \xi_d^3 \boldsymbol{u}_{d_{310}} + \cdots) \\
&+ \xi_t^2(\xi_d \boldsymbol{u}_{d_{120}} + \xi_d^2 \boldsymbol{u}_{d_{220}} + \xi_d^3 \boldsymbol{u}_{d_{320}} + \cdots) \\
&+ \cdots
\end{aligned} \tag{10.23}$$

其中的摄动参数 ξ_d 可以视为动态位移幅值的尺度,例如在圆柱壳分析中,这一参数也将定义为归一化的变形幅值(相对于壳的壁厚)。有效缺陷幅值 ξ_t 由下式给出:

$$\xi_t = \bar{\xi} + \xi_s \tag{10.24}$$

我们可以注意到 $\boldsymbol{u}_{d_2}$、$\boldsymbol{u}_{d_3}$ 等在某种意义上是与 $\boldsymbol{u}_{d_1}$ 正交的,也即

$$M(\boldsymbol{u}_{d_1}) \cdot \boldsymbol{u}_{d_k} = 0, k = 2,3,\cdots \tag{10.25}$$

显然由此就可以确定出 $\boldsymbol{u}_{d_k}$,从而使得这种展开具有唯一性。类似的结论也适用于静态情况,可参阅文献[21]。

在下面的分析中,我们将缺陷模式设定为线性静态响应 $\boldsymbol{u}_{s_1}$ 的仿射模式,即令

$$\boldsymbol{u}^* = \boldsymbol{u}_{s_1} \tag{10.26}$$

现在就可以建立不同状态下的应变和应力的展开式以及相应的平衡方程了。

10.2.3.1 非平凡静态

非平凡静态应变的摄动展开可以表示为

$$\begin{aligned}
\boldsymbol{\varepsilon}_a &= \xi_s \boldsymbol{\varepsilon}_{s_1} + \xi_s^2 \boldsymbol{\varepsilon}_{s_2} + \xi_s^3 \boldsymbol{\varepsilon}_{s_3} + \cdots \\
&+ \bar{\xi}(\boldsymbol{\varepsilon}_{s_{01}} + \xi_s \boldsymbol{\varepsilon}_{s_{11}} + \xi_s^2 \boldsymbol{\varepsilon}_{s_{21}} + \xi_s^3 \boldsymbol{\varepsilon}_{s_{31}} + \cdots) + \cdots
\end{aligned} \tag{10.27}$$

本构关系可以写为

$$\boldsymbol{\sigma}_{s_i} = H(\boldsymbol{\varepsilon}_{s_i}), i = 1,2,3,\cdots \tag{10.28}$$

一阶静态解和对应的临界基态解 $(\boldsymbol{u}_c, \boldsymbol{\sigma}_c, \boldsymbol{\varepsilon}_c)$ 可根据如下特征值问题求出,即

$$\boldsymbol{\sigma}_{s_1} \cdot \delta L_1(\delta \boldsymbol{u}) + \boldsymbol{\sigma}_{s_1} \cdot \delta L_{11}(\boldsymbol{u}_c, \delta \boldsymbol{u}) + \boldsymbol{\sigma}_c \cdot L_{11}(\boldsymbol{u}_{s_1}, \delta \boldsymbol{u}) = 0 \tag{10.29}$$

在非平凡静态的平衡方程中令 $\delta u = u_{s_1}$，可以借助伽辽金形式的求解过程得到静态幅值参数 ξ_s 与基态解 $(u_0, \sigma_0, \varepsilon_0)$ 之间的关系。对于线性基态来说，基态应力与载荷参数 Λ（在式（10.14）中引入的）之间的关系可以写为

$$\sigma_0 = \frac{\Lambda}{\Lambda_c} \sigma_c \tag{10.30}$$

式中：Λ_c 代表的是线性分叉屈曲载荷。

线性基态中的幅值参数 ξ_s 与载荷参数 Λ 之间的关系为

$$\xi_s \left[1 - \frac{\Lambda}{\Lambda_c} \right] + a_s \xi_s^2 + b_s \xi_s^3 + \cdots + b_{01} \bar{\xi} + \cdots = 0 \tag{10.31}$$

其中

$$\begin{cases} a_s = \dfrac{1}{\Delta_s} \left\{ \dfrac{3}{2} \sigma_{s_1} \cdot L_{11}(u_{s_1}, u_{s_1}) \right\} \\[2mm] b_s = \dfrac{1}{\Delta_s} \{ 2\sigma_{s_1} \cdot L_{11}(u_{s_1}, u_{s_2}) + \sigma_{s_2} \cdot L_{11}(u_{s_1}, u_{s_1}) \} \\[2mm] b_{01} = \dfrac{1}{\Delta_s} \{ \sigma_0 \cdot L_{11}(u_{s_1}, u_{s_1}) + \sigma_{s_1} \cdot L_{11}(u_0, u_{s_1}) \} \end{cases} \tag{10.32}$$

$$\Delta_s = \sigma_{s_1} \varepsilon_{s_1} \tag{10.33}$$

上面的系数 b_s 包含了静态二阶状态问题的解，u_{s_2} 可以从静态的平衡方程中的二阶项得到，其中 δu 的选择应使之与 u_{s_1} 正交。这个方程与对应的应变位移关系以及 ε_{s_2} 的本构方程，共同确定了二阶静态。

基态的非线性会影响到载荷参数 Λ 与静态变形参数 ξ_s 之间的关系，并且还将通过后者对动态情况中的摄动展开产生影响。对于上面给出的方法，我们还可以利用考虑静态基态非线性的摄动法[21-23]做进一步的精化。这种情况下，基态（前屈曲状态）变量与载荷参数 Λ 之间将是非线性的关系。由此可以看出，在非线性基态情况中为了将"非平凡态"缺陷的影响考虑进来，我们有必要在非平凡静态应变的展开式中把 $\bar{\xi} \varepsilon_{s01}$ 项包括进来。

非平凡静态的分析可以直接与初始后屈曲和缺陷敏感性分析关联起来[20,21]。如果 u_{s_1} 是"理想"结构（即结构不存在"非平凡态"缺陷）的屈曲模式，那么较小的 $\bar{\xi}$ 值将会导致载荷参数 Λ 与响应参数 ξ_s 之间的关系的奇异摄动[20]。

10.2.3.2 动态情况

动态应变的展开式为

$$\hat{\varepsilon} = \xi_d \varepsilon_{d_1} + \xi_d^2 \varepsilon_{d_2} + \xi_d^3 \varepsilon_{d_3} + \cdots$$
$$+ (\varepsilon_{d_{110}} \xi_t + \varepsilon_{d_{101}} \bar{\xi}) + (\varepsilon_{d_{210}} \xi_t + \varepsilon_{d_{201}} \bar{\xi}) \xi_d + \cdots$$

$$+ (\boldsymbol{\varepsilon}_{d_{120}}\xi_t^2 + \boldsymbol{\varepsilon}_{d_{111}}\xi_t\bar{\xi} + \boldsymbol{\varepsilon}_{d_{102}}\bar{\xi}^2) + \cdots \tag{10.34}$$

应力 – 应变关系可以写为

$$\boldsymbol{\sigma}_{d_i} = H(\boldsymbol{\varepsilon}_{d_i}) \tag{10.35}$$

这里我们来考虑单模式 $\boldsymbol{u}_{d_1}$ 的共振情形,一般来说一阶模式也称为主模式。假定一个周期运动的频率为 ω,这里是一个未知参数,如果引入一个新的时间尺度 $\tau = \omega t$,那么将自由振动($\hat{\boldsymbol{q}} = 0$)的动力平衡方程在一个周期内进行积分,可得

$$\int_0^{2\pi} [\xi_d \{\boldsymbol{\sigma}_{d_1} \cdot L_1(\delta u) + \boldsymbol{\sigma}_0 \cdot L_{11}(\boldsymbol{u}_{d_1}, \delta u) + \boldsymbol{\sigma}_{d_1} \cdot L_{11}(\boldsymbol{u}_0, \delta u) - \omega^2 M(\boldsymbol{u}_{d_1})\delta u\}$$

$$+ \xi_d\xi_t \{\boldsymbol{\sigma}_{d_{110}} \cdot L_1(\delta u) + \boldsymbol{\sigma}_0 \cdot L_{11}(\boldsymbol{u}_{d_{110}}, \delta u) + \boldsymbol{\sigma}_{s_1} \cdot L_{11}(\boldsymbol{u}_{d_1}, \delta u)$$

$$+ \boldsymbol{\sigma}_{d_1} \cdot L_{11}(\boldsymbol{u}_{s_1}, \delta u) + \boldsymbol{\sigma}_{d_{110}} \cdot L_{11}(\boldsymbol{u}_0, \delta u) - \omega^2 M(\boldsymbol{u}_{d_{110}})\delta u\}$$

$$+ \xi_d\bar{\xi} \{\boldsymbol{\sigma}_{d_{101}} \cdot L_1(\delta u) - \boldsymbol{\sigma}_{s_1} \cdot L_{11}(\boldsymbol{u}_{d_1}, \delta u) + \boldsymbol{\sigma}_{s_{01}} \cdot L_{11}(\boldsymbol{u}_{d_1}, \delta u)$$

$$+ \boldsymbol{\sigma}_{d_{101}} \cdot L_{11}(\boldsymbol{u}_0, \delta u)\}$$

$$+ \xi_d\xi_t^2 \{\boldsymbol{\sigma}_{d_{120}} \cdot L_1(\delta u) + \boldsymbol{\sigma}_0 \cdot L_{11}(\boldsymbol{u}_{d_{120}}, \delta u) + \boldsymbol{\sigma}_{s_1} \cdot L_{11}(\boldsymbol{u}_{d_{110}}, \delta u)$$

$$+ \boldsymbol{\sigma}_{s_2} \cdot L_{11}(\boldsymbol{u}_{d_1}, \delta u) + \boldsymbol{\sigma}_{d_1} \cdot L_{11}(\boldsymbol{u}_{s_2}, \delta u) + \boldsymbol{\sigma}_{d_{110}} \cdot L_{11}(\boldsymbol{u}_{s_1}, \delta u)$$

$$+ \boldsymbol{\sigma}_{d_{120}} \cdot L_{11}(\boldsymbol{u}_0, \delta u) - \omega^2 M(\boldsymbol{u}_{d_{120}})\delta u\}$$

$$+ \xi_d\xi_t\bar{\xi} \{\boldsymbol{\sigma}_{d_{111}} \cdot L_1(\delta u) + \boldsymbol{\sigma}_{s_1} \cdot L_{11}(\boldsymbol{u}_{d_{110}}, \delta u) + \boldsymbol{\sigma}_{s_{01}} \cdot L_{11}(\boldsymbol{u}_{d_{110}}, \delta u)$$

$$- 2\boldsymbol{\sigma}_{s_2} \cdot L_{11}(\boldsymbol{u}_{d_1}, \delta u) - 2\boldsymbol{\sigma}_{d_1} \cdot L_{11}(\boldsymbol{u}_{s_2}, \delta u) + \boldsymbol{\sigma}_{d_{101}} \cdot L_{11}(\boldsymbol{u}_{s_1}, \delta u)$$

$$+ \boldsymbol{\sigma}_{d_{111}} \cdot L_{11}(\boldsymbol{u}_0, \delta u)\}$$

$$+ \xi_d\bar{\xi}^2 \{\boldsymbol{\sigma}_{d_{102}} \cdot L_1(\delta u) + \boldsymbol{\sigma}_{s_2} \cdot L_{11}(\boldsymbol{u}_{d_1}, \delta u) + \boldsymbol{\sigma}_{d_1} \cdot L_{11}(\boldsymbol{u}_{s_2}, \delta u)$$

$$+ \boldsymbol{\sigma}_{d_{102}} \cdot L_{11}(\boldsymbol{u}_0, \delta u)\}$$

$$+ \xi_d^2 \{\boldsymbol{\sigma}_{d_2} \cdot L_1(\delta u) + \boldsymbol{\sigma}_0 \cdot L_{11}(\boldsymbol{u}_{d_2}, \delta u) + \boldsymbol{\sigma}_{d_1} \cdot L_{11}(\boldsymbol{u}_{d_1}, \delta u)$$

$$+ \boldsymbol{\sigma}_{d_2} \cdot L_{11}(\boldsymbol{u}_0, \delta u) - \omega^2 M(\boldsymbol{u}_{d_2})\delta u\}$$

$$+ \xi_d^3 \{\boldsymbol{\sigma}_{d_3} \cdot L_1(\delta u) + \boldsymbol{\sigma}_0 \cdot L_{11}(\boldsymbol{u}_{d_3}, \delta u) + \boldsymbol{\sigma}_{d_1} \cdot L_{11}(\boldsymbol{u}_{d_2}, \delta u)$$

$$+ \boldsymbol{\sigma}_{d_2} \cdot L_{11}(\boldsymbol{u}_{d_1}, \delta u) + \boldsymbol{\sigma}_{d_3} \cdot L_{11}(\boldsymbol{u}_0, \delta u) - \omega^2 M(\boldsymbol{u}_{d_3})\delta u\}$$

$$+ \cdots]d\tau = 0 \tag{10.36}$$

若令 $\delta u = \boldsymbol{u}_{d_1} = \hat{\boldsymbol{u}}_{d_1}\cos\omega t$,然后从 $\tau = 0$ 到 $\tau = 2\pi$ 进行积分,就可以导出一阶状态方程。这个方程构成了一个特征值问题,它是关于未知的线性固有频率的平方的,也即无穷小振幅的周期运动的频率平方,可记为 ω_c^2,则

$$\boldsymbol{\sigma}_{d_1} \cdot L_1(\boldsymbol{u}_{d_1}) + \boldsymbol{\sigma}_0 \cdot L_{11}(\boldsymbol{u}_{d_1}, \boldsymbol{u}_{d_1}) + \boldsymbol{\sigma}_{d_1} \cdot L_{11}(\boldsymbol{u}_0, \boldsymbol{u}_{d_1}) - \omega_c^2 M(\boldsymbol{u}_{d_1}) \cdot \boldsymbol{u}_{d_1} = 0$$

$$\tag{10.37}$$

需要注意的是,上述方程还构成了一阶动态模式 $\boldsymbol{u}_{d_1}$ 与静态基态模式(平凡模式)$\boldsymbol{u}_0$ 之间的正交性定义。进一步,如果在式(10.36)内的一阶动态方程中令 $\delta u = \boldsymbol{u}_{d_n} = \boldsymbol{u}_{d_n}\cos\omega t$,则还可以得到

$$\boldsymbol{\sigma}_{d_1} \cdot L_1(\boldsymbol{u}_{d_n}) + \boldsymbol{\sigma}_0 \cdot L_{11}(\boldsymbol{u}_{d_1}, \boldsymbol{u}_{d_n}) + \boldsymbol{\sigma}_{d_1} \cdot L_{11}(\boldsymbol{u}_0, \boldsymbol{u}_{d_n}) - \omega_c^2 M(\boldsymbol{u}_{d_1}) \cdot \boldsymbol{u}_{d_n} = 0$$

$$(10.38)$$

频率的平方与振幅以及有效缺陷幅值之间的关系可以通过临界点处的一阶动态方程(动态平衡方程)导得,式(10.38)可作为一个约束来消去三阶变量(该式可视为高阶模式与临界模式之间的一种正交性条件)。利用这一约束($n=2$ 和 $n=3$),结合式(10.7)给出的互易关系,可以得到关于频率的展开表达式如下:

$$\xi_d \left[1 - \frac{\omega^2}{\omega_c^2} \right] + a_d \xi_d^2 + b_d \xi_d^3$$

$$+ (b_{101}\bar{\xi} + b_{110}\xi_t)\xi_d + (b_{201}\bar{\xi} + b_{210}\xi_t)\xi_d^2 + \cdots$$

$$+ (b_{102}\bar{\xi}^2 + b_{111}\xi_t\bar{\xi} + b_{120}\xi_t^2)\xi_d + \cdots = 0 \qquad (10.39)$$

上面的系数在下文中将称为动态"a – 因子"和动态"b – 因子",它们分别由下式给出:

$$\begin{cases} a_d = \dfrac{1}{\omega_c^2 \Delta_d} \int_0^{2\pi} \dfrac{3}{2} \boldsymbol{\sigma}_{d_1} \cdot L_{11}(\boldsymbol{u}_{d_1}, \boldsymbol{u}_{d_1}) \, d\tau \\[3mm] b_d = \dfrac{1}{\omega_c^2 \Delta_d} \int_0^{2\pi} \{2\boldsymbol{\sigma}_{d_1} \cdot L_{11}(\boldsymbol{u}_{d_1}, \boldsymbol{u}_{d_2}) + \boldsymbol{\sigma}_{d_2} \cdot L_{11}(\boldsymbol{u}_{d_1}, \boldsymbol{u}_{d_1})\} \, d\tau \quad (10.40) \\[3mm] b_{110} = \dfrac{1}{\omega_c^2 \Delta_d} \int_0^{2\pi} \{\boldsymbol{\sigma}_{s_1} \cdot L_{11}(\boldsymbol{u}_{d_1}, \boldsymbol{u}_{d_1}) + 2\boldsymbol{\sigma}_{d_1} \cdot L_{11}(\boldsymbol{u}_{s_1}, \boldsymbol{u}_{d_1})\} \, d\tau \end{cases}$$

$$\begin{cases} b_{101} = \dfrac{1}{\omega_c^2 \Delta_d} \int_0^{2\pi} \{H(L_{11}(\boldsymbol{u}_{s_1}, \boldsymbol{u}_0)) \cdot L_{11}(\boldsymbol{u}_{d_1}, \boldsymbol{u}_{d_1}) - \boldsymbol{\sigma}_{s_1} \cdot L_{11}(\boldsymbol{u}_{d_1}, \boldsymbol{u}_{d_1})\} \, d\tau \\[3mm] b_{210} = \dfrac{1}{\omega_c^2 \Delta_d} \int_0^{2\pi} \left\{ \begin{array}{l} \boldsymbol{\sigma}_{s_1} \cdot L_{11}(\boldsymbol{u}_{d_2}, \boldsymbol{u}_{d_1}) + \boldsymbol{\sigma}_{d_1} \cdot L_{11}(\boldsymbol{u}_{s_1}, \boldsymbol{u}_{d_2}) \\ + \boldsymbol{\sigma}_{d_1} \cdot L_{11}(\boldsymbol{u}_{d_1}, \boldsymbol{u}_{d_{110}}) + \boldsymbol{\sigma}_{d_1} \cdot L_{11}(\boldsymbol{u}_{d_{110}}, \boldsymbol{u}_{d_1}) \\ + \boldsymbol{\sigma}_{d_{110}} \cdot L_{11}(\boldsymbol{u}_{d_1}, \boldsymbol{u}_{d_1}) + \boldsymbol{\sigma}_{d_2} \cdot L_{11}(\boldsymbol{u}_{s_1}, \boldsymbol{u}_{d_1}) \end{array} \right\} d\tau \\[6mm] b_{201} = \dfrac{1}{\omega_c^2 \Delta_d} \int_0^{2\pi} \{H(L_{11}(\boldsymbol{u}_{s_1}, \boldsymbol{u}_0)) \cdot L_{11}(\boldsymbol{u}_{d_2}, \boldsymbol{u}_{d_1}) - \boldsymbol{\sigma}_{s_1} \cdot L_{11}(\boldsymbol{u}_{d_2}, \boldsymbol{u}_{d_1})\} \, d\tau \\[3mm] b_{120} = \dfrac{1}{\omega_c^2 \Delta_d} \int_0^{2\pi} \left\{ \begin{array}{l} \boldsymbol{\sigma}_{s_1} \cdot L_{11}(\boldsymbol{u}_{d_{110}}, \boldsymbol{u}_{d_1}) + \boldsymbol{\sigma}_{s_2} \cdot L_{11}(\boldsymbol{u}_{d_1}, \boldsymbol{u}_{d_1}) \\ + \boldsymbol{\sigma}_{d_1} \cdot L_{11}(\boldsymbol{u}_{s_1}, \boldsymbol{u}_{d_{110}}) + 2\boldsymbol{\sigma}_{d_1} \cdot L_{11}(\boldsymbol{u}_{s_2}, \boldsymbol{u}_{d_1}) \\ + \boldsymbol{\sigma}_{d_{110}} \cdot L_{11}(\boldsymbol{u}_{s_1}, \boldsymbol{u}_{d_1}) \end{array} \right\} d\tau \\[6mm] b_{111} = \dfrac{1}{\omega_c^2 \Delta_d} \int_0^{2\pi} \left\{ \begin{array}{l} H(L_{11}(\boldsymbol{u}_{s_1}, \boldsymbol{u}_0)) \cdot L_{11}(\boldsymbol{u}_{d_{110}}, \boldsymbol{u}_{d_1}) - \boldsymbol{\sigma}_{s_1} \cdot L_{11}(\boldsymbol{u}_{d_{110}}, \boldsymbol{u}_{d_1}) \\ - 2\boldsymbol{\sigma}_{s_2} \cdot L_{11}(\boldsymbol{u}_{d_1}, \boldsymbol{u}_{d_1}) - 4\boldsymbol{\sigma}_{d_1} \cdot L_{11}(\boldsymbol{u}_{s_2}, \boldsymbol{u}_{d_1}) \end{array} \right\} d\tau \\[6mm] b_{102} = \dfrac{1}{\omega_c^2 \Delta_d} \int_0^{2\pi} \{\boldsymbol{\sigma}_{s_2} \cdot L_{11}(\boldsymbol{u}_{d_1}, \boldsymbol{u}_{d_1}) + 2\boldsymbol{\sigma}_{d_1} \cdot L_{11}(\boldsymbol{u}_{s_2}, \boldsymbol{u}_{d_1})\} \, d\tau \end{cases}$$

$$(10.41)$$

其中：

$$\Delta_{\mathrm{d}} = \int_0^{2\pi} M(\boldsymbol{u}_{\mathrm{d}_1}) \cdot \boldsymbol{u}_{\mathrm{d}_1} \mathrm{d}\tau \qquad (10.42)$$

为了得到系数 b_{d}，必须根据动态情况中二阶项的变分运动方程，对二阶动态求解，即

$$-\omega^2 M(\boldsymbol{u}_{\mathrm{d}_2}) \cdot \delta\boldsymbol{u} + \boldsymbol{\sigma}_{\mathrm{d}_2} \cdot (L_1(\delta\boldsymbol{u}) + L_{11}(\boldsymbol{u}_0, \delta\boldsymbol{u}))$$
$$+ \boldsymbol{\sigma}_{\mathrm{d}_1} \cdot L_{11}(\boldsymbol{u}_{\mathrm{d}_1}, \delta\boldsymbol{u}) + \boldsymbol{\sigma}_0 \cdot L_{11}(\boldsymbol{u}_{\mathrm{d}_2}, \delta\boldsymbol{u}) = 0 \qquad (10.43)$$

其中，$\delta\boldsymbol{u}$ 应与 $\boldsymbol{u}_{\mathrm{d}_1}$ 正交。这一方程与相应的应变位移关系以及关于 $\boldsymbol{\varepsilon}_{\mathrm{d}_2}$ 的本构方程，共同确定了二阶动态情况。二阶动态模式通常也称为次模式。

类似地，为了获得 b_{120}、b_{111} 和 b_{102} 这些决定了频率的缺陷敏感性的二阶系数，我们需要从式(10.36)解出"非理想动态"($\xi_{\mathrm{d}}\xi_{\mathrm{t}}$ 状态)情况。由此可以分析小的"非平凡态"缺陷对振动频率的影响情况，同时在这一分析中也可将静态预载荷导致的非平凡静变形的影响引入进来，并假定缺陷的幅值相对于非平凡静变形来说是个小量，这是因为在所考虑的缺陷表达式中采用的是缺陷幅值的一阶项。对于对称结构来说（即结构的响应特征与变形的正负无关），$a_{\mathrm{d}} = b_{101} = b_{110} = b_{201} = b_{210} = 0$（从线性振动解是时间简谐型的这一点也可以看出 a_{d} 等于零）。如果仅考虑展开式中的最低阶项，那么式(10.39)中剩余的动态"b-因子"将决定初始非线性行为（系数 b_{d}）和振动的缺陷敏感性（系数 b_{120}、b_{111} 和 b_{102}）。应当注意的是，我们也可以将以式(10.39)这一形式出现的 ω^2 的展开视为一种先验性的假设（带有未知的系数 a_{d}、b_{d} 等），随后通过令动态平衡方程中的不同摄动项为零即可获得这些待定的系数了。进一步，这些动态"b-因子"的表达式通常还可以根据如下相似性假设来求出，即

$$\boldsymbol{u}_{\mathrm{s}_1} = \hat{\boldsymbol{u}}_{\mathrm{d}_1} \qquad (10.44)$$

式中：$\hat{\boldsymbol{u}}_{\mathrm{d}_1}$ 代表的是与线性振动解 $\boldsymbol{u}_{\mathrm{d}_1} = \hat{\boldsymbol{u}}_{\mathrm{d}_1} \cos\omega t$ 对应的模式。

在后面针对壳的振动分析中，我们将在基态、一阶和二阶场的计算中引入"平凡态"缺陷 $\bar{\boldsymbol{u}}_0$，从而以近似的方式把该缺陷的影响考虑进来。更准确的分析需要对本节所给出的动态"b-因子"的表达式进行修正。

10.2.4　理论的拓展

这一节将针对上述理论加以拓展，分别考察受迫振动分析、高阶展开以及多模式情况。此处的讨论将只限于"理想"结构，也即不包含"非平凡态"缺陷的结构。

10.2.4.1　受迫振动

前面给出的理论可以很容易地拓展用于受迫振动的分析[24]。若令 $\hat{\boldsymbol{q}}(\boldsymbol{x}, t) = Q\boldsymbol{q}_{\mathrm{e}}(\boldsymbol{x}, t)$，其中的 Q 代表的是外部激励 $\hat{\boldsymbol{q}}$ 的幅值，那么变分形式的平衡方程就可以写为

$$M(\hat{\boldsymbol{u}}_{,tt}) \cdot \delta\boldsymbol{u} + \hat{\boldsymbol{\sigma}} \cdot \delta\hat{\boldsymbol{\varepsilon}} + \boldsymbol{\sigma}_0 \cdot L_{11}(\hat{\boldsymbol{u}}, \delta\boldsymbol{u}) + \boldsymbol{\sigma}_a \cdot L_{11}(\hat{\boldsymbol{u}}, \delta\boldsymbol{u}) = Q\boldsymbol{q}_e \cdot \delta\boldsymbol{u}$$

$$(10.45)$$

利用自由振动中式(10.36)所给出的展开式做伽辽金过程分析,并令 $\delta\boldsymbol{u} = \boldsymbol{u}_{d_1} = \hat{\boldsymbol{u}}_{d_1}\cos\omega t$,我们可以得到

$$\xi_d\left[1 - \frac{\omega^2}{\omega_c^2}\right] + a_d\xi_d^2 + b_d\xi_d^3 + \cdots = Q\phi_0 \qquad (10.46)$$

其中:

$$\phi_0 = \frac{1}{\omega_c^2\Delta_d}\int_0^{2\pi} \boldsymbol{q}_e \cdot \boldsymbol{u}_{d_1}\mathrm{d}\tau \qquad (10.47)$$

10.2.4.2 高阶分析

由前面的非线性振动分析可以了解幅频关系中最低阶项的影响。对于"理想结构",在展开式中引入高阶项之后,我们就可以得到如下形式的幅频关系:

$$\left(\frac{\omega}{\omega_c}\right)^2 = 1 + a_d\xi_d + b_d\xi_d^2 + C_d\xi_d^3 + D_d\xi_d^4 + \cdots \qquad (10.48)$$

其中

$$\begin{cases} C_d = \dfrac{1}{\omega_c^2\Delta_d}\displaystyle\int_0^{2\pi}\dfrac{1}{2}\left\{\begin{aligned} &\boldsymbol{\sigma}_{d_1}\cdot L_{11}(\boldsymbol{u}_{d_2},\boldsymbol{u}_{d_2}) + 4\boldsymbol{\sigma}_{d_1}\cdot L_{11}(\boldsymbol{u}_{d_3},\boldsymbol{u}_{d_1}) \\ &+ 2\boldsymbol{\sigma}_{d_2}\cdot L_{11}(\boldsymbol{u}_{d_2},\boldsymbol{u}_{d_1}) + 2\boldsymbol{\sigma}_{d_3}\cdot L_{11}(\boldsymbol{u}_{d_1},\boldsymbol{u}_{d_1}) \end{aligned}\right\}\mathrm{d}\tau \\[4mm] D_d = \dfrac{1}{\omega_c^2\Delta_d}\displaystyle\int_0^{2\pi}\dfrac{1}{2}\left\{\begin{aligned} &\boldsymbol{\sigma}_{d_1}\cdot L_{11}(\boldsymbol{u}_{d_2},\boldsymbol{u}_{d_3}) + 2\boldsymbol{\sigma}_{d_1}\cdot L_{11}(\boldsymbol{u}_{d_4},\boldsymbol{u}_{d_1}) \\ &+ \boldsymbol{\sigma}_{d_2}\cdot L_{11}(\boldsymbol{u}_{d_3},\boldsymbol{u}_{d_1}) + \boldsymbol{\sigma}_{d_3}\cdot L_{11}(\boldsymbol{u}_{d_2},\boldsymbol{u}_{d_1}) + \boldsymbol{\sigma}_{d_4}\cdot L_{11}(\boldsymbol{u}_{d_1},\boldsymbol{u}_{d_1}) \end{aligned}\right\}\mathrm{d}\tau \end{cases}$$

$$(10.49)$$

10.2.4.3 多模式分析

类似于文献[25]针对屈曲模式的相互作用所做的研究,这里我们也可以进行多模式的分析。假定存在着 M 个振动模式,记作 $\boldsymbol{u}_{i_d}$,每个模式对应的(线性)固有频率之平方为 $\omega^2 = \omega_{i_c}^2$,幅值为 ξ_{i_d},此处的 $i = 1, 2, \cdots, M$。于是,一个"理想"结构的位移场就可以表示为如下形式:

$$\hat{\boldsymbol{u}} = \xi_{i_d}\boldsymbol{u}_{i_d} + \xi_{i_d}\xi_{j_d}\boldsymbol{u}_{ij_d} + \cdots \qquad (10.50)$$

应力场和应变场可表示为

$$\hat{\boldsymbol{\sigma}} = \xi_{i_d}\boldsymbol{\sigma}_{i_d} + \xi_{i_d}\xi_{j_d}\boldsymbol{\sigma}_{ij_d} + \cdots \qquad (10.51)$$

$$\hat{\boldsymbol{\varepsilon}} = \xi_{i_d}\boldsymbol{\varepsilon}_{i_d} + \xi_{i_d}\xi_{j_d}\boldsymbol{\varepsilon}_{ij_d} + \cdots \qquad (10.52)$$

上面的重复下标均采用求和约定处理。

由此,我们就能够导出如下形式的非线性幅频关系了,即

$$\xi_{I_{\mathrm{d}}}\left[1-\frac{\omega^{2}}{\omega_{I_{\mathrm{c}}}^{2}}\right]+a_{ijI}\xi_{i_{\mathrm{d}}}\xi_{j_{\mathrm{d}}}+b_{ijkI}\xi_{i_{\mathrm{d}}}\xi_{j_{\mathrm{d}}}\xi_{k_{\mathrm{d}}}+\cdots=0\,,\qquad I=1\,,2\,,\cdots,M \qquad (10.53)$$

其中：

$$a_{ijI}=\frac{1}{\omega_{I_{\mathrm{c}}}^{2}\Delta_{I_{\mathrm{d}}}}\int_{0}^{2\pi}\frac{1}{2}\left[\boldsymbol{\sigma}_{I_{\mathrm{d}}}\cdot L_{11}(\boldsymbol{u}_{i_{\mathrm{d}}},\boldsymbol{u}_{i_{\mathrm{d}}})+2\boldsymbol{\sigma}_{I_{\mathrm{d}}}\cdot L_{11}(\boldsymbol{u}_{j_{\mathrm{d}}},\boldsymbol{u}_{I_{\mathrm{d}}})\right]\mathrm{d}\tau \qquad (10.54)$$

$$b_{ijkI}=\frac{1}{\omega_{I_{\mathrm{c}}}^{2}\Delta_{I_{\mathrm{d}}}}\int_{0}^{2\pi}\frac{1}{2}\left[\begin{matrix}\boldsymbol{\sigma}_{Ii_{\mathrm{d}}}\cdot L_{11}(\boldsymbol{u}_{j_{\mathrm{d}}},\boldsymbol{u}_{k_{\mathrm{d}}})+\boldsymbol{\sigma}_{ij_{\mathrm{d}}}\cdot L_{11}(\boldsymbol{u}_{k_{\mathrm{d}}},\boldsymbol{u}_{I_{\mathrm{d}}})+\boldsymbol{\sigma}_{I_{\mathrm{d}}}\cdot L_{11}(\boldsymbol{u}_{i_{\mathrm{d}}},\boldsymbol{u}_{jk_{\mathrm{d}}})\\+\boldsymbol{\sigma}_{i_{\mathrm{d}}}\cdot L_{11}(\boldsymbol{u}_{I_{\mathrm{d}}},\boldsymbol{u}_{jk_{\mathrm{d}}})+2\boldsymbol{\sigma}_{i_{\mathrm{d}}}\cdot L_{11}(\boldsymbol{u}_{j_{\mathrm{d}}},\boldsymbol{u}_{kl_{\mathrm{d}}})\end{matrix}\right]\mathrm{d}\tau$$

$$(10.55)$$

$$\Delta_{I_{\mathrm{d}}}=\int_{0}^{2\pi}M(\boldsymbol{u}_{I_{\mathrm{d}}})\cdot\boldsymbol{u}_{I_{\mathrm{d}}}\mathrm{d}\tau \qquad (10.56)$$

10.3 复合圆柱壳的缺陷对稳定性和振动的影响

本节将利用 10.2 节给出的摄动法来分析各向异性圆柱壳的非线性振动问题,在此处的分析中所指定的边界条件可以严格地得以满足。

这里将采用经典层合理论和非线性 Donnell 型方程,后者是以径向位移 W 和 Airy 应力函数 F 的形式给出的。同时还将利用摄动过程来描述解的依赖性,从而获得偏微分方程的边值问题,其中的两个空间坐标是独立变量。通过在周向上进行傅里叶分解,我们就可以描述解对周向坐标的依赖性,进而也就使得问题简化为关于轴向坐标的若干组常微分方程了。

通过采用并行打靶法[26]对所得到的两点边值问题进行数值求解,我们就能够精确地考虑指定的边界条件。顺便指出的是,考虑边界效应的分析有时也称为 Level-2 分析或拓展分析[4,23]。

10.3.1 控制方程

图 10.1 中给出了所考察的圆柱壳的几何与所施加的载荷情况。壳的长度为 L,半径为 R,厚度为 h。对于一个层合壳结构来说,其本构方程可以表示成如下形式:

$$\begin{bmatrix}N_{x}\\N_{y}\\N_{xy}\end{bmatrix}=\begin{bmatrix}A_{11}&A_{12}&A_{16}\\A_{12}&A_{22}&A_{26}\\A_{16}&A_{26}&A_{66}\end{bmatrix}\begin{bmatrix}\varepsilon_{x}\\\varepsilon_{y}\\\gamma_{xy}\end{bmatrix}+\begin{bmatrix}B_{11}&B_{12}&B_{16}\\B_{12}&B_{22}&B_{26}\\B_{16}&B_{26}&B_{66}\end{bmatrix}\begin{bmatrix}\kappa_{x}\\\kappa_{y}\\\kappa_{xy}\end{bmatrix} \qquad (10.57)$$

$$\begin{bmatrix}M_{x}\\M_{y}\\\dfrac{M_{xy}+M_{yx}}{2}\end{bmatrix}=\begin{bmatrix}B_{11}&B_{12}&B_{16}\\B_{12}&B_{22}&B_{26}\\B_{16}&B_{26}&B_{66}\end{bmatrix}\begin{bmatrix}\varepsilon_{x}\\\varepsilon_{y}\\\gamma_{xy}\end{bmatrix}+\begin{bmatrix}D_{11}&D_{12}&D_{16}\\D_{12}&D_{22}&D_{26}\\D_{16}&D_{26}&D_{66}\end{bmatrix}\begin{bmatrix}\kappa_{x}\\\kappa_{y}\\\kappa_{xy}\end{bmatrix} \qquad (10.58)$$

式中:N_{x}、N_{y} 和 N_{xy} 为应力合力;M_{x}、M_{y}、M_{xy} 和 M_{yx} 为合力矩;ε_{x}、ε_{y} 和 γ_{xy} 为应变;κ_{x}、κ_{y}

和 κ_{xy} 为曲率。A_{ij}、B_{ij} 和 $D_{ij}(i,j=1,2,6)$ 均为经典层合理论中的刚度系数。关于层的方位的定义如图 10.1 所示。

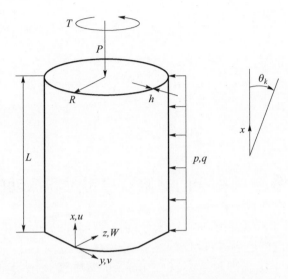

图 10.1　壳几何、坐标系统以及所施加的载荷

我们也可以将式(10.57)和式(10.58)所示的本构方程表示成如下的矩阵形式,即

$$\{N\} = A\{\varepsilon\} + B\{\kappa\} \tag{10.59}$$

$$\{M\} = B\{\varepsilon\} + D\{\kappa\} \tag{10.60}$$

由此不难得到

$$\{\varepsilon\} = A^*\{N\} + B^*\{\kappa\} \tag{10.61}$$

$$\{M\} = C^*\{N\} + D^*\{\kappa\} \tag{10.62}$$

其中:

$$\begin{cases} A^* = A^{-1} \\ B^* = -A^{-1}B \\ C^* = BA^{-1} = -B^{*\mathrm{T}} \\ D^* = D - BA^{-1}B \end{cases}$$

可以将刚度参数做无量纲化处理,即

$$\overline{A}_{ij} = \frac{1}{Eh}A_{ij}, \quad \overline{B}_{ij} = \frac{2c}{Eh^2}B_{ij}, \quad \overline{D}_{ij} = \frac{4c^2}{Eh^3}D_{ij} \tag{10.63}$$

则

444

$$\overline{A}_{ij}^* = EhA_{ij}^*, \quad \overline{B}_{ij}^* = \frac{2c}{h}B_{ij}^*, \quad \overline{D}_{ij}^* = \frac{4c^2}{Eh^3}D_{ij}^* \tag{10.64}$$

在式（10.63）和式（10.64）中：

$$c = \sqrt{3(1-\nu^2)} \tag{10.65}$$

而 E 和 ν 分别代表的是（任意选取的）杨氏模量和泊松比的参考值。

若假定径向位移 W 向内为正，那么 Donnell 型应变位移关系可以表示为

$$\begin{cases} \varepsilon_x = u_{,x} + \frac{1}{2}W_{,x}^2 + W_{,x}\overline{W}_{,x} \\[2mm] \varepsilon_y = v_{,y} - \frac{W}{R} + \frac{1}{2}W_{,y}^2 + W_{,y}\overline{W}_{,y} \\[2mm] \gamma_{xy} = u_{,y} + v_{,x} + W_{,x}W_{,y} + W_{,x}\overline{W}_{,y} + \overline{W}_{,x}W_{,y} \\[2mm] \kappa_x = -W_{,xx} \\[2mm] \kappa_y = -W_{,yy} \\[2mm] \kappa_{xy} = -2W_{,xy} \end{cases} \tag{10.66}$$

式中：u、v 和 W 分别为 x、y 和 z 方向上的位移（图 10.1）；$\overline{W}$ 为初始径向缺陷。

引入 Airy 应力函数 F，使得 $N_x = F_{,yy}$、$N_y = F_{,xx}$ 和 $N_{xy} = -F_{,xy}$（N_x、N_y 和 N_{xy} 为应力合力），那么对于一般各向异性材料的非理想壳来说，Donnell 型非线性方程（忽略面内惯性）就可以表示成如下形式：

$$L_{A*}(F) - L_{B*}(W) = -\frac{1}{R}W_{,xx} - \frac{1}{2}L_{NL}(W, W + 2\overline{W}) \tag{10.67}$$

$$L_{B*}(F) + L_{D*}(W) = \frac{1}{R}F_{,xx} + L_{NL}(F, W + \overline{W}) + p - \bar{\rho}hW_{,tt} \tag{10.68}$$

式中：变量 W 和 F 依赖于时间 t，R 为壳的半径，$\bar{\rho}$ 是层合结构的（平均）质量，h 为壳的（参考）厚度，p 是（有效）径向压力（向内为正），$\bar{\rho}hW_{,tt}$ 是径向惯性项。四阶线性微分算子为

$$L_{A*}( ) = A_{22}^*( )_{,xxxx} - 2A_{26}^*( )_{,xxxy} + (2A_{12}^* + A_{66}^*)( )_{,xxyy} - 2A_{16}^*( )_{,xyyy} + A_{11}^*( )_{,yyyy} \tag{10.69}$$

$$\begin{aligned} L_{B*}( ) = {}& B_{21}^*( )_{,xxxx} + (2B_{26}^* - B_{61}^*)( )_{,xxxy} + (B_{11}^* + B_{22}^* - 2B_{66}^*)( )_{,xxyy} \\ & + (2B_{16}^* - B_{62}^*)( )_{,xyyy} + B_{12}^*( )_{,xyyy} \end{aligned} \tag{10.70}$$

$$L_{D*}( ) = D_{11}^*( )_{,xxxx} + 4D_{16}^*( )_{,xxxy} + 2(D_{12}^* + 2D_{66}^*)( )_{,xxyy} + 4D_{26}^*( )_{,xyyy} + D_{22}^*( )_{,yyyy} \tag{10.71}$$

这些算子依赖于层合结构的刚度特性。

非线性算子的定义如下：

$$L_{NL}(S,T) = S_{,xx}T_{,yy} - 2S_{,xy}T_{,xy} + S_{,yy}T_{,xx} \tag{10.72}$$

这个算子反映了几何非线性。

这里所考虑的圆柱壳可以受到轴向压力 P、径向压力 p 以及逆时针扭矩 T 的作用，如图 10.1 所示，既可以是静态载荷 ($\tilde{P},\tilde{p},\tilde{T}$)，也可以是动态载荷 ($\hat{P},\hat{p},\hat{T}$)。根据定义可知，在壳边上施加的轴向压力和扭矩将对应于壳边处的面内应力合力，即边界平面上的平均值：

$$N_0 = -\frac{1}{2\pi R}\int_0^{2\pi R} N_x \mathrm{d}y = \text{指定值} \tag{10.73}$$

$$T_0 = \frac{1}{2\pi R}\int_0^{2\pi R} N_{xy} \mathrm{d}y = \text{指定值} \tag{10.74}$$

表 10.1 中已经列出了一些标准的边界条件，其中的 q 为轴向载荷偏心量，是从壳的中曲面开始测算的（向内为正）。这里应当注意的是，此处的分析过程中这些指定的边界条件都将精确地加以保证。面内边界条件理论上是非线性的，这里的摄动过程中将会将其转化成一系列线性边值问题。

表 10.1 标准的边界条件

SS – 1	$N_x = -N_0$	$N_{xy} = T_0$	$W = 0$	$M_x = -N_0 q$
SS – 2	$u = 0$	$N_{xy} = T_0$	$W = 0$	$M_x = -N_0 q$
SS – 3	$N_x = -N_0$	$v = 0$	$W = 0$	$M_x = -N_0 q$
SS – 4	$u = 0$	$v = 0$	$W = 0$	$M_x = -N_0 q$
C – 1	$N_x = -N_0$	$N_{xy} = T_0$	$W = 0$	$W_{,x} = 0$
C – 2	$u = 0$	$N_{xy} = T_0$	$W = 0$	$W_{,x} = 0$
C – 3	$N_x = -N_0$	$v = 0$	$W = 0$	$W_{,x} = 0$
C – 4	$u = 0$	$v = 0$	$W = 0$	$W_{,x} = 0$

我们将针对在非线性静态附近振动的圆柱壳，推导其非线性动力学方程，这主要是通过将位移 W 和应力函数 F 表示成两个状态的叠加形式来实现的，即

$$W = \tilde{W} + \hat{W} \tag{10.75}$$

$$F = \tilde{F} + \hat{F} \tag{10.76}$$

其中的 $\tilde{W}$ 和 $\tilde{F}$ 是几何非线性静态的径向位移和应力函数，该状态是由静态载荷对

446

缺陷圆柱壳的作用而引起的；$\hat{W}$ 和 $\hat{F}$ 代表的是动态径向位移和应力函数，这个动态对应于围绕静态位置的大幅振动。

于是，非线性动态的 Donnell 型控制方程可以写为

$$L_{A*}(\hat{F}) - L_{B*}(\hat{W}) = -\frac{1}{R}\hat{W}_{,xx} - \frac{1}{2}L_{NL}(\tilde{W},\hat{W}) - \frac{1}{2}L_{NL}(\hat{W},\tilde{W}+2\bar{W}) - \frac{1}{2}L_{NL}(\hat{W},\hat{W})$$
$$(10.77)$$

$$L_{B*}(\hat{F}) + L_{D*}(\hat{W}) = \frac{1}{R}\hat{F}_{,xx} + L_{NL}(\tilde{F},\hat{W}) + L_{NL}(\hat{F},\tilde{W}+\bar{W})$$
$$+ L_{NL}(\hat{F},\hat{W}) + \hat{p} - \bar{\rho}h\hat{W}_{,tt} \qquad (10.78)$$

其中的 $\hat{p}$ 为动态径向载荷。

对于理想圆柱壳来说，非线性动态的 Donnell 型方程不难从式（10.77）和式（10.78）导得，可以表示成：

$$L_{A*}(\hat{F}) - L_{B*}(\hat{W}) = -\frac{1}{R}\hat{W}_{,xx} - L_{NL}(\tilde{W},\hat{W}) - \frac{1}{2}L_{NL}(\hat{W},\hat{W}) \qquad (10.79)$$

$$L_{B*}(\hat{F}) + L_{D*}(\hat{W}) = \frac{1}{R}\hat{F}_{,xx} + L_{NL}(\tilde{F},\hat{W}) + L_{NL}(\hat{F},\tilde{W})$$
$$+ L_{NL}(\hat{F},\hat{W}) + \hat{p} - \bar{\rho}h\hat{W}_{,tt} \qquad (10.80)$$

10.3.2　摄动展开

在静态情况下，我们可以采用如下形式的摄动展开式，即

$$\tilde{W}(x,y) = \tilde{W}^{(0)}(x) + \xi_s\tilde{W}^{(1)}(x,y) + \xi_s^2\tilde{W}^{(2)}(x,y) + \cdots \qquad (10.81)$$

$$\tilde{F}(x,y) = \tilde{F}^{(0)}(x,y) + \xi_s\tilde{F}^{(1)}(x,y) + \xi_s^2\tilde{F}^{(2)}(x,y) + \cdots \qquad (10.82)$$

其中的 ξ_s 反映的是静态"不对称"（非轴对称）模式的位移幅值情况。

在自由振动情况中，横向动力激励应为零，即 $\hat{p}=0$。我们考虑"单模式"振动这一情形，也即，与（线性）固有频率 ω_c 相关的主振动模式是单一的，可以将频率 ω 做如下所示的摄动展开：

$$\left(\frac{\omega}{\omega_c}\right)^2 = 1 + a_d\xi_d + b_d\xi_d^2 + \cdots$$
$$+ (b_{110}\xi_t + b_{101}\bar{\xi}) + (b_{210}\xi_t + b_{201}\bar{\xi})\xi_d + \cdots$$
$$+ (b_{120}\xi_t^2 + b_{111}\xi_t\bar{\xi} + b_{102}\bar{\xi}^2) + \cdots \qquad (10.83)$$

并将对应的解设为

$$\hat{W}(x,y,t) = \xi_d\hat{W}^{(1)}(x,y,t) + \xi_d^2\hat{W}^{(2)}(x,y,t) + \cdots$$
$$+ \xi_t\xi_d\hat{W}^{(11)}(x,y,t) + \xi_t\xi_d^2\hat{W}^{(12)}(x,y,t) + \cdots$$

$$+ \xi_t^2 \xi_d \hat{W}^{(21)}(x,y,t) + \xi_t^2 \xi_d^2 \hat{W}^{(22)}(x,y,t) + \cdots$$
$$+ \cdots \qquad (10.84)$$

$$\hat{F}(x,y,t) = \xi_d \hat{F}^{(1)}(x,y,t) + \xi_d^2 \hat{F}^{(2)}(x,y,t) + \cdots$$
$$+ \xi_t \xi_d \hat{F}^{(11)}(x,y,t) + \xi_t \xi_d^2 \hat{F}^{(12)}(x,y,t) + \cdots$$
$$+ \xi_t^2 \xi_d \hat{F}^{(21)}(x,y,t) + \xi_t^2 \xi_d^2 \hat{F}^{(22)}(x,y,t) + \cdots$$
$$+ \cdots \qquad (10.85)$$

在这些展开式中,$\xi_t = \xi_s + \bar{\xi}$,其中的 $\bar{\xi}$ 是"不对称"缺陷的幅值;ξ_d 给出的是位移幅值的度量;$\hat{W}^{(1)}$ 应针对壳的厚度 h 作归一化,$\hat{W}^{(2)}$ 与 $\hat{W}^{(1)}$ 具有(某种意义上的)正交性。在非线性控制方程(10.79)和(10.80)中将上述展开式作形式替换之后,就可以得到关于这些展开式中的函数的一组方程了。在下面的分析中,我们将前述的不对称缺陷假定为线性静态模式的仿射,也即假定二者具有相同的形式。

10.3.3　一阶状态

一阶动力学状态的控制方程可以表示为

$$L_{A*}(\hat{F}^{(1)}) - L_{B*}(\hat{W}^{(1)}) = -\frac{1}{R}\hat{W}^{(1)}_{,xx} - \hat{W}^{(1)}_{,yy}(\widetilde{W}^{(0)}_{,xx} + h\bar{w}_{0,xx}) \qquad (10.86)$$

$$L_{B*}(\hat{F}^{(1)}) + L_{D*}(\hat{W}^{(1)}) = \frac{1}{R}\hat{F}^{(1)}_{,xx} + \widetilde{F}^{(0)}_{,xx}\hat{W}^{(1)}_{,yy} - 2\widetilde{F}^{(0)}_{,xy}\hat{W}^{(1)}_{,xy} + \widetilde{F}^{(0)}_{,yy}\hat{W}^{(1)}_{,xx}$$
$$+ \widetilde{F}^{(1)}_{,yy}(\widetilde{W}^{(0)}_{,xx} + h\bar{w}_{0,xx}) + \hat{p} - \bar{\rho}h\hat{W}^{(1)}_{,tt} \qquad (10.87)$$

对于 $n \neq 0$ 的情况,这些方程对应了"不对称模式"。这些方程中的系数是依赖于轴对称基态问题的解($\widetilde{W}^{(0)}$, $\widetilde{F}^{(0)}$)的(10.3.2 节)。应当注意的是,这里也同时包含了初始轴对称缺陷 $\overline{W}^{(0)} = h\bar{w}_0(x)$。不对称缺陷的效应是通过摄动方法引入进来的,其中采用了不对称缺陷幅值 $\bar{\xi}$ 和有效缺陷幅值 ξ_t 作为摄动参数。与一阶静态 ($\widetilde{W}^{(1)}$, $\widetilde{F}^{(1)}$) 对应的方程也是类似的,不过没有包含惯性项。对于动态一阶方程来说,可以采用分离变量形式的解:

$$\hat{W}^{(1)}(x,y,t) = h\{\hat{w}_1(x)\cos n\theta + \hat{w}_2(x)\sin n\theta\}\cos\omega t \qquad (10.88)$$

$$\hat{F}^{(1)}(x,y,t) = \frac{ERh^2}{c}\{\hat{f}_1(x)\cos n\theta + \hat{f}_2(x)\sin n\theta\}\cos\omega t \qquad (10.89)$$

式中:$\theta = y/R$;n 代表的是周向上的波数。

将所假设的一阶状态解代入对应的控制方程,并对相应的三角函数项进行平衡之后,就可以得到四组四阶微分方程(关于 $f_1(x)$、$f_2(x)$、$w_1(x)$ 和 $w_2(x)$),它们不再依赖于周向坐标,且其系数与周向波数 n 有关。

10.3.4 二阶状态

二阶状态方程包括了三种情形,分别是:二阶静态(与 ξ_s^2 相关的项)的控制方程;"非理想动态"(与 $\xi_t\xi_d$ 相关的项)的控制方程;二阶动态(与 ξ_d^2 相关的项)的控制方程。

为确定大幅值振动的初始非线性,应当求解二阶动态控制方程组,该方程组可以写为

$$L_{A*}(\hat{F}^{(2)}) - L_{B*}(\hat{W}^{(2)}) = -\frac{1}{R}\hat{W}_{,xx}^{(2)} - \hat{W}_{,yy}^{(2)}(\tilde{W}_{,xx}^{(0)} + h\bar{w}_{0,xx}) + \hat{W}_{,xy}^{(1)2} - \hat{W}_{,xx}^{(1)}\hat{W}_{,yy}^{(1)}$$

$$(10.90)$$

$$L_{B*}(\hat{F}^{(2)}) + L_{D*}(\hat{W}^{(2)}) = \frac{1}{R}\hat{F}_{,xx}^{(2)} + \hat{F}_{,xx}^{(1)}\hat{W}_{,yy}^{(1)} - 2\hat{F}_{,xy}^{(1)}\hat{W}_{,xy}^{(1)} + \hat{F}_{,yy}^{(1)}\hat{W}_{,xx}^{(1)}$$

$$+ \hat{F}_{,xx}^{(0)}\hat{W}_{,yy}^{(2)} - 2\hat{F}_{,xy}^{(0)}\hat{W}_{,xy}^{(2)} + \hat{F}_{,yy}^{(0)}\hat{W}_{,xx}^{(2)}$$

$$+ \hat{F}_{,yy}^{(2)}(\tilde{W}_{,xx}^{(0)} + h\bar{w}_{0,xx}) - \bar{\rho}h\hat{W}_{,tt}^{(2)} + a_d\omega_c^2\bar{\rho}h\hat{W}^{(1)} \quad (10.91)$$

式(10.90)和式(10.91)具有分离变量形式的解,即

$$\hat{W}^{(2)}(x,y,t) = h(W_v^{(20)} + W_t^{(20)}) + h(W_v^{(22)} + W_t^{(22)})\cos2\omega t$$

$$+ h\{\hat{w}_{\alpha,20}(x) + \hat{w}_{\beta,20}(x)\cos2n\theta + \hat{w}_{\gamma,20}(x)\sin2n\theta\}$$

$$+ h\{\hat{w}_{\alpha,22}(x) + \hat{w}_{\beta,22}(x)\cos2n\theta + \hat{w}_{\gamma,22}(x)\sin2n\theta\}\cos2\omega t$$

$$(10.92)$$

$$\hat{F}^{(2)}(x,y,t) = \frac{Eh^2}{cR}\left\{-\frac{1}{2}\lambda^{(20)}y^2 - \bar{\tau}^{(20)}xy\right\}$$

$$+ \frac{Eh^2}{cR}\left\{-\frac{1}{2}\lambda^{(22)}y^2 - \bar{\tau}^{(22)}xy\right\}\cos2\omega t$$

$$+ \frac{ERh^2}{c}\{\hat{f}_{\alpha,20}(x) + \hat{f}_{\beta,20}(x)\cos2n\theta + \hat{f}_{\gamma,20}(x)\sin2n\theta\}$$

$$+ \frac{ERh^2}{c}\{\hat{f}_{\alpha,22}(x) + \hat{f}_{\beta,22}(x)\cos2n\theta + \hat{f}_{\gamma,22}(x)\sin2n\theta\}\cos2\omega t$$

$$(10.93)$$

二阶动态解中包含了"漂移"项(零次时间简谐型)和二次时间简谐项。广义泊松展开项 $W_v^{(20)}$、$W_v^{(22)}$、$W_t^{(20)}$ 和 $W_t^{(22)}$ 可以根据周向周期性条件来确定。归一化载荷 $\lambda^{(20)}$、$\lambda^{(22)}$、$\bar{\tau}^{(20)}$ 和 $\bar{\tau}^{(22)}$ 为常数,可以根据面内边界条件来确定(参见 10.3.1 节中的表 10.1)。

将假定的二阶状态解代入对应的控制方程,并对相应的三角函数项系数进行平衡处理,就可以得到四组与周向坐标无关的方程了,它们是关于 $f_\beta(x)$、$f_\gamma(x)$、$w_\beta(x)$

和 $w_\gamma(x)$ 的四阶微分方程,其系数与周向波数 n 有关。关于 $w_\alpha(x)$ 和 $f_\alpha(x)$ 的两个四阶方程可以简化为一个四阶方程。

由此系数 a_d 将等于零,而"动态 b – 因子"则变为

$$b_d = \frac{1}{\omega_c^2 \Delta_d} \{ 2\hat{F}^{(1)} \times (\hat{W}^{(2)}, \hat{W}^{(1)}) + \hat{F}^{(2)} \times (\hat{W}^{(1)}, \hat{W}^{(1)}) \} \qquad (10.94)$$

其中

$$\Delta_d = \int_0^{2\pi} \int_0^{2\pi R} \int_0^L \bar{\rho} h \hat{W}^{(1)2} \mathrm{d}x \mathrm{d}y \mathrm{d}\tau \qquad (10.95)$$

式(10.95)中的 $\tau = \omega t$,而其中所用到的简化符号的定义如下:

$$A * (B,C) = \int_0^{2\pi} \int_0^{2\pi R} \int_0^L \{ A_{,xx} B_{,y} C_{,y} + A_{,yy} B_{,x} C_{,x} - A_{,xy} (B_{,x} C_{,y} + B_{,y} C_{,x}) \} \mathrm{d}x \mathrm{d}y \mathrm{d}\tau$$

$$(10.96)$$

上式所定义的简化符号与 10.2.2 节中使用过的符号是相关联的,即

$$\hat{F}^{(i)} \times (\hat{W}^{(j)}, \hat{W}^{(k)}) = \boldsymbol{\sigma}_{d_i} \cdot L_{11}(\boldsymbol{u}_{d_j}, \boldsymbol{u}_{d_k}) \qquad (10.97)$$

10.3.5 具体的拓展分析

这里我们对拓展分析的相关阶段做一较为详尽的介绍。首先针对静态情况给出周期性条件的摄动项,然后针对一阶静态和动态情况给出其控制方程,随后进一步详细分析二阶静态的控制方程。最后,我们将建立一阶状态下的简化边界条件。为了方便起见,将省略符号(~)和(^)中代表状态的上标。

10.3.5.1 周向周期性条件

拓展分析所得到的解必须满足周向周期性条件,即

$$\int_0^{2\pi R} \upsilon_y \mathrm{d}y = 0 \qquad (10.98)$$

其中,对于理想壳来说有

$$\upsilon_y = \varepsilon_y + \frac{W}{R} - \frac{1}{2} W_y^2 \qquad (10.99)$$

$$\varepsilon_y = A_{12}^* N_x + A_{22}^* N_y + A_{26}^* N_{xy} + B_{21}^* \kappa_x + B_{22}^* \kappa_y + B_{26}^* \kappa_{xy} \qquad (10.100)$$

且

$$N_x = F_{,yy}; N_y = F_{,xx}; N_{xy} = -F_{,xy} \qquad (10.101)$$

$$\kappa_x = -W_{,xx}; \kappa_y = -W_{,yy}; \kappa_{xy} = -2W_{,xy} \qquad (10.102)$$

对于静态情况,引入 W 和 F 之后,我们可以将假设的摄动展开式重新整理,按 ξ 的幂次排列如下:

$$\upsilon_y = \frac{h}{cR} \{ (-\bar{\lambda} \bar{A}_{12}^* + cW_\nu) + (-\bar{p} \bar{A}_{22}^* + cW_p) + (-\bar{\tau} \bar{A}_{26}^* + cW_t) + \bar{A}_{22}^* f_0'' - \frac{h}{2R} \bar{B}_{21}^* w_0'' + cw_0 \}$$

450

$$+\frac{h}{cR}\xi\left\{\begin{array}{l}\left[\overline{A}_{22}^{*}f_1''\overline{A}_{12}^{*}n^2f_1-\overline{A}_{26}^{*}nf_2'-\dfrac{h}{2R}(\overline{B}_{21}^{*}w_1''-\overline{B}_{22}^{*}n^2w_1+2\overline{B}_{26}^{*}nw_2')+cw_1\right]\cos n\theta\\[2mm]+\left[\overline{A}_{22}^{*}f_2''\overline{A}_{12}^{*}n^2f_2-\overline{A}_{26}^{*}nf_1'+\dfrac{h}{2R}(\overline{B}_{21}^{*}w_2''-\overline{B}_{22}^{*}n^2w_1-2\overline{B}_{26}^{*}nw_2')+cw_2\right]\sin n\theta\end{array}\right\}$$

$$+\frac{h}{cR}\xi^2\left\{\begin{array}{l}(-\lambda^{(2)}\overline{A}_{12}^{*}+cW_\nu^{(2)})+(-\overline{\tau}^{(2)}\overline{A}_{26}^{*}+cW_t^{(2)})+\overline{A}_{22}^{*}f_\alpha''-\dfrac{h}{2R}\overline{B}_{21}^{*}w_\alpha''+cw_\alpha\\[2mm]-\dfrac{ct}{4R}n^2(w_1^2+w_2^2)\\[3mm]+\left[\begin{array}{l}\overline{A}_{22}^{*}f_\beta''-\overline{A}_{12}^{*}4n^2f_\beta-\overline{A}_{26}^{*}2nf_\gamma'-\dfrac{h}{2R}(\overline{B}_{21}^{*}w_\beta''-\overline{B}_{22}^{*}4n^2w_\beta+4\overline{B}_{26}^{*}nw_\gamma')\\[2mm]+cw_\beta+\dfrac{ct}{4R}n^2(w_1^2-w_2^2)\end{array}\right]\cos 2n\theta+\\[6mm]\left[\begin{array}{l}\overline{A}_{22}^{*}f_\gamma''-\overline{A}_{12}^{*}4n^2f_\gamma+\overline{A}_{26}^{*}2nf_\beta'-\dfrac{h}{2R}(\overline{B}_{21}^{*}w_\gamma''-\overline{B}_{22}^{*}4n^2w_\gamma-4\overline{B}_{26}^{*}nw_\beta')\\[2mm]+cw_\gamma+\dfrac{ct}{4R}n^2w_1w_2\end{array}\right]\sin 2n\theta\end{array}\right\}$$

$$+\frac{h}{cR}\xi^3\left\{-\frac{ch}{R}n^2\left[\begin{array}{l}(w_1w_\beta+w_2w_\gamma)\cos n\theta-(w_2w_\beta-w_1w_\gamma)\sin n\theta\\-(w_1w_\beta-w_2w_\gamma)\cos 3n\theta-(w_2w_\beta+w_1w_\gamma)\sin 3n\theta\end{array}\right]\right\}$$

$$+\frac{h}{cR}\xi^4\left\{-\frac{ch}{R}n^2\left[w_\beta^2+w_\gamma^2-2w_\beta w_\gamma\sin 4n\theta-(w_\beta^2-w_\gamma^2)\cos 4n\theta\right]\right\}\tag{10.103}$$

其中，$\theta=y/R$。将式（10.103）代入式（10.98），然后对 y 积分之后，可得

$$\{(-\overline{\lambda}\overline{A}_{12}^{*}+cW_\nu)+(-\overline{p}\overline{A}_{22}^{*}+cW_p)+(-\overline{\tau}\overline{A}_{26}^{*}+cW_t)+\underline{\overline{A}_{22}^{*}f_0''-\dfrac{h}{2R}\overline{B}_{21}^{*}w_0''+cw_0}\}$$

$$+\frac{h}{cR}\xi^2\{\underline{\overline{A}_{22}^{*}f_\alpha''-\dfrac{h}{2R}\overline{B}_{21}^{*}w_\alpha''+cw_\alpha-\dfrac{ct}{4R}n^2(w_1^2+w_2^2)}\}$$

$$\{(-\lambda^{(2)}\overline{A}_{12}^{*}+cW_\nu^{(2)})+(-\overline{\tau}^{(2)}\overline{A}_{26}^{*}+cW_t^{(2)})\}$$

$$+\frac{h}{cR}\xi^4\{-\dfrac{ch}{R}n^2(w_\beta^2+w_\gamma^2)\}=0\tag{10.104}$$

式（10.104）中带有下划线的部分均为零，这是因为它们分别与前屈曲和后屈曲应力函数的方程相同[4]，相应的常数 $\widetilde{C}_1=\widetilde{C}_2=0$，$\widetilde{C}_3=\widetilde{C}_4=0$。

如果令

$$W_\nu=\frac{\overline{A}_{12}^{*}}{c}\lambda\tag{10.105}$$

$$W_p=\frac{\overline{A}_{22}^{*}}{c}\overline{p}\tag{10.106}$$

$$W_t=\frac{\overline{A}_{26}^{*}}{c}\overline{\tau}\tag{10.107}$$

且

$$W_\nu^{(2)} = \frac{\overline{A}_{12}^*}{c}\lambda^{(2)} \tag{10.108}$$

$$W_t^{(2)} = \frac{\overline{A}_{26}^*}{c}\overline{\tau}^{(2)} \tag{10.109}$$

那么,直到 ξ^3 阶(含),周期性条件式(10.98)都是满足的。

10.3.5.2　一阶状态问题

一阶静态和动态(屈曲问题或线性振动问题)的控制方程形式如下:

$$L_{A^*}(\hat{F}^{(1)}) - L_{B^*}(\hat{W}^{(1)}) = -\frac{1}{R}\hat{W}_{,xx}^{(1)} - \hat{W}_{,yy}^{(1)}\widetilde{W}_{,xx}^{(0)} \tag{10.110}$$

$$L_{B^*}(\hat{F}^{(1)}) + L_{D^*}(\hat{W}^{(1)}) = \frac{1}{R}\hat{F}_{,xx}^{(1)} + \widetilde{F}_{,xx}^{(0)}\hat{W}_{,yy}^{(1)} - 2\widetilde{F}_{,xy}^{(0)}\hat{W}_{,xy}^{(1)} + \widetilde{F}_{,yy}^{(0)}\hat{W}_{,xx}^{(1)}$$

$$+ \hat{F}_{,yy}^{(1)}\widetilde{W}_{,xx}^{(0)} - \bar{\rho}h\hat{W}_{,tt}^{(1)} \tag{10.111}$$

这些一阶方程存在着分离变量形式的解,即

$$\hat{W}^{(1)} = W^{(1)}e^{i\omega t} = h\{\hat{w}_1(x)\cos n\theta + \hat{w}_2(x)\sin n\theta\}e^{i\omega t} \tag{10.112}$$

$$\hat{F}^{(1)} = F^{(1)}e^{i\omega t} = \frac{ERh^2}{c}\{\hat{f}_1(x)\cos n\theta + \hat{f}_2(x)\sin n\theta\}e^{i\omega t} \tag{10.113}$$

其中,$\theta = y/R$。将它们代入控制方程中加以整理,令对应的三角项系数平衡,就可以得到四个关于 w_1、w_2、f_1 和 f_2 的四阶微分方程,即

$$\overline{A}_{22}^* f_1^{iv} - (2\overline{A}_{12}^* + \overline{A}_{66}^*)n^2 f_1'' + \overline{A}_{11}^* n^4 f_1 - 2\overline{A}_{26}^* n f_2''' + 2\overline{A}_{16}^* n^3 f_2'$$

$$-\frac{h}{2R}\left\{\begin{array}{l}\overline{B}_{21}^* w_1^{iv} - (\overline{B}_{11}^* + \overline{B}_{22}^* - 2\overline{B}_{66}^*)n^2 w_1'' + \overline{B}_{12}^* n^4 w_1 + (2\overline{B}_{26}^* - \overline{B}_{61}^*)n w_2''' \\ - (2\overline{B}_{16}^* - \overline{B}_{62}^*)n^3 w_2'\end{array}\right\}$$

$$+ cw_1'' - \frac{ch}{R}n^2 w_0'' w_1 = 0 \tag{10.114}$$

$$\overline{A}_{22}^* f_2^{iv} - (2\overline{A}_{12}^* + \overline{A}_{66}^*)n^2 f_2'' + \overline{A}_{11}^* n^4 f_2 + 2\overline{A}_{26}^* n f_1''' - 2\overline{A}_{16}^* n^3 f_1'$$

$$-\frac{h}{2R}\left\{\begin{array}{l}\overline{B}_{21}^* w_2^{iv} - (\overline{B}_{11}^* + \overline{B}_{22}^* - 2\overline{B}_{66}^*)n^2 w_2'' + \overline{B}_{12}^* n^4 w_2 - (2\overline{B}_{26}^* - \overline{B}_{61}^*)n w_1''' \\ - (2\overline{B}_{16}^* - \overline{B}_{62}^*)n^3 w_1'\end{array}\right\}$$

$$+ cw_2'' - \frac{ch}{R}n^2 w_0'' w_2 = 0 \tag{10.115}$$

$$\frac{2R}{h}\{\overline{B}_{21}^* f_1^{iv} - (\overline{B}_{11}^* + \overline{B}_{22}^* - 2\overline{B}_{66}^*)n^2 f_1'' + \overline{B}_{12}^* n^4 f_1 + (2\overline{B}_{26}^* - \overline{B}_{61}^*)n f_2''' - (2\overline{B}_{16}^* - \overline{B}_{62}^*)n^3 f_2'\}$$

$$+ \overline{D}_{11}^* w_1^{iv} - 2(\overline{D}_{12}^* + 2\overline{D}_{66}^*)n^2 w_1'' + \overline{D}_{22}^* n^4 w_1 + 4\overline{D}_{16}^* n w_2''' - 4\overline{D}_{26}^* n^3 w_2' - \frac{4cR^2}{h^2}f_1''$$

$$+ \frac{4cR}{h} \{ \lambda w_1'' - \bar{p} n^2 w_1 - 2\bar{n}\tau w_2' - \bar{\rho}\bar{\omega}_0^2 w_1 + n^2 (f_0'' w_1 + w_0'' f_1) \} = 0 \tag{10.116}$$

$$\frac{2R}{h} \{ \bar{B}_{21}^* f_2^{iv} - (\bar{B}_{11}^* + \bar{B}_{22}^* - 2\bar{B}_{66}^*) n^2 f_2'' + \bar{B}_{12}^* n^4 f_2 - (2\bar{B}_{26}^* - \bar{B}_{61}^*) n f_1''' + (2\bar{B}_{16}^* - \bar{B}_{62}^*) n^3 f_1' \}$$

$$+ \bar{D}_{11}^* w_2^{iv} - 2 (\bar{D}_{12}^* + 2\bar{D}_{66}^*) n^2 w_2'' + \bar{D}_{22}^* n^4 w_2 - 4\bar{D}_{16}^* n w_1''' + 4\bar{D}_{26}^* n^3 w_1' - \frac{4cR^2}{h^2} f_2''$$

$$+ \frac{4cR}{h} \{ \lambda w_2'' - \bar{p} n^2 w_2 + 2\bar{n}\tau w_1' - \bar{\rho}\bar{\omega}_0^2 w_2 + n^2 (f_0'' w_2 + w_0'' f_2) \} = 0 \tag{10.117}$$

为了能够利用打靶法,需要移出式(10.114)中的 w_1^{iv} 项和式(10.116)中的 f_1^{iv} 项,类似地,也需移出式(10.115)中的 w_2^{iv} 项和式(10.117)中的 f_2^{iv} 项。由此最终可以得到如下的一组方程:

$$f_1^{iv} = C_{17} f_1'' - C_{18} f_1 + C_{19} f_2''' + C_{20} f_2' + C_{21} w_1'' + C_{22} w_1 + C_{23} w_2''' + C_{24} w_2'$$

$$+ C_{26} w_0'' w_1 + C_{28} \bar{p} w_1 - C_{28} f_0'' w_1 + C_{31} \bar{\rho}\bar{\omega}_0^2 w_1 + C_{30} \bar{\tau} w_2' - C_{31} \lambda w_1'' - C_{28} w_0'' f_1 \tag{10.118}$$

$$f_2^{iv} = C_{17} f_2'' - C_{18} f_2 - C_{19} f_1''' - C_{20} f_1' + C_{21} w_2'' + C_{22} w_2 - C_{23} w_1''' - C_{24} w_1'$$

$$+ C_{26} w_0'' w_2 + C_{28} \bar{p} w_2 - C_{28} f_0'' w_2 + C_{31} \bar{\rho}\bar{\omega}_0^2 w_2 - C_{30} \bar{\tau} w_1' - C_{31} \lambda w_2'' - C_{28} w_0'' f_2 \tag{10.119}$$

$$w_1^{iv} = C_1 f_1'' + C_2 f_1 - C_3 f_2''' + C_4 f_2' + C_5 w_1'' - C_6 w_1 - C_7 w_2''' + C_8 w_2'$$

$$- C_{10} w_0'' w_1 + C_{12} \bar{p} w_1 - C_{12} f_0'' w_1 + C_{15} \bar{\rho}\bar{\omega}_0^2 w_1 + C_{14} \bar{\tau} w_2' - C_{15} \lambda w_1'' - C_{12} w_0'' f_1 \tag{10.120}$$

$$w_2^{iv} = C_1 f_2'' + C_2 f_2 + C_3 f_1''' - C_4 f_1' + C_5 w_2'' - C_6 w_2 + C_7 w_1''' - C_8 w_1'$$

$$- C_{10} w_0'' w_2 + C_{12} \bar{p} w_2 - C_{12} f_0'' w_2 + C_{15} \bar{\rho}\bar{\omega}_0^2 w_2 - C_{14} \bar{\tau} w_1' - C_{15} \lambda w_2'' - C_{12} w_0'' f_2 \tag{10.121}$$

上面出现的常数 $C_1 \sim C_{31}$ 可以参阅文献[4]。这组带有变系数的齐次微分方程与边界条件一起将构成一个特征值问题,可以对其进行数值求解。对于线性化的屈曲问题($\omega = 0$),载荷参数 λ、$\bar{p}$ 或 $\bar{\tau}$ 为特征值参数。对于线性化的振动问题,频率参数 $\bar{\omega}_0^2$ 是特征值参数。

10.3.5.3 二阶状态问题

二阶静态的控制方程可以表示为(此处省略了代表静态的上标符号)

$$L_{A*} (F^{(2)}) - L_{B*} (W^{(2)}) = -\frac{1}{R} W_{,xx}^{(2)} - h w_{0,xx} W_{,yy}^{(2)}$$

$$+ \frac{1}{2} \left(\frac{h}{R} \right)^2 n^2 \left\{ \begin{array}{l} w_1 w_{1,xx} + w_{1,x} w_{1,x} + w_2 w_{2,xx} + w_{2,x} w_{2,x} \\ + (w_1 w_{1,xx} - w_{1,x} w_{1,x} - w_2 w_{2,xx} \\ + w_{2,x} w_{2,x}) \cos n\theta + (w_1 w_{2,xx} \\ + w_{2,x} w_{1,xx} - 2 w_{1,x} w_{2,x}) \sin n\theta \end{array} \right\} \tag{10.122}$$

$$L_{B*}(F^{(2)}) + L_{D*}(W^{(2)}) = \frac{1}{R}F^{(2)}_{,xx} + \frac{ERh^2}{cR}\lambda^{(2)}W^{(0)}_{,xx}$$

$$-\frac{Eh^2}{cR}(\lambda W^{(2)}_{,xx} + \bar{p}W^{(2)}_{,yy} - 2\bar{\tau}W^{(2)}_{,xy}) - \frac{Eh^2}{cR}\lambda^{(2)}W^{(0)}_{,xx}$$

$$-\frac{1}{2}\frac{Eh^3}{cR}n^2\left\{
\begin{array}{l}
w_1 f_{1,xx} + 2w_{1,x}f_{1,x} + w_{1,xx}f_1 + w_2 f_{2,xx} + 2w_{2,x}f_{2,x} + w_{2,xx}f_2 \\
+ [w_1 f_{1,xx} - 2w_{1,x}f_{1,x} + w_{1,xx}f_1 - (w_2 f_{2,xx} - 2w_{2,x}f_{2,x} + w_{2,xx}f_2)]\cos 2n\theta \\
+ [w_1 f_{2,xx} - 2w_{1,x}f_{2,x} + w_{1,xx}f_2 - (w_2 f_{1,xx} - 2w_{2,x}f_{1,x} + w_{2,xx}f_1)]\sin 2n\theta
\end{array}
\right\}$$

$$(10.123)$$

这些方程存在着分离变量形式的解,即

$$W^{(2)} = h(W^{(2)}_\nu + W^{(2)}_t) + h\{w_{\alpha,2}(x) + w_{\beta,2}(x)\cos 2n\theta + w_{\gamma,2}(x)\sin 2n\theta\}$$

$$(10.124)$$

$$F^{(2)} = \frac{ERh^2}{c}\{f_{\alpha,2}(x) + f_{\beta,2}(x)\cos 2n\theta + f_{\gamma,2}(x)\sin 2n\theta\} + \frac{ERh^2}{c}\left\{-\frac{1}{2}\lambda^{(2)}y^2 - \bar{\tau}^{(2)}xy\right\}$$

$$(10.125)$$

将这些解代入控制方程并进行整理,对各个三角项的系数进行平衡处理,就可以得到 6 个带有变系数的非齐次线性常微分方程,即

$$\bar{A}^*_{22}f^{iv}_\alpha - \frac{h}{2R}\bar{B}^*_{21}w^{iv}_\alpha + cw_\alpha = \frac{ch}{2R}n^2(w_1 w_1'' + w_1' w_1' + w_2 w_2'' + w_2' w_2') \qquad (10.126)$$

$$\bar{A}^*_{22}f^{iv}_\beta - (2\bar{A}^*_{12} + \bar{A}^*_{66})4n^2 f''_\beta + \bar{A}^*_{11}16n^4 f_\beta - 4\bar{A}^*_{26}nf'''_\gamma + 16\bar{A}^*_{16}n^3 f'_\gamma$$

$$-\frac{h}{2R}\{\bar{B}^*_{21}w^{iv}_\beta - (\bar{B}^*_{11} + \bar{B}^*_{22} - 2\bar{B}^*_{66})4n^2 w''_\beta + \bar{B}^*_{12}16n^4 w_\beta$$

$$+ (2\bar{B}^*_{26} - \bar{B}^*_{61})2nw'''_\gamma - (2\bar{B}^*_{16} - \bar{B}^*_{62})8n^3 w'_\gamma\}$$

$$+ cw''_\beta - \frac{4ch}{R}n^2 w''_0 w_\beta = \frac{ch}{2R}n^2(w_1 w_1'' - w_1' w_1' - w_2 w_2'' + w_2' w_2') \qquad (10.127)$$

$$\bar{A}^*_{22}f^{iv}_\gamma - (2\bar{A}^*_{12} + \bar{A}^*_{66})4n^2 f''_\gamma + \bar{A}^*_{11}16n^4 f_\gamma + 4\bar{A}^*_{26}nf'''_\beta - 16\bar{A}^*_{16}n^3 f'_\beta$$

$$-\frac{h}{2R}\{\bar{B}^*_{21}w^{iv}_\gamma - (\bar{B}^*_{11} + \bar{B}^*_{22} - 2\bar{B}^*_{66})4n^2 w''_\gamma + \bar{B}^*_{12}16n^4 w_\gamma$$

$$- (2\bar{B}^*_{26} - \bar{B}^*_{61})2nw'''_\beta - (2\bar{B}^*_{16} + \bar{B}^*_{62})8n^3 w'_\beta\}$$

$$+ cw''_\gamma - \frac{4ch}{R}n^2 w''_0 w_\gamma = \frac{ch}{2R}n^2(w_1 w_2'' + w_2 w_1'' - 2w_1' w_2') \qquad (10.128)$$

$$\bar{B}^*_{21}f^{iv}_\alpha + \frac{h}{2R}\bar{D}^*_{11}w^{iv}_\alpha - \frac{2cR}{h}f''_\alpha + 2c\lambda w''_\alpha + 2c\lambda^{(2)}w''_0$$

$$= -cn^2(w_1 f_1'' + 2w_1' f_1' + w_1'' f_1 + w_2 f_2'' + 2w_2' f_2' + w_2'' f_2) \qquad (10.129)$$

$$\bar{B}^*_{21}f^{iv}_\beta - (\bar{B}^*_{11} + \bar{B}^*_{22} - 2\bar{B}^*_{66})4n^2 f''_\beta + \bar{B}^*_{12}16n^4 f_\beta + (2\bar{B}^*_{26} - \bar{B}^*_{61})nf'''_\gamma$$

454

$$- (2\overline{B}_{16}^* - \overline{B}_{62}^*) 8n^3 f_\gamma' + \frac{h}{2R} \left\{ \begin{array}{l} \overline{D}_{11}^* w_\beta^{\mathrm{iv}} - 2(\overline{D}_{12}^* + 2\overline{D}_{66}^*) 4n^2 w_\beta'' \\ + \overline{D}_{22}^* 16n^4 w_\beta + 8\overline{D}_{16}^* nw_\gamma''' - 32\overline{D}_{26}^* n^3 w_\gamma' \end{array} \right\}$$

$$- \frac{2cR}{h} f_\beta'' + 2c \left\{ \lambda w_\beta'' - 4n^2 \bar{p} w_\beta - 4n\tau w_\gamma' \right\} + 8cn^2 (f_0'' w_\beta + w_0'' f_\beta)$$

$$= -cn^2 (w_1 f_1'' - 2w_1' f_1' + w_1'' f_1 - w_2 f_2'' + 2w_2' f_2' - w_2'' f_2) \qquad (10.130)$$

$$\overline{B}_{21}^* f_\gamma^{\mathrm{iv}} - (\overline{B}_{11}^* + \overline{B}_{22}^* - 2\overline{B}_{66}^*) 4n^2 f_\gamma'' + \overline{B}_{12}^* 16n^4 f_\gamma - (2\overline{B}_{26}^* - \overline{B}_{61}^*) nf_\beta'''$$

$$+ (2\overline{B}_{16}^* - \overline{B}_{62}^*) 8n^3 f_\beta' + \frac{h}{2R} \left\{ \begin{array}{l} \overline{D}_{11}^* w_\gamma^{\mathrm{iv}} - 2(\overline{D}_{12}^* + 2\overline{D}_{66}^*) 4n^2 w_\gamma'' \\ + \overline{D}_{22}^* 16n^4 w_\gamma - 8\overline{D}_{16}^* nw_\beta''' + 32\overline{D}_{26}^* n^3 w_\beta' \end{array} \right\}$$

$$- \frac{2cR}{h} f_\gamma'' + 2c \left\{ \lambda w_\gamma'' - 4n^2 \bar{p} w_\gamma + 4n\tau w_\beta' \right\} + 8cn^2 (f_0'' w_\gamma + w_0'' f_\gamma)$$

$$= -cn^2 (w_1 f_2'' - 2w_1' f_2' + w_1'' f_2 + w_2 f_1'' - 2w_2' f_1' + w_2'' f_1) \qquad (10.131)$$

将式(10.126)积分两次之后可得

$$f_\alpha'' = \frac{h}{2R} \frac{\overline{B}_{21}^*}{\overline{A}_{22}^*} w_\alpha'' - \frac{c}{\overline{A}_{22}^*} w_\alpha + \frac{ch}{4R} \frac{n^2}{\overline{A}_{22}^*} (w_1^2 + w_2^2) + \widetilde{C}_3 \bar{x} + \widetilde{C}_4 \qquad (10.132)$$

其中, $\bar{x} = x/R$; 根据周期性条件的要求(参见 10.3.5.1 节), 积分常数 $\widetilde{C}_3$ 和 $\widetilde{C}_4$ 均应等于零。

利用式(10.129)和式(10.132)消去 f_α, 可得

$$\begin{aligned} w_\alpha^{\mathrm{iv}} = &+ (D_1 - D_2 \lambda) w_\alpha'' - D_2 \lambda^{(2)} w_0'' - D_3 w_\alpha + D_4 (w_1^2 + w_2^2) \\ &- D_5 (w_1 w_1'' + w_1' w_1' + w_2 w_2'' + w_2' w_2') \\ &- D_8 (w_1 f_1'' + 2w_1' f_1' + w_1'' f_1 w_2 f_2'' + 2w_2' f_2' + w_2'' f_2) \end{aligned} \qquad (10.133)$$

需要注意的是, 如果在基态指定的是轴对称载荷, 那么就意味着 $\lambda^{(2)}$ 应为零。

为了能够利用打靶法, 需要移出式(10.127)中的 w_β^{iv} 项和式(10.130)中的 f_β^{iv} 项, 类似地, 也需要移出式(10.128)中的 w_γ^{iv} 项和式(10.131)中的 f_γ^{iv} 项。由此也就得到了如下方程:

$$\begin{aligned} f_\beta^{\mathrm{iv}} = &D_9 f_\beta'' - (D_{10} + D_{17} w_0'') f_\beta + D_{11} f_\gamma''' + C_{20} f_\gamma' \\ &+ D_{12} f_\gamma' - D_{12} f_\gamma - (D_{13} + D_{31} \lambda) w_\beta'' - (D_{14} + D_{18} w_0'') w_\beta \\ &- D_{17} (f_0'' - \bar{p}) w_\beta - D_{15} w_\gamma''' + (D_{16} + D_{19} \bar{\tau}) w_\gamma' \\ &+ D_{32} (w_1 w_1'' - w_1' w_1' - w_2 w_2'' + w_2' w_2') \\ &- D_5 (w_1 f_1'' - 2w_1' f_1' + w_1'' f_1 - w_2 f_2'' + 2w_2' f_2' - w_2'' f_2) \end{aligned} \qquad (10.134)$$

455

$$f_\gamma^{\mathrm{iv}} = D_9 f_\gamma'' - (D_{10} + D_{17} w_0'') f_\gamma - D_{11} f_\beta''' + C_{20} f_\beta'$$
$$+ D_{12} f_\beta' - D_{12} f_\beta - (D_{13} + D_{31}\lambda) w_\gamma'' - (D_{14} + D_{18} w_0'') w_\gamma$$
$$- D_{17}(f_0'' - \bar{p}) w_\gamma + D_{15} w_\beta''' - (D_{16} + D_{19}\bar\tau) w_\beta'$$
$$+ D_{32}(w_1 w_2'' + w_2 w_1'' - 2 w_1' w_2')$$
$$- D_5 (w_1 f_2'' - 2 w_1' f_2' + w_1'' f_2 + w_2 f_1'' - 2 w_2' f_1' + w_2'' f_1) \tag{10.135}$$

$$w_\beta^{\mathrm{iv}} = - D_{20} f_\beta'' - (D_{21} + D_{22} w_0'') f_\beta + (D_{23} - D_2\lambda) w_\beta'' - (D_{24} + D_{17} w_0'') w_\beta$$
$$D_{22}(f_0'' - \bar{p}) w_\beta - D_{25} f_\gamma''' + D_{25} f_\gamma' + D_{26} f_\gamma' - D_{27} w_\gamma''' + (D_{28} + D_{29}\bar\tau) w_\gamma'$$
$$+ D_5 (w_1 w_1'' - w_1' w_1' - w_2 w_2'' + w_2' w_2')$$
$$- D_8 (w_1 f_1'' - 2 w_1' f_1' + w_1'' f_1 - w_2 f_2'' + 2 w_2' f_2' - w_2'' f_2) \tag{10.136}$$

$$w_\gamma^{\mathrm{iv}} = - D_{20} f_\gamma'' - (D_{21} + D_{22} w_0'') f_\gamma + (D_{23} - D_2\lambda) w_\gamma'' - (D_{24} + D_{17} w_0'') w_\gamma$$
$$- D_{22}(f_0'' - \bar{p}) w_\gamma - D_{25} f_\beta''' + D_{25} f_\beta' - D_{26} f_\beta' + D_{27} w_\beta''' - (D_{28} + D_{29}\bar\tau) w_\beta'$$
$$- D_5 (w_1 w_1'' - w_1' w_1' - w_2 w_2'' + w_2' w_2')$$
$$- D_8 (w_1 f_1'' - 2 w_1' f_1' + w_1'' f_1 - w_2 f_2'' + 2 w_2' f_2' - w_2'' f_2) \tag{10.137}$$

其中的前屈曲应力函数 f_0 和常数 $D_1 \sim D_{32}$ 均已在文献[4]中给出。

上面这组带有变系数的非齐次微分方程与适当的边界条件[27]一起将构成响应问题,可以进行数值求解。

通过求解二阶静态方程(ξ_s^2 项)就可以得到对应的"静态 b - 因子"公式。值得提及的是,文献[22,23]在屈曲分析中推导"静态 b - 因子"时,已经将非线性前屈曲状态的影响考虑了进来。

与"非理想动态"对应的 b - 因子为(对于不对称模式)

$$b_{110} = b_{101} = b_{210} = b_{201} = 0 \tag{10.138}$$

$$b_{120} = \frac{1}{\omega_c^2 \Delta_d} \left\{ \begin{array}{l} \widetilde{F}^{(1)} \times (\hat{W}^{(11)}, \hat{W}^{(1)}) + \widetilde{F}^{(2)} \times (\hat{W}^{(1)}, \hat{W}^{(1)}) \\ + \hat{F}^{(1)} \times (\widetilde{W}^{(1)}, \hat{W}^{(11)}) + 2\hat{F}^{(1)} \times (\widetilde{W}^{(2)}, \hat{W}^{(1)}) + \hat{F}^{(11)} \times (\widetilde{W}^{(1)}, \hat{W}^{(1)}) \end{array} \right\} \tag{10.139}$$

$$b_{111} = \frac{1}{\omega_c^2 \Delta_d} \left\{ \begin{array}{l} L_1^* (\widetilde{W}^{(1)}, \widetilde{W}^{(0)}, \hat{W}^{(11)}, \hat{W}^{(1)}) - \widetilde{F}^{(1)} \times (\hat{W}^{(11)}, \hat{W}^{(1)}) \\ - 2\widetilde{F}^{(2)} \times (\hat{W}^{(1)}, \hat{W}^{(1)}) - 4\hat{F}^{(1)} \times (\widetilde{W}^{(2)}, \hat{W}^{(1)}) \end{array} \right\} \tag{10.140}$$

$$b_{102} = \frac{1}{\omega_c^2 \Delta_d} \{ \widetilde{F}^{(2)} \times (\hat{W}^{(1)}, \hat{W}^{(1)}) + 2\hat{F}^{(1)} \times (\widetilde{W}^{(2)}, \hat{W}^{(1)}) \} \tag{10.141}$$

其中的 Δ_d 已经在式(10.95)中给出过定义,而简化符号 $A * (B, C)$ 则在式

(10.96)中做过解释。此外,式(10.140)中的带有四个宗量的算子 L_1^* 由下式给出:

$$L_1^*(A,B,b,c) = \int_0^{2\pi}\int_0^{2\pi R}\int_0^L \left\{ \begin{array}{l} L_{11y}(A,B)b_{,y}c_{,y} + L_{11x}(A,B)b_{,x}c_{,x} \\ + L_{11xy}(A,B)(b_{,x}c_{,y} + b_{,y}c_{,x}) \end{array} \right\} \mathrm{d}x\mathrm{d}y\mathrm{d}\tau$$

(10.142)

其中:

$$L_{11x}(A,B) = \int_0^{2\pi}\int_0^{2\pi R}\int_0^L \{A_{11}A_xB_x + A_{12}A_yB_y + A_{16}(A_{,x}B_{,y} + A_{,y}B_{,x})\}\mathrm{d}x\mathrm{d}y\mathrm{d}\tau$$

(10.143)

$$L_{11y}(A,B) = \int_0^{2\pi}\int_0^{2\pi R}\int_0^L \{A_{12}A_xB_x + A_{22}A_yB_y + A_{26}(A_{,x}B_{,y} + A_{,y}B_{,x})\}\mathrm{d}x\mathrm{d}y\mathrm{d}\tau$$

(10.144)

$$L_{11xy}(A,B) = \int_0^{2\pi}\int_0^{2\pi R}\int_0^L \{A_{16}A_xB_x + A_{26}A_yB_y + A_{66}(A_{,x}B_{,y} + A_{,y}B_{,x})\}\mathrm{d}x\mathrm{d}y\mathrm{d}\tau$$

(10.145)

式(10.96)中所定义的符号与文献[4]中所采用的符号是相关联的,即

$$\boldsymbol{F}^{(1)} * (\boldsymbol{W}^{(1)},\boldsymbol{W}^{(2)}) = \boldsymbol{\sigma}_i \cdot L_{11}(\boldsymbol{u}_j,\boldsymbol{u}_k)$$

(10.146)

10.4　结果与讨论

10.4.1　非理想复合圆柱壳屈曲与振动的简化分析

在分析评估缺陷对复合壳结构振动行为的影响时一般需要某些参考结果作为对照,这些参考结果可以利用自由度数相对较少的伽辽金类型的分析过程得到,这也就是所谓的简化分析[4](也可参阅第8章)。实际上,文献[4-6]中就已经给出过简化分析的一些结果。

图10.2中针对 Booton 的壳结构,给出了轴向压力载荷对某个模式($m=1,\ell=6$, $\tau_K = -0.002$)频率的影响情况。所考察的这一模式是"最低阶振动模式",即与理想壳的最低阶固有频率对应的模式。轴向载荷参数 $\tilde{\lambda}$ 定义为 $\tilde{\lambda} = (cR)/(Eh^2)\tilde{N}_0$,其中的 $c = \sqrt{3(1-\nu^2)}$,$E = E_{11}$ 和 $\nu = \nu_{12}$ 为参考值(后两者分别为某层材料的杨氏模量和泊松比)。由该图可以看出,轴向载荷的增大会使得上述模式对应的频率降低,当载荷水平为 $\lambda = 0.555$ 时,这一频率将变为零。对于带有较小的和较大的缺陷幅值的情况,图10.3中给出了所考察的模式的静态行为特性。

对于一个轴向受载的壳结构来说,相对较大的缺陷会对其频率产生影响,如

457

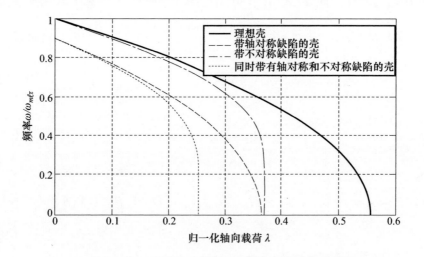

图 10.2　轴向载荷对各向异性壳最低阶振动模式的线性化频率的影响；
Booton 壳，轴对称缺陷幅值为 $\bar{\xi}_1 = -0.25$，不对称缺陷幅值为 $\bar{\xi}_2 = 0.25$

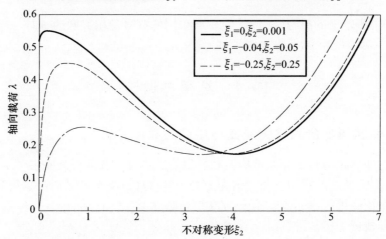

图 10.3　各向异性缺陷壳的静态不对称模式响应；Booton 壳，响应模式为最低阶振动模式

图 10.4 所示，其中考虑了不对称缺陷，轴对称缺陷，以及这二者的组合情况。这里的频率已经针对未受载、理想壳的频率 $\omega_{ml\tau}$ 进行了归一化。应当注意，轴对称缺陷在零轴向载荷处也具有重要的影响[9]。

我们可以发现，该壳的最低屈曲载荷出现在 $\lambda = \lambda_{ml\tau} = 0.40691$ 处，对应于 $m = 3$、$\ell = 5$ 和 $\tau_K = -1.56$ 的模式（"最低阶屈曲模式"），并且与此屈曲模式对应的频率变成了零。在这一载荷水平之上，静态将是不稳定的。这些已经在图 10.4 中体现出来，其中同时绘制出了最低阶振动模式和最低阶屈曲模式下该轴向受载壳的频率变

458

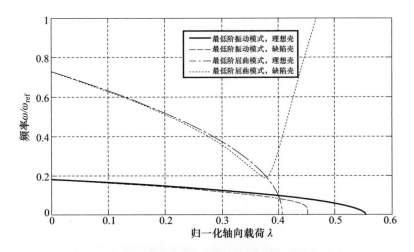

图 10.4　轴向载荷对各向异性壳的线性化频率的影响；

Booton 壳, 轴对称缺陷幅值为 $\bar{\xi}_1 = -0.04$, 不对称缺陷幅值为 $\bar{\xi}_2 = 0.05$

化情况。图中的频率相对于 $\omega_{\text{ref}} = \dfrac{E}{2\rho R^2}$ 作了归一化 $(E = E_{11})$。此外,该图中还给出

了初始缺陷的影响情况,该初始缺陷是振动模式或屈曲模式的仿射,缺陷幅值 $\bar{\xi}_1 =$

$-0.04, \bar{\xi}_2 = -0.05$。不难发现,由于最低阶屈曲模式表现出稳定后屈曲行为,因而

当载荷增大时带有此种模式缺陷的壳的频率不会变为零,而是在理想壳的屈曲载荷

以下达到最小值,随后开始增大。

　　下面我们来分析轴向载荷对(与理想壳的最低阶固有频率对应的模式,即"最低

阶振动模式")频率的影响,将给出频率随载荷的变化情况(直到频率变成零)。

　　在图 10.5 和图 10.6 中,绘出了缺陷幅值对载荷 - 频率曲线的影响情况。图

10.5 中的曲线针对的是不同大小的轴对称缺陷幅值 $\bar{\xi}_1$, 其中 $\overline{W}/h = \bar{\xi}_1 \cos \dfrac{2\pi x}{L}$。图

10.6 针对的是不同大小的不对称缺陷幅值 $\bar{\xi}_2$, 其中 $\overline{W}/h = \bar{\xi}_2 \sin \dfrac{\pi x}{L} \cos \dfrac{5}{R}(y - \tau_K x)$,

$\tau_K = -0.002$。图中的频率均针对未受载理想壳的频率 $\omega_{m\ell\tau}$ 作了归一化处理。此处

不难看出,正如前面曾经指出的,在零载荷情况下,轴对称缺陷对频率也是具有重要

影响的。此外还可注意到,在不对称缺陷情况中,当施加的载荷达到一定的极限值后

将会表现出较强的非线性行为特征。

　　在图 10.7 和图 10.8 中进一步给出了振幅对载荷 - 频率曲线的影响。图 10.7

针对的是理想壳情形,而图 10.8 针对的是带有相对较大的轴对称缺陷的壳。

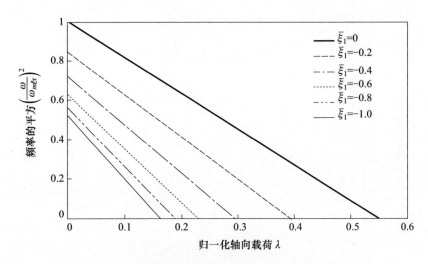

图 10.5 轴向载荷对带有轴对称缺陷的各向异性壳的
线性化频率的影响;Booton 壳,最低阶振动模式;

$$\overline{W}/h = \bar{\bar{\xi}}_1 \cos \frac{2\pi x}{L}, \hat{W}/h = \frac{\ell^2}{4R}\Big[A(t)\sin\frac{\pi x}{L}\Big]^2 + A(t)\sin\frac{\pi x}{L}\cos\frac{\ell}{R}(y-\tau_K x); \tau_K = -0.002, \ell = 6$$

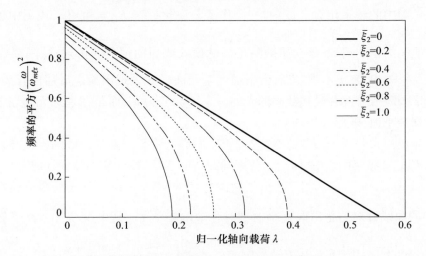

图 10.6 轴向载荷对带有不对称缺陷的各向异性壳的线性化频率的影响;Booton 壳,

最低阶振动模式;$\overline{W}/h = \bar{\bar{\xi}}_2 \sin\frac{\pi x}{L}\cos\frac{\ell}{R}(y-\tau_K x)$;

$$\hat{W}/h = \frac{\ell^2}{4R}\Big[A(t)\sin\frac{\pi x}{L}\Big]^2 + A(t)\sin\frac{\pi x}{L}\cos\frac{\ell}{R}(y-\tau_K x); \tau_K = -0.002, \ell = 6$$

460

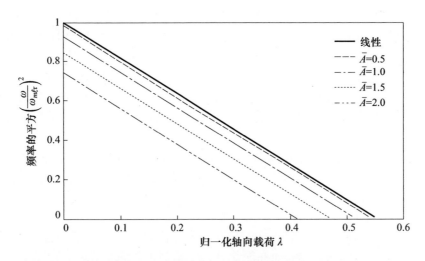

图 10.7　轴向载荷对各向异性理想壳(有限振幅)频率的影响;Booton 壳,

最低阶振动模式;$\hat{W}/h = \dfrac{\ell^2}{4R}\left[A(t)\sin\dfrac{\pi x}{L}\right]^2 + A(t)\sin\dfrac{\pi x}{L}\cos\dfrac{\ell}{R}(y - \tau_K x)$;$\tau_K = -0.002, \ell = 6$

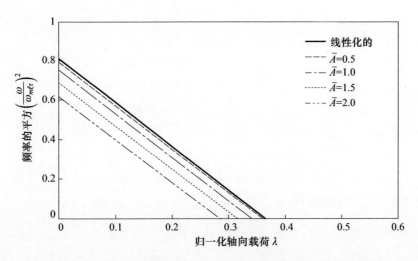

图 10.8　轴向载荷对带有轴对称缺陷的各向异性壳(有限振幅)的频率的影响;Booton 壳,

最低阶振动模式;$\overline{W}/h = \bar{\xi}_1\cos\dfrac{2\pi x}{L}$;$\hat{W}/h = \dfrac{\ell^2}{4R}\left[A(t)\sin\dfrac{\pi x}{L}\right]^2 + A(t)\sin\dfrac{\pi x}{L}\cos\dfrac{\ell}{R}(y - \tau_K x)$;

$$\tau_K = -0.002, \ell = 6; \bar{\xi}_1 = -0.25$$

10.4.2　考虑边界条件时缺陷和载荷对壳的振动的影响

在 10.3 节中已经介绍了基于摄动法的一般结构分析过程,并针对圆柱壳详细进

461

行了讨论,这里我们将通过一些特定壳结构的振动实例来作进一步介绍。10.4.1 节所给出的分析已经通过 FORTRAN 程序进行了实现,下面我们将其称为拓展分析或 Level 2 分析[4],相关的分析结果较早前已经在文献[4,5,7]中给出。

此处我们给出一些实例分析的结果,包括了壳结构的单模式和耦合模式非线性振动,以及受轴向载荷作用的缺陷壳的线性化振动等。在若干实例中,我们还将把其结果与通过其他分析途径得到的结果加以对比,特别是那些简化分析或者说 Level 1 分析[4]的结果。

数值计算中采用的壳结构可称为 Booton 壳,它是一个各向异性壳,早先曾用于静态稳定性研究中[22,28],表 10.2 中已经列出了相关数据。分析中采用的杨氏模量和泊松比的参考值是 $E = E_{11}$ 和 $v = v_{12}$。下面的计算中对频率做了归一化,即 $\Omega = \frac{\omega}{\omega_c}$,其中的 ω_c 为线性频率。应当注意的是,在拓展分析中经典的"简支边界条件"($N_x = v = W = M_x = 0$)是严格满足的,而在简化分析中则是近似满足的。

表 10.2　Booton 壳

壳的几何	半径 $R = 2.67$in.
	长度 $L = 3.776$in.
层合情况	三层(编号从外侧开始)
	层的厚度:$h_1 = h_2 = h_3 = 0.0089$in.
	层的方位角:$\theta_1 = 30°, \theta_2 = 0°, \theta_3 = -30°$(图 10.1)
层的特性	复合材料:玻璃纤维 – 环氧树脂
	方向 1 上的弹性模量 $E_{11} = 5.83 \times 10^6$ psi
	方向 2 上的弹性模量 $E_{22} = 2.42 \times 10^6$ psi
	主泊松比 $\nu_{12} = 0.363$
	12 平面内的剪切模量 $G_{12} = 6.68 \times 10^5$ psi

10.4.2.1　缺陷和载荷对各向异性壳的线性化振动的影响

针对 SS – 3 边界条件,轴对称和不对称缺陷以及轴向载荷对 Booton 各向异性壳的线性化振动频率的影响如图 10.9 所示。所考察的振动模式对应于未受载壳的最低阶模式($\ell = 6$),频率是针对未受载理想壳的线性频率(此处表示为 ω_{c0},即未受载理想壳的 ω_c)归一化的。如同前文中曾指出的,必须注意一般来说最低阶振动模式并不对应于最低阶屈曲模式。因此,当载荷增大时,在所考察的模式频率变为零以前,屈曲可以以另一种模式出现。

这里采用的轴对称缺陷形式为 $\overline{W}/h = \bar{\xi}_1 \cos \frac{2m\pi x}{L}$,且 $m = 1$。简化分析中也采用的是这一形式。不对称缺陷是所考察的振动模式的仿射,即 $\overline{W}/h = \bar{\xi}_2 \{\hat{w}_1(x) \cos n\theta +$

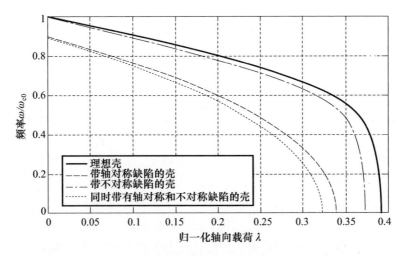

图 10.9　缺陷和轴向载荷对各向异性壳的线性化频率的影响；

Booton 壳，缺陷模式。$\overline{W}/h = \bar{\xi}_1 \cos\dfrac{2m\pi x}{L} + \bar{\xi}_2\{\hat{w}_1\cos n\theta + \hat{w}_2\sin n\theta\}$, $\bar{\xi}_1 = -0.25$, $\bar{\xi}_2 = 0.25$

$\hat{w}_2(x)\sin n\theta\}$ 。

　　通过对比此处的结果与简化分析得到的结果(图 10.2)，我们不难看出，由拓展分析得到的(初始)理想壳的屈曲载荷要显著小于简化分析结果。拓展分析中已经考虑了前屈曲变形。与简化分析相比，拓展分析中不对称缺陷的影响要相对小一些。另外，在简化分析中(图 10.2)，轴对称变形和屈曲形态具有预定义的模式，而在拓展分析中，轴对称变形和屈曲模式的轴向变化是不受约束的。静态幅值 ξ 与基态解之间的关系可以根据伽辽金形式的求解过程(基于静态的展开，式(10.81)和式(10.82))得到，在此过程中考虑了不对称缺陷的影响。当然，这一过程所适用的载荷范围还需做进一步研究。

　　对于带有不对称缺陷的壳来说，"非理想动态"二阶模式在其线性化振动分析中占有重要地位，图 10.10 对此作了描述。

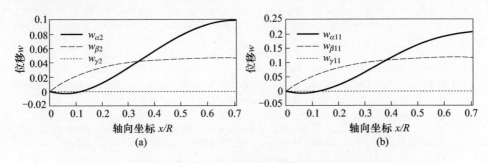

图 10.10　(a)静态二阶模式；(b)动态缺陷模式：Booton 壳，$L/R = 1.414$

10.5 本 章 小 结

本章通过采用具有不同复杂度的分析模型,分析阐述了复合壳状结构的振动行为特性,并重点讨论了静载荷和缺陷对振动行为的影响。基于摄动方法,考虑了初始几何缺陷、大幅值以及静载荷等对结构(带有几何非线性)稳定性与振动的影响,建立了一般性分析框架。将所给出的理论应用于 Level 2 分析(拓展分析)阶段,并采用了 Donnell 型控制方程组。在这一 Level 2 分析中,壳边处的边界条件可以得到严格的满足,所提出的摄动方法可用于确定复合圆柱壳的固有频率对振幅、缺陷幅值以及静载荷的依赖性。此外,本章还利用这一 Level 2 分析过程考察了一个作为参考的复合圆柱壳,据此揭示了非理想复合圆柱壳的振动行为特性,特别是展现了静态轴向载荷对该非理想壳振动行为的影响,并与 Level 1 分析结果做了对比。

参考文献

[1] J. Arbocz, Past, present and future of shell stability analysis, Zeitschrift für Flugwissenschaften und Weltraumforschung 5 (6) (1981).

[2] R. Degenhardt, New design scenario for future composite launcher structures, in: Proceedings of the 30th ICAS Congress, Daejeon, Korea, September 25−30, 2016.

[3] W.T. Haynie, M.W. Hilburger, Comparison of methods to predict lower bound buckling loads of cylinders under axial compression, in: 51st AIAA/ASME/ASCE/AHS/ASC Structures, Structural Dynamics and Materials Conference, Orlando, Florida, 2012.

[4] E.L. Jansen, Nonlinear Vibrations of Anisotropic Cylindrical Shells (Ph.D. thesis), Faculty of Aerospace Engineering, Delft University of Technology, The Netherlands, 2001.

[5] E.L. Jansen, The effect of geometric imperfections on the vibrations of anisotropic cylindrical shells, Thin-Walled Structures 45 (2007) 274−282.

[6] E.L. Jansen, The effect of static loading and imperfections on the nonlinear vibrations of laminated cylindrical shells, Journal of Sound and Vibration 315 (2008) 1035−1046.

[7] E.L. Jansen, A perturbation method for nonlinear vibrations of imperfect structures: application to cylindrical shell vibrations, International Journal of Solids and Structures 45 (February 2008) 1124−1145.

[8] J. Singer, J. Prucz, Influence of initial geometrical imperfections on vibrations of axially compressed stiffened cylindrical shells, Journal of Sound and Vibration 80 (1) (1982) 117−143.

[9] J. Singer, A. Rosen, Influence of asymmetric imperfections on the vibration of axially compressed cylindrical shells, Israel Journal of Technology (1976) 23−26.

[10] D.K. Liu, Nonlinear Vibrations of Imperfect Thin-Walled, Cylindrical Shells (Ph.D. thesis), Faculty of Aerospace Engineering, Delft University of Technology, The Netherlands, 1988.

[11] L. Watawala, W.A. Nash, Influence of Initial Geometric Imperfections on Vibrations of Thin Circular Cylindrical Shells, Grant CEE 76-14833, Department of Civil Engineering, University of Massachusetts, Amherst, 1982.

[12] M. Amabili, M.P. Païdoussis, Review of studies on geometrically nonlinear vibrations and

dynamics of circular cylindrical shells and panels, with and without fluid-structure inter-action, Applied Mechanics Reviews 56 (4) (2003) 349−381.

[13] F. Alijani, M. Amabili, Non-linear vibrations of shells: a literature review from 2003 to 2013, International Journal of Non-Linear Mechanics 58 (2014) 233−257.

[14] D.A. Evensen, Nonlinear vibration of circular cylindrical shells, in: Y.C. Fung, E.E. Sechler (Eds.), Thin-Shell Structures − Theory, Experiment and Design, Prentice-Hall Inc., Englewood Cliffs, New Jersey, 1974.

[15] A.H. Nayfeh, D.T. Mook, Nonlinear Oscillations, Wiley, New York, 1979.

[16] L. Rehfield, Nonlinear free vibrations of elastic structures, International Journal of Solids and Structures 9 (1973) 581−590.

[17] W.T. Koiter, Over de stabiliteit van het elastisch evenwicht (in Dutch) (Ph.D. thesis), translated by E. Riks (1970): On the Stability of Elastic Equilibrium, Tech. Report AFFDL TR 70-25, H. J. Paris, Amsterdam, The Netherlands, 1945.

[18] B. Budiansky, J.W. Hutchinson, Dynamic buckling of imperfection-sensitive structures, in: H. Gortler (Ed.), Proceedings of the 11th International Congress of Applied Mechanics, Springer-Verlag, Munich, 1964, pp. 634−651.

[19] J. Wedel-Heinen, Vibrations of geometrically imperfect beam and shell structures, International Journal of Solids and Structures 27 (1) (1991) 29−47.

[20] B. Budiansky, Dynamic buckling of elastic structures: criteria and estimates, in: G. Herrmann (Ed.), Dynamic Stability of Structures, Pergamon Press, Oxford, 1967, pp. 83−106.

[21] J.R. Fitch, The buckling and postbuckling behavior of spherical caps under concentrated load, International Journal of Solids and Structures 4 (1968) 421−446.

[22] G. Cohen, Effect of a nonlinear prebuckling state on the postbuckling behavior and imperfection sensitivity of elastic structures, AIAA Journal 6 (1968) 1616−1620. See also AIAA Journal 7 (1969) 1407−1408.

[23] J. Arbocz, J.M.A.M. Hol, Recent Developments in Shell Stability Analysis, Report LR-633, Faculty of Aerospace Engineering, Delft University of Technology, 1990.

[24] L. Rehfield, Forced nonlinear vibrations of general structures, AIAA Journal 12 (3) (1974) 388−390.

[25] E. Byskov, J.W. Hutchinson, Mode interaction in axially stiffened cylindrical shells, AIAA Journal 15 (7) (1977) 941−948.

[26] U.M. Ascher, R.M.M. Mattheij, R.D. Russell, Numerical Solution of Boundary Value Problems for Ordinary Differential Equations, Prentice Hall Inc., Englewood Cliffs, New Jersey, 1988.

[27] J. Arbocz, J.M.A.M. Hol, ANILISA − Computational Module for Koier's Imperfection Sensitivity Theory, Report LR-582, Faculty of Aerospace Engineering, Delft University of Technology, 1989.

[28] M. Booton, Buckling of Imperfect Anisotropic Cylinders Under Combined Loading, UTIAS Report 203, 1976.

第 11 章　复合柱与复合板的稳定性和振动的测试结果

（Haim Abramovich,以色列,海法,以色列理工学院）

11.1　引　　言

在第 4 章和第 5 章中已经介绍了复合柱和复合板的行为特性及其封闭形式的解,这一章将针对此类结构物阐述其屈曲和振动方面的实验结果,这些结果来自于现有文献中,例如文献[1-22]。我们首先介绍复合柱与复合板的各种实验测试设置、载荷与激励的正确施加方式等问题,然后给出现有文献中的一些典型结果并加以分析。除此之外,本章还将讨论另外一个重要方面的内容,即各类薄壁结构(如柱、梁、杆、板及其相关应用)的屈曲和固有频率之间的关联性。

11.2　柱 的 设 置

无论是由分层复合材料还是各向同性金属材料制成,在柱结构的测试(直到屈曲)中,为了获得可靠的结果,必须设定正确的边界条件并采用恰当的测试仪器。例如,实验中模拟铰支(或简支)边界时,其转动应当保证是自由的,且不应产生横向位移。尽管在实际测试中这是难以彻底实现的,但是利用如图 11.1 所示的边界设置却可以给出相当可靠的实验结果(针对简支－简支柱)。图中的边界位置带有一个 V 形槽和两个轴承,因而可以自由转动(图 11.1(a)),另外还利用了两个金属块(图 11.1(c))贴住实验样件上然后插入 V 形槽中(图 11.1(b)),从而实现了比较可靠的安装。如果进一步彻底抑制住该 V 形槽的转动自由度,那么我们还可以模拟出固支边界条件。图 11.2 针对柱的屈曲实验给出了所采用的典型设置方案。载荷的施加是通过一套加载装置完成的,如图 11.2(a)所示,它能够记录所产生的力,并通过一个位移计来读取面外位移量,当然利用背靠背式应变计或激光位移传感器也是可行的。为对该柱进行激励,可以采用一个电磁激振器(因为样件是钢制的)和频率发生器以及一个电压源来完成。通过分析示波器显示屏上的李萨如图像(图 11.2(b))即可检测固有频率信息。柱的振动响应一般可由加速度计来记录(图中未示出)。由于电磁铁的特性,在共振处将可获得相当清晰的 8 字形李萨如图像。

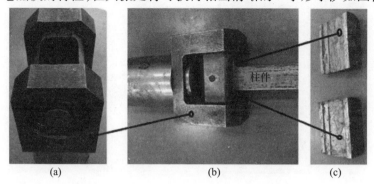

(a)   (b)   (c)

图 11.1 实验中的铰支边界

(a)V 形槽;(b)样件及其边界;(c)用于夹住样件的两个金属块。

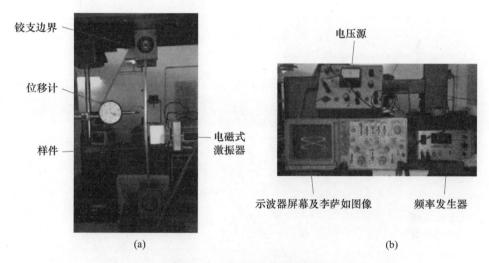

(a)   (b)

图 11.2 柱件受压实验设置

(a)基本设置;(b)用于动态测试的附加仪器设备。

  还有其他一些方式来模拟边界条件,如图 11.3 和图 11.4 所示。图 11.3(a)给出的是一种固支边界的实现方法,而图 11.3(b)则采用一个 V 形槽支撑实现了简支边界条件,它允许自由转动。与此相比,图 11.3(a)中只是进一步限制了这个转动自由度,因而实现了固支边界。图 11.4(a)给出了一台 INSTRON 加载设备,待测的柱放置在加载单元中,通过电子位移计来监控横向位移情况。图 11.4(b)示出了所模拟的简支－固支边界条件,从该图中还可观察到受轴向载荷的柱的一阶屈曲模式。可以看到,在柱的上边界(简支端)处存在着明显的转动,而在下边界(固支端)处未发生转动,这显然较好地实现了简支－固支边界。

  图 11.5 针对一个槽形的柱考察了简支－简支边界条件情况,分别给出了物理模

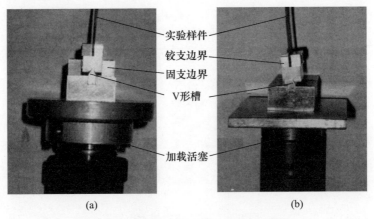

图 11.3　柱件受压实验测试中的边界设置

(a)固支边界;(b)铰支边界。

(修改自 S. H. R. Eslimy – Isfahany, Dynamic response of thin – walled composite structures with application to aircraft wings (Ph. D. thesis), Center for Aeronautics, Department of Mechanical Engineering and Aeronautics, The City University, London EC1V 0HB, UK, November 1998, 258 pp。)

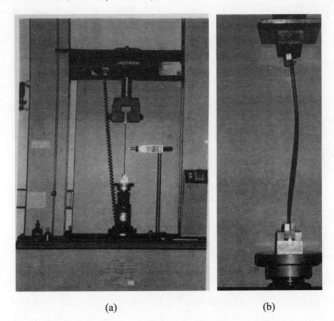

图 11.4　柱件受压实验设置

(a)基本设置情况;(b)铰支 – 固支柱的一阶后屈曲模式。

(修改自 S. H. R. Eslimy – Isfahany, Dynamic response of thin – walled composite structures with application to aircraft wings (Ph. D. thesis), Center for Aeronautics, Department of Mechanical Engineering and Aeronautics, The City University, London EC1V 0HB, UK, November 1998, 258 pp。)

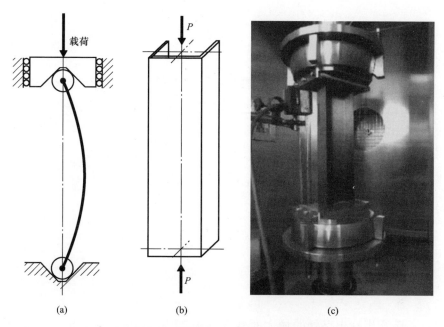

图 11.5　薄壁结构(槽形柱)的屈曲建模

(a)物理模型;(b)计算模型;(c)实验模型。

(修改自 Z. Kolakowski, A. Teter, Coupled static and dynamic buckling modelling
of thin – walled structures in elastic range review of selected problems, Acta Mechanica et
Automatica 10 (2) (2016) 141 – 149。)

型、计算模型以及实验模型[11]。应当注意的是,尽管该研究在物理模型和计算模型的分析中采用的是简支 – 简支边界条件,实验设置中却对槽形柱的边界做了浇注处理,因而实际上限制了边界处的转动。

对于受压的柱结构,根据实验数据可以采用著名的 Southwell 图[15]来确定屈曲载荷。根据这一方法,应假定柱结构初始时处于非理想状态,带有一定的初始几何缺陷和载荷偏心量。于是,面外变形 V 可以写为(图 11.6)

$$V(x) = V_0(x) + V_1(x) \tag{11.1}$$

式中:$V_1(x)$代表的是由外部载荷导致的变形,而 $V_0(x)$反映的是由初始几何缺陷和载荷偏心导致的等效初始变形。我们不妨假设 $V_0(x)$具有如下形式:

$$V_0(x) = A\sin\frac{\pi x}{L} \tag{11.2}$$

将式(11.1)代入著名的柱屈曲方程,即

$$EIV_{,xxxx} + PV_{,xx} = 0 \tag{11.3}$$

式中:EI 为柱的弯曲刚度;$V_{,xxxx}$ 和 $V_{,xx}$ 分别代表了横向变形对 x 的四阶与二阶导数,那么可以得到

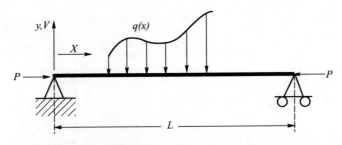

图 11.6 轴向受压的铰支 – 铰支柱:计算模型

$$EIV_{1,xxxx} + PV_{1,xx} = -PV_{0,xx} \tag{11.4}$$

再将式(11.2)代入式(11.4)中,然后两边同时除以 EI 可得

$$V_{1,xxxx} + k^2 V_{1,xx} = \frac{P}{EI} A \frac{\pi^2}{L^2} \sin\frac{\pi x}{L} = A \frac{P}{P_{cr}} \sin\frac{\pi x}{L}, \qquad k^2 = \frac{P}{EI} \tag{11.5}$$

式(11.5)的解可以表示为

$$V_1(x) = A \frac{\alpha}{1-\alpha} \sin\frac{\pi x}{L}, \qquad \alpha = \frac{P}{P_{cr}} \tag{11.6}$$

通过实验测出柱中点处的最大面外变形 V_m 之后,根据式(11.6)就得到了如下关系:

$$V_m \equiv V_1\left(\frac{L}{2}\right) = A \frac{\alpha}{1-\alpha} = \frac{A}{\alpha-1} = \frac{A}{\dfrac{P}{P_{cr}}-1} \Rightarrow \frac{V_m}{P} = \frac{1}{P_{cr}} V_m + \frac{A}{P_{cr}} \tag{11.7}$$

可以看出,上式是一个关于 V_m/P 和 V_m 的线性方程。为此可以对实验数据点做线性拟合处理,如图 11.7 所示,其中的纵坐标轴为 V_m/P,横坐标轴为 V_m,拟合出的直线斜率为 $1/P_{cr}$,进而也就给出了屈曲载荷的实验结果了。

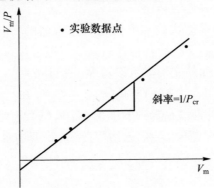

图 11.7 Southwell 图的示意

虽然是针对柱结构给出的,不过 Southwell 图也常用于其他形式的薄壁结构分析,并且也是相当成功的。

470

11.3　板的设置

　　类似于受压柱的情况,在板的实验设置过程中也必须正确地实现边界条件。对于简支边界来说,一般可以采用刀口支撑方式来实现,如图 11.8(c)和图 11.11(c)所示。对于固支边界而言,可以通过改变纵向水平金属条板的位置使其直边贴住待测板(图 11.9)这种方式来实现。图 11.8(a)～(c)给出了以色列理工学院针对板结构所采用的测试方案,面外位移是通过位移计测量的(图 11.8(a)),该位移计安装在预期出现最大位移的位置(对于长宽比为 2 的板来说有两个峰值位置)或者方板的中点位置(图 11.8(b))。由于待测板安装在框架内(图 11.8(c)),它将处于双轴向加载状态,即由于泊松效应,纵向压力载荷 N_x(单位板宽值)会导致横向压力载荷 N_y,且 $N_y = \nu N_x$,ν 为泊松比。要想避免这种情况出现,可以在设计时使加载框架的两个纵向壁面之间的宽度比板宽更大一些。这两种情况下得到的结果是基本一致的,如图 11.10 所示。

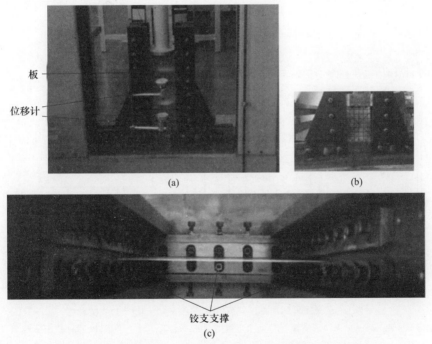

图 11.8　以色列理工学院所进行的矩形板屈曲实验采用的设置
(a)长宽比为 2 的铝板四边支撑在名义铰支边界上,并受到轴向压缩;
(b)方形铝板受压;(c)铰支边界条件。

　　文献[4]中还给出了另一种有趣的实验设置方案并进行了搭建,对受压板的静

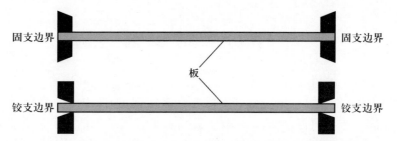

图 11.9　以色列理工学院的方板屈曲实验设置中的名义固支和铰支边界

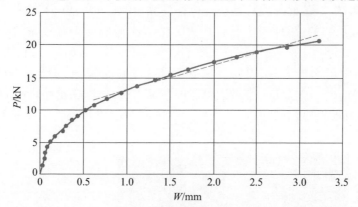

图 11.10　以色列理工学院矩形板屈曲实验结果:轴向压力 P 与面外变形 W 的关系

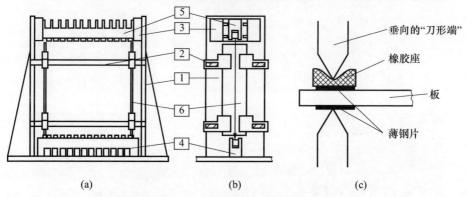

图 11.11　矩形板屈曲实验设置

(a)正视图;(b)侧视图;(c)矩形板不受载边上的铰支边界实现。

(1)框架,(2)垂向刀口形支撑,(3)上卡爪滑槽,(4)下卡爪,(5)上卡爪,(6)垂向"刀形端";

(源自于 A. Chailleux, Y. Hans, G. Verchery, Experimental study of the buckling of laminated

composite columns and plates, International Journal of Mechanical Science 17 (1975) 489 – 498。)

变形与固有频率进行了测试,参见 11.4.3 节。图 11.11 示出了这一实验设置情况,
由此得到的主要实验结果如图 11.16 和图 11.17 所示。该方案中的简支边界是通过
水平和垂直方向上的刀口支撑来实现的,并对板的未受载边做了特别处理(图 11.11

（c）），同时也采用了一些措施使受载边上的载荷分布得更为均匀。

Kicher 和 Mandell[7]也给出了一种实验方案，设计了工程图并进行了制备，详细描述可如图11.12所示。这里值得特别注意的是其载荷的传递方式，在较软的加载

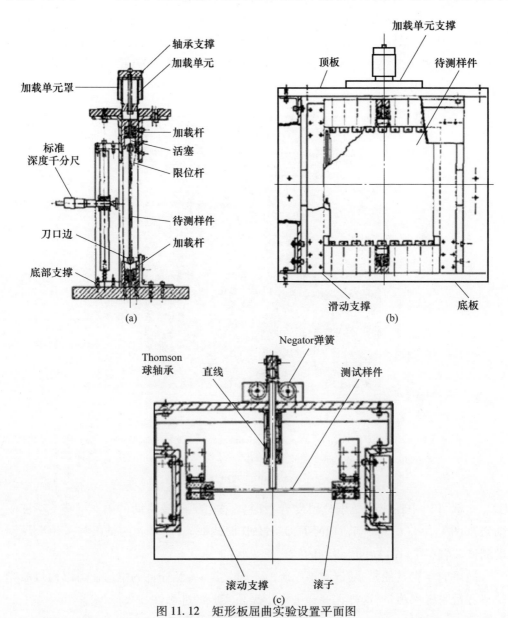

图 11.12　矩形板屈曲实验设置平面图

（a）侧视图；（b）正视图；（c）顶视图。

（源自于 T. P. Kicher, J. F. Mandell, A study of the buckling of laminated composite plates, AIAA Journal 9 (4) (April 1971) 605 – 613。）

头上安装了薄片,使得所施加的压力分布能够更为均匀。面外变形是通过千分尺测量的(图11.12(a)),而简支边界条件则是通过刀口支撑方式实现的。他们利用这一实验设置对一些分层复合板进行了测试,得到了一致性的结果。

对于受压结构的测试来说,更新的加载设备常常是液压形式的,如图11.13和图11.14(b)所示。图11.13给出了里加工业大学(拉脱维亚)所采用的加载装置[10],它可用于柱、板和壳等结构物的屈曲测试,并采用PC来存储所采集到的测试数据供进一步处理使用。

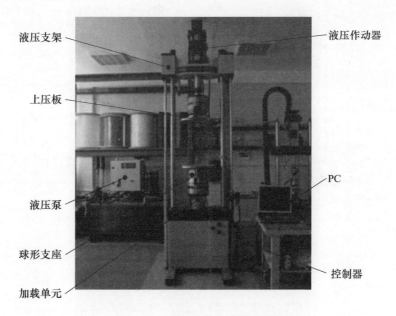

图11.13　薄壁结构屈曲实验设置

(源自于 E. Eglitis, K. Kalnins, O. Ozolins, Experimental and numerical study on buckling
of axially compressed composite cylinders, Construction Science 10 (2009) 33 –49,
ISSN: 1407 – 7329。)

文献[12]中在测试受压分层复合板时曾采用了机械驱动的测试装置(丝杠驱动),即图11.14(a)中所示的INSTRON 1195加载框架,所得到的结果与采用液压驱动测试装置(图11.14(b))得到的结果是一致的。

最后应当提及的是,随着测试系统的不断发展,待测样件的位移还可以通过激光位移测量系统来测量,这样无疑会进一步提高实验的准确性。

474

(a)   (b)

图 11.14　板屈曲实验设置

(a)机械驱动设备;(a)液压驱动设备。

(源自于 S. Meher, Experimental and Numerical Study on Vibration and Buckling Characteristics
of Laminated Composite Plates (Master thesis), Department of Civil Engineering, National
Institute of Technology Rourkela, Orissa 769008, India, May 2013, 81 pp。)

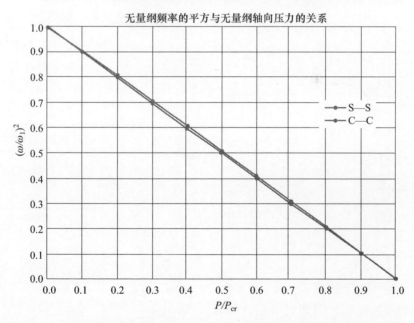

图 11.15　薄壁柱结构的无量纲圆频率平方与无量纲轴向压力的关系(见彩图)

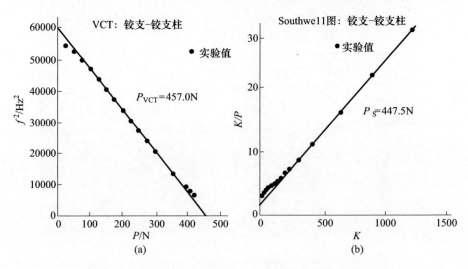

图 11.16　基于轴向受压铰支 – 铰支柱实验确定屈曲载荷

(a)利用 VCT 方法；(b)利用 Southwell 图。

(修改自 A. Chailleux, Y. Hans, G. Verchery, Experimental study of the buckling of laminated composite columns and plates, International Journal of Mechanical Science 17 (1975) 489 – 498。)

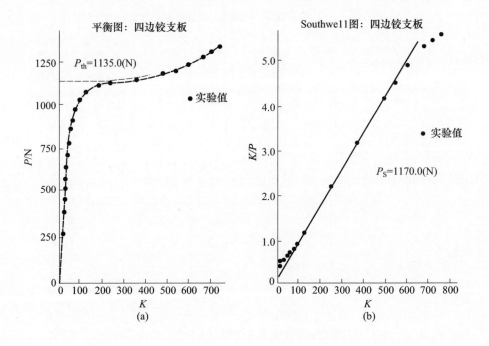

476

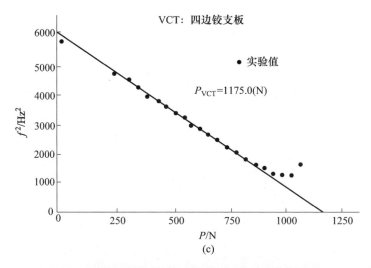

图 11.17　四边铰支板单向受压条件下屈曲载荷的实验确定

(a)利用平衡图；(b)利用 Southwell 图；(c)利用 VCT。

(修改自 A. Chailleux, Y. Hans, G. Verchery, Experimental study of the buckling of laminated composite columns and plates, International Journal of Mechanical Science 17 (1975) 489－498。)

11.4　振动与屈曲之间的相关性

11.4.1　柱、梁和杆

20 世纪 50 年代,Lurie[1]已经指出,柱板类结构的稳定性和固有频率的控制方程在数学上具有相似性,并且对于同一个薄壁结构来说,压缩载荷与固有频率之间存在着一定的相关性。为了阐明这一点,我们不妨给出均匀各向同性柱的运动方程,此处设柱的长度为 L、受到的轴向压力为 P、弯曲刚度为 EI,且单位长度的质量为 ρA,A 和 E 分别代表的是柱的横截面面积与杨氏模量:

$$EI \frac{\partial^4 w(x,t)}{\partial x^4} + P \frac{\partial^2 w(x,t)}{\partial x^2} + \rho A \frac{\partial^2 w(x,t)}{\partial t^2} = 0 \qquad (11.8)$$

式中:$w(x,t)$ 为面外位移。

若假定为简谐振动,那么面外位移解就可以表示为

$$w(x,t) = W(x) e^{i\omega t} \qquad (11.9)$$

式中:ω 为角频率。

将式(11.9)代入式(11.8)中,可以得到

$$EIW_{,xxxx} + PW_{,xx} - \rho A \omega^2 W = 0 \qquad (11.10)$$

式中的$[\ ]_{,xxxx}$和$[\ ]_{,xx}$分别代表的是对x的四阶和二阶导数。

将式(11.10)除以EI,并定义如下参数:

$$\lambda^2 = \frac{P}{EI}, c^2 = \frac{\rho A}{EI} \tag{11.11}$$

我们就可以得到如下微分方程:

$$W_{,xxxx} + \lambda^2 W_{,xx} - c^2 \omega^2 W = 0 \tag{11.12}$$

若假定$W(x) = \tilde{W}(x)e^{\alpha x}$,就可以将式(11.12)转化为一个代数形式的特征方程,也即

$$\alpha^4 + \lambda^2 \alpha^2 - c^2 \omega^2 = 0 \tag{11.13}$$

该特征方程的解应为

$$\alpha_{1,2}^2 = -\frac{\lambda^2}{2} \pm \sqrt{\left(\frac{\lambda^2}{2}\right)^2 + c^2 \omega^2} \tag{11.14}$$

于是,式(11.12)的一般解将具有如下形式:

$$W(x) = C_1 \cosh(\alpha_1 x) + C_2 \sinh(\alpha_1 x) + C_3 \cos(\alpha_2 x) + C_4 \sin(\alpha_2 x) \tag{11.15}$$

其中

$$\alpha_1 = \sqrt{-\frac{\lambda^2}{2} + \sqrt{\left(\frac{\lambda^2}{2}\right)^2 + c^2 \omega^2}}, \alpha_2 = \sqrt{\frac{\lambda^2}{2} + \sqrt{\left(\frac{\lambda^2}{2}\right)^2 + c^2 \omega^2}} \tag{11.16}$$

式(11.15)中的常系数$C_1 \sim C_4$应根据足够的边界条件来确定。对于简支边界的柱来说,有

$$\begin{cases} x=0 \text{ 处}, W(0) = W_{,xx}(0) = 0 \\ x=L \text{ 处}, W(L) = W_{,xx}(L) = 0 \end{cases} \tag{11.17}$$

于是就可以得到如下矩阵形式的特征值问题,即

$$\begin{bmatrix} 1 & 0 & 1 & 0 \\ \alpha_1^2 & 0 & -\alpha_2^2 & 0 \\ \cosh(\alpha_1 L) & \sinh(\alpha_1 L) & \cos(\alpha_2 L) & \sin(\alpha_2 L) \\ \alpha_1^2 \cosh(\alpha_1 L) & \alpha_1^2 \sinh(\alpha_1 L) & -\alpha_2^2 \cos(\alpha_2 L) & -\alpha_2^2 \sin(\alpha_2 L) \end{bmatrix} \begin{Bmatrix} C_1 \\ C_2 \\ C_3 \\ C_4 \end{Bmatrix} = \begin{Bmatrix} 0 \\ 0 \\ 0 \\ 0 \end{Bmatrix} \tag{11.18}$$

为了得到唯一解,式(11.18)中的矩阵行列式必须为零,由此即得到了如下关系式:

$$C_4(\alpha_1^2 + \alpha_2^2)\sin(\alpha_2 L) = 0 \Rightarrow \sin(\alpha_2 L) = 0 \quad \text{或} \quad \alpha_2 L = n\pi, n = 1, 2, 3, \cdots \tag{11.19}$$

478

将 α_2 的表达式代入式(11.19),并定义如下参量:

$$P_{cr} = \frac{n^2\pi^2 EI}{L^2}, \omega_n^2 = \frac{n^2\pi^4 EI}{\rho A L^4} \qquad (11.20)$$

可得如下关系:

$$\begin{cases} \dfrac{\lambda^2}{2} + \sqrt{\left(\dfrac{\lambda^2}{2}\right)^2 + c^2\omega^2} = \dfrac{n^2\pi^2}{L^2} \Rightarrow \dfrac{P}{2P_{cr}} + \sqrt{\left(\dfrac{P}{2P_{cr}}\right)^2 + \dfrac{\omega^2}{\omega_n^2}} = 1 \\ 1 - \dfrac{P}{P_{cr}} = \left(\dfrac{\omega}{\omega_n}\right)^2 \end{cases} \qquad (11.21)$$

式(11.21)表明,对于简支边界情况下的柱来说,固有频率的平方与所施加的轴向载荷成线性反比关系,如图 11.15 所示。

当柱的边界为固支 – 固支情况时,类似地可以得到如下关系:

$$\begin{cases} x = 0 \ \text{处}, W(0) = W_{,x}(0) = 0 \\ x = L \ \text{处}, W(L) = W_{,x}(L) = 0 \end{cases} \qquad (11.22)$$

以及以矩阵形式表示的特征值问题:

$$\begin{bmatrix} 1 & 0 & 1 & 0 \\ 0 & \alpha_1 & 0 & \alpha_2 \\ \cosh(\alpha_1 L) & \sinh(\alpha_1 L) & \cos(\alpha_2 L) & \sin(\alpha_2 L) \\ \alpha_1 \sinh(\alpha_1 L) & \alpha_1 \cosh(\alpha_1 L) & -\alpha_2 \sin(\alpha_2 L) & \alpha_2 \cos(\alpha_2 L) \end{bmatrix} \begin{Bmatrix} C_1 \\ C_2 \\ C_3 \\ C_4 \end{Bmatrix} = \begin{Bmatrix} 0 \\ 0 \\ 0 \\ 0 \end{Bmatrix}$$

$$(11.23)$$

令式(11.23)中的矩阵行列式为零,就可以导出如下的特征方程,它给出了轴向压力载荷与固有频率之间的关系:

$$2c\omega[1 - \cosh(\alpha_1 L)\cos(\alpha_2 L)] - \lambda^2 \sinh(\alpha_1 L)\sin(\alpha_2 L) = 0 \qquad (11.24)$$

式中:c 和 λ 已经在式(11.11)中给出过定义。应当注意的是,式(11.24)是一个隐式表达,没有给出 P/P_{cr} 与 $(\omega/\omega_n)^2$ 之间关系的封闭形式表达式,这与针对简支边界条件得到的式(11.21)是不同的。我们可以借助迭代过程绘制出这一关系曲线,结果可参见图 11.15。此外,在表 11.1 中我们还列出了固支 – 固支边界和简支 – 简支边界这两种情况下柱的屈曲载荷与固有频率情况。

表 11.1　轴向受压柱的屈曲载荷和固有频率

边界条件	P_{cr}	$\omega_n^2 (n = 1, 2, 3)$
固支 – 固支	$\dfrac{4\pi^2 EI}{L^2}$	$\dfrac{(22.4)^2 EI}{\rho A L^4}; \dfrac{(61.7)^2 EI}{\rho A L^4}; \dfrac{(121.0)^2 EI}{\rho A L^4}$
简支 – 简支	$\dfrac{\pi^2 EI}{L^2}$	$\dfrac{\pi^4 EI}{\rho A L^4}; \dfrac{4\pi^4 EI}{\rho A L^4}; \dfrac{9\pi^4 EI}{\rho A L^4}$

表 11.2 与图 11.15 相关的数据

$\dfrac{P}{P_{cr}}$	$(\omega/\omega_1)^2$	
	S – S	C – C
0.0	0	1
0.1	0.1	0.902735
0.2	0.2	0.804965
0.3	0.3	0.70667
0.4	0.4	0.607795
0.5	0.5	0.508312
0.6	0.6	0.40818
0.7	0.7	0.307342
0.8	0.8	0.205744
0.9	0.9	0.103297
1.0	1	0

(注:C——固支;S——简支)

从图 11.15 可以很清晰地看出,在两端简支的情况下,柱的圆频率之平方是线性依赖于所施加的轴向压力载荷的;而在两端固支的情况下,这种依赖性非常近似于线性(参见表 11.2,其中给出了相关数值),最偏离线性关系的位置出现在 $P/P_{cr} = 0.5$ 处。考虑到固支－固支情况下上述依赖性非常近似于线性关系,因此一般是可以假定为线性的,并且对于其他边界条件也是如此,参见文献[1]。有趣的是,我们还可以注意到如果所施加的是拉力载荷,那么固有频率之平方也是线性依赖于载荷的,其关系如下:

$$1 + \frac{P}{P_{cr}} = \left(\frac{\omega}{\omega_n}\right)^2 \tag{11.25}$$

这就意味着,在拉伸载荷作用下刚度将会逐渐增大,进而使得弯曲固有频率随之增大(可参阅文献[23]),而在压力载荷下,刚度会减小,弯曲固有频率也随之降低(参见文献[24,25])。

最后提及的是,在本章附录 A 中还给出了另一种方法,其中采用了假设模态,所得到的结果与前面的图 11.15 是类似的。

11.4.2 板

前面针对一维薄壁结构的分析过程同样也可以应用到板的分析中。对于理想的各向同性板(无初始几何缺陷),若设其长度为 a,宽度为 b,那么面内载荷与横向振动之间的一般关系可以表示为

$$D[W_{,xxxx}(x,y,t) + 2W_{,xxyy}(x,y,t) + W_{,yyyy}(x,y,t)] + \rho h W_{,tt}(x,y,t)$$
$$= N_x W_{,xx}(x,y,t) + N_y W_{,yy}(x,y,t) + 2N_{xy}W_{,xy}(x,y,t) \tag{11.26}$$

式中:N_x 和 N_y 分别代表了 x 和 y 方向上单位宽度上的拉力载荷;N_{xy} 为单位长度上的剪力载荷;h 为板的厚度;ρ 为板的密度;$W(x,y,t)$ 代表的是横向位移。单位宽度的弯曲刚度 D 的定义为

$$D = \frac{Eh^3}{12(1-\nu^2)} \tag{11.27}$$

不妨假设只有 x 方向上受到了压力载荷,且板的边界为四边简支。已有研究已经表明(参见文献[1]),对于理想板来说,这种情况下存在如下关系:

$$1 - \frac{N}{N_n^{cr}} = \left(\frac{\omega}{\omega_n}\right)^2 \tag{11.28}$$

事实上,正如 Lurie[1] 所曾指出的,对于厚度均匀的任意多边形薄板而言,在所有板边均为简支边界情况且受到了均匀压力载荷 N 的时候,式(11.28)都是成立的。在针对该式给出的关系进行实验验证时,人们发现只有板是理想情况时该关系才是正确的。后来,根据 Massonnet[26] 于 1948 年就已经完成的工作(针对受到均匀压力载荷的均匀圆板的计算分析),人们对这一点有了进一步的认识。事实上,在 Massonnet[26] 的工作中定义了一个 $f_0/\gamma h$ 项,即

$$\frac{f_0}{\gamma h} = \frac{f_0}{\sqrt{12(1-\nu^2)}\,h} \tag{11.29}$$

式中:ν 为泊松比;而 f_0 为板的初始变形或者几何缺陷的初始幅值。

以往的研究已经表明,如果板是理想平直的,那么前述的线性关系就是成立的,不过只要存在着很小的初始几何缺陷,这一关系就会发生改变。因此,在对压力载荷(或拉伸载荷)与固有频率之平方的关系进行实验测试之前,就有必要先对初始几何缺陷进行测量,这一点是非常重要的。

11.4.3 应用

各类边界条件下,柱和板的屈曲载荷与固有频率之间存在着高度的线性关系,基于这一结论研究人员提出了一种无损分析过程,文献中有时也将其称为振动相关性技术(VCT),可参阅第 13 章中给出的详细讨论或文献[27-29]。根据 VCT,我们应当在不断增大轴向压力载荷的过程中去测量待测样件的固有频率下降量,一般来说所施加的载荷应达到预期的屈曲载荷的 50% ~ 60%。之所以只加载到这一水平,是为了确保不会出现屈曲行为。然后,将频率的平方绘制成轴向载荷的函数形式,并采用线性外推直到该函数曲线与载荷轴相交,从而给出实际的屈曲载荷值。对于轴向上是拉伸载荷的情况,待测样件会变得刚度更大,从而当所施加的载荷越大时会得到更高的固有频率值。文献[2-6]中已经采用了这一过程。文献[2]中针对固支 - 固

支边界下的受轴向压力载荷的柱,给出了实验结果,并指出了初始几何缺陷与载荷偏心量对于临界载荷来说有少量影响,且该方法能够用于确定加载设备所形成的端部约束情况。Jacobson 和 Wenner[3]利用实验测得的基本频率对受到压力载荷的弹性柱的上下限进行了预测,其中的边界条件仅采用了扭簧来描述,该研究得到了一致性的结果。Chailleux 等人[4]考察了由硼纤维或玻璃纤维和树脂基体或铝基体制成的柱和方板,测试了横向振动与压力载荷之间的影响关系,得到了相关的屈曲载荷,并将其与 Southwell 图静态方法的预测结果进行了对比,获得了较好的一致性。图11.16 和图 11.17 中给出了一些有趣的结果。图 11.16 给出的是应用 VCT 的结果与应用 Southwell 图的结果,针对的是简支 – 简支柱情况。图 11.17 给出的则是单个方向上受压的四边简支铝板情况,屈曲载荷的预测分别是通过平衡状态图、Southwell图以及 VCT 给出的,所得到的结果表现出了非常好的一致性。正如 Massonnet[26] 所曾指出的,当采用 VCT 考察板时,在较大载荷水平处,固有频率之平方与所施加的载荷之间的关系不再是一条直线了,如图 11.17(c)所示。应当注意的是,上述研究者在考察柱和板时,没有采用横向位移这一参数,而是采用了弯曲的曲率 K,实验中是通过背靠背粘贴的应变计测出的(参见本章附录 B)。

文献[5]中给出了另一项有趣的研究,其中针对各种结构确定了稳定性、刚度、残余应力以及固有频率之间的关系。通过对一个受到压力载荷作用的中等长度加筋圆柱壳的考察,该项研究给出了如下所示的关系式,并指出对于此类结构来说均应采用该关系,即

$$\frac{P}{P_{cr}} + \left(\frac{f}{f_0}\right)^4 = 1 \qquad (11.30)$$

而不再是式(11.21),后者是 Lurie 给出的,很多研究者在分析轴向受压的薄壁结构时经常采用。

这种动力学分析方法也可用于实验确定复合梁两个方向上的弹性模量,参见文献[6]。

正如前面所描述过的,为了测量柱、板或壳等结构的固有频率,我们需要对实验样件施加激励。这通常是借助电动激振器来实现的,并配合使用一个加速度计,或者采用扬声器,并配合使用麦克风。加速度计和麦克风主要用于拾取待测结构的响应。每个固有频率的检测可以借助示波器上显示的李萨如图形①来完成,一般需要将激励电流连接到示波器的一根轴上,而将待测结构的响应连接到另一根轴上,从而会在示波器显示屏上显示出一个椭圆②(图 11.2)。不断改变激励频率,会使椭圆发生变

---

① 李萨如曲线或李萨如图形是参数方程 $x = A\sin(\alpha t + \psi)$;$y = B\sin(\beta t)$ 的图像,它描述的是简谐运动。

② 如果利用电磁激振器来激励待测样件,并用加速度计拾取其响应,那么在示波器显示屏上将显示出倾斜的 8 字形图案,而不是椭圆,这是由其机电特性导致的。

化,当椭圆变得非常清晰而规整时,也就获得了共振频率(作为所施加的轴向载荷的函数)。

检测固有频率的另一途径是利用力锤和加速度计(安装到样件上),可参见文献[29]。利用力锤敲击样件,同时记录下样件的响应并存储到 PC 中供后续处理。借助快速傅里叶变换方法对这些响应数据进行处理,就可以得到给定轴向压力载荷下的各种固有频率值。图 11.18 给出了这一过程的结果实例,针对的是一个带有两个纵梁的层合曲面板(轴向受压直到发生屈曲),测量了前四阶固有频率(作为所施加的载荷的函数)。从图 11.18 可以看出,在实验得到的屈曲载荷附近,频率平方与轴向压力载荷的关系曲线出现了显著的弯曲。

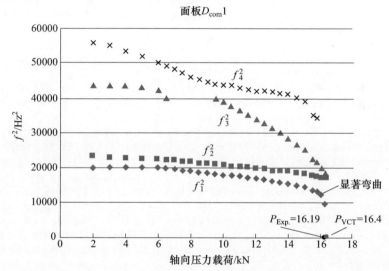

图 11.18　曲面板 $D_{com}1$ 的一阶屈曲载荷:基于 VCT 得到的结果为 16.4kN,实验结果为 16.19kN

(源自于 H. Abramovich, D. Govich, A. Grunwald, Buckling prediction of panels using the vibration correlation technique, Progress in Aerospace Sciences 78 (2015) 62 –73。)

参考文献

[1] H. Lurie, Lateral Vibrations as Related to Structural Stability (Ph.D. thesis), California Institute of Technology, Pasadena, California, USA, 1950, 99 p.

[2] E.E. Johnson, B.F. Goldhammer, The determination of the critical load of a column or stiffened panel in compression by the vibration method, Proceedings of the Society for Experimental Stress Analysis 11 (1) (1953) 221−232.

[3] M.J. Jacobson, M.L. Wenner, Predicting buckling loads from vibration data, Experimental Mechanics 8 (10) (October 1968) 35N−38N.

[4] A. Chailleux, Y. Hans, G. Verchery, Experimental study of the buckling of laminated composite columns and plates, International Journal of Mechanical Science 17 (1975)

489—498.

[5] J.E.M. Jubb, I.G. Phillips, H. Becker, Interrelation of structural stability, stiffness, residual stress and natural frequency, Journal of Sound and Vibration 39 (1) (1975) 121—134.

[6] A. Rabiâ, L. Boudjemâa, M. Lakhdar, M. Bachir, L. Lahbib, Dynamic characterization by experimental analysis of a composite beam, Energy Procedia 36 (2013) 808—814.

[7] T.P. Kicher, J.F. Mandell, A study of the buckling of laminated composite plates, AIAA Journal 9 (4) (April 1971) 605—613.

[8] R. Chandra, I. Chopra, Experimental and theoretical analysis of composite I-beams with elastic couplings, AIAA Journal 29 (12) (December 1991) 2197—2206.

[9] M.F. Aly, I.G.M. Goda, G.A. Hassan, Experimental investigation of the dynamic characteristics of laminated composite beams, International Journal of Mechanical and Mechatronics IJMME-IJENS 10 (3) (2010) 59—68.

[10] E. Eglītis, K. Kalniņš, O. Ozoliņš, Experimental and numerical study on buckling of axially compressed composite cylinders, Construction Science. ISSN: 1407-7329 10 (2009) 33—49.

[11] Z. Kolakowski, A. Teter, Coupled static and dynamic buckling modelling of thin-walled structures in elastic range review of selected problems, Acta Mechanica et Automatica 10 (2) (2016) 141—149.

[12] S. Meher, Experimental and Numerical Study on Vibration and Buckling Characteristics of Laminated Composite Plates (Master thesis), Department of Civil Engineering, National Institute of Technology Rourkela, Orissa 769008, India, May 2013, 81 p.

[13] M. Meera, Experimental and Numerical Study on Dynamic Behavior of Composite Beam with Different Cross Section (Master thesis), Department of Civil Engineering, National Institute of Technology Rourkela, Orissa 769008, India, May 2011, 75 p.

[14] A.T. Sears, Experimental Validation of Finite Element Techniques for Buckling and Postbuckling of Composite Sandwich Shells (Master thesis), Mechanical Engineering, Montana State University, Bozeman, Montana, USA, December 1999, 207 p.

[15] R.V. Southwell, On the analysis of experimental observations in problems of elastic stability, Proceedings Royal Society, London, Series A 135 (1932) 601—616.

[16] G.B. Chai, C.W. Yap, T.M. Lim, Bending and buckling of a generally laminated composite beam-column, Proceedings of the Institution of Mechanical Engineers, Part L: Journal of Materials Design and Applications 224 (1) (2010) 7. http://dx.doi.org/10.1243/14644207 JMDA285.

[17] E.-F. Beznea, I. Chirica, Buckling and post-buckling analysis of composite plates, in: B. Attaf (Ed.), Advances in Composite Materials — Ecodesign and Analysis, 2011, ISBN 978-953-307-150-3, pp. 383—408.

[18] G.J. Simitses, J.H. Starnes Jr., J. Rezaeepazhand, Structural Similitude and Scaling Laws for Plates and Shells: A Review, AIAA-2000-1383, 41st AIAA/ASME/ASCE/AHS/ASC Structures, Structural Dynamics and Material Conference and Exhibit, Atlanta, GA, USA, April 3—8, 2000.

[19] A. Segall, M. Baruch, A nondestructive dynamic method for the determination of the critical load of elastic columns, Experimental Mechanics 20 (8) (August 1980) 285—288.

[20] S.H.R. Eslimy-Isfahany, Dynamic Response of Thin-Walled Composite Structures with Application to Aircraft Wings (Ph.D. thesis), Center for Aeronautics, Department of Mechanical Engineering and Aeronautics, The City University, London EC1V 0HB, UK, November 1998, 258 p.

[21] M.M.N. Esfahani, H. Ghasemnejad, P.E. Barrington, Experimental and numerical buckling analysis of delaminated hybrid composite beam structures, Applied Mechanics and Materials 24—25 (2010) 393—400.

[22] O. Adediram, Analytical and Experimental Vibration Analysis of Glass Fiber Reinforced Polymer Composite Beam (Master thesis), Department of Mechanical Engineering, Blekinge Institute of Technology, Karlskrona, Sweden, 2007, 73 p.

[23] A. Bokaian, Natural frequencies of beams under tensile axial loads, Journal of Sound and Vibration 142 (3) (1990) 481−498.

[24] A. Bokaian, Natural frequencies of beams under compressive axial loads, Journal of Sound and Vibration 126 (1) (1988) 49−65.

[25] R. Dhanaraj, Palaninathan, Free vibration of initially stressed composite laminates, Journal of Sound and Vibration 142 (3) (1990) 365−378.

[26] Ch. Massonnet, Le voilement des plaques planes sollicitees dans leur plan (Buckling of Plates), Final report of the 3rd Congress of the International Association for Bridge and Structural Engineering, Liege, Belgium, September 1948, pp. 291−300.

[27] H. Abramovich, J. Singer, Correlation between vibrations and buckling of cylindrical shells under external pressure and combined loading, Israel Journal of Technology 16 (1−2) (1978) 34−44.

[28] J. Singer, H. Abramovich, Vibration correlation techniques for definition of practical boundary conditions in stiffened shells, AIAA Journal 17 (7) (July 1979) 762−769.

[29] H. Abramovich, D. Govich, A. Grunwald, Buckling prediction of panels using the vibration correlation technique, Progress in Aerospace Sciences 78 (2015) 62−73.

本章附录 A　振动－屈曲相关性:屈曲模式假设

轴向受压柱的自由简谐振动是由如下微分方程控制的,即

$$EIw_{,xxxx} + Pw_{,xx} + \rho A w_{,tt} = 0 \tag{A.1}$$

式中:w 代表的是柱的横向位移;A 为柱的横截面面积;ρ 为密度。

将上式除以 EI 之后可得

$$w_{,xxxx} + k^2 w_{,xx} + c^2 w_{,tt} = 0 \tag{A.2}$$

其中

$$k^2 = \frac{P}{EI}, c^2 = \frac{\rho A}{EI} \tag{A.3}$$

若假设为简谐振动,即

$$w(x,t) = W(x)\sin\omega t \tag{A.4}$$

将式(A.4)代入式(A.2)中,可以得到

$$W_{,xxxx} + k^2 W_{,xx} - c^2 \omega^2 W = 0 \tag{A.5}$$

对于常数的 EI 和简支边界情况,有

$$W(0) = W(0)_{,xx} = W(L) = W(L)_{,xx} \tag{A.6}$$

式(A.5)的解具有如下形式(同时也是满足式(A.6)所示的边界条件的):

$$W = C\sin\frac{\pi x}{L} \tag{A.7}$$

将这一形式解代入式(A.5)中,可得

$$\omega^2 = \frac{\pi^2}{\rho A L^2}[P_E - P], \qquad P_E = \frac{\pi^2 EI}{L^2} \qquad (A.8)$$

两边同时除以 P_E 可得

$$\left(\frac{\omega}{\omega_1}\right)^2 = 1 - \frac{P}{P_E} \qquad (A.9)$$

其中

$$\omega_1^2 = \frac{\pi^4 EI}{\rho A L^4} \qquad (A.10)$$

对于固支－固支（C－C）边界情况，可假设柱的屈曲模式形状为

$$W = \widetilde{C}\left(1 - \cos\frac{2\pi x}{L}\right) \qquad (A.11)$$

式（A.11）是满足两端固支边界条件的，即

$$W(0) = W_{,x}(0) = W(L) = W_{,x}(L) = 0 \qquad (A.12)$$

利用瑞利原理，采用式（A.11）给出的静态模式，我们不难得到受压柱的基本频率的上限（参见文献[1]）。实际上，若令振动柱的总势能和总动能相等（为简单起见，此处假定为各向同性材料），可以得到如下关系：

$$\frac{1}{2}\int_0^L EI(V_{,xx})^2\mathrm{d}x - \frac{P}{2}\int_0^L (V_{,x})^2\mathrm{d}x = \frac{\omega^2}{2}\int_0^L \rho A V^2\mathrm{d}x \qquad (A.13)$$

式中：V 为固支－固支边界下受压柱的横向位移；L 为柱的长度。应当注意，仅当位移模式 V 为正确的振动模式时，这一关系才是精确的。如果我们采用的是近似模式，就像式（A.11）所给出的那样，那么根据归一化的要求，式（A.13）将变成如下所示的不等式：

$$\int_0^L (V_{,xx})^2\mathrm{d}x - \frac{P}{EI}\int_0^L (V_{,x})^2\mathrm{d}x \geq \frac{\omega^2 \rho A}{EI}$$

或

$$1 \geq \frac{\omega^2 c^2}{\displaystyle\int_0^L (V_{,xx})^2\mathrm{d}x} + \lambda^2 \frac{\displaystyle\int_0^L (V_{,x})^2\mathrm{d}x}{\displaystyle\int_0^L (V_{,xx})^2\mathrm{d}x} \qquad (A.14)$$

其中

$$\lambda^2 = \frac{P}{EI}, c^2 = \frac{\rho A}{EI} \qquad (A.15)$$

显然，如前所述，这也就给出了受压柱的临界屈曲载荷与固有频率之间关系的上限近似了。

对于固支－固支边界的柱，假设模式 $W(x)$ 的标准化幅值 $\widetilde{C}$ 具有如下形式：

$$\int_0^L \widetilde{C}\left(1 - \cos\frac{2\pi x}{L}\right)^2\mathrm{d}x = 1 \Rightarrow \widetilde{C} = \sqrt{\frac{2}{3L}} \qquad (A.16)$$

进一步,对式(A.14)进行计算后,我们就可以得到如下不等式:

$$1 \geqslant \frac{\omega^2 c^2}{\frac{16\pi^4}{3L^4}} + \lambda^2 \frac{\frac{4\pi^2}{3L^2}}{\frac{16\pi^4}{3L^4}} \Rightarrow 1 \geqslant \frac{3\rho A\omega^2 L^4}{16\pi^4 EI} + \frac{PL^2}{4\pi^2 EI} \qquad (\text{A.17})$$

实际上,固支-固支边界下柱的屈曲载荷和最低阶固有频率是由下式给出的,即

$$P_{cr} = \frac{4\pi^2 EI}{L^2} \qquad \omega_{n=1}^2 = (22.4)^2 \frac{EI}{\rho AL^4} \qquad (\text{A.18})$$

于是,式(A.17)中的不等式就可以表示为如下形式了:

$$1 \geqslant 0.96582687 \frac{\omega^2}{\omega_{n=1}^2} + \frac{P}{P_{cr}} \text{或} 1.03538225 \left(1 - \frac{P}{P_{cr}}\right) \geqslant \frac{\omega^2}{\omega_{n=1}^2} \qquad (\text{A.19})$$

图 A.1 中针对固支-固支边界(C-C)和简支-简支边界(SS-SS)下的受压柱,给出了对应的上限曲线和一条可能曲线(实际曲线)。对于固支-固支的柱,上限曲线可以达到 $P/P_{cr} = 1$ 上方,不过可能曲线必须在 $\omega^2/\omega_{n=1}^2 = 0$ 时满足 $P/P_{cr} = 1$,且在 $\omega^2/\omega_{n=1}^2 = 1$ 时满足 $P/P_{cr} = 0$。对于简支-简支的柱,由于屈曲模式与相同边界的受压柱的振动模式是完全一致的,因而图 A.1 中的线性关系是精确的。

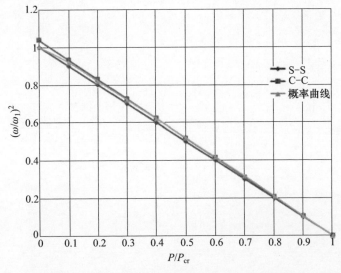

图 A.1　无量纲圆频率的平方与无量纲轴向压力的关系:假设模式方法,薄壁柱

本章附录 B　弯曲曲率与应变测量值之间的相关性

弯曲曲率 K 与应变 ε 之间的关系可以表示为

$$\varepsilon = \frac{y}{R} = Ky \qquad (\text{B.1})$$

式中:R 为板或柱的曲率半径。

若将两个应变计以背靠背方式粘贴到厚度为 h 的区域,然后将第一个应变计的值与第二个应变计的值相减,可以得到

$$\varepsilon_2 - \varepsilon_1 = K(y_2 - y_1) = Kh \tag{B.2}$$

于是,弯曲曲率可表示为

$$K = \frac{\varepsilon_2 - \varepsilon_1}{h} \tag{B.3}$$

必须注意的是,这个应变差值是应变计粘贴位置处的弯曲应变的两倍。一般来说,该弯曲应变与面外位移之间是线性关系(小变形情况下),于是在相关分析中利用弯曲曲率来代替面外位移显然是可行的。

488

第 12 章 桁条加强复合面板的稳定性与振动的测试结果

（Haim Abramovich，以色列，海法，以色列理工学院）

12.1 引　　言

本章主要介绍一些典型的实验结果，涉及桁条加强复合面板的屈曲和稳定性，以及一些金属面板的参考结果。人们已经针对桁条加强的平板和曲面板结构的稳定性和振动问题做了非常大量的研究，所考察的这些结构物包括了铝材料、钢材料以及复合材料等多种情形，应当指出的是，尽管数值分析和有限元求解工作相当丰富（例如文献[1-3]），不过相关的实验研究却仍然较为有限。为此，我们将在本章着重阐述此类实验分析工作及其在加筋复合面板的稳定性与振动研究这一方面所带来的新进展。

12.2 桁条加强面板的稳定性

关于加筋面板这一研究主题，读者可以参阅两份比较简短的综述文献[4,5]获得一些基本的认识。第一篇综述[4]只介绍了复合面板，而第二篇综述[5]不仅介绍了复合面板，而且还讨论了各向同性面板和壳结构，回顾了相关的数值和有限元研究工作，并给出了现有文献中一些典型的实验方法。

Agarwal[6]曾针对轻质复合加筋曲面板给出了一种设计方法，该面板处于受压状态，且载荷高于初始屈曲载荷，并对帽状加筋面板（图 12.1（a））做了测试。由于该加筋曲面板的边跨的面外变形没有加以支撑限制（图 12.1（b）），因此在中跨的屈曲载荷一半处这些边跨会发生屈曲（即分别为 100001b① 和 50001b）。此外，该研究中还对两块测试面板做了疲劳试验，每次疲劳加载过程中进行了两个 100000 次循环，然后再测出其残余强度。实验中，对第一块面板加载到静态失效载荷的 60%，而对第二块面板则加载到 70%。帽状筋产生的平均应变在疲劳试验前后的测量值几乎是相

---

① 1lb = 0.45359237kg = 4.5359237N。

同的,因而意味着该疲劳加载没有降低筋板的有效刚度。令人感兴趣的是,对于经过疲劳测试后的这两块面板,其极限载荷分别为25000lb和26000lb,而相同面板在静态测试下得到的失效载荷却分别为23000lb和24250lb。图12.1(d)中示出了典型的后屈曲损伤现象,图12.1(c)中则给出了23000lb处的莫尔条纹。实验过程中对帽型筋处的应变进行了测量,并与理论值进行了比较,如图12.1(e)所示,可以看出当轴向压力载荷趋近于极限(倒塌)载荷时二者存在少量的偏差(实验结果偏大)。

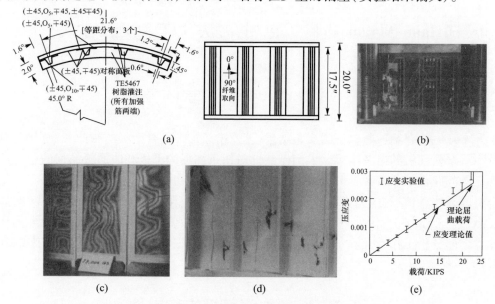

图12.1 帽型桁条加筋曲面复合板

(a)模型示意图;(b)实验设置;(c)莫尔条纹;(d)倒塌后的损伤;

(e)桁条上的应变计读数:同时给出了实验值与理论值。

(修改自B. L. Agarwal, Postbuckling behavior of composite – stiffened – curved

panels loaded in compression, Experimental Mechanics 22 (6) (1982) 231 –236。)

在NASA(Langley)也曾进行过大量的研究,例如可参阅文献[7,8]。Starnes等人[7]针对平桁条加筋复合面板的前屈曲和后屈曲阶段做了实验分析,分别考察了无损伤面板和带有低速冲击损伤的面板的受压情形。每块面板上均采用了4块等距的I型桁条来加强,如图12.2(a)~(c)所示,准各向同性蒙皮包含了16个或24个组分层,铺设顺序参见表12.1。表12.2列出了相关的材料特性。面板加载边处的边界条件假定为完全固支的($V = W = W_x = W_y = 0$),且具有常数位移U(施加在顶边),而底边处的位移为零。实验中这些边界条件是通过利用灌封材料将面板浇注到一个钢制框架中实现的,而未加载的长边保持自由,如图12.2(a)所示。桁条与蒙皮之间是利用FM73黏合剂(美国Cyanamid公司)黏结起来的。实验过程中采用1.27cm直径的铝球,对不同位置施加了冲击,例如两根桁条之间的蒙皮位置,以及桁条翼缘处的

490

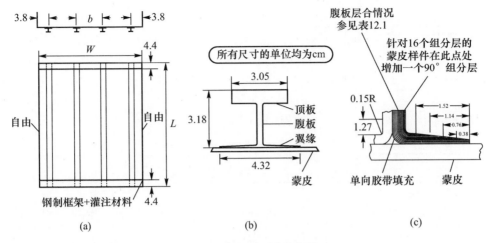

图 12.2　帽型桁条加强复合面板

(a)面板几何;(b)桁条几何;(c)桁条翼缘细节。

(修改自 J. H. Starnes Jr. , N. F. Knight Jr. , M. Rouse, Postbuckling behavior of selected flat stiffened graphite – epoxy panels loaded in compression, AIAA Journal 23 (8) (1985)1236 – 1246。)

蒙皮部分。图 12.3 中给出了这一实验的主要结果,此外表 12.3 还列出了所有测试过的面板情况,可以看出这些结果是具有一致性的[7]。需要注意的是,这里的屈曲载荷是指蒙皮的屈曲,而失效载荷对应于蒙皮和桁条的总体倒塌。另外对于无损伤的面板来说,后屈曲行为与所预测的是相同的(图 12.3),而低速冲击所导致的损伤可能使得蒙皮与桁条发生脱胶,这是因为在桁条加筋面板的制备中是在蒙皮固化以后再黏结桁条的(图 12.3(c)),显然这会降低面板的后屈曲强度。还有一个重要的结论是,与两个桁条之间的蒙皮区域相比,蒙皮 – 桁条的界面区域对冲击损伤更为敏感一些。

表 12.1　蒙皮和桁条的层合情况

设计	蒙皮
1	$(\pm 45°/0°_2/\mp 45°/90°_2/\pm 45°/0°/90°)_S$
2	$(\pm 45°/0°_2/\mp 45°/90°_2)_S$
3	$(\pm 45°/0°_2/\mp 45°/90°_2)_S$
4	$(\pm 45°/0°_2/\mp 45°/90°_2)_S$
	桁条腹板
1	$(90°/0°/\pm 45°/\mp 45°/0°_2/\pm 45°/0°/90°)_S$
2	$(0°/\pm 45°/\mp 45°/0°_2/\pm 45°/0°_2)_S$
3	$(0°/\pm 45°/\mp 45°/0°_2/\pm 45°/0°_2)_S$
4	$(0°/\pm 45°/\mp 45°/0°_2/\pm 45°/0°_2)_S$

491

设计	蒙皮
	桁条顶板
1	$(90°/0°/\pm45°/\mp45°/0°_2/\pm45°/0°/90°/0°_3/\pm45°/0°_6/\mp45°/0°_3)_s$
2	$(0°/\pm45°/\mp45°/0°_2/\pm45°/0°_2/90°/0°_3/90°_2/0°_4/90°_2/0°_2)_s$
3	$(0°/\pm45°/\mp45°/0°_2/\pm45°/0°_3/90°/0°_3/90°/0°_2)_s$
4	$(0°/\pm45°/\mp45°/0°_2/\pm45°/0°_3/90°/0°_2)_s$

表 12.2　石墨 – 环氧树脂层合物的特性

特性	值	单位
纵向杨氏模量	131.00	GPa
横向杨氏模量	13.00	GPa
剪切模量	6.40	GPa
主泊松比	0.38	—
名义厚度	0.14	mm

注:数据源自于 J. H. Starnes Jr. , N. F. Knight Jr. , M. Rouse, Postbuckling behavior of selected flat stiffened graphite – epoxy panels loaded in compression, AIAA Journal 23 (8) (1985) 1236 – 1246。

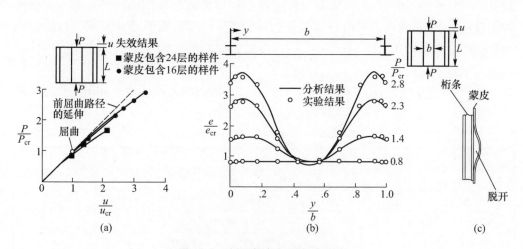

图 12.3　帽型桁条加强复合面板

（a）无损伤样件的端部压缩量与载荷的关系;

（b）样件 U6 中跨内的薄膜应变分布的实验结果和分析结果;（c）桁条 – 蒙皮脱开。

（修改自 J. H. Starnes Jr. , N. F. Knight Jr. , M. Rouse, Postbuckling behavior of selected flat stiffened graphite – epoxy panels loaded in compression, AIAA Journal 23 (8) (1985) 1236 – 1246。）

表 12.3　文献[7]中给出的实验结果汇总

样件	宽度/cm	长度/cm	b^a/cm	解析结果		实验结果		
				P_{cr}^b/kN	δ_{cr}^c/cm	P_{cr}/kN	$P_{失效}$/kN	δ_{cr}(失效处)/cm
无损伤样件								
包含 24 个组分层的蒙皮								
U1	38.1	50.8	10.2	1091	0.32	907	938	0.31
U2	49.5	66.0	14.0	596	0.21	503	719	0.28
U3	61.0	81.3	17.8	390	0.15	374	657	0.32
包含 16 个组分层的蒙皮								
U4^d	38.1	50.8	10.2	451	0.16	356	616	0.25
U5^d	49.5	66.0	14.0	243	0.11	205	518	0.25
U6^d	61.0	81.3	17.8	156	0.08	138	461	0.26
U7^e	61.0	81.3	17.8	137	0.08	125	365	0.22
U8^f	61.0	81.3	17.8	125	0.08	120	294	0.20
带有冲击损伤的样件								
包含 24 个组分层的蒙皮								
D1^g	38.1	50.8	10.2	—	—	—	549	0.18
D2^g	38.1	50.8	10.2	—	—	—	497	0.17
D3^g	49.5	66.0	14.0	—	—	—	492	0.17
D4^g	49.5	66.0	14.0	—	—	—	506	0.18
D5^g	61.0	81.3	17.8	—	—	—	530	0.24
D6^g	61.0	81.3	17.8	—	—	—	526	0.23
包含 16 个组分层的蒙皮								
D7^h	38.1	50.8	10.2	—	—	—	377	0.14
D8^h	61.0	81.3	17.8	—	—	—	429	0.25

注：^{a} 桁条间距；^{b} 利用 PASCO 程序计算出的屈曲载荷[7]；^{c} 利用 PASCO 程序计算出的屈曲时端部压缩量[7]；^{d} 桁条包含 50 个组分层；^{e} 桁条包含 38 个组分层；^{f} 桁条包含 30 个组分层；^{g} 蒙皮上的冲击点位于桁条翼缘处而另一个冲击点位于两个桁条中间位置；^{h} 蒙皮上的冲击点位于桁条翼缘处。

Knight 和 Starnes[8] 后续又针对加筋曲面板给出了实验分析结果,该板包含了由 16 个组分层构成的准各向同性蒙皮和四个等距布置的 I 形桁条(参见图 12.4 和表 12.1),$R=216$cm,桁条几何与桁条翼缘均与加筋平板情况(图 12.2)相同。

表 12.4 中给出了各种面板的几何以及测得的初始缺陷(参见文献[8])。上述研究人员对屈曲和倒塌行为进行了测试,并与相关数值计算的结果进行了比较,数值

计算中采用了 PASCO[①]（面板分析与尺寸设计程序）做了线性屈曲计算,并采用了著名的 STAGSC – 1[②]（一般壳结构分析的计算机程序）做了非线性计算,除此之外,他们还测试了面板的重复屈曲对倒塌行为的影响。表 12.5 中列出了相关实验结果及其与数值预测结果之间的比较。

表 12.4　文献[8]给出的面板几何和初始几何缺陷

样件	宽度/cm	长度/cm	桁条间距/cm	蒙皮厚度/cm	半径/cm		初始几何缺陷		
					名义值	测量值	$(w_0)_{max}/t^a$	$(w_0)_{mean}/t$	$(w_0)_{rms}/t$
C1	38.1	50.8	10.2	2.06	216	167	0.41	0.06	0.12
C2	38.1	50.8	10.2	2.09	216	164	0.34	0.08	0.09
C3	49.5	66.0	14.0	2.09	216	—	—	—	—
C4	49.5	66.0	14.0	2.09	216	142	0.44	0.12	0.11
C5	61.0	81.3	17.8	2.19	216	—	—	—	—
C6	61.0	81.3	17.8	2.02	216	199	0.58	0.15	0.13
C7[b]	49.5	66.0	14.0	2.07	—	—	—	—	—
C8[b]	61.0	81.3	17.8	2.12	—	—	—	—	—

注:[a] 蒙皮厚度;[b] 重复加载的样件。

表 12.5　文献[8]中给出的实验与解析结果

样件	测试结果					解析结果	
	EA/MN	P_{cr}/kN	u_{cr}/cm	$P_{失效}$/kN	$u_{失效}$/cm	P_{cr}/kN	u_{cr}/cm
C1	136	465	0.17	679	0.27	477	0.16
C2	142	438	0.19	662	0.26	477	0.16
C3	163	271	0.11	488	0.22	267	0.11
C4	147	281	0.13	463	0.26	267	0.11
C5	162	205	0.10	516	0.30	207	0.10
C6	164	186	0.09	482	0.28	207	0.10
C7(1)[a]	150	270	0.12	404[b]	—	—	—
(2)	—	251		438[b]	—	—	—
(3)	—	247		460[b]	—	—	—
(4)	—	248		492[b]	—	—	—

① 参见 M. S. Anderson, W. J. Stroud, A general panel sizing computer code and its application to composite structural panels, AIAA Journal,17(1979)892 – 897。

② 参见 B. O. Almroth, F. A. Brogan, G. M. Stanley, Structural analysis of general shells, User instructions for STAGSC – 1, Rept. LMSC – D633873, vol. Ⅱ, Lockheed Palo Alto Research Laboratory, Palo Alto, CA, 1982。

	测试结果					解析结果	
样件	EA/MN	P_{cr}/kN	u_{cr}/cm	$P_{失效}$/kN	$u_{失效}$/cm	P_{cr}/kN	u_{cr}/cm
（5）	144	240	0.11	529	0.25	—	—
C8（1）[a]	153	231	0.12	392[b]	—	—	—
（2）	—	210	—	442[b]	—	—	—
（3）	156	201	0.11	479	0.28	—	—

注:[a] 载荷循环;[b] 循环中的最大载荷。

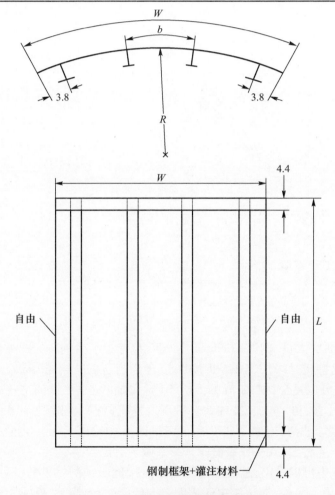

图 12.4　桁条加强复合曲面板的几何
（修改自 N. F. Knight Jr. , J. H. Starnes Jr. , Postbuckling behavior of selected curved
stiffened graphite − epoxy panels loaded in axial compression, AIAA Journal 26 (3) (1988) 344 −352。）

图 12.5 中给出了一些典型结果,它体现了加筋平板(结果源自于文献[7])和加筋曲面板的端部压缩量随无量纲轴向载荷的变化情况。不难看出,相邻桁条的间距 b 越小,承载能力也将越大。此外,表 12.5 中还列出了一阶屈曲(在文献[8]中称为屈曲)相关的理论预测和实验测试结果,从中也可看出二者是相当一致的。最后,失效载荷(有时也称为倒塌载荷,CL)会导致蒙皮 - 桁条界面区域出现脱胶形式的局部损伤,这一点在平板实验中也得到了反映,参见文献[7]。

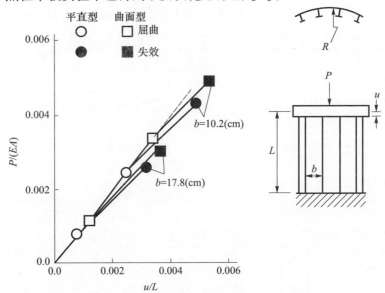

图 12.5 由 16 个组分层构成的石墨 - 环氧树脂面板
受轴向压力作用下产生的无量纲端部压缩量

(修改自 N. F. Knight Jr. , J. H. Starnes Jr. , Postbuckling behavior of selected curved stiffened
graphite - epoxy panels loaded in axial compression, AIAA Journal 26 (3) (1988) 344 - 352。)

其他一些研究人员,例如 Friedman 等人[9]也考察了受到压力载荷作用的桁条加筋平板问题,这些板是采用 2024 和 8009 铝合金制备的。桁条形状为 Z 字形,如图 12.6 所示。与分层复合材料制成的面板不同,文献[9]中测试的这些面板是各向同性材料(铝)的,它们的应力应变曲线会呈现线性(弹性)和非线性(塑性)行为,在预测失效载荷(倒塌载荷)时必须加以考虑。表 12.6 中给出了三块长度为 216mm 的面板的测试结果,并将其与解析/数值计算结果做了对比。

从表 12.6 中可以看出,总体上实验结果是接近于预测结果的,不过理论预测值要小于测试结果。另外,测试结果还表明了 8009 铝合金要比 2024 铝合金更为优越一些。另一重要结论涉及铆接和焊接问题,即对于采用点焊方式的 8009 铝合金面板来说,蒙皮出现局部屈曲之后焊接区会发生拉裂失效,因此以点焊方式连接的蒙皮 - 桁条结构就不能在该屈曲应力之上使用。

496

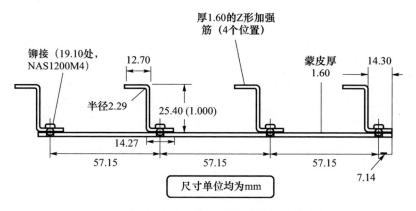

厚1.60的Z形加强
筋（4个位置）

铆接（19.10处，
NAS1200M4）

12.70

蒙皮厚
1.60

14.30

半径2.29

25.40 (1.000)

14.27

57.15

57.15

57.15

7.14

尺寸单位均为mm

图 12.6　轴向受压的带 Z 形加强筋的平面板几何

（修改自 R. Friedman, J. Kennedy, D. Royster, Analysis and compression testing of 2024 and 8009
aluminum alloy zee - stiffened panels, Journal of Engineering Materials and Technology,
Transactions of the ASME 116 (1994) 238 – 243。）

表 12.6　文献[9]给出的三个铝面板的实验和解析结果

测试面板	实验结果				解析结果	
	屈曲载荷 P_{cr}/kN	屈曲应力 σ_{cr}/kN	失效载荷 P_f/kN	失效应力 σ_f/kN	屈曲应力 σ_{cr}/kN	失效应力 σ_f/kN
2024（铆接）	169.0	289.6	191.7	328.2	242.7	313.3
8009（铆接）	193.5	331.6	223.3	382.0	256.3	318.2
8009（点焊）	191.3	327.5	200.6	344.0	256.3	318.2

Collier 等人[10]曾给出了另一方法,他们采用一套专用程序对一块格栅加筋复合面板(针对后屈曲阶段而设计)进行了数值计算。此外,还有一份非常有益的参考文献就是美国军用手册[11],其中给出了聚合物基复合材料、材料使用、设计与分析等多方面的信息,可以帮助研究人员和工程技术人员计算和分析桁条加筋平板与曲面板。

Abramovich 等人[12]针对四个抗扭箱进行了大量的实验分析,考察了由轴向载荷和剪切载荷组合而成的各种载荷情况、蒙皮的局部屈曲行为、后屈曲行为,以及扭转倒塌行为等。这些测试工作都是在 POSICOSS① 项目框架下进行的,目的是验证后屈曲复合加筋圆柱状面板的工作可靠性,并为研发可用于此类结构快速可靠性设计的相关工具提供部分数据库支撑,该快速设计工具的研发也是 POSICOSS 项目的主要目标。以色列飞机工业公司(IAI)利用 Hexcel 公司的 IM7(12K)/8552(33%)石墨－环氧树脂材料设计和制备了 12 个桁条加筋复合面板(基于共固化工艺),并选择了

---

① POSICOSS,Improved Postbuckling Simulation for Design of Fibre Composite Stiffened Fuselage Structures, 欧盟委员会 Competitive and Sustainable Growth Programme 提供了部分资助,合同号 G4RDCT - 1999 - 00103。

其中的 8 个面板构建了 4 个带有桁条加强(共固化)的抗扭箱。每个抗扭箱中均包含了两个桁条加强的曲面板,这些曲面板通过两块不加筋的侧面平板(铝制)连接起来。所使用的加强桁条形式可参见图 12.7,这 4 个抗扭箱的相关参数如表 12.7 所列。图 12.8 则给出了一个典型的抗扭箱原理图,并示意了如何对两块桁条加强曲面板施加扭矩。图 12.9 进一步阐明了可同时施加轴向载荷和扭矩的加载实验设置情况。

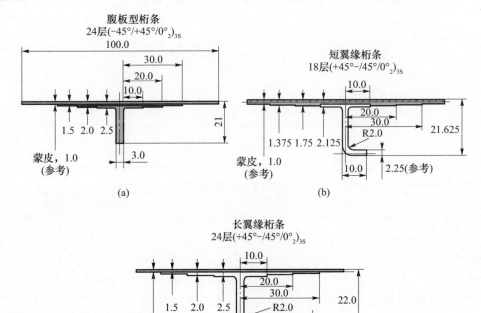

图 12.7　桁条几何及其铺层情况

(a)用于 BOX1&BOX2 的腹板型桁条;(b)用于 BOX3 的短翼缘桁条;(c)用于 BOX4 的长翼缘桁条。

(修改自 H. Abramovich, T. Weller, C. Bisagni, Buckling behavior of composite laminated
stiffened panels under combined shear and axial compression, Journal of Aircraft 45 (2) (2008)402 – 413。)

表 12.7　4 个抗扭箱的几何和材料数据[12]

	桁条类型		
	腹板型	短翼缘 J 型	长翼缘 J 型
样件	BOX1&BOX2	BOX3	BOX4
面板总长度/mm	720	720	720
面板测试长度/mm	660	660	660

498

	桁条类型		
	腹板型	短翼缘 J 型	长翼缘 J 型
面板的半径/mm	938	938	938
面板的弧长/mm	680	680	680
桁条数量	5	5	4
桁条距离/mm	136	136	174
蒙皮层合方式	$(0°,\pm45°,90°)_S$	$(0°,\pm45°,90°)_S$	$(0°,\pm45°,90°)_S$
桁条层合方式	$(-45°,+45°,0°_2)_{3S}$	$(+45°,-45°,0°)_{3S}$	$(+45°,-45°,0°_2)_{3S}$
组分层厚度/mm	0.125	0.125	0.125
桁条类型	腹板	J 型	J 型
桁条高度/mm	20	20.5	20.5
桁条底部宽度/mm	60	60	60
桁条翼缘宽度/mm	—	10	20
E_{11}/GPa	147.3	147.3	147.3
E_{22}/GPa	11.8	11.8	11.8
G_{12}/GPa	6.0	6.0	6.0
ν_{12}	0.3	0.3	0.3

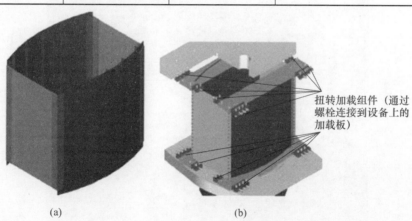

(a)　　　　　　　　　(b)

图 12.8　抗扭箱示意图

（a）带有两个曲面板和两个铝制平板（侧板）的箱体；（b）用于将扭矩传递到桁条加强曲面板的机构

（修改自 H. Abramovich, T. Weller, C. Bisagni, Buckling behavior of composite laminated
stiffened panels under combined shear and axial compression, Journal of Aircraft 45 (2) (2008) 402 –413。）

为清晰起见,图 12.10 给出了一个比较详细的视图,从中可以看出侧边铝平板与
加筋复合曲面板之间的连接形式,以及所安装的用于测试结构加载后的行为特性的

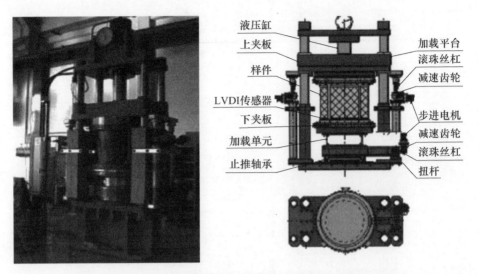

图 12.9 文献[12]内的实验中所采用的加载设备情况(LVDI——线性可变差动电感传感器)
(源自于 the laboratory of Politecnico di Milano, Italy。)

图 12.10 带加强筋的复合曲面板及其与侧面铝平板的连接以及粘贴的应变计[12]

应变计。借助莫尔法可以更直观地观察到屈曲行为,如图 12.11 所示,其中针对两个相继的扭矩值 2.4kN·m 和 2.8kN·m 处(轴向压力载荷保持不变,1.0kN)给出了实验结果。在图 12.12 中,进一步揭示了典型的后倒塌形态,可以看出,在施加了最大扭矩 48kN·m 和轴向压力载荷 182kN 之后,两块曲面板上均呈现了永久性的斜向屈

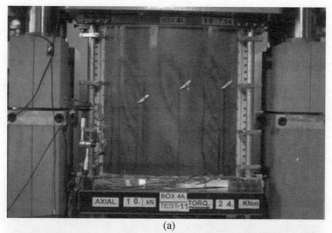

(a)

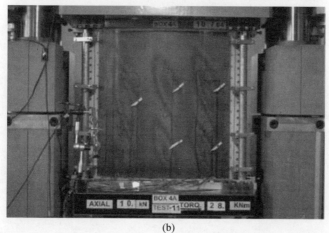

(b)

图 12.11　两个连续扭矩作用下的 BOX4 前侧曲面板（BOX4A）样件

(a)2.4kN・m;(b)2.8kN・m(轴向压力保持为 1kN)[12]。

曲条纹。研究人员将有限元结果(采用了 Abaqus/Explicit 软件①)与实验结果进行了比较,如图 12.13 所示,结果表明了这二者具有很好的一致性。与此相关的更多结果建议读者去参阅文献[12 - 14]。

Abramovich 和 Weller[15]还曾对 9 个肋板加强曲面板(PSC 1 ~ PSC 9)和四个 J 形桁条加强的面板(AXIAL 1 ~ AXIAL 4)的相关研究工作做了总结,并给出了相应的设计指南。

图 12.7(b)和(c)与表 12.7 对上述的 J 形桁条几何做了说明。这里需要注意的

---

① www. 3ds. com/products - services/simulia/products/abaqus/abaqusexplicit。

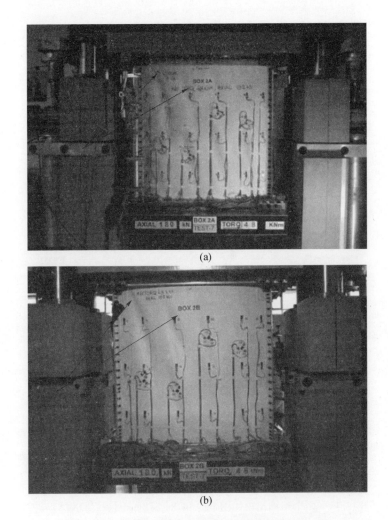

(a)

(b)

图 12.12　包含两个桁条加强曲面板的 BOX2 样件

(a)BOX2A;(b)BOX2B(可以看出在48kN·m扭矩处(轴向压力为182kN)

发生了倒塌后,出现了永久的倾斜波纹)。[12]

是,AXIAL 1 与 AXIAL 2 这两种面板采用的是短翼缘的 J 形桁条来加强,而 AXIAL 3
与 AXIAL 4 则采用的是长翼缘的 J 形桁条。实验中测得的 AXIAL 4 面板的屈曲和后
倒塌形态如图 12.14 所示。表 12.8 中还将实验结果与有限元结果以及快速数值分
析工具的预测结果进行了比较,不难看出它们是相当吻合的。在 POSICOSS 项目中
通过大量测试得到的一阶屈曲载荷(FBL)和倒塌载荷(CL)可参见表 12.9,这些数据
也被用于构建相应的设计指南。

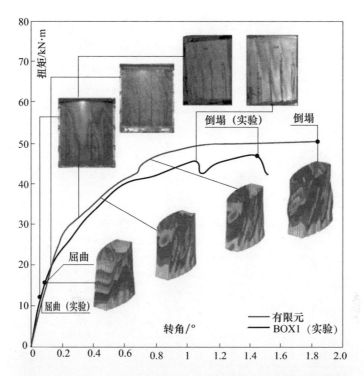

图 12.13　BOX1 样件(面板 A)的 Abaqus/Explicit 预测与实验结果[12]:扭矩与转角的关系

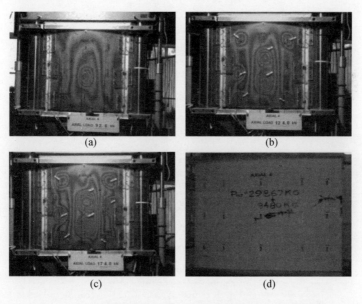

图 12.14　面板 AXIAL 4 的屈曲模式随轴向压力的变化
(a)92.6kN;(b)124.0kN;(c)174.0kN;(d)298.67kN 处出现了倒塌[15]。

表 12.8　面板 AXIAL1 – AXIAL4 的一阶屈曲载荷和倒塌载荷:基于有效宽度方法[16] 和 Abaqus 代码(准静态假设下[15])得到的数值结果与实验结果

面板	实验值		Abaqus 结果		有效宽度方法结果	
	FBL/kN	CL/kN	FBL/kN	CL/kN	FBL/kN	CL/kN
AXIAL 1	85.00	235.00	95.00	215.00	100.80	202.60
AXIAL 2	71.00	230.50	95.00	215.00	100.80	202.60
AXIAL 3	60.00	295.42	75.00	330.00	119.30	354.90
AXIAL 4	92.60	298.67	75.00	330.00	119.30	354.90
注:CL——倒塌载荷;FBL——一阶屈曲载荷。						

表 12.9　以色列理工学院测试的面板(在 POSICOSS 项目中[15])的一阶屈曲载荷(FBL)和倒塌载荷(CL)实验值

面板	桁条高度 h_s/mm)	桁条编号和类型	FBL/kN	CL/kN
AXIAL 1	20.5	5,短 J 形	85.00	235.00
AXIAL 2	20.5	5,短 J 形	71.00	230.50
AXIAL 3	20.5	4,长 J 形	60.00	295.48
AXIAL 4	20.5	4,长 J 形	92.60	298.67
BOX 1(面板 A)	20.0	5,腹板	120.30	—
BOX 1(面板 B)	20.0	5,腹板	134.00	—
BOX 2(面板 A)	20.0	5,腹板	115.50	—
BOX 2(面板 B)	20.0	5,腹板	—	—
BOX 3(面板 A)	20.5	5,短 J 形	79.00	—
BOX 3(面板 B)	20.5	5,短 J 形	100.00	—
BOX 4(面板 A)	20.5	4,长 J 形	57.50	—
BOX 4(面板 B)	20.5	4,长 J 形	57.50	—
PSC 1	20.0	5,腹板	131.00	212.70
PSC 2	20.0	5,腹板	150.00	227.00
PSC 3	20.0	5,腹板	158.50	229.00
PSC 4	15.0	5,腹板	136.00	162.00
PSC 5	15.0	5,腹板	113.00	152.00
PSC 6	15.0	5,腹板	126.00	140.00
PSC 7	20.0	6,腹板	228.50	280.00
PSC 8	20.0	6,腹板	240.00	270.00
PSC 9	20.0	6,腹板	244.00	280.00

基于 POSICOSS 项目各方所得到的一系列测试结果,文献[15]给出了一份设计指南,其内容如下。

(1)各种分析结果表明,在 POSICOSS 项目所给出的范围内(400mm ≤ l ≤ 800mm),面板长度对蒙皮屈曲载荷的影响是可以忽略不计的。

(2)如果局部失稳与整体失稳是不一致的,那么面板长度对倒塌载荷(CL)的影响将是显著的。与柱结构情况相似,倒塌载荷会随着面板长度的增大而显著降低。此外,面板长度对倒塌载荷与蒙皮屈曲载荷的比值也有显著影响。

(3)如果结构的总长度不变,那么通过辅助的框式加强是可以提高倒塌载荷的,不过也会导致结构重量的增大。

(4)一般而言,减小桁条之间的间距会导致蒙皮屈曲载荷和倒塌载荷增大。如果结构的总弧长不变,那么桁条间距的减小就意味着桁条数量的增多,进而倒塌载荷也随之增大。这种情况下,结构的重量将与桁条数量成比例增大,不过倒塌载荷不一定如此。关于桁条间距对倒塌载荷与一阶蒙皮屈曲载荷之比值的影响方面,从实验和参数研究得到的结果中未能观察到一般性趋势。根据实验观测结果,在肋板加强型面板中这一影响几乎不存在,而在 J 型加强面板中却存在着非常显著的影响。

(5)作为一个一般性分析结果,单位长度的蒙皮屈曲载荷会随面板半径的减小而增大。就半径对倒塌载荷的影响而言,当半径减小时倒塌载荷也会随之增加。不过,在大多数设计中半径将是固定不变的,因此该参数一般不能用于设计的改善。

(6)通过一般性分析结果可以总结出,单位长度的蒙皮屈曲载荷会随着桁条几何尺寸的增大而增大,直到桁条尺寸增大到可以代表固支边界时这一点都是正确的。因此,一般不建议桁条尺寸超出这一极限值。另外,当桁条高度从 $h = 14$mm 增大到 $h = 20$mm 时,肋板加强型面板的倒塌载荷也随之增大,不过继续将高度从 $h = 20$mm 增大到 $h = 30$mm 时,却会导致倒塌载荷的降低。这一现象的原因在于,当增大桁条高度后,面板失稳形式发生了改变。在 $h = 20$mm 时,桁条的倒塌主要是由桁条的弯曲形式的屈曲行为导致的,而在 $h = 30$mm 时,倒塌主要是由于扭转形式的屈曲导致的。进一步必须注意的是,在肋板加强型面板的设计中,桁条高度的增大会使得桁条局部屈曲载荷减小。因此,设计时必须确保桁条的局部屈曲不能出现在面板整体屈曲行为之前。虽然在该项目的参数研究所指定的范围内没有遇到这一问题,但是对于薄而长的桁条肋板情况这可能是非常关键的。在面板的重量方面,当桁条形式不变而只是尺寸增大后,那么面板重量会出现相对较小的增大。

(7)与常用的肋板形式相比,采用 J 型桁条没有特别的优势。这种形式不能改善局部屈曲行为,并且还会导致重量的显著增加,因此尽管由此会使倒塌载荷得以提高,但是仍然不宜采用。总体而言,考虑到制造和经济性等方面的因素,肋板式加强

505

筋仍然是比较理想的,在对曲面板进行加强时应优先考虑。

Gal 等人[17]曾提出了一种简单的有限元方法,并针对受到轴向压力载荷作用的肋板加强曲面板(隶属于 POSICOSS 项目)进行了分析,有限元结果和实验结果对比表明二者具有非常好的一致性。另一项值得提及的工作[18]是针对单轴加载的肋板桁条加强复合板的,其中给出了屈曲载荷的封闭形式的分析,所给出的预测结果非常好,并且计算代价也相当小。Pevsner 等人[16]也曾开发了一个快速数值分析工具,它建立在有效宽度方法(参见本章附录 A)这一基础上,对后屈曲分层复合曲面板(桁条加强)的极限承载能力进行了预测并讨论了优化问题,所得到的结果与实验观测(POSICOSS 项目中得到的)也非常吻合。

Degenhardt 等人[19]进行了一项比较全面的分析工作,在 POSICOSS 项目和后续的 COCOMAT① 项目框架下,他们的工作主要建立在解析/数值分析方法基础上,并结合了诸多测试结果。COCOMAT 项目是在 POSICOSS 项目所获得的经验与数据基础上进行的,并进一步模拟了倒塌行为。该项目改进了已有的设计和分析工具,为加筋面板建立了设计指南,将蒙皮 – 桁条脱胶和结构损伤导致的材料退化等效应考虑了进来,并构建了相当完整的实验数据库,从而为工程技术人员和研究者提供了帮助。所考察的一个主要问题是设计在倒塌发生之前具有较大后屈曲阶段的面板,从而便于退化因素(例如蒙皮 – 桁条脱胶)的研究。文献[19]中已经给出了比较详尽的数值和实验分析结果,读者可以去参阅。Lauterbach 等人[20]也在 COCOMAT 项目框架下研究了蒙皮 – 桁条脱胶问题,主要集中于轴向受载的桁条加强复合曲面板的损伤敏感性分析,采用了更细致的有限元模型,并将分析结果与项目中得到的实验数据进行了比较。

在 COCOMAT 项目中还曾研究过另一个问题,即损伤对桁条加强曲面板后屈曲行为的影响,Abramovich 和 Weller[21]对此做过概要介绍。研究中,为了在后屈曲阶段诱发蒙皮 – 桁条脱胶行为,考察了各种桁条加强面板形式(无脱层),其中一部分带有人为的损伤或者同时带有人为损伤和冲击损伤,在实验中通过循环压力加载进行了相对较大的后屈曲范围内(无退化)的重复屈曲测试。图 12.15 给出了肋板桁条的几何及其铺层情况。人为损伤是通过在加筋面板的制备过程中,针对桁条与蒙皮之间的不同位置处插入 Teflon 层来构建的。冲击损伤的形成则利用了气枪所发射出的钢珠(直径 13mm),使之冲击人为损伤位置的附近区域。以色列航空工业公司设计并制备了这些加筋面板,采用的是 Hexcel 的 IM7(12K)/8552(33%)石墨 – 环氧树脂材料(共固化工艺)。名义半径为 $R = 938$mm,总长度为 $L = 720$mm(包括了两个加载端支撑板,每个 30mm,如图 12.16 和图 12.17 所示),名义测试长度为 $L_N =$

① COCOMAT (Improved Material Exploitation at Safe Design of Composite Airframe Structures by Accurate Simulation of Collapse) 项目由欧盟委员会的 Priority Aeronautics and Space 资助,合同号 AST3 – CT – 2003 – 502723。

680mm。曲面板组成中的蒙皮是准各向同性的,包含了 8 层((0°, ±45°,90°)₍s₎),每层厚度为 0.125mm。

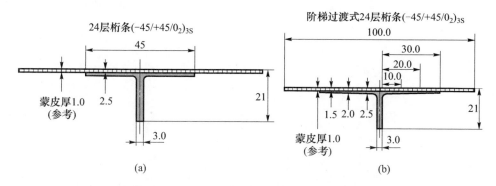

图 12.15　几何形状、尺寸和加强桁条的铺设
(a)面板 COCOMAT2 - COCOMAT16;(b)面板 COCOMAT1[21]。

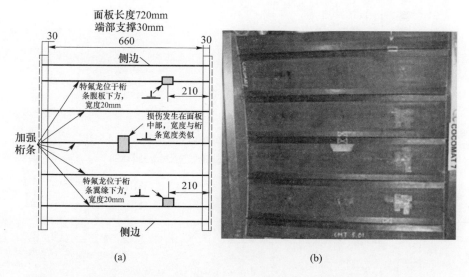

图 12.16　面板 COCOMAT7 及其上的人工损伤位置(在实际面板上标记为 X)
(a)设计图;(b)实际结构[21]。

在实验测试过程中,面板的行为是通过背靠背粘贴的应变计和线性可变差动变压器(LVDT)来测量的。图 12.17 中针对面板 COCOMAT10 给出了一个示意图,其中说明了应变计和 LVDT 的位置,以及气枪冲击所导致的损伤情况。

实验中对 8 个受到轴向压力载荷的待测面板进行了测试(考虑了有无重复屈曲情况),表 12.10 给出了所得到的结果,图 12.18 则给出了面板 COCOMAT10 在倒塌过程测试中屈曲模式的演变情况。为方便起见,此处列出表 12.10 中的一些参量计算式如下：

$$P_{\text{exp}}^1 = \left[\frac{P_{\text{一阶屈曲}}^1}{P_{\text{倒塌}}}\right]_{\text{实验}}, P_{\text{exp}}^{\text{fully}} = \left[\frac{P_{\text{一阶屈曲}}^{\text{fully}}}{P_{\text{倒塌}}}\right]_{\text{实验}}, P_{\text{AB}}^{\text{fully}} = \left[\frac{P_{1-\text{ABAQUS}}}{P_{2-\text{ABAQUS}}}\right]_{\text{ABAQUS}}$$

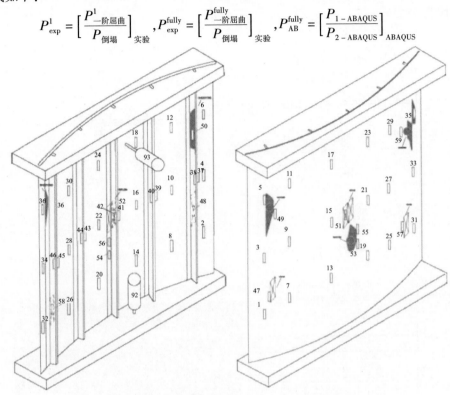

图 12.17　面板 COCOMAT10 以及应变计、轴向与横向 LVDT、
损伤(橘黄色,利用气枪实现)的位置[21](见彩图)

表 12.10　以色列理工学院测试的面板(在 COCOMAT 项目下[21])的
一阶屈曲载荷和倒塌载荷实验值

面板	一阶屈曲载荷/kN	倒塌载荷/kN	备注
COCOMAT1	70.9($0.785P_{1AB}^{\text{a}}$,单个波);84 ($0.931P_{1AB}$,波模式充分体现); $P_{\text{exp}}^1 = 0.328$, $P_{\text{exp}}^{\text{fully}} = 0.389$	216.0($1.050P_{2AB}^{\text{b}}$);倒塌 后:蒙皮撕裂,纤维断裂; $P_{\text{AB}}^{\text{fully}} = 0.389$	无初始损伤;桁条末端无阶梯过渡; 循环加载:50000 次(0~120000N) + 10000 次(0~150000N)
COCOMAT2	63.7($0.706P_{1AB}$,单个波);88.2 ($0.978P_{1AB}$,波模式充分体现); $P_{\text{exp}}^1 = 0.295$, $P_{\text{exp}}^{\text{fully}} = 0.409$	215.6($1.048P_{2AB}$);倒塌 后:蒙皮撕裂,纤维断裂; $P_{\text{AB}}^{\text{fully}} = 0.399$	无初始损伤;桁条末端阶梯过渡

面板	一阶屈曲载荷/kN	倒塌载荷/kN	备注
COCOMAT3	80.44（$0.892P_{1AB}$，单个波）；88.29（$0.980P_{1AB}$，三个波）；$P_{exp}^1 = 0.295384$，$P_{exp}^{fully} = 0.421$	209.5（$1.018P_{2AB}$）；倒塌后:蒙皮撕裂,纤维断裂；$P_{AB}^{fully} = 0.426$	无初始损伤；桁条末端阶梯过渡 循环加载:50000 次（0 ~ 147150N）+ 10000 次（0 ~ 166770N）
COCOMAT4	75.44（$0.836P_{1AB}$，单个波）；88.44（$0.978P_{1AB}$，波模式几乎充分体现）；$P_{exp}^1 = 0.363$，$P_{exp}^{fully} = 0.40925$	208.0（$1.011P_{2AB}$）；倒塌后:蒙皮撕裂,纤维断裂；$P_{AB}^{fully} = 0.429$	无初始损伤；桁条末端阶梯过渡 循环加载:50000 次（0 ~ 147150N）+ 10000 次（0 ~ 176580N）+ 2000 次（0 ~ 196200N）
COCOMAT7	63.8（$0.707P_{1AB}$，单个波）；102.0（$1.131P_{1AB}$，波模式几乎充分体现）；$P_{exp}^1 = 0.319$，$P_{exp}^{fully} = 0.510$	158.7（$0.771P_{2AB}$），200（最大的持续载荷）；倒塌后:一个桁条上出现了局部损伤；$P_{AB}^{fully} = 0.464$	初始损伤:蒙皮与桁条之间插入特氟龙材料； 循环加载:52000 次（0 ~ 150000N）+ 10000 次（0 ~ 180000N）+ 182000 次（0 ~ 200000N）
COCOMAT8	90（$0.998P_{1AB}$，波模式充分体现）；$P_{exp}^{fully} = 0.448$	201.1（$0.977P_{2AB}$）；倒塌后:蒙皮撕裂,纤维断裂；$P_{AB}^{fully} = 0.459$	初始损伤:蒙皮与桁条之间插入特氟龙材料 + 3 处冲击损伤；桁条末端阶梯过渡；50000 次循环加载（0 ~ 150000N）；未检测到退化
COCOMAT9	75（$0.832P_{1AB}$，单个波）；90（$0.998P_{1AB}$，波模式几乎充分体现）；$P_{exp}^1 = 0.375$，$P_{exp}^{fully} = 0.448$	150（$0.729P_{2AB}$）；由于严重的冲击损伤,因此在 25168 次循环加载后发生了倒塌；$P_{AB}^{fully} = 0.438$	初始损伤:蒙皮与桁条之间插入特氟龙材料 + 3 处冲击损伤；桁条末端阶梯过渡；25168000 次循环加载（0 ~ 150000N）
COCOMAT10	73.5（$0.815P_{1AB}$，单个波）；103.8（$1.151P_{1AB}$，波模式几乎充分体现）；$P_{exp}^1 = 0.321$，$P_{exp}^{fully} = 0.453$	229.2（$1.114P_{2AB}$）；在 197.9（$0.962P_{2AB}$）处出现倒塌；$P_{AB}^{fully} = 0.449$	初始损伤:蒙皮与桁条之间插入特氟龙材料 + 3 处冲击损伤；桁条末端阶梯过渡；50000 次循环加载（0 ~ 150000N）

注:$^a P_{1AB}$——Abaqus/Explicit 计算得到的一阶屈曲载荷；$^b P_{2AB}$——Abaqus/Explicit 计算得到的倒塌载荷。

文献[21]中针对经受循环重复屈曲（在相对较"深"的后屈曲阶段）的分层加筋曲面板给出了实验结果,参见表 12.10,并据此导出了一些有意义的结论,其主要内容如下。

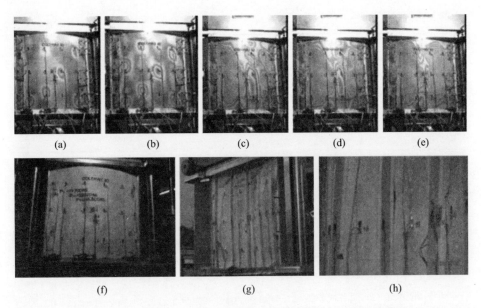

图 12.18　面板 COCOMAT10 的屈曲模式随轴向压力的变化情况

(a)91.8kN；(b)113.8kN；(c)197.9kN；(d)226.0kN；(e)229.2kN；(f～h)229.2kN 处发生倒塌后的损伤情况。

（1）实验结果表明，无论是重复屈曲（在 COCOMAT 项目中所施加的循环次数范围内）还是人为损伤和冲击损伤，都不会导致面板刚度的退化。

（2）对于所测试的任何面板来说，在所预计的寿命范围内都没有观察到过早的失效行为，也就是说，在深度后屈曲阶段经受几百次循环加载的过程中，无论何种类型的面板也无论是否存在上述损伤，失效行为均未提前发生。只有面板 COCOMAT9 在循环加载 25168 次之后发生了倒塌，这一次数要比预期值（极限载荷条件下）高出两个数量级。在重复后屈曲加载情况中，在显著超过其极限载荷（一阶屈曲载荷）的载荷条件下，大多数面板所能承受的循环次数都要超出设计预期值（寿命周期值）很多倍（此处的面板尚未进行静态加载实验以确定其倒塌载荷）。

（3）对于所考察的面板（桁条无脱层），实验中直到倒塌行为发生也未出现蒙皮－桁条脱胶情况。

根据这些结论，我们可以认为：

（1）桁条加强复合面板在其深度后屈曲范围内重复受载是安全的，不会产生刚度或承载能力的退化；

（2）虽然制造过程或冲击所导致的较大的损伤通常会使人们拒绝采用对应的结构件，但是这种损伤既不会影响到承载性能，也不会影响在相对较深的后屈曲范围内承受重复载荷的能力（在面板的设计寿命周期内）；

（3）通过采用简化的设计构型（桁条无脱层），可以降低制造复杂性和相应的成本。

510

文献[22]中给出了COCOMAT项目所进行的另一研究内容,针对的是带有先期损伤的加筋复合箱体,进行了循环屈曲测试。图12.19给出了一个典型的带有先期损伤的箱体结构。

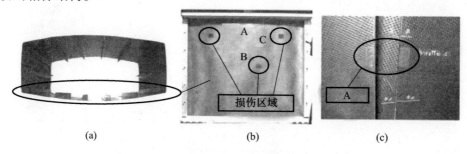

(a)　　　　　　　　　　　　(b)　　　　　　　　　　　　(c)

图12.19　预损伤箱体

(a)顶视图;(b)预损伤位置;(c)特氟龙夹塞处的放大视图。[22]

文献[22]考察了两个封闭箱体的行为特性,该箱体包含了两块石墨－环氧树脂制成的加筋曲面板,受到的是轴向压力载荷与扭矩,研究中既考虑了静态加载也考虑了循环加载情况。每个箱体中都有一块面板上带有三处先期损伤区域,是通过在桁条与蒙皮之间区域插入Teflon块来实现的,类似于文献[21]中所曾描述过的那样。根据实验结果所总结出的结论与前面给出的是相似的,即人为损伤不会降低箱体的承载性能,即便是在"深度"循环屈曲状态下(最大加载到屈曲扭矩的275%)。仅当循环加载到屈曲扭矩的300%之后,才观察到蒙皮－桁条脱胶行为,这一扭矩相当于倒塌扭矩的85%。另外一个重要结论是,在人为构造的先期损伤区域中没有发现损伤的扩展,这与文献[21]中所得到的结果也是类似的。

近期的一个项目(DAEDALOS[①])研究了分层复合形式的和金属制成的桁条加强圆柱状曲面板,分析了轴向压力载荷下的屈曲与后屈曲行为特性,可参见Abramovich和Bisagni的文献[23]。如同所预期的,复合面板表现出了最佳的载荷－重量比。研究中设计了一种新的混合型面板,即采用了分层复合蒙皮和两根铆接的铝制加强纵梁,如图12.20所示。表12.11中给出了相关实验结果以及有限元数值预测结果,不难看出二者是相当一致的。另外四块面板样件的尺寸和铺层情况可分别参见图12.21(D_{AL}1与D_{AL}3)和图12.22($D_{str.}$2与$D_{str.}$3)。

图12.23给出了混合型面板D_{COM}1的后倒塌模式图片,其中体现了纵梁的屈曲,图12.24则体现了面板D_{AL}1所出现的永久塑性变形。更多详细的数据可以参阅文献[23]。

---

① DAEDALOS (Dynamics in Aircraft Engineering Design and Analysis for Light Optimized Structures) 受到了欧盟第七框架计划 (FP7/2007－2013)的资助,No. 266411(www. daedalos－fp7. eu)。

混合型面板Dcom1

面板尺寸/mm

弧长L	半径R	高度H	厚度t_0
300	941	740	1

蒙皮:

材料——复合材料,8个对称层,每层厚度0.125mm
铺设方式$(0/45/-45/90)_{sym}$

纵梁:
材料:铝合金2024T351

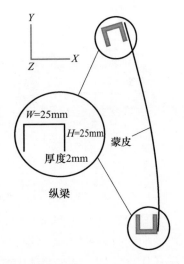

图 12.20　混合型面板 D_{COM}1 的几何和层合情况[23]

表 12.11　测试面板的一阶屈曲载荷和倒塌载荷的实验值与
有限元数值预测值[23]

样件	有限元预测值		实验值		质量/g
	一阶屈曲载荷/kN	倒塌载荷/kN	一阶屈曲载荷/kN	倒塌载荷/kN	
D_{COM} 1	21.10	44.24	16.19	41.95	986
D_{AL} 1	34.80	52.60	32.50	66.75	1149
D_{AL} 3	74.90	82.30	76.00	100.70	1745
$D_{str.}$ 2	29.86	70.00	27.90	52.00	530
$D_{str.}$ 3	46.91	117.00	46.48	114.60	843

　　最后我们简单提一下其他一些有趣的工作:文献[24]认为,可以利用基于有限元仿真的虚拟测试过程来代替实际的测试过程,并对一个碳纤维增强聚合物(CFRP)制成的机翼蒙皮(由桁条加强面板组成)进行了多学科优化数值分析[25];Yovanof 和 Jegley[26]研究指出,在大型商用飞机设计中采用拉挤棒缝合高效组合结构(PRSEUS)是一条降低燃油消耗的有效途径;在一篇博士论文[27]中还针对各种尺寸和复杂度的单体式复合面板进行了建模研究,完成了准静态和动态实验测试,从而给出了一种建模方法,并预测了大面积钝性撞击导致的损伤行为;此外,近期的两篇综述文献[4,5]还介绍了分层复合面板的屈曲和后屈曲分析方法,并与实验结果进行了

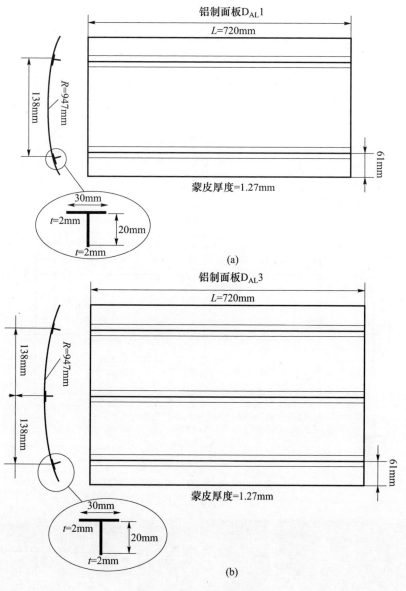

图 12.21 铝制面板的几何
(a) $D_{AL}1$;(b) $D_{AL}3$[23]。

一些比较[4],而文献[5]则回顾了近 10 年(2000—2012)来与各向同性和复合加筋面板的屈曲与后屈曲相关的分析工作和实验工作;另一篇中文文献[28]还曾考察了受轴向压力载荷作用的帽形加筋复合面板的极限承载性能,取得了相当好的结果,该研究中所采用的桁条形式如图 12.25 所示,后倒塌模式如图 12.26 所示。

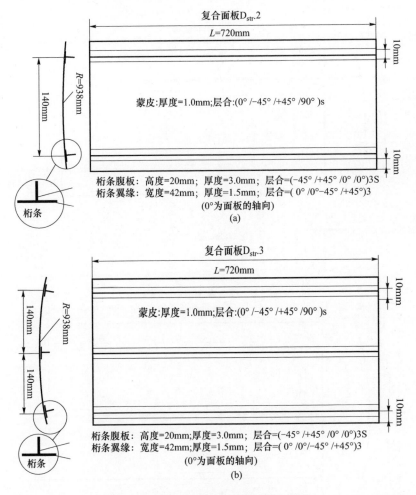

复合面板D_str.2

L=720mm

10mm

R=938mm

140mm

蒙皮:厚度=1.0mm;层合:(0°/-45°/+45°/90°)s

10mm

桁条腹板: 高度=20mm; 厚度=3.0mm; 层合=(-45°/+45°/0°/0°)3S
桁条翼缘: 宽度=42mm; 厚度=1.5mm; 层合=(0°/0°-45°/+45°)3
(0°为面板的轴向)

桁条

(a)

复合面板D_str.3

L=720mm

10mm

R=938mm

140mm

140mm

蒙皮:厚度=1.0mm;层合:(0°/-45°/+45°/90°)s

10mm

桁条腹板: 高度=20mm;厚度=3.0mm; 层合=(-45°/+45°/0°/0°)3S
桁条翼缘: 宽度=42mm;厚度=1.5mm; 层合=(0°/0°/-45°/+45°)3
(0°为面板的轴向)

桁条

(b)

图 12.22　复合面板的几何和层合情况

（a）$D_{str.}$ 2；（b）$D_{str.}$ 3[23]。

图 12.23　面板 D_{COM}1 及其在 41.95kN 处发生倒塌后的情况[23]

图 12.24 面板 $D_{AL}1$ 及其在 66.75kN 发生倒塌后的情况[23]

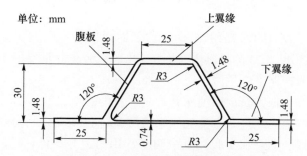

图 12.25 文献[28]中使用的桁条尺寸

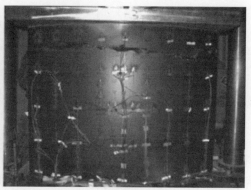

样件2 样件3

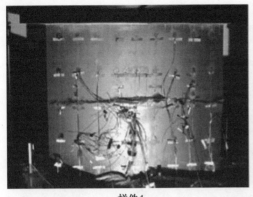

样件4　　　　　　　　　　　　　　　　　样件5

图 12.26　文献[28]中得到的后倒塌失效模式

12.3　桁条加强面板的振动

与屈曲和倒塌方面的研究相比,桁条加强面板振动方面的实验工作要少一些。对实验样件进行激励,然后测量其固有频率,这是一项非常重要的工作,一般可以采用扬声器或电磁激振器来产生激励作用。如图 12.27 所示(参见文献[29]),将一个电磁激振器安装在 4 根弹簧上以消除其自身质量的影响,然后与待测壳的蒙皮连接起来。振动壳的响应可通过一个麦克风来检测,从而提取出固有频率和对应的模态信息。这里值得提及的是在实验测试中两个常用的边界条件(简支和固支)是如何实现的,以色列理工学院在进行这一实验时设计了一种特殊的结构来实现这两种边界,如图 12.27 所示,需要根据所需的边界条件对壳边进行处理,然后再利用低熔点材料(Cerrobend①)进行浇注。

另一种对结构进行激励的方式是力锤敲击法,即利用一个实验用力锤对待测样件进行敲击,并借助一个或多个加速度计对响应进行记录。随后再对所记录的数据进行快速傅里叶变换,从而得到待测样件的固有频率信息。这一方法已经用于各种桁条加强复合曲面板和壳结构的实验测试工作中[30],该工作是在 DAEDALOS 项目中完成的,所考察的样件与前文中所给出的也是相同的。

图 12.28 和图 12.29 分别给出了面板 D_{COM} 1 和 $D_{str.}$ 1 的典型结果。可以看出,固有频率是随着所施加的轴向压力载荷而变化的,并且在面板的一阶屈曲点附近该关系曲线出现了显著的弯曲,由此也使得振动相关性技术(VCT,可参阅第 11 章)成

---

① Cerrobend 是伍德合金的商业用名,也称为 Lipowitz 合金,它是一类共晶(按照质量百分数,包含了 50% 铋,26.7% 铅,13.3% 锡,10% 镉)易熔合金,熔点约为 70℃。

为一种非常有用的无损分析技术,所预测出的结果也相当准确,例如对于面板 D_{COM} 1 有 $P_{VCT} = 16.1kN, P_{EXP} = 16.1kN$;对于面板 $D_{str.}$ 1 有 $P_{VCT} = 29.6kN, P_{EXP} = 29.5kN$。

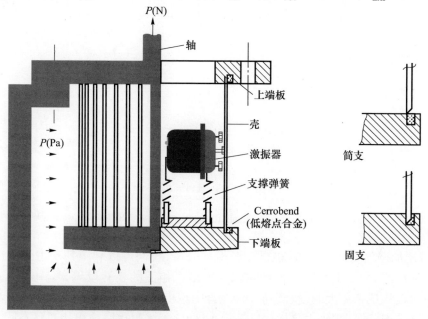

图 12.27　以色列理工学院采用的激励系统以及边界条件的详细设置情况[29]

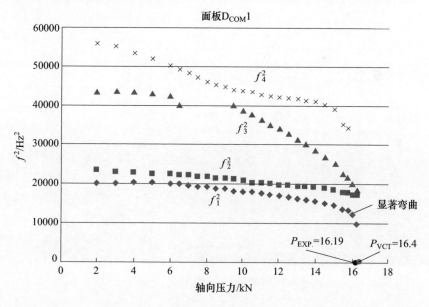

图 12.28　面板 D_{COM}1:频率的平方与轴向压力的关系($P_{VCT} = 16.1kN, P_{EXP.} = 16.19kN$)[30]

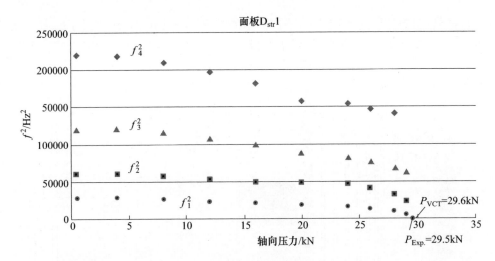

图 12.29　面板 $D_{str.}1$：频率的平方与轴向压力的关系（$P_{VCT}=29.6kN, P_{EXP.}=29.5kN$）[30]

对于加筋复合面板来说，借助实验振动分析，我们可以利用其动力学响应来识别其弹性特性，参见文献[31]。图 12.30 给出了相关的实验设置，其中所测试的小块加筋面板是从一块大的复合加筋面板（含三根桁条）中切割下来的，样件的激励采用了压电换能器，且实验中将样件悬挂起来，使之处于自由－自由边界状态。各个振动模态是通过激光测振仪测量得到的，进而通过拉丁超立方识别函数[31]确定了材料特性，研究表明，所得到的结果与参考值是相当吻合的。

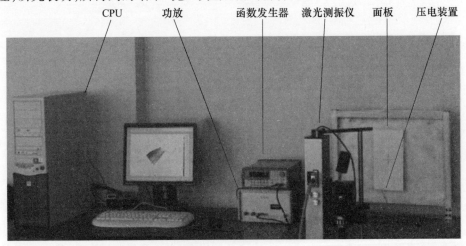

图 12.30　文献[31]中采用的振动实验设置

Oman 等人[32]曾给出过另一种用于加筋复合面板振动测试的方法，他们在制备过程中将光纤光栅传感器（FBG）引入进来，在加筋面板上进行了表面贴装。在施加

518

了冲击作用后面板的响应就可以借助 FBG 有效地测出。

最后应当提及的是，文献[33]还实验测试了分层复合正交网格加筋板的固有频率及其承载性能，并对比考察了实验数据与基于一阶剪切变形板理论(利用的是 Ritz 方法)得到的预测值，结果表明这二者具有良好的一致性。

参考文献

[1] D. Bushnell, Stress, buckling and vibration of prismatic shells, AIAA Journal 9 (10) (October 1971) 2004−2013.

[2] T.F. Christian Jr., A Study of Rectangular Plates Subjected to Non-uniform Axial Compression (Ph.D. thesis), School of Aerospace Engineering, Georgia Institute of Technology, Atlanta, Georgia, USA, March 1974, 183 pp.

[3] B. Geier, Buckling and Postbuckling Behavior of Composite Panels, ICAS-88-5.6.1, 1988, pp. 904−912.

[4] J. Xu, Q. Zhao, P. Qiao, A critical review on buckling and post-buckling analysis of composite structures, Frontiers in Aerospace Engineering 2 (3) (August 2013) 157−168.

[5] X.-Y. Ni, B.G. Prusty, A.K. Hellier, Buckling and post-buckling of isotropic and composite stiffened panels: a review on analysis and experiment (2000−2012), Transactions of the Royal Institution of Naval Architects, Part A: International Journal of Maritime Engineering 157 (January−March 2015) A9−A29.

[6] B.L. Agarwal, Postbuckling behavior of composite-stiffened-curved panels loaded in compression, Experimental Mechanics 22 (6) (June 1982) 231−236.

[7] J.H. Starnes Jr., N.F. Knight Jr., M. Rouse, Postbuckling behavior of selected flat stiffened graphite-epoxy panels loaded in compression, AIAA Journal 23 (8) (August 1985) 1236−1246.

[8] N.F. Knight Jr., J.H. Starnes Jr., Postbuckling behavior of selected curved stiffened graphite-epoxy panels loaded in axial compression, AIAA Journal 26 (3) (March 1988) 344−352.

[9] R. Friedman, J. Kennedy, D. Royster, Analysis and compression testing of 2024 and 8009 aluminum alloy zee-stiffened panels, Journal of Engineering Materials and Technology, Transactions of the ASME 116 (April 1994) 238−243.

[10] C. Collier, P. Yarrington, B. Van West, Composite, grid-stiffened panel design for post buckling using hypersizer®, in: AIAA-2002-1222, 43rd AIAA/ASME/ASCE/AHS/ASC Structures, Structural Dynamics, and Materials Conference: 10th AIAA/ASME/AHS Adaptive Structures Forum: 4th AIAA Non-Deterministic Approaches Forum: 3rd AIAA Gossamer Spacecraft Forum, Denver, Colorado, USA, April 22−25, 2002.

[11] Composite material handbook, in: Vol. 3 Polymer Matrix Composite, Material Usage, Design and Analysis, MIL-HDBK-17-3F, vols. 3 of 5, June 17, 2002, 682 pp.

[12] H. Abramovich, T. Weller, C. Bisagni, Buckling behavior of composite laminated stiffened panels under combined shear and axial compression, Journal of Aircraft 45 (2) (March−April 2008) 402−413.

[13] C. Bisagni, P. Cordisco, H. Abramovich, T. Weller, Cyclic buckling tests of CFRP curved panels, in: 25th International Congress of the Aeronautical Sciences, ICAS2006, September 3−8, 2006. Hamburg, Germany.

[14] H. Abramovich, Experimental studies of buckling and postbuckling behavior of stiffened

composite panels under axial compression, torsion and combined loading, in: B.G. Falzon, M.H. Aliabadi (Eds.), Buckling and Postbuckling Structures: Experimental, Analytical and Numerical Studies, ICP, UK, 2007. ISBN:978-1-86094-794-0.

[15] H. Abramovich, T. Weller, Buckling and postbuckling behavior of laminated composite stringer stiffened curved panels under axial compression-experiments and design guidelines, Journal of Mechanics of Materials and Structures (JoMMS) 4 (7−8) (2010) 1187−1207.

[16] P. Pevsner, H. Abramovich, T. Weller, Calculation of the collapse load of an axially compressed laminated composite stringer stiffened curved panel − an engineering approach, Composite Structures 83 (2008) 341−353.

[17] E. Gal, R. Levy, H. Abramovich, P. Pevsner, Buckling analysis of composite panels, Composite Structures 73 (2) (May 2006) 179−185.

[18] C. Mittelstedt, Closed-form analysis of the buckling loads of uniaxially loaded blade-stringer-stiffened composite plates considering periodic boundary conditions, Thin-Walled Structures 45 (2007) 371−382.

[19] R. Degenhardt, A. Kling, K. Rohwer, A.C. Orifici, R.S. Thomson, Design and analysis of stiffened composite panels including postbuckling and collapse, Computers and Structures 86 (2008) 919−929.

[20] S. Lauterbach, A.C. Orifici, W. Wagner, C. Balzani, H. Abramovich, R. Thomson, Damage sensitivity of axially loaded stringer-stiffened curved CFRP panels, Composites Science and Technology 70 (2) (2010) 240−248.

[21] H. Abramovich, T. Weller, Repeated buckling and postbuckling behavior of laminated stringer stiffened composite panels with and without damage, International Journal of Structural Stability and Dynamics (IJSSD) 10 (4) (October 2010) 807−825.

[22] P. Cordisco, C. Bisagni, Cyclic buckling tests under combined loading on predamaged composite stiffened boxes, AIAA Journal 49 (8) (August 2011) 1795−1807.

[23] H. Abramovich, C. Bisagni, Behavior of curved laminated composite panels and shells under axial compression, Progress in Aerospace Sciences 78 (2015) 74−106.

[24] P.B. Cañellas, Virtual Test of Stiffened Panels of Composite Materials Under Compression Load (Master thesis), Department: Eng. Mecànica i de la Construcció Industrial, Àrea: Enginyeria Mecànica, Excola Politècnica Superior, Universitat de Girona, September 2009, 68 pp.

[25] B.J. Philips, Multidisciplinary Optimization of a CFRP Wing Cover (Ph.D. thesis), School of Engineering, Cranfield University, Cranfield, UK, 2009, 447 pp.

[26] N.P. Yovanof, D.C. Jegley, Compressive behavior of frame-stiffened composite panels, in: Proc. of the 52nd AIAA/ASME/ASCE/AHS/ASC Structures, Structural Dynamics and Materials Conference, Paper No. 2011-1913, Denver Colorado, USA, April 4−7, 2011.

[27] G.K. DeFrancisci, High energy wide area blunt impact on composite aircraft structures (Ph.D. thesis), in: Structural Engineering, University of California, San Diego, California, USA, 2013, 257 pp.

[28] D.Y. Ge, Y.M. Mo, B.L. He, et al., Test and ultimate load capacity prediction of hat-stiffened composite panel under axial compression, Acta Materia Composita Sinica 33 (7) (2016) 1531−1539 (in Chinese).

[29] H. Abramovich, J. Singer, T. Weller, Repeated buckling and its influence on the geometrical imperfections of stiffened cylindrical shells under combined loading, International Journal of Non-Linear Mechanics 37 (2002) 577−588.

[30] H. Abramovich, D. Govich, A. Grunwald, Buckling prediction of panels using the vibration correlation technique, Progress in Aerospace Sciences 78 (2015) 62−73.

[31] A. Kovalovs, S. Ručevskis, Identification of elastic properties of stiffened composite

520

shells, Aviation 13 (4) (2009) 101−108.

[32] K. Oman, B.V. Hoe, K. Aly, K. Peters, G. van Steenberge, N. Stan, S. Schultz, Instrumentation of integrally stiffened composite panel with fiber Bragg grating sensors for vibration measurements, Smart Materials and Structures 24 (2015). Paper Id No. 085031, 14 pp.

[33] A. Ehsani, J. Rezaeepazhand, Vibration and stability of laminated composite orthogrid plates, Journal of Reinforced Plastics and Composites 35 (13) (July 2016) 1051−1061.

供进一步参考的文献:

[1] S. Ručevskis, R. Rikards, A. Čate, Determination of elastic properties of stiffened composite shells by vibration analysis, in: Deformation and Fracture of Composites (DFC-8) and Experimental Techniques & Design in Composite Materials 7 (ETDCM-7) Conference: Book of Abstracts, United Kingdom, Sheffield, 3-6 April, 2005, University of Sheffield, Sheffield, 2005, pp. 1−1.

本章附录 A   有效宽度方法

设一块长平板的长度为 a,宽度为 b,且 $a \gg b$,厚度为 t,弹性模量为 E,泊松比为 v,板受到了轴向压力载荷的作用,如图 A. 1 所示,那么板的弹性临界应力就可以表示为(可参阅文献[A1])

$$\sigma_{\mathrm{cr}} = \kappa \frac{\pi^2 E}{12(1 - v^2)} \left(\frac{t}{b} \right)^2 \tag{A.1}$$

式中:κ 为板的屈曲系数,其取值情况如表 A. 1 所列。考虑到板比较长,因此 $x = 0$ 和 $x = a$ 处的边界条件(假定为简支)对于屈曲的影响可以忽略不计(与 $y = 0$ 和 $y = b$ 处的边界相比)。

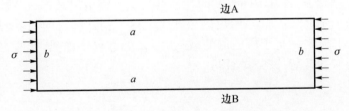

图 A. 1   长平板:$a/b \gg 1$

在给出"有效宽度"概念之前,首先应理解板和壳的屈曲与后屈曲行为,如图 A. 2(源自文献[2])所示。众所周知,板具有稳定的后屈曲行为,这使得它们可以达到各向同性材料的塑性区域,并且将在极限载荷处发生倒塌(图 A. 2(a)),而对于壳结构(图 A. 2(b)),其后屈曲行为是不稳定的,将在分叉载荷点处发生屈曲,进而其倒塌载荷(极限载荷)要低一些。

下面假定板的材料是各向同性的,具有弹性和塑性变形阶段。随着轴向压力载

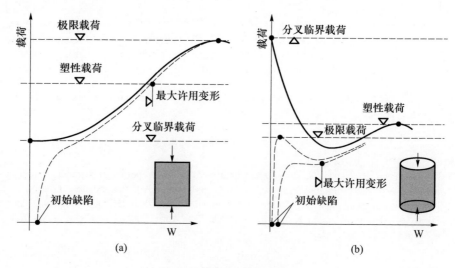

图 A. 2　屈曲和后屈曲行为

(a)板状结构；(b)壳状结构。

(修改自 J. P. Martins, L. S. da Silva, A. Reis, Ultimate load of cylindrically curved

panels under in – plane compression and bending – extension of rules from EN 1993 – 1 – 5,

Thin – Walled Structures 77 (2014) 36 – 47。)

荷的逐渐增大(在屈曲发生以后)，板中的应力分布将不再是均匀的了，这将导致主要的轴向载荷分布在板边附近区域，如图 A.3(平板情况，源自文献[A1])或图 A.4 所示(桁条加强板情况，源自文献[A3])。

　　如同文献[A1]中所曾指出的，人们已经据此推导建立了很多用于计算有效宽度的公式，其中一些是经验性的，建立在近似分析基础之上，另一些则建立在大变形板的弯曲理论基础上，具有不同程度的严谨性。这里将给出其中一些比较重要的公式，例如 von Karman 于 1932 年给出的公式[1]。这一公式针对的是受到均匀压缩的板，在该板的两条边(平行于所施加的载荷方向)处进行了加强，并假定了这两根加强条承受了所有的载荷，该公式如下：

$$b_e = \left[\frac{\pi}{\sqrt{3(1-v^2)}} \sqrt{\frac{E}{\sigma_e}} \right] t \tag{A.2}$$

其中的 σ_e 已经在图 A.3 中给出定义。

　　Ramberg 等人[A4]于 1939 年给出了另一计算公式，即

$$\frac{b_e}{b} = \sqrt{\frac{\sigma_{cr}}{\sigma_e}} \tag{A.3}$$

其中的 σ_{cr} 参见式(A.1)①。若定义一个平均应力 σ_{av}：

---

　　① 通过令 $\kappa = 4$，并将式(A.1)和式(A.2)结合起来，我们就可以得到式(A.3)，可参见文献[1]。

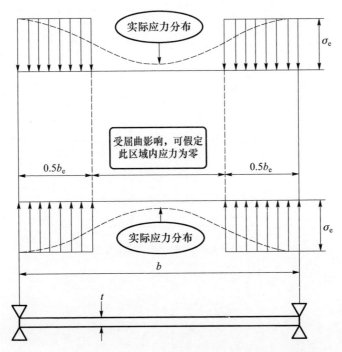

图 A.3　平板:屈曲后的应力分布示意以及有效宽度 b_e 的定义

（修改自 Guide to stability design criteria for metal structures, sixth ed. ,

R. D. Ziemian（Ed. ）, Inelastic Buckling, Postbuckling and Strength of Flat Plates,

John Wiley & Sons, Inc. , 2010, pp. 145 – 163,（Chapter 4. 3）。）

$$\sigma_{av} = \frac{b_e}{b}\sigma_e \tag{A.4}$$

并令 $\sigma_e = \sigma_y$（σ_y 为屈服点应力），那么这个平均应力就可以表示为屈服点应力的函数,即

$$\sigma_{av} = \sqrt{\sigma_{cr} \cdot \sigma_y} \tag{A.5}$$

　　根据上式可以看出,对于给定的板构型来说,平均应力将受到屈服点应力的限制,因此在式(A.4)的基础上就可以利用一个迭代过程来确定有效宽度。首先可以假定有效宽度为实际宽度 b 的一个百分数,然后利用式(A.3)确定出 σ_e 值,进而可根据式(A.4)计算出平均应力。这时式(A.5)的左端是已知的,而右端是一个先验性的值,检查这一方程是否成立,如果不成立,那么就重新选择一个有效宽度值继续进行上述过程,直到该方程最后得到满足即可。

　　在针对后屈曲阶段进行的诸多实验基础上,Winiter[A5] 和 Winter 等人[A6] 给出了两个略有不同的有效宽度计算式,可以表示为

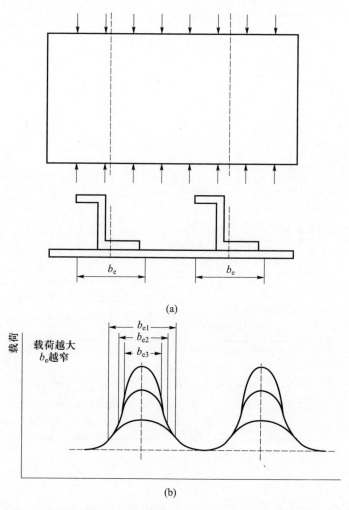

(a)

(b)

图 A.4　桁条加强板:屈曲后的应力分布示意以及有效宽度 b_e 的定义

(修改自 C. Collier, P. Yarrington, B. Van West, Composite, grid – stiffened panel design for post buckling using hypersizer ®, AIAA – 2002 – 1222, 43rd AIAA/ASME/ASCE/AHS/ASC Structures, Structural Dynamics, and Materials Conference : 10th AIAA/ASME/AHS Adaptive Structures Forum : 4th AIAA Non – Deterministic Approaches Forum: 3rd AIAA Gossamer Spacecraft Forum, Denver, Colorado, USA, 22 – 25 April 2002, 2002。)

$$\frac{b_e}{b} = 1.9\sqrt{\frac{E}{\sigma_e}}\Big[1 - 0.475\sqrt{\frac{E}{\sigma_e}}\frac{t}{b}\Big] \text{或} \frac{b_e}{b} = \sqrt{\frac{\sigma_{cr}}{\sigma_e}}\Big[1 - 0.25\sqrt{\frac{\sigma_{cr}}{\sigma_e}}\Big] \quad (\text{A.6})$$

式(A.6)中左边的表达式也可以改写成如下形式:

$$\frac{b_e}{b} = \frac{1.90}{B} - \frac{0.90}{B^2}, B = \frac{b}{t}\sqrt{\frac{\sigma_e}{E}} \quad (\text{A.7})$$

524

Conley 等人[A7]提出了一个比较类似的计算式,其形式如下:

$$\frac{b_\mathrm{e}}{b} = \frac{1.82}{B} - \frac{0.82}{B^2} \tag{A.8}$$

若将屈服点应力包含进来,那么上式也可改写为如下形式:

$$\frac{\sigma_\mathrm{av}}{\sigma_\mathrm{y}} = \frac{1.82}{B}\sqrt{\frac{\sigma_\mathrm{e}}{\sigma_\mathrm{y}}} - \frac{0.82}{\bar{B}^2}, \qquad \frac{\sigma_\mathrm{av}}{\sigma_\mathrm{e}} = \frac{b_\mathrm{e}}{b}, \qquad \bar{B} \equiv B\sqrt{\frac{\sigma_\mathrm{y}}{\sigma_\mathrm{e}}} = \frac{b}{t}\sqrt{\frac{\sigma_\mathrm{y}}{E}} \tag{A.9}$$

针对式(A.9),图 A.5 中给出了 $\sigma_\mathrm{e}/\sigma_\mathrm{y}$ 随 $\sigma_\mathrm{av}/\sigma_\mathrm{y}$ 的变化情况,其中 $\bar{B}$ 为参变量。

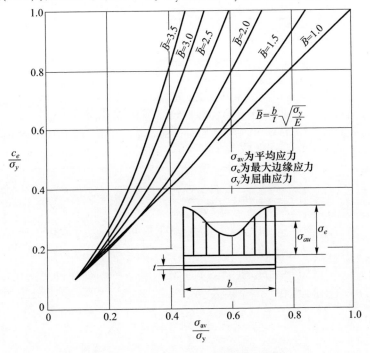

图 A.5　$\sigma_\mathrm{e}/\sigma_\mathrm{y}$ 与 $\sigma_\mathrm{av}/\sigma_\mathrm{y}$ 之间的关系图

(源自于 Guide to stability design criteria for metal structures, sixth ed., R. D. Ziemian (Ed.),
Inelastic Buckling, Postbuckling and Strength of Flat Plates, John Wiley & Sons, Inc., 2010,
pp. 145 – 163, (4.3 节)。)

应当注意的是,前面的式(A.6)所给出的计算式与目前美国钢铁学会冷弯型钢构件规范中所给出的稍有不同,文献[A1]中给出的这一公式为

$$\frac{b_\mathrm{e}}{t} = 1.9\sqrt{\frac{E}{\sigma_\mathrm{e}}}\left[1 - 0.415\sqrt{\frac{E}{\sigma_\mathrm{e}}}\frac{t}{b}\right] \text{ 或 } \frac{b_\mathrm{e}}{b} = \sqrt{\frac{\sigma_\mathrm{cr}}{\sigma_\mathrm{e}}}\left[1 - 0.22\sqrt{\frac{\sigma_\mathrm{cr}}{\sigma_\mathrm{e}}}\right] \tag{A.10}$$

此外,正如文献[A3,A8 – A10]中所指出的,工程实际中在计算有效宽度时往往采用的是下式:

$$\frac{b_e}{t} = \sqrt{\frac{KE}{\sigma_{\text{cripple,stringer}}}}, \qquad K \equiv \frac{\kappa \pi^2}{12(1-v^2)} = 0.904\kappa \quad (\text{若取 } v = 0.3) \quad (\text{A.11})$$

式中:$\sigma_{\text{cripple,stringer}}$为桁条的压曲应力[①];$\kappa$为屈曲系数(表 A.1)。

对于分层复合板来说,有效宽度的计算通常采用如下表达式(参见文献[6,10]):

表 A.1   不同边界条件下板的屈曲系数值 κ

情况	边界 A	边界 B	κ
1	简支	简支	4.000
2	简支	固支	5.420
3	固支	简支	6.970
4	简支	自由	0.425
5	固支	自由	1.277

注:数据源自于 C. Collier, P. Yarrington, B. Van West, Composite, grid – stiffened panel design for post buckling using hypersizer Ⓡ, AIAA – 2002 – 1222, 43rd AIAA/ASME/ASCE/AHS/ASC Structures, Structural Dynamics, and Materials Conference:10th IAA/ASME/AHS Adaptive Structures Forum:4th AIAA Non – Deterministic Approaches Forum:3rd AIAA Gossamer Spacecraft Forum, Denver, Colorado, USA, 22 – 25 April 2002, 2002。

$$\frac{b_e}{t} = 3.96t \sqrt{\frac{\sqrt{D_{11} \cdot D_{22}} \cdot E_{\text{x,c.,skin}}}{t^3 \sigma_{\text{cripple,stringer}} \cdot E_{\text{x,c.,stringer}}}} \qquad (\text{A.12})$$

式中:D_{11}和D_{22}分别为纵向和垂向上的层合刚度;$E_{\text{x,c.,skin}}$为蒙皮的有效压缩模量;$E_{\text{x,c.,stringer}}$为桁条的有效压缩模量。

对于由各向同性材料制成的结构,我们还可得到如下所示的更为简洁的表达式,它与式(A.11)给出的结果是完全一致的:

$$\frac{b_e}{t} = 3.96 \sqrt{\frac{D_{11}}{t\sigma_{\text{cripple,stringer}}}} \qquad (\text{A.13})$$

文献[A11]中还曾针对分层复合材料制成的桁条加强曲面板和平板结构,给出过另一种用于计算倒塌行为的方法。图 A.6 示出了横截面模型,其中考虑了有效宽度蒙皮对桁条横截面的贡献。此处的有效宽度计算采用了 Marguerre 公式[A12 – A14],即

$$\frac{b_e}{b_{\text{panel}}} = 0.5 \sqrt[3]{\frac{\sigma_{\text{cr,flat}}}{\sigma_{\text{av}}}} \qquad (\text{A.14})$$

式中:$\sigma_{\text{cr,flat}}$代表的是复合平板的临界屈曲应力,该复合平板的宽度和分层构造情况与实际复合圆柱状面板(参见文献[A12])是相同的;式中平均应力的计算可按下式进行(变量符号可参见图 A.6):

---

① 压曲或局部屈曲(通常发生在桁条腹板处)一般定义为结构元件在横截面内而不是在纵轴线方向表现出非弹性,例如柱结构就是如此,最大压曲应力取决于结构的横截面而不是其长度。

$$\sigma_{\text{av}} \equiv \frac{P_{\text{cr}}}{\text{面板面积}} = \frac{P_{\text{cr}}}{(b_1 + b_{\text{dop}})t_{b_{\text{flange}}} + At_{\text{web}} + bt_{\text{upflange}} + 2b_e t_{\text{skin}}} \quad (\text{A.15})$$

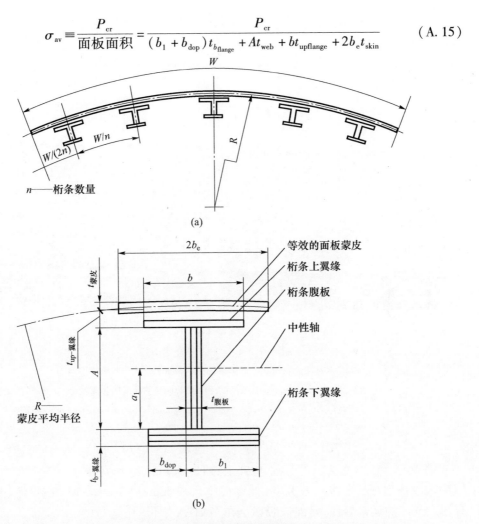

(a)

(b)

图 A.6 桁条加强层合曲面板

(a)测试面板模型(n 为桁条数量);(b)"等效的"桁条 – 蒙皮横截面组合。

(源自于 P. Pevzner, H. Abramovich, T. Weller, Calculation of the collapse load of an axially compressed laminated composite stringer – stiffened curved panelean engineering approach, Composite Structures 83 (2008) 341–353。)

　　上述平板的边界条件采用的是 CC – SS(即,底边和顶边固支,而两个侧边简支)。在计算有效宽度时,首先假定一个初始值,然后将其代入式(A.15)中,进而利用式(A.14)得到一个新的有效宽度值。一直重复这一过程,直到根据式(A.14)得到的有效宽度值 b_e 能够使得式(A.15)收敛为止。正如文献[A11]所指出的,上述过程一般需要进行 3~5 次才能使 P_{cr} 的值收敛。当我们得到了平均应力、有效宽度以及临界载荷之后,就可以考察整个面板的倒塌载荷以及桁条情况了。需要注意的是,

我们必须检查 $\sigma_{av} < \sigma_{cr-panel}$ 还是 $\sigma_{av} > \sigma_{cr-panel}$，其中的 $\sigma_{cr-panel}$ 为相邻两根桁条之间的面板的临界应力，参见图 A.7。如果 $\sigma_{av} < \sigma_{cr-panel}$，那么有（参见文献［A11］）

$$P_{cr_{panel}} = n \cdot P_{cr} + (n-1)(b_{panel} - 2b_e)\sigma_{cr_c} \cdot t_{skin} + 2b_e \cdot \sigma_{av} \cdot t_{skin} \qquad (A.16)$$

其中

$$\sigma_{cr_c} = \frac{12D_{11}^{skin}(1-v_{12}^2)}{t_{skin}^3}\left[9\left(\frac{t_{skin}}{R}\right)^{1.6} + 0.16\left(\frac{t_{skin}}{L}\right)^{1.3}\right]$$

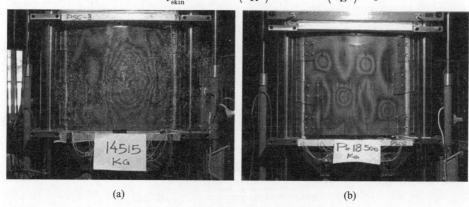

(a)   (b)

图 A.7 桁条加强层合曲面板

（a）$\sigma_{av} < \sigma_{cr-panel}$：带有 T 形桁条（高度 15mm）的面板的屈曲实验；

（b）$\sigma_{av} > \sigma_{cr-panel}$：带有 T 形桁条（高度 20mm）的面板的屈曲实验

（源自于 P. Pevzner, H. Abramovich, T. Weller, Calculation of the collapse load of an axially
compressed laminated composite stringer - stiffened curved panel - an
engineering approach, Composite Structures 83（2008）341 - 353。）

在文献［A11］所给出的模型基础上，研究人员已经开发出了一套计算机程序（TEW，以色列理工学院有效宽度（计算程序），Technion Effective Width）①，该程序带有用户友好的操作界面，目前该版本是在 MATLAB 环境中运行的。

关于有效宽度及其应用这一主题，读者还可以去参考两份比较全面的综述文章[A15,A16]，另外值得提及的是，文献［A17］还讨论了如何处理非均匀面内加载的情况，而文献［18］则阐述了如何利用有效宽度这一概念去预测带有孔洞的面板的倒塌行为。

附录的参考文献

［A1］ Guide to stability design criteria for metal structures, in: R.D. Ziemian (Ed.), Chapter 4.3 Inelastic Buckling, Postbuckling and Strength of Flat Plates, sixth ed., John Wiley &

---

① 该代码可根据文献［11］中的第二作者的要求来获取。

Sons, Inc., 2010, pp. 145−163.

[A2]   J.P. Martins, L.S. da Silva, A. Reis, Ultimate load of cylindrically curved panels under in-plane compression and bending-extension of rules from EN 1993-1-5, Thin-Walled Structures 77 (2014) 36−47.

[A3]   C. Collier, P. Yarrington, B. Van West, Composite, grid-stiffened panel design for post buckling using hypersizer®, in: AIAA-2002-1222, 43rd AIAA/ASME/ASCE/AHS/ ASC Structures, Structural Dynamics, and Materials Conference: 10th AIAA/ASME/ AHS Adaptive Structures Forum: 4th AIAA Non-Deterministic Approaches Forum: 3rd AIAA Gossamer Spacecraft Forum, Denver, Colorado, USA, 22−25 April 2002, 2002.

[A4]   W. Ramberg, A.E. McPherson, S. Levy, Experiments on study of deformation and of effective width in axially loaded sheet-stringer panels, NACA Tech. Note No. 684, 1939.

[A5]   G. Winter, Strength of thin steel compression flanges, Transactions ASCE 112 (1947) 527.

[A6]   G. Winter, W. Lansing, R.B. McCalley, Four papers on the performance of thin walled steel structures, in: Engineering Experimental Strn, Rep. No. 33, Cornell University, Ithaca, NY, 1950, pp. 27−32, 51−57.

[A7]   W.F. Conley, L.A. Becker, R.B. Allnutt, Buckling and Ultimate Strength of Plating Loaded in Edge Compression: Progress Report 2. Unstiffened Panels, David Taylor Model Basin, Rep. No. 1682, 1963.

[A8]   M.C.Y. Niu, Airframe Structural Design, Conmilit Press Ltd., 1988. ISBN:962-7128-04-X.

[A9]   M.C.Y. Niu, Airframe Stress Analysis and Sizing, Conmilit Press Ltd., 1997. ISBN:962-7128-07-4.

[A10]   C. Collier, P. Yarrington, P. Gustafson, B. Bednarcyk, Local post buckling: an efficient analysis approach for industry use, in: AIAA-2009-2507, 50th AIAA/ASME/ASCE/ AHS/ASC Structures, Structural Dynamics, and Materials Conference, Palm Springs, California, USA, 4−7 May 2009, 2009.

[A11]   P. Pevzner, H. Abramovich, T. Weller, Calculation of the collapse load of an axially compressed laminated composite stringer-stiffened curved panel−an engineering approach, Composite Structures 83 (2008) 341−353.

[A12]   K. Marguerre, Die mittragende Breite der gedrückten Platte (The apparent width of the plate in compression), Translated in English as, Luftfahrt-Forschung 14 (3) (1937) 121−1288. NACA TM 833.

[A13]   E.E. Sechler, L.G. Dunn, Airplane Structural Analysis and Design, Dover Publications, Inc., 1963.

[A14]   E.E. Sechler, Elasticity in Engineering, John Wiley & Sons, Inc., 1952.

[A15]   D. Faulkner, A review of effective plating for use in the analysis of stiffened plating in bending and compression, Journal of Ship Research 19 (1) (March 1975) 1−17.

[A16]   Guide for the Buckling and Ultimate Strength Assessment of Offshore Structures, ABS, American Bureau of Shipping Incorporated by Act of Legislature of the State of New York 1862, Copyright © 2004 American Bureau of Shipping ABS Plaza 16855 Northchase Drive Houston, TX 77060 USA, April 2004 (Updated February 2014), 75 pp.

[A17]   O. Bedair, Analytical effective width equations for limit state design of thin plates under non-homogeneous in-plane loading, Archives Applied Mechanics 79 (2009) 1173−1189.

[A18]   M.W. Hilburger, M.P. Nemeth, J.H. Starnes Jr., Effective Widths of Compression-Loaded Plates with a Cutout, NASA TP-2000−210538, October 2000.

第 13 章 复合壳状结构物的稳定性与振动方面的测试结果

（Haim Abramovich[1], K. Kalnins[2], A. Wieder[3]
[1]以色列,海法,以色列理工学院;[2] 拉脱维亚,里加,里加工业大学;
[3]Griphus 以色列,特拉维夫,航天工程与制造有限公司）

13.1 引　　言

本章将针对复合壳状结构物的屈曲和振动问题给出一些典型的实验结果,同时作为参考也将给出一些金属壳结构的实验结果。到目前为止,人们已经采用数值分析和有限元方法对铝制、钢制和复合材料制备而成的壳结构的稳定性与振动问题进行了大量的研究,例如从 von Karman 和 Tsien 的基础分析[1]到 NASA 关于(金属材料和正交各向异性材料制成的)柱壳和锥壳的研究报告[2-5]等。相比而言,这一方面的实验研究就显得相当有限了。本章的目的就是将与此相关的实验研究较为全面地呈现给读者,并阐明这些实验工作对现有壳类结构物的稳定性与振动研究领域所增添的新进展。

13.2 壳的稳定性

这里将回顾一些与壳的稳定性方面相关的研究工作,并着重突出其取得的成绩。Evensen[6]曾采用摄影测量方法对金属圆柱壳的屈曲过程进行了研究,根据得到的一系列影像序列揭示了从未屈曲状态到完全屈曲状态的转变过程,所施加的载荷包括了轴向压力载荷、扭转载荷、外部静压载荷以及突加外压载荷等。Jones 和 Morgan[7]针对不对称分层构造而成的圆柱壳(简支边界)的屈曲和振动做了基本的数值分析,指出了这种情况下屈曲载荷和固有频率将同时降低。

在壳结构的稳定性与振动研究方面,时常会出现一些介绍近期进展的综述文章,例如[8-11]。此外,还有大量的研究文献也给出了复合壳结构屈曲方面的实验结果。Fleck[12]曾对纤维复合材料的受压失效问题做过非常彻底的研究,揭示了此类复合材料的各种失效机制,例如弹性和塑性微屈曲、纤维压碎、纤维分裂、屈曲脱层、

530

剪切带形成以及失效模式图等。Singer[13]认为在壳结构屈曲分析中有必要采用更全面的实验数据,并进行了静态加载和动态加载条件下复合壳结构的屈曲测试,其他一些研究者也做了类似的工作,例如 Rikards 等人[14],Bisagni[15],Eglitis 等人[16],以及 Chitra 和 Priyadarsini[17]等。

NASA TP – 2009 – 215778[18]是一份非常重要的报告,其中针对受压分层复合圆柱壳结构的屈曲和刚度设计给出了一些简化计算公式,并且这些公式已经得到了相关数值计算的验证。

在文献[19]中,为了减小屈曲载荷的实验结果与数值预测之间的偏差,进行了一些实验方面的研究。尽管该研究针对的是金属材料制成的圆柱壳(轴向受压),不过其主要目的是为了在有限元程序中正确地构建边界条件,由此也得到了非常好的屈曲预测结果,与实验结果相比误差仅为 – 1.53%。文献[20]也做了类似的工作,不过它考虑的是石墨 – 环氧树脂制成的复合圆柱壳(轴向受压),通过实验测试得到了屈曲载荷(EBL),并将其与数值计算结果(有限元结果)进行了对比。该研究认为,通过在数值程序中引入实测的初始几何缺陷和足够的材料特性参数,就可以准确地预测出 EBL。除了圆柱壳以外,人们也对圆锥壳进行了一些实验测试和计算分析工作,例如文献[3,21]。文献[21]所给出的实验中采用了复合管弯曲实验方案,该方案原先是为了考察复合壳在弯曲加载条件下的弯曲和屈曲行为而设计开发的。在这一实验方案中,对待测结构的两端施加的是相等的弯矩以模拟纯弯曲实验状态。针对复合圆锥壳,在这种纯弯曲条件下得到的屈曲实验结果,与数值预测结果之间取得了良好的一致性。

很多现有文献都考察了轴向受压条件下薄壁结构物的屈曲问题。文献[22]研究了一种新的加载情况,即壳状结构受到压力载荷的情况,并对此类结构进行了各种测试分析。

下面我们对 DESICOS① 项目的两个参加方(里加工业大学和以色列理工学院)所进行的一些实验工作做一介绍,目的是使读者了解人们针对分层形式的和三明治形式的圆柱壳与圆锥壳(轴向受压),所采用的较新的实验方案与设置以及此类结构的制备过程等。

在 DESICOS 项目中所涉及的结构物包括了两种类型,第一种是薄壁柱壳,材料要么是分层复合材料(IM7/8552),要么是钢;第二种是圆锥壳,是由单体复合材料(IM7/8552)或者三明治结构(IM7/8552 面板与 ROHACELL 200WF 夹心)制备而成的。这些结构是由 GRIPHUS 公司② 制造的,并在以色列理工学院进行了相关测试。

---

① DESICOS:New Robust Design Guideline for Imperfection Sensitive Composite Launcher Structures,FP& – SPACE – 2011 – 282522(得到了欧盟第七框架计划(2007 – 2013)的资助)。

② GRIPHUS 是以色列的一个小型 SME(中小企业),主要业务为设计和制备复合材料。

表 13.1 中给出了在 DESICOS 项目框架下由 GRIPHUS 所制备的柱壳和锥壳的相关数据情况。

表 13.1　DESICOS 项目中 GRIPHUS 制备的圆柱壳和圆锥壳

结构名称	ISS	VEB	SYLDA
设计编号	D1	G1	D2
类型	三明治圆柱壳	三明治圆锥壳	三明治圆柱壳
样件总数量	3	2	3
R/mm	350	115/350	350
L/mm	358	270	700
蒙皮材料	Hexcel IM7/8552		
蒙皮层合方式	$(30°, -30°, 0°)$	$(0°, 0°, 60°, -60°)$	$(19°, -19°, 90°)$
蒙皮所含的层数	3	4	3
夹心材料	EVONIK Rohacell WF200		
夹心厚度/mm	2.6	2.0	1.5
名义总厚度/mm	3.386	3.048	2.286

在 DESICOS 项目中所采用的铺层技术考虑了材料的特性,即 IM7/8552 预浸料的特点。该材料是一种预浸渍纤维织物,从制造商处获取的这些纤维织物已经采用了树脂进行过预浸处理了,运输过程中这些预浸料处于冷冻状态,因此树脂不会发生固化。根据所选择的预浸料材料,一般要求采用适当的存储冰箱、铺设用的清洁室以及用于结构固化的热压罐设备等。此外,铺层过程中往往还需要借助其他一些技术和设备,用于预处理和后处理。在进行铺层之前,首先需要对所有材料进行剪裁,包括预浸料和夹心材料,以及用于固化处理的辅助材料等。所有纤维织物的剪裁过程中一般使用的是手工工具,如剪刀和小刀等,并需采用铝制模板来确保得到正确的几何形状。夹心材料的剪裁一般是采用电锯来完成的。当从铺层装置中将结构脱模之后,还需要借助气动工具(如风锯或气动雕刻机等)将其修剪至最终的尺寸,所有这些修剪过程均应在带有通风设备和空气过滤系统的房间内完成。图 13.1 中给出了圆锥状和圆柱状典型芯模(铺层装置)的工程图。

圆柱壳的制备过程要相对简单一些,而圆锥壳就比较复杂了。由于此处在制备圆锥壳的复合表面形状时采用的是手工铺层工艺,而不是纤维缠绕工艺,因而预先设计好的铺层角度是难以实现的。这一问题源自于那些纤维铺设方向平行于经线的组分层,这些层中一般采用的是等腰梯形模式,这些梯形模式中只有那些沿着短底边的纤维才具有完整的长度,而两侧边的纤维在向梯形底边角点移动的过程中会越来越短。于是在两个梯形的分界线处将会出现不连续的纤维区域。对于纤维必须倾斜的层来说,这一过程就更为复杂了。人们已经发现,当从锥底向锥顶以一个给定的倾斜

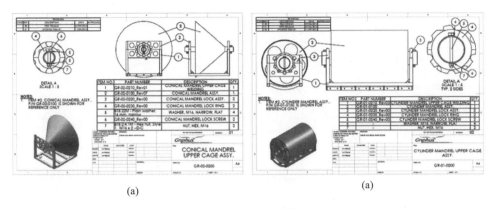

(a)   (a)

图 13.1   典型的心轴图纸

(a)圆锥壳心轴;(b)圆柱壳心轴。

角开始进行纤维铺设时,这些纤维将呈现一种抛物线形状的轨迹,这意味着它们会出现向后的弯曲和后退。在 VEB(G1)设计(表 13.1)中已经观察到,边界处的倾斜角相对于经线大约为 11°,而设计值却是 60°(图 13.2)。解决这一问题的一个很自然的做法就是保持该角度(相对于经线)为常数,即恒向线(图 13.3)。显然这一般就需要采用纤维缠绕制备工艺来完成了,不过由于采用的是包含组分层的复合材料和手工铺层方法,因而没有考虑这一做法。对于这里的情况来说,比较可行的办法是将每层不仅拆分成经线上的梯形而且还将每个梯形进一步拆分成三个部分(上、中、下)。不仅如此,每个部分在铺设时都采用相同的起始角,这里设定的是 40°,而不是60°,随后逐渐改变这一角度以实现一个"平均角"。研究中对这一方法进行了试验,如图 13.4 所示。

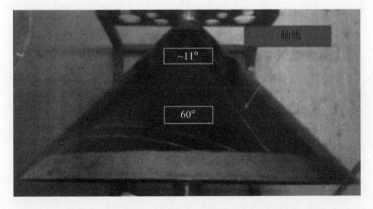

图 13.2   原 60°的设计会导致生成抛物线轨迹,在直线变成抛物线之前最大角度约为 11°

根据上述的铺层方法,还建立了一个如图 13.5 所示的模型,以色列理工学院将其作为有限元模型用于预测这一锥壳的屈曲载荷情况。

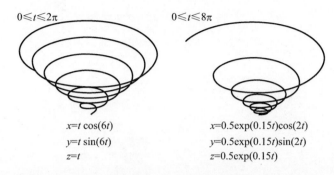

$0 \leqslant t \leqslant 2\pi$

$0 \leqslant t \leqslant 8\pi$

$x = t \cos(6t)$
$y = t \sin(6t)$
$z = t$

$x = 0.5\exp(0.15t)\cos(2t)$
$y = 0.5\exp(0.15t)\sin(2t)$
$z = 0.5\exp(0.15t)$

图 13.3　恒向线示例

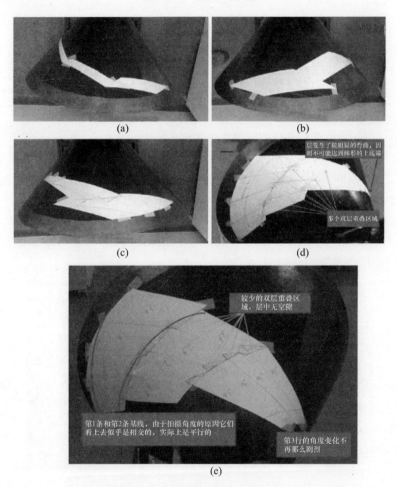

图 13.4　针对铺层的各种尝试

（a）第一次尝试,60°（梯形）；（b）第二次尝试,60°（平行四边形）；
（c）第三次尝试,60°（较大的梯形）；（d）第四次尝试,40°（梯形）；（e）第五次尝试,40°（梯形）。

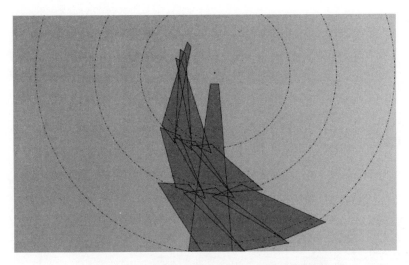

图 13.5　CAD 模型中描述的扁平化的最终构型：
作为有限元模型构建的基础（以色列理工学院）

　　RTU 也进行了实验样件的制备工作（DLR 为第三方制造商），需要制备的样件包括两种，一种是铝/不锈钢材料的，另一种是碳纤维增强塑料的。几何尺寸是由 DESICOS 项目的 WP - 2 研究组给出的，为了测试方便对结构尺寸进行了比例缩减。这一工作中的主要困难在于，如何设计合适的芯模原型，使之符合碳纤维预浸料圆柱壳试件的要求。此外，该项目中还需要对各种无损检测方法（用于检测几何缺陷（变形）和铺层构型）进行设计、改进和验证，并详细研究厚度变化控制装置。

　　作为实验样件原型设计的第一步，首先需要获得一个金属芯模，它必须具有一定的导热能力，从而便于制备样件。RTU 设计了一个这样的芯模，计算了它的热膨胀情况，完成了加工并用于制备壳结构样件。图 13.6 给出了该芯模的原始设计图纸。这个圆柱状芯模是在精密机床上采用无缝钢管加工而成的，结构中带有四块内隔板，两端带有若干个安装孔（为 200mm 的标准车床卡盘而设计）。RTU 在现场还设计和制造了一台芯模回转设备，采用三相交流电驱动，通过机械减速装置减速到14r/min，并带有手动或脚动操作按钮以控制启停和反向回转切换。图 13.7 中给出了安装在这一回转设备上的直径为 500mm 的芯模情况。圆柱状端板是在数控铣床上加工的，材料为 EN AW - 6082 T6 铝合金，厚度为 20mm，为了能够长期使用，还配套安装了不锈钢制 HeliCoil 螺纹连接件。每个端板均由基板、内环和 4 个外部扇形块（每个侧边为 20° 圆锥面）组成，如图 13.8 所示。此外，还利用树脂砂混合物铸造了同样形式的一组零件（材料为 PE500 塑料），用于制备圆柱边处的楔块。灌封所采用的树脂和砂的混合比（质量）为 1:4，树脂为环氧树脂或者乙烯基酯树脂，砂为 0.5 ~ 1.0mm 级的细砂。除此之外，为了获得预期的性能和避免出现分层，还根据这一混合物的最终黏度做了一些调整。

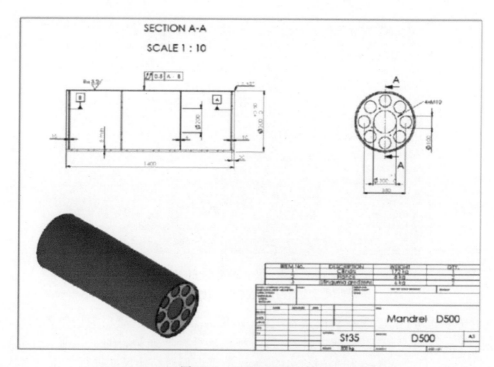

图 13.6 OD500 RTU 心轴

图 13.7 心轴旋转设备及 D500 的心轴

  DESICOS 项目中的一个创新之处在于可模拟几何缺陷的单一摄动载荷方法（SPLA），由此即可考察几何缺陷对样件的屈曲载荷的影响情况。为了施加摄动载荷，研究人员设计了一种自重加载装置，包括了两根推杆（由直线轴承支撑导向）和一个通过滑轮绳索连接到杆上的物块。整个装置配备了 HBM U9B 200N 加载单元，

图 13.8　数控加工后的端板

可实现精确的载荷测量。用于加载的物块包括了安装在中心杆上的一系列钢制重物,并通过钩子连接到拉索,如图 13.9 所示。加载装置的顶部和底部均为八边形铝型材框架,与之连接有一根垂向杆,连接位置应便于施加摄动载荷。考虑到框架侧柱对空间带来了限制,并且还需安装可能与该装置发生干涉的 LVDT,因此加载位置范围实际上大约能够覆盖到样件表面的 2/3 区域(在不转动样件的条件下)。

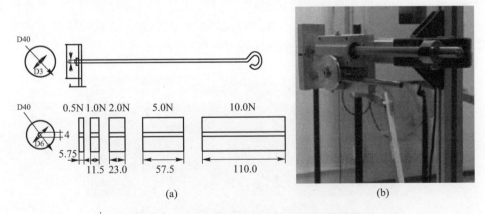

图 13.9　(a)质量块示意图;(b)SPLA 装置图

在该项目中还设计并搭建了另一个非常重要的装置,即一套几何扫描测量系统,如图 13.10 所示,可有效测量出初始几何、SPLA 引发的缺陷以及屈曲模式形状等信息。这套系统采用了松下 HLG108 激光位移传感器,双轴伺服驱动(旋转和升降),测量范围为 ±20mm,分辨率 2.5μm。相关机械部件包括:①轨道式传动单元,

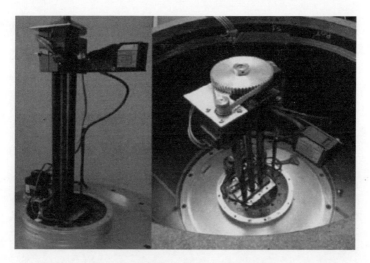

图 13. 10　基于激光测距传感器的几何扫描仪的内部组件

由滑环和铝制安装板(数控加工而成)组成,并安装有齿圈传动机构和伺服驱动步进电机;②垂向传动单元,由双柱式螺旋传动机构、带传动机构以及伺服驱动步进电机组成;③激光传感器支撑臂,采用的是碳纤维增强聚合物(CFRP)材料,目的是为了降低重量以减小扫描过程中的振动和刚体运动;④控制单元中的定制电路板,主要用于伺服驱动和测试信号的调理。

　　为了适应圆柱扫描需求(图 13. 11),项目中对 Standard Hilgus USPC 3010 HF 做了修改,将 Y 坐标驱动替换成了旋转驱动。此外,还利用铝型材加工了一个圆柱支撑框架,驱动端带有前后轴和车床卡盘,被驱端为 PLA6 锥端。为减少圆柱壳转动过程中产生的惯性力,实验中采用了泡沫端板对样件进行了支撑。

图 13. 11　无损测试(NDT)中所安装的 ISS + JAVE D500 L1000 样件

在项目所进行的屈曲实验中,采用了两种基本的实验设置,即:

(1)针对圆柱壳的实验设置;

(2)针对 D500 的 ISS + JAVE 壳的实验设置。

针对圆柱壳的实验设置中包括了两块厚度为 25mm 的钢板($d = 530$mm),并将它们安装到测试框架(ZWICK Z100 或 INSTRON 8002)上,而待测圆柱壳则安装在这些板之间,并借助树脂/砂层在上下结合面处做载荷均衡处理。另外,D300 L440 ISS + JAVE 壳样件是安装在下压板上的。

用于 D500 ISS + JAVE 壳测试的装置是一个焊接钢框架,待测壳通过球形支座在该框架上作三点支撑,设计时避免了样件安装与 INSTRON 载荷单元组件的干涉,因此不需要将其从框架上拆卸下来(可参见后文关于 ISS + JAVE 制备方面的详细描述)。摄影测量设置中包括了一个转盘,可使处于垂向方位的样件实现精密的角位移(50 或 100 步),同时还带有一个安装在三脚架上的数码相机,并通过远程开关加以控制,从而可根据预设的时间间隔(5s)进行拍摄。该相机的设置是 10 - 25 MP DSLR,AV 模式,f/10 光圈,手动对焦模式,ISO 200 - 400,固定焦距镜头(优先)或固定变焦距离(若采用的是变焦透镜),此外变焦距离尽可能远,以减小桶形畸变(通常广角端的桶形畸变较大,不过也与所采用的镜头类型有关),且带有远程开关(配定时器)。所采用的数据处理软件包括了 Autodesk Recap 3600、Autodesk Memento Project 和 MeshLab。

研究人员利用不同的预浸料系统制备了三种 ISS + JAVE 缩比样件,其中样件 D300 L440 和 D500 L700 是由 Unipreg 100g/m² 制备的,而样件 D500 L1000 则采用的是 IM7/8552。此外,这两个预浸料系统均只进行了烘箱固化处理。ISS + JAVE 样件的铺层情况是,壳结构为 18 个组分层($[0°, 45°, - 45°, 90°, 0°, 90^0, - 45°, 45°, 0°]_{sym}$),而 BLIS 结构下的增强区域为 12 个组分层($[60°, 0°, - 60°, - 60°, 0°, 60°]_{sym}$),如图 13.12 所示。增强区的过渡是通过三个台阶(每个 10mm)实现的,由此也就减小了侧边的增强区厚度,而在该区域的顶部和底部无台阶,如图 13.13 所示。增强区各个组分层的宽度是 120mm 和 140mm($\pm 60°$)以及 160mm 和 180mm ($0°$),增强区高度为 200mm。壳的底边部分没有加强。支撑块采用了 EN AW 6082 铝锭材料,在数控机床上加工成指定形状,呈凹状和凸状两体式结构,从而与壳的几何形状相互匹配,并通过双组分聚氨酯胶黏剂粘接到壳上(内外两侧),此外还配套连接了 DIN 912 M6 10.8 级螺栓。

ISS + JAVE D300 L440 样件是采用 Unipreg 100g/m² 材料制备的,制备过程中进行了七次排气处理以消除连续层中的松弛现象。ISS + JAVE D300 L440 样件的几何形状如图 13.14(a)所示,图 13.14(b)还说明了该样件是怎样通过支撑块支撑的,以及所需的相关设施。

ISS + JAVE D500 L700 样件也采用的是 Unipreg 100g/m² 材料,制备方法与

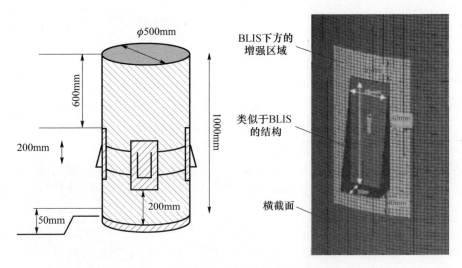

图 13.12 ISS + JAVE 缩比样件的几何

壳ISS+JAVE

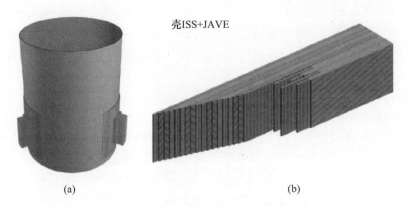

(a)   (b)

图 13.13 所实现的 ISS + JAVE 缩比样件

(a)增强区和 BLIS 位置;(b)增强区的过渡布置。

ISS + JAVE D300 L440 样件相同。在最终的真空袋压成型和固化之前,在壳上等间距布置了三个增强区,每个均由 12 个附加层构成。为便于安装加载结构,还利用撕裂纤维特意设计了一个与之对应的区域,从而能够获得更好的黏合效果。固化成型之后的壳需要从芯模上脱下,并在芯模回转设备上对两端进行切割,从而获得所需的长度。图 13.15 中给出了 ISS + JAVE D500 L700 壳样件及其支撑块,以及树脂砂铸造而成的边界框体。

    ISS + JAVE D500 L1000 壳样件是采用 IM7/8552 制备的,制备过程中安排了九次排气处理以消除空气导致的松弛现象。图 13.16 示出了这一制备过程的各个阶段。与前相似,这里在最终的真空袋压成型和固化之前,在壳上等间距布置了三个增强区,每个均由 12 个附加层构成。同时为便于安装加载结构,也利用撕裂纤维特意

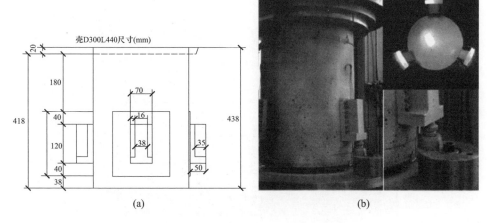

图 13.14　ISS + JAVE D300 L440 壳样件
（a）几何；（b）附着在壳的蒙皮上的支撑组件。

图 13.15　ISS + JAVE D500 L700 壳样件与支撑组件以及浇注的上边界

设计了一个与之对应的区域，从而能够获得更好的黏合效果。最后一次排气处理利用了穿孔隔离膜、透气毡以及真空袋，持续时间为 1h。

测试中，两个 D500 的壳样件共用了同一套实验设置（在 INSTRON 8002 测试台架上）。用于支撑的滚珠轴承接头由直径 40mm 的滚珠和两个锥形座（每个支撑点两侧各一）构成。图 13.17 给出了安装在 INSTRON 8002 测试台架上的支撑框架，其

图 13. 16　ISS + JAVE D500 L1000 壳样件:制备过程的各个阶段

中的一个滚珠轴承支撑长度是固定的,而另外两个是可调的,可通过螺旋垫圈米调节以补偿测试框架和壳样件顶边表面处可能存在的不平行度。

图 13. 17　ISS + JAVE 样件的支撑框架:下端一个滚珠轴承(右侧)长度固定,
另外两个(左侧和前面)可调(用于补偿板的不平行度)

为了实现质量控制和厚度测试等功能,实验中在改装过的 Hilgus USPC 3010 HF 设备上对 D500 ISS + JAVE 壳样件进行了超声检测。由于 USPC 设备的行程有限,因此需要将两次扫描检测结果拼接起来才能得到最终的位图文件。图 13. 8(a)示出了 ISS + JAVE D500 L700 壳样件的这一位图文件,利用它就可以在有限元模型分析中指定厚度缺陷。借助厚度测试结果的柱状图,我们还可以获得厚度缺陷的范围,并了

542

解到平均厚度值为 1.79mm(单个组分层厚度为 0.994mm),如图 13.18(b)所示。类似地,也在改装后的 Hilgus USPC 3010 HF 设备上对 ISS + JAVE D500 L1000 壳样件进行了超声检测。最终的位图文件如图 13.19(a)所示,图 13.19(b)则给出了柱状图,可以看出平均厚度值为 2.31mm(单个组分层厚度为 0.128mm)。

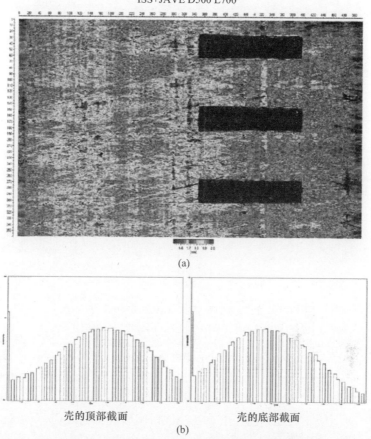

(a)

壳的顶部截面　　　　　　　　壳的底部截面

(b)

图 13.18　ISS + JAVE D500 L700 壳样件(见彩图)

(a)超声检测出的厚度缺陷柱状图;(b)厚度测量值的柱状图。

在初始几何缺陷测量方面,对于 ISS + JAVE D500 L1000 样件同时采用了摄影测量法与 Exascan 激光扫描仪两种手段,而对于 ISS + JAVE D500 L700 则只采用了摄影测量。为消除桶形畸变,针对摄影测量得到的缺陷进行了半余弦函数滤波处理。由于支撑块、绳索、应变计(SG)以及增强区引入的附加厚度的影响,处理这些区域是比较困难的,因此测试中只考虑了 ISS + JAVE 结构样件的上圆柱部分,结果如图 13.20 所示。

金属加筋壳采用的是 0.5mm 厚的 AISI 304 不锈钢板,经过冷轧和等离子焊制成

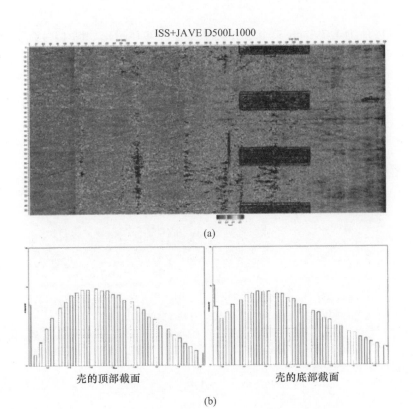

图 13.19   ISS + JAVE D500 L1000 壳样件（见彩图）

（a）超声检测出的厚度缺陷柱状图；（b）厚度测量值的柱状图。

圆柱壳形状。另外两个 $D = 500$mm 的壳样件采用的是 EN AW 6082 T6 铝合金板，重叠黏合而成。图 13.21（a）和（b）分别示出了三个 $D = 500$mm 的圆柱壳样件和一个 $D = 800$mm 的圆柱壳样件，前者带有一条焊缝，而后者带有两条。所有钢制样件均采用了下偏差，从而便于装配到内环上。在浇注树脂砂混合物之前，需要对这些圆柱壳做切边处理（沿着周向等距制出短的纵向切口，每个约为 10mm），然后通过锤击将它们敲到内部的铝环上（由此会带来一定的塑性变形，进而增大周向长度）。所有的 $D = 500$mm 的样件都是这样装配的，而对于 $D = 800$mm 的样件来说，装配中还需要利用螺栓对两个端板进行紧固。这一过程将显著增大一条边处的初始几何缺陷，主要体现在浇注边位置会呈现"瓶颈"状几何缺陷。

两个圆柱壳（SST_1 和 SST_2）的初始几何缺陷是借助内部的激光扫描仪检测的，对于 SST_2 来说也使用了外部的 Exascan 激光扫描仪。图 13.22 给出了 SST_1 壳上一个典型的缺陷模式（未滤波），是内部激光扫描仪测出的，测得的缺陷幅值与厚度之比为 $a/t = 1.86$。

SST_2 壳的缺陷模式（未滤波）如图 13.23 所示，是由内部激光扫描仪检测出的，

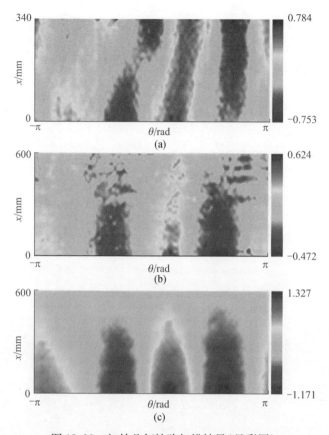

图 13.20　初始几何缺陷扫描结果(见彩图)
(a)壳 ISS + JAVE D500 L700 的摄影测量结果;(b)壳 ISS + JAVE D500 L1000 的摄影测量结果;
(c)壳 ISS + JAVE D500 L1000 的 Exascan 激光扫描结果。

图 13.21　(a)壳 D500 L500,$t = 0.5$mm;(b)壳 SST_2 D800 L800,$t = 0.5$mm

测得的缺陷幅值与厚度之比为 $a/t = 3.18$;Exascan 激光扫描仪测得的结果如图 13.24 所示(未滤波),这里已经借助 Autodesk Memento Project 和 MeshLab 软件转换成了 x、y 和 z 格式,测得的缺陷幅值与厚度之比为 $a/t = 3.22$,形状与图 13.23 相同。

　　所制备的两个 $D = 500$mm 的铝壳(称为 R29AL 和 R30AL),采用了纵向胶黏搭接(25mm)工艺制成单体式。之所以采用这一方法,是因为 0.5mm 厚的铝板焊接比

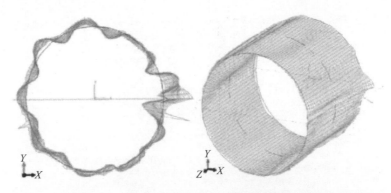

图 13.22　SST_1 壳:利用内部激光扫描系统得到的典型缺陷扫描结果

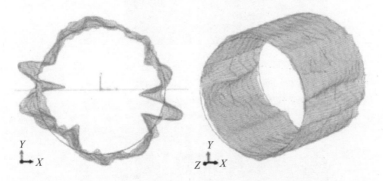

图 13.23　SST_2 壳:利用内部激光扫描系统得到的典型缺陷扫描结果

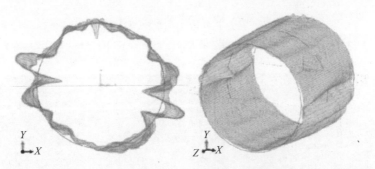

图 13.24　SST_2 壳:利用 Exascan 激光扫描系统得到的典型缺陷扫描结果

较困难。这些圆柱壳样件使用的是 EN AW 6082 T6(0.5mm 厚)合金板,两端搭接部分带有一定的锥度(由机床加工而成),目的是尽量减小该部分的厚度增量(最终测得的厚度增量约为 50%,搭接部分平均厚度为 0.8mm)。搭接过程使用了 Huntsman ARALDITE 2011 通用双组分树脂胶黏剂,并且对接触表面进行了研磨处理。这一粘接工作是在 $D=500$mm 的钢制芯模(该芯模用于 CFRP 壳的制备,参见前文)上完成的,其中利用了真空袋对铝板进行了加压(使之绕上芯模),并借助夹具使得胶黏搭

546

接区域压向芯模表面以获得均匀受压的重叠区(图13.25)。壳两端也进行了研磨(纵向20mm深),是在芯模上进行的,并进行了树脂砂混合浇注以形成刚性边界环。R29AL和R30AL这两个圆柱壳的初始几何缺陷都是借助内部激光扫描仪检测的,图13.26给出了R29AL壳的缺陷模式(未滤波),缺陷幅值与厚度之比为$a/t = 0.96$。R30AL壳的情况也是类似的。

图13.25 利用砂-树脂对铝壳边进行浇注

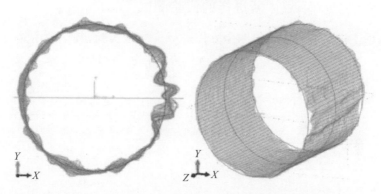

图13.26 R29Al壳:利用内部激光扫描仪测得的典型缺陷形态

为了加深认识,项目中还利用IM7/8552预浸料制备了具有不同铺层形式(表13.2)的14个复合圆柱壳,制备工艺和固化方法与前面所介绍的ISS + JAVE壳样件(IM7/8552预浸料)情况相同。需要注意的是R15和R16样件的直径是$D = 500mm$,长度为$H = 500mm$,而R17 - R28则分别为$D = 300mm$和$H = 300mm$。

表13.2 额外的14个分层复合圆柱壳

序号	代号	层合方式	总厚度/mm	组分层厚度/mm
1	R15	$(24°, -24°, 41°, -41°)$	0.5685	0.142125
2	R16	$(24°, -24°, 41°, -41°)$	0.5711	0.142775
3	R17	$(0°, 45°)$	0.3269	0.163450

序号	代号	层合方式	总厚度/mm	组分层厚度/mm
4	R18	(0°,45°)	0.3273	0.163650
5	R19	(0°,60°,−60°)	0.4274	0.142470
6	R20	(0°,60°,−60°)	0.4306	0.143530
7	R21	(0°,60°,−60°)	0.4491	0.149700
8	R22	(0°,45°,−45°)	0.4341	0.144700
9	R23	(0°,45°,−45°)	0.4492	0.149730
10	R24	(0°,45°,−45°)	0.4484	0.149470
11	R25	(24°,−24°,41°,−41°)	0.5922	0.148050
12	R26	(24°,−24°,41°,−41°)	0.5685	0.142125
13	R27	(24°,−24°,41°,−41°)	0.5711	0.142775
14	R28	(24°,−24°,41°,−41°)	0.5580	0.139500

13.2.1　DESICOS 项目中所进行的实验测试

以色列理工学院实验室针对四个样件进行了加压实验,其中两个是三明治圆柱壳(称为 SH−1 和 SH−2),另外两个是圆锥壳(称为 C−1 和 C−2)。表 13.3 中列出了这些样件的名义尺寸,相关图片如图 13.27 所示。

表 13.3　以色列理工学院测试的四个样件的名义尺寸

样件		名义长度(高度)/mm	名义直径[a]/mm	夹心的名义厚度/mm	名义总厚度/mm
圆锥壳	C−1	310	700 (230)	2.0	3.048
	C−2	310	700 (230)	2.0	3.048
圆柱壳	SH−1	398	700	2.6	3.386
	SH−2	398	700	2.6	3.386

注:[a] 对于圆锥壳而言,括号中的数值代表的是小端直径。

圆柱壳样件的铺层情况是[+30°,−30°,0°,夹心层,0°,−30°,+30°],圆锥壳的铺层是[0°,0°,+60°,−60°,夹心层,−60°,+60°,0°,0°]。圆柱壳的夹心层材料是聚氯乙烯(PVC)闭孔泡沫 ROHACELL WF200−HT 2.6mm,而圆锥壳的夹心层采用的是 PVC 闭孔泡沫 ROHACELL WF200−HT 2.0mm。这两种壳所用的分层复合材料均为 HexPly 8552,该材料是 HEXCELL 生产的胺固化增韧的单向 IM7 碳纤维增强型环氧树脂。表 13.4 中给出了以色列理工学院测得的该材料特性,而表 13.5 将其他项目或研究中针对该材料给出的特性进行了比较。

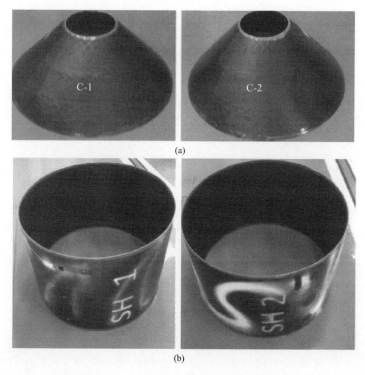

(a)

(b)

图 13.27　以色列理工学院测试的样件

(a)两个 VEB 型三明治圆锥壳(C-1 和 C-2);(b)两个 ISS 型三明治圆柱壳(SH-1 和 SH-2)。

表 13.4　以色列理工学院测得的 HexPly IM7/8552 UD 碳纤维预浸料的特性

力学特性	符号	单位	测量值	
			平均值	标准偏差
0°拉伸模量	$(E_{11})_t$	GPa	168.30	4.52
90°拉伸模量	$(E_{22})_t$	GPa	8.93	0.67
0°压缩模量	$(E_{11})_c$	GPa	154.3	6.86
90°压缩模量	$(E_{22})_c$	GPa	8.08	0.72
面内剪切模量	G_{12}	GPa	5.08	0.71
主泊松比	ν_{12}	—	0.303	0.02
0°抗拉强度	$(\sigma_{11})_t$	MPa	2585	30.1
90°抗拉强度	$(\sigma_{22})_t$	MPa	58	3.2
0°抗压强度	$(\sigma_{11})_c$	MPa	1052	12.8
90°抗压强度	$(\sigma_{22})_c$	MPa	244	43.4
面内剪切强度	τ_{12}	MPa	125	22.5

表 13.5   不同研究中测得的 HexPly IM7/8552 UD 碳纤维预浸料的特性比较

力学特性	测量值(平均值)				
	本文	COCOMAT[a]	POSICOS	COCOMAT	ESA 研究
0°拉伸模量	168.30	142.5	192.3	164.1	175.3
90°拉伸模量	8.93	8.7	10.6	8.7	8.6
0°压缩模量	154.3	—	146.5	142.5	157.4
90°压缩模量	8.08		9.7	9.7	10.1
面内剪切模量	5.08	5.1	6.1	5.1	5.3
主泊松比	0.303	0.28	0.31	0.28	—
0°抗拉强度	2585	1741	2714	1741	2440
90°抗拉强度	58	28.8	55.6	28.8	42
0°抗压强度	1052	854.7	1399.8	854.7	1332
90°抗压强度	244	282.5	250.15	282.5	269

注:[a] 源自于 C. Bisagni, R. Vescovini, DESICOS Technical Report, Deliverable 2.2: Design and analysis of test structures, 31/10/2014)。

通过激光测量得到的这些圆柱壳和圆锥壳的厚度分布,分别如图 13.28 和图 13.29 所示。从这两幅图可以看出,圆柱壳 SH-1 和 SH-2 的厚度是均匀分布的,而圆锥壳 C-1 和 C-2 的厚度变化却较大,没有确定的模式可循。SH-1 和 SH-2 的平均厚度分别为 3.251mm 和 3.204mm;而 C-1 和 C-2 的平均厚度分别是 2.768mm 和 3.860mm,二者之间的这种较大的差异应归因于它们的制备方式。

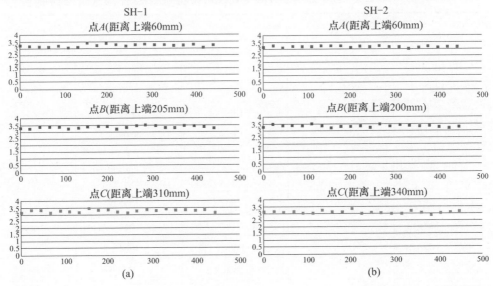

图 13.28   (a)壳 SH-1 的周向厚度分布测量结果;(b)壳 SH-2 的周向厚度分布测量结果

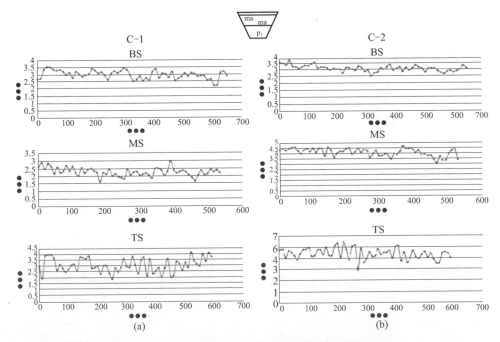

图 13.29　(a)圆锥壳 C - 1 的周向厚度分布测量结果;
(b)圆锥壳 C - 2 的周向厚度分布测量结果

　　在测量了厚度分布之后,进一步在这些样件上安装应变计(背靠背粘贴),图 13.30 示出了这四个待测样件情况中各个应变计的安装位置。此外,所有样件均在两个端板位置处以树脂和铝珠进行浇注,从而模拟固支边界条件,如图 13.31 所示,其中给出了两个待测样件的图片。

　　实验中测试的第一个壳样件是 SH - 1,采用的是 Beckwood Press 公司①生产的压力机,该设备最高可加载 2MN。图 13.32 中给出了测试中的壳样件以及倒塌后的情况。实验过程中首先将 SH - 1 壳加载到 150kN 后卸载,进而再次加载,直到达到最大承载量 294.3kN(30t)之后发生倒塌(图 13.32(d)),此时会伴随有巨大的噪声。观察倒塌后的样件可以发现,壳内外的三明治面板部分均出现了裂纹和破损,部分裂纹几乎覆盖了半个周长,图 13.33 中示出了典型的损伤情况。

　　图 13.34 给出了实验中施加的载荷与端部压缩量的关系曲线,其中加载段曲线较不平滑,这可能是非连续形式的加载过程所导致的。应变计的典型读数如图 13.35 ~ 图 13.37 所示,分别针对的是载荷 - 压应变、载荷 - 弯曲应变以及弯曲应变 - 压应变这三种情形。

　　第二个进行测试的样件是 SH - 2 这个三明治圆柱壳,也是在 Beckwood Press 公

① www. backwoodpress. com

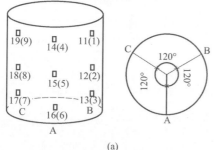

圆柱壳SH-1
背靠背设置的应变计位置
(括号内的数值代表的是粘贴在内部的应变计)

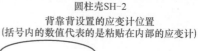

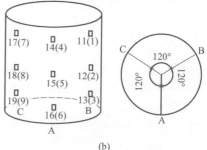

圆柱壳SH-2
背靠背设置的应变计位置
(括号内的数值代表的是粘贴在内部的应变计)

(a)

(b)

圆锥壳C-1
背靠背设置的应变计位置
(括号内的数值代表的是粘贴在内部的应变计)

圆锥壳C-2
背靠背设置的应变计位置
(括号内的数值代表的是粘贴在内部的应变计)

(c)

(d)

图 13.30　应变计粘贴位置情况(括号内的数值代表的是粘贴在内部的应变计)
(a)圆柱壳 SH-1;(b)圆柱壳 SH-2;(c)圆锥壳 C-1;(d)圆锥壳 C-2。

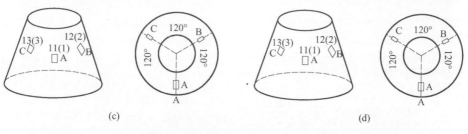

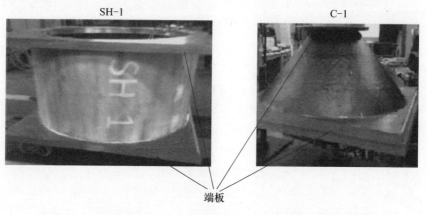

图 13.31　圆柱壳 SH-1 和圆锥壳 C-1 的固支边界条件的实现

司生产的压力机上进行的。图 13.38 给出了测试中的若干场景。壳样件首先被加载
到 150kN,然后卸载,之后重新加载,直到达到最大承载量 267.25kN,此时发生了倒
塌(伴有巨大噪声)。类似地,壳内外的三明治面板部分均出现了裂纹和破损,部分

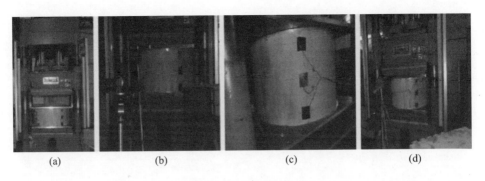

(a)　　　　　　(b)　　　　　　(c)　　　　　　(d)

图 13.32　壳 SH - 1

(a)加载设备;(b)处于加载设备中的壳(放大视图);(c)壳的后部;(d)294.3kN 出现倒塌后的壳。

壳SH-1后曲屈损伤

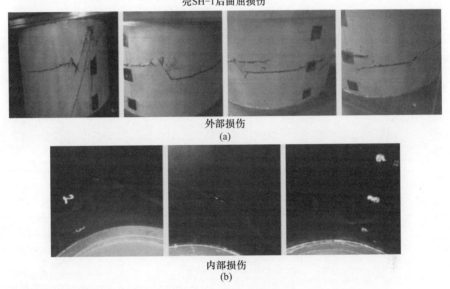

外部损伤

(a)

内部损伤

(b)

图 13.33　壳 SH - 1 在 294.3kN 出现倒塌后的损伤情况

(a)外部损伤;(b)内部损伤。

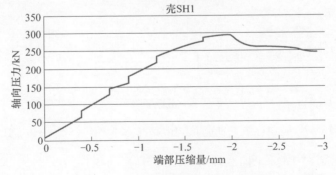

图 13.34　壳 SH - 1:端部压缩量与轴向压力载荷的关系曲线

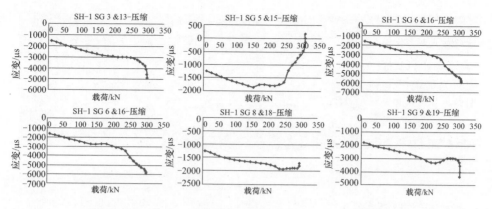

图 13.35　壳 SH－1:载荷与压应变的关系(SG——应变计)

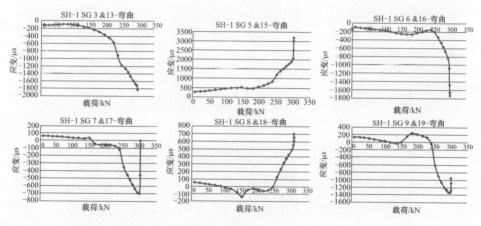

图 13.36　壳 SH－1:载荷与弯曲应变的关系(SG——应变计)

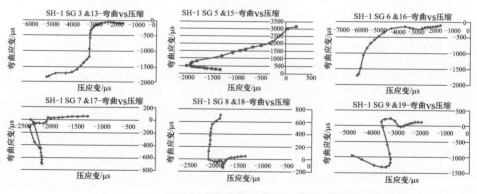

图 13.37　壳 SH－1:弯曲应变与压应变的关系曲线(SG——应变计)

裂纹几乎覆盖了半个周长,图 13.39 中示出了典型的损伤情况。载荷与端部压缩量之间的关系曲线如图 13.40 所示,此处的加载段是比较平滑的。与前相似,这里也给

554

出了载荷－压应变、载荷－弯曲应变以及弯曲应变－压应变等关系曲线,它们是根据应变计得到的,如图 13.41～图 13.43 所示。值得提及的是,研究人员在 SH－1 和 SH－2 这两个样件的外表面上都刷上了不均匀的白漆,然后在其整个周长上进行拍照,从而为利用摄影测量法测量初始几何缺陷提供了必要的条件。

SH-2

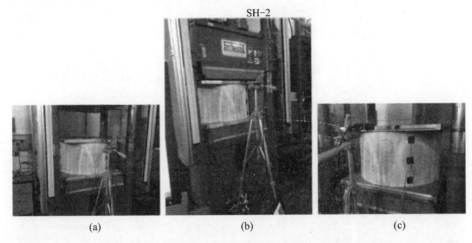

(a)   (b)   (c)

图 13.38 壳 SH－2
(a)处于加载设备中(加载前的左视图);
(b)处于加载状态下;(c)处于加载设备中(加载前的右视图)。

圆锥壳 C－1 是下一个进行测试的样件,测试之前首先借助 ANSYS 有限元软件计算了它的承载能力。虽然在设计的初期阶段就已经计算过该型圆锥壳,然而由于制备工艺的原因,它(以及 C－2 样件)的实际铺设不得不做出改变,即将前面给出的三明治圆锥壳的铺层方案做了近似处理,以消除组分层之间的重叠,正因如此,我们才需要建立一个更合适一些的有限元模型。利用特征值分析,所计算出的屈曲载荷约为 135.64kN,屈曲模式如图 13.44 所示。可以看出,失效预计发生在圆锥壳的上部,靠近顶部边界位置。

考虑到屈曲载荷预测值相对较低,实验中是在 MTS 压力机上对这两个圆锥壳进行测试的,该压力机最高可加载 100kN。图 13.45 给出了 C－1 圆锥壳在测试设备中的情况,首先加载到 20kN,然后卸载,随后再次加载,直到达到其最大承载量 40.894kN。加载过程中,可以听到裂纹形成的噪声,不过没有观察到屈曲行为,失效体现为圆锥壳上部被压碎,可以发现壳内外的三明治面板上均出现了裂纹和破损(仅在靠近顶部端板的部分),这与数值计算结果是类似的。圆锥壳的下部保持完好,没有发现任何可见损伤。图 13.46 中示出了该圆锥壳上部出现的一些典型损伤,同时由此也可看出下部是完好的。

载荷与端部压缩量的关系曲线如图 13.47 所示,加载段是比较平滑的。应当注

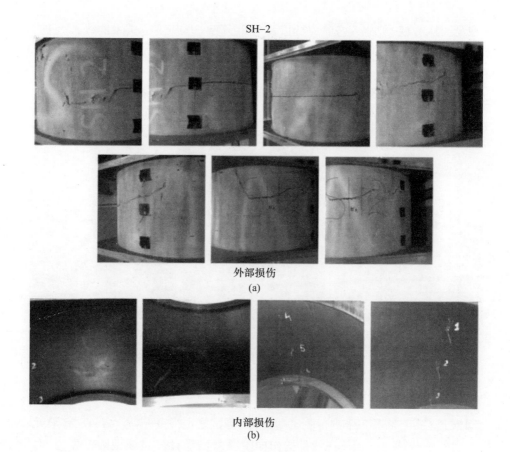

外部损伤
(a)

内部损伤
(b)

图 13.39　壳 SH－2 在 267.25kN 出现倒塌后的典型损伤情况
(a)外部损伤;(b)内部损伤。

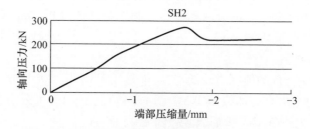

图 13.40　壳 SH－2:端部压缩量与轴向压力的关系曲线

意的是,这里的端部压缩量是压力机设备给出的,由此或许可以解释加载开始阶段的曲线形状(即,设备需要消除间隙)。跟前面相似,图 13.48 ~ 图 13.50 分别给出了应变计的典型读数情况,即载荷－压应变、载荷－弯曲应变以及弯曲应变－压应变等关系曲线。不难看出,从应变计读数就可以反映出最大的压力载荷。

　　圆锥壳 C－2 也是在 MST 压力机上进行测试的,如图 13.51 所示。实验过程中,

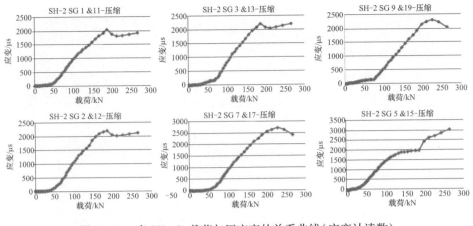

图 13.41 壳 SH-2:载荷与压应变的关系曲线(应变计读数)

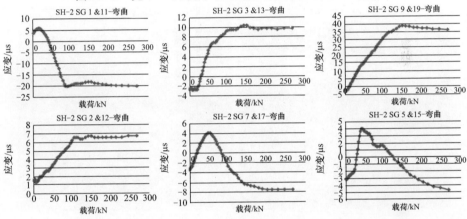

图 13.42 壳 SH-2:载荷与弯曲应变的关系曲线(应变计读数)

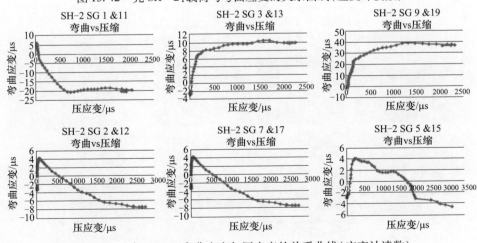

图 13.43 壳 SH-2:弯曲应变与压应变的关系曲线(应变计读数)

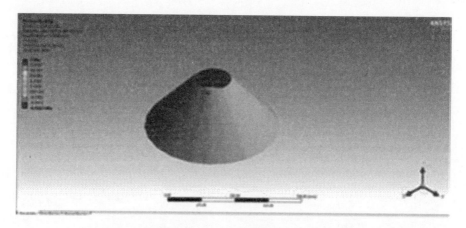

图 13.44　圆锥壳 C-1 的 ANSYS 有限元分析结果:
理论屈曲模式及其相关的临界载荷 $P_{cr} = 135.64\text{kN}$

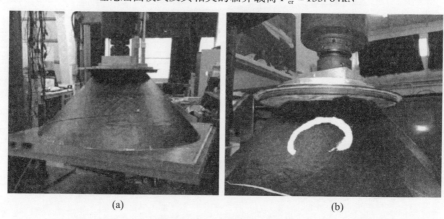

(a)　　　　　　　　　　　　　　　　(b)

图 13.45　圆锥壳 C-1

(a)在加载设备中进行加载;(b)经过最大加载后产生了局部损伤。

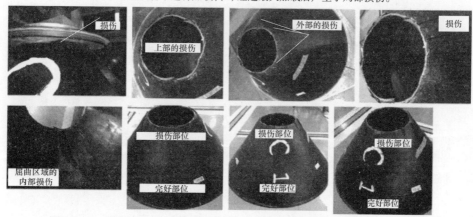

图 13.46　圆锥壳 C-1:最大加载之后出现的典型的外部损伤和内部损伤

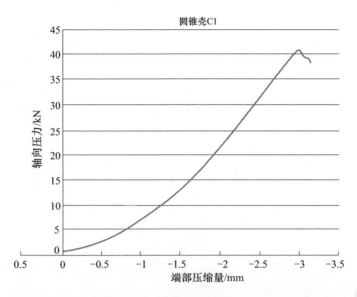

图 13.47　圆锥壳 C－1:端部压缩量与轴向载荷的关系曲线

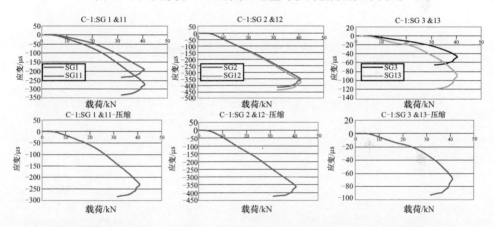

图 13.48　圆锥壳 C－1:载荷与压应变的关系曲线(应变计读数)(见彩图)

首先将该样件加载到 20kN,然后卸载,之后重新加载,直到达到最大承载量 32.125kN。类似地,加载过程中也会听到裂纹形成的噪声,同样也没有观测到屈曲 行为,失效仍体现为圆锥壳上部的压碎,而且也可以发现壳内外的三明治面板上均出 现了裂纹和破损(仅在靠近顶部端板的部分),与数值计算结果是类似的。圆锥壳的 下部保持完好,没有发现任何可见损伤。图 13.52 中示出了该圆锥壳上部出现的一 些典型损伤,同时也可看出下部是完好的。载荷与端部压缩量曲线如图 13.53 所示, 加载段曲线也比较光滑。应变计的典型读数可参见图 13.54 ～ 图 13.56,即载荷－压 应变、载荷－弯曲应变以及弯曲应变－压应变等关系曲线。此处也应提及的是,在 C－2这个样件的外表面上都刷上了不均匀的白漆,然后在其整个周长上进行拍照,

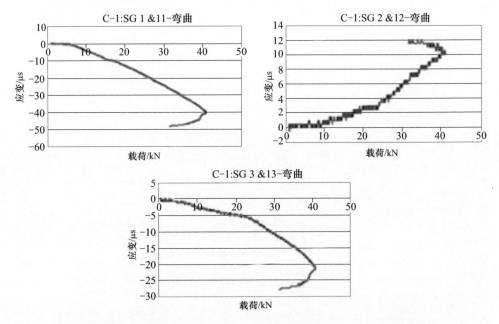

图 13.49　圆锥壳 C - 1:载荷与弯曲应变的关系曲线(应变计读数)

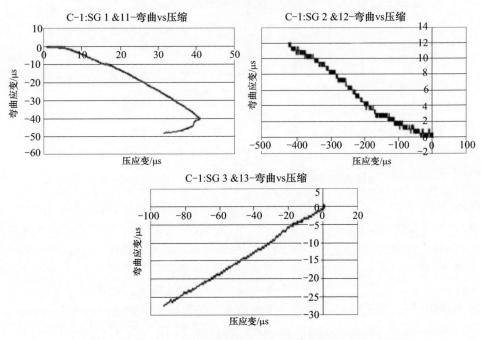

图 13.50　圆锥壳 C - 1:弯曲应变与压应变的关系曲线(应变计读数)

从而为利用摄影测量法测量其初始几何缺陷提供了必要条件。

圆锥壳C-2

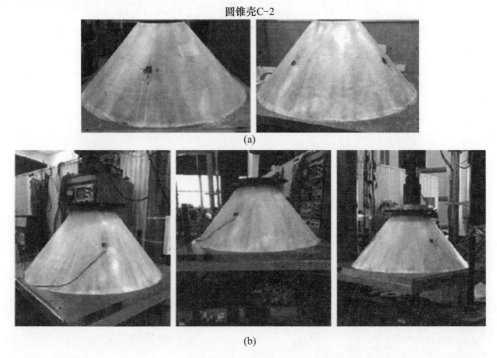

(a)

(b)

图 13.51　圆锥壳 C – 2
(a)处于加载设备中(加载前);(b)加载状态。

　　综上所述,表13.6 中将测试结果做了归纳,并与相应的数值预测结果进行了比
较。我们可以看出,三明治圆柱壳实验得到的载荷值要低于预测值(为预测值的
0.605 ~ 0.666 倍),那么折减因子(KDF)取 0.6 ~ 0.67 是合适的;圆锥壳实验得到的
载荷值则要显著低于预测值(为预测值的 0.2368 ~ 0.3015 倍),因而折减因子非常
小,即 0.24 ~ 0.30。导致这一情况的原因在于,三明治圆锥壳的复合面板的有限元模
型是不够充分和准确的,此外圆锥壳小端也没有得到足够的保护(相对于压碎而言)。

表 13.6　三明治圆柱壳和圆锥壳:实验结果和数值预测

样件	最大载荷/kN	预测载荷/kN
SH – 1	294.300	442.00[a]
SH – 2	267.250	442.00[a]
C – 1	40.894	135.64
C – 2	32.125	135.64

注:[a] 源自于 C. Bisagni, R. Vescovini, DESICOS Technical Report, Deliverable 2.2: Design and Analysis of Test
Structures, 31/10/2014。

561

圆锥壳C-2

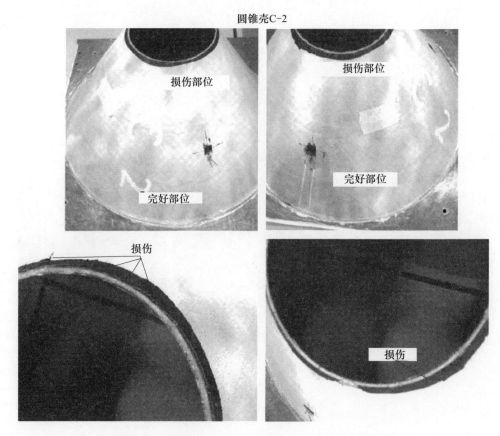

图 13.52　圆锥壳 C‐2:最大加载之后出现的典型损伤

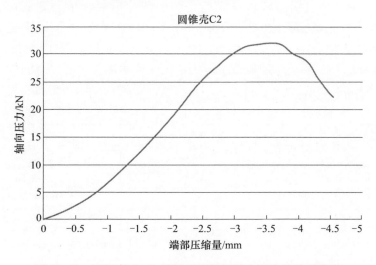

图 13.53　圆锥壳 C‐2:端部压缩量与轴向压力的关系曲线

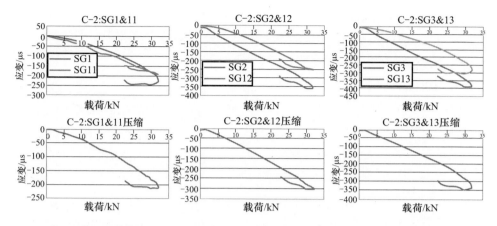

图 13.54 圆锥壳 C-2:载荷与压应变之间的关系曲线(应变计读数)(见彩图)

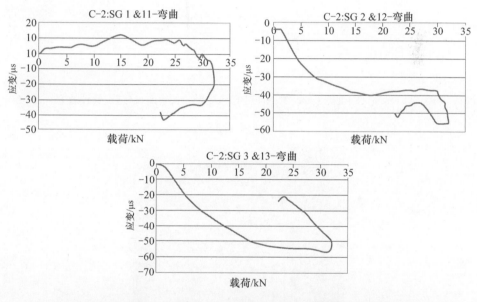

图 13.55 圆锥壳 C-2:载荷与弯曲应变之间的关系曲线(应变计读数)

　　就以色列理工学院所观测到的上述行为来说,DESICOS 项目的其他合作方在测试三明治壳结构的过程中也曾观察到,即圆柱壳或者圆锥壳出现总体倒塌,且沿着周长方向呈现面板与夹心层之间的脱离以及面板破损等现象。由于施加压力载荷后这些样件彻底破坏了,因此卸载之后就不可继续使用了,这也是整体式复合圆柱壳的常见特征。

　　下面将对里加工业大学在 DESICOS 项目中所进行的一些实验工作做一介绍。为设计 ISS + JAVE 结构的原型实验样件,初期制备了一个较小的 $D = 300\text{mm}$ 的结构,并进行了实验测试,目的是考察指定边界条件的影响。实验中采用的是三点支撑

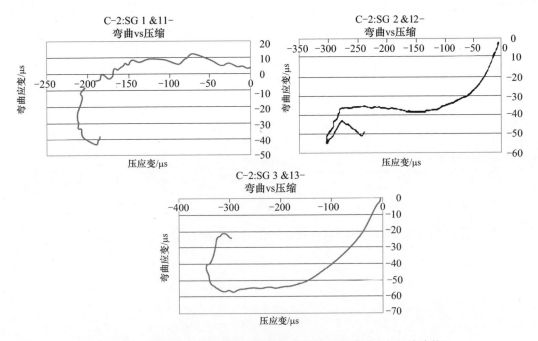

图 13.56 圆锥壳 C-2:弯曲应变与压应变的关系曲线(应变计读数)

形式,每个支撑位置处均为球形接头,参见图 13.57。

图 13.57 用于测试 ISS + JAVE D300 L440 复合壳的实验设置

所测试的 ISS + JAVE D300 L440 圆柱壳是在 ZWICK Z100 测试台架上进行实验

564

的,采用的是位移加载方式,加载速度为1mm/min。三个支撑位置的垂向平动由三个LVDT进行记录。壳顶边处的载荷分布是通过9个等间距布置的应变计来测量的,如图13.58所示,同时还在所预测的屈曲位置(增强区上边界的上方45mm处)布置了三对背靠背粘贴的应变计。

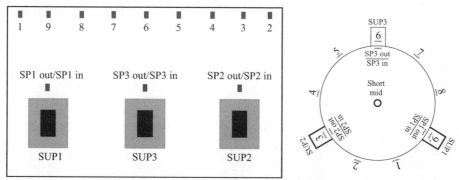

图13.58　ISS+JAVE D300 L440 样件上的应变计布置

壳的顶边与加载板之间的界面处加装了垫片进行调整,目的是尽可能获得均匀的载荷分布,最大为6kN,继续提高这一载荷可能导致出现偏心而产生弯曲。后来的研究表明,这种形式的结构对于几何缺陷和载荷偏心来说是不大敏感的。图13.59中给出了基于理想几何模型的有限元分析所得到的结果,同时也与实验结果进行了比较,可以看出直到轴向载荷为60kN,这二者都是非常吻合的。EBL为61.8kN,而非线性有限元(假定为理想几何)计算预测的屈曲载荷值为68kN。

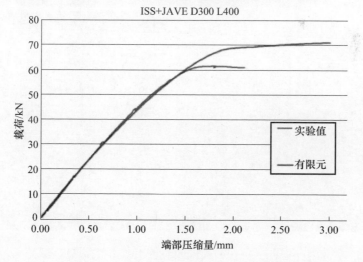

图13.59　ISS+JAVE D300 L440 样件的载荷与端部压缩量关系曲线(见彩图)

ISS+JAVE D500 L700 圆柱壳是在 INSTRON 8802 测试台架上进行测试的,采用的也是位移加载方式,加载速度为 1mm/min。为测试加载的均匀性,在壳顶加载边附近沿着周向等间距地布置了九个应变计,如图 13.60 所示。在所预测的屈曲位置(增强区上边界的上方 45mm 处)布置了三对背靠背粘贴的应变计,目的是检测壳的屈曲行为,如图 13.61 所示。此外,还在壳上安装了三个 LVDT,如图 13.62 所示,它们与支撑座是对齐的。两根支撑柱是可调的,这有利于调整对齐,使得我们只需通过简单增减垫片来使得壳顶边和加载板保持对齐。

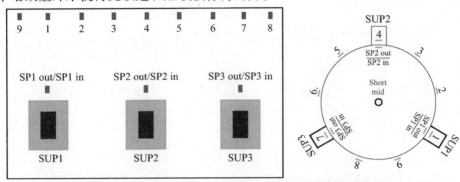

图 13.60 ISS + JAVE D500 L700 样件上的应变计布置

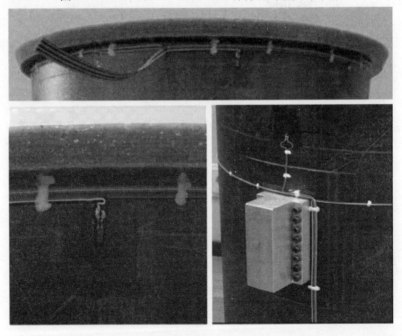

图 13.61 ISS + JAVE D500 L700 样件上的测试仪器

利用 ANSYS 有限元软件进行了数值计算,预测出的屈曲载荷值为 39.96kN,这里假定的是理想壳。如果考虑载荷分布的不均匀性(采用了实际测得的各个支撑座

566

的 LVDT 值),那么还可以得到更好的数值预测,如图 13.63 和图 13.64 所示,由此得到的屈曲载荷值为 39.70kN,而 EBL 为 39.84kN。

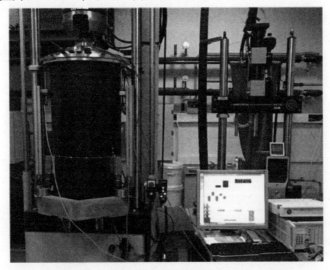

图 13.62   D500 ISS + JAVE 样件的实验设置

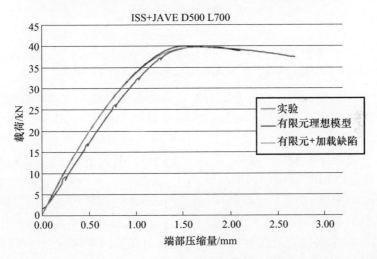

图 13.63   ISS + JAVE D500 L700 样件的载荷与端部压缩量关系曲线(见彩图)

下一个测试的是 ISS + JAVE D500 L1000 壳样件,也是在 INSTRON 8802 测试台架上进行的,位移加载速度为 1mm/min。样件上安装了九个应变计,其安装位置与前面的两种壳情况是相同的,都是在靠近顶部加载边附近沿着周向等间距地布置的,目的是检查载荷的均匀性。另外,在所预测的屈曲位置(增强区上边界的上方 45mm 处)布置了三对背靠背粘贴的应变计,目的是检测壳的屈曲行为。同样地,在壳上也

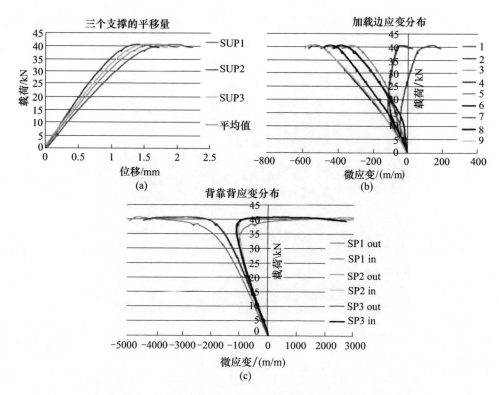

图 13.64　ISS + JAVE D500 L700 样件的实验结果(见彩图)

(a)三个支撑的平移量;(b)加载边处的应变计读数;(c)背靠背应变计读数。

安装了三个 LVDT,它们与支撑座是对齐的。借助两根可调的支撑柱,我们可以只需通过简单增减垫片来使得壳顶边和加载板保持对齐。利用 ANSYS 有限元软件进行了数值计算,预测出的屈曲载荷值为 97.45kN,引入载荷分布的不均匀性(采用了实际测得的各个支撑座的 LVDT 值)之后预测出的屈曲载荷值为 95.68kN,如图 13.65和图 13.66 所示。EBL 为 93.57kN。

对于 ISS + JAVE D500 L1000 样件,前述的 SPLA 过程施加在两个位置上,即,直接施加在实验得到的屈曲区域中部或其上 120mm 处,最大摄动载荷为 $P = 200N$。在两种情况的研究中均没有观察到摄动载荷对屈曲载荷的影响,因此可以认为 ISS + JAVE 型结构对于 SPLA 过程是不敏感的。

随后测试的是不加筋的不锈钢壳。制备了三个 $D = 500mm$ 的样件,制备工艺与前面介绍的是相同的,其中的两个只是作为参考实验样件,目的是帮助我们更好地理解样件的屈曲行为以及了解屈曲载荷的基本情况,同时也是为了检查和调整实验设置。由于我们不清楚这两个样件的初始几何缺陷情况,因此所能得到的只能是实验给出的屈曲载荷。第三个样件,即 SST_1 样件,做了初始缺陷测量,并建立了对应的有限元模型。该样件是在 ZWICK Z100 测试台架上进行实验测试的(图 13.67),仍

568

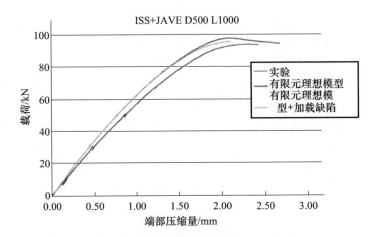

图 13.65　ISS + JAVE D500 L1000 样件的载荷与端部压缩量关系曲线(见彩图)

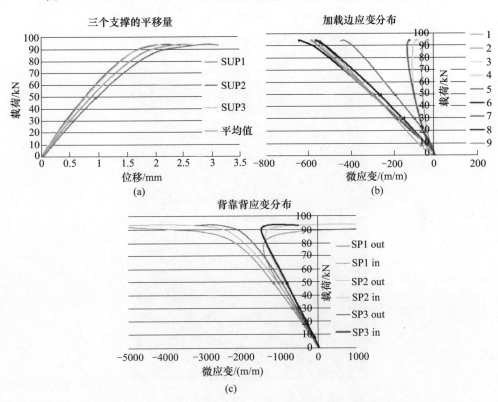

(a)

(b)

(c)

图 13.66　ISS + JAVE D500 L1000 样件的实验结果(见彩图)

(a)三个支撑的平移量;(b)加载边处的应变计读数;(c)背靠背应变计读数。

然是位移控制,速度为 0.5mm/min,并且安装了三个等间距布置(1200)的 LVDT 用于提取端部压缩量,Zwick 系统的加载单元可给出载荷数据。实验中进行了两种形式的测试工作,即,基于振动相关性技术(VCT)的测试(直到一阶屈曲,更多数据可参见本章末尾部分)和屈曲测试(基于 SPLA,摄动载荷为 $P_{load}=43N$,直到失效)。对于 SST_1 壳样件完成了三项测试,第一项是局部屈曲(可逆)测试,在 VCT 实验加载过程中我们观测到 70.2kN 处出现了这一行为,其位置靠近焊缝处;第二项测试是基于 SPLA 的,在相对于所测得的缺陷位置成 180° 的方位施加了 $P_{load}=43N$,所得到的屈曲载荷为 47.1kN,观测到的局部屈曲也出现在焊缝附近,所施加的载荷 P_{load} 位置没有出现局部屈曲;第三项测试是在无摄动载荷条件下一直加载到倒塌,所观测到的局部屈曲载荷为 51.8kN,位置相同,之后的倒塌(整体屈曲模式)出现在 78.2kN。此外,采用 NASA SP–8007[①] 根据下限法预测出的屈曲载荷为 60kN(KDF = 0.32),而非线性有限元分析得到的一阶屈曲(局部)载荷是 80kN,其中考虑了初始几何缺陷,整体倒塌载荷是 98kN(图 13.68)。壳样件的后屈曲模式如图 13.69 所示,其中给出了摄影测量法得到的结果以及真实屈曲模式的照片,从中不难看出二者是相当吻合的。

图 13.67　SST_1 样件的实验设置

---

　　① 可参阅：P. Seide, V. I. Weingarten, J. P. Peterson, Buckling of thin – walled circular cylinders, NASA Technical Report SP – 8007, August 1968。

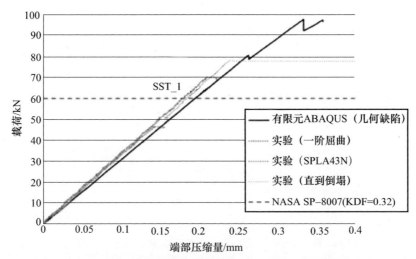

图 13.68　圆柱壳 SST_1：非线性有限元（缺陷）预测；
实验曲线；NASA SP – 8007 下限法（KDF）（见彩图）

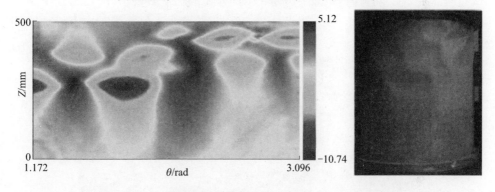

图 13.69　圆柱壳 SST_1：摄影测量法得到的屈曲模式与真实屈曲模式的实验照片

　　实验过程中观察到了回弹现象，如图 13.70 所示，虽然轴向载荷降到了屈曲点，然而在相当短的时间内仍可测得较大的平移量。设备上的顶部和底部钢制压板（25mm 厚）的回弹效应是产生这一现象的原因，这两块压板相对于厚度较大且刚性较大的隔环（300mm 直径）来说带有 100mm 的悬臂特征。在直径为 300mm 的壳样件的测试中没有发现这一回弹现象。

　　前面已经提及，研究人员还制备了三个 $D = 800$mm 的钢制样件，制备工艺相同，其中的两个样件高度较短，$H = 560$mm，它们将作为参考实验样件。第三个样件称为 SST_2，人们对其进行了初始几何缺陷测试，并导入了有限元模型中。SST_2 样件是在 INSTRON SATEC 600kN 测试台架上进行实验测试的，位移控制速度为0.5mm/min，安装了三个等间距布置（1200）的 LVDT，用于读取端部压缩量，由INSTRON加载单元给出载荷数据，并作为 10VDC 传感器连接到 MGC plus 数据采集系统，如图 13.71所示。

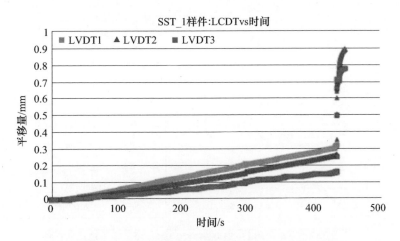

图 13.70　在 SST_1 壳实验中观察到的回弹现象(见彩图)

在该样件的上下边界附近沿周长方向分别等距布置了 6 个应变计,如图 13.72 所示。测试过程中完成了两个内容,第一个是 VCT 实验,最大加载到 45kN;第二个是一组屈曲实验,SPLA 中的 P_{load}=43,38,33,27,22,16N,另外还包括了一次直接加载到失效的屈曲实验。

图 13.71　SST_2 圆柱壳的实验设置

在 VCT 实验中,在高于 25kN 的载荷处观察到了局部屈曲行为(可逆),其位置靠近焊缝。在 SPLA 实验中,所施加的 P_{load}=43,38,33,27,22,16N 的位置与测得的缺陷位置成 −90°,当 P_{load}=43N 时得到的屈曲载荷值为 49.9kN,如图 13.73 和

572

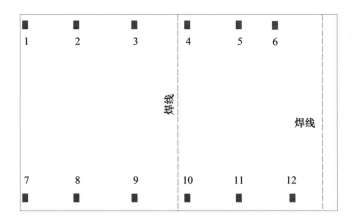

图 13. 72　圆柱壳 SST_2:所粘贴的应变计布置情况

图 13. 74所示,跟前面一样,所观察到的局部屈曲也出现在焊缝附近。由此可以认为,SPLA 方法不会导致在 P_{load} 的施加位置产生一阶局部屈曲。对于直接加载到倒塌这一实验,所施加的摄动载荷是 $P_{load} = 10\mathrm{N}$,观察到的局部屈曲行为发生在 44. 6kN(过渡)和 50. 2kN(局部屈曲),位置与前面是相同的,之后在 60. 3kN 出现了倒塌(整体屈曲)。根据 NASA SP – 8007 预测得到的屈曲载荷为 47kN(KDF = 0. 25),而非线性有限元预测出的一阶局部屈曲载荷为 63kN(考虑了初始几何缺陷),整体倒塌载荷为 74kN(若将 Exascan 测得的缺陷包括进来则为 71kN),如图 13. 75 所示。应注意的是,此处的非线性有限元模拟中引入了中曲面几何缺陷(通过 Exascan 和内部激光扫描仪测得)。

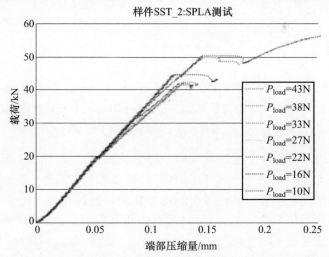

图 13. 73　圆柱壳 SST_2:SPLA 实验测试得到的结果曲线(见彩图)

　　另外两个不加筋的各向同性圆柱壳是采用 EN AW 6082 T6 铝合金板制备的,板厚 0. 5mm,采用胶黏搭接工艺(25mm)。这两个壳样件分别称为 R29AL 和 R30AL,

样件SST_2:基于SPLA方法的KDF实验值

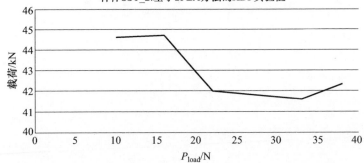

图 13.74　圆柱壳 SST_2:利用 SPLA 方法得到的 KDF 实验曲线

样件SST_2

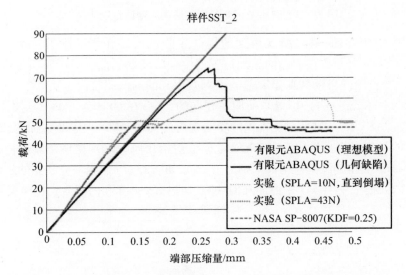

有限元ABAQUS（理想模型）
有限元ABAQUS（几何缺陷）
实验（SPLA=10N,直到倒塌）
实验（SPLA=43N）
NASA SP-8007(KDF=0.25)

图 13.75　圆柱壳 SST_2:摄动载荷 P_{load} =43N 处的一阶屈曲实验结果；

摄动载荷 P_{load} =10N 条件下的实验结果（直到倒塌）；针对理想和缺陷壳

（采用了激光扫描测量方法）的非线性预测结果（见彩图）

直径均为 D =500mm,自由长度为 460mm。根据 VCT 实验要求对这两个样件做了逐步加载,直到发生屈曲。由于屈曲时会出现塑性变形,因此没有进行 SPLA 实验测试。实验中没有安装应变计,载荷分布的均衡处理是通过在唯一的一个自由分界面处(样件顶边与台架压板之间的分界面)进行垫片调整而完成的,其他分界面处均采用树脂/铝混合粉剂做了浇注处理。

对于 R29AL 样件,在 VCT 实验加载末期出现了整体屈曲(不可逆),而 R30AL 样件则在 VCT 测试过程中就发生了屈曲(无法测出后屈曲路径)。为进行对比,还进行了非线性有限元分析,其中只考虑了中曲面的缺陷(搭接区域的厚度缺陷已经包含到模型中了)。结果表明两个壳样件都不会在倒塌发生之前出现局部屈曲,出现

574

的是沿着周长方向分布的均匀的屈曲模式。实验中观察到的 R29AL 样件的整体屈曲发生在 $P_{cr} = 36.33kN$；非线性有限元预测（几何缺陷 + 厚度缺陷）结果则为 $P_{cr} = 36.45kN$；SPLA（理想壳 + 厚度缺陷，$P_{load} = 7N$）预测值为 39.5kN（由此可得 KDF = 0.58）；NASA SP – 8007 预测出的屈曲载荷是 21.4kN（采用了较小的 KDF 值 0.32）；线性屈曲载荷预测结果为 $P_{lb} = 66.7kN$；非线性理想壳（包含厚度缺陷）的对应值为 $P_{perf} = 62.13kN$；VCT 预测出的屈曲载荷是 38.2kN。

类似地，对于 R30AL 样件，观测到的整体屈曲出现在 $P_{cr} = 38.32kN$（VCT 实验中在 38kN 发生屈曲）；非线性有限元预测（几何缺陷 + 厚度缺陷）结果为 $P_{cr} = 44.96kN$；SPLA（理想壳 + 厚度缺陷，$P_{load} = 7N$）预测值是 39.5kN（由此可得 KDF = 0.58）；NASA SP – 8007 预测的屈曲载荷是 21.4kN（采用了较小的 KDF 值 0.32）；线性屈曲预测值为 $P_{lb} = 66.7kN$；非线性理想壳（包含厚度缺陷）的对应值为 $P_{perf} = 62.13kN$；VCT 预测出的屈曲载荷是 38.4kN。

如前所述，研究人员还采用 IM7/8552 预浸料制备了具有不同铺层的 14 个复合圆柱壳。R15 和 R16 的配置与 DLR 所制备的 z15 壳是相似的，而另外 12 个（R17 – R28）的直径均为 $D = 300mm$，不过铺层情况有所不同（表 13.2），并都采用 VCT 和 SPLA 方法做了测试。对 R15 和 R16 这两个样件的实验设置做了改进，将它们粘接到钢板之间，并在内部加装了铝环。实验中采用了三个 LVDT 同时进行测量，为获得更好的载荷均匀性，还在唯一的一个自由分界面处进行了垫片调整，垫片厚度为 0.07mm。

对 R15 壳做了 SPLA 分析，以考察径向摄动对相对 KDF 值的影响，所施加的径向摄动载荷是常值，位于四个等间距（90°）的位置（A，B，C，D），如图 13.76 ~ 图 13.79 所示。利用 SPLA 方法，实验测量得到了 KDF 值，并将其与数值计算结果做了比较，数值计算中的 SPLA 是针对缺陷壳（中曲面缺陷 + 厚度缺陷）进行的。根据 SPLA 的实验和数值结果，借助式（13.1）计算出了相对 KDF 值，即 KDF*，如表 13.7 所列，通过比较不难看出它们是相当吻合的，不过应当指出的是，非线性数值模型有可能会高估屈曲载荷，大约高估 18%。

$$KDF^* = \frac{N_{1-exp}}{P_{cr-exp}} \Rightarrow KDF^* = \frac{N_{1-num}}{P_{cr-num}} \qquad (13.1)$$

表 13.7　壳 R15：数值和实验 SPLA 得到的相对 KDF*

位置	实验 SPLA	数值 SPLA
A	0.71	0.70
B	0.73	0.71
C	0.67	0.71
D	0.70	0.71

R15 样件的 EBL（25.38kN）要比 SPLA 预测出的载荷值 $N_1 = 22.41kN$（由此可得

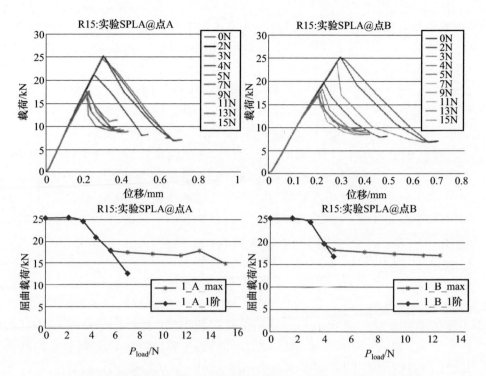

图 13.76　圆柱壳 R15:SPLA 的实验应用(在 A 点和 B 点处)(见彩图)

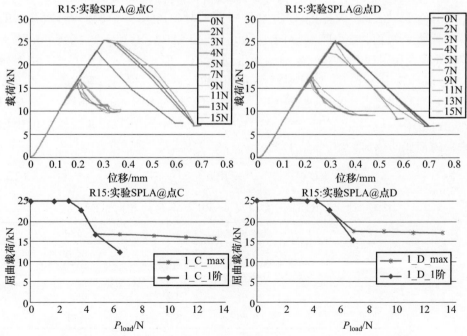

图 13.77　圆柱壳 R15:SPLA 的实验应用(在 C 点和 D 点处)(见彩图)

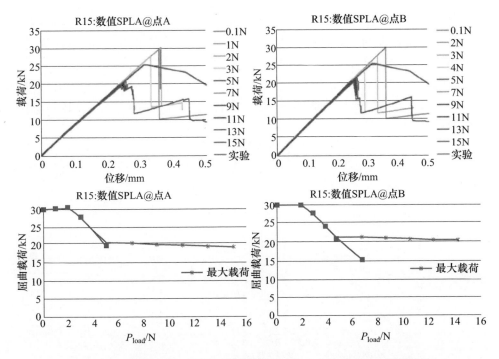

图 13.78　圆柱壳 R15：SPLA 的数值应用（在 A 点和 B 点处）（见彩图）

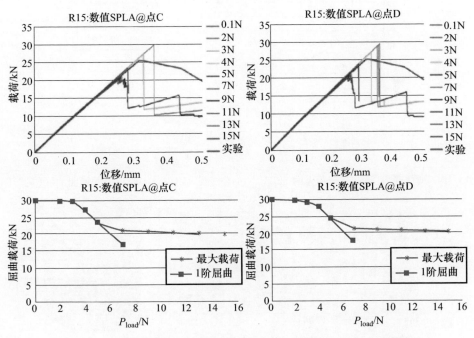

图 13.79　圆柱壳 R15：SPLA 的数值应用（在 C 点和 D 点处）（见彩图）

KDF = 0.58)高一些,后者是针对理想几何情况的 SPLA 分析结果,如图 13.80 所示。非线性有限元计算表明,在考虑几何缺陷和厚度缺陷的条件下,屈曲载荷为 $P_{cr} = 29.86\text{kN}$;线性屈曲载荷计算结果为 $P_{lb} = 38.75\text{kN}$;非线性理想壳模型的预测结果是 $P_{cr} = 38.86\text{kN}$;VCT 方法预测的屈曲载荷是 29kN。如图 13.81 和图 13.82 所示,摄影测量法给出的屈曲模式与数值模拟(基于测得的厚度缺陷和中曲面缺陷)的结果也是相当一致的。

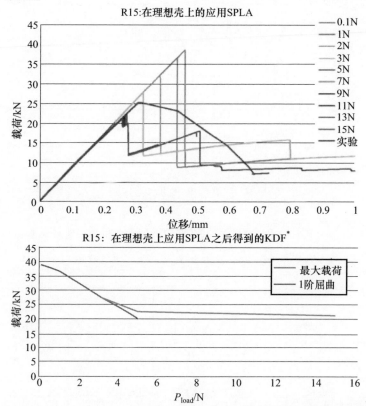

图 13.80　圆柱壳 R15:针对理想壳的 SPLA 方法的数值应用以及实验得到的屈曲曲线(见彩图)

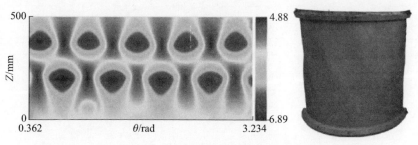

图 13.81　圆柱壳 R15:基于摄影测量法得到的屈曲模式(前视图)

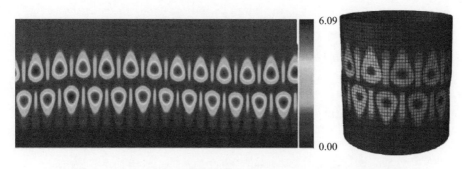

图 13.82　圆柱壳 R15:非线性分析中的屈曲模式(几何 + 厚度缺陷)

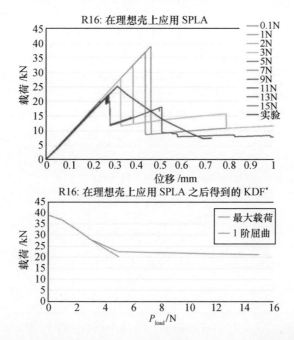

图 13.83　圆柱壳 R16:针对理想壳的 SPLA 方法的数值应用以及实验得到的屈曲曲线(见彩图)

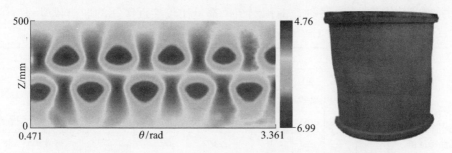

图 13.84　圆柱壳 R16:基于摄影测量法得到的屈曲模式(前视图)

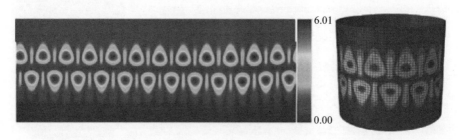

图 13.85 圆柱壳 R16:非线性屈曲分析中的屈曲模式(几何 + 厚度缺陷)

对于 R16 壳样件的实验测试工作也得到了与上述类似的结果,表 13.8 对此做了归纳。R16 壳的 EBL(25.23kN)要比 SPLA 预测出的载荷值 N_1 = 22.41kN(对应于 KDF = 0.58)高一些,后者是针对理想几何情况的 SPLA 分析结果,如图 13.83 所示。非线性有限元计算表明,在考虑几何缺陷和厚度缺陷的条件下,屈曲载荷为 P_{cr} = 33.97kN;线性屈曲载荷计算结果为 P_{lb} = 38.75kN;非线性理想壳模型的预测结果是 P_{cr} = 38.86kN;VCT 方法预测的屈曲载荷是 27kN。如图 13.84 和图 13.85 所示,摄影测量法给出的屈曲模式与数值模拟(基于测得的厚度缺陷和中曲面缺陷)的结果也是相当一致的。

表 13.8 壳 R16:数值和实验 SPLA 得到的相对 KDF *

位置	实验 SPLA	数值 SPLA
A	0.71	0.67
B	0.78	0.73
C	0.68	0.69
D	0.72	0.68

这些实验是里加工业大学在 DESICOS 项目中所完成的,表 13.9 中对由此得到的屈曲分析结果作了归纳,同时也列出了各种方法得到的数值结果。从中不难看出,对于所测试的样件来说,各种数值预测结果都是比较接近实际的屈曲载荷的。

表 13.9 DESICOS 项目中里加工业大学进行的实验和数值分析

	ISS + JAVE			各向同性 – 金属				复合材料	
	D300 L440	D300 L440	D300 L440	SST_1	SST_2	R29AL	R29AL	R15	R16
a/t	—	0.41	0.53	1.86	3.18	0.96	0.86	1.08	0.77
线性特征值	—	—	—	187	187	66.7	66.7	38.8	38.8
NASA SP – 8007 (KDF)	—	—	—	60 (0.32)	47 (0.25)	21.4 (0.32)	21.4 (0.32)	13 (0.33)	13 (0.33)

	ISS + JAVE			各向同性 – 金属				复合材料	
	D300 L440	D300 L440	D300 L440	SST_1	SST_2	R29AL	R29AL	R15	R16
SPLA	—	—	—	110.0	117.0	39.5	39.5	22.4	22.4
非线性、理想情况	68.0	39.96	97.45	182.0	183.0	62.1	62.1	38.9	38.9
实际缺陷情况	—	39.70	96.68	80.0/98.0	63.0/74.0	39.5	44.96	29.9	33.97
实验值	61.6	39.84	95.57	70.2/78.2	50.0/60.0	36.33	38.32	25.38	25.23
实验值(SPLA)	—	—	—	—	—	—	—	17.5	17.3
实验值(VCT)	—	—	90.02	70.59	47.0	38.2	38.4	29	27

13.3 壳 的 振 动

对于薄壁复合壳结构来说,动力学实验的主要目的是测出其固有频率。通过监控轴向载荷增大过程中固有频率值的下降情况,就可以以无损方式对样件的实际屈曲载荷做出预测,这一点也曾在第 12 章中介绍过。Kalnins 等[23]和 Arbelo 等[24]所做的工作是比较典型的,他们引入 VCT 方法来研究和确定了复合壳结构的屈曲载荷。在文献[22]给出的方法中,需要识别出待测壳结构的实际边界条件,从而能够实现更好更准确的屈曲载荷预测,这主要是通过监控待测件的模态响应来完成的。

在 DESICOS 项目中,已经对多种壳结构做了振动测试(这些壳的屈曲行为的描述可参见第 12 章),据此可以借助 VCT 方法在现场预测出待测壳结构的屈曲载荷。下面我们将给出一些典型的分析结果。

以色列理工学院和里加工业大学参与了一项实验工作,所考察的壳结构是 DLR 制备并曾测试过的。里加工业大学先是利用了一个扬声器对壳进行了激励,后来还采用了激振器作为激励源(只与壳表面接触而不绑定),并配备了一台激光多普勒测振仪(Polytech PI[①])用于获取固有频率和模态等信息。图 13.86 给出了这一实验设置,典型的测试结果如图 13.87 ~ 图 13.90 所示。

所给出的 $(1 - p)^2$ 与 $(1 - f^2)$ 的关系曲线是通过测量固有频率之后进行无量纲化处理得到的。无量纲处理中将固有频率除以零轴向载荷所对应的固有频率值,从而得到了变量 f。无量纲变量 p 定义为轴向载荷与数值计算得到的屈曲载荷的比值。随后利用二次多项式对实验数据进行了曲线拟合处理,进而由该多项式函数导出 ξ^2 值。于是,VCT 方法给出的预测结果就是 $P_{cr}(\ ) = \xi P_{cr}$,也即屈曲载荷的数值预测。

---

① http://www.polytecpi.com/vib.htm。

图 13.86　DLR 制备的圆柱壳 Z36 与里加工业大学的 VCT 系统

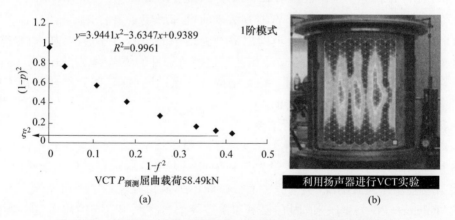

(a)　　　　　　　　　　　　　　　(b)

图 13.87　针对 DLR 制备的圆柱壳 Z36 利用 VCT 得到的实验结果

(a)屈曲载荷的预测;(b)里加工业大学激光多普勒测振仪测得的模式形状。

可以注意到,对于 Z36 壳来说,VCT 方法预测出的屈曲载荷 58.49kN 是与实际屈曲载荷 57.9kN 相当吻合的。

里加工业大学所进行的另一项 VCT 实验也是在 DESICOS 项目中完成的,针对的是不锈钢制 SST_1 和 SST_2 壳结构,结果分别如图 13.91 和图 13.92 所示。对于 SST_1 这个样件,VCT 方法预测出的屈曲载荷值为 70.59kN(加载到 P_{EBL} 的 86%),而 SST_2 对应的预测值是 47.37kN(加载到 P_{EBL} 的 90%)。

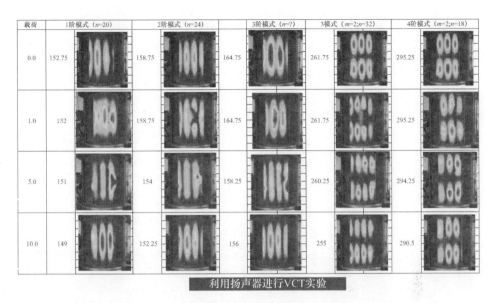

载荷	1阶模式 (n=20)		2阶模式 (n=24)		3阶模式 (n=?)		3模式 (m=2;n=32)	4阶模式 (m=2;n=18)
0.0	152.75		158.75		164.75		261.75	295.25
1.0	152		158.75		164.75		261.75	295.25
5.0	151		154		158.25		260.25	294.25
10.0	149		152.25		156		255	290.5

利用扬声器进行VCT实验

图 13.88　圆柱壳 Z36:扬声器激励条件下摄影测量得到的屈曲模式(见彩图)

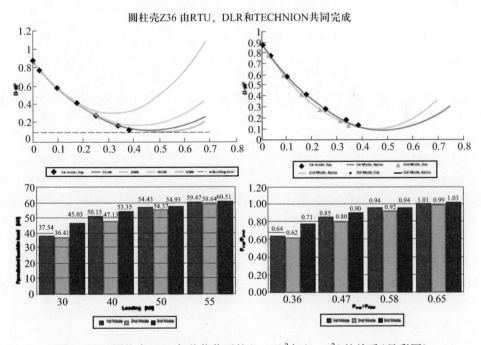

图 13.89　圆柱壳 Z36:各种载荷下的 $(1-p)^2$ 与 $(1-f^2)$ 的关系(见彩图)

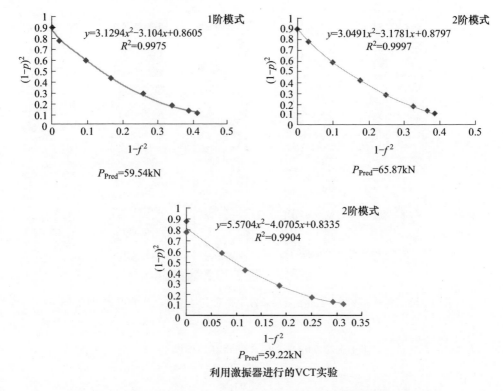

图 13.90　圆柱壳 Z36：$(1-p)^2$ 与 $(1-f^2)$ 的关系（采用激振器进行激励）

在 R29AL 和 R30AL 这两个铝壳样件情况中也观察到了类似的结果,前者如图 13.93 所示,后者如图 13.94 所示。不难发现,对于这些壳结构来说,VCT 方法的预测结果要高于实际的屈曲载荷值。

最后测试的是复合圆柱壳 R15 和 R16 样件,它们的屈曲分析结果已经在第 12 章中给出过,而 VCT 方法的分析结果分别如图 13.95 和图 13.96 所示。同样可以注意到,此处 VCT 方法也会高估实际的屈曲载荷,这一点在前面针对铝壳的讨论中也曾提及。

Abramovich 等人[25]曾提出过一种应用 VCT 的不同方式,可以用于桁条加筋复合圆柱壳结构屈曲载荷的无损预测。在 DAEDALOS① 项目中他们对 SH-1 壳(几何与材料参数参见图 13.97)进行了测试,并给出了一些典型的结果[25]。图 13.98 展现了该样件比较显著的后倒塌变形情况和在实验装置中的位置,同时也指出了 12 对应

---

　　① DAEDALOS：Dynamics in Aircraft Engineering Design and Analysis for Light Optimized Structures (www. daedalos-fp7. eu). 该项目受到了欧盟第七框架计划的部分资助,合同号 266411。

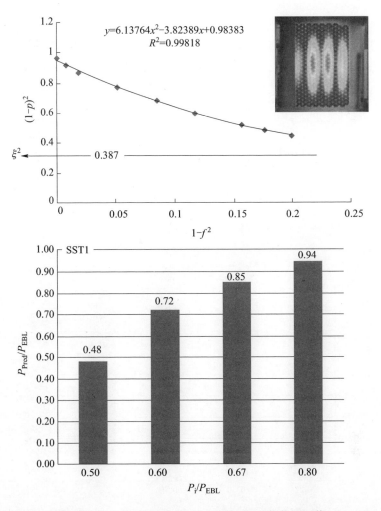

图 13.91　圆柱壳 SST_1:一阶模式的 VCT 曲线;相对载荷预测值(P_{Pred}/P_{EBL})
随无量纲相对载荷(P_i/P_{EBL})的变化(在该载荷范围内进行了
固有频率实验测试);插图为最低阶实验模态形状

变计的不同安装位置(背靠背粘贴),它们主要用于监控轴向加载过程中壳的行为,
此外还采用了 LVDT 对样件的端部压缩量进行了测量。该样件的激励是通过力锤敲
击实现的,实验得到的频率平方与轴向压力载荷之间的关系如图 13.99 所示(数据来
源于文献[25])。可以看出,随着轴向载荷的增大,固有频率的平方值明显降低。图
中的曲线是单调下降并趋向于载荷轴的,在靠近实际屈曲载荷处,该曲线将迅速弯
曲,由此我们就可以提取出屈曲载荷值(一阶屈曲载荷,不是倒塌载荷)。这里的
EBL 为 19.5kN[25],而计算出的屈曲载荷值为 32.68kN(表 13.10)。利用基于式

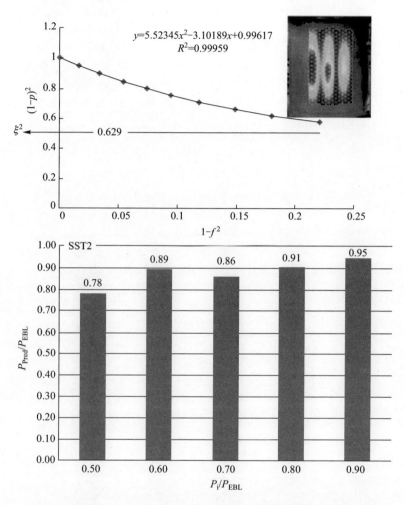

图 13.92　圆柱壳 SST_2：一阶模式的 VCT 曲线；相对载荷预测值（$P_{\text{Pred}}/P_{\text{EBL}}$）
随无量纲相对载荷（$P_{\text{i}}/P_{\text{EBL}}$）的变化（在该载荷范围内进行了
固有频率实验测试）；插图为最低阶实验模态形状

（13.2）的 VCT 方法，即二次多项式拟合之后将得到预测值为 $P_{\text{Extrap.}}=36.2\text{kN}$（参见图 13.99），这与实际的 EBL 相距较远。式（13.2）如下：

$$\left[\frac{f}{f_0}\right]^2 = 1 - \frac{P}{P_{\text{cr}}} \tag{13.2}$$

式中：f_0 为零轴向载荷处的固有频率；P_{cr} 为数值预测的屈曲载荷；f 为轴向载荷 P 处的固有频率。

586

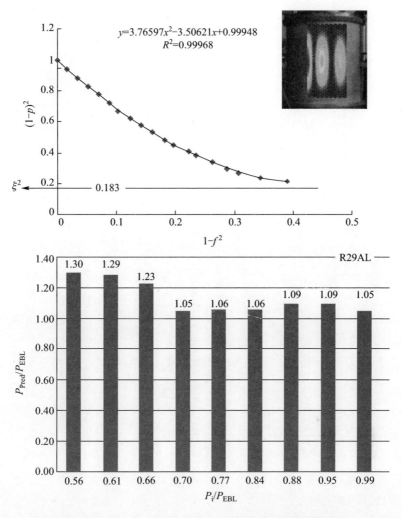

图 13.93　圆柱壳 R29AL:一阶模式的 VCT 曲线;相对载荷预测值(P_{Pred}/P_{EBL})
随无量纲相对载荷(P_i/P_{EBL})的变化(在该载荷范围内进行了
固有频率实验测试);插图为最低阶实验模态形状

表 13.10　壳 SH − 1 的屈曲载荷和倒塌载荷的计算值和实验值

样件	计算值		实验值	
	P_{cr}/kN	$P_{倒塌}/kN$	P_{cr}/kN	$P_{倒塌}/kN$
SH − 1	36. 28	42. 34	19. 5	20. 28

于是,研究人员对 VCT 方法做了改进,采用了如下表达式:

$$(1 - p)^2 = 1 - (1 - \zeta^2)(1 - \bar{f}^4) \tag{13. 3}$$

587

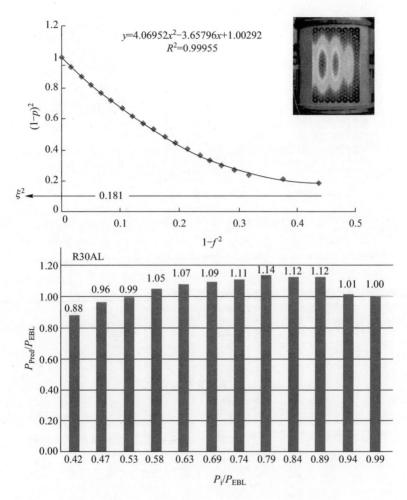

图 13.94 圆柱壳 R30AL：一阶模式的 VCT 曲线；相对载荷预测值（P_{Pred}/P_{EBL}）
随无量纲相对载荷（P_i/P_{EBL}）的变化（在该载荷范围内进行了
固有频率实验测试）；插图为最低阶实验模态形状

式中：$p \equiv \dfrac{P}{P_{cr}}$；$\bar{f} \equiv \dfrac{f}{f_0}$；$f_0$ 为零轴向载荷处的固有频率；P_{cr} 为根据 f^2 与 P 的关系曲线外
插得到的屈曲载荷；ζ^2 是加载过程中（最大加载到屈曲载荷预测值的 60%）所得到的
KDF 实验值。

根据实验数据对 $(1-p)^2$ 与 $(1-\bar{f}^4)$ 的关系做了最佳线性拟合，并在 $(1-\bar{f}^4)$ 为
1 的点处绘制一条平行于 $(1-\bar{f}^4)$ 轴的直线，它与 $(1-p)^2$ 轴的交点即为 ζ^2 值。将 P_{cr}
乘以 ζ 就得到了这种改进 VCT 方法所给出的 $P_{Predicted}$ 值了。对于所考察的样件，

588

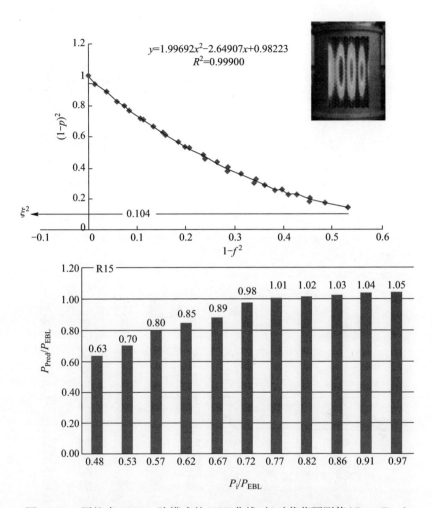

图 13.95 圆柱壳 R15：一阶模式的 VCT 曲线；相对载荷预测值（P_{Pred}/P_{EBL}）
随无量纲相对载荷（P_i/P_{EBL}）的变化（在该载荷范围内进行了
固有频率实验测试）；插图为最低阶实验模态形状

$P_{Predicted}$ 为 22.3kN（图 13.99），这显然与 EBL（19.5kN[25]）是比较接近的了。

  EBL 和数值预测结果之间所存在的较大差异，是由 SH-1 这个样件的初始几何缺陷引起的。通过对这些初始几何缺陷进行测量并在计算中加以考虑，是有可能减小前述的这种差异的，从而有利于改善 VCT 方法对屈曲载荷的预测精度。

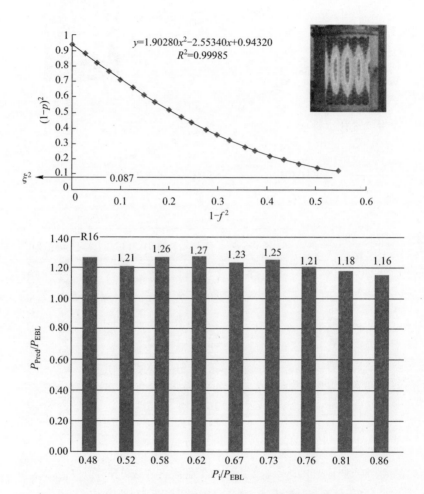

图 13.96　圆柱壳 R16：一阶模式的 VCT 曲线；相对载荷预测值（$P_{\text{Pred}}/P_{\text{EBL}}$）
随无量纲相对载荷（$P_{\text{i}}/P_{\text{EBL}}$）的变化（在该载荷范围内进行了
固有频率实验测试）；插图为最低阶实验模态形状

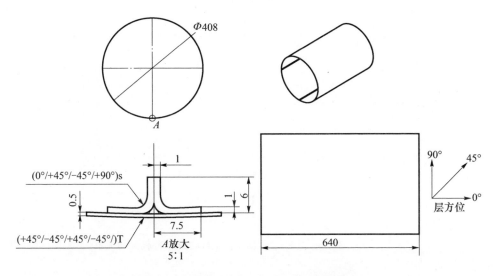

图 13.97 圆柱壳 SH－1 的几何和材料特性
（源自于 H. Abramovich，D. Govich，A. Grunwald，Buckling prediction of panels using
the vibration correlation technique，Progress in Aerospace Sciences 78（2015）62－73。）

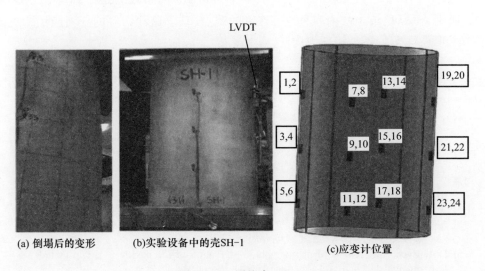

图 13.98 圆柱壳 SH－1
（a）倒塌后的变形情况；（b）实验设备中的状态；（c）应变计的位置情况
（源自于 H. Abramovich，D. Govich，A. Grunwald，Buckling prediction of panels using the
vibration correlation technique，Progress in Aerospace Sciences 78（2015）62－73。）

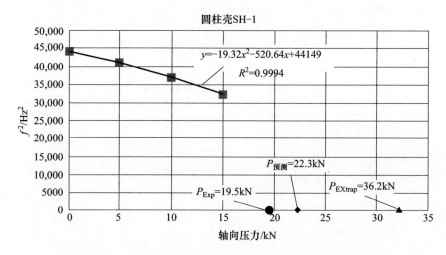

图 13.99　圆柱壳 SH - 1:频率的平方与轴向压力载荷的关系

致　　谢

本章所给出的结果来源于一系列研究,这些研究得到了欧盟第七框架计划(FP7/2007 - 2013)的资助(Priority Space, Grant agreement #282522, www. DESICOS. eu)。此外,本章所给出的内容只代表作者的观点,基于这些内容的任何应用所可能出现的问题,欧盟均不承担任何责任。

参考文献

[1] T. von Karman, H.-S. Tsien, The buckling of thin cylindrical shells under axial compression, Journal of the Aeronautical Sciences 8 (8) (1941) 303—312.

[2] P. Seide, V.I. Weingarten, J.P. Peterson, Buckling of Thin-Walled Circular Cylinders, NASA Technical Report SP-8007, August 1968.

[3] V.I. Weingarten, P. Seide, Buckling of Thin-Walled Truncated Cones, NASA Technical Report SP-8019, September 1968.

[4] A.W. Leissa, Vibration of Shells, NASA SP-288, 1973.

[5] A. Leissa, Buckling of Laminated Composite Plates and Shell Panels, AFWAL-TR-85—3069 Report, AD-A162 723, June 1985.

[6] D.A. Evensen, High-speed photographic observation of the buckling of thin cylinders, Experimental Mechanics 4 (4) (April 1964) 110—117.

[7] R.M. Jones, H.S. Morgan, Buckling and vibration of cross-ply laminated circular cylindrical shells, AIAA Journal 13 (5) (1975) 664—671.

[8] J.G. Teng, Buckling of thins shells: recent advances and trends, Applied Mechanics Review 49 (4) (April 1996) 263—274.

[9] M.P. Nemeth, J.H. Starnes, The NASA Monographs on Shell Stability Design Recommendations, NASA/TP-1998—206290, January 1998.

[10] M.S. Qatu, R.W. Sullivan, W. Wang, Recent research advances in the dynamic behavior of composite shells: 2000—2009, Composite Structures 93 (1) (2010) 14—31.

[11] M.S. Qatu, E. Asadi, W. Wang, Review of recent literature on static analyses of composite shell: 2000—2010, Open Journal of Composite Materials 2 (2012) 61—86.

[12] N.A. Fleck, Compressive failure of fiber composites, in: J.W. Hutchinson, T.Y. Wu (Eds.), Advances in Applied Mechanics, vol. 33, 1997, pp. 43—117.

[13] J. Singer, On the importance of shell buckling experiments, Applied Mechanics Reviews 52 (6) (June 1999) 17—25.

[14] R. Rikards, A. Chate, O. Ozoliņš, Analysis for buckling and vibrations of composite stiffened shells and plates, Composite Structures 51 (2001) 361—370.

[15] C. Bisagni, Dynamic buckling tests of cylindrical shells in composite materials, in: 24th International Council of the Aeronautical Sciences, ICAS2004, Yokohama, Japan, 29th August—September 3rd, 2004, 2004.

[16] E. Eglītis, K. Kalniņš, O. Ozoliņš, Experimental and numerical study on buckling of axially compressed composite cylinders, Construction Science 10 (10) (January 2009), 16 p.

[17] V. Chitra, R.S. Priyadarsini, Dynamic buckling of composite cylindrical shells subjected to axial impulse, International Journal of Scientific and Engineering Research 124 (05) (May 2013) 162—165.

[18] M.P. Nemeth, M.M. Mikulas Jr., Simple Formulas and Results for Buckling-resistance and Stiffness Design of Compression-Loaded Laminated-Composite Cylinders, NASA/TP-2009—215778, August 2009.

[19] R. Sliž, M.-Y. Chang, Reliable and accurate prediction of the experimental buckling of thin-walled cylindrical shell under axial load, Thin Walled Structures 49 (3) (2011) 409—421.

[20] R.S. Pryadarsini, V. Kalyanaraman, S.M. Srinivasan, Numerical and experimental study of buckling of advanced fibre composite cylinders under axial compression, International Journal of Structural Stability and Dynamics 12 (04) (July 2012), 1250028, 25 p.

[21] F. Shadmehri, Conical Shells; Theory and Experiment (Ph.D. thesis), Mechanical Engineering at Concordia University, Montreal, Quebec, Canada, September 2012.

[22] J. Blachut, Experimental perspective on the buckling of pressure vessel components, Applied Mechanics Reviews 66 (January 2014), 01083, 23 p.

[23] K. Kalnins, M.A. Arbelo, O. Ozolins, E. Skukis, S.G.P. Castro, R. Degenhardt, Experimental nondestructive test for estimation of buckling load on unstiffened cylindrical shells using vibration correlation technique, Shock and Vibration 2015 (2015), 729684, 8 p.

[24] M.A. Arbelo, K. Kalnins, O. Ozolins, E. Skukis, S.G.P. Castro, R. Degenhardt, Experimental and numerical estimation of buckling load on unstiffened cylindrical shells using a vibration correlation technique, Thin-Walled Structures 94 (September 2015) 273—279.

[25] H. Abramovich, D. Govich, A. Grunwald, Buckling prediction of panels using the vibration correlation technique, Progress in Aerospace Sciences 78 (2015) 62—73.

供进一步阅读的文献：

[1] E. Skukis, K. Kalnins, O. Ozolinsh, Assessment of the effect of boundary conditions on cylindrical shell modal response, in: 4th International Conference Civil Engineering'13, Proceedings Part 1 Structural Engineering, Jelgava, Latvia, vol. 4, 2013, pp. 41—45.

第14章 薄壁复合结构稳定性与振动的计算

（Tanvir Rahman[1]，Eelco Jansen[2]
[1]DIANA FEA BV，代尔夫特，荷兰；
[2]德国，汉诺威，汉诺威莱布尼兹大学）

14.1 屈曲和初始后屈曲的有限元分析概述

目前，在实际工程结构物的屈曲与振动分析中已经广泛采用了有限元方法。关于有限元分析方面的著作和手册也比较多，例如 ECSS 屈曲分析手册[1]，它们为工程技术人员和研究者提供了较为全面的理论支持和使用指南，从而为有效的非线性分析计算奠定了基础。本章将针对一些基本的复合壳结构实例，阐述其非线性屈曲和振动分析过程，其中特别注重了复合圆柱壳结构，原因在于此类结构具有非常重要的理论和实际意义。人们已经认识到，为获得可靠的结果，对于复杂结构的非线性屈曲问题来说应当以一种系统化的和分层次的过程来展开分析[1]。在非线性有限元屈曲与振动分析领域，一般可以通过基于有限元的缩减建模方法来构造层次式的分析过程。本章将对缩减建模技术做一回顾，主要针对的是基于摄动方法[2,3]的屈曲与振动有限元分析，所介绍的内容与文献[2,4-6]是基本一致的。

首先将给出 Koiter 摄动法的有限元描述，它主要用于单模式初始后屈曲分析。在这一方法中，需要在分叉屈曲点附近将载荷和位移场做摄动展开。在位移场的摄动展开式中，一阶项代表了分叉屈曲模式，而二阶项则代表了二阶模式。在大多数情况中，可以利用有限个屈曲模式和二阶模式来描述初始后屈曲行为。所得到的缩减的非线性代数方程的个数与摄动展开中选择的屈曲模式的个数是相同的，因而摄动过程可以视为非线性缩减模型的基础。若假定与最低阶分叉屈曲载荷相关的是一个单模式，且已经计算出屈曲模式和二阶模式，那么后屈曲斜率（系数 a）和曲率（系数 b）也就可以计算了。这些后屈曲系数可直接作为结构稳定性和缺陷敏感性的评价指标。例如，在圆锥壳和圆柱壳情况中，对于所谓的不对称模式，如果系数 a 为零而系数 b 为负值，那么就意味着结构具有不稳定的后屈曲行为，并且是缺陷敏感的。屈曲模式、二阶模式以及对应的后屈曲系数是理想结构的主要特征。一旦这些都计算出来了，那么就可以进一步考察几何缺陷的影响了，一般只需进行非常少的额外计算

594

工作,通常是针对不同的缺陷形状和幅值大小利用缩减模型来计算,在单模式情况中只会包含一个非线性代数方程。现有研究文献中,在 Koiter 摄动方法的有限元描述中前屈曲状态一般是假定为线性的。对于受到轴向压力载荷作用的圆柱壳和圆锥壳这类重要问题,这种线性假设往往会导致分叉屈曲载荷的高估,当引入非线性前屈曲状态以后,所得到的屈曲模式将变得显著不同。因此,在本章的介绍中将前屈曲非线性效应考虑了进来。随后,我们将对多模式分析做一讨论。为了评估和分析承载能力的退化效应这是必需的,这种效应来自于一组屈曲模式间的相互作用(这些屈曲模式具有相同的或近乎相同的屈曲载荷)。一般来说,即便这些屈曲模式自身是稳定的,然而当存在模式间的相互作用时却可能变成不稳定的后屈曲行为,并表现出对缺陷的敏感性。另外,人们也从实验中观测到,即使屈曲模式之间分得很开,它们也是可能发生相互作用的[7]。

在本章的第二部分,将对动态屈曲和非线性振动问题做一讨论,其中采用了摄动方法来进行静态初始后屈曲分析。在动态屈曲问题中,需要考虑与时间相关的加载过程。一般而言,随着载荷幅值的不断增大,结构的位移也将不断增大,并且经常在一个特定的载荷水平处,当继续增大载荷时位移会出现显著的增长。我们可以将这一特定的载荷水平视为结构的动态屈曲载荷,这一判定准则就是人们所熟知的 Budiansky – Roth 准则,此处也将采用之。用于静态后屈曲问题的摄动法可以拓展到动态屈曲问题的处理中,只需将惯性效应考虑进来即可。这一拓展可按照 Budiansky[8] 所给出的过程(针对多模式,考虑了前屈曲的非线性)来实现。因此,相关的描述将是静态多模式描述和附加的惯性项的直接组合与推广。在本章的这一部分中,还将考虑非线性或大幅值振动问题。当振动幅值较大时(与壳或板的厚度同阶),由于存在着几何非线性效应,因此振动频率将会随振幅而改变。因此,我们往往会观测到软化效应或硬化效应,即频率会随着振幅的增大而减小或增加,这一点可以从所谓的骨架曲线(backbone curve)看出。非线性振动领域中,很多研究都基于半解析方法(如伽辽金或瑞利兹法)描述了这种类型的振幅 – 频率关系,不过这种处理方法一般只限于相对简单的结构[9]。对于任意几何形状的结构来说,一般需要借助有限元离散才能完成分析。然而,在非线性振动问题中,基于有限元的瞬态分析过程是非常耗时的。为此,本章将给出一种基于有限元的摄动法分析过程,它类似于前面章节中所描述过的初始后屈曲分析。这一分析过程建立在 Rehfield[10] 的工作基础上,针对的是单模式情况,不过我们也对如何将其拓展到多模式情况做了讨论。该摄动方法将给出动态 b 系数 b_D(类似于静态后屈曲问题中的静态 b 系数),它对应了频率 – 幅值关系曲线的初始曲率,反映了最重要的非线性效应。

14.2　单模式初始后屈曲分析

本节主要讨论的是屈曲和后屈曲分析问题中的摄动方法,其中考虑了前屈曲非线性。相关方程的详细推导可以参阅 Arbocz 和 Hol[11]的报告,此处我们只介绍基本过程和基本方程,所采用的函数符号表达方法与 Budiansky[8]所曾使用过的相同。首先针对理想结构阐述摄动方法的过程,然后将其拓展到非理想结构。在下文的描述中,粗体符号代表的是矢量和张量,普通字体的符号代表的是标量。

早期很多基于 Koiter 理论的研究工作采用了势能驻值原理,与此不同的是,本章将采用 Budiansky 和 Hutchinson[12]所给出的另一方法,它借助虚功原理将场方程直接表达为变分形式。在 Budiansky 和 Hutchinson 的工作中,前屈曲态是假定为线性的。Cohen[13]和 Fitch[14],以及后来的 Arbocz 和 Hol[11,15]做了必要的修正,从而将前屈曲非线性包括了进来。这里所介绍的处理方式利用了 Arbocz 和 Hol[11,15]的推导过程和结果,并将其用于有限元分析之中。

分析中将采用两种不同类型的壳单元,第一种类型是 Mindlin 型(考虑了横向剪切应力)的曲面壳单元,DIANA 中已经提供了此种单元类型。在本章的数值算例分析中,除了这种单元之外,还将用到八节点四边形单元(称为 CQ40L,用于层合复合材料)。另一种类型是 Kirchhoff 型[16,17](忽略了横向剪切变形)三角形扁壳单元,它是 Allman[18-20]所给出的。Tiso[3]曾对这一单元做了改进,从而可以在一定程度上缓解与 b 系数收敛相关的锁定问题。后来该单元又得到了进一步的改进以适合复合材料问题,并在 DIANA 中进行了实现,即 T18SH[2]。以往的研究已经表明,为了准确计算出 b 系数,特别是在采用 Bernoulli 梁单元和 Kirchhoff 壳单元时,往往必须对单元格式做特别处理[3,21-25]。当然,如果采用的是 Mindlin – Reissner 类型[17,26,27]的梁单元和壳单元,那么无需对单元格式进行修正即可获得准确的 b 系数。

在本章所讨论的复合板与复合壳的问题中,不仅考虑线性前屈曲行为也将考虑非线性前屈曲行为,将采用摄动方法或采用半解析工具(ANILISA[15],BAAC[28])进行后屈曲系数的计算,所得结果也将与现有文献中给出的后屈曲系数分析结果进行对比。我们还将阐明所构造的缩减模型的有效性,将由此得到的初始后屈曲响应和极值点屈曲载荷与完整模型的有限元分析结果(DIANA,采用相同的单元)加以比较。

14.2.1 相关函数符号

若令 u 和 ε 分别代表位移场和应变场,那么应变 – 位移关系就可以通过下式来表达:

$$\varepsilon = L_1(u) + \frac{1}{2}L_2(u) \tag{14.1}$$

式(14.1)中的 L_1 代表的是一个线性算子,而 L_2 是一个二次算子。于是,$L_1(u)$ 就是一个线性泛函,代表了应变的线性部分,而 $L_2(u)$ 则是一个二次泛函,代表的是应变的非线性部分。

进一步还可以定义一个双线性算子 L_{11},使得

$$L_2(\boldsymbol{u}+\boldsymbol{v}) = L_2(\boldsymbol{u}) + 2L_{11}(\boldsymbol{u},\boldsymbol{v}) + L_2(\boldsymbol{v}) \tag{14.2}$$

由此可得

$$L_{11}(\boldsymbol{u},\boldsymbol{v}) = L_{11}(\boldsymbol{v},\boldsymbol{u}) \tag{14.3}$$

$$L_{11}(\boldsymbol{u},\boldsymbol{u}) = L_2(\boldsymbol{u}) \tag{14.4}$$

在本章给出的有限元实现过程中,将采用 Green – Lagrange 应变,文献[2]中已经针对这一特定的应变位移关系给出了上述算子 L_1、L_2 和 L_{11} 的显式定义。

14.2.2 理想结构

不妨设 $\boldsymbol{u}$、$\boldsymbol{\varepsilon}$、$\boldsymbol{f}$ 和 $\boldsymbol{\sigma}$ 分别为位移、应变、载荷和应力变量,那么非线性应变位移关系为式(14.1),而线弹性本构关系可表示为

$$\boldsymbol{\sigma} = H(\boldsymbol{\varepsilon}) \tag{14.5}$$

其中,H 为线性算子。

变分形式的平衡方程则可写为如下形式:

$$\boldsymbol{\sigma} \cdot \delta\boldsymbol{\varepsilon} - \boldsymbol{f} \cdot \delta\boldsymbol{u} = 0 \tag{14.6}$$

式(14.6)中的 $\boldsymbol{\sigma} \cdot \delta\boldsymbol{\varepsilon}$ 和 $\boldsymbol{f} \cdot \delta\boldsymbol{u}$ 分别代表的是应力 $\boldsymbol{\sigma}$ 在应变的变分 $\delta\boldsymbol{\varepsilon}$ 上所做的内部虚功,以及载荷 $\boldsymbol{f}$ 在位移变分 $\delta\boldsymbol{u}$ 上所做的外部虚功,它们都针对整个结构做积分。

根据式(14.1)和式(14.2),进一步可以得到 $\delta\boldsymbol{u}$ 所产生的一阶应变变分 $\delta\boldsymbol{\varepsilon}$,可表示为

$$\delta\boldsymbol{\varepsilon} = L_1(\delta\boldsymbol{u}) + L_{11}(\boldsymbol{u},\delta\boldsymbol{u}) \tag{14.7}$$

在线弹性情况中,存在如下互易关系:

$$\boldsymbol{\sigma}_i \cdot \boldsymbol{\varepsilon}_j = \boldsymbol{\sigma}_j \cdot \boldsymbol{\varepsilon}_i \quad (i,j = 1,2,\cdots) \tag{14.8}$$

这里可以考虑比例形式的载荷,即 $\boldsymbol{f} = \lambda\boldsymbol{f}_0$,于是对于相同的载荷参数 λ 值,后屈曲平衡态的变量 $(\boldsymbol{u},\boldsymbol{\varepsilon},\boldsymbol{\sigma})$ 就可以通过下面的摄动展开式在前屈曲平衡态 $(\boldsymbol{u}_0,\boldsymbol{\varepsilon}_0,\boldsymbol{\sigma}_0)$ 附近进行展开,即

$$\begin{cases} \boldsymbol{u} = \boldsymbol{u}_0(\lambda) + \boldsymbol{u}_1\xi + \boldsymbol{u}_2\xi^2 + \boldsymbol{u}_3\xi^3 + \cdots \\ \boldsymbol{\varepsilon} = \dot{\boldsymbol{\varepsilon}}_0(\lambda) + \boldsymbol{\varepsilon}_1\xi + \boldsymbol{\varepsilon}_2\varepsilon^2 + \boldsymbol{\varepsilon}_3\xi^3 + \cdots \\ \boldsymbol{\sigma} = \boldsymbol{\sigma}_0(\lambda) + \boldsymbol{\sigma}_1\xi + \boldsymbol{\sigma}_2\xi^2 + \boldsymbol{\sigma}_3\xi^3 + \cdots \end{cases} \tag{14.9}$$

变量 $(\boldsymbol{u}_0,\boldsymbol{\varepsilon}_0,\boldsymbol{\sigma}_0)$ 可假定为 $\lambda = \lambda(\xi)$ 的非线性函数,而 $(\boldsymbol{u}_k,\boldsymbol{\varepsilon}_k,\boldsymbol{\sigma}_k)$ 则与 λ、ξ 无关 $(k=1,2,\cdots)$。对于由 $\lambda = \lambda_c$ 和 $\xi = 0$ 所确定的分叉点,可以认为上面这个摄动展开式是渐近成立的。

将式(14.9)代入前面的式(14.1)、式(14.5)和式(14.6),取极限 $\xi \to 0$,并经过一些处理之后不难得到关于分叉屈曲载荷 λ_c 及其对应的屈曲模式 $\boldsymbol{u}_1$ 的一组方程,即

$$\boldsymbol{\varepsilon}_1 = L_1(\boldsymbol{u}_1) + L_{11}(\boldsymbol{u}_c, \boldsymbol{u}_1) \tag{14.10}$$

$$\boldsymbol{\sigma}_1 = H(\boldsymbol{\varepsilon}_1) \tag{14.11}$$

$$\boldsymbol{\sigma}_1 \cdot \delta\boldsymbol{\varepsilon}_c + \boldsymbol{\sigma}_c \cdot L_{11}(\boldsymbol{u}_1, \delta\boldsymbol{u}) = 0 \tag{14.12}$$

其中的下标 c 意味着前屈曲量针对的是 $\lambda = \lambda_c$。

下一步我们假定前屈曲量可以展开成泰勒级数,即

$$\begin{cases} \boldsymbol{u}_0 = \boldsymbol{u}_c + (\lambda - \lambda_c)\dot{\boldsymbol{u}}_c + \dfrac{1}{2}(\lambda - \lambda_c)^2 \ddot{\boldsymbol{u}}_c + \cdots \\[2mm] \boldsymbol{\sigma}_0 = \boldsymbol{\sigma}_c + (\lambda - \lambda_c)\dot{\boldsymbol{\sigma}}_c + \dfrac{1}{2}(\lambda - \lambda_c)^2 \ddot{\boldsymbol{\sigma}}_c + \cdots \end{cases} \tag{14.13}$$

其中的上圆点代表的是对 λ 求导运算。

另外,还需假定 $(\lambda - \lambda_c)$ 是满足渐近的摄动展开式的,即

$$\lambda - \lambda_c = a\lambda_c\xi + b\lambda_c\xi^2 + \cdots \tag{14.14}$$

在式(14.4)的基础上,如果绘制出载荷参数 λ 与模式幅值 ξ 之间的图像,那么 a 系数和 b 系数将分别代表后屈曲曲线的斜率和曲率。这里的分析中,我们考虑的是对称分叉,后屈曲斜率为 $a = 0$,而典型的后屈曲曲率为负值,即 $b < 0$,它反映的是不稳定的后屈曲行为。

将式(14.13)和式(14.14)以及式(14.9)代入式(14.1)、式(14.5)和式(14.6)中,并令 ξ^2 的系数相等(假定 $a = 0$),那么就可以得到用于确定二阶模式 $\boldsymbol{u}_2$ 的一组方程,即

$$\boldsymbol{\varepsilon}_2 = L_1(\boldsymbol{u}_2) + L_{11}(\boldsymbol{u}_c, \boldsymbol{u}_2) + \dfrac{1}{2}L_2(\boldsymbol{u}_1) \tag{14.15}$$

$$\boldsymbol{\sigma}_2 = H(\boldsymbol{\varepsilon}_2) \tag{14.16}$$

$$\boldsymbol{\sigma}_2 \cdot \delta\boldsymbol{\varepsilon}_c + \boldsymbol{\sigma}_c \cdot L_{11}(\boldsymbol{u}_2, \delta\boldsymbol{u}) + \boldsymbol{\sigma}_1 \cdot L_{11}(\boldsymbol{u}_1, \delta\boldsymbol{u}) = 0 \tag{14.17}$$

为了得到 b 系数的表达式,可以在式(14.12)和式(14.17)中令 $\delta\boldsymbol{u} = \boldsymbol{u}_1$,然后利用式(14.8)给出的互易关系,由此可得

$$b = -(1/\lambda_c\hat{\Delta})\{2\boldsymbol{\sigma}_1 \cdot L_{11}(\boldsymbol{u}_1, \boldsymbol{u}_2) + \boldsymbol{\sigma}_2 \cdot L_2(\boldsymbol{u}_1)\} \tag{14.18}$$

其中

$$\hat{\Delta} = 2\boldsymbol{\sigma}_1 \cdot L_{11}(\dot{\boldsymbol{u}}_c, \boldsymbol{u}_1) + \dot{\boldsymbol{\sigma}}_c \cdot L_2(\boldsymbol{u}_1) \tag{14.19}$$

如果 $a \neq 0$,那么式(14.18)将变得更复杂一些,即

$$b = -(1/\lambda_c\hat{\Delta}) \left\{ \begin{array}{l} 2\boldsymbol{\sigma}_1 \cdot L_{11}(\boldsymbol{u}_1, \boldsymbol{u}_2) + \boldsymbol{\sigma}_2 \cdot L_2(\boldsymbol{u}_1) + a\hat{\Delta}[\dot{\boldsymbol{\sigma}}_c \cdot L_{11}(\boldsymbol{u}_1, \boldsymbol{u}_2) \\ + \boldsymbol{\sigma}_1 \cdot L_{11}(\dot{\boldsymbol{u}}_c, \boldsymbol{u}_2) + \boldsymbol{\sigma}_2 \cdot L_{11}(\dot{\boldsymbol{u}}_c, \boldsymbol{u}_1)] + \\ (1/2)(a\hat{\Delta})^2[2\boldsymbol{\sigma}_1 \cdot L_{11}(\ddot{\boldsymbol{u}}_c, \boldsymbol{u}_1) + \ddot{\boldsymbol{\sigma}}_c \cdot L_2(\boldsymbol{u}_1)] \end{array} \right\}$$

$$\tag{14.20}$$

Cohen[13] 曾指出,通过令 $\boldsymbol{u}_2$ 与 $\boldsymbol{u}_1$ 正交就可以对上式加以简化,需要引入如下的

598

正交性条件：
$$\dot{\boldsymbol{\sigma}}_c \cdot L_{11}(\boldsymbol{u}_1, \boldsymbol{u}_2) + \boldsymbol{\sigma}_1 \cdot L_{11}(\dot{\boldsymbol{u}}_c, \boldsymbol{u}_2) + \boldsymbol{\sigma}_2 \cdot L_{11}(\dot{\boldsymbol{u}}_c, \boldsymbol{u}_1) = 0 \tag{14.21}$$

于是，式(14.20)也就简化为如下形式：
$$b = -(1/\lambda_c\hat{\Delta})\{2\boldsymbol{\sigma}_1 \cdot L_{11}(\boldsymbol{u}_1, \boldsymbol{u}_2) + \boldsymbol{\sigma}_2 \cdot L_2(\boldsymbol{u}_1)$$
$$+ (1/2)(a\hat{\Delta})^2[2\boldsymbol{\sigma}_1 \cdot L_{11}(\ddot{\boldsymbol{u}}_c, \boldsymbol{u}_1) + \ddot{\boldsymbol{\sigma}}_c \cdot L_2(\boldsymbol{u}_1)]\} \tag{14.22}$$

14.2.3　非理想结构

本节我们来讨论如何根据理想结构的特性推导出非理想结构的行为。如果将初始几何缺陷表示为 $\bar{\xi}\hat{\boldsymbol{u}}$（其中的 $\bar{\xi}$ 代表的是缺陷的幅值，而 $\hat{\boldsymbol{u}}$ 代表的是几何缺陷的模式），那么应变位移方程式(14.1)就可以修正为
$$\boldsymbol{\varepsilon} = L_1(\boldsymbol{u}) + \frac{1}{2}L_2(\boldsymbol{u}) + \bar{\xi}L_{11}(\hat{\boldsymbol{u}}, \boldsymbol{u}) \tag{14.23}$$

进一步，式(14.14)所定义的渐近展开也可修正为
$$\xi(\lambda - \lambda_c) = a\lambda_c\xi^2 + b\lambda_c\xi^3 - \alpha\lambda_c\bar{\xi} - \beta(\lambda - \lambda_c)\bar{\xi} + \cdots \tag{14.24}$$
其中的系数 α 和 β 分别代表的是一阶和二阶缺陷形状因子。这个方程与式(14.14)分别是非理想结构和理想结构的缩减模型。利用前节所给出的过程，我们可以得到 α 和 β 的表达式如下：
$$\alpha = (1/\lambda_c\hat{\Delta})[\boldsymbol{\sigma}_1 \cdot L_{11}(\hat{\boldsymbol{u}}, \boldsymbol{u}_c) + \boldsymbol{\sigma}_c \cdot L_{11}(\hat{\boldsymbol{u}}, \boldsymbol{u}_1)] \tag{14.25}$$

$$\beta = (1/\hat{\Delta})\left\{ \begin{array}{l} \boldsymbol{\sigma}_1 \cdot L_{11}(\hat{\boldsymbol{u}}, \dot{\boldsymbol{u}}_c) + \dot{\boldsymbol{\sigma}}_c \cdot L_{11}(\hat{\boldsymbol{u}}, \boldsymbol{u}_1) + H[L_{11}(\dot{\boldsymbol{u}}_c, \boldsymbol{u}_1)] \cdot L_{11}(\hat{\boldsymbol{u}}, \boldsymbol{u}_c) \\ -\alpha\lambda_c[\boldsymbol{\sigma}_1 \cdot L_{11}(\ddot{\boldsymbol{u}}_c, \boldsymbol{u}_1) + (1/2)\ddot{\boldsymbol{\sigma}}_c \cdot L_{11}(\boldsymbol{u}_1, \boldsymbol{u}_1) \\ + H[L_{11}(\dot{\boldsymbol{u}}_c, \boldsymbol{u}_1)] \cdot L_{11}(\dot{\boldsymbol{u}}_c, \boldsymbol{u}_1)] \end{array} \right\}$$
$$\tag{14.26}$$

其中的 $\hat{\Delta}$ 由式(14.19)给出。

根据前述的内容，现在我们就可以进行后屈曲分析了，这需要对式(14.9)中的位移场 $\boldsymbol{u}$ 的摄动展开式计算到二阶项。这一分析可借助如下分步处理过程来完成，即：

①计算 $\lambda = \lambda_c$ 处的前屈曲态 $\boldsymbol{u}_c$；②计算屈曲载荷 λ_c 及其对应的屈曲模式 $\boldsymbol{u}_1$；③计算二阶模式 $\boldsymbol{u}_2$；④计算系数 a 和 b；⑤分别计算一阶和二阶缺陷形状因子 α 和 β；⑥计算与所施加的载荷参数 λ 对应的模式幅值 ξ（利用式(14.24)）；⑦将已经计算出的数据代入式(14.9)中，得到位移场。

14.3 有限元实现

14.3.1 非线性屈曲分析

根据式(14.7),临界点($\boldsymbol{\varepsilon}_c$)处的应变的变分可以表示为

$$\delta\boldsymbol{\varepsilon}_c = L_1(\delta u) + L_{11}(u_c, \delta u) \tag{14.27}$$

将式(14.27)和式(14.10)、式(14.11)代入式(14.12)之后,我们可以得到如下方程:

$$H\big[L_1(u_1) + L_{11}(u_c, u_1)\big] \cdot \big[L_1(\delta u) + L_{11}(u_c, \delta u)\big] + \boldsymbol{\sigma}_c \cdot L_{11}(u_1, \delta u) = 0 \tag{14.28}$$

对式(14.28)进行处理,将 L_1 和 L_{11} 这两个算子以及连续位移场 u_1、u_c 和 δu 等分别替换为有限元矩阵 $\boldsymbol{B}_L$、$\boldsymbol{B}_{NL}$ 以及节点位移 $\boldsymbol{q}_1$、$\boldsymbol{q}_c$ 和 $\delta\boldsymbol{q}$,那么就可以得到式(14.28)的离散形式,即

$$\delta\boldsymbol{q}^{\mathrm{T}}\big[\boldsymbol{B}_L^{\mathrm{T}}\boldsymbol{H}\boldsymbol{B}_L\boldsymbol{q}_1 + \boldsymbol{B}_{NL}^{\mathrm{T}}(\boldsymbol{q}_c)\boldsymbol{H}\boldsymbol{B}_L\boldsymbol{q}_1 + \boldsymbol{B}_L^{\mathrm{T}}\boldsymbol{H}\boldsymbol{B}_{NL}(\boldsymbol{q}_c)\boldsymbol{q}_1$$
$$+ \boldsymbol{B}_{NL}^{\mathrm{T}}(\boldsymbol{q}_c)\boldsymbol{H}\boldsymbol{B}_{NL}(\boldsymbol{q}_c)\boldsymbol{q}_1 + \boldsymbol{B}_{NL}^{\mathrm{T}}(\boldsymbol{q}_1)\boldsymbol{\sigma}_c\big] = 0 \tag{14.29}$$

由于 $\delta\boldsymbol{q}$ 是任意的位移矢量,因此式(14.29)中的中括号内的项应为零,即

$$\boldsymbol{B}_L^{\mathrm{T}}\boldsymbol{H}\boldsymbol{B}_L\boldsymbol{q}_1 + \boldsymbol{B}_{NL}^{\mathrm{T}}(\boldsymbol{q}_c)\boldsymbol{H}\boldsymbol{B}_L\boldsymbol{q}_1 + \boldsymbol{B}_L^{\mathrm{T}}\boldsymbol{H}\boldsymbol{B}_{NL}(\boldsymbol{q}_c)\boldsymbol{q}_1 + \boldsymbol{B}_{NL}^{\mathrm{T}}(\boldsymbol{q}_c)\boldsymbol{H}\boldsymbol{B}_{NL}(\boldsymbol{q}_c)\boldsymbol{q}_1 + \boldsymbol{B}_{NL}^{\mathrm{T}}(\boldsymbol{q}_1)\boldsymbol{\sigma}_c = 0 \tag{14.30}$$

在进行单元层面的积分并组装之后,也就得到了

$$\big[\boldsymbol{K}_{\mathrm{M}} + \boldsymbol{K}_{\mathrm{D}}(\boldsymbol{q}_c) + \boldsymbol{K}_{\mathrm{G}}(\boldsymbol{\sigma}_c)\big]\boldsymbol{q}_1 = 0 \tag{14.31}$$

式中:$\boldsymbol{K}_{\mathrm{M}}$、$\boldsymbol{K}_{\mathrm{D}}(\boldsymbol{q}_c)$ 和 $\boldsymbol{K}_{\mathrm{G}}(\boldsymbol{\sigma}_c)$ 分别代表的是材料特性矩阵、初始位移矩阵以及几何刚度矩阵,单元层面上它们的定义如下:

$$\boldsymbol{K}_{\mathrm{M}_e} = \int_v \boldsymbol{B}_L^{\mathrm{T}}\boldsymbol{H}\boldsymbol{B}_L \mathrm{d}v$$

$$\boldsymbol{K}_{\mathrm{D}_e}(\boldsymbol{q}_c) = \int_v \big[\boldsymbol{B}_{NL}^{\mathrm{T}}(\boldsymbol{q}_c)\boldsymbol{H}\boldsymbol{B}_L + \boldsymbol{B}_L^{\mathrm{T}}\boldsymbol{H}\boldsymbol{B}_{NL}(\boldsymbol{q}_c) + \boldsymbol{B}_{NL}^{\mathrm{T}}(\boldsymbol{q}_c)\boldsymbol{H}\boldsymbol{B}_{NL}(\boldsymbol{q}_c)\big]\mathrm{d}v$$

$$\boldsymbol{K}_{\mathrm{G}_e}(\boldsymbol{\sigma}_c) = \int_v \big[\sigma_{xx_c}\boldsymbol{K}_{xx} + \sigma_{yy_c}\boldsymbol{K}_{yy} + \sigma_{zz_c}\boldsymbol{K}_{zz} + \sigma_{xy_c}\boldsymbol{K}_{xy} + \sigma_{yz_c}\boldsymbol{K}_{yz} + \sigma_{zx_c}\boldsymbol{K}_{zx}\big]\mathrm{d}v$$

其中的 v 为单元体域;σ_{xx_c}、σ_{yy_c}、σ_{zz_c}、σ_{xy_c}、σ_{yz_c} 和 σ_{zx_c} 为应力分量;$\boldsymbol{K}_{xx}$、$\boldsymbol{K}_{yy}$、$\boldsymbol{K}_{zz}$、$\boldsymbol{K}_{xy}$、$\boldsymbol{K}_{yz}$ 和 $\boldsymbol{K}_{zx}$ 是文献[2]中所定义的插值多项式函数的导数(注意不要与刚度矩阵混淆)。

$\boldsymbol{K}_{\mathrm{M}_e}$、$\boldsymbol{K}_{\mathrm{D}_e}$ 和 $\boldsymbol{K}_{\mathrm{G}_e}$ 求和后将给出临界点处的单元切向刚度矩阵 $\boldsymbol{K}_{\mathrm{t}_e}$,于是在组装之后式(14.31)也就变成了

$$\boldsymbol{K}_{\mathrm{t}_e}\boldsymbol{q}_1 = 0 \tag{14.32}$$

式(14.32)可以按照如下方法来求解。首先进行标准的非线性分析,以尽可能逼近临界点,且系统刚度矩阵不会出现任何负的对角项。令 $\lambda = \lambda_b$ 处的状态为基本

600

态,其对应的位移和应力状态记作 $\boldsymbol{q}_b$ 和 $\boldsymbol{\sigma}_b$,切向刚度矩阵记作 $\boldsymbol{K}_t$。然后将 $\boldsymbol{K}_t$ 在 $\lambda = \lambda_b$ 附近做线性化处理,并将式(14.32)写为一个线性特征值问题,即

$$\left[\boldsymbol{K}_{t_b} + (\lambda_c - \lambda_b)\left[\dot{\boldsymbol{K}}_D(\boldsymbol{q}_b, \dot{\boldsymbol{q}}_b) + \dot{\boldsymbol{K}}_G(\dot{\boldsymbol{\sigma}}_b) \right] \right] \boldsymbol{q}_1 = 0 \tag{14.33}$$

其中的 λ_{cl} 为屈曲载荷,而 $\boldsymbol{q}_1$ 为屈曲模式。

为确定 $\dot{\boldsymbol{q}}_b$,考虑比例形式的加载$(\boldsymbol{f} = \lambda \boldsymbol{f}_0)$,有

$$\dot{\boldsymbol{q}}_b = \left(\frac{\partial \boldsymbol{q}}{\partial \lambda} \right)_b = \left(\frac{\partial \boldsymbol{q}}{\partial \boldsymbol{f}} \right) \frac{\partial \boldsymbol{f}}{\partial \lambda} = \left(\frac{\partial \boldsymbol{f}}{\partial \boldsymbol{q}} \right)_b^{-1} \boldsymbol{f}_0 = \boldsymbol{K}_{t_b}^{-1} \boldsymbol{f}_0 \tag{14.34}$$

于是 $\dot{\boldsymbol{q}}_b$ 就可根据如下方程的线性解给出:

$$\boldsymbol{K}_{t_b} \dot{\boldsymbol{q}}_b = \boldsymbol{f}_0 \tag{14.35}$$

进而 $\dot{\boldsymbol{\sigma}}_b$ 就可以按下式计算:

$$\dot{\boldsymbol{\sigma}}_b = \frac{\partial \boldsymbol{\sigma}_b}{\partial \lambda} = \frac{\partial \boldsymbol{H} \left[\boldsymbol{B}_L + \frac{1}{2} \boldsymbol{B}_{NL}(\boldsymbol{q}_b) \right] \boldsymbol{q}_b}{\partial \lambda} = \boldsymbol{H} \left[\boldsymbol{B}_L + \boldsymbol{B}_{NL}(\boldsymbol{q}_b) \right] \dot{\boldsymbol{q}}_b \tag{14.36}$$

14.3.2 后屈曲分析

为进行后屈曲分析,需要先计算出二阶模式 $\boldsymbol{u}_2$。将式(14.10)、式(14.11)、式(14.15)、式(14.16)以及式(14.27)代入式(14.17)中,经过一些处理之后即可得到如下方程:

$$\boldsymbol{H} \left[L_1(\boldsymbol{u}_2) + L_{11}(\boldsymbol{u}_c, \boldsymbol{u}_2) \right] \cdot \left[L_1(\delta \boldsymbol{u}) + L_{11}(\boldsymbol{u}_c, \delta \boldsymbol{u}) \right] + \boldsymbol{\sigma}_c \cdot L_{11}(\boldsymbol{u}_2, \delta \boldsymbol{u})$$

$$= -\frac{1}{2} \boldsymbol{H} \left[L_2(\boldsymbol{u}_1) \right] \cdot \left[L_1(\delta \boldsymbol{u}) + L_{11}(\boldsymbol{u}_c, \delta \boldsymbol{u}) \right] - \boldsymbol{H} \left[L_1(\boldsymbol{u}_1) + L_{11}(\boldsymbol{u}_1, \boldsymbol{u}_c) \right] \cdot$$

$$L_{11}(\boldsymbol{u}_1, \delta \boldsymbol{u}) \tag{14.37}$$

式(14.37)可以以有限元矩阵形式来表示,即

$$\delta \boldsymbol{q}^T \left[\boldsymbol{B}_L^T \boldsymbol{H} \boldsymbol{B}_L \boldsymbol{q}_2 + \boldsymbol{B}_{NL}^T(\boldsymbol{q}_c) \boldsymbol{H} \boldsymbol{B}_L \boldsymbol{q}_2 + \boldsymbol{B}_L^T \boldsymbol{H} \boldsymbol{B}_{NL}(\boldsymbol{q}_c) \boldsymbol{q}_2 + \boldsymbol{B}_{NL}^T(\boldsymbol{q}_c) \boldsymbol{H} \boldsymbol{B}_{NL}(\boldsymbol{q}_c) \boldsymbol{q}_2 + \boldsymbol{B}_{NL}^T(\boldsymbol{q}_2) \boldsymbol{\sigma}_c \right]$$

$$= -\delta \boldsymbol{q}^T \left[\frac{1}{2} \left[\boldsymbol{B}_L + \boldsymbol{B}_{NL}(\boldsymbol{q}_c) \right]^T \boldsymbol{H} \boldsymbol{B}_{NL}(\boldsymbol{q}_1) \boldsymbol{q}_1 + \boldsymbol{B}_{NL}^T(\boldsymbol{q}_1) \boldsymbol{H} \left[\boldsymbol{B}_L + \boldsymbol{B}_{NL}(\boldsymbol{q}_c) \right] \boldsymbol{q}_1 \right] \tag{14.38}$$

类似地,由于 $\delta \boldsymbol{q}$ 是任意的,因此上式就可化为

$$\boldsymbol{B}_L^T \boldsymbol{H} \boldsymbol{B}_L \boldsymbol{q}_2 + \boldsymbol{B}_{NL}^T(\boldsymbol{q}_c) \boldsymbol{H} \boldsymbol{B}_L \boldsymbol{q}_2 + \boldsymbol{B}_L^T \boldsymbol{H} \boldsymbol{B}_{NL}(\boldsymbol{q}_c) \boldsymbol{q}_2 + \boldsymbol{B}_{NL}^T(\boldsymbol{q}_c) \boldsymbol{H} \boldsymbol{B}_{NL}(\boldsymbol{q}_c) \boldsymbol{q}_2 + \boldsymbol{B}_{NL}^T(\boldsymbol{q}_2) \boldsymbol{\sigma}_c$$

$$= -\frac{1}{2} \left[\boldsymbol{B}_L + \boldsymbol{B}_{NL}(\boldsymbol{q}_c) \right]^T \boldsymbol{H} \boldsymbol{B}_{NL}(\boldsymbol{q}_1) \boldsymbol{q}_1 + \boldsymbol{B}_{NL}^T(\boldsymbol{q}_1) \boldsymbol{H} \left[\boldsymbol{B}_L + \boldsymbol{B}_{NL}(\boldsymbol{q}_c) \right] \boldsymbol{q}_1 \tag{14.39}$$

应当注意的是,式(14.39)左端与式(14.30)的左端是相似的,唯一的区别在于这里是 $\boldsymbol{q}_2$ 而不是 $\boldsymbol{q}_1$。我们可以将式(14.39)的右端视为一个载荷矢量 $\boldsymbol{g}$,即

$$\boldsymbol{g} = -\frac{1}{2} \left[\left[\boldsymbol{B}_L + \boldsymbol{B}_{NL}(\boldsymbol{q}_c) \right]^T \boldsymbol{H} \boldsymbol{B}_{NL}(\boldsymbol{q}_1) \boldsymbol{q}_1 + 2 \boldsymbol{B}_{NL}^T(\boldsymbol{q}_1) \boldsymbol{H} \left[\boldsymbol{B}_L + \boldsymbol{B}_{NL}(\boldsymbol{q}_c) \right] \boldsymbol{q}_1 \right]$$

$$\tag{14.40}$$

于是,类似于前面的式(14.33)的处理过程,我们也可将式(14.39)表示为一种

紧凑的形式,即

$$[\boldsymbol{K}_{t_b} + \phi(\lambda_c - \lambda_b)[\dot{\boldsymbol{K}}_{\mathrm{D}}(\boldsymbol{q}_b, \dot{\boldsymbol{q}}_b) + \dot{\boldsymbol{K}}_{\mathrm{G}}(\dot{\boldsymbol{\sigma}}_b)]]\boldsymbol{q}_2 = \boldsymbol{g} \qquad (14.41)$$

可以注意到,式(14.41)左端引入了一个因子ϕ,$\phi \approx 1$ 但是 $\phi < 1$。如果没有这个因子,那么式(14.41)左端就与式(14.33)是相同的,因而会导致出现奇异性。本章在具体实现时设定了 $\phi = 0.99$。

进一步,可以将 $\boldsymbol{q}_c$、$\dot{\boldsymbol{q}}_c$、$\boldsymbol{\sigma}_c$ 和 $\dot{\boldsymbol{\sigma}}_c$ 近似为

$$\boldsymbol{q}_c \approx \boldsymbol{q}_b, \dot{\boldsymbol{q}}_c \approx \dot{\boldsymbol{q}}_b, \boldsymbol{\sigma}_c \approx \boldsymbol{\sigma}_b, \dot{\boldsymbol{\sigma}}_c \approx \dot{\boldsymbol{\sigma}}_b \qquad (14.42)$$

在这些近似下,就可以分析 $\boldsymbol{g}$ 和 $\lambda = \lambda_b$ 处的正交条件了。式(14.21)所定义的正交条件可以转化为有限元形式,即

$$\boldsymbol{q}_1^{\mathrm{T}}[\boldsymbol{K}_{\mathrm{D}}(\boldsymbol{q}_b, \dot{\boldsymbol{q}}_b) + \boldsymbol{K}_{\mathrm{G}}(\dot{\boldsymbol{\sigma}}_b)]\boldsymbol{q}_2 + \frac{1}{2}[\boldsymbol{H}\boldsymbol{B}_{NL}(\boldsymbol{q}_1)\boldsymbol{q}_1]^{\mathrm{T}}[\boldsymbol{B}_{NL}(\boldsymbol{q}_1)\dot{\boldsymbol{q}}_b] = 0 \quad (14.43)$$

利用式(14.41)和式(14.43)就能够解出二阶模式 $\boldsymbol{q}_2$ 了。

为了确定后屈曲系数 b 和缺陷形状因子 α 与 β,也可采用式(14.42)所给出的近似。对于式(14.26)所定义的因子 β 来说,可以注意到需要计算 $\ddot{\boldsymbol{\sigma}}_c$,它也可以近似为

$$\ddot{\boldsymbol{\sigma}}_c \approx \ddot{\boldsymbol{\sigma}}_b \qquad (14.44)$$

而 $\ddot{\boldsymbol{\sigma}}_b$ 可通过下式给出:

$$\ddot{\boldsymbol{\sigma}}_b = \frac{\partial^2 \boldsymbol{\sigma}_b}{\partial \lambda^2} = \frac{\partial^2 \boldsymbol{H}\left[\boldsymbol{B}_L + \frac{1}{2}\boldsymbol{B}_{NL}(\boldsymbol{q}_b)\right]\boldsymbol{q}_b}{\partial \lambda^2} = \boldsymbol{H}[\boldsymbol{B}_L\ddot{\boldsymbol{q}}_b + \boldsymbol{B}_{NL}(\boldsymbol{q}_b)\ddot{\boldsymbol{q}}_b + \boldsymbol{B}_{NL}(\dot{\boldsymbol{q}}_b)\dot{\boldsymbol{q}}_b]$$

$$(14.45)$$

$\ddot{\boldsymbol{q}}_b$ 可近似为

$$\ddot{\boldsymbol{q}}_b = \frac{\dot{\boldsymbol{q}}_b - \dot{\boldsymbol{q}}_{b-1}}{\Delta \lambda} \qquad (14.46)$$

其中的 $\Delta\lambda = \lambda_b - \lambda_{b-1}$,$\lambda_{b-1}$ 为非线性屈曲分析中最后的载荷步 λ_b 之前的那个载荷步,$\dot{\boldsymbol{q}}_b$ 和 $\dot{\boldsymbol{q}}_{b-1}$ 可根据每个载荷步处的牛顿 - 拉弗森迭代过程中的一次线性解得到。只要 λ_{b-1} 和 λ_b 足够靠近,那么就可以得到 $\ddot{\boldsymbol{q}}_b$ 的合理估计。

14.4 数值算例

本节将考察一些特定的复合圆柱壳[29],并给出单模式下的初始后屈曲系数。这些算例包括:

(1) 受到外压作用的 Booton 各向异性壳;

(2) 受到轴向载荷作用的 Booton 型圆柱壳和圆锥壳。

在第一个实例中,前屈曲状态是线性的,而在第二个实例中则是非线性的,我们

602

也将指出考虑前屈曲非线性的重要性。

14.4.1 外压作用下的 Booton 各向异性壳

这里所考虑的是两个具有不同长度的复合圆柱壳结构,一般称为 Booton 壳[29]。复合结构的铺层顺序为[30/0/ -30],材料特性和几何参数可分别参见表 14.1 与表 14.2。这些壳受到了外部压力的作用,两端处于简支状态。此处的屈曲载荷已经针对一个参考屈曲压力进行了归一化,该参考压力由下式给出:

$$P_{cr} = \frac{E_{11}t^2}{cR^2} \tag{14.47}$$

其中,$c = \sqrt{3(1 - v_{12}^2)}$。对于这里的实例,我们有 $P_{cr} = 0.36124 \times 10^3$ psi。

在表 14.3 中,已经将所得到的计算结果与半解析法给出的结果进行了比较,可以看出它们是基本一致的。

表 14.1   Booton 壳的材料特性

杨氏模量 E_1	5.83×10^6 psi
杨氏模量 E_2	2.42×10^6 psi
泊松比 v_{12}	0.36
剪切模量 G_{12}	6.68×10^5 psi
密度 ρ	2.6×10^{-4} lb $\cdot$ s^2/in.^{4}

表 14.2   Booton 壳的几何特性

半径 R	2.67in.
厚度 t	0.0267in.
长度 L	3.776,5.34in.
叠层顺序	[30/0/ -30]

表 14.3   归一化屈曲压力和 b 系数(Booton 壳)

L/R	N^a	屈曲载荷		b	
		半解析	DIANA	半解析	DIANA
1.41	8	0.5656×10^{-1}	0.5697×10^{-1}	-6.3289×10^{-2}	-6.2664×10^{-2}
2.0	6	0.3921×10^{-1}	0.4007×10^{-1}	-5.0141×10^{-2}	-4.9544×10^{-2}

(注: ^{a} 屈曲模式中的周向波数)

14.4.2   受轴向载荷作用的 Booton 型圆柱壳和圆锥壳

这里考察的是 Booton 型[29]各向异性圆柱壳和圆锥壳结构,分析了理想壳情况,其中考虑了前屈曲非线性的效应。

14.4.2.1　圆柱壳

此处的圆柱壳早先也曾用于静态稳定性研究[15,29]中,它受到的是轴向压力载荷。两端的边界条件为简支型,SS–3 和 SS–4。几何和材料参数与前面是相同的,分别如表 14.1 和表 14.2 所列。这个实例中选择了 L = 5.34 in.。

表 14.4　Booton 各向异性壳的屈曲载荷和 b 系数的比较

边界条件	N	屈曲载荷强度(lb/in.)		b 系数	
		ANILISA	DIANA	ANILISA	DIANA
SS–4	8	3.87419×10^2	3.85395×10^2	-0.31403	-0.33193
SS–3	7	3.79076×10^2	3.73286×10^2	-0.36632	-0.37445

表 14.5　Booton 型圆锥壳的分叉屈曲载荷和 b 系数的比较

叠层顺序	N	归一化屈曲载荷		b 系数	
		Zhang(文献[28])	DIANA	Zhang(文献[28])	DIANA
$[30°/0°/-30°]$	7	0.414	0.411	-0.050	-0.067
$[40°/0°/-40°]$	8	0.425	0.421	-0.338	-0.368
$[60°/0°/-60°]$	9	0.453	0.447	-0.665	-0.656
$[65°/0°/-65°]$	10	0.450	0.442	-0.220	-0.174

在表 14.4 中,我们已经列出了计算得到的屈曲载荷和 b 系数并进行了比较,分别采用的是 ANILISA 和 DIANA。图 14.1(a)和(b)分别给出了前屈曲和一阶屈曲模式,针对的是 SS–4 边界情况。这里的屈曲模式中周向上包含了八个完整的波。由于 Booton 壳的铺层情况是 $[30°/0°/-30°]$,因此是不对称的,本构方程中的 B 矩阵将包含非零的项 B_{16} 和 B_{26},由此将导致弯矩和面内剪力之间出现耦合。屈曲模式的偏斜就是由这一耦合行为带来的。相应的二阶模式如图 14.1(c)所示,这里的二阶模式的形态与其他研究[2]中所曾观察到的是一致的,即该模式所包含的周向完整的波数是屈曲模式的 2 倍,同时还带有轴对称形式的收缩。

14.4.2.2　圆锥壳

Zhang[28]曾针对 Booton 型复合圆锥壳结构进行过初始后屈曲研究,下面给出的实例中,我们将针对他所给出的结果进行比较。此处所考察的圆锥壳,其高度和小端直径均与前面的 Booton 圆柱壳的高度和直径相同,只是大端直径做了调整,使得半顶角为 $\alpha_s = 30°$。另外,这里的边界条件设定为固支(MC4[28]),顶边和底边处均限制了周向上的转动自由度。叠层顺序是 $[\theta/0/-\theta]$,我们考虑了 $\theta = 30°,40°,60°,65°$ 等几种不同情况。表 14.5 中给出了归一化的屈曲载荷和 b 系数,并将 Zhang 的结果与此处的有限元计算结果进行了对比。归一化处理是相对于参考值 $2\pi E_1 t^2 \cos^2\alpha_s / c$ 进

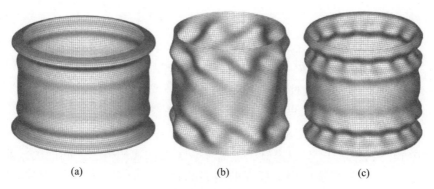

图 14.1　Booton 各向异性壳(SS-4)的变形模式
(a)前屈曲模式;(b)屈曲模式;(c)二阶模式。

行的,其中 $c = \sqrt{3(1 - v_{12}^2)}$。可以看出,在某些情况下 b 系数的吻合度要更高一些,导致结果偏离的一个可能原因在于,DIANA 计算中所采用的模型和半解析分析中采用的 Donnell 型模型是有一定差异的。

14.5　多模式初始后屈曲分析

14.5.1　概述

本节将前面所讨论过的单模式摄动方法拓展到多模式。这一拓展建立在 Byskov 和 Hutchinson[30] 所给出的方法基础上,该方法对于模式靠得很近或相隔较远的情况都是适用的,因此非常适合于考察模式间的相互作用。另外,这里也考虑了前屈曲的非线性效应,其处理方式类似于单模式情况。

14.5.2　摄动方法

在前屈曲平衡态($u_0, \varepsilon_0, \sigma_0$)附近,可以借助类似于式(14.9)的方式将后屈曲平衡态变量(u, ε, σ)展开为多模式形式,即

$$
\begin{cases}
u = u_0(\lambda) + u_i \xi_i + u_{ij} \xi_i \xi_j + \cdots \\
\varepsilon = \varepsilon_0(\lambda) + \varepsilon_i \xi_i + \varepsilon_{ij} \xi_i \xi_j + \cdots \\
\sigma = \sigma_0(\lambda) + \sigma_i \xi_i + \sigma_{ij} \xi_i \xi_j + \cdots
\end{cases}
\tag{14.48}
$$

其中,$i, j = 1, 2 \cdots, m$。此处的 m 是多模式分析中所需考察的屈曲模式个数。应当注意的是,此处和下文中,小写的重复下标需要进行求和,而大写的下标不需要求和(除非额外说明)。

对于分叉屈曲载荷 λ_i 及其对应的屈曲模式 u_i,所需的方程组形式与前文中的式(14.10)~式(14.12)相同,即

$$\boldsymbol{\varepsilon}_i = L_1(\boldsymbol{u}_i) + L_{11}(\boldsymbol{u}_c, \boldsymbol{u}_i) \tag{14.49}$$

$$\boldsymbol{\sigma}_i = H(\boldsymbol{\varepsilon}_i) \tag{14.50}$$

$$\boldsymbol{\sigma}_c \cdot \delta\boldsymbol{\varepsilon}_c + \boldsymbol{\sigma}_c \cdot L_{11}(\boldsymbol{u}_i, \delta u) = 0 \tag{14.51}$$

其中带有下标 c 的前屈曲量对应于最低阶临界载荷或分叉载荷情况。

另外,还应假定 $(\lambda - \lambda_I)$ 可以像式 (14.14) 那样做如下的渐近摄动展开:

$$\xi_I(\lambda - \lambda_I) = a_{Ijk}\lambda_I\xi_j\xi_k + b_{Ijkl}\lambda_I\xi_j\xi_k\xi_l + \cdots \tag{14.52}$$

在式 (14.52) 基础上,如果绘制出载荷参数 λ 与模式幅值 ξ_i 之间的关系曲线,那么系数 a_{Ijk} 和 b_{Ijkl} 也就分别代表了后屈曲曲线的斜率和曲率。在此处所进行的处理中,主要考察的情况是对称结构,后屈曲斜率 $a_{Ijk}=0$,并带有典型的负曲率特征,这也意味着后屈曲行为是不稳定的。

类似于"理想结构"一节中的处理过程,我们最终也可得到用于确定二阶模式 $\boldsymbol{u}_{ij}$ 的方程组,即

$$\boldsymbol{\varepsilon}_{ij} = L_1(\boldsymbol{u}_{ij}) + L_{11}(\boldsymbol{u}_c, \boldsymbol{u}_{ij}) + \frac{1}{2}L_{11}(\boldsymbol{u}_i, \boldsymbol{u}_j) \tag{14.53}$$

$$\boldsymbol{\sigma}_{ij} = H(\boldsymbol{\varepsilon}_{ij}) \tag{14.54}$$

$$\boldsymbol{\sigma}_{ij} \cdot \delta\boldsymbol{\varepsilon}_c + \boldsymbol{\sigma}_c \cdot L_{11}(\boldsymbol{u}_{ij}, \delta u) + \frac{1}{2}[\boldsymbol{\sigma}_i \cdot L_{11}(\boldsymbol{u}_j, \delta u) + \boldsymbol{\sigma}_j \cdot L_{11}(\boldsymbol{u}_i, \delta u)] = 0 \tag{14.55}$$

进一步,二阶模式 $\boldsymbol{u}_{ij}$ 还需满足如下正交条件:

$$\dot{\boldsymbol{\sigma}}_c \cdot L_{11}(\boldsymbol{u}_i, \boldsymbol{u}_{ij}) + \boldsymbol{\sigma}_1 \cdot L_{11}(\dot{\boldsymbol{u}}_c, \boldsymbol{u}_{ij}) + \boldsymbol{\sigma}_2 \cdot L_{11}(\dot{\boldsymbol{u}}_c, \boldsymbol{u}_i) = 0 \tag{14.56}$$

为了得到 b_{Ijkl} 的表达式,需要采用后屈曲范围内的结构总势能的展开式 (Byskov 和 Hutchinson[30], Van Erp[31])。虽然这一展开式是在线性前屈曲态基础上导出的,但我们将引入由前屈曲态的非线性所导致的附加项。该展开式为

$$P(\xi, \lambda) = \frac{1}{2}\sum_{I=1}^{m}\left(1 - \frac{\lambda}{\lambda_I}\right)(\lambda_I\hat{\Delta}_I)\xi_I^2 + A_{ijk}\xi_i\xi_j\xi_k + A_{ijkl}\xi_i\xi_j\xi_k\xi_l \tag{14.57}$$

其中的 $\hat{\Delta}_I$、A_{ijk} 和 A_{ijkl} 的定义如下:

$$\hat{\Delta}_I = 2\boldsymbol{\sigma}_I \cdot L_{11}(\dot{\boldsymbol{u}}_c, \boldsymbol{u}_I) + \dot{\boldsymbol{\sigma}}_c \cdot L_2(\boldsymbol{u}_I) \tag{14.58}$$

$$A_{ijk} = \frac{1}{2}L_1(\boldsymbol{u}_i) \cdot HL_{11}(\boldsymbol{u}_j, \boldsymbol{u}_k) \tag{14.59}$$

$$A_{ijkl} = \frac{1}{4}\left\{\begin{array}{l} L_1(\boldsymbol{u}_k) \cdot H(L_{11}(\boldsymbol{u}_l, \boldsymbol{u}_{ij})) + L_1(\boldsymbol{u}_l) \cdot H(L_{11}(\boldsymbol{u}_k, \boldsymbol{u}_{ij})) \\ + L_1(\boldsymbol{u}_{ij}) \cdot H(L_{11}(\boldsymbol{u}_k, \boldsymbol{u}_l)) + \frac{1}{2}L_{11}(\boldsymbol{u}_i, \boldsymbol{u}_j) \cdot H(L_{11}(\boldsymbol{u}_k, \boldsymbol{u}_l)) \end{array}\right\} \tag{14.60}$$

式(14.52)可以根据式(14.57)得到,即令$\frac{\partial P}{\partial \xi_I}=0$,应当注意此处的小写下标代表求和,且$A_{ijk}$关于$(j,k)$具有对称性,而$A_{ijkl}$关于$(i,j)$和$(k,l)$都是对称的。由此我们最终可以得到$b_{Ijkl}$的表达式如下:

$$b_{Ijkl}=\frac{2}{\lambda_I \hat{\Delta}_I}(A_{Ijkl}+A_{jkIl}) \tag{14.61}$$

就此处轴向受载的圆柱壳而言,对于不对称的屈曲模式有$A_{ijk}=0$,进而有$a_{Ijk}=0$。

由于系数b_{Ijkl}带有四个下标,不难看出这一系数的个数将为m^4个。不过,我们是可以将b_{Ijkl}表示成一种特殊形式的,即关于所有下标都是对称的形式(或者说,任意两个下标交换之后所对应的系数都保持不变)。实际上,仔细观察式(14.57)不难发现,A_{ijkl}的下标顺序是无关紧要的(因为此处采用了哑指标求和约定),对于给定的指标集$\{i,j,k,l\}$,所有可能排列所对应的A_{ijkl}的总和才是最为关键的。式(14.60)中,对于所有指标而言A_{ijkl}不是对称的,不过基于上述考虑,如果我们针对给定指标集$\{i,j,k,l\}$的所有可能排列取A_{ijkl}的算术平均值,那么这个平均值也就可以代表与该指标集相关联的所有A_{ijkl}了,这样一来也就获得了关于所有指标都具有对称性的A_{ijkl}了(其中的指标顺序无关紧要)。显然,如果采用这一方式使得A_{ijkl}具有了对称性,那么根据式(14.61)可知,b_{Ijkl}也将具有对称性,只要对屈曲模式做比例缩放处理,使得下式成立:

$$\lambda_I \hat{\Delta}_I=1 \tag{14.62}$$

其中的$\hat{\Delta}_I$由式(14.58)给出。

根据重复下标的组合公式不难求出,对称的b_{Ijkl}系数的可能个数将为

$$N_{b_{symm}}=m(m+1)(m+2)(m+3)/24 \tag{14.63}$$

对于非理想结构,可以像14.2.2节中那样,将式(14.52)所给出的渐近展开式修改为如下形式:

$$\xi_I(\lambda-\lambda_I)=a_{Ijk}\lambda_I \xi_j \xi_k + b_{Ijkl}\lambda_I \xi_j \xi_k \xi_l - \alpha_I \lambda_I \bar{\xi} - \beta_I(\lambda-\lambda_I)\bar{\xi}+\cdots \tag{14.64}$$

其中的系数α_I和β_I分别是一阶和二阶缺陷形状因子。采用14.2.2节中所曾给出的同一处理过程,我们可以得到这两个系数的表达式如下:

$$\alpha=(1/\lambda_I \hat{\Delta}_I)[\boldsymbol{\sigma}_I \cdot L_{11}(\hat{\boldsymbol{u}},\boldsymbol{u}_c)+\boldsymbol{\sigma}_c \cdot L_{11}(\hat{\boldsymbol{u}},\boldsymbol{u}_I)] \tag{14.65}$$

$$\beta=(1/\hat{\Delta}_I)\left\{\begin{array}{l}\boldsymbol{\sigma}_I \cdot L_{11}(\hat{\boldsymbol{u}},\dot{\boldsymbol{u}}_c)+\dot{\boldsymbol{\sigma}}_c \cdot L_{11}(\hat{\boldsymbol{u}},\boldsymbol{u}_I)+H[L_{11}(\dot{\boldsymbol{u}}_c,\boldsymbol{u}_I)]\cdot L_{11}(\hat{\boldsymbol{u}},\boldsymbol{u}_c)\\ -\alpha_I \lambda_I[\boldsymbol{\sigma}_I \cdot L_{11}(\ddot{\boldsymbol{u}}_c,\boldsymbol{u}_I)+(1/2)\ddot{\boldsymbol{\sigma}}_c \cdot L_{11}(\boldsymbol{u}_I,\boldsymbol{u}_I)\\ +H[L_{11}(\dot{\boldsymbol{u}}_c,\boldsymbol{u}_I)]\cdot L_{11}(\dot{\boldsymbol{u}}_c,\boldsymbol{u}_I)]\end{array}\right\}$$

$$\tag{14.66}$$

式(14.64)是由m个非线性代数方程组成的简化方程组,当系数a_{Ijk}、b_{Ijkl}、α_I和β_I

计算出来以后,就可以通过求解式(14.64)来进行缺陷敏感性分析了,只需改变缺陷幅值 $\bar{\xi}$ 即可,所增加的计算代价是非常小的。对于这个简化的非线性方程组,可以借助软件包 HOMPACK77 来计算,这是一套 FORTRAN77 子程序,采用了同伦分析方法[32]来求解非线性方程组。

14.5.3 有限元实现

此处的屈曲分析过程的有限元实现,与单模式情况是相同的,可以表示为

$$\left[\boldsymbol{K}_{t_b} + (\lambda_i - \lambda_b)\left[\dot{\boldsymbol{K}}_{\mathrm{D}}(\boldsymbol{q}_b, \dot{\boldsymbol{q}}_b) + \dot{\boldsymbol{K}}_{\mathrm{G}}(\dot{\boldsymbol{\sigma}}_b)\right]\right]\boldsymbol{q}_i = 0 \qquad (14.67)$$

其中的 λ_i 和 $\boldsymbol{q}_i$ 分别为屈曲载荷和屈曲模式。对于式(14.62)所给出的屈曲模式的缩放,可以利用几何和初始位移刚度矩阵来进行,即

$$\lambda_I \boldsymbol{q}_I^{\mathrm{T}}\left[\dot{\boldsymbol{K}}_{\mathrm{D}}(\boldsymbol{q}_b, \dot{\boldsymbol{q}}_b) + \dot{\boldsymbol{K}}_{\mathrm{G}}(\dot{\boldsymbol{\sigma}}_b)\right]\boldsymbol{q}_I = 1 \qquad (14.68)$$

式(14.53)~式(14.55)是用于确定二阶模式的泛函形式的方程,它们可以表示为有限元矩阵的形式,即

$$\left[\boldsymbol{K}_{t_b} + \phi(\lambda_c - \lambda_b)\left[\dot{\boldsymbol{K}}_{\mathrm{D}}(\boldsymbol{q}_b, \dot{\boldsymbol{q}}_b) + \dot{\boldsymbol{K}}_{\mathrm{G}}(\dot{\boldsymbol{\sigma}}_b)\right]\right]\boldsymbol{q}_{ij} = \boldsymbol{g}_{ij} \qquad (14.69)$$

其中的 λ_c 是一阶(最低阶)屈曲载荷。式(14.69)中的右端项,载荷矢量 $\boldsymbol{g}_{ij}$,由下式给出:

$$\boldsymbol{g}_{ij} = -\frac{1}{2}\left[\begin{array}{l}\left[\boldsymbol{B}_L + \boldsymbol{B}_{NL}(\boldsymbol{q}_c)\right]^{\mathrm{T}}\boldsymbol{H}\boldsymbol{B}_{NL}(\boldsymbol{q}_i)\boldsymbol{q}_j + \boldsymbol{B}_{NL}^{\mathrm{T}}(\boldsymbol{q}_i)\boldsymbol{H}\left[\boldsymbol{B}_L + \boldsymbol{B}_{NL}(\boldsymbol{q}_c)\right]\boldsymbol{q}_j \\ + \boldsymbol{B}_{NL}^{\mathrm{T}}(\boldsymbol{q}_j)\boldsymbol{H}\left[\boldsymbol{B}_L + \boldsymbol{B}_{NL}(\boldsymbol{q}_c)\right]\boldsymbol{q}_i\end{array}\right]$$

$$(14.70)$$

相关的正交条件,即式(14.56),可以转化为有限元形式:

$$\boldsymbol{q}_i^{\mathrm{T}}\left[\boldsymbol{K}_{\mathrm{D}}(\boldsymbol{q}_b, \dot{\boldsymbol{q}}_b) + \boldsymbol{K}_{\mathrm{G}}(\dot{\boldsymbol{\sigma}}_b)\right]\boldsymbol{q}_{ij} + \frac{1}{2}\left[\boldsymbol{H}\boldsymbol{B}_{NL}(\boldsymbol{q}_i)\boldsymbol{q}_i\right]^{\mathrm{T}}\left[\boldsymbol{B}_{NL}(\boldsymbol{q}_i)\dot{\boldsymbol{q}}_b\right] = 0 \quad (14.71)$$

根据式(14.69)和式(14.71)就可以求出二阶模式 $\boldsymbol{q}_{ij}$ 了。

后屈曲系数 b_{ljkl} 可根据式(14.61)来计算。对于式(14.60)给出的 A_{ljkl},可以将其化为更为简洁的形式,即

$$A_{ljkl} = \frac{1}{8}\int_v \left[\boldsymbol{H}\boldsymbol{B}_{NL}(\boldsymbol{q}_i)\boldsymbol{q}_j\right]^{\mathrm{T}}\left[\boldsymbol{B}_{NL}(\boldsymbol{q}_k)\boldsymbol{q}_l\right]\mathrm{d}v - \frac{1}{2}\boldsymbol{q}_{ij}^{\mathrm{T}}\boldsymbol{g}_{kl} \qquad (14.72)$$

其中的 $\boldsymbol{H}$ 为应力应变关系矩阵,积分是对整个结构域进行的。缺陷形状因子(α_I,β_I)的计算需要在每个积分点处借助式(14.65)和式(14.66)进行,然后再对整个结构域求和。计算这两个因子时,需要先计算出 $\dot{\boldsymbol{q}}_c$ 和 $\ddot{\boldsymbol{q}}_c$,其过程与14.3.2节所述相同。

14.6 数 值 算 例

14.6.1 受轴向载荷作用的 Waters 壳

本节将采用多模式方法来考察复合圆柱壳屈曲行为中的模式间的相互作用,这一壳模型曾在文献[33]中研究过,它所包含的八个组分层的几何参数和材料特性已经列于表 14.6 中(也可参见图 14.2)。该圆柱壳受到的是轴向上的载荷作用,两端为经典简支边界条件 SS-3[33]。在有限元模型中,为施加该 SS-3 边界条件,对两端的径向位移进行了限制,同时还施加了运动学约束,使得边界上所有节点的相对周向位移均保持相同,而边界处的转动自由度不受限制。在圆柱壳的两端施加了大小相等方向相反的分布式轴向压力,此外,还将一端的单个节点处的位移自由度做了固定,目的是抑制刚体模式。分析中考虑了两种情形,即:

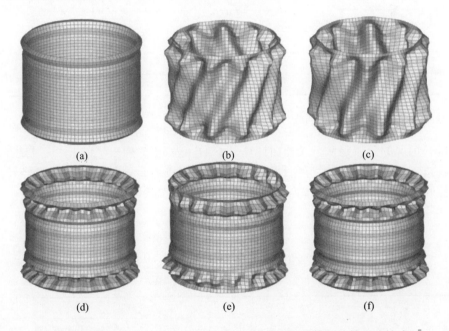

图 14.2 多模式分析的变形模式,其中包含了两个不对称缺陷模式而无轴对称缺陷($\bar{\xi}_{axi} = 0.0$)

(a)q_0;(b)$q_1 (N=11)$;(c)$q_2 (N=10)$;(d)q_{11};(e)q_{12};(f)q_{22}。

(1)第一种情形的分析中不考虑任何轴对称缺陷;

(2)第二种情形中考虑了轴对称缺陷。

在这两种情形中,均考虑了不对称形式的缺陷,并将其视为前几阶屈曲模式的线性组合。在这两项分析中,采用了如下的步骤:

（1）进行非线性屈曲分析；

（2）针对理想结构进行单模式分析，然后进行缺陷敏感性分析，其中对比了完整模型和缩减模型，考察极值点屈曲载荷受不同大小的缺陷幅值的影响情况；

（3）针对理想结构进行多模式分析，计算屈曲模式空间中的最小方向，并在该方向上进行缺陷敏感性分析，然后与完整模型分析结果进行比较。所有情形中的屈曲模式均根据式（14.68）进行缩放处理（除非特别说明）。

表 14.6　Waters 复合圆柱壳的几何和材料特性

（a）材料特性	
$E_{11}/(\text{N/mm}^2)$	12.7629×10^4
$E_{22}/(\text{N/mm}^2)$	1.13074×10^4
$G_{12}/(\text{N/mm}^2)$	6.00257×10^3
ν_{12}	0.300235
（b）几何特性	
圆柱长度/mm	355.6
圆柱半径/mm	203.18603
铺层方式	$[\pm 45/0/90]_s$
总厚度/mm	1.01539

14.6.1.1　无轴对称缺陷情况

这一情况的分析是从分叉屈曲计算开始的。表 14.7 列出了前五个屈曲载荷，并与半解析工具 ANILISA[11,15] 的计算结果进行了比较。此处的屈曲载荷已经针对同一圆柱壳的经典屈曲载荷（作为参考）做了归一化，后者由下式给出：

$$N_{cl} = \frac{E_{11}t^2}{cR} \tag{14.73}$$

其中 $c = \sqrt{3(1-v_{12}^2)}$。对于此处的实例来说，$N_{cl} = 391.9888\text{N/mm}$。

表 14.7　归一化分叉屈曲载荷（无轴对称缺陷，$\bar{\xi}_{axi} = 0.0$）

N^a	分叉屈曲载荷	
	ANILISA	DIANA
9	0.33096	0.32615
10	0.32916	0.32466
11（最小）	0.32859	0.32442
12	0.33027	0.32635
13	0.33404	0.33057

（注：[a] 屈曲模式中的周向完整波数）

下一步是对单个不对称缺陷的影响进行分析,该缺陷的形状与一阶屈曲模式相同,可定义为

$$\hat{\boldsymbol{u}} = \bar{\xi}\boldsymbol{u}_i \tag{14.74}$$

式中:$\bar{\xi}$ 为缺陷幅值;$\boldsymbol{u}_i$ 为特定的屈曲模式。这种不对称缺陷会使得屈曲发生在极值点处而不是分叉点处。表 14.8 给出了与一阶分叉屈曲模式($N=11$)对应的 b 系数,它与文献[33]所给出的结果(借助的是 ANILISA)是相当一致的。由于 b 系数取决于对应屈曲模式的缩放比例,因此为了便于比较,此处采用了与文献[33]相同的缩放方式,即使屈曲模式的最大面外位移等于壳的厚度。负的 b 值代表的是不稳定的后屈曲响应以及较高的缺陷敏感性。此处的分析中选择的缺陷幅值包括了 $\bar{\xi}$ = 7.371,14.742,29.484,它们分别对应于壳厚的 5%、10% 和 20%。表 14.9 中将此处得到的结果与采用 ANILISA 和完整模型分析得到的屈曲载荷值做了比较,如同所预期的,较为明显的负 b 值使得失效载荷有了显著下降。

表 14.8　无轴对称缺陷情况中($\bar{\xi}_{axi}=0.0$)
最低阶屈曲模式($N=11$)所对应的 b 系数的对比

N	b 系数	
	ANILISA	DIANA
11	− 0.37605	− 0.37445

表 14.9　无轴对称缺陷情况下($\bar{\xi}_{axi}=0.0$)
不对称模式($N=11$)的归一化极值点屈曲载荷

$\bar{\xi}$	屈曲载荷		
	完整模型	缩减模型	
	DIANA	ANILISA	DIANA
0.0	0.32442	0.32859	0.32442
7.371	0.28317	0.29065	0.28620
14.742	0.25766	0.26708	0.26272
29.484	0.21939	0.22758	0.22366

随后进行的是多模式分析。在这一分析过程中,假定了不对称缺陷 $\hat{\boldsymbol{u}}$ 是 m 个屈曲模式的线性组合,即

$$\hat{\boldsymbol{u}} = \bar{\xi}e_i\boldsymbol{u}_i \tag{14.75}$$

式中:$i=1,\cdots,m$;$\bar{\xi}$ 为缺陷幅值;$\boldsymbol{u}_i$ 为屈曲模式;e_i 可以视为缺陷矢量 $\hat{\boldsymbol{u}}$ 在单位球面上的方向,且有

$$e_i e_i = 1 \qquad\qquad (14.76)$$

式(14.75)和式(14.76)中的重复下标需要求和处理。当 $m > 1$ 时,对于式(14.76)所给出的单位矢量,我们可以有无穷多种选择方式,于是这里针对前几阶屈曲模式寻找并确定了最小方向[2],进而在该方向上来考察缺陷矢量。

在此处的多模式分析中,分别考虑了两种情形,即两模式($m = 2$)和四模式($m = 4$)。对于两模式情形,图 14.2 中给出了前屈曲模式 q_0、前两阶屈曲模式 q_1 和 q_2、所得到的三个二阶模式(q_{11}, q_{12}, q_{22})。这些屈曲模式的偏斜是非常明显的,这是壳材料的各向异性所导致的。由于该壳是对称分层 $[\pm 45/0/90]_s$ 组成的,因此不会出现弯曲 – 拉伸耦合行为,并且 $+45$ 层与 -45 层是互补的,0 层与 90 层也是如此,于是也不存在拉伸 – 面内剪切耦合行为;不过,本构方程中的 D 矩阵所包含的 D_{16} 和 D_{26} 项是非零的,由此将导致弯曲 – 扭转耦合效应,从而呈现所观测到的屈曲模式的偏斜现象。

表 14.10 给出了最不利的缺陷矢量,所得到的极值点屈曲载荷如表 14.11 所列。由于模式间的相互作用,我们可以看出,与单模式分析结果(表 14.9)相比,这里的屈曲载荷要略低一些。

表 14.10   无轴对称缺陷情况下($\bar{\xi}_{axi} = 0.0$)用于多模式分析的缺陷矢量

模式数量(m)	缺陷矢量(e)
2	$[0.70485, 0.70935]$
4	$[0.55980, 0.45716, 0.42798, 0.54262]$

表 14.11   无轴对称缺陷情况下($\bar{\xi}_{axi} = 0.0$)多模式
(两模式和四模式)分析得到的归一化屈曲载荷

$\bar{\xi}$	屈曲载荷(两模式)		屈曲载荷(四模式)	
	完整模型	缩减模型	完整模型	缩减模型
0.0	0.32442	0.32442	0.32442	0.32442
7.371	0.27552	0.28053	0.27042	0.27686
14.742	0.24490	0.25337	0.23470	0.24669
29.484	0.19643	0.20812	0.18113	0.19595

14.6.1.2   考虑轴对称缺陷的情况

此处将轴对称形式的缺陷引入分析中来,所考察的轴对称缺陷 $\hat{u}_{axi}$(向外为正)可定义为

612

$$\hat{\boldsymbol{u}}_{\text{axi}} = \bar{\xi}_{\text{axi}} t \cos\left(i\pi\frac{x}{L}\right) \tag{14.77}$$

其中的 $\bar{\xi}_{\text{axi}}$ 代表的是缺陷的幅值，x 为轴向坐标（从圆柱壳一端开始计算），i 为正整数。此处考虑 $i=2$ 的情况，对于所分析的复合圆柱壳类型来说，铺层过程所采用的钢制芯模最有可能导致出现这种形式的轴对称缺陷[33]。另外，在这里的算例中，还设定缺陷幅值 $\bar{\xi}_{\text{axi}}$ 为 0.1。利用 DIANA 进行分析时，上述轴对称缺陷是通过在输入文件中定义初始位移场这一方式引入的。由于轴对称缺陷的影响，一阶分叉屈曲载荷值将有所下降，且一阶屈曲模式将带有七个完整的周向波，即 $N=7$。表 14.12 中列出了所得到的分叉屈曲载荷，图 14.3 则给出了前屈曲模式、屈曲模式以及二阶模式（$N=7$）。

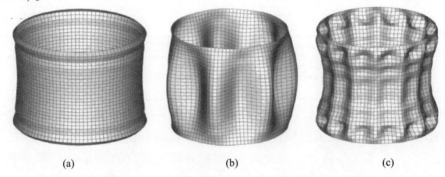

(a)　　　　　　　　　　(b)　　　　　　　　　　(c)

图 14.3　带有轴对称缺陷（$\bar{\xi}_{\text{axi}}=0.1$）的情况中的变形模式

（a）$\boldsymbol{q}_0$；（b）$\boldsymbol{q}_1(N=7)$；（c）$\boldsymbol{q}_{11}$。

表 14.12　轴对称缺陷情况（$\bar{\xi}_{\text{axi}}=0.1$）的归一化分叉屈曲载荷

N	分叉屈曲载荷	
	ANILISA	DIANA
7（最小）	0.32296	0.31221
9	0.33113	0.32737
10	0.32960	0.32606
11	0.32916	0.32600
12	0.33107	0.32859

在单模式分析中，采用了一阶不对称模式（$N=7$），缺陷幅值（$\bar{\xi}$）与前面相同，所得到的极值点屈曲载荷如表 14.13 所列。

在多模式分析中，分别采用了三个（$m=3$）和五个（$m=5$）屈曲模式。表 14.14 给出了对应于最小方向的最不利的缺陷矢量。所得到的极值点屈曲载荷参见表 14.15。

表 14.13　轴对称缺陷($\bar{\xi}_{axi} = 0.1$)下不对称模式($N = 7$)
情况的归一化极值点屈曲载荷

$\bar{\xi}$	屈曲载荷	
	完整模型	缩减模型
0.0	0.31221	0.31221
7.371	0.25238	0.25835
14.742	0.21582	0.23207
29.484	0.16679	0.19679

表 14.14　轴对称缺陷($\bar{\xi}_{axi} = 0.1$)情况下多模式分析中的缺陷矢量

模式数量(m)	缺陷矢量(e)
3	$[0.00008, -0.70813, -0.70607]$
5	$[-0.10653, 0.69273, -0.51064, -0.31515, 0.38560]$

通过比较可以注意到,在同等水平的缺陷幅值条件下,单模式分析(针对 $N = 7$ 的一阶屈曲模式)所给出的极值点屈曲载荷是降低最多的。在最小方向的计算中,一个基本的假设[2]是相关屈曲模式是并发的,而在此处所讨论的情况中,一阶屈曲模式实际上与其他聚集在一起的模式离得相对较远,这是导致此处最小方向上的缺陷没有呈现最大的缺陷敏感性的一个可能原因。

表 14.15　轴对称缺陷($\bar{\xi}_{axi} = 0.1$)
情况下多模式(三模式和五模式)分析得到的归一化极值点屈曲载荷

$\bar{\xi}$	屈曲载荷(三模式)		屈曲载荷(五模式)	
	完整模型	缩减模型	完整模型	缩减模型
0.0	0.31221	0.31221	0.31221	0.31221
7.371	0.27297	0.27802	0.26531	0.26928
14.742	0.24235	0.24936	0.22960	0.23519
29.484	0.19643	0.20316	0.17858	0.18002

针对 $m = 5$ 的情况,我们还考察了不对称缺陷幅值对屈曲载荷的影响,结果如图 14.4 所示,可以观察到此处的缺陷敏感性是相当显著的。不仅如此,还可注意到,对于不对称缺陷幅值低于壳厚的 20% 的情形来说,根据摄动方法预测出的极值点屈曲载荷与完全的非线性分析结果是十分一致的。

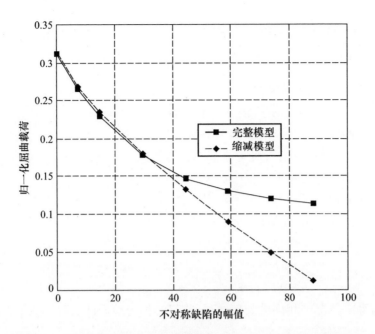

图 14.4 不对称缺陷幅值对屈曲载荷的影响：五个不对称缺陷模式和

一个轴对称缺陷模式（$\bar{\xi}_{axi} = 0.1$）

14.7　有限元动态分析概述

本节和后续的几节中将摄动方法拓展到动态屈曲问题和非线性振动问题。针对一个受到外压作用的复合圆柱壳，我们将介绍其动态屈曲的分析，其中前屈曲状态是线性的。由此得到的分析结果将与 Schokker 等人[34]得到的结果进行对比，后者根据相同的摄动过程对受到静水压力作用的复合圆柱壳进行了动态屈曲分析，其中利用了 p 型有限元方法。另外，我们还将讨论一个受到轴向压力载荷作用的复合圆柱壳的动态屈曲问题，并将分析结果与完整模型的动态分析结果（采用的是 ABAQUS）[35]进行比较，该圆柱壳是 Booton 型[29]的，分析中考虑了前屈曲的非线性。

针对非线性或大幅值振动问题，Tiso[36]早期曾在有限元框架下（MATLAB 环境中）实现了一个摄动分析过程，他采用这一过程研究了梁结构、各向同性板和圆柱壳等情况。这里主要借助层状曲面壳单元 CQ40L[2] 在 DIANA 中求解一个复合圆柱壳的非线性振动问题，并将所得到的分析结果与半解析解[37,38]进行对比。

14.8　动　态　屈　曲

本节对基于摄动方法的动态屈曲分析做一讨论，从本质上来说，此处是对

14.5.2 节所给出的多模式分析过程的拓展,其中引入了惯性效应。

14.8.1 摄动方法

由于惯性力的存在,应将变分方程式(14.6)的形式改写为

$$\boldsymbol{\sigma} \cdot \delta\boldsymbol{\varepsilon} - f \cdot \delta u + M(\ddot{u}) \cdot \delta u = 0 \qquad (14.78)$$

其中的上圆点代表的是对时间的导数,$M(\ddot{u})$ 代表的是惯性载荷,它与 $\ddot{u}$ 是线性关系。类似于式(14.8),此处也有如下互易关系:

$$M(\boldsymbol{u}) \cdot \boldsymbol{v} = M(\boldsymbol{v}) \cdot \boldsymbol{u} \qquad (14.79)$$

动态载荷的形式可以假定为 $f = \lambda F(t) f_0$,其中的时间项 $F(t)$ 是归一化的(使得最大值为1)。于是,就可以将式(14.48)拓展到动态情况,即

$$\begin{cases} u = \lambda F(t)\boldsymbol{u}_0 + \boldsymbol{u}_i \xi_i(t) + \boldsymbol{u}_{ij}\xi_i(t)\xi_j(t) + \cdots \\ \boldsymbol{\varepsilon} = \lambda F(t)\boldsymbol{\varepsilon}_0 + \boldsymbol{\varepsilon}_i \xi_i(t) + \boldsymbol{\varepsilon}_{ij}\xi_i(t)\xi_j(t) + \cdots \\ \boldsymbol{\sigma} = \lambda F(t)\boldsymbol{\sigma}_0 + \boldsymbol{\sigma}_i \xi_i(t) + \boldsymbol{\sigma}_{ij}\xi_i(t)\xi_j(t) + \cdots \end{cases} \qquad (14.80)$$

采用与静态情况中相同的处理过程,并忽略掉与前屈曲位移相关的惯性力,我们不难得到:

$$\left(\frac{1}{\omega_I^2}\right)\ddot{\xi}_I(t) + \left[1 - \frac{\lambda F(t)}{\lambda_I}\right]\xi_I(t) + a_{Ijk}\xi_j(t)\xi_k(t) + b_{Ijkl}\xi_j(t)\xi_k(t)\xi_l(t) = \left[\frac{\lambda F(t)}{\lambda_I}\right]\bar{\xi}_I$$

$$(14.81)$$

其中的 ω_I^2 定义为

$$\omega_I^2 = \frac{\boldsymbol{\sigma}_I \cdot \boldsymbol{\varepsilon}_I}{M(\boldsymbol{u}_I) \cdot \boldsymbol{u}_I} \qquad (14.82)$$

如果 $\boldsymbol{u}_I$ 恰好是一个固有振动模式,那么 ω_I 也就是对应的固有圆频率,否则 ω_I^2 就是瑞利商(根据屈曲模式 $\boldsymbol{u}_I$ 得到的圆频率之平方)。此处的分析过程中,式(14.81)是通过标准的四阶龙格库塔算法进行求解的。

为了考虑前屈曲的非线性效应,可以将式(14.82)改写为

$$\omega_I^2 = \frac{-\lambda_I \hat{\Delta}_I}{M(\boldsymbol{u}_I) \cdot \boldsymbol{u}_I} \qquad (14.83)$$

不难看出,式(14.82)中的 $\boldsymbol{\sigma}_I \cdot \boldsymbol{\varepsilon}_I$ 被替换成了 $-\lambda_I \hat{\Delta}_I$。最后,还需将式(14.81)修改为如下形式:

$$\left(\frac{1}{\omega_I^2}\right)\ddot{\xi}_I(t) + \left[1 - \frac{\lambda F(t)}{\lambda_I}\right]\xi_I(t) + a_{Ijk}\xi_j(t)\xi_k(t) + b_{Ijkl}\xi_j(t)\xi_k(t)\xi_l(t)$$

$$= \alpha_I \bar{\xi}_I - \beta_I \left[1 - \frac{\lambda F(t)}{\lambda_I}\right]\bar{\xi}_I$$

$$(14.84)$$

其中的 α_I 和 β_I 是缺陷形状因子[39]，可利用式(14.65)和式(14.66)来计算。如果是线性前屈曲状态，那么 α_I 和 β_I 都是 1，此时的式(14.84)将与式(14.81)完全相同。如果是非线性前屈曲状态，那么屈曲分析是在靠近分叉屈曲载荷的状态处进行的，而不是线性前屈曲状态情况中所针对的未变形状态。根据上述分析，我们就可以建立一个分步过程来完成摄动形式的动态屈曲分析了，即

(1) 计算前屈曲状态 $\boldsymbol{u}_0$；

(2) 计算屈曲载荷 λ_I 及其对应的屈曲模式 $\boldsymbol{u}_I$；

(3) 计算二阶模式 $\boldsymbol{u}_{ij}$；

(4) 计算系数 b_{ijkl}（对于这里所考察的对称结构实例来说，系数 $a_{ijk}=0$）；

(5) 通过式(14.81)来计算与所施加的动态载荷对应的模式幅值 $\xi_I(t)$，并根据 $\xi_I(t)$ 出现显著增长这一行为识别出动态屈曲载荷水平 $\lambda=\lambda_d$；

(6) 将已经计算出的数据代入式(14.80)中，从而得到位移、应力和应变。

14.8.2　有限元实现

关于有限元实现，前文中已经给出了很多相关内容，这里主要讨论式(14.83)给出的瑞利商 ω_I^2，显然必须先计算出该式的分母。在有限元实现中，它可以通过下式来计算：

$$M(\boldsymbol{u}_I) \cdot \boldsymbol{u}_I = \boldsymbol{u}_I^{\mathrm{T}} M \boldsymbol{u}_I \tag{14.85}$$

其中的 $\boldsymbol{M}$ 为质量矩阵，在 DIANA 中对于单元(CQ40S，CQ40L)来说都已给出。

另外，值得注意的是，虽然屈曲问题可以转化为式(14.29)所给出的特征值问题，然而对于类似于流体压力这种随动载荷来说，载荷方向是变化的（但总是垂直于壳表面），这种情况下随动载荷会带来额外的刚度项，即载荷刚度项。这一载荷刚度的贡献可以按照文献[40]给出的方法来考虑，对于线性前屈曲情况，式(14.29)这一特征值问题应当修正为如下形式：

$$\left[\boldsymbol{K}_M + \lambda_I (\boldsymbol{K}_G + \boldsymbol{K}_{\mathrm{Ld}})\right]\boldsymbol{q}_I = 0 \tag{14.86}$$

其中的 $\boldsymbol{K}_{\mathrm{Ld}}$ 代表的是载荷刚度矩阵。

14.9　非线性振动

本节主要介绍基于摄动方法的非线性振动分析，所阐述的内容本质上是对"单模式初始后屈曲分析"一节所述的初始静态后屈曲分析的拓展，引入了惯性效应。

14.9.1　摄动方法

Rehfield[10] 曾针对单模式情况，基于泛函描述形式采用摄动方法对非线性振动问题做过研究，分析过程类似于初始后屈曲的分析。Tiso[3] 针对该分析过程进行了

有限元实现。下面的介绍中,我们只限于讨论 Rehfield 和 Tiso 所给出的一些基本方程。对于做周期运动的系统(频率为 ω)来说,其动力学行为可由哈密尔顿原理来描述,即

$$\int_0^{2\pi/\omega} \left[\left(\frac{1}{2} M \left(\frac{\partial \boldsymbol{u}}{\partial t} \right) \cdot \frac{\partial \boldsymbol{u}}{\partial t} \right) - \boldsymbol{\sigma} \cdot \delta \boldsymbol{\varepsilon} \right] dt = 0 \tag{14.87}$$

式中: t 代表时间;圆点符号代表的是变量之间的内积且在整个域上积分;质量算子 M 及其性质已经在式(14.79)中给出。

根据式(14.87),引入新的时间变量 $\tau = \omega t$ 并考虑到周期性,有

$$\int_0^{2\pi} (\boldsymbol{\sigma} \cdot \delta \boldsymbol{\varepsilon} + M(\ddot{\boldsymbol{u}}) \cdot \delta \boldsymbol{u}) d\tau = 0 \tag{14.88}$$

振动模态和对应的应变、应力可以假定为

$$\begin{cases} \boldsymbol{u} = \xi \boldsymbol{u}_1 \\ \boldsymbol{\varepsilon} = \xi \boldsymbol{\varepsilon}_1 \\ \boldsymbol{\sigma} = \xi \boldsymbol{\sigma}_1 \end{cases} \tag{14.89}$$

其中的 ξ 代表了与模态 $\boldsymbol{u}_1$ 相关的幅值参数。如果将式(14.89)代入式(14.88)中,且只保留线性项,并令 $\delta \boldsymbol{u} = \boldsymbol{u}_1$,那么就可以得到固有频率的平方 ω_0^2 了,即

$$\int_0^{2\pi} (\omega_0^2 M(\ddot{\boldsymbol{u}}_1) \cdot \delta \boldsymbol{u} + \boldsymbol{\sigma}_1 \cdot \delta \boldsymbol{\varepsilon}) d\tau = 0 \tag{14.90}$$

$$\omega_0^2 = \frac{\int_0^{2\pi} \boldsymbol{\sigma}_1 \cdot \boldsymbol{\varepsilon}_1 d\tau}{\int_0^{2\pi} M(\dot{\boldsymbol{u}}_1) \cdot \dot{\boldsymbol{u}}_1 d\tau} \tag{14.91}$$

此处假定了只有一个模态 $\boldsymbol{u}_1$ 是与频率 ω_0 关联的。

为了考察当振幅为有限值时结构的行为,可以将解展开成如下形式:

$$\boldsymbol{u} = \xi \boldsymbol{u}_1 + \xi^2 \boldsymbol{u}_2 + \xi^3 \boldsymbol{u}_3 + \cdots \tag{14.92}$$

$$\boldsymbol{\varepsilon} = \xi \boldsymbol{\varepsilon}_1 + \xi^2 \boldsymbol{\varepsilon}_2 + \xi^3 \boldsymbol{\varepsilon}_3 + \cdots \tag{14.93}$$

$$\boldsymbol{\sigma} = \xi \boldsymbol{\sigma}_1 + \xi^2 \boldsymbol{\sigma}_2 + \xi^3 \boldsymbol{\sigma}_3 + \cdots \tag{14.94}$$

为保证展开式的唯一性,二阶模态 $\boldsymbol{u}_2$ 和 $\boldsymbol{u}_1$ 应关于质量算子具有正交性,即

$$M(\dot{\boldsymbol{u}}_1) \cdot \dot{\boldsymbol{u}}_k = M(\dot{\boldsymbol{u}}_1) \cdot \boldsymbol{u}_k = 0, \qquad k \neq 1 \tag{14.95}$$

将展开式(14.92)代入平衡方程(14.88)中,令 $\delta \boldsymbol{u} = \boldsymbol{u}_1$(相应的, $\delta \boldsymbol{\varepsilon} = \boldsymbol{\varepsilon}_1$),并引入式(14.91)给出的 ω_0^2 的表达式,那么有

$$\int_0^{2\pi} \left[\begin{array}{l} \xi(\omega^2 M(\ddot{\boldsymbol{u}}_1) \cdot \delta \boldsymbol{u} + \boldsymbol{\sigma}_1 \cdot \delta \boldsymbol{\varepsilon}) + \xi^2(\omega^2 M(\ddot{\boldsymbol{u}}_2) \cdot \delta \boldsymbol{u} + \boldsymbol{\sigma}_2 \cdot \delta \boldsymbol{\varepsilon} \\ + \boldsymbol{\sigma}_1 \cdot L_{11}(\boldsymbol{u}_1, \delta \boldsymbol{u})) + \xi^3(\omega^2 M(\ddot{\boldsymbol{u}}_3) \cdot \delta \boldsymbol{u} + \boldsymbol{\sigma}_3 \cdot \delta \boldsymbol{\varepsilon} + \boldsymbol{\sigma}_1 \cdot L_{11}(\boldsymbol{u}_2, \delta \boldsymbol{u}) \\ + \boldsymbol{\sigma}_2 \cdot L_{11}(\boldsymbol{u}_1, \delta \boldsymbol{u})) + \cdots \end{array} \right] d\tau = 0$$

$$\tag{14.96}$$

最后,利用互易关系我们就可以得到频率 ω 与幅值 ξ 之间的关系了,即

$$\frac{\omega^2}{\omega_0^2} = 1 + a_D\xi + b_D\xi^2 + \cdots \tag{14.97}$$

其中:

$$a_D = \frac{\int_0^{2\pi} \frac{3}{2}\boldsymbol{\sigma}_1 \cdot L_2(\boldsymbol{u}_1)\,\mathrm{d}\tau}{\omega_0^2 \int_0^{2\pi} M(\dot{\boldsymbol{u}}_1) \cdot \dot{\boldsymbol{u}}_1 \mathrm{d}\tau} \tag{14.98}$$

$$b_D = \frac{\int_0^{2\pi} (2\boldsymbol{\sigma}_1 \cdot L_{11}(\boldsymbol{u}_1,\boldsymbol{u}_2) + \boldsymbol{\sigma}_2 \cdot L_2(\boldsymbol{u}_1))\,\mathrm{d}\tau}{\omega_0^2 \int_0^{2\pi} M(\dot{\boldsymbol{u}}_1) \cdot \dot{\boldsymbol{u}}_1 \mathrm{d}\tau} \tag{14.99}$$

式(14.97)这一简洁的表达式反映了振幅对频率的影响,其中的二阶系数 b_D 的计算需要先计算出二阶位移场 $\boldsymbol{u}_2$。通过令式(14.96)中 ξ^2 所乘的项为零,就可以得到二阶状态方程如下:

$$\omega^2 M(\dot{\boldsymbol{u}}_2) \cdot \delta u + \boldsymbol{\sigma}_2 \cdot \delta\boldsymbol{\varepsilon} + \boldsymbol{\sigma}_1 \cdot L_{11}(\boldsymbol{u}_1,\delta u) = 0 \tag{14.100}$$

二阶位移场 $\boldsymbol{u}_2$ 是与时间相关的,实际上包括了两个部分。为了求出这两个部分的贡献,根据 Tiso[3] 的工作,可以将振动模态 $\boldsymbol{u}_1$ 的时间依赖性显式地表示为

$$\begin{cases} \boldsymbol{u}_1 = \hat{\boldsymbol{u}}_1 \cos\tau \\ \boldsymbol{\varepsilon}_1 = \hat{\boldsymbol{\varepsilon}}_1 \cos\tau \\ \boldsymbol{\sigma}_1 = \hat{\boldsymbol{\sigma}}_1 \cos\tau \end{cases} \tag{14.101}$$

其中带上标的量代表的是空间形状,它与一个简谐时间响应相乘。将式(14.101)代入二阶状态方程式(14.100)中,就可以得到

$$\omega^2 M(\dot{\boldsymbol{u}}_2) \cdot \delta u + \boldsymbol{\sigma}_2 \cdot \delta\boldsymbol{\varepsilon} = -\frac{1}{2}(1 + \cos 2\tau)\hat{\boldsymbol{\sigma}}_1 \cdot L_{11}(\hat{\boldsymbol{u}}_1,\delta u) \tag{14.102}$$

不难看出,式(14.102)中的右端项是由一个常数载荷项和一个简谐载荷项构成的。于是,对应的解就可以拆分成两个部分,即

$$\boldsymbol{u}_2 = \hat{\boldsymbol{u}}_{2_1} + \hat{\boldsymbol{u}}_{2_2}\cos 2\tau \tag{14.103}$$

式(14.103)中的两个部分分别是如下两个方程的解:

$$\hat{\boldsymbol{\sigma}}_{2_1} \cdot \delta\boldsymbol{\varepsilon} = -\frac{1}{2}\hat{\boldsymbol{\sigma}}_1 \cdot L_{11}(\hat{\boldsymbol{u}}_1,\delta u)$$

$$-4\omega^2 M(\hat{\boldsymbol{u}}_{2_2}) \cdot \delta u + \hat{\boldsymbol{\sigma}}_{2_2} \cdot \delta\boldsymbol{\varepsilon} = -\frac{1}{2}\hat{\boldsymbol{\sigma}}_1 \cdot L_{11}(\hat{\boldsymbol{u}}_1,\delta u) \tag{14.104}$$

其中的第一个方程中不出现质量算子,这是因为 $\hat{\boldsymbol{u}}_{2_1}$ 不依赖于时间。通过考察二阶位移场 $\boldsymbol{u}_2$ 所包含的这两个部分的贡献,经过时间积分之后,就可以得到系数 a_D 和 b_D 的形式如下:

$$a_{\mathrm{D}} = 0 \tag{14.105}$$

$$b_{\mathrm{D}} = \left[\begin{array}{l} 2\boldsymbol{\sigma}_1 \cdot L_{11}(\hat{\boldsymbol{u}}_1,\hat{\boldsymbol{u}}_2) + \boldsymbol{\sigma}_1 \cdot L_{11}(\hat{\boldsymbol{u}}_1,\hat{\boldsymbol{u}}_{2_2}) + H(L_1(\hat{\boldsymbol{u}}_{2_1})) \cdot L_2(\hat{\boldsymbol{u}}_1) \\ + \dfrac{1}{2}H(L_1(\hat{\boldsymbol{u}}_{2_2})) \cdot L_2(\hat{\boldsymbol{u}}_1) + \dfrac{3}{8}H(L_1(\hat{\boldsymbol{u}}_1)) \cdot L_2(\hat{\boldsymbol{u}}_1) \end{array}\right] \Bigg/ \omega_0^2 M(\hat{\boldsymbol{u}}_1) \cdot \hat{\boldsymbol{u}}_1$$

$$\tag{14.106}$$

与初始后屈曲分析中载荷参数的摄动展开式的系数不同,动态分析中的频率摄动展开式内的一阶系数 a_{D} 始终是零,即便是不对称结构也是如此。正的系数 b_{D} 代表的是一种硬化行为,即振幅增大时频率也会增大。反之,如果系数 b_{D} 为负值,那么就对应了软化行为。

值得注意的是一种比较重要的情况,其中多个振动模态会与同一个频率相关。这些振动模态之间会发生相互作用,从而导致频率 – 幅值曲线的改变。对于这一情况,可以将位移场假定为 m 个模式 $\boldsymbol{u}_i(i=1,2,\cdots,m)$ 的线性组合,并将二阶模态 $\boldsymbol{u}_{ij}$ 的贡献考虑进来,即

$$\boldsymbol{u} = \xi_i \boldsymbol{u}_i + \xi_i \xi_j \boldsymbol{u}_{ij} + \cdots \tag{14.107}$$

对应的应变和应力为

$$\boldsymbol{\varepsilon} = \xi_i \boldsymbol{\varepsilon}_i + \xi_i \xi_j \boldsymbol{\varepsilon}_{ij} + \cdots \tag{14.108}$$

$$\boldsymbol{\sigma} = \xi_i \boldsymbol{\sigma}_i + \xi_i \xi_j \boldsymbol{\sigma}_{ij} + \cdots \tag{14.109}$$

其中的重复指标应采用求和约定。

相关的推导过程与后屈曲的多模式分析过程[30]是相似的,这里只介绍一些主要的结果。所得到的非线性频率 – 幅值关系具有如下形式:

$$\xi_I\left(1 - \frac{\omega^2}{\omega_{0_I}^2}\right) + \xi_i \xi_j a_{ijI} + \xi_i \xi_j \xi_k b_{ijkI} = 0, \qquad I = 1,2,\cdots,m \tag{14.110}$$

系数 a_{D} 和 b_{D} 的表达式为

$$a_{\mathrm{D}} = \frac{1}{\omega_{0_I}^2 \Delta_I} \int_0^{2\pi} \left[\boldsymbol{\sigma}_I \cdot L_{11}(\boldsymbol{u}_i,\boldsymbol{u}_j) + 2\boldsymbol{\sigma}_i \cdot L_{11}(\boldsymbol{u}_j,\boldsymbol{u}_I)\right]\mathrm{d}\tau \tag{14.111}$$

$$b_{\mathrm{D}} = \frac{1}{\omega_{0_I}^2 \Delta_I} \int_0^{2\pi} \frac{1}{2}\left[\begin{array}{l}\boldsymbol{\sigma}_{Ii} \cdot L_{11}(\boldsymbol{u}_j,\boldsymbol{u}_k) + \boldsymbol{\sigma}_{ij} \cdot L_{11}(\boldsymbol{u}_k,\boldsymbol{u}_I) + \boldsymbol{\sigma}_I \cdot L_{11}(\boldsymbol{u}_i,\boldsymbol{u}_{jk}) \\ + \boldsymbol{\sigma}_i \cdot L_{11}(\boldsymbol{u}_I,\boldsymbol{u}_{jk}) + 2\boldsymbol{\sigma}_i \cdot L_{11}(\boldsymbol{u}_j,\boldsymbol{u}_{kI})\end{array}\right]\mathrm{d}\tau$$

$$\tag{14.112}$$

其中

$$\Delta_I = \int_0^{2\pi} M(\dot{\boldsymbol{u}}_I) \cdot \dot{\boldsymbol{u}}_I \mathrm{d}\tau \tag{14.113}$$

二阶场 $\boldsymbol{u}_{JK}$ 是如下二阶状态方程的解:

$$\omega^2 M(\ddot{\boldsymbol{u}}_{jk}) \cdot \delta\boldsymbol{u} + \boldsymbol{\sigma}_{jk} \cdot \delta\boldsymbol{\varepsilon} = -\frac{1}{2}\left[\boldsymbol{\sigma}_j \cdot L_{11}(\boldsymbol{u}_k,\delta\boldsymbol{u}) + \boldsymbol{\sigma}_k \cdot L_{11}(\boldsymbol{u}_j,\delta\boldsymbol{u})\right]$$

$$\tag{14.114}$$

14.9.2 有限元实现

由特征值问题,即式(14.90),可以得到固有频率及其对应的单个振动模态 $\hat{u}_1$,在有限元框架下该问题可以表示为

$$[K_M - \omega_1^2 M]\hat{u}_1 = 0 \qquad (14.115)$$

式中:K_M 为材料刚度矩阵;M 为质量矩阵。在计算了固有频率及其对应的振动模态之后,通过求解对应的二阶模态,就可以进一步计算频率 - 幅值关系曲线的初始曲率了,所涉及的附加计算量是适中的。二阶模态 $\hat{u}_{2_1}$ 和 $\hat{u}_{2_2}$ 满足如下线性方程:

$$[K_M]\hat{u}_{2_1} = g(\hat{u}_1) \qquad (14.116)$$

$$[K_M - 4\omega_1^2 M]\hat{u}_{2_2} = g(\hat{u}_1) \qquad (14.117)$$

且满足如下正交条件:

$$\hat{u}_1^T M \hat{u}_{2_1} = 0 \qquad (14.118)$$

$$\hat{u}_1^T M \hat{u}_{2_2} = 0 \qquad (14.119)$$

在单元层面上,载荷项 $g(\hat{u}_1)$ 由下式给出:

$$g(\hat{u}_1) = -\frac{1}{2}\left[B_L^T H B_{NL}(\hat{u}_1)\hat{u}_1 + 2B_{NL}^T(\hat{u}_1) H B_L \hat{u}_1 \right] \qquad (14.120)$$

通过将单元层面进行组装之后就可以得到整体的 $g(\hat{u}_1)$ 了。

14.10 数 值 算 例

本节将考虑如下实例:
(1) 受动态外压作用的 Booton 壳;
(2) 受动态轴向压力作用的 Booton 壳;
(3) Booton 壳的非线性自由振动。

前两个实例与动态屈曲问题是相关的,主要针对的是复合圆柱壳,所受到的外压和轴向压力是递增加载的。最后一个实例是关于复合板与复合圆柱壳的非线性自由振动的。下面的数值分析中,我们对屈曲模式做了归一化处理,使得最大的面外位移等于壳的厚度。

14.10.1 受动态外压作用的 Booton 壳

此处考察的是 Booton 型各向异性圆柱壳[29],该结构也曾用于静态稳定性研究[15]中,这里对其施加了外部径向压力,在整个变形过程中该压力均保持为径向,这与流体压力加载是不同的,后者的载荷方向始终垂直于壳的表面。因此,在此处的屈曲分析中无需包括载荷刚度项。上述圆柱壳的边界条件设定为简支型(SS - 3)。文

献[28]中曾讨论过施加到圆柱壳上的各种简支边界条件情况,感兴趣的读者可以去参阅。为在有限元模型中建立 SS‑3 边界条件,需要对圆柱壳一端处的径向和周向位移同时加以限制,并固定其中一个节点处的轴向位移以抑制该方向上的刚体运动模式;在圆柱壳的另一端不仅需要限制径向位移,并且还需通过施加运动学约束来限制该处所有节点的相对周向位移。这个圆柱壳在前文中已经给出过,其材料参数和几何特性分别如表 14.1 和表 14.2 所列,且此处选择了 $L = 3.776$in.。

表 14.16 将分别借助 DIANA 与半解析方法[38]所得到的振动频率和模态结果做了比较,表 14.17 进一步给出了一阶分叉屈曲载荷和 b 系数,并将 DIANA 与半解析工具 ANILISA[11,15]计算得到的结果进行了对比。此处的屈曲载荷已经相对于经典屈曲载荷(本实例中为 3.6×10^2 psi)做了归一化。前文中的表 14.3 已经针对单模式静态分析给出了屈曲载荷和 b 系数,为完整性起见,这里也再次列出了这些结果。最后,图 14.5 中还以变形网格图的方式展示了一阶分叉屈曲模式及对应的二阶模式情况。

表 14.16　Booton 壳(SS‑3 边界条件)的振动频率比较

N^a	频率	
	文献[38]	DIANA
6	1.1595×10^3	1.129×10^3

(注:[a] 周向上的完整波数)

表 14.17　Booton 壳在外压作用下的归一化屈曲载荷和 b 系数

N	屈曲载荷		b 系数	
	ANILISA	DIANA	ANILISA	DIANA
8	5.6569×10^{-2}	5.7×10^{-2}	-6.3289×10^{-2}	-6.2664×10^{-2}

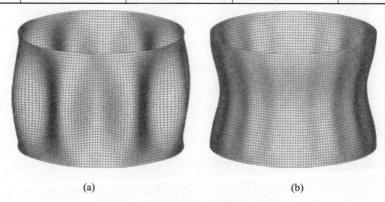

(a) (b)

图 14.5　受外压作用的 Booton 壳
(a)屈曲模式;(b)二阶模式。

对于理想结构来说，现在已经得到了所有的参量，下面对非理想结构做简化分析，考察其在递增加载条件下的动态屈曲载荷。这里引入的缺陷具有一阶屈曲模式的形状，最大面外位移幅值设定为壳厚度的 10%。在简化分析中，需要多次计算结构的动态响应(以模式幅值 $\xi(t)$ 的形式)，以识别出 $\xi(t)$ 出现显著增长或趋于无界时所对应的载荷水平。这一载荷水平就是动态屈曲载荷 λ_d。由于是针对一个常微分方程(即式(14.80))进行求解，因此这一简化分析是十分迅速的，每次计算所需时间不到1s。图 14.6 给出了所得到的结构响应情况，是以圆柱壳中部一个节点处的面外(径向)变形形式给出的，针对的是刚好低于和刚好高于动态屈曲载荷水平的情况。在载荷水平为 $\lambda/\lambda_c = 0.82$ 时，简化分析得到了一个有界响应，而当载荷水平为 $\lambda/\lambda_c = 0.83$ 时，产生了一个无界响应。于是，我们可以认为，动态屈曲载荷将位于 $\lambda/\lambda_c = 0.82$ 和 $\lambda/\lambda_c = 0.83$ 之间。

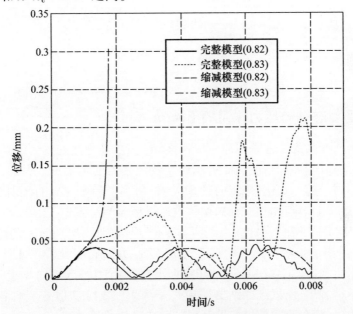

图 14.6　壳中点处节点的径向位移响应的对比：

完整模型显式动态分析结果与缩减模型分析结果($\bar{\xi}_{axi} = 0.1t$)

我们也采用 ABAQUS 对完整模型做了显式动态分析，结果表明，在与简化分析所得到的相同载荷水平处响应也出现了显著的增长。因此，简化分析所预测出的动态屈曲载荷与完整模型分析结果是十分吻合的，而且从渐近意义上看二者也是比较一致的。

表 14.18 中将缩减模型(即简化分析)和完整模型分析所需的计算代价做了对比，两个模型中均采用了相同的单元个数(8624)，不过在缩减模型分析中使用的是

八节点壳单元(DIANA 中的 CQ40L 单元),而在完整模型分析中使用的是四节点壳单元(ABAQUS 中的 S4R 单元)。因此,完整模型中包括了较少的节点数(8820),屈曲分析所需时间更短一些,而缩减模型中的节点个数是 26264。考虑到在完整模型分析中,为了生成缺陷形状,需要将屈曲分析包括进来,于是就所需的总时间来看,二者是接近的。应当注意的是,这里只给出了瞬态分析所需的单次运行时间,而为了确定动态屈曲载荷,实际上需要很多次这样的运行。此外,对于每一种缺陷形状和幅值,都需要进行一组新的运行计算。在缩减模型情况中,对于所有瞬态分析(包括针对每种缺陷形状和幅值所需的后续瞬态分析)而言,屈曲和后屈曲分析(计算二阶模式和后屈曲系数)是一次完成的,这只需几分之一秒时间即可。

表 14.18　完整模型和缩减模型的计算代价比较($\lambda/\lambda_c = 0.718$ 附近)

分析类型	完整模型计算时间/s	缩减模型计算时间/s
屈曲分析	65.00	397.78
后屈曲分析	—	499.57
瞬态分析	857.00	0.50
全部分析	922.0	897.85

14.10.2　受动态轴向压力作用的 Booton 壳

这一实例所考察的圆柱壳与前一实例是相同的,只是此处受到的是分布式的轴向压力,而不是外压。因此,前屈曲的非线性效应是需要考虑的。另外,这里的简支边界条件也不同于前一实例,采用的是 SS-4。SS-4 和 SS-3 的区别在于,在前者中,对一条壳边上的节点的相对轴向位移也通过运动学约束做了限制。

表 14.19 对比了当前分析和半解析方法[38]所得到的振动频率与模态结果,表 14.20 进一步给出了一阶分叉屈曲载荷和 b 系数,并进行了比较。此处的屈曲载荷也针对经典屈曲载荷(由式(14.73)给出,此处为 964.5108 lb/in.)做了归一化处理。从这些表格不难看出,所得到的结果是基本一致的。图 14.7 以变形网格图方式展示了前屈曲模式、一阶分叉屈曲模式以及对应的二阶模式等情况。

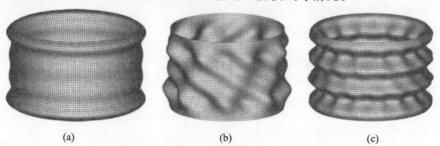

(a)　　　　　　　　　(b)　　　　　　　　　(c)

图 14.7　轴向加载条件下的 Booton 壳
(a)前屈曲模式;(b)屈曲模式;(c)二阶模式。

表 14.19　Booton 壳(SS - 4 边界条件)的振动频率比较

N	频率	
	文献[38]	DIANA
7	1.4224×10^3	1.3936×10^3

表 14.20　轴向受压条件下 Booton 壳的归一化屈曲载荷和 b 系数的比较

N	屈曲载荷		b 系数	
	ANILISA	DIANA	ANILISA	DIANA
8	0.4001	0.3942	-0.3548	-0.3658

现在再借助缩减模型来计算递增加载条件下非理想结构的动态屈曲载荷,缺陷形状采用的是一阶屈曲模式,幅值为壳厚的 10% 。简化分析结果表明,动态屈曲载荷位于 $\lambda/\lambda_c = 0.768$ 这一载荷水平附近,而根据完整模型的显式动态分析表明,该值大约位于 $\lambda/\lambda_c = 0.718$ 处。

14.10.3　Booton 壳的非线性自由振动

这里所采用的 Booton 壳,在本章前面的动态屈曲分析实例中已经使用过,此处主要分析其非线性振动问题。表 14.21 给出了最低阶振动频率($N = 6$)和动态 b 系数 b_D,并将其与半解析方法的计算结果做了比较。为保持完整性,这里再次列出了表 14.16 中所给出的振动频率。动态 b 系数是负值,因此对应了软化行为,当振幅增大时频率会减小。考虑到有限元方法和半解析方法中所采用的运动学关系上的差异,我们可以认为二者给出的结果是基本一致的。图 14.8 示出了对应于最低阶频率的线性振动模态,其中针对壳的厚度做了比例缩放处理。图 14.9 给出了二阶模态的常数部分($\hat{u}_{2_1}$),而时变部分($\hat{u}_{2_2}$)可参见图 14.10。所有的二阶场都包括了一个周期性成分($2N$ 个周向波)和一个轴对称变形成分,这与半解析方法的预测结果[37]是相同的。最后,图 14.11 中绘制出了骨架曲线并与半解析结果做了对比,由此我们不难观察到前述的软化行为。二者之间的偏离是由系数 b_D 的差异(表 14.21)所导致的。

表 14.21　固有振动频率和 b_D 系数的比较(Booton 复合壳)

N	振动频率 f/Hz		b_D	
	半解析[37]	DIANA	半解析[37]	DIANA
6	1.1595×10^3	1.129×10^3	-0.1415	-0.1284

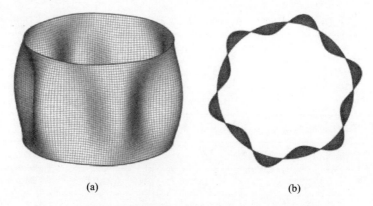

(a)   (b)

图 14.8   Booton 壳最低阶固有频率所对应的线性振动模式

(a)等轴侧视图;(b)顶视图。

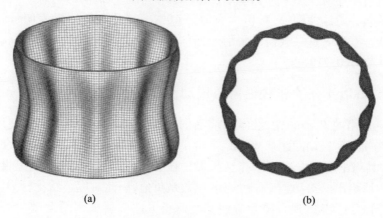

(a)   (b)

图 14.9   Booton 壳的二阶模式($\hat{\boldsymbol{u}}_{2_1}$)

(a)等轴侧视图;(b)顶视图。

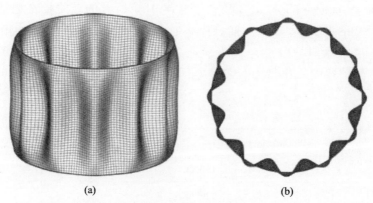

(a)   (b)

图 14.10   Booton 壳的二阶模式($\hat{\boldsymbol{u}}_{2_2}$)

(a)等轴侧视图;(b)顶视图。

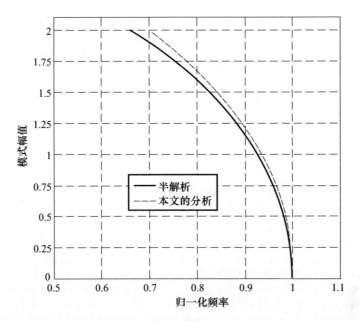

图 14.11　Booton 壳的骨架曲线（模式幅值 ξ 与归一化频率 ω/ω_0 的关系曲线）

14.11　本 章 小 结

  本章主要借助基于摄动过程的有限元缩减模型,分析并阐述了复合壳类结构物的几何非线性行为特性,针对单模式和多模式后屈曲分析问题给出了 Koiter 摄动过程的有限元描述。在通用的有限元程序[41]中已经集成了这一分析方法,其中对载荷和位移场的摄动展开是在分叉屈曲点附近进行的。本章的第二部分还将 Koiter 摄动方法拓展用于处理动态屈曲问题,并采用了相似的摄动型方法分析了非线性振动问题。针对特定的圆柱壳结构进行了完整模型有限元分析和缩减模型分析,根据所得到的结果展示了此类复合壳状结构物的静态和动态几何非线性行为特性。此外,还给出了半解析方法的求解结果作为参考,与上述分析结果做了对比。

参考文献

[1] J. Arbocz, C. Bisagni, A. Calvi, E. Carrera, R. Cuntze, R. Degenhardt, N. Gualtieri, H. Haller, N. Impollonia, M. Jacquesson, E. Jansen, H.-R. Meyer-Piening, H. Oery, A. Rittweger, R. Rolfes, G. Schullerer, G. Turzo, T. Weller, J. Wijker, Space Engineering — Buckling of Structures ECSS-E-HB-32-24A, Technical report, ESA-ESTEC, Requirements and Standards Division, 2010.

[2] T. Rahman, A Perturbation Approach for Geometrically Nonlinear Structural Analysis Using a General Purpose Finite Element Code (Ph.D. thesis), Delft University of Technology, 2009.

[3] P. Tiso, Finite Element Based Reduction Methods for Static and Dynamic Analysis of Thin-Walled Structures (Ph.D. thesis), Delft University of Technology, 2006.

[4] T. Rahman, E.L. Jansen, Finite element based coupled mode initial post-buckling analysis of a composite cylindrical shell, Thin-Walled Structures 48 (2010) 25−32.

[5] T. Rahman, E.L. Jansen, Z. Gürdal, Dynamic buckling analysis of composite cylindrical shells using a finite element based perturbation method, Nonlinear Dynamics 66 (2011) 389−401.

[6] T. Rahman, E.L. Jansen, P. Tiso, A finite element-based perturbation method for nonlinear free vibration analysis of composite cylindrical shells, International Journal of Structural Stability and Dynamics 11 (2011) 717−734.

[7] C.M. Menken, W.J. Groot, G.A.J. Stallenberg, Interactive buckling of beams in bending, Thin-Walled Structures 12 (1991) 415−434.

[8] B. Budiansky, Dynamic buckling of elastic structures: criteria and estimates, in: Dynamic Stability of Structures: Proceedings of International Conference, Northwestern University, Evanston, Illinois, Pergamon Press, 1965.

[9] A.H. Nayfeh, D.T. Mook, Nonlinear Oscillations, Wiley, New York, 1979.

[10] L.W. Rehfield, Nonlinear vibration of elastic structures, International Journal of Solids Structures 9 (1973) 581−590.

[11] J. Arbocz, J.M.A.M. Hol, ANILISA − Computational Module for Koiter's Imperfection Sensitivity Theory, Technical Report LR-582, Delft University of Technology, 1989.

[12] B. Budiansky, J.W. Hutchinson, Dynamic buckling of imperfection sensitive structures, in: Proceedings of the 11th IUTAM Congress, Springer-Verlag, Berlin/Göttingen/Heidelberg/ Newyork, 1964, pp. 636−651.

[13] G.A. Cohen, Effect of a nonlinear prebuckling state on the postbuckling behavior and imperfection sensitivity of elastic structures, AIAA Journal 6 (1968) 1616−1619.

[14] J.R. Fitch, The buckling and postbuckling behavior of spherical caps under concentrated loads, International Journal of Solids and Structures 4 (1968) 421−446.

[15] J. Arbocz, J.M.A.M. Hol, Koiter's stability theory in a computer-aided engineering (CAE) environment, International Journal of Solids Structures 26 (1990) 945−975.

[16] G. Kirchhoff, Über das Gleichgewicht und die Bewegung einer elastichen Scheibe, Crelle's Journal 40 (1850) 51−88.

[17] S. Timoshenko, S. Woinowski-Krieger, Theory of Plates and Shells, McGraw-Hill, Newyork, 1969.

[18] D.J. Allman, A simple cubic displacement element for plate bending, International Journal for Numerical Methods in Engineering 10 (1976) 263−281.

[19] D.J. Allman, Evaluation of the constant strain triangle with drilling rotations, International Journal for Numerical Methods in Engineering 26 (1988) 2645−2655.

[20] D.J. Allman, A basic facet finite element for the analysis of general shells, International Journal for Numerical Methods in Engineering 37 (1994) 19−35.

[21] G. Garcea, R. Casciaro, G. Attanasio, F. Giordano, Perturbation approach to elastic post-buckling analysis, Computers and Structures 66 (1998) 585−595.

[22] A.D. Lanzo, G. Garcea, Koiter's analysis of thin-walled structures by a finite element approach, International Journal for Numerical Methods in Engineering 39 (1996) 3007−3031.

[23] A.D. Lanzo, G. Garcea, R. Casciaro, Asymptotic post-buckling analysis of rectangular plates by HC finite elements, International Journal for Numerical Methods in Engineering 38 (1995) 2325−2345.

[24] J.F. Olesen, E. Byskov, Accurate determination of asymptotic postbuckling stresses by the finite element method, Computer and Structures 15 (1982) 157−163.

[25] P.N. Poulsen, L. Damkilde, Direct determination of asymptotic structural postbuckling behavior by the finite element method, International Journal for Numerical Methods in Engineering 42 (1998) 685−702.

[26] R.D. Mindlin, Influence of rotatory inertia and shear on flexural motions of isotropic, elastic plates, Journal of Applied Mechanics 18 (1951) 31−38.

[27] E. Reissner, The effect of transverse shear deformation on the bending of elastic plates, Journal of Applied Mechanics 12 (1945) 69−77.

[28] G. Zhang, Stability Analysis of Anisotropic Conical Shells (Ph.D. thesis), Delft University of Technology, 1993.

[29] M. Booton, Buckling of Imperfect Anisotropic Cylinders Under Combined Loading, Technical Report 203, UTIAS, 1976.

[30] E. Byskov, J.W. Hutchinson, Mode interaction in axially stiffened cylindrical shells, AIAA Journal 15 (1977) 941−948.

[31] G.M. Van Erp, Advanced Buckling Analysis of Beams with Arbitrary Cross Sections (Ph.D. thesis), Eindhoven University of Technology, 1989.

[32] L.T. Watson, S.C. Billups, A.P. Morgan, HOMPACK: a suite of codes for globally convergent homotopy algorithms, ACM Transactions on Mathematical Software 13 (1987) 281−310.

[33] J. Arbocz, J.H. Starnes, M.P. Nemeth, On a high-fidelity hierarchical approach to buckling load calculations, in: 42nd AIAA/ASME/ASCE/AHS/ASC Structures, Structural Dynamics and Materials Conference, Seattle, Washington, 2001, pp. 1−21.

[34] A. Schokker, S. Sridharan, A. Kasagi, Dynamic buckling of composite shells, Computer and Structures 59 (1996) 43−53.

[35] ABAQUS Analysis User's Manual − Version 6.8, 2008.

[36] P. Tiso, E.L. Jansen, A finite element based perturbation method for nonlinear free vibration of structures, in: 48th AIAA/ASME/ASCE/AHS/ASC Structures, Structural Dynamics and Materials Conference, Honolulu, Hawaii, AIAA, 2007, pp. 2007−2362.

[37] E.L. Jansen, Nonlinear Vibrations of Anisotropic Cylindrical Shells (Ph.D. thesis), Faculty of Aerospace Engineering, Delft University of Technology, Delft, Netherlands, 2001.

[38] E.L. Jansen, A perturbation method for nonlinear vibrations of imperfect structures: application to cylindrical shell vibrations, International Journal of Solids and Structures 45 (February 2008) 1124−1145.

[39] T. Rahman, E.L. Jansen, Finite element based initial post-buckling analysis of shells of revolution, in: 49th AIAA/ASME/ASCE/AHS/ASC Structures, Structural Dynamics and Materials Conference, Schaumburg, Illinois, AIAA, 2008, pp. 2008−2120.

[40] K. Schweizerhof, E. Ramm, Displacement dependent pressure loads in nonlinear finite element analyses, Computers and Structures 18 (6) (1984) 1099−1114.

[41] DIANA FEA. DIANA User's Manual - Release 10.1, Delft, The Netherlands, 2016.

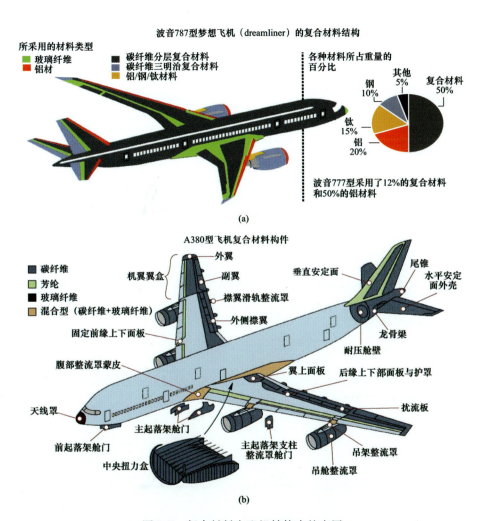

图 1.3　复合材料在飞机结构中的应用

（a）波音 787 型飞机中应用的复合材料；（b）空客 A380 型飞机中应用的复合材料。

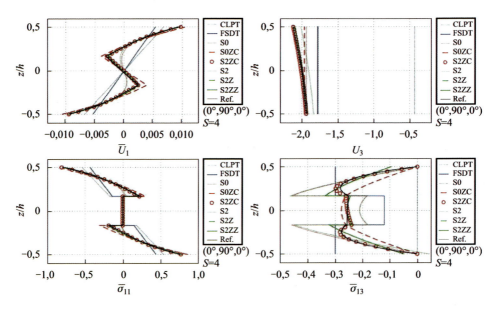

图 3.5 方形对称层合厚板（(0°,90°,0°)，$S=4$）弯曲时的局部响应：
无量纲面内位移和横向位移的 z 向分布（第一行）；面内剪应力和横向
剪应力的 z 向分布（第二行）；CLPT，经典层合板理论；FSDT，一阶剪切变形理论

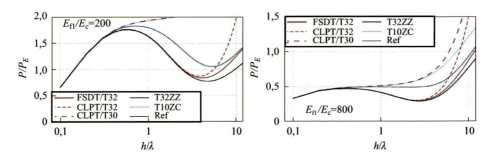

图 3.7 无量纲屈曲载荷与波长参数 h/λ 的关系：石墨－环氧树脂/泡沫三明治杆
（$a/h=10$，$h_f/h=0.02$），E_{fl}/E_c 分别为 200 和 800；CLPT，经典层合板理论；
FSDT，一阶剪切变形理论

2

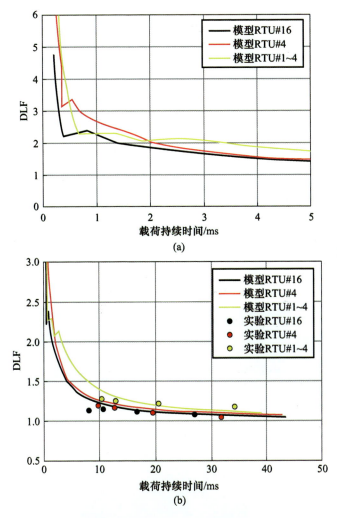

图 6.14 文献[38]给出的典型结果——DLF 随载荷持续时间的变化情况

(a)0 < *t* < 5 内的实验与数值分析结果(样件类型 1);(b)0 < *t* < 50 内的实验与数值分析结果(样件类型 1)。

(修改自 E. Eglitis,Dynamic Buckling of Composite Shells(Ph. D. thesis),Riga Technical University,

Faculty of Civil Engineering,Institute of Materials and Structures,Riga,Latvia,2011,172 p。)

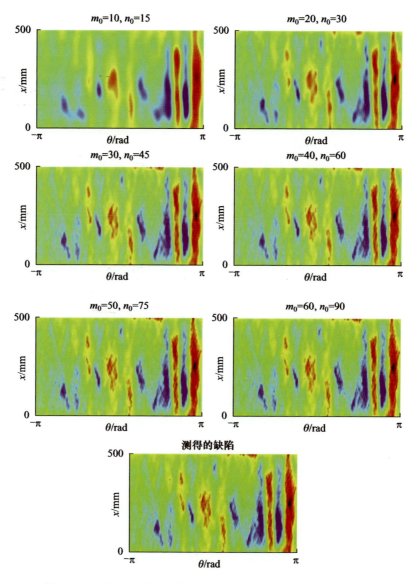

图 7.3.9 采用不同的项数来近似测得的缺陷数据: 圆柱壳 Z26

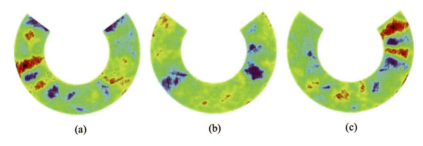

图 7.3.10 将测得的缺陷映射到圆锥壳 C02 上

(a)带有 Z23 缺陷的 C02；(b)带有 Z25 缺陷的 C02；(c)带有 Z26 缺陷的 C02。

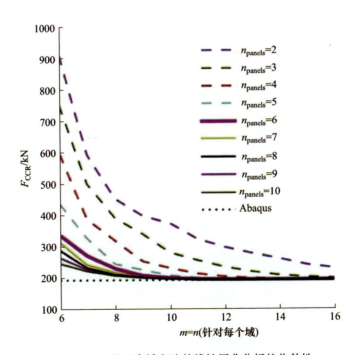

图 7.3.25 基于多域方法的线性屈曲分析的收敛性

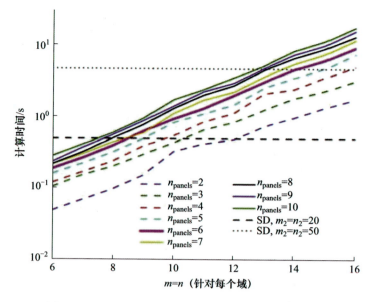

图 7.3.26　基于多域方法的线性屈曲分析的计算时间

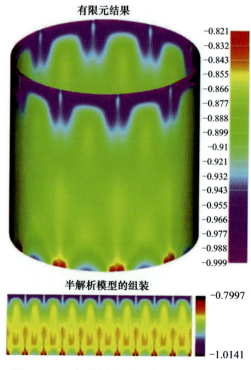

图 7.3.29　加筋圆柱壳的薄膜应力（N_{xx}）场

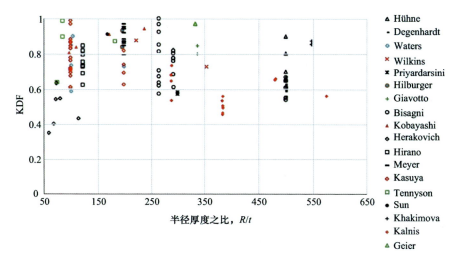

图 7.6.1 具有不同的半径厚度比值的轴向受压复合圆柱壳的实验数据分布[2]

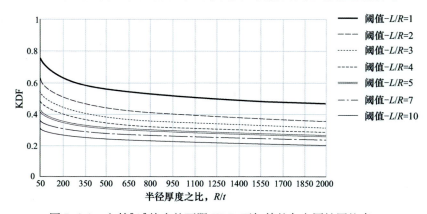

图 7.6.2 文献[2]给出的下限 KDF:不加筋的各向同性圆柱壳

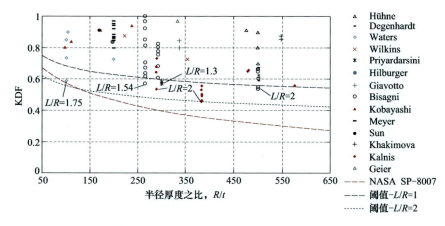

图 7.6.3 L/R 为 1~2 情况下 SBPA 阈值的比较以及 L/R 为 1.3~2.0 情况下的经验数据[2]

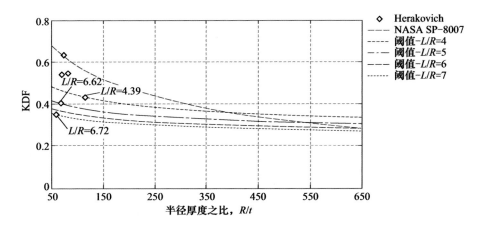

图 7.6.4 L/R 为 4~7 情况下 SBPA 阈值的比较以及 L/R 为 4.39~6.74
情况下的经验数据[2]

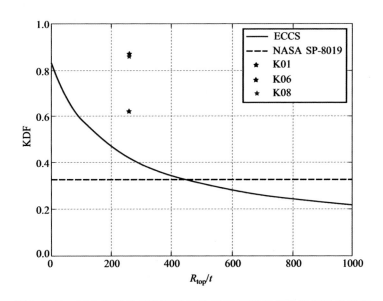

图 7.7.10 DLR 测得的复合圆锥壳的 KDF 值以及当前的设计建议值

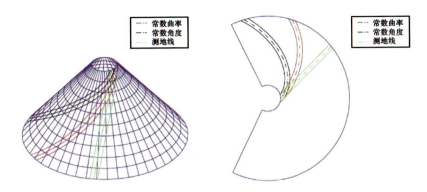

图 7.7.11　不同的纤维路径示例[55]（左图为圆锥壳,右图为展开后的圆锥壳）

顶部

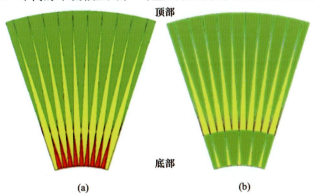

底部

(a)　　　　　　　　　　　(b)

图 7.7.15　径向上的铺带

（a）未减少组分层；（b）减少了一个组分层。

绿色——无重合;黄色——两层重合;红色——三层重合[60]

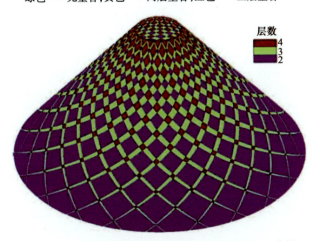

层数
4
3
2

图 7.7.19　层合结构的重合层数:包含了两个组分层

（取向相反,经线纤维宽度不变）[55]

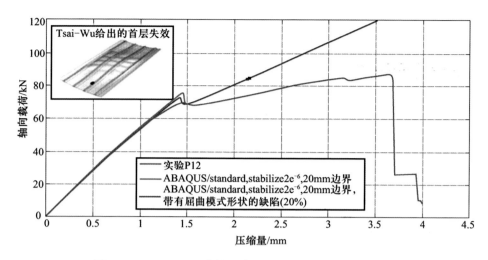

图 9.2.7　POSICOSS 中的设计面板 P12：实验与仿真的比较

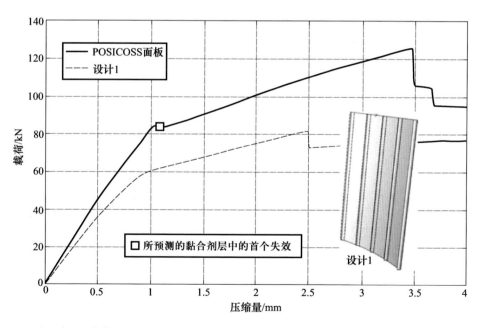

图 9.2.8　载荷－压缩量曲线：COCOMAT 面板设计与 POSICOSS 初始设计的比较

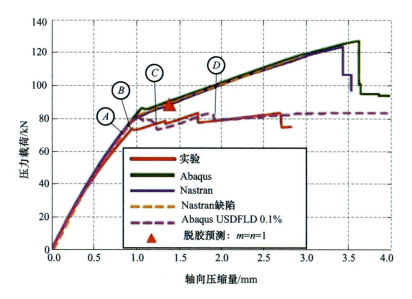

图 9.2.12　不同仿真工具得到的结果与实验的比较[19]

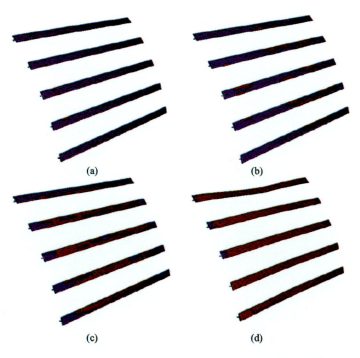

(a)

(b)

(c)

(d)

图 9.2.13　四种载荷水平(图 9.2.12)下黏合剂层失效扩展的数值仿真结果[21]

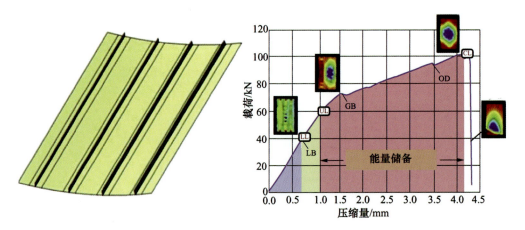

图 9.3.1　加筋壳的载荷－压缩量曲线

（源自于 R. Zimmermann, H. Klein, A. Kling, Buckling and postbuckling of stringer
stiffened fibre composite curved panels e tests and computations,
Composite Structures 73（2）（2006）150－161。）

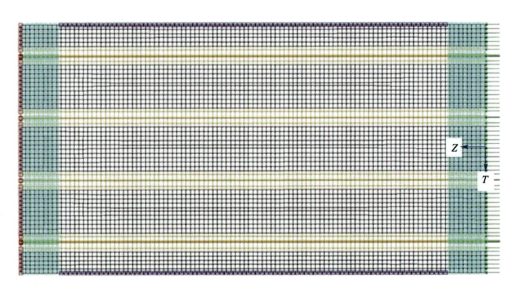

图 9.3.6　加筋壳的边界条件(顶视图)

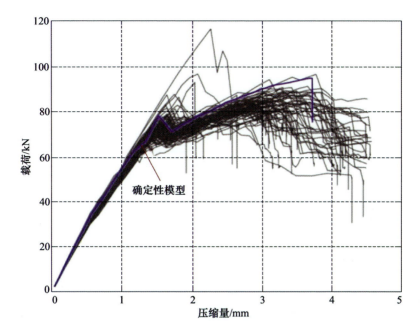

图 9.3.9　每种样品模型的载荷－压缩量曲线

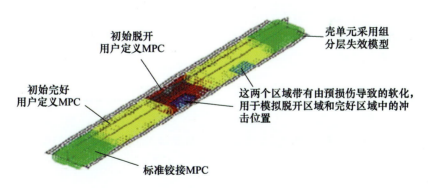

图 9.4.2　模型示例:单个加筋样件,损伤的定义

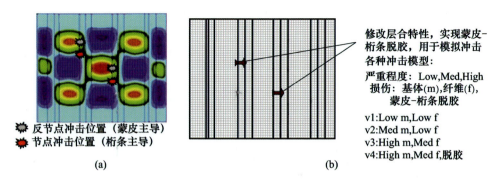

图 9.4.4 （a）D2 面板（无损伤）:后屈曲面外变形,节点和反节点冲击位置;
（b）有限元网格（绘出了桁条轮廓）:用于描述冲击位置的单元（针对节点冲击位置）

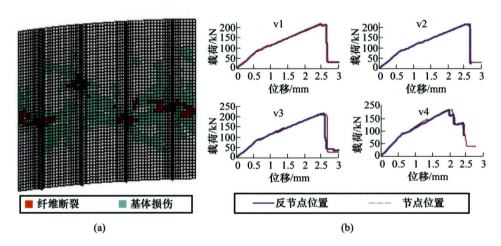

图 9.4.5 （a）面内损伤:轴向位移为 3.0mm 处,节点 v4 冲击模型（未给出脱胶的扩展）;
（b）节点和反节点模型的载荷－位移曲线:不同的冲击描述（v1～v4）

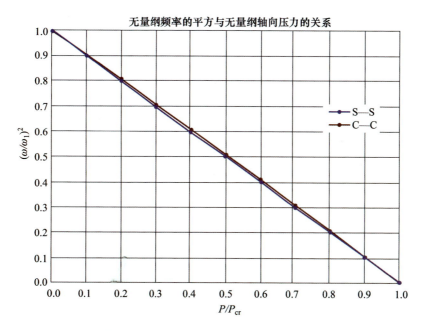

图 11.15　薄壁柱结构的无量纲圆频率平方与无量纲轴向压力的关系

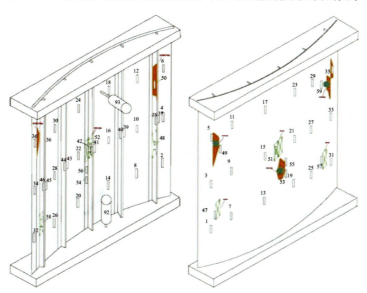

图 12.17　面板 COCOMAT10 以及应变计、轴向与横向 LVDT、
损伤(橘黄色,利用气枪实现)的位置[21]

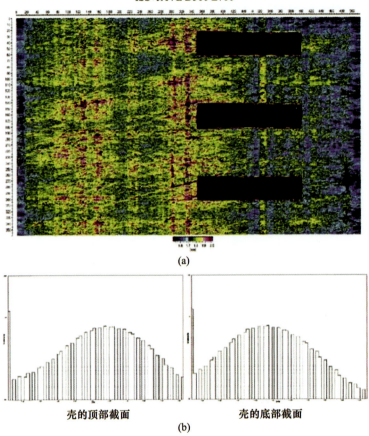

(a)

壳的顶部截面   壳的底部截面

(b)

图 13.18　ISS + JAVE D500 L700 壳样件

（a）超声检测出的厚度缺陷柱状图；（b）厚度测量值的柱状图。

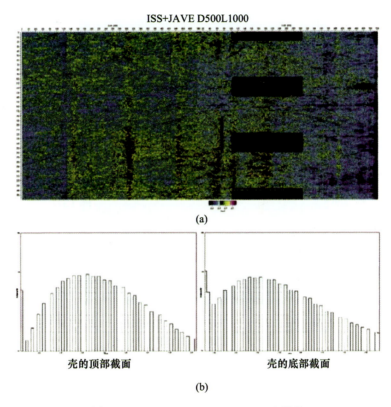

ISS+JAVE D500L1000

(a)

壳的顶部截面　　　　　　　壳的底部截面

(b)

图 13.19　ISS + JAVE D500 L1000 壳样件
（a）超声检测出的厚度缺陷柱状图；（b）厚度测量值的柱状图。

19

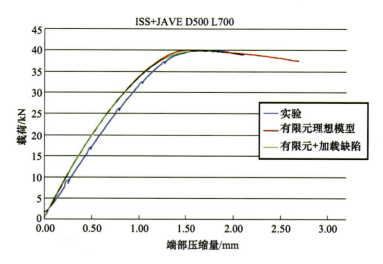

图 13.63　ISS + JAVE D500 L700 样件的载荷与端部压缩量关系曲线

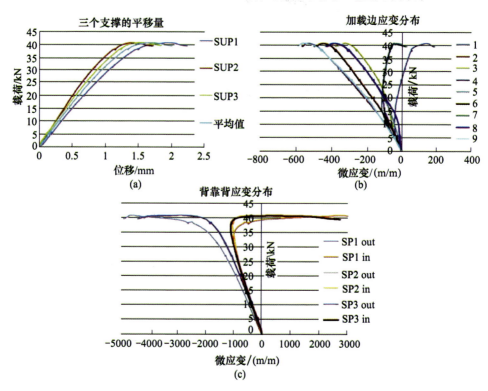

图 13.64　ISS + JAVE D500 L700 样件的实验结果

（a）三个支撑的平移量；（b）加载边处的应变计读数；（c）背靠背应变计读数。

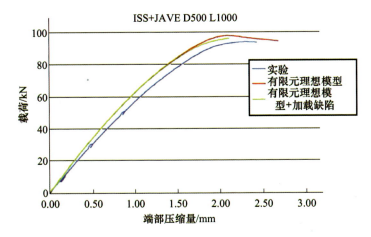

图 13.65 ISS + JAVE D500 L1000 样件的载荷与端部压缩量关系曲线

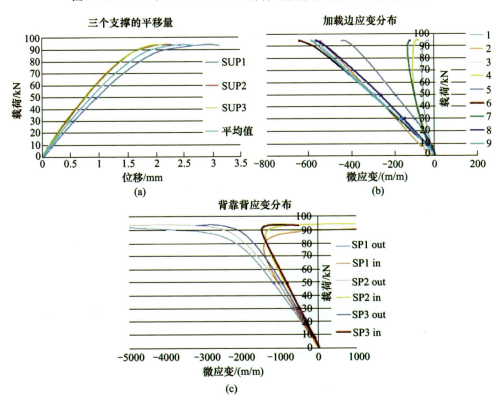

图 13.66 ISS + JAVE D500 L1000 样件的实验结果

(a)三个支撑的平移量;(b)加载边处的应变计读数;(c)背靠背应变计读数。

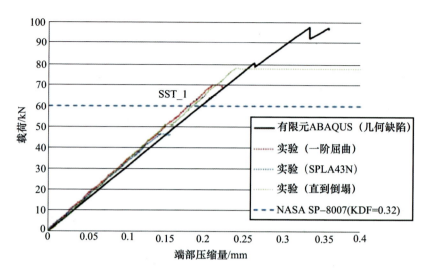

图 13.68　圆柱壳 SST_1：非线性有限元(缺陷)预测；实验曲线；NASA SP – 8007 下限法(KDF)

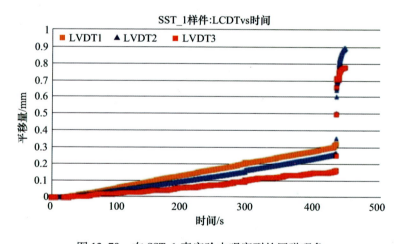

图 13.70　在 SST_1 壳实验中观察到的回弹现象

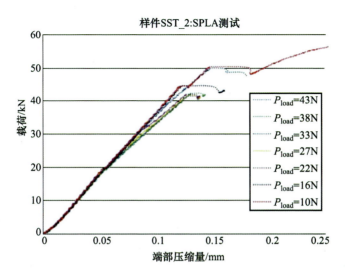

图 13.73　圆柱壳 SST_2:SPLA 实验测试得到的结果曲线

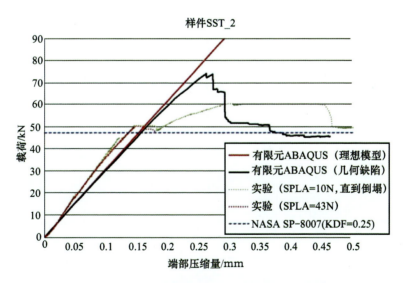

图 13.75　圆柱壳 SST_2:摄动载荷 P_{load} =43N 处的一阶屈曲实验结果;
摄动载荷 P_{load} =10N 条件下的实验结果(直到倒塌);针对理想和缺陷壳
(采用了激光扫描测量方法)的非线性预测结果

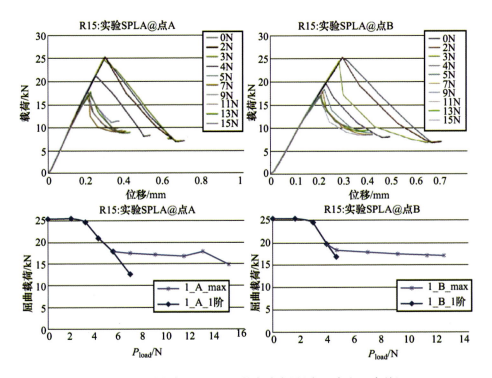

图 13.76　圆柱壳 R15：SPLA 的实验应用（在 A 点和 B 点处）

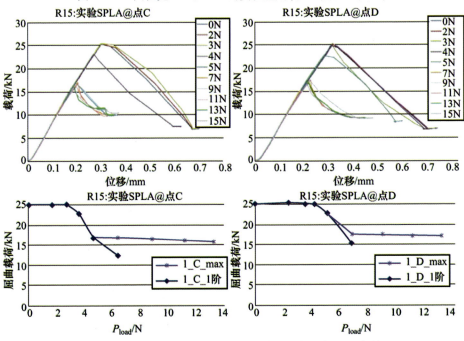

图 13.77　圆柱壳 R15：SPLA 的实验应用（在 C 点和 D 点处）

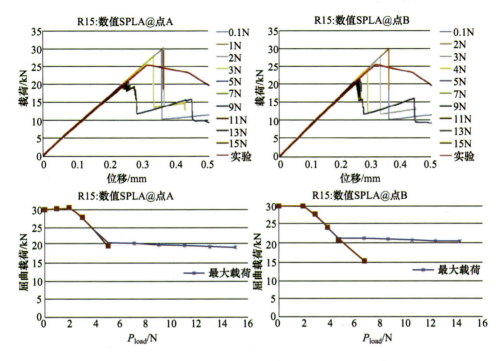

图 13.78 圆柱壳 R15:SPLA 的数值应用(在 A 点和 B 点处)

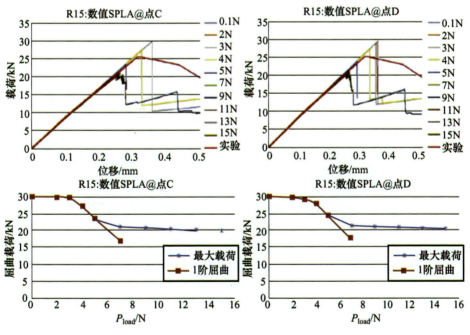

图 13.79 圆柱壳 R15:SPLA 的数值应用(在 C 点和 D 点处)

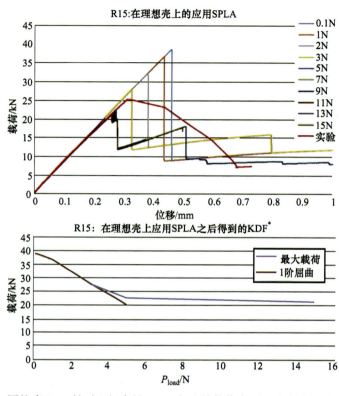

图 13.80　圆柱壳 R15:针对理想壳的 SPLA 方法的数值应用以及实验得到的屈曲曲线

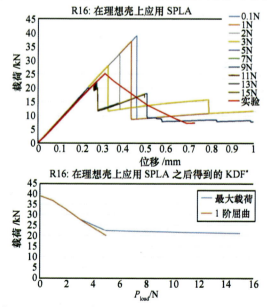

图 13.83　圆柱壳 R16:针对理想壳的 SPLA 方法的数值应用以及实验得到的屈曲曲线

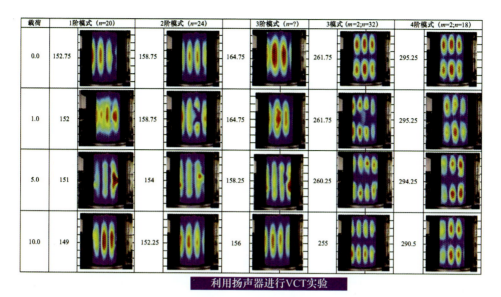

载荷	1阶模式（n=20)	2阶模式（n=24)	3阶模式（n=?)	3模式（m=2;n=32)	4阶模式（m=2;n=18)
0.0	152.75	158.75	164.75	261.75	295.25
1.0	152	158.75	164.75	261.75	295.25
5.0	151	154	158.25	260.25	294.25
10.0	149	152.25	156	255	290.5

利用扬声器进行VCT实验

图 13.88　圆柱壳 Z36：扬声器激励条件下摄影测量得到的屈曲模式

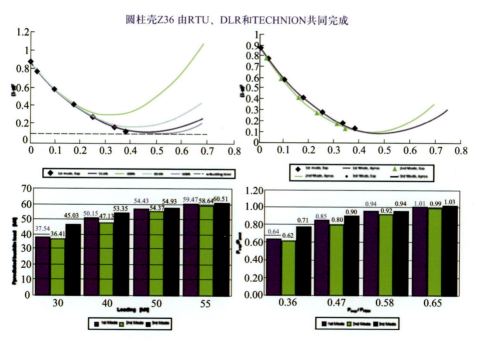

图 13.89　圆柱壳 Z36：各种载荷下的 $(1-p)^2$ 与 $(1-f^2)$ 的关系